Springer Collected Works in Mathematics

More information about this series at http://www.springer.com/series/11104

Ferdinand Georg Frobenius
1849—1917

Ferdinand Georg Frobenius

Gesammelte Abhandlungen III

Editor
Jean-Pierre Serre

Reprint of the 1968 Edition

Springer

Author
Ferdinand Georg Frobenius (1849 – 1917)
Universität Berlin
Berlin
Germany

Editor
Jean-Pierre Serre
Paris Chaire d'Algebre et Geometrie
College de France
Paris
France

ISSN 2194-9875
Springer Collected Works in Mathematics
ISBN 978-3-662-48962-8 (Softcover)
978-3-540-04120-7 (Hardcover)

Library of Congress Control Number: 2012954381

Springer Heidelberg New York Dordrecht London

Printed on acid-free paper

Springer-Verlag GmbH Berlin Heidelberg is part of Springer Science+Business Media
(www.springer.com)

FERDINAND GEORG FROBENIUS

GESAMMELTE ABHANDLUNGEN

BAND III

Herausgegeben von

J-P. Serre

SPRINGER-VERLAG
BERLIN · HEIDELBERG · NEW YORK 1968

Library of Congress Catalog Card Number 68-55372
Printed in Germany

Titel-Nr. 1532

Préface

Cette édition des *Oeuvres* de Frobenius est divisée en trois tomes. Le premier comprend les mémoires n°s 1 à 21, publiés entre 1870 et 1880; le second, ceux publiés entre 1880 et 1896 (n°s 22 à 52); le dernier, ceux publiés entre 1896 et 1917 (n°s 53 à 107). Ainsi, les mémoires sur les fonctions abéliennes figurent dans le tome II, ainsi que celui sur la «substitution de Frobenius»; ceux sur les caractères sont dans le tome III.

Les textes se suivent par ordre chronologique, à l'exception des articles sur Kronecker et Euler, reportés à la fin du tome III; on trouvera également à cet endroit les adresses de l'Académie de Berlin à Dedekind, Weber et Mertens qui, bien que non signées, sont vraisemblablement dues à Frobenius.

Le tome I contient aussi des souvenirs personnels de C-L. Siegel qui a eu Frobenius comme professeur à l'Université de Berlin. Par contre, on ne trouvera aucune analyse des travaux de Frobenius, ni de leur influence sur les recherches ultérieures. Une telle analyse, en effet, eut été fort difficile à faire, et peu utile; comme me l'a écrit R. Brauer «... if the reader wants to get an idea about the importance of Frobenius work today, all he has to do is to look at books and papers on groups ...».

La publication de ces *Oeuvres* a été grandement facilitée par l'aide de diverses personnes, notamment W. Barner, P. Belgodère, R. Brauer, B. Eckmann, H. Kneser, H. Reichardt, Z. Schur, C-L. Siegel; je leur en suis très reconnaissant. Je dois également de vifs remerciements à la maison Springer-Verlag qui a mené à bien cette publication et m'a procuré le grand plaisir de la présenter au public.

Paris, Septembre 1968 — Jean-Pierre Serre

Erinnerungen an Frobenius

von Carl Ludwig Siegel

Über den Lebenslauf von Frobenius weiß ich nichts anderes auszusagen, als man vollständiger der biographischen Angabe im „Poggendorff" entnehmen würde. Jedoch hatte ich das Glück, in meinen ersten Studiensemestern bei Frobenius Kolleg zu hören, und möchte nun hier meine sehr persönlich und subjektiv gefärbten Erinnerungen an ihn wiedergeben, so gut das nach Ablauf von mehr als einem halben Jahrhundert noch möglich sein kann.

Als ich Herbst 1915 an der Berliner Universität immatrikuliert wurde, war gerade ein Krieg in vollem Gange. Obwohl ich die Hintergründe der politischen Ereignisse nicht durchschaute, so faßte ich in instinktiver Abneigung gegen das gewalttätige Treiben der Menschen den Vorsatz, mein Studium einer den irdischen Angelegenheiten möglichst fernliegenden Wissenschaft zu widmen, als welche mir damals die Astronomie erschien. Daß ich trotzdem zur Zahlentheorie kam, beruhte auf folgendem Zufall.

Der Vertreter der Astronomie an der Universität hatte angekündigt, er würde sein Kolleg erst 14 Tage nach Semesterbeginn anfangen – was übrigens in der damaligen Zeit weniger als heutzutage üblich war. Zu den gleichen Wochenstunden, Mittwoch und Sonnabend von 9 bis 11 Uhr, war aber auch eine Vorlesung von Frobenius über Zahlentheorie angezeigt. Da ich nicht die geringste Ahnung davon hatte, was Zahlentheorie sein könnte, so besuchte ich aus purer Neugier zwei Wochen lang dieses Kolleg, und das entschied über meine wissenschaftliche Richtung, sogar für das ganze weitere Leben. Ich verzichtete dann auf Teilnahme an der astronomischen Vorlesung, als sie schließlich anfing, und blieb bei Frobenius in der Zahlentheorie.

Es dürfte schwer zu erklären sein, weshalb diese Vorlesung über Zahlentheorie auf mich einen so großen und nachhaltigen Eindruck gemacht hat. Dem Stoff nach war es ungefähr die klassische Vorlesung von Dirichlet, wie sie uns in Dedekinds Ausarbeitung überliefert worden ist. Frobenius empfahl dann auch seinen Zuhörern den „Dirichlet-Dedekind" zur Benutzung neben dem Kolleg, und dieses war das erste wissenschaftliche Werk, das ich mir von meinem mühsam durch Privatunterricht verdienten Taschengeld anschaffte – wie etwa in jetziger Zeit ein Student sein Stipendium zur erstmaligen Erwerbung eines Motorfahrzeugs verwendet.

Frobenius sprach völlig frei, ohne jemals eine Notiz zu benutzen, und dabei irrte oder verrechnete er sich kein einziges Mal während des ganzen Semesters. Als er zu Anfang die Kettenbrüche einführte, machte es ihm offensichtlich Freude, die dabei auftretenden verschiedenen algebraischen Identitäten und Rekursionsformeln mit größter Sicherheit und erstaunlicher Schnelligkeit der Reihe nach anzugeben, und dabei warf er zuweilen einen leicht ironischen Blick ins Auditorium, wo die eifrigen Hörer kaum noch bei der Menge des Vorgetragenen mit ihrer Niederschrift folgen konnten. Sonst schaute er die Studenten kaum an und war meist der Tafel zugewendet.

Damals war es übrigens in Berlin nicht üblich, daß zwischen Student und Professor in Zusammenhang mit den Vorlesungen irgend ein wechselseitiger Kontakt zustande kam, außer wenn noch besondere Übungsstunden abgehalten wurden, wie etwa bei PLANCK in der theoretischen Physik. FROBENIUS hielt aber keine Übungen zur Zahlentheorie ab, sondern stellte nur hin und wieder im Kolleg eine an das Vorgetragene anschließende Aufgabe; es war dem Hörer freigestellt, eine Lösung vor einer der folgenden Vorlesungsstunden auf das Katheder im Hörsaal zu legen. FROBENIUS pflegte dann das Blatt mit sich zu nehmen und ließ es beim nächsten Kolleg ohne weitere Bemerkung wieder auf dem Katheder liegen, wobei er es vorher mit dem Zeichen „v" signiert hatte. Niemals wurde jedoch von ihm die richtige oder beste Lösung angegeben oder gar von einem Studenten vorgetragen.

Die Aufgaben waren nicht besonders schwierig, soweit ich mich entsinnen kann, und betrafen immer spezielle Fragen, keine Verallgemeinerungen; so sollte z. B. einmal im Anschluß an die Theorie der Kettenbrüche gezeigt werden, daß die Anzahl der Divisionen beim euklidischen Algorithmus für zwei natürliche Zahlen höchstens fünfmal die Anzahl der Ziffern der kleineren Zahl ist. Verhältnismäßig wenige unter den Zuhörern gaben Lösungen von Aufgaben ab, aber mich interessierten sie sehr und ich versuchte, sie alle zu lösen, wodurch ich dann auch einiges aus Zahlentheorie und Algebra lernte, was nicht gerade im Kolleg behandelt worden war.

Ich habe bereits erwähnt, daß ich nicht gut erklären kann, wodurch die starke Wirkung der Vorlesungen von FROBENIUS hervorgerufen wurde. Nach meiner Schilderung der Art seines Auftretens hätte die Wirkung eher abschreckend sein können. Ohne daß es mir klar wurde, beeinflußte mich wahrscheinlich die gesamte schöpferische Persönlichkeit des großen Gelehrten, die eben auch durch die Art seines Vortrages in gewisser Weise zur Geltung kam. Nach bedrückenden Schuljahren unter mittelmäßigen oder sogar bösartigen Lehrern war dies für mich ein neuartiges und befreiendes Erlebnis.

In meinem zweiten Semester, ehe noch das Militär auch mich für seine Zwecke zu mißbrauchen versuchte, hörte ich eine weitere Vorlesung bei FROBENIUS, über die Theorie der Determinanten, die sich wohl in vielem an KRONECKER anschloß. Vorher hatte ich in den Ferien noch ein Erlebnis, das ebenfalls mit FROBENIUS zusammenhing, wie sich allerdings erst viel später herausstellte. Ich erhielt nämlich mit der Post eine Vorladung zur Quästur der Universität, wodurch ich zunächst in Schrecken versetzt wurde. In der Zeit Kaiser Wilhelms des Zweiten pflegten vielfach die Mütter ihre Kinder dadurch zum Gehorsam zu ermahnen, daß sie ihnen mit dem Schutzmann drohten, und so kannte auch ich die Angst vor der Obrigkeit, die Gewalt über einen hat. Als ich nun voller Befürchtungen auf dem Sekretariat der Universität erschien, wurde mir dort zu meiner Verblüffung eröffnet, ich solle aus der Eisenstein-Stiftung einmalig den Betrag von 144 Mark und 50 Pfennigen bekommen.

Dies war kein Stipendium, um das man sich bewerben konnte, und andererseits war ich jedoch zu scheu, bei der Universitätsbehörde nachzufragen, aus welchem Grunde mir das Geld geschenkt wurde, sondern nahm es eben gehorsam an. Damals wußte ich auch noch nicht, wer EISENSTEIN gewesen war; erst viele Jahre später erfuhr ich bei einem Gespräche mit J. SCHUR, daß EISENSTEINS Eltern nach dem frühzeitigen Tode ihres Sohnes zur Erinnerung an ihn eine Stiftung gemacht hatten, aus deren Zinsen jährlich einem tüchtigen Studenten der Mathematik die genannte Summe ausgezahlt wurde. Als ich bei dieser Gelegenheit SCHUR erzählte, ich hätte die von FROBENIUS im Kolleg gestellten Aufgaben fleißig gelöst, da bezeichnete er es als höchst wahrscheinlich, daß FROBENIUS mich für jenen Eisenstein-Preis empfohlen hatte.

Danach hat es also FROBENIUS wohl doch nicht gänzlich abgelehnt, von der Existenz seiner Hörer Notiz zu nehmen, und er hat sogar gelegentlich ein menschliches Interesse für sie gezeigt. Aber für mich bot sich keine Gelegenheit, jemals mit ihm direkt zu sprechen. Ich wurde dann auch bald von der Militärbehörde als kriegsverwendungsfähig – so lautete wirklich das Wort! – zur Ausbildung nach Straßburg im Elsaß verschickt. Dort war ich, als FROBENIUS starb, in der psychiatrischen Klinik des Festungslazaretts zur Beobachtung auf meinen Geisteszustand interniert. Als ich mit dem Leben davon gekommen war und schließlich wieder anfing, mathematisch zu arbeiten, haben mich die Untersuchungen von FROBENIUS zur Gruppentheorie längere Zeit stark beschäftigt und dann meine Geschmacksrichtung auf algebraischem Gebiete dauernd beeinflußt.

Inhaltsverzeichnis Band III

53.

Über Gruppencharaktere

Sitzungsberichte der Königlich Preußischen Akademie der Wissenschaften zu Berlin
985–1021 (1896)

Bei dem Beweise des Satzes, dass jede lineare Function einer Variabeln unendlich viele Primzahlen darstellt, wenn ihre Coefficienten theilerfremde ganze Zahlen sind, benutzte Dirichlet zum ersten Male gewisse Systeme von Einheitswurzeln, die auch in der nahe verwandten Frage nach der Anzahl der Idealclassen in einem Kreiskörper auftreten (vergl. die Bemerkung von Dedekind in Dirichlet's Vorlesungen über Zahlentheorie, 4. Aufl. S. 625), sowie bei der Verallgemeinerung jenes Satzes auf quadratische Formen und in den Untersuchungen über deren Eintheilung in Geschlechter. Die charakteristische Eigenschaft dieser Ausdrücke besteht nach Dedekind darin, dass sie von einer variabeln positiven ganzen Zahl n abhängige Grössen $\chi(n)$ sind, die nur eine endliche Anzahl von Werthen haben und der Bedingung

$$\chi(m)\chi(n) = \chi(mn)$$

genügen. Wie er in rein abstracter Form ausführt, lassen sich den Elementen $A, B, C, \dots$ jeder endlichen Gruppe $\mathfrak{H}$ vertauschbarer Elemente (Abel'schen Gruppe) solche Einheitswurzeln $\chi(A), \chi(B), \chi(C), \dots$ zuordnen, welche die Gleichungen

$$\chi(A)\chi(B) = \chi(AB)$$

befriedigen, und die er nach dem Vorgange von Gauss die *Charaktere der Gruppe* nannte.

Unter einem *Charakter* einer quadratischen Form versteht Gauss, *Disqu. arithm.* Art. 230 eine Relation der durch die Form darstellbaren Zahlen zu den in ihrer Determinante aufgehenden ungeraden Primzahlen p (oder 4 oder 8). Er drückt jene Beziehung durch die Zeichen Rp und Np aus. Diese Symbole ersetzt Dirichlet, *Recherches sur diverses applications de l'analyse infinitésimale à la théorie des nombres,* § 3 (Crelle's Journal Bd. 19) durch das Legendre'sche (und Jacobi'sche) Zeichen $\left(\frac{m}{p}\right)$, welches (nächst der Resolvente von Lagrange) wohl das älteste Beispiel der Anwendung von Charakteren commutativer Gruppen darbietet. Der Vorzug dieser Umwandlung besteht darin, dass die Geschlechtscharaktere von Gauss nur Beziehungen, die von Dirichlet aber Zahlen sind, mit denen man rechnen kann. So wird durch die Multiplication dieser charakteristischen Zahlen die der Composition der Geschlechter entsprechende Composition der Charaktere (Art. 246 bis 248) ersetzt[1].

Die Anzahl h der Charaktere einer Abel'schen Gruppe $\mathfrak{H}$ ist der Ordnung der Gruppe gleich. Man kann die h Charaktere erhalten, indem man die Elemente von $\mathfrak{H}$ durch eine Basis unabhängiger Elemente darstellt, und den Basiselementen beliebige Einheitswurzeln zuordnet, deren Grad ihrer Ordnung gleich ist. Sie lassen sich (in mehrfacher Art) den Elementen der Gruppe zuordnen und können demnach mit $\chi_B(A)$ bezeichnet werden. Da das Product zweier Charaktere wieder ein Charakter ist, so bilden sie eine Gruppe, und diese ist mit $\mathfrak{H}$ isomorph. Ihre Beziehungen zu den Untergruppen von $\mathfrak{H}$ sind am ausführlichsten von Weber erörtert (*Theorie der Abel'schen Zahlkörper*, I. § 3, IV. § 2 und 3, Acta Math. Bd. 8 und 9).

Im April dieses Jahres theilte mir Dedekind eine Aufgabe mit, auf die er im Jahre 1880 gekommen war, und die, weil sie sowohl der Gruppentheorie wie der Determinantentheorie angehöre, mich seiner Meinung nach wohl interessiren dürfte, während ihn selbst ein näheres Eingehen darauf zu weit von seinen arithmetischen Untersuchungen abziehen würde. Ihre Lösung, die ich nächstens mittheilen zu können hoffe, brachte mich auf eine Verallgemeinerung des Begriffs der Charaktere auf beliebige endliche Gruppen. Diesen Begriff will ich hier entwickeln in der Meinung, dass durch seine Einführung die Gruppentheorie eine wesentliche Förderung und Bereicherung erfahren dürfte. Ein besonderes Interesse gewinnt die Theorie der Charaktere noch durch ihre merkwürdigen Beziehungen zu der Theorie der aus mehreren Haupteinheiten gebildeten complexen Grössen.

§ 1.

Zwei Elemente A und B einer endlichen Gruppe $\mathfrak{H}$ heissen *conjugirt* (in Bezug auf $\mathfrak{H}$), wenn es in $\mathfrak{H}$ ein Element T giebt, das der Bedingung $T^{-1}AT = B$ genügt. Sind zwei Elemente einem dritten conjugirt, so sind sie es auch unter einander. Daher kann man die h Elemente von $\mathfrak{H}$ in *Classen conjugirter Elemente* eintheilen, eine Eintheilung, von der ich mehrfach, besonders in meinem neuen Be-

---

[1] Die in diesem Absatze enthaltenen Bemerkungen entnehme ich einem Briefe Dedekind's vom 8. Juli 1896.

weise des Sylow'schen Satzes, Crelle's Journal Bd. 100 vortheilhaft Gebrauch gemacht habe. Das Hauptelement E bildet für sich eine Classe, die *Hauptclasse*. Sie werde mit (0), die übrigen mit (1), (2), $\cdots$ $(k-1)$ bezeichnet, wenn k die Anzahl der Classen ist. Ist A irgend ein Element der α^{ten} Classe, so bilden die mit A vertauschbaren Elemente von $\mathfrak{H}$ eine in $\mathfrak{H}$ enthaltene Gruppe. Ist $\frac{h}{h_\alpha}$ ihre Ordnung, so ist h_α die Anzahl der verschiedenen Elemente der α^{ten} Classe, also $h_0 = 1$. Da jedes Element von $\mathfrak{H}$ einer und nur einer dieser k Classen angehört, so ist

$$\Sigma h_\alpha = h. \tag{1.}$$

Die Classenanzahl k kann man auch so erhalten: Durchläuft jedes der beiden veränderlichen Elemente R und S unabhängig von dem anderen die h Elemente von $\mathfrak{H}$, so zähle man ab, wie oft $SR = RS$ ist. Setzt man für R ein bestimmtes Element der α^{ten} Classe, so giebt es $\frac{h}{h_\alpha}$ mit R vertauschbare Elemente S. Setzt man also für R der Reihe nach jedes der h_α Elemente der α^{ten} Classe, so erhält man $\frac{h}{h_\alpha} h_\alpha$ Lösungen für jene Gleichung. Da diese Zahl für jede der k Classen dieselbe ist, so ist hk die Anzahl der Lösungen der Gleichung $SR = RS$.

Durchläuft A die h_α Elemente der α^{ten} Classe, so durchläuft auch A^{-1} die sämmtlichen Elemente einer Classe. Sie möge die *inverse Classe* von (α) heissen und mit (α') bezeichnet werden. Inverse Classen enthalten gleich viele Elemente,

$$h_{\alpha'} = h_\alpha. \tag{2.}$$

Ist, wie z. B. bei der Hauptclasse, $(\alpha') = (\alpha)$, so wird die α^{te} Classe eine *zweiseitige* genannt.

Seien (α), (β), (γ) irgend drei verschiedene oder gleiche Classen. Durchläuft A die h_α verschiedenen Elemente der α^{ten} Classe, B die h_β Elemente der β^{ten} und C die h_γ Elemente der γ^{ten}, so soll die Zahl $h_{\alpha\beta\gamma}$ (die auch Null sein kann) angeben, wie viele der $h_\alpha h_\beta h_\gamma$ Elemente ABC gleich dem Hauptelemente sind, also der Gleichung

$$ABC = E \tag{3.}$$

genügen. Da dann $AB = C^{-1}$ ist, so giebt $h_{\alpha\beta\gamma}$ auch an, wie viele der $h_\alpha h_\beta$ Elemente AB der Classe (γ') angehören. Die Gleichung (3.) ist identisch mit $BCA = E$ und $CAB = E$. Daher sind auch $h_{\alpha\beta\gamma}$ der $h_\beta h_\gamma$ Producte BC in (α') und $h_{\alpha\beta\gamma}$ der $h_\gamma h_\alpha$ Producte CA in (β') enthalten. Mithin ist $h_{\alpha\beta\gamma}$ nicht grösser als die kleinste der drei Zahlen $h_\beta h_\gamma$, $h_\gamma h_\alpha$ und $h_\alpha h_\beta$.

Nun sind aber die beiden Elemente AB und

(4.) $$BA = A^{-1}(AB)A = B(AB)B^{-1}$$

conjugirt. Sie gehören daher der Gruppe (γ') entweder beide an, oder beide nicht. Mithin ist $h_{\beta\alpha\gamma} = h_{\alpha\beta\gamma}$. In Verbindung mit den obigen Bemerkungen folgt daraus, dass die Zahl $h_{\alpha\beta\gamma}$ bei jeder Vertauschung der drei Indices ungeändert bleibt. Da aus der Gleichung (3.) auch $C^{-1}B^{-1}A^{-1} = E$ folgt, so ist

(5.) $$h_{\alpha'\beta'\gamma'} = h_{\alpha\beta\gamma}.$$

Setzt man in der Gleichung (3.) für A ein bestimmtes Element der α^{ten} Classe, während B und C ebenso veränderlich bleiben wie oben, so möge sie m Lösungen haben. Ist $A' = T^{-1}AT$ irgend ein anderes bebestimmtes Element der α^{ten} Classe, und setzt man $B' = T^{-1}BT$ und $C' = T^{-1}CT$, so ist auch $A'B'C' = E$. Nun durchläuft B' gleichzeitig mit B die h_β Elemente der β^{ten} Classe, und C' gleichzeitig mit C die h_γ Elemente der γ^{ten} Classe. Daher hat auch diese Gleichung m Lösungen. Setzt man also in (3.) für A der Reihe nach die h_α Elemente der α^{ten} Classe, so hat sie im Ganzen $h_\alpha m = h_{\alpha\beta\gamma}$ Lösungen. Ebenso hat jene Gleichung $\frac{h_{\alpha\beta\gamma}}{h_\beta}$ Lösungen, wenn B ein bestimmtes Element der β^{ten} Classe ist, während A und C veränderliche Elemente der α^{ten} und der γ^{ten} Classe sind. Mithin ist $h_{\alpha\beta\gamma}$ durch jede der drei Zahlen h_α, h_β, h_γ theilbar, also auch durch ihr kleinstes gemeinschaftliches Vielfaches.

Setzt man für A der Reihe nach die h_α Elemente der α^{ten} Classe und für B die h_β Elemente der β^{ten} Classe, so erhält man $h_\alpha h_\beta$ Elemente AB, die nicht verschieden zu sein brauchen. Jedes derselben gehört entweder der Classe (0) oder der Classe (1) ... oder der Classe $(k-1)$ an. Daher ist

(6.) $$\sum_\gamma h_{\alpha\beta\gamma} = h_\alpha h_\beta.$$

Die für drei Classen angestellte Betrachtung lässt sich in derselben Art für beliebig viele Classen durchführen. Seien etwa (α), (β), (γ), (δ) vier verschiedene oder gleiche Classen, und sei $h_{\alpha\beta\gamma\delta}$ die Anzahl der Lösungen der Gleichung

(7.) $$ABCD = E,$$

falls A (bez. B, C, D) die h_α (bez. h_β, h_γ, h_δ) Elemente der Classe (α) (bez. (β), (γ), (δ)) durchläuft. Dann ist auch $BCDA = CDAB = DABC = E$, so dass $h_{\alpha\beta\gamma\delta}$ bei cyklischer Vertauschung der Indices ungeändert bleibt. Ferner ist $BCD = A^{-1}$, $CDA = B^{-1}$, u. s. w. Mithin giebt $h_{\alpha\beta\gamma\delta}$ an, wie viele der $h_\beta h_\gamma h_\delta$ Elemente BCD der Classe (α') angehören, oder wie viele der $h_\gamma h_\delta h_\alpha$ Elemente CDA der Classe (β') angehören. Folglich ist $h_{\alpha\beta\gamma\delta}$ nicht grösser als die kleinste der vier Zahlen $h_\beta h_\gamma h_\delta$, $h_\gamma h_\delta h_\alpha$,

$h_\delta h_\alpha h_\beta$, $h_\alpha h_\beta h_\gamma$. Ist B ein festes Element der β^{ten} Classe, während A, C, D die α^{te}, γ^{te}, δ^{te} Classe durchlaufen, so hat die Gleichung (7.) nur $\frac{h_{\alpha\beta\gamma\delta}}{h_\beta}$ Lösungen. Demnach ist $h_{\alpha\beta\gamma\delta}$ durch jede der vier Zahlen h_α, h_β, h_γ, h_δ theilbar. Endlich ist

(8.) $$\sum_\delta h_{\alpha\beta\gamma\delta} = h_\alpha h_\beta h_\gamma .$$

Ist A, B, C, D eine Lösung der Gleichung (7.), und setzt man

$$B^{-1}AB = A', \qquad BA'B^{-1} = A,$$

so ist $BA'CD = E$. Da A' ebenso wie A der α^{ten} Classe angehört, so kann man auf diese Weise die Lösungen dieser Gleichung und der Gleichung (7.) einander paarweise eindeutig zuordnen. Mithin ist $h_{\beta\alpha\gamma\delta} = h_{\alpha\beta\gamma\delta}$. Auf diese Weise erkennt man, dass $h_{\alpha\beta\gamma\delta}$ bei jeder Vertauschung der vier Indices ungeändert bleibt. Daher ist auch

(9.) $$h_{\alpha'\beta'\gamma'\delta'} = h_{\alpha\beta\gamma\delta} .$$

Dieselbe Bedeutung und die analogen Eigenschaften hat für n Classen (α), (β), (γ), $\cdots$ (ν) die Zahl $h_{\alpha\beta\gamma\ldots\nu}$. Für den Fall $n = 1$ soll dies Zeichen nicht benutzt werden, wohl aber noch für $n = 2$. Es ist also $h_{\alpha\beta}$ die Anzahl der Lösungen der Gleichung $AB = E$ oder $B = A^{-1}$. Sind demnach (α) und (β) nicht inverse Classen, so ist $h_{\alpha\beta} = 0$. Ist aber $(\beta) = (\alpha')$, so ist

(10.) $$h_{\alpha\alpha'} = h_\alpha = h_{\alpha'} .$$

Ist $\nu = 0$, so ist $h_{\alpha\beta\gamma\ldots\mu 0}$ die Anzahl der Lösungen der Gleichung $ABC \ldots ME = E$. Daher ist

(11.) $$h_{\alpha\beta\gamma\ldots\mu 0} = h_{\alpha\beta\gamma\ldots\mu} .$$

Speciell ist

(12.) $$h_{\alpha\beta 0} = h_{\alpha\beta} ,$$

also Null, ausser wenn $(\beta) = (\alpha')$ ist, dann aber gleich h_α.

§ 2.

Die wichtigste Eigenschaft der Zahlen $h_{\alpha\beta\gamma}$ erhält man, indem man die Gleichung $ABCD = E$ in die beiden Gleichungen

$$AB = L^{-1}, \qquad CD = L$$

zerlegt. Setzt man für L ein bestimmtes Element der λ^{ten} Classe, so hat die erste Gleichung $\frac{h_{\alpha\beta\lambda}}{h_\lambda}$, die zweite $\frac{h_{\lambda'\gamma\delta}}{h_\lambda}$ Lösungen. So ergeben sich $\frac{h_{\alpha\beta\lambda} h_{\lambda'\gamma\delta}}{h_\lambda^2} = m_\lambda$ Lösungen der Gleichung (7.) § 1. Setzt man für L der Reihe nach jedes der h_λ Elemente der λ^{ten} Classe, so erhält man

$h_\lambda m_\lambda$ Lösungen, und setzt man endlich für (λ) jede der k Classen, so erkennt man, dass sie im Ganzen

(1.) $$h_{\alpha\beta\gamma\delta} = \sum_\lambda \frac{1}{h_\lambda} h_{\alpha\beta\lambda}\, h_{\lambda'\gamma\delta}$$

Lösungen hat. In derselben Weise ergiebt sich

(2.) $$h_{\alpha\beta\cdots\xi\eta\cdots\sigma\tau} = \sum_\lambda \frac{1}{h_\lambda} h_{\alpha\beta\cdots\xi\lambda}\, h_{\lambda'\eta\cdots\sigma\tau}.$$

Berücksichtigt man noch die Gleichungen (10.) und (12.), § 1, so kann man daher die Zahlen $h_{\alpha\beta\gamma\cdots\nu}$ alle aus den Zahlen $h_{\alpha\beta\gamma}$ zusammensetzen.

Die Summe auf der rechten Seite der Gleichung (1.) bleibt folglich ungeändert, nicht nur wenn man α mit β vertauscht oder γ mit δ, sondern auch wenn man β mit δ vertauscht oder irgend eine Permutation unter den vier Zahlen $\alpha, \beta, \gamma, \delta$ ausführt. Dieselben Schlüsse benutzt Gauss, *Theoria residuorum biquadraticorum,* Comm. prima, § 17 (Ges. Werke Bd. II, S. 81). Setzt man also für einen Augenblick

$$\frac{1}{h_\alpha} h_{\alpha'\beta\gamma} = a_{\alpha\beta\gamma},$$

so ist

(3.) $$a_{\alpha\beta\gamma} = a_{\alpha\gamma\beta}, \qquad \sum_\lambda a_{\alpha\lambda\gamma}\, a_{\lambda\beta\delta} = \sum_\lambda a_{\alpha\lambda\delta}\, a_{\lambda\beta\gamma}.$$

Daher kann man auf diese Grössen die Sätze anwenden, die Weierstrass und Dedekind in ihren Arbeiten *Zur Theorie der aus n Haupteinheiten gebildeten complexen Grössen,* Göttinger Nachrichten 1884 und 1885 entwickelt haben, und die ich, da sie die Grundlage dieser Untersuchung bilden, in meiner Arbeit *Über vertauschbare Matrizen* (S. 601 dieses Bandes) von Neuem hergeleitet und verallgemeinert habe: Ist die aus den k^2 Grössen

$$p_{\alpha\beta} = \sum_{\varkappa,\lambda} a_{\varkappa\lambda\alpha}\, a_{\lambda\varkappa\beta} = \sum_{\varkappa,\lambda} a_{\varkappa\varkappa\lambda}\, a_{\lambda\alpha\beta}$$

gebildete Determinante k^{ten} Grades von Null verschieden, so haben die Gleichungen

$$r_\beta r_\gamma = \sum_\alpha a_{\alpha\beta\gamma}\, r_\alpha$$

genau k verschiedene Lösungen $r_\alpha = r_\alpha^{(\varkappa)}$, und die aus diesen Lösungen gebildete Determinante k^{ten} Grades ist von Null verschieden. Sind $x_0, x_1, \cdots x_{k-1}$ Variable, und setzt man $a_{\alpha\beta} = \sum_\gamma a_{\alpha\beta\gamma}\, x_\gamma$, so ist die Determinante k^{ten} Grades

$$|a_{\alpha\beta} - r e_{\alpha\beta}| = \prod_\varkappa (r_0^{(\varkappa)} x_0 + \cdots + r_{k-1}^{(\varkappa)} x_{k-1} - r).$$

Ist $(s_\alpha^{(\varkappa)})$ das complementäre System zu $(r_\alpha^{(\varkappa)})$, so sind die Verhältnisse der k Grössen

$$s_0 = s_0^{(\varkappa)}, \qquad s_1 = s_1^{(\varkappa)}, \cdots \qquad s_{k-1} = s_{k-1}^{(\varkappa)}$$

vollständig bestimmt durch die linearen Gleichungen

$$s_\alpha r = \sum_\beta a_{\alpha\beta} s_\beta ,$$

falls man darin $r = r_0^{(\varkappa)} x_0 + \cdots + r_{k-1}^{(\varkappa)} x_{k-1}$ setzt (S. 613 und 614).

Im vorliegenden Falle ist

$$p_{\alpha\beta} = \sum_{\varkappa,\lambda} \frac{h_{\varkappa'\lambda\alpha}\, h_{\lambda'\varkappa\beta}}{h_\varkappa h_\lambda}.$$

Da $(\varkappa')$ zugleich mit $(\varkappa)$ alle k Classen durchläuft, so kann man in dieser Summe auch $(\varkappa)$ durch $(\varkappa')$ ersetzen, und erhält dann nach (5.), § 1

(4.) $$p_{\alpha\beta'} = \sum_{\varkappa,\lambda} \frac{h_{\varkappa\lambda\alpha}\, h_{\varkappa\lambda\beta}}{h_\varkappa h_\lambda},$$

also

(5.) $$p_{\alpha\beta'} = p_{\beta\alpha'} = p_{\alpha'\beta} = p_{\beta'\alpha}.$$

Die Determinante k^{ten} Grades $|p_{\alpha\beta'}|$ wird aus $|p_{\alpha\beta}|$ durch eine Vertauschung unter den Spalten erhalten, unterscheidet sich also von ihr nur etwa im Vorzeichen. Betrachtet man nun die k Grössen

$$\frac{h_{\varkappa\lambda 0}}{\sqrt{h_\varkappa h_\lambda}},\quad \frac{h_{\varkappa\lambda 1}}{\sqrt{h_\varkappa h_\lambda}},\ \cdots\ \frac{h_{\varkappa\lambda,\,k-1}}{\sqrt{h_\varkappa h_\lambda}}.$$

Setzt man für $\varkappa$ und für λ die Werthe $0, 1, \cdots k-1$, so erhält man ein System von k^3 Grössen, die in k^2 Zeilen und k Spalten geordnet sind. Aus diesem System kann man, indem man irgend k Zeilen auswählt, eine Determinante k^{ten} Grades bilden, also auf $\binom{k^2}{k}$ Arten. Die Summe der Quadrate aller dieser Determinanten ist auf Grund des allgemeinen Multiplicationstheorems der Determinantentheorie nach Gleichung (4.) gleich $|p_{\alpha\beta'}|$. Setzt man $\varkappa = 0$ und $\lambda' = 0, 1, \cdots k-1$, so erhält man ein bestimmtes System von k Zeilen. In der aus ihren Elementen gebildeten Determinante sind die Elemente der Diagonale $\frac{h_{0\lambda'\lambda}}{\sqrt{h_\lambda}} = \sqrt{h_\lambda}$ von Null verschieden, die übrigen Elemente Null. Folglich ist die Determinante k^{ten} Grades $|p_{\alpha\beta}|$ von Null verschieden.

Sei f ein vorläufig unbestimmt gelassener Proportionalitätsfactor und

$$r_\alpha = \frac{h_\alpha \chi_\alpha}{f}.$$

Dann haben die Gleichungen

(6.) $$h_\beta h_\gamma \chi_\beta \chi_\gamma = f \sum_\alpha h_{\alpha'\beta\gamma}\, \chi_\alpha$$

k verschiedene Systeme von Lösungen

(7.) $$\chi_\alpha = \chi_\alpha^{(\varkappa)}, \qquad f = f^{(\varkappa)} \qquad (\varkappa = 0, 1, \cdots k-1),$$

und die Determinante k^{ten} Grades

(8.) $$|\chi_\alpha^{(\varkappa)}|$$

ist von Null verschieden. Ich werde später über die Wahl des Factors f, d. h. der k Factoren $f^{(\varkappa)}$, eine bestimmte Verfügung treffen und dann die Grössen $\chi_\alpha^{(\varkappa)}$ die *k Charaktere der Gruppe $\mathfrak{H}$* nennen. *Ein Charakter* χ ist ein System von k Zahlen $\chi_0, \chi_1, \cdots \chi_{k-1}$, die den k Classen (0), (1), $\cdots$ ($k-1$) entsprechen. Der $\varkappa^{\text{te}}$ Charakter $\chi^{(\varkappa)}$ ist das System der k Zahlen

$$\chi_0 = \chi_0^{(\varkappa)}, \quad \chi_1 = \chi_1^{(\varkappa)}, \cdots \quad \chi_{k-1} = \chi_{k-1}^{(\varkappa)} \qquad (\varkappa = 0, 1, \cdots k-1).$$

Die Bedeutung der Gleichungen (6.) ergiebt sich aus folgender Betrachtung: Sind $x_0, x_1, \cdots x_{k-1}$ und $y_0, y_1, \cdots y_{k-1}$ $2k$ unabhängige Variabele, und sind

(9.) $$h_\gamma z_{\gamma'} = \sum_{\alpha,\beta} h_{\alpha\beta\gamma}\, x_\alpha y_\beta$$

k bilineare Functionen derselben, so ist

$$f\sum_\gamma h_\gamma \chi_\gamma z_\gamma = f\sum_{\alpha,\beta,\gamma} h_{\alpha\beta\gamma'}\chi_\gamma\, x_\alpha y_\beta = \sum_{\alpha,\beta} h_\alpha \chi_\alpha\, x_\alpha\, h_\beta \chi_\beta y_\beta,$$

also

(10.) $$f\Big(\sum_\gamma h_\gamma \chi_\gamma z_\gamma\Big) = \Big(\sum_\alpha \quad \chi_\alpha x_\alpha\Big)\Big(\sum_\beta h_\beta \chi_\beta y_\beta\Big).$$

Ich definire nun eine dem Charakter $\chi^{(\varkappa)}$ entsprechende lineare Function $\xi^{(\varkappa)}$ von $x_0, x_1, \cdots x_{k-1}$ durch die Gleichung

(11.) $$\sum_\alpha h_\alpha \chi_\alpha^{(\varkappa)} x_\alpha = f^{(\varkappa)}\xi^{(\varkappa)} \qquad (\varkappa = 0, 1, \cdots k-1).$$

Dann ist die Determinante k^{ten} Grades

(12.) $$\Big|\sum_\gamma h_{\alpha\beta'\gamma}\, x_\gamma - h_{\alpha\beta'}\, r\Big| = \prod_\varkappa h_\varkappa(\xi^{(\varkappa)} - r).$$

Setzt man $x_1 = \cdots = x_{k-1} = 0$ und $x_0 = 1$, so ist daher

$$(1-r)^k = \prod_\varkappa \left(\frac{\chi_0^{(\varkappa)}}{f^{(\varkappa)}} - r\right)$$

und mithin

(13.) $$\chi_0^{(\varkappa)} = f^{(\varkappa)}, \qquad \chi_0 = f,$$

da ich bei Gleichungen, die für jeden Werth des oberen Index $\varkappa$ gelten, diesen auch weglassen werde. (Vergl. die Erörterungen von Dedekind über mehrwerthige Systeme von Grössen, a. a. O. S. 144.) Demnach ist die Gleichung (12.) um nichts allgemeiner als die Gleichung

(14.) $$\Big|\sum_\gamma h_{\alpha\beta'\gamma}\, x_\gamma\Big| = \prod_\varkappa h_\varkappa \xi^{(\varkappa)},$$

weil sie aus dieser hervorgeht, indem man x_0 durch $x_0 - r$ ersetzt. Schreibt man jene in der Form

$$\left|\sum_\gamma \frac{h_{\alpha\beta'\gamma}}{h_\alpha}\, x_\gamma - \frac{h_{\alpha\beta'}}{h_\alpha}\, r\right| = \prod_\varkappa (\xi^{(\varkappa)} - r),$$

so ist $\frac{h_{\alpha\beta'}}{h_\alpha}$ in den Elementen der Diagonale 1, in den übrigen 0. Ferner sind die Grössen $\frac{h_{\alpha\beta'\gamma}}{h_\alpha}$ ganze Zahlen. Setzt man also alle Variabeln $x_\gamma = 0$ ausser einer, so zeigt sie, dass die Grössen

$$\frac{h_\alpha \chi_\alpha}{f} \tag{15.}$$

ganze algebraische Zahlen sind.

§ 3.

Die Elemente jeder Zeile des zu $(r_\alpha^{(\varkappa)})$ complementären Systems $(s_\alpha^{(\varkappa)})$ sind bis auf einen gemeinsamen Factor durch die Gleichungen

$$\sum_\beta \frac{h_{\alpha'\beta\gamma}}{h_\alpha} s_\beta = \frac{h_\gamma \chi_\gamma}{f} s_\alpha$$

bestimmt. Infolge der Symmetrieeigenschaften der Grössen $h_{\alpha\beta\gamma}$ werden dieselben nach (6.), § 2 durch die Werthe $s_\beta = \chi_{\beta'}$ befriedigt. Daher ist $s_\beta = \frac{e}{h} \chi_{\beta'}$, wo e ein neuer Proportionalitätsfactor ist. Demnach sind die beiden Systeme

$$\left(\frac{h_\alpha \chi_\alpha^{(\varkappa)}}{f^{(\varkappa)}}\right), \qquad \left(\frac{e^{(\varkappa)} \chi_{\alpha'}^{(\varkappa)}}{h}\right) \tag{1.}$$

complementäre. Es bestehen also die Gleichungen

$$\sum_\alpha h_\alpha \chi_\alpha^{(\varkappa)} \chi_{\alpha'}^{(\lambda)} = 0, \tag{2.}$$

falls $\varkappa$ und λ verschieden sind, aber

$$\sum_\alpha h_\alpha \chi_\alpha^{(\varkappa)} \chi_{\alpha'}^{(\varkappa)} = \frac{h f^{(\varkappa)}}{e^{(\varkappa)}}. \tag{3.}$$

Ferner ist

$$\sum_\varkappa \frac{e^{(\varkappa)}}{f^{(\varkappa)}} \chi_\alpha^{(\varkappa)} \chi_{\beta'}^{(\varkappa)} = \frac{h h_{\alpha\beta}}{h_\alpha h_\beta}, \tag{4.}$$

also nach (13.), § 2 für $\beta = 0$

$$\sum_\varkappa e^{(\varkappa)} \chi_\alpha^{(\varkappa)} = 0, \tag{5.}$$

falls α von 0 verschieden ist, dagegen für $\alpha = 0$

$$\sum_\varkappa e^{(\varkappa)} f^{(\varkappa)} = h. \tag{6.}$$

Die Gleichung (3.) schreibe ich auch in der einfacheren Form

$$\sum_\alpha h_\alpha \chi_\alpha \chi_{\alpha'} = \frac{hf}{e} \tag{7.}$$

und die Gleichung (2.) in der Form

$$\sum_\alpha h_\alpha \chi_\alpha \psi_{\alpha'} = 0, \tag{8.}$$

wo ψ_α einen von χ_α verschiedenen Charakter bedeutet.

Nach Gleichung (5.), § 1 und (6.), § 2 ist

$$h_\alpha h_\gamma \chi_\alpha \chi_{\gamma'} = f \sum_\beta h_{\alpha\beta'\gamma'} \chi_\beta = f \sum_\beta h_{\alpha'\beta\gamma} \chi_\beta .$$

Multiplicirt man mit χ_γ und summirt nach γ, so ergiebt sich nach (7.) die Formel

$$(9.)\qquad \frac{h}{e} h_\alpha \chi_\alpha = \sum_{\beta,\gamma} h_{\alpha'\beta\gamma} \chi_\beta \chi_\gamma ,$$

die für $\alpha = 0$ mit (7.) übereinstimmt. In derselben Weise findet man die Formel

$$(10.)\qquad \sum_{\beta,\gamma} h_{\alpha\beta\gamma} \chi_\beta \psi_\gamma = 0,$$

die für $\alpha = 0$ in (8.) übergeht.

Eliminirt man aus den Gleichungen (6.), § 2 und (9.) die Producte $\chi_\beta \chi_\gamma$, so erhält man die linearen Gleichungen

$$(11.)\qquad \frac{h}{ef} h_\alpha \chi_\alpha = \sum_\beta p_{\alpha\beta'} \chi_\beta .$$

Daher sind die k Grössen $g^{(\varkappa)} = e^{(\varkappa)} f^{(\varkappa)}$ die Wurzeln der Gleichung k^{ten} Grades

$$(12.)\qquad | g p_{\alpha\beta'} - h h_{\alpha\beta'} | = 0 .$$

Nach Gleichung (4.), § 2 ist

$$(13.)\qquad \sum p_{\alpha\beta'} x_\alpha x_\beta = \sum_{\varkappa,\lambda} \frac{1}{h_\varkappa h_\lambda} \Big(\sum_\alpha h_{\alpha\varkappa\lambda} x_\alpha \Big)^2 .$$

Diese quadratische Form, deren Determinante von Null verschieden ist, ist also eine positive bestimmte Form. Daher sind die k Wurzeln g der Gleichung (12.) alle reelle positive Grössen, und die Elementartheiler jener Determinante sind alle linear. Für eine $m$fache Wurzel $g = ef$ verschwinden also auch ihre Unterdeterminanten $(k - m + 1)^{\text{ten}}$ und höheren Grades. Mithin ist der Rang des Systems linearer Gleichungen (11.) gleich $k - m$, und sie besitzen m unabhängige Lösungen. Die einer $m$fachen Wurzel $g = ef$ entsprechenden m Charaktere χ_α können dann zunächst als lineare Verbindungen von solchen m unabhängigen Lösungen dargestellt werden, und wenn man diese in die Gleichungen (6.), § 2 einsetzt, findet man die Coefficienten dieser Verbindungen durch Auflösung einer Gleichung m^{ten} Grades. Die ursprünglich zur Bestimmung der k Charaktere gefundene Gleichung k^{ten} Grades (12.), § 2 zerfällt also nach Auflösung der Gleichung (12.) in so viele Factoren, als diese Gleichung verschiedene Wurzeln hat, und zwar entspricht einer $m$fachen Wurzel der Gleichung (12.) ein Factor m^{ten} Grades.

Was nun aber die Gleichung (12.) anbetrifft, so lässt sich weiter zeigen, dass ihre Wurzeln nicht nur reell und positiv sind, sondern dass sie ganze Zahlen (§ 6) und sogar die Quadrate von ganzen Zahlen sind, die in h aufgehen. Es ist mir aber bis jetzt nicht gelungen, diese Sätze durch so einfache Betrachtungen zu beweisen, wie die obigen Ergebnisse.

Die Factoren $f^{(\varkappa)}$ sind bisher beliebig, aber von Null verschieden angenommen. Mittelst der Formeln (3.) ergeben sich aus ihnen die Factoren $e^{(\varkappa)}$. Da $g^{(\varkappa)} = e^{(\varkappa)} f^{(\varkappa)}$ eine reelle positive Grösse ist, so soll auch $f^{(\varkappa)}$ reell und positiv gewählt werden. Dann gilt dasselbe von $e^{(\varkappa)}$. Zu den einfachsten Formeln gelangt man, wenn man $f = \sqrt{g}$ setzt. Dann ist $e = f = \chi_0$. Wie schon erwähnt, ist dann e eine positive in h aufgehende ganze Zahl, und es lässt sich zeigen, dass χ_α eine Summe von f Einheitswurzeln des Grades n ist, falls n die Ordnung der Elemente der α^{ten} Classe bedeutet.

Nach Gleichung (1.) und (6.), § 1 und (4.), § 2 ist

$$\sum_\beta p_{\alpha\beta'} = h h_\alpha. \tag{14.}$$

Nun genügt man nach (6.), § 1 den Gleichungen (6.), § 2, indem man alle Grössen $\chi_\alpha = f$ setzt. Der entsprechende Werth von ef ist 1. Daher kann man $e = f = 1$, also $\chi_\alpha = 1$ setzen. Dieser Charakter möge der Hauptcharakter genannt werden. Wählt man in der Gleichung (8.) diesen für ψ, so erkennt man, dass jeder andere Charakter der Gleichung

$$\sum_\alpha h_\alpha \chi_\alpha = 0 \tag{15.}$$

genügt.

Da die Determinante (8.), § 2 von Null verschieden ist, so hat die Gleichung (12.), § 2 keine mehrfachen Wurzeln. Auch können, wenn χ und ψ zwei verschiedene Charaktere sind, die Grössen $\chi_0, \chi_1, \cdots \chi_{k-1}$ nicht den Grössen $\psi_0, \psi_1, \cdots \psi_{k-1}$ proportional sein. Ebenso ist jede Classe (α) durch die k entsprechenden Werthe $\chi_\alpha^{(\varkappa)}$ vollständig bestimmt, es kann nicht, wenn α und β verschieden sind, $\chi_\alpha^{(\varkappa)} = \chi_\beta^{(\varkappa)}$ für alle Werthe von $\varkappa$ sein. Da die Coefficienten der Gleichung (12.), § 2 reell sind, so entspricht, falls $x_0, x_1, \cdots x_{k-1}$ reelle Variabele sind, jeder complexen Wurzel eine conjugirte complexe Wurzel. Sind also χ_α und χ'_α conjugirte complexe Grössen, so entspricht jedem Charakter χ_α ein conjugirter complexer Charakter χ'_α. Es muss aber $\chi'_\alpha = \chi_{\alpha'}$ sein. Denn zunächst ist nach (6.), § 2

$$h_\beta h_\gamma \chi_{\beta'} \chi_{\gamma'} = f \sum_\alpha h_{\alpha\beta'\gamma'} \chi_{\alpha'} = f \sum_\alpha h_{\alpha'\beta\gamma} \chi_{\alpha'},$$

und folglich ist $\psi_\alpha = \chi_{\alpha'}$ ein Charakter. Wäre dieser von χ'_α verschieden, so wäre nach (8.) $\sum h_\alpha \chi'_\alpha \psi_{\alpha'} = 0$, demnach $\sum h_\alpha \chi_\alpha \chi'_\alpha = 0$, während jedes Glied als Product von zwei conjugirten complexen Grössen positiv ist. In jedem Charakter entsprechen also (falls f reell angenommen wird) inversen Classen conjugirte complexe Werthe χ_α und $\chi_{\alpha'}$, und mithin einer zweiseitigen Classe ein reeller Werth. Aus jedem complexen Charakter $\chi_0, \chi_1, \cdots \chi_{k-1}$ ergiebt sich ein conjugirter complexer Charakter, und dieser ist $\chi_{0'}, \chi_{1'}, \cdots \chi_{(k-1)'}$. Ein reeller Charakter wird auch ein *zweiseitiger*, zwei conjugirte complexe Charaktere werden auch *inverse* genannt (vergl. Weber, *Beweis des Satzes, dass jede eigentlich primitive quadratische Form unendlich viele Primzahlen darzustellen fähig ist.* Math. Ann. Bd. 20, S. 308).

§ 4.

Wenn man die Gleichung (6.), § 2

$$h_\beta h_\gamma \chi_\beta^{(\varkappa)} \chi_\gamma^{(\varkappa)} = f^{(\varkappa)} \sum_\lambda h_{\lambda\beta\gamma} \chi_{\lambda'}^{(\varkappa)}$$

mit $\dfrac{e^{(\varkappa)} \chi_\alpha^{(\varkappa)}}{f^{(\varkappa)2}}$ multiplicirt und dann nach $\varkappa$ summirt, so erhält man

$$\frac{h\, h_{\alpha\beta\gamma}}{h_\alpha h_\beta h_\gamma} = \sum_\varkappa \frac{e^{(\varkappa)}}{f^{(\varkappa)2}} \chi_\alpha^{(\varkappa)} \chi_\beta^{(\varkappa)} \chi_\gamma^{(\varkappa)}, \tag{1.}$$

und ebenso gilt allgemein für n Indices $\alpha, \beta, \gamma \ldots \nu$ die Formel

$$\frac{h\, h_{\alpha\beta\gamma\ldots\nu}}{h_\alpha h_\beta h_\gamma \cdots h_\nu} = \sum_\varkappa \frac{e^{(\varkappa)}}{f^{(\varkappa)n-1}} \chi_\alpha^{(\varkappa)} \chi_\beta^{(\varkappa)} \chi_\gamma^{(\varkappa)} \cdots \chi_\nu^{(\varkappa)}, \tag{2.}$$

die für $n = 2$ in (4.), § 3 übergeht. Daher ist nach (11.), § 2

$$h \sum_{\alpha, \beta, \gamma \ldots \nu} h_{\alpha\beta\gamma\ldots\nu}\, x_\alpha x_\beta x_\gamma \cdots x_\nu = \sum e^{(\varkappa)} f^{(\varkappa)} \xi^{(\varkappa)n}. \tag{3.}$$

Nach (4.), § 2 und (5.), § 1 ist

$$p_{\alpha\beta} = \sum_{\varkappa, \lambda} \frac{h_{\varkappa\lambda\alpha}\, h_{\varkappa'\lambda'\beta}}{h_\varkappa h_\lambda},$$

also wenn man die Summation nach $\varkappa$ mittelst der Formel (1.), § 2 ausführt,

$$p_{\alpha\beta} = \sum_\lambda \frac{1}{h_\lambda} h_{\alpha\beta\lambda\lambda'}, \tag{4.}$$

und folglich nach (3.), § 3 und (2.)

$$\frac{p_{\alpha\beta}}{h_\alpha h_\beta} = \sum_\varkappa \frac{\chi_\alpha^{(\varkappa)} \chi_\beta^{(\varkappa)}}{f^{(\varkappa)2}}. \tag{5.}$$

Mithin ist

$$\sum_{\alpha,\beta} p_{\alpha\beta}\, x_\alpha x_\beta = \sum_\varkappa (\xi^{(\varkappa)})^2 \tag{6.}$$

und

$$\sum_{\alpha,\beta} p_{\alpha\beta'}\, x_\alpha x_\beta = \sum_\varkappa \xi^{(\varkappa)} \xi^{(\varkappa)'}. \tag{7.}$$

Da $\xi^{(\varkappa)}$ und $\xi^{(\varkappa)'}$ conjugirte complexe Grössen sind, so zeigt diese Formel wieder, dass diese Form eine positive ist.

Die Coefficienten der Gleichung (12.), § 3, die zur Bestimmung der Grössen $g = ef$ dient, kann man auch berechnen, indem man die Potenzsummen ihrer Wurzeln bestimmt. Betrachtet man $\frac{h}{g}$ als die Unbekannte, so ist die Summe ihrer Wurzeln

$$\sum_{\varkappa} \frac{h}{e^{(\varkappa)} f^{(\varkappa)}} = \sum_{\alpha} \frac{p_{\alpha\alpha'}}{h_\alpha} = \sum_{\alpha,\beta} \frac{h_{\alpha\alpha'\beta\beta'}}{h_\alpha h_\beta} = \sum_{\alpha,\beta,\gamma} \frac{h_{\alpha\beta\gamma}\, h_{\alpha'\beta'\gamma'}}{h_\alpha h_\beta h_\gamma} = \sum_{\alpha,\beta,\gamma} \frac{h^2_{\alpha\beta\gamma}}{h_\alpha h_\beta h_\gamma}.$$

Setzt man das System $\frac{p_{\alpha\beta'}}{h_\alpha}$ mit sich selbst zusammen, so erhält man

$$\sum_{\varkappa} \frac{p_{\alpha\varkappa'}\, p_{\varkappa\beta'}}{h_\alpha h_\varkappa} = \sum_{\varkappa,\lambda,\mu} \frac{h_{\alpha\varkappa'\lambda\lambda'}\, h_{\varkappa\beta'\mu\mu'}}{h_\alpha h_\varkappa h_\lambda h_\mu} = \sum_{\lambda,\mu} \frac{h_{\alpha\beta'\lambda\lambda'\mu\mu'}}{h_\alpha h_\lambda h_\mu} = \frac{1}{h_\alpha} \sum_{\varkappa,\lambda,\mu} \frac{h_{\alpha\varkappa\lambda\mu}\, h_{\beta\varkappa\lambda\mu}}{h_\varkappa h_\lambda h_\mu}.$$

Daher ist die Summe der Quadrate der Wurzeln

$$\sum_{\varkappa} \left(\frac{h}{e^{(\varkappa)} f^{(\varkappa)}}\right)^2 = \sum_{\alpha,\beta,\gamma} \frac{h_{\alpha\alpha'\beta\beta'\gamma\gamma'}}{h_\alpha h_\beta h_\gamma} = \sum_{\alpha,\beta,\gamma,\delta} \frac{h^2_{\alpha\beta\gamma\delta}}{h_\alpha h_\beta h_\gamma h_\delta}.$$

Indem man das System $n-2$ Mal mit sich selbst componirt, findet man in derselben Weise für die Summe der $(n-2)^{\text{ten}}$ Potenzen ihrer Wurzeln

$$(8.) \qquad \sum_{\varkappa} \left(\frac{h}{e^{(\varkappa)} f^{(\varkappa)}}\right)^{n-2} = \sum_{\alpha,\beta,\gamma\cdots\mu} \frac{h_{\alpha\alpha'\beta\beta'\cdots\mu\mu'}}{h_\alpha h_\beta \cdots h_\mu} = \sum_{\alpha,\beta,\gamma\cdots\mu,\nu} \frac{h^2_{\alpha\beta\cdots\mu\nu}}{h_\alpha h_\beta \cdots h_\mu h_\nu},$$

wo n die Anzahl der Indices $\alpha, \beta, \cdots \mu, \nu$ ist. (Vergl. BORCHARDT, CRELLE's Journal Bd. 30, S. 38.) Man kann auch die k^2 Grössen $p_{\alpha\beta}$ auf die k Grössen

$$(9.) \qquad p_{\alpha 0} = p_\alpha = p_{\alpha'} = \sum_{\lambda} \frac{h_{\alpha\lambda\lambda'}}{h_\lambda} = h_\alpha \sum_{\varkappa} \frac{\chi_\alpha^{(\varkappa)}}{f^{(\varkappa)}}$$

zurückführen (von DEDEKIND a. a. O. S. 147 (25.) mit σ_r bezeichnet). Denn nach (1.), § 2 und (4.) ist

$$p_{\alpha\beta} = \sum_{\lambda} \frac{1}{h_\lambda} \left(\sum_{\gamma} \frac{1}{h_\gamma}\, h_{\alpha\beta\gamma}\, h_{\gamma'\lambda\lambda'}\right),$$

und mithin

$$(10.) \qquad p_{\alpha\beta} = \sum_{\gamma} \frac{1}{h_\gamma}\, h_{\alpha\beta\gamma}\, p_\gamma.$$

Die Gleichung (12.), § 3 geht also in die Gleichung (12.), § 2 über, wenn man $x_\gamma = \frac{p_\gamma}{h_\gamma}$ und $\xi = \frac{h}{g}$ setzt. In der That ist nach (11.), § 3 und (13.), § 2

$$(11.) \qquad \sum_{\alpha} p_\alpha \chi_\alpha = \frac{h}{e}.$$

Wählt man also f so, dass $\chi_0, \chi_1, \cdots \chi_{k-1}$ ganze algebraische Zahlen werden, so ist e ein Divisor von h. Die Formel (3.) ergiebt für diese Werthe der Variabeln

$$(12.)\qquad \sum_{\varkappa}\left(\frac{h}{e^{(\varkappa)}f^{(\varkappa)}}\right)^{n-1} = \sum_{\alpha,\beta,\gamma\dots\nu} h_{\alpha\beta\gamma\dots\nu}\frac{p_\alpha p_\beta p_\gamma\cdots p_\nu}{h_\alpha h_\beta h_\gamma\cdots h_\nu}.$$

Die Zahl p_α hat folgende Bedeutung: Ist A ein bestimmtes Element der α^{ten} Classe, und durchläuft jedes der beiden veränderlichen Elemente R und S unabhängig von dem anderen die h Elemente von $\mathfrak{H}$, so ist $\frac{hp_\alpha}{h_\alpha}$ die Anzahl der Lösungen der Gleichung

$$(13.)\qquad SR = RSA.$$

Denn ist A ein bestimmtes Element der α^{ten} Classe, durchläuft R^{-1} zunächst die h_λ Elemente der Classe (λ), und R' die h_λ Elemente der inversen Classe (λ'), so hat die Gleichung $R^{-1}R'A = E$ genau $\frac{h_{\alpha\lambda\lambda'}}{h_\alpha}$ Lösungen. Setzt man aber für R' jedes Element der Classe (λ') $\frac{h}{h_\lambda}$ Mal, so hat sie $\frac{hh_{\alpha\lambda\lambda'}}{h_\alpha h_\lambda}$ Lösungen. Dies erreicht man, indem man für jedes R setzt $R' = S^{-1}RS$ und dann S alle h Elemente von $\mathfrak{H}$ durchlaufen lässt. Bewegt sich endlich noch λ von 0 bis $k-1$, so ist

$$\sum_{\lambda}\frac{hh_{\alpha\lambda\lambda'}}{h_\alpha h_\lambda} = \frac{hp_\alpha}{h_\alpha}$$

die Anzahl der Lösungen der Gleichung $R^{-1}(S^{-1}RS)A = E$, d. h. der Gleichung (13.). Speciell ist $p_0 = k$, also hk die Anzahl der Lösungen der Gleichung $SR = RS$.

Ebenso ist allgemeiner $hp_{\alpha\beta}$ die Anzahl der Lösungen der Gleichung

$$(14.)\qquad SR = RSAB,$$

falls A die h_α Elemente der α^{ten} Classe, B die h_β der β^{ten} Classe, R und S alle h Elemente von $\mathfrak{H}$ durchlaufen. Setzt man aber für A ein bestimmtes Element der α^{ten} Classe, so hat jene Gleichung $\frac{hp_{\alpha\beta}}{h_\alpha}$ Lösungen. Mit Hülfe der Formeln (5.) und (6.), § 3 kann man diesen und ähnliche Sätze auch durch Rechnung beweisen.

§ 5.

Für die weitere Entwicklung dieser Theorie ist es vortheilhaft, das Zeichen χ_α, falls A ein Element der α^{ten} Classe ist, durch χ_A zu ersetzen, oder auch, indem man χ als Functionszeichen benutzt, durch $\chi(A)$. Dann ist, da diese Grösse für alle Elemente der α^{ten} Classe denselben Werth hat,

$$(1.)\qquad \chi(B^{-1}AB) = \chi(A),$$

oder wenn man A durch BA ersetzt,

$$(2.)\qquad \chi(AB) = \chi(BA).$$

Speciell ist $\chi(E) = f$. Ebenso bezeichne ich die Variabeln x_α und y_α mit x_A und y_A und die Constanten h_α und p_α mit h_A und p_A. Für alle diese Grössen gilt die zu (2.) analoge Gleichung. Ferner ist $h_{A^{-1}} = h_A$, während $\chi(A^{-1})$ und $\chi(A)$ conjugirte complexe Grössen sind.

Die Gleichung (6.), § 2, aus der sich die Verhältnisse der χ_α ergeben, kann dann in der Form

$$(3.)\qquad h_B\chi(A)\chi(B) = f\sum_S{}'\chi(AS)$$

geschrieben werden, wo S die h_B mit B conjugirten Elemente durchläuft. Denn sind (α) und (β) die Classen von A und B, so sind für S die h_β Elemente der β^{ten} Classe zu setzen. Da A ein bestimmtes Element der α^{ten} Classe ist, so kommt es $\frac{h_{\alpha\beta\gamma'}}{h_\alpha}$ Mal vor, dass AS der γ^{ten} Classe angehört, also $\chi(AS) = \chi_\gamma$ wird. Mithin ist $\Sigma'\chi(AS) = \frac{1}{h_\alpha}\sum_\gamma h_{\alpha\beta\gamma'}\chi_\gamma$. Da $\chi(E) = f$ und $\chi(S) = \chi(B)$ ist, kann man die Gleichung (3.) auch auf die Form

$$(4.)\qquad \sum_S{}'\big(\chi(E)\chi(AS) - \chi(A)\chi(S)\big) = 0$$

bringen, wo S die Elemente einer Classe durchläuft. Setzt man $S = R^{-1}BR$ und für R alle h Elemente von $\mathfrak{H}$, so wird S jedem Elemente der β^{ten} Classe gleich und zwar jedem $\frac{h}{h_\beta}$ Mal. Daher ist

$$(5.)\qquad h\chi(A)\chi(B) = f\sum_R \chi(AR^{-1}BR).$$

Durch wiederholte Anwendung dieser Relation erhält man

$$(6.)\qquad \left(\frac{h}{f}\right)^{n-1}\chi(A_1)\chi(A_2)\cdots\chi(A_n) = \Sigma\,\chi(A_1R_1A_2R_2\cdots A_nR_n),$$

wo $R_1, R_2, \cdots R_n$ alle Systeme von n Elementen der Gruppe $\mathfrak{H}$ durchlaufen, welche die Gleichung

$$R_1R_2\cdots R_n = E$$

befriedigen. In derselben Weise erhält man die Formel

$$(7.)\qquad p_{\alpha\beta} = \sum_{R,S}{}' \frac{p_{RS}}{h_{RS}},$$

wo R die h_α Elemente der α^{ten} Classe durchläuft und S die h_β der β^{ten}.

Durchlaufen R und S alle Elemente, die der Bedingung $RS = A$ genügen, so ist nach (9.) und (10.), § 3

$$(8.)\qquad \frac{h}{e}\chi(A) = \Sigma\,\chi(R)\chi(S),\qquad 0 = \Sigma\,\chi(R)\psi(S)\qquad (RS = A).$$

Denn ist A ein festes Element der α^{ten} Classe, so kommt es, während R

die β^{te} und S die γ^{te} Classe durchläuft, $\frac{h_{\alpha'\beta\gamma}}{h_\alpha}$ Mal vor, dass $RS = A$ wird. Dafür kann man auch schreiben

$$(9.)\qquad \frac{h}{e}\chi(AB^{-1}) = \sum_R \chi(AR^{-1})\chi(RB^{-1}), \qquad 0 = \sum_R \chi(AR^{-1})\psi(RB^{-1}),$$

wo R alle Elemente von $\mathfrak{H}$ durchläuft. Speciell ist

$$(10.)\qquad \frac{hf}{e} = \sum_R \chi(R^{-1})\chi(R), \qquad 0 = \sum_R \chi(R^{-1})\psi(R).$$

Die h Variabeln x_R (bez. y_R) reduciren sich in Folge der Bedingungen

$$(11.)\qquad x_{AB} = x_{BA}, \qquad y_{AB} = y_{BA}$$

auf nur je k unabhängige Variabeln, sie haben für alle Elemente R, die derselben Classe angehören, denselben Werth. Ich bilde aus ihnen die beiden Systeme von je h^2 Elementen

$$(12.)\qquad (x_{PQ^{-1}}), \qquad (y_{PQ^{-1}}).$$

Die h Zeilen des ersten Systems erhält man, indem man für P die h Elemente von $\mathfrak{H}$ in irgend einer Reihenfolge setzt, die h Spalten, indem man für Q dieselben Elemente in derselben Reihenfolge setzt. Das System hat gewisse durch $\mathfrak{H}$ bestimmte Symmetrieeigenschaften, auf Grund deren unter seinen h^2 Elementen nur k verschiedene sind. Das aus den beiden Systemen (12.) zusammengesetzte System hat dieselben Symmetrieeigenschaften und ist ausserdem unabhängig davon, in welcher Reihenfolge die Zusammensetzung erfolgt. Es ist

$$(13.)\qquad z_{PQ^{-1}} = \sum_R x_{PR^{-1}} y_{RQ^{-1}} = \sum_S y_{PS^{-1}} x_{SQ^{-1}}.$$

Denn setzt man $PR^{-1} = SQ^{-1}$, so wird $S = PR^{-1}Q$, S durchläuft also gleichzeitig mit R alle h Elemente von $\mathfrak{H}$, und es ist $S^{-1}P = Q^{-1}R$, also $y_{PS^{-1}} = y_{S^{-1}P} = y_{Q^{-1}R} = y_{RQ^{-1}}$. Ersetzt man ferner R durch RP, so erkennt man, dass die erste Summe nur von dem Producte PQ^{-1} abhängt. Man hätte sie zunächst nur mit $z_{P,Q}$ bezeichnen dürfen, darf sie aber nun einer von nur einem Elemente $R = PQ^{-1}$ abhängigen Grösse $z_R = z_{PQ^{-1}}$ gleichsetzen. Endlich ist

$$z_{AB} = \sum x_{AR^{-1}} y_{RB} = \sum y_{AS^{-1}} x_{SB} = \sum x_{BS} y_{S^{-1}A} = \sum x_{BR^{-1}} y_{RA} = z_{BA}.$$

Denn $R = S^{-1}$ durchläuft gleichzeitig mit S alle h Elemente von $\mathfrak{H}$.

Je zwei Systeme (12.), welche die hier vorausgesetzten Symmetrieeigenschaften besitzen, sind mit einander vertauschbar. Setzt man $x_\varkappa = 1$ und die anderen $k-1$ der Variabeln $x_0, x_1, \cdots x_{k-1}$ Null, so erhält man k specielle Systeme dieser Art für $\varkappa = 0, 1, \cdots k-1$. Von diesen k Systemen sind also je zwei vertauschbar. Aus ihnen geht wieder das allgemeinste System hervor, indem man sie mit den k Variabeln

$x_0, x_1, \cdots x_{k-1}$ multiplicirt und addirt. Folglich ist die Determinante h^{ten} Grades

(14.) $$|x_{PQ^{-1}}| = \Theta(x_0, x_1, \cdots x_{k-1}) = \Theta((x))$$

ein Product von h linearen Functionen der k Variabeln (*Über vertauschbare Matrizen*, S. 601 dieses Bandes). In dieser Determinante sind die h Elemente der Diagonale und nur diese gleich x_0, also hat x_0^h den Coefficienten 1. Daher kann man festsetzen, dass auch in jedem linearen Factor von Θ

(15.) $$\xi = \frac{1}{f} \Sigma\, h_\alpha \chi_\alpha x_\alpha$$

der Coefficient von x_0 gleich 1 ist. Hier soll h_α dieselbe Bedeutung haben wie bisher, f von Null verschieden sein, und $\chi_0, \chi_1, \cdots \chi_{k-1}$ sollen die noch unbekannten Coefficienten bezeichnen. Demnach ist $\chi_0 = f$. Nun ist aber nach (13.)

$$|z_{PQ^{-1}}| = |x_{PQ^{-1}}|\; |y_{PQ^{-1}}|.$$

Folglich muss auch jeder lineare Factor von $\Theta((z))$ in das Product aus einer linearen Function von $x_0, x_1, \cdots x_{k-1}$ und einer von $y_0, y_1, \cdots y_{k-1}$ zerfallen,

$$\frac{1}{f} \Sigma\, h_\gamma \chi_\gamma z_\gamma = (\Sigma\, a_\alpha x_\alpha)\,(\Sigma\, b_\beta y_\beta),$$

wo $a_0 = b_0 = 1$ ist. Setzt man $y_0 = y_E = 1$ und $y_1 = \cdots = y_{k-1} = 0$, so wird $z_R = x_R$, also $\frac{1}{f} \Sigma\, h_\gamma \chi_\gamma x_\gamma = \Sigma\, a_\alpha x_\alpha$. Mithin ist

(16.) $$f \Sigma\, h_\gamma \chi_\gamma z_\gamma = (\Sigma\, h_\alpha \chi_\alpha x_\alpha)(\Sigma\, h_\beta \chi_\beta y_\beta).$$

Nun ist aber die Gleichung (13.) oder

(17.) $$z_C = \Sigma\, x_R y_S \qquad (RS = C)$$

identisch mit

(18.) $$h_\gamma z_\gamma = \sum_{\alpha,\beta} h_{\alpha\beta\gamma'}\, x_\alpha y_\beta.$$

Denn ist C ein Element der γ^{ten} Classe, so kommt es, während R die Elemente der α^{ten} Classe durchläuft und S die der β^{ten}, $\frac{h_{\alpha\beta\gamma'}}{h_\gamma}$ Mal vor, dass $RS = C$ wird. Durch Vergleichung der Coefficienten von $x_\alpha y_\beta$ ergiebt sich daher aus (16.)

(19.) $$h_\alpha h_\beta \chi_\alpha \chi_\beta = f \sum_\gamma h_{\alpha\beta\gamma'}\, \chi_\gamma,$$

und folglich ist das Werthsystem $\chi_0, \chi_1, \cdots \chi_{k-1}$ einem der k verschiedenen Charaktere gleich. Die Gleichung (15.) lässt sich auf die Form

(20.) $$f\xi = \Sigma\, \chi(R) x_R$$

bringen.

Ist umgekehrt χ irgend einer der k Charaktere, so ist ξ ein linearer Factor der Determinante Θ. Setzt man nämlich in den Gleichungen (17.) und (18.) $y_\beta = \chi_{\beta'}$, so wird

$$z_C = \sum_S x_{CS^{-1}} y_S = \sum_R x_{CR}\chi(R), \quad h_\gamma z_\gamma = \sum_{\alpha,\beta} h_{\alpha\beta\gamma'} x_\alpha \chi_{\beta'} = \frac{1}{f}\sum_\alpha h_\alpha h_\gamma \chi_\alpha \chi_{\gamma'} x_\alpha,$$

also

$$(21.) \qquad \sum_R \chi(R) x_{CR} = \chi(C^{-1})\xi, \qquad \sum_R \chi(CR) x_R = \chi(C)\xi.$$

In der Determinante (14.) multiplicire man die Elemente der ersten Zeile ($P = E$) mit der von Null verschiedenen Zahl $\chi(E) = f$, die Elemente der Zeile, die durch den Index P charakterisirt ist, mit $\chi(P)$, und addire dann alle Zeilen zur ersten. Dann wird irgend ein Element der ersten Zeile

$$\sum_P \chi(P) x_{PQ^{-1}} = \chi(Q)\xi,$$

und folglich ist Θ durch ξ theilbar. Daher ist

$$(22.) \qquad \Theta = |x_{PQ^{-1}}| = \prod_\varkappa (\xi^{(\varkappa)})^{g^{(\varkappa)}} = \prod_\varkappa \left(\frac{1}{f^{(\varkappa)}} \sum_\varkappa h_\alpha \chi_\alpha^{(\varkappa)} x_\alpha\right)^{g^{(\varkappa)}},$$

wo $g^{(\varkappa)}$ eine von Null verschiedene ganze Zahl ist.

Mit Hülfe der Sätze über die Matrizen (linearen Systeme), die ich in meiner Arbeit *Über lineare Substitutionen und bilineare Formen*, Crelle's Journal Bd. 84 entwickelt habe, ergiebt sich für diesen Satz ein zweiter Beweis, aus dem zugleich die Bedeutung der Zahlen $g^{(\varkappa)}$ erhellt. Das bisher mit $(x_{PQ^{-1}})$ bezeichnete System von h Zeilen und Spalten will ich noch kürzer mit (x) bezeichnen. Ist $\varepsilon_R = 0$, wenn R von E verschieden ist, aber $\varepsilon_E = 1$, so ist $(\varepsilon_{PQ^{-1}}) = (\varepsilon)$ das Einheitssystem, das aus (x) hervorgeht, indem man $x_0 = 1$, $x_1 = x_2 = \cdots = x_{k-1} = 0$ setzt. Dann wird der Inhalt der Gleichungen (5.) und (6.), § 3 ausgedrückt durch die Formel

$$(23.) \qquad \sum_\varkappa \left(\frac{1}{h} e^{(\varkappa)} \chi^{(\varkappa)}\right) = (\varepsilon)$$

und der der Gleichungen (9.) durch die Formeln

$$(24.) \qquad \left(\frac{1}{h} e^{(\varkappa)} \chi^{(\varkappa)}\right)^2 = \left(\frac{1}{h} e^{(\varkappa)} \chi^{(\varkappa)}\right), \qquad \left(\frac{1}{h} e^{(\varkappa)} \chi^{(\varkappa)}\right)\left(\frac{1}{h} e^{(\lambda)} \chi^{(\lambda)}\right) = 0.$$

Lässt man in der ersten den Index $\varkappa$ weg, so zeigt sie: Die Gleichung niedrigsten Grades, der das System $\left(\frac{e\chi}{h}\right)$ genügt, ist $\psi\left(\left(\frac{e\chi}{h}\right)\right) = 0$, wenn $\psi(r) = r(r-1)$ ist. Daher kann auch die charakteristische Determinante $\varphi(r)$ dieses Systems nur für $r = 0$ und $r = 1$ verschwinden, und weil $\psi(r)$ keinen mehrfachen Linearfactor hat, so sind ihre Elementartheiler alle vom ersten Grade. Ist also

$$(25.) \qquad \varphi(r) = \left| r(\varepsilon) - \left(\frac{e\chi}{h}\right) \right| = r^{h-g}(r-1)^g,$$

so verschwinden für $r = 0$ alle Unterdeterminanten von $\phi(0)$ von dem Grade $h, h-1, \cdots g+1$, die vom Grade g aber nicht alle. Folglich ist g der Rang des Systems (χ).

Durch Auflösung der linearen Gleichungen (11.), § 2 erhält man

(26.) $$h\, x_\alpha = \sum_\varkappa \chi_\alpha^{(\varkappa)} e^{(\varkappa)} \xi^{(\varkappa)}.$$

Mithin ist

(27.) $$(x) = \sum_\varkappa \xi^{(\varkappa)} \left(\frac{1}{h} e^{(\varkappa)} \chi^{(\varkappa)}\right)$$

und folglich

$$\prod_\varkappa \left(r(\varepsilon) - \xi^{(\varkappa)} \left(\frac{1}{h} e^{(\varkappa)} \chi^{(\varkappa)}\right)\right) = r^h(\varepsilon) - r^{h-1}(x),$$

weil in der Entwicklung dieses symbolischen Productes alle anderen Glieder nach (24.) verschwinden. Mithin sind auch die Determinanten dieser beiden Systeme gleich

$$\prod_\varkappa \left(r^{h-g^{(\varkappa)}} (r - \xi^{(\varkappa)})^{g^{(\varkappa)}} \right) = r^{h(h-1)} \,|\, r(\varepsilon) - (x) \,|\,.$$

Daher müssen zunächst die Potenzen von r auf beiden Seiten dieser Gleichung gleiche Exponenten haben. Hebt man sie auf, und setzt man dann $r = 0$, so ergiebt sich die Gleichung (22.). Folglich ist darin $g^{(\varkappa)}$ der Rang des Systems

(28.) $$(\chi^{(\varkappa)}(PQ^{-1})).$$

§ 6.

In der Determinante h^{ten} Grades $|x_{P,Q}|$ seien zunächst die h^2 Elemente $x_{P,Q}$ unabhängige Variabele. Ist T ein bestimmtes Element von $\mathfrak{H}$, und setzt man

$$T^{-1}PT = P', \qquad T^{-1}QT = Q',$$

so durchläuft P' zugleich mit P die h Elemente von $\mathfrak{H}$, und Q' dieselben Elemente in derselben Reihenfolge. Daher ist

(1.) $$\Theta = |x_{P,Q}| = |x_{P',Q'}|,$$

und auch die Unterdeterminante $\Theta_{A,B}$, die dem Elemente $x_{A,B}$ in der ersten Determinante complementär ist, ist gleich der Unterdeterminante, welche demselben Elemente $x_{A,B}$, das dort aber an einer anderen Stelle steht, in der zweiten Determinante complementär ist.

Ich beschränke nun die Veränderlichkeit der h^2 Elemente der Determinante Θ zunächst dadurch, dass ich $x_{P,Q} = x_{PQ^{-1}}$ setze. Dann hängt sie nur noch von h unabhängigen Variabeln ab, je h der h^2 Elemente sind einander gleich, in jeder Zeile stehen die h verschiedenen Variabeln sämmtlich, ebenso in jeder Spalte. Die verschiedenen Zeilen unterscheiden sich von einander nur durch die Reihenfolge der Variabeln, die durch die Constitution der Gruppe $\mathfrak{H}$ bedingt ist. Ich behaupte nun, dass auch die Unterdeterminante $\Theta_{A,B}$ nicht von A und B einzeln, sondern nur von $AB^{-1} = C$ abhängt. Oder: Die Variable x_C findet sich in Θ an h Stellen. An jeder ist ihr dieselbe Unterdeterminante complementär. Zunächst ist für eine Variable der Diagonale $\Theta_{A,A} = |x_{R,S}|$, wo R die Elemente von $\mathfrak{H}$ mit Ausschluss von A durchläuft, und S dieselben $h-1$ Elemente in derselben Reihenfolge. Setzt man $R = UA$, $S = VA$, so ist

$$x_{R,S} = x_{UA,\,VA} = x_{UAA^{-1}V^{-1}} = x_{UV^{-1}} = x_{U,V},$$

also $\Theta_{A,A} = |x_{U,V}|$, wo U und V die Elemente von $\mathfrak{H}$ mit Ausschluss von E durchlaufen. Mithin ist $|x_{U,V}| = \Theta_{E,E}$.

Sind A und B zwei bestimmte Elemente von $\mathfrak{H}$, und ist $C = AB^{-1}$, so durchläuft CP die h Elemente von $\mathfrak{H}$ gleichzeitig mit P, nur in einer anderen Reihenfolge. Daher ist

$$\pm |x_{P,Q}| = |x_{CP,Q}| = |y_{P,Q}|,$$

falls man $x_{CPQ^{-1}} = y_{PQ^{-1}} = y_{P,Q}$ setzt. Nun ist $\Theta_{B,B}(y) = \Theta_{E,E}(y)$ und mithin

$$(2.)\qquad \Theta_{A,B} = \Theta_{C,E} \qquad (C = AB^{-1}).$$

Aus diesem Satze ergiebt sich die Relation

$$(3.)\qquad \Theta_{A,B} = \frac{1}{h}\,\frac{\partial\Theta}{\partial x_{AB^{-1}}}.$$

Die Theorie dieser und noch allgemeinerer Determinanten, deren Grundlage die vorliegende Untersuchung bildet, behandle ich in der Eingangs angekündigten Arbeit. Jetzt aber beschränke ich die Veränderlichkeit der h Grössen x_R weiter durch die Bedingungen (11), § 5, ich setze also $x_R = x_S$, wenn R und S conjugirt sind. Gehört C der γ^{ten} Classe an, so findet sich jetzt die Variabele $x_C = x_\gamma$ in jeder Zeile h_γ Mal, in der ganzen Determinante hh_γ Mal. Aber auch hier hat die Unterdeterminante $\Theta_{A,B}$ für jeden dieser hh_γ Plätze denselben Werth.

Unter der gemachten Voraussetzung haben die beiden Determinanten (1.) nicht nur denselben Werth, sondern es sind auch die an entsprechenden Stellen stehenden Variabeln gleich, $x_{P,Q} = x_{P',Q'}$. Daher ist auch die Unterdeterminante, die der Variabeln $x_{P,Q}$ in der ersten complementär ist, gleich der Unterdeterminante, die der Variabeln $x_{P',Q'}$ in der zweiten complementär ist; diese aber ist, wie schon oben bemerkt, gleich der Unterdeterminante, die der Variabeln $x_{P',Q'}$ in der ersten complementär ist. In Verbindung mit (2.) folgt daraus die Richtigkeit der Behauptung

$$(4.)\qquad \Theta_{P,Q} = \Theta_{R,S}, \text{ wenn } RS^{-1} = T^{-1}PQ^{-1}T.$$

Denn es ist $RS^{-1} = P'Q'^{-1}$, also

$$\Theta_{P,Q} = \Theta_{P',Q'} = \Theta_{R,S}.$$

Mithin ist jetzt

$$(5.)\qquad \Theta_{A,B} = \frac{1}{hh_{AB^{-1}}}\frac{\partial\Theta}{\partial x_{AB^{-1}}}.$$

Aus den identischen Gleichungen zwischen den Elementen einer Determinante und den ihnen complementären Unterdeterminanten ergiebt sich daher

$$\sum_R \frac{1}{h_R}\frac{\partial\log\Theta}{\partial x_R} x_{RA^{-1}} = h\varepsilon_A,$$

also wenn man für Θ seinen Ausdruck (22.), § 5 einsetzt,

$$\sum_R \sum_\varkappa \frac{g^{(\varkappa)}}{f^{(\varkappa)}\xi^{(\varkappa)}} \chi_R^{(\varkappa)} x_{RA^{-1}} = h\varepsilon_A,$$

und weil nach (21.), § 5

$$\sum_R \chi_R^{(\varkappa)} x_{RA^{-1}} = \chi^{(\varkappa)}(A)\,\xi^{(\varkappa)}$$

ist,

$$\sum_\varkappa \frac{g^{(\varkappa)}}{f^{(\varkappa)}} \chi^{(\varkappa)}(A) = h\varepsilon_A,$$

und weil nach (5.) und (6.), § 3 auch

$$(6.)\qquad \sum_\varkappa e^{(\varkappa)}\chi^{(\varkappa)}(A) = h\varepsilon_A$$

ist,

$$\sum_\varkappa \left(\frac{g^{(\varkappa)}}{f^{(\varkappa)}} - e^{(\varkappa)}\right)\chi_\alpha^{(\varkappa)} = 0.$$

Da die Determinante (8.), § 2 von Null verschieden ist, so folgt daraus

$$(7.)\qquad g^{(\varkappa)} = e^{(\varkappa)} f^{(\varkappa)},$$

und damit ist bewiesen, dass die Wurzeln $g = ef$ der Gleichung (12.), § 3 ganze Zahlen sind.

Die charakteristische Function von Θ erhält man, indem man x_0 durch $x_0 - r$, also auch $\xi^{(\varkappa)}$ durch $\xi^{(\varkappa)} - r$ ersetzt. Daher ist

$$\Theta(x_0 - r, x_1, \cdots x_{k-1}) = \prod_\varkappa (\xi^{(\varkappa)} - r)^{g^{(\varkappa)}}$$

und folglich nach (3.), § 4

$$(8.)\qquad \frac{1}{h}\frac{\partial\log\Theta(x_0 - r, x_1, \cdots x_{k-1})}{\partial r} = \frac{1}{h}\sum_\varkappa \frac{e^{(\varkappa)} f^{(\varkappa)}}{r - \xi^{(\varkappa)}}$$

$$= r^{-1} + x_0 r^{-2} + \Big(\sum_{\alpha,\beta} h_{\alpha\beta}\, x_\alpha x_\beta\Big) r^{-3} + \Big(\sum_{\alpha,\beta,\gamma} h_{\alpha\beta\gamma}\, x_\alpha x_\beta x_\gamma\Big) r^{-4} + \Big(\sum_{\alpha,\beta,\gamma,\delta} h_{\alpha\beta\gamma\delta}\, x_\alpha x_\beta x_\gamma x_\delta\Big) r^{-5} + \cdots.$$

Demnach ist dieser Ausdruck die erzeugende Function der sämmtlichen in § 1 definirten Zahlen $h_{\alpha\beta\gamma\ldots\nu}$. Nachdem aus dieser Entwicklung die Zahlen $h_{\alpha\beta\gamma}$ erhalten sind, liefert die Determinante (14.), § 2 das Product der k verschiedenen Linearfactoren von Θ. Die Beziehung zwischen diesen beiden Determinanten h^{ten} und k^{ten} Grades ist wohl eins der merkwürdigsten Ergebnisse der entwickelten Theorie.

Aus der Gleichung (5.) folgt noch, dass, wenn ξ^g ein Factor von Θ ist, die Unterdeterminanten $(h-1)^{\text{ten}}$ Grades von Θ alle durch ξ^{g-1} theilbar sind. Daher sind die Unterdeterminanten $(h-2)^{\text{ten}}$ Grades alle durch $\xi^{g-2}, \cdots$ die $(h-g+1)^{\text{ten}}$ Grades alle durch ξ theilbar, die $(h-g)^{\text{ten}}$ Grades aber nicht mehr alle durch ξ theilbar. Sind also $x_0, x_1, \cdots x_{k-1}$ unabhängige Variabele, so hat Θ nur lineare Elementartheiler.

Sind je zwei Elemente von $\mathfrak{H}$ vertauschbar, so ist $k = h$, die Charaktere, die durch die Bedingungen

$$\chi(AB) = \chi(A)\chi(B) \tag{9.}$$

bestimmt sind, sind alle vom Grade $f = 1$, die Determinante h^{ten} Grades Θ, die mit der Determinante k^{ten} Grades (14.), § 2 identisch wird, enthält jeden Linearfactor in der Potenz $e = 1$, und ihre Zerlegung ist mit Hülfe der Relationen (9.) leicht direct auszuführen. Für cyklische Gruppen, bei denen ξ in die Resolvente von Lagrange übergeht, ist sie schon 1853 von Spottiswoode, *Elementary Theorems relating to Determinants*, Crelle's Journal Bd. 51, S. 375 angegeben. Andere Fälle haben Nöther, *Notiz über eine Classe symmetrischer Determinanten*, Math. Ann. Bd. 16, Gegenbauer, *Über eine specielle symmetrische Determinante*, Wiener Ber. 1880, Puchta, *Ein neuer Satz aus der Theorie der Determinanten*, Wiener Denkschriften Bd. 43 behandelt. Die allgemeine Formel für die Determinante einer commutativen Gruppe hat Dedekind im Jahre 1880 bei Gelegenheit der Eingangs erwähnten Untersuchung über Gruppendeterminanten durch Multiplication der Determinanten $|x_{PQ^{-1}}|$ und $|\chi^{(\varkappa)}(R)|$ erhalten. Wie ich aus dem 25. Bande der *Fortschritte der Mathematik*, S. 220 ersehe, hat Burnside in der (mir nicht zugänglichen) Zeitschrift *Messenger of Math.* (2) XXIII, p. 112 in einer Arbeit *On a property of certain determinants* ebenfalls diese Formel hergeleitet.

§ 7.

Die bisher entwickelten Sätze und Formeln behalten alle ihre Gültigkeit, wenn man den Begriff der Classe, auf dem sie fussen, weiter fasst. Ist die Gruppe $\mathfrak{H}$ eine invariante Untergruppe einer anderen Gruppe $\mathfrak{H}'$, so mögen zwei Elemente R und R' von $\mathfrak{H}$ *conjugirt* heissen (in Bezug auf $\mathfrak{H}'$), wenn es in $\mathfrak{H}'$ ein Element T giebt, das der Bedingung

$$R' = T^{-1}RT \tag{1.}$$

genügt. Sei T ein bestimmtes Element von $\mathfrak{H}'$. Dann entspricht auf Grund der Gleichung (1.) jedem Elemente R von $\mathfrak{H}$ ein Element R' von $\mathfrak{H}$. Durchläuft R alle Elemente von $\mathfrak{H}$, so durchläuft auch R' dieselben, nur in einer anderen Reihenfolge. So erhält man einen Isomorphismus von $\mathfrak{H}$ in sich, und zwar jeden möglichen, indem man die Gruppe $\mathfrak{H}'$ und darin das Element T passend wählt (*Über endliche Gruppen* § 5, Sitzungsber. 1895, S. 22).

Seien A, B und P Elemente von $\mathfrak{H}$, und sei $B = P^{-1}AP$ conjugirt mit A in Bezug auf $\mathfrak{H}$. Dann sind auch A' und $B' = P'^{-1}A'P'$ conjugirt in Bezug auf $\mathfrak{H}$, und umgekehrt. Durch jenen Isomorphismus gehen also die Elemente einer Classe (α) in die Elemente derselben oder einer anderen Classe (β) über. Für zwei solche Classen, die ich *conjugirte* nennen will, ist daher $h_\alpha = h_\beta$. Vereinigt man also jetzt alle Elemente von $\mathfrak{H}$, die einander in Bezug auf $\mathfrak{H}'$ conjugirt sind, zu einer Classe, so ist die Anzahl der neuen Classen $k' \leqq k$, und jede neue Classe $(\rho)'$ entsteht durch Vereinigung einer gewissen Anzahl r von conjugirten alten Classen (α), (β), (γ), $\cdots$. Sie enthält, da $h_\alpha = h_\beta = h_\gamma = \cdots$ ist

$$h'_\varrho = h_\alpha + h_\beta + h_\gamma + \cdots = rh_\alpha \tag{2.}$$

Elemente von $\mathfrak{H}$.

Die k Grössen $\chi_0, \chi_1, \cdots \chi_{k-1}$, die einen Charakter χ bilden, sind bis auf einen gemeinsamen Factor f dadurch bestimmt, dass

$$f\xi = \Sigma\, h_\alpha \chi_\alpha x_\alpha \tag{3.}$$

ein Linearfactor der Determinante Θ ist. Ebenso ist jeder neue Charakter χ' dadurch bestimmt, dass

$$f'\xi' = \Sigma\, h'_\varrho \chi'_\varrho x'_\varrho$$

ein Linearfactor einer analogen Determinante Θ' ist. Diese geht aus Θ hervor, indem man für je r conjugirte Classen (α), (β), (γ), $\cdots$, die sich zu einer Classe $(\rho)'$ vereinigen, $x_\alpha = x_\beta = x_\gamma = \cdots = x'_\varrho$ setzt. Mithin ist

$$\frac{1}{f'} h'_\varrho \chi'_\varrho = \frac{1}{f}(h_\alpha\chi_\alpha + h_\beta\chi_\beta + h_\gamma\chi_\gamma + \cdots)$$

oder nach (2.)

$$\frac{f}{f'}\chi'_\varrho = \frac{1}{r}(\chi_\alpha + \chi_\beta + \chi_\gamma + \cdots). \tag{4.}$$

Ist R ein Element einer jener r Classen, so kann man diese Gleichung auch durch

$$\frac{f}{f'}\chi'(R) = \frac{1}{h'}\sum_U{}' \chi(U^{-1}RU) \tag{5.}$$

ersetzen, wo U die sämmtlichen h' Elemente von $\mathfrak{H}'$ durchläuft. Denn in dieser Summe von h' Gliedern kommt jedes der r Glieder der Summe (4.) vor und jedes gleich oft.

Indem man aber gewisse Complexe der Variabeln von Θ einander gleich setzt, können auch zwei verschiedene Linearfactoren ξ und η von Θ einander gleich werden. Es können also zwei verschiedene Charaktere χ und ψ denselben Charakter χ' erzeugen. Dies tritt in folgendem Falle ein:

Ist T ein bestimmtes Element von $\mathfrak{H}'$, so entspricht nach (1.) jedem Elemente R von $\mathfrak{H}$ ein Element R' von $\mathfrak{H}$. Durchläuft S die Elemente einer Classe (α), so durchläuft auch S' die Elemente einer Classe (β). Daher ist nach Gleichung (5), § 5

$$\sum_{S'}\left(\chi(E)\chi(A'S')-\chi(A')\chi(S')\right)=0.$$

Setzt man also

$$\chi(R')=\chi(T^{-1}RT)=\psi(R),$$

so ist, weil $A'S'=(AS)'$ ist,

$$\sum_{S}\left(\psi(E)\psi(AS)-\psi(A)\psi(S)\right)=0.$$

Aus dieser Relation, die mit der Gleichung (6.), § 2 identisch ist, folgt aber, dass $\psi(R)$ ein Charakter ist. Zwei solche Charaktere sollen *conjugirt* (in Bezug auf $\mathfrak{H}'$) genannt werden. Führt die Substitution T nicht jede der alten Classen in sich selbst über, so kann man den Charakter χ so wählen, dass ψ davon verschieden ist. Denn wenn etwa A und A' verschiedene Classen repraesentiren, so kann nicht für jeden Werth von $\varkappa$ $\chi^{(\varkappa)}(A)=\chi^{(\varkappa)}(A')$ sein. Wählt man $\varkappa$ so, dass diese Gleichung nicht besteht, und setzt dann $\chi^{(\varkappa)}=\chi$, so ist $\psi(A)=\chi(A')$ von $\chi(A)$ verschieden, also ist ψ ein anderer Charakter als χ.

Zwei conjugirte Charaktere unterscheiden sich nur durch die Anordnung der k Grössen $\chi_0, \chi_1, \cdots \chi_{k-1}$. Nun ist aber nach Formel (10.), § 5

$$\sum_{R}\chi(R^{-1})\chi(R)=\frac{hf}{e}, \tag{6.}$$

also ist auch

$$\sum_{R}\psi(R^{-1})\psi(R)=\sum_{R'}\chi(R'^{-1})\chi(R')=\frac{hf}{e},$$

weil R' zugleich mit R alle Elemente von $\mathfrak{H}$ durchläuft. Für zwei conjugirte Charaktere hat daher, weil $f=\chi(E)=\psi(E)$ ist, auch die Zahl $g=ef$, der Exponent des Linearfactors ξ in Θ, denselben Werth.

Zwei conjugirte Charaktere χ und ψ erzeugen denselben neuen Charakter χ'. Denn es ist

$$\frac{h'f}{f'}\chi'(R)=\sum_{U}{}'\chi(U^{-1}RU)=\sum_{U}{}'\psi(U^{-1}RU). \tag{7.}$$

Die letzte Summe ist nämlich gleich $\Sigma'\chi((UT)^{-1}R(UT))$, unterscheidet sich also von der ersten nur durch die Reihenfolge der Summanden, da UT zugleich mit U alle Elemente von $\mathfrak{H}'$ durchläuft.

Umgekehrt müssen zwei Charaktere χ und ψ, die denselben Charakter χ' erzeugen, stets conjugirt sein. Es muss also, wenn die Gleichung (7.) besteht, ein solches Element T in $\mathfrak{H}'$ geben, dass $\psi(R)=\chi(T^{-1}RT)$ ist für jedes Element R von $\mathfrak{H}$. Denn aus jener Gleichung folgt

$$\sum_U{}' \sum_R \chi(U^{-1}RU)\psi(R^{-1}) = \sum_U{}' \sum_R \psi(U^{-1}RU)\psi(R^{-1}).$$

Sei U ein bestimmtes Element von $\mathfrak{H}'$. Ist dann $\psi(U^{-1}RU)=\psi(R)$ für jedes Element R von $\mathfrak{H}$, so ist nach (6.) $\sum\limits_R \psi(U^{-1}RU)\psi(R^{-1})$ eine positive von Null verschiedene Grösse. Dieser Bedingung genügt jedes Element U von $\mathfrak{H}'$, das in $\mathfrak{H}$ enthalten ist. Ist sie aber nicht erfüllt, so ist $\psi(U^{-1}RU)=\vartheta(R)$ ein von $\psi(R)$ verschiedener Charakter, und mithin verschwindet diese Summe nach Gleichung (10.), § 5. Die rechte Seite der letzten Gleichung hat also einen von Null verschiedenen Werth, und mithin auch die Summe auf der linken Seite. Nun ist aber, falls wieder U ein bestimmtes Element von $\mathfrak{H}'$ und R ein veränderliches Element von $\mathfrak{H}$ ist, $\chi(U^{-1}RU)=\vartheta(R)$ ein Charakter. Ist dieser von $\psi(R)$ verschieden, so ist $\sum\limits_R \chi(U^{-1}RU)\psi(R^{-1})=0$. Mithin kann ϑ nicht für jedes U von ψ verschieden sein, es muss also ein Element $U=T$ geben, für das $\chi(T^{-1}RT)=\psi(R)$ ist, und folglich sind χ und ψ conjugirte Charaktere.

In der Summe (5.) finden sich alle mit χ conjugirten Charaktere und jeder gleich oft. Denn diejenigen Elemente U von $\mathfrak{H}'$, die der Gleichung $\chi(U^{-1}RU)=\chi(R)$ für jedes Element R von $\mathfrak{H}$ genügen, bilden eine in $\mathfrak{H}'$ enthaltene Gruppe, die $\mathfrak{H}$ enthält. Daher ist die Anzahl s der Charaktere $\chi^{(\varkappa)}, \chi^{(\lambda)}, \chi^{(\mu)}, \cdots$ die mit χ conjugirt sind, ein Divisor von $\frac{h'}{h}$, und man kann jene Gleichung auch auf die Form

$$\text{(8.)} \qquad \frac{f}{f'}\chi' = \frac{1}{s}(\chi^{(\varkappa)}+\chi^{(\lambda)}+\chi^{(\mu)}+\cdots)$$

bringen. Die Formeln (4.) und (8.) stellen die beiden verschiedenen Arten vor Augen, wie man sich die Entstehung der neuen Charaktere, die ich die *relativen Charaktere* von $\mathfrak{H}$ in Bezug auf $\mathfrak{H}'$ nennen will, aus den alten denken kann.

Wenn beim Übergange von Θ zu Θ' mehrere verschiedene lineare Factoren $\xi, \eta, \cdots$ von Θ einander gleich werden, so entsprechen sie conjugirten Charakteren $\chi, \psi, \cdots$ und umgekehrt. Daher haben die Potenzen von $\xi, \eta, \cdots$, die in Θ aufgehen, alle denselben Exponenten g.

Der Exponent g' der Potenz, in welcher der entsprechende Linearfactor ξ' in Θ' enthalten ist, ist folglich

$$(9.) \qquad g' = sg.$$

Daher kann man etwa $f' = sf$, $e' = e$ setzen. Während nun, wie oben erwähnt, g ein Quadrat ist, braucht g' nicht ein Quadrat zu sein. Daraus erklärt es sich, dass der Beweis für jenen Satz mit den bisher benutzten Mitteln allein nicht geführt werden kann.

Die relativen Charaktere von $\mathfrak{H}$ haben für die Gruppe $\mathfrak{H}'$ selbst eine einfache Bedeutung. Die neuen Classen, in die ich die Elemente von $\mathfrak{H}$ getheilt habe, sind auch Classen von $\mathfrak{H}'$, weil $\mathfrak{H}$ eine invariante Untergruppe von $\mathfrak{H}'$ ist. Da ich jetzt von den alten Classen und der Function Θ keinen Gebrauch mehr mache, will ich die Bezeichnung durchgehend ändern, und das, was ich bisher k' und Θ' genannt habe, mit k und Θ bezeichnen, die neuen Classen selbst mit $(0), (1) \cdots (k-1)$, die ihnen entsprechenden Variabeln mit $x_0, x_1, \cdots x_{k-1}$. Dagegen sei jetzt k' die Anzahl der Classen von $\mathfrak{H}'$. Dann enthalten die Classen $(k), (k+1), \cdots (k'-1)$ kein Element von $\mathfrak{H}$. Die der Gruppe $\mathfrak{H}'$ entsprechende Determinante (14.), § 5 des Grades h' sei

$$\Theta' = |x_{P,Q}| = |x_{PQ^{-1}}|,$$

wo P und Q die $h' = nh$ Elemente von $\mathfrak{H}'$ in derselben Reihenfolge durchlaufen. Zerfällt $\mathfrak{H}'$ (mod. $\mathfrak{H}$) in die n Complexe

$$\mathfrak{H}' = \mathfrak{H} + \mathfrak{H}T + \mathfrak{H}U + \cdots,$$

so ordne ich die Zeilen und Spalten jener Determinante so, dass P zuerst die h Elemente von $\mathfrak{H}$ durchläuft, dann die h Elemente von $\mathfrak{H}T$, dann die von $\mathfrak{H}U$, u. s. w. Setzt man nun in Θ' $x_k = \cdots = x_{k'-1} = 0$, so bleiben nur die k Variabeln x_R übrig, deren Index R ein Element von $\mathfrak{H}$ ist.

In den ersten h Zeilen bleiben nur die Elemente der ersten h Spalten, und diese bilden die Determinante h^{ten} Grades

$$\Theta = |x_{R,S}| = |x_{RS^{-1}}|,$$

wo R und S die Elemente von $\mathfrak{H}$ durchlaufen. In den folgenden h Zeilen bleiben nur die Elemente $x_{RT,ST} = x_{RT(ST)^{-1}} = x_{RS^{-1}}$, die in den Spalten $h+1$ bis $2h$ stehen, und diese bilden wieder die Determinante Θ, u. s. w. Daher wird, wenn man $x_k = \cdots x_{k'-1} = 0$ setzt,

$$(10.) \qquad \Theta' = \Theta^n.$$

Nun sind aber die Coefficienten der linearen Factoren von Θ die relativen Charaktere $\chi_0, \chi_1, \cdots \chi_{k-1}$ von $\mathfrak{H}$, und die der linearen Factoren von Θ' die Charaktere von $\mathfrak{H}'$. In jedem Charakter $\chi_0, \cdots \chi_{k-1}, \chi_k, \cdots \chi_{k'-1}$ von $\mathfrak{H}'$ bilden also die ersten k Werthe $\chi_0, \cdots \chi_{k-1}$ (von einem gemeinsamen Factor f abgesehen) einen relativen Charakter von $\mathfrak{H}$, und umgekehrt lässt sich jeder relative Charakter von $\mathfrak{H}$, $\chi_0, \cdots \chi_{k-1}$, auf eine oder mehrere Arten durch Hinzufügung passender Werthe $\chi_k, \cdots \chi_{k'-1}$ zu einem Charakter von $\mathfrak{H}'$ ergänzen.

§ 8.

Ich will nun die Theorie der Gruppencharaktere an einigen Beispielen erläutern. Die geraden Permutationen von 4 Symbolen bilden eine Gruppe $\mathfrak{H}$ der Ordnung $h = 12$. Ihre Elemente zerfallen in 4 Classen, die Elemente der Ordnung 2 bilden eine zweiseitige Classe (1), die der Ordnung 3 zwei inverse Classen (2) und (3) = (2'). Sei ρ eine primitive cubische Wurzel der Einheit.

Tetraeder. $h = 12$.

	$\chi^{(0)}$	$\chi^{(1)}$	$\chi^{(2)}$	$\chi^{(3)}$	h_α
χ_0	1	3	1	1	1
χ_1	1	-1	1	1	3
χ_2	1	0	ρ	ρ^2	4
χ_3	1	0	ρ^2	ρ	4

Die Werthe von χ_0 sind zugleich die von $f = e$.

Alle Permutationen von 4 Symbolen bilden eine Gruppe $\mathfrak{H}'$ der Ordnung $h' = 24$, von der $\mathfrak{H}$ eine invariante Untergruppe ist. Die Classen (2) und (3) sind conjugirt und vereinigen sich zu einer Classe (2)'. Ebenso sind die Charaktere $\chi^{(2)}$ und $\chi^{(3)}$ conjugirt. Die relativen Charaktere sind

	$\chi^{(0)}$	$\chi^{(1)}$	$\chi^{(2)}$	h_α
χ_0	1	3	2	1
χ_1	1	-1	2	3
χ_2	1	0	-1	8

Um diese Tabelle zu erhalten, addire man nach Formel (8), § 7 in der vorigen die beiden letzten Spalten, und behalte von den beiden letzten Zeilen, die dann einander gleich werden, nur die eine bei. Oder man nehme nach Formel (4), § 7 aus den Elementen der beiden letzten Zeilen das arithmetische Mittel, und behalte von den beiden letzten Spalten nur die eine bei. Um ganze Zahlen zu erhalten, multiplicire man noch die Elemente der letzten Spalte mit $f' = 2$. Für die beiden ersten Charaktere ist $e = f = \chi_0$, für den letzten aber $e = 1$, $f = 2$, also ist $g = 2$ kein Quadrat.

In der Gruppe $\mathfrak{H}'$ bilden die geraden Permutationen der Ordnung 2 eine Classe (1), die ungeraden eine Classe (2), die Permutationen der Ordnungen 3 und 4 je eine Classe (3) und (4). Jede der 5 Classen ist eine zweiseitige. Die Classen (2) und (4) enthalten die ungeraden Permutationen, die Classen (0), (1) und (3) enthalten die geraden und bilden zusammen die Gruppe $\mathfrak{H}$.

Octaeder. $h = 24$.

	$\chi^{(0)}$	$\chi^{(1)}$	$\chi^{(2)}$	$\chi^{(3)}$	$\chi^{(4)}$	h_α
χ_0	1	3	3	2	1	1
χ_1	1	−1	−1	2	1	3
χ_2	1	1	−1	0	−1	6
χ_3	1	0	0	−1	1	8
χ_4	1	−1	1	0	−1	6

Für jeden Charakter ist $e = f = \chi_0$.

2. Die Permutationen von 5 Symbolen bilden eine Gruppe $\mathfrak{H}'$ der Ordnung $h' = 120$, die geraden allein eine Gruppe $\mathfrak{H}$ der Ordnung $h = 60$. Die Elemente von $\mathfrak{H}'$ zerfallen in 7 Classen. Die Elemente der Ordnung 3, 4, 5, 6 bilden je eine Classe (3), (4), (5), (6). Von den Permutationen der Ordnung 2 bilden die geraden die Classe (1), die ungeraden die Classe (2). Die Classen (2), (4) und (6) enthalten die ungeraden Permutationen, die übrigen enthalten die geraden und bilden zusammen die Untergruppe $\mathfrak{H}$. Jede der 7 Classen ist eine zweiseitige. Betrachtet man $\mathfrak{H}$ für sich, so zerfällt die Classe (5) von $\mathfrak{H}'$ in 2 Classen. Daher sollen die 5 Classen von $\mathfrak{H}$ mit (0), (1), (3), (4), (5) bezeichnet werden, wo (4) und (5) die Elemente der Ordnung 5 enthalten. Sowohl in $\mathfrak{H}$, wie in $\mathfrak{H}'$ ist jede Classe eine zweiseitige.

Icosaeder. $h = 60$.

	$\chi^{(0)}$	$\chi^{(1)}$	$\chi^{(3)}$	$\chi^{(4)}$	$\chi^{(5)}$	h_α
χ_0	1	5	4	3	3	1
χ_1	1	1	0	−1	−1	15
χ_3	1	−1	1	0	0	20
χ_4	1	0	−1	$\frac{1}{2}(1+\sqrt{5})$	$\frac{1}{2}(1-\sqrt{5})$	12
χ_5	1	0	−1	$\frac{1}{2}(1-\sqrt{5})$	$\frac{1}{2}(1+\sqrt{5})$	12

Hier ist stets $e = f = \chi_0$. Die relativen Charaktere in Bezug auf $\mathfrak{H}'$ aber sind

	$\chi^{(0)}$	$\chi^{(1)}$	$\chi^{(3)}$	$\chi^{(5)}$	h_α
χ_0	1	5	4	6	1
χ_1	1	1	0	−2	15
χ_3	1	−1	1	0	20
χ_5	1	0	−1	1	24

Hier ist $e^{(5)} = 3$, $f^{(5)} = 6$, also $g^{(5)} = 18$ kein Quadrat. Endlich ergiebt sich für die Gruppe $\mathfrak{H}'$:

$h = 120$

	$\chi^{(0)}$	$\chi^{(1)}$	$\chi^{(2)}$	$\chi^{(3)}$	$\chi^{(4)}$	$\chi^{(5)}$	$\chi^{(6)}$	h_α
χ_0	1	5	5	4	4	6	1	1
χ_1	1	1	1	0	0	−2	1	15
χ_2	1	1	−1	2	−2	0	−1	10
χ_3	1	−1	−1	1	1	0	1	20
χ_4	1	−1	1	0	0	0	−1	30
χ_5	1	0	0	−1	−1	1	1	24
χ_6	1	1	−1	−1	1	0	−1	20

Auch für die symmetrische Gruppe n^{ten} Grades $\mathfrak{H}$ sind alle Charaktere ganze rationale Zahlen. Der Grund davon liegt darin, dass R und R^a stets in $\mathfrak{H}$ conjugirt sind, wenn a zur Ordnung von R theilerfremd ist.

§ 9.

Um noch ein allgemeineres Beispiel durchzuführen, wähle ich die Gruppe $\mathfrak{H}$ der Ordnung

(1.) $$h = \tfrac{1}{2}p(p^2-1),$$

die von den linearen Substitutionen

(2.) $$y \equiv \frac{\gamma+\delta x}{\alpha+\beta x} \qquad (\text{mod. } p)$$

der Determinante

(3.) $$\alpha\delta-\beta\gamma \equiv 1 \qquad (\text{mod. } p)$$

gebildet wird, falls p eine ungerade Primzahl bedeutet. Ihre Eigenschaften, die hier in Betracht kommen, sind am ausführlichsten von Gierster, *Die Untergruppen der Galois'schen Gruppe der Modulargleichungen für den Fall eines primzahligen Transformationsgrades,* Math. Ann. Bd. 18, S. 319 abgeleitet. Dieser interessanten und wichtigen Arbeit entnehme ich die folgenden Resultate:

Die h Elemente der Gruppe $\mathfrak{H}$ zerfallen in

(4.) $$k = \tfrac{1}{2}(p-1)+3$$

Classen conjugirter Elemente. Die von dem Elemente E gebildete Hauptclasse möge nicht, wie in der allgemeinen Theorie, mit (0), sondern mit (λ) bezeichnet werden. Die Elemente der Ordnung p bilden zwei Classen, die ich auch nicht mit Ziffern, sondern mit den Buchstaben (μ) und (ν) bezeichnen werde. Seien P und Q zwei nicht conjugirte Elemente der Ordnung p. Ist a ein quadratischer Rest von p und b ein Nichtrest, so ist P^a mit P conjugirt, P^b nicht. Ist daher $p \equiv 3$ (mod. 4), so sind (μ) und (ν) inverse Classen, und man kann $Q = P^{-1}$ wählen. Ist aber $p \equiv 1$ (mod. 4), so sind P und P^{-1} conjugirt, ebenso Q und Q^{-1}, also ist jede dieser beiden Classen eine zweiseitige.

Die Ordnung jedes anderen Elementes der Gruppe ist ein Divisor von $\frac{1}{2}(p-1)$ oder von $\frac{1}{2}(p+1)$. Es giebt ein Element R der Ordnung $\frac{1}{2}(p-1)$ und ein Element S der Ordnung $\frac{1}{2}(p+1)$. Unter den Potenzen von R sind je zwei mit entgegengesetzten Exponenten R^a und R^{-a} conjugirt, ebenso unter den Potenzen von S. Dagegen repraesentiren, je nachdem $p\equiv 1$ oder 3 (mod. 4) ist,

$$(5.)\qquad \begin{array}{l} R,\ R^2,\ \cdots\ R^{\frac{p-1}{4}}\ \left(\text{bez. } R^{\frac{p-3}{4}}\right), \\ S,\ S^2,\ \cdots\ S^{\frac{p-1}{4}}\ \left(\text{bez. } S^{\frac{p+1}{4}}\right) \end{array}$$

$\frac{1}{2}(p-1)$ verschiedene Classen. Fügt man dazu noch die drei Elemente E, P und Q, so hat man für jede der k Classen einen und nur einen Repraesentanten. Jede Classe ist eine zweiseitige. Nur wenn $p\equiv 3$ (mod. 4) ist, sind (μ) und (ν) inverse Classen. Nachdem R und S in irgend einer bestimmten Weise gewählt sind, möge die Zahl $\pm a$ (mod. $\frac{1}{2}(p-1)$) der Index der durch R^a oder R^{-a} repraesentirten Classe genannt werden, und ebenso die Zahl $\pm b$ (mod. $\frac{1}{2}(p+1)$) der Index der durch S^b oder S^{-b} repraesentirten Classe.

Für je zwei conjugirte Substitutionen (2.) hat die Zahl

$$(6.)\qquad \varkappa\equiv\tfrac{1}{2}(\alpha+\delta)\qquad (\text{mod. } p)$$

abgesehen vom Vorzeichen denselben Werth, also auch die beiden Wurzeln jeder der beiden Congruenzen

$$(7.)\qquad x^2\pm 2\varkappa x+1\equiv 0\qquad (\text{mod. } p).$$

Daher nenne ich $\pm\varkappa$ die *Invariante* der Classe, der die Substitution (2.) angehört. Haben umgekehrt zwei Substitutionen dieselbe Invariante $\pm\varkappa$, so sind sie conjugirt, ausser wenn $\varkappa\equiv\pm 1$ ist. Die Substitutionen der Invariante $\varkappa\equiv\pm 1$ zerfallen in drei Classen nach dem quadratischen Charakter (mod. p) der Zahlen, die durch die Form

$$(8.)\qquad \tfrac{1}{2}(\alpha+\delta)\left(\beta x^2+(\alpha-\delta)xy-\gamma y^2\right)$$

dargestellt werden. Sind diese alle durch p theilbar, so ist $\beta\equiv\gamma\equiv 0$, $\alpha\equiv\delta\equiv\pm 1$, und wir erhalten die Hauptclasse (λ). Sind sie nicht alle durch p theilbar, so sind die Zahlen, die durch die Form darstellbar und zu p theilerfremd sind, entweder alle Reste oder alle Nichtreste von p. Im ersten Falle ist $\varkappa\beta$ Rest, und falls $\beta\equiv 0$ ist, $-\varkappa\gamma$ Rest. Diese Classe möge (μ) heissen. Im zweiten Falle ist $\varkappa\beta$ Nichtrest, und falls $\beta=0$ ist, $-\varkappa\gamma$ Nichtrest. Diese Classe möge (ν) heissen. Ist aber $\varkappa$ von ± 1 verschieden, so giebt es nur eine Classe der Invariante $\pm\varkappa$, sie möge mit $(\varkappa)$ oder auch mit $(\pm\varkappa)$ bezeichnet werden $\left(\varkappa = 0, 2, 3, \cdots \frac{p-1}{2}\right)$. Setzt man

$$(9.)\qquad \varepsilon_\varkappa = \left(\frac{\varkappa^2-1}{p}\right), \qquad \varepsilon_0 = \varepsilon = \left(\frac{-1}{p}\right), \qquad \varepsilon_1 = 0,$$

so ergeben sich für die Anzahl der Elemente jeder dieser k Classen die Formeln

$$(10.)\qquad h_\lambda = 1, \quad h_\mu = h_\nu = \tfrac{1}{2}(p^2-1), \quad h_0 = \tfrac{1}{2}p(p+\varepsilon), \quad h_\varkappa = p(p+\varepsilon_\varkappa).$$

Die Elemente der Classen (μ) und (ν) haben alle die Ordnung p. Die Classe (0) besteht aus allen Elementen von $\mathfrak{H}$, deren Ordnung gleich 2 ist. Ihr etwas abweichendes Verhalten gegen die anderen Classen $(\varkappa)$ erklärt sich daraus: Ist A ein Element der Classe $(\varkappa)$, so sind A und A^{-1} zwar conjugirt aber verschieden. Ist aber $\varkappa = 0$, so sind diese beiden Elemente gleich. Hat R^a nicht die Ordnung 2 (oder 1), so sind die $\frac{1}{2}(p-1)$ Potenzen von R die einzigen Elemente von $\mathfrak{H}$, die mit R^a vertauschbar sind. Mit der Gruppe dieser Potenzen ist aber noch ein Element T der Ordnung 2 vertauschbar, das der Bedingung $T^{-1}RT = R^{-1}$ genügt. Das Analoge gilt von S^b. Hat aber R^a (bez. S^b) die Ordnung 2, so ist ausser den Potenzen von R auch noch T mit R^a vertauschbar.

Ist $\varkappa^2-1$ quadratischer Rest von p, also $\varepsilon_\varkappa = +1$, so ist die Ordnung eines Elementes der Classe $(\varkappa)$ der Exponent, zu dem $(\varkappa + \sqrt{\varkappa^2-1})^2$ (mod. p) gehört, also ein Divisor von $\frac{1}{2}(p-1)$. Ist aber $\varkappa^2-1$ Nichtrest, also $\varepsilon_\varkappa = -1$, so ist diese Ordnung der Exponent, zu dem x^2 (modd. p, $x^2-2\varkappa x+1$) gehört, also ein Divisor von $\frac{1}{2}(p+1)$, demnach in beiden Fällen ein Divisor von $\frac{1}{2}(p-\varepsilon_\varkappa)$. Umgekehrt ist daher für die Classe, der R^a angehört, $\varepsilon_\varkappa = +1$, und für die Classe, der S^b angehört, $\varepsilon_\varkappa = -1$. Nach (5.) zerfallen die Elemente, deren Ordnung aufgeht in

$$(11.)\qquad \tfrac{1}{2}(p-1), \quad \text{in} \quad \tfrac{1}{4}(p-\varepsilon)-\tfrac{1}{2}(1-\varepsilon)$$

Classen, und die, deren Ordnung aufgeht in

$$(12.)\qquad \tfrac{1}{2}(p+1), \quad \text{in} \quad \tfrac{1}{4}(p-\varepsilon)$$

Classen. Dabei ist das Hauptelement ausgeschlossen. Oder anders zusammengefasst: Es zerfallen die Elemente, deren Ordnung aufgeht in

$$(13.)\qquad \tfrac{1}{2}(p-\varepsilon), \quad \text{in} \quad \tfrac{1}{4}(p-\varepsilon)$$

Classen, und die, deren Ordnung aufgeht in

$$(14.)\qquad \tfrac{1}{2}(p+\varepsilon), \quad \text{in} \quad \tfrac{1}{4}(p-\varepsilon)-\tfrac{1}{2}(1-\varepsilon)$$

Classen. Ist $\pm\varkappa$ die Invariante einer Classe, so will ich ihren Index jetzt so definiren: Sind r und s primitive Wurzeln der Congruenzen

(15.) $$r^{p-1} \equiv 1, \qquad s^{p+1} \equiv 1 \qquad (\text{mod.}\, p),$$

so ist r reell, und es ist zwar s imaginär, aber $s^b + s^{-b}$ reell. Ist nun $\varepsilon_\alpha = +1$, so hat jede der beiden Congruenzen (7.) zwei reelle Wurzeln, $r^{\pm a}$, $r^{\frac{1}{2}(p-1)\pm a}$. Dann nenne ich die nach dem Modul $\frac{1}{2}(p-1)$ genommene Zahl $\pm a$ den Index der Classe $(\pm\alpha)$. Ist aber $\varepsilon_\beta = -1$, so hat jede zwei imaginäre Wurzeln $s^{\pm b}$, $s^{\frac{1}{2}(p+1)\pm b}$. Dann nenne ich die nach dem Modul $\frac{1}{2}(p+1)$ genommene Zahl $\pm b$ den Index der Classe $(\pm\beta)$. Diese Definition geht in die obige über, wenn man für R die Substitution $y \equiv \frac{rx}{r^{-1}}$, und für S eine Substitution wählt, die in imaginärer Form $y \equiv \frac{sx}{s^{-1}}$ lautet. (Gierster, a. a. O. § 3.) Denn sind r und r^{-1} die Wurzeln der charakteristischen Gleichung (7.) für die Substitution R, so sind r^a und r^{-a} die für die Substitution R^a.

§ 10.

Drei (verschiedene oder gleiche) Classen mögen *concordant* heissen, wenn zwischen ihren Invarianten α, β, γ die Beziehung

(1.) $$\alpha^2 + \beta^2 + \gamma^2 \pm 2\alpha\beta\gamma \equiv 1 \qquad (\text{mod.}\, p)$$

besteht, sonst *discordant*. Ist z. B. $\gamma \equiv \pm 1$, so reducirt sich diese Relation auf $\beta \equiv \pm\alpha$. Ist $\gamma \equiv 0$, so lautet sie $\alpha^2 + \beta^2 \equiv 1$. Ich schliesse nun den Fall aus, wo eine der Invarianten gleich ± 1 ist. Schreibt man die Gleichung (1.) in der Form

$$(\alpha^2 - 1)(\beta^2 - 1) \equiv (\alpha\beta \pm \gamma)^2,$$

so folgt daraus

(2.) $$\varepsilon_\alpha = \varepsilon_\beta = \varepsilon_\gamma.$$

Sind α und β gegeben, so sind damit concordant

(3.) $$\pm\gamma \equiv \alpha\beta + \sqrt{(\alpha^2-1)(\beta^2-1)}, \qquad \pm\delta \equiv \alpha\beta - \sqrt{(\alpha^2-1)(\beta^2-1)},$$

und es ist $\varepsilon_\alpha = \varepsilon_\beta = \varepsilon_\gamma = \varepsilon_\delta$. Ist z. B. $\beta \equiv \pm\alpha$, so ist $\pm\gamma \equiv 2\alpha^2 - 1$ und $\pm\delta \equiv 1$, und mithin ist stets $\varepsilon_\alpha = \varepsilon_{(2\alpha^2-1)}$. Die Ordnungen der Elemente von drei concordanten Classen gehen alle in $\frac{1}{2}(p-1)$ auf oder alle in $\frac{1}{2}(p+1)$. Sind also a, b, c ihre Indices, so beziehen sich diese alle auf dieselbe primitive Wurzel r (oder s). Ist

$$2\alpha \equiv r^a + r^{-a}, \qquad 2\beta \equiv r^b + r^{-b}, \qquad 2\gamma \equiv r^c + r^{-c},$$

so geht die Congruenz (1.) (für das obere Vorzeichen) über in

$$(r^{a+b+c} + 1)(r^{a-b-c} + 1)(r^{-a+b-c} + 1)(r^{-a-b+c} + 1) \equiv 0,$$

ist also identisch mit der Bedingung

(4.) $$a \pm b \pm c \equiv 0 \quad (\text{mod.}\ \tfrac{1}{2}(p-1),\ \text{bez.}\ \tfrac{1}{2}(p+1)).$$

Die Indices der beiden Classen (3.) sind folglich

(5.) $$c \equiv a+b, \qquad d \equiv a-b.$$

Ich setze ferner zur Abkürzung

(6.) $$2\eta_\varkappa = \left(\frac{-2}{p}\right)\left(\left(\frac{1+\varkappa}{p}\right)+\left(\frac{1-\varkappa}{p}\right)\right), \qquad \eta_0 = \left(\frac{-2}{p}\right), \qquad 2\eta_1 = \varepsilon.$$

Ist $\varepsilon_\beta = -\varepsilon$, so ist $\eta_\beta = 0$. Ist aber $\varepsilon_\alpha = +\varepsilon$, so ist

(7.) $$\eta_\alpha = \left(\frac{-2}{p}\right)\left(\frac{1+\alpha}{p}\right) = \left(\frac{-2}{p}\right)\left(\frac{1-\alpha}{p}\right) = (-1)^a \varepsilon.$$

Denn ist $\varepsilon = +1$ und $2\alpha \equiv r^a + r^{-a}$, so ist $2(\alpha+1) \equiv (r^{-a}+1)^2 r^a$, also $\left(\frac{2}{p}\right)\left(\frac{1+\alpha}{p}\right) = \left(\frac{r^a}{p}\right) = (-1)^a$. Ist aber $\varepsilon = -1$ und $2\alpha \equiv s^a + s^{-a}$, so is $2\alpha+2 \equiv s^a+s^{-a}+2$. Ist also $a = 2b$ gerade, so ist $2\alpha+2 \equiv (s^b+s^{-b})^2$, also quadratischer Rest, da s^b+s^{-b} reell ist. Ist umgekehrt $2\alpha+2 \equiv 4\beta^2$ quadratischer Rest, so ist $2\alpha-2 = 4(\beta^2-1)$ Nichtrest, da $\varepsilon_\alpha = -1$, also $\alpha^2-1 = (\alpha-1)(\alpha+1)$ Nichtrest ist. Sind dann s^b und s^{-b} die Wurzeln der Congruenz $x^2-2\beta x+1 \equiv 0$, so ist $2\beta \equiv s^b+s^{-b}$, also $s^a+s^{-a}+2 \equiv (s^b+s^{-b})^2$ oder $s^a+s^{-a} \equiv s^{2b}+s^{-2b}$. Mithin ist $a \equiv \pm 2b$ (mod. $p+1$), also a gerade.

Nun seien α, β, γ Zahlen von 2 bis $\frac{1}{2}(p-1)$. Dann ist

$$h_{000} = \tfrac{1}{2}h, \qquad h_{00\alpha} = h, \qquad h_{0\alpha\beta} = 2h, \qquad h_{\alpha\beta\gamma} = 4h,$$

falls die drei Classen discordant sind. Sind sie aber concordant, so ist

$$h_{0\alpha\beta} = 2h + \varepsilon p^2(p+\varepsilon), \qquad h_{\alpha\beta\gamma} = 4h + \varepsilon_\alpha p^2(p+\varepsilon_\alpha).$$

Ferner ist

$$h_{\lambda\lambda\lambda} = 1, \qquad h_{\lambda\mu\mu} = h_{\lambda\nu\nu} = h_\mu \tfrac{1}{2}(1+\varepsilon), \qquad h_{\lambda\mu\nu} = h_\mu \tfrac{1}{2}(1-\varepsilon),$$
$$h_{00\lambda} = \tfrac{1}{2}p(p+\varepsilon), \qquad h_{\alpha\alpha\lambda} = p(p+\varepsilon_\alpha), \qquad h_{\alpha\beta\lambda} = 0.$$
$$h_{\mu\mu\mu} = h_{\nu\nu\nu} = h_\mu(\tfrac{3}{4}(p-\varepsilon)+\tfrac{1}{2}(p-1)), \qquad h_{\mu\mu\nu} = h_{\mu\nu\nu} = h_\mu(\tfrac{1}{4}(p-\varepsilon)-\tfrac{1}{2}(1-\varepsilon)).$$
$$h_{00\mu} = h_{00\nu} = h\tfrac{1}{2}(1+\varepsilon), \qquad h_{0\alpha\mu} = h_{0\alpha\nu} = h,$$
$$h_{\alpha\beta\mu} = h_{\alpha\beta\nu} = 2h, \qquad h_{\alpha\alpha\mu} = h_{\alpha\alpha\nu} = 2h + \varepsilon_\alpha h.$$
$$h_{0\mu\mu} = h_{0\nu\nu} = h\tfrac{1}{2}(1+\varepsilon\eta), \qquad h_{0\mu\nu} = h\tfrac{1}{2}(1-\varepsilon\eta),$$
$$h_{\alpha\mu\mu} = h_{\alpha\nu\nu} = h(1+\varepsilon\eta_\alpha), \qquad h_{\alpha\mu\nu} = h(1-\varepsilon\eta_\alpha).$$

Den Weg, auf dem ich diese Zahlen berechnet habe, will ich nur kurz andeuten: Um $\frac{h_{0\alpha\beta}}{h_0}$ zu erhalten, nehme man eine bestimmte Substitution der Classe (0) und setze sie mit allen Substitutionen der Classe (α) zusammen,

$$\begin{pmatrix} 0 & 1 \\ -1 & 0 \end{pmatrix}\begin{pmatrix} \xi & \eta \\ \zeta & 2\alpha-\xi \end{pmatrix} = \begin{pmatrix} \zeta & 2\alpha-\xi \\ -\xi & -\eta \end{pmatrix}.$$

Damit die zusammengesetzte Substitution der Classe $(\beta)' = (\beta)$ angehöre, muss sein

$$\zeta - \eta \equiv \pm 2\beta, \qquad \xi(2\alpha - \xi) - \eta\zeta \equiv 1,$$

also

$$(\xi-\alpha)^2 + (\eta \pm \beta)^2 \equiv \alpha^2 + \beta^2 - 1.$$

Ist β von Null verschieden, so ist die Anzahl der Lösungen dieser beiden Congruenzen doppelt so gross, wie die der Congruenz $\xi^2 + \eta^2 \equiv \omega$, wo $\omega \equiv \alpha^2 + \beta^2 - 1$ ist. Ist ω von Null verschieden, so ist diese Anzahl $p - \varepsilon$. Ist aber $\omega \equiv 0$, sind also $(0), (\alpha), (\beta)$ concordante Classen, so ist sie $p - \varepsilon + \varepsilon p$. Da nun $h_0 = \frac{1}{2}p(p+\varepsilon)$ ist, so ist $h_{0\alpha\beta} = 2h$, ausser wenn $\alpha^2 + \beta^2 \equiv 1$ ist, dann aber $h_{0\alpha\beta} = 2h + \varepsilon p^2(p+\varepsilon)$.

Die Gruppe $\mathfrak{H}$ kann zu einer Gruppe der Ordnung $2h$ erweitert werden, worin P und Q conjugirte Elemente sind. Sie hat also einen Isomorphismus in sich, durch den die Classen (μ) und (ν) in einander übergeführt werden. Daher ergeben sich für die Classe (μ) dieselben Beziehungen, wie für (ν). Z. B. ist $h_{\mu\nu\nu} = h_{\nu\mu\mu}$. Nach den Formeln (10.), § 9 ist $h_{\lambda\mu\nu} = h_\mu \frac{1}{2}(1-\varepsilon)$. Um nun $\frac{1}{h_\mu}(h_{\mu\nu\mu} + h_{\mu\nu\nu} + h_{\mu\nu\lambda})$ zu finden, nehme man eine bestimmte Substitution der Classe (μ), setze sie mit allen Substitutionen von (ν) zusammen

$$\begin{pmatrix} 0 & 1 \\ -1 & 2 \end{pmatrix} \begin{pmatrix} \xi & \eta \\ \zeta & 2-\xi \end{pmatrix}$$

und setze die Invariante der zusammengesetzten Substitution gleich ± 1, so ergeben sich die Gleichungen

$$\zeta - \eta + 4 - 2\xi \equiv \pm 2, \qquad 2\xi - \xi^2 - \eta\zeta \equiv 1.$$

Nimmt man das untere Zeichen, so erhält man durch Elimination von ξ

$$(\eta + \zeta + 4)^2 \equiv 16\eta.$$

Diese Congruenz hat keine zulässige Lösung. Denn η soll Nichtrest sein, und falls $\eta = 0$ ist, soll $-\zeta$ Nichtrest sein. Nimmt man das obere Zeichen, so ergiebt sich $(\eta + \zeta)^2 \equiv 0$, also $\eta \equiv -\zeta$. Daher kann für η jeder Nichtrest gesetzt werden, und man erhält $\frac{1}{2}(p-1)$ Lösungen. Mithin ist $2h_{\mu\mu\nu} + h_\mu \frac{1}{2}(1-\varepsilon) = h_\mu \frac{1}{2}(p-1)$, also

$$h_{\mu\mu\nu} = h_\mu\left(\tfrac{1}{4}(p-\varepsilon) - \tfrac{1}{2}(1-\varepsilon)\right).$$

Zur Bestimmung der Charaktere der Gruppe $\mathfrak{H}$ hat man demnach die folgenden Gleichungen zu lösen. Ich setze zur Abkürzung

$$x = \chi_0 + 2\sum \chi_\varkappa + \chi_\mu + \chi_\nu,$$
$$y = \eta_0\chi_0 + 2\sum \eta_\varkappa\chi_\varkappa + \eta_1(\chi_\mu + \chi_\nu),$$

wo $\varkappa = 2, 3, \cdots \frac{1}{2}(p-1)$ ist. Seien α und β Zahlen der Reihe $0, 2, 3, \cdots \frac{1}{2}(p-1)$.

1) Ist α von β verschieden und $\varepsilon_\beta = -\varepsilon_\alpha$,

$$p\chi_\alpha\chi_\beta = fx.$$

2) Ist aber $\varepsilon_\beta = +\varepsilon_\alpha$

$$\frac{p(p+\varepsilon_\alpha)}{f}\chi_\alpha\chi_\beta = x(p-\varepsilon_\alpha) + \varepsilon_\alpha p(\chi_\gamma + \chi_\delta),$$

wo γ und δ durch (3.) bestimmt sind.

$$3)\quad \begin{aligned} \frac{(p+\varepsilon_\alpha)}{f}\chi_\alpha\chi_\mu &= x + \varepsilon_\alpha\chi_\alpha + \eta_\alpha(\chi_\mu - \chi_\nu), \\ \frac{(p+\varepsilon_\alpha)}{f}\chi_\alpha\chi_\nu &= x + \varepsilon_\alpha\chi_\alpha + \eta_\alpha(\chi_\nu - \chi_\mu). \end{aligned}$$

$$4)\quad \begin{aligned} \frac{p(p+\varepsilon)}{f}\chi_0^2 &= x(p-\varepsilon) + \varepsilon(p-\varepsilon)(\chi_\mu + \chi_\nu) + 2f, \\ \frac{p(p+\varepsilon_\alpha)}{f}\chi_\alpha^2 &= x(p-\varepsilon_\alpha) + \tfrac{1}{2}\varepsilon_\alpha(p-\varepsilon_\alpha)(\chi_\mu + \chi_\nu) + f + \varepsilon_\alpha p\chi_{(2\alpha^2-1)}. \end{aligned}$$

$$5)\quad \begin{aligned} \frac{p^2-1}{pf}\chi_\mu^2 &= x + \varepsilon y + \frac{f}{p}(1+\varepsilon) - \frac{1}{p}\left(1+\frac{\varepsilon}{2}\right)(\chi_\mu + \chi_\nu) + \frac{\varepsilon(p-\varepsilon)}{p}(\chi_\mu - \chi_\nu), \\ \frac{p^2-1}{pf}\chi_\nu^2 &= x + \varepsilon y + \frac{f}{p}(1+\varepsilon) - \frac{1}{p}\left(1+\frac{\varepsilon}{2}\right)(\chi_\mu + \chi_\nu) + \frac{\varepsilon(p-\varepsilon)}{p}(\chi_\nu - \chi_\mu), \\ \frac{p^2-1}{pf}\chi_\mu\chi_\nu &= x - \varepsilon y + \frac{f}{p}(1-\varepsilon) - \frac{1}{p}\left(1-\frac{\varepsilon}{2}\right)(\chi_\mu + \chi_\nu). \end{aligned}$$

I. Ich untersuche zuerst, ob es Lösungen giebt, bei denen χ_μ und χ_ν verschieden sind. Aus 3) folgt $(p+\varepsilon_\alpha)\chi_\alpha = 2f\eta_\alpha$. Ist $\varepsilon_\alpha = -\varepsilon$, so ist $\eta_\alpha = 0$, also auch $\chi_\alpha = 0$. Setzt man also den vorläufig willkürlichen Proportionalitätsfactor $f = \frac{1}{2}(p+\varepsilon)$, so ist

$$\chi_\alpha = \eta_\alpha \qquad (\alpha = 0, 2, 3, \ldots \tfrac{1}{2}(p-1)).$$

Nach 1) ist $x = 0$. Nach Gleichung (2.) ist $\varepsilon_\alpha = \varepsilon_{(2\alpha^2-1)}$. Ist also in 4) $\varepsilon_\alpha = -\varepsilon$, so ergiebt sich $\chi_\mu + \chi_\nu = \varepsilon$. Nach 5) ist dann $y = \frac{1}{2}(p-\varepsilon-1)$ und $4\chi_\mu\chi_\nu = 1 - \varepsilon p$, mithin

$$\chi_\mu = \tfrac{1}{2}(\varepsilon \pm \sqrt{\varepsilon p}), \qquad \chi_\nu = \tfrac{1}{2}(\varepsilon \mp \sqrt{\varepsilon p}).$$

Dass die beiden erhaltenen Lösungen wirklich allen Gleichungen genügen, z. B. den Gleichungen 2)

$$(8.)\qquad 2\eta_\alpha\eta_\beta = \varepsilon_\alpha(\eta_\gamma + \eta_\delta)$$

bestätigt man am einfachsten mittelst der Formel (7.), § 9 und (5.).

II. Für jede andere Lösung ist $\chi_\mu = \chi_\nu$. Dadurch vereinfachen sich die Gleichungen beträchtlich, z. B. ist 5) zu ersetzen durch

$$5^*)\quad \begin{aligned} \frac{p^2-1}{f}\chi_\mu^2 &= px + f - 2\chi_\mu, \\ py &= \chi_\mu - f. \end{aligned}$$

Ich untersuche nun, ob es Lösungen giebt, bei denen x von **Null** verschieden ist. Dann sind nach 1) $\chi_0, \chi_2, \chi_3, \cdots \chi_{\frac{1}{2}(p-1)}$ von **Null** verschieden, und zwar sind alle χ_α einander gleich, für welche ε_α denselben Werth hat. Sei $\varepsilon_\alpha = +\varepsilon$ und $\varepsilon_\beta = -\varepsilon$. Dann ist

$$y = \eta_0 \chi_0 + 2\chi_0 \Sigma \eta_\alpha + \varepsilon \chi_\mu,$$

also weil $\eta_0 + 2\Sigma \eta_\alpha = -\varepsilon$ ist,

$$y = \varepsilon(\chi_\mu - \chi_0) = \frac{\chi_\mu - f}{p}.$$

Ferner ist in der Summe $x = \chi_0 + 2\chi_\mu + 2\,\Sigma\,(\chi_\alpha + \chi_\beta)$ die Anzahl der Charaktere χ_α gleich $\frac{1}{4}(p-\varepsilon)-1$, die der Charaktere χ_β aber gleich $\frac{1}{4}(p-\varepsilon)-\frac{1}{2}(1-\varepsilon)$. Daher ist

$$x = 2\chi_\mu + \left(\tfrac{1}{2}(p-\varepsilon)-1\right)\chi_0 + \left(\tfrac{1}{2}(p+\varepsilon)-1\right)\chi_\beta.$$

Nach 1) und 4) ist

$$fx = p\chi_0\chi_\beta, \qquad \frac{p(p-\varepsilon)}{f}\chi_\beta^2 = x(p+\varepsilon) - 2\varepsilon p \chi_\beta,$$

also

$$(p-\varepsilon)\chi_\beta = (p+\varepsilon)\chi_0 - 2\varepsilon f, \qquad px = (p^2+1)\chi_\mu - f.$$

Setzt man diese Werthe in 5*) ein, so erhält man

$$\chi_\mu(\chi_\mu - f) = 0,$$

also entweder $\chi_\mu = f$ oder $\chi_\mu = 0$. Im ersten Falle sei $f = 1$. Dann ist $\chi_\mu = \chi_\nu = 1$, $\chi_0 = 1$, $\chi_\beta = 1$, $\chi_\alpha = 1$ ($x = p$, $y = 0$). Im zweiten Falle sei $f = p$. Dann ist $x = -1$, $y = -1$, und $\chi_0 = \varepsilon$, $\chi_\beta = -\varepsilon$, $\chi_\alpha = \varepsilon$ oder allgemein $\chi_\kappa = \varepsilon_\kappa$, auch $\chi_\mu = \chi_\nu = \varepsilon_1 = 0$.

III. Für alle anderen Lösungen ist $x = 0$. Nach 1) sind daher entweder alle $\chi_\alpha = 0$, für die $\varepsilon_\alpha = -1$ ist oder alle, für die $\varepsilon_\alpha = +1$ ist. Sei zuerst $\chi_\alpha = 0$, falls $\varepsilon_\alpha = -1$ ist, und $f = p+1$. Nach 3) ist, falls $\varepsilon_\alpha = +1$ ist, $\chi_\alpha\chi_\mu = \chi_\alpha$, und da nicht alle χ_κ verschwinden können, $\chi_\mu = +1$. Ist $\varepsilon_\alpha = \varepsilon_\beta = +1$, also auch $\varepsilon_\gamma = \varepsilon_\delta = +1$, so ist nach 2) und 4)

$$\chi_\alpha\chi_\beta = \chi_\gamma + \chi_\delta, \qquad \chi_\alpha^2 = \chi_{(2\alpha^2-1)} + 2.$$

Setzt man also, falls a und b die Indices der Classen (α) und (β) sind, $\chi_\alpha = \xi_a$, $\chi_\beta = \xi_b$, und $\xi_0 = 2$, so ist nach (5.)

$$\xi_a\xi_b = \xi_{a+b} + \xi_{a-b},$$

auch wenn $b = a$ ist. Ist ρ eine neue Unbekannte, und $\xi_1 = \rho + \rho^{-1}$, so ergiebt sich aus $\xi_1\xi_1 = \xi_2 + \xi_0$, dass $\xi_2 = \rho^2 + \rho^{-2}$, dann aus $\xi_1\xi_2 = \xi_3 + \xi_1$, dass $\xi_3 = \rho^3 + \rho^{-3}$ ist, allgemein, dass $\xi_a = \rho^a + \rho^{-a}$ ist. Aus $\xi_{\frac{1}{2}(p-1)} = \xi_0$ folgt dann, dass

$$\rho^{\frac{1}{2}(p-1)} = 1 \tag{9.}$$

ist. Man gelangt so zu den Lösungen

$$\chi_\lambda = p+1, \quad \chi_\mu = \chi_\nu = 1, \quad \chi_\alpha = \rho^a + \rho^{-a}, \quad \text{falls } \varepsilon_\alpha = +1 \text{ und } 2\alpha \equiv r^a + r^{-a},$$
$$\chi_\beta = 0, \quad \text{falls } \varepsilon_\beta = -1 \text{ ist.}$$

Die erhaltenen Werthe genügen auch allen Gleichungen, nur wenn $\rho = 1$ ist, nicht der Gleichung $x = 0$, und wenn $\frac{1}{2}(p-1)$ gerade und $\rho = -1$ ist, nicht der Gleichung $y = -1$. (5*). Ihre Anzahl ist daher

(10.) $$n = \tfrac{1}{4}(p-\varepsilon)-1.$$

IV. Sei endlich $\chi_\alpha = 0$, falls $\varepsilon_\alpha = +1$ ist, und $f = p-1$. Dann ist $\chi_\beta\chi_\mu = -\chi_\beta$ und mithin $\chi_\mu = -1$. Ist $\varepsilon_\alpha = \varepsilon_\beta = -1$, so ist

$$\chi_\alpha\chi_\beta = -\chi_\gamma - \chi_\delta, \quad \chi_\alpha^2 = -\chi_{(2\alpha^2-1)} + 2.$$

Setzt man dann, falls a und b die Indices der Classen (α) und (β) sind, $\chi_\alpha = -\xi_a$, $\chi_\beta = -\xi_b$ und $\xi_0 = 2$, so ist

$$\xi_a\xi_b = \xi_{a+b} + \xi_{a-b}.$$

Ist also $\xi_1 = \sigma + \sigma^{-1}$, so ist $\xi_b = \sigma^b + \sigma^{-b}$, und weil $\xi_{\frac{1}{2}(p+1)} = \xi_0$ ist, so ist

(11.) $$\sigma^{\frac{1}{2}(p+1)} = 1.$$

So gelangt man zu den Lösungen

$$\chi_\lambda = p-1,\ \chi_\mu = \chi_\nu = -1,\ \chi_\beta = -\sigma^b - \sigma^{-b},\ \text{falls } \varepsilon_\beta = -1 \text{ und } 2\beta \equiv s^b + s^{-b},$$
$$\chi_\alpha = 0, \qquad \text{falls } \varepsilon_\alpha = +1 \text{ ist.}$$

Für σ ist der Werth $+1$, und wenn $\frac{1}{2}(p+1)$ gerade ist, auch der Werth -1 unzulässig. Die Anzahl dieser Lösungen ist mithin

(12.) $$n = \tfrac{1}{4}(p-\varepsilon) - \tfrac{1}{2}(1-\varepsilon).$$

Damit sind die $k = \frac{1}{2}(p-1)+3$ Charaktere sämmtlich ermittelt. Zu jedem ist noch eine Zahl e mit Hülfe der Formel

$$\frac{hf}{e} = \Sigma\, h_\alpha \chi_\alpha \chi_{\alpha'}$$

zu bestimmen. Man findet, dass in allen k Fällen $e = f$ ist. Die Proportionalitätsfactoren sind also der in § 3 angegebenen Regel entsprechend gewählt.

Ich will die k Charaktere noch einmal zusammenstellen, indem ich mich der in § 5 eingeführten Bezeichnung bediene:

n	1	1	2	$\frac{1}{4}(p-\varepsilon)-1$	$\frac{1}{4}(p-\varepsilon)-\frac{1}{2}(1-\varepsilon)$
$\chi(E)$	1	p	$\frac{1}{2}(p+\varepsilon)$	$p+1$	$p-1$
$\chi(P)$	1	0	$\frac{1}{2}(\varepsilon \pm \sqrt{\varepsilon p})$	1	-1
$\chi(Q)$	1	0	$\frac{1}{2}(\varepsilon \mp \sqrt{\varepsilon p})$	1	-1
$\chi(R^a)$	1	1	$\frac{1}{2}(1+\varepsilon)(-1)^a$	$\rho^a + \rho^{-a}$	0
$\chi(S^b)$	1	-1	$-\frac{1}{2}(1-\varepsilon)(-1)^b$	0	$-\sigma^b - \sigma^{-b}$

Für $p = 3$ und $p = 5$ ergeben sich daraus die in § 8 angegebenen Charaktere der Gruppe des Tetraeders und des Icosaeders.

54.

Über die Primfactoren der Gruppendeterminante

Sitzungsberichte der Königlich Preußischen Akademie der Wissenschaften zu Berlin 1343–1382 (1896)

Die Theorie der Charaktere einer Gruppe, deren Grundlagen ich in meiner letzten Arbeit entwickelt habe, erfordert zu ihrer weiteren Ausgestaltung die Untersuchung einer Determinante, deren Grad der Ordnung der Gruppe gleich ist. Nach dem Vorgange von Dedekind, der zuerst ihre Bedeutung für die Theorie der Gruppen erkannt und meine Aufmerksamkeit auf sie gelenkt hat, nenne ich sie die der Gruppe entsprechende *Gruppendeterminante*. Die h Elemente $A, B, C, \cdots$ der Gruppe $\mathfrak{H}$ benutze ich als Indices für h unabhängige Variabele $x_A, x_B, x_C, \cdots$. Indem ich diese Bezeichnung wähle, treffe ich die Festsetzung, dass, wenn $L = MN$ ist, auch $x_L = x_{MN}$ sein soll. Aus diesen h Grössen, die durch einen Index von einander unterschieden sind, bilde ich h^2 Grössen, die mit zwei Indices versehen sind, indem ich $x_{P\,Q} = x_{PQ^{-1}}$ setze. Sind $G_1, G_2, \cdots G_h$ die h Elemente von $\mathfrak{H}$ in irgend einer bestimmten Reihenfolge, so betrachte ich die Matrix $(x_{P,Q}) = (x_{PQ^{-1}})$, deren h Zeilen man erhält, indem man für P der Reihe nach die h Elemente $G_1, G_2, \cdots G_h$ setzt, und deren h Spalten man erhält, indem man für Q dieselben h Elemente in derselben Reihenfolge setzt. Diese Matrix besitzt gewisse, durch die Constitution der Gruppe $\mathfrak{H}$ bedingte Symmetrieeigenschaften. In jeder Zeile finden sich die h Variabelen sämmtlich und ebenso in jeder Spalte. Die verschiedenen Zeilen (Spalten) unterscheiden sich von einander nur durch die Anordnung der Variabelen. Die Gruppendeterminante, die der Gruppe $\mathfrak{H}$ entspricht, ist die Determinante dieser Matrix

$$\Theta = |x_{P,Q}| = |x_{PQ^{-1}}|.$$

Addirt man zu den Elementen der ersten Zeile die aller anderen Zeilen, so werden jene Elemente alle gleich $\Sigma\, x_R = \xi$. Daher ist die ganze Function h^{ten} Grades Θ der h Variabelen $x_A, x_B, x_C, \cdots$ durch die lineare Function ξ theilbar. Mithin zerfällt Θ, von dem trivialen Falle $h = 1$ abgesehen, stets in Factoren niedrigeren Grades. Die Anzahl k der verschiedenen irreducibelen Factoren oder Primfactoren von

Θ ist gleich der Anzahl der Classen conjugirter Elemente, worin die Elemente von $\mathfrak{H}$ zerfallen. Ist f der Grad eines solchen Primfactors Φ, so ist Θ durch die f^{te} und durch keine höhere Potenz von Φ theilbar. Der Grad f ist ein Divisor der Ordnung h. Durch eine lineare Substitution lässt sich Φ in eine Function von f^2, aber nicht von weniger Variabelen transformiren, und wenn man jeden Primfactor von

$$\Theta = \Pi\, \Phi^f$$

in dieser Weise umformt, so sind die $\Sigma f^2 = h$ neuen Variabelen alle unter einander unabhängig. Setzt man immer diejenigen Variabelen x_R einander gleich, deren Indices Elemente derselben Classe sind, so wird

$$\Phi = \xi^f$$

die f^{te} Potenz einer linearen Function ξ von k unabhängigen Variabelen, und die k linearen Functionen, die so aus den k Primfactoren von Θ entspringen, sind linear unabhängig. Aus den Coefficienten der linearen Function ξ ergiebt sich ein Charakter χ der Gruppe $\mathfrak{H}$, und aus seinen k Werthen $\chi(R)$ lassen sich die Coefficienten der Primfunction Φ sämmtlich berechnen. Die Theorie der allgemeinen Gruppendeterminante, worin die h Grössen x_R unbeschränkt veränderlich sind, wird so auf die Theorie der speciellen Gruppendeterminante zurückgeführt, worin die Veränderlichkeit dieser Grössen durch die Bedingungen $x_{BA} = x_{AB}$ beschränkt ist. Die Berechnung dieser Determinante h^{ten} Grades aber

$$\Theta = \Pi\, \xi^{f^2}$$

lässt sich auf die einer Determinante k^{ten} Grades

$$\left| \sum_\gamma \frac{1}{h_\alpha} h_{\alpha\beta'\gamma}\, x_\gamma \right| = \Pi\, \xi$$

reduciren, worin der lineare Factor ξ, der in Θ zur Potenz f^2 erhoben vorkommt, nur einfach enthalten ist. Die Definition der positiven ganzen Zahlen $h_{\alpha\beta\gamma}$ und die Entwicklung ihrer Beziehungen zu den Charakteren bildet den Hauptinhalt meiner Arbeit *Über Gruppencharaktere*, Sitzungsberichte 1896, die ich im Folgenden mit *Ch.* citiren werde.

Ganz analoge Eigenschaften, wie ein solcher Primfactor Φ einer Gruppendeterminante, hat die ganze Function $2^{\varsigma\,\text{ten}}$ Grades von $2^{2\varsigma}$ Variabelen, die ich in meiner Arbeit *Über Thetafunctionen mehrerer Variabelen* (Crelle's Journal Bd. 96) untersucht habe, auf die ich dort aber nicht durch die Betrachtung der Gruppe der zwischen den Thetafunctionen bestehenden Relationen, sondern durch das für diese Functionen geltende Additionstheorem geführt worden bin. Sonst ist die Gruppendeterminante bisher nur für den Fall commutativer Gruppen untersucht worden, wo ihre Primfactoren sämmtlich linear sind. Für einige besonders einfache, nicht commutative Gruppen hat Dedekind im Jahre 1886 die Determinante Θ durch Rechnung in Primfactoren zerfällt, und seine interessanten Ergebnisse, die er mir vor kurzem mitgetheilt hat, haben mich veranlasst, die Zerlegung der Gruppendeterminante in Primfactoren allgemein für eine beliebig gegebene Gruppe zu untersuchen.

§ 1.

Die Determinante der Matrix h^{ten} Grades

$$(x_{P,Q}) = (x_{PQ^{-1}}) = (x) \tag{1.}$$

bezeichne ich mit

$$|x_{P,Q}| = |x_{PQ^{-1}}| = \Theta(x_E, x_A, x_B, x_C, \cdots) = \Theta(x_R) = \Theta(x) = \Theta. \tag{2.}$$

Unter E verstehe ich immer das Hauptelement. In dem Zeichen $\Theta(x_R)$ bedeutet R ein veränderliches Element, für das die h Elemente $E, A, B, C, \cdots$ der Gruppe $\mathfrak{H}$ zu setzen sind. Bei Anwendung der Bezeichnung (x) oder $\Theta(x)$ ist x ein leeres Zeichen, das erst dadurch eine Bedeutung erhält, dass daran die Indices $E, A, B, C, \cdots$ angehängt werden.

Nun sei $y_E, y_A, y_B, y_C \cdots$ ein zweites System von h unabhängigen Variabelen. Aus ihnen bilde ich die Matrix

$$(y_{P,Q}) = (y_{PQ^{-1}}) = (y). \tag{3.}$$

Ihre Zeilen (Spalten) erhält man, indem man für $P\,(Q)$ die h Elemente $G_1, G_2, \cdots G_h$ von $\mathfrak{H}$ in derselben Reihenfolge setzt, in der sie bei der Bildung der Matrix (1.) benutzt sind.

Aus jenen beiden Systemen von je h Variabelen x_R und y_R bilde ich ein drittes System z_R, indem ich

$$z_A = \Sigma\, x_R y_S \qquad (RS = A) \tag{4.}$$

setze. In dieser Summe sind für R die h Elemente von $\mathfrak{H}$ zu setzen, und jedes Element R ist mit dem Elemente $S\ (= R^{-1}A)$ zu verbinden, das der Bedingung $RS = A$ (nicht $SR = A$) genügt, so dass auch S die h Elemente von $\mathfrak{H}$ durchläuft, jedes Mal verbunden mit $R = AS^{-1}$. Dann ergiebt sich durch Zusammensetzung der beiden Matrizen (1.) und (3.), welche die hier vorausgesetzten, durch die Constitution der Gruppe $\mathfrak{H}$ bedingten Symmetrieeigenschaften besitzen, die Matrix

$$(z_{P,Q}) = (z_{PQ^{-1}}) = (z) = (x)\,(y) \tag{5.}$$

mit denselben Symmetrieeigenschaften. Denn es ist

$$z_{P,Q} = \sum_R x_{P,R}\, y_{R,Q} = \sum_R x_{PR^{-1}}\, y_{RQ^{-1}}.$$

Setzt man in dieser Summe $R = SQ$, so durchläuft S gleichzeitig mit R die h Elemente von $\mathfrak{H}$, nur in einer anderen Reihenfolge, und es wird nach (4.)

$$z_{P,Q} = \sum_S x_{PQ^{-1}S^{-1}}\, y_S = z_{PQ^{-1}}.$$

Derselbe Satz gilt, wenn man beliebig viele derartige Matrizen zusammensetzt. Sind z. B. $z_E, z_A, z_B, z_C, \cdots$ h beliebige Grössen, und setzt man

$$v_A = \sum x_R\, y_S\, z_T, \qquad (RST = A)$$

so ist die Matrix $(v_{PQ^{-1}}) = (v) = (x)(y)(z)$ aus den drei Matrizen (x), (y) und (z) in dieser Reihenfolge zusammengesetzt. Setzt man die Matrix (x) n Mal mit sich selbst zusammen, so möge sich die Matrix

$$(x_{P,Q})^n = (x)^n = (x^{(n)}_{PQ^{-1}}) = (x^{(n)})$$

ergeben. Dann ist

$$x^{(n)}_R = \sum x_{R_1} x_{R_2} \cdots x_{R_n}. \qquad (R_1 R_2 \cdots R_n = R) \tag{6.}$$

Demnach besitzt auch jede Function der Matrix (x) die hier vorausgesetzten Symmetrieeigenschaften, z. B. die zu (x) *adjungirte Matrix*. (*Über lineare Substitutionen und bilineare Formen*, Crelle's Journal Bd. 84 S. 7), ebenso die *Hauptmatrix* (Einheitsmatrix)

$$(x)^0 = (\varepsilon_{P,Q}) = (\varepsilon_{PQ^{-1}}) = (\varepsilon),$$

wo $\varepsilon_R = 0$ ist, ausser wenn $R = E$ ist, und $\varepsilon_E = 1$ ist.

Nun seien $\Phi, \Phi', \Phi'', \cdots$ die verschiedenen in

$$\Theta = \Phi^e \Phi'^{e'} \Phi''^{e''} \cdots = \Pi \Phi^e \tag{7.}$$

aufgehenden unzerlegbaren Functionen (Primfunctionen), und seien $f, f', f'' \cdots$ die Grade dieser ganzen homogenen Functionen der h Variabelen $x_E, x_A, x_B, x_C, \cdots$. In der Gruppendeterminante Θ sind die Elemente der Diagonale und nur diese gleich x_E. Daher reducirt sich Θ auf x_E^h, wenn man alle Variabelen ausser x_E gleich Null setzt, und folglich reducirt sich dann auch Φ auf die f^{te} Potenz von x_E. Daher kann man den noch unbestimmten constanten Factor von Φ so wählen, dass in dieser Function x_E^f den Coefficienten 1 hat.

Nach dem Multiplicationstheorem der Determinanten folgt aus den Gleichungen (2.) und (5.) die Relation

$$\Theta(z) = \Theta(x)\ \Theta(y). \tag{8.}$$

Daraus ergiebt sich für jeden Primfactor von Θ

$$\Phi = \Phi(x_E, x_A, x_B, x_C, \cdots) = \Phi(x_R) = \Phi(x)$$

die analoge Relation

(9.) $$\Phi(z) = \Phi(x)\,\Phi(y), \text{ wenn } (z) = (x)(y)$$

ist, durch welche die Function Φ unabhängig von ihrer Beziehung zur Gruppendeterminante Θ charakterisirt werden kann. Denn zerlegt man die rechte Seite der Gleichung (8.) in Primfactoren, so folgt daraus, dass $\Phi(z)$ in das Product einer Function $\Lambda(x)$ der h Variabelen x_R allein und einer Function $\mathrm{M}(y)$ der h Variabelen y_R allein zerfällt. Setzt man dann in der Gleichung $\Phi(z) = \Lambda(x)\,\mathrm{M}(y)$ $y_R = \varepsilon_R$, so wird $z_R = x_R$, also $\Phi(x) = \Lambda(x)\,\mathrm{M}(\varepsilon)$. Ebenso ist $\mathrm{M}(y) = \Lambda(\varepsilon)\,\Phi(y)$ und $\Lambda(\varepsilon)\,\mathrm{M}(\varepsilon) = \Phi(\varepsilon) = 1$.

Umgekehrt muss jede unzerlegbare ganze homogene Function Φ von $x_E, x_A, x_B, \cdots$, die der Bedingung (9.) genügt, ein Factor der Gruppendeterminante $\Theta(x)$ sein. Denn setzt man in dieser Gleichung für (y) die zu (x) adjungirte Matrix, so wird $z_R = \varepsilon_R\,\Theta(x)$, also

$$\Phi(z) = \Theta(x)^f = \Phi(x)\Phi(y),$$

wo y_A eine ganze Function der h Variabelen x_R ist. Daher muss die Function $\Phi(x)$, weil sie unzerlegbar ist, ein Factor von $\Theta(x)$ sein.

Mit Hülfe der Relation (9.) lassen sich alle Eigenschaften der Determinanten, die aus dem Multiplicationstheorem fliessen, auf die Primfactoren der Gruppendeterminante übertragen, namentlich die Eigenschaften, welche ich in meiner im Folgenden mit *V.* citirten Arbeit *Über vertauschbare Matrizen* (S. 601 dieses Bandes) entwickelt habe.

§ 2.

Jeder Primfactor $\Phi(x)$ der Gruppendeterminante genügt der Bedingung

(1.) $$\Phi(z) = \Phi(x)\Phi(y),$$

falls

(2.) $$z_C = \Sigma\, x_A y_B \qquad (AB = C)$$

gesetzt wird. Mit Hülfe dieser Beziehung lassen sich die linearen Factoren

(3.) $$\Phi(x) = \Sigma\, \chi(A) x_A$$

vollständig bestimmen. Denn aus der Gleichung

$$(\Sigma\, \chi(A)\, x_A)\,(\Sigma\, \chi(B)\, y_B) = (\Sigma\, \chi(C)\, z_C) = \Sigma\, \chi(AB)\, x_A y_B$$

ergiebt sich für die Coefficienten $\chi(A)$ dieser Functionen die Relation

(4.) $$\chi(AB) = \chi(A)\chi(B).$$

Mithin ist $\chi(E)=1$, $\chi(A)\chi(A^{-1})=1$ und allgemeiner $\chi(ABCD\cdots)$ $=\chi(A)\chi(B)\chi(C)\chi(D)\cdots$, und folglich

$$\chi(B^{-1}A^{-1}BA)=\chi(B^{-1})\chi(A^{-1})\chi(B)\chi(A)=1.$$

Das Element F, das sich mittelst der Gleichung

$$BA=ABF \tag{5.}$$

aus A und B ergiebt, nenne ich nach DEDEKIND den *Commutator* von A und B. Demnach ist $\chi(F)=1$ für jeden Commutator F von irgend zwei Elementen der Gruppe $\mathfrak{H}$. Ist T ein beliebiges Element von $\mathfrak{H}$, und ist

$$T^{-1}AT=A', \qquad T^{-1}BT=B', \qquad T^{-1}FT=F',$$

so ist auch $B'A'=A'B'F'$. Ist also F ein Commutator, so ist auch jedes mit F conjugirte Element F' ein solcher. Theilt man die Elemente von $\mathfrak{H}$ in Classen conjugirter Elemente, so werden die Commutatoren von den sämmtlichen Elementen einiger dieser Classen gebildet. Die von ihnen erzeugte Gruppe $\mathfrak{G}$ ist daher eine invariante Untergruppe von $\mathfrak{H}$. (Sie kann auch gleich $\mathfrak{H}$ sein oder auch gleich der Hauptgruppe $\mathfrak{E}$, das letztere stets und nur dann, wenn $\mathfrak{H}$ eine commutative Gruppe ist.) Ist G ein Element von $\mathfrak{G}$, so giebt es solche Commutatoren $F, F', F'', \cdots$ (die nicht verschieden zu sein brauchen), dass $G=FF'F''\cdots$ ist. Daher ist $\chi(G)=\chi(F)\chi(F')\chi(F'')\cdots=1$. Nun sei

$$\mathfrak{H}=\mathfrak{G}A+\mathfrak{G}B+\mathfrak{G}C+\cdots,$$

seien also $A, B, C, \cdots$ die (mod. $\mathfrak{G}$) verschiedenen Elemente von $\mathfrak{H}$. Ihre Anzahl ist $\frac{h}{g}$, wenn g die Ordnung von $\mathfrak{G}$ ist. Die $\frac{h}{g}$ Complexe $\mathfrak{G}A=A\mathfrak{G}$, $\mathfrak{G}B=B\mathfrak{G}, \cdots$ bilden eine Gruppe, die mit $\frac{\mathfrak{H}}{\mathfrak{G}}$ bezeichnet wird. Ist $\mathfrak{G}$ die Commutatorgruppe, so ist $\frac{\mathfrak{H}}{\mathfrak{G}}$ eine commutative (ABELsche) Gruppe, und damit $\frac{\mathfrak{H}}{\mathfrak{G}}$ eine commutative Gruppe sei, ist nothwendig und hinreichend, dass $\mathfrak{G}$ durch die Commutatorgruppe theilbar ist. Denn sind $\mathfrak{G}A$ und $\mathfrak{G}B$ zwei Elemente von $\frac{\mathfrak{H}}{\mathfrak{G}}$, so giebt es in $\mathfrak{G}$ ein solches Element F, dass $BA=ABF$ ist, also auch $\mathfrak{G}BA=\mathfrak{G}ABF$. Nun ist $\mathfrak{G}ABF=(\mathfrak{G}A)(\mathfrak{G}B)(\mathfrak{G}F)$ und $\mathfrak{G}F=\mathfrak{G}$, also

$$(\mathfrak{G}B)(\mathfrak{G}A)=(\mathfrak{G}A)(\mathfrak{G}B).$$

Diese Eigenschaften der Commutatorgruppe hat DEDEKIND im Jahre 1880 gefunden. Veröffentlicht aber sind sie zuerst von MILLER, *The regular substitution groups whose order is less than 48.* Quarterly Journal of Math. 1896, vol. 28, p. 266.

Ist G irgend ein Element von $\mathfrak{G}$, so ist $\chi(GA)=\chi(G)\chi(A)=\chi(A)$. Daher hat $\chi(R)$ für alle Elemente R des Complexes $\mathfrak{G}A$ denselben

Werth. Mithin kann man auch die Zahl $\chi(A)$ dem Complexe $\mathfrak{G}A$ zuordnen. Da diese Complexe eine commutative Gruppe bilden, und die ihnen zugeordneten Zahlen $\chi(A)$ die Eigenschaft (4.) haben, so bilden die Zahlen $\chi(A), \chi(B), \chi(C), \cdots$ einen Charakter der commutativen Gruppe $\frac{\mathfrak{H}}{\mathfrak{G}}$. Für eine solche giebt es bekanntlich immer $\frac{h}{g}$ verschiedene Charaktere, deren Werthe sämmtlich Einheitswurzeln sind. Ist ψ einer derselben, und setzt man für jedes in dem Complexe $\mathfrak{G}A$ enthaltene Element R $\chi(R) = \psi(\mathfrak{G}A)$, so ist für jedes Element G der Gruppe $\mathfrak{G}$ $\chi(G) = 1$, und es gilt für je zwei Elemente von $\mathfrak{H}$ die Gleichung (4.). Ferner ist dann die Function (3.), deren Coefficienten diese Werthe $\chi(A)$ sind, ein linearer Factor der Gruppendeterminante Θ. Denn setzt man $y_R = \chi(R)\, x_R$, so ist

$$y_{PQ^{-1}} = \chi(PQ^{-1})\, x_{PQ^{-1}} = \chi(P)\chi(Q^{-1})\, x_{PQ^{-1}},$$

und mithin ist $|y_{PQ^{-1}}| = |x_{PQ^{-1}}|$. Diese Determinante enthält aber den Factor $\Sigma y_R = \Sigma \chi(R)\, x_R = \Phi$, und zwar nur in der ersten Potenz. Denn addirt man die Elemente aller Zeilen zu denen der ersten Zeile, so werden dieselben alle gleich $\Sigma y_R = \Phi$, und wenn man dann den Factor Φ aufhebt, alle gleich 1. Zieht man nun die Elemente der ersten Spalte von denen der folgenden ab, so erkennt man, dass $\Theta : \Phi$ nur von den Differenzen $y_B - y_A$ abhängt. Mithin kann dieser Quotient nicht noch einmal durch die Summe Σy_R theilbar sein.

Folglich ist die Anzahl der linearen Factoren der Gruppendeterminante gleich dem Quotienten aus der Ordnung der Gruppe und der Ordnung ihrer Commutatorgruppe, und jeder lineare Factor ist nur in der ersten Potenz in Θ enthalten.

Diesen Satz hat Dedekind durch Induction gefunden. Einen Linearfactor, nämlich Σx_R, giebt es immer. Der entsprechende Charakter, $\chi(R) = 1$ für jedes Element R, heisst der *Hauptcharakter*. Ist $\mathfrak{G} = \mathfrak{H}$, so giebt es keinen anderen Linearfactor. Dies muss stets eintreten, wenn $\mathfrak{H}$ eine einfache Gruppe ist, deren Ordnung eine zusammengesetzte Zahl ist.

§ 3.

Man wähle jetzt eine beliebige ganze Zahl $f \leqq h$ und versuche eine ganze Function f^{ten} Grades Φ der h Variabelen $x_E, x_A, x_B, \cdots$ zu bilden, die der Bedingung (9.) § 1 genügt. In dieser muss der Coefficient von x_E^f gleich 1 sein. Denn setzt man $y_R = \varepsilon_R$, so wird $z_R = x_R$, also $\Phi(x) = \Phi(x)\Phi(\varepsilon)$, und mithin ist $\Phi(\varepsilon) = 1$. $\Phi(\varepsilon)$ ist aber der Coefficient von x_E^f in $\Phi(x)$. Ich bezeichne nun, wenn R von E verschieden ist, den Coefficienten von $x_E^{f-1} x_R$ in $\Phi(x)$ mit $\chi(R)$, setze aber

(1.) $$\chi(E) = f.$$

Für jedes Element R ist dann $\chi(R)$ der Coefficient von x_E^{f-1} in $\frac{\partial \Phi}{\partial x_R}$. Ist u eine Variabele, so setze ich zur Abkürzung

$$\Phi(x + u\varepsilon) = \Phi(x_E + u, x_A, x_B, x_C, \cdots).$$

Das Zeichen u, das eine veränderliche Grösse bezeichnet, ist hier scharf zu unterscheiden von den leeren Zeichen x und ε, die erst durch Anhängen der Indices $E, A, B, C, \cdots$ eine Bedeutung erhalten. Ist nun

(2.) $$\Phi(x + u\varepsilon) = u^f + \Phi_1 u^{f-1} + \Phi_2 u^{f-2} + \cdots + \Phi_f,$$

so ist Φ_n eine ganze homogene Function n^{ten} Grades der h Variabelen $x_E, x_A, x_B, x_C, \cdots$, und zwar ist $\Phi_f = \Phi$ und

(3.) $$\Phi_n = \frac{1}{(f-n)!}\,\frac{\partial^{f-n}\Phi}{\partial x_E^{f-n}}, \qquad \frac{\partial \Phi_{n+1}}{\partial x_E} = (f-n)\Phi_n.$$

Endlich ist

(4.) $$\Phi_1 = \Sigma\, \chi(R)\, x_R.$$

Die h Constanten $\chi(R)$ betrachte ich als die Werthe einer Function χ. Ist Φ unzerlegbar, so nenne ich χ den *Charakter f^{ten} Grades* der Gruppe $\mathfrak{H}$, welcher der Primfunction f^{ten} Grades Φ entspricht.

Ist speciell $\Sigma\, \psi(R) x_R$ ein linearer Factor von Θ, so heisst $\psi(R)$ ein Charakter ersten Grades von $\mathfrak{H}$. Dafür ist, wie oben gezeigt, die Relation

$$\psi(A)\,\psi(B) = \psi(AB)$$

die nothwendige und hinreichende Bedingung. Setzt man $\psi(R)x_R = y_R$, so ist $\Theta(y) = \Theta(x)$. Ist also $\Phi(x)$ ein Primfactor f^{ten} Grades von $\Theta(x)$, so ist auch $\Phi(y)$ ein solcher. In diesem ist der Coefficient von $x_E^{f-1} x_R$ gleich $\chi(R)\psi(R)$. Es gilt also der Satz:

Ist $\chi(R)$ ein Charakter f^{ten} Grades und $\psi(R)$ ein Charakter ersten Grades von $\mathfrak{H}$, so ist auch $\chi(R)\psi(R)$ ein Charakter f^{ten} Grades von $\mathfrak{H}$.

Dieser neue Charakter ist gleich $\chi(R)$, wenn $\psi(R)$ der *Hauptcharakter* ist. Er braucht aber auch in anderen Fällen nicht von $\chi(R)$ verschieden zu sein, nämlich, wenn $\chi(R) = 0$ ist für jedes solche Element R, wofür $\psi(R)$ von 1 verschieden ist.

Seien $u_1, u_2, \cdots u_f$ die f Werthe von $-u$, wofür

(5.) $$\Phi(x + u\varepsilon) = (u + u_1)(u + u_2)\cdots(u + u_f)$$

verschwindet. Seien $a, v_1, v_2, \cdots v_n$ Constanten und

$$g(u) = a(u + v_1)(u + v_2)\cdots(u + v_n)$$

eine ganze Function von u. Dann ist auch, falls man die Variabele u durch die Matrix (x) ersetzt,

$$(y) = g((x)) = a((x) + v_1(\varepsilon))((x) + v_2(\varepsilon)) \cdots ((x) + v_n(\varepsilon)).$$

Mithin findet man durch wiederholte Anwendung der Relation (9.) § 1

$$\Phi(y) = a^f \Phi(x + v_1 \varepsilon) \Phi(x + v_2 \varepsilon) \cdots \Phi(x + v_n \varepsilon).$$

Setzt man hier

$$\Phi(x + v\varepsilon) = (u_1 + v)(u_2 + v) \cdots (u_f + v),$$

so ergiebt sich der Satz: Ist die Matrix $(y) = g((x))$ eine ganze Function der Matrix (x), so ist

$$\Phi(y) = g(u_1) g(u_2) \cdots g(u_f).$$

Ersetzt man hier $g(u)$ durch $g(u) + v$, wo v ein Parameter ist, behält aber die Abkürzung (y) für $g((x))$ bei, so ergiebt sich die Gleichung

$$\Phi(y + v\varepsilon) = (v + g(u_1))(v + g(u_2)) \cdots (v + g(u_f)).$$

Ist z. B. $g(u) = u^n$, so ist

$$\Phi(x^{(n)} + v\varepsilon) = (v + u_1^n)(v + u_2^n) \cdots (v + u_f^n).$$

Durch Vergleichung der Coefficienten von v^{f-1} erhält man daraus nach (4.)

$$S_n = \sum_R \chi(R) x_R^{(n)}, \tag{6.}$$

wo S_n die Summe der n^{ten} Potenzen der f Grössen $u_1, u_2, \cdots u_f$ ist. Nach Formel (6.) § 1 kann man dafür auch schreiben

$$S_n = \sum_{R_1, R_2, \cdots R_n} \chi(R_1 R_2 \cdots R_n) x_{R_1} x_{R_2} \cdots x_{R_n}, \tag{7.}$$

wo jeder der n Summationsbuchstaben $R_1, R_2, \cdots R_n$ unabhängig von den anderen die h Elemente von $\mathfrak{H}$ durchläuft.

Aus den Potenzsummen S_n kann man aber die Coefficienten Φ_n der Function (2.) berechnen nach der Formel

$$(-1)^n \Phi_n = \sum \frac{(-1)^{a+b+c+\cdots} S_1^a S_2^b S_3^c \cdots}{1^a 2^b 3^c \cdots a!\, b!\, c! \cdots}, \quad (a + 2b + 3c + \cdots = n) \tag{8.}$$

wo $a, b, c, \cdots$ alle ganzen Zahlen $(\geqq 0)$ durchlaufen, die der Bedingung $a + 2b + 3c + \cdots = n$ genügen. Diese Formel gilt auch, wenn $n > f$ ist, falls dann $\Phi_n = 0$ gesetzt wird. Mit ihrer Hülfe werden wir die Functionen $\Phi_2, \Phi_3, \cdots$ und besonders $\Phi_f = \Phi$ darstellen. Die Coefficienten von Φ sind ganze Functionen der h Constanten $\chi(R)$, deren Coefficienten rationale Zahlen sind. Wählt man $n > f$, so ergeben sich aus jener Formel Relationen, denen die h Grössen $\chi(R)$ genügen müssen. Ehe ich aber zu diesen Rechnungen übergehe, muss ich eine wichtige Eigenschaft der Function $\chi(R)$ vorausschicken.

Setzt man in der Gleichung (9.) § 1 die Variabelen $y_R = 0$ ausser einer, y_A, so erhält man

$$(9.) \qquad \Phi(x_{RA^{-1}}) = \vartheta(A)\,\Phi(x_R),$$

wo $\vartheta(A)$ den Coefficienten von x_A^f in $\Phi(x_R)$ bezeichnet. Setzt man aber die Variabelen $x_R = 0$ ausser einer, x_A (und ersetzt dann den Buchstaben y durch x), so erhält man

$$(10.) \qquad \Phi(x_{A^{-1}R}) = \vartheta(A)\,\Phi(x_R).$$

Ersetzt man hier, falls B ein festes Element ist, für jeden Index R die Variabele x_R durch $x_{B^{-1}R}$, so findet man

$$\Phi(x_{B^{-1}A^{-1}R}) = \vartheta(A)\,\Phi(x_{B^{-1}R}) = \vartheta(A)\,\vartheta(B)\,\Phi(x_R).$$

Ersetzt man dagegen in der Gleichung (10.) A durch AB, so wird

$$\Phi(x_{B^{-1}A^{-1}R}) = \vartheta(AB)\,\Phi(x_R).$$

Mithin ist $\vartheta(AB) = \vartheta(A)\vartheta(B)$, und demnach ist $\vartheta(R)$ ein Charakter ersten Grades der Gruppe $\mathfrak{H}$, eine Einheitswurzel. Ist A ein festes Element, und setzt man für jedes R $y_R = x_{RA^{-1}}$, so ist

$$y_{P,Q} = y_{PQ^{-1}} = x_{PQ^{-1}A^{-1}} = x_{P,AQ}.$$

Wenn man aber in der Determinante $|x_{P,Q}|$ Q durch AQ ersetzt, so wird dadurch nur die Reihenfolge der h Spalten geändert. Ist m die Ordnung des Elementes A, so besteht jene Permutation der h Spalten aus lauter Cyklen der Ordnung m. Die Anzahl dieser Cyklen ist mithin $\frac{h}{m}$, und folglich ist die Permutation eine gerade oder ungerade, je nachdem $h - \frac{h}{m}$ gerade oder ungerade ist. Daher ist

$$\Theta(x_{RA^{-1}}) = (-1)^{h-\frac{h}{m}}\,\Theta(x_R),$$

also

$$(11.) \qquad \Pi(\vartheta A)^e = (-1)^{h-\frac{h}{m}}.$$

Ersetzt man in der Gleichung (10.) x_R durch x_{RA}, so erhält man

$$\Phi(x_{A^{-1}RA}) = \vartheta(A)\,\Phi(x_{RA}) = \vartheta(A)\vartheta(A^{-1})\,\Phi(x_R),$$

also

$$(12.) \qquad \Phi(x_{A^{-1}RA}) = \Phi(x_R).$$

Die Function $\Phi(x_R)$ bleibt also ungeändert, wenn man für jeden Index R die Variabele x_R durch $x_{A^{-1}RA}$ ersetzt, wo A ein festes Element von $\mathfrak{H}$ ist. Dabei bleibt die Variabele x_E ungeändert. Durch Vergleichung der Coefficienten von $x_E^{f-1}x_R$ ergiebt sich aber aus (12.) $\chi(ARA^{-1}) = \chi(R)$ oder, wenn man $R = BA$ setzt,

$$(13.)\qquad \chi(AB) = \chi(BA).$$

Theilt man also die h Elemente von $\mathfrak{H}$ in Classen conjugirter Elemente, so hat $\chi(R)$ für alle Elemente R einer Classe denselben Werth.

Nunmehr wende ich mich zur Berechnung der Functionen Φ_n mit Hülfe der Formel (8.). Zunächst ist nach (6.)

$$\Phi_1 = S_1 = \Sigma\chi(A)x_A,$$

$$2\Phi_2 = S_1^2 - S_2 = \Sigma\left(\chi(A)\chi(B) - \chi(AB)\right)x_A x_B,$$

$$6\Phi_3 = S_1^3 - 3S_1S_2 + 2S_3 = \Sigma\big(\chi(A)\chi(B)\chi(C) - \chi(A)\chi(BC) - \chi(B)\chi(AC) - \chi(C)\chi(AB) + \chi(ABC) + \chi(ACB)\big)x_A x_B x_C.$$

Ich setze daher

$$(14.)\qquad \chi(A, B) = \chi(A)\chi(B) - \chi(AB)$$

$$\chi(A, B, C) = \chi(A)\chi(B)\chi(C) - \chi(A)\chi(BC) - \chi(B)\chi(AC) - \chi(C)\chi(AB) + \chi(ABC) + \chi(ACB).$$

Dieser Ausdruck ist symmetrisch in A, B, C, weil $\chi(ABC)$ bei cyklischer Vertauschung der Elemente A, B, C nach (13.) ungeändert bleibt. Das allgemeine Bildungsgesetz der Coefficienten der Function

$$(15.)\qquad n!\,\Phi_n(x) = \sum_{R_1, R_2, \cdots R_n} \chi(R_1, R_2, \cdots R_n)\, x_{R_1} x_{R_2} \cdots x_{R_n}$$

ist etwas complicirt: Seien $A, B, C, D, F, G, H, \cdots L, M$ irgend n verschiedene oder gleiche unter den h Elementen von $\mathfrak{H}$. Man bilde die $n!$ Permutationen von n Symbolen und zerlege jede derselben in cyklische Factoren. Setzt man dann für die n Symbole die n Elemente $A, B, C, \cdots L, M$, so sei etwa

$$(16.)\qquad (ABCD)(FGH)\cdots(LM)$$

eine dieser $n!$ Permutationen. Man ordne ihr das Product

$$(17.)\qquad \pm\chi(ABCD)\chi(FGH)\cdots\chi(LM)$$

zu, wo das Vorzeichen + oder − zu wählen ist, je nachdem die Permutation (16.) gerade oder ungerade ist. In der Permutation (16.) bedeutet das Zeichen (FGH), dass die drei Symbole F, G, H cyklisch vertauscht werden sollen, in dem Ausdruck (17.) aber bedeutet FGH das Product der drei Elemente F, G, H.

Eine gegebene Permutation kann nur in einer Weise als Product von cyklischen Factoren dargestellt werden. Doch kann man die einzelnen Cyklen beliebig anordnen und innerhalb eines jeden Cyklus, ohne dass er seine Bedeutung ändert, die Symbole cyklisch vertauschen. Andere Umstellungen aber sind nicht zulässig. So ist die Permutation (16.) gleich

$$(GHF)\ (ML)\cdots(CDAB).$$

In dem entsprechenden Producte (17.) sind aber dieselben Änderungen gestattet, denn $\chi(ABCD)$ bleibt ungeändert, wenn man die Elemente A, B, C, D cyklisch vertauscht. Die Summe der den $n!$ Permutationen entsprechenden $n!$ Producte sei

(18.) $$\chi(A, B, C, \cdots L, M) = \Sigma^{(n)}(\pm \Pi\chi).$$

Diese Function bleibt ungeändert, wenn man die n Elemente

$$A, B, C, \cdots L, M$$

beliebig unter einander vertauscht. Besteht die Permutation (16.) aus l Cyklen, so ist sie gerade oder ungerade, je nachdem $n-l$ gerade oder ungerade ist. Daher kann man auch schreiben

(19.) $$(-1)^n\chi(A, B, C, \cdots L, M) = \Sigma^{(n)}(\Pi-\chi).$$

Z. B. ist, gleichgültig ob die durch A, B, C, D bezeichneten Elemente verschieden sind oder nicht,

(20.) $$\begin{aligned}\chi(A, B, C, D) = \\ \chi(A)\chi(B)\chi(C)\chi(D) - \chi(B)\chi(C)\chi(AD) - \chi(A)\chi(C)\chi(BD) - \chi(A)\chi(B)\chi(CD) \\ -\chi(A)\chi(D)\chi(BC) - \chi(B)\chi(D)\chi(AC) - \chi(C)\chi(D)\chi(AB) \\ +\chi(BC)\chi(AD) + \chi(AC)\chi(BD) + \chi(AB)\chi(CD) \\ +\chi(A)\chi(BCD) + \chi(B)\chi(ACD) + \chi(C)\chi(ABD) + \chi(D)\chi(ABC) \\ +\chi(A)\chi(BDC) + \chi(B)\chi(ADC) + \chi(C)\chi(ADB) + \chi(D)\chi(ACB) \\ -\chi(ABCD) - \chi(ACBD) - \chi(BACD) - \chi(BCAD) - \chi(CABD) - \chi(CBAD).\end{aligned}$$

Ich bilde nun die Summe

$$(-1)^n \Sigma\chi(A, B, C, \cdots L, M)\ x_A\, x_B\, x_C \cdots x_L\, x_M,$$

worin jeder der n Summationsbuchstaben $A, B, C, \cdots L, M$ unabhängig von den anderen die h Elemente von $\mathfrak{H}$ durchläuft. Der Ausdruck $(-1)^n\chi(A, B, C, \cdots L, M)$ ist eine Summe von $n!$ Producten $\Pi(-\chi)$. Die Permutation der n Symbole, aus welcher eins dieser Producte gebildet ist, möge aus a Cyclen von 1 Symbole, b von 2 Symbolen, c von 3 Symbolen u. s. w. bestehen, so dass $a+2b+3c+\cdots = n$ ist. Multiplicirt man dann dies Product $\Pi(-\chi)$ mit $x_A\, x_B\, x_C \cdots x_L\, x_M$ und summirt, so erhält man nach (7.)

$$(-1)^{a+b+c+\cdots} S_1^a S_2^b S_3^c \cdots.$$

Dies Glied ergiebt sich so oft, als es Permutationen giebt, die sich in der angegebenen Art als Product von cyklischen Factoren darstellen lassen, also (Cauchy, *Comptes rendus* tom. 21, p. 604)

$$\frac{n!}{1^a 2^b 3^c \cdots a!\, b!\, c! \cdots}$$

Mal. Mithin ist die betrachtete Summe gleich

$$n!\sum \frac{(-1)^{a+b+c+\cdots} S_1^a S_2^b S_3^c \cdots}{1^a 2^b 3^c \cdots a!\, b!\, c!\, \cdots} = n!\,(-1)^n \Phi_n.$$

Damit ist die Formel (15.) bewiesen. Ist also $n > f$, so ist

$$(21.) \qquad \chi(R_1, R_2, \cdots R_n) = 0 \qquad (n > f).$$

In jedem der $(n+1)!$ Producte der Summe $\chi(R, R_1, R_2, \cdots R_n)$ stelle man den Factor, der das mit R bezeichnete Element enthält, an die erste Stelle, und in diesem Factor selbst stelle man mit Hülfe einer cyklischen Vertauschung R an die erste Stelle. Dann nehme man zuerst die Producte, die den Factor $\chi(R)$ enthalten, dann die, worin auf R das Element R_1 folgt, dann die, worin auf R das Element R_2 folgt u. s. w. Auf diese Weise erhält man die Recursionsformel

$$(22.) \qquad \chi(R, R_1, R_2, R_3, \cdots R_n) = \chi(R)\chi(R_1, R_2, R_3, \cdots R_n)$$
$$-\chi(RR_1, R_2, R_3, \cdots R_n) - \chi(R_1, RR_2, R_3, \cdots R_n) - \chi(R_1, R_2, RR_3, \cdots R_n)$$
$$- \cdots - \chi(R_1, R_2, R_3, \cdots RR_n).$$

Daraus geht hervor, dass, wenn für einen Werth von n die Grössen $\chi(R_1, R_2, \cdots R_n)$ sämmtlich verschwinden, dasselbe auch für jeden grösseren Werth von n eintreten muss. Speciell ist

$$(23.) \qquad \chi(E, R_1, R_2, \cdots R_n) = (f-n)\,\chi(R_1, R_2, \cdots R_n).$$

§ 4.

Differentiirt man die Gleichung $\Phi(z) = \Phi(x)\Phi(y)$ nach y_A, so erhält man

$$\sum_R \frac{\partial \Phi(z)}{\partial z_R} x_{RA^{-1}} = \Phi(x) \frac{\partial \Phi(y)}{\partial y_A},$$

und wenn man $y_R = \varepsilon_R$ setzt,

$$(1.) \qquad \sum_R \frac{\partial \Phi(x)}{\partial x_R} x_{RA^{-1}} = \chi(A)\,\Phi(x).$$

Differentiirt man aber jene Gleichung nach x_A, so findet man auf demselben Wege

$$(2.) \qquad \sum_R \frac{\partial \Phi(x)}{\partial x_R} x_{A^{-1}R} = \chi(A)\,\Phi(x).$$

In diesen Gleichungen ersetze ich x_E durch $x_E - u$. Dann ergiebt sich daraus, da

$$\frac{\partial l\Phi(x - u\varepsilon)}{\partial u} = \frac{1}{u-u_1} + \cdots + \frac{1}{u-u_f} = \sum_n^{\infty}{}_0 \frac{S_n}{u^{n+1}}$$

ist, die Recursionsformel

$$(3.) \qquad \frac{1}{n+1}\frac{\partial S_{n+1}}{\partial x_A} = \frac{1}{n}\sum_R \frac{\partial S_n}{\partial x_R} x_{RA^{-1}} = \frac{1}{n}\sum_R \frac{\partial S_n}{\partial x_R} x_{A^{-1}R}, \qquad (n > 0)$$

aus der sich ein neuer Beweis für die Formel (7.) § 3 ableiten lässt. Differentiirt man die Gleichung (1.) nach x_S, multiplicirt sie dann mit $x_{SB^{-1}}$ und summirt nach S, so erhält man die Gleichung

$$\sum_{R,S} \frac{\partial^2\Phi}{\partial x_R \partial x_S} x_{RA^{-1}} x_{SB^{-1}} = (\chi(A)\chi(B) - \chi(BA))\,\Phi,$$

aus der sich direct die Formel (13.) § 3 ergiebt. Ebenso ist allgemein, wenn $A, B, \cdots M$ irgend n Elemente von $\mathfrak{H}$ sind,

$$\sum_{R,S,\cdots V} \frac{\partial^n\Phi}{\partial x_R \partial x_S \cdots \partial x_V} x_{RA^{-1}} x_{SB^{-1}} \cdots x_{VM^{-1}} = \chi(A, B, \cdots M)\,\Phi$$

Hier mache ich von jenen Relationen eine andere Anwendung. Setzt man

$$y_{R^{-1}} = \frac{\partial\Phi(x-u\varepsilon)}{\partial x_R},$$

so lauten sie

$$\sum_R y_{PR^{-1}}(x_{RQ^{-1}} - u\varepsilon_{RQ^{-1}}) = \sum_R (x_{PR^{-1}} - u\varepsilon_{PR^{-1}})\, y_{RQ^{-1}} = \chi(QP^{-1})\,\Phi(x-u\varepsilon).$$

Ich setze noch $\chi(R^{-1}) = \chi'(R)$ und bezeichne die Matrix $(\chi'(PQ^{-1}))$ kurz mit (χ'). Dann drückt diese Formel die folgende Beziehung zwischen Matrizen aus

$$(4.)\qquad (y)\big((x) - u(\varepsilon)\big) = \big((x) - u(\varepsilon)\big)(y) = (\chi')\,\Phi(x-u\varepsilon).$$

Mithin ist $(y)(x) = (x)(y)$. Ist also, nach Potenzen von u entwickelt, $(y) = (p) + (q)u + (r)u^2 + \cdots$, so ist (x) mit jeder der Matrizen $(p), (q), (r), \cdots$ vertauschbar. Entwickelt man nun in der Relation (4.) auch $\Phi(x-u\varepsilon)$ nach Potenzen von u, so müssen die Coefficienten der einzelnen Potenzen von u auf beiden Seiten übereinstimmen. Die so erhaltenen Gleichungen füge man wieder zusammen, nachdem man sie, statt mit den Potenzen der Variabelen u, mit den entsprechenden Potenzen der Matrix (x) multiplicirt hat. Dies Verfahren führt zu demselben Resultate, wie wenn man direct in der Gleichung (4.) die Variabele u durch die Matrix (x) ersetzt. (Ausführlicher ist diese Schlussweise entwickelt V., S. 605.) Dann ergiebt sich $(\chi')\Phi(x-(x)\varepsilon) = 0$ oder deutlicher $(\chi')\Phi(x_E - (x), x_A, x_B, x_C, \cdots) = 0$ und noch ausführlicher nach (2.) § 3

$$(5.)\qquad (\chi')\big((x)^f - (x)^{f-1}\Phi_1 + (x)^{f-2}\Phi_2 - \cdots + (-1)^f (x)^0 \Phi_f\big) = 0.$$

Multiplicirt man noch mit $(x)^{n-f}$, so erhält man

$$(6.)\qquad \sum_R \chi(AR)\big(x_R^{(n)} - x_R^{(n-1)}\Phi_1 + x_R^{(n-2)}\Phi_2 - \cdots + (-1)^f x_R^{(n-f)}\Phi_f\big) = 0.$$

Setzt man $n = f$, und bestimmt man den Coefficienten von x_S^f, so findet man

$$(7.)\qquad \chi(AS^f) - \vartheta_1(S)\chi(AS^{f-1}) + \vartheta_2(S)\chi(AS^{f-2}) - \cdots + (-1)^f \vartheta_f(S)\chi(A) = 0,$$

wo

$$(8.)\qquad \vartheta_n(S) = \frac{1}{n!}\chi(S, S, \cdots S)$$

der Coefficient von x_S^n in Φ_n ist, also von A unabhängig ist. Speciell ist $\vartheta_1(S) = \chi(S)$ und $\vartheta_f(S) = \vartheta(S)$. Setzt man in der Function $\Phi(x_E + u, x_A, x_B, \cdots x_S, \cdots)$ alle Variabelen gleich Null ausser u und x_S, so wird

$$(9.)\quad \Phi(u, 0, 0, \cdots x_S, 0, \cdots) = u^f + \vartheta_1(S)u^{f-1}x_S + \vartheta_2(S)u^{f-2}x_S^2 + \cdots + \vartheta_f(S)x_S^f.$$

Daher ist $\vartheta_n(E) = \binom{f}{n}$.

§ 5.

Die bisherigen Ergebnisse habe ich allein aus der Relation (9.) § 1 abgeleitet, ohne dabei die Unzerlegbarkeit von Φ und den Exponenten e der Potenz von Φ zu benutzen, durch welche die Gruppendeterminante Θ theilbar ist. Jede der h Variabelen x_R kommt in jeder Zeile und in jeder Spalte von Θ einmal vor, im Ganzen also an h Stellen. An jeder dieser h Stellen ist ihr aber dieselbe Unterdeterminante complementär, wie ich *Ch.* § 6 gezeigt habe. Ist also $\Theta_{P,Q}$ die Unterdeterminante, die dem Elemente $x_{P,Q}$ in der Determinante $\Theta = |x_{P,Q}|$ complementär ist, so ist

$$(1.)\qquad \Theta_{P,Q} = \frac{1}{h}\frac{\partial\Theta}{\partial x_{PQ^{-1}}} = \Theta_{PQ^{-1}},$$

falls man $h\Theta_R = \dfrac{\partial\Theta}{\partial x_R}$ setzt. Die Unterdeterminanten von Θ bilden demnach eine Matrix, welche dieselben Symmetrieeigenschaften hat, wie die Matrix (x). Nach den bekannten Relationen zwischen den Elementen einer Determinante und den ihnen complementären Unterdeterminanten ist

$$\sum_R x_{P,R}\Theta_{Q,R} = \sum_R x_{R,P}\Theta_{R,Q} = \varepsilon_{P,Q}\Theta$$

oder

$$(2.)\qquad \sum_R x_{AR}\frac{\partial\Theta}{\partial x_R} = \sum_R x_{RA}\frac{\partial\Theta}{\partial x_R} = \varepsilon_A h\Theta.$$

Nach (7.) § 1 ist $\Theta = \Phi^e\Psi$, wo Ψ zu Φ theilerfremd ist. Mithin ist

$$\sum_R x_{AR}\left(e\frac{\partial l\Phi}{\partial x_R} + \frac{\partial l\Psi}{\partial x_R}\right) = \varepsilon_A h$$

oder

$$\sum_R x_{AR}\left(e\Psi\frac{\partial\Phi}{\partial x_R} + \Phi\frac{\partial\Psi}{\partial x_R}\right) = \varepsilon_A h\Phi\Psi.$$

Da Ψ zu Φ theilerfremd ist, so ist folglich $\Sigma x_{AR}\dfrac{\partial\Phi}{\partial x_R}$ durch Φ theilbar, und weil beide Functionen von demselben Grade sind, so können sie sich nur um einen constanten Factor unterscheiden. Dieser ergiebt sich durch die Vergleichung der Coefficienten von x_E^f, und mithin besteht die Formel

$$(3.)\qquad \Sigma\, x_{AR}\frac{\partial\Phi}{\partial x_R}=\sum_R x_{RA}\frac{\partial\Phi}{\partial x_R}=\chi(A^{-1})\Phi,$$

die auf einem anderen Wege schon in § 4 abgeleitet ist. Multiplicirt man die Gleichung

$$\Sigma\, x_{RS}\frac{\partial\Phi}{\partial x_S}=\chi(R^{-1})\Phi$$

mit Θ_{RA} und summirt nach R, so erhält man

$$h\Theta\frac{\partial\Phi}{\partial x_A}=\Phi\,\Sigma\,\chi(R^{-1})\frac{\partial\Theta}{\partial x_{RA}}=\Phi\,\Sigma\,\chi(AR^{-1})\frac{\partial\Theta}{\partial x_R}.$$

Setzt man hier $\Theta=\Phi^e\Psi$, so erhält man

$$h\Psi\frac{\partial\Phi}{\partial x_A}=\Sigma\,\chi(AR^{-1})\left(e\Psi\frac{\partial\Phi}{\partial x_R}+\Phi\frac{\partial\Psi}{\partial x_R}\right),$$

und folglich ist

$$(4.)\qquad \frac{h}{e}\frac{\partial\Phi}{\partial x_A}=\sum_R\chi(AR^{-1})\frac{\partial\Phi}{\partial x_R},$$

weil die Differenz dieser beiden Functionen durch Φ theilbar und nur vom Grade $f-1$ ist. Setzt man aber $\Theta=\Phi'^{e'}\Psi'$, wo Φ' ein von Φ verschiedener Primfactor von Θ ist, so erhält man

$$h\Phi'\Psi'\frac{\partial\Phi}{\partial x_A}=\Phi\,\Sigma\,\chi(AR^{-1})\left(e'\Psi'\frac{\partial\Phi'}{\partial x_R}+\Phi'\frac{\partial\Psi'}{\partial x_R}\right),$$

und folglich ist

$$(5.)\qquad \Sigma\,\chi(AR^{-1})\frac{\partial\Phi'}{\partial x_R}=0,$$

weil diese Function durch Φ' theilbar ist. Vergleicht man in diesen Relationen die Coefficienten von x_E^{f-1} (bez. $x_E^{f'-1}$), so ergiebt sich

$$\Sigma\,\chi(AR^{-1})\chi(R)=\frac{h}{e}\chi(A),\qquad \Sigma\,\chi(AR^{-1})\psi(R)=0,$$

wo $\psi(R)$ der der Primfunction Φ' entsprechende Charakter ist. Man kann diese Gleichungen auch schreiben

$$(6.)\qquad \Sigma\,\chi(R)\chi(S)=\frac{h}{e}\chi(A),\qquad \Sigma\,\chi(R)\psi(S)=0\qquad (RS=A)$$

oder

$$(7.)\qquad \sum_R\chi(PR^{-1})\chi(RQ^{-1})=\frac{h}{e}\chi(PQ^{-1}),\qquad \sum_R\chi(PR^{-1})\psi(RQ^{-1})=0.$$

Für $A = E$ ist

(8.) $$\sum_R \chi(R)\chi(R^{-1}) = \frac{hf}{e}, \qquad \sum_R \chi(R)\psi(R^{-1}) = 0.$$

Daraus fliesst die Folgerung, dass die Werthe $\chi(E)$, $\chi(A)$, $\chi(B)$, $\cdots$ des Charakters χ den entsprechenden Werthen $\psi(E)$, $\psi(A)$, $\psi(B)\cdots$ des Charakters ψ nicht proportional sein können. Bezeichnet man die Matrix $(\chi(PQ^{-1}))$ kurz mit (χ), so kann man die Relationen (7.) auch auf die Form

(9.) $$(\frac{e}{h}\chi)^2 = (\frac{e}{h}\chi), \qquad (\chi)(\psi) = 0$$

bringen.

§ 6.

Gleichzeitig mit P durchläuft auch P^{-1} die h Elemente von $\mathfrak{H}$, nur in einer anderen Reihenfolge. Daher ist

$$|x_{P,Q}| = |x_{P^{-1},Q^{-1}}| = |x_{Q^{-1},P^{-1}}|,$$

also

(1.) $$|x_{PQ^{-1}}| = |x_{Q^{-1}P}|.$$

In jeder dieser beiden Determinanten erhält man die Zeilen, indem man für P, die Spalten, indem man für Q die Elemente $G_1, G_2, \cdots G_h$ von $\mathfrak{H}$ setzt. Sind also x_R und y_R zwei Systeme von je h Variabelen, so ist

$$|x_{PQ^{-1}}| = \Pi(\Phi(x)^e), \qquad |y_{Q^{-1}P}| = \Pi(\Phi(y)^e).$$

Die beiden Matrizen $(x_{PQ^{-1}})$ und $(y_{Q^{-1}P})$ sind aber mit einander vertauschbar, es ist

$$\sum_R x_{PR^{-1}}\, y_{Q^{-1}R} = \sum_S y_{S^{-1}P}\, x_{SQ^{-1}}.$$

Denn setzt man $SQ^{-1} = PR^{-1}$, also $S = PR^{-1}Q$, so durchläuft S gleichzeitig mit R die h Elemente von $\mathfrak{H}$, und es ist auch $S^{-1}P = Q^{-1}R$. Seien $a_1, a_2, a_3, \cdots$ die h Wurzeln der (charakteristischen Gleichung der) Matrix $(x_{PQ^{-1}})$, also die Wurzeln der Gleichung $|x_{PQ^{-1}} - u\varepsilon_{PQ^{-1}}| = 0$, und $b_1, b_2, b_3, \cdots$ die h Wurzeln der Gleichung $|y_{Q^{-1}P} - u\varepsilon_{PQ^{-1}}| = 0$, also auch der Gleichung $|y_{PQ^{-1}} - u\varepsilon_{PQ^{-1}}| = 0$. Dann lassen sich (*V.*, S. 602, III) diese beiden Reihen von je h Wurzeln einander so zuordnen, dass $a_1 + b_1, a_2 + b_2, a_3 + b_3, \cdots$ die Wurzeln der Matrix $(x_{PQ^{-1}} + y_{Q^{-1}P})$ werden.

Auf diesen allgemeinen Satz komme ich später (§ 10) zurück. Hier mache ich jetzt die Voraussetzung, dass für je zwei Elemente von $\mathfrak{H}$

(2.) $$y_{BA} = y_{AB}$$

ist. Theilt man also die h Elemente von $\mathfrak{H}$ in Classen conjugirter

Elemente, so hat y_R für alle Elemente einer Classe denselben Werth, etwa für die Elemente R der ρ^{ten} Classe den Werth $y_R = y_\varrho$. Ist k die Anzahl der Classen, so seien die k Variabelen $y_0, y_1, \cdots y_{k-1}$, die den k Classen $(0), (1), \cdots (k-1)$ entsprechen, von einander unabhängig. Da nun $y_{Q^{-1}P} = y_{PQ^{-1}}$ ist, so ist die Matrix $(y_{PQ^{-1}})$ mit der Matrix $(x_{PQ^{-1}})$ vertauschbar. Jede Matrix (x), welche die in § 1 definirten Symmetrieeigenschaften besitzt, ist mit jeder anderen Matrix (y) vertauschbar, deren Elemente ausserdem noch den Bedingungen (2.) genügen. Sind daher u, v, w Variabele, so ist die Determinante

$$|ux_{PQ^{-1}} + vy_{PQ^{-1}} + w\varepsilon_{PQ^{-1}}| = \Pi(\Phi(ux + vy + w\varepsilon)^e)$$

ein Product von linearen Functionen von u, v, w, und mithin ist auch

$$(3.)\qquad \Phi(ux + vy + w\varepsilon) = (u_1 u + v_1 v + w)(u_2 u + v_2 v + w) \cdots (u_f u + v_f v + w),$$

wo $u_1, v_1, \cdots u_f, v_f$ von u, v, w unabhängig sind. Den Coefficienten von w kann man in jeder dieser f linearen Functionen gleich 1 voraussetzen, weil die linke Seite für $u = v = 0$ gleich w^f wird. Setzt man $v = 0$ und $u = 1$, so erhält man

$$(4.)\qquad \Phi(x + w\varepsilon) = (u_1 + w)(u_2 + w) \cdots (u_f + w),$$

setzt man $u = 0$ und $v = 1$,

$$(5.)\qquad \Phi(y + w\varepsilon) = (v_1 + w)(v_2 + w) \cdots (v_f + w).$$

Daher hängen $u_1, u_2, \cdots u_f$ nur von den h Variabelen x_R ab und haben dieselbe Bedeutung wie in § 3, während $v_1, v_2, \cdots v_f$ nur von den k Variabelen y_ϱ abhängen.

Da $\Phi(x)$ unzerlegbar ist, so ist auch $\Phi(x + w\varepsilon)$ als Function von w irreducibel, d. h. dieser Ausdruck kann nicht als Product zweier ganzen Functionen von w dargestellt werden, deren Coefficienten rationale Functionen der h unabhängigen Variabelen x_R sind. Betrachtet man die k Grössen y_ϱ als constant, so ist auch v_1 eine Constante, und mithin ist auch

$$\Phi(x_E + v_1 + w, x_A, x_B, \cdots) = (u_1 + v_1 + w)(u_2 + v_1 + w) \cdots (u_f + v_1 + w)$$

als Function von w irreducibel. Diese Function hat aber mit der Function

$$\Phi(x + y + w) = (u_1 + v_1 + w)(u_2 + v_2 + w) \cdots (u_f + v_f + w)$$

den linearen Factor $u_1 + v_1 + w$ gemeinsam. Folglich müssen beide Functionen identisch sein. Setzt man $w = 0$ und $v_1 = \eta$, so ist also

$$(6.)\qquad \Phi(x_E + y_E, x_A + y_A, x_B + y_B, \cdots) = \Phi(x_E + \eta, x_A, x_B, \cdots),$$

wo η nur von den Variabelen y_R abhängt. Setzt man die Variabelen x_R alle gleich Null ausser $x_E = u$, so erhält man

$$\Phi(y_E + u, y_A, y_B, \cdots) = (u+\eta)^f, \qquad (y_{BA} = y_{AB}) \tag{7.}$$

und daraus durch Vergleichung der Coefficienten von u^{f-1}

$$f\eta = \Sigma\,\chi(R)y_R. \tag{8.}$$

So ergiebt sich der Satz:

Ist für je zwei Elemente A und B der Gruppe $\mathfrak{H}$ $x_{BA} = x_{AB}$, *so wird die Primfunction* f^{ten} *Grades* $\Phi(x)$ *gleich der* f^{ten} *Potenz einer linearen Function* $\xi = \frac{1}{f}\Sigma\,\chi(R)\,x_R$.

Für alle Elemente R der ρ^{ten} Classe, deren Anzahl $h_R = h_\rho$ sei, hat $\chi(R)$ denselben Werth χ_ρ. Ist $x_{BA} = x_{AB}$, so hat auch x_R für diese h_ρ Elemente denselben Werth x_ρ. Daher ist $\Sigma\,\chi(R)\,x_R = \Sigma\,h_\rho\chi_\rho x_\rho$. Ist Φ' ein von Φ verschiedener Primfactor von Θ, und $\psi(R)$ der ihm entsprechende Charakter, so können nach § 5 die k Grössen ψ_ρ den k Grössen χ_ρ nicht proportional sein, und mithin können die beiden linearen Functionen $\Sigma\,h_\rho\psi_\rho x_\rho$ und $\Sigma\,h_\rho\chi_\rho x_\rho$ sich nicht etwa nur um einen constanten Factor unterscheiden. Wendet man nun den obigen Satz auf jeden Primfactor von Θ an, so erhält man

$$|x_{PQ^{-1}}| = \Pi\left(\frac{1}{f}\sum_R \chi(R)x_R\right)^{ef} = \Pi(\xi^{ef}). \qquad (x_{BA} = x_{AB}) \tag{9.}$$

Jedem Primfactor Φ der Determinante (7.) § 1, worin die h Variabelen x_R von einander unabhängig sind, entspricht ein Linearfactor ξ der Determinante (9.), worin $x_{BA} = x_{AB}$ gesetzt ist. Sind die k Variabelen x_ρ unabhängig, so entsprechen zwei verschiedenen Primfactoren jener Determinante zwei wesentlich verschiedene Linearfactoren der Determinante (9.). Ist f der Grad der Primfunction Φ, und e der Exponent der in Θ aufgehenden Potenz von Φ, so ist $g = ef$ der Exponent der Potenz des entsprechenden Linearfactors ξ, wodurch die Determinante (9.) theilbar ist.

Vergleicht man das erhaltene Resultat mit der Formel (22.), *Ch.* § 5, so erkennt man, dass die Grössen χ_ρ, welche dort auf einem ganz anderen Wege als die Charaktere der Gruppe $\mathfrak{H}$ eingeführt sind, mit den hier definirten Grössen $\chi(R)$ völlig übereinstimmen, und ebenso die Zahlen $g = ef$. Nur waren dort die beiden Factoren e und f von g willkürlich gelassen, während sie hier einzeln eine bestimmte Bedeutung haben. Man könnte daher jetzt von allen dort entwickelten Eigenschaften der Charaktere Gebrauch machen. Indessen ziehe ich es vor, die Ergebnisse jener Arbeit von dem hier gewählten Ausgangspunkt aus noch einmal abzuleiten.

§ 7.

Wenn man die Gleichung (6.) § 6 nach y_ϱ differentiirt und dann die k Variabelen $y_\varkappa$ alle gleich Null setzt, so findet man

$$\sum_{(\varrho)}' \frac{\partial \Phi(x)}{\partial x_R} = \frac{h_\varrho \chi_\varrho}{f} \frac{\partial \Phi(x)}{\partial x_E},$$

wo der Summationsbuchstabe R die h_ϱ Elemente der ρ^{ten} Classe durchläuft. Ist A ein festes Element, und ersetzt man für jedes R die Variabele x_R durch x_{AR}, so ändert sich Φ nach (10.) § 3 nur um einen constanten, von Null verschiedenen Factor. Mithin ist auch

$$(1.)\qquad \sum_{(\varrho)}' \frac{\partial \Phi(x)}{\partial x_{AR}} = \frac{h_\varrho \chi_\varrho}{f} \frac{\partial \Phi(x)}{\partial x_A},$$

wo wieder R die h_ϱ Elemente der Classe (ρ) durchläuft. Vergleicht man die Coefficienten von x_E^{f-1}, so erhält man

$$(2.)\qquad \Sigma' \chi(AS) = \frac{h_B}{f} \chi(A)\chi(B),$$

wo S die h_B mit B conjugirten Elemente durchläuft. Direct erhält man diese Relation, indem man für die Function (7.) § 6 den Ausdruck $S_2(y) = \Sigma\, \chi(PQ)\, y_P y_Q = f\eta^2$ berechnet. Setzt man $S = R^{-1}BR$ und für R alle h Elemente von $\mathfrak{H}$, so wird S jedem Elemente der Classe von B gleich und zwar jedem $\frac{h}{h_B}$ Mal. Daher ist (*Ch.* § 5, (5.))

$$(3.)\qquad h\chi(A)\chi(B) = f \sum_R \chi(AR^{-1}BR).$$

Zu demselben Resultate gelangt man direct von der Formel (9.) § 6 aus auf dem *Ch.* S. 1001 angegebenen Wege, also mittelst derselben Schlüsse, die in § 1 zu der Formel (9.) geführt haben.

Die Anzahl der verschiedenen Primfactoren der Gruppendeterminante Θ sei l. Diese l Functionen Φ und die ihnen entsprechenden Charaktere χ mögen durch obere Indices $\lambda = 0, 1, \cdots l-1$ von einander unterschieden werden. Nun ist in der Entwicklung der Determinante $\Theta(x+u\varepsilon)$ nach Potenzen von u der Coefficient von u^{h-1} gleich $h\, x_E$. Ersetzt man daher in dem Producte

$$(4.)\qquad \Theta = \prod_\lambda \left(\Phi^{(\lambda)\, e^{(\lambda)}}\right)$$

x_E durch $x_E + u$ und vergleicht dann die Coefficienten von x_E^{h-1}, so erhält man

$$(5.)\qquad \sum_\lambda e^{(\lambda)} \chi^{(\lambda)}(R) = h\,\varepsilon_R.$$

Nun ist nach (8.) § 5 und (3.)

$$\sum_R \chi(S^{-1}R^{-1}SR) = \frac{h}{f}\chi(S)\chi(S^{-1}), \qquad \sum_S \chi(S)\chi(S^{-1}) = \frac{hf}{e},$$

und mithin für jeden Werth von λ

$$\sum_{R,S} \frac{e^{(\lambda)}}{h} \chi^{(\lambda)}(S^{-1}R^{-1}SR) = h,$$

und folglich, da dieser Werth von λ unabhängig ist,

$$\sum_{\lambda} \sum_{R,S} \frac{e^{(\lambda)}}{h} \chi^{(\lambda)}(S^{-1}R^{-1}SR) = hl.$$

Jetzt kehre ich die Reihenfolge der beiden Summationen um. Dann ist nach (5.)

$$\sum_{\lambda} \frac{e^{(\lambda)}}{h} \chi^{(\lambda)}(S^{-1}R^{-1}SR) = 0,$$

ausser wenn $S^{-1}R^{-1}SR = E$, also $SR = RS$ ist; dann ist die Summe gleich 1. Daher ist hl gleich der Anzahl der Lösungen der Gleichung $SR = RS$. Diese aber ist, wie ich *Ch.* S. 987 durch die einfachsten Betrachtungen gezeigt habe, gleich hk, und folglich ist $l = k$.

Die Anzahl der verschiedenen Primfactoren der Gruppendeterminante ist gleich der Anzahl der Classen conjugirter Elemente, worin die Elemente der Gruppe zerfallen.

Durchläuft R die Classe (α), so durchläuft R^{-1} die inverse Classe, die ich mit (α') bezeichne. Daher sind die Gleichungen (8.) § 5 identisch mit

$$(6.)\qquad \sum_{\alpha} h_\alpha \chi_\alpha^{(\varkappa)} \chi_{\alpha'}^{(\varkappa)} = \frac{hf^{(\varkappa)}}{e^{(\varkappa)}}, \qquad \sum_{\alpha} h_\alpha \chi_\alpha^{(\varkappa)} \chi_{\alpha'}^{(\lambda)} = 0.$$

Demnach sind die beiden Matrizen des k^{ten} Grades

$$(7.)\qquad \left(\frac{h_\alpha}{h} \chi_\alpha^{(\varkappa)}\right), \qquad \left(\frac{e^{(\varkappa)}}{f^{(\varkappa)}} \chi_{\alpha'}^{(\varkappa)}\right)$$

complementär und folglich bestehen auch die Gleichungen

$$\sum_{\varkappa} \frac{e^{(\varkappa)}}{f^{(\varkappa)}} \chi_\alpha^{(\varkappa)} \chi_{\alpha'}^{(\varkappa)} = \frac{h}{h_\alpha}, \qquad \sum_{\varkappa} \frac{e^{(\varkappa)}}{f^{(\varkappa)}} \chi_\alpha^{(\varkappa)} \chi_{\beta'}^{(\varkappa)} = 0.$$

Setzt man also $h_{\alpha\beta} = h_\alpha$ oder 0, je nachdem $(\beta) = (\alpha')$ ist oder nicht, so ist

$$(8.)\qquad \sum_{\varkappa} \frac{e^{(\varkappa)}}{f^{(\varkappa)}} \chi_\alpha^{(\varkappa)} \chi_\beta^{(\varkappa)} = \frac{h\, h_{\alpha\beta}}{h_\alpha h_\beta}.$$

Diese Gleichung erhält man unmittelbar aus der Relation (2.). Ist nämlich $\chi(A) = \chi_\alpha$ und $\chi(B) = \chi_\beta$, so lautet diese

$$\sum_{S}{}' \chi^{(\varkappa)}(AS) = \frac{h_\beta}{f^{(\varkappa)}} \chi_\alpha^{(\varkappa)} \chi_\beta^{(\varkappa)},$$

wo S die h_β Elemente der β^{ten} Classe durchläuft. Daher ist

$$\sum_{\varkappa} \sum_{S}{}' \frac{e^{(\varkappa)}}{h} \chi^{(\varkappa)}(AS) = \frac{h_\beta}{h} \sum_{\varkappa} \frac{e^{(\varkappa)}}{f^{(\varkappa)}} \chi_\alpha^{(\varkappa)} \chi_\beta^{(\varkappa)}.$$

Nun ist aber $\sum_{\varkappa} \frac{e^{(\varkappa)}}{h} \chi^{(\varkappa)}(AS) = 0$, ausser wenn $AS = E$, also $S = A^{-1}$ ist. Dann ist die Summe gleich 1. Das letztere tritt aber stets und nur dann ein, wenn $(\beta) = (\alpha')$ ist, und so ergiebt sich die Gleichung (8). Sowohl aus dieser wie aus (6.) folgt, dass die Determinante k^{ten} Grades

$$(9.) \qquad |\chi_{\alpha}^{(\varkappa)}|$$

von Null verschieden ist.

Sei allgemeiner A ein bestimmtes Element der α^{ten} Classe und R ein veränderliches Element, das die h_α mit A conjugirten Elemente durchläuft. Dieselbe Bedeutung mögen für die β^{te} Classe die Zeichen B und S, für die γ^{te} die Zeichen C und T haben. Dann ist nach (2.)

$$\sum_R{}' \chi(RSC) = \frac{h_\alpha}{f} \chi(A)\chi(SC), \qquad \sum_S{}' \chi(SC) = \frac{h_\beta}{f} \chi(B)\chi(C),$$

also

$$\sum_{R,S}{}' \chi(RSC) = \frac{h_\alpha h_\beta}{f^2} \chi_\alpha \chi_\beta \chi_\gamma$$

und mithin

$$\sum_{\varkappa} \sum_{R,S}{}' \frac{e^{(\varkappa)}}{h} \chi^{(\varkappa)}(RSC) = \frac{h_\alpha h_\beta}{h} \sum_{\varkappa} \frac{e^{(\varkappa)}}{f^{(\varkappa)^2}} \chi_\alpha^{(\varkappa)} \chi_\beta^{(\varkappa)} \chi_\gamma^{(\varkappa)}.$$

Die linke Seite ist gleich der Anzahl der Lösungen der Gleichung $RSC = E$. Die rechte Seite zeigt, dass diese Anzahl nicht von dem Elemente C, sondern nur von der Classe (γ) abhängt, der C angehört. Bezeichnet man sie mit $\frac{h_{\alpha\beta\gamma}}{h_\gamma}$, so ist demnach

$$(10.) \qquad \frac{h\, h_{\alpha\beta\gamma}}{h_\alpha h_\beta h_\gamma} = \sum_{\varkappa} \frac{e^{(\varkappa)}}{f^{(\varkappa)^2}} \chi_\alpha^{(\varkappa)} \chi_\beta^{(\varkappa)} \chi_\gamma^{(\varkappa)}.$$

Setzt man für C der Reihe nach die h_γ Elemente T der Classe (γ), so ist folglich $h_{\alpha\beta\gamma}$ die Anzahl der Lösungen der Gleichung $RST = E$, falls R die h_R Elemente der Classe (α) durchläuft, S die h_β der Classe (β) und T die h_γ der Classe (γ). Wie die rechte Seite dieser Gleichung zeigt, bleibt die Zahl $h_{\alpha\beta\gamma}$ bei jeder Vertauschung ihrer drei Indices unter einander ungeändert. Daher ist auch $\frac{h_{\alpha\beta\gamma}}{h_\beta}$ die Anzahl der Lösungen der Gleichung $RBT = E$, worin an Stelle von S ein festes Element B der β^{ten} Classe getreten ist.

Aus (6.) und (10.) ergeben sich die Relationen

$$h_\beta h_\gamma \chi_\beta^{(\varkappa)} \chi_\gamma^{(\varkappa)} = f^{(\varkappa)} \sum_\alpha h_{\alpha\beta\gamma} \chi_{\alpha'}^{(\varkappa)}.$$

Diese zeigen, dass die Grössen χ_α den Gleichungen

$$(11.) \qquad h_\beta h_\gamma \chi_\beta \chi_\gamma = f \sum_\alpha h_{\alpha'\beta\gamma} \chi_\alpha$$

genügen. Dieselben haben daher k Systeme von Lösungen

$$\chi_\alpha = \chi_\alpha^{(\varkappa)}, \qquad (\varkappa = 0, 1, \dots k-1)$$

aber nicht mehr. Denn sind $x_0, x_1, \dots x_{k-1}$ Variabele und setzt man

$$(12.) \qquad \sum_\alpha h_\alpha \chi_\alpha^{(\varkappa)} x_\alpha = f^{(\varkappa)} \xi^{(\varkappa)},$$

so folgt aus (11.)

$$h_\alpha \chi_\alpha^{(\varkappa)} \xi^{(\varkappa)} = \sum_\beta \left(\sum_\gamma h_{\alpha\beta'\gamma}\, \chi_\gamma\right) \chi_\beta^{(\varkappa)}$$

oder

$$\sum_\beta \left(\left(\sum_\gamma h_{\alpha\beta'\gamma} x_\gamma\right) - h_{\alpha\beta'} \xi^{(\varkappa)}\right) \chi_\beta^{(\varkappa)} = 0.$$

Folglich verschwindet die Determinante

$$(13.) \qquad \left| \left(\sum_\gamma h_{\alpha\beta'\gamma} x_\gamma\right) - h_{\alpha\beta'} r \right|, \qquad (\alpha, \beta = 0, 1, \dots k-1)$$

die eine ganze Function k^{ten} Grades von r ist, für die k Werthe $r = \xi^{(\varkappa)}$, die unter einander verschieden sind (vergl. Dedekind, *Zur Theorie der aus n Haupteinheiten gebildeten complexen Grössen.* Göttinger Nachrichten 1885, S. 146).

Die Gleichungen (11.) bestimmen die Grössen $\frac{\chi_\alpha}{f}$. Alsdann liefert die Gleichung (6.)

$$\frac{h}{ef} = \sum h_\alpha \frac{\chi_\alpha}{f} \frac{\chi_{\alpha'}}{f}$$

zu jedem der k Werthsysteme $\frac{\chi_\alpha}{f}$ den entsprechenden Werth von $ef = g$. Nach § 3 ist demnach zur vollständigen Berechnung der k Primfunctionen Φ weiter nichts mehr erforderlich, als die positiven ganzen Zahlen e und f, deren Product g bereits bekannt ist, einzeln zu bestimmen. Diese Aufgabe, von allen die Gruppendeterminante betreffenden Fragen die schwierigste, wird in § 9 durch den Satz gelöst, dass stets $e = f = \sqrt{g}$ ist. Nimmt man dazu aus § 12 das Resultat, dass χ_α und $\chi_{\alpha'}$ conjugirte complexe Grössen sind, so folgt aus (7.), dass die Matrix

$$(14.) \qquad \left(\sqrt{\frac{h_\alpha}{h}}\, \chi_\alpha^{(\varkappa)}\right)$$

der conjugirten complexen Matrix complementär ist.

§ 8.

In der Gleichung (7.) § 6 gebe ich den Variabelen y_R die Werthe $\chi(R^{-1}) = \chi'(R)$, die der Bedingung $y_{BA} = y_{AB}$ nach (13.) § 3 genügen. Dann ist nach (8.) § 5 $\eta = \frac{h}{e}$, und mithin ist

$$(1.) \qquad \Phi\left(\frac{e}{h}\chi'\right) = 1.$$

In Folge der Eigenschaft (13.) § 3 ist die Matrix (χ') mit jeder Matrix (x) vertauschbar. Ich setze

$$(2.)\qquad \frac{h}{e}\,\xi_A = \Sigma\,\chi(R^{-1})\,x_S = \Sigma\,\chi(S^{-1})\,x_R\,, \qquad (RS = A)$$

und bilde aus den Grössen $\xi_{PQ^{-1}}$ die Matrix (ξ). Dann ist

$$((x)+u(\varepsilon))\,(\frac{e}{h}\chi') = (\xi) + u(\frac{e}{h}\chi')$$

und mithin nach (9.) § 1

$$\Phi(x+u\varepsilon) = \Phi(\xi + u\frac{e}{h}\chi').$$

Nach Gleichung (6.) § 6 ist aber

$$\Phi(\xi + u\frac{e}{h}\chi') = \Phi(\xi + u\varepsilon),$$

weil der den Grössen $y_R = \frac{e}{h}\chi'(R)$ entsprechende Werth von η nach (8.) § 5 gleich 1 ist. Folglich ist

$$(3.)\qquad \Phi(x+u\varepsilon) = \Phi(\xi+u\varepsilon).$$

Ist dagegen Φ' ein von Φ verschiedener Primfactor der Gruppendeterminante, f' sein Grad und ψ der entsprechende Charakter, so ist nach (7.) § 6

$$\Phi'(y_R + u\varepsilon_R) = (u+\eta')^{f'}, \qquad (y_{BA} = y_{AB})$$

wo $f'\eta' = \Sigma\,\psi(R)\,y_R$ ist. Setzt man also $y_R = \frac{e}{h}\chi'(R)$, so ist nach (8.) § 5 $\eta' = 0$. Demnach ist nach (6.) § 6 für h unabhängige Variabele z_R

$$\Phi'(uz + \frac{e}{h}\chi') = \Phi'(uz) = u^{f'}\Phi'(z).$$

Sei $(z) = (x)^{-1}$, also $(z)\,(x) = (\varepsilon)$ und $\Phi(z)\Phi(x) = 1$. Dann ist

$$\Phi'(x)\;\Phi'\Big(uz + \frac{e}{h}\chi'\Big) = u^{f'},$$

und daher, weil $(x)\,(u(z) + (\frac{e}{h}\chi')) = u(\varepsilon) + (\xi)$ ist,

$$(4.)\qquad \Phi'(\xi + u\varepsilon) = u^{f'}.$$

Aus diesen beiden Gleichungen, die nur specielle Fälle einer allgemeineren Formel sind, ergiebt sich nach (7.) § 1

$$(5.)\qquad |\,\xi_{PQ^{-1}} + u\,\varepsilon_{PQ^{-1}}\,| = \Phi(x+u\varepsilon)^e\; u^{h-ef}$$

und für $x_R = \varepsilon_R$

$$(6.)\qquad \left|\frac{e}{h}\chi(PQ^{-1}) + u\,\varepsilon_{PQ^{-1}}\right| = (u+1)^{ef}\; u^{h-ef}.$$

Daher verschwindet die charakteristische Determinante der Matrix (ξ) für die $f+1$ Werthe $u=0, u_1, u_2, \cdots u_f$. Weil nämlich die Gruppendeterminante $\Theta(x)$ stets den linearen Factor Σx_R, und zwar nur in der ersten Potenz, enthält, so ist nothwendig $h-ef>0$, falls man den trivialen Fall $h=1$ ausschliesst.

Nun sei $G((\xi))=0$ die Gleichung niedrigsten Grades, der die Matrix (ξ) genügt (*V.* § 1, VI). Dann muss die ganze Function $G(u)$, die ein Theiler der charakteristischen Determinante $|\xi_{PQ^{-1}}-u\varepsilon_{PQ^{-1}}|$ ist, für jede Wurzel der Matrix (ξ), also für jeden der $f+1$ Werthe $u=0, u_1, u_2, \cdots u_f$ verschwinden und mithin durch $u\Phi(x-u\varepsilon)$ theilbar sein. Da ferner die Matrix (χ') mit jeder Matrix (x) vertauschbar ist, so ist nach (9.) § 5

$$(7.)\qquad (\xi)^n = \Big((\tfrac{e}{h}\chi')(x)\Big)^n = (\tfrac{e}{h}\chi')^n (x)^n = (\tfrac{e}{h}\chi')(x)^n.$$

Multiplicirt man daher die Relation (5.) § 4 mit (x), so erhält man

$$(8.)\qquad (\xi)^{f+1}-(\xi)^f\Phi_1+(\xi)^{f-1}\Phi_2-\cdots+(-1)^f(\xi)\Phi_f=0,$$

wo nach (3.)

$$(9.)\qquad \Phi_n=\Phi_n(x)=\Phi_n(\xi)$$

ist, oder kürzer

$$(\xi)\,\Phi\big(x-(\xi)\varepsilon\big)=0.$$

Mithin ist $u\Phi(x-u\varepsilon)$ durch $G(u)$ theilbar, also gleich $G(u)$, und folglich ist (8.) die Gleichung niedrigsten Grades, der die Matrix (ξ) genügt.

Ohne die Relation (5.) § 4 zu benutzen, kann man diesen Satz auch so einsehen: Die Function $G(u)$ wird erhalten, indem man die Determinante h^{ten} Grades $(\xi_{PQ^{-1}}-u\varepsilon_{PQ^{-1}})$ durch den grössten gemeinsamen Divisor ihrer Unterdeterminanten $(h-1)^{\text{ten}}$ Grades dividirt. Sind die h Variabelen x_R unabhängig, so folgt aus der Gleichung (1.) § 5, dass die Unterdeterminanten $(h-1)^{\text{ten}}$ Grades von $\Theta(x)$ alle durch $\Phi(x)^{e-1}$ theilbar sind. Daher sind die Unterdeterminanten von $\Theta(\xi-u\varepsilon)$ alle durch $\Phi(\xi-u\varepsilon)^{e-1}=\Phi(x-u\varepsilon)^{e-1}$, also auch durch $(u-u_1)^{e-1}$, theilbar und nicht durch eine höhere Potenz von $u-u_1$, weil sonst $\Theta(\xi-u\varepsilon)$ durch eine höhere als die e^{te} Potenz von $u-u_1$ theilbar sein müsste. Mittelst derselben Sätze ergiebt sich aus den Gleichungen (9.), § 5 und (6.), dass der Rang der Matrix (χ) gleich ef ist, wie ich *Ch.* § 5 ausführlicher gezeigt habe. Daher ist auch der Rang der Matrix

$$(10.)\qquad (\xi)=(\tfrac{e}{h}\chi')(x)=(x)(\tfrac{e}{h}\chi')$$

gleich ef. Folglich verschwinden $h-ef$ Elementartheiler der charakteristischen Determinante von (ξ) für $u=0$, und weil das Product derselben nach (6.) gleich u^{h-ef} ist, so muss jeder von ihnen linear sein. Mithin enthält der grösste gemeinsame Divisor der Unterdeterminanten $(h-1)^{\text{ten}}$ Grades jener Determinante den Factor u genau in der $(h-ef-1)^{\text{ten}}$ Potenz, und demnach muss

$$(-1)^f G(u) = u\,\Phi(x-u\varepsilon)$$

sein.

§ 9.

Nach diesen Vorbereitungen wende ich mich nun zum Beweise des Fundamentalsatzes der Theorie der Gruppendeterminanten:

Der Exponent der Potenz, worin die Gruppendeterminante einen Primfactor enthält, ist dem Grade des Factors gleich.

Den Fall $f=1$ habe ich bereits in § 2 erledigt. Wegen der Schwierigkeit des allgemeinen Beweises schicke ich noch die besonderen Fälle $f=2$ und 3 voraus.

Ist $f=2$, so ist

$$2\Phi(x) = S_1^2 - S_2, \tag{1.}$$

und der entsprechende Charakter χ genügt den Relationen $\chi(A,B,C)=0$ oder

$$\chi(A)\chi(B)\chi(C)-\chi(A)\chi(BC)-\chi(B)\chi(AC)-\chi(C)\chi(AB)+\chi(ABC)+\chi(ACB)=0. \tag{2.}$$

In dieser Gleichung ersetze ich B durch BC^{-1} und summire dann nach C über die h Elemente von $\mathfrak{H}$ (oder man summire in (2.) über alle Elemente B, C, die der Bedingung $BC=B'$ genügen, wo B' ein festes Element ist). Mit Hülfe der Formeln (7.) § 5 und (3.) § 7 findet man

$$\frac{h}{e}\chi(A)\chi(B)-h\chi(A)\chi(B)-\frac{h}{e}\chi(AB)-\frac{h}{e}\chi(AB)+h\chi(AB)+\frac{h}{f}\chi(A)\chi(B)=0,$$

also weil $f=2$ ist,

$$\left(\frac{h}{e}-\frac{h}{f}\right)(\chi(A)\chi(B)-2\chi(AB))=0.$$

Daher ist $e=f$, weil nicht für je zwei Elemente

$$\chi(A)\chi(B)-2\chi(AB)=0$$

sein kann. Denn sonst erhielte man, indem man diese Gleichung mit $x_A x_B$ multiplicirt und nach A und B summirt, $S_1^2-2S_2=0$. Nach (1.) wäre also $4\Phi = S_1^2$, während Φ unzerlegbar ist.

Ist $f=3$, so ist

$$6\Phi = S_1^3 - 3S_1S_2 + 2S_3, \tag{3.}$$

und der entsprechende Charakter genügt den Relationen $\chi(A,B,C,D)=0$ ((20.) § 3). Ersetzt man darin C durch CD^{-1} und summirt dann nach D, so erhält man

$$\frac{h}{e}(\chi(A)\chi(B)\chi(C)-\chi(B)\chi(AC)-\chi(A)\chi(BC)-\chi(A)\chi(BC)-\chi(B)\chi(AC)$$
$$-\chi(C)\chi(AB)+\chi(ABC)+\chi(ACB)+\chi(ABC)+\chi(ABC)+\chi(ACB)+\chi(ACB))$$
$$+h(-\chi(A)\chi(B)\chi(C)+\chi(C)\chi(AB)+\chi(A)\chi(BC)+\chi(B)\chi(AC)-\chi(ABC)-\chi(ACB))$$
$$+\frac{h}{f}(\chi(A)\chi(B)\chi(C)+\chi(A)\chi(B)\chi(C)-\chi(B)\chi(AC)-\chi(A)\chi(BC)-\chi(C)\chi(AB)$$
$$-\chi(C)\chi(AB))=0,$$

also wenn man den Factor h durch $3\frac{h}{f}$ ersetzt,

$$(4.)\quad \left(\frac{h}{e}-\frac{h}{f}\right)(\chi(A)\chi(B)\chi(C)-2\chi(A)\chi(BC)-2\chi(B)\chi(AC)-\chi(C)\chi(AB)$$
$$+3\chi(ABC)+3\chi(ACB))=0.$$

Wäre nun der zweite Factor immer Null, so erhielte man, indem man mit $x_A x_B x_C$ multiplicirt und summirt, $S_1^3-5S_1S_2+6S_3=0$, und indem man mittelst dieser Gleichung S_3 aus (3.) eliminirt, $9\Phi=S_1(S_1^2-2S_2)$, während Φ unzerlegbar ist. Daher ist $e=f=3$.

Im allgemeinen Falle genügt der Charakter χ den Relationen

$$\chi(A, B, C, \cdots Q, R, S)=0,$$

wo $A, B, \cdots R, S$ irgend $f+1$ Elemente sind, oder kurz

$$\Sigma^{(f+1)}(\Pi-\chi)=0.$$

In jedem der $(f+1)!$ Glieder dieser Summe ersetze ich R durch RS^{-1} und summire dann noch S. Jedes Glied entspricht einer gewissen Permutation von $f+1$ Symbolen, die in cyklische Factoren zerlegt ist. In Bezug auf diese Permutation unterscheide ich drei Fälle:

1. R und S kommen in zwei verschiedenen Cyklen der Permutation vor, z. B.

$$(-\chi(ABCD\cdots FR))(-\chi(S))(-\chi(G\cdots K))\cdots.$$

Ersetzt man R durch RS^{-1} und summirt dann nach S, so erhält man nach (7.) § 5

$$-\frac{h}{e}(-\chi(ABCD\cdots FR))(-\chi(G\cdots K))\cdots.$$

Dasselbe Resultat ergiebt sich in derselben Weise aus dem Gliede

$$(-\chi(BCD\cdots FR))(-\chi(SA))(-\chi(G\cdots K))\cdots$$

und aus

$$(-\chi(CD\cdots FR))(-\chi(SAB))(-\chi(G\cdots K))\cdots$$

u. s. w. und schliesslich aus

$$(-\chi(R))(-\chi(SABCD\cdots F))(-\chi(G\cdots K))\cdots,$$

aber aus keinem anderen Gliede. Ist also r die Anzahl der Elemente $ABCD\cdots FR$, so erhält man auf diesem Wege

$$(5.)\qquad -\frac{h}{e}\Sigma^{(f)} r(\Pi-\chi).$$

Die $f!$ Glieder dieser Summe sind in analoger Weise wie die der Summe (19.) § 3 aus den $f!$ Permutationen der f Elemente $A, B, C, \cdots Q, R$ gebildet. Nur erhält in dieser Summe, worin das Element R bevorzugt ist, jedes Glied $(\Pi-\chi)$ noch einen Zahlenfactor r. Dieser ist gleich der Anzahl der Elemente des Cyklus, worin R vorkommt (vergl. (4.)).

2. R und S kommen beide in demselben Cyklus der Permutation vor, und zwar folgt S in dem Cyklus unmittelbar auf R (es kann also auch S das erste und R das letzte Element des Cyklus sein), z. B.

$$(-\chi(AB\cdots FRS))(-\chi(G\cdots K))\cdots.$$

Ersetzt man R durch RS^{-1} und summirt dann nach S, so erhält man

$$h(-\chi(AB\cdots FR))(-\chi(G\cdots K))\cdots,$$

und zwar jedes Glied nur einmal, also im Ganzen

$$(6.)\qquad h\Sigma^{(f)}(\Pi-\chi).$$

3. R und S kommen beide in demselben Cyklus vor, ohne dass S unmittelbar auf R folgt, z. B.

$$(-\chi(A\cdots RBCD\cdots FS))(-\chi(G\cdots K))((-\chi(L\cdots N))\cdots.$$

Ersetzt man R durch RS^{-1} und summirt dann nach S, so erhält man nach (3.) § 7

$$-\frac{h}{f}(-\chi(A\cdots R))(-\chi(BCD\cdots F))(-\chi(G\cdots K))(-\chi(L\cdots N))\cdots.$$

Dasselbe Resultat ergiebt sich in derselben Weise aus dem Gliede

$$(-\chi(A\cdots RCD\cdots FBS))(-\chi(G\cdots K))(-\chi(L\cdots N))\cdots,$$

das durch cyklische Vertauschung der zwischen R und S stehenden Elemente $BCD\cdots F$ aus dem obigen hervorgeht. Die Anzahl der cyklischen Vertauschungen, die man so ausführen kann, ist gleich der Anzahl der Elemente $BCD\cdots F$. Ferner ergiebt sich dasselbe Resultat aus dem Gliede

$$(-\chi(A\cdots RG\cdots KS))(-\chi(BCD\cdots F))(-\chi(L\cdots N))\cdots.$$

Auch hier kann man noch die zwischen R und S stehenden Elemente $G\cdots K$ cyklisch vertauschen, was auf so viele Arten möglich ist, wie die Anzahl der Elemente $G\cdots K$ beträgt.

Dasselbe Resultat ergiebt sich aus dem Gliede

$$(-\chi(A\cdots RL\cdots NS))(-\chi(BCD\cdots F))(-\chi(G\cdots K))\cdots$$

u. s. w., im Ganzen also auf so viele Arten, wie die Anzahl der Elemente $BCD \cdots FG \cdots KL \cdots N \cdots$ beträgt und nicht auf mehr Arten, also auf $f-r$ Arten, wenn, wie oben, die Anzahl der Elemente $A \cdots R$ mit r bezeichnet wird. Demnach erhält man

$$(7.) \qquad -\frac{h}{f} \Sigma^{(f)} (f-r)(\Pi - \chi).$$

Vereinigt man die drei Ausdrücke (5.), (6.) und (7.), so ergiebt sich die Gleichung

$$(8.) \qquad \left(\frac{h}{f} - \frac{h}{e}\right) \left(\Sigma^{(f)} r (\Pi - \chi)\right) = 0.$$

Mithin ist $e = f$, wenn man zeigen kann, dass nicht für je f Elemente $AB \cdots QR$

$$\Sigma^{(f)} r (\Pi - \chi) = 0$$

ist. Multiplicirt man diese Gleichung mit $x_A x_B \cdots x_Q x_R$ und summirt nach jedem der f Elemente $A, B, \cdots Q, R$, so erhält man eine Relation zwischen $S_1, S_2, \cdots S_f$. Diese ist nicht identisch (ohne Rücksicht auf die Bedeutung von $S_1, S_2, \cdots S_f$) erfüllt, da sie in Bezug auf S_f linear ist und der Coefficient von S_f eine nicht verschwindende ganze Zahl ist. Ich werde aber zeigen, dass $S_1, S_2, \cdots S_f$ f unabhängige Functionen der h Variabelen x_R sind, dass also zwischen ihnen keine Relation besteht, deren Coefficienten von den Variabelen x_R unabhängig sind. Daraus folgt dann, dass auch $\Phi_1, \Phi_2, \cdots \Phi_f$ unabhängig sind, und ebenso $u_1, u_2, \cdots u_f$.

Bestände zwischen den f Functionen $S_1, S_2, \cdots S_f$ der h unabhängigen Variabelen x_R eine Gleichung, so würde sich, indem man sie nach x_R differentiirt, eine Relation der Form

$$\Psi_1 \frac{\partial S_1}{\partial x_R} + \Psi_2 \frac{\partial S_2}{\partial x_R} + \cdots + \Psi_f \frac{\partial S_f}{\partial x_R} = 0$$

ergeben, wo $\Psi_1, \Psi_2, \cdots \Psi_f$ ganze Functionen der h Variabelen sind, die von R unabhängig sind. Nun ist aber

$$S_n = \sum_{R_1, R_2, R_3, \dots R_n} \chi(R_1 R_2 R_3 \cdots R_n) x_{R_1} x_{R_2} x_{R_3} \cdots x_{R_n}$$

und folglich

$$\begin{aligned} \frac{\partial S_n}{\partial x_R} = & \sum_{R_2, R_3, \cdots R_n} \chi(R R_2 R_3 \cdots R_n) x_{R_2} x_{R_3} \cdots x_{R_n} \\ & + \sum_{R_1, R_3, \cdots R_n} \chi(R_1 R R_3 \cdots R_n) x_{R_1} x_{R_3} \cdots x_{R_n} + \cdots \\ & + \sum_{R_1, R_2, \cdots R_{n-1}} \chi(R_1 R_2 \cdots R_{n-1} R) x_{R_1} x_{R_2} \cdots x_{R_{n-1}}, \end{aligned}$$

also da $\chi(ABC \cdots F)$ bei cyklischer Vertauschung der Elemente ungeändert bleibt,

(9.) $$\frac{\partial S_n}{\partial x_R} = n \sum_{R_1, R_2, \cdots R_{n-1}} \chi(RR_1R_2 \cdots R_{n-1})\, x_{R_1} x_{R_2} \cdots x_{R_{n-1}}$$

oder nach (6.) § 1 und (7.) § 8

(10.) $$\frac{\partial S_n}{\partial x_R} = n \sum_S \chi(RS) x_S^{(n-1)} = \frac{nh}{e} \xi_{R^{-1}}^{(n-1)},$$

wo $\xi_R^{(n)}$ aus den Grössen ξ_R in derselben Weise gebildet ist wie $x_R^{(n)}$ aus den Grössen x_R. Speciell ist

(11.) $$\frac{\partial S_n}{\partial x_E} = n\, S_{n-1}.$$

Setzt man diese Ausdrücke in die obige Relation ein, so erhält man, falls man noch R durch R^{-1} ersetzt,

$$\Psi_1 \frac{e}{h} \chi(R^{-1}) + 2\Psi_2 \xi_R + 3\Psi_3 \xi_R^{(2)} + \cdots + f\Psi_f \xi_R^{(f-1)} = 0.$$

Setzt man $R = PQ^{-1}$, so wird dies eine Gleichung zwischen Matrizen, die, mit (x) multiplicirt, lautet

$$(\xi)\Psi_1 + 2(\xi)^2 \Psi_2 + 3(\xi)^3 \Psi_3 + \cdots + f(\xi)^f \Psi_f = 0.$$

Ich habe aber in § 8 gezeigt, dass die Gleichung niedrigsten Grades, der die Matrix (ξ) genügt, vom Grade $f+1$ ist. Der zweite Factor des Ausdrucks (8.) kann also nicht für jedes System von f Elementen verschwinden, und mithin muss

(12.) $$e = f$$

sein.

§ 10.

Sind x_R und y_R zwei Systeme von je h Variabelen, so ist nach § 6 die Matrix $(x_{PQ^{-1}})$ mit der Matrix $(y_{Q^{-1}P})$ vertauschbar, und folglich ist die Determinante

(1.) $$|u x_{PQ^{-1}} + v y_{Q^{-1}P} + w \varepsilon_{PQ^{-1}}|$$

ein Product von h linearen Functionen der drei Variabelen u, v, w von der Form $ua_\alpha + vb_\alpha + w$. Hier sind $a_1, a_2, a_3 \cdots$ die h Wurzeln der Matrix $(x_{PQ^{-1}})$ und $b_1, b_2, b_3, \cdots$ die der Matrix $(y_{Q^{-1}P})$ oder, was nach § 6 dasselbe ist, der Matrix $(y_{PQ^{-1}})$. Es fragt sich nun, in welcher Weise die Wurzeln dieser beiden Matrizen einander zugeordnet werden müssen, damit $ua_\alpha + vb_\alpha + w$ ein Linearfactor der Determinante (1.) sei. Ich setze

$$\sum_R x_R \chi(RS^{-1}) = \frac{h}{e} \xi_S, \qquad \sum_R y_R \chi(RS^{-1}) = \frac{h}{e} \eta_S,$$

ferner

$$(x_{PQ^{-1}}) = (x), \qquad (\xi_{PQ^{-1}}) = (\xi), \qquad (y_{Q^{-1}P}) = (\bar{y}), \qquad (\eta_{Q^{-1}P}) = (\bar{\eta}),$$

wobei immer P die Zeilen und Q die Spalten der Matrix bezeichnet.

Dann ist

$$(\frac{e}{h}\chi')\,(x) = (x)\,(\frac{e}{h}\chi') = (\xi), \qquad (\frac{e}{h}\chi')\,(\bar{y}) = (\bar{y})\,(\frac{e}{h}\chi') = (\bar{\eta}).$$

Die k verschiedenen Charaktere χ unterscheide ich durch obere Indices $\chi^{(\varkappa)}$ $(\varkappa = 0, 1, \cdots k-1)$. Die dem Charakter $\chi^{(\varkappa)}$ entsprechenden Matrizen (ξ) und $(\bar{\eta})$ bezeichne ich mit $(\xi^{(\varkappa)})$ und $(\bar{\eta}^{(\varkappa)})$. Sind dann $\varkappa$ und λ verschieden, so folgt aus (9.) § 5

$$(2.)\quad (\xi^{(\varkappa)})(\xi^{(\lambda)}) = 0, \quad (\bar{\eta}^{(\varkappa)})(\bar{\eta}^{(\lambda)}) = 0, \quad (\xi^{(\varkappa)})(\bar{\eta}^{(\lambda)}) = 0, \quad (\bar{\eta}^{(\varkappa)})(\xi^{(\lambda)}) = 0.$$

Nach Gleichung (5.) § 7 ist

$$\sum_{\varkappa} (\frac{e^{(\varkappa)}}{h}\chi') = (\varepsilon)$$

und mithin

$$\sum_{\varkappa} (\xi^{(\varkappa)}) = (x), \qquad \sum_{\varkappa} (\bar{\eta}^{(\varkappa)}) = (y).$$

Entwickelt man also das Product der k Matrizen

$$\prod_{\varkappa} \Big(u(\xi^{(\varkappa)}) + v(\bar{\eta}^{(\varkappa)}) + w(\varepsilon)\Big)$$

nach Potenzen von w, so erhält man

$$w^k(\varepsilon) + w^{k-1}\big(u(x) + v(y)\big),$$

während die übrigen Glieder nach (2.) verschwinden. Zwischen den Determinanten dieser Matrizen ergiebt sich daher die Beziehung

$$(3.)\quad \prod_{\varkappa} \left| u\,\xi^{(\varkappa)}_{PQ^{-1}} + v\,\eta^{(\varkappa)}_{Q^{-1}P} + w\,\varepsilon_{PQ^{-1}} \right| = w^{h(k-1)} \left| u\,x_{PQ^{-1}} + v\,y_{Q^{-1}P} + w\,\varepsilon_{PQ^{-1}} \right|$$

(vergl. die analoge Entwicklung *V.* S. 610). Irgend einer der k Factoren der linken Seite sei

$$(4.)\qquad \left| u\,\xi_{PQ^{-1}} + v\,\eta_{Q^{-1}P} + w\,\varepsilon_{PQ^{-1}} \right|.$$

Wie die rechte Seite zeigt, ist diese Determinante gleich einer Potenz von w, multiplicirt mit einer Anzahl der linearen Factoren $u a_\alpha + v b_\alpha + w$ der Determinante (1). Andererseits kann man die Determinante (4.) als einen speciellen Fall der Determinante (1.) betrachten: Die Wurzeln der Matrix (ξ) sind nach (5.) § 8 die f Wurzeln $u_1, u_2, \cdots u_f$ der Gleichung $\Phi(x - u\varepsilon) = 0$, jede e Mal gezählt, und ausserdem $(h - ef)$ Mal gezählt die Zahl 0. Ebenso sind die Wurzeln der Matrix $(\bar{\eta})$, die Zahl 0 und die Wurzeln $v_1, v_2, \cdots v_f$ der Gleichung $\Phi(y - v\varepsilon) = 0$. Daher ist die Determinante (4.) ein Product von linearen Factoren $au + bv + w$, wo a eine der $f+1$ Grössen $0, u_1, u_2, \cdots u_f$ und b eine der $f+1$ Grössen $0, v_1, v_2, \cdots v_f$ ist. Eine Combination, wie $a = u_1$, $b = 0$, kann aber, wie die rechte Seite der Gleichung (3.) zeigt, nicht vorkommen. Abgesehen von einer Potenz von w enthält daher die Determinante (4.)

nur noch lineare Factoren der Form $u u_\alpha + v v_\beta + w$, worin u_α eine der f Grössen $u_1, u_2 \cdots u_f$ und v_β eine der f Grössen $v_1, v_2, \cdots v_f$ ist. Nun ist

$$u(\xi) + v(\overline{\eta}) = (\frac{e}{h}\chi')(u(x) + v(\overline{y})),$$

und daher hat diese Matrix den Rang ef. Mithin enthält die Determinante den Factor w mindestens in der Potenz $h-ef$, aber auch in keiner höheren, weil dies nach (5.) § 8 nicht einmal für $v = 0$ der Fall ist. Die übrigen ef Linearfactoren sind demnach alle von der Form $u u_\alpha + v v_\beta + w$. Sei $u u_1 + v v_1 + w$ einer derselben. Betrachtet man die h Grössen y_R, also die f Grössen v_β als constant, so hat die Determinante (4.), als Function von w betrachtet, mit der irreducibelen Function $\Phi(ux_E + vv_1 + w, ux_A, ux_B, \ldots)$ den Linearfactor $uu_1 + vv_1 + w$ gemeinsam. Folglich hat sie alle Factoren $uu_\alpha + vv_1 + w$ ($\alpha = 1, 2, \cdots f$) mit ihr gemeinsam. Ebenso erkennt man, dass die Determinante die f^2 linearen Functionen

$$u u_\alpha + v v_\beta + w \qquad (\alpha, \beta = 1, 2, \cdots f)$$

sämmtlich enthält, und jeden gleich oft. Kommt jeder Factor m Mal vor, so ist $ef = mf^2$, also $e = fm$. Auf diese Weise kann man daher, ohne das Resultat des § 9 zu benutzen, nachweisen, dass e durch f theilbar ist. Nach diesem ist aber $e = f$, und mithin ist $m = 1$, also

$$(5.) \qquad |u\,\xi_{PQ^{-1}} + v\,\eta_{Q^{-1}P} + w\,\varepsilon_{PQ^{-1}}| = w^{h-ef}\,\Pi_{\alpha,\beta}{}_1^f (u u_\alpha + v v_\beta + w).$$

Durch diese Betrachtung ist nun die Art bestimmt, wie man die Wurzeln der beiden Matrizen (x) und (y) einander zuordnen muss, um die linearen Factoren der Determinante (1.) zu erhalten. Sind Φ und Φ' zwei verschiedene Primfactoren von Θ, so ist jede Wurzel der Gleichung $\Phi(x - w\varepsilon) = 0$ mit jeder Wurzel der Gleichung $\Phi(y - w\varepsilon) = 0$ zu combiniren, aber mit keiner Wurzel der Gleichung $\Phi'(y - w\varepsilon) = 0$. Die Allgemeinheit der erhaltenen Formel wird nicht vermindert, wenn man $u = v = 1$ und $w = 0$ setzt. Ist

$$(6.) \qquad \Psi(x, y) = \Pi_{\alpha,\beta}{}_1^f (u_\alpha + v_\beta)$$

die Resultante der beiden Functionen $\Phi(x - \varepsilon w)$ und $\Phi(y + \varepsilon w)$ der Variabelen w, so ist

$$(7.) \qquad |x_{PQ^{-1}} + y_{Q^{-1}P}| = \Pi\,\Psi(x, y).$$

Könnte man direct beweisen, dass diese Determinante, als Function der $2h$ unabhängigen Variabelen x_R, y_R betrachtet, keinen mehrfachen Factor besitzt, so wäre damit für die Gleichung $e = f$ ein neuer Beweis geliefert. Setzt man die h Grössen $y_R = 0$, so wird $\Psi(x, y) = \Phi(x)^f$.

Auf diesem Wege erlangt man eine tiefere Einsicht in den Grund der merkwürdigen Erscheinung, dass die Gruppendeterminante jeden Primfactor in einer Potenz enthält, deren Exponent dem Grade des Factors gleich ist.

Von besonderem Interesse ist der specielle Fall, wo $y_R = -x_R$ ist. Dann ist die Determinante

(8.) $$|x_{PQ^{-1}} - x_{Q^{-1}P} + w\varepsilon_{PQ^{-1}}| = w^s \Pi\Psi,$$

wo

(9.) $$\Psi = \prod_{\alpha>\beta} \left(w - (u_\beta - u_\alpha)^2\right)$$

und

(10.) $$s = \Sigma f$$

ist. Der Gleichung $\Psi = 0$ genügen also die Quadrate der Differenzen der Wurzeln der Gleichung $\Phi(x - w\varepsilon) = 0$. Ich will nun zeigen, dass die für $w = 0$ verschwindenden Elementartheiler jener Determinante alle linear sind, oder, was dasselbe ist, dass der Rang r der Matrix

(11.) $$(x_{PQ^{-1}} - x_{Q^{-1}P})$$

gleich

(12.) $$r = h - s$$

ist. Nach Formel (8.) ist $r \geqq h - s$. Da die beiden Matrizen (x) und $(x)^n$ mit einander vertauschbar sind, so ist

$$x_A^{(n+1)} = \Sigma x_R x_S^{(n)} = \Sigma x_R^{(n)} x_S \qquad (RS = A)$$

oder

$$x_A^{(n+1)} = \sum_R x_{AR^{-1}} x_R^{(n)} = \sum_R x_R^{(n)} x_{R^{-1}A},$$

also

$$\sum_R (x_{AR^{-1}} - x_{R^{-1}A}) x_R^{(n)} = 0.$$

Setzt man für A der Reihe nach alle h Elemente von $\mathfrak{H}$, so ist

(13.) $$\sum_R (x_{AR^{-1}} - x_{R^{-1}A}) y_R = 0$$

ein System von h linearen Gleichungen zwischen den h Unbekannten y_R. Der Rang der von ihren Coefficienten gebildeten Matrix ist r. Mithin bildet das vollständige System ihrer Lösungen eine Matrix vom Range $h - r$, und der Rang irgend eines Systems ihrer Lösungen, z. B. des Systems

$$y_R = x_R^{(n)} \qquad (n = 0, 1, 2, \cdots)$$

ist $\leqq h - r$. Enthält die charakteristische Determinante $|x_{PQ^{-1}} - u\varepsilon_{PQ^{-1}}|$ der Matrix (x) irgend einen Linearfactor $u - u_1$ in der e^{ten} Potenz, so enthält ihn nach § 8 der grösste gemeinsame Divisor ihrer Unterdeterminanten $(h-1)^{\text{ten}}$ Grades in der $(e-1)^{\text{ten}}$ Potenz. Folglich ist die

Gleichung niedrigsten Grades, der die Matrix (x) genügt, vom Grade $\Sigma f = s$, nämlich $G((x)) = 0$, wo

$$(-1)^s G(u) = \Pi\, \Phi(x - u\varepsilon)$$

ist. Daher sind die Matrizen $(x)^0, (x)^1, \cdots (x)^{s-1}$ linear unabhängig, also sind auch die s Lösungen

$$(14.) \qquad y_R = x_R^{(n)} \qquad (n = 0, 1, 2, \cdots s-1)$$

unabhängig, und mithin ist $s \leqq h - r$. Folglich ist $r = h - s$, und die Grössen (14.) bilden ein vollständiges System unabhängiger Lösungen der h linearen Gleichungen (13.), unter denen r unabhängig sind.

§ 11.

Nach den Gleichungen (9.) § 8 ist

$$(1.) \qquad \Phi(x) = \Phi(\xi), \quad \Phi_n(x) = \Phi_n(\xi), \quad S_n(x) = S_n(\xi),$$

also

$$(2.) \qquad n!\ \Phi_n(x) = \sum_{R_1, R_2, \cdots R_n} \chi(R_1, R_2, \cdots R_n)\, \xi_{R_1} \xi_{R_2} \cdots \xi_{R_n}$$

und

$$(3.) \qquad S_n(x) = \sum_{R_1, R_2, \cdots R_n} \chi(R_1 R_2 \cdots R_n)\, \xi_{R_1} \xi_{R_2} \cdots \xi_{R_n}.$$

Eine andere Darstellung ergiebt sich aus den Formeln (10.) § 9, nämlich

$$(4.) \qquad \frac{e}{h} S_n(x) = \xi_E^{(n)} = \sum_{R_1, R_2, \cdots R_n} \xi_{R_1} \xi_{R_2} \cdots \xi_{R_n}. \qquad (R_1 R_2 \cdots R_n = E)$$

Demnach lassen sich die Functionen S_n und Φ_n und speciell Φ selbst durch die h Variabelen

$$(5.) \qquad \xi_S = \frac{e}{h} \sum_R \chi(RS^{-1})\, x_R$$

ausdrücken, unter denen nur ef unabhängig sind, weil nach § 8 der Rang der Matrix, die von den Coefficienten dieser h linearen Functionen der h Variabelen x_R gebildet wird, gleich ef ist. Führt man diese Umformung für jeden Primfactor von Θ aus, so wird die Gruppendeterminante durch

$$(6.) \qquad \Sigma\, ef = h$$

neue Variabele ausgedrückt.

Man transformire jede der k Primfunctionen $\Phi, \Phi', \ldots$ einzeln durch eine lineare Substitution in eine Function von möglichst wenig neuen Variabelen. Ist ihre Anzahl für $\Phi, \Phi', \ldots$ gleich $g, g', \cdots$, so ist $g \leqq ef$, $g' \leqq e'f'$, $\cdots$. Es könnte dann sein, dass sich die Functionen $\Phi, \Phi', \ldots$ insgesammt durch noch weniger als $g + g' + \cdots$ neue Variabele darstellen liessen, lineare Verbindungen der h unabhängigen Variabelen x_R. Wäre dies der Fall, oder wäre $g < ef$, oder $g' < e'f'$, $\cdots$, so liesse sich Θ durch eine lineare Substitution in eine Function von weniger als h Variabelen transformiren. Nun ist aber

$$\sum_R \frac{\partial l\Theta}{\partial x_R}\, x_{RA^{-1}} = \varepsilon_A h.$$

Differentiirt man diese Gleichung nach $x_{B^{-1}}$, so erhält man

$$\sum_R \frac{\partial^2 l\Theta}{\partial x_R\, \partial x_{B^{-1}}}\, x_{RA^{-1}} = -\frac{\partial l\Theta}{\partial x_{B^{-1}A}} = -\frac{h}{\Theta}\, \Theta_{B^{-1},\, A^{-1}}$$

und mithin

$$\left|\frac{\partial^2 l\Theta}{\partial x_P\, \partial x_{Q^{-1}}}\right| \left| x_{PQ^{-1}} \right| = \left(-\frac{h}{\Theta}\right)^h \left|\Theta_{P,Q}\right|,$$

also

$$(7.)\qquad \left|\frac{\partial^2 l\Theta}{\partial x_P\, \partial x_{Q^{-1}}}\right| = \frac{(-h)^h}{\Theta^2}$$

Könnte man aber Θ durch eine lineare Substitution in eine Function von weniger als h Variabelen transformiren, so müsste diese Determinante verschwinden. Folglich lässt sich Φ durch ef, aber nicht durch weniger als ef Variabele ausdrücken, die lineare Verbindungen der h Variabelen x_R sind, und die ef Variabelen von Φ, die $e'f'$ von Φ', $\cdots$ sind alle von einander unabhängig.

In einer besonders einfachen Weise lässt sich Φ^e durch die Variabelen ξ_R darstellen. Dazu benutze ich den folgenden Determinantensatz (vergl. meine Arbeit *Über das* PFAFF*'sche Problem,* CRELLE's Journal Bd. 82; § 4, I):

Ist r der Rang der Matrix

$$a_{\alpha\beta}, \qquad (\alpha, \beta, = 1, 2, \cdots n)$$

so verhalten sich die Determinanten r^{ten} Grades, die sich aus den Elementen von r Spalten dieser Matrix bilden lassen, wie die entsprechenden Determinanten r^{ten} Grades, die sich aus den Elementen von irgend r anderen Spalten dieser Matrix bilden lassen.

Dabei heissen zwei Determinanten entsprechende, wenn zu ihrer Bildung dieselben Zeilen und zwar in derselben Reihenfolge benutzt sind. Derselbe Satz gilt, wenn man die Zeilen und die Spalten vertauscht. Er lässt sich so verallgemeinern:

Ist die Matrix $(c_{\alpha\beta})$ aus den beiden Matrizen $(a_{\alpha\beta})$ und $(b_{\alpha\beta})$ zusammengesetzt, und ist r der Rang der Matrix $(a_{\alpha\beta})$, so verhalten sich die Determinanten r^{ten} Grades, die sich aus den Elementen von r Spalten der Matrix $(a_{\alpha\beta})$ bilden lassen, wie die entsprechenden Determinanten r^{ten} Grades, die sich aus den Elementen von irgend r Spalten der Matrix $(c_{\alpha\beta})$ bilden lassen.

Der Rang der Matrix

$$c_{\alpha\beta} = a_{\alpha 1} b_{1\beta} + a_{\alpha 2} b_{2\beta} + \cdots + a_{\alpha n} b_{n\beta}$$

ist dann höchstens gleich r. Eine Bedeutung hat aber dieser Satz nur, wenn der Rang von $(c_{\alpha\beta})$ gleich r ist. Dies muss der Fall sein, wenn die Determinante n^{ten} Grades $(b_{\alpha\beta})$ von Null verschieden ist.

Mit dem Zeichen

$$\left| a \begin{matrix} \alpha_1\, \alpha_2 \cdots \alpha_r \\ \beta_1\, \beta_2 \cdots \beta_r \end{matrix} \right|$$

bezeichne ich die Determinante r^{ten} Grades, gebildet aus den Elementen der Zeilen $\alpha_1, \alpha_2, \cdots \alpha_r$ und der Spalten $\beta_1, \beta_2, \cdots \beta_r$ der Matrix $(a_{\alpha\beta})$, in der angegebenen Reihenfolge. Dann ist also das Verhältniss

$$\left| a \begin{matrix} \rho_1\, \rho_2 \cdots \rho_r \\ \alpha_1\, \alpha_2 \cdots \alpha_r \end{matrix} \right| : \left| c \begin{matrix} \rho_1\, \rho_2 \cdots \rho_r \\ \beta_1\, \beta_2 \cdots \beta_r \end{matrix} \right|$$

von der Wahl der Indices $\rho_1, \rho_2 \cdots \rho_r$ unabhängig.

Ist wieder $(c_{\alpha\beta}) = (a_{\alpha\beta})(b_{\alpha\beta})$, und ist r der Rang der Matrix $(b_{\alpha\beta})$, so verhalten sich die Determinanten r^{ten} Grades, die sich aus den Elementen von r Zeilen der Matrix $b_{\alpha\beta}$ bilden lassen, wie die entsprechenden Determinanten r^{ten} Grades, die sich aus den Elementen von irgend r Zeilen der Matrix $(c_{\alpha\beta})$ bilden lassen.

Diesen Satz wende ich auf die Matrix

$$(8.) \qquad (\xi) = (\tfrac{e}{h}\chi')(x) = (x)(\tfrac{e}{h}\chi')$$

an. Der Rang der Matrix (χ') ist $g = ef$, ebenso der der Matrix (ξ). Daher gilt der obige Satz sowohl für die Zeilen, wie für die Spalten, und es ist

$$\left| \xi \begin{matrix} A_1\, A_2 \cdots A_g \\ B_1\, B_2 \cdots B_g \end{matrix} \right| = \left(\frac{e}{h}\right)^g \left| \chi' \begin{matrix} A_1\, A_2 \cdots A_g \\ B_1\, B_2 \cdots B_g \end{matrix} \right| \Psi,$$

wo Ψ von der Wahl der Elemente $A_1, A_2, \cdots A_g, B_1, B_2, \cdots B_g$ unabhängig ist. Vergleicht man in den Relationen

$$|\xi_{PQ^{-1}} + u\varepsilon_{PQ^{-1}}| = \Phi(x + u\varepsilon)^e u^{h-g}, \qquad \left| \frac{e}{h}\chi'(PQ^{-1}) + u\varepsilon_{PQ^{-1}} \right| = (u+1)^g u^{h-g}$$

die Coefficienten von u^{h-g}, so ergiebt sich: Die Summe aller Hauptunterdeterminanten r^{ten} Grades ist für die Matrix (ξ) gleich $\Phi(x)^e$ und für die Matrix $(\frac{e}{h}\chi')$ gleich 1. Folglich ist $\Psi = \Phi^e$, also

$$(9.) \qquad \left| \xi \begin{matrix} A_1\, A_2 \cdot \cdot A_g \\ B_1\, B_2 \cdots B \end{matrix} \right| = \left(\frac{e}{h}\right)^g \left| \chi \begin{matrix} B_1\, B_2 \cdots B_g \\ A_1\, A_2 \cdots A_g \end{matrix} \right| \Phi(x)^e.$$

Wählt man die $2g$ Elemente $A_1, B_1, \cdots A_g, B_g$ so, dass die hierin auftretende Determinante g^{ten} Grades der Matrix (χ) von Null verschieden ist, so ist die entsprechende Determinante der Matrix (ε) bis auf einen constanten Factor gleich Φ^e. Unter den von Null verschiedenen Determinanten r^{ten} Grades dieser beiden Matrizen giebt es auch Hauptunterdeterminanten (worin $B_1 = A_1, \cdots B_g = A_g$ ist), weil die Summe aller Hauptunterdeterminanten g^{ten} Grades nicht verschwindet.

In derselben Weise ergiebt sich die allgemeinere Formel

$$(10.)\qquad \left|\xi_{PQ^{-1}}+\eta_{Q^{-1}P}\right| = \left(\frac{e}{h}\right)^g \left|\chi(QP^{-1})\right| \Psi(x,y), \qquad \binom{P=A_1, A_2, \cdots A_g}{Q=B_1, B_2, \cdots B_g}$$

wo $\Psi(x,y)$ dieselbe Bedeutung hat, wie in der Gleichung (6.) § 10.

§ 12.

Die Ermittlung der k Primfactoren, worin die Gruppendeterminante zerfällt, ist auf die Bestimmung der Constanten $\chi_\alpha^{(\varkappa)}$ zurückgeführt, die von der Auflösung einer Gleichung k^{ten} Grades abhängt. Ich will nun die algebraische und arithmetische Natur dieser Grössen näher untersuchen. Zunächst bestimme ich den algebraischen Körper, dem diese Zahlen angehören.

Sei $\mathfrak{G}$ eine Untergruppe von $\mathfrak{H}$, g ihre Ordnung, sei $h = gn$ und H die zu $\mathfrak{G}$ gehörige Gruppendeterminante. Seien $E, A, B, \cdots$ die g Elemente von $\mathfrak{G}$, und $L, M, \cdots$ die nicht in $\mathfrak{G}$ enthaltenen Elemente von $\mathfrak{H}$. Setzt man dann in Θ die Variabelen $x_L, x_M, \cdots$ alle gleich Null, so wird, wie ich *Ch.* § 7, (10.) gezeigt habe,

$$(1.)\qquad \Theta = \mathrm{H}^n.$$

Daher sind die Coefficienten derjenigen Glieder von Θ, die nur von $x_E, x_A, x_B, \cdots$ abhängen, den Coefficienten der entsprechenden Glieder von H^n gleich.

Ist $\mathfrak{G}$ eine commutative Gruppe, so ist H ein Product von g linearen Factoren

$$\mathrm{H} = (\Sigma\, \psi_1(R)x_R)(\Sigma\, \psi_2(R)x_R)\cdots,$$

und die Charaktere $\psi_1(R), \psi_2(R), \cdots$ sind alle vom ersten Grade, also Einheitswurzeln. Speciell ist $\psi_1(E) = \psi_2(E) = \cdots = 1$. Ist demnach Φ ein Primfactor f^{ten} Grades von Θ, so wird diese Function, wenn man darin $x_L = x_M = \cdots = 0$ setzt, gleich dem Producte von f dieser linearen Factoren, etwa

$$(2.)\qquad \Phi = (\Sigma\, \psi_1(R)x_R)(\Sigma\, \psi_2(R)x_R)\cdots(\Sigma\, \psi_f(R)x_R).$$

Ersetzt man x_E durch $x_E - u$, so erkennt man, dass die f Wurzeln der Gleichung $\Phi(x-u\varepsilon) = 0$, falls man $x_L = x_M = \cdots = 0$ setzt, ganze lineare Functionen der Variabelen $x_E, x_A, x_B, \cdots$ werden, etwa

$$(3.)\qquad u_\lambda = \sum_\lambda \psi_\lambda(R)\, x_R, \qquad (\lambda = 1, 2, \cdots f)$$

deren Coefficienten Einheitswurzeln sind. Ist also A eins der Elemente von $\mathfrak{G}$, so ist der Coefficient von $x_E^{f-1}x_A$ in $\Phi(x)$ gleich

$$(4.)\qquad \chi(A) = \psi_1(A) + \psi_2(A) + \cdots + \psi_f(A),$$

und diese Gleichung gilt auch für $A = E$. Sind ferner A und B

zwei Elemente von $\mathfrak{G}$, so ist, weil ψ_λ ein Charakter ersten Grades ist, $\psi_\lambda(AB) = \psi_\lambda(A)\psi_\lambda(B)$ und mithin

$$(5.)\qquad \chi(AB) = \psi_1(A)\psi_1(B) + \psi_2(A)\psi_2(B) + \cdots + \psi_f(A)\psi_f(B).$$

Daher hat die Matrix $(\chi(PQ^{-1}))$, die für die Gruppe $\mathfrak{H}$ den Rang ef hat, höchstens noch den Rang f, falls P und Q nur die Elemente von $\mathfrak{G}$ durchlaufen.

Ist A irgend ein Element von $\mathfrak{H}$, und m seine Ordnung, so bilden die Potenzen von A eine commutative Gruppe der Ordnung m. Wählt man diese für $\mathfrak{G}$, so werden die m Charaktere $\psi_1(A) = \rho_1$, $\psi_2(A) = \rho_2, \cdots$ alle m^{te} Wurzeln der Einheit. Mithin ist

$$(6.)\qquad \chi(A) = \rho_1 + \rho_2 + \cdots + \rho_f, \qquad \chi(A^n) = \rho_1^n + \rho_2^n + \cdots + \rho_f^n$$

für jeden Werth von n. Für $n = m-1$ folgt daraus, dass $\chi(A)$ und $\chi(A^{-1})$ conjugirt complexe Grössen sind (*Ch.* § 3).

Ist A ein Element der m^{ten} Ordnung und χ ein Charakter f^{ten} Grades, so lässt sich $\chi(A)$ als eine Summe von f m^{ten} Wurzeln der Einheit darstellen.

Dieselben sind einzeln dadurch bestimmt, dass $\chi(A^n)$ gleich der Summe ihrer n^{ten} Potenzen ist. Setzt man in Φ alle Variabelen gleich Null ausser $x_E, x_A, x_{A^2}, \cdots x_{A^{m-1}}$, so wird nach (2.)

$$\Phi = (x_E + \rho_1 x_A + \rho_1^2 x_{A^2} + \cdots + \rho_1^{m-1} x_{A^{m-1}}) \cdots (x_E + \rho_f x_A + \rho_f^2 x_{A^2} + \cdots + \rho_f^{m-1} x_{A^{m-1}}).$$

Setzt man daher in Φ alle Variabelen gleich Null, ausser x_E und x_A, so wird

$$(7.)\qquad \Phi(x_E, x_A, 0, 0, \cdots) = (x_E + \rho_1 x_A)(x_E + \rho_2 x_A) \cdots (x_E + \rho_f x_A)$$

und mithin nach (9.) § 4

$$(8.)\qquad u^f + \vartheta_1(A) u^{f-1} + \vartheta_2(A) u^{f-2} + \cdots + \vartheta_f(A) = (u + \rho_1)(u + \rho_2) \cdots (u + \rho_f).$$

Speciell ist, da $\vartheta_f(A) = \vartheta(A)$ ist,

$$(9.)\qquad \vartheta(A) = \rho_1 \rho_2 \cdots \rho_f.$$

Wendet man die Formel (1.) auf die Gruppe $\mathfrak{G}$ an, die von den Potenzen von A gebildet wird, so erhält man

$$\Theta = \Big(\prod_\rho (x_E + \rho x_A + \rho^2 x_{A^2} + \cdots + \rho^{m-1} x_{A^{m-1}})\Big)^{\frac{h}{m}},$$

wo ρ alle m^{ten} Wurzeln der Einheit durchläuft. Setzt man also in Θ alle Variabelen gleich Null, ausser x_E und x_A, so wird

$$(10.)\qquad \Theta(x_E, x_A, 0, 0, \cdots) = \big(x_E^m + (-x_A)^m\big)^{\frac{h}{m}}.$$

Folglich ist, wie ich in § 3 auf anderem Wege gezeigt habe, der Coefficient von x_A^h in Θ gleich

$$(11.)\qquad \prod \vartheta(A)^e = (-1)^{h - \frac{h}{m}}.$$

Sei B ein zweites Element von $\mathfrak{H}$, und seien $\sigma_1, \sigma_2, \cdots \sigma_f$ die f dem Charakter $\chi(B)$ entsprechenden Einheitswurzeln, also

$$(12.)\quad \chi(B) = \sigma_1 + \sigma_2 + \cdots + \sigma_f, \qquad \chi(B^n) = \sigma_1^n + \sigma_2^n + \cdots + \sigma_f^n.$$

Sind nun A und B mit einander vertauschbar, so erzeugen sie eine Gruppe $\mathfrak{G}$. Daher kann man die Formel (5.) anwenden und erkennt: Die Einheitswurzeln der beiden Systeme lassen sich einander so zuordnen, dass

$$(13.)\quad \chi(AB) = \rho_1\sigma_1 + \cdots + \rho_f\sigma_f, \qquad \chi(A^rB^s) = \rho_1^r\sigma_1^s + \cdots + \rho_f^r\sigma_f^s$$

wird. Setzt man in der Primfunction Φ, die dem Charakter χ entspricht, alle Variabelen gleich Null, ausser x_E, x_A und x_B, so erhält man nach (2.)

$$(14.)\quad \Phi(x_E, x_A, x_B, 0, 0, \cdots) = (x_E + \rho_1 x_A + \sigma_1 x_B) \cdots (x_E + \rho_f x_A + \sigma_f x_B),$$

wodurch zugleich die Zuordnung der Einheitswurzeln bestimmt ist.

Um für die entwickelten Sätze ein Beispiel zu geben, betrachte ich ein invariantes Element B der Gruppe $\mathfrak{H}$, d. h. ein solches, das mit jedem Elemente R von $\mathfrak{H}$ vertauschbar ist. In der Formel (3.) § 7 ist dann $R^{-1}BR = B$, und mithin, falls A irgend ein anderes Element von $\mathfrak{H}$ ist,

$$\chi(A)\chi(B) = f\chi(AB).$$

Alle invarianten Elemente von $\mathfrak{H}$ bilden eine commutative Gruppe $\mathfrak{G}$. Setzt man für jedes Element G derselben $\chi(G) = f\psi(G)$, so ist demnach für je zwei Elemente A und B von $\mathfrak{G}$ $\psi(A)\psi(B) = \psi(AB)$. Mithin ist $\psi(G)$ ein Charakter von G, also eine Einheitswurzel ρ. Ferner ist $\psi(G^n) = \psi(G)^n$, also $\chi(G) = f\rho$ und $\chi(G^n) = f\rho^n$. Für ein invariantes Element G von $\mathfrak{H}$ sind folglich die f in der Formel (6.) auftretenden Einheitswurzeln alle einander gleich.

Zu demselben Resultate führt die Bemerkung, dass ein invariantes Element A für sich allein eine Classe conjugirter Elemente bildet. Setzt man daher in Φ alle Variabelen gleich Null ausser x_E und x_A, so wird Φ nach Formel (7.) § 6 die f^{te} Potenz einer linearen Function von x_E und x_A, und folglich ist nach Formel (7.) $\rho_1 = \rho_2 = \cdots = \rho_f$.

Nun sei wieder A ein beliebiges Element von $\mathfrak{H}$, und sei m seine Ordnung. Ist ρ eine primitive m^{te} Wurzel der Einheit, so sind die Grössen $\rho_1, \rho_2, \cdots \rho_f$ in der Formel (6.) alle Potenzen von ρ, und daher ist $\chi(A)$ eine Zahl des Körpers $K(\rho)$, der von allen rationalen Functionen von ρ gebildet wird. Unter den mit A conjugirten Elementen der Gruppe $\mathfrak{H}$ können sich auch Potenzen von A befinden, A^r, A^s, $A^t \cdots$. Ihre Exponenten sind zu m theilerfremd und bilden eine Gruppe, d. h. einer unter ihnen ist $\equiv rs \pmod{m}$, wenn r und s irgend zwei von ihnen sind. Da A und A^r conjugirt sind, so ist $\chi(A) = \chi(A^r)$, also

$\rho_1 + \cdots + \rho_f = \rho_1^r + \cdots + \rho_f^r$. Drückt man $\chi(A)$ durch ρ aus, so bleibt demnach diese Zahl ungeändert, falls man ρ durch ρ^r ersetzt. Diejenigen Zahlen des Körpers $K(\rho)$, die ungeändert bleiben, falls man ρ durch ρ^r oder ρ^s, oder $\rho^t, \cdots$ ersetzt, bilden einen Körper $\mathrm{A}(\rho)$, einen Divisor von $\mathrm{K}(\rho)$. Die Zahl $\chi(A)$ gehört folglich diesem Körper $\mathrm{A}(\rho)$ an.

Ist z. B. $\mathfrak{H}$ die symmetrische Gruppe des Grades n, also $h = n!$, so ist A mit jeder Potenz A^r conjugirt (ähnlich), deren Exponent r zu m theilerfremd ist. Daher sind die Charaktere der symmetrischen Gruppe sämmtlich ganze rationale Zahlen (vergl. die Beispiele $n = 4$ und 5, *Ch.* § 8).

In dem Körper $\mathrm{A}(\rho)$ ist $\chi(A)$ als Summe von Einheitswurzeln eine *ganze* algebraische Zahl. Eine solche ist aber auch jeder Coefficient von Φ, also auch von Φ_n. Denn wenn in einem Producte $\Theta = \Phi\Psi$ von zwei ganzen Functionen von beliebig vielen Variabelen, deren Coefficienten algebraische Zahlen sind, alle Coefficienten ganze algebraische Zahlen sind, so ist auch das Product aus jedem Coefficienten von Φ und jedem von Ψ eine ganze algebraische Zahl (vergl. Dedekind, *Über einen arithmetischen Satz von Gauss.* Prager Math. Ges. 1892). Sind $A, B, C, \cdots$ verschiedene Elemente von $\mathfrak{H}$ und ist $r + s + t + \cdots = n$, so hat $x_A^r x_B^s x_C^t \cdots$ in Φ_n den Coefficienten

$$\frac{1}{r!\,s!\,t!\cdots}\chi(A, \cdots A, B, \cdots B, C, \cdots C, \cdots). \tag{15.}$$

Folglich ist dieser Ausdruck eine ganze algebraische Zahl. Wendet man denselben Satz auf die Factoren des Productes (9.) § 6 an, so erkennt man, dass auch

$$\frac{h_\alpha \chi_\alpha}{f} \tag{16.}$$

eine ganze algebraische Zahl ist. Folglich ist auch nach (6.) § 7

$$\sum \frac{h_\alpha \chi_\alpha}{f} \chi_{\alpha'} = \frac{h}{e}$$

eine ganze Zahl. Daher ist die Zahl $e = f$ ein Divisor der Ordnung h.

55.

Zur Theorie der Scharen bilinearer Formen

Vierteljahrsschrift der Naturforschenden Gesellschaft in Zürich. Jahrgang 41, 20–23 (1896)

Zürich, November 1881.

Bei unserer letzten Unterredung in Berlin haben Sie mich auf ein merkwürdiges Resultat aufmerksam gemacht, welches Sie in der Theorie einer speciellen Art von bilinearen Formen erhalten hatten. Ihrer Aufforderung entsprechend habe ich dasselbe mittelst der Methode hergeleitet, die ich in meiner Arbeit Ueber lineare Substitutionen und bilineare Formen (Crelle's Journal Bd. 84) dargelegt habe, und die im wesentlichen mit der identisch ist, welche Sie in den Berliner Monatsberichten vom Jahre 1858 entwickelt haben. Erlauben Sie mir, mich bei der Darstellung der Kürze halber der symbolischen Bezeichnung für die Zusammensetzung von bilinearen Formen zu bedienen, die ich in jener Arbeit angewendet habe. Die folgende Deduktion ist dann ganz analog der daselbst Seite 51—53 über die orthogonalen Formen durchgeführten.

Seien:

$$P = \sum_{\varkappa,\lambda} p_{\varkappa\lambda}\, x_\varkappa\, y_\lambda\,, \quad Q = \sum_{\varkappa,\lambda} q_{\varkappa\lambda}\, x_\varkappa\, y_\lambda$$

zwei bilineare Formen von n Variabelnpaaren $x_1, y_1, \ldots x_n, y_n$, seien $p_{\varkappa\lambda}$ und $p_{\lambda\varkappa}$ konjugiert komplexe Grössen und ebenso $q_{\varkappa\lambda}$ und $q_{\lambda\varkappa}$. Sei die Determinante n-ten Grades $|p_{\varkappa\lambda}|$ von Null verschieden, dagegen $|q_{\varkappa\lambda}|$ nebst einer gewissen Anzahl von Unterdeterminanten Null. Wenn x_λ und y_λ konjugiert komplexe Werte haben, sei die Form Q niemals negativ. Aus den bekannten Sätzen der Differentialrechnung über Maxima und Minima folgt daraus, worauf Sie mich noch aufmerksam machten, dass Q nur für solche Werte von $x_1, \ldots x_n$ verschwinden kann, für welche die Ableitungen von Q

nach $y_1, \ldots y_n$ sämtlich Null sind. Sei nun:

$$(1) \qquad (Q - rP)^{-1} = A r^{-\alpha} + B r^{-\alpha+1} + \ldots,$$

und zwar sei die bilineare Form:

$$A = \sum_{\varkappa, \lambda} a_{\varkappa\lambda}\, x_\varkappa\, y_\lambda$$

nicht identisch Null. Dann sind auch $a_{\varkappa\lambda}$ und $a_{\lambda\varkappa}$ konjugiert komplexe Grössen, und ebenso $b_{\varkappa\lambda}$ und $b_{\lambda\varkappa}$, falls:

$$B = \sum_{\varkappa, \lambda} b_{\varkappa\lambda}\, x_\varkappa\, y_\lambda$$

ist. Ihr Resultat [1]) besteht nun darin, dass nicht $\alpha > 2$ sein kann. Um dies zu beweisen, nehme ich an, dass $\alpha > 1$ ist, und zeige, dass dann notwendig $\alpha = 2$ sein muss.

Setzt man beide Seiten der Gleichung (1) mit $Q - rP$ zusammen, so erhält man:

$$(2) \qquad E = (A r^{-\alpha} + B r^{-\alpha+1} + \cdots)(Q - rP),$$

und daraus durch Vergleichung der Koefficienten von $r^{-\alpha}$ und $r^{-\alpha+1}$, weil $\alpha > 1$ ist:

$$(3) \qquad AQ = 0$$

und:

$$(4) \qquad AP = BQ.$$

Daher kann BQ nicht identisch verschwinden. Denn sonst wäre $AP = 0$, und weil die Determinante von P von Null verschieden ist, $A = 0$. Mithin kann auch die Form BQB nicht Null sein. Denn der Koefficient von $x_\nu\, y_\nu$ in BQB ist:

$$\sum_{\varkappa, \lambda} q_{\varkappa\lambda} b_{\nu\varkappa} b_{\lambda\nu}$$

Dies ist der Wert der Form Q für:

$$x_\varkappa = b_{\nu\varkappa}, \quad y_\varkappa = b_{\varkappa\nu} \qquad (\varkappa = 1, 2, \ldots n),$$

also für konjugiert komplexe Werte von $x_\varkappa$ und $y_\varkappa$. Wäre also dieser Ausdruck Null, so müssten auch die n Ausdrücke:

$$\sum_{\varkappa} b_{\nu\varkappa}\, q_{\varkappa\lambda} \qquad (\lambda = 1, 2, \ldots n)$$

verschwinden. Wenn dies für $\nu = 1, 2, \ldots n$ der Fall wäre, so müssten alle Koefficienten der Form BQ verschwinden.

---

[1]) Vgl. auch Gundelfinger, Vorlesungen aus der analytischen Geometric der Kegelschnitte, Leipzig 1895, Seite 74.

Nachdem so festgestellt ist, dass die Form BQB nicht verschwindet, kann nun Ihre Methode angewendet werden. Aus der Gleichung (1) folgt durch Zusammensetzung mit P:

$$(P^{-1}Q - rE)^{-1} = APr^{-\alpha} + BPr^{-\alpha+1} + \cdots$$

Mithin sind die Formen AP, $BP, \ldots$ mit einander vertauschbar (l. c. § 3, IX). Indem man diese Gleichung mit sich selbst zusammensetzt, findet man:

$$(5)\quad (P^{-1}Q - rE)^{-2} = APAPr^{-2\alpha} + 2APBPr^{-2\alpha+1} + \cdots$$

Indem man aber jene Gleichung nach r differentiirt, erhält man:

$$(6)\quad (P^{-1}Q - rE)^{-2} = -\alpha APr^{-\alpha-1} - (\alpha - 1)BPr^{-\alpha} - \cdots$$

Aus diesen beiden Entwicklungen folgt zunächst, dass $APAP = 0$ ist. Denn sonst ergäbe die Vergleichung der Exponenten der Anfangsglieder $-2\alpha = -\alpha - 1$, also $\alpha = 1$. Dagegen ist $APBP$ von Null verschieden, denn nach (4) ist:

$$(AP)(BP) = (BQ)(BP) = (BQB)P,$$

also nicht Null, da die Determinante von P nicht verschwindet. Durch Vergleichung der Exponenten der Anfangsglieder folgt daher:

$$-2\alpha + 1 = -\alpha - 1, \quad \alpha = 2.$$

Ich wende mich nun zu einem andern Gegenstand, den Sie mit mir besprochen haben. In der Einleitung meiner Arbeit Theorie der linearen Formen mit ganzen Koefficienten (Crelle's Journal, Bd. 86.) zeige ich, dass für die Aequivalenz zweier Scharen von bilinearen Formen die folgenden Bedingungen notwendig und hinreichend sind: In einem gewissen Systeme von $2n^2$ homogenen linearen Gleichungen zwischen $2n^2$ Unbekannten $p_{\gamma\alpha}$ und $s_{\delta\gamma}$ muss die Determinante verschwinden; und man muss den willkürlichen Konstanten, die in ihre allgemeinste Lösung eingehen, solche Werte beilegen können, dass die beiden Determinanten n-ten Grades:

$$p = |p_{\gamma\alpha}|, \qquad s = |s_{\delta\gamma}|$$

von Null verschieden werden.

Gegen die Bündigkeit des Beweises ist, wie Sie ausführten, zwar nichts einzuwenden. Dennoch ist das Resultat höchst befremdend und bedarf einer weiteren Aufklärung. Damit zwei

Scharen bilinearer Formen aequivalent sind, müssen ihre Determinanten übereinstimmen. Diese sind ganze Funktionen n-ten Grades des Parameters der Schar. Ihre Uebereinstimmung erfordert also n Bedingungen. Statt dessen ergiebt sich auf dem von mir eingeschlagenen Wege nur eine Bedingung.

Bei weiterem Nachdenken fand ich die Auflösung dieses Paradoxons, das auch mir schon aufgefallen war, in dem Umstande, dass eine Schar von bilinearen Formen immer eine Substitution in sich selbst zulässt, deren Koefficienten mindestens n willkürliche Konstanten enthalten. Sind daher zwei Scharen von bilinearen Formen aequivalent, so muss auch die allgemeinste Transformation der einen in die andere mindestens n willkürliche Konstanten enthalten. Ausser der oben erwähnten Determinante vom Grade $2n^2$ müssen folglich auch alle ihre Unterdeterminanten von den Graden $2n^2 - 1$, $2n^2 - 2, \ldots 2n^2 - n + 1$ verschwinden. Sonst können sie keine Lösung haben, für welche die beiden Determinanten n-ten Grades p und s von Null verschieden sind. Eine genauere Diskussion jener $2n^2$ linearen Gleichungen wird sich wohl kaum ausführen lassen, wenn man nicht die Schar bilinearer Formen, aus der sie entspringen, auf die reduzierte Form gebracht voraussetzt.

56.

Über die Darstellung der endlichen Gruppen durch lineare Substitutionen

Sitzungsberichte der Königlich Preußischen Akademie der Wissenschaften zu Berlin
944–1015 (1897)

In meiner Arbeit *Über die Primfactoren der Gruppendeterminante* (Sitzungsberichte 1896; im Folgenden mit *Pr.* citirt) habe ich jeder endlichen Gruppe $\mathfrak{H}$ der Ordnung h eine Matrix des Grades h zugeordnet, deren Elemente von h Variabelen abhängen. Ihre Wichtigkeit beruht auf dem Zusammenhange, worin sie selbst und die Primfactoren ihrer Determinante mit den linearen Substitutionen stehen, durch die sich die Gruppe $\mathfrak{H}$ und die ihr isomorphen Gruppen darstellen lassen. Aus jeder solchen Darstellung kann man eine zur Gruppe $\mathfrak{H}$ gehörige Matrix ableiten, deren Determinante in einer Potenz der Gruppendeterminante enthalten ist (§ 2). Ist die Determinante unzerlegbar, also einem Primfactor der Gruppendeterminante gleich, so nenne ich die Darstellung eine primitive. Umgekehrt entspricht jedem Primfactor f^{ten} Grades der Gruppendeterminante eine, und, abgesehen von der Wahl der Variabelen, nur eine primitive Darstellung der Gruppe durch Substitutionen von f Variabelen (§ 4).

Die Gruppenmatrix kann in eine ähnliche Matrix transformirt werden, die in Theilmatrizen zerfällt. Benutzt man dabei allein die k Gruppencharaktere, so kann man sie in k Matrizen zerlegen, deren jede die f^{te} Potenz einer Primfunction Φ des f^{ten} Grades zur Determinante hat (§ 3). Benutzt man aber höhere Irrationalitäten, so kann man sie in Σf Matrizen zerlegen, deren jede eine Primfunction Φ selbst zur Determinante hat (§ 5). Mit Hülfe einiger merkwürdigen Sätze über Determinanten n^{ten} Grades, deren Elemente n^2 unabhängige Variabele sind (§ 7), zeige ich dann: man kann die Transformation so einrichten, dass je f Theilmatrizen, deren Determinanten demselben Primfactor f^{ten} Grades Φ gleich sind, einander identisch gleich sind. Dann sind die Elemente aller Theilmatrizen zusammen $\Sigma f^2 = h$ von einander unabhängige Variabele. Aus einer solchen Theilmatrix, deren Determinante Φ ist, ergeben sich h lineare Substitutionen, die eine mit $\mathfrak{H}$ isomorphe Gruppe bilden. Der Isomorphismus kann auch ein meroedrischer sein. Dies hängt von einer besonderen Beziehung ab, worin der Charakter χ der Gruppe $\mathfrak{H}$, welcher der Primfunction Φ entspricht, zu einer invarianten Untergruppe von $\mathfrak{H}$ stehen kann (§ 1). Die primitiven Darstellungen einer Gruppe durch lineare Substitutionen werfen ein neues Licht auf die Bedeutung der Relationen, aus denen die Charaktere der Gruppe und damit die Coefficienten der Primfactoren der Gruppendeterminante berechnet werden (§ 6). Die wichtigsten Ergebnisse dieser Arbeit habe ich Dedekind, dem ich die Anregung zu diesen Untersuchungen verdanke, im April dieses Jahres mitgetheilt.

§ 1.

Unter den Charakteren einer Gruppe $\mathfrak{H}$ nimmt der Hauptcharakter, dessen Werthe alle gleich 1 sind, eine bevorzugte Stellung ein. Ist $\mathfrak{H}$ zusammengesetzt, und ist $\mathfrak{G}$ eine invariante Untergruppe von $\mathfrak{H}$, so giebt es ferner gewisse Charaktere von $\mathfrak{H}$, die in Bezug auf $\mathfrak{G}$ ein besonderes Verhalten zeigen. Ein solcher Charakter hat nämlich für je zwei Elemente von $\mathfrak{H}$, die mod. $\mathfrak{G}$ aequivalent sind, denselben Werth. Ich sage daher, er *gehöre* zur Gruppe $\frac{\mathfrak{H}}{\mathfrak{G}}$ auf Grund des Satzes:

Ist $\mathfrak{G}$ eine invariante Untergruppe der Gruppe $\mathfrak{H}$, so ist jeder Charakter von $\frac{\mathfrak{H}}{\mathfrak{G}}$ auch ein Charakter von $\mathfrak{H}$.

Dies ist so zu verstehen: Bilden $A, B, C, \cdots$ ein vollständiges Restsystem von $\mathfrak{H}$ (mod. $\mathfrak{G}$), so ist

$$\mathfrak{H} = A\mathfrak{G} + B\mathfrak{G} + C\mathfrak{G} + \cdots.$$

Dann können die Complexe $A\mathfrak{G} = \mathfrak{G}A$, $B\mathfrak{G} = \mathfrak{G}B$, $\cdots$ als die Elemente der Gruppe $\frac{\mathfrak{H}}{\mathfrak{G}}$ aufgefasst werden. Sei ψ ein Charakter dieser Gruppe, und $\psi(A\mathfrak{G})$ sein Werth für das Element $A\mathfrak{G}$. Jedes Element R der Gruppe $\mathfrak{H}$ gehört einem und nur einem dieser Complexe an. Für alle Elemente R des Complexes $A\mathfrak{G}$ sei $\chi(R) = \psi(A\mathfrak{G})$. Die so definirten h Grössen $\chi(R)$ bilden einen Charakter von $\mathfrak{H}$. Sei umgekehrt $\chi(R)$ ein Charakter von $\mathfrak{H}$, der den gleichen Werth hat für je zwei Elemente von $\mathfrak{H}$, die mod. $\mathfrak{G}$ aequivalent sind. Setzt man dann für jedes Element R von $\mathfrak{H}$, das aequivalent A (mod. $\mathfrak{G}$) ist, also dem Complexe $A\mathfrak{G}$ angehört, $\psi(A\mathfrak{G}) = \chi(R)$, so ist ψ ein Charakter von $\frac{\mathfrak{H}}{\mathfrak{G}}$. Die beiden entsprechenden Charaktere haben denselben Grad

$$f = \chi(E) = \psi(\mathfrak{G}).$$

Gehört der Charakter χ zu der Gruppe $\frac{\mathfrak{H}}{\mathfrak{G}}$, so gehört er auch zu $\frac{\mathfrak{H}}{\mathfrak{G}'}$, wo $\mathfrak{G}'$ eine in $\mathfrak{G}$ enthaltene invariante Untergruppe von $\mathfrak{H}$ ist.

Damit nämlich h Grössen $\chi(R)$ einen Charakter von $\mathfrak{H}$ bilden, sind die folgenden Bedingungen nothwendig und hinreichend:

$$\chi(E) = f \tag{1.}$$

ist eine positive (ganze) Zahl. Für je zwei Elemente A und B von $\mathfrak{H}$ ist

$$\chi(AB) = \chi(BA) \tag{2.}$$

und

$$h\chi(A)\chi(B) = f\sum_R \chi(AR^{-1}BR). \tag{3.}$$

Endlich ist

$$h = \sum_R \chi(R)\chi(R^{-1}). \tag{4.}$$

Nach der zweiten Bedingung hat nämlich $\chi(R)$ für alle Elemente einer Classe conjugirter Elemente denselben Werth, etwa für die Elemente der ρ^{ten} Classe den Werth χ_ϱ $(\rho = 0, 1, \cdots k-1)$. Daher sind die Gleichungen (3.) und (4.) identisch mit (vergl. *Pr.* § 7)

$$h_\alpha h_\beta \chi_\alpha \chi_\beta = f \sum_\gamma h_{\alpha\beta\gamma'} \chi_\gamma, \tag{3.}$$

$$h = \sum_\varrho h_\varrho \chi_\varrho \chi_{\varrho'}. \tag{4.}$$

Jede Lösung der Gleichungen (3.) ergiebt die Verhältnisse der Werthe eines Charakters χ. Dann liefert die Gleichung (4.) das Quadrat des noch unbestimmt gebliebenen Proportionalitätsfactors und endlich die Gleichung (1.) sein Vorzeichen.

Nun ist $\chi(E) = \psi(\mathfrak{G}) = f$. Ferner ist $A\mathfrak{G}B\mathfrak{G} = AB\mathfrak{G}$. Ist also R ein Element des Complexes $A\mathfrak{G}$, und S ein Element von $B\mathfrak{G}$, so ist RS ein Element von $AB\mathfrak{G}$. Daher ist $\chi(RS) = \psi(AB\mathfrak{G}) = \psi(A\mathfrak{G}B\mathfrak{G})$ und $\chi(SR) = \psi(B\mathfrak{G}A\mathfrak{G})$ und mithin, weil ψ die Eigenschaft (2.) besitzt, $\chi(RS) = \chi(SR)$. Ferner ist

$$\frac{h}{g}\psi(A\mathfrak{G})\psi(B\mathfrak{G}) = f\sum_S \psi(AS^{-1}BS\mathfrak{G}),$$

wo S ein vollständiges Restsystem von $\mathfrak{H}$ (mod. $\mathfrak{G}$) durchläuft. Nun ist $AS^{-1}BS\mathfrak{G} = A\mathfrak{G}S^{-1}BS\mathfrak{G}$ und bleibt daher ungeändert, wenn man S durch SG ersetzt, wo G irgend ein Element von $\mathfrak{G}$ ist. Daher ist auch

$$h\psi(A\mathfrak{G})\psi(B\mathfrak{G}) = f\sum_R \psi(AR^{-1}BR\mathfrak{G}),$$

wo R alle Elemente von $\mathfrak{H}$ durchläuft, also auch

$$h\chi(A)\chi(B) = f\sum_R \chi(AR^{-1}BR).$$

Ebenso folgt aus der Relation

$$\frac{h}{g} = \sum_S \psi(S\mathfrak{G})\psi(S^{-1}\mathfrak{G})$$

die Gleichung

$$h = \sum_R \chi(R)\chi(R^{-1}).$$

Daher ist $\chi(R)$ ein Charakter von $\mathfrak{H}$.

Umgekehrt sei $\chi(R)$ ein Charakter von $\mathfrak{H}$, und sei stets $\chi(R) = \chi(S)$, wenn $R \backsim S$ (mod. $\mathfrak{G}$) ist. Dann erkennt man auf demselben Wege, dass $\psi(R\mathfrak{G}) = \chi(R)$ ein Charakter von $\frac{\mathfrak{H}}{\mathfrak{G}}$ ist.

Der Hauptcharakter gehört zu der Gruppe $\frac{\mathfrak{H}}{\mathfrak{H}}$, die Charaktere ersten Grades zu der commutativen Gruppe $\frac{\mathfrak{H}}{\mathfrak{G}}$, falls $\mathfrak{G}$ die Commutatorgruppe von $\mathfrak{H}$ ist.

Durchläuft G die Elemente der Gruppe $\mathfrak{G}$, so sei

$$(5.) \qquad \sum_G x_{RG} = y_{R\mathfrak{G}}.$$

Dann ist unter den obigen Voraussetzungen (vergl. *Pr.* § 8)

$$\frac{h}{f}\xi_A = \sum_R \chi(R)\, x_{RA} = \sum_S \psi(S\mathfrak{G})\, y_{SA\mathfrak{G}} = \frac{h:g}{f}\eta_{A\mathfrak{G}}.$$

Der Rang der Matrix $(\xi_{PQ^{-1}})$ ist gleich f^2. Ist $\Phi(x)$ der Primfactor der Gruppendeterminante $\Theta(x)$ von $\mathfrak{H}$, der dem Charakter χ entspricht, so ist jede Unterdeterminante des Grades f^2 von jener Matrix bis auf einen constanten Factor gleich $\Phi(x)^f$. Ist $\Psi(y)$ der Primfactor der Gruppendeterminante $\mathrm{H}(y)$ von $\frac{\mathfrak{H}}{\mathfrak{G}}$, der dem Charakter ψ entspricht, so ist jede Unterdeterminante des Grades f^2 von der Matrix $\eta_{PQ^{-1}\mathfrak{G}}$ gleich $\Psi(y)^f$. Nun ist $g\xi_A = \eta_{A\mathfrak{G}}$, und mithin ist unter der Voraussetzung (5.) $\Phi(x) = \Psi(y)$. Da $\Theta(x)$ und $\mathrm{H}(y)$ die Factoren $\Phi(x)$ und $\Psi(y)$ genau in der f^{ten} Potenz enthalten, so ist $\Theta(x)$ durch $\mathrm{H}(y)$ theilbar, und der Quotient ist zu $\mathrm{H}(y)$ theilerfremd (vergl. *Pr.* § 2).

§ 2.

Eine endliche Anzahl linearer Substitutionen

$$(A) \qquad x_\alpha = a_{\alpha 1} y_1 + a_{\alpha 2} y_2 + \cdots + a_{\alpha n} y_n, \qquad (\alpha = 1, 2, \cdots n)$$

$$(B) \qquad x_\alpha = b_{\alpha 1} y_1 + b_{\alpha 2} y_2 + \cdots + b_{\alpha n} y_n,$$

$$\cdot \quad \cdot \quad \cdot \quad \cdot \quad \cdot \quad \cdot \quad \cdot \quad \cdot \quad \cdot \quad \cdot ,$$

deren Determinanten von Null verschieden sind, bilden eine Gruppe $\mathfrak{H}'$, wenn die aus irgend zweien von ihnen, (A) und (B), zusammengesetzte Substitution $(C) = (A)(B)$ ebenfalls unter ihnen enthalten ist. Die Coefficienten von (C) sind

$$c_{\alpha\beta} = a_{\alpha 1} b_{1\beta} + a_{\alpha 2} b_{2\beta} + \cdots + a_{\alpha n} b_{n\beta}.$$

Man kann auch nach dem Vorgange von GAUSS von der Bezeichnung der Variabelen ganz absehen und unter $(A), (B), (C), \cdots$ die Matrizen n^{ten} Grades verstehen, die von den Coefficientensystemen $a_{\alpha\beta}, b_{\alpha\beta}, c_{\alpha\beta}, \cdots$ gebildet werden.

Sei $\mathfrak{H}$ eine abstracte Gruppe, $A, B, C, \cdots$ ihre Elemente. Ordnet man dem Elemente A die Matrix (A), dem Elemente B die Matrix (B), u. s. w. zu, so sei die Gruppe $\mathfrak{H}'$ der Gruppe $\mathfrak{H}$ isomorph, d. h. es sei $(A)(B) = (AB)$. Dann sage ich, dass die Substitutionen oder die Matrizen $(A), (B), (C), \cdots$ die Gruppe $\mathfrak{H}$ *darstellen*. Der Isomorphismus kann auch ein meroedrischer sein. Dann ist $\mathfrak{H}'$ einer Gruppe $\frac{\mathfrak{H}}{\mathfrak{G}}$ holoedrisch isomorph, wo $\mathfrak{G}$ eine gewisse invariante Untergruppe von $\mathfrak{H}$ ist, gebildet von den Elementen von $\mathfrak{H}$, denen das Hauptelement (E) von $\mathfrak{H}'$ entspricht. Diese Substitution (E) entspricht dem Hauptelemente E von $\mathfrak{H}$. Da $E^2 = E$ ist, so ist auch $(E)^2 = (E)$. Mithin ist (E) die identische Substitution, da keine andere Substitution von nicht verschwindender Determinante dieser Bedingung genügt.

Ist (P) irgend eine Matrix n^{ten} Grades von nicht verschwindender Determinante, so stellen auch die Matrizen $(P)^{-1}(A)(P), (P)^{-1}(B)(P), \cdots$ die Gruppe $\mathfrak{H}$ dar. Die entsprechenden Substitutionen gehen aus den ursprünglichen hervor, indem jedes System von n Variabelen $x_1, \cdots x_n$; $y_1, \cdots y_n$; $\cdots$ der Substitution (P) unterworfen wird. Zwei solche *Darstellungen* von $\mathfrak{H}$ bezeichne ich als *aequivalent*. Alle Darstellungen, die einer gegebenen aequivalent sind, bilden eine *Classe* aequivalenter Darstellungen von $\mathfrak{H}$.

Den h Elementen $A, B, C, \cdots$ von $\mathfrak{H}$ ordne ich h unabhängige Variabele $x_A, x_B, x_C, \cdots$ zu, und ich setze dann aus den Matrizen $(A), (B), (C), \cdots$ die Matrix

$$(A)x_A + (B)x_B + (C)x_C + \cdots = \Sigma(R)x_R$$

zusammen, deren Elemente lineare Functionen der unabhängigen Variabelen sind. Jede auf diese Art *einer Darstellung von $\mathfrak{H}$ entsprechende Matrix* nenne ich eine *zur Gruppe $\mathfrak{H}$ gehörige Matrix*.

Sei $y_A, y_B, y_C, \cdots$ ein zweites System von h unabhängigen Variabelen, und sei (*Pr.* § 1)

$$(1.) \qquad z_T = \Sigma\, x_R y_S. \qquad (RS = T)$$

Dann ist das Product der beiden Matrizen

$$(2.) \qquad (\Sigma(R)x_R)(\Sigma(S)y_S) = \Sigma(RS)x_R y_S = \Sigma(T)z_T.$$

Umgekehrt charakterisirt diese Eigenschaft die Matrix $\Sigma(R)x_R$ als eine zur Gruppe $\mathfrak{H}$ gehörige Matrix. Eine solche ist daher z. B. die Gruppenmatrix $(x_{PQ^{-1}})$. Ist nun die Determinante $|\Sigma(R)x_R| = F(x)$, so ist $F(x)F(y) = F(z)$. Nach *Pr.* § 1 folgt daraus, dass $F(x)$ in einer Potenz der Gruppendeterminante

$$\Theta(x) = |x_{PQ^{-1}}| = \Phi^f \Phi'^{f'} \Phi''^{f''} \cdots$$

aufgeht, also ein Product von Potenzen der Primfactoren $\Phi, \Phi', \Phi'', \cdots$ von Θ ist

$$(3.)\qquad |\Sigma(R)x_R| = \Phi^s \Phi'^{s'} \Phi''^{s''} \cdots,$$

deren Exponenten $s, s', s'', \cdots$ auch zum Theil Null sein können.

Ist Φ ein Primfactor f^{ten} Grades von Θ, so ist Θ genau durch die f^{te} Potenz von Φ theilbar. Nach *Pr.* § 5 ist die Unterdeterminante $(h-1)^{\text{ten}}$ Grades von Θ, die dem Elemente $x_{PQ^{-1}}$ complementär ist, gleich $\frac{1}{h}\frac{\partial\Theta}{\partial x_{PQ^{-1}}}$. Mithin enthält der grösste gemeinsame Divisor aller Unterdeterminanten $(h-1)^{\text{ten}}$ Grades von Θ den Primfactor Φ genau in der $(f-1)^{\text{ten}}$ Potenz. Nach den bekannten Eigenschaften der Elementartheiler einer Determinante enthält daher der grösste gemeinsame Divisor aller Unterdeterminanten $(h-m)^{\text{ten}}$ Grades von Θ den Factor Φ genau in der $(f-m)^{\text{ten}}$ Potenz $(m < f)$, und die Unterdeterminanten $(h-f)^{\text{ten}}$ Grades von Θ sind nicht alle durch Φ theilbar. Die charakteristische Determinante $\Theta(x-u\varepsilon)$ der Gruppenmatrix hat demnach, als Function von u, lauter lineare Elementartheiler, und falls man für u eine Wurzel der Gleichung $\Phi(x-u\varepsilon) = 0$ setzt, hat jene Determinante den Rang $h-f$.

Setzt man in der Formel (1.) $y_R = \frac{1}{h\Phi^{f-1}}\frac{\partial\Theta}{\partial x_R}$, so wird $z_R = \frac{\Theta}{\Phi^{f-1}}\varepsilon_R$, also weil $\Sigma(R)\varepsilon_R = (E)$ ist,

$$(4.)\qquad (\Sigma(R)x_R)(\Sigma(S)y_S) = \frac{\Theta}{\Phi^{f-1}}(E).$$

Nun sind die Elementartheiler der Determinante der letzteren Matrix, die gleich Potenzen von Φ sind, alle gleich der ersten Potenz von Φ. Auf Grund von (4.) sind aber diese Elementartheiler durch die entsprechenden von $|\Sigma(R)x_R|$ theilbar (*Über die Elementartheiler der Determinanten*, Satz IX, Sitzungsberichte 1894). Mithin sind auch die Elementartheiler der Determinante $|\Sigma x_R(R)|$, die Potenzen von Φ sind, alle gleich der ersten Potenz von Φ, und ihre Anzahl ist gleich s. Ersetzt man x_R durch $x_R - u\varepsilon_R$, so erkennt man, dass die charakteristische Determinante jener Matrix $|(\Sigma x_R(R)) - u(E)|$ lauter lineare Elementartheiler hat.

§ 3.

Zerfällt eine zur Gruppe $\mathfrak{H}$ gehörige Matrix in Theilmatrizen, so ist nach Formel (2.) § 2 jede einzelne von ihnen auch eine zur Gruppe gehörige Matrix. Das Product der Determinanten der Theilmatrizen ist gleich der Determinante der ganzen Matrix. Wie ich zeigen werde, kann man eine der Gruppenmatrix aequivalente Matrix finden, die in Σf Theilmatrizen zerfällt. Ihre Determinanten sind den Σf Primfactoren von Θ gleich. Weiter lässt sich die Zerlegung der Gruppenmatrix unmöglich treiben. Ehe ich aber zur Darstellung dieser Transformation übergehe, will ich zunächst eine andere einfachere durchführen, bei der die Determinante jeder Theilmatrix gleich der f^{ten} Potenz eines Primfactors f^{ten} Grades Φ ist. Mithin haben die einzelnen Theilmatrizen lauter verschiedene Determinanten, von denen je zwei theilerfremd sind. Um diese Zerlegung durchzuführen, reicht die Kenntniss der Charaktere aus.

Sei Φ ein Primfactor f^{ten} Grades von Θ, und sei χ der entsprechende Charakter. Dann hat die Matrix h^{ten} Grades $(\chi(PQ^{-1}))$ den Rang $r = f^2$, und es giebt darin eine von Null verschiedene Hauptunterdeterminante r^{ten} Grades (*Pr.* § 11). Eine solche möge erhalten werden, indem man für P und Q die r Elemente $A_1, A_2, \cdots A_r$ setzt. Sei ψ ein von ϕ verschiedener Charakter, s der Rang der Matrix $(\psi(PQ^{-1}))$, und es möge darin eine von Null verschiedene Hauptunterdeterminante s^{ten} Grades erhalten werden, indem man P und Q gleich $B_1, B_2, \cdots B_s$ setzt. Diese s Elemente können auch ganz oder zum Theil mit $A_1, A_2, \cdots A_r$ übereinstimmen. Trifft man eine solche Bestimmung für jeden der k Charaktere von $\mathfrak{H}$, so ist die Summe der k Zahlen

$$r + s + \cdots = \Sigma r = \Sigma f^2 = h.$$

Nun sei M die Matrix h^{ten} Grades, deren h Zeilen aus der Zeile

$$\chi(PA_1^{-1}), \cdots \chi(PA_r^{-1}), \psi(PB_1^{-1}), \cdots \psi(PB_s^{-1}), \cdots$$

erhalten werden, indem man für P die h Elemente von $\mathfrak{H}$ setzt. Ferner sei L' die Matrix, deren Zeilen in analoger Weise aus

$$\chi(A_1Q^{-1}), \cdots \chi(A_rQ^{-1}), \psi(B_1Q^{-1}), \cdots \psi(B_sQ^{-1}), \cdots$$

hervorgehen. Vertauscht man in L' Zeilen und Spalten, so erhält man die conjugirte Matrix L. Ich bilde nun die componirte Matrix LM. Sind α und β zwei der Indices $1, 2, \cdots r$, so ist darin das β^{te} Element der α^{ten} Zeile

$$\sum_R \chi(A_\alpha R^{-1})\chi(RA_\beta^{-1}) = \frac{h}{f}\chi(A_\alpha A_\beta^{-1}).$$

Die aus diesen r^2 Elementen gebildete Determinante r^{ten} Grades ist nach Voraussetzung von Null verschieden. Ist ferner α einer der Indices $1, 2, \cdots r$ und β einer der Indices $1, 2, \cdots s$, so ist das $(r+\beta)^{\text{te}}$ Element der α^{ten} Zeile

$$\sum_R \chi(A_\alpha R^{-1})\psi(RB_\beta^{-1}) = 0.$$

Folglich zerfällt die Matrix LM in k Theilmatrizen, und ihre Determinante ist

$$\Pi\left|\frac{h}{f}\chi(A_\alpha A_\beta^{-1})\right|,$$

also von Null verschieden. Mithin sind die Determinanten $|L|$ und $|M|$ beide von Null verschieden.

Nun sei X die Gruppenmatrix $(x_{PQ^{-1}})$ und $Y = LXM$. Sind α und β zwei der Zahlen $1, 2, \cdots r$, so ist darin das β^{te} Element der α^{ten} Zeile

$$\sum_{R,S}\chi(A_\alpha R^{-1})\,x_{RS^{-1}}\,\chi(SA_\beta^{-1}).$$

Weil aber $\chi(PQ) = \chi(QP)$ ist, so sind die beiden Matrizen $(x_{PQ^{-1}})$ und $(\chi(PQ^{-1}))$ mit einander vertauschbar (*Pr.* § 6), und jene Summe ist gleich

$$\sum_{R,S}\chi(A_\alpha R^{-1})\chi(RS^{-1})\,x_{SA_\beta^{-1}} = \frac{h}{f}\sum_S\chi(A_\alpha S^{-1})\,x_{SA_\beta^{-1}}.$$

Ist α eine der Zahlen $1, 2, \cdots r$, und β eine der Zahlen $1, 2, \cdots s$, so ist das $(r+\beta)^{\text{te}}$ Element der α^{ten} Zeile

$$\sum_{R,S}\chi(A_\alpha R^{-1})x_{RS^{-1}}\psi(SB_\beta^{-1}) = \sum_{R,S}\chi(A_\alpha R^{-1})\psi(RS^{-1})x_{SB_\beta^{-1}} = 0.$$

Folglich zerfällt Y in k Theilmatrizen, deren erste von den r^2 Elementen

$$\frac{h}{f}\sum_R\chi(A_\alpha R^{-1})\,x_{RA_\beta^{-1}} = \sum_R\frac{h}{f}\chi(A_\alpha A_\beta^{-1}R^{-1})\,x_R$$

gebildet wird.

In dieser Summe ist x_E mit der Matrix

$$N_1 = \left(\frac{h}{f}\chi(A_\alpha A_\beta^{-1})\right) \qquad (\alpha,\beta = 1, 2, \cdots r)$$

multiplicirt, deren Determinante von Null verschieden ist. Ebenso sei

$$N_2 = \left(\frac{h}{f'}\psi(B_\alpha B_\beta^{-1})\right) \qquad (\alpha,\beta = 1, 2, \cdots s)$$

u. s. w. Aus diesen Matrizen der Grade $r, s, \cdots$ bilde man die Matrix

$$\begin{pmatrix} N_1 & 0 & 0 & \cdots \\ 0 & N_2 & 0 & \cdots \\ 0 & 0 & N_3 & \cdots \\ \cdot & \cdot & \cdot & \cdots \end{pmatrix} = N$$

des Grades h; dann zerfällt auch $YN^{-1} = Z$ in k Theilmatrizen, deren erste ist

$$(1.)\qquad \left(\sum_R\frac{h}{f}\chi(A_\alpha A_\beta^{-1}R^{-1})\,x_R\right)\left(\frac{h}{f}\chi(A_\alpha A_\beta^{-1})\right)^{-1}. \qquad (\alpha,\beta = 1, 2, \cdots f^2)$$

Darin ist x_E mit der Hauptmatrix multiplicirt. Vergleicht man also in der Gleichung $LXMN^{-1} = Z$ die mit x_E multiplicirten Matrizen, so erhält man $LMN^{-1} = E$, und mithin ist

$$(2.)\qquad LXL^{-1} = Z$$

eine mit X aequivalente Matrix. Daher gehört Z und jede Theilmatrix von Z, wie (1.), zur Gruppe $\mathfrak{H}$. Nach *Pr.* § 11 ist die Determinante von (1.) gleich Ψ^f, wo Ψ der zu Φ conjugirte Primfactor von Θ ist.

Ist $\mathfrak{G}$ eine invariante Untergruppe von $\mathfrak{H}$, gehört der Charakter χ zur Gruppe $\frac{\mathfrak{H}}{\mathfrak{G}}$, und ist die Matrix (1.) gleich $\Sigma(R)x_R$, so ist $(R)=(S)$, wenn $R \backsim S$ (mod. $\mathfrak{G}$) ist. Daher stellen die Matrizen (A), (B), (C), $\cdots$ die Gruppe $\frac{\mathfrak{H}}{\mathfrak{G}}$ dar.

Die obige Umformung lässt sich in derselben Weise ohne Anwendung neuer Hülfsmittel für eine beliebige zur Gruppe gehörige Matrix durchführen. Auch eine solche kann, wenn ihre Determinante (3.) § 2 durch verschiedene Primfactoren der Gruppendeterminante theilbar ist, allein mit Benutzung der Charaktere in eine aequivalente zerfallende Matrix transformirt werden, deren einzelne Theile die Determinanten Φ^s, $\Phi'^{s'}$, $\cdots$ haben.

§ 4.

Ich wende mich nun zu der im Anfang des vorigen Paragraphen besprochenen vollständigen Zerlegung der Gruppenmatrix. Ihre charakteristische Determinante $\Theta(x-u\varepsilon)$ hat nur einfache Elementartheiler und hat daher für eine Wurzel u der Gleichung $\Phi(x-u\varepsilon)=0$ den Rang $h-f$. Ich setze nun für die Variabelen x_R solche Constanten k_R, dass die Gleichung $\Phi(k-u\varepsilon)=0$ eine einfache Wurzel ρ hat, für die keine der Functionen $\Phi'(k-u\varepsilon)$, $\Phi''(k-u\varepsilon)$, $\cdots$ verschwindet. Dann hat auch die Matrix $(k_{PQ^{-1}}-\rho\,\varepsilon_{PQ^{-1}})$ den Rang $h-f$. Folglich haben die h linearen Gleichungen

$$(1.)\qquad \sum_Q k_{PQ^{-1}}a_Q=\rho a_P$$

f unabhängige Lösungen a'_Q, a''_Q, $\cdots$ $a^{(f)}_Q$. Aus ihnen lässt sich jede andere Lösung zusammensetzen, indem man sie mit gewissen Factoren multiplicirt und dann addirt. Ersetzt man P und Q durch PR^{-1} und QR^{-1}, so wird

$$\sum_Q k_{PQ^{-1}}a_{QR^{-1}}=\rho a_{PR^{-1}},$$

und folglich ist, wenn x_A, x_B, x_C, $\cdots$ unabhängige Variabele sind,

$$\sum_{Q,R} k_{PQ^{-1}}a_{QR^{-1}}x_R=\rho\sum_R a_{PR^{-1}}x_R.$$

Mithin ist auch $a_Q=\sum_R a^{(\varkappa)}_{QR^{-1}}x_R$ eine Lösung der Gleichungen (1.) Demnach giebt es solche Factoren $x_{\varkappa 1}$, $\cdots$ $x_{\varkappa f}$, dass

$$(2.)\qquad \sum_R a^{(\varkappa)}_{QR^{-1}}x_R=\sum_\lambda x_{\varkappa\lambda}a^{(\lambda)}_Q. \qquad (\varkappa,\lambda=1,2,\cdots f)$$

Die Factoren $x_{\varkappa\lambda}$ sind durch diese Bedingungen vollständig bestimmt und sind folglich lineare Functionen der Variabelen x_R. Die so erhaltenen f neuen Lösungen der Gleichungen (1.) sind linear unabhängig oder nicht, je nachdem die Determinante f^{ten} Grades $|x_{\varkappa\lambda}|$ von Null verschieden ist oder nicht. Da $x_{\varkappa\lambda} = e_{\varkappa\lambda}$ ist für $x_R = \varepsilon_R$, so kann jene Determinante nicht identisch verschwinden.

Geht $x_{\varkappa\lambda}$ in $y_{\varkappa\lambda}$ oder in $z_{\varkappa\lambda}$ über, wenn man die Variabelen x_R durch andere Variabele y_R oder z_R ersetzt, so ist auch

$$\sum_R a^{(\varkappa)}_{QR^{-1}}\, y_R = \sum_\lambda y_{\varkappa\lambda}\, a^{(\lambda)}_Q, \qquad \sum_R a^{(\varkappa)}_{QR^{-1}}\, z_R = \sum_\lambda z_{\varkappa\lambda}\, a^{(\lambda)}_Q$$

und mithin

$$\sum_{Q,R} a^{(\varkappa)}_{PQ^{-1}}\, x_{QR^{-1}}\, y_R = \sum_\lambda x_{\varkappa\lambda} \sum_R a^{(\lambda)}_{PR^{-1}}\, y_R = \sum_{\lambda,\mu} x_{\varkappa\lambda}\, y_{\lambda\mu}\, a^{(\mu)}_Q,$$

also unter der Voraussetzung (1.), § 2

$$\sum_\mu z_{\varkappa\mu}\, a^{(\mu)}_Q = \sum_Q a^{(\varkappa)}_{PQ^{-1}}\, z_Q = \sum_{\lambda,\mu} x_{\varkappa\lambda}\, y_{\lambda\mu}\, a^{(\mu)}_Q$$

und mithin

$$z_{\varkappa\mu} = \sum_\lambda x_{\varkappa\lambda}\, y_{\lambda\mu}.$$

Daher ist $(x_{\varkappa\lambda})$ eine zu $\mathfrak{H}$ gehörige Matrix f^{ten} Grades, und mithin ist ihre Determinante

$$|x_{\varkappa\lambda}| = \Phi^s \Phi'^{s'} \cdots.$$

Ist χ der Charakter, welcher der Primfunction Φ entspricht, und setzt man $\frac{h}{f}\chi(R^{-1}) = c_R$, so ist nach *Pr.* § 8

$$\Phi(c) = 1,\ \Phi'(c) = 0, \cdots, \qquad \Phi(c-u\varepsilon) = (1-u)^f,\ \Phi'(c-u\varepsilon) = (-u)^{f'}, \cdots,$$

wo Φ' irgend eine von Φ verschiedene Primfunction des Grades f' ist. Sind $\rho, \rho', \rho'', \cdots$ die f Wurzeln der Gleichung $\Phi(k-u\varepsilon) = 0$, so sind nach *Pr.* § 6 $\rho-\lambda, \rho'-\lambda, \rho''-\lambda, \cdots$ die der Gleichung $\Phi(k-\lambda c-u\varepsilon) = 0$. Ist also λ eine von $0, \rho'-\rho, \rho''-\rho, \cdots$ verschiedene Constante, so ist $\Phi(k-\lambda c-\rho\varepsilon)$ von Null verschieden. Ferner ist $\Phi'(k-\lambda c-\rho\varepsilon) = \Phi'(k-\rho\varepsilon)$ von Null verschieden, und daher kann die Determinante $\Theta(k-\lambda c-\rho\varepsilon)$ nicht verschwinden.

Für $x_R = c_R$ verschwindet die Determinante $|x_{\varkappa\lambda}|$ nicht. Denn sonst wären die f Lösungen

$$\sum_Q a^{(\varkappa)}_{PQ^{-1}}\, c_Q \qquad (\varkappa = 1, 2, \cdots f)$$

nicht linear unabhängig. Man könnte also aus ihnen eine Lösung $\sum_Q a_{PQ^{-1}}\, c_Q = 0$ zusammensetzen, worin die Grössen a_R den Gleichungen (1.) genügen und nicht alle Null sind. Da $c_{PQ} = c_{QP}$ ist, so sind die Matrizen $a_{PQ^{-1}}$ und $c_{PQ^{-1}}$ vertauschbar, und mithin ist auch $\sum_Q c_{PQ^{-1}}\, a_Q = 0$. Daher wäre auch

$$\sum_Q (k_{PQ^{-1}} - \lambda c_{PQ^{-1}} - \rho\varepsilon_{PQ^{-1}})\, a_Q = 0.$$

Da aber die Determinante dieser h Gleichungen von Null verschieden ist, so können ihnen nur die Werthe $a_Q = 0$ genügen.

Das Product $\Phi(c)^s\,\Phi'(c)^{s'}\,\Phi''(c)^{s''}\cdots$ kann aber nur dann von Null verschieden sein, wenn $s'=s''=\cdots=0$ ist. Da $|x_{\varkappa\lambda}|$ vom Grade f ist, so ist folglich

(3.) $$|x_{\varkappa\lambda}|=\Phi(x),\qquad |x_{\varkappa\lambda}-ue_{\varkappa\lambda}|=\Phi(x-u\varepsilon).$$

Nun habe ich *Pr.* § 11 gezeigt, dass sich $\Phi(x)$ durch f^2, aber nicht durch weniger lineare Verbindungen der Variabelen x_R darstellen lässt. Mithin sind die f^2 linearen Functionen $x_{\varkappa\lambda}$ der h Variabelen x_R von einander unabhängig.

Diesen merkwürdigen Satz, dass es eine zur Gruppe $\mathfrak{H}$ gehörige Matrix giebt, deren f^2 Elemente unabhängige Variabele sind, hat auch Molien gefunden in seiner ausgezeichneten Arbeit *Über Systeme höherer complexer Zahlen* (Math. Ann. Bd. 41, S. 124), auf die mich Study vor kurzem aufmerksam gemacht hat. In einer weiteren Arbeit *Eine Bemerkung zur Theorie der homogenen Substitutionsgruppen*, Sitzungsberichte der Naturforscher-Gesellschaft zu Dorpat 1897, Jahrg. 18, S. 259 hat Molien die dort gefundenen allgemeinen Resultate speciell auf die Gruppendeterminante angewendet.

Ist $X=(x_{\varkappa\lambda})=\Sigma(R)x_R$, so ergiebt sich durch Vergleichung der Coefficienten von u^{f-1} in (3.)

(4.) $$\sum_R \chi(R)x_R=\sum_\lambda x_{\lambda\lambda}.$$

Ist also $(R)=(r_{\varkappa\lambda})$, so ist

(5.) $$\chi(R)=\sum_\lambda r_{\lambda\lambda}.$$

Ist nun die von den Matrizen $(A),(B),(C)\cdots$ gebildete Gruppe der Gruppe $\frac{\mathfrak{H}}{\mathfrak{G}}$ isomorph, so ist $(R)=(S)$, wenn $R\backsim S$ (mod. $\mathfrak{G}$) ist. Daher ist auch $\chi(R)=\chi(S)$. Der Charakter χ gehört also ebenfalls zur Gruppe $\frac{\mathfrak{H}}{\mathfrak{G}}$.

Sei $L=(l_{\varkappa\lambda})$ irgend eine constante Matrix f^{ten} Grades von nicht verschwindender Determinante. Wählt man dann für die f Lösungen $a'_Q, a''_Q,\cdots$ der Gleichungen (1.) irgend f andere unabhängige Lösungen, so erhält man statt X immer eine mit X ähnliche Matrix $L^{-1}XL$ und bei passender Wahl der f Lösungen jede solche Matrix.

Man kann aber auch für ρ eine andere Wurzel der Gleichung $\Phi(k-u\varepsilon)=0$ wählen, und ferner ist für k_R jedes System von h Zahlen zulässig, das gewisse Ungleichheiten befriedigt. Dann treten an die Stelle der Grössen $a'_Q, a''_Q,\cdots$ andere, und statt der Matrix X erhält man eine Matrix $U=(u_{\varkappa\lambda})$, deren Elemente $u_{\varkappa\lambda}$ lineare Functionen der Variabelen x_R sind. Bei jeder Wahl der willkürlichen Grössen ist aber U eine zu $\mathfrak{H}$ gehörige Matrix f^{ten} Grades, deren charakteristische Determinante $\Phi(x-u\varepsilon)$ ist. Da $\Phi(x)$ die h Grössen x_R nur in den f^2 unabhängigen linearen Verbindungen $x_{\varkappa\lambda}$ enthält, so müssen die f^2 Grössen $u_{\varkappa\lambda}$ lineare Verbindungen der Variabelen $x_{\varkappa\lambda}$ sein. Nach einem Satze, den ich in § 7 entwickeln werde, kann man daher eine constante Matrix L so bestimmen, dass entweder $U = L^{-1}XL$ oder $U = L^{-1}X'L$ ist, wo X' die zu X conjugirte Matrix ist, und zwar ist, wenn $f>1$ ist, nur der eine dieser beiden Fälle möglich.

Für die hier betrachteten Matrizen kann nun aber, wenn $f>1$ ist, nicht $U = L^{-1}X'L$ sein. Denn ersetzt man die Variabelen x_R durch y_R oder z_R, so möge X in Y oder Z, und U in V oder W übergehen. Dann ist $XY = Z$ und $UV = W$. Ist nun $U = L^{-1}X'L$, $V = L^{-1}Y'L$, $W = L^{-1}Z'L$, so ist auch $X'Y' = Z'$, und folglich, weil $X'Y' = (YX)'$ ist, $Z = YX = XZ$. Ist also $X = \Sigma(R)x_R$, so sind je zwei der Matrizen $(A), (B), (C) \cdots$ mit einander vertauschbar. Die von ihnen gebildete Gruppe und die ihr holoedrisch isomorphe Gruppe $\frac{\mathfrak{H}}{\mathfrak{G}}$ ist folglich eine commutative, und der zu ihr gehörige Charakter χ hat den Grad $f=1$ (*Pr.* § 2.) Demnach ist $U = L^{-1}XL$, und man kann bei jeder Verfügung über die willkürlichen Grössen die f Lösungen $a'_Q, a''_Q, \cdots$ so wählen, dass $U = X$ wird.

Gehört der Charakter χ zur Gruppe $\frac{\mathfrak{H}}{\mathfrak{G}}$, so giebt es eine Primfunction f^{ten} Grades $\Psi(y)$ der Determinante dieser Gruppe, die durch die Substitution (5.) § 1 in $\Phi(x)$ übergeht. Diese kann als die Determinante einer Matrix f^{ten} Grades $(y_{\varkappa\lambda})$ dargestellt werden, deren Elemente lineare Functionen der Variabelen $y_{R\mathfrak{G}}$ sind, und die zur Gruppe $\frac{\mathfrak{H}}{\mathfrak{G}}$ gehört. Macht man darin die Substitution (5.) § 1, so geht sie in eine Matrix $X = (x_{\varkappa\lambda})$ über, die zur Gruppe $\mathfrak{H}$ gehört, und deren Determinante gleich $\Phi(x)$ ist. Da jede andere Matrix, welche dieselben Eigenschaften besitzt, gleich $L^{-1}XL$ ist, so ist damit die Umkehrung des oben erhaltenen Satzes bewiesen, nämlich dass, wenn χ zur Gruppe $\frac{\mathfrak{H}}{\mathfrak{G}}$ gehört, auch immer $(R) = (S)$ ist, falls $R \backsim S$ (mod. $\mathfrak{G}$) ist.

§ 5.

Jetzt mögen die Grössen k_R so gewählt werden, dass die Gleichung

$$\Phi(k-u\varepsilon)\ \Phi'(k-u\varepsilon)\ \Phi''(k-u\varepsilon) \cdots = 0$$

keine mehrfachen Wurzeln hat. Dann hat die Determinante der Schaar bilinearer Formen

$$(1.)\qquad \sum_{P,Q} (k_{PQ^{-1}} - u\varepsilon_{PQ^{-1}})\, u_P v_Q$$

lauter lineare Elementartheiler. Die Form $\Sigma k_{PQ-1} u_P v_Q$ kann daher nach einem Satze von WEIERSTRASS durch eine lineare Substitution von nicht verschwindender Determinante

$$(2.)\qquad u'_\nu = \sum_R a_R^{(\nu)} u_R, \qquad v_R = \Sigma a_R^{(\nu)} v'_\nu \qquad (\nu = 1, 2, \dots h),$$

die $\Sigma u_R v_R$ in $\Sigma u'_\nu v'_\nu$ überführt, in

$$(3.)\qquad \rho u'_1 v'_1 + \rho u'_2 v'_2 + \cdots + \rho u'_f v'_f + \rho' u'_{f+1} v'_{f+1} + \cdots + \rho' u_{f+f'} v_{f+f'} + \cdots$$

transformirt werden, falls ρ eine f-fache, ρ' eine f'-fache, $\cdots$ Wurzel der charakteristischen Gleichung $\Theta(k - u\varepsilon) = 0$ ist. Dann ist

$$\sum_{P,Q} k_{PQ-1} u_P a_Q^{(\nu)} v'_\nu = \rho(\sum_P a_P^{(1)} u_P) v'_1 + \rho(\sum_P a_P^{(2)} u_P) v'_2 + \cdots,$$

und mithin

$$\sum_Q k_{PQ-1} a_Q^{(\varkappa)} = \rho a_P^{(\varkappa)} \qquad (\varkappa = 1, 2, \cdots f).$$

Da die Determinante h^{ten} Grades $|a_R^{(\nu)}|$ von Null verschieden ist, so verschwinden in dem System der fh Grössen $a_Q^{(\varkappa)}$ nicht alle Determinanten f^{ten} Grades, und mithin bilden sie f unabhängige Lösungen der Gleichungen (1.) § 4. Ersetzt man sie durch irgend f andere unabhängige Lösungen, so behält die Substitution (2.) die doppelte Eigenschaft, dass ihre Determinante von Null verschieden ist, und dass sie die Formenschaar (1.) in die Normalform (3.) transformirt. Daher kann man die h^2 Grössen $a_R^{(\nu)}$ durch die linearen Gleichungen (1.) § 4 definiren und durch die analogen Gleichungen, die den Wurzeln $\rho', \rho'', \dots$ entsprechen, und der wesentliche Inhalt des oben benutzten Satzes von WEIERSTRASS besteht darin, dass dann die Determinante h^{ten} Grades $|a_R^{(\nu)}|$ von Null verschieden ist. Nun sei, wie oben

$$\sum_Q a_{PQ-1}^{(\varkappa)} x_Q = \sum_\lambda x_{\varkappa\lambda} a_P^{(\lambda)}$$

oder

$$\sum_P a_{P-1}^{(\varkappa)} x_{PQ-1} = \sum_\lambda x_{\varkappa\lambda} a_{Q-1}^{(\lambda)}. \qquad (\varkappa, \lambda = 1, 2, \dots f)$$

In derselben Weise sei, entsprechend der f'fachen Wurzel ρ',

$$\sum_P a_{P-1}^{(\varkappa)} x_{PQ-1} = \sum_\lambda x_{\varkappa\lambda} a_{Q-1}^{(\lambda)}. \quad (\varkappa, \lambda = f+1, f+2, \dots f+f')$$

In dem speciellen Falle, wo ρ' eine Wurzel derselben Gleichung $\Phi(x - u\varepsilon) = 0$ wie ρ (also $f' = f$) ist, kann man durch geeignete Wahl der Lösung der zu (1.) § 4 analogen Gleichungen erreichen, dass $x_{f+\varkappa, f+\lambda} = x_{\varkappa\lambda}$ ist.

Dann geht die bilineare Form

$$(4.)\qquad \sum_{P,Q} x_{PQ-1} u_P v_Q$$

durch die Substitution

$$(5.)\qquad u_R = \sum_\nu a_{R-1}^{(\nu)} u'_\nu, \qquad v'_\nu = \sum_R a_{R-1}^{(\nu)} v_R$$

in

$$(6.)\qquad \Sigma_{1}^{f}{}_{\varkappa,\lambda}\, x_{\varkappa\lambda} u'_{\varkappa} v'_{\lambda} + \Sigma_{f+1}^{f+f'}{}_{\varkappa,\lambda}\, x_{\varkappa\lambda} u'_{\varkappa} v'_{\lambda} + \cdots$$

über, die in f Formen von f^2 Variabelen, f' Formen von f'^2 Variabelen, u. s. w. zerfällt. Durch dieselbe Substitution geht $\Sigma u_R v_R$ in $\Sigma u'_\nu v'_\nu$ über. Ist also X die Gruppenmatrix $(x_{PQ^{-1}})$, so giebt es eine constante Matrix h^{ten} Grades L von nicht verschwindender Determinante der Art, dass die aequivalente Matrix $L^{-1}XL$ zerfällt in f einander gleiche Theilmatrizen des Grades f, deren charakteristische Determinanten gleich $\Phi(x-u\varepsilon)$ sind, in f' einander gleiche Theilmatrizen des Grades f', deren charakteristische Determinanten gleich $\Phi'(x-u\varepsilon)$ sind, u. s. w., und die $f^2+f'^2+\cdots = h$ Elemente dieser Theilmatrizen sind h von einander unabhängige Variabele, weil sich $\Theta(x)$ nicht durch weniger als h lineare Verbindungen der h Variabelen x_R ausdrücken lässt.

Eine Darstellung einer Gruppe durch lineare Substitutionen, für welche die entsprechende Determinante (3.) § 2 unzerlegbar ist, nenne ich eine *primitive Darstellung.* Dann ist die Anzahl der Classen primitiver Darstellungen für die Gruppe $\mathfrak{H}$ und für die mit ihr isomorphen Gruppen gleich der Anzahl k der Classen conjugirter Elemente, worin die Elemente von $\mathfrak{H}$ zerfallen. Ist f die Anzahl der Variabelen, die eine der Substitutionen transformirt, so werden die k Zahlen $g = f^2$ durch Auflösung einer Gleichung k^{ten} Grades gefunden, die ich in meiner Arbeit *Über Gruppencharaktere* (Sitzungsberichte 1896, § 4, (12.)) entwickelt habe.

Zur Erläuterung dieser Transformation der Gruppenmatrix wähle ich das Beispiel, das Dedekind im Jahre 1886 gefunden und mir im April 1896 mitgetheilt hat. Seien

1. *abc* 2. *bca* 3. *cab* 4. *acb* 5. *cba* 6. *bac*

die 6 Permutationen von 3 Symbolen. Die Substitutionen, die *abc* in diese 6 Permutationen überführen, mögen statt mit $A, B, C, \cdots$ mit den Ziffern $1, 2, \cdots 6$ bezeichnet werden. Sei ρ eine dritte Wurzel der Einheit und

$$\begin{aligned} u &= x_1 + x_2 + x_3, & v &= x_4 + x_5 + x_6, \\ u_1 &= x_1 + \rho x_2 + \rho^2 x_3, & v_1 &= x_4 + \rho x_5 + \rho^2 x_6, \\ u_2 &= x_1 + \rho^2 x_2 + \rho x_3, & v_2 &= x_4 + \rho^2 x_5 + \rho x_6. \end{aligned}$$

Ferner seien X, L und U die drei Matrizen

$$\begin{matrix} x_1 & x_3 & x_2 & x_4 & x_5 & x_6 \\ x_2 & x_1 & x_3 & x_5 & x_6 & x_4 \\ x_3 & x_2 & x_1 & x_6 & x_4 & x_5 \\ x_4 & x_5 & x_6 & x_1 & x_3 & x_2 \\ x_5 & x_6 & x_4 & x_2 & x_1 & x_3 \\ x_6 & x_4 & x_5 & x_3 & x_2 & x_1 \end{matrix} \qquad\qquad \begin{matrix} 1 & -1 & 1 & 0 & 0 & 1 \\ 1 & -1 & \rho^2 & 0 & 0 & \rho \\ 1 & -1 & \rho & 0 & 0 & \rho^2 \\ 1 & 1 & 0 & 1 & 1 & 0 \\ 1 & 1 & 0 & \rho & \rho^2 & 0 \\ 1 & 1 & 0 & \rho^2 & \rho & 0 \end{matrix}$$

$$\begin{matrix} u+v & 0 & 0 & 0 & 0 & 0 \\ 0 & u-v & 0 & 0 & 0 & 0 \\ 0 & 0 & u_1 & v_1 & 0 & 0 \\ 0 & 0 & v_2 & u_2 & 0 & 0 \\ 0 & 0 & 0 & 0 & u_1 & v_1 \\ 0 & 0 & 0 & 0 & v_2 & u_2 \end{matrix}$$

Dann ist X die Gruppenmatrix, und es ist

$$XL = LU, \qquad L^{-1}XL = U,$$

und indem man $L'L$ bildet, erkennt man, dass die Determinante von L nicht verschwindet.

§ 6.

Die Formel (5.) § 4 führt zu einer tieferen Einsicht in die Bedeutung der Gleichungen, die ich zur Berechnung der Charaktere einer Gruppe $\mathfrak{H}$ entwickelt habe. Ist die Determinante der zur Gruppe gehörigen Matrix

$$X = (x_{\varkappa\lambda}) = \sum_R (R) x_R \qquad (\varkappa, \lambda = 1, 2, \cdots f)$$

ein Primfactor f^{ten} Grades Φ der Gruppendeterminante, so sind die f^2 Grössen $x_{\varkappa\lambda}$ unabhängige Variabele. Daher kann man den h Variabelen x_R solche Werthe geben, dass X einer beliebigen Matrix f^{ten} Grades gleich wird.

Die beiden ähnlichen Matrizen (A) und $(R)^{-1}(A)(R) = (B)$ haben dieselbe charakteristische Function $|(A)-u(E)| = |(B)-u(E)|$. Vergleicht man auf beiden Seiten dieser Gleichung die Coefficienten von u^{f-1}, so erhält man nach (5.), § 4 $\chi(A) = \chi(B)$. Demnach ist $\chi(R^{-1}AR) = \chi(A)$ oder, was dasselbe ist, $\chi(QP) = \chi(PQ)$.

Theilt man die Elemente von $\mathfrak{H}$ in die k Classen conjugirter Elemente, so möge die α^{te} Classe aus h_α Elementen bestehen ($\alpha = 0, 1, \dots k-1$). Durchläuft R alle h Elemente von $\mathfrak{H}$, und ist A ein bestimmtes Element der α^{ten} Classe, so stellt $R^{-1}AR$ jedes Element der Classe und jedes $\frac{h}{h_\alpha}$ Mal dar. Daher ist

$$\sum_R (R^{-1}AR) = \frac{h}{h_\alpha} \sum_{(\alpha)}{}' (R),$$

wo die Summe rechts über die h_α Elemente der α^{ten} Classe zu erstrecken ist. Nun ist aber

$$(S)\sum_R (R^{-1}AR) = \sum_R (SR^{-1}AR) = \sum_R (R^{-1}ARS) = \Big(\sum_R (R^{-1}AR)\Big)(S).$$

Die dritte Summe erhält man aus der zweiten, indem man R durch RS ersetzt. Mithin ist die Matrix $\sum\limits_{(\alpha)}{}'(R)$ mit (S) vertauschbar, also auch mit $\sum (S) x_S$, demnach mit jeder Matrix f^{ten} Grades. Diese Eigenschaft hat aber nur die Hauptmatrix, mit einem scalaren Factor multiplicirt. Folglich ist

$$(1.)\qquad f\sum_{(\alpha)}{}'(R) = (E)h_\alpha\chi_\alpha\,,\qquad f\sum_{R}(R^{-1}AR) = (E)h\chi_\alpha\,.$$

Um den noch unbekannten Factor χ_α zu bestimmen, bilde man auf beiden Seiten die Summe der Diagonalelemente. Diese ist für jede der h_α mit (A) ähnlichen Matrizen (R) gleich $\chi(R) = \chi(A)$, und für (E) gleich f. Mithin ist

$$\chi_\alpha = \chi(A)\,.$$

Componirt man die Matrix (A) mit der Matrix

$$f\sum_{(\beta)}{}'(S) = (E)h_\beta\chi_\beta\,,$$

so erhält man

$$f\sum_{(\beta)}{}'(AS) = (A)h_\beta\chi_\beta\,,$$

und, wenn man wieder auf beiden Seiten die Summe der Diagonalelemente bildet,

$$(2.)\qquad f\sum_{(\beta)}{}'\chi(AS) = h_\beta\chi(A)\chi(B)\,,\qquad f\sum_{R}\chi(AR^{-1}BR) = h\chi(A)\chi(B)\,.$$

Dies sind die Gleichungen, welche die Verhältnisse der k Werthe jedes der k Charaktere bestimmen.

Man kann aber diesen Formeln noch eine andere Deutung geben: Seien $e_A, e_B, e_C, \cdots$ die h unabhängigen Einheiten eines Systems hypercomplexer Zahlen, wofür die gewöhnlichen Regeln der Addition und das distributive und associative Gesetz der Multiplication, aber nicht das commutative vorausgesetzt werden. Diesen Bedingungen genügt das Multiplicationsgesetz

$$(3.)\qquad e_A\, e_B = e_{AB}\,.$$

Demnach vertritt e_E die Zahl 1. Setzt man nun

$$(4).\qquad \sum_{(\alpha)}{}' e_R = \frac{h_\alpha}{f}\, e_\alpha\,,$$

so sind die k complexen Zahlen $e_0, e_1, \cdots e_{k-1}$ mit jeder Zahl des Systems, also auch unter einander vertauschbar. Das Product von zweien dieser commutativen Zahlen ist

$$\frac{h_\alpha h_\beta}{f^2}\, e_\alpha e_\beta = \Big(\sum_{(\alpha)}{}' e_R\Big)\Big(\sum_{(\beta)}{}' e_S\Big) = \sum_{T} h_{\alpha,\beta,T}\, e_T\,,$$

wo $h_{\alpha,\beta,T}$ angiebt, wie viele der $h_\alpha h_\beta$ Producte RS dem bestimmten Elemente T gleich sind. Nach *Pr.* § 7 ist diese Anzahl, falls T der γ^{ten} Classe angehört, gleich $\frac{1}{h_\gamma}\, h_{\alpha\beta\gamma'}$, hat also für conjugirte Elemente T denselben Werth. Mithin ist

$$(5.)\qquad \frac{h_\alpha h_\beta}{f^2} e_\alpha e_\beta = \sum_\gamma {}_0^{k-1} \frac{1}{h_\gamma} h_{\alpha\beta\gamma'} e_\gamma.$$

Demnach bilden die k unabhängigen Zahlen $e_0, e_1, \cdots e_{k-1}$ für sich die Basis eines Systems complexer Zahlen, für die aber auch das commutative Gesetz der Multiplication gilt. Wie ich *Über Gruppencharaktere* S. 991 gezeigt habe, gelten dafür überdies die Einschränkungen, unter denen Weierstrass und Dedekind solche Zahlensysteme untersucht haben. Demnach giebt es wirkliche Zahlen χ_α, die, für e_α gesetzt, den Gleichungen (5.) genügen:

$$(6.)\qquad h_\alpha h_\beta \chi_\alpha \chi_\beta = f \sum_\gamma h_{\alpha\beta\gamma'} \chi_\gamma.$$

Man kann daher nicht auf Widersprüche kommen, wenn man die bisherige Unabhängigkeit der h complexen Einheiten e_R durch die linearen Gleichungen $e_\alpha = \chi_\alpha e_0$ oder

$$(7.)\qquad f \sum_{(\alpha)}{}' e_R = h_\alpha \chi_\alpha e_E$$

einschränkt. Durch Multiplication mit e_B fliessen daraus nach (3.) die weiteren linearen Gleichungen

$$(8.)\qquad f \sum_{(\alpha)}{}' e_{BR} = h_\alpha \chi_\alpha e_B.$$

In Folge dieser Relationen reducirt sich die Anzahl der linear unabhängigen unter den Einheiten e_R auf f^2, und diese kann man so wählen, dass die Formeln für ihre Multiplication mit denen für die Composition aller Matrizen f^{ten} Grades übereinstimmen.

Die hier angedeutete Rechnung hat Dedekind für das in § 5 mitgetheilte Beispiel einer Gruppe der Ordnung $h = 6$ durchgeführt und für einige andere Gruppen der kleinsten Ordnungszahlen, so namentlich für die Gruppe $\mathfrak{Q}$ der Ordnung 8, die er die Quaternionengruppe genannt hat, weil das aus ihr abgeleitete System hypercomplexer Zahlen mit dem System der Hamilton'schen Quaternionen übereinstimmt. In seiner Arbeit *Über Gruppen, deren sämmtliche Theiler Normaltheiler sind,* Math. Ann. Bd. 48, spielt er S. 551 auf diese Beziehungen an mit den Worten: »Es findet aber, wie ich schon im Februar 1886 erkannt habe, eine noch tiefer liegende Beziehung zwischen der Gruppe $\mathfrak{Q}$ und Hamilton's Quaternionen statt«. Die Rechnung mit Quaternionen ist ja auch, wenn man gewöhnliche complexe Zahlen als scalare Coefficienten zulässt, der Rechnung mit Matrizen zweiten Grades völlig aequivalent, weil die beiden quaternären quadratischen Formen $x^2 + y^2 + z^2 + t^2$ und $xt - yz$ in einander transformirt werden können. Nur wenn man sich auf reelle Coefficienten beschränkt, können die Quaternionen eine selbständige Bedeutung beanspruchen, deren Wesen darin besteht, dass es ausser ihnen und den gewöhnlichen complexen Zahlen kein Zahlensystem giebt, worin ein Product nicht verschwinden kann, ohne dass einer der Factoren Null ist, wie ich in meiner Arbeit *Über lineare Substitutionen und bilineare Formen*, CRELLE's Journ. Bd. 84, § 14 zuerst dargelegt habe.

§ 7.

Die Elemente $x_{\alpha\beta}$ ($\alpha, \beta = 1, 2, \cdots n$) einer Matrix n^{ten} Grades X seien n^2 von einander unabhängige Variabele. Vertauscht man in X die Zeilen mit den Spalten, so erhält man die zu X *conjugirte* Matrix X'. Die Elemente der beiden Matrizen A und B seien constante Grössen. Ihre Determinanten $|A|$ und $|B|$ seien von Null verschiedene Grössen, deren Product gleich k ist. Dann haben die beiden Matrizen AXB und $AX'B$ die Determinante $k|X|$, und in jeder von ihnen sind die Elemente lineare Functionen der n^2 Variabelen $x_{\alpha\beta}$. Umgekehrt gilt der Satz:

I. *Sind die Elemente der Matrix X unabhängige Variabele und die der Matrix Y lineare Functionen dieser Variabelen, und unterscheidet sich die Determinante der Matrix Y von der der Matrix X nur um einen constanten von Null verschiedenen Factor, so ist entweder $Y = AXB$ oder $Y = AX'B$, wo A und B constante Matrizen sind; und zwar tritt, wenn der Grad von X grösser als 1 ist, nur einer dieser beiden Fälle ein, und die Matrizen A und B sind bis auf einen scalaren Factor vollständig bestimmt.*

Der zweite Theil dieses Satzes ist leicht zu beweisen. Denn sei $Y = AXB = CXD$. Setzt man darin $x_{\alpha\beta} = 0$ oder 1, je nachdem α und β verschieden oder gleich sind, so folgt daraus $AB = CD$, und wenn man $BD^{-1} = A^{-1}C = F$ setzt, $XF = FX$. Demnach ist F mit jeder Matrix vertauschbar, und mithin ist $F = hE$, wo h ein scalarer Factor und E die Hauptmatrix ist. Folglich ist $C = hA$ und $D = \frac{1}{h}B$. Ist ferner $n > 1$, so kann auch nicht $AXB = CX'D$ sein. Denn daraus folgt in derselben Weise $XF = FX'$, also z. B. für $n = 2$

$$\begin{pmatrix} x & y \\ z & t \end{pmatrix}\begin{pmatrix} a & b \\ c & d \end{pmatrix} = \begin{pmatrix} a & b \\ c & d \end{pmatrix}\begin{pmatrix} x & z \\ y & t \end{pmatrix}.$$

Diesen vier linearen Gleichungen kann man, wenn die Unbekannten a, b, c, d von den Variabelen x, y, z, t unabhängig sein sollen, nur durch verschwindende Werthe der Constanten genügen.

Zwischen den Unterdeterminanten m^{ten} Grades ($0 < m < n$) der Matrix X besteht keine lineare Relation mit constanten Coefficienten. Denn seien $u, v, w, \cdots$ diese Unterdeterminanten, $a, b, c, \cdots$ Constante, und sei $au + bv + cw + \cdots = 0$. Setzt man darin alle Variabelen $x_{\alpha\beta} = 0$ ausser den m^2 in u vorkommenden, so verschwinden $v, w, \cdots$, und mithin muss $a = 0$ sein. Die Unterdeterminanten $(n-1)^{\text{ten}}$ Grades sind die ersten Ableitungen von $|X|$ nach den Variabelen $x_{\alpha\beta}$. Da zwischen ihnen keine lineare Relation mit constanten Coefficienten besteht, so kann man $|X|$ nicht als Function von weniger als n^2 Variabelen darstellen, die lineare Functionen der n^2 Variabelen $x_{\alpha\beta}$ sind. Ist also $|Y| = k|X|$, so sind die n^2 Variabelen $y_{\alpha\beta}$ von einander unabhängig. Daher besteht auch zwischen den Unterdeterminanten m^{ten} Grades der Matrix Y keine lineare Relation mit constanten Coefficienten.

Der Coefficient von $x_{\varkappa\varkappa}$ in $y_{\alpha\beta}$ sei $c_{\alpha\beta}^{(\varkappa)}$ oder, da zunächst $\varkappa$ ein fest bleibender Index ist, kurz $c_{\alpha\beta}$. Ist r eine neue Variabele, und ersetzt man $x_{\varkappa\varkappa}$ durch $x_{\varkappa\varkappa}+r$, so geht $y_{\alpha\beta}$ in $y_{\alpha\beta}+rc_{\alpha\beta}$ über. Daher ist $|y_{\alpha\beta}+rc_{\alpha\beta}|$ gleich der Determinante, die aus $k|x_{\alpha\beta}|$ hervorgeht, indem man $x_{\varkappa\varkappa}$ durch $x_{\varkappa\varkappa}+r$ ersetzt. Diese aber ist eine Function ersten Grades von r, und folglich verschwindet auch in jener Determinante der Coefficient von r^2. Derselbe ist gleich der Summe der Producte jeder Determinante zweiten Grades der Matrix $c_{\alpha\beta}$ und der complementären Determinante $(n-2)^{\text{ten}}$ Grades der Matrix $y_{\alpha\beta}$. Zwischen den letzteren aber besteht, wenn $n > 2$ ist, keine lineare Relation mit constanten Coefficienten. Folglich müssen die Determinanten zweiten Grades der Matrix $c_{\alpha\beta}$ sämmtlich verschwinden. Für $n = 2$ ist dies ohne Weiteres ersichtlich. Daher kann man $2n$ Grössen p_α, q_α so bestimmen, dass $c_{\alpha\beta} = p_\alpha q_\beta$ ist.

Sei $c_{\alpha\beta}^{(\varkappa)} = p_{\alpha\varkappa} q_{\varkappa\beta}$. Setzt man die Variabelen $x_{\alpha\beta}$, deren Indices α und β verschieden sind, gleich Null, so mögen X und Y in X_0 und Y_0 übergehen. Die Elemente der Matrix Y_0 sind dann

$$\sum_\varkappa c_{\alpha\beta}^{(\varkappa)} x_{\varkappa\varkappa} = \sum_\varkappa p_{\alpha\varkappa} x_{\varkappa\varkappa} q_{\varkappa\beta}.$$

Ist also P die von den Grössen $p_{\alpha\beta}$, und Q die von den Grössen $q_{\alpha\beta}$ gebildete Matrix, so ist

$$Y_0 = PX_0 Q,$$

also weil $|Y_0| = k|X_0| = kx_{11}x_{22}\cdots x_{nn}$ ist, $|P||Q| = k$. Demnach sind $|P|$ und $|Q|$ von Null verschieden.

Die Elemente $z_{\alpha\beta}$ der Matrix $Z = P^{-1}YQ^{-1}$ werden also gleich denen von X_0, falls man die Variabelen $x_{\alpha\beta}$, deren Indices verschieden sind, gleich Null setzt, also gleich $x_{\alpha\alpha}$ oder 0, je nachdem $\beta = \alpha$ ist oder nicht. Oder die Grössen $z_{\alpha\beta}$ $(\alpha \lesseqgtr \beta)$ und $z_{\alpha\alpha} - x_{\alpha\alpha} = v_\alpha$ hängen allein von den Variabelen $x_{\alpha\beta}$ mit verschiedenen Indices ab. Entwickelt man die identische Gleichung $|X| = |Z|$ nach Potenzen von $x_{11}, x_{22}, \cdots x_{nn}$, so ergiebt sich durch Vergleichung der Coefficienten des Productes $x_{22}x_{33}\cdots x_{nn}$, dass $v_1 = 0$ ist. Ebenso ist $v_\alpha = 0$. Vergleicht man dann die mit $x_{33}x_{44}\cdots x_{nn}$ multiplicirten Glieder, so findet man $x_{12}x_{21} = z_{12}z_{21}$ und allgemein

(1.) $$x_{\alpha\beta}\, x_{\beta\alpha} = z_{\alpha\beta}\, z_{\beta\alpha}.$$

Vergleicht man endlich die Coefficienten von $x_{44}\, x_{55} \cdots x_{nn}$, so erhält man

$$\begin{vmatrix} 0 & x_{12} & x_{13} \\ x_{21} & 0 & x_{23} \\ x_{31} & x_{32} & 0 \end{vmatrix} = \begin{vmatrix} 0 & z_{12} & z_{13} \\ z_{21} & 0 & z_{23} \\ z_{31} & z_{32} & 0 \end{vmatrix}$$

und ebenso allgemein

$$x_{\beta\gamma}\, x_{\gamma\alpha}\, x_{\alpha\beta} + x_{\gamma\beta}\, x_{\alpha\gamma}\, x_{\beta\alpha} = z_{\beta\gamma}\, z_{\gamma\alpha}\, z_{\alpha\beta} + z_{\gamma\beta}\, z_{\alpha\gamma}\, z_{\beta\alpha}.$$

Nach (1.) ist auch das Product der beiden Summanden links gleich dem der Summanden rechts. Daher ist entweder

$$x_{\beta\gamma}\, x_{\gamma\alpha}\, x_{\alpha\beta} = z_{\beta\gamma}\, z_{\gamma\alpha}\, z_{\alpha\beta}, \qquad x_{\gamma\beta}\, x_{\alpha\gamma}\, x_{\beta\alpha} = z_{\gamma\beta}\, z_{\alpha\gamma}\, z_{\beta\alpha}$$

oder

$$x_{\beta\gamma}\, x_{\gamma\alpha}\, x_{\alpha\beta} = z_{\gamma\beta}\, z_{\alpha\gamma}\, z_{\beta\alpha}, \qquad x_{\gamma\beta}\, x_{\alpha\gamma}\, x_{\beta\alpha} = z_{\beta\gamma}\, z_{\gamma\alpha}\, z_{\alpha\beta}.$$

Da die Grössen $z_{\alpha\beta}$ lineare Functionen der n^2 unabhängigen Variabelen $x_{\alpha\beta}$ sind, so ist nach (1.) bis auf einen constanten Factor, von dem wir zunächst absehen wollen, entweder $z_{\alpha\beta} = x_{\alpha\beta}$, $z_{\beta\alpha} = x_{\beta\alpha}$ oder $z_{\alpha\beta} = x_{\beta\alpha}$, $z_{\beta\alpha} = x_{\alpha\beta}$.

Sei $z_{12} = x_{12}$, $z_{21} = x_{21}$. Dann kann nicht $x_{12}\, x_{2\alpha}\, x_{\alpha 1} = z_{21}\, z_{\alpha 2}\, z_{1\alpha}$ $(\alpha > 2)$ sein, weil die rechte Seite nicht durch x_{12} theilbar ist. Daher ist $x_{12}\, x_{2\alpha}\, x_{\alpha 1} = z_{12}\, z_{2\alpha}\, z_{\alpha 1}$, also $z_{\alpha 1} = x_{\alpha 1}$, $z_{2\alpha} = x_{2\alpha}$, und mithin $z_{1\alpha} = x_{1\alpha}$, $z_{\alpha 2} = x_{\alpha 2}$. Ferner muss dann $x_{1\alpha}\, x_{\alpha\beta}\, x_{\beta 1} = z_{1\alpha}\, z_{\alpha\beta}\, z_{\beta 1}$ und folglich $z_{\alpha\beta} = x_{\alpha\beta}$ sein. Ist dagegen $z_{12} = x_{21}$, so erkennt man in derselben Weise, dass allgemein $z_{\alpha\beta} = x_{\beta\alpha}$ ist.

Diese Gleichungen sind aber nur bis auf constante Factoren genau. Ist $z_{\alpha 1} = \frac{k_\alpha}{k_1}\, x_{\alpha 1}$, so ist nach (1.) $z_{1\alpha} = \frac{k_1}{k_\alpha}\, x_{1\alpha}$ und nach der Gleichung $z_{1\alpha}\, z_{\alpha\beta}\, z_{\beta 1} = x_{1\alpha}\, x_{\alpha\beta}\, x_{\beta 1}$ allgemein $z_{\alpha\beta} = \frac{k_\alpha}{k_\beta}\, x_{\alpha\beta}$. Setzt man also

$$R = \begin{pmatrix} k_1 & 0 & 0 & \cdots \\ 0 & k_2 & 0 & \cdots \\ 0 & 0 & k_3 & \cdots \\ \cdot & \cdot & \cdot & \cdots \end{pmatrix},$$

so ist $Z = RXR^{-1}$ und $Y = PRXR^{-1}Q = AXB$. Ebenso ist in dem anderen Falle $z_{\alpha\beta} = \frac{k_\alpha}{k_\beta}\, x_{\beta\alpha}$, $Y = PRX'R^{-1}Q = AX'B$.

II. *Sind die Voraussetzungen des Satzes* I. *erfüllt, und sind auch die charakteristischen Functionen der Matrizen X und Y einander gleich, so ist entweder $Y = AXA^{-1}$ oder $Y = AX'A^{-1}$.*

Sei $e_{\alpha\beta} = 1$ oder 0, je nachdem $\alpha = \beta$ ist oder nicht. Dann sind $|X - rE| = |Y - rE|$ die charakteristischen Functionen von X und Y. Setzt man $x_{\alpha\beta} = e_{\alpha\beta}$, so möge $y_{\alpha\beta} = c_{\alpha\beta}$ werden. Ersetzt man dann in der Gleichung $|Y| = |X|$ jedes $x_{\alpha\beta}$ durch $x_{\alpha\beta} - re_{\alpha\beta}$, so erhält man

$$|Y - rC| = |X - rE| = |Y - rE|.$$

Vergleicht man auf beiden Seiten die Coefficienten der ersten Potenzen von r, so findet man

$$\Sigma\, c_{\alpha\beta} Y_{\alpha\beta} = \Sigma\, e_{\alpha\beta} Y_{\alpha\beta},$$

wo $Y_{\alpha\beta}$ die Unterdeterminante $(n-1)^{\text{ten}}$ Grades von Y ist, die dem Elemente $y_{\alpha\beta}$ complementär ist. Da zwischen diesen Unterdeterminanten keine lineare Relation besteht, so ist $c_{\alpha\beta} = e_{\alpha\beta}$. Nun kann man nach Satz I die Matrizen A und B so bestimmen, dass $Y = AXB$ oder $Y = AX'B$ wird. Setzt man hier $X = E$, so wird, wie eben gezeigt, auch $Y = E$, und mithin ist $AB = E$, also $B = A^{-1}$.

Die entwickelten Sätze bleiben gültig, wenn die Veränderlichkeit der n^2 Variabelen $x_{\alpha\beta}$ durch die Relationen $x_{\beta\alpha} = x_{\alpha\beta}$ beschränkt wird:

III. *Sind in einer symmetrischen Matrix X die Elemente $x_{\alpha\beta}$ $(\beta \geqq \alpha)$ unabhängige Variabele, und sind die Elemente der symmetrischen Matrix Y lineare Functionen dieser Variabelen, und unterscheidet sich die Determinante $|Y|$ von $|X|$ nur um einen constanten von Null verschiedenen Factor, so ist $Y = AXA'$, wo A eine bis auf das Vorzeichen völlig bestimmte constante Matrix ist. Sind ausserdem die charakteristischen Functionen von X und Y einander gleich, so ist A eine orthogonale Matrix.*

Ist zunächst $AXA' = BXB'$, so ergiebt sich, indem man $X = E$ setzt, $AA' = BB'$. Setzt man $A^{-1}B = A'B'^{-1} = F$, so ist $XF = FX$ und $FF' = E$. Setzt man die Variabelen $x_{\alpha\beta}$, deren Indices verschieden sind, gleich Null, so wird $x_{\alpha\alpha} f_{\alpha\beta} = f_{\alpha\beta} x_{\beta\beta}$, also $f_{\alpha\beta} = 0$, wenn α von β verschieden ist. Aus $FF' = E$ folgt dann $f_{\alpha\alpha} = \pm 1$. Die allgemeine Gleichung $XF = FX$ ergiebt daher $x_{\alpha\beta} f_{\beta\beta} = f_{\alpha\alpha} x_{\alpha\beta}$. Mithin ist $F = \pm E$, und $B = \pm A$, und folglich ist A bis auf das Vorzeichen völlig bestimmt.

Zwischen den ersten Ableitungen von $|X|$ nach den Variabelen $x_{\alpha\beta}$ $(\beta \geqq \alpha)$ besteht keine Relation, weil sich umgekehrt die Elemente $x_{\alpha\beta}$ als Functionen dieser Ableitungen darstellen lassen. Zwischen den Unterdeterminanten m^{ten} Grades $u, v, w, \cdots$ bestehen zwar lineare Relationen (Kronecker, *Über die Subdeterminante symmetrischer Systeme,* Sitzungsberichte 1882). Ist $au + bv + cw + \cdots = 0$ eine solche, und ist u eine Hauptunterdeterminante, so muss $a = 0$ sein. Denn setzt man alle Variabelen $x_{\alpha\beta} = 0$ ausser denen, die in u vorkommen, so wird $v = w = \cdots = 0$.

Ist nun $c_{\alpha\beta}^{(\varkappa)}$ der Coefficient von $x_{\varkappa\varkappa}$ in $y_{\alpha\beta}$, so ergiebt sich hieraus in derselben Weise wie oben, dass in der symmetrischen Matrix $c_{\alpha\beta}^{(\varkappa)}$ alle Hauptunterdeterminanten zweiten und dritten Grades verschwinden.

Wie ich in meiner Arbeit *Über das Trägheitsgesetz der quadratischen Formen*, § 2, Satz 2 (Sitzungsberichte 1894) gezeigt habe, verschwinden folglich alle Unterdeterminanten zweiten Grades, und mithin ist $c_{\alpha\beta}^{(\varkappa)} = p_{\alpha\varkappa} p_{\beta\varkappa}$. Nun folgen dieselben Schlüsse wie oben. Nur kann man, weil $z_{\alpha\beta}^2 = x_{\alpha\beta}^2$ ist, die Grössen $k_\alpha = \pm 1$ setzen. Dann ist $R^{-1} = R = R'$ und $Y = PRXR'P' = AXA'$.

Sind die charakteristischen Functionen von X und Y einander gleich, so zeigt man, wie oben, dass für $X = E$ auch $Y = E$ wird, und folglich ist $AA' = E$, also ist A eine orthogonale Matrix.

57.

Über Relationen zwischen den Charakteren einer Gruppe und denen ihrer Untergruppen

Sitzungsberichte der Königlich Preußischen Akademie der Wissenschaften zu Berlin 501–515 (1898)

In meiner Arbeit *Über Gruppencharaktere* (Sitzungsberichte 1896) habe ich zur Berechnung der Charaktere einer endlichen Gruppe von bekannter Constitution eine allgemeine Methode entwickelt und ihre praktische Verwendbarkeit an einer Reihe von einfachen Beispielen dargethan. Da aber ihre Anwendung auf complicirtere Gruppen mit erheblichen Schwierigkeiten verknüpft ist, so habe ich nach anderen Wegen gesucht, um die Charaktere einer Gruppe und damit ihre primitiven Darstellungen durch lineare Substitutionen zu erhalten, und ich habe zwei ganz verschiedene Methoden gefunden, die in speciellen Fällen leichter zu diesem Ziele führen können, als jene allgemeine Methode.

Die erste, die ich hier darlegen will, stützt sich auf die Betrachtung der in der gegebenen Gruppe $\mathfrak{H}$ enthaltenen Gruppen $\mathfrak{G}$ und auf die Beziehungen, die zwischen den Charakteren von $\mathfrak{G}$ und $\mathfrak{H}$ bestehen. Diese Relationen ergeben sich auf zwei verschiedenen Wegen. Der eine (§ 1) führt von den Primfactoren der Determinante der Gruppe $\mathfrak{H}$ zu denen der Determinante der Gruppe $\mathfrak{G}$, der andere (§ 3) umgekehrt von den letzteren zu den ersteren. Zu besonders einfachen Ergebnissen gelangt man durch diese Betrachtungen in dem Falle, wo $\mathfrak{G}$ eine invariante Untergruppe von $\mathfrak{H}$ ist (§§ 2, 4). Die erhaltenen Formeln stehen in naher Beziehung zu der Zerlegung der Gruppe $\mathfrak{H}$ in Complexe von Elementen, die nach einem Doppelmodul aequivalent sind, welcher aus zwei in $\mathfrak{H}$ enthaltenen Gruppen $\mathfrak{G}$ und $\mathfrak{G}'$ gebildet wird. Die Untersuchung des speciellen Falles, wo $\mathfrak{G}' = \mathfrak{G}$ ist, führt direct zur Ermittlung eines Charakters jeder zweifach transitiven Gruppe von Permutationen (§ 5).

Eine zweite Methode, um die Charaktere einer Gruppe zu berechnen, ergiebt sich aus der Theorie der Composition der Charaktere, die ich bei einer anderen Gelegenheit entwickeln werde.

§ 1.

Sei $\mathfrak{H}$ eine Gruppe der Ordnung h, und sei

$$\Theta = \prod_\lambda \Phi_\lambda^{f_\lambda} \qquad (\lambda = 0, 1, \cdots l-1)$$

ihre in Primfactoren zerlegte Gruppendeterminante. Sei $\mathfrak{G}$ eine in $\mathfrak{H}$ enthaltene Gruppe der Ordnung $g = \frac{h}{n}$, und sei

$$\mathrm{H} = \prod_\varkappa \Psi_\varkappa^{e_\varkappa} \qquad (\varkappa = 0, 1, \cdots k-1)$$

ihre Gruppendeterminante. Setzt man in Θ alle Variabelen $x_R = 0$ ausser denen, deren Indices die Elemente von $\mathfrak{G}$ sind, so wird (*Gruppencharaktere* § 7)

$$(1.) \qquad \Theta = \mathrm{H}^n,$$

und folglich wird auch jeder Primfactor Φ_λ von Θ ein Product von Primfactoren von H,

$$(2.) \qquad \Phi_\lambda = \prod_\varkappa \Psi_\varkappa^{r_{\varkappa\lambda}}.$$

Hier ist $r_{\varkappa\lambda} = 0$ zu setzen, wenn $\Psi_\varkappa$ nicht in Φ_λ aufgeht. Ersetzt man in dieser Gleichung x_E durch $x_E + u$, so ergiebt sich durch Vergleichung der Coefficienten von $u^{f_\lambda - 1}$

$$(3.) \qquad \sum_\varkappa r_{\varkappa\lambda}\, \psi^{(\varkappa)}(P) = \chi^{(\lambda)}(P),$$

wo $\psi^{(\varkappa)}$ der Charakter von $\Psi_\varkappa$ und $\chi^{(\lambda)}$ der von Φ_λ ist, und wo P ein Element von $\mathfrak{G}$ bedeutet. Mit Hülfe der Gleichungen

$$\sum_P \psi^{(\varkappa)}(P^{-1})\, \psi^{(\varkappa)}(P) = g, \qquad \sum_P \psi^{(\varkappa)}(P^{-1})\, \psi^{(\lambda)}(P) = 0$$

folgt daraus

$$(4.) \qquad \sum_P \psi^{(\varkappa)}(P^{-1})\, \chi^{(\lambda)}(P) = g r_{\varkappa\lambda}.$$

Ist daher R ein Element von $\mathfrak{H}$, so ist

$$g \sum_\lambda r_{\varkappa\lambda}\, \chi^{(\lambda)}(R) = \sum_P \psi^{(\varkappa)}(P) \Big(\sum_\lambda \chi^{(\lambda)}(P^{-1})\, \chi^{(\lambda)}(R) \Big).$$

Nach *Gruppencharaktere* § 3, (4.) ist aber

$$\sum_\lambda \chi^{(\lambda)}(P^{-1})\, \chi^{(\lambda)}(R) = 0,$$

ausser wenn P mit R conjugirt ist (in Bezug auf $\mathfrak{H}$). Dann aber ist die Summe gleich $\frac{h}{h_R} = \frac{h}{h_\varrho}$, falls R und P Elemente der ρ^{ten} Classe von $\mathfrak{H}$ sind. Folglich ist

$$(5.) \qquad \sum_\lambda r_{\varkappa\lambda}\, \chi^{(\lambda)}(R) = \frac{h}{g h_\varrho} \sum_{(\varrho)} \psi^{(\varkappa)}(P),$$

wo P die Elemente der ρ^{ten} Classe durchläuft, die in $\mathfrak{G}$ enthalten sind. Setzt man $\psi(R) = 0$, wenn R nicht in $\mathfrak{G}$ enthalten ist, so kann man für P auch alle mit R conjugirten Elemente von $\mathfrak{H}$ setzen. Bei dieser Festsetzung ist aber besonders darauf zu achten, dass die Gleichung (3.) nur für die Elemente P gilt, die der Gruppe $\mathfrak{G}$ angehören.

Wenn die k Charaktere $\psi^{(\varkappa)}$ einer Untergruppe $\mathfrak{G}$ bekannt sind, so besteht die neue Eigenschaft der l Charaktere $\chi^{(\lambda)}$, welche die Gleichungen (3.), (4.) und (5.) in drei verschiedenen, aber aequivalenten Formen ausdrücken, darin, dass

$$(4^{a}.)\qquad \frac{1}{g}\sum_{P}\psi(P^{-1})\chi(P) = r$$

eine positive ganze Zahl ist.

Für einen bestimmten Werth von λ sind die k Zahlen $r_{\varkappa\lambda}$, und für einen bestimmten Werth von $\varkappa$ die l Zahlen $r_{\varkappa\lambda}$ nicht sämmtlich Null. Dies ergiebt sich aus der Gleichung (2.) in Verbindung mit der Relation (1.).

Ist (0) die Hauptclasse, so erhält man, wenn man in (3.) und (5.) $P = R = E$ setzt, die Gleichungen

$$(6.)\qquad \sum_{\varkappa} r_{\varkappa\lambda}\, e_{\varkappa} = f_{\lambda}, \qquad \sum_{\lambda} r_{\varkappa\lambda}\, f_{\lambda} = \frac{h}{g}\, e_{\varkappa},$$

die sich auch unmittelbar aus (2.) und (1.) ergeben. Mithin ist

$$(7.)\qquad e_{\varkappa}\, r_{\varkappa\lambda} \leqq f_{\lambda}, \qquad r_{\varkappa\lambda} \leqq f_{\lambda}.$$

Wählt man für den Hauptcharakter den Index 0, so ist

$$(8.)\qquad r_{00} = 1, \qquad r_{\varkappa 0} = 0, \qquad (\varkappa > 0)$$

und, wenn man $r_{0\lambda} = r_{\lambda}$ setzt,

$$(9.)\qquad \sum_{\varrho} g_{\varrho}\, \chi_{\varrho}^{(\lambda)} = g r_{\lambda}, \qquad \sum_{\lambda} r_{\lambda}\, \chi_{\varrho}^{(\lambda)} = \frac{h g_{\varrho}}{g h_{\varrho}},$$

wo g_{ϱ} die Anzahl der Elemente in der ρ^{ten} Classe von $\mathfrak{H}$ bezeichnet, die der Gruppe $\mathfrak{G}$ angehören.

Da die Werthe der Charaktere ganze algebraische Zahlen sind, so ist der letzten Formel zufolge hg_{ϱ} durch gh_{ϱ} theilbar. Diesen Satz kann man leicht direct beweisen: Durchläuft H die h Elemente von $\mathfrak{H}$, und ist R ein bestimmtes Element der ρ^{ten} Classe, so sind die h Elemente $H^{-1}RH$ die h_{ϱ} verschiedenen Elemente der ρ^{ten} Classe, jedes $\frac{h}{h_{\varrho}}$ Mal gezählt. In $\mathfrak{H}$ giebt es daher $g_{\varrho}\frac{h}{h_{\varrho}}$ verschiedene Elemente H der Art, dass $H^{-1}RH$ in $\mathfrak{G}$ enthalten ist. Sei $\mathfrak{R}$ der Complex dieser Elemente H. Ist $A^{-1}RA$ in $\mathfrak{G}$ enthalten, und ist G ein Element von $\mathfrak{G}$, so ist auch

$$G^{-1}(A^{-1}RA)G = (AG)^{-1}R(AG)$$

in $\mathfrak{G}$ enthalten. Ist also A ein Element von $\mathfrak{R}$, so gehören auch alle Elemente des Complexes $A\mathfrak{G}$ dem Complexe $\mathfrak{R}$ an. Folglich zerfällt $\mathfrak{R}$ in eine Anzahl Complexe $A\mathfrak{G}+B\mathfrak{G}+C\mathfrak{G}+\cdots$, von denen je zwei theilerfremd sind. Mithin ist die Ordnung $\frac{hg_\varrho}{h_\varrho}$ von $\mathfrak{R}$ durch g theilbar. Die Zahl $\frac{hg_\varrho}{gh_\varrho}$ giebt an, wie viele unter den n Complexen

$$A_0\mathfrak{G}+A_1\mathfrak{G}+\cdots+A_{n-1}\mathfrak{G}=\mathfrak{H} \tag{10.}$$

der Bedingung $A_\nu\mathfrak{G}=RA_\nu\mathfrak{G}$ genügen.

Nach Formel (3.) ist

$$\sum_P \chi^{(\lambda)}(P^{-1})\chi^{(\mu)}(P)=\sum_{\alpha,\beta} r_{\alpha\lambda}\,r_{\beta\mu}\Big(\sum_P \psi^{(\alpha)}(P^{-1})\psi^{(\beta)}(P)\Big)$$

und mithin

$$\sum_P \chi^{(\lambda)}(P^{-1})\chi^{(\mu)}(P)=g\sum_\varkappa r_{\varkappa\lambda}\,r_{\varkappa\mu}\,, \tag{11.}$$

wo P nur die Elemente von $\mathfrak{G}$ durchläuft, oder

$$\sum_\varrho g_\varrho\,\chi_\varrho^{(\lambda)}\,\chi_{\varrho'}^{(\mu)}=g\sum_\varkappa r_{\varkappa\lambda}\,r_{\varkappa\mu}\,. \tag{12.}$$

Nun ist aber, wenn R alle Elemente von $\mathfrak{H}$ durchläuft,

$$\sum_R \chi^{(\lambda)}(R^{-1})\chi^{(\lambda)}(R)=h\,.$$

Da $\chi(R)$ und $\chi(R^{-1})$ conjugirte complexe Grössen sind, so ist ihr Product eine reelle positive Grösse. Mithin ist

$$\sum_\varkappa r_{\varkappa\lambda}^2\leqq\frac{h}{g}\,. \tag{13.}$$

Setzt man aber in (11.) $\mu=\lambda$ und summirt dann nach λ, so erhält man

$$\sum_{\varkappa,\lambda} r_{\varkappa\lambda}^2=\sum_\lambda\frac{hg_\lambda}{gh_\lambda}\,, \tag{14.}$$

wo rechts über die l Classen von $\mathfrak{H}$ zu summiren ist. Mit g multiplicirt ist diese Zahl gleich der Anzahl der Lösungen der Gleichung $QR=RQ$, falls Q die g Elemente von $\mathfrak{G}$, und R die h Elemente von $\mathfrak{H}$ durchläuft.

Sind $\mathfrak{G}$ und $\mathfrak{G}'$ zwei Untergruppen von $\mathfrak{H}$, so mögen die Zahlen, die für die Gruppe $\mathfrak{G}$ mit $g, g_\varrho, r_{\varkappa\lambda}$ bezeichnet worden sind, für die Gruppe $\mathfrak{G}'$ mit $g', g'_\varrho, r'_{\varkappa\lambda}$ bezeichnet werden. Dann ist nach (2.)

$$gg'\sum_\lambda r_\lambda r'_\lambda=\sum_{\varrho,\sigma} g_\varrho g'_\sigma\Big(\sum_\lambda \chi_\varrho^{(\lambda)}\chi_\sigma^{(\lambda)}\Big).$$

Die letzte nach λ genommene Summe ist Null, ausser wenn $(\sigma)=(\varrho')$ ist, dann aber gleich $\frac{h}{h_\varrho}$. Mithin ist

$$gg'\sum_\lambda r_\lambda r'_\lambda = h\sum_\varrho \frac{g_\varrho g'_\varrho}{h_\varrho}.$$

In meiner Arbeit *Über die Congruenz nach einem aus zwei endlichen Gruppen gebildeten Doppelmodul*, Crelle's Journal Bd. 101, habe ich § 2, (8.) für die Anzahl $(\mathfrak{H}:\mathfrak{G},\mathfrak{G}')$ der Classen, worin die Elemente von $\mathfrak{H}$ nach dem Doppelmodul $(\mathfrak{G},\mathfrak{G}')$ zerfallen, die Relation aufgestellt

(15.) $$\frac{gg'}{h}(\mathfrak{H}:\mathfrak{G},\mathfrak{G}') = \sum_\varrho \frac{g_\varrho g'_\varrho}{h_\varrho}.$$

Daraus ergiebt sich die Formel

(16.) $$\sum_\lambda r_\lambda r'_\lambda = (\mathfrak{H}:\mathfrak{G},\mathfrak{G}'), \qquad \sum_\lambda r_\lambda^2 = (\mathfrak{H}:\mathfrak{E},\mathfrak{G}).$$

Setzt man alle Variabelen $x_R = 0$, deren Index R nicht in $\mathfrak{G}$ enthalten ist, so enthält Φ_λ den Factor $\Psi_0'^{r'_\lambda}$. Ist $\mathfrak{G}'$ eine Untergruppe von $\mathfrak{G}$, so kann man jene Werthe in dem Ausdruck (2.) von Φ_λ einsetzen, dann geht $\Psi_0^{r_\lambda}$ in $\Psi_0'^{r_\lambda}$ über. Folglich ist

(17.) $$r'_\lambda \geqq r_\lambda, \text{ wenn } \mathfrak{G}' < \mathfrak{G}$$

ist, d. h. wenn $\mathfrak{G}'$ in $\mathfrak{G}$ enthalten ist.

Ist $g<h$, so giebt es in $\mathfrak{H}$ stets Classen, von denen kein Element in $\mathfrak{G}$ enthalten ist. Denn unter der Voraussetzung (10.) sind $A_\nu\mathfrak{G}A_\nu^{-1} = \mathfrak{G}_\nu$ die n mit $\mathfrak{G}$ conjugirten Gruppen, die nicht verschieden zu sein brauchen. Sei t_μ die Anzahl der Elemente von $\mathfrak{H}$, die in genau μ dieser n Gruppen enthalten sind. Dann ist

$$t_0 + t_1 + t_2 + \cdots + t_n = h.$$

Andererseits enthält der Complex $\mathfrak{G}_0 + \mathfrak{G}_1 + \cdots + \mathfrak{G}_{n-1}$ $gn = h$ Elemente, falls man die mehrfach vorkommenden auch mehrfach zählt, also jedes der t_μ Elemente, die in genau μ jener n Gruppen vorkommen, μ-fach. Demnach ist

$$t_1 + 2t_2 + \cdots + nt_n = h$$

und folglich

$$t_0 = t_2 + 2t_3 + \cdots + (n-1)t_n.$$

Da das Hauptelement E in allen n Gruppen vorkommt, so ist $t_n > 0$. Ist also $n>1$, so ist $t_0>0$. Ist R eins dieser t_0 Elemente, und durchläuft H die h Elemente von $\mathfrak{H}$, so kommt R in keiner der Gruppen $H\mathfrak{G}H^{-1}$ vor, also ist keins der mit R conjugirten Elemente $H^{-1}RH$ in $\mathfrak{G}$ enthalten. Nach Gleichung (5.) ist daher

$$\sum_\lambda r_{\varkappa\lambda}\chi^{(\lambda)}(R) = 0.$$

Ist also $k \geqq l$, so verschwinden in der Matrix

(18.) $$r_{\varkappa\lambda} \qquad (\varkappa = 0, 1, \ldots k-1;\ \lambda = 0, 1, \ldots l-1)$$

alle Determinanten l^{ten} Grades.

§ 2.

Die *kl* Zahlen $r_{\varkappa\lambda}$ lassen sich näher bestimmen, wenn $\mathfrak{G}$ eine invariante Untergruppe von $\mathfrak{H}$ ist. Für diesen Fall habe ich, *Gruppencharaktere* § 7, folgende Sätze entwickelt: Sei S ein festes Element von $\mathfrak{H}$, und P ein veränderliches Element von $\mathfrak{G}$. Da $S^{-1}\mathfrak{G}S = \mathfrak{G}$ ist, so durchläuft $S^{-1}PS$ gleichzeitig mit P die g Elemente von $\mathfrak{G}$. Setzt man $\psi^{(\varkappa)}(S^{-1}PS) = \psi^{(\varkappa')}(P)$, so ist $\psi^{(\varkappa')}(P)$ ein Charakter von $\mathfrak{G}$. Ist er von $\psi^{(\varkappa)}(P)$ verschieden, so nenne ich ihn zu $\psi^{(\varkappa)}(P)$ *conjugirt* (in Bezug auf $\mathfrak{H}$). Conjugirte Charaktere haben denselben Grad $e_\varkappa = e_{\varkappa'}$ und unterscheiden sich nur durch die Anordnung ihrer Werthe. Sei $s_\varkappa = s_{\varkappa'} = \cdots$ die Anzahl der verschiedenen Charaktere von $\mathfrak{G}$, die mit $\psi^{(\varkappa)}$ und folglich auch unter einander conjugirt sind. Jedem Charakter $\psi^{(\varkappa)}$ von $\mathfrak{G}$ entsprechen ein oder mehrere Charaktere $\chi^{(\lambda)}, \chi^{(\lambda')}, \cdots$ von $\mathfrak{H}$, so dass

$$(1.)\qquad \psi^{(\varkappa)}(P) + \psi^{(\varkappa')}(P) + \cdots = \frac{s_\varkappa e_\varkappa}{f_\lambda}\chi^{(\lambda)}(P) = \frac{s_\varkappa e_\varkappa}{f_{\lambda'}}\chi^{(\lambda')}(P) = \cdots$$

ist für alle g Elemente P von $\mathfrak{G}$. Umgekehrt entspricht jedem Charakter $\chi^{(\lambda)}$ von $\mathfrak{H}$ mindestens ein Charakter $\psi^{(\varkappa)}$ von $\mathfrak{G}$, so dass die Gleichung (1.) erfüllt wird, und wenn ihm mehrere entsprechen, so sind je zwei derselben conjugirt. Ist $\chi^{(\lambda)}$ gegeben, so sind $\chi^{(\lambda')}, \chi^{(\lambda'')}, \cdots$ dadurch bestimmt, dass die g Werthe $\chi^{(\lambda')}(P)$ den g Werthen $\chi^{(\lambda)}(P)$ proportional sind. Durchläuft R die h Elemente von $\mathfrak{H}$, und sind $\chi^{(\lambda)}$ und $\chi^{(\mu)}$ verschiedene Charaktere, so können nach *Gruppencharaktere* § 3 die h Werthe $\chi^{(\lambda)}(R)$ den h Werthen $\chi^{(\mu)}(R)$ nicht proportional sein.

Setzt man nun den Ausdruck (1.) für $\chi^{(\lambda)}(P)$ in die Formel (3.), § 1 ein, so erkennt man, dass stets $r_{\varkappa\lambda} = 0$ ist, ausser wenn sich $\psi^{(\varkappa)}$ und $\chi^{(\lambda)}$ entsprechen. In diesem Falle aber ist

$$(2.)\qquad r_{\varkappa\lambda} = r_{\varkappa'\lambda} = \cdots = \frac{f_\lambda}{s_\varkappa e_\varkappa}$$

von Null verschieden, wo $\psi^{(\varkappa)}, \psi^{(\varkappa')}, \cdots$ die $s_\varkappa$ unter einander conjugirten, dem $\chi^{(\lambda)}$ entsprechenden Charaktere von $\mathfrak{G}$ sind. Demnach reducirt sich die Gleichung (2.), § 1 auf

$$(3.)\qquad \Phi_\lambda = (\Psi_\varkappa \Psi_{\varkappa'} \cdots)^{\frac{f_\lambda}{s_\varkappa e_\varkappa}}$$

und aus (6.), § 1 folgt

$$(4.)\qquad f_\lambda^2 + f_{\lambda'}^2 + \cdots = n s_\varkappa e_\varkappa^2, \qquad r_{\varkappa\lambda}^2 + r_{\varkappa\lambda'}^2 + \cdots = \frac{n}{s_\varkappa}.$$

Folglich ist f_λ durch $s_\varkappa e_\varkappa$ theilbar, und der Quotient $\frac{f_\lambda}{s_\varkappa e_\varkappa}$ ist ein gemeinsamer Divisor der g ganzen algebraischen Zahlen $\chi^{(\lambda)}(P)$. Dass n durch $s_\varkappa$ theilbar ist, habe ich schon *Gruppencharaktere* § 7 gezeigt.

Ist R nicht in $\mathfrak{G}$ enthalten, so gehört auch kein mit R conjugirtes Element P der Gruppe $\mathfrak{G}$ an. Mithin folgt aus (5.), § 1

$$(5.)\qquad f_\lambda \chi^{(\lambda)}(R) + f_{\lambda'} \chi^{(\lambda')}(R) + \cdots = 0,$$

wenn R nicht in $\mathfrak{G}$ enthalten ist.

§ 3.

Wir sind von den l Primfactoren Φ der Determinante Θ der Gruppe $\mathfrak{H}$ zu den k Primfactoren Ψ der Determinante H der Untergruppe $\mathfrak{G}$ gelangt, indem wir alle Variabelen $x_R = 0$ setzten, deren Index R ein in $\mathfrak{G}$ nicht enthaltenes Element von $\mathfrak{H}$ ist. Ich will jetzt zeigen, wie man durch eine andere Construction von den k Functionen Ψ zu den l Functionen Φ aufsteigen kann.

Sei X eine zur Gruppe $\mathfrak{G}$ gehörige Matrix des Grades e. Ihre Elemente sind lineare Functionen der g Variabelen x_P, und ihre Determinante verschwindet nicht identisch. Sie ist durch folgende Eigenschaft charakterisirt: Ersetzt man x_P durch y_P oder z_P, so möge X in Y oder Z übergehen. Ist dann

$$z_Q = \sum_P x_{P^{-1}} y_{PQ},$$

so ist $Z = XY$. Ersetzt man in X jede der g Variabelen x_P durch $x_{APB^{-1}}$, wo A und B zwei Elemente von $\mathfrak{H}$ sind, so erhält man eine Matrix, die ich mit $X_{A,B}$ bezeichne. Die n Elemente $A_0, A_1, \cdots A_{n-1}$ mögen ein vollständiges Restsystem von $\mathfrak{H}$ (mod. $\mathfrak{G}$) bilden, so dass

$$(1.)\qquad \mathfrak{H} = A_0\mathfrak{G} + A_1\mathfrak{G} + \cdots + A_{n-1}\mathfrak{G} = \mathfrak{G}A_0^{-1} + \mathfrak{G}A_1^{-1} + \cdots + \mathfrak{G}A_{n-1}^{-1}.$$

Dann betrachte ich die n^2 Matrizen e^{ten} Grades, die man aus $X_{A,B}$ erhält, indem man für A und B jedes der n Elemente $A_0, A_1, \cdots A_{n-1}$ setzt, und bilde aus ihnen eine Matrix ne^{ten} Grades $(X_{A,B})$. Ersetzt man x_R durch y_R oder z_R, so gehe $X_{A,B}$ in $Y_{A,B}$ oder $Z_{A,B}$ über. Sind A, B und N Elemente von $\mathfrak{H}$, so geht die Matrix $X_{A,N}Y_{N,B}$ aus X hervor, indem man x_Q durch

$$\sum_P x_{AP^{-1}N^{-1}}\, y_{NPQB^{-1}}$$

ersetzt. Hier sind P und Q wie oben Elemente von $\mathfrak{G}$. Nun sind die Elemente von X lineare Functionen der g Variabelen x_Q. Daher gehen die Elemente der Matrix

$$\sum_N X_{A,N} Y_{N,B} \qquad (N = A_0, A_1, \cdots A_{n-1})$$

aus X hervor, indem man x_Q durch

$$\sum_{N,P} x_{AP^{-1}N^{-1}}\, y_{NPQB^{-1}} = \sum_R x_{AR^{-1}}\, y_{RQB^{-1}}$$

ersetzt. Durchläuft P die g Elemente von $\mathfrak{G}$ und N die n Elemente $A_0, A_1, \cdots A_{n-1}$, so durchläuft $R = NP$ nach (1.) die $gn = h$ verschiedenen Elemente von $\mathfrak{H}$. Setzt man also jetzt, wenn R und S Elemente von $\mathfrak{H}$ sind,

$$z_S = \sum_R x_{R^{-1}} y_{RS},$$

so ist die letzte Summe gleich $z_{AQB^{-1}}$, und mithin ist

$$\sum_N X_{A,N} Y_{N,B} = Z_{A,B}$$

oder

$$(X_{A,B})(Y_{A,B}) = (Z_{A,B}).$$

Folglich ist $(X_{A,B})$ eine zur Gruppe $\mathfrak{H}$ gehörige Matrix des Grades ne, und daher ist ihre Determinante ein Product von Primfactoren der Gruppendeterminante Θ

$$(2.) \qquad |(X_{A,B})| = \prod_\lambda \Phi_\lambda^{r_\lambda}.$$

In jeder zu einer Gruppe gehörigen Matrix ist x_E mit der Hauptmatrix multiplicirt. Ersetzt man also darin x_E durch $x_E + u$, so tritt nur zu jedem Elemente der Diagonale das Glied u hinzu. Daher ist der Coefficient von u^{ne-1} in der Determinante ne^{ten} Grades (2.) gleich der Summe der Diagonalelemente.

Ist $\Psi(x)$ ein Primfactor e^{ten} Grades von H, so kann man eine zu $\mathfrak{G}$ gehörige Matrix X finden, deren Determinante gleich $\Psi(x)$ ist (*Über die Darstellung der endlichen Gruppen durch lineare Substitutionen*, Sitzungsberichte 1897). Der Coefficient von u^{e-1} in $\Psi(x + u\varepsilon)$ ist $\sum_P \psi(P) x_P$. Für die Matrix $X_{N,N}$ ist daher die Summe der Diagonalelemente gleich

$$\sum_P \psi(P) x_{NPN^{-1}} = \sum_R \psi(N^{-1}RN) x_R.$$

Hier können P und $R = NPN^{-1}$ alle Elemente von $\mathfrak{H}$ durchlaufen, wenn man wie oben festsetzt, dass $\psi(R) = 0$ ist, wenn R der Gruppe $\mathfrak{G}$ nicht angehört. Durch Vergleichung der Coefficienten von u^{ne-1} in der Gleichung (2.) erhält man daher, wenn $r_\lambda = r_{\varkappa\lambda}$ für $\Psi = \Psi_\varkappa$ gesetzt wird,

$$(3.) \qquad \sum_N \psi^{(\varkappa)}(N^{-1}RN) = \sum_\lambda r_{\varkappa\lambda} \chi^{(\lambda)}(R).$$

Ist P ein Element von $\mathfrak{G}$, so ist $\psi(P^{-1}SP) = \psi(S)$. Ist nämlich S ein Element von $\mathfrak{G}$, so ist dies die Gleichung *Gruppencharaktere* § 5, (2.). Ist aber S nicht in $\mathfrak{G}$ enthalten, so gehört auch $P^{-1}SP$ nicht der Gruppe $\mathfrak{G}$ an und beide Seiten der Gleichung sind Null. Daher ist

$$g \sum_N \psi(N^{-1}RN) = \sum_{N,P} \psi(P^{-1}N^{-1}RNP) = \sum_S \psi(S^{-1}RS),$$

wo $S = NP$ die h Elemente von $\mathfrak{H}$ durchläuft, also

$$g \sum_\lambda r_{\varkappa\lambda} \chi^{(\lambda)}(R) = \sum_S \psi^{(\varkappa)}(S^{-1}RS). \tag{4.}$$

Ist R ein Element der ρ^{ten} Classe in $\mathfrak{H}$, so stellt $S^{-1}RS$ jedes der h_ϱ verschiedenen Elemente dieser Classe $\frac{h}{h_\varrho}$ Mal dar. Mithin ist

$$\sum_\lambda r_{\varkappa\lambda} \chi^{(\lambda)}(R) = \frac{h}{g h_\varrho} \sum_{(\varrho)} \psi^{(\varkappa)}(P), \tag{5.}$$

wo P die h_ϱ Elemente der ρ^{ten} Classe durchläuft, oder auch nur die unter ihnen, die in $\mathfrak{G}$ enthalten sind. Da die kl Zahlen $r_{\varkappa\lambda}$ durch diese Gleichungen vollständig bestimmt sind, so sind sie mit den in den Gleichungen

$$\Phi_\lambda = \prod_\varkappa \Psi_\varkappa^{r_{\varkappa\lambda}} \tag{6.}$$

auftretenden Exponenten identisch. In Folge der Ungleichheiten (7.) § 1 ist die $e_\varkappa^{\text{te}}$ Potenz des Ausdrucks

$$|(X_{A,B}^{(\varkappa)})| = \prod_\lambda \Phi_\lambda^{r_{\varkappa\lambda}} \tag{7.}$$

ein Divisor der Gruppendeterminante Θ.

Ist $\mathfrak{G}$ eine invariante Untergruppe von $\mathfrak{H}$, so wird unter Anwendung der obigen Bezeichnungen

$$|(X_{A,B}^{(\varkappa)})|^{s_\varkappa e_\varkappa} = \Phi_\lambda^{f_\lambda} \Phi_{\lambda'}^{f_{\lambda'}} \cdots, \tag{8.}$$

also ein Divisor von Θ, der zu dem complementären Divisor theilerfremd ist.

§ 4.

In dem besonders bemerkenswerthen Falle $\varkappa = 0$ setze ich zur Vereinfachung der Darstellung, wenn

$$\mathfrak{A} = P + Q + R + \cdots$$

ein Complex von Elementen ist,

$$x_{\mathfrak{A}} = x_P + x_Q + x_R + \cdots. \tag{1.}$$

Dann ist die Matrix des n^{ten} Grades

$$(x_{A\mathfrak{G}B^{-1}}) \qquad (A, B = A_0, A_1, \cdots A_{n-1}) \tag{2.}$$

eine zu $\mathfrak{H}$ gehörige Matrix, und ihre Determinante ist

$$|x_{A\mathfrak{G}B^{-1}}| = \prod_\lambda \Phi_\lambda^{r_\lambda}. \tag{3.}$$

Jeder zu $\mathfrak{H}$ gehörigen Matrix entspricht eine Darstellung der Gruppe $\mathfrak{H}$ oder einer mit $\mathfrak{H}$ meroedrisch isomorphen Gruppe durch lineare Substitutionen. Der Matrix (2.) entspricht die Darstellung einer mit $\mathfrak{H}$

isomorphen Gruppe durch Permutationen von n Symbolen, die ich in meiner Arbeit *Über endliche Gruppen* § 4 (Sitzungsberichte 1895) entwickelt habe.

Ist $\mathfrak{G}$ eine invariante Untergruppe von $\mathfrak{H}$, so ist, da $e_0 = s_0 = 1$ ist,

$$(4.)\qquad |x_{AB^{-1}\mathfrak{G}}| = \prod_\lambda \Phi_\lambda^{r_\lambda} = \Phi_\nu^{f_\nu}\Phi_{\nu'}^{f_{\nu'}}\cdots,$$

wo $\chi^{(\nu)}, \chi^{(\nu')}, \cdots$ die Charaktere von $\mathfrak{H}$ sind, die dem Charakter $\psi^{(0)}$ von $\mathfrak{G}$ entsprechen. Die linke Seite ist die Determinante der Gruppe $\frac{\mathfrak{H}}{\mathfrak{G}}$, die ich *Darstellung* § 1 betrachtet habe. Auch dort habe ich gezeigt, dass die von Null verschiedenen Exponenten r_λ gleich f_λ sind. Aus jener Gleichung ergiebt sich noch eine bemerkenswerthe Folgerung: Die Indices $\lambda = \nu, \nu', \cdots$ sind dadurch charakterisirt, dass $\chi^{(\lambda)}(P)$ für alle g Elemente P der Gruppe $\mathfrak{G}$ denselben Werth hat. Da aber die linke Seite die h Grössen x_R nur in den n linearen Verbindungen $x_{N\mathfrak{G}}$ enthält, so gilt dasselbe von jeder der Primfunctionen $\Phi_\nu, \Phi_{\nu'}, \cdots$, und folglich hat auch, wenn N ein festes Element von $\mathfrak{H}$ und P ein veränderliches Element von $\mathfrak{G}$ ist, $\chi^{(\lambda)}(NP)$ für alle g Elemente P von $\mathfrak{G}$ denselben Werth. Demnach ergiebt sich der Satz:

I. *Damit ein Charakter von $\mathfrak{H}$ zu der Gruppe $\frac{\mathfrak{H}}{\mathfrak{G}}$ gehöre, ist nothwendig und hinreichend, dass er für alle Elemente von $\mathfrak{G}$ denselben Werth hat. Dann hat er auch gleiche Werthe für je zwei Elemente von $\mathfrak{H}$, die mod. $\mathfrak{G}$ aequivalent sind.*

Man kann diesen Satz auch aus der Formel (*Gruppencharaktere* § 5) ableiten

$$(5.)\qquad h_\beta \chi(A)\chi(B) = f \sum_{(\beta)} \chi(AS),$$

worin S die h_β mit B conjugirten Elemente durchläuft. Da mithin $\chi(S) = \chi(B)$ ist, so kann man diese Gleichung auch in der Form

$$\chi(R)\sum_{(\beta)}\chi(S) = f\sum_{(\beta)}\chi(RS)$$

schreiben. Ist $\mathfrak{G}$ eine invariante Untergruppe von $\mathfrak{H}$, so enthält sie entweder kein Element der β^{ten} Classe oder alle. Setzt man für (β) der Reihe nach sämmtliche Classen, deren Elemente in $\mathfrak{G}$ enthalten sind, so findet man durch Summation der entsprechenden Gleichungen

$$\chi(R)\sum\chi(P) = f\sum\chi(P'),$$

wo P die Elemente der Gruppe $\mathfrak{G}$ durchläuft, und P' die des Complexes $R\mathfrak{G}$. Ist daher $\sum\chi(P) = 0$, so ist auch für jedes Element R von $\mathfrak{H}$ $\sum\chi(P') = 0$. Ist ferner $S \backsim R \pmod{\mathfrak{G}}$, so ist $R\mathfrak{G} = S\mathfrak{G}$ und folglich auch

$$\chi(S)\sum\chi(P) = f\sum\chi(P'),$$

wo P' dieselben Elemente durchläuft, wie oben. Wenn also $\Sigma\chi(P)$ von Null verschieden ist, so muss sein

(6.) $$\chi(R) = \chi(S), \quad \text{falls} \quad R \backsim S (\text{mod.}\, \mathfrak{G}).$$

Der letzte Fall tritt sicher ein, wenn die g Werthe $\chi(P)$ alle einander gleich, also alle gleich $\chi(E) = f$ sind. Dann gehört demnach der Charakter $\chi = \chi^{(\nu)}$ zur Gruppe $\frac{\mathfrak{H}}{\mathfrak{G}}$, die Function Φ_ν enthält die h Variabelen x_R nur in den n linearen Verbindungen $x_{N\mathfrak{G}}$ und wird bis auf einen Zahlenfactor dem entsprechenden Primfactor der Gruppe $\frac{\mathfrak{H}}{\mathfrak{G}}$ gleich, wenn man darin setzt

(7.) $$x_R = x_S, \quad \text{falls} \quad R \backsim S (\text{mod.}\, \mathfrak{G}).$$

Gehört aber der Charakter $\chi = \chi^{(\lambda)}$ nicht zur Gruppe $\frac{\mathfrak{H}}{\mathfrak{G}}$, so ist die Gleichung (6.) nicht für je zwei aequivalente Elemente erfüllt, daher ist $\Sigma\chi(P) = 0$ und folglich auch für jedes Element N von $\mathfrak{H}$

(8.) $$\sum_P \chi(NP) = 0.$$

Der Satz I lässt sich theilweise umkehren. Aus der Formel (5.) ergiebt sich, wenn $\chi(A) = \chi(B) = f$ ist, die Gleichung

$$h_\beta f = \Sigma\, \chi(AS).$$

Da $\chi(R)$ eine Summe von f Einheitswurzeln ist, so ist die rechte Seite eine Summe von $h_\beta f$ Einheitswurzeln. Eine solche Summe kann aber nur dann gleich $h_\beta f$ sein, wenn jedes Glied gleich 1 ist. Mithin ist $\chi(AS) = f$. Ist also $\chi(A) = f$ und $\chi(B) = f$, so ist auch $\chi(AB) = f$. Folglich bilden alle Elemente R von $\mathfrak{H}$, für die $\chi(R) = f$ ist, eine Gruppe $\mathfrak{G}$. Enthält diese das Element B, so enthält sie auch alle mit B conjugirten Elemente S, weil $\chi(S) = \chi(B)$ ist. Daher ist $\mathfrak{G}$ eine invariante Untergruppe von $\mathfrak{H}$.

II. *Ist $\chi(R)$ ein Charakter f^{ten} Grades der Gruppe $\mathfrak{H}$, so bilden alle Elemente R von $\mathfrak{H}$, für die $\chi(R) = f$ ist, eine invariante Untergruppe $\mathfrak{G}$ von $\mathfrak{H}$, und der Charakter χ gehört zu der Gruppe $\frac{\mathfrak{H}}{\mathfrak{G}}$.*

Mit Hülfe dieser beiden Sätze kann man, wenn die Charaktere einer Gruppe bekannt sind, ihre invarianten Untergruppen sämmtlich angeben. Dies Verfahren ist in dem speciellen Falle, wo $\mathfrak{H}$ eine commutative Gruppe ist, schon von Weber angegeben.

Unter den h linearen Functionen

$$\frac{h}{f}\xi_R = \sum_S \chi(S) x_{RS}$$

sind f^2 unter einander unabhängige, und durch diese f^2 Verbindungen der h Variabelen x_R lässt sich Φ ausdrücken. Durchläuft P die g Elemente von $\mathfrak{G}$ und N ein vollständiges Restsystem von $\mathfrak{H}$(mod. $\mathfrak{G}$), so durchläuft $S = NP$ die h Elemente von $\mathfrak{H}$. Daher ist

$$\frac{h}{f}\xi_R = \sum_{N,P} \chi(NP)x_{RNP},$$

und folglich ist $\xi_R = 0$, wenn die Voraussetzung (7.) gemacht wird. Wird Φ auf irgend eine Art als Function von f^2 unabhängigen Variabelen dargestellt, so sind diese lineare Verbindungen der Variabelen ξ_R und haben daher dieselbe Eigenschaft. Es gilt also der Satz:

III. *Ist Φ ein Primfactor f^{ten} Grades von der Determinante der Gruppe $\mathfrak{H}$, ist $\mathfrak{G}$ eine invariante Untergruppe von $\mathfrak{H}$, und setzt man in Φ stets $x_R = x_S$, falls $R \backsim S$ (mod. $\mathfrak{G}$) ist, so wird die Function Φ, falls ihr Charakter χ zu $\frac{\mathfrak{H}}{\mathfrak{G}}$ gehört, einem Primfactor dieser Gruppe gleich; wenn aber χ nicht zu $\frac{\mathfrak{H}}{\mathfrak{G}}$ gehört, so verschwindet jede der f^2 unabhängigen Variabelen, durch die sich Φ darstellen lässt.*

Bringt man nun die Gruppenmatrix X auf die reducirte Form $L^{-1}XL$ (*Darstellung*, § 5), so geht diese durch die Annahme (7.) in die reducirte Form der Matrix der Gruppe $\frac{\mathfrak{H}}{\mathfrak{G}}$ über, der Rang von $L^{-1}XL$ wird $\frac{h}{g} = n$, und von ihren Unterdeterminanten des Grades n ist nur eine von Null verschieden. Folglich wird auch der Rang der Gruppenmatrix X gleich n und jede Unterdeterminante n^{ten} Grades von X wird bis auf einen constanten Factor gleich der Determinante der Gruppe $\frac{\mathfrak{H}}{\mathfrak{G}}$.

§ 5.

Die Formel (5.), § 1 und die darin enthaltene Formel (9.), § 1

$$(1.)\qquad \sum_\lambda r_{\varkappa\lambda}\chi^{(\lambda)}(R) = \frac{h}{gh_\varrho}\sum_{(\varrho)}\psi^{(\varkappa)}(P), \qquad \sum_\lambda r_\lambda \chi^{(\lambda)}_\varrho = \frac{hg_\varrho}{gh_\varrho}$$

sind besonders dazu geeignet, aus den Charakteren der Untergruppe $\mathfrak{G}$ Charaktere der Gruppe $\mathfrak{H}$ abzuleiten. Mit Hülfe der letzteren Formel ist es mir, wie ich bei einer anderen Gelegenheit darlegen will, gelungen, die Charaktere der symmetrischen Gruppe des Grades n allgemein zu bestimmen. Eine besonders einfache Anwendung dieser Gleichung bildet der folgende Satz:

Enthält die Gruppe $\mathfrak{H}$ der Ordnung h die Gruppe $\mathfrak{G}$ der Ordnung g, besteht die ρ^{te} Classe conjugirter Elemente in $\mathfrak{H}$ aus h_ϱ Elementen, und gehören davon g_ϱ der Gruppe $\mathfrak{G}$ an, so besteht die nothwendige und hinreichende Bedingung dafür, dass die Grössen

$$(1.)\qquad \chi_\varrho = \frac{hg_\varrho}{gh_\varrho} - 1$$

einen Charakter von $\mathfrak{H}$ bilden, darin, dass die Anzahl der Classen, worin die Elemente von $\mathfrak{H}$ nach dem Doppelmodul $(\mathfrak{G}, \mathfrak{G})$ zerfallen, gleich zwei ist.

Ist χ_ϱ ein Charakter, so ist

$$(2.) \qquad \sum_\varrho h_\varrho \chi_\varrho \chi_{\varrho'} = h\,,$$

also

$$\sum_\varrho h_\varrho \left(\frac{hg_\varrho}{gh_\varrho} - 1\right)^2 = h\,, \qquad \sum_\varrho \frac{g_\varrho^2}{h_\varrho} = 2\,\frac{g^2}{h}.$$

Nach der Formel (15.), § 1 ist folglich

$$(3.) \qquad (\mathfrak{H} : \mathfrak{G}, \mathfrak{G}) = 2.$$

Das Hauptelement E repraesentirt (modd. $\mathfrak{G}, \mathfrak{G}$) den Complex $\mathfrak{G}E\mathfrak{G} = \mathfrak{G}$. Ist L ein Element von $\mathfrak{H}$, das nicht in $\mathfrak{G}$ enthalten ist, so bilden die mit L aequivalenten Elemente von $\mathfrak{H}$ den Complex $\mathfrak{G}L\mathfrak{G}$. Da $(\mathfrak{H} : \mathfrak{G}, \mathfrak{G}) = 2$ ist, so ist folglich

$$(4.) \qquad \mathfrak{H} = \mathfrak{G} + \mathfrak{G}L\mathfrak{G}.$$

Zerlegt man also $\mathfrak{H}$ (mod. $\mathfrak{G}$) in n verschiedene Complexe

$$\mathfrak{H} = \mathfrak{G} + P\mathfrak{G} + \mathfrak{Q}\mathfrak{G} + R\mathfrak{G} + \cdots,$$

so giebt es in $\mathfrak{G}$ ein solches Element G, dass $G(P\mathfrak{G}) = \mathfrak{Q}\mathfrak{G}$ ist

Endlich kann man die gefundene Bedingung auch so ausdrücken: Ist $\mathfrak{D}$ der grösste gemeinsame Divisor aller mit $\mathfrak{G}$ conjugirten Untergruppen von $\mathfrak{H}$, so lässt sich immer $\frac{\mathfrak{H}}{\mathfrak{D}}$ als transitive Gruppe von Permutationen von n Symbolen in der Art darstellen, dass die Untergruppe $\frac{\mathfrak{G}}{\mathfrak{D}}$ von allen Permutationen gebildet wird, die ein bestimmtes Symbol ungeändert lassen. Die obige Bedingung besteht nun darin, dass diese Gruppe von Permutationen zweifach transitiv ist. Wird die dem Elemente R entsprechende Permutation in ihre cyclischen Factoren zerlegt, so ist $1 + \chi(R)$ nach (10.), § 1 gleich der Anzahl der Cyclen ersten Grades oder gleich der Anzahl der Symbole, die jene Permutation ungeändert lässt.

Dass die Bedingung (3.) auch hinreichend ist, ergiebt sich aus der Formel (16), § 1, wonach $\sum r_\lambda^2 = 2$ ist. Da $r_0 = 1$ ist, so ist folglich eine und nur eine Zahl $r_\nu = 1$, jede der anderen $l-2$ Zahlen $r_\lambda = 0$. Ist dann $\chi^{(\nu)} = \chi$, so ist nach (9.), § 1

$$\chi_\varrho^{(0)} + \chi_\varrho^{(\nu)} = \frac{hg_\varrho}{gh_\varrho}, \qquad \chi_\varrho = \frac{hg_\varrho}{gh_\varrho} - 1.$$

Man kann aber auch direct beweisen, dass unter der Bedingung (4.) die Grössen χ_ϱ den Gleichungen genügen, die zur Berechnung der Charaktere dienen. Von den Elementen der ρ^{ten} Classe sind $h_\varrho - g_\varrho$ nicht in $\mathfrak{G}$ enthalten. Von diesen $h_\varrho - g_\varrho$ Elementen finden sich in jedem der $n-1$ Complexe $P\mathfrak{G}, Q\mathfrak{G}, R\mathfrak{G}, \cdots$ gleich viele, also $\frac{h_\varrho - g_\varrho}{n-1}$. Denn seien

$$PA, \quad PB, \quad PC, \cdots$$

die Elemente der ρ^{ten} Classe, die dem Complexe $P\mathfrak{G}$ angehören, so dass $A, B, C, \cdots$ Elemente von $\mathfrak{G}$ sind. Nun giebt es in $\mathfrak{G}$ ein solches Element G, dass $GP\mathfrak{G} = Q\mathfrak{G}$ ist. Dann sind die Elemente

$$GPAG^{-1}, GPBG^{-1}, GPCG^{-1}, \cdots$$

unter einander verschieden und den obigen Elementen conjugirt, also auch in der ρ^{ten} Classe enthalten. Endlich gehören sie dem Complexe $Q\mathfrak{G}$ an. Dieser enthält demnach nicht weniger Elemente der ρ^{ten} Classe wie $P\mathfrak{G}$, und da dasselbe umgekehrt gilt, so enthält jeder der $n-1$ Complexe $P\mathfrak{G}, Q\mathfrak{G}, R\mathfrak{G}, \ldots$ gleich viele Elemente der ρ^{ten} Classe.

Nun seien (α') und (β) irgend zwei gleiche oder verschiedene Classen, und sei A ein Element von (α'), also A^{-1} ein Element von (α), und B ein Element von (β). Sind A und B beide in $\mathfrak{G}$ enthalten, so ist auch $A^{-1}B$ in $\mathfrak{G}$ enthalten. Ist von diesen beiden Elementen das eine in $\mathfrak{G}$ enthalten, das andere nicht, so ist $A^{-1}B$ nicht in $\mathfrak{G}$ enthalten. Sind beide nicht in $\mathfrak{G}$ enthalten, so ist $A^{-1}B$ in $\mathfrak{G}$ enthalten oder nicht, je nachdem A und B beide demselben Complexe $P\mathfrak{G}$ (oder $Q\mathfrak{G}$, oder $R\mathfrak{G}, \cdots$) angehören oder nicht. Durchläuft daher A die h_α Elemente von (α') und B die h_β Elemente von (β), so sind von den $h_\alpha h_\beta$ Elementen $A^{-1}B$

$$g_\alpha g_\beta + (n-1)\frac{h_\alpha - g_\alpha}{n-1}\frac{h_\beta - g_\beta}{n-1}$$

in $\mathfrak{G}$ enthalten.

Ist C ein Element der Classe (γ), so sind $\frac{h_{\alpha\beta\gamma'}}{h_\gamma}$ von den $h_\alpha h_\beta$ Elementen $A^{-1}B$ gleich C. Daher sind von ihnen $\frac{h_{\alpha\beta\gamma'}}{h_\gamma} g_\gamma$ in der Classe (γ) und zugleich in der Gruppe $\mathfrak{G}$ enthalten, und folglich gehören von jenen $h_\alpha h_\beta$ Elementen

$$\sum_\gamma \frac{h_{\alpha\beta\gamma'}}{h_\gamma} g_\gamma = g_\alpha g_\beta + \frac{1}{n-1}(h_\alpha - g_\alpha)(h_\beta - g_\beta)$$

der Gruppe $\mathfrak{G}$ an. Diese Gleichung lässt sich mit Hülfe der Beziehung

$$\sum_\gamma h_{\alpha\beta\gamma'} = h_\alpha h_\beta$$

leicht in

$$(5.)\qquad h_\alpha h_\beta \chi_\alpha \chi_\beta = f\sum_\gamma h_{\alpha\beta\gamma'}\chi_\gamma$$

umformen, wo χ_ϱ durch die Gleichung (1.) definirt ist. Aus diesen

Relationen folgt aber in Verbindung mit (2.), dass die Grössen χ_ϱ einen Charakter von $\mathfrak{H}$ bilden.

Für die Gruppe des Grades $\frac{1}{2}p(p^2-1)$, die ich *Gruppencharaktere* §§ 9, 10 untersucht habe, ergiebt sich aus der Formel (1.) der Charakter p^{ten} Grades. Denn sie lässt sich als eine zweifach transitive Gruppe des Grades $p+1$ darstellen.

58.

Über die Composition der Charaktere einer Gruppe

Sitzungsberichte der Königlich Preußischen Akademie der Wissenschaften zu Berlin
330–339 (1899)

Um die Berechnung der Charaktere einer Gruppe zu erleichtern, habe ich in meiner letzten Arbeit (Sitzungsberichte 1898) Relationen abgeleitet, die zwischen den Charakteren einer Gruppe und denen ihrer Untergruppen bestehen. Eine andere Methode, die demselben Zwecke dient, ergiebt sich aus dem Satze, den ich in dieser Arbeit entwickeln will. Danach lässt sich das Product zweier Charaktere einer Gruppe als eine lineare Verbindung ihrer Charaktere darstellen, deren Coefficienten positive ganze Zahlen sind. Diese Coefficienten, die ich mit $f_{\varkappa\lambda\mu}$ bezeichne, haben ähnliche Eigenschaften wie die Zahlen $h_{\alpha\beta\gamma}$, die ich in meiner Arbeit *Über Gruppencharaktere* (Sitzungsberichte 1896) eingeführt habe. Es ist mir zwar nicht gelungen, die Bedeutung der Zahlen $f_{\varkappa\lambda\mu}$ für eine gegebene Gruppe zu erforschen. Aber schon die Gewissheit, dass zwischen den Charakteren einer Gruppe Relationen der angegebenen Art existiren, gestattet in vielen Fällen, aus einem oder mehreren bekannten Charakteren neue abzuleiten.

§ 1.

Aus zwei linearen Substitutionen

$$\text{(a)} \qquad u_\alpha = \sum_\beta a_{\alpha\beta} v_\beta \qquad (\alpha, \beta = 1, 2, \cdots f)$$

und

$$\text{(a}'\text{)} \qquad u'_\gamma = \sum_\delta a'_{\gamma\delta} v'_\delta \qquad (\gamma, \delta = 1, 2, \cdots f')$$

kann man eine dritte ableiten

$$\text{(A)} \qquad u_\alpha u'_\gamma = \sum_{\beta, \delta} a_{\alpha\beta} a'_{\gamma\delta} v_\beta v'_\delta,$$

indem man die ff' Producte $u_\alpha u'_\gamma$ in irgend einer Reihenfolge mit U_λ $(\lambda = 1, 2, \cdots ff')$, die Producte $v_\alpha v'_\gamma$ in derselben Reihenfolge mit V_λ bezeichnet. Nennt man nach dem Vorgange von Dedekind die Summe der Diagonalelemente einer Substitution oder Matrix ihre *Spur*, so ist die Spur von (A) gleich dem Producte der Spuren von (a) und (a'). In derselben Weise bilde man aus den Matrizen (b) und (b') der Grade

f und f' die Matrix (B) des Grades ff', und aus (c) und (c') die Matrix (C). Ist dann $(c)=(a)(b)$ und $(c')=(a')(b')$, so ist auch $(C)=(A)(B)$, wie aus der oben angegebenen Entstehung von (A) aus (a) und (a') unmittelbar ersichtlich ist.

Seien Φ_ν $(\nu=0,1\cdots k-1)$ die k Primfactoren der Determinante der Gruppe $\mathfrak{H}$, und $\chi^{(\nu)}$ ihre Charaktere. Den Elementen $A,B,C,\cdots$ von $\mathfrak{H}$ mögen in der primitiven Darstellung von $\mathfrak{H}$ durch lineare Substitutionen, die zu $\Phi_\varkappa$ gehört, die Matrizen $(a),(b),(c),\cdots$ entsprechen, in der zu Φ_λ gehörigen Darstellung die Matrizen $(a'),(b'),(c'),\cdots$. Ist dann $AB=C$, so ist $(a)(b)=(c)$ und $(a')(b')=(c')$ und mithin auch $(A)(B)=(C)$. Folglich ist $(A)x_A+(B)x_B+(C)x_C+\cdots$ eine zur Gruppe $\mathfrak{H}$ gehörige Matrix, und ihre Determinante ist

$$(1.)\qquad \prod_\mu \Phi_{\mu'}^{f_{\varkappa\lambda\mu}},$$

wo $f_{\varkappa\lambda\mu}$ eine positive ganze Zahl oder Null ist, und mit $\Phi_{\mu'}$ die zu Φ_μ conjugirte complexe Primfunction bezeichnet werden soll.

Da die Spur von (a) gleich $\chi^{(\varkappa)}(A)$, die von (a') gleich $\chi^{(\lambda)}(A)$ ist, so ist die von (A) gleich $\chi^{(\varkappa)}(A)\chi^{(\lambda)}(A)$. Aus der Formel (1.) erhält man aber für diese Spur den Ausdruck

$$\chi^{(\varkappa)}(A)\chi^{(\lambda)}(A)=\sum_\mu f_{\varkappa\lambda\mu}\,\chi^{(\mu')}(A)=\sum_\mu f_{\varkappa\lambda\mu}\,\chi^{(\mu)}(A^{-1}),$$

oder auch, weil μ' zugleich mit μ die Werthe $0,1,\cdots k-1$ durchläuft,

$$(2.)\qquad \chi^{(\varkappa)}(R)\chi^{(\lambda)}(R)=\sum_\mu f_{\varkappa\lambda\mu'}\,\chi^{(\mu)}(R),\qquad \chi_\varrho^{(\varkappa)}\chi_\varrho^{(\lambda)}=\sum_\mu f_{\varkappa\lambda\mu'}\,\chi_\varrho^{(\mu)}.$$

Diese Formel enthält die Regeln, nach denen die *Composition* der Charaktere erfolgt. Setzt man

$$(3.)\qquad hf_{\varkappa\varkappa'}=\sum_R \chi^{(\varkappa)}(R)\chi^{(\varkappa')}(R)=h,\qquad hf_{\varkappa\lambda}=\sum_R \chi^{(\varkappa)}(R)\chi^{(\lambda)}(R)=0$$

(wo λ von $\varkappa'$ verschieden ist), so ergiebt sich mit Hülfe dieser Relationen

$$(4.)\qquad hf_{\varkappa\lambda\mu}=\sum_R \chi^{(\varkappa)}(R)\chi^{(\lambda)}(R)\chi^{(\mu)}(R),$$

oder, wenn ϱ die k Classen conjugirter Elemente durchläuft,

$$(5.)\qquad hf_{\varkappa\lambda\mu}=\sum_\varrho h_\varrho\chi_\varrho^{(\varkappa)}\chi_\varrho^{(\lambda)}\chi_\varrho^{(\mu)}.$$

Mithin bleibt $f_{\varkappa\lambda\mu}$ bei allen Vertauschungen der Indices ungeändert, und da R^{-1} zugleich mit R die h Elemente von $\mathfrak{H}$ durchläuft, so ist

$$(6.)\qquad f_{\varkappa'\lambda'\mu'}=f_{\varkappa\lambda\mu}.$$

Dass die rechte Seite der Gleichung (4.) eine ganze Zahl ist, kann man leicht direct erkennen. Denn diese Summe ist eine ganze ganzzahlige Function einer primitiven h^{ten} Einheitswurzel ϑ, und sie bleibt ungeändert, wenn man ϑ durch irgend eine conjugirte Grösse ϑ^n ersetzt, wo n zu h theilerfremd ist. Denn um die Substitution von ϑ durch ϑ^n auszuführen, braucht man nur in jedem Gliede der Summe R durch R^n zu ersetzen (*Primfactoren*, § 12). Dabei bleibt die Summe ungeändert, weil R^n zugleich mit R die h Elemente von $\mathfrak{H}$ durchläuft. Auf diesem Wege erkennt man aber nicht, dass jene ganze Zahl positiv, und auch nicht, dass sie durch h theilbar ist.

Da $\chi^{(\varkappa)}(E) = f_\varkappa = f'_\varkappa$ der Grad von $\Phi_\varkappa$ ist, so folgt aus (2.)

$$(7.)\qquad f_\varkappa f_\lambda = \sum_\mu f_{\varkappa\lambda\mu} f_\mu.$$

Mithin ist

$$(8.)\qquad f_{\varkappa\lambda\mu} \leqq \frac{f_\varkappa f_\lambda}{f_\mu},$$

wo man für f_μ die grösste der drei Zahlen $f_\varkappa, f_\lambda, f_\mu$ nehmen kann, und $f_{\varkappa\lambda\mu} \leqq f_\varkappa$.

Setzt man

$$(9.)\qquad \sum_\varrho f_{\varkappa\lambda\varrho'} f_{\varrho\mu\nu} = f_{\varkappa\lambda\mu\nu},$$

so ist

$$h^2 f_{\varkappa\lambda\mu\nu} = \sum_{R,S} \chi^{(\varkappa)}(R)\chi^{(\lambda)}(R)\chi^{(\mu)}(S)\chi^{(\nu)}(S)\Big(\sum_\varrho \chi^{(\varrho')}(R)\chi^{(\varrho)}(S)\Big).$$

Nun ist aber

$$\sum_\varrho \chi^{(\varrho')}(R)\chi^{(\varrho)}(S) = 0,$$

ausser wenn S mit R conjugirt ist, dann aber gleich $\frac{h}{h_R}$. Ist R gegeben, so tritt der letzte Fall für h_R verschiedene Werthe von S ein, für die $\chi(S) = \chi(R)$ ist. Folglich ist

$$(10.)\qquad h f_{\varkappa\lambda\mu\nu} = \sum_R \chi^{(\varkappa)}(R)\chi^{(\lambda)}(R)\chi^{(\mu)}(R)\chi^{(\nu)}(R).$$

Auch diese Zahl bleibt demnach bei jeder Vertauschung der Indices ungeändert, was aus der Formel (9.) nicht ersichtlich ist. In ähnlicher Art ist das Zeichen $f_{\varkappa\lambda\mu\ldots}$ für beliebig viele Indices zu erklären, aber nicht für nur einen Index, wo $f_\varkappa$ den Grad von $\Phi_\varkappa$ bedeutet. Wie schon oben bemerkt, ist $f_{\varkappa\varkappa'} = 1$ und $f_{\varkappa\lambda} = 0$, falls $\chi_\varkappa$ und χ_λ nicht inverse Charaktere sind. Ferner ist $f_{\varkappa\lambda 0} = f_{\varkappa\lambda}$, $f_{\varkappa\lambda\mu 0} = f_{\varkappa\lambda\mu}$.

Ist $\chi_\varkappa$ ein Charakter ersten Grades, also $f_\varkappa = 1$, so ist $f_{\varkappa\lambda\mu}$ nach (8.) nicht grösser als $\frac{f_\lambda}{f_\mu}$ oder $\frac{f_\mu}{f_\lambda}$, also gleich Null. Nur wenn $f_\lambda = f_\mu$ ist, kann $f_{\varkappa\lambda\mu} = 1$ sein. Nach (7.) ist $f_\lambda = \sum_\mu f_{\varkappa\lambda\mu} f_\mu$, und folglich muss der letzte Fall bei gegebenem λ für einen aber auch nur einen Werth von μ eintreten. Ist also $f_\varkappa = 1$, so ist für jeden Werth von λ von den k Zahlen $f_{\varkappa\lambda\mu}$ die eine gleich 1, die anderen $k-1$ sind Null; und ist $f_{\varkappa\lambda\mu} = 1$, so ist $f_\lambda = f_\mu$. Das Product aus einem Charakter f^{ten} Grades $\chi^{(\lambda)}(R)$ und einem Charakter ersten Grades $\chi^{(\varkappa)}(R)$ ist also ein Charakter f^{ten} Grades $\chi^{(\mu)}(R) = \chi^{(\varkappa)}(R)\chi^{(\lambda)}(R)$, wie ich auf einem anderen Wege schon, *Primfactoren*, § 3, gezeigt habe. Die Formel (2.) ist als eine Verallgemeinerung dieses Satzes anzusehen.

Mit Hülfe der Formel

$$(11.)\qquad \sum_{\varkappa} \chi^{(\varkappa')}(R)\chi^{(\varkappa)}(R) = \frac{h}{h_R}$$

ergiebt sich leicht

$$(12.)\quad \sum_{\lambda} f_{\varkappa\lambda\lambda'} = \sum_{\varrho} \chi_{\varrho}^{(\varkappa)}, \qquad \sum_{\mu} f_{\varkappa\lambda\mu\mu'} = \sum_{\varrho} \chi_{\varrho}^{(\varkappa)}\chi_{\varrho}^{(\lambda)}, \qquad \sum_{\nu} f_{\varkappa\lambda\mu\nu\nu'} = \sum_{\varrho} \chi_{\varrho}^{(\varkappa)}\chi_{\varrho}^{(\lambda)}\chi_{\varrho}^{(\mu)}.$$

Daher ist

$$\sum_{\lambda,\mu} f_{\lambda\lambda'\mu\mu'} = \sum_{\varrho}\Big(\sum_{\lambda} \chi_{\varrho}^{(\lambda')}\chi_{\varrho}^{(\lambda)}\Big) = \sum_{\varrho} \frac{h}{h_{\varrho}}$$

und mithin nach (9.) und (6.)

$$(13.)\qquad \sum_{\varkappa,\lambda,\mu} f_{\varkappa\lambda\mu}^2 = \sum_{\varrho} \frac{h}{h_{\varrho}}.$$

Demnach haben die Zahlen $f_{\varkappa\lambda\mu}$ verhältnissmässig kleine Werthe.

Dass die Summen (12.) rationale ganze Zahlen sind, kann man in derselben Weise, wie es oben für die Summe (5.) gezeigt ist, direct einsehen. Wie die Formeln (12.) ergeben, sind diese Zahlen positiv, und sie lassen sich durch die Zahlen $f_{\varkappa\lambda\mu}$ ausdrücken.

Die hier eingeführten Zahlen $f_{\varkappa\lambda\mu}$ haben mit den früher benutzten Zahlen $h_{\alpha\beta\gamma}$ manche Eigenschaften gemeinsam. Z. B. ist die Determinante k^{ten} Grades

$$(14.)\qquad \Big|\Big(\sum_{\mu} f_{\varkappa\lambda'\mu} x_{\mu}\Big) - f_{\varkappa\lambda'} u\Big| = \prod_{\lambda}\Big(\Big(\sum_{\varkappa} \chi_{\lambda}^{(\varkappa)} x_{\varkappa}\Big) - u\Big) \qquad (\varkappa, \lambda = 0, 1, \cdots k-1).$$

Ihre Indices $\varkappa$, λ, μ beziehen sich auf die k Primfactoren der Gruppendeterminante, während sich die Indices α, β, γ auf die k Classen conjugirter Elemente beziehen, worin die h Elemente von $\mathfrak{H}$ zerfallen. Auch die hier entwickelten Formeln lassen sich dadurch verallgemeinern, dass man, wie in meiner letzten Arbeit, zu den Charakteren von $\mathfrak{H}$ die Charaktere einer Untergruppe hinzunimmt.

§ 2.

Aus zwei linearen Substitutionen (a) und (a') von f und f' Variabelen haben wir eine lineare Substitution (A) von ff' Variabelen gebildet. Die Wurzeln ihrer charakteristischen Gleichung sind die ff' Producte, die man erhält, indem man jede der f Wurzeln der charakteristischen Gleichung von (a) mit jeder der f' Wurzeln der charakteristischen Gleichung von (a') multiplicirt. Dies folgt leicht aus der Bemerkung, dass, wenn $(c)^{-1}(a)(c) = (b)$ und $(c')^{-1}(a')(c') = (b')$ ist, auch $(C)^{-1}(A)(C) = (B)$ sein muss.

Bilden die Matrizen $(a), (b), (c) \cdots$ die primitive Darstellung von $\mathfrak{H}$ die der Primfunction $\Phi(x)$ entspricht, so erhält man die charakteristische Function von (a), indem man in $\Phi(x+\varepsilon u)$ $x_A = -1$, die anderen Variabelen $x_R = 0$ setzt. Ist sie gleich

$$F_A(u) = (u-\alpha_1)(u-\alpha_2)\cdots(u-\alpha_f),$$

so sind $\alpha_1, \alpha_2, \cdots \alpha_f$ m^{te} Wurzeln der Einheit, wenn m die Ordnung des Elementes A ist (*Primfactoren*, § 12). Ihre Summe ist

$$(1.) \qquad \chi(A) = \alpha_1 + \alpha_2 + \cdots + \alpha_f.$$

Ist $\Phi = \Phi_\varkappa$, so möge $F_A(u)$ mit $F_A^{(\varkappa)}(u)$ bezeichnet werden oder mit $F_\alpha^{(\varkappa)}(u)$, wenn A zur α^{ten} Classe gehört. Aus der Formel (2.) § 1 ergiebt sich dann in Verbindung mit der Gleichung (1.) der Satz:

Die Wurzeln der Gleichung

$$(2.) \qquad \prod_\mu \left(F_\alpha^{(\mu)}(u)\right)^{f_{\varkappa\lambda\mu'}}$$

vom Grade $f_\varkappa f_\lambda$ werden erhalten, indem man jede der $f_\varkappa$ Wurzeln der Gleichung $F_\alpha^{(\varkappa)}(u) = 0$ mit jeder der f_λ Wurzeln der Gleichung $F_\alpha^{(\lambda)}(u) = 0$ multiplicirt.

Entwickelt man die logarithmische Ableitung des Ausdrucks (2.) nach absteigenden Potenzen von u, so ist der Coefficient von u^{-n-1}

$$\sum_\mu f_{\varkappa\lambda\mu'} \chi^{(\mu)}(A^n) = \chi^{(\varkappa)}(A^n)\,\chi^{(\lambda)}(A^n).$$

Daraus ist ersichtlich, dass die in jenem Satze ausgesprochene Beziehung um nichts allgemeiner ist als die Formel (2.), § 1.

In der Function

$$(3.) \qquad (-1)^f F_\alpha^{(\varkappa)}(-u) = (u+\alpha_1)(u+\alpha_2)\cdots(u+\alpha_f)$$

ist der Coefficient von u^{f-1} gleich $\chi_\alpha^{(\varkappa)}$. Das constante Glied ist ein Charakter ersten Grades (*Primfactoren*, § 12). Allgemeiner ist der Coefficient von u^{f-n}, für den ich die *Primfactoren*, § 4 (8.) eingeführte Bezeichnung wähle, gleich einem Ausdruck von der Form

$$(4.) \qquad \vartheta_n(A) = \frac{1}{n!}\chi(A, A, \cdots A) = \sum_\lambda s_{\varkappa\lambda}\chi^{(\lambda)}(A),$$

wo die Grössen $s_{\varkappa\lambda}$ p o s i t i v e ganze Zahlen sind, die von α unabhängig sind.

Um dies zu beweisen, bilde man aus der Substitution (a) n verschiedene Substitutionen

$$(5.) \qquad u_\alpha^{(\nu)} = \sum_\beta a_{\alpha\beta}\, v_\beta^{(\nu)} \qquad (\alpha, \beta = 1, 2, \cdots f),$$

wo

$$u_1^{(\nu)}, u_2^{(\nu)}, \cdots u_f^{(\nu)} \qquad (\nu = 1, 2, \cdots n)$$

nf unabhängige Variabele sind. Die $\binom{f}{n} = g$ Determinanten n^{ten} Grades, die sich aus ihnen bilden lassen, bezeichne man in irgend einer Reihenfolge mit $U_1, U_2, \cdots U_g$, die aus den Variabelen

$$v_1^{(\nu)}, v_2^{(\nu)}, \cdots v_f^{(\nu)} \qquad (\nu = 1, 2, \cdots n)$$

analog gebildeten Determinanten mit $V_1, V_2, \cdots V_g$. Nach den Gleichungen (5.) sind dann $U_1, U_2, \cdots U_g$ lineare Functionen von $V_1, V_2, \cdots V_g$, deren Coefficienten die g^2 Unterdeterminanten n^{ten} Grades der Matrix $a_{\alpha\beta}$ sind. Die so erhaltene lineare Substitution möge jetzt mit (A) bezeichnet werden. Die Wurzeln ihrer charakteristischen Gleichung sind die Producte von je n der Wurzeln $\alpha_1, \alpha_2, \cdots \alpha_f$, ihre Spur ist die Summe der Hauptunterdeterminanten n^{ten} Grades der Matrix (a), also gleich dem Ausdruck $\vartheta_n(A)$. Entsprechen in derselben Weise den Matrizen f^{ten} Grades $(b), (c), \cdots$ die Matrizen g^{ten} Grades $(B), (C), \cdots$, so ist, falls $(c) = (a)(b)$ ist, auch $(C) = (A)(B)$. Folglich ist $(A)x_A + (B)x_B + (C)x_C + \cdots$ eine zu $\mathfrak{H}$ gehörige Matrix. Diese ist auch von Molien, *Ueber die Invarianten der linearen Substitutionsgruppen*, § 5 (Sitzungsberichte 1897) betrachtet worden. Ihre Determinante ist ein Ausdruck von der Form $\prod_\lambda \Phi_\lambda^{s_{\varkappa\lambda}}$, woraus sich die Relation (4.) ergiebt. Ferner sind die Wurzeln der Gleichung

$$\prod_\lambda \left(F_\alpha^{(\lambda)}(u)\right)^{s_{\varkappa\lambda}} = 0$$

vom Grade $\binom{f_\varkappa}{n}$ die Producte von je n der $f_\varkappa$ Wurzeln $\alpha_1, \alpha_2, \cdots$ der Gleichung $F_\alpha^{(\varkappa)}(u) = 0$.

Die Ausdrücke (4.) haben die Form

$$(6.)\quad 2\vartheta_2(R) = \chi(R)^2 - \chi(R^2),\quad 6\vartheta_3(R) = \chi(R)^3 - 3\chi(R)\chi(R^2) + 2\chi(R^3),$$

allgemein

$$(7.)\qquad \vartheta_n(R) = \Sigma\,(-1)^{\beta+\delta+\cdots}\,\frac{\chi(R)^\alpha}{1^\alpha\alpha!}\,\frac{\chi(R^2)^\beta}{2^\beta\beta!}\,\frac{\chi(R^3)^\gamma}{3^\gamma\gamma!}\,\frac{\chi(R^4)^\delta}{4^\delta\delta!}\cdots,$$

wo die Summe über alle positiven Lösungen der Gleichung

$$(8.)\qquad \alpha + 2\beta + 3\gamma + 4\delta + \cdots = n$$

zu erstrecken ist.

Wie Molien a. a. O. § 2 gezeigt hat, gilt eine der Formel (4.) analoge Formel für den Coefficienten $\zeta_n(R)$ von u^{-f-n} in der Entwickelung der Function $\frac{1}{F_\alpha^{(\varkappa)}(u)}$. Dieser ist gleich der Summe

$$(9.)\qquad \zeta_n(R) = \Sigma\,\frac{\chi(R)^\alpha}{1^\alpha\alpha!}\,\frac{\chi(R^2)^\beta}{2^\beta\beta!}\,\frac{\chi(R^3)^\gamma}{3^\gamma\gamma!}\,\frac{\chi(R^4)^\delta}{4^\delta\delta!}\cdots,$$

erstreckt über die positiven Lösungen der Gleichung (8).

§ 3.

Zum Schluss theile ich noch einige Beispiele von Gruppen mit, deren Charaktere ich mit Hülfe der Methoden berechnet habe, die ich hier und in meiner letzten Arbeit entwickelt habe.

Die Elemente der symmetrischen Gruppe des Grades $n = 6$ sind die 720 Permutationen von 6 Symbolen a, b, c, d, e, f, die der alternirenden Gruppe die 360 geraden Permutationen. In der ersten Spalte der beifolgenden Tabelle ist jede Classe conjugirter Elemente durch eine in ihre Cyklen zerlegte Permutation repraesentirt. Durch Composition mit dem Charakter ersten Grades $\chi^{(1)}$ entstehen aus den Charakteren $\chi^{(2)}, \chi^{(4)}, \chi^{(6)}, \chi^{(8)}$ die Charaktere $\chi^{(3)}, \chi^{(5)}, \chi^{(7)}, \chi^{(9)}$, während $\chi^{(10)}$ ungeändert bleibt. Besonders bemerkenswerth ist der Charakter $\chi = \chi^{(2)}$. Wenn λ Symbole von der Permutation R nicht versetzt werden (wenn R λ Cyklen ersten Grades enthält), so ist $\chi(R) = \lambda - 1$.

Nach den Entwicklungen meiner letzten Arbeit (§ 5) kann man die Regel, nach der χ_ϱ zu berechnen ist, auch so ausdrücken: Die Permutationen von $\mathfrak{H}$, die ein bestimmtes Symbol ungeändert lassen, bilden eine Gruppe $\mathfrak{G}$ des Grades $g = \frac{h}{n}$. Enthält die ρ^{te} Classe h_ϱ Elemente, und sind davon g_ϱ in $\mathfrak{G}$ enthalten, so ist

$$\chi_\varrho = \frac{hg_\varrho}{gh_\varrho} - 1. \tag{1.}$$

Aus derselben Formel findet man den Charakter $\chi^{(6)}$, indem man für $\mathfrak{G}$ die in $\mathfrak{H}$ enthaltene Gruppe der Ordnung $g = 72$ nimmt. Diese imprimitive Gruppe erhält man, indem man die $n = 6$ Symbole in $s = 2$ Systeme von je $r = 3$ Symbolen theilt, abc, def, und dann die s Systeme und die r Symbole jedes Systems auf alle möglichen Arten permutirt. Die Ordnung dieser Gruppe ist $g = (r!)^s s! = (3!)^2 2! = 72$.

Endlich kann man mittelst der Formel (1.) auch den Charakter $\chi^{(4)}$ berechnen, indem man für $\mathfrak{G}$ die dreifach transitive Gruppe der Ordnung 120 nimmt, die der symmetrischen Gruppe des Grades 5 isomorph ist. Statt dessen kann man $\chi^{(4)}$ aus $\chi^{(2)}$ durch den bekannten Isomorphismus von $\mathfrak{H}$ in sich ableiten, wodurch sich die Classen 1 und 7, 4 und 10, 5 und 9 unter einander vertauschen, während die übrigen ungeändert bleiben. Durch diesen Isomorphismus geht auch $\chi^{(8)}$ in $\chi^{(9)} = \chi^{(8)}\chi^{(1)}$ über.

§ 4.

Die *binären* Gruppen des Tetraeders, Oktaeders und Ikosaeders haben die Ordnungen $h = 24$, 48 und 120. Die Classen sind meist schon durch die Ordnungen ihrer Elemente bestimmt, die sich in der

Symmetrische Gruppe des Grades 6.

$h = 720.$

		$\chi^{(0)}$	$\chi^{(1)}$	$\chi^{(2)}$	$\chi^{(3)}$	$\chi^{(4)}$	$\chi^{(5)}$	$\chi^{(6)}$	$\chi^{(7)}$	$\chi^{(8)}$	$\chi^{(9)}$	$\chi^{(10)}$	h_α
	χ_0	1	1	5	5	5	5	9	9	10	10	16	1
(ab)	χ_1	1	−1	3	−3	−1	1	3	−3	2	−2	0	15
$(ab)(cd)$	χ_2	1	1	1	1	1	1	1	1	−2	−2	0	45
$(abcd)$	χ_3	1	−1	1	−1	1	−1	−1	1	0	0	0	90
(abc)	χ_4	1	1	2	2	−1	−1	0	0	1	1	−2	40
$(abc)(de)$	χ_5	1	−1	0	0	−1	1	0	0	−1	1	0	120
$(abcde)$	χ_6	1	1	0	0	0	0	−1	−1	0	0	1	144
$(ab)(cd)(ef)$	χ_7	1	−1	−1	1	3	−3	3	−3	−2	2	0	15
$(abcd)(ef)$	χ_8	1	1	−1	−1	−1	−1	1	1	0	0	0	90
$(abcdef)$	χ_9	1	−1	−1	1	0	0	0	0	1	−1	0	120
$(abc)(def)$	χ_{10}	1	1	−1	−1	2	2	0	0	1	1	−2	40

Alternirende Gruppe des Grades 6.

$h = 360.$

		$\chi^{(0)}$	$\chi^{(2)}$	$\chi^{(4)}$	$\chi^{(6)}$	$\chi^{(8)}$	$\chi^{(10)}$	$\chi^{(\overline{10})}$	h_α
	χ_0	1	5	5	9	10	8	8	1
$(ab)(cd)$	χ_2	1	1	1	1	−2	0	0	45
(abc)	χ_4	1	2	−1	0	1	−1	−1	40
$(abcde)$	χ_6	1	0	0	−1	0	$\frac{1}{2}(1+\sqrt{5})$	$\frac{1}{2}(1-\sqrt{5})$	72
$(acebd)$	$\chi_{\overline{6}}$	1	0	0	−1	0	$\frac{1}{2}(1-\sqrt{5})$	$\frac{1}{2}(1+\sqrt{5})$	72
$(abcd)(ef)$	χ_8	1	−1	−1	1	0	0	0	90
$(abc)(def)$	χ_{10}	1	−1	2	0	1	−1	−1	40

ersten Spalte jeder Tabelle finden. Nur wo die Ordnung zur Definition der Classe nicht ausreicht, findet sich in jener Spalte ein Element der Classe, und zwar bedeutet in der Gruppe des Tetraeders (Oktaeders, Ikosaeders) das Zeichen R (S, T) ein beliebiges Element der Ordnung 6 (8, 10). Die Classe (4) der Oktaedergruppe enthält jedes Element der Ordnung 4, das sich nicht als Quadrat eines Elementes der Ordnung 8 darstellen lässt; die übrigen Elemente der Ordnung 4 bilden die durch das Zeichen S^2 charakterisirte Classe (5).

Jede der drei Gruppen enthält eine invariante Untergruppe $\mathfrak{F} = E + F$ der Ordnung 2. Das Element F der Ordnung 2 ist mit jedem Elemente der Gruppe vertauschbar und bildet für sich allein die Classe (1). Die Gruppe $\frac{\mathfrak{H}}{\mathfrak{F}}$ ist die Gruppe der Ordnung 12 (24, 60), deren Charaktere ich *Gruppencharaktere*, § 8 berechnet habe. Aus diesen Tabellen kann man unmittelbar die Werthe der Charaktere entnehmen, wofür $\chi_0 = \chi_1$ ist, und die zur Gruppe $\frac{\mathfrak{H}}{\mathfrak{F}}$ gehören. Für diese Charaktere ist allgemein $\chi(RF) = \chi(R)$, für alle anderen aber $\chi(RF) = -\chi(R)$.

Die interessanteste Eigenschaft dieser Gruppen besteht darin, dass sie eigentliche Charaktere zweiten Grades besitzen. (In der Tabelle für die Oktaedergruppe, *Gruppencharaktere*, § 8, gehört der Charakter $\chi^{(3)}$ des Grades $f = 2$ zur Gruppe $\frac{\mathfrak{H}}{\mathfrak{G}}$, wo $\mathfrak{G}$ die invariante Untergruppe der Ordnung 4 von $\mathfrak{H}$ ist). Ihre Werthe ergeben sich sofort aus den bekannten Darstellungen dieser Gruppen durch binäre lineare Substitutionen mit Hülfe der Formel *Darstellung*, § 4 (5). Für die Oktaedergruppe giebt es genau zwei nicht aequivalente Darstellungen dieser Art, die sich aber nur durch das Vorzeichen von $\sqrt{2}$ unterscheiden (denn der Charakter $\chi^{(4)}$ gehört zur Gruppe $\frac{\mathfrak{H}}{\mathfrak{F}}$).

Dasselbe gilt von der Ikosaedergruppe. Für die Tetraedergruppe aber giebt es drei nicht aequivalente Darstellungen. Ihre Charaktere $\chi^{(4)}$, $\chi^{(5)}$ und $\chi^{(6)}$ ergeben sich aus einem von ihnen durch Composition mit den drei Charakteren ersten Grades. Auf diese Weise findet man die Charaktere dieser drei Gruppen alle ohne Benutzung der Zahlen $h_{\alpha\beta\gamma}$. Denn die noch fehlenden Charaktere $\chi^{(7)}$ der Oktaedergruppe und $\chi^{(7)}$ und $\chi^{(8)}$ der Ikosaedergruppe ergeben sich aus den zwischen den Charakteren bestehenden quadratischen Relationen.

Tetraeder.

$h = 24.$

		$\chi^{(0)}$	$\chi^{(1)}$	$\chi^{(2)}$	$\chi^{(3)}$	$\chi^{(4)}$	$\chi^{(5)}$	$\chi^{(6)}$	h_α
1	χ_0	1	1	1	3	2	2	2	1
2	χ_1	1	1	1	3	-2	-2	-2	1
4	χ_2	1	1	1	-1	0	0	0	6
R^2	χ_3	1	ρ	ρ^2	0	-1	$-\rho$	$-\rho^2$	4
R^4	χ_4	1	ρ^2	ρ	0	-1	$-\rho^2$	$-\rho$	4
R^5	χ_5	1	ρ	ρ^2	0	1	ρ	ρ^2	4
R	χ_6	1	ρ^2	ρ	0	1	ρ^2	ρ	4

Oktaeder.

$h = 48.$

		$\chi^{(0)}$	$\chi^{(1)}$	$\chi^{(2)}$	$\chi^{(3)}$	$\chi^{(4)}$	$\chi^{(5)}$	$\chi^{(6)}$	$\chi^{(7)}$	h_α
1	χ_0	1	1	3	3	2	2	2	4	1
2	χ_1	1	1	3	3	2	-2	-2	-4	1
3	χ_2	1	1	0	0	-1	-1	-1	1	8
6	χ_3	1	1	0	0	-1	1	1	-1	8
4	χ_4	1	-1	1	-1	0	0	0	0	12
S^2	χ_5	1	1	-1	-1	2	0	0	0	6
S^3	χ_6	1	-1	-1	1	0	$\sqrt{2}$	$-\sqrt{2}$	0	6
S	χ_7	1	-1	-1	1	0	$-\sqrt{2}$	$\sqrt{2}$	0	6

Ikosaeder.

$h = 120.$

		$\chi^{(0)}$	$\chi^{(1)}$	$\chi^{(2)}$	$\chi^{(3)}$	$\chi^{(4)}$	$\chi^{(5)}$	$\chi^{(6)}$	$\chi^{(7)}$	$\chi^{(8)}$	h_α
1	χ_0	1	5	4	3	3	2	2	4	6	1
2	χ_1	1	5	4	3	3	-2	-2	-4	-6	1
4	χ_2	1	1	0	-1	-1	0	0	0	0	30
3	χ_3	1	-1	1	0	0	-1	-1	1	0	20
6	χ_4	1	-1	1	0	0	1	1	-1	0	20
T^4	χ_5	1	0	-1	$\frac{1}{2}(1+\sqrt{5})$	$\frac{1}{2}(1-\sqrt{5})$	$\frac{1}{2}(-1+\sqrt{5})$	$\frac{1}{2}(-1-\sqrt{5})$	-1	1	12
T^2	χ_6	1	0	-1	$\frac{1}{2}(1-\sqrt{5})$	$\frac{1}{2}(1+\sqrt{5})$	$\frac{1}{2}(-1-\sqrt{5})$	$\frac{1}{2}(-1+\sqrt{5})$	-1	1	12
T^3	χ_7	1	0	-1	$\frac{1}{2}(1-\sqrt{5})$	$\frac{1}{2}(1+\sqrt{5})$	$\frac{1}{2}(1+\sqrt{5})$	$\frac{1}{2}(1-\sqrt{5})$	1	-1	12
T	χ_8	1	0	-1	$\frac{1}{2}(1+\sqrt{5})$	$\frac{1}{2}(1-\sqrt{5})$	$\frac{1}{2}(1-\sqrt{5})$	$\frac{1}{2}(1+\sqrt{5})$	1	-1	12

59.

Über die Darstellung der endlichen Gruppen durch lineare Substitutionen II

Sitzungsberichte der Königlich Preußischen Akademie der Wissenschaften zu Berlin 482–500 (1899)

Den h verschiedenen Elementen $A, B, C, \cdots$ einer endlichen Gruppe $\mathfrak{H}$ seien h homogene lineare Substitutionen $a, b, c, \cdots$ von n Variabelen so zugeordnet, dass immer, wenn $AB = C$ ist, auch $ab = c$ ist. Dann bilden diese Substitutionen eine Gruppe, die mit $\mathfrak{H}$ holoedrisch oder meroedrisch isomorph ist, oder, anders ausgedrückt, die Substitutionen bilden eine *Darstellung* der Gruppe $\mathfrak{H}$. Unter den Zeichen $a, b, c, \cdots$ kann man auch die Matrizen der Substitutionen verstehen, unter ab die aus a und b zusammengesetzte Matrix.

Aus der gegebenen Darstellung kann man eine neue ableiten, indem man in den Substitutionen andere Variabele einführt. Dies Verfahren kommt darauf hinaus, dass man die Matrizen $a, b, c, \cdots$ durch $p^{-1}ap, p^{-1}bp, p^{-1}cp, \cdots$ ersetzt, wo p eine beliebige Matrix von nicht verschwindender Determinante ist. Zwei solche Darstellungen habe ich in dem ersten Theile dieser Arbeit (Sitzungsberichte 1897, im Folgenden mit *D.* citirt, § 2) als *aequivalent* bezeichnet.

Kennt man für dieselbe Gruppe $\mathfrak{H}$ eine zweite Darstellung durch die Matrizen $a', b', c' \cdots$ des Grades n', so bilden die Matrizen

$$\begin{pmatrix} a & 0 \\ 0 & a' \end{pmatrix}, \begin{pmatrix} b & 0 \\ 0 & b' \end{pmatrix}, \begin{pmatrix} c & 0 \\ 0 & c' \end{pmatrix}, \cdots$$

eine neue Darstellung des Grades $n + n'$. Dabei ist auch der Fall nicht ausgeschlossen, dass die zweite Darstellung mit der ersten identisch oder aequivalent ist. In der nämlichen Weise kann man aus mehreren bekannten, gleichen oder verschiedenen Darstellungen eine neue ableiten. Diese Gruppe von Substitutionen kann unter Umständen der Gruppe $\mathfrak{H}$ holoedrisch isomorph sein, trotzdem die gegebenen Darstellungen ihr nur meroedrisch isomorph waren; und dies ist der Grund, weshalb bei der Untersuchung aller Darstellungen einer gegebenen Gruppe $\mathfrak{H}$ auch die nicht ausgeschlossen werden dürfen, die in Wirklichkeit eine mit $\mathfrak{H}$ meroedrisch isomorphe Gruppe darstellen.

Jede Darstellung, die in der oben erörterten Art aus mehreren erhalten wird, nenne ich eine *zerfallende* oder *zerlegbare*, und jede Darstellung, die einer zerfallenden aequivalent ist, eine *imprimitive* oder *reducibele.* Ist eine Darstellung aber keiner zerlegbaren aequivalent, so nenne ich sie eine *primitive* oder *irreducibele* (vergl. die frühere vorläufige Definition *D.* § 5).

Betrachtet man aequivalente Darstellungen nicht als verschieden, so giebt es nur eine endliche Anzahl verschiedener primitiver Darstellungen einer Gruppe $\mathfrak{H}$ durch lineare Substitutionen oder ihre Matrizen. Diese Zahl k ist gleich der Anzahl der Classen conjugirter Elemente, worin die Elemente von $\mathfrak{H}$ zerfallen. Jede imprimitive Darstellung ist einer anderen aequivalent, die in lauter primitive Darstellungen zerfällt, wobei aber jede einzelne der k primitiven Darstellungen mehrfach auftreten kann. Und zwar ist eine solche Zerlegung nur in einer Art möglich.

Seien $x_A, x_B, x_C, \cdots$ h unabhängige Variabele, und sei

$$\Theta = |x_{PQ^{-1}}| = \Phi^f \Phi'^{f'} \Phi''^{f''} \cdots$$

die Determinante der Gruppe $\mathfrak{H}$, und $\Phi, \Phi', \Phi'', \cdots$ ihre verschiedenen Primfactoren. Bilden die Matrizen n^{ten} Grades $a, b, c, \cdots$ eine Darstellung von $\mathfrak{H}$, so nenne ich (*D.* § 2) die Matrix n^{ten} Grades $ax_A + bx_B + cx_C + \cdots$ die der Darstellung von $\mathfrak{H}$ entsprechende Matrix oder eine zur Gruppe $\mathfrak{H}$ gehörige Matrix. Ihre n^2 Elemente sind lineare Functionen der h Variabelen $x_A, x_B, x_C, \cdots$, ihre Determinante

$$|ax_A + bx_B + cx_C + \cdots| = \Phi^s \Phi'^{s'} \Phi''^{s''} \cdots$$

ist ein Product von Primfactoren der Gruppendeterminante. Umgekehrt entspricht jedem solchen Producte eine und nur eine Darstellung von $\mathfrak{H}$, d. h. zwei Darstellungen, deren entsprechende Matrizen gleiche Determinanten haben, sind aequivalent. Einem jeden der k Primfactoren Φ der Gruppendeterminante Θ entspricht eine der k primitiven Darstellungen, die ich mit $[\Phi]$ bezeichnen will. Einem Producte $\Phi^s \Phi'^{s'} \cdots$ entspricht eine Darstellung, die in s Darstellungen $[\Phi]$, s' Darstellungen $[\Phi']$, $\cdots$ zerfällt. Durch die Untersuchung der Determinante der Matrix, die einer gegebenen Darstellung entspricht, kann man daher erkennen, ob die Darstellung eine primitive ist oder nicht, und im letzteren Falle, in welche primitive Darstellungen sie zerlegt werden kann.

Die hier entwickelten durch ihre Einfachheit ausgezeichneten Resultate bilden den Abschluss meiner allgemeinen Untersuchungen über die Gruppendeterminante. Auf einem anderen Wege hat sie Molien in der *D.* § 4 citirten Arbeit erhalten.

Zum Schluss gehe ich auf die Herstellung der primitiven Darstellungen näher ein. Um eine solche zu erhalten, braucht man nur eine Lösung eines gewissen Systems von linearen und quadratischen Gleichungen zu berechnen. Jede solche Lösung nenne ich daher ein die Darstellung determinirendes Werthsystem.

§ 1.

In der Matrix f^{ten} Grades u seien die Elemente

$$u_{\alpha\beta} \qquad (\alpha, \beta = 1, 2, \cdots f)$$

f^2 von einander unabhängige Variabele. Seien $v_{\alpha\beta}$ f^2 andere Variabele, und sei

$$w_{\alpha\beta} = u_{\alpha 1} v_{1\beta} + u_{\alpha 2} v_{2\beta} + \cdots + u_{\alpha f} v_{f\beta}.$$

Geht dann die Matrix u in v oder w über, falls man $u_{\alpha\beta}$ durch $v_{\alpha\beta}$ oder $w_{\alpha\beta}$ ersetzt, so ist $w = uv$.

Die n^2 Elemente $x_{\varkappa\lambda}$ der Matrix n^{ten} Grades X seien lineare Functionen der f^2 Variabelen $u_{\alpha\beta}$. Sie gehe in Y oder Z über, wenn man $u_{\alpha\beta}$ durch $v_{\alpha\beta}$ oder $w_{\alpha\beta}$ ersetzt. Wir wollen untersuchen, wie jene linearen Functionen beschaffen sein müssen, damit $Z = XY$ sei, wenn $w = uv$ ist. Ich beschränke mich dabei auf den Fall, wo die Determinante $|X|$ von Null verschieden ist.

Hat X jene Eigenschaft, so hat sie auch PXP^{-1}, wo P eine Matrix von n^2 constanten Elementen und $|P|$ von Null verschieden ist. Ist ferner 0 die Matrix f^{ten} Grades, deren Elemente sämmtlich verschwinden, und ist $n = fg$ ein Vielfaches von f, so hat

$$U = \begin{matrix} u & 0 & 0 & \cdots \\ 0 & u & 0 & \cdots \\ 0 & 0 & u & \cdots \\ \cdot & \cdot & \cdot & \cdots \end{matrix}$$

die verlangte Eigenschaft, und ebenso $P^{-1}UP = X$. Ich will nun umgekehrt zeigen: Ist X eine beliebige Matrix der betrachteten Art, so muss $n = fg$ ein Vielfaches von f sein, und man kann eine constante Matrix P so bestimmen, dass $PXP^{-1} = U$ wird.

Ist B die Hauptmatrix des Grades g, so kann man die Matrix U des Grades fg durch eine gewisse Umstellung der Zeilen und die gleiche Umstellung der Spalten auf die Form

$$V = \begin{pmatrix} u_{11}B & u_{12}B & \cdots & u_{1f}B \\ u_{21}B & u_{22}B & \cdots & u_{2f}B \\ \cdot & \cdot & \cdots & \cdot \\ u_{f1}B & u_{f2}B & \cdots & u_{ff}B \end{pmatrix}$$

bringen. Die Umstellung der Spalten erfolgt durch Composition von U mit einer Matrix Q, bei der in jeder Zeile und in jeder Spalte ein Element gleich 1, die anderen gleich 0 sind. Führt man dann in UQ die nämliche Umstellung der Zeilen aus, so erhält man $Q'UQ$, wo Q' die zu Q conjugirte Matrix ist. Da aber Q eine orthogonale Matrix ist, so ist $Q' = Q^{-1}$, also $V = Q^{-1}UQ$.

Da die Elemente der Matrix X lineare Functionen von $u_{11}, u_{12}, \cdots, u_{ff}$ sind, so kann man $X = \Sigma A_{\alpha\beta} u_{\alpha\beta}$ setzen, wo $A_{\alpha\beta}$ eine constante Matrix n^{ten} Grades ist. Nun soll $XY = Z$ sein, also

$$(\Sigma A_{\alpha\beta} u_{\alpha\beta})(\Sigma A_{\gamma\delta} v_{\gamma\delta}) = \Sigma A_{\alpha\gamma} w_{\alpha\gamma} = \Sigma A_{\alpha\gamma} u_{\alpha\beta} v_{\beta\gamma}.$$

Daher ist $A_{\alpha\beta} A_{\gamma\delta} = 0$, wenn β von γ verschieden ist, dagegen $A_{\alpha\beta} A_{\beta\gamma} = A_{\alpha\gamma}$. Da $A_{11}^2 = A_{11}$ ist, so ist

$$|A_{11} + rE| = r^{n-g_1}(1+r)^{g_1}.$$

Wäre $g_1 = 0$, so wäre $A_{11} = 0$, also auch $A_{\alpha\beta} = A_{\alpha 1} A_{11} A_{1\beta} = 0$. Daher ist $g_1 > 0$, und man kann P so bestimmen, dass $P^{-1} A_{11} P$ eine Matrix wird, worin $c_{11} = \cdots c_{g_1, g_1} = 1$, alle anderen Elemente gleich Null sind. Wir denken uns X durch $P^{-1}XP$ ersetzt, nehmen also an, dass A_{11} selbst jene Matrix ist. Nun ist $A_{11} A_{22} = A_{22} A_{11} = 0$, und mithin sind in A_{22} die Elemente der ersten g_1 Zeilen und Spalten sämmtlich Null, so dass man A_{22} auch als eine Matrix des Grades $n - g_1$ betrachten und als solche transformiren kann. Folglich lässt sich eine Matrix n^{ten} Grades P, worin die Elemente der ersten g_1 Zeilen und Spalten mit den entsprechenden von A_{11} übereinstimmen, so bestimmen, dass in $P^{-1} A_{22} P$ $c_{g_1+1, g_1+1} = \cdots = c_{g_1+g_2, g_1+g_2} = 1$ wird, alle anderen Elemente aber verschwinden. Dann sind in $A_{12} = A_{11} A_{12} A_{22}$ nur die Elemente nicht nothwendig Null, welche die Zeilen $1, 2, \cdots g_1$ mit den Spalten $g_1 + 1, g_1 + 2, \cdots g_1 + g_2$ gemeinsam haben. Nach Ausführung dieser Transformationen ist

$$A_{11} = \begin{matrix} B_{11} & N_{12} & N_{13} & \cdots \\ N_{21} & N_{22} & N_{23} & \cdots \\ N_{31} & N_{32} & N_{33} & \cdots \\ . & . & . & \cdots \end{matrix}, \quad A_{12} = \begin{matrix} N_{11} & B_{12} & N_{13} & \cdots \\ N_{21} & N_{22} & N_{23} & \cdots \\ N_{31} & N_{32} & N_{33} & \cdots \\ . & . & . & \cdots \end{matrix}, \ldots,$$

wo $B_{\alpha\beta}$ eine Matrix von g_α Zeilen und g_β Spalten ist, und $N_{\alpha\beta}$ eine Matrix derselben Art mit lauter verschwindenden Elementen. $B_{\alpha\alpha}$ ist die Hauptmatrix des Grades g_α. Aus $A_{\alpha\beta} A_{\beta\gamma} = A_{\alpha\gamma}$ folgt $B_{\alpha\beta} B_{\beta\gamma} = B_{\alpha\gamma}$. So ist $B_{12} B_{21} = B_{11}$. Wäre daher $g_2 < g_1$, so müsste die Determinante von B_{11} verschwinden. Ebenso folgt aus $B_{21} B_{12} = B_{22}$, dass $g_2 \leqq g_1$ ist. Mithin ist $g_1 = g_2 = g_3 = \cdots = g$, und $n = fg$. Denn wäre $n > fg$, so beständen die letzten Zeilen und Spalten von X aus lauter Nullen. Ist B die Hauptmatrix des Grades g, so ist $B_{\alpha\alpha} = B$ und $B_{\alpha\beta} B_{\beta\alpha} = B$. Folglich sind $B_{\alpha\beta}$ und $B_{\beta\alpha}$ reciproke Matrizen des Grades g, und ihre

Determinanten sind von Null verschieden. Sei N eine Matrix von g^2 verschwindenden Elementen. Dann ist die Determinante der Matrix n^{ten} Grades

$$L = \begin{matrix} B_{11} & N & N & \cdots \\ N & B_{12} & N & \cdots \\ N & N & B_{13} & \cdots \\ \cdot & \cdot & \cdot & \cdots \end{matrix}$$

von Null verschieden, und es ist

$$L^{-1} = \begin{matrix} B_{11} & N & N & \cdots \\ N & B_{21} & N & \cdots \\ N & N & B_{31} & \cdots \\ \cdot & \cdot & \cdot & \cdots \end{matrix}$$

Die Matrix $LA_{\alpha\beta}L^{-1}$ unterscheidet sich von $A_{\alpha\beta}$ nur dadurch, dass an Stelle von $B_{\alpha\beta}$ tritt $B_{1\alpha}B_{\alpha\beta}B_{\beta 1} = B_{11} = B$. Daher ist $LXL^{-1} = V$, und damit ist die aufgestellte Behauptung bewiesen.

§ 2.

Ist $(x_{PQ^{-1}})$ die Matrix der Gruppe h^{ter} Ordnung $\mathfrak{H}$, und ist

(1.) $$z_R = \Sigma\, x_P y_Q \qquad (PQ = R),$$

so ist $(z_{PQ^{-1}}) = (x_{PQ^{-1}})(y_{PQ^{-1}})$. Sei

$$X = (x_{\varkappa\lambda}) \qquad (\varkappa, \lambda = 1, 2, \cdots n)$$

eine Matrix n^{ten} Grades, deren Determinante nicht verschwindet, und deren n^2 Elemente $x_{\varkappa\lambda}$ lineare Functionen der h Variabelen x_R sind. Sie gehe in Y oder Z über, falls man x_R durch y_R oder z_R ersetzt. Ist dann $Z = XY$ unter der Bedingung (1.), so heisst X eine zur Gruppe $\mathfrak{H}$ gehörige Matrix.

Seien $\Phi, \Phi', \cdots$ verschiedene Primfactoren der Determinante Θ der Gruppe $\mathfrak{H}$, seien $f, f', \cdots$ ihre Grade, $\chi(R), \psi(R), \cdots$ ihre Charaktere, $\chi'(R) = \chi(R^{-1}), \psi'(R) = \psi(R^{-1}), \cdots$ die conjugirten Charaktere. Dann ist nach *Primfactoren*, § 8

(2.) $$\Phi(\varepsilon + u\frac{f}{h}\chi') = (1+u)^f, \quad \Phi(\varepsilon + u\frac{f'}{h}\psi') = 1, \cdots.$$

Setzt man $x_R = \frac{f}{h}\chi'(R)$, so sei $X = A$, setzt man $x_R = \frac{f'}{h}\psi'(R)$, so sei $X = B$, u. s. w. Dann ist

$$\Sigma\,\frac{f}{h}\chi'(P)\frac{f}{h}\chi'(Q) = \frac{f}{h}\chi'(R), \quad \Sigma\,\frac{f}{h}\chi'(P)\frac{f'}{h}\psi'(Q) = 0 \qquad (PQ = R),$$

und mithin $A^2 = A$, $B^2 = B$, $AB = BA = 0$. Da

$$\Sigma\,\frac{f}{h}\chi'(P)x_Q = \Sigma\, x_P\frac{f}{h}\chi'(Q) \qquad (PQ = R)$$

ist, so ist $A(B, C, \cdots)$ mit jeder Matrix X vertauschbar. Weil endlich

$$\frac{f}{h}\chi'(R)+\frac{f'}{h}\psi'(R)+\cdots=\varepsilon_R$$

ist, wenn die Summe über alle k Charaktere von $\mathfrak{H}$ erstreckt wird, so ist

$$(3.)\qquad A+B+C+\cdots=E.$$

Mithin ist

$$(E+uAX)(E+uBX)(E+uCX)\cdots=E+u(A+B+C+\cdots)X=E+uX.$$

Alle anderen Glieder in der Entwicklung des symbolischen Productes nach Potenzen von u verschwinden, weil $AXBX=ABXX=0$ ist. Folglich ist auch

$$(4.)\qquad |E+uAX|\,|E+uBX|\cdots=|E+uX|.$$

Diese Determinante aber ist, weil X eine zur Gruppe $\mathfrak{H}$ gehörige Matrix ist, ein Product von Potenzen der Primfunctionen $\Phi(\varepsilon+ux)$, $\Phi'(\varepsilon+ux)$, $\cdots$. Daher ist auch

$$|E+uAX|=\Phi(\varepsilon+ux)^s\,\Phi'(\varepsilon+ux)^t\cdots.$$

Es muss aber $t=0$ sein. Denn setzt man $x_R=\frac{f'}{h}\psi'(R)$, also $X=B$, so wird $AX=AB=0$, also die Determinante links gleich 1. Rechts aber ist $\Phi'(\varepsilon+\frac{f'}{h}\psi')=(1+u)^{f'}$. Folglich ist

$$(5.)\qquad |E+uAX|=\Phi(\varepsilon+ux)^s,\qquad |E+uBX|=\Phi'(\varepsilon+ux)^{s'},\ \cdots$$

und mithin nach (4.)

$$(6.)\qquad |X|=\Phi(x)^s\,\Phi'(x)^{s'}\cdots,$$

und

$$n=fs+f's'+\cdots.$$

Setzt man in der Gleichung (5.) $x_R=\frac{f}{h}\chi'(R)$, also $X=A$, so erhält man

$$(7.)\qquad |E+uA|=(1+u)^{fs},\qquad |uE-A|=(u-1)^{fs}u^{n-fs}.$$

Da $A^2=A$ ist, so sind die Elementartheiler dieser Determinante alle linear. Mithin ist der Rang von A gleich $r=fs$, und die Hauptunterdeterminanten r^{ten} Grades von A sind nicht alle Null, da ihre Summe gleich 1 ist. Ist $s=0$, so ist $r=0$ und folglich $A=0$. In der Summe (3.) kommen daher nur die Matrizen $A, B, C, \cdots$ wirklich vor, welche aus den Charakteren χ solcher Primfunctionen Φ gebildet sind, die in $|X|$ aufgehen. Ist z. B. $|X|$ eine Potenz von Φ, so ist $A=E$. Sei

$$(8.)\qquad |a_{\varkappa\lambda}|\qquad (\varkappa, \lambda=\alpha_1, \alpha_2, \cdots \alpha_r)$$

eine von Null verschiedene Hauptunterdeterminante r^{ten} Grades von A. Sei $r' = f's'$ der Rang von B und sei

$$|b_{\varkappa\lambda}| \qquad (\varkappa, \lambda = \beta_1, \beta_2, \cdots \beta_{r'})$$

eine von Null verschiedene Hauptunterdeterminante r'^{ten} Grades von B u. s. w.

Sei M die Matrix des Grades $n = r + r' + \cdots$, deren n Zeilen aus der Zeile

$$a_{\lambda,\alpha_1}, \cdots a_{\lambda,\alpha_r}, b_{\lambda,\beta_1}, \cdots b_{\lambda,\beta_{r'}}, \cdots$$

erhalten werden, indem man $\lambda = 1, 2, \cdots n$ setzt. Ebenso sei L' die Matrix

$$a_{\alpha_1,\varkappa}, \cdots a_{\alpha_r,\varkappa}, b_{\beta_1,\varkappa}, \cdots b_{\beta_r,\varkappa} \cdots,$$

und L die conjugirte Matrix. Dann bilde ich die Matrix LXM. Sind ρ und σ zwei der Indices $1, 2, \cdots r$, so ist das σ^{te} Element der ρ^{ten} Zeile

$$\sum_{\varkappa,\lambda} a_{\alpha\varkappa}\, x_{\varkappa\lambda}\, a_{\lambda\beta},$$

wo $\alpha = \alpha_\rho$ und $\beta = \alpha_\sigma$ ist. Dies ist ein Element der Matrix $AXA = XAA = XA = AX$, also gleich

$$(9.) \qquad \xi_{\alpha\beta} = \sum_\lambda a_{\alpha\lambda}\, x_{\lambda\beta} = \sum_\lambda x_{\alpha\lambda}\, a_{\lambda\beta}$$

und geht aus $x_{\alpha\beta}$ hervor, indem man darin x_R durch

$$(10.) \qquad \xi_R = \sum_S \frac{f}{h}\chi'(RS^{-1})x_S$$

ersetzt. Ist ρ eine der Zahlen $1, 2, \cdots r$, und σ eine der Zahlen $1, 2, \cdots r'$, so ist das $(r+\sigma)^{\text{te}}$ Element der ρ^{ten} Zeile

$$\sum_{\varkappa,\lambda} a_{\alpha\varkappa}\, x_{\varkappa\lambda}\, b_{\lambda\beta},$$

wo $\alpha = \alpha_\rho$, $\beta = \beta_\sigma$ ist. Dies ist ein Element der Matrix $AXB = XAB = 0$. Folglich zerfällt X in Theilmatrizen der Grade $r, r', \cdots$, deren erste von den r^2 Elementen

$$(\xi_{\varkappa\lambda}) \qquad (\varkappa, \lambda = \alpha_1, \alpha_2, \cdots \alpha_r)$$

gebildet wird. Darin ist x_E mit der Matrix

$$N_1 = (a_{\varkappa\lambda}) \qquad (\varkappa, \lambda = \alpha_1, \alpha_2, \cdots \alpha_r)$$

multiplicirt, deren Determinante nicht verschwindet. Ebenso sei

$$N_2 = (b_{\varkappa\lambda}) \qquad (\varkappa, \lambda = \beta_1, \beta_2, \cdots \beta_{r'})$$

und

$$N = \begin{matrix} N_1 & 0 & 0 & \cdots \\ 0 & N_2 & 0 & \cdots \\ 0 & 0 & N_3 & \cdots \end{matrix}$$

Dann zerfällt auch $LXMN^{-1} = Z$ in Theilmatrizen der Grade $r, r', \cdots,$ deren erste ist

(11.) $$(\xi_{\varkappa\lambda})(a_{\varkappa\lambda})^{-1} \qquad (\varkappa, \lambda = \alpha_1, \alpha_2, \cdots \alpha_r).$$

In der Matrix Z ist daher x_E mit der Hauptmatrix E multiplicirt. Setzt man nun $x_R = \varepsilon_R$, also $X = E$, so wird auch $Z = E$, und mithin ist $LMN^{-1} = E$. Daher sind $|L|$ und $|M|$ von Null verschieden, und es ist $MN^{-1} = L^{-1}$. Folglich ist $Z = LXL^{-1}$ eine zur Gruppe $\mathfrak{H}$ gehörige Matrix, und ebenso jede der Theilmatrizen, wie (11.), worin sie zerfällt.

Die Matrix A hat den Rang r. Nach *Primfactoren*, § 11 verhalten sich daher die Determinanten r^{ten} Grades der Matrix $AX = XA$, wie die entsprechenden der Matrix A, unterscheiden sich also nur durch constante Factoren von einander. Nun ist nach (5.) und (7.) die Summe der Hauptunterdeterminanten r^{ten} Grades von AX gleich $\Phi(x)^s$ und von A gleich 1. Folglich ist die Determinante der Matrix (11.) gleich $\Phi(x)^s$.

§ 3.

Die Matrix $(x_{PQ^{-1}})$ der Gruppe $\mathfrak{H}$ habe ich *Darstellung*, § 5 in eine aequivalente transformirt, die zerfällt in f einander gleiche Theilmatrizen

(1.) $$(u_{\alpha\beta}) \qquad (\alpha, \beta = 1, 2 \cdots f)$$

des Grades f, in f' einander gleiche Theilmatrizen

(2.) $$(u'_{\alpha\beta}) \qquad (\alpha, \beta = 1, 2, \cdots f')$$

des Grades f', u. s. w. Die $f^2 + f'^2 + \cdots = h$ Elemente $u_{\alpha\beta}, u'_{\alpha\beta}, \cdots$ dieser Matrizen sind h von einander unabhängige lineare Functionen der h Variabelen x_R. Ihre Determinanten sind

$$|u_{\alpha\beta}| = \Phi(x), \ |u'_{\alpha\beta}| = \Phi'(x), \cdots.$$

In derselben Weise kann die im vorigen Paragraphen betrachtete zur Gruppe $\mathfrak{H}$ gehörige Matrix X in eine aequivalente transformirt werden, die in s Theilmatrizen (1.), in s' Theilmatrizen (2.) u. s. w. zerfällt.

Ist $|X|$ durch mehrere verschiedene Primfunctionen $\Phi, \Phi', \cdots$ theilbar, so kann X nach § 2 in eine zerfallende Matrix transformirt werden, worin jede Theilmatrix eine Potenz einer Primfunction zur Determinante hat. Es genügt daher, die Behauptung für den Fall zu beweisen, dass $|X| = \Phi^s$ eine Potenz einer Primfunction Φ ist.

Die h Variabelen x_R sind lineare Functionen der h Variabelen $u_{\alpha\beta}, u'_{\alpha\beta}, \cdots$. Drückt man die Elemente $x_{\varkappa\lambda}$ von X durch diese aus, so hängt Φ, also auch $|X|$ nur von den f^2 Variabelen $u_{\alpha\beta}$ ab. Dass aber auch jedes der n^2 Elemente $x_{\varkappa\lambda}$ nur von diesen Grössen abhängt, ergiebt sich aus den Entwicklungen des § 2. Nach diesen ist im vorliegenden Falle $A = E$, also $X = XA$, demnach $x_{\varkappa\lambda} = \xi_{\varkappa\lambda}$, und mithin kann $x_{\varkappa\lambda}$ als Function der h Variabelen ξ_R dargestellt werden. Unter diesen befinden sich genau f^2 linear unabhängige. Andererseits lässt sich Φ durch die f^2 von einander unabhängigen Variabelen $u_{\alpha\beta}$ darstellen, und nicht durch eine lineare Substitution in eine Function von weniger als f^2 Variabelen transformiren. Folglich sind die h Grössen ξ_R, und mithin auch die n^2 Grössen $x_{\varkappa\lambda}$ lineare Functionen der f^2 Variabelen $u_{\alpha\beta}$.

Ersetzt man x_R durch y_R oder z_R, so gehe $u = (u_{\alpha\beta})$ in (v) oder (w), und X in Y oder Z über. Dann ist $w = uv$ und $Z = XY$, falls z_R durch die Gleichung (1.), § 2 definirt ist. Die Elemente $x_{\varkappa\lambda}$ von X sind also solche lineare Functionen der Elemente $u_{\alpha\beta}$ von u, dass $Z = XY$ ist, wenn $w = uv$ ist. Demnach ergiebt sich die Möglichkeit der behaupteten Transformation von X aus den Entwicklungen des § 1.

Man hätte bei diesem Beweise auch die Sätze des § 2 entbehren können und nur den Sätzen des § 1 eine etwas allgemeinere Fassung zu geben brauchen. Statt von einer Matrix u kann man von mehreren Matrizen $u, u', \cdots$ der Grade $f, f', \cdots$ ausgehen, deren $f^2 + f'^2 + \cdots$ Elemente lauter von einander unabhängige Variabele sind. Die Elemente der Matrix X sind dann lineare Functionen aller dieser Variabelen, und es ist $Z = XY$, wenn gleichzeitig $w = uv$, $w' = u'v'$, $\cdots$ ist. Indessen ist die in § 2 ausgeführte Transformation auch an sich von Interesse, weil dazu nur die Kenntniss der Charaktere erforderlich ist.

§ 4.

Jeder Primfactor f^{ten} Grades Φ der Gruppendeterminante Θ lässt sich als eine Determinante f^{ten} Grades darstellen, deren Elemente f^2 von einander unabhängige lineare Functionen der h Variabelen x_R sind. Diese Darstellung kann so gewählt werden, dass die Elemente der Determinante eine zur Gruppe $\mathfrak{H}$ gehörige Matrix bilden. Die f^{te} Potenz von Φ habe ich (*Darstellung*, § 3) durch eine Determinante des Grades f^2 ausgedrückt. Diese Darstellung ist dadurch ausgezeichnet, dass ihre Elemente alle aus der linearen Function $\Sigma\, \chi(R) x_R$ erhalten werden, indem man die h Variabelen x_R in besonderer Weise permutirt. Jede Determinante des Grades f^2 gebildet aus den Elementen der Matrix

$$(1.) \qquad \sum_R \chi(R) x_{PRQ^{-1}}$$

ist bis auf einen constanten Factor gleich Φ^f.

Ich will nun zeigen, dass auch die Determinante f^{ten} Grades, die gleich Φ ist, auf eine ähnliche Form gebracht werden kann. Auch zur

Bestimmung dieser Determinante genügt es, eine einzige lineare Function $\sum a_{R-1} x_R$ zu berechnen. Dann ist jede Determinante f^{ten} Grades der Matrix

$$x_{P,Q} = \sum_R a_{R-1} x_{PRQ^{-1}} \tag{2.}$$

bis auf einen constanten Factor gleich Φ. Während aber der Charakter $\chi(R)$ durch die Primfunction Φ vollständig bestimmt ist, können die h Grössen a_R auf unendlich viele Arten gewählt werden, abgesehen von dem Falle $f = 1$, wo beide Darstellungen zusammenfallen. Dies liegt daran, dass $\chi(PQ) = \chi(QP)$ ist, während die Grössen a_R dieser Bedingung nicht genügen.

Um zu dieser Darstellung von Φ zu gelangen, brauche ich einige Hülfssätze über Matrizen, die zwar bekannt sind, aber hier kurz entwickelt werden sollen. Zur Bequemlichkeit der Darstellung bezeichne ich mit den Zeichen $A, B, C, \cdots$ nicht nur Matrizen h^{ten} Grades, sondern zugleich bilineare Formen, deren Coefficienten die Elemente jener Matrizen sind, wie in meiner Arbeit *Über lineare Substitutionen und bilineare Formen*, Crelle's Journal Bd. 84. Die folgenden Sätze gelten für eine beliebige Matrix K (a. a. O. § 13), sollen aber hier nur für eine solche abgeleitet werden, deren charakteristische Determinante $|uE-K|$ lauter lineare Elementartheiler hat. Dann kann man eine Substitution P (d. h. eine Matrix P von nicht verschwindender Determinante) so bestimmen, dass die bilineare Form $P^{-1}KP$ die Normalform

$$\rho(u_1 v_1 + \cdots + u_f v_f) + \rho' (u_{f+1} v_{f+1} + \cdots + u_{f+f'} v_{f+f'}) + \cdots$$

annimmt. Hier sind $\rho, \rho', \cdots$ die verschiedenen Wurzeln jener charakteristischen Gleichung, und zwar ρ eine $f$fache, ρ' eine f'fache, u. s. w. Da die für $u = \rho$ verschwindenden Elementartheiler von $|uE-K|$ alle linear sind, so fängt die Entwicklung

$$(uE-K)^{-1} = \frac{A}{u-\rho} + \cdots \tag{3.}$$

mit der $(-1)^{\text{ten}}$ Potenz von $u-\rho$ an. Aus der Normalform ist ersichtlich, dass $P^{-1}AP = u_1 v_1 + \cdots + u_f v_f$ ist. Mithin hat A den Rang f, genügt der Gleichung

$$A^2 = A, \tag{4.}$$

und es ist

$$|E + uA| = (u+1)^f. \tag{5.}$$

Folglich ist die Summe der Hauptunterdeterminanten f^{ten} Grades von A gleich 1. In der Matrix A, worin die Unterdeterminanten $(f+1)^{\text{ten}}$ Grades sämmtlich verschwinden, können daher die Hauptunterdeterminanten f^{ten} Grades nicht alle Null sein. Ist ferner

$$(uE-K)^{-1} = \frac{B}{u-\rho'} + \cdots,$$

so ist $P^{-1}BT = u_{f+1}v_{f+1} + \cdots + u_{f+f'}v_{f+f'}$, und folglich ist

$$(6.) \qquad AB = BA = 0.$$

Ohne die Normalform zu benutzen, kann man zu diesen Sätzen durch die folgenden Betrachtungen gelangen. Indem man die Gleichung (3.) einmal quadrirt, das andere Mal nach u differentiirt, erhält man die beiden Relationen

$$(uE-K)^{-2} = \frac{A^2}{(u-\rho)^2} + \cdots, \qquad -(uE-K)^{-2} = -\frac{A}{(u-\rho)^2} + \cdots,$$

aus denen sich sofort die Eigenschaft (4.) ergiebt. (Vergl. Weierstrass, Monatsber. 1858, S. 215).

Aus der identischen Gleichung

$$(uE-K)\big((uE-K)^{-1}-(vE-K)^{-1}\big)(vE-K) = (vE-K)-(uE-K) = (v-u)E$$

folgt die Relation

$$-\frac{(uE-K)^{-1}-(vE-K)^{-1}}{u-v} = (uE-K)^{-1}(vE-K)^{-1}.$$

Entwickelt man diese Ausdrücke nach aufsteigenden Potenzen von $u-\rho$ und $v-\rho'$, so erhält man

$$-\frac{1}{(u-\rho)-(v-\rho')+(\rho-\rho')}\left(\frac{A}{u-\rho}+\cdots-\frac{B}{v-\rho'}-\cdots\right) = \frac{AB}{(u-\rho)(v-\rho')}+\cdots.$$

Sind $u-\rho$ und $v-\rho'$ hinlänglich klein, so kommen in der Entwicklung des ersten Factors der linken Seite nur positive Potenzen von $u-\rho$ und $v-\rho'$ vor, und folglich findet sich links keine negative Potenz von $u-\rho$ mit einer negativen von $v-\rho'$ multiplicirt. Daher ist $AB = 0$.

Da $(uE-K)^{-1}$ eine echt gebrochene rationale Function von u ist, so ist

$$(7.) \qquad (uE-K)^{-1} = \frac{A}{u-\rho} + \frac{B}{u-\rho'} + \cdots.$$

Entwickelt man beide Seiten dieser Gleichung nach absteigenden Potenzen von u, so ergiebt sich durch Vergleichung der Coefficienten

$$(8.) \qquad E = A+B+C+\cdots, \qquad K = \rho A+\rho' B+\rho'' C+\cdots.$$

Dass endlich der Rang von A gleich f ist, kann man so einsehen. Ist $\psi(u) = (u-\rho)(u-\rho')(u-\rho'')\cdots$, so ist $\psi(K) = 0$ die Gleichung niedrigsten Grades, der K genügt. Ist dann

$$\frac{\psi(u)-\psi(v)}{u-v} = \psi(u,v),$$

so ist auch

$$\frac{\psi(u)E-\psi(K)}{uE-K}=\psi(u,K),$$

also

$$(uE-K)^{-1}=\frac{\psi(u,K)}{\psi(u)}.$$

Daher ist

$$A=\frac{\psi(\rho,K)}{\psi'(\rho)}=g(K),$$

wo

$$\psi'(\rho)g(v)=\psi(\rho,v)=\frac{\psi(v)}{v-\rho}=(v-\rho')(v-\rho'')\cdots$$

ist. Mithin ist $g(\rho)=1$, $g(\rho')=0$, $g(\rho'')=0,\cdots$.

Nun folgt aus (3.)

$$((\rho E-K)+(u-\rho)E)\left(\frac{A}{u-\rho}+\cdots\right)=E,$$

und mithin ist

$$(9.)\qquad (\rho E-K)A=0.$$

Da die Determinante $|uE-K|$ f lineare Elementartheiler $u-\rho$ hat, so ist der Rang der Matrix $\rho E-K$ gleich $h-f$. Nach Gleichung (9.) kann daher der Rang der Matrix A höchstens gleich f sein. Er muss gleich f sein, wenn sich unter den verschiedenen Spalten von A f unabhängige Lösungen der linearen Gleichungen

$$(\rho e_{\alpha 1}-k_{\alpha 1})v_1+(\rho e_{\alpha 2}-k_{\alpha 2})v_2+\cdots+\rho(e_{\alpha h}-k_{\alpha h})v_h=0$$

finden, wenn sich also zeigen lässt: Ist X irgend eine Lösung der Gleichung $(\rho E-K)X=0$, so kann man Y so bestimmen, dass $X=AY$ ist. Nun folgt aus $KX=\rho X$, dass $K^2X=\rho KX=\rho^2X,\cdots,K^nX=\rho^nX$, also auch $g(K)X=g(\rho)X$ ist, wenn $g(v)$ eine ganze Function von v ist. Ist, wie oben, $(v-\rho)\psi'(\rho)g(v)=\psi(v)$, so ist $g(K)=A$, $g(\rho)=1$, also $AX=X$, womit die Behauptung bewiesen ist.

§ 5.

In der Gruppenmatrix $X=(x_{PQ^{-1}})$ gebe ich den h unabhängigen Variabelen x_R solche constanten Werthe $x_R=k_R$, dass die $f+f'+\cdots$ Wurzeln $\rho,\rho',\cdots$ der Gleichung $\Phi(k-u\varepsilon)\Phi'(k-u\varepsilon)\cdots=0$ alle unter einander verschieden sind. Ist dann ρ eine Wurzel der Gleichung f^{ten} Grades $\Phi(k-u\varepsilon)=0$, so hat die charakteristische Determinante der Matrix $K=(k_{PQ^{-1}})$ f lineare Elementartheiler $u-\rho$. Ist nun, nach Potenzen von $u-\rho$ (oder $u-\rho',\cdots$) entwickelt

$$(1.)\qquad (uE-K)^{-1}=\frac{A}{u-\rho}+\cdots=\frac{B}{u-\rho'}+\cdots,$$

so bieten die Matrizen $A, B, \cdots$ dieselben Symmetrieverhältnisse dar wie X, d. h. man kann $A = (a_{PQ^{-1}})$, $B = (b_{PQ^{-1}}) \cdots$ setzen. Dann ist $A^2 = A$, $AB = 0$, also

$$(2.) \qquad \Sigma\, a_P a_Q = a_R \qquad (PQ = R)$$

und

$$(3.) \qquad \Sigma\, a_P b_Q = 0 \qquad (PQ = R).$$

Die Matrix A hat den Rang f und ist eine ganze Function von K, $A = g(K)$, und zwar ist $g(\rho) = 1$, für jede andere Wurzel aber $g(\rho') = 0$. Sind also $\rho, \rho_1, \cdots \rho_{f-1}$ die Wurzeln der Gleichung $\Phi(k - u\varepsilon) = 0$, so sind $g(\rho) = 1$, $g(\rho_1) = 0$, $\cdots g(\rho_{f-1}) = 0$ die der Gleichung $\Phi(a - u\varepsilon) = 0$, wie ich *Primfactoren*, § 3 gezeigt habe.

Demnach ist

$$(4.) \qquad \Phi(a + u\varepsilon) = u^{f-1}(u+1), \quad \Phi'(a + u\varepsilon) = u^{f'}, \quad \Phi''(a + u\varepsilon) = u^{f''}, \cdots.$$

Ist $x_{PQ} = x_{QP}$, so ist $\Phi(x)$ gleich der f^{ten} Potenz einer linearen Function der Variabelen x_R. Der ersten Gleichung nach können daher die Grössen a_R jene Eigenschaft nicht besitzen, falls $f > 1$ ist.

Nun ist die Summe der Wurzeln der Gleichung $\Phi(x - u\varepsilon) = 0$ gleich $\Sigma\, \chi(R) x_R$. Daher ist, wenn ψ irgend einen der $k-1$ von χ verschiedenen Charaktere bezeichnet,

$$(5.) \qquad \sum_R \chi(R) a_R = 1, \qquad \sum_R \psi(R) a_R = 0.$$

Ein System von h Grössen a_R, das den Gleichungen (2.) und (5.) genügt, nenne ich ein die Primfunction Φ oder die entsprechende primitive Darstellung der Gruppe $\mathfrak{H}$ determinirendes Werthsystem.

Durchläuft R die h_ϱ Elemente der ρ^{ten} Classe, so sei

$$\sum_{(\varrho)} a_R = h_\varrho a_\varrho.$$

Da $\chi(R)$ für diese h_ϱ Elemente denselben Werth χ_ϱ hat, so folgt aus (5.)

$$\sum_\varrho h_\varrho \chi_\varrho a_\varrho = 1, \qquad \Sigma\, h_\varrho \psi_\varrho a_\varrho = 0.$$

Durch diese k Gleichungen sind aber die k Grössen a_ϱ vollständig bestimmt. Nach *Gruppencharaktere*, § 3 genügen ihnen die Werthe

$$a_\varrho = \frac{1}{h} \chi_{\varrho'}.$$

Mithin ist

$$(6.) \qquad \sum_{(\varrho)} a_R = \frac{h_\varrho}{h} \chi_{\varrho'}, \qquad \sum_S a_{S^{-1}RS} = \chi(R^{-1}).$$

Z. B. ist

$$(7.) \qquad a_E = \frac{f}{h}.$$

Die k linearen Gleichungen (5.) sind den k linearen Gleichungen (6.) völlig aequivalent. Den Gleichungen (2.) und (5.), durch die wir ein die Primfunction Φ determinirendes Werthsystem a_R definirt haben, sind aber auch die Gleichungen (2.) und (4.) aequivalent. Denn oben haben wir (5.) aus (4.) erhalten. Benutzt man aber die Bezeichnungen *Primfactoren*, § 1, (6.), so ist nach (2.) $a_R^{(2)} = a_R$, also auch $a_R^{(n)} = a_R$. Nun ist die Summe der n^{ten} Potenzen der Wurzeln der Gleichung $\Phi(a-u\varepsilon) = 0$ gleich

$$\sum_R \chi(R) a_R^{(n)} = \sum_R \chi(R) a_R = 1,$$

und da durch die Potenzsummen die Wurzeln völlig bestimmt sind, so ist eine derselben 1, die andere $f-1$ Null. Ebenso erkennt man, dass die f' Wurzeln der Gleichung $\Phi'(a-u\varepsilon) = 0$ alle verschwinden. Daher ist die Determinante h^{ten} Grades

$$|a_{PQ^{-1}} + u\varepsilon_{PQ^{-1}}| = (u+1)^f u^{h-f}.$$

In Folge der Gleichung $A^2 = A$ sind ihre Elementartheiler alle linear. Mithin hat die Matrix A den Rang f und die Matrix $A-E$ den Rang $h-f$.

Ist H ein festes, R ein veränderliches Element von $\mathfrak{H}$, und setzt man (unabhängig von der in Gleichung (3.) benutzten Bezeichnung) $b_R = a_{H^{-1}RH}$, so genügen die h Grössen b_R den Gleichungen (2.) und (5.), bilden also ein die Function Φ determinirendes Werthsystem. Sind allgemeiner v_R h unabhängige Variabele, ist $V = (v_{PQ^{-1}})$ und $V^{-1}AV = B = (b_{PQ^{-1}})$, so bilden die h Grössen b_R ein solches Werthsystem (*Primfactoren*, § 1, (9.)). Wie ich jetzt zeigen will, erhält man jedes solche Werthsystem auf diese Weise, d. h. indem man für V jede Gruppenmatrix von nicht verschwindender Determinante setzt.

Sind in der Gruppenmatrix $X = (x_{PQ^{-1}})$ die h Grössen x_R unabhängige Variabele, so kann man (*D.* § 5) eine constante Matrix L (deren h^2 Elemente von den Variabelen x_R unabhängig sind, und deren Determinante nicht verschwindet) so bestimmen, dass $L^{-1}XL = Z$ zerfällt in f Matrizen $Z_1, Z_2, \cdots Z_f$ des Grades f, die in den Elementen übereinstimmen, in f' Matrizen $Z_{f+1}, \cdots Z_{f+f'}$ des Grades f', u. s. w. Die $f^2+f'^2+\cdots = h$ Elemente der Matrizen $Z_1, Z_{f+1}, \cdots$ sind h von einander unabhängige lineare Functionen der h Variabelen x_R. Wenn daher C irgend eine Matrix ist, die in derselben Weise zerfällt, wie Z, und wofür $C_1 = C_2 = \cdots C_f, C_{f+1} = \cdots C_{f+f'}, \cdots$ ist, so kann LCL^{-1} aus X erhalten werden, indem man den Variabelen x_R bestimmte Werthe ertheilt. Die charakteristische Determinante von Z_1 ist $\Phi(x-u\varepsilon)$, die von Z_{f+1} ist $\Phi'(x-u\varepsilon)$ u. s. w. Die Zeichen L, Z, C bedeuten hier keine Gruppenmatrizen.

Setzt man $x_R = a_R$, so mögen Z und Z_λ in C und C_λ übergehen. Da $A^2 = A$ ist, so sind die Elementartheiler von $|uE-A|$ alle linear, also auch die von $|uE-C|$. Zerfällt aber eine Determinante in Theile, so sind ihre Elementartheiler die der einzelnen Theile zusammengenommen. Folglich sind auch die Elementartheiler von

$$|uE_1-C_1| = (u-1)\,u^{f-1}$$

linear. Nun sei $B = (b_{PQ^{-1}})$ eine zweite Matrix, deren Elemente den Bedingungen (2.) und (6.) genügen. Dann zerfällt $L^{-1}BL = D$ entsprechend in die Theile $D_1, D_2, \cdots$, und uE_1-C_1 und uE_1-D_1 stimmen in den Elementartheilern überein. Daher kann man eine Matrix M_1 von nicht verschwindender Determinante so bestimmen, dass $M_1^{-1}C_1M_1 = D_1$ ist. Stimmen $M_2, \cdots M_f$ in den Elementen mit M_1 überein, so ist auch $M_2^{-1}C_2M_2 = D_2$, u. s. w. Ebenso bestimme man $M_{f+1}, M_{f+2}, \cdots$, und setze aus diesen Theilen die Matrix M zusammen. Dann ist $LML^{-1} = K$ eine Gruppenmatrix, und aus $M^{-1}CM = D$ folgt

$$(LML^{-1})^{-1}\,(LCL^{-1})\,(LML^{-1}) = LDL^{-1}$$

oder $K^{-1}AK = B$.

Nunmehr ist es auch leicht, die allgemeinste Gruppenmatrix V anzugeben, die A in B transformirt. Sind nämlich u_R h unabhängige Variabele, und ist $U = (u_{PQ^{-1}})$, so ist

$$V = AUB+(E-A)U(E-B). \tag{8.}$$

Denn aus den Gleichungen $A^2 = A$ und $B^2 = B$ folgt $AV = AUB$ und $VB = AUB$, also $AV = VB$. Ist ferner K irgend eine gegebene Gruppenmatrix, die der Bedingung $K^{-1}AK = B$ genügt, so kann man den Variabelen u_R solche Werthe geben, dass $V = K$ wird. Denn dann ist $AK = KB$, $(E-A)K = K(E-B)$. Setzt man also $U = K$, so wird

$$V = A(KB)+(E-A)\big(K(E-B)\big) = A(AK)+(E-A)\big((E-A)K\big)$$
$$= AK+(E-A)K = K.$$

Nun habe ich oben die Existenz einer Gruppenmatrix K bewiesen, deren Determinante nicht verschwindet, und die der Bedingung $AK = KB$ genügte. Für $U = K$ ist daher $|V|$ von Null verschieden, und folglich kann $|V|$ für unbestimmte u_R nicht verschwinden.

Mit Hülfe des eben entwickelten Satzes kann man aus den quadratischen und linearen Gleichungen (2.) und (5.) allgemeinere lineare Relationen zwischen den Grössen a_R herleiten. Die Gruppenmatrix $C = \left(\frac{f}{h}\chi'(PQ^{-1})\right)$ ist mit jeder Gruppenmatrix vertauschbar und genügt der Gleichung $C^2 = C$. Setzt man also $AC = L = (l_{PQ^{-1}})$, so ist $L^2 = L$. Auch den Gleichungen (5.) genügen die Grössen l_R, wie sich aus *Primfactoren*, § 5, (6.) oder § 8 leicht ergiebt. Daher kann man eine Gruppenmatrix K so bestimmen, dass $A = K^{-1}ACK = K^{-1}AKC$ wird, oder wenn man $K^{-1}AK = M$ setzt, $MC = A$.

Mithin ist $AC = MC^2 = MC = A$. Ist Ψ ein von Φ verschiedener Primfactor von Θ, ψ sein Charakter und $D = \left(\frac{h}{f'}\psi'(PQ^{-1})\right)$, so ist $CD = 0$, und daher auch $AD = (AC)D = A(CD) = 0$. Ist b_R irgend ein die Primfunction Ψ determinirendes Werthsystem und $B = (b_{PQ^{-1}})$, so ist $B = BD$, und mithin $AB = (AC)(BD) = (AB)(CD) = 0$. Ist X eine beliebige Gruppenmatrix, so kann man B durch XBX^{-1} ersetzen. Daher ist auch $A(XBX^{-1}) = 0$ und folglich

$$AXB = 0. \tag{9.}$$

Die h Grössen a_R genügen demnach den Gleichungen $AC = A$ oder

$$\sum_R \chi(RS^{-1})a_R = \frac{h}{f}a_S \tag{10.}$$

und $AD = 0$, oder

$$\sum_R \psi(RS^{-1})a_R = 0. \tag{11.}$$

Die letzteren sind, wie die obige Herleitung der Relation $AD = 0$ aus $AC = 0$ zeigt, eine Folge der ersteren. Diese Gleichungen (10.) aber, oder $(E-C)A = 0$, enthalten, da der Rang der Matrix $E-C$ gleich $h-f^2$ ist, genau $h-f^2$ unabhängige homogene lineare Relationen zwischen den h Grössen a_R. Die k Gleichungen (5.) sind aber unter den Gleichungen (10.) und (11.) enthalten, falls man zu diesen noch die nicht homogene Gleichung (7.) hinzunimmt. In der That ist die Anzahl der aufgestellten unabhängigen linearen Gleichungen zwischen den h Grössen a_R $h-f^2+1 \geq k$, weil $h-k = (f^2-1)+(f'^2-1)+(f''^2-1)+\cdots$ ist.

Die Gleichungen (5.) lassen sich auf die Form (6.) bringen. In derselben Weise lassen sich die Gleichungen (10.) und (11.) in

$$f\sum_{(\varrho)} a_{PRQ} = h_\varrho \chi_{\varrho'} a_{PQ} \tag{12.}$$

transformiren, wo R die h_ϱ Elemente der ρ^{ten} Classe durchläuft.

§ 6.

Ist $X = (x_{PQ^{-1}})$ irgend eine Gruppenmatrix, so setze ich $\bar{X} = (x_{Q^{-1}P})$. Ist dann $Z = XY$, so ist $\bar{Z} = \bar{Y}\bar{X}$. Die beiden Matrizen X und $\bar{Y}$ sind mit einander vertauschbar. Seien $u_1, \cdots u_f$ die Wurzeln der Gleichung $\Phi(x-u\varepsilon) = 0$, und $v_1, \cdots v_f$ die der Gleichung $\Phi(y-u\varepsilon) = 0$. Ist dann $g(u, v)$ eine ganze Function von u und v, so sind die Wurzeln der charakteristischen Gleichung der Matrix $g(X, \bar{Y})$ die f^2 Grössen

$$g(u_1, v_1), g(u_1, v_2), \cdots g(u_1, v_f), g(u_2, v_1), \cdots g(u_f, v_f)$$

und die $f'^2+f''^2+\cdots$ Grössen, die aus den anderen Primfactoren $\Phi', \Phi'', \cdots$ von Θ in analoger Weise gebildet sind (*Primfactoren*, § 10).

Daher sind die Wurzeln der charakteristischen Gleichung der Matrix $X\bar{A}$ gleich $u_1, u_2, \cdots u_f, 0, 0, \cdots 0$, und folglich ist

$$(1.)\qquad |E+uX\bar{A}| = (1+u_1u)\cdots(1+u_fu) = \Phi(\varepsilon+ux).$$

Die Elemente der Matrix $X\bar{A} = \bar{A}X$ sind

$$(2.)\qquad \begin{aligned} x_{P,Q} &= \sum_R x_{PR^{-1}}\, a_{Q^{-1}R} = \sum_R a_{R^{-1}P}\, x_{RQ^{-1}} \\ &= \sum_R a_{Q^{-1}R^{-1}P}\, x_R = \sum_R a_{R^{-1}}\, x_{PRQ^{-1}}. \end{aligned}$$

Ersetzt man in der Matrix $X = (x_{PQ^{-1}})$ P durch P^{-1} und Q durch Q^{-1}, so erhält man die Matrix $(x_{P^{-1}Q})$. Diese geht also aus jener hervor, indem man die Zeilen und die Spalten in gleicher Weise unter einander vertauscht. Daher sind beide Matrizen einander ähnlich. Dasselbe Resultat ergiebt sich aus der leicht zu beweisenden Identität

$$(y_{PQ})(x_{PQ^{-1}}) = (x_{P^{-1}Q})(y_{PQ}).$$

Vertauscht man dann in $(x_{P^{-1}Q})$ die Zeilen mit den Spalten, so erhält man die Matrix $\bar{X} = (x_{Q^{-1}P})$. Für die Matrix $\bar{X}$ ist daher die Gesammtheit aller Unterdeterminanten f^{ten} Grades dieselbe wie für X. Mithin ist auch der Rang von $\bar{A}$ gleich f. Nach *Primfactoren*, § 11 verhalten sich daher die Unterdeterminanten f^{ten} Grades der Matrix $X\bar{A} = \bar{A}X$ wie die entsprechenden Unterdeterminanten f^{ten} Grades der Matrix $\bar{A}$. Nun ist nach (1.) die Summe aller Unterdeterminanten f^{ten} Grades von $X\bar{A}$ gleich $\Phi(x)$. Mithin ist jede Unterdeterminante f^{ten} Grades von $X\bar{A}$ gleich der entsprechenden von $\bar{A}$, multiplicirt mit $\Phi(x)$,

$$(3.)\qquad |x_{P,Q}| = \Phi(x)\,|a_{Q^{-1}P}| \qquad (P = A_1, \cdots A_f;\; Q = B_1, \cdots B_f).$$

In der Matrix f^{ten} Grades

$$(x_{P,Q})_f \qquad (P = A_1, \cdots A_f;\; Q = B_1, \cdots B_f)$$

ist x_E mit der Matrix $(a_{Q^{-1}P})_f$ multiplicirt. Ist deren Determinante von Null verschieden, so ist, wie ich jetzt zeigen will,

$$(4.)\qquad (x_{P,Q})_f\;(a_{Q^{-1}P})_f^{-1} \qquad (P = A_1, \cdots A_f;\; Q = B_1, \cdots B_f)$$

eine zur Gruppe $\mathfrak{H}$ gehörige Matrix.

Setzt man $E - A = B$, so ist der Rang von B gleich $h - f = g$, und es ist

$$\sum a_P a_Q = a_R, \qquad \sum b_P b_Q = b_R, \qquad \sum a_P b_Q = \sum b_P a_Q = 0 \qquad (PQ = R).$$

Die beiden Determinanten f^{ten} und g^{ten} Grades

$$(5.)\qquad |a_{Q^{-1}P}| \qquad (P = A_1, \cdots A_f;\; Q = B_1, \cdots B_f)$$

und

$$|b_{Q^{-1}P}| \qquad (P = C_1, \cdots C_g;\; Q = D_1, \cdots D_g)$$

seien von Null verschieden. Sei M die Matrix h^{ten} Grades, deren Zeilen man aus der Zeile

$$a_{B_1^{-1}R}, \cdots a_{B_f^{-1}R}, b_{D_1^{-1}R}, \cdots b_{D_g^{-1}R}$$

erhält, indem man für R die h Elemente von $\mathfrak{H}$ setzt. Sei L' die Matrix, deren Zeilen man in derselben Weise aus

$$a_{R^{-1}A_1}, \cdots a_{R^{-1}A_f}, b_{R^{-1}C_1}, \cdots b_{R^{-1}C_g}$$

erhält, und sei L die zu L' conjugirte Matrix.

Ich bilde nun die Matrix LXM. Seien α und β zwei der Indices $1, 2, \cdots f$, und γ und δ zwei der Indices $1, 2, \cdots g$. Dann ist in jener Matrix das β^{te} Element der α^{ten} Zeile

$$\sum_{R,S} a_{R^{-1}A_\alpha} x_{RS^{-1}} a_{B_\beta^{-1}S} = \sum_{R,S} a_{R^{-1}P} x_{RS^{-1}} a_{Q^{-1}S},$$

falls man $A_\alpha = P$, $B_\beta = Q$ setzt. Dies ist ein Element der Matrix $\bar{A}X\bar{A} = X\bar{A}\bar{A} = X\bar{A}$, also gleich $x_{P,Q}$. Das $(f+\delta)^{\text{te}}$ Element der α^{ten} Zeile ist, falls man $A_\alpha = P$, $D_\delta = Q$ setzt,

$$\sum_{R,S} a_{R^{-1}P} x_{RS^{-1}} b_{Q^{-1}S}.$$

Dies ist ein Element der Matrix $\bar{A}X\bar{B} = X\bar{A}\bar{B} = 0$, verschwindet also. Ebenso verschwindet das β^{te} Element der $(f+\gamma)^{\text{ten}}$ Zeile. Endlich ist das $(f+\delta)^{\text{te}}$ Element der $(f+\gamma)^{\text{ten}}$ Zeile, falls man $C_\gamma = P$, $D_\delta = Q$ setzt,

$$\sum_{R,S} b_{R^{-1}P} x_{RS^{-1}} b_{Q^{-1}S}.$$

Dies ist ein Element der Matrix $\bar{B}X\bar{B} = X\bar{B}\bar{B} = X\bar{B} = X - X\bar{A}$, also gleich $x_{PQ^{-1}} - x_{P,Q}$.

Die Elemente der Matrix LXM sind lineare Functionen der h Variabelen x_R. Sie kann daher als eine lineare Verbindung von h constanten Matrizen aufgefasst werden, deren jede mit einer der h Variabelen x_R multiplicirt ist. Speciell ist x_E mit der Matrix

$$\begin{pmatrix} a_{B_\beta^{-1}A_\alpha} & 0 \\ 0 & b_{D_\delta^{-1}C_\gamma} \end{pmatrix} = N$$

multiplicirt, deren Determinante nicht verschwindet. Die Matrix $LXMN^{-1}$ zerfällt in eine Matrix f^{ten} Grades

$$(x_{P,Q})(a_{Q^{-1}P})^{-1} \qquad (P = A_1, \cdots A_f;\ Q = B_1, \cdots B_f)$$

und eine Matrix g^{ten} Grades

$$(x_{PQ^{-1}} - x_{P,Q})(\varepsilon_{PQ^{-1}} - a_{Q^{-1}P})^{-1}. \quad (P = C_1, \cdots C_g;\ Q = D_1, \cdots D_g)$$

Giebt man in dieser Darstellung den Variabelen x_R den Werth ε_R, setzt man also $X = E$, so erhält man $LMN^{-1} = E$. Daher sind die Determinanten von L und M von Null verschieden, und es ist $MN^{-1} = L^{-1}$.

Nun ist aber LXL^{-1} eine zur Gruppe $\mathfrak{H}$ gehörige Matrix. Da sie in zwei Matrizen f^{ten} und g^{ten} Grades zerfällt, so hat jeder der beiden Theile dieselbe Eigenschaft. Demnach ist (4.) eine zur Gruppe $\mathfrak{H}$ gehörige Matrix, deren Determinante gleich $\Phi(x)$ ist.

Ist also Φ einer der k Primfactoren der Determinante der Gruppe $\mathfrak{H}$, so braucht man nur irgend ein jene Function determinirendes Werthsystem a_R zu kennen, um die der Primfunction Φ entsprechende primitive Darstellung der Gruppe $\mathfrak{H}$ durch lineare Substitutionen angeben zu können.

60.

Über die Charaktere der symmetrischen Gruppe

Sitzungsberichte der Königlich Preußischen Akademie der Wissenschaften zu Berlin
516–534 (1900)

Die sämmtlichen Permutationen von n Symbolen $1, 2, \cdots n$ sind die Elemente einer Gruppe $\mathfrak{H}$ der Ordnung $h = n!$, die man die *symmetrische* nennt. Eine Permutation kann stets und nur in einer Weise als Product von cyklischen Vertauschungen dargestellt werden, von denen nicht zwei ein Symbol gemeinsam haben. Damit zwei Permutationen in Bezug auf $\mathfrak{H}$ conjugirt seien, ist nothwendig und hinreichend, dass sie aus gleich vielen Cyklen derselben Ordnung zusammengesetzt sind. Bestehen die Permutationen der ρ^{ten} Classe $(\rho = 0, 1, \cdots k-1)$ aus α Cyklen der Ordnung 1, β Cyklen der Ordnung 2, γ Cyklen der Ordnung 3, $\cdots$, so ist ihre Anzahl nach Cauchy gleich

$$(1.) \qquad h_\rho = \frac{n!}{1^\alpha \alpha!\, 2^\beta \beta!\, 3^\gamma \gamma! \cdots}.$$

Die Anzahl k der Classen conjugirter Elemente, worin die h Permutationen zerfallen, ist gleich der Anzahl der Lösungen der Gleichung

$$(2.) \qquad n = \alpha + 2\beta + 3\gamma + \cdots$$

durch positive ganze Zahlen $\alpha, \beta, \gamma, \cdots$, die auch Null sein können, oder auch gleich der Anzahl der verschiedenen Zerlegungen der Zahl

$$(3.) \qquad n = n_1 + n_2 + \cdots$$

in eine unbestimmte Anzahl positiver Theile.

Um die k Charaktere der Gruppe $\mathfrak{H}$

$$\chi_\rho^{(\varkappa)} \qquad (\rho = 0, 1, \cdots k-1;\ \varkappa = 0, 1, \cdots k-1)$$

zu berechnen, benutze ich k bestimmte Untergruppen von $\mathfrak{H}$. Nachdem die Zahl n in die Summanden (3.) zerlegt ist, bilde man alle Permutationen, die nur die ersten n_1 Symbole unter sich vertauschen, ebenso nur die folgenden n_2 Symbole, u. s. w. Diese Permutationen bilden eine Gruppe $\mathfrak{G}$ der Ordnung

$$(4.) \qquad g = n_1!\, n_2! \cdots.$$

Jede Permutation R von $\mathfrak{G}$ zerfällt in eine Permutation R_1 unter den ersten n_1 Symbolen, eine Permutation R_2 unter den folgenden n_2 Symbolen, u. s. w. Besteht R_ν aus α_ν Cyklen der Ordnung 1, β_ν Cyklen der Ordnung 2, $\cdots$, so ist

$$(5.)\qquad n_1 = \alpha_1 + 2\beta_1 + \cdots, \qquad n_2 = \alpha_2 + 2\beta_2 + \cdots, \cdots,$$

und wenn R in $\mathfrak{H}$ der ρ^{ten} Classe angehört,

$$(6.)\qquad \alpha = \alpha_1 + \alpha_2 + \cdots, \qquad \beta = \beta_1 + \beta_2 + \cdots.$$

Die Anzahl der in $\mathfrak{G}$ enthaltenen Permutationen dieser Classe ist daher

$$g_\varrho = \Sigma \frac{n_1!}{1^{\alpha_1}\alpha_1!\,2^{\beta_1}\beta_1!\cdots}\,\frac{n_2!}{1^{\alpha_2}\alpha_2!\,2^{\beta_2}\beta_2!\cdots}\cdots,$$

die Summe erstreckt über alle Lösungen der Gleichungen (5.) und (6.). Haben diese Gleichungen keine Lösung, so ist $g_\varrho = 0$. Sonst ist, da

$$(7.)\qquad \frac{h}{h_\varrho} = 1^\alpha\alpha!\,2^\beta\beta!\,3^\gamma\gamma!\cdots$$

ist,

$$\frac{hg_\varrho}{gh_\varrho} = \Sigma \frac{\alpha!}{\alpha_1!\,\alpha_2!\cdots}\,\frac{\beta!}{\beta_1!\,\beta_2!\cdots}\cdots.$$

Seien $x_1, x_2, \cdots x_m$ unabhängige Variabele, deren Anzahl m nicht kleiner ist als die Anzahl der Theile $n_1, n_2, \cdots$ von n. Dann ist diese Summe, ausgedehnt über alle Lösungen der Gleichungen (5.) und (6.), gleich dem Coefficienten von $x_1^{n_1}x_2^{n_2}\cdots$ in der Entwicklung des Productes

$$(8.)\qquad (x_1+x_2+\cdots+x_m)^\alpha\,(x_1^2+x_2^2+\cdots+x_m^2)^\beta\,(x_1^3+x_2^3+\cdots+x_m^3)^\gamma\cdots$$

nach Potenzen der Veränderlichen.

Dieses für die folgende Untersuchung grundlegende Ergebniss lässt sich auch ohne jede Rechnung so einsehen: Sei $R = C_1C_2\cdots C_s$ eine Permutation der ρ^{ten} Classe, die aus s Cyklen von je $c_1, c_2, \cdots, c_s$ Symbolen besteht, so dass

$$(9.)\qquad n = c_1 + c_2 + \cdots + c_s$$

ist. Nach den Entwicklungen in § 1 meiner Arbeit *Über Relationen zwischen den Charakteren einer Gruppe und denen ihrer Untergruppen*, Sitzungsberichte 1898, die ich im Folgenden mit *U.* citiren werde, giebt die Zahl $\frac{hg_\varrho}{gh_\varrho}$ an, wie viele der $\frac{h}{g}$ Untergruppen von $\mathfrak{H}$, die mit $\mathfrak{G}$ conjugirt sind, die Permutation R enthalten. Man findet diese Gruppen, indem man die n Symbole auf alle möglichen Arten in Systeme von je $n_1, n_2, \cdots$ Symbolen theilt, und die Symbole jedes dieser Systeme in jeder Weise unter sich vertauscht. Die Anzahl der so erhaltenen Gruppen ist

$$\frac{h}{g} = \frac{n!}{n_1!\,n_2!\cdots},$$

sie brauchen aber nicht alle unter einander verschieden zu sein. Damit R in einer dieser Gruppen vorkomme, muss es möglich sein, aus einigen der Cyklen $C_1, C_2, \cdots C_s$ eine Permutation von n_1 Symbolen zu bilden, aus einigen anderen eine solche von n_2 Symbolen, u. s. w. Dies ist auf so viele Weisen ausführbar, als man die Zahlen $n_1, n_2, \cdots$ als Summen der Zahlen $c_1, c_2, \cdots c_s$ darstellen kann. Diese Anzahl ist aber gleich dem Coefficienten von $x_1^{n_1} x_2^{n_2} \cdots$ in der Entwicklung des Productes

$$(10.)\quad (x_1^{c_1} + x_2^{c_1} + \cdots + x_m^{c_1})(x_1^{c_2} + x_2^{c_2} + \cdots + x_m^{c_2}) \cdots (x_1^{c_s} + x_2^{c_s} + \cdots + x_m^{c_s}),$$

das, abgesehen von der gewählten Bezeichnung, mit dem Ausdrucke (8.) übereinstimmt. Sind unter den Zahlen $n_1, n_2, \cdots$ oder unter den Zahlen $c_1, c_2, \cdots$ mehrere einander gleiche, so sind zwei Zerlegungen auch dann als verschieden anzusehen, wenn sie sich nur durch die Bezeichnung der darin vorkommenden Zahlen unterscheiden. Denn wenn auch $c_1 = c_2$ ist, so ist doch C_1 von C_2 verschieden.

Nach der Formel U. § 1, (9.) lässt sich $\frac{hg_\varrho}{gh_\varrho}$ als eine lineare Verbindung der Charaktere von $\mathfrak{H}$ mit ganzzahligen Coefficienten darstellen (oder anders ausgedrückt, ist das System der k Zahlen $\frac{hg_\varrho}{gh_\varrho}$ durch den Modul theilbar, der von den k^2 Werthen der k Charaktere gebildet wird). Jede solche Verbindung will ich einen *zusammengesetzten Charakter* von $\mathfrak{H}$ nennen. In der Entwicklung der ganzen symmetrischen Function n^{ten} Grades (8.) nach Potenzen von $x_1, x_2, \cdots x_m$ ist daher jeder Coefficient ein zusammengesetzter Charakter von $\mathfrak{H}$, d. h. der Werth eines solchen Charakters für die durch die Exponenten $\alpha, \beta, \gamma \cdots$ bestimmte Classe (ρ).

§ 2.

Das Product aller Differenzen der m Variabelen $x_1, x_2, \cdots x_m$ sei

$$\Delta(x_1, x_2, \cdots x_m) = (x_2 - x_1)(x_3 - x_1)(x_3 - x_2) \cdots (x_m - x_{m-1}).$$

In der Entwicklung dieser Function vom Grade $\frac{1}{2}m(m-1)$ hat jedes Glied die Gestalt

$$\pm x_1^{k_1} x_2^{k_2} \cdots x_m^{k},$$

wo $k_1, k_2, \cdots k_m$ die Zahlen $0, 1, \cdots m-1$ in irgend einer Reihenfolge sind. Je nachdem diese Permutation eine positive oder eine negative ist, ist der Coefficient des Gliedes gleich $+1$ oder -1. Auch wenn $k_1, k_2, \cdots k_m$ irgend m positive oder negative Zahlen sind, benutze ich im Folgenden das Zeichen

$$(1.)\quad [k_1, k_2, \cdots k_m] = \text{sign.}\, \Delta(k_1, k_2, \cdots k_m).$$

Es hat den Werth 0, wenn zwei der m Zahlen einander gleich sind, sonst den Werth $+1$ oder -1, je nachdem unter den Differenzen k_2-k_1, k_3-k_1, k_3-k_2, $\cdots$ eine gerade oder ungerade Anzahl negativ sind, je nachdem in der Folge $k_1, k_2, \cdots k_m$ eine gerade oder ungerade Anzahl von Inversionen vorkommt.

Dann ist in dem Producte

$$(2.)\quad (x_1+x_2+\cdots+x_m)^\alpha(x_1^2+x_2^2+\cdots+x_m^2)^\beta(x_1^3+x_2^3+\cdots+x_m^3)^\gamma\cdots\Delta(x_1,x_2,\cdots x_m)$$

jeder Coefficient eine ganzzahlige lineare Verbindung gewisser Coefficienten des Ausdrucks (8.), § 1 und mithin ebenfalls ein zusammengesetzter Character von $\mathfrak{H}$. Wie ich darauf gekommen bin, die symmetrische Function (8.), § 1 durch Multiplication mit dem Differenzenproducte in eine alternirende zu verwandeln, geht aus dem folgenden Beweise deutlich hervor. In dieser alternirenden Function bezeichne ich den Coefficienten von

$$x_1^{\lambda_1}x_2^{\lambda_2}\cdots x_m^{\lambda_m} \quad \text{mit} \quad [\lambda_1, \lambda_2, \cdots \lambda_m]\chi_\varrho^{(\lambda)}.$$

Das Symbol (λ) bezeichnet das System der m Exponenten $\lambda_1, \lambda_2, \cdots \lambda_m$, deren Summe

$$(3.)\quad \lambda_1+\lambda_2+\cdots+\lambda_m = n+\tfrac{1}{2}m(m-1)$$

ist, und das Symbol (ρ) die durch die Zahlen $\alpha, \beta, \gamma\cdots$ der Zerlegung (2.), § 1 bestimmte Classe conjugirter Elemente von $\mathfrak{H}$. Ebenso wie die Classen denke ich mir die verschiedenen Lösungen der Gleichung (3.), wobei es auf die Reihenfolge der Summanden nicht ankommt, ganz willkürlich numerirt und mit (0), (1), $\cdots$ allgemein mit (λ) bezeichnet.

Für ein bestimmtes λ bilden, wie ich jetzt zeigen werde, die k Zahlen

$$\chi_\varrho^{(\lambda)} \qquad (\rho = 0, 1, \cdots k-1)$$

einen (einfachen) Charakter von $\mathfrak{H}$, für verschiedene λ verschiedene Charaktere. Ist $m=n$, so giebt es gerade k Systeme von je r verschiedenen Zahlen, die der Bedingung

$$(4.)\quad \varkappa_1+\varkappa_2+\cdots+\varkappa_n = \tfrac{1}{2}n(n+1)$$

genügen. Denn ordnet man in einer Lösung die Summanden so, dass

$$(5.)\quad \varkappa_1<\varkappa_2<\cdots<\varkappa_n$$

ist, so entspricht ihr eine Zerlegung der Zahl n in die Theile

$$\varkappa_1 \leqq \varkappa_2-1 \leqq \varkappa_3-2 \leqq \cdots \leqq \varkappa_n-n+1$$

und umgekehrt. Mithin liefert die alternirende Function

$$(6.)\quad (x_1+x_2+\cdots+x_n)^\alpha(x_1^2+x_2^2+\cdots+x_n^2)^\beta(x_1^3+x_2^3+\cdots+x_n^3)^\gamma\cdots\Delta(x_1,x_2,\cdots x_n)$$
$$= \sum_{(\varkappa)}[\varkappa_1, \varkappa_2, \cdots \varkappa_n]\chi_\varrho^{(\varkappa)}x_1^{\varkappa_1}x_2^{\varkappa_2}\cdots x_n^{\varkappa_n}$$

die Werthe der k Charaktere der symmetrischen Gruppe $\mathfrak{H}$. Man erhält sie schon alle, indem man in dieser Summe von $n!k$ Gliedern nur die k betrachtet, worin die Exponenten der Bedingung (5.) genügen.

Zwischen den Charakteren $\psi_\varrho^{(\varkappa)}$ einer Gruppe $\mathfrak{H}$ bestehen die Relationen

$$(7.)\qquad \sum_\varrho h_\varrho \psi_\varrho^{(\varkappa)} \psi_\varrho^{(\varkappa')} = h, \qquad \sum_\varrho h_\varrho \psi_\varrho^{(\varkappa)} \psi_\varrho^{(\lambda)} = 0,$$

falls (λ) von dem zu $(\varkappa)$ inversen (conjugirten complexen) Charakter $(\varkappa')$ verschieden ist. Nun sei

$$\chi_\varrho = \sum_\varkappa r_\varkappa \psi_\varrho^{(\varkappa)}$$

ein zusammengesetzter Charakter, seien also die Coefficienten $r_\varkappa$ positive oder negative ganze Zahlen. Dann ist, weil $\psi_\varrho^{(\varkappa')} = \psi_{\varrho'}^{(\varkappa)}$ ist,

$$\sum_\varrho h_\varrho \chi_\varrho \chi_{\varrho'} = h \sum_\varkappa r_\varkappa^2.$$

Kann man also zeigen, dass diese Summe gleich h ist, so muss eine der Zahlen $r_\varkappa$ gleich ± 1, die $k-1$ anderen gleich 0 sein. Ist überdies χ_0 eine positive ganze Zahl, falls (0) die Hauptclasse ist, so folgt daraus, dass χ_ϱ ein (einfacher) Charakter ist. Kennt man mehrere solche Charaktere $\chi_\varrho^{(\varkappa)}, \chi_\varrho^{(\lambda)}, \cdots$ und ist

$$\sum_\varrho h_\varrho \chi_\varrho^{(\varkappa)} \chi_{\varrho'}^{(\lambda)} = 0,$$

so sind sie von einander verschieden.

Für die symmetrische Gruppe vereinfachen sich diese Formeln noch dadurch, dass die in der Formel (6.) auftretenden Charaktere $\chi_\varrho^{(\varkappa)}$ nur reelle Werthe haben, also den inversen Charakteren gleich sind.

§ 3.

Um die aufgestellte Behauptung zu beweisen, führe ich ein zweites System von m unabhängigen Variabelen $y_1, y_2, \cdots y_m$ ein und bilde die Summe

$$(1.)\qquad \sum_\varrho \frac{h_\varrho}{h} (x_1 + \cdots + x_m)^\alpha (x_1^2 + \cdots + x_m^2)^\beta \cdots (y_1 + \cdots + y_m)^\alpha (y_1^2 + \cdots + y_m^2)^\beta \cdots$$

$$= \sum \frac{1}{1^\alpha \alpha!} (x_1 + \cdots + x_m)^\alpha (y_1 + \cdots + y_m)^\alpha \frac{1}{2^\beta \beta!} (x_1^2 + \cdots + x_m^2)^\alpha (y_1^2 + \cdots + y_m^2)^\beta \cdots.$$

Beschränkt man die Exponenten $\alpha, \beta, \gamma, \cdots$ zunächst nicht durch die Bedingung

$$(2.)\qquad \alpha + 2\beta + 3\gamma + \cdots = n,$$

sondern ertheilt jedem die Werthe von 0 bis ∞, so ist die Summe dieser Reihe

$$e^{(x_1 + \cdots + x_m)(y_1 + \cdots + y_m) + \frac{1}{2}(x_1^2 + \cdots + x_m^2)(y_1^2 + \cdots + y_m^2) + \cdots}.$$

Führt man in jedem Gliede die Multiplication aus, so wird der Exponent gleich

$$-l(1-x_1y_1)-l(1-x_1y_2)-l(1-x_2y_1)-\cdots-l(1-x_my_m).$$

Folglich ist die Summe gleich dem reciproken Werthe des Productes

$$(1-x_1y_1)(1-x_1y_2)(1-x_2y_1)\cdots(1-x_my_m).$$

Multiplicirt man daher den betrachteten Ausdruck noch mit

$$\Delta(x_1, x_2, \cdots x_m)\ \Delta(y_1, y_2, \cdots y_m),$$

so wird er nach einer bekannten Formel von Cauchy gleich der Determinante m^{ten} Grades

$$\left|\frac{1}{1-x_\mu y_\nu}\right| \qquad (\mu, \nu = 1, 2, \cdots m),$$

oder ausgerechnet

$$\Sigma[\mu_1, \mu_2, \cdots \mu_m]\frac{1}{(1-x_{\mu_1}y_1)(1-x_{\mu_2}y_2)\cdots(1-x_{\mu_m}y_m)}.$$

Nun ist

$$\frac{1}{1-xy} = \Sigma_{\lambda 0}^{\infty}\, x^\lambda y^\lambda,$$

und folglich ist die Determinante gleich

$$\sum_\lambda \sum_\mu [\mu_1, \mu_2, \cdots \mu_m]\, x_{\mu_1}^{\lambda_1} y_1^{\lambda_1} x_{\mu_2}^{\lambda_2} y_2^{\lambda_2} \cdots x_{\mu_m}^{\lambda_m} y_m^{\lambda_m},$$

oder wenn man in jedem Gliede die Factoren in geeigneter Weise umstellt,

$$(3.)\qquad \sum_{\varkappa, \lambda}[\varkappa_1, \varkappa_2, \cdots \varkappa_m][\lambda_1, \lambda_2, \cdots \lambda_m]\, x_1^{\varkappa_1} x_2^{\varkappa_2} \cdots x_m^{\varkappa_m}\, y_1^{\lambda_1} y_2^{\lambda_2} \cdots y_m^{\lambda_m}.$$

Jeder der m Exponenten $\lambda_1, \lambda_2, \cdots \lambda_m$ durchläuft die Werthe von 0 bis ∞. Sind zwei dieser Exponenten einander gleich, so hat das Glied den Coefficienten 0. Für jedes System von m verschiedenen Exponenten durchlaufen $\varkappa_1, \varkappa_2, \cdots \varkappa_m$ die $m!$ Permutationen von $\lambda_1, \lambda_2, \cdots \lambda_m$.

Nimmt man in der Summe (1.) nur die Glieder, die der Bedingung (2.) genügen, so hat man sich in der Reihe (3.) auf die Glieder zu beschränken, worin

$$(4.)\qquad \lambda_1 + \lambda_2 + \cdots + \lambda_m = n + \tfrac{1}{2}m(m-1)$$

ist. Daher ist diese endliche Reihe nach (6.), § 2 gleich

$$\sum_{\varkappa, \lambda}\left(\sum_\varrho \frac{h_\varrho}{h}\chi_\varrho^{(\varkappa)}\chi_\varrho^{(\lambda)}\right)[\varkappa_1, \cdots \varkappa_m][\lambda_1, \cdots \lambda_m]\, x_1^{\varkappa_1} \cdots x_m^{\varkappa_m}\, y_1^{\lambda_1} \cdots y_m^{\lambda_m},$$

wo über alle Werthsysteme $\varkappa, \lambda$ zu summiren ist, die der Bedingung (4.) und der analogen Bedingung

$$\varkappa_1 + \varkappa_2 + \cdots + \varkappa_m = n + \tfrac{1}{2}m(m-1)$$

genügen. Wenn sich also $\varkappa_1, \varkappa_2, \cdots \varkappa_m$ von $\lambda_1, \lambda_2, \cdots \lambda_m$ nicht durch die Reihenfolge allein unterscheiden, so ist

$$\sum_\varrho h_\varrho \chi_\varrho^{(\varkappa)} \chi_\varrho^{(\lambda)} = 0,$$

im anderen Falle aber ist die Summe gleich h. Damit ist der wesentliche Theil des Beweises erledigt, und es ist nur noch zu zeigen, dass die Zahlen $\chi_0^{(\varkappa)} = f^{(\varkappa)}$ positiv sind.

Für die Hauptclasse (0) ist $\alpha = n$, $\beta = 0$, $\gamma = 0, \cdots$, und daher ist

$$(5.)\quad (x_1 + x_2 + \cdots + x_m)^n \Delta(x_1, x_2 \cdots x_m) = \Sigma\, [\lambda_1, \cdots \lambda_m] f^{(\lambda)} x_1^{\lambda_1} \cdots x_m^{\lambda_m}.$$

Die linke Seite ist gleich

$$\left(\Sigma \frac{n!}{\mu_1! \cdots \mu_m!} x_1^{\mu_1} \cdots x_m^{\mu_m}\right)(\Sigma\, [\varkappa_1, \cdots \varkappa_m]\, x_1^{\varkappa_1} \cdots x_m^{\varkappa_m}),$$

wo $n = \mu_1 + \cdots + \mu_m$ ist, und $\varkappa_1, \varkappa_2, \cdots \varkappa_m$ eine der $m!$ Permutationen der Zahlen $0, 1, \cdots m-1$ bedeutet. Die Function $\frac{1}{\mu!} = \frac{1}{\Pi(\mu)}$ ist Null, wenn μ negativ ist. Das Product der beiden Summen ist gleich $n!$ mal

$$\Sigma\, [\varkappa_1, \cdots \varkappa_m] \frac{1}{(\lambda_1 - \varkappa_1)!} \cdots \frac{1}{(\lambda_m - \varkappa_m)!} x_1^{\lambda_1} \cdots x_m^{\lambda_m}.$$

In dieser Summe ist der Coefficient von $x_1^{\lambda_1} \cdots x_m^{\lambda_m}$ gleich der Determinante m^{ten} Grades

$$\frac{f^{(\lambda)}}{h} = \left| \frac{1}{(\lambda_\mu - \nu + 1)!} \right| \qquad (\mu, \nu = 1, 2, \ldots m).$$

Multiplicirt man die Elemente der μ^{ten} Zeile mit $\lambda_\mu!$, und dividirt man die der ν^{ten} Spalte durch $(\nu - 1)!$, so erhält man

$$\frac{\lambda_1! \cdots \lambda_m!}{0! \cdots (m-1)!} \frac{f^{(\lambda)}}{h} = \left| \binom{\lambda_\mu}{\nu - 1} \right|.$$

Das Zeichen

$$\binom{x}{n} = \frac{x(x-1) \cdots (x-n+1)}{1 \cdot 2 \cdots n}$$

brauche ich auch in dem Falle, wo x eine Variabele ist. Die Zeilen der letzten Determinante sind die Werthe der Functionen

$$\binom{x}{0}, \binom{x}{1}, \cdots \binom{x}{m-1} \text{ für } x = \lambda_1, \lambda_2, \cdots \lambda_m.$$

Die Grade dieser Functionen sind $0, 1 \cdots m-1$. Sind also $\lambda_1, \lambda_2, \cdots \lambda_m$ unabhängige Variabele, so ist diese Determinante gleich $\Delta(\lambda_1, \lambda_2, \cdots \lambda_m)$ bis auf einen constanten Divisor $\Delta(0, 1, \cdots m-1)$, den man erhält, indem man $\lambda_1 = 0$, $\lambda_2 = 1, \cdots \lambda_m = m-1$ setzt. Da

$$\Delta(0, 1, \cdots m-1) = 0!\, 1! \cdots (m-1)!$$

ist, so ist

$$(6.)\qquad f^{(\lambda)} = \frac{n!\, \Delta(\lambda_1, \lambda_2, \cdots \lambda_m)}{\lambda_1!\, \lambda_2! \cdots \lambda_m!},$$

also positiv, wenn $\lambda_1 < \lambda_2 < \cdots < \lambda_m$ ist.

§ 4.

Um die k verschiedenen Charaktere zu erhalten, müssen wir $m = n$ setzen. Dann ist $\chi^{(\varkappa)}$ durch ein System von n Zahlen

$$(1.)\qquad (\varkappa) = \varkappa_1, \varkappa_2, \cdots \varkappa_n$$

charakterisirt, die den Bedingungen

$$(2.)\qquad \varkappa_1 + \varkappa_2 + \cdots + \varkappa_n = \tfrac{1}{2} n(n+1), \qquad 0 \leqq \varkappa_1 < \varkappa_2 < \cdots < \varkappa_n$$

genügen. Was die Beziehung zwischen den beiden Entwicklungen (2.) und (6.), § 2 betrifft, so ist

$$[\lambda_1, \lambda_2, \cdots \lambda_m]\, \chi_\varrho^{(\lambda)} = [\varkappa_1, \varkappa_2, \cdots \varkappa_n]\, \chi_\varrho^{(\varkappa)},$$

wenn $(\varkappa)$ in dem Falle $m < n$ das System der n Zahlen

$$(3.)\qquad \varkappa_1, \varkappa_2 \cdots \varkappa_n = 0, 1, \cdots \mu - 1, \mu + \lambda_1, \cdots \mu + \lambda_m \qquad (m + \mu = n)$$

ist. Umgekehrt ist in dem Falle $m > n$

$$(4.)\qquad \lambda_1, \lambda_2, \cdots \lambda_m = 0, 1, \cdots \mu - 1, \mu + \varkappa_1, \cdots \mu + \varkappa_n \qquad (n + \mu = m).$$

Um also von m unabhängig zu sein, könnte man die von Null verschiedenen unter den Zahlen

$$\lambda_1 \leqq \lambda_2 - 1 \leqq \lambda_3 - 2 \leqq \cdots \leqq \lambda_m - m + 1$$

zur Definition des Charakters χ verwenden. Es erweist sich aber als praktischer, dazu die folgende *Charakteristik* zu benutzen.

Die n Zahlen (1.) sind alle $\leqq 2n - 1$, denn den Maximalwerth $2n-1$ erreicht $\varkappa_n$, wenn die $n-1$ anderen Zahlen die Minimalwerthe $\varkappa_1 = 0$, $\varkappa_2 = 1, \cdots \varkappa_{n-1} = n-2$ haben. Seien $a_1, a_2, \cdots a_n$ die Zahlen $0, 1, \cdots n-1$ in irgend einer Reihenfolge. Dann sind

$$n - 1 - a_1, \qquad n - 1 - a_2, \cdots n - 1 - a_n$$

dieselben Zahlen. Von diesen mögen $n - r$ unter den Zahlen (1.) vorkommen, etwa $n - 1 - a_{r+1}, \cdots n - 1 - a_n$. Die übrigen r der Zahlen (1.) sind $\geqq n$, und mögen mit $n + b_1, \cdots n + b_r$ bezeichnet werden. Dann nenne ich

$$(5.)\qquad (\varkappa) = \begin{pmatrix} a_1\, a_2 \cdots a_r \\ b_1\, b_2 \cdots b_r \end{pmatrix}$$

die Charakteristik von $\chi^{(\varkappa)}$. Damit sie völlig bestimmt sei, möge

$$(6.)\qquad a_1 < a_2 < \cdots < a_r, \qquad b_1 < b_2 < \cdots < b_r$$

sein. Die Gleichung (2.) lautet jetzt

$$(n-1-a_{r+1}) + \cdots + (n-1-a_n) + (n + b_1) + \cdots + (n + b_r) = \tfrac{1}{2} n(n+1).$$

Ferner ist

$$a_1 + \cdots + a_r + a_{r+1} + \cdots + a_n = 0 + 1 + \cdots + (n-1) = \tfrac{1}{2} n(n-1)$$

und mithin

(7.) $$a_1+a_2+\cdots+a_r+b_1+b_2+\cdots+b_r=n-r.$$

Die linke Seite ist $\geqq 2(0+1+\cdots+(r-1))=r(r-1)$, und folglich ist die Zahl r, die ich als *Rang der Charakteristik* (5.) bezeichne

(8.) $$r\leqq\sqrt{n}$$

Der Grad des Charakters $\chi^{(\varkappa)}$ wird nun

(9.) $$f^{(\varkappa)}=\frac{n!\,\Delta(\varkappa_1,\varkappa_2,\cdots\varkappa_n)}{\varkappa_1!\,\varkappa_2!\cdots\varkappa_n!}=\frac{n!\,\Delta(a_1,\cdots a_r)\,\Delta(b_1,\cdots b_r)}{a_1!\cdots a_r!\,b_1!\cdots b_r!\,\Pi(a_\alpha+b_\beta+1)},$$

wo in dem letzten Producte α und β die Werthe $1,2,\cdots r$ durchlaufen.

Bei der Durchführung dieser Umrechnung wollen wir, da $f^{(\varkappa)}$ positiv ist, die Vorzeichen ausser Acht lassen. Dann ist zu zeigen, dass

$$\begin{aligned}&a_1!\cdots a_r!\,b_1!\cdots b_r!\,\Pi(a_\alpha+b_\beta+1)\,\Delta(-a_{r+1}-1,\cdots-a_n-1,b_1,\cdots b_r)\\&=\pm(n-a_{r+1}-1)!\cdots(n-a_n-1)!\,(n+b_1)!\cdots(n+b_r)!\,\Delta(a_1,\cdots a_r)\,\Delta(b_1,\cdots b_r)\end{aligned}$$

ist. Nun ist

$$\frac{(b_\beta+n)!}{b_\beta!}=\prod_\alpha(a_\alpha+b_\beta+1)\prod_\gamma(a_\gamma+b_\beta+1),$$

wo γ die Werthe $r+1,\cdots n$ durchläuft, und

$$\pm\Delta(-a_{r+1}-1,\cdots-a_n-1,b_1,\cdots b_r)=\Delta(a_{r+1},\cdots a_n)\,\Delta(b_1,\cdots b_r)\prod_{\gamma,\beta}(a_\gamma+b_\beta+1).$$

Daher ist noch zu beweisen, dass

$$a_1!\cdots a_r!\,\Delta(a_{r+1},\cdots a_n)=(n-1-a_{r+1})!\cdots(n-1-a_n)!\,\Delta(a_1,\cdots a_r)$$

ist. Nun ist (falls in den Producten der Factor $a_\alpha-a_\alpha$ weggelassen wird)

$$(a_\alpha-a_1)(a_\alpha-a_2)\cdots(a_\alpha-a_n)=(a_\alpha-0)(a_\alpha-1)\cdots(a_\alpha-n+1)=\pm a_\alpha!\,(n-1-a_\alpha)!.$$

Wenn man also die obige Gleichung mit $(n-1-a_1)!\cdots(n-1-a_r)!$ multiplicirt, so erhält man

$$\Delta(a_1,\cdots a_r)^2\,\Pi(a_\alpha-a_\gamma)\,\Delta(a_{r+1},\cdots a_n)=\pm 0!\,1!\cdots(n-1)!\,\Delta(a_1,\cdots a_r).$$

Diese Formel ergiebt sich aber aus der Gleichung

$$\begin{aligned}0!\,1!\cdots(n-1)!=\Delta(0,1,\cdots n-1)&=\pm\Delta(a_1,\cdots a_r,a_{r+1},\cdots a_n)\\&=\pm\Delta(a_1,\cdots a_r)\,\Delta(a_{r+1},\cdots a_n)\,\Pi(a_\gamma-a_\alpha).\end{aligned}$$

Der Ausdruck (9.) kann auf die Form einer Determinante r^{ten} Grades

(9.) $$f^{(\varkappa)}=\frac{n!}{a_1!\cdots a_r!\cdots b_1!\cdots b_r!}\left|\frac{1}{a_\alpha+b_\beta+1}\right|\quad(\alpha,\beta=1,2,\cdots r)$$

gebracht werden.

Die Charakteristik (5.) lässt sich auch aus den m Zahlen ableiten, die oben mit $\lambda_1,\lambda_2,\cdots\lambda_m$ bezeichnet sind. r derselben sind $\geqq m$, und gleich $m+b_1,m+b_2,\cdots m+b_r$, und von den Zahlen $0,1,\cdots m-1$

fehlen unter ihnen die r Zahlen $m-1-a_1$, $m-1-a_2$, $m-1-a_r$. Um $\chi_\varrho^{(\lambda)}$ mit Hülfe der Entwicklung des Ausdrucks (2.), § 2 zu berechnen, braucht man darin nur $m \geqq a_r+1$ zu wählen.

Den der Charakteristik (5.) entsprechenden Charakter werde ich auch mit

$$\chi_\varrho^{(\varkappa)} = \chi\begin{pmatrix} a_1\, a_2 \cdots a_r \\ b_1\, b_2 \cdots b_r \end{pmatrix}_\varrho$$

bezeichnen. Setzt man z. B. in der Formel (2.), § 2 $m = 2$, so erhält man

$$(10.)\quad (1-x)(1+x)^\alpha(1+x^2)^\beta(1+x^3)^\gamma\cdots$$
$$= 1 + x\chi\begin{pmatrix} 1 \\ n-2 \end{pmatrix} + x^2\chi\begin{pmatrix} 0 & 1 \\ 0 & n-3 \end{pmatrix} + x^3\chi\begin{pmatrix} 0 & 1 \\ 1 & n-4 \end{pmatrix} + \cdots$$
$$+ x^\lambda\chi\begin{pmatrix} 0 & 1 \\ \lambda-2 & n-\lambda-1 \end{pmatrix} + \cdots,$$

falls $\lambda < \frac{1}{2}(n+1)$ ist. Ist $n+1$ gerade und $\lambda = \frac{1}{2}(n+1)$, so ist der Coefficient von x^λ gleich 0. Dann kehren dieselben Coefficienten in umgekehrter Reihenfolge, aber mit entgegengesetztem Vorzeichen wieder. Daher ist z. B.

$$\chi\begin{pmatrix} 1 \\ n-2 \end{pmatrix} = \alpha - 1, \qquad \chi\begin{pmatrix} 0 & 1 \\ 0 & n-3 \end{pmatrix} = \tfrac{1}{2}\alpha(\alpha-3) + \beta,$$
$$(11.)\quad \chi\begin{pmatrix} 0 & 1 \\ 1 & n-4 \end{pmatrix} = \tfrac{1}{6}\alpha(\alpha-1)(\alpha-5) + (\alpha-1)\beta + \gamma,$$
$$\chi\begin{pmatrix} 0 & 1 \\ 2 & n-5 \end{pmatrix} = \tfrac{1}{24}\alpha(\alpha-1)(\alpha-2)(\alpha-7) + \tfrac{1}{2}(\alpha-1)(\alpha-2)\beta + \tfrac{1}{2}\beta(\beta-3) + (\alpha-1)\gamma + \delta.$$

Der letzte Ausdruck hat demnach für alle Lösungen der Gleichung $\alpha + 2\beta + 3\gamma + 4\delta = 7$ den Werth 0.

§ 5.

In besonders einfacher Weise lassen sich die Charaktere ersten Ranges berechnen. Dazu gehört der Charakter $\chi(R) = \alpha - 1$, der ($U.$, § 5) jeder zweifach transitiven Gruppe von Substitutionen zukommt. Seine charakteristische Function ist

$$(1.)\qquad F(x) = (1-x)^{\alpha-1}(1-x^2)^\beta(1-x^3)^\gamma\cdots.$$

Denn die Summe der Wurzeln der Gleichung $F(x) = 0$ ist $\chi(R) = \alpha - 1$, und die Summe ihrer $\varkappa^{\text{ten}}$ Potenzen ist $\chi(R^\varkappa)$, nämlich gleich der Anzahl der Symbole, die $R^\varkappa$ ungeändert lässt, vermindert um 1. Nach den Resultaten des § 2 meiner Arbeit *Über die Composition der Charaktere einer Gruppe*, Sitzungsberichte 1899, ist der Coefficient von $(-x)^{n-1-\lambda}$ in der Entwicklung von $F(x)$ nach Potenzen von x eine lineare Verbindung der Charaktere von $\mathfrak{H}$ mit ganzen positiven Zahlencoefficienten. Um diese zu ermitteln, mache ich $F(x)$ homogen und bilde die Summe

$$\sum_{\varrho} \frac{h_\varrho}{h} (u-v)^\alpha (u^2-v^2)^\beta (u^3-v^3)^\gamma \cdots (x_1+\cdots+x_n)^\alpha (x_1^2+\cdots+x_n^2)^\beta (x_1^3+\cdots+x_n^3)^\gamma \cdots$$

worin

$$\frac{h_\varrho}{h} = \frac{1}{1^\alpha \alpha!\, 2^\beta \beta!\, 3^\gamma \gamma! \cdots}$$

ist. Sieht man von der Summationsbeschränkung

$$n = \alpha + 2\beta + 3\gamma + \cdots$$

zunächst ab, so erhält man, wie in § 3, für die unendliche Reihe den Ausdruck

$$\left(\frac{(1-x_1 v)\cdots(1-x_n v)}{(1-x_1 u)\cdots(1-x_n u)} - 1\right).$$

Dabei ist, um Weiterungen zu vermeiden, das Werthsystem $\alpha = \beta = \gamma = \cdots = 0$ bei der Summation ausgeschlossen worden. Dieser Ausdruck ist mit

$$\frac{\Delta(x_1, x_2, \cdots x_n)}{u-v}$$

zu multipliciren, und dann ist in seiner Entwicklung nach steigenden Potenzen von u und v der Coefficient von $u^\lambda(-v)^{n-1-\lambda}$ zu bestimmen. Ersetzt man u und v durch ihre reciproken Werthe, und setzt man

$$f(x) = (x-x_1)(x-x_2)\cdots(x-x_n),$$

so ist in der Entwicklung des Ausdrucks

$$\frac{\Delta(x_1, x_2, \cdots x_n)}{v-u}\left(\frac{f(v)}{f(u)} - \frac{v^n}{u^n}\right)$$

nach fallenden Potenzen von u und v der Coefficient von

$$(-1)^{n-1-\lambda} u^{-n-1-\lambda} v^\lambda \qquad (\lambda = 0, 1, \cdots n-1)$$

zu ermitteln. Nun ist

$$\frac{1}{v-u}\left(\frac{f(v)}{f(u)} - \frac{v^n}{u^n}\right) = \frac{1}{u^n}\,\frac{u^n-v^n}{u-v} + \sum_\nu \frac{f(v)}{f'(x_\nu)(v-x_\nu)(u-x_\nu)},$$

und darin ist der Coefficient von $u^{-n-1-\lambda}$, mit $\Delta(x_1, x_2, \cdots x_n)$ multiplicirt, gleich

$$\Delta(x_1, x_2, \cdots x_n) \sum \frac{f(v)\, x_\nu^{n+\lambda}}{f'(x_\nu)(v-x_\nu)} = \sum_\nu \Delta(x_1, \cdots x_{\nu-1}, v, x_{\nu+1}, \cdots x_n)\, x_\nu^{n+\lambda}.$$

In dieser Summe ist der Coefficient $(-1)^{n-1-\lambda} v^\lambda x_1^{\varkappa_1} x_2^{\varkappa_2} \cdots x_n^{\varkappa_n}$ zu berechnen, wo $\varkappa_1, \varkappa_2, \cdots \varkappa_n$ den Bedingungen (2.), § 4 genügen. Dieser ist Null, ausser wenn $\varkappa_1, \varkappa_2, \cdots \varkappa_{n-1} \leqq n-1$ sind, und $\varkappa_n = n+\lambda$. Daher hat diese Zerlegung den Rang $r = 1$, und es ist

$$(\varkappa) = \binom{n-1-\lambda}{\lambda}.$$

Endlich ist der Coefficient von

$$(-1)^{n-1-\lambda} v^{\lambda} x_1^0 x_2^1 \cdots x_{\lambda}^{\lambda-1} x_{\lambda+1}^{\lambda+1} \cdots x_{n-1}^{n-1} x_n^{n+\lambda}$$

in $\Delta(x_1, \cdots x_{n-1}, v)\, x_n^{n+\lambda}$ gleich $+1$.

Daher ist

$$(2.)\qquad F(x) = \chi\begin{pmatrix}0\\ n-1\end{pmatrix} - x\chi\begin{pmatrix}1\\ n-2\end{pmatrix} + x^2\chi\begin{pmatrix}2\\ n-3\end{pmatrix} \cdots$$
$$+ (-x)^{\lambda}\chi\begin{pmatrix}\lambda\\ n-1-\lambda\end{pmatrix} + \cdots + (-x)^{n-2}\chi\begin{pmatrix}n-2\\ 1\end{pmatrix} + (-x)^{n-1}\chi\begin{pmatrix}n-1\\ 0\end{pmatrix}.$$

Die Charaktere ersten Ranges sind also

$$\chi\begin{pmatrix}0\\ n-1\end{pmatrix} = 1, \qquad \chi\begin{pmatrix}1\\ n-2\end{pmatrix} = \alpha - 1, \qquad \chi\begin{pmatrix}2\\ n-3\end{pmatrix} = \begin{pmatrix}\alpha-1\\ 2\end{pmatrix} - \beta,$$
$$(3.)\qquad \chi\begin{pmatrix}3\\ n-4\end{pmatrix} = \begin{pmatrix}\alpha-1\\ 3\end{pmatrix} - (\alpha-1)\beta + \gamma,$$
$$\chi\begin{pmatrix}4\\ n-5\end{pmatrix} = \begin{pmatrix}\alpha-1\\ 4\end{pmatrix} - \begin{pmatrix}\alpha-1\\ 2\end{pmatrix}\beta + (\alpha-1)\gamma + \begin{pmatrix}\beta\\ 2\end{pmatrix} - \delta, \cdots.$$

Ferner ist

$$(4.)\qquad \chi\begin{pmatrix}n-1\\ 0\end{pmatrix} = (-1)^{\beta+\delta+\cdots} = (-1)^{n-s},$$

wenn $s = \alpha + \beta + \gamma + \delta + \cdots$ die Anzahl der Cyklen von R ist, und allgemein

$$\chi\begin{pmatrix}b\\ a\end{pmatrix}_{\varrho} = (-1)^{\beta+\delta+\cdots}\chi\begin{pmatrix}a\\ b\end{pmatrix}_{\varrho}.$$

§ 6.

Ist $\mathfrak{H}$ die symmetrische und $\mathfrak{G}$ die alternirende Gruppe des Grades n, und ist T irgend eine ungerade Permutation, so ist $\mathfrak{H} = \mathfrak{G} + \mathfrak{G}T$, wo der Complex $\mathfrak{G}$ die $\frac{1}{2}n!$ geraden, und der Complex $\mathfrak{G}T = T\mathfrak{G}$ die $\frac{1}{2}n!$ ungeraden Permutationen enthält. Diese beiden Complexe sind die Elemente der Gruppe $\frac{\mathfrak{H}}{\mathfrak{G}}$ der Ordnung 2. Sie hat zwei Charaktere, 1, 1 und 1, −1. Folglich hat die Gruppe $\mathfrak{H}$ einen Charakter

$$(1.)\qquad \chi_{\varrho}^{(1)} = \chi\begin{pmatrix}n-1\\ 0\end{pmatrix}_{\varrho} = (-1)^{\beta+\delta+\cdots} = (-1)^{n-s},$$

der für die Elemente von $\mathfrak{G}$ den Werth $+1$, für die von $\mathfrak{G}T$ den Werth -1 hat. Durch Multiplication mit diesem Charakter ersten Grades ergiebt sich aus jedem Charakter $\chi^{(\varkappa)}$ ein anderer $\chi^{(\lambda)}$. Zwei solche Charaktere, für die

$$(2.)\qquad \chi^{(\lambda)} = \chi^{(\varkappa)}\chi^{(1)}, \qquad \chi^{(\varkappa)} = \chi^{(\lambda)}\chi^{(1)}$$

ist, nenne ich *associirte*. Hat $\chi^{(\varkappa)}(R)$ für jede ungerade Permutation R den Werth 0, so ist dieser Charakter s i c h s e l b s t a s s o c i i r t. Sonst sind zwei associirte Charaktere von einander verschieden. Wir charakterisiren $\chi^{(\lambda)}$ durch ein System von n Zahlen, die den Bedingungen

(3.) $$\tfrac{1}{2}n(n+1) = \lambda_1 + \lambda_2 + \cdots + \lambda_n, \qquad 0 \leqq \lambda_1 < \lambda_2 < \cdots < \lambda_n$$

genügen und $\chi^{(\varkappa)}$ durch eine analoge Zerlegung (2.), § 4, und wir nennen auch diese beiden Zerlegungen associirte. Ich will nun zeigen, dass dann die Zahlen

(4.) $$\varkappa_1, \varkappa_2, \cdots \varkappa_n,\ 2n-1-\lambda_1,\ 2n-1-\lambda_2, \cdots 2n-1-\lambda_n$$

abgesehen von der Reihenfolge mit den Zahlen $0, 1, \cdots 2n-1$ übereinstimmen. Zunächst sind auf diese Art die Zerlegungen (3.) paarweise einander zugeordnet. Denn $\varkappa_1, \varkappa_2, \cdots \varkappa_n$ sind n der $2n$ Zahlen $0, 1, \cdots 2n-1$. Bezeichnet man die n übrigen mit $2n-1-\lambda_1$, $2n-1-\lambda_2, \cdots$ $2n-1-\lambda_n$, so ist

$$\Sigma(\varkappa) + \Sigma(2n-1-\lambda) = 0 + 1 + \cdots + 2n-1 = n(2n-1),$$

und daher $\Sigma\varkappa = \Sigma\lambda$. Dass dann die Beziehungen (2.) bestehen, geht aus der Gleichung

(5.) $$\sum_{\varrho} \frac{h_\varrho}{h} \chi_\varrho^{(1)} \chi_\varrho^{(\varkappa)} \chi_\varrho^{(\lambda)} = 1$$

hervor. Um sie zu beweisen, bilde ich die unendliche Reihe

$$\Sigma(-1)^{\beta+\delta+\cdots} \frac{1}{\alpha!}(x_1+\cdots+x_n)^\alpha (y_1+\cdots+y_n)^\alpha \frac{1}{2^\beta \beta!}(x_1^2+\cdots+x_n^2)^\beta (y_1^2+\cdots+y_n^2)^\beta$$
$$= e^{(x_1+\cdots+x_n)(y_1+\cdots+y_n) - \frac{1}{2}(x_1^2+\cdots+x_n^2)(y_1^2+\cdots+y_n^2)+\cdots}$$
$$= \Pi(1 + x_\mu y_\nu).$$

Dann ist die Summe (5.) gleich dem Coefficienten von $x_1^{\varkappa_1} \cdots x_n^{\varkappa_n} y_1^{\lambda_1} \cdots y_n^{\lambda_n}$ in der Entwicklung des Productes

$$\Delta(x_1, \cdots x_n)\, \Delta(y_1, \cdots y_n)\, \Pi(1 + x_\mu y_\nu).$$

Ersetzt man $y_1, \cdots y_n$ durch $-\frac{1}{y_1}, \cdots -\frac{1}{y_n}$, so ist dies der Coefficient von $\pm x_1^{\varkappa_1} \cdots x_n^{\varkappa_n} y_1^{2n-1-\lambda_1} \cdots y_n^{2n-1-\lambda_n}$ in der Entwicklung des Ausdrucks

$$\Delta(x_1, \cdots x_n)\, \Delta(y_1, \cdots y_n)\, \Pi(y_\nu - x_\mu) = \Delta(x_1, \cdots x_n, y_1, \cdots y_n).$$

Dieser ist aber gleich 0, wenn nicht die $2n$ Zahlen (4.) alle unter einander verschieden sind, also abgesehen von der Reihenfolge mit den Zahlen $0, 1, \cdots 2n-1$ übereinstimmen. In diesem Falle ist der Coefficient ± 1. Auch ohne auf die genaue Bestimmung des Zeichens einzugehen, ergiebt sich daraus die Gleichung (5.), weil die Summe links nur einen der beiden Werthe 0 oder $+1$ haben kann.

Die Beziehung zwischen zwei associirten Charakteren lässt sich bequemer darstellen, wenn man $\chi^{(\varkappa)}$ durch die Charakteristik (5.), § 4 definirt. Seien $b_1, \cdots b_r, b_{r+1}, \cdots b_n$ die Zahlen $0, 1, \cdots n-1$. Sind dann $\varkappa_1, \cdots \varkappa_n$ die Zahlen $n-1-a_{r+1}, \cdots n-1-a_n, n+b_1, \cdots n+b_r$, so sind

$2n-1-\lambda_1, \cdots 2n-1-\lambda_n$ die Zahlen $n-1-a_1, \cdots n-1-a_r, n+b_{r+1}, \cdots n+b_n$, und $\lambda_1, \cdots \lambda_n$ selbst die Zahlen $n-1-b_{r+1}, \cdots n-1-b_n, n+a_1, \cdots n+a_r$. Daher sind

$$(6.) \qquad (\varkappa) = \begin{pmatrix} a_1 \cdots a_r \\ b_1 \cdots b_r \end{pmatrix}, \qquad (\lambda) = \begin{pmatrix} b_1 \cdots b_r \\ a_1 \cdots a_r \end{pmatrix}$$

associirte Charakteristiken, oder es ist

$$(7.) \qquad \chi\begin{pmatrix} b_1 \cdots b_r \\ a_1 \cdots a_r \end{pmatrix}_\varrho = (-1)^{n-s} \chi\begin{pmatrix} a_1 \cdots a_r \\ b_1 \ldots b_r \end{pmatrix}_\varrho .$$

Eine Charakteristik ist folglich stets und nur dann sich selbst associirt, wenn $a_1 = b_1, \cdots a_r = b_r$ ist. Dann ergiebt sich aber aus der Gleichung (7.), § 4

$$(8.) \qquad n = (2a_1+1) + \cdots + (2a_r+1)$$

eine Darstellung von n als Summe von lauter verschiedenen ungeraden Zahlen. Umgekehrt entspricht jeder solchen Darstellung eine sich selbst associirte Charakteristik

$$(9.) \qquad (\varkappa) = \begin{pmatrix} a_1 \cdots a_r \\ a_1 \cdots a_r \end{pmatrix}, \qquad a_1 + a_2 + \cdots + a_r = \tfrac{1}{2}(n-r).$$

Die Anzahl v der sich selbst associirten Charaktere von $\mathfrak{H}$ ist also gleich der Anzahl der Darstellungen von n als Summe von lauter verschiedenen ungeraden Zahlen. Zufolge der bekannten Formel

$$\Pi(1+x^{2\varkappa-1}) = 1 : \Pi(1-(-1)^{\varkappa-1}x^\varkappa)$$

ist diese Anzahl gleich der Differenz der Anzahl der Zerlegungen

$$(10.) \qquad n = c_1 + c_2 + c_3 + \cdots,$$

wofür $\Sigma(c-1)$ gerade ist, und der Anzahl derer, wofür $\Sigma(c-1)$ ungerade ist, also gleich der Differenz zwischen der Anzahl der geraden und der ungeraden Classen. Die k Classen zerfallen demnach in

$$(11.) \qquad \tfrac{1}{2}(k+v) = u+v \text{ gerade und } \tfrac{1}{2}(k-v) = u \text{ ungerade Classen.}$$

Jeder Darstellung (8.) entspricht eine Zerlegung

$$n = 1 + (2a_1+1) + \cdots + (2a_{r-1}+1) + 2a_r,$$

wofür $\Sigma(c-1)$ ungerade ist. Daher ist $u > v$, nur für $n = 3$ ist $u = v$.

Die hier entwickelten Sätze sind von Wichtigkeit bei der Berechnung der Charaktere der alternirenden Gruppe, die sich, wie ich nächstens zeigen werde, aus ihren Beziehungen zu den Charakteren von Untergruppen ebenfalls vollständig bestimmen lassen.

§ 7.

Ich hebe noch einige specielle Fälle hervor, worin sich gewisse Werthe von Charakteren in einfacher Weise bestimmen lassen. Die

Substitutionen der ρ^{ten} Classe mögen aus s Cyklen von je $c_1, c_2, \cdots c_s$ Symbolen bestehen. Dann ist

$$(1.)\qquad n = c_1 + c_2 + \cdots + c_s,$$

und es sei

$$(2.)\qquad c_1 \leqq c_2 \leqq \cdots \leqq c_s.$$

Nun ist $[\varkappa_1, \varkappa_2, \cdots \varkappa_n]\chi_\varrho^{(\varkappa)}$ der Coefficient von $x_1^{\varkappa_1} x_2^{\varkappa_2} \cdots x_n^{\varkappa_n}$ in der Entwicklung des Productes

$$(3.)\qquad (x_1^{c_1} + \cdots + x_n^{c_1}) \cdots (x_1^{c_s} + \cdots + x_n^{c_s})\Delta(x_1, \cdots x_n).$$

Ist die Charakteristik von $\chi^{(\varkappa)}$

$$(4.)\qquad (\varkappa) = \begin{pmatrix} a_1 & a_2 \cdots a_r \\ b_1 & b_2 \cdots b_r \end{pmatrix},$$

so ist

$$\varkappa_1, \varkappa_2, \cdots \varkappa_n = n-1-a_{r+1}, \cdots n-1-a_n, n+b_1, \cdots n+b_r.$$

Irgend ein Glied in der Entwicklung von $\Delta(x_1, \cdots x_n)$ ist $\pm x_1^{k_1} x_2^{k_2} \cdots x_n^{k_n}$, wo $k_1, k_2, \cdots k_n$ die Zahlen $0, 1, \cdots n-1$ sind. Irgend ein Glied in der Entwicklung des Productes

$$(5.)\qquad (x_1^{c_1} + \cdots + x_n^{c_1}) \cdots (x_1^{c_s} \cdots + x_n^{c_s})$$

ist $x_\sigma^{l_1} x_\tau^{l_2} \cdots x_\omega^{l_{s'}}$, wo $l_1 = c_{\sigma_1} + c_{\sigma_2} + \cdots$, $l_2 = c_{\tau_1} + c_{\tau_2} + \cdots$, ist und

$$\sigma_1, \sigma_2, \cdots \qquad \tau_1, \tau_2, \cdots$$

zusammen die Zahlen $1, 2, \cdots s$ sind. Folglich ist $s' \leqq s$ und nur dann $s' = s$, wenn $l_1, l_2, \cdots l_s$ abgesehen von der Reihenfolge mit $c_1, c_2, \cdots c_s$ übereinstimmen. Multiplicirt man diese beiden Glieder, so werden s' der Exponenten $k_1, k_2, \cdots k_n$ vermehrt. Erhält man so das Glied $x_1^{\varkappa_1} x_2^{\varkappa_2} \cdots x_n^{\varkappa_n}$, so werden r von den n Exponenten $k_1, k_2, \cdots k_n$, die $\leqq n-1$ sind, durch diese Vermehrung grösser als $n-1$, nämlich gleich

$$n + b_1, \cdots n + b_r.$$

Daher muss $s' \geqq r$ sein. Dies ist nicht möglich, wenn $s < r$ ist, und folglich ist in diesem Falle $\chi_\varrho^{(\varkappa)} = 0$.

Ist die Anzahl s der Cyklen, aus denen die Substitutionen der ρ^{ten} Classe bestehen, kleiner als der Rang r der Charakteristik $(\varkappa)$, so ist $\chi_\varrho^{(\varkappa)} = 0$.

Sei jetzt $s = r$. Dann müssen genau s der Exponenten $k_1, k_2, \cdots k_n$ vermehrt werden, damit sie gleich $n + b_1, \cdots n + b_s$ werden, und die übrigen $n-s$ Exponenten müssen mit $n-1-a_{s+1}, \cdots n-1-a_n$ übereinstimmen. Ferner muss $s' = s$ sein und $l_1, l_2, \cdots l_s = c_1, c_2, \cdots c_s$. Die s Exponenten $n-1-a_1, \cdots n-1-a_s$ werden jeder um eine der Zahlen $c_1, \cdots c_s$ vermehrt, und so ergeben sich die Zahlen $n + b_1, \cdots n + b_s$. Daher ist

$$(6.)\qquad c_1 - 1 = a_\alpha + b_\lambda,\ c_2 - 1 = a_\beta + b_\mu,\ \cdots\ c_s - 1 = a_\vartheta + b_\tau,$$

wo $\alpha, \beta, \cdots \vartheta$ und $\lambda, \mu, \cdots \tau$ zwei Permutationen der Zahlen $1, 2, \cdots s$ sind. In einer anderen Reihenfolge mögen diese s Gleichungen lauten

$$c_{\xi}-1 = a_{\gamma}+b_1,\; c_{\eta}-1 = a_{\delta}+b_2,\; \cdots\; c_{\zeta}-1 = a_{\nu}+b_s.$$

Zu dem Gliede

$$[n+b_1, \cdots n+b_s, n-1-a_{s+1}, \cdots n-1-a_n]\, \chi_{\varrho}^{(\varkappa)}\, x_1^{n+b_1} \cdots x_s^{n+b_s} x_{s+1}^{n-1-a_{s+1}} \cdots x_n^{n-1-a_n}$$

von (3.) erhält man also einen Beitrag, indem man das Glied

$$x_1^{n-1-a_{\gamma}} \cdots x_s^{n-1-a_{\nu}}\, x_{s+1}^{n-1-a_{s+1}} \cdots x_n^{n-1-a_n}$$

von $\Delta(x_1, \cdots x_n)$ mit dem Gliede $x_1^{c_{\xi}} \cdots x_s^{c_{\zeta}}$ von (5.) multiplicirt. Daher ist

$$\chi_{\varrho}^{(\varkappa)} = [-a_{s+1}-1, \cdots -a_n-1, b_1, \cdots b_s]\, \Sigma\, [-a_{s+1}, \cdots -a_n, -a_{\gamma}, \cdots -a_{\nu}]$$

oder, wenn man wieder die Reihenfolge (6.) herstellt,

$$\chi_{\varrho}^{(\varkappa)} = \Sigma\, [-a_{s+1}-1, \cdots -a_n-1, b_{\lambda}, \cdots b_{\tau}]\, [-a_{s+1}, \cdots -a_n, -a_{\alpha}, \cdots -a_{\vartheta}],$$

die Summe erstreckt über alle Lösungen der Gleichungen (6.). Das Product der beiden Vorzeichen ist gleich

$$[b_{\lambda}, \cdots b_{\tau}][a_{\alpha}, \cdots a_{\vartheta}](-1)^{\frac{1}{2}s(s-1)}$$
$$\text{sign.}\,(a_{s+1}-a_{\alpha}) \cdots (a_n-a_{\alpha}) \cdots (a_{s+1}-a_{\vartheta}) \cdots (a_n-a_{\vartheta}).$$

Das letztere Vorzeichen ist, da sich $\alpha, \beta, \cdots \vartheta$ von $1, 2, \cdots s$ nur durch die Reihenfolge unterscheiden, gleich

$$\text{sign.}\,(a_{s+1}-a_1) \cdots (a_n-a_1) \cdots (a_{s+1}-a_s) \cdots (a_n-a_s).$$

Da $a_1 < a_2 < \cdots < a_s$ ist, und $a_1, \cdots a_s, a_{s+1} \cdots a_n = 0, 1, \cdots n-1$ sind, so kommen unter den Zahlen $a_{s+1}, \cdots a_n$ die Zahlen $0, 1, \cdots a_1-1$ vor, und demnach sind unter den $n-s$ Differenzen $a_{s+1}-a_1, \cdots a_n-a_1$ genau a_1 negative. Ebenso kommen unter den Zahlen $a_{s+1}, \cdots a_n$ die Zahlen $0, 1, \cdots a_2-1$ vor mit Ausnahme von a_1, und demnach sind unter den $n-s$ Differenzen $a_{s+1}-a_2, \cdots a_n-a_2$ genau a_2-1 negative.

Daher ist das letzte Vorzeichen gleich

$$(-1)^{a_1+(a_2-1)+(a_3-2)+\cdots+(a_s-s+1)}.$$

Da endlich $b_1 < b_2 < \cdots < b_s$ ist, so ist $[b_{\lambda}, b_{\mu}, \cdots b_{\tau}] = [\lambda, \mu, \cdots \tau]$, und folglich ist

$$(7.)\qquad \chi_{\varrho}^{(\varkappa)} = (-1)^{a_1+a_2+\cdots a_s}\, \Sigma\, [\alpha, \beta, \cdots \vartheta][\lambda, \mu, \cdots \tau],$$

die Summe erstreckt über alle Lösungen der Gleichungen (6.). Ein Glied dieser Summe hat den Werth $+1$ oder -1, je nachdem $\lambda, \mu, \cdots \tau$ eine positive oder negative Permutation von $\alpha, \beta, \cdots \vartheta$ ist.

Ist z. B.

$$(8.)\qquad c_1-1 = a_1+b_1, \qquad c_2-1 = a_2+b_2, \cdots \qquad c_s-1 = a_s+b_s,$$

so ist damit eine Lösung der Gleichungen (6.) gegeben. Eine andere können sie nicht haben. Denn ist $a_1+b_1 = c_1-1 = a_{\alpha}+b_{\lambda}$ so muss, weil $a_\alpha \geqq a_1$ und $b_\lambda \geqq b_1$ ist, $a_\alpha = a_1$ und $b_\lambda = b_1$ sein und mithin $\alpha = 1$ und $\lambda = 1$, u. s. w. Daher ist unter der Bedingung (8.)

$$\chi_\varrho^{(\varkappa)} = (-1)^{a_1+a_2+\cdots+a_s}. \tag{9.}$$

Jeder Charakter $\chi^{(\varkappa)}$ hat also für mindestens eine Classe den Werth ± 1. Ist noch specieller $a_1 = b_1, \cdots a_s = b_s$, also noch (8.)

$$c_1 = 2a_1+1, \quad c_2 = 2a_2+1, \cdots \quad c_s = 2a_s+1, \tag{10.}$$

so ist

$$\chi_\varrho^{(\varkappa)} = (-1)^{\frac{1}{2}(n-s)} = (-1)^{\frac{1}{2}(p-1)}, \tag{11.}$$

wo

$$p = c_1 c_2 \cdots c_s \tag{12.}$$

ist. Denn dieses Product ist

$$(1+2a_1)\cdots(1+2a_s) \equiv 1+2(a_1+\cdots+a_s) \pmod{4}.$$

Ist aber $r = s$ und $a_1 = b_1 \ldots a_s = b_s$, ohne dass die Bedingung (10.) erfüllt ist, so ist

$$\chi_\varrho^{(\varkappa)} = (-1)^{\frac{1}{2}(n-s)} \Sigma [\alpha, \beta, \cdots \vartheta][\lambda, \mu, \cdots \tau],$$

die Summe ausgedehnt über alle Lösungen der Gleichungen

$$c_1 - 1 = a_\alpha + a_\lambda, \quad c_2 - 1 = a_\beta + a_\mu, \cdots \quad c_s - 1 = a_\vartheta + a_\tau.$$

Diesen Gleichungen genügt man nicht, indem man

$$\alpha = \lambda, \quad \beta = \mu, \cdots \quad \vartheta = \tau$$

setzt, weil sonst nach (2.) $\alpha = \lambda = 1$, $\beta = \mu = 2, \cdots \vartheta = \tau = s$ wäre. Daher entspricht jeder Lösung eine andere

$$c_1 - 1 = a_\lambda + a_\alpha, \quad c_2 - 1 = a_\mu + a_\beta, \cdots \quad c_s - 1 = a_\tau + a_\vartheta,$$

die von ihr verschieden ist, und folglich ist $\chi_\varrho^{(\varkappa)}$ eine gerade Zahl. Auch für alle anderen Classen ist, wie ich zeigen werde, $\chi_\varrho^{(\varkappa)}$ gerade, mit Ausnahme der einen Classe (10.)

Um noch ein anderes Beispiel zu behandeln, will ich $\chi_\varrho^{(\varkappa)}$ für den Fall berechnen, wo die Permutationen der ρ^{ten} Classe aus einem Cyklus von c Symbolen und aus $n-c$ Cyklen von je einem Symbole bestehen, und zwar nach der in § 3 zur Bestimmung von $f^{(\lambda)}$ benutzten Methode. Bedient man sich auch der dort gebrauchten Bezeichnungen, so ist

$$\Sigma [\lambda_1, \cdots \lambda_n] \chi_\varrho^{(\lambda)} x_1^{\lambda_1} \cdots x_n^{\lambda_n} = (x_1^c + \cdots + x_n^c)(x_1 + \cdots + x_n)^{n-c} \Delta(x_1 \cdots x_n),$$

$$= (x_1^c + \cdots + x_n^c)\left(\Sigma \frac{(n-c)!}{\mu_1! \cdots \mu_n!} x_1^{\mu_1} \cdots x_n^{\mu_n}\right)(\Sigma [\varkappa_1, \cdots \varkappa_n] x_1^{\varkappa_1} \cdots x_n^{\varkappa_n}),$$

wo $\mu_1 + \cdots + \mu_n = n-c$ ist, und $\varkappa_1, \cdots \varkappa_n$ die Zahlen $0, 1, \cdots n-1$ sind. Ist $\lambda_1 < \lambda_2 < \cdots < \lambda_n$, so besteht $\chi_\varrho^{(\lambda)} : (n-c)!$ aus n Theilen. Den ersten erhält man, indem man von der Summe $x_1^c + \cdots + x_n^c$ nur das erste Glied nimmt. Er ist gleich

$$\Sigma\,[\varkappa_1, \varkappa_2, \cdots \varkappa_n]\,\frac{1}{(\lambda_1 - c - \varkappa_1)!}\,\frac{1}{(\lambda_2 - \varkappa_2)!}\cdots\frac{1}{(\lambda_n - \varkappa_n)!},$$

also nach § 3 gleich

$$\frac{\Delta(\lambda_1 - c, \lambda_2, \cdots \lambda_n)}{(\lambda_1 - c)!\,\lambda_2!\cdots\lambda_n!}.$$

Dividirt man durch

$$f^{(\lambda)} = \frac{n!\,\Delta(\lambda_1, \lambda_2, \cdots \lambda_n)}{\lambda_1!\,\lambda_2!\cdots\lambda_n!}$$

und multiplicirt man mit

$$h_\varrho = \frac{n!}{c\,(n-c)!},$$

so wird

$$\frac{-c^2\,h_\varrho\,\chi_\varrho^{(\lambda)}}{f^{(\lambda)}}$$

eine Summe von n Gliedern, deren erstes

$$\frac{(\lambda_1 - c - \lambda_1)(\lambda_1 - c - \lambda_2)\cdots(\lambda_1 - c - \lambda_n)\,\lambda_1(\lambda_1 - 1)\cdots(\lambda_1 - c + 1)}{(\lambda_1 - \lambda_2)\cdots(\lambda_1 - \lambda_n)}$$

ist. Setzt man

$$\varphi(x) = (x - \lambda_1)\cdots(x - \lambda_n), \quad \psi(x) = (x - c - \lambda_1)\cdots(x - c - \lambda_n)\,x\,(x-1)\cdots(x - c + 1),$$

so ist also

$$\frac{-c^2\,h_\varrho\,\chi_\varrho^{(\lambda)}}{f^{(\lambda)}} = \frac{\psi(\lambda_1)}{\varphi'(\lambda_1)} + \cdots + \frac{\psi(\lambda_n)}{\varphi'(\lambda_n)}$$

oder gleich dem Coefficienten von x^{-1} in der Entwicklung von $\dfrac{\psi(x)}{\varphi(x)}$ nach absteigenden Potenzen von x. Ist

$$(\lambda) = \begin{pmatrix} a_1 & a_2 & \cdots & a_r \\ b_1 & b_2 & \cdots & b_r \end{pmatrix},$$

so erweitere man diesen Bruch mit

$$(x - (n - 1 - a_1))\cdots(x - (n - 1 - a_r))\;\;(x - c - (n - 1 - a_1))\cdots(x - c - (n - 1 - a_r)).$$

Nun sind die Zahlen

$$\lambda_1, \cdots \lambda_n, n - 1 - a_1, \cdots n - 1 - a_r$$

gleich

$$0, 1, \cdots n - 1, n + b_1, \cdots n + b_r.$$

Ersetzt man nun x durch $x + n$, so wird der Bruch gleich

$$\frac{(x + a_1 + 1)\cdots(x + a_r + 1)\,(x - c - b_1)\cdots(x - c - b_r)\,x(x-1)\cdots(x - c + 1)}{(x - b_1)\cdots(x - b_r)\,(x - c + a_1 + 1)\cdots(x - c + a_r + 1)}.$$

Ist also

(13.) $$f(x) = \frac{(x - b_1)\cdots(x - b_r)}{(x + a_1 + 1)\cdots(x + a_r + 1)},$$

so ist

$$(14.)\qquad \frac{-c^2 h_\varrho \chi_\varrho^{(\lambda)}}{f^{(\lambda)}} = \left[\frac{f(x-c)\,x\,(x-1)\cdots(x-c+1)}{f(x)}\right]_{x^{-1}} = \left[\frac{\varphi(x-c)\,x\,(x-1)\cdots(x-c+1)}{\varphi(x)}\right]_{x^{-1}}$$

d. h. gleich dem Coefficienten von x^{-1} in der Entwicklung dieser rationalen Function nach absteigenden Potenzen von x, und diese Formel bleibt auch gültig, wenn man unter Anwendung der Bezeichnungen (3.) oder (4.), § 4

$$(15.)\qquad \varphi(x) = (x-\lambda_1)(x-\lambda_2)\cdots(x-\lambda_m)$$

setzt. Für $c = 2$ ist daher

$$(16.)\qquad \frac{h_\varrho \chi_\varrho^{(\lambda)}}{f^{(\lambda)}} = \tfrac{1}{2}\left(\Sigma\, b(b+1) - \Sigma\, a(a+1)\right).$$

Dass dieser Ausdruck eine ganze Zahl ist, habe ich schon in § 2 meiner Arbeit *Über Gruppencharaktere*, Sitzungsberichte 1896, bewiesen.

61.

Über die Charaktere der alternirenden Gruppe

Sitzungsberichte der Königlich Preußischen Akademie der Wissenschaften zu Berlin
303 – 315 (1901)

Die Charaktere der alternirenden Gruppe der Permutationen von n Symbolen lassen sich durch ein Verfahren bestimmen, ähnlich dem, das ich (Sitzungsberichte 1900) zur Berechnung der Charaktere der symmetrischen Gruppe benutzt habe.

Die alternirende Gruppe $\mathfrak{H}$ des Grades n besteht aus den geraden oder positiven Permutationen der symmetrischen Gruppe $\mathfrak{H}'$. Eine Permutation, die aus s Cyklen $C_1, C_2, \cdots C_s$ von je $c_1, c_2, \cdots c_s$ Symbolen besteht, ist gerade oder ungerade, je nachdem $\Sigma(c-1) = n-s$ gerade oder ungerade ist. Die Gruppen $\mathfrak{H}$ und $\mathfrak{H}'$ haben die Ordnungen $h = \frac{1}{2} n!$ und $h' = 2h$, ihre Elemente mögen in k und k' Classen zerfallen. Auch in $\mathfrak{H}$ können zwei Permutationen nur dann conjugirt sein, wenn sie aus gleich vielen Cyklen derselben Ordnung bestehen. Es fragt sich aber, ob alle solche Permutationen auch in $\mathfrak{H}$ nur eine Classe bilden. Denn zwei gerade Permutationen R und S sind in $\mathfrak{H}$ stets und nur dann conjugirt, wenn es eine gerade Permutation P giebt, die der Bedingung $P^{-1}RP = S$ genügt.

Sind R und S in $\mathfrak{H}'$ conjugirt, so ist diese Bedingung stets erfüllt, wenn R mit einer negativen Permutation T vertauschbar ist. Denn in $\mathfrak{H}'$ giebt es eine solche Permutation Q, dass $Q^{-1}RQ = S$ ist. Ferner ist $(TQ)^{-1}R(TQ) = Q^{-1}(T^{-1}RT)\,Q = Q^{-1}RQ = S$, und von den beiden Permutationen Q und TQ ist immer die eine gerade. In diesem Falle ist also die Classe von $\mathfrak{H}$ durch die Zahlen $c_1, c_2, \cdots c_s$ vollständig bestimmt.

Ist aber R mit keiner negativen Permutation vertauschbar, so können R und $T^{-1}RT = S$ in $\mathfrak{H}$ nicht conjugirt sein, falls T ungerade ist. Denn sonst gäbe es eine solche positive Permutation P, dass $P^{-1}SP = R$ wäre, und daher wäre die negative Permutation TP mit R vertauschbar.

Sind $P_1, P_2, \cdots P_h$ die h positiven Permutationen, so sind $TP_1, TP_2, \cdots TP_h$ die h negativen. Daher sind

$$P_\lambda^{-1}RP_\lambda, \qquad P_\lambda^{-1}T^{-1}RTP_\lambda \qquad (\lambda = 1, 2, \cdots h)$$

alle Permutationen, die mit R in $\mathfrak{H}'$ conjugirt sind. Sie bilden in $\mathfrak{H}'$ eine, in $\mathfrak{H}$ aber zwei Classen, die durch R und $T^{-1}RT = S$ repraesentirt werden. Zwei solche *conjugirte Classen* von $\mathfrak{H}$ haben dieselbe Ordnung.

Damit aber R nur mit positiven Permutationen vertauschbar sei, ist nothwendig und hinreichend, dass die Ordnungen der Cyklen von R lauter verschiedene ungerade Zahlen sind. Denn jeder einzelne Cyklus C von R ist eine mit R vertauschbare Permutation, und zwar eine negative, wenn seine Ordnung c gerade ist. Ist aber c ungerade, und sind zwei dieser Cyklen, etwa $(1, 2, \cdots c)$ und $(c+1, c+2, \cdots 2c)$ von gleicher Ordnung, so ist R mit der Permutation $(1, c+1)(2, c+2) \cdots (c, 2c)$ vertauschbar, die aus einer ungeraden Anzahl c von Transpositionen besteht, also ungerade ist.

Wenn aber die Ordnungen $c_1, c_2, \cdots c_s$ der Cyklen $C_1, C_2, \cdots C_s$ von R lauter verschiedene ungerade Zahlen sind, so ist R nur mit positiven Permutationen vertauschbar. Diese bilden eine Gruppe vertauschbarer Elemente

$$(1.) \qquad C_1^{\gamma_1} C_2^{\gamma_2} \cdots C_s^{\gamma_s} \qquad (\gamma_1 = 0, 1, \cdots c_1 - 1, \cdots \gamma_s = 0, 1, \cdots c_s - 1)$$

der Ordnung

$$(2.) \qquad p = c_1 c_2 \cdots c_s$$

und sind alle gerade, weil die Basiselemente $C_1, C_2, \cdots C_s$ alle gerade sind.

In der symmetrischen Gruppe $\mathfrak{H}'$ sei u die Anzahl der ungeraden, $u+v$ die der geraden Classen. Dann ist v die Anzahl der Classen von $\mathfrak{H}'$, deren Permutationen aus lauter Cyklen verschiedener ungerader Ordnungen bestehen. In der Gruppe $\mathfrak{H}$ zerfällt jede dieser v Classen von $\mathfrak{H}'$ in zwei conjugirte Classen, jede der u anderen geraden Classen von $\mathfrak{H}'$ bleibt aber auch in $\mathfrak{H}$ eine Classe. Daher ist

$$(3.) \qquad k = u + 2v, \qquad k' = 2u + v,$$

und da $u > v$ ist, so ist auch $k' > k$.

§ 2.

Mit Hülfe der Regeln, die ich in § 1 meiner Arbeit *Über Relutionen zwischen den Charakteren einer Gruppe und denen ihrer Untergruppen*, Sitzungsberichte 1898 (im Folgenden mit U. citirt), entwickelt habe, lassen sich die k Charaktere von $\mathfrak{H}$ zum grössten Theile aus denen von $\mathfrak{H}'$ ableiten. Setzt man in einem Charakter $\chi(S)$ von $\mathfrak{H}'$ für S nur die h Elemente R von $\mathfrak{H}$, so ist $\chi(R)$ eine lineare Verbindung von den k Charakteren $\phi^{(\kappa)}(R)$ der Gruppe $\mathfrak{H}$,

$$\chi(R) = \sum_{\varkappa} r_{\varkappa} \varphi^{(\varkappa)}(R)$$

mit positiven ganzzahligen Coefficienten $r_{\varkappa}$, und mithin ist

$$\sum_{R} \chi(R)\chi(R^{-1}) = h \sum_{\varkappa} r_{\varkappa}^2.$$

Für die symmetrische Gruppe sind die beiden (im Allgemeinen conjugirten complexen) Werthe $\chi(R)$ und $\chi(R^{-1})$ gleich. Durchläuft S die $2h$ Elemente von $\mathfrak{H}'$, so ist

$$\sum_{S} \chi(S)^2 = 2h.$$

Ist T eine bestimmte negative Permutation, so durchlaufen R und RT zusammen die $2h$ Elemente S von $\mathfrak{H}'$, und mithin ist

$$\sum_{R} \chi(R)^2 + \sum_{R} \chi(RT)^2 = 2h.$$

Der zu $\chi(S)$ associirte Charakter von $\mathfrak{H}'$ hat die Werthe $\omega(R) = \chi(R)$, $\omega(RT) = -\chi(RT)$. Ist nun $\chi(S)$ nicht sich selbst associirt, so sind $\chi(S)$ und $\omega(S)$ verschiedene Charaktere von $\mathfrak{H}'$, und folglich ist

$$\sum \chi(S)\,\omega(S) = 0, \qquad \sum \chi(R)^2 = \sum \chi(RT)^2,$$

also

$$\sum \chi(R)\chi(R^{-1}) = h, \qquad \sum r_{\varkappa}^2 = 1.$$

Daher ist von den k positiven Zahlen $r_{\varkappa}$ eine gleich 1, die anderen gleich 0, und mithin ist $\chi(R)$ ein Charakter von $\mathfrak{H}$. So entspringt aus jedem der u Paare associirter Charaktere von $\mathfrak{H}'$ ein Charakter von $\mathfrak{H}$, der die Bedingung

$$\chi(T^{-1}RT) = \chi(R) \tag{1.}$$

erfüllt, d. h. der sich selbst conjugirt ist.

Ist aber $\chi(S)$ sich selbst associirt, so ist $\chi(RT) = 0$,

$$\sum \chi(R)^2 = 2h, \qquad \sum r_{\varkappa}^2 = 2.$$

Folglich sind zwei der Zahlen $r_{\varkappa}$ gleich 1, die anderen gleich 0, und $\chi(R)$ ist gleich der Summe von zwei verschiedenen Charakteren $\phi(R)$ und $\psi(R)$ von $\mathfrak{H}$. Nach U. § 2 sind dies, da $\mathfrak{H}$ eine invariante Untergruppe von $\mathfrak{H}'$ ist, zwei conjugirte Charaktere, also

$$\psi(R) = \varphi(T^{-1}RT), \quad \chi(R) = \varphi(R) + \psi(R) = \varphi(R) + \varphi(T^{-1}RT). \tag{2.}$$

Gehört R zu einer der u nicht zerfallenden Classen von $\mathfrak{H}'$, so sind R und $T^{-1}RT$ auch in $\mathfrak{H}$ conjugirt und mithin ist für ein solches Element R

$$\varphi(R) = \psi(R) = \tfrac{1}{2}\chi(R). \tag{u.}$$

Insbesondere gilt dies für $R = E$. Die Grade der beiden conjugirten

Charaktere ϕ und ψ sind also einander gleich und gleich dem halben Grade von χ. Sind aber die Ordnungen der Cyklen von R lauter verschiedene ungerade Zahlen, gehört also R zu einer der v zerfallenden Classen von $\mathfrak{H}'$, so können die Werthe von $\phi(R)$ und $\psi(R)$ verschieden sein, und zwar ist, wenn man $T^{-1}RT = S$ setzt,

$$\text{(v.)} \qquad \varphi(R) = \psi(S), \qquad \varphi(S) = \psi(R).$$

Aus jedem der v sich selbst associirten Charaktere von $\mathfrak{H}'$ entspringen also zwei verschiedene, und zwar conjugirte Charaktere von $\mathfrak{H}$.

Die so erhaltenen $u+2v = k$ Charaktere von $\mathfrak{H}$ sind alle unter einander verschieden. Denn seien $\phi(R) = \chi(R)$ und $\overline{\phi}(R) = \overline{\chi}(R)$ zwei der ersten u Charaktere von $\mathfrak{H}$, und sei, wenn S die $2h$ Elemente von $\mathfrak{H}'$ durchläuft, $\overline{\chi}(S)$ sowohl von $\chi(S)$ wie von dem zu $\chi(S)$ associirten Charakter verschieden. Dann ist

$$\sum_R \chi(R)\,\overline{\chi}(R) + \sum_R \chi(RT)\,\overline{\chi}(RT) = 0,$$

und wenn man $\chi(R)$ durch den associirten Charakter ersetzt, auch

$$\sum \chi(R)\,\overline{\chi}(R) - \sum \chi(RT)\,\overline{\chi}(RT) = 0$$

und folglich

$$\sum_R \varphi(R)\,\overline{\varphi}(R^{-1}) = 0,$$

also ist $\overline{\phi}(R)$ von $\phi(R)$ verschieden.

Ist aber $\overline{\phi}(R) = \overline{\chi}(R)$ einer der u ersten, und $\phi(R)$ einer der $2v$ letzten Charaktere von $\mathfrak{H}$, der aus $\chi(R) = \phi(R) + \psi(R)$ entspringt, so ist $\chi(RT) = 0$, also

$$\sum \overline{\chi}(S^{-1})\,\chi(S) = 0, \qquad \sum \overline{\varphi}(R^{-1})\big(\varphi(R) + \psi(R)\big) = 0.$$

Nun sind ϕ und ψ verschieden. Wäre daher $\overline{\phi}$ einem dieser beiden Charaktere gleich, so wäre diese Summe gleich h. Endlich erkennt man in derselben Weise, dass je zwei der letzten $2v$ Charaktere von $\mathfrak{H}$ verschieden sind.

Um also die $u+2v = k$ verschiedenen Charaktere von $\mathfrak{H}$ zu bestimmen, ist nur noch jeder der v sich selbst associirten Charaktere χ von $\mathfrak{H}'$ in zwei conjugirte Charaktere ϕ und ψ zu spalten, und zwar nur noch für die v Permutationen R, die aus lauter Cyklen von verschiedenen ungeraden Ordnungen bestehen.

Die $k' = 2u+v$ Charaktere von $\mathfrak{H}'$ bestehen aus u Paaren associirter Charaktere und v Charakteren, die sich selbst associirt sind. Die $k = u+2v$ Charaktere von $\mathfrak{H}$ bestehen aus v Paaren conjugirter Charaktere und u Charakteren, die sich selbst conjugirt sind.

§ 3.

Ich verweise zunächst auf die Beispiele $n = 4$ und $n = 5$ in § 3 meiner Arbeit *Über Gruppencharaktere* und $n = 6$ in § 4 meiner Arbeit *Über die Composition der Charaktere einer Gruppe*, Sitzungsberichte 1896 und 1899. In diesen Fällen ist $v = 1$, ebenso für $n = 7$. Ich gebe daher hier noch das Beispiel $n = 8$, wo $v = 2$ ist.

In der ersten Spalte der beifolgenden Tabelle ist die Classe einer Permutation durch die Formel $n = 1\cdot\alpha + 2\cdot\beta + \cdots$ gegeben, d. h. dadurch, dass sie aus α Cyklen der Ordnung 1, β Cyklen der Ordnung 2, u. s. w. besteht. Kommt nur ein Cyklus einer bestimmten Ordnung vor, so ist der Multiplicator $\alpha, \beta, \cdots$ weggelassen. Erst kommen die $u = 10$ ungeraden Classen, dann die $u + v = 12$ geraden.

Von jedem der $u = 10$ Paare associirter Charaktere ist nur der eine angegeben. Der andere entsteht daraus durch Multiplication mit dem Charakter ersten Grades $\chi\begin{pmatrix}7\\0\end{pmatrix}$, der dem Hauptcharakter $\chi\begin{pmatrix}0\\7\end{pmatrix} = 1$ associirt ist. In den beiden letzten Spalten stehen die $v = 2$ sich selbst associirten Charaktere.

Die Charaktere sind gegeben durch die Formeln (11.), § 4 und (3.), § 5 meiner Arbeit *Über die Charaktere der symmetrischen Gruppe* und durch die folgenden:

$$\chi\begin{pmatrix}0 & 2\\0 & n-4\end{pmatrix} = \tfrac{1}{3}\alpha(\alpha-2)(\alpha-4)-\gamma,$$

$$\chi\begin{pmatrix}0 & 2\\1 & n-5\end{pmatrix} = \tfrac{1}{8}\alpha(\alpha-1)(\alpha-3)(\alpha-6)+\tfrac{1}{2}(\alpha-1)(\alpha-2)\beta-\tfrac{1}{2}\beta(\beta-1)-\delta,$$

$$(1.)\quad \chi\begin{pmatrix}1 & 2\\0 & n-5\end{pmatrix} = \tfrac{1}{12}\alpha(\alpha-1)(\alpha-4)(\alpha-5)+\beta(\beta-2)-(\alpha-1)\gamma,$$

$$\chi\begin{pmatrix}0 & 3\\0 & n-5\end{pmatrix} = \tfrac{1}{8}\alpha(\alpha-2)(\alpha-3)(\alpha-5)-\tfrac{1}{2}\alpha(\alpha-3)\beta-\tfrac{1}{2}\beta(\beta-1)+\delta,$$

$$\chi\begin{pmatrix}1 & 2\\1 & n-6\end{pmatrix} = \tfrac{1}{24}\alpha(\alpha-1)(\alpha-2)(\alpha-5)(\alpha-7)+\tfrac{1}{6}\alpha(\alpha-1)(\alpha-5)\beta$$
$$+\tfrac{1}{2}(\alpha-1)\beta(\beta-1)-\tfrac{1}{2}(\alpha-1)(\alpha-2)\gamma+\beta\gamma-(\alpha-1)\delta.$$

In der alternirenden Gruppe zerfällt die Classe $(1+7)$ in zwei Classen, die ich durch ein angehängtes Zeichen + oder — unterscheide. Ebenso zerfällt der Charakter $\chi\begin{pmatrix}03\\03\end{pmatrix}$ in zwei. Dasselbe gilt von der Classe $(3+5)$ und dem ihr entsprechenden Charakter $\chi\begin{pmatrix}12\\12\end{pmatrix}$.

In derselben Art wie in diesen Beispielen findet man für jeden Werth von n die Charaktere der alternirenden Gruppe $\mathfrak{H}$. Seien

$$(2.)\qquad c_1 = 2a_1+1,\quad c_2 = 2a_2+1, \cdots \quad c_s = 2a_s+1 \qquad (c_1 < c_2 < \cdots < c_s)$$

s verschiedene ungerade Zahlen, deren Summe

Symmetrische Gruppe.

$h = 8! = 40320.$

$1 \cdot \alpha + 2 \cdot \beta + \cdots$	h_ϱ	$\binom{7}{0}$	$\binom{1}{6}$	$\binom{2}{5}$	$\binom{3}{4}$	$\binom{01}{05}$	$\binom{01}{14}$	$\binom{01}{23}$	$\binom{02}{04}$	$\binom{02}{13}$	$\binom{12}{03}$	$\binom{03}{03}$	$\binom{12}{12}$
$1 \cdot 6 + 2$	28	−1	5	9	5	10	10	4	16	10	4	0	0
$1 \cdot 4 + 4$	420	−1	3	3	1	2	−2	−2	0	−4	0	0	0
$1 \cdot 3 + 2 + 3$	1120	−1	2	0	−1	1	1	1	−2	1	−2	0	0
$1 \cdot 2 + 2 \cdot 3$	420	−1	1	−3	−3	2	2	0	0	−2	4	0	0
$1 \cdot 2 + 6$	3360	−1	1	0	0	−1	−1	0	0	1	1	0	0
$1 + 2 + 5$	4032	−1	0	−1	0	0	0	−1	1	0	−1	0	0
$1 + 3 + 4$	3360	−1	0	0	1	−1	1	1	0	−1	0	0	0
$2 \cdot 2 + 4$	1260	−1	−1	−1	1	2	−2	2	0	0	0	0	0
$2 + 3 \cdot 2$	1120	−1	−1	0	2	1	1	−2	−2	1	1	0	0
8	5040	−1	−1	1	−1	0	0	0	0	0	0	0	0
$1 \cdot 8$	1	1	7	21	35	20	28	14	64	70	56	90	42
$1 \cdot 5 + 3$	112	1	4	6	5	5	1	−1	4	−5	−4	0	−6
$1 \cdot 4 + 2 \cdot 2$	210	1	3	1	−5	4	4	2	0	2	0	−6	2
$1 \cdot 3 + 5$	1344	1	2	1	0	0	−2	−1	−1	0	1	0	2
$1 \cdot 2 + 2 + 4$	2520	1	1	−1	−1	0	0	0	0	0	0	2	−2
$1 \cdot 2 + 3 \cdot 2$	1120	1	1	0	2	−1	1	2	−2	1	−1	0	0
$1 + 2 \cdot 2 + 3$	1680	1	0	−2	1	1	1	−1	0	−1	0	0	2
$2 \cdot 4$	105	1	−1	−3	3	4	−4	6	0	−2	8	−6	−6
$2 + 6$	3360	1	−1	0	0	1	−1	0	0	1	−1	0	0
$4 \cdot 2$	1260	1	−1	1	−1	0	0	2	0	−2	0	2	2
$1 + 7$	5760	1	0	0	0	−1	0	0	1	0	0	−1	0
$3 + 5$	2688	1	−1	1	0	0	1	−1	−1	0	1	0	−1

Alternirende Gruppe.

$h = \frac{1}{2} 8! = 20160.$

$1\cdot\alpha+2\cdot\beta$	h_ϱ	$\binom{0}{7}$	$\binom{1}{6}$	$\binom{2}{5}$	$\binom{3}{4}$	$\binom{01}{05}$	$\binom{01}{14}$	$\binom{01}{23}$	$\binom{02}{04}$	$\binom{02}{13}$	$\binom{12}{03}$	$\binom{03}{03}_+$	$\binom{03}{03}_-$	$\binom{12}{12}_+$	$\binom{12}{12}_-$
$1\cdot 8$	1	1	7	21	35	20	28	14	64	70	56	45	45	21	21
$1\cdot 5+3$	112	1	4	6	5	5	1	−1	4	−5	−4	0	0	−3	−3
$1\cdot 4+2\cdot 2$	210	1	3	1	−5	4	4	2	0	2	0	−3	−3	1	1
$1\cdot 3+5$	1344	1	2	1	0	0	−2	−1	−1	0	1	0	0	1	1
$1\cdot 2+2+4$	2520	1	1	−1	−1	0	0	0	0	0	0	1	1	−1	−1
$1\cdot 2+3\cdot 2$	1120	1	1	0	2	−1	1	2	−2	1	−1	0	0	0	0
$1+2\cdot 2+3$	1680	1	0	−2	1	1	1	−1	0	−1	0	0	0	1	1
$2\cdot 4$	105	1	−1	−3	3	4	−4	6	0	−2	8	−3	−3	−3	−3
$2+6$	3360	1	−1	0	0	1	−1	0	0	1	−1	0	0	0	0
$4\cdot 2$	1260	1	−1	1	−1	0	0	2	0	−2	0	1	1	1	1
$(1+7)_+$	2880	1	0	0	0	−1	0	0	1	0	0	$\frac{1}{2}(-1+\sqrt{-7})$	$\frac{1}{2}(-1-\sqrt{-7})$	0	0
$(1+7)_-$	2880	1	0	0	0	−1	0	0	1	0	0	$\frac{1}{2}(-1-\sqrt{-7})$	$\frac{1}{2}(-1+\sqrt{-7})$	0	0
$(3+5)_+$	1344	1	−1	1	0	0	1	−1	−1	0	1	0	0	$\frac{1}{2}(-1+\sqrt{-15})$	$\frac{1}{2}(-1-\sqrt{-15})$
$(3+5)_-$	1344	1	−1	1	0	0	1	−1	−1	0	1	0	0	$\frac{1}{2}(-1-\sqrt{-15})$	$\frac{1}{2}(-1+\sqrt{-15})$

$$(3.)\qquad c_1 + c_2 + \cdots + c_s = n$$

ist. Der Classe (2.) der symmetrischen Gruppe $\mathfrak{H}'$ entspricht der sich selbst associirte Charakter

$$(4.)\qquad \chi\begin{pmatrix} a_1\, a_2 \cdots a_s \\ a_1\, a_2 \cdots a_s \end{pmatrix},$$

und umgekehrt diesem Charakter die Classe (2.). Auf diese Art sind die v sich selbst associirten Charaktere (4.) der Gruppe $\mathfrak{H}'$ und die v Classen (2.) einander gegenseitig eindeutig zugeordnet. Gehört R der Classe (2.) an, und ist T irgend eine negative Permutation, so repraesentiren R und $T^{-1}RT = S$ die beiden conjugirten Classen, worin die Classe (2.) in der alternirenden Gruppe $\mathfrak{H}$ zerfällt. Ebenso zerfällt der Charakter (4.) von $\mathfrak{H}'$ in zwei conjugirte Charaktere von $\mathfrak{H}$,

$$(5.)\qquad \chi(P) = \varphi(P) + \psi(P),$$

wo

$$\psi(P) = \varphi(T^{-1}PT)$$

ist. Dann ist für jede durch Q repraesentirte Classe von $\mathfrak{H}$

$$(6.)\qquad \varphi(Q) = \psi(Q) = \tfrac{1}{2}\chi(Q)$$

mit Ausnahme der beiden Classen (R) und (S). Ich habe schon in § 2 gezeigt, dass diese Gleichung für die u Classen von $\mathfrak{H}$ gilt, deren Cyklen nicht den Bedingungen (2.) genügen. Sie gilt aber auch für $2v-2$ der übrigen Classen. Dagegen ist

$$(7.)\qquad \begin{aligned} \varphi(R) &= \tfrac{1}{2}(\varepsilon + \sqrt{\varepsilon p}), & \psi(R) &= \tfrac{1}{2}(\varepsilon - \sqrt{\varepsilon p}), \\ \varphi(S) &= \tfrac{1}{2}(\varepsilon - \sqrt{\varepsilon p}), & \psi(S) &= \tfrac{1}{2}(\varepsilon + \sqrt{\varepsilon p}), \end{aligned}$$

wo

$$(8.)\qquad p = c_1 c_2 \cdots c_s = \frac{h}{h_R}, \qquad \varepsilon = (-1)^{\frac{1}{2}(p-1)} = (-1)^{\frac{1}{2}(n-s)}$$

ist.

Die cyklische Permutation $C = (0, 1, 2, \ldots a, a+1, \ldots 2a-1, 2a)$ der Ordnung $c = 2a+1$ wird durch die Permutation

$$G = (1, 2a)(2, 2a-1)\cdots(a, a+1)$$

in

$$G^{-1}CG = (0, 2a, 2a-1, \cdots a+1, a, \cdots 2, 1) = C^{-1}$$

transformirt. G besteht aus $a = \frac{1}{2}(c-1)$ Transpositionen. Daher wird $R = C_1 C_2 \ldots C_s$ durch eine Permutation H, die aus $\frac{1}{2}\Sigma(c-1) = \frac{1}{2}(n-s)$ Transpositionen besteht in $H^{-1}RH = R^{-1}$ transformirt. Nun sind unter der Voraussetzung (2) die Permutationen, die R in R^{-1} transformiren, entweder alle gerade oder alle ungerade. Daher gehören R und R^{-1} in $\mathfrak{H}$ zu derselben Classe oder zu zwei verschiedenen conjugirten Classen, je nachdem $\varepsilon = +1$ oder -1 ist. Im ersten Falle ist $\phi(R) = \phi(R^{-1})$ reell, im anderen sind $\phi(R)$ und $\phi(R^{-1}) = \psi(R)$ conjugirte complexe Grössen.

§ 4.

Dem Beweise des oben aufgestellten Satzes schicke ich zwei Bemerkungen voraus, die für beliebige Gruppen gelten.

1. Seien $\mathfrak{H}_1$ und $\mathfrak{H}_2$ zwei Gruppen der Ordnungen h_1 und h_2, die nur das Hauptelement gemeinsam haben. Ferner sei jedes Element von $\mathfrak{H}_1$ mit jedem von $\mathfrak{H}_2$ vertauschbar. Dann ist $\mathfrak{H} = \mathfrak{H}_1\mathfrak{H}_2 = \mathfrak{H}_2\mathfrak{H}_1$ eine Gruppe der Ordnung $h = h_1 h_2$. Zerfallen die Elemente von $\mathfrak{H}_1$ und $\mathfrak{H}_2$ in k_1 und k_2 Classen, so zerfallen die von $\mathfrak{H}$ in $k = k_1 k_2$ Classen. Sind $A_1, B_1, \cdots R_1, \cdots$ $(A_2, B_2, \cdots R_2, \cdots)$ Repraesentanten der k_1 (k_2) Classen von $\mathfrak{H}_1$ $(\mathfrak{H}_2)$, so repraesentiren $A_1A_2, A_1B_2, A_2B_1, A_2B_1, \cdots R_1R_2, \cdots$ die $k_1k_2 = k$ Classen von $\mathfrak{H}$. Ist $\chi_1(R_1)$ $(\chi_2(R_2))$ ein Charakter von $\mathfrak{H}_1$ $(\mathfrak{H}_2)$, und ist $R = R_1R_2$, so ist $\chi(R) = \chi_1(R_1)\chi_2(R_2)$ ein Charakter von $\mathfrak{H}$. Setzt man für χ_1 (χ_2) der Reihe nach jeden der k_1 (k_2) verschiedenen Charaktere von $\mathfrak{H}_1$ $(\mathfrak{H}_2)$, so erhält man die $k_1k_2 = k$ verschiedenen Charaktere von $\mathfrak{H}$. Diese Sätze ergeben sich ohne Weiteres aus den Eigenschaften, durch die ich in § 1 meiner Arbeit *Über die Darstellung der endlichen Gruppen durch lineare Substitutionen*, Sitzungsberichte 1897, die Charaktere definirt habe.

2. Zwischen den Charakteren χ einer Gruppe $\mathfrak{H}$ und den Charakteren ψ einer ihrer Untergruppen $\mathfrak{G}$ besteht nach U. § 1 (5.) die Relation

$$\sum_{\lambda} r_{\varkappa\lambda}\, \chi^{(\lambda)}(R) = \frac{h}{g h_\varrho} \sum_{(\varrho)} \psi^{(\varkappa)}(P). \tag{1.}$$

Die positiven ganzen Zahlen $r_{\varkappa\lambda}$ sind von der Classe (ρ) des Elementes R unabhängig. Die g_ϱ in $\mathfrak{G}$ enthaltenen Elemente P der ρ^{ten} Classe von $\mathfrak{H}$ vertheilen sich auf mehrere, etwa auf m, verschiedene Classen von $\mathfrak{G}$. Sie seien durch $P_1, P_2, \cdots P_m$ repraesentirt. Besteht die Classe von P_μ aus l_μ Elementen, so ist

$$\sum_{(\varrho)} \psi(P) = l_1\psi(P_1) + l_2\psi(P_2) + \cdots + l_m\psi(P_m).$$

Die Gruppe der Elemente von $\mathfrak{G}$, die mit P vertauschbar sind, ist enthalten in der Gruppe der Elemente von $\mathfrak{H}$, die mit P vertauschbar sind. In dem Falle, den ich im Folgenden zu betrachten habe, sind diese beiden Gruppen identisch für jedes der g_ϱ Elemente P von $\mathfrak{G}$, die einer bestimmten Classe (ρ) von $\mathfrak{H}$ angehören, oder jedes mit P vertauschbare Element von $\mathfrak{H}$ ist in $\mathfrak{G}$ enthalten. Die Anzahl der mit P vertauschbaren Elemente von $\mathfrak{H}$ ist $\frac{h}{h_\varrho}$, die Anzahl der mit P_μ vertauschbaren Elemente von $\mathfrak{G}$ ist $\frac{g}{l_\mu}$. Daher ist

$$l_1 = l_2 = \cdots = l_m = \frac{g_\varrho}{m}, \qquad \frac{h}{h_\varrho} = \frac{g}{l_\mu} = \frac{gm}{g_\varrho}$$

und nach (1.)

$$(2.)\qquad \psi^{(\varkappa)}(P_1)+\psi^{(\varkappa)}(P_2)+\cdots+\psi^{(\varkappa)}(P_m)=\sum_\lambda r_{\varkappa\lambda}\,\chi^{(\lambda)}(R).$$

§ 5.

Ich wende mich jetzt zu dem Beweise der Regel, die ich in § 3 zur Berechnung der Charaktere der alternirenden Gruppe $\mathfrak{H}$ des Grades n aufgestellt habe. Ich nehme dabei an, diese Regel sei für jede alternirende Gruppe $\mathfrak{H}_1$ des Grades $n_1 < n$ bereits bewiesen.

Ich benutze die Bezeichnungen (2.) und (3.), § 3, setze aber, falls n ungerade ist, $s > 1$ voraus. Ich theile die n Symbole in die c_1 ersten und die $n-c_1$ letzten und bilde die symmetrische und die alternirende Gruppe $\mathfrak{H}_1'$, $\mathfrak{H}_1$ und $\mathfrak{H}_2'$, $\mathfrak{H}_2$ für jene c_1 und für diese $n-c_1$ Symbole. Ist $c_1 = 1$, so bedürfen die folgenden Entwickelungen einer Modification, die ich ihrer Einfachheit halber übergehe.

Dann ist $\mathfrak{G} = \mathfrak{H}_1\mathfrak{H}_2$ eine Untergruppe der alternirenden Gruppe $\mathfrak{H}$ des Grades n. R_1 bestehe aus einem Cyklus der c_1 ersten Symbole, R_2 aus $s-1$ Cyklen von je $c_2, \dots c_s$ der letzten $n-c_1$ Symbole. T_1 (T_2) sei eine bestimmte negative Permutation von $\mathfrak{H}_1'$ $(\mathfrak{H}_2')$. Ferner sei $T_1^{-1}R_1T_1 = S_1$ und $T_2^{-1}R_2T_2 = S_2$. Ist dann

$$p_1 = c_1,\quad p_2 = c_2\cdots c_s,\quad \varepsilon_1 = (-1)^{\frac{1}{2}(p_1-1)},\quad \varepsilon_2 = (-1)^{\frac{1}{2}(p_2-1)},$$

so giebt es in $\mathfrak{H}_1$ zwei conjugirte Charaktere $\phi_1(P_1)$ und $\psi_1(P_1) = \phi_1(T_1^{-1}P_1T_1)$, wofür

$$\varphi_1(R_1) = \psi_1(S_1) = \tfrac{1}{2}(\varepsilon_1+\sqrt{\varepsilon_1 p_1}),\quad \varphi_1(S_1) = \psi_1(R_1) = \tfrac{1}{2}(\varepsilon_1-\sqrt{\varepsilon_1 p_1}),$$

und in $\mathfrak{H}_2$ zwei conjugirte Charaktere $\phi_2(P_2)$ und $\psi_2(P_2) = \phi_2(T_2^{-1}P_2T_2)$, wofür

$$\varphi_2(R_2) = \psi_2(S_2) = \tfrac{1}{2}(\varepsilon_2+\sqrt{\varepsilon_2 p_2}),\quad \varphi_2(S_2) = \psi_2(R_2) = \tfrac{1}{2}(\varepsilon_2-\sqrt{\varepsilon_2 p_2})$$

ist, während für jede andere Classe $\phi_1(Q_1) = \psi_1(Q_1)$ und $\phi_2(Q_2) = \psi_2(Q_2)$ eine rationale ganze Zahl ist. Daraus ergeben sich nach § 4 vier verschiedene Charaktere von $\mathfrak{G}$, $\phi_1\phi_2$, $\phi_1\psi_2$, $\phi_2\psi_1$, $\phi_2\psi_2$. Ist

$$R_1R_2 = R,\qquad R_1S_2 = S,\qquad T_1T_2 = T,$$

so ist T eine positive Permutation, und es ist

$$T^{-1}RT = S_1S_2,\qquad T^{-1}ST = S_1R_2,\qquad T_2^{-1}RT_2 = S.$$

Daher vereinigen sich die beiden Classen (R_1R_2) und (S_1S_2) von $\mathfrak{G}$ zu einer Classe (R) von $\mathfrak{H}$, und die beiden Classen (R_1S_2) und (S_1R_2) zu einer Classe (S), die beiden Classen (R) und (S) aber von $\mathfrak{H}$ sind verschieden, weil T_2 ungerade ist.

Die Classe (R) kann nur solche Elemente von $\mathfrak{G}$ enthalten, die einer der beiden Classen $(R_1 R_2)$ oder $(S_1 S_2)$ angehören. Denn jede Permutation P der Classe (R) besteht aus s Cyklen $C_1, C_2, \cdots C_s$ von je $c_1, c_2 \cdots c_s$ Symbolen. Soll sie der Gruppe $\mathfrak{G}$ angehören, so muss $P = P_1 P_2$ sein, wo P_1 nur die ersten c_1, P_2 nur die letzten $n - c_1$ Symbole versetzt. Dies ist aber nur möglich, wenn $P_1 = C_1$ und $P_2 = C_2 \cdots C_s$ ist, weil c_1 die kleinste der Zahlen $c_1, c_2, \cdots c_s$ ist, also nicht als Summe von einigen der Zahlen $c_2, \cdots c_s$ dargestellt werden kann.

Das ist der Grund, aus dem ich die n Symbole gerade in dieser Weise in zwei Abtheilungen von $n_1 = c_1$ und $n_2 = n - c_1$ Symbolen getheilt habe. Denselben Zweck erreicht man aber auch, wenn man $n_1 = c_2$, $n_2 = c_1 + c_3 + \cdots + c_s$ setzt, und man hat dann noch den Vortheil, dass nicht $n_1 = 1$ sein kann.

Demnach gehört P_1 der Classe (R_1) oder (S_1) an, und P_2 der Classe (R_2) oder (S_2). Wie oben gezeigt, sind aber nur die Combinationen

$$(R) = (R_1 R_2) + (S_1 S_2), \qquad (S) = (R_1 S_2) + (S_1 R_2)$$

möglich.

Die mit R vertauschbaren Elemente von $\mathfrak{H}$ sind nach (1.), § 1 sämmtlich in $\mathfrak{G}$ enthalten. Daher giebt es einen zusammengesetzten Charakter $\phi(P)$ von $\mathfrak{H}$, für den

$$\varphi(R) = \tfrac{1}{4}(\varepsilon_1 + \sqrt{\varepsilon_1 p_1})(\varepsilon_2 + \sqrt{\varepsilon_2 p_2}) + \tfrac{1}{4}(\varepsilon_1 - \sqrt{\varepsilon_1 p_1})(\varepsilon_2 - \sqrt{\varepsilon_2 p_2})$$

ist. Setzt man

$$p = p_1 p_2 = c_1' c_2 \cdots c_s, \qquad \varepsilon = \varepsilon_1 \varepsilon_2 = (-1)^{\frac{1}{2}(p-1)} = (-1)^{\frac{1}{2}(n-s)},$$

und ist $\psi(P) = \phi(T_2^{-1} P T_2)$ der zu $\phi(P)$ conjugirte Charakter, so ist

$$\varphi(R) = \psi(S) = \tfrac{1}{2}(\varepsilon + \sqrt{\varepsilon p}), \quad \varphi(S) = \psi(R) = \tfrac{1}{2}(\varepsilon - \sqrt{\varepsilon p}).$$

Für jedes Element Q_2 von $\mathfrak{H}_2$, das der Classe (R_2) nicht angehört, ist $\phi_2(Q_2) = \phi_2(T_2^{-1} Q_2 T_2)$. Wendet man nun die Formel (1.), § 4 auf das Element $Q = R_1 Q_2$ von $\mathfrak{H}$ an, so steht rechts neben jedem Gliede $\phi_1(R_1)\phi_2(Q_2)$ auch das Glied $\phi_1(T_1^{-1} R_1 T_1)\phi_2(T_2^{-1} Q_2 T_2)$ und die Summe dieser beiden Glieder ist eine rationale Zahl, die sich nicht ändert, wenn man Q durch $T_2^{-1} Q T_2$ ersetzt. Daher ist $\phi(Q) = \psi(Q)$ eine ganze rationale Zahl, und dasselbe gilt für ein Element $Q = Q_1 R_2$ oder $Q = Q_1 Q_2$.

Folglich hat $\mathfrak{H}$ einen zusammengesetzten Charakter $\phi - \psi = \vartheta$, der die Werthe

$$(1.) \qquad \vartheta(R) = \sqrt{\varepsilon p}, \quad \vartheta(S) = -\sqrt{\varepsilon p}, \quad \vartheta(Q) = 0$$

hat, falls (Q) irgend eine Classe ist, die von den beiden bestimmten conjugirten Classen (R) und (S) verschieden ist. Für jede dieser beiden Classen ist $h_\varrho = \frac{h}{p}$ und mithin

$$\sum_\varrho h_\varrho \vartheta_\varrho \vartheta_{\varrho'} = 2h,$$

falls $\vartheta_{\varrho'}$ die zu ϑ_ϱ conjugirte complexe Grösse bezeichnet. Ist also, wie in § 2, $\vartheta(P) = \sum r_\varkappa \phi^{(\varkappa)}(P)$, so ist $\sum r_\varkappa^2 = 2$, daher sind zwei der Zahlen $r_\varkappa$ gleich ± 1, die übrigen gleich 0. Nun ist $\phi^{(\varkappa)}(E)$ eine positive ganze Zahl und $\vartheta(E) = 0$. Folglich ist $\vartheta(P)$ die Differenz von zwei einfachen Charakteren von $\mathfrak{H}$. Die beiden Charaktere ϕ und ψ von $\mathfrak{H}$, als deren Differenz ϑ oben erhalten ist, können zusammengesetzt sein. Von jetzt an bezeichne ich mit ϕ und ψ die beiden einfachen Charaktere von $\mathfrak{H}$, deren Differenz $\phi - \psi = \vartheta$ ist.

Ist $\chi(P)$ einer der u Charaktere von $\mathfrak{H}$, die aus einem Paare associirter Charaktere von $\mathfrak{H}'$ entspringen, so ist $\chi(R) = \chi(S)$, und nach (1.) ist mithin $\sum h_\varrho \vartheta_\varrho \chi_{\varrho'} = 0$. Folglich ist keiner der beiden Charaktere ϕ oder ψ gleich χ, sondern ϕ und ψ gehören zu den $2v$ Charakteren von $\mathfrak{H}$, die aus den v sich selbst associirten Charakteren von $\mathfrak{H}'$ entspringen, und die in v Paare conjugirter Charaktere zerfallen. Der zu ϕ conjugirte Charakter ω ist also von ϕ verschieden. Ist $\chi = \phi + \omega$, so ist $\chi(R) = \chi(S)$ und mithin $\sum h_\varrho \vartheta_\varrho \chi_{\varrho'} = 0$ oder $\sum h_\varrho (\phi_\varrho - \psi_\varrho)(\phi_{\varrho'} + \omega_{\varrho'}) = 0$, und weil ϕ von ψ und von ω verschieden ist, $\sum h_\varrho \psi_\varrho \omega_{\varrho'} = h$. Folglich ist $\omega = \psi$, oder ϕ und ψ sind conjugirte Charaktere.

Das Paar conjugirter Classen (R) und (S) und das Paar conjugirter Charaktere ϕ und ψ ordne ich einander zu. Dann entsprechen nach (1.) verschiedenen Paaren (R), (S) verschiedene Paare ϕ, ψ und umgekehrt. Die Werthe eines Charakters sind ganze algebraische Zahlen. Daher ist $\chi(R) = \chi(S) = 2\phi(R) - \sqrt{\varepsilon p}$ eine ungerade (rationale) Zahl, dagegen $\chi(Q) = 2\phi(Q) = 2\phi(Q)$ eine gerade Zahl.

Um den Inductionsschluss anwenden zu können, ist bisher $s > 1$ vorausgesetzt. Ist also n ungerade, so bleibt ein Paar conjugirter Classen (R), (S) übrig, deren Permutationen aus einem einzigen Cyklus von n Symbolen bestehen, und mithin auch ein Paar conjugirter Charaktere ϕ, ψ, deren Summe und Differenz ich mit χ und ϑ bezeichne. Ist dann $(\bar{R})$, $(\bar{S})$ irgend ein anderes Paar conjugirter Classen, und $\bar{\phi}$, $\bar{\psi}$ das entsprechende Paar conjugirter Charaktere, und ist $\bar{\vartheta} = \bar{\phi} - \bar{\psi}$, so ist $\sum h_\varrho \bar{\vartheta}_{\varrho'} \phi_\varrho = 0$ und mithin $\phi(\bar{R}) = \phi(\bar{S}) = \psi(\bar{R}) = \psi(\bar{S})$. Ist also (Q) irgend eine von (R) und (S) verschiedene Classe, die von der conjugirten verschieden ist, so ist $\vartheta(Q) = 0$, $\phi(Q) = \psi(Q) = \frac{1}{2}\chi(Q)$. Nach § 2 ist $\phi(R) = \psi(S)$ und $\phi(S) = \psi(R)$. Die Elemente R und R^{-1} gehören derselben Classe an, wenn $n \equiv 1 \pmod{4}$ ist, zwei conjugirten

Classen, wenn $n \equiv -1 \pmod{4}$ ist. Im ersten Falle sind daher $\phi(R)$ und $\phi(S)$ reelle Grössen, im zweiten conjugirte complexe. Nun ist $\Sigma h_\varrho \phi_{\varrho'} \vartheta_\varrho = h$, also wenn $\varepsilon = (-1)^{\frac{1}{2}(n-1)} = +1$ ist, $h_R\big(\phi(R)\vartheta(R) + \phi(S)\vartheta(S)\big) = h$, also $\vartheta(R)^2 = \frac{h}{h_R} = p = n$. Ist aber $\varepsilon = -1$, so ist $h_R\big(\phi(R)\vartheta(S) + \phi(S)\vartheta(R)\big) = h$, also $\vartheta(R)^2 = -p$. Mithin ist $\vartheta(R) = \sqrt{\varepsilon p}$, $\vartheta(S) = -\sqrt{\varepsilon p}$ und demnach gelten für diese Zuordnung dieselben Gesetze wie oben.

Durch die Bedingung, dass $\chi(R) = \chi(S)$ ungerade, sonst aber $\chi(Q)$ gerade ist, ist die Zuordnung zwischen einem Paar conjugirter Charakteré, deren Summe χ ist, und dem entsprechenden Paar conjugirter Classen (R), (S) vollständig bestimmt, und zwar muss, wie oben behauptet, χ die Charakteristik

$$\begin{pmatrix} a_1\, a_2 \cdots a_s \\ a_1\, a_2 \cdots a_s \end{pmatrix}$$

haben, wenn

$$c_1 = 2a_1 + 1\,, \quad c_2 = 2a_2 + 1\,, \cdots \quad c_s = 2a_s + 1$$

die Ordnungen der Cyklen von R sind. Denn nach der Formel (11.) § 7 meiner Arbeit *Über die Charaktere der symmetrischen Gruppe* ist

$$\chi\begin{pmatrix} a_1 \cdots a_s \\ a_1 \cdots a_s \end{pmatrix}(R) = \varepsilon = (-1)^{\frac{1}{2}(p-1)} = (-1)^{\frac{1}{2}(n-s)}$$

ungerade. Damit sind die k Charaktere von $\mathfrak{H}$ vollständig bestimmt.

Entspricht die Classe $(\varkappa)$ und die conjugirte dem Charakter $\chi^{(\varkappa)}$ und dem conjugirten, so ist nach der Formel (9.), § 4 der eben citirten Arbeit und der Formel (6.), § 3 dieser Arbeit

$$f^{(\varkappa)} = \frac{1}{2}\,\frac{n!\,\Delta(a_1, \cdots a_s)^2}{(a_1! \cdots a_s!)^2\, \Pi(a_\alpha + a_\beta + 1)}\,.$$

Nun ist

$$\frac{h}{h_\varkappa} = (2a_1 + 1) \cdots (2a_s + 1)$$

und folglich ist

$$\text{(2.)} \qquad \frac{h_\varkappa}{f^{(\varkappa)}} = \left(\frac{a_1! \cdots a_s!\, \Pi'(a_\alpha + a_\beta + 1)}{\Delta(a_1, \cdots a_s)}\right)^2$$

das Quadrat einer ganzen Zahl. Das Product Π' ist nur über die $\frac{1}{2}s(s-1)$ Paare verschiedener Indices zu erstrecken. Die in $\chi^{(\varkappa)}_\varkappa$ auftretende Quadratwurzel kann daher aus

$$\frac{\varepsilon h}{h_\varkappa} \quad \text{oder} \quad \frac{\varepsilon h}{f^{(\varkappa)}}$$

gezogen werden. Sie kann in Ausnahmefällen rational sein, z. B. wenn $n = 9$ und R aus einem Cyklus von 9 Symbolen besteht.

62.

Über auflösbare Gruppen III

Sitzungsberichte der Königlich Preußischen Akademie der Wissenschaften zu Berlin
849 – 875 (1901)

In meiner Arbeit *Über auflösbare Gruppen*, Sitzungsberichte 1893 (im folgenden *A. I* citirt) habe ich folgenden Satz bewiesen:

Sind die Primfactoren der Zahl a alle unter einander verschieden, und ist jeder Primfactor von b grösser als der grösste Primfactor von a, so giebt es in einer Gruppe $\mathfrak{H}$ *der Ordnung ab genau b Elemente, deren Ordnung in b aufgeht.*

Mit Hülfe der Theorie der Gruppencharaktere will ich hier beweisen, dass diese b Elemente eine Gruppe bilden, die als einzige ihrer Art eine charakteristische Untergruppe von $\mathfrak{H}$ sein muss. In meiner Arbeit *Über endliche Gruppen*, Sitzungsberichte 1895, habe ich (§ 2, II) gezeigt:

Ist $\mathfrak{A}$ *eine invariante Untergruppe von* $\mathfrak{B}$*, und* $\mathfrak{B}$ *eine invariante Untergruppe von* $\mathfrak{C}$*, sind a und ab die Ordnungen von* $\mathfrak{A}$ *und* $\mathfrak{B}$*, und sind a und b theilerfremd, so ist* $\mathfrak{A}$ *auch eine invariante Untergruppe von* $\mathfrak{C}$.

Demnach ist der allgemeine oben aufgestellte Satz eine unmittelbare Folge des specielleren Satzes:

I. *Ist die Ordnung h der Gruppe* $\mathfrak{H}$ *nur durch die erste Potenz der Primzahl p theilbar und ist* $p-1$ *zu h theilerfremd, so enthält* $\mathfrak{H}$ *eine und nur eine (demnach charakteristische) Untergruppe der Ordnung* $h:p$. *Diese wird gebildet von allen Elementen der Gruppe* $\mathfrak{H}$*, deren Ordnung nicht durch p theilbar ist.*

Die Bedingung, dass $p-1$ und h theilerfremd sind, ist stets erfüllt, wenn p der kleinste Primfactor von h ist. Den obigen Satz beweist für die beiden Fälle $p=3$ und 5 Hr. Burnside in der interessanten Arbeit *On some properties of groups of odd order (Proceedings of the London Math. Soc., vol. XXXIII)*, worin er zum ersten Male die Theorie der Gruppencharaktere zur Erforschung der Eigenschaften einer Gruppe benutzt hat. Aber auch in dem lange bekannten Falle $p=2$ beruht der Beweis auf den nämlichen Grundlagen. Stellt man nämlich $\mathfrak{H}$ als transitive Gruppe von Permutationen von h Symbolen dar, so ist die Hälfte dieser Permutationen gerade, die Hälfte ungerade. Demnach hat $\mathfrak{H}$ einen Charakter ersten Grades, der für die geraden Permutationen den Werth $+1$, für die ungeraden den Werth -1 hat.

Eine Gruppe $\mathfrak{H}$, deren Ordnung h durch die Primzahl p theilbar ist, enthält ein Element P der Ordnung p. Die Potenzen von P bilden eine Gruppe $\mathfrak{P}$ und die mit $\mathfrak{P}$ vertauschbaren Elemente von $\mathfrak{H}$ eine Gruppe $\mathfrak{Q}$ der Ordnung q. Ist Q ein Element von $\mathfrak{Q}$, so ist $Q^{-1}PQ = P^s$. Ist nun $p-1$ zu q theilerfremd, so muss $s \equiv 1 \pmod{p}$, also Q mit P vertauschbar sein. Denn da $Q^q = E$ ist, so ist $P = Q^{-q}PQ^q = P^{(s^q)}$, und mithin ist $s^q \equiv 1 \pmod{p}$. Da auch $s^{p-1} \equiv 1$ ist, so ist, weil q und $p-1$ theilerfremd sind, $s \equiv 1$ (*A. I*, § 3).

Die Elemente von $\mathfrak{H}$ mögen in k Classen conjugirter Elemente zerfallen. Von den $p-1$ Elementen $P, P^2, \cdots P^{p-1}$ sind nicht zwei conjugirt. Denn ist $H^{-1}P^\alpha H = P^\beta$, und ist $\alpha\gamma \equiv 1 \pmod{p}$, so ist $H^{-1}PH = P^{\beta\gamma}$, also $H^{-1}\mathfrak{P}H = \mathfrak{P}$. Daher gehört H der Gruppe $\mathfrak{Q}$ an, und folglich ist, wie eben gezeigt, $\beta\gamma \equiv 1$ und mithin $\alpha \equiv \beta$.

Die k verschiedenen Charaktere von $\mathfrak{H}$ seien

$$\chi^{(\varkappa)}(R) \qquad (\varkappa = 0, 1, \cdots k-1).$$

Dann ist (*Über die Primfactoren der Gruppendeterminante*, Sitzungsberichte 1896; im folgenden *Pr.* citirt; § 7, (8.)).

$$(1.) \qquad \sum_\varkappa \chi^{(\varkappa)}(R^{-1})\,\chi^{(\varkappa)}(R) = \frac{h}{h_R},$$

wo h_R die Anzahl der mit R conjugirten Elemente bezeichnet; dagegen

$$(2.) \qquad \sum_\varkappa \chi^{(\varkappa)}(R^{-1})\,\chi^{(\varkappa)}(S) = 0,$$

wenn die Elemente R und S nicht conjugirt sind.

Daher ist unter den obigen Voraussetzungen

$$(3.) \qquad \sum_\varkappa \chi^{(\varkappa)}(P^{-1})\,\chi^{(\varkappa)}(P^\alpha) = 0, \qquad (\alpha = 2, 3, \quad p-1)$$

aber

$$(4.) \qquad \sum_\varkappa \chi^{(\varkappa)}(P^{-1})\,\chi^{(\varkappa)}(P) = \frac{h}{h_P}.$$

Ist $\chi^{(\varkappa)}(E) = f^{(\varkappa)}$, so ist $\chi^{(\varkappa)}(P)$ eine Summe von $f^{(\varkappa)}$ Wurzeln der Gleichung $x^p = 1$ (*Pr.* § 12, (6.)), die einzeln dadurch bestimmt sind, dass $\chi^{(\varkappa)}(P^\alpha)$ die Summe ihrer α^{ten} Potenzen ist. Ist daher ρ eine primitive p^{te} Wurzel der Einheit, so ist

$$(5.) \qquad \begin{aligned} \chi^{(\varkappa)}(P) &= r_0^{(\varkappa)} + r_1^{(\varkappa)}\rho + \cdots + r_{p-1}^{(\varkappa)}\rho^{p-1}, \\ \chi^{(\varkappa)}(P^\alpha) &= r_0^{(\varkappa)} + r_1^{(\varkappa)}\rho^\alpha + \cdots + r_{p-1}^{(\varkappa)}\rho^{(p-1)\alpha}, \\ \chi^{(\varkappa)}(E) &= r_0^{(\varkappa)} + r_1^{(\varkappa)} + \cdots + r_{p-1}^{(\varkappa)}, \end{aligned}$$

wo $r_0^{(\varkappa)}, r_1^{(\varkappa)} \cdots r_{p-1}^{(\varkappa)}$ nicht negative ganze Zahlen sind. Mithin ist nach (3.) und (4.)

$$\sum_\varkappa (r_0^{(\varkappa)} + r_1^{(\varkappa)} \rho^{-1} + r_2^{(\varkappa)} \rho^{-2} + \cdots + r_{p-1}^{(\varkappa)} \rho^{-p+1})(r_0^{(\varkappa)} + r_1^{(\varkappa)} \rho^{\alpha} + r_2^{(\varkappa)} \rho^{2\alpha} + \cdots + r_{p-1}^{(\varkappa)} \rho^{(p-1)\alpha}) = 0$$

für $\alpha = 2, 3, \cdots p-1$, aber $= \dfrac{h}{h_p}$ für $\alpha = 1$.

Ich benutze auch die Zeichen $r_p^{(\varkappa)}, r_{p+1}^{(\varkappa)}, \cdots$, indem ich $r_\alpha^{(\varkappa)} = r_\beta^{(\varkappa)}$ setze, wenn $\alpha \equiv \beta \pmod{p}$ ist. Auf der linken Seite ist dann, wenn man sie mittelst der Gleichung $\rho^p = 1$ reducirt, das von ρ unabhängige Glied gleich

$$\sum_\varkappa (r_0^{(\varkappa)} r_0^{(\varkappa)} + r_\alpha^{(\varkappa)} r_1^{(\varkappa)} + r_{2\alpha}^{(\varkappa)} r_2^{(\varkappa)} + \cdots + r_{(p-1)\alpha}^{(\varkappa)} r_{p-1}^{(\varkappa)}) = \sum_\varkappa r_0^{(\varkappa)} r_0^{(\varkappa)} + \sum_\varkappa \sum_\beta r_{\alpha\beta}^{(\varkappa)} r_\beta^{(\varkappa)},$$

wo β die Werthe $1, 2, \cdots p-1$ durchläuft.

Die erhaltenen Gleichungen bleiben bestehen, wenn man ρ durch $\rho^2, \rho^3, \cdots \rho^{p-1}$ ersetzt. Für $\rho = 1$ aber ist

$$\sum_\varkappa (r_0^{(\varkappa)} + r_1^{(\varkappa)} + \cdots + r_{p-1}^{(\varkappa)})^2 = \sum_\varkappa f^{(\varkappa)2} = h.$$

Addirt man die p so gefundenen Gleichungen, so ergiebt sich

$$\sum_\varkappa r_0^{(\varkappa)} r_0^{(\varkappa)} + \sum_\varkappa \sum_\beta r_{\alpha\beta}^{(\varkappa)} r_\beta^{(\varkappa)} = \frac{h}{p}$$

für $\alpha = 2, 3, \cdots p-1$, dagegen gleich $\dfrac{h}{p} + (p-1)\dfrac{h}{p h_p}$ für $\alpha = 1$. Multiplicirt man mit α und summirt nach α von 1 bis $p-1$, so erhält man

$$\tfrac{1}{2} p(p-1) \sum_\varkappa r_0^{(\varkappa)} r_0^{(\varkappa)} + \sum_\varkappa \sum_{\alpha,\beta} \alpha\, r_{\alpha\beta}^{(\varkappa)} r_\beta^{(\varkappa)} = \tfrac{1}{2}(p-1)h + (p-1)\frac{h}{p h_p}.$$

Daher besteht, wenn p ungerade ist, die Congruenz

$$\sum_\varkappa \sum_{\alpha,\beta} \alpha\, r_{\alpha\beta}^{(\varkappa)} r_\beta^{(\varkappa)} \equiv -\frac{h}{p h_p} \pmod{p},$$

wo sowohl α als β $p-1$ Zahlen durchläuft, die den Zahlen $1, 2, \cdots p-1 \pmod{p}$ congruent sind. Unter $\beta^{-1} \pmod{p}$ verstehe ich die ganze Zahl γ, die der Congruenz $\beta\gamma \equiv 1$ genügt. Ersetzt man dann in der obigen Congruenz den Summationsbuchstaben α durch $\alpha\beta^{-1}$, so erhält man

$$\sum_\varkappa \Big(\sum_\alpha \alpha r_\alpha^{(\varkappa)}\Big)\Big(\sum_\beta \beta^{-1} r_\beta^{(\varkappa)}\Big) \equiv -\frac{h}{p h_p} \pmod{p}.$$

Ich nehme jetzt an, dass h nur durch die erste Potenz von p theilbar ist. Dann ist $\dfrac{h}{p h_p}$ nicht durch p theilbar. Daher giebt es einen Werth von $\varkappa$, für welchen

$$\sum_\alpha \alpha r_\alpha^{(\varkappa)} = r_1^{(\varkappa)} + 2 r_2^{(\varkappa)} + \cdots + (p-1) r_{p-1}^{(\varkappa)}$$

nicht durch p theilbar ist. Der letzte Ausdruck ist der Exponent der Potenz von ρ, die gleich dem Producte der $f^{(\varkappa)}$ Einheitswurzeln in der

Summe (5.) ist. Dieses Product $\vartheta(P)$ ist aber ein Charakter ersten Grades von $\mathfrak{H}$ (*Pr.* § 12, (9.)). Die Gruppe $\mathfrak{H}$ besitzt also einen Charakter ersten Grades, der für $R = P$ gleich einer primitiven p^{ten} Einheitswurzel ist.

Für ein Element S der Ordnung s ist $\vartheta(S)$ eine s^{te} Wurzel der Einheit. Ist $g = \frac{h}{p}$, so ist $\vartheta(R)^g = \chi(R)$ auch ein Charakter ersten Grades von $\mathfrak{H}$, dessen Werth für $R = P$ eine primitive p^{te} Wurzel der Einheit ist, für jedes Element R aber, dessen Ordnung in g aufgeht, gleich 1 ist. Nun habe ich (*Über Relationen zwischen den Charakteren einer Gruppe und denen ihrer Untergruppen*, Sitzungsberichte 1898; § 4, II; im folgenden mit *Rel.* citirt) gezeigt:

Ist $\chi(R)$ ein Charakter f^{ten} Grades der Gruppe $\mathfrak{H}$, so bilden alle Elemente R von $\mathfrak{H}$, für die $\chi(R) = f$ ist, eine invariante Untergruppe $\mathfrak{G}$ von $\mathfrak{H}$, und der Charakter χ gehört zu der Gruppe $\frac{\mathfrak{H}}{\mathfrak{G}}$.

Daher hat $\mathfrak{H}$ eine invariante Untergruppe $\mathfrak{G}$, gebildet von allen Elementen von $\mathfrak{H}$, für die $\chi(R) = 1$ ist. Diese enthält das Element P nicht, ist also $< \mathfrak{H}$. Sie enthält aber alle Elemente von $\mathfrak{H}$, deren Ordnung in g aufgeht. Ist, in Primfactoren zerlegt, $g = a^\alpha b^\beta c^\gamma \cdots$, so enthält $\mathfrak{H}$ Untergruppen der Ordnung a^α, b^β, c^γ, $\cdots$. Da diese alle in $\mathfrak{G}$ enthalten sind, so ist die Ordnung von $\mathfrak{G}$ durch a^α, b^β, c^γ, $\cdots$, also durch g theilbar, und folglich, weil sie $< h$ ist, gleich g. Für die in der Arbeit *A. I* entwickelten Sätze, die hier nicht vorausgesetzt sind, ist damit zugleich ein neuer Beweis gewonnen.

In dem Satze I. wird verlangt, dass $p-1$ zu h theilerfremd ist. Wie der Beweis zeigt, genügt es aber schon, wenn $p-1$ zu q theilerfremd ist. Z. B. ist nach Sylow die Ordnung einer transitiven Gruppe $\mathfrak{H}$ von Permutationen von p Symbolen eine Zahl der Form

$$h = pq\ (np + 1),$$

wo q ein Divisor von $p-1$ ist, und $np+1$ die Anzahl der in $\mathfrak{H}$ enthaltenen Gruppen $\mathfrak{P}$ der Ordnung p ist. Die mit einer solchen Gruppe $\mathfrak{P}$ vertauschbaren Elemente von $\mathfrak{H}$ bilden eine metacyklische Gruppe $\mathfrak{Q}$ der Ordnung pq. Nun hat Mathieu bemerkt: »*Ist* $q = 1$, *so ist* $n = 0$.« Denn dann hat $\mathfrak{H}$ nach dem Satze I. eine und nur eine Untergruppe $\mathfrak{G}$ der Ordnung $np+1$. Nun bilden aber die Permutationen der transitiven Gruppe $\mathfrak{H}$, die x_α ungeändert lassen, eine solche Gruppe $\mathfrak{G}$. Daher lässt jede Permutation von $\mathfrak{G}$ das Symbol x_α, d. h. $x_0, x_1, \cdots x_{p-1}$ ungeändert, und mithin ist $\mathfrak{G}$ die Hauptgruppe und ihre Ordnung $np + 1 = 1$.

§ 2.

In ähnlicher Weise lassen sich die allgemeineren Betrachtungen vervollständigen und vereinfachen, die ich in meiner Arbeit *Über auf-*

lösbare Gruppen II, Sitzungsberichte 1895 (im folgenden *A. II* citirt), angestellt habe. Sei $\mathfrak{F}$ eine Untergruppe von $\mathfrak{H}$, von deren Elementen nicht zwei in Bezug auf $\mathfrak{H}$ conjugirt sind. Sind A und B zwei Elemente von $\mathfrak{F}$, so ist daher das mit A conjugirte Element $B^{-1}AB$ von $\mathfrak{F}$ gleich A, oder es sind je zwei Elemente von $\mathfrak{F}$ vertauschbar, $AB = BA$.

Sei m der Rang der commutativen Gruppe $\mathfrak{F}$, sei $L_1, L_2 \cdots L_m$ eine Basis von $\mathfrak{F}$, und sei l_μ die Ordnung von L_μ. Dann kann jedes Element P von $\mathfrak{F}$, und zwar nur in einer Art auf die Form $P = L_1^{\lambda_1} L_2^{\lambda_2} \cdots L_m^{\lambda_m}$ gebracht werden. Ist ferner ρ_μ eine primitive l_μ^{te} Wurzel der Einheit, und sind $\alpha_1, \alpha_2 \cdots \alpha_m$ irgend m Zahlen, so ist

$$\psi(P) = \rho_1^{\alpha_1\lambda_1} \rho_2^{\alpha_2\lambda_2} \cdots \rho_m^{\alpha_m\lambda_m}$$

ein Charakter von $\mathfrak{F}$. Ist $A = L_1^{\alpha_1} L_2^{\alpha_2} \cdots L_m^{\alpha_m}$, so bezeichne ich diesen Charakter mit $\psi_A(P)$. Ist f die Ordnung von $\mathfrak{F}$, so sind dadurch die f Charaktere von $\mathfrak{F}$ den Elementen A zugeordnet, doch ist diese Zuordnung von der Wahl der Basis und der Wahl der Wurzeln $\rho_1, \cdots \rho_m$ abhängig (vergl. H. Weber, *Theorie der* Abel'*schen Zahlkörper*, Act. Math. Bd. 9, Seite 112). Das Product zweier Charaktere (ersten Grades) ist wieder ein solcher, und zwar ist $\psi_A(P)\psi_B(P) = \psi_{AB}(P)$. Der zu $\psi_A(P)$ inverse Charakter ist $\psi_A(P)^{-1} = \psi_A(P^{-1}) = \psi_{A^{-1}}(P)$.

Zwischen den Charakteren $\chi^{(\varkappa)}(R)$ der Gruppe $\mathfrak{H}$ und den Charakteren $\psi_A(P)$ von $\mathfrak{F}$ bestehen (*Rel.* § 1) Relationen der Form

$$\chi^{(\varkappa)}(P) = \sum_A r_A^{(\varkappa)} \psi_A(P), \tag{6.}$$

deren Coefficienten $r_A^{(\varkappa)}$ positive ganze Zahlen sind. Die Summe erstreckt sich über alle Elemente A von $\mathfrak{F}$. Nach der Voraussetzung gilt die Gleichung (2.), § 1 für je zwei verschiedene Elemente von $\mathfrak{F}$. Daher ist

$$\sum_\varkappa \sum_{A,B} r_A^{(\varkappa)} \psi_A(P^{-1}) r_B^{(\varkappa)} \psi_B(Q) = 0,$$

aber wenn $P = Q$ ist, gleich $\dfrac{h}{h_P}$. Setzt man

$$\sum_\varkappa r_A^{(\varkappa)} r_B^{(\varkappa)} = s_{A,B} = s_{B,A},$$

so ist

$$\sum_{A,B} s_{A,B}\, \psi_A(P^{-1}) \psi_B(Q) = 0$$

oder $\dfrac{h}{h_P}$. Daher ist

$$\sum_Q \psi_B(Q) \Big(\sum_{A,C} s_{A,C} \psi_A(P) \psi_C(Q^{-1}) \Big) = \frac{h}{h_P}\, \psi_B(P).$$

Nun ist $\sum\limits_Q \psi_B(Q)\psi_C(Q^{-1}) = 0$, aber wenn $B = C$ ist, gleich f. Daher ist

$$\sum_A s_{A,B} \psi_A(P) = \frac{h}{f h_P}\, \psi_B(P),$$

und in derselben Weise ergiebt sich aus dieser Gleichung

$$s_{A,B} = \frac{h}{f^2} \sum_P \frac{1}{h_P} \psi_A(P^{-1}) \psi_B(P).$$

Nun ist $\psi_A(P^{-1}) = \psi_{A^{-1}}(P)$ und $\psi_{A^{-1}}(P)\psi_B(P) = \psi_{A^{-1}B}(P)$. Setzt man also

$$s_{A,E} = s_A = \frac{h}{f^2} \sum_P \frac{1}{h_P} \psi_A(P),$$

so ist

$$s_{A,B} = s_{B,A} = s_{A^{-1}B} = s_{AB^{-1}}.$$

Ferner ist $\sum_A \psi_A(P) = 0$, aber wenn $P = E$ ist, gleich f. Daher ist

$$\sum_A s_A = \frac{h}{f} = g.$$

Die Formel (6.) gilt für jedes Element P von $\mathfrak{G}$, also auch für P^α und für E. Daher enthält sie die Darstellung von $\chi^{(\varkappa)}(P)$ als Summe von $f^{(\varkappa)}$ Einheitswurzeln. Das Product derselben

$$\vartheta^{(\varkappa)}(P) = \prod_A \psi_A(P)^{r_A^{(\varkappa)}}$$

ist ein Charakter ersten Grades von $\mathfrak{H}$, genauer, es giebt einen Charakter $\vartheta^{(\varkappa)}(R)$, der für die Elemente P der Gruppe $\mathfrak{F}$ die angegebenen Werthe hat. Daher ist auch

$$\vartheta_B(P) = \prod_\varkappa \vartheta^{(\varkappa)}(P)^{r_B^{(\varkappa)}} = \prod_A \psi_A(P)^{s_{AB^{-1}}}$$

ein Charakter ersten Grades von $\mathfrak{H}$, oder wenn man A durch AB ersetzt,

$$\vartheta_B(P) = \prod_A \psi_{AB}(P)^{s_A} = \psi_B(P)^g \prod_A \psi_A(P)^{s_A}$$

und endlich auch

$$\frac{\vartheta_B(P)}{\vartheta_C(P)} = \psi_{BC^{-1}}(P)^g,$$

oder wenn man $BC^{-1} = A$ setzt, $\psi_A(P)^g$.

Nimmt man jetzt an, dass f und g theilerfremd sind, so folgt daraus, dass $\psi_A(P)$ selbst ein Charakter von $\mathfrak{H}$ ist, d. h. es giebt einen oder mehrere Charaktere ersten Grades $\chi(R)$ von $\mathfrak{H}$, die für die Elemente P der Gruppe $\mathfrak{F}$ die Werthe $\psi_A(P)$ haben. Sei $\mathfrak{G}$ der Complex der Elemente von $\mathfrak{H}$, deren Ordnung in g aufgeht. Ist dann $gg' \equiv 1 \pmod{f}$, so ist $\chi(R)^{gg'}$ ein Charakter ersten Grades von $\mathfrak{H}$, der dieselbe Eigenschaft besitzt, und der für die Elemente des Complexes $\mathfrak{G}$ gleich 1 ist. Einen solchen Charakter bezeichne ich mit

$\chi_A(R)$. Alle Elemente von $\mathfrak{H}$, für die jeder der f verschiedenen Charaktere $\chi_A(R) = 1$ ist, bilden eine invariante Untergruppe von $\mathfrak{H}$, und diese ist gleich $\mathfrak{G}$. Sei nämlich R ein Element von $\mathfrak{H}$, das dem Complexe $\mathfrak{G}$ nicht angehört. Dann ist die Ordnung von R durch einen Primfactor p von f theilbar. Sei p^λ die höchste in f aufgehende Potenz von p, sei $\mathfrak{P}$ eine Untergruppe der Ordnung p^λ von $\mathfrak{F}$. Dann ist $R^{h:p^\lambda} = Q$ ein von E verschiedenes Element von $\mathfrak{H}$, dessen Ordnung eine Potenz von p ist. Nun sind aber je zwei in $\mathfrak{H}$ enthaltene Gruppen der Ordnung p^λ conjugirt, und Q ist in einer dieser Gruppen enthalten. Daher ist ein mit Q conjugirtes Element P in $\mathfrak{P}$ enthalten. Nun kann man den Charakter ψ_A so wählen, dass der Werth $\psi_A(P)$ von 1 verschieden ist. Dieser Werth ist aber gleich $\chi_A(P) = \chi_A(Q)$. Folglich ist auch $\chi_A(R)$ von 1 verschieden.

Die Gruppe $\mathfrak{G}$ ist durch $\mathfrak{P}$ theilbar, also ihre Ordnung durch p^λ, und mithin, weil für p jede in g aufgehende Primzahl gesetzt werden kann, durch g. Sie enthält aber keine in f aufgehende Primzahl l, weil es sonst in $\mathfrak{G}$ ein Element der Ordnung l gäbe. Die Ordnung von $\mathfrak{G}$ ist daher gleich g. Damit ist der Satz bewiesen:

II. *Sind f und g theilerfremde Zahlen, und enthält eine Gruppe $\mathfrak{H}$ der Ordnung fg eine Gruppe $\mathfrak{F}$ der Ordnung f, von deren Elementen nicht zwei in Bezug auf $\mathfrak{H}$ conjugirt sind, so enthält $\mathfrak{H}$ eine und nur eine charakteristische Untergruppe der Ordnung g. Diese wird gebildet von allen Elementen von $\mathfrak{H}$, deren Ordnung in $\mathfrak{G}$ aufgeht.*

Es ist dann $\mathfrak{H} = \mathfrak{F}\mathfrak{G} = \mathfrak{G}\mathfrak{F}$, die Gruppe $\mathfrak{F}$ ist der Gruppe $\frac{\mathfrak{H}}{\mathfrak{G}}$ isomorph, und die Charaktere von $\mathfrak{F}$ oder $\frac{\mathfrak{H}}{\mathfrak{G}}$ sind zugleich Charaktere von $\mathfrak{H}$. Sie haben für jedes Element des Complexes $\mathfrak{G}P$ denselben Werth $\chi(P) = \psi(P)$.

Allgemeiner gilt der Satz (vergl. die Arbeit *Über Gruppen von vertauschbaren Elementen*, Journal für Math., Band 86, § 3, V):

III. *Enthält eine Gruppe $\mathfrak{H}$ der Ordnung fg eine Gruppe $\mathfrak{F}$ der Ordnung f, von deren Elementen nicht zwei in Bezug auf $\mathfrak{H}$ conjugirt sind, bilden die g^{ten} Potenzen der Elemente von $\mathfrak{F}$ eine Gruppe $\mathfrak{A}$ der Ordnung a, und ist $\mathfrak{B}$ die Gruppe der Elemente von $\mathfrak{F}$, deren g^{te} Potenz gleich E ist, so enthält $\mathfrak{H}$ eine invariante Untergruppe, zu der alle Elemente von $\mathfrak{H}$ gehören, deren Ordnung zu a theilerfremd ist, und die mit $\mathfrak{F}$ den grössten gemeinsamen Theiler $\mathfrak{B}$ hat.*

In dem Satze, den ich *A. II*, § 3 bewiesen habe, kommt eine Gruppe $\mathfrak{H}_1$ der Ordnung $a_1 b$ vor, die eine Gruppe $\mathfrak{A}_1$ der Ordnung a_1 enthält. Die Zahlen a_1 und b sind theilerfremd, und jedes Element von $\mathfrak{A}_1$ ist mit jedem von $\mathfrak{H}_1$ vertauschbar, bildet also für sich eine Classe conjugirter Elemente von $\mathfrak{H}_1$. Daher enthält $\mathfrak{H}_1$ eine Gruppe der Ordnung b, und daraus folgt, dass die dort mit a_1 bezeichnete Zahl gleich 1 ist. Demnach kann man jenem Satze die präcisere Form geben:

IV. *Enthält eine Gruppe* $\mathfrak{H}$ *der Ordnung* fg *eine invariante Untergruppe* $\mathfrak{J}$ *der Ordnung* f, *und sind* g *und* $f\mathfrak{S}(\mathfrak{J})$ *theilerfremd, so ist* $\mathfrak{H}$ *das Product aus* $\mathfrak{J}$ *in eine Gruppe* $\mathfrak{G}$ *der Ordnung* g, *deren Elemente mit denen von* $\mathfrak{J}$ *vertauschbar sind.*

§ 3.

Wir haben vorausgesetzt: »Zwei Elemente von $\mathfrak{J}$, die in Bezug auf $\mathfrak{H}$ conjugirt sind, sind gleich.« Daraus folgt: »Jedes Element von $\mathfrak{H}$, das mit $\mathfrak{J}$ vertauschbar ist, ist mit jedem Elemente von $\mathfrak{J}$ vertauschbar.« Denn ist $R^{-1}\mathfrak{J}R = \mathfrak{J}$, so ist für jedes Element P von $\mathfrak{J}$ auch $R^{-1}P\,R = Q$ ein Element von $\mathfrak{J}$. Da P und Q conjugirt sind, so ist $P = Q$.

Die zweite Eigenschaft von $\mathfrak{J}$ sagt also weniger aus als die erste. Ist aber die Ordnung $f = p^\lambda$ von $\mathfrak{J}$ die höchste Potenz einer in h enthaltenen Primzahl p, so folgt aus der zweiten Eigenschaft auch die erste. Bezeichnen wir jetzt $\mathfrak{J}$ mit $\mathfrak{P}$. Die mit $\mathfrak{P}$ vertauschbaren Elemente von $\mathfrak{H}$ bilden eine Gruppe $\mathfrak{Q}$. Dann verlangt die Voraussetzung, dass jedes Element von $\mathfrak{Q}$ mit jedem Elemente von $\mathfrak{P}$ vertauschbar ist. Sei P ein Element von $\mathfrak{P}$. Die mit P vertauschbaren Elemente von $\mathfrak{H}$ bilden eine Gruppe $\mathfrak{R}$. Dann ist $\mathfrak{P} < \mathfrak{Q} < \mathfrak{R} < \mathfrak{H}$, wo das Zeichen $<$ das Enthaltensein ausdrückt. Es soll nun bewiesen werden: Sind P und P' zwei Elemente von $\mathfrak{P}$, die in Bezug auf $\mathfrak{H}$ conjugirt sind, so ist $P = P'$. Sei nämlich $H^{-1}P'H = P$. Da P' der Gruppe $\mathfrak{P}$ angehört, so ist P ein Element der Gruppe $H^{-1}\mathfrak{P}\,H = \mathfrak{P}'$. Auch in $\mathfrak{P}'$ sind, wie in $\mathfrak{P}$, je zwei Elemente mit einander vertauschbar. Mithin ist P mit jedem Elemente von $\mathfrak{P}$ und jedem von $\mathfrak{P}'$ vertauschbar, oder $\mathfrak{R}$ ist durch $\mathfrak{P}$ und $\mathfrak{P}'$ theilbar. Nun ist aber p^λ die höchste Potenz von p, die in der Ordnung von $\mathfrak{R}$ aufgeht. Nach dem Sylowschen Satze giebt es daher in $\mathfrak{R}$ ein solches Element R, dass $R^{-1}\mathfrak{P}'R = \mathfrak{P}$ ist. Mithin ist $\mathfrak{P}HR = HR\mathfrak{P}$, also ist $HR = Q$ ein Element der Gruppe $\mathfrak{Q} < \mathfrak{R}$. Daher ist auch $H = QR^{-1}$ in $\mathfrak{R}$ enthalten, also mit P vertauschbar und folglich ist $P' = HPH^{-1} = P$ (vergl. *A. II*, § 5).

Seien $p^{\lambda_1}, p^{\lambda_2} \cdots p^{\lambda_m}$ die (oben mit $l_1, l_2 \cdots l_m$ bezeichneten) Invarianten der commutativen Gruppe $\mathfrak{P}$, sei $\varkappa_\lambda$ die Anzahl der Zahlen $\lambda_1, \lambda_2 \cdots \lambda_m$, die $\geqq \lambda$ sind[1], und sei $\varkappa$ die grösste der Differenzen $\varkappa_1 - \varkappa_2$, $\varkappa_2 - \varkappa_3 \cdots$. Dann habe ich *A. II*, § 1

$$\mathfrak{S}(\mathfrak{P}) = (p-1)\,(p^2-1)\cdots(p^\varkappa-1)$$

[1] Dann sind $\lambda = \lambda_1 + \lambda_2 + \cdots$ und $\lambda = \varkappa_1 + \varkappa_2 + \cdots$ zwei Zerlegungen der Zahl λ, die man als *associirte* bezeichnen kann (*Über die Charaktere der symmetrischen Gruppe*, Sitzungsberichte 1900, § 6).

gesetzt. Ist nun $p^\lambda q$ die Ordnung der Gruppe $\mathfrak{Q}$, und ist q zu $\vartheta(\mathfrak{P})$ theilerfremd, so ist jedes Element R von $\mathfrak{Q}$ mit jedem Elemente von $\mathfrak{P}$ vertauschbar. Denn ist $p'q'$ die Ordnung von R, wo p' eine Potenz von p und q' ein Theiler von q ist, so ist $R = PQ$, wo P und Q die Ordnungen p' und q' haben und gleich Potenzen von R sind. Das Element P gehört der Gruppe $\mathfrak{P}$ an, ist also mit jedem Elemente von $\mathfrak{P}$ vertauschbar. Dieselbe Eigenschaft hat Q, weil q' zu $p\vartheta(\mathfrak{P})$ theilerfremd ist (*A. II*, § 2). Daher ist auch R mit jedem Elemente von $\mathfrak{P}$ vertauschbar. Demnach gilt der Satz:

V. *Ist p^λ die höchste Potenz der Primzahl p, die in der Ordnung $h = p^\lambda g$ der Gruppe $\mathfrak{H}$ aufgeht, ist $\mathfrak{P}$ eine in $\mathfrak{H}$ enthaltene Gruppe der Ordnung p^λ, sind je zwei Elemente von $\mathfrak{P}$ mit einander vertauschbar, und ist g zu $\vartheta(\mathfrak{P})$ theilerfremd, so enthält $\mathfrak{H}$ eine und nur eine (demnach charakteristische) Untergruppe der Ordnung g. Diese wird gebildet von allen Elementen der Gruppe $\mathfrak{H}$, deren Ordnung nicht durch p theilbar ist.*

Sind z. B. g und $p(p^2-1)$ theilerfremd, so enthält eine Gruppe der Ordnung $p^2 g$ eine und nur eine Untergruppe der Ordnung g.

63.

Über auflösbare Gruppen IV

Sitzungsberichte der Königlich Preußischen Akademie der Wissenschaften zu Berlin
1216–1230 (1901)

Bei der Abfassung meiner Arbeit *Über auflösbare Gruppen III.*, Sitzungsberichte 1901 (im Folgenden *A. III* citirt), lag mir die Abhandlung des Hrn. Burnside *On some properties of groups of odd order* (Proceedings of the London Math. Soc., vol. XXXIII, p. 163) vor, aber noch nicht ihre Fortsetzung, ebenda p. 257. In dieser hat er die in § 1 und § 3 meiner Arbeit entwickelten Sätze auf einem anderen Wege erhalten, auf dem man auch zu dem allgemeineren Ergebnis des § 2 gelangen kann. Nach der von mir benutzten Beweismethode werde ich im Folgenden einen noch umfassenderen Satz herleiten und daran in § 4 den vollständigen Beweis eines von den HH. Maillet und Burnside nur bedingungsweise erhaltenen Resultates knüpfen. Dabei bediene ich mich derselben Bezeichnungen wie in meiner Arbeit *Über Relationen zwischen den Charakteren einer Gruppe und denen ihrer Untergruppen*, Sitzungsberichte 1898, die ich im Folgenden mit *Rel.* citiren werde.

§ 1.

Ist die Gruppe $\mathfrak{G}$ der Ordnung g in der Gruppe $\mathfrak{H}$ der Ordnung $h = gn$ enthalten, so ist

$$(1.)\qquad \Phi_\lambda = \prod_\varkappa \Psi_\varkappa^{r_{\varkappa\lambda}}. \qquad (\varkappa = 0, 1, \cdots k-1;\ \lambda = 0, 1, \cdots l-1)$$

Hier ist Φ_λ einer der l Primfactoren der Gruppendeterminante von $\mathfrak{H}$, in dem alle Variabeln $x_R = 0$ gesetzt sind, deren Indices R nicht Elemente von $\mathfrak{G}$ sind, und $\Psi_\varkappa$ durchläuft die k Primfactoren der Gruppendeterminante von $\mathfrak{G}$. Daraus ergeben sich zwischen den Charakteren beider Gruppen die Relationen

$$(2.)\qquad \sum_\varkappa r_{\varkappa\lambda}\, \psi^{(\varkappa)}(P) = \chi^{(\lambda)}(P),$$

wo P ein beliebiges Element von $\mathfrak{G}$ ist. Durch Auflösung dieser Gleichungen findet man

$$(3.)\qquad \sum_\lambda r_{\varkappa\lambda}\, \chi^{(\lambda)}(R) = \frac{h}{g h_R} \sum_P \psi^{(\varkappa)}(P).$$

Hier ist R ein beliebiges Element von $\mathfrak{H}$, und P durchläuft die g_R Elemente von $\mathfrak{G}$, die mit R in Bezug auf $\mathfrak{H}$ conjugirt sind. Giebt es ein solches Element P nicht, so ist die Summe auf der linken Seite Null.

Ich mache jetzt folgende Voraussetzung: Je zwei Elemente von $\mathfrak{G}$, die in $\mathfrak{H}$ conjugirt sind, seien auch schon in $\mathfrak{G}$ conjugirt. Dann sind die g_R Glieder der letzten Summe alle einander gleich, und demnach nimmt die Gleichung (3.) die einfachere Form

$$(4.)\qquad \sum_\lambda r_{\varkappa\lambda}\chi^{(\lambda)}(R) = \frac{hg_R}{gh_R}\psi^{(\varkappa)}(P)$$

an, wo P ein mit R conjugirtes Element von $\mathfrak{G}$ ist. Setzt man also

$$(5.)\qquad \sum_\lambda r_{\alpha\lambda}r_{\beta\lambda} = s_{\alpha\beta} = s_{\beta\alpha}, \qquad (\alpha, \beta = 0, 1, \cdots k-1)$$

so folgt aus (2.) und (4.)

$$(6.)\qquad \sum_\beta s_{\alpha\beta}\,\psi^{(\beta)}(P) = \frac{hg_P}{gh_P}\psi^{(\alpha)}(P),$$

und wenn $\psi^{(\varkappa)}(E) = e_\varkappa$ ist,

$$(7.)\qquad \sum_\beta s_{\alpha\beta}\,e_\beta = ne_\alpha.$$

Daraus ergiebt sich

$$(8.)\qquad \sum_P \frac{hg_P}{gh_P}\psi^{(\alpha)}(P)\,\psi^{(\beta)}(P^{-1}) = gs_{\alpha\beta}.$$

Ist $\psi^{(0)}(P)$ der Hauptcharakter, und setzt man

$$s_{\alpha 0} = s_{0\alpha} = s_\alpha,$$

so ist demnach für $\beta = 0$

$$(9.)\qquad \sum_P \frac{hg_P}{gh_P}\psi^{(\alpha)}(P) = gs_\alpha.$$

Jetzt sei $\psi^{(\beta)}(P)$ ein bestimmter Charakter ersten Grades von $\mathfrak{G}$. Dann ist das Product

$$(10.)\qquad \psi^{(\varkappa)}(P)\psi^{(\beta)}(P^{-1}) = \psi^{(\varkappa')}(P)$$

ebenfalls ein (associirter) Charakter des Grades $e_\varkappa = e_{\varkappa'}$ von $\mathfrak{G}$, und wenn $\varkappa$ alle Werthe von 0 bis $k-1$ durchläuft, so nimmt $\varkappa'$ dieselben Werthe, nur in anderer Reihenfolge, an. Aus den Gleichungen (8.) und (9.) folgt

$$s_{\alpha\beta} = s_{\alpha'}.$$

Der Charakter $\chi^{(\lambda)}(R)$ von $\mathfrak{H}$ ist, wenn r die Ordnung des Elementes R ist, eine Summe von $f_\lambda = \chi^{(\lambda)}(E)$ r^{ten} Wurzeln der Einheit, die einzeln dadurch bestimmt sind, dass $\chi^{(\lambda)}(R^m)$ die Summe ihrer m^{ten} Potenzen ist. Ihr Product $\vartheta^{(\lambda)}(R)$ ist ein linearer Charakter von $\mathfrak{H}$. Ebenso ist der Charakter $\psi^{(\varkappa)}(P)$ von $\mathfrak{G}$ eine Summe von $e_\varkappa$ Einheitswurzeln, deren Product $\eta^{(\varkappa)}(P)$ ein linearer Charakter von $\mathfrak{G}$ ist. Die

Formel (2.) gilt auch für alle Potenzen von P, und daher sind die f_λ Einheitswurzeln, deren Summe $\chi^{(\lambda)}(P)$ ist, einzeln gleich den

$$\sum_{\varkappa} r_{\varkappa\lambda}\, e_{\varkappa} = f_\lambda$$

Einheitswurzeln, deren Summe auf der linken Seite steht. Dasselbe Resultat ergiebt sich direct aus der Formel (1.), falls man darin alle Variabeln ausser x_P und x_E Null setzt. Demnach ist das Product jener f_λ Einheitswurzeln

$$\prod_{\varkappa} \eta^{(\varkappa)}(P)^{r_{\varkappa\lambda}} = \vartheta^{(\lambda)}(P),$$

und folglich ist

$$\prod_{\lambda} \vartheta^{(\lambda)}(P)^{r_{\beta\lambda}} = \prod_{\alpha} \eta^{(\alpha)}(P)^{s_{\alpha\beta}}.$$

Da auch die Formel (10.) für jede Potenz von P gilt, so werden die $e_\varkappa$ Einheitswurzeln, deren Summe $\psi^{(\varkappa')}(P)$ ist, aus denen, deren Summe $\psi^{(\varkappa)}(P)$ ist, gefunden, indem man jede mit der Einheitswurzel $\psi^{(\beta)}(P^{-1})$ multiplicirt. Daher ist

$$\eta^{(\varkappa')}(P) = \eta^{(\varkappa)}(P)\; \psi^{(\beta)}(P^{-1})^{e_\varkappa}$$

und folglich

$$\prod_{\alpha} \eta^{(\alpha)}(P)^{s_{\alpha\beta}} = \prod_{\alpha} \eta^{(\alpha)}(P)^{s_{\alpha'}} = \prod_{\alpha} \eta^{(\alpha')}(P)^{s_{\alpha'}}\; \psi^{(\beta)}(P)^{e_{\alpha'} s_{\alpha'}}.$$

Da α' zugleich mit α die Werthe von 0 bis $k-1$ durchläuft, so ist nach (7.)

$$\sum_{\alpha'} e_{\alpha'} s_{\alpha'} = \sum_{\alpha} e_\alpha s_\alpha = n$$

und mithin

$$\prod_{\lambda} \vartheta^{(\lambda)}(P)^{r_{\beta\lambda}} = \psi^{(\beta)}(P)^n \prod_{\alpha} \eta^{(\alpha)}(P)^{s_\alpha}.$$

Auf der linken Seite steht ein linearer Charakter von $\mathfrak{H}$, genauer, es giebt einen solchen Charakter, der für die Elemente P der Gruppe $\mathfrak{G}$ die auf der rechten Seite stehenden Werthe besitzt. Setzt man $\beta = 0$, so erkennt man, dass auch

$$\prod_{\alpha} \eta^{(\alpha)}(P)^{s_\alpha}$$

ein linearer Charakter von $\mathfrak{H}$ ist[1], mithin auch der Quotient beider Charaktere

$$\psi^{(\beta)}(P)^n.$$

Die n^{te} Potenz von jedem linearen Charakter von $\mathfrak{G}$ ist also ein linearer Charakter von $\mathfrak{H}$. Da ein solcher Charakter durch die Bedin-

[1] Ist $\mathfrak{D}$ der grösste gemeinsame Divisor der mit $\mathfrak{G}$ conjugirten Untergruppen von $\mathfrak{H}$, so kann man $\frac{\mathfrak{H}}{\mathfrak{D}}$ als transitive Gruppe von Permutationen von n Symbolen so darstellen, dass die Permutationen, die ein bestimmtes Symbol ungeändert lassen, die Gruppe $\frac{\mathfrak{G}}{\mathfrak{D}}$ bilden. Je nachdem dem Elemente P eine positive oder negative Permutation entspricht, hat der obige Charakter den Werth $+1$ oder -1. Denn er ist die Determinante der linearen Substitution P, also das Product der Determinanten $\vartheta(P)$ der irreductibeln Substitutionen, worin sie zerfällt.

gung $\chi(R)\chi(S) = \chi(RS)$ bestimmt ist, so ist umgekehrt ein linearer Charakter von $\mathfrak{H}$ auch ein linearer Charakter jeder Untergruppe $\mathfrak{G}$.

Sei $\mathfrak{R}$ die Commutatorgruppe von $\mathfrak{G}$, r ihre Ordnung, $g = mr$. Dann giebt es m verschiedene lineare Charaktere von $\mathfrak{G}$, etwa

$$\psi^{(\beta)}(P). \qquad (\beta = 0, 1, \cdots m-1)$$

Sind nun m und n theilerfremd, so kann man a und b so bestimmen, dass $ma + nb = 1$ ist. Da $\psi^{(\beta)}(P)^m = 1$ ist, so ist

$$\psi^{(\beta)}(P) = \psi^{(\beta)}(P)^{ma+nb} = \psi^{(\beta)}(P)^{nb}.$$

Es giebt also einen linearen Charakter $\chi(R)$ von $\mathfrak{H}$, der für die Elemente von $\mathfrak{G}$ die Werthe $\chi(P) = \psi^{(\beta)}(P)$ hat. Dieselbe Eigenschaft hat der Charakter $\chi(R)^{nb}$, den ich mit $\chi^{(\beta)}(R)$ bezeichnen werde. Für alle Elemente von $\mathfrak{H}$, die der Gleichung $R^n = E$ genügen, ist $\chi^{(\beta)}(R) = 1$. Der Complex dieser Elemente sei $\mathfrak{N}$.

Die Elemente von $\mathfrak{H}$, für welche die m linearen Charaktere $\chi^{(\beta)}(R)$ von $\mathfrak{H}$ den Werth 1 haben, bilden eine invariante Untergruppe $\mathfrak{S}'$ von $\mathfrak{H}$, die durch $\mathfrak{N}$ und die Commutatorgruppe $\mathfrak{R}'$ von $\mathfrak{H}$, also auch durch $\mathfrak{R}$ theilbar ist. Die von $\mathfrak{R}'$ und $\mathfrak{N}$ erzeugte Gruppe $\mathfrak{S}$ ist in $\mathfrak{S}'$ enthalten, und ihre Ordnung s ist durch r und n theilbar, wie man leicht durch Zerlegung von n in Primzahlpotenzen erkennt.

Die m Charaktere $\psi^{(\beta)}(P)$ haben für jedes Element von $\mathfrak{R}$, aber für kein anderes Element von $\mathfrak{G}$, sämmtlich den Werth 1. Mithin ist $\mathfrak{R}$ der grösste gemeinsame Divisor von $\mathfrak{G}$ und $\mathfrak{S}'$, also auch von $\mathfrak{G}$ und $\mathfrak{S}$. Das kleinste gemeinschaftliche Vielfache von $\mathfrak{G}$ und $\mathfrak{S}$ ist eine in $\mathfrak{H}$ enthaltene Gruppe $\mathfrak{H}' = \mathfrak{G}\mathfrak{S} = \mathfrak{S}\mathfrak{G}$ der Ordnung h'. Nach einem bekannten Satze sind folglich die Gruppen

$$\frac{\mathfrak{H}'}{\mathfrak{S}} = \frac{\mathfrak{G}}{\mathfrak{R}} \tag{11.}$$

isomorph, und es ist $\frac{h'}{s} = \frac{g}{r}$, also $h' = ms$ und $\frac{h}{s} = m\frac{h}{h'}$. Da h' durch die Zahlen g und n theilbar ist, so ist, wenn diese theilerfremd sind, $h' = h$, $\mathfrak{H}' = \mathfrak{H}$, $s = rn$.

I. *Ist die Gruppe $\mathfrak{G}$ der Ordnung g in der Gruppe $\mathfrak{H}$ der Ordnung $h = gn$ enthalten, und sind je zwei Elemente von $\mathfrak{G}$, die in $\mathfrak{H}$ conjugirt sind, auch schon in $\mathfrak{G}$ conjugirt, so ist die n^{te} Potenz jedes linearen Charakters von $\mathfrak{G}$ ein linearer Charakter von $\mathfrak{H}$.*

Ist r die Ordnung und m der Index der Commutatorgruppe $\mathfrak{R}$ von $\mathfrak{G}$, und sind m und n theilerfremd, so erzeugen die Elemente von $\mathfrak{H}$, deren Ordnungen in n aufgehen, zusammen mit der Commutatorgruppe von $\mathfrak{H}$ eine charakteristische Untergruppe $\mathfrak{S}$ von $\mathfrak{H}$, deren Ordnung s durch r und n, und deren Index durch m theilbar ist. Sind g und n theilerfremd, so ist $s = rn = \frac{h}{m}$, und die commutative Gruppe $\frac{\mathfrak{H}}{\mathfrak{S}}$ ist der Gruppe $\frac{\mathfrak{G}}{\mathfrak{R}}$ isomorph.

§ 2.

Die Bedingungen dieses Satzes sind erfüllt, wenn zwei verschiedene Elemente von $\mathfrak{G}$ nie in $\mathfrak{H}$ conjugirt sind. Dann ist $r=1$, $m=g$, und $\mathfrak{S}=\mathfrak{N}$ ist eine charakteristische Untergruppe der Ordnung n von $\mathfrak{H}$. Dies ist das Hauptergebnis meiner Arbeit *A. III* (§ 2, II). Mit dem daraus abgeleiteten Satze IV, § 2 ist der folgende nahe verwandt:

II. *Sind f und g theilerfremd, und enthält eine Gruppe der Ordnung fg nicht mehr als f Elemente, deren Ordnungen in f aufgehen, und nicht mehr als g Elemente, deren Ordnungen in g aufgehen, so bilden jene f Elemente und diese g Elemente je eine Gruppe, und jedes Element der einen Gruppe ist mit jedem der anderen vertauschbar.*

In der Gruppe $\mathfrak{H}$ der Ordnung fg sei $\mathfrak{F}$ (bez. $\mathfrak{G}$) der Complex der Elemente, deren Ordnungen in f (bez. g) aufgehen. Da f und g theilerfremd sind, so lässt sich jedes Element von $\mathfrak{H}$, und zwar nur in einer Art, als Product von einem Elemente des Complexes $\mathfrak{F}$ und einem des Complexes $\mathfrak{G}$ darstellen, die mit einander vertauschbar sind. Wäre also nicht jedes Element R von $\mathfrak{F}$ mit jedem Elemente S von $\mathfrak{G}$ vertauschbar, so enthielte $\mathfrak{H}$ weniger als $h=fg$ Elemente (vergl. meine Arbeit *Verallgemeinerung des* Sylow'schen Satzes*, Sitzungsberichte 1895; § 2, IV). Alle Elemente von $\mathfrak{H}$, die mit jedem Elemente R von $\mathfrak{F}$ vertauschbar sind, bilden eine Gruppe $\mathfrak{G}'$. Da sie durch $\mathfrak{G}$ theilbar ist, so ist ihre Ordnung $f_0 g$ durch g theilbar (ebendas. § 2, III). Die Elemente von $\mathfrak{G}'$, deren Ordnungen in f, also in f_0 aufgehen, gehören dem Complexe $\mathfrak{F}$ an und sind daher mit jedem Elemente von $\mathfrak{G}'$ vertauschbar. Je zwei derselben, A und B, sind demnach auch mit einander vertauschbar. Aus $A^f=E$ und $B^f=E$ folgt daher $(AB)^f=E$. Mithin bilden diese Elemente eine Gruppe $\mathfrak{F}_0$. Ihre Ordnung ist in $f_0 g$ enthalten und ist durch f_0 theilbar, aber durch keinen Primfactor q von g. Denn sonst enthielte $\mathfrak{F}_0$ ein Element, dessen Ordnung q nicht in f aufgeht. Daher ist die Ordnung der Gruppe $\mathfrak{F}_0$ gleich f_0, und da jedes ihrer Elemente ein invariantes Element von $\mathfrak{G}'$ ist, so können zwei verschiedene Elemente von $\mathfrak{F}_0$ nicht in $\mathfrak{G}'$ conjugirt sein. Folglich bilden nach dem oben erwähnten Satze die Elemente von $\mathfrak{G}'$, deren Ordnung in g aufgeht, d. h. die Elemente des Complexes $\mathfrak{G}$, eine Gruppe. Ebenso erkennt man, dass $\mathfrak{F}$ eine Gruppe ist. Hr. Burnside hat (*Theory of groups of finite order*, p. 131, § 100) diesen Satz nur für den Fall bewiesen, dass f eine Potenz einer Primzahl und $\mathfrak{H}$ eine auflösbare Gruppe ist.

§ 3.

Um von dem Satze I eine Anwendung zu machen, benutze ich die Resultate, die Hr. Burnside, *Theory of groups*, §. 257 erhalten hat, zum Beweise des folgenden Satzes:

III. *Ist p eine Primzahl, $\mathfrak{H}$ eine Gruppe der Ordnung $p^\alpha n$, $\mathfrak{P}$ eine in $\mathfrak{H}$ enthaltene Gruppe der Ordnung p^α, $\mathfrak{R}$ die Commutatorgruppe von $\mathfrak{P}$, bilden die Elemente von $\mathfrak{P}$, die mit einem von ihnen vertauschbar sind, entweder die ganze Gruppe $\mathfrak{P}$, oder eine Gruppe $\mathfrak{R}'$, $\mathfrak{R}''$, ... der Ordnung $p^{\alpha-1}$, ist n theilerfremd zu p, $\vartheta(\mathfrak{P})$, $\vartheta(\mathfrak{R})$, $\vartheta(\mathfrak{R}')$, $\vartheta(\mathfrak{R}'')$, ..., so enthält $\mathfrak{H}$ eine und nur eine Untergruppe der Ordnung n.*

A. a. O. wird aus diesen Annahmen abgeleitet: Je zwei Elemente von $\mathfrak{P}$, die in $\mathfrak{H}$ conjugirt sind, sind auch schon in $\mathfrak{P}$ conjugirt. Die Commutatorgruppe $\mathfrak{R}$ von $\mathfrak{P}$ besteht aus lauter invarianten Elementen von $\mathfrak{P}$ und ist daher selbst eine commutative Gruppe.

Ist also p^ϱ die Ordnung von $\mathfrak{R}$, so enthält $\mathfrak{H}$ nach Satz I eine invariante Untergruppe $\mathfrak{S}$ der Ordnung $p^\varrho n$. Sie ist durch die Commutatorgruppe von $\mathfrak{H}$, also auch durch $\mathfrak{R}$ theilbar und umfasst alle Elemente von $\mathfrak{H}$, deren Ordnungen in n aufgehen.

Nun ist aber die in $\mathfrak{S}$ enthaltene Gruppe $\mathfrak{R}$ der Ordnung p^ϱ eine commutative Gruppe, und n ist zu $\vartheta(\mathfrak{R})$ theilerfremd. Nach Satz V, *A. III*, enthält daher $\mathfrak{S}$, und folglich auch $\mathfrak{H}$, nicht mehr als n Elemente, deren Ordnungen in n aufgehen, und diese bilden eine Gruppe $\mathfrak{N}$. Z. B. ergiebt sich für $\alpha = 3$:

IV. *Eine Gruppe $\mathfrak{H}$ der Ordnung $p^3 n$ enthält stets eine invariante Untergruppe der Ordnung n, falls n zu p und p^2-1 theilerfremd ist. Nur wenn $\mathfrak{H}$ eine lineare Gruppe der Ordnung p^3 enthält, muss n ausserdem noch zu p^2+p+1 theilerfremd sein.*

Der Vollständigkeit wegen füge ich einen etwas vereinfachten Beweis für den benutzten Hülfssatz hinzu.

Die mit $\mathfrak{P}$ vertauschbaren Elemente von $\mathfrak{H}$ bilden eine Gruppe $\mathfrak{Q}$ der Ordnung $p^\alpha q$. Da q zu $\vartheta(\mathfrak{P})$ theilerfremd ist, so ist jedes Element Q von $\mathfrak{Q}$, dessen Ordnung in q aufgeht, mit jedem Elemente P von $\mathfrak{P}$ vertauschbar (*A. II*, § 2), und jedes Element von $\mathfrak{Q}$ kann als Product von zwei solchen Elementen PQ dargestellt werden. Sei $\mathfrak{R}$ eine invariante Untergruppe von $\mathfrak{P}$, z. B. irgend eine in $\mathfrak{P}$ enthaltene Gruppe der Ordnung $p^{\alpha-1}$. Dann ist P mit $\mathfrak{R}$ vertauschbar, und Q mit jedem Elemente von $\mathfrak{R}$, und daher ist auch PQ mit $\mathfrak{R}$ vertauschbar. Bilden also die mit $\mathfrak{R}$ vertauschbaren Elemente von $\mathfrak{H}$ die Gruppe $\mathfrak{R}'$ der Ordnung $p^\alpha r$, so ist $\mathfrak{R}'$ durch $\mathfrak{Q}$ theilbar. Sind R und R_1 zwei Elemente von $\mathfrak{P}$, die in $\mathfrak{P}'$ conjugirt sind, so ist $R_1 = A^{-1}RA$, $A = QP$, $Q^{-1}RQ = R$ und mithin $R_1 = P^{-1}RP$. Daher sind R und R_1 auch in $\mathfrak{P}$ conjugirt. Die mit R vertauschbaren Elemente von $\mathfrak{H}$ bilden eine Gruppe $\mathfrak{S}$, deren Ordnung nach der gemachten Voraussetzung durch p^α oder nur durch $p^{\alpha-1}$ theilbar ist.

Ist erstens die Ordnung von $\mathfrak{S}$ gleich $p^\alpha s$, so ist jede Gruppe $\mathfrak{P}$ der Ordnung p^α, in der R vorkommt, in $\mathfrak{S}$ enthalten. Denn angenommen, die mit R vertauschbaren Elemente von $\mathfrak{P}$ bilden nur eine Gruppe $\mathfrak{R}$ der Ordnung $p^{\alpha-1}$. Dann enthält $\mathfrak{S}$ eine durch $\mathfrak{R}$ theilbare Gruppe $\mathfrak{P}_1$ der Ordnung p^α. Die mit $\mathfrak{R}$ vertauschbaren Elemente von $\mathfrak{H}$ bilden die Gruppe $\mathfrak{R}'$ der Ordnung $p^\alpha r$. Da r zu $\mathfrak{J}(\mathfrak{R})$ theilerfremd ist, so ist jedes Element von $\mathfrak{R}'$, dessen Ordnung in r aufgeht, mit jedem Elemente von $\mathfrak{R}$, also auch mit R vertauschbar. Diese Elemente von $\mathfrak{R}'$ erzeugen eine in $\mathfrak{R}'$ und $\mathfrak{S}$ enthaltene Gruppe, deren Ordnung durch r theilbar ist. Ferner haben $\mathfrak{R}'$ und $\mathfrak{S}$ die Gruppe $\mathfrak{P}_1$ der Ordnung p^α gemeinsam. Folglich ist $\mathfrak{S}$ durch $\mathfrak{R}'$, also auch durch $\mathfrak{P}$ theilbar, und R ist ein invariantes Element von $\mathfrak{P}$.

Nun seien R und R_1 zwei Elemente von $\mathfrak{P}$, die in $\mathfrak{H}$ conjugirt sind, also $R_1 = A^{-1}RA$. Ist R_1 ein invariantes Element von $\mathfrak{P}$, so ist R ein invariantes Element von $A\mathfrak{P}A^{-1}$. Daher enthält die Ordnung von $\mathfrak{S}$ den Factor p^α. Mithin ist R auch ein invariantes Element von $\mathfrak{P}$. Sind aber zwei invariante Elemente von $\mathfrak{P}$ conjugirt in $\mathfrak{H}$, so sind sie es auch in $\mathfrak{P}'$ (*A. II*, § 5), also auch in $\mathfrak{P}$.

Ist z w e i t e n s die Ordnung von $\mathfrak{S}$ gleich $p^{\alpha-1}s$, so bilden die mit R vertauschbaren Elemente von $\mathfrak{P}$ eine Gruppe $\mathfrak{R}$ der Ordnung $p^{\alpha-1}$, und, wie eben bewiesen, die mit $R_1 = A^{-1}RA$ vertauschbaren Elemente von $\mathfrak{P}$ eine Gruppe $\mathfrak{R}_1$ derselben Ordnung. Die Gruppe $\mathfrak{S}$ enthält daher $\mathfrak{R}$ und $A\mathfrak{R}_1A^{-1}$, und da ihre Ordnung nur durch $p^{\alpha-1}$ theilbar ist, so giebt es in $\mathfrak{S}$ ein solches Element S, dass $S^{-1}\mathfrak{R}S = A\mathfrak{R}_1A^{-1}$. Setzt man also $SA = B$, so ist, da R mit S vertauschbar ist,

$$B^{-1}\mathfrak{R}B = \mathfrak{R}_1, \quad B^{-1}RB = R_1.$$

Die Gruppe $\mathfrak{R}$ ist in $\mathfrak{P}$ und in $B\mathfrak{P}B^{-1} = \mathfrak{P}_1$ als invariante Untergruppe enthalten. Daher ist $\mathfrak{R}'$ durch $\mathfrak{P}$ und $\mathfrak{P}_1$ theilbar, und folglich ist $\mathfrak{P}_1 = C^{-1}\mathfrak{P}C$, wo C ein Element von $\mathfrak{R}'$ ist. Daher ist CB mit $\mathfrak{P}$ vertauschbar, also in $\mathfrak{Q}$ und folglich auch in $\mathfrak{R}'$ enthalten. Demnach ist auch B ein Element von $\mathfrak{R}'$, also mit $\mathfrak{R}$ vertauschbar, und mithin ist $\mathfrak{R}_1 = B^{-1}\mathfrak{R}B = \mathfrak{R}$, und $R_1 = B^{-1}RB$ ist in $\mathfrak{R}$ enthalten und mit R in $\mathfrak{R}'$ conjugirt.

R ist mit $p^{\alpha-1}$ Elementen von $\mathfrak{P}$ vertauschbar, also mit p verschiedenen Elementen von $\mathfrak{P}$ conjugirt in Bezug auf $\mathfrak{P}$. Da $\mathfrak{R}'$ durch $\mathfrak{P}$ theilbar ist, so sind die Elemente von $\mathfrak{R}'$ nicht alle mit $\mathfrak{R}$ vertauschbar. Dagegen ist jedes Element von $\mathfrak{R}'$, dessen Ordnung in r aufgeht, und jedes Element von $\mathfrak{R}$ mit R vertauschbar. Mithin bilden die mit R vertauschbaren Elemente von $\mathfrak{R}'$ eine Gruppe $\mathfrak{T}$ der Ordnung $p^{\alpha-1}r$. Folglich enthält $\mathfrak{R}'$ genau p Elemente, die mit R in $\mathfrak{R}'$ conjugirt sind. Solche p Elemente giebt es aber schon in $\mathfrak{P}$. Die p Elemente von $\mathfrak{R}'$, die mit R in $\mathfrak{R}'$ conjugirt sind, sind also sämmtlich in $\mathfrak{P}$ enthalten und sind mit R schon in $\mathfrak{P}$ conjugirt. Demnach giebt es in $\mathfrak{P}$ ein solches Element P, dass $R_1 = P^{-1}RP$ ist.

Die letzten Schlussfolgerungen kann man auch mittelst der Gleichung $\mathfrak{R}' = \mathfrak{T}\mathfrak{P}$ ableiten, wo $\mathfrak{T}$ der grösste gemeinsame Divisor von $\mathfrak{R}'$ und $\mathfrak{S}$ ist.

§ 4.

Ich untersuche jetzt die Beschaffenheit der Gruppe $\mathfrak{H}$ unter der genaueren Voraussetzung: Je zwei Elemente von $\mathfrak{G}$, die in $\mathfrak{H}$ conjugirt sind, können nur durch Elemente von $\mathfrak{G}$ in einander transformirt werden. Oder, was in Verbindung mit der Annahme des Satzes I dasselbe ist: Die Elemente von $\mathfrak{H}$, die mit einem von E verschiedenen Elemente P von $\mathfrak{G}$ vertauschbar sind, gehören alle der Gruppe $\mathfrak{G}$ an. Die Bedingung, dass g und n theilerfremd sind, kann dann weggelassen werden, da sich aus den übrigen Voraussetzungen ergeben wird, dass g ein Theiler von $n-1$ ist.

Ist Q ein in $\mathfrak{G}$ nicht enthaltenes Element von $\mathfrak{H}$, so haben die Gruppen $\mathfrak{G}$ und $Q^{-1}\mathfrak{G}Q$ nur das Element E gemeinsam. Denn hätten sie das Element $P' = Q^{-1}PQ$ gemeinsam, so wären P und P' zwei in $\mathfrak{H}$ conjugirte Elemente von $\mathfrak{G}$, und folglich müsste auch Q der Gruppe $\mathfrak{G}$ angehören. Ist

$$\mathfrak{H} = \mathfrak{G} + \mathfrak{G}Q_1 + \mathfrak{G}Q_2 + \cdots + \mathfrak{G}Q_{n-1},$$

so sind je zwei der n mit $\mathfrak{G}$ conjugirten Gruppen

$$\mathfrak{G},\ Q_1^{-1}\mathfrak{G}Q_1,\ Q_2^{-1}\mathfrak{G}Q_2, \cdots Q_{n-1}^{-1}\mathfrak{G}Q_{n-1}$$

theilerfremd. Denn wenn die Complexe $\mathfrak{G}Q_1$ und $\mathfrak{G}Q_2$ verschieden sind, so ist $Q_1Q_2^{-1} = Q$ nicht in $\mathfrak{G}$ enthalten. Daher sind $\mathfrak{G}$ und $Q^{-1}\mathfrak{G}Q$ theilerfremd, also auch $Q_2^{-1}\mathfrak{G}Q_2$ und $Q_2^{-1}(Q^{-1}\mathfrak{G}Q)\,Q_2 = Q_1^{-1}\mathfrak{G}Q_1$. Jene n Gruppen enthalten folglich $1+(g-1)n$ verschiedene Elemente, und demnach giebt es in $\mathfrak{H}$ genau $n-1$ Elemente, die in keiner der n mit $\mathfrak{G}$ conjugirten Gruppen vorkommen.

Insbesondere enthält $\mathfrak{G}$ ausser der Hauptgruppe keine Gruppe $\mathfrak{D}$, die eine invariante Untergruppe von $\mathfrak{H}$ ist. Denn sonst wären die mit $\mathfrak{G}$ conjugirten Gruppen auch alle durch $\mathfrak{D}$ theilbar. Daher lässt sich $\mathfrak{H}$ als transitive Gruppe von Permutationen von n Symbolen darstellen in der Art, dass die Permutationen, die ein bestimmtes Symbol nicht versetzen, die Gruppe $\mathfrak{G}$ oder eine der n mit $\mathfrak{G}$ conjugirten Gruppen bilden. Die obige Bedingung ist daher mit der Forderung identisch, dass keine Permutation dieser transitiven Gruppe ausser E mehr als ein Symbol ungeändert lässt.

Ist P ein Element von $\mathfrak{G}$, so ist die Anzahl der mit P vertauschbaren Elemente von $\mathfrak{H}$ gleich $\frac{h}{h_P}$. Diese sind, wenn P von E verschieden ist, alle in $\mathfrak{G}$ enthalten. Da nun P mit g_P Elementen in $\mathfrak{G}$

conjugirt ist, so ist die Anzahl der mit P vertauschbaren Elemente von $\mathfrak{G}$ gleich $\frac{g}{g_P}$. Folglich hat

$$\frac{hg_R}{gh_R}$$

den Werth 1 für die von E verschiedenen Elemente R der Gruppe $\mathfrak{G}$ und der n mit $\mathfrak{G}$ conjugirten Gruppen, den Werth n für $R = E$, und den Werth 0 für die $n-1$ Elemente von $\mathfrak{H}$, die keiner jener n Gruppen angehören. Dies ergiebt sich auch daraus, dass jene Zahl die Anzahl der Symbole ist, welche die Permutation R ungeändert lässt (*Rel.* § 1 (10.)).

Nach Gleichung (4.), § 1 ist daher entsprechend

$$(1.) \qquad \sum_\lambda r_{\varkappa\lambda}\, \chi^{(\lambda)}(R) = \psi^{(\varkappa)}(P),\ ne_\varkappa,\ 0$$

und für die Elemente P von $\mathfrak{G}$

$$\sum_\alpha s_{\alpha\beta}\, \psi^{(\alpha)}(P) = \psi^{(\beta)}(P) \text{ oder } ne_\beta,$$

je nachdem P von E verschieden ist oder nicht. Nun ist aber (*Über Gruppencharaktere*, § 3 (5.)) entsprechend

$$\sum e_\alpha\, \psi^{(\alpha)}(P) = 0 \text{ oder } g.$$

Daher ist für alle Elemente P von $\mathfrak{G}$, auch für $P = E$

$$\sum_\alpha s_{\alpha\beta}\, \psi^{(\alpha)}(P) = \psi^{(\beta)}(P) + \frac{n-1}{g} e_\beta \sum_\alpha e_\alpha\, \psi^{(\alpha)}(P)$$

und mithin

$$(2.) \qquad s_{\alpha\beta} = \frac{n-1}{g} e_\alpha e_\beta + e_{\alpha\beta},$$

wo $e_{\alpha\beta} = 0$ oder 1 ist, je nachdem α und β verschieden oder gleich sind. Aus $s_{00} = 1 + \frac{n-1}{g}$ folgt, dass g ein Theiler von $n-1$, also zu n theilerfremd ist. Dieser Beweis ist von dem üblichen elementaren Nachweis dieses Resultats nicht verschieden. Denn nach *Rel.* § 1, (16) ist

$$s_{00} = (\mathfrak{H} : \mathfrak{G}, \mathfrak{G}) = 1 + \frac{n-1}{g}.$$

Die $(g-1)n+1$ Elemente der Gruppe $\mathfrak{G}$ und der conjugirten Gruppen genügen der Gleichung $R^g = E$. Da die Gleichung $R^n = E$ mindestens n Lösungen hat, so genügen ihr ausser E die $n-1$ Elemente von $\mathfrak{H}$, die mit keinem Elemente von $\mathfrak{G}$ conjugirt sind. Weitere Elemente enthält $\mathfrak{H}$ nicht, also kein Element, dessen Ordnung sowohl mit g als auch mit n einen Theiler gemeinsam hat. Daher ist eins jener $(g-1)n$ Elemente nie mit einem dieser $n-1$ Elemente vertauschbar. Nun ist

$$\sum_\lambda (r_{\varkappa\lambda} - e_\varkappa r_\lambda)^2 = s_{\varkappa\varkappa} - 2e_\varkappa s_{\varkappa 0} + e_\varkappa^2 s_{00}.$$

Ist also $\varkappa > 0$, so ist diese Summe nach (2.) gleich

$$1+\frac{n-1}{g}e_\varkappa^2-2e_\varkappa\frac{n-1}{g}e_\varkappa+e_\varkappa^2\left(1+\frac{n-1}{g}\right)=1+e_\varkappa^2 .$$

Nun ist aber $r_{\varkappa 0}=0$ und $r_0=1$, also

$$r_{\varkappa 0}-e_\varkappa r_0=-e_\varkappa .$$

Daher ist

$$\sum_{\lambda}{}_1^{l-1}(r_{\varkappa\lambda}-e_\varkappa r_\lambda)^2=1 ,$$

und folglich ist von den l–1 ganzen Zahlen

$$r_{\varkappa\lambda}-e_\varkappa r_\lambda \qquad (\lambda=1,2\cdots l-1)$$

eine gleich ± 1, die anderen gleich 0. Sind α und β von einander und von 0 verschieden, so findet man ebenso

$$\sum_{\lambda}{}_1^{l-1}(r_{\alpha\lambda}-e_\alpha r_\lambda)(r_{\beta\lambda}-e_\beta r_\lambda)=0 .$$

Ist also für $\varkappa=\alpha$ $r_{\alpha\mu}-e_\alpha r_\mu$ und für $\varkappa=\beta$ $r_{\beta\nu}-e_\beta r_\nu=\pm 1$, so ist μ von ν verschieden. Man kann daher die Bezeichnung so wählen, dass

$$r_{\varkappa\varkappa}-e_\varkappa r_\varkappa=\pm 1 \qquad (\varkappa=1,2,\cdots k-1)$$

ist. Dagegen ist

$$r_{\varkappa\lambda}=e_\varkappa r_\lambda , \qquad (\lambda=1,2,\cdots l-1)$$

falls $\varkappa$ von λ verschieden ist, und zwar für alle Werthe von $\varkappa$, auch für $\varkappa=0$. Für $\lambda=0$ ist dagegen $r_{00}=1$, $r_{\varkappa 0}=0$.

Nun ist nach (1.)

$$\sum_{\lambda}(r_{\varkappa\lambda}-e_\varkappa r_\lambda)\chi^{(\lambda)}(R)=\psi^{(\varkappa)}(P)-e_\varkappa\psi^{(0)}(P)$$

für jedes Element R von $\mathfrak{H}$, das mit einem Element P von $\mathfrak{G}$ conjugirt ist, auch für $R=E$. Dagegen verschwindet die Summe für jedes der $n-1$ anderen Elemente von $\mathfrak{H}$. Setzt man für $r_{\varkappa\lambda}$ den ermittelten Werth ein, so ist demnach, falls $\varkappa > 0$ ist,

$$\pm\chi^{(\varkappa)}(R)-e_\varkappa\chi^{(0)}(R)=\psi^{(\varkappa)}(P)-e_\varkappa\psi^{(0)}(P) \text{ oder } 0.$$

Für $R=E$ ist also $\pm f_\varkappa=e_\varkappa$. Es gilt daher das positive Zeichen, und es ist $\chi^{(\varkappa)}(R)=\psi^{(\varkappa)}(P)$, falls R mit P conjugirt ist, aber $\chi^{(\varkappa)}(R)=e_\varkappa=f_\varkappa$, falls $R^n=E$ ist.

Alle Elemente R einer Gruppe $\mathfrak{H}$, für die ein Charakter f^{ten} Grades $\chi(R)=f$ ist, bilden eine invariante Untergruppe von $\mathfrak{H}$ (*Rel.* § 4, II). Daher bilden auch alle die Elemente von $\mathfrak{H}$, wofür die k Gleichungen

$$\chi^{(\varkappa)}(R)=f_\varkappa \qquad (\varkappa=0,1,\cdots k-1)$$

gelten, eine invariante Untergruppe $\mathfrak{N}$. Diese besteht aus den n Elementen, deren Ordnung in n aufgeht, und nur aus diesen.

Hr. Burnside beweist diesen Satz für ein *gerades g* (*Theory of groups*, p. 141—144) auf ganz elementarem Wege, und er zeigt zugleich, dass in diesem Falle $\mathfrak{N}$ eine commutative Gruppe ist. Für ein *ungerades* g aber gelingt ihm der Beweis nur unter der Voraussetzung, dass $\mathfrak{G}$ eine auflösbare Gruppe ist (*On Transitive Groups of degree n and class n-1;* Proc. of the London Math. Soc. vol. XXXII). Dann kann man nämlich das Resultat aus dem Satze I allein ableiten. Der obige Beweis gilt für gerade und ungerade g ohne jede Einschränkung.

V. *Enthält eine transitive Gruppe des Grades n keine Substitution, die zwei Symbole ungeändert lässt, ausser der identischen, so bilden die n–1 Substitutionen, die alle Symbole versetzen, zusammen mit der identischen eine charakteristische Untergruppe.*

Ist die Gruppe $\mathfrak{G}$ der Ordnung g in der Gruppe $\mathfrak{H}$ der Ordnung gn enthalten, und ist sie darin mit n verschiedenen Gruppen conjugirt, von denen je zwei theilerfremd sind, so enthält $\mathfrak{H}$ eine und nur eine (charakteristische) Untergruppe der Ordnung n. Diese wird gebildet von allen Elementen von $\mathfrak{H}$, deren Ordnungen in n aufgehen.

Auf Grund dieses Ergebnisses kann man dem Satze III, § 6 meiner Arbeit *Über endliche Gruppen*, Sitzungsberichte 1895, die genauere Fassung geben:

VI. *Ist p eine Primzahl, und ist kein Divisor von n, ausser* 1 *und n selbst, congruent* 1 *(mod. p), ist $p^\alpha n$ die Ordnung der Gruppe $\mathfrak{H}$ und p^δ die des grössten gemeinsamen Theilers $\mathfrak{D}$ aller in $\mathfrak{H}$ enthaltenen Gruppen der Ordnung p^α, so enthält $\mathfrak{H}$ $p^\delta(n-1)$ Elemente, deren Ordnungen mit n einen Theiler gemeinsam haben. Sie erzeugen eine durch $\mathfrak{D}$ theilbare charakteristische Untergruppe $\mathfrak{C}$ der Ordnung $p^\delta n$. Ist $\delta < \alpha$, so ist $\frac{\mathfrak{H}}{\mathfrak{C}}$ eine cyklische Gruppe, $\frac{\mathfrak{C}}{\mathfrak{D}}$ entweder einfach oder das directe Product von mehreren isomorphen einfachen Gruppen, und $\frac{\mathfrak{H}}{\mathfrak{D}}$ lässt sich als primitive Gruppe von Permutationen von n Symbolen darstellen.*

Die k berechneten Charaktere $\chi^{(\lambda)}(R)$ $(\lambda = 0, 1 \dots k-1)$ sind die Charaktere der mit $\mathfrak{G}$ isomorphen Gruppe $\frac{\mathfrak{H}}{\mathfrak{N}}$. Der Vollständigkeit halber bestimme ich noch die Werthe der übrigen $l-k$ Charaktere von $\mathfrak{H}$. Ist $\lambda \geqq k$ und R mit einem Elemente P von $\mathfrak{G}$ conjugirt, so ist

$$\chi^{(\lambda)}(R) = \chi^{(\lambda)}(P) = \sum_\varkappa r_{\varkappa\lambda}\,\psi^{(\varkappa)}(P) = r_\lambda \sum_\varkappa e_\varkappa\,\psi^{(\varkappa)}(P).$$

Ist P von E verschieden, so ist daher $\chi^{(\lambda)}(R) = 0$. Ist aber $P = E$, so ist

$$f_\lambda = g r_\lambda. \qquad (\lambda = k, k+1, \dots l-1) \tag{3.}$$

Da f_λ ein Theiler von $h = gn$ ist, so ist folglich r_λ ein Theiler von n. Ist $\lambda < k$, so ist

(4.) $$f_\lambda = e_\lambda. \qquad (\lambda=0,1,\dots k-1)$$

Daher brauche ich von jetzt an die Bezeichnung $e_\varkappa$ nicht mehr in dem bisherigen Sinne. Beiläufig bemerke ich, dass nach *Rel.* § 1 (9.)

$$g r_\lambda = \sum_P \chi^{(\lambda)}(P)$$

ist. Ist nun $\lambda < k$, so ist $\chi^{(\lambda)}(P) = \psi^{(\lambda)}(P)$ und mithin

(5.) $$r_\lambda = 0. \qquad (\lambda=1,2,\dots k-1)$$

Die Charaktere der Gruppe $\mathfrak{N}$ seien

$$\varphi^{(\varkappa)}(Q), \qquad (\varkappa=0,1,2\dots)$$

und es sei jetzt $\phi^{(\varkappa)}(E) = e_\varkappa$. Da $\mathfrak{N}$ eine invariante Untergruppe von $\mathfrak{H}$ ist, so bestehen zwischen den Charakteren $\phi^{(\varkappa)}(Q)$ von $\mathfrak{N}$ und den Charakteren $\chi^{(\lambda)}(R)$ von $\mathfrak{H}$ nach *Rel.* § 2 folgende Beziehungen.

Zu jedem Charakter $\phi^{(\varkappa)}$ giebt es eine Anzahl von Charakteren $\phi^{(\varkappa')}, \phi^{(\varkappa'')}, \dots$, die mit $\phi^{(\varkappa)}$ in $\mathfrak{H}$ conjugirt sind. Ihre Zahl sei $s_\varkappa = s_{\varkappa'} = s_{\varkappa''} = \dots$. Jedem Charakter $\phi^{(\varkappa)}$ von $\mathfrak{N}$ entsprechen ein oder mehrere Charaktere $\chi^{(\lambda)}, \chi^{(\lambda')}, \dots$ von $\mathfrak{H}$ in der Art, dass für jedes Element Q von $\mathfrak{N}$

$$\varphi^{(\varkappa)}(Q) + \varphi^{(\varkappa')}(Q) + \dots = \frac{s_\varkappa\, e_\varkappa}{f_\lambda}\, \chi^{(\lambda)}(Q) = \frac{s_\varkappa\, e_\varkappa}{f_{\lambda'}}\, \chi^{(\lambda')}(Q) = \dots$$

ist. Umgekehrt entspricht jedem Charakter $\chi^{(\lambda)}$ von $\mathfrak{H}$ ein Charakter $\phi^{(\varkappa)}$ von $\mathfrak{N}$ und die mit ihm conjugirten Charaktere. Jedem der $s_\varkappa$ Charaktere $\phi^{(\varkappa)}, \phi^{(\varkappa')}, \dots$ von $\mathfrak{G}$ entspricht jeder der Charaktere $\chi^{(\lambda)}, \chi^{(\lambda')}, \dots$ und umgekehrt, und für zwei entsprechende Charaktere ist

$$\frac{f_\lambda}{s_\varkappa\, e_\varkappa} = r'_{\varkappa\lambda}$$

eine ganze Zahl. Ist $\chi^{(\lambda)}$ gegeben, so sind $\chi^{(\lambda')}, \chi^{(\lambda'')}, \dots$ dadurch bestimmt, dass die n Werthe $\chi^{(\lambda)}(Q)$ den n Werthen $\chi^{(\lambda')}(Q)$ proportional sind. Daher entsprechen dem Hauptcharakter $\phi^{(0)}$ von $\mathfrak{N}$ die k Charaktere

$$\chi^{(0)}, \chi^{(1)}, \dots \chi^{(k-1)}$$

und kein anderer Charakter $\chi^{(\lambda)}$. Denn sonst hätte dieser für alle n Elemente Q von $\mathfrak{N}$ denselben Werth f_λ und wäre daher (*Rel.* § 4, I) ein Charakter von $\frac{\mathfrak{H}}{\mathfrak{N}} = \mathfrak{G}$, während diese Gruppe nur jene k Charaktere besitzt.

Ist $\varkappa > 0$, und sind $\chi^{(\lambda)}(R)$ und $\chi^{(\lambda')}(R)$ zwei verschiedene oder gleiche Charaktere, die dem Charakter $\phi^{(\varkappa)}(Q)$ entsprechen, so ist $\lambda \geqq k$, also $\chi^{(\lambda)}(R) = 0$, falls R der Gruppe $\mathfrak{N}$ nicht angehört. Daher ist

$$\sum_R \chi^{(\lambda)}(R^{-1})\,\chi^{(\lambda')}(R) = \sum_Q \chi^{(\lambda)}(Q^{-1})\,\chi^{(\lambda')}(Q) = \frac{f_{\lambda'}}{f_\lambda} \sum_Q \chi^{(\lambda)}(Q^{-1})\,\chi^{(\lambda)}(Q),$$

also da $\chi(Q)$ und $\chi(Q^{-1})$ conjugirte complexe Grössen sind, von Null verschieden $(=\frac{f_{\lambda'}}{f_\lambda} g s_\varkappa)$. Folglich ist $\chi^{(\lambda')}(R)=\chi^{(\lambda)}(R)$, weil sonst jene Summe Null wäre. Einem Charakter $\phi^{(\varkappa)}(Q)$ entspricht demnach nur ein Charakter $\chi^{(\lambda)}(R)$, und folglich ist nach *Rel.* § 2 (4.)

$$f_\lambda^2 = g s_\varkappa e_\varkappa^2, \qquad r'^2_{\varkappa\lambda} = \frac{g}{s_\varkappa},$$

also nach (3.)

$$g r_\lambda^2 = s_\varkappa e_\varkappa^2.$$

Nun ist $s_\varkappa$ ein Theiler von g, und es sind r_λ und $e_\varkappa$ Theiler von n, also relativ prim zu g und $s_\varkappa$. Daher ist

$$(6.) \qquad s_\varkappa = g, \quad e_\varkappa = r_\lambda = \frac{f_\lambda}{g}, \quad r'_{\varkappa\lambda} = 1.$$

In meiner Arbeit *Über Gruppencharaktere*, Sitzungsberichte 1896, § 7, (7.), habe ich gezeigt, dass

$$n\chi^{(\lambda)}(Q) = \sum_R \varphi^{(\varkappa)}(R^{-1}QR)$$

ist. Der Proportionalitätsfactor n ergiebt sich, indem man $Q=E$ setzt, aus der Formel $nf_\lambda = he_\varkappa$. Da $\mathfrak{H}=\mathfrak{G}\mathfrak{N}$ ist, so kann R auf die Form PN gebracht werden, wo P die Gruppe $\mathfrak{G}$ und N die Gruppe $\mathfrak{N}$ durchläuft. Mithin ist

$$\varphi(R^{-1}QR) = \varphi(N^{-1}P^{-1}QPN) = \varphi(P^{-1}QP),$$

und folglich ist

$$(7.) \qquad \chi^{(\lambda)}(Q) = \sum_P \varphi^{(\varkappa)}(P^{-1}QP). \qquad (\varkappa > 0,\ \lambda \geqq k)$$

Die g Charaktere $\phi^{(\varkappa)}(P^{-1}QP)$ sind also die $s_\varkappa$ verschiedenen mit $\phi^{(\varkappa)}$ conjugirten Charaktere $\phi^{(\varkappa)}(Q)$, $\phi^{(\varkappa')}(Q)$, $\cdots$. Wie schon oben gezeigt, ist $\chi^{(\lambda)}(R)=0$, falls R der Gruppe $\mathfrak{N}$ nicht angehört. Damit sind die l Charaktere von $\mathfrak{H}$ vollständig bestimmt, falls die k Charaktere von $\mathfrak{G}$ und die $g(l-k)+1$ Charaktere von $\mathfrak{N}$ bekannt sind.

§ 5.

Ist p^λ die höchste in g aufgehende Potenz der Primzahl p, so ist, wie Hr. Burnside gezeigt hat, jede in $\mathfrak{G}$ enthaltene Gruppe $\mathfrak{P}$ der Ordnung p^λ eine cyklische, ausser für $p=2$, wo $\mathfrak{P}$ auch die nichtcyklische Gruppe sein kann, die nur ein Element der Ordnung 2 enthält. Ist ferner, in Primfactoren zerlegt,

$$n = a^\alpha b^\beta c^\gamma \cdots,$$

so hat er gezeigt, dass g höchstens gleich einer der Zahlen

$$(1.) \qquad a^\alpha - 1,\ b^\beta - 1,\ c^\gamma - 1, \cdots$$

sein kann. Das letzte Resultat lässt sich auf die genauere Form bringen, dass g ein gemeinsamer Divisor der Zahlen (1.) sein muss, und es lässt sich noch schärfer fassen, wenn nicht nur n, sondern auch die Constitution von $\mathfrak{N}$ bekannt ist.

Sei $\mathfrak{A}$ eine in $\mathfrak{N}$ enthaltene Gruppe der Ordnung a^α. Jede in $\mathfrak{H}$ enthaltene Gruppe der Ordnung a^α ist mit $\mathfrak{A}$ conjugirt, also auch in der invarianten Untergruppe $\mathfrak{N}$ enthalten. Bilden die mit $\mathfrak{A}$ vertauschbaren Elemente von $\mathfrak{N}$ eine Gruppe der Ordnung $a^\alpha r$, so enthält $\mathfrak{N}$, also auch $\mathfrak{H}$

$$\frac{n}{a^\alpha r} = \frac{h}{g\, a^\alpha r}$$

verschiedene Gruppen der Ordnung a^α. Daher bilden die mit $\mathfrak{A}$ vertauschbaren Elemente von $\mathfrak{H}$ eine Gruppe $\mathfrak{A}'$ der Ordnung $g a^\alpha r$. Ist p^λ die höchste in g aufgehende Potenz der Primzahl p, und ist $\mathfrak{P}$ eine Gruppe der Ordnung p^λ in $\mathfrak{A}'$, so sind die Gruppen $\mathfrak{P}$ und $\mathfrak{A}$ vertauschbar, weil $\mathfrak{A}$ eine invariante Untergruppe von $\mathfrak{A}'$ ist, und folglich ist $\mathfrak{P}\mathfrak{A}$ eine Gruppe der Ordnung $p^\lambda a^\alpha$ in $\mathfrak{A}'$. Da die Ordnung a^α ihrer invarianten Untergruppe $\mathfrak{A}$ zu p^λ theilerfremd ist, so enthält diese Gruppe genau a^α Elemente, deren Ordnung eine Potenz von a ist, und als Untergruppe von $\mathfrak{H}$ enthält sie kein Element, dessen Ordnung durch p und a theilbar ist. Daher enthält sie $(p^\lambda - 1)\, a^\alpha + 1$ Elemente, deren Ordnung eine Potenz von p ist, und dies ist nur möglich, wenn sie a^α Gruppen der Ordnung p^λ enthält, von denen je zwei theilerfremd sind. Diese Gruppe $\mathfrak{P}\mathfrak{A}$ genügt also denselben Bedingungen, wie die Gruppe $\mathfrak{G}\mathfrak{N}$, und mithin ist p^λ ein Theiler von $a^\alpha - 1$.

Man bestimme nun für $\mathfrak{A}$ eine lückenlose Reihe charakteristischer Untergruppen

$$\mathfrak{E}, \quad \mathfrak{A}_1, \quad \mathfrak{A}_2, \quad \mathfrak{A}_3, \quad \ldots \quad \mathfrak{A}$$

von den Ordnungen

$$1, \quad a^{\alpha_1}, \quad a^{\alpha_1+\alpha_2}, \quad a^{\alpha_1+\alpha_2+\alpha_3}, \quad \ldots \quad a^\alpha.$$

$\mathfrak{A}_1$ ist eine charakteristische Untergruppe von $\mathfrak{A}$, und $\mathfrak{A}$ eine invariante Untergruppe von $\mathfrak{P}\mathfrak{A}$. Daher ist $\mathfrak{A}_1$ auch eine invariante Untergruppe von $\mathfrak{P}\mathfrak{A}$, also ist $\mathfrak{A}_1$ mit $\mathfrak{P}$ vertauschbar. Die Gruppe $\mathfrak{P}\mathfrak{A}_1$ hat dieselben Eigenschaften, die oben für $\mathfrak{P}\mathfrak{A}$ bewiesen sind, und mithin ist $a^{\alpha_1}-1$ durch p^λ theilbar. Dasselbe gilt von der Gruppe

$$\frac{\mathfrak{P}\mathfrak{A}_2}{\mathfrak{A}_1} = \frac{\mathfrak{P}\mathfrak{A}_1}{\mathfrak{A}_1} \cdot \frac{\mathfrak{A}_2}{\mathfrak{A}_1},$$

und mithin ist auch $a^{\alpha_2}-1$ durch p^λ theilbar. Ist α' der grösste gemeinsame Divisor von $\alpha_1, \alpha_2, \alpha_3, \ldots$, so ist $a^{\alpha'}-1$ der grösste gemeinsame Divisor von $a^{\alpha_1}-1, a^{\alpha_2}-1, a^{\alpha_3}-1, \ldots$. Folglich ist $a^{\alpha'}-1$ durch p^λ theilbar, und da dies für jede in n aufgehende Primzahlpotenz gilt, so ist $a^{\alpha'}-1$ durch n theilbar.

Sind $\mathfrak{B}$, $\mathfrak{C}$, ... Gruppen der Ordnungen b^β, c^γ, ..., die in $\mathfrak{H}$, also in $\mathfrak{N}$, enthalten sind, und haben die Zahlen β', γ', ... für diese Gruppen dieselbe Bedeutung wie α' für $\mathfrak{A}$, so geht n in jeder der Zahlen

$$(2.) \qquad a^{\alpha'}-1, \quad b^{\beta'}-1, \quad c^{\gamma'}-1, \quad \dots$$

auf. JORDAN hat (*Recherches sur les substitutions,* Liouv. Journ. sér. II, tome 17, 1872) den Fall betrachtet, wo $g = n-1$ ist. Dann muss $n = a^\alpha$ eine Potenz einer Primzahl sein, und es muss $\alpha' = \alpha$ sein, oder $\mathfrak{A}$ darf keine charakteristische Untergruppe haben. Daher ist $\mathfrak{A} = \mathfrak{N}$ eine commutative Gruppe, deren Elemente alle die Ordnung a haben. Diese Beschaffenheit muss die Gruppe $\mathfrak{N}$ immer besitzen, wenn $g > \sqrt{n}$ ist.

64.

Über auflösbare Gruppen V

Sitzungsberichte der Königlich Preußischen Akademie der Wissenschaften zu Berlin
1324–1329 (1901)

In meiner Arbeit *Über auflösbare Gruppen IV.*, die ich hier mit *A. IV* citiren werde, habe ich in § 3 einen speciellen Satz entwickelt, der sich in folgender Art verallgemeinern lässt:

I. *Ist p^λ die höchste Potenz der Primzahl p, die in der Ordnung einer Gruppe $\mathfrak{H}$ aufgeht, und ist jedes mit irgend einer Untergruppe der Ordnung p^μ vertauschbare Element von $\mathfrak{H}$, dessen Ordnung nicht durch p theilbar ist, mit jedem Elemente der Untergruppe vertauschbar, so hat $\mathfrak{H}$ eine charakteristische Untergruppe vom Index p^λ, gebildet aus allen Elementen von $\mathfrak{H}$, deren Ordnungen nicht durch p theilbar sind.*

Aus dem Satze *A. II*, § 2 folgt daher:

II. *Ist p^λ die höchste Potenz der Primzahl p, die in der Ordnung einer Gruppe $\mathfrak{H}$ aufgeht, und ist die Anzahl der mit irgend einer Untergruppe $\mathfrak{Q}$ der Ordnung p^μ vertauschbaren Elemente von $\mathfrak{H}$ zu $\vartheta(\mathfrak{Q})$ theilerfremd, so enthält $\mathfrak{H}$ eine charakteristische Untergruppe des Index p^λ.*

Ist

$$\mathfrak{Q} = Q_0 + Q_1 + \cdots + Q_{m-1}$$

eine Gruppe der Ordnung m, die mit dem Elemente R vertauschbar ist, und ist $R^{-1}Q_\mu R = Q'_\mu$, so ist auch

$$\mathfrak{Q} = Q'_0 + Q'_1 + \cdots + Q'_{m-1}.$$

Den so erhaltenen *Isomorphismus von $\mathfrak{Q}$ in sich* oder kurz *Automorphismus von $\mathfrak{Q}$* bezeichne ich mit (R), und ich sage, er werde durch das Element R bewirkt. Die Ordnung von (R) ist ein Theiler der Ordnung von R. Gehört das Element R der Gruppe $\mathfrak{H}$ an, so sage ich auch, der Automorphismus (R) sei in $\mathfrak{H}$ enthalten. Die in $\mathfrak{Q}$ enthaltenen Automorphismen von $\mathfrak{Q}$ nenne ich *innere*, die Automorphismen, die nicht innere sind, *äussere*.

Die Voraussetzung des Satzes I. besagt dann, dass $\mathfrak{H}$ nur solche Automorphismen irgend einer Untergruppe $\mathfrak{Q}$ der Ordnung p^μ enthält, deren Ordnungen in p^λ aufgehen. Und zu dem Satze II. führt die Bemerkung (vergl. Burnside, *Theory of groups*, § 175), dass die Ordnung eines Automorphismus von $\mathfrak{Q}$, wenn sie nicht durch p theilbar ist, ein Divisor von $\vartheta(\mathfrak{Q})$ sein muss.

Sei $p^\lambda n$ die Ordnung von $\mathfrak{H}$, also n nicht durch p theilbar, und sei $\mathfrak{P}$ eine in $\mathfrak{H}$ enthaltene Gruppe der Ordnung p^λ. Dann stützt sich der Beweis auf zwei Hülfssätze:

Lemma I: Ist ein Element oder eine Untergruppe von $\mathfrak{P}$ mit p^β Elementen von $\mathfrak{P}$ und mit $p^\beta a$ Elementen von $\mathfrak{H}$ vertauschbar, so ist a nicht durch p theilbar.

Die Elemente von $\mathfrak{P}$, die mit einem Elemente A von $\mathfrak{P}$ vertauschbar sind, bilden eine Gruppe $\mathfrak{K}$, die mit $\mathfrak{K}$ vertauschbaren eine Gruppe $\mathfrak{L}$, die mit $\mathfrak{L}$ vertauschbaren eine Gruppe $\mathfrak{M}$ u. s. w. Ist $\mathfrak{L}$ kleiner als $\mathfrak{P}$, so ist $\mathfrak{M}$ grösser als $\mathfrak{L}$. In der Reihe

$$\text{(A)} \qquad A, \mathfrak{K}, \mathfrak{L}, \mathfrak{M}, \ldots \mathfrak{N}, \mathfrak{P}$$

ist daher die letzte Gruppe gleich $\mathfrak{P}$.

Sei $\mathfrak{A}$ ein Glied der Reihe (A), entweder das Element A, oder eine der Gruppen $\mathfrak{K}, \mathfrak{L}, \mathfrak{M}, \ldots$, und seien $\mathfrak{B}$ und $\mathfrak{C}$ die beiden auf $\mathfrak{A}$ folgenden Glieder, p^β und p^γ die Ordnungen dieser Gruppen. Die mit $\mathfrak{A}$ vertauschbaren Elemente von $\mathfrak{P}$ bilden die Gruppe $\mathfrak{B}$, die mit $\mathfrak{B}$ vertauschbaren die Gruppe $\mathfrak{C}$. Die mit $\mathfrak{A}$ vertauschbaren Elemente von $\mathfrak{H}$ bilden eine Gruppe $\mathfrak{A}'$ der Ordnung $p^\beta a$, die mit $\mathfrak{B}$ vertauschbaren eine Gruppe $\mathfrak{B}'$ der Ordnung $p^\gamma b$. Ist $\mathfrak{B} = \mathfrak{N}$ die vorletzte, $\mathfrak{C} = \mathfrak{P}$ die letzte Gruppe der Reihe (A), so ist $\gamma = \lambda$, also b nicht durch p theilbar. Ist $\mathfrak{B}$ irgend eine Gruppe der Reihe (A), für die b nicht durch p theilbar ist, so ist, wie ich zeigen werde, auch a nicht durch p theilbar. Indem man dann für $\mathfrak{B}$ der Reihe nach die Gruppen $\mathfrak{N}, \ldots, \mathfrak{L}, \mathfrak{K}$ setzt, erhält man den Beweis der Behauptung.

Bedeutet das Zeichen $\mathfrak{B} > \mathfrak{A}$, dass $\mathfrak{B}$ durch die Gruppe oder das Element $\mathfrak{A}$ theilbar ist, so ist, weil $\mathfrak{H} > \mathfrak{P}$ ist,

$$\mathfrak{A} < \mathfrak{B} < \mathfrak{A}', \qquad \mathfrak{A} < \mathfrak{B} < \mathfrak{C} < \mathfrak{B}'.$$

Der grösste gemeinsame Theiler $\mathfrak{D}$ von $\mathfrak{A}'$ und $\mathfrak{B}'$ wird von allen Elementen der Gruppe $\mathfrak{H}$ gebildet, die sowohl mit $\mathfrak{A}$ als auch mit $\mathfrak{B}$ vertauschbar sind. $\mathfrak{D}$ besteht aus allen Elementen von $\mathfrak{A}'$, die mit $\mathfrak{B}$ vertauschbar sind; $\mathfrak{D}$ besteht aus allen Elementen von $\mathfrak{B}'$, die mit $\mathfrak{A}$ vertauschbar sind.

Jedes Element von $\mathfrak{B}'$ ist mit $\mathfrak{B}$ vertauschbar. Jedes Element von $\mathfrak{B}'$, dessen Ordnung in b aufgeht, also nicht durch p theilbar ist, ist nach Voraussetzung mit jedem Elemente von $\mathfrak{B}$, demnach auch mit $\mathfrak{A}$ vertauschbar, ist daher in $\mathfrak{A}'$ und folglich in $\mathfrak{D}$ enthalten. Mithin ist die Ordnung von $\mathfrak{D}$ durch b theilbar, und weil sie in $p^\gamma b$ aufgeht, gleich $p^\delta b$. $\mathfrak{D}$ besteht aus den Elementen von $\mathfrak{B}'$, die mit $\mathfrak{A}$ vertauschbar sind. Daher ist $\mathfrak{A}$ mit $p^\delta b$ Elementen von $\mathfrak{B}'$ vertauschbar. Transformirt man also $\mathfrak{A}$ mit den $p^\gamma b$ Elementen von $\mathfrak{B}'$, so erhält man

$$\frac{p^\gamma b}{p^\delta b} = p^{\gamma-\delta}$$

verschiedene Gruppen (Elemente), die sämmtlichen, die mit $\mathfrak{A}$ in $\mathfrak{B}$ conjugirt sind. Dass sich hier der Factor b hebt, ist der Kernpunkt des Beweises. Die mit $\mathfrak{A}$ vertauschbaren Elemente von $\mathfrak{C}$ bilden die Gruppe $\mathfrak{B}$. Transformirt man daher $\mathfrak{A}$ nur mit den Elementen von $\mathfrak{C}$, so erhält man $p^{\gamma-\beta}$ verschiedene Gruppen (Elemente). Da $\mathfrak{B}' > \mathfrak{C}$ ist, so ist $p^{\gamma-\delta} \geqq p^{\gamma-\beta}$, $\delta \leqq \beta$, also weil $\mathfrak{D} > \mathfrak{B}$ ist, $\delta = \beta$.

Nun benutze ich den Satz (*Über endliche Gruppen*, § 2, V; 1895):

Ist p^λ die höchste Potenz der Primzahl p, die in der Ordnung einer Gruppe $\mathfrak{H}$ aufgeht, ist $\varkappa < \lambda$, und ist $\mathfrak{K}$ eine in $\mathfrak{H}$ enthaltene Gruppe der Ordnung $p^\varkappa$, so bilden die mit $\mathfrak{K}$ vertauschbaren Elemente von $\mathfrak{H}$ eine Gruppe $\mathfrak{K}'$, deren Ordnung die Primzahl p in einer höheren als der $\varkappa^{\text{ten}}$ Potenz enthält.

$\mathfrak{D}$ besteht aus den Elementen von $\mathfrak{A}'$, die mit der Gruppe $\mathfrak{B}$ der Ordnung p^β vertauschbar sind. Wäre nun a durch p theilbar, so wäre die Ordnung $p^\beta a$ von $\mathfrak{A}'$ durch $p^{\beta+1}$ theilbar, und folglich auch die Ordnung $p^\beta b$ von $\mathfrak{D}$, während b nicht durch p theilbar ist. Mithin ist a nicht durch p theilbar, und die Ordnungen der beiden Gruppen $\mathfrak{B}$ und $\mathfrak{A}'$ enthalten den Primfactor p genau in der gleichen Potenz.

Da $\delta = \beta$ ist, so erhält man die $p^{\gamma-\beta}$ verschiedenen Gruppen (Elemente), die mit $\mathfrak{A}$ in $\mathfrak{B}'$ conjugirt sind, schon sämmtlich, indem man $\mathfrak{A}$ mit allen Elementen von $\mathfrak{C}$ transformirt. Sie sind also alle (in $\mathfrak{B}$ enthalten und) schon in $\mathfrak{C}$ mit $\mathfrak{A}$ conjugirt.

Lemma II: Zwei in $\mathfrak{H}$ conjugirte Elemente oder Untergruppen von $\mathfrak{P}$ sind auch schon in $\mathfrak{P}$ conjugirt.

Sei A_1 ein Element von $\mathfrak{P}$ und

$$(\mathrm{A}_1) \qquad A_1, \mathfrak{K}_1, \mathfrak{L}_1, \mathfrak{M}_1, \ldots, \mathfrak{N}_1, \mathfrak{P}$$

die zu A_1 in $\mathfrak{P}$ gehörige Reihe. Sind A und A_1 in $\mathfrak{H}$ conjugirt, so nenne ich A und A_1, $\mathfrak{K}$ und $\mathfrak{K}_1$, $\mathfrak{L}$ und $\mathfrak{L}_1$, ... entsprechende Glieder beider Reihen. Seien $\mathfrak{A}$ und $\mathfrak{B}$ zwei auf einander folgende Glieder der Reihe (A), $\mathfrak{A}_1$ und $\mathfrak{B}_1$ die entsprechenden der Reihe (A_1). Ist dann $\mathfrak{A}_1 = H^{-1}\mathfrak{A}H$ mit $\mathfrak{A}$ in $\mathfrak{H}$ conjugirt, so ist auch $\mathfrak{B}_1$ mit $\mathfrak{B}$ conjugirt: Denn unter Beibehaltung der oben eingeführten Bezeichnungen bilden die mit $\mathfrak{A}$ vertauschbaren Elemente von $\mathfrak{H}$ die Gruppe $\mathfrak{A}'$ der Ordnung $p^\beta a$, wo a nicht durch p theilbar ist, also die mit $\mathfrak{A}_1 = H^{-1}\mathfrak{A}H$ vertauschbaren die Gruppe $H^{-1}\mathfrak{A}'H$ derselben Ordnung. Die mit $\mathfrak{A}_1$ vertauschbaren Elemente von $\mathfrak{P}$ bilden die Gruppe $\mathfrak{B}_1$. Daher ist nach dem *Lemma I* die Ordnung von $\mathfrak{B}_1$ gleich p^β.

$\mathfrak{A}_1$ ist mit jedem Elemente von $\mathfrak{B}_1$ vertauschbar, also $\mathfrak{A} = H\mathfrak{A}_1H^{-1}$ mit jedem von $H\mathfrak{B}_1H^{-1}$. Mithin sind $\mathfrak{B}$ und $H\mathfrak{B}_1H^{-1}$ zwei Gruppen der Ordnung p^β, die in der Gruppe $\mathfrak{A}'$ der Ordnung $p^\beta a$ enthalten sind. Folglich sind sie nach dem Sylow'schen Satze in $\mathfrak{A}'$ conjugirt,

$H\mathfrak{B}_1H^{-1} = A'^{-1}\mathfrak{B}A'$, wo A' ein Element von $\mathfrak{A}'$ ist. Ist also $A'H = G$, so ist, weil A' mit $\mathfrak{A}$ vertauschbar ist,

$$G^{-1}\mathfrak{A}G = \mathfrak{A}_1, \qquad G^{-1}\mathfrak{B}G = \mathfrak{B}_1.$$

Setzt man für $\mathfrak{A}$ nach einander die Glieder A, $\mathfrak{K}$, $\mathfrak{L}$, $\mathfrak{M}$, ... der Reihe (A), so erkennt man, dass je zwei entsprechende Glieder der Reihen (A) und (A_1) in $\mathfrak{H}$ conjugirt sind, also dieselbe Ordnung haben, und dass beide Reihen aus gleich vielen Gliedern bestehen. Endlich kann man ein Element G finden, das gleichzeitig $\mathfrak{A}$ in $\mathfrak{A}_1$ und $\mathfrak{B}$ in $\mathfrak{B}_1$ transformirt.

Die letzten Glieder beider Reihen sind gleich $\mathfrak{P}$, also in $\mathfrak{P}$ conjugirt. Demnach ist nur noch allgemein zu zeigen: Sind die Gruppen $\mathfrak{B}$ und $\mathfrak{B}_1$ in $\mathfrak{P}$ conjugirt, so sind es auch die ihnen vorangehenden $\mathfrak{A}$ und $\mathfrak{A}_1$. Sei also Q ein Element von $\mathfrak{P}$ und $G^{-1}\mathfrak{B}G = \mathfrak{B}_1 = Q^{-1}\mathfrak{B}Q$. Dann ist $GQ^{-1} = B'$ mit $\mathfrak{B}$ vertauschbar, also in $\mathfrak{B}'$ enthalten. Jede Gruppe (Element) $B'^{-1}\mathfrak{A}B'$ von $\mathfrak{B}'$, die mit $\mathfrak{A}$ in $\mathfrak{B}'$ conjugirt ist, ist aber, wie oben gezeigt, mit $\mathfrak{A}$ schon in $\mathfrak{C}$ conjugirt. Demnach ist $B'^{-1}\mathfrak{A}B' = P^{-1}\mathfrak{A}P$, wo $P < \mathfrak{C} < \mathfrak{P}$ ist; also, da $G = B'Q$ ist,

$$\mathfrak{A}_1 = G^{-1}\mathfrak{A}G = Q^{-1}(B'^{-1}\mathfrak{A}B')Q = Q^{-1}(P^{-1}\mathfrak{A}P)Q,$$

und folglich

$$\mathfrak{A}_1 = (PQ)^{-1}\mathfrak{A}(PQ),$$

wo PQ ein Element von $\mathfrak{P}$ ist.

Setzt man nun für $\mathfrak{B}$ nach einander $\mathfrak{P}$, $\mathfrak{N}$, $\cdots$ $\mathfrak{M}$, $\mathfrak{L}$, $\mathfrak{K}$, so erkennt man schliesslich, dass A und A_1 in $\mathfrak{P}$ conjugirt sind.

Jetzt sei $\mathfrak{R}$ die Commutatorgruppe von $\mathfrak{P}$, und p^ϱ ihre Ordnung. Nach *A. IV*, Satz I. folgt dann aus dem zweiten Lemma, dass die Gruppe $\mathfrak{H}$ der Ordnung $p^\lambda n$ eine durch $\mathfrak{R}$ theilbare charakteristische Untergruppe der Ordnung $p^\varrho n$ hat. Da $\rho < \lambda$ (sogar $\rho \leqq \lambda - 2$) ist, kann man für diese Gruppe den Satz I. schon als bewiesen annehmen. Sie hat also eine charakteristische Untergruppe der Ordnung n, und diese ist auch eine solche für die Gruppe $\mathfrak{H}$. Da n und p^λ theilerfremd sind, besteht sie aus den n Elementen von $\mathfrak{H}$, deren Ordnungen in n aufgehen.

Die Voraussetzung des Satzes I. braucht nicht für jede Untergruppe $\mathfrak{Q}$ von $\mathfrak{P}$ erfüllt zu sein, sondern nur für die Untergruppen $\mathfrak{K}$, $\mathfrak{L}$, $\mathfrak{M}$, $\cdots$ $\mathfrak{P}$, die man erhält, indem man zu jedem Elemente A von $\mathfrak{P}$ die zugehörige Reihe (A) bestimmt. Diese Gruppen sind alle durch die aus den invarianten Elementen von $\mathfrak{P}$ gebildete Gruppe $\mathfrak{S}$ theilbar, und wenn eine von ihnen eine commutative Gruppe ist, so kann dies nur die unmittelbar auf A folgende Gruppe $\mathfrak{K}$ sein.

Die genaueste Fassung des Satzes I. ist die folgende:

III. *Sei p eine Primzahl, n nicht durch p theilbar, $\mathfrak{H}$ eine Gruppe der Ordnung $p^\lambda n$, $\mathfrak{P}$ eine Untergruppe der Ordnung p^λ, $\mathfrak{R}$ die Commutator-*

gruppe von $\mathfrak{P}$, p^ϱ ihre Ordnung. Ist dann A irgend ein Element von $\mathfrak{P}$, und $A, \mathfrak{K}, \mathfrak{L}, \cdots, \mathfrak{N}, \mathfrak{P}$ die zugehörige Reihe, so sei jedes Element von $\mathfrak{H}$, dessen Ordnung nicht durch p theilbar ist, und das mit einem Gliede dieser Reihe vertauschbar ist, auch mit dem vorhergehenden Gliede vertauschbar. Dann hat $\mathfrak{H}$ eine durch $\mathfrak{R}$ theilbare charakteristische Untergruppe der Ordnung $p^\varrho n$, die alle Elemente von $\mathfrak{H}$ umfasst, deren Ordnungen in n aufgehen.

Nehmen wir umgekehrt an, eine Gruppe $\mathfrak{H}$ der Ordnung $p^\lambda n$, wo n nicht durch die Primzahl p theilbar ist, habe eine invariante Untergruppe $\mathfrak{A}$ der Ordnung n. Sei $\mathfrak{C}$ eine Untergruppe der Ordnung p^γ, die mit $\mathfrak{C}$ vertauschbaren Elemente von $\mathfrak{H}$ mögen die Gruppe $\mathfrak{B}$ der Ordnung $p^\beta d$ bilden, wo d ein Theiler von n ist. Ist $\mathfrak{D}$ der grösste gemeinsame Divisor von $\mathfrak{A}$ und $\mathfrak{B}$, so ist seine Ordnung d' ein Theiler von d. Da $\mathfrak{A}$ mit jedem Elemente von $\mathfrak{B}$ vertauschbar ist, so hat die Gruppe $\mathfrak{A}\mathfrak{B}$ die Ordnung $np^\beta \frac{d}{d'}$, und da diese Zahl ein Theiler von $p^\lambda n$ ist, so ist $d' = d$. Ferner ist $\mathfrak{D}$ eine invariante Untergruppe von $\mathfrak{B}$, und weil d und p^β theilerfremd sind, besteht $\mathfrak{D}$ aus allen Elementen von $\mathfrak{B}$, deren Ordnungen nicht durch p theilbar sind. Demnach sind $\mathfrak{C}$ und $\mathfrak{D}$ zwei invariante Untergruppen von $\mathfrak{B}$, deren Ordnungen theilerfremd sind. Folglich ist jedes Element von $\mathfrak{C}$ mit jedem von $\mathfrak{D}$ vertauschbar. Jedes Element von $\mathfrak{H}$, dessen Ordnung nicht durch p theilbar ist, und das mit $\mathfrak{C}$ vertauschbar ist, muss also mit jedem Elemente von $\mathfrak{C}$ vertauschbar sein.

Ist $\mathfrak{P}$ eine commutative Gruppe (*A. III*, § 3), so ist ihre Commutatorgruppe $\mathfrak{R}$ die Hauptgruppe. Ist dann jedes mit $\mathfrak{P}$ vertauschbare Element von $\mathfrak{H}$, dessen Ordnung nicht durch p theilbar ist, mit jedem Elemente von $\mathfrak{P}$ vertauschbar, oder ist n zu $\vartheta(\mathfrak{P})$ theilerfremd, so hat $\mathfrak{H}$ eine charakteristische Untergruppe der Ordnung n.

Ist jedes Element von $\mathfrak{P}$ mit mindestens $p^{\lambda-1}$ Elementen von $\mathfrak{P}$ vertauschbar (*A. IV*, § 3), so besteht die Reihe jedes nicht invarianten Elements A nur aus drei Gliedern, $A, \mathfrak{L}, \mathfrak{P}$. Ferner besteht dann $\mathfrak{R}$ aus lauter invarianten Elementen von $\mathfrak{P}$ (Burnside, *Theory of groups*, p. 379). Denn ist $\mathfrak{Q}$ eine in $\mathfrak{P}$ enthaltene Gruppe der Ordnung $p^{\lambda-1}$, so ist $\mathfrak{Q}$ eine invariante Untergruppe von $\mathfrak{P}$, und $\frac{\mathfrak{P}}{\mathfrak{Q}}$ eine commutative Gruppe. Daher ist $\mathfrak{Q} > \mathfrak{R}$. Ist A ein invariantes Element von $\mathfrak{P}$, so ist A auch mit jedem Elemente von $\mathfrak{R}$ vertauschbar. Bilden aber die mit A vertauschbaren Elemente von $\mathfrak{P}$ eine Gruppe $\mathfrak{L}$ der Ordnung $p^{\lambda-1}$, so ist $\mathfrak{L} > \mathfrak{R}$. Demnach ist jedes Element von $\mathfrak{R}$ mit jedem Elemente A von $\mathfrak{P}$ vertauschbar. Die Voraussetzung des Satzes I. braucht also nur für $\mathfrak{P}$ selbst, für die Gruppen $\mathfrak{L}$ der Ordnung $p^{\lambda-1}$, die den nicht invarianten Elementen A

zugehören, und für die commutative Gruppe $\mathfrak{N}$ erfüllt zu sein. Dann hat $\mathfrak{H}$ eine charakteristische Untergruppe der Ordnung n.

Als eine Anwendung der entwickelten Principien beweise ich den Satz des Hrn. Burnside: Sind p, q, r drei verschiedene ungerade Primzahlen, so ist jede Gruppe $\mathfrak{H}$ der Ordnung $h = p^4qr$ auflösbar. Denn jede Untergruppe von $\mathfrak{H}$ ist auflösbar, weil ihre Ordnung ein Product von höchstens 5 ungeraden Primzahlen ist. Ist also $\mathfrak{H}$ nicht auflösbar, so ist $\mathfrak{H}$ eine einfache Gruppe. p muss die kleinste der drei Primzahlen sein. Daher ist $n = qr$ zu p^2-1 theilerfremd. $\mathfrak{H}$ hat keine Untergruppe der Ordnung p^4q (oder p^4r). Denn sonst lässt sich $\mathfrak{H}$ als transitive Gruppe des Primzahlgrades r darstellen. Eine solche ist aber nach einem Satze des Hrn. Burnside, wenn sie nicht auflösbar ist, zweifach transitiv. Dann ist aber ihre Ordnung durch $r\,(r-1)$ theilbar, also eine gerade Zahl. Mithin ist $\mathfrak{P}' = \mathfrak{P}$ und, wenn $\mathfrak{N}$ eine in $\mathfrak{P}$ enthaltene Gruppe der Ordnung p^3 ist, auch $\mathfrak{N}' = \mathfrak{P}$. Demnach enthält $\mathfrak{H}$ gar kein Element, dessen Ordnung in n aufgeht, und das mit $\mathfrak{Q} = \mathfrak{P}$ oder $\mathfrak{Q} = \mathfrak{N}$ vertauschbar ist. Ist aber die Ordnung von $\mathfrak{Q}$ gleich p oder p^2, so ist n zu $\vartheta\,(\mathfrak{Q})$ theilerfremd. Folglich hat $\mathfrak{H}$ eine invariante Untergruppe der Ordnung n.

Ist $\lambda = 4$, so genügt es in der Regel zur Anwendung des Satzes I, dass n zu p^2-1 theilerfremd ist. Eine Ausnahme bilden nur die beiden Fälle, wo $\mathfrak{P}$ eine lineare Gruppe der Ordnung p^4 ist, und wo $\mathfrak{P}$ nicht commutativ ist, aber eine lineare Gruppe der Ordnung p^3 enthält. Der weitere denkbare Ausnahmefall ist ausgeschlossen nach dem Satze des Hrn. Young, dass es keine Gruppe $\mathfrak{P}$ giebt, die aus der Gruppe $\mathfrak{S}$ der Ordnung p und der linearen Gruppe $\frac{\mathfrak{P}}{\mathfrak{S}}$ der Ordnung p^3 zusammengesetzt ist.

65.

Über Gruppen der Ordnung $p^\alpha q^\beta$

Acta mathematica 26, 189–198 (1902)

Angeregt durch die bahnbrechenden Arbeiten von GAUSS haben ABEL und GALOIS das Fundament der modernen Algebra geschaffen und insbesondere die Bedingungen für die Auflösbarkeit einer algebraische Gleichung entwickelt. Mit Hülfe derselben gelingt es in einer Reihe von Fällen, wo die Ordnung der Gleichung bekannt ist, ihre Auflösbarkeit allein aus der Art zu erkennen, wie diese Zahl aus Primfactoren zusammengesetzt ist. Auch in diesem Bereiche von Untersuchungen hat ABEL den ersten Schritt gethan, indem er bewies, dass jede Gleichung von Primzahlordnung auflösbar ist. Diesen Satz hat Herr SYLOW in einer für die Gruppentheorie grundlegenden Arbeit auf Gleichungen ausgedehnt, deren Ordnung eine Potenz einer Primzahl ist. Im Folgenden beschäftige ich mich mit Gleichungen, deren Ordnung nur durch zwei verschiedene Primzahlen theilbar ist.

In meiner Arbeit *Über endliche Gruppen*, Sitzungsberichte der Berliner Akademie 1895, habe ich folgenden Satz bewiesen:

I. *In einer Gruppe $\mathfrak{H}$, deren Ordnung genau durch die α^{te} Potenz der Primzahl p theilbar ist, und die mehr als eine Gruppe $\mathfrak{A}$ der Ordnung p^α enthält, wähle man zwei dieser Untergruppen so, dass die Ordnung p^δ ihres grössten gemeinsamen Divisors $\mathfrak{D}$ möglichst gross ist. Bilden die mit $\mathfrak{D}$ vertauschbaren Elemente von $\mathfrak{H}$ die Gruppe $\mathfrak{D}'$ der Ordnung d', so sei p^β die höchste in d' aufgehende Potenz von p.*

Dann ist $\mathfrak{D}$ eine charakteristische Untergruppe von $\mathfrak{D}'$, nämlich der grösste gemeinsame Divisor von je zwei in $\mathfrak{D}'$ enthaltenen Gruppen $\mathfrak{B}$ der Ordnung p^β. Jede Gruppe $\mathfrak{B}$ ist in einer und nur einer Gruppe $\mathfrak{A}$ enthalten, und jede durch $\mathfrak{D}$ theilbare Gruppe $\mathfrak{A}$ enthält eine und nur eine Gruppe $\mathfrak{B}$. Die Anzahl der durch $\mathfrak{D}$ theilbaren Gruppen $\mathfrak{A}$ ist gleich der Anzahl der Gruppen $\mathfrak{B}$. Sie ist $\equiv 1$ (mod. $p^{\beta-\delta}$) und $> p^{\beta-\delta} > 1$. Demnach ist $\beta > \delta$, und d' stets durch eine von p verschiedene Primzahl theilbar.

Jedes Element von $\mathfrak{H}$, das mit $\mathfrak{D}'$ vertauschbar ist, ist in $\mathfrak{D}'$ enthalten. Ist $\mathfrak{B}$ in $\mathfrak{A}$ enthalten, und bilden die mit $\mathfrak{A}$ vertauschbaren Elemente von $\mathfrak{H}$ die Gruppe $\mathfrak{A}'$, und die mit $\mathfrak{B}$ vertauschbaren Elemente von $\mathfrak{D}'$ die Gruppe $\mathfrak{B}'$, so ist $\mathfrak{B}'$ der grösste gemeinsame Divisor von $\mathfrak{A}'$ und $\mathfrak{D}'$.

Aus diesem Princip ergiebt sich die Auflösbarkeit jeder Gruppe der Ordnung $p^\alpha q$, wo q eine von p verschiedene Primzahl ist, und allgemeiner der Ordnung $p^\alpha q^\mu$, wo μ der Exponent ist, zu dem q (mod. p) gehört (A. a. O. § 6), ferner der Ordnung $p^\alpha q^2$ (Burnside, *Theory of groups*, § 244; C. Jordan, Liouv. Journ. sér. 5, tome 4, 1898) und der Ordnung $p^\alpha q^\beta$, wo $\beta < 2\mu$ ist (Burnside, § 243). Diese Sätze will ich hier etwas einfacher herleiten und auf Gruppen der Ordnung $p^\alpha q^{2\mu}$ ausdehnen, sowie auf solche Gruppen der Ordnung $p^\alpha q^\beta$, die nicht mehr als q^μ Gruppen der Ordnung p^α enthalten.

Um die Entwicklung nicht unterbrechen zu müssen, schicke ich folgenden Hülfssatz voraus:

II. *Ist eine Gruppe $\mathfrak{H}$ der Ordnung h mit jedem Elemente einer Gruppe $\mathfrak{P}$ vertauschbar, deren Ordnung eine Potenz einer Primzahl p ist, und bilden die Elemente von $\mathfrak{H}$, die mit jedem Elemente von $\mathfrak{P}$ vertauschbar sind, eine Gruppe $\mathfrak{G}$ der Ordnung g, so ist $h \equiv g$ (mod. p).*

Ist A ein Element von $\mathfrak{H}$, und P ein Element von $\mathfrak{P}$, so ist $P^{-1}AP = B$ auch ein Element von $\mathfrak{H}$. Zwei solche Elemente von $\mathfrak{H}$ nenne ich *conjugirt in Bezug auf* $\mathfrak{P}$. Sind zwei Elemente einem dritten conjugirt, so sind sie es auch unter einander. Daher kann man die h Elemente von $\mathfrak{H}$ in Classen conjugirter Elemente eintheilen. Jedes der g Elemente von $\mathfrak{G}$ bildet für sich eine Classe. Ist p^λ die Ordnung von $\mathfrak{P}$, ist A nicht in $\mathfrak{G}$ enthalten, so ist A mit $p^\alpha < p^\lambda$ Elementen von $\mathfrak{P}$ vertauschbar, und folglich mit $p^{\lambda-\alpha}$ Elementen von $\mathfrak{H}$ conjugirt. Ist B nicht in $\mathfrak{G}$ enthalten, und auch nicht mit A conjugirt, so ist B mit $p^{\lambda-\beta} > 1$ Elementen von $\mathfrak{H}$ conjugirt. Daher ist $h = g + p^{\lambda-\alpha} + p^{\lambda-\beta} + \ldots \equiv g \pmod{p}$.

Nun sei $\mathfrak{H}$ eine Gruppe der Ordnung $h = p^\alpha q^\beta$. Sind dann $\mathfrak{A}$ und $\mathfrak{B}$ zwei Untergruppen der Ordnungen p^α und q^β, so ist $\mathfrak{H} = \mathfrak{A}\mathfrak{B}$. Ist allgemeiner $\mathfrak{G}$ eine Untergruppe der Ordnung $p^\alpha q^\sigma$, so ist auch $\mathfrak{H} = \mathfrak{G}\mathfrak{B}$. Demnach bilden die Elemente von $\mathfrak{B}$ ein vollständiges Restsystem von $\mathfrak{H}$ (mod. $\mathfrak{G}$), und man erhält die Untergruppen, die mit $\mathfrak{G}$ in $\mathfrak{H}$ conjugirt sind, schon sämmtlich indem man $\mathfrak{G}$ mit jedem Elemente von $\mathfrak{B}$ transformirt. Sei B ein von E verschiedenes invariantes Element von $\mathfrak{B}$. Ist dann B in $\mathfrak{G}$ enthalten, so zeigt diese Betrachtung, dass auch die mit $\mathfrak{G}$ conjugirten Gruppen alle das Element B enthalten. Der grösste gemeinsame Divisor $\mathfrak{D}$ dieser Gruppen ist aber eine invariante Untergruppe von $\mathfrak{H}$. Ist also $\sigma < \beta$, so ist $\mathfrak{H}$ zusammengesetzt. Ich schliesse daher in den Beweisen der beiden folgenden Sätze den Fall aus, wo ein invariantes Element B einer Gruppe $\mathfrak{B}$ in einer Untergruppe der Ordnung $p^\alpha q^\sigma$ $(\sigma < \beta)$ enthalten ist, oder wo ein invariantes Element A einer Gruppe $\mathfrak{A}$ in einer Untergruppe der Ordnung $p^\rho q^\beta$ $(\rho < \alpha)$ enthalten ist.

III. *Sind p und q zwei verschiedene Primzahlen, und gehört q (mod. p) zum Exponenten μ, so ist jede Gruppe der Ordnung $p^\alpha q^\beta$ auflösbar, die nicht mehr als q^μ Gruppen der Ordnung p^α enthält.*

Es genügt zu zeigen, dass eine Gruppe $\mathfrak{H}$ der Ordnung $h = p^\alpha q^\beta$, die nicht mehr als q^μ Gruppen $\mathfrak{A}, \mathfrak{A}_1, \mathfrak{A}_2, \ldots$ der Ordnung p^α enthält, stets eine invariante Untergruppe $\mathfrak{G}$ besitzt. Dann hat nämlich die Gruppe $\frac{\mathfrak{H}}{\mathfrak{G}}$ der Ordnung $p^\gamma q^\delta < h$ die Untergruppe $\frac{\mathfrak{A}\mathfrak{G}}{\mathfrak{G}}$ der Ordnung p^γ und die mit ihr conjugirten Untergruppen $\frac{\mathfrak{A}_1\mathfrak{G}}{\mathfrak{G}}, \frac{\mathfrak{A}_2\mathfrak{G}}{\mathfrak{G}}, \ldots$, deren Anzahl $\leqq q^\mu$ ist.

Bilden die mit $\mathfrak{A}$ vertauschbaren Elemente von $\mathfrak{H}$ die Gruppe $\mathfrak{A}'$ der Ordnung $p^\alpha q^\lambda$, so enthält $\mathfrak{H}$ $q^{\beta-\lambda}$ Gruppen der Ordnung p^α, von denen je zwei conjugirt sind, und es ist $q^{\beta-\lambda} \equiv 1 \pmod{p}$. Ist daher $\beta - \lambda$ kleiner als der Exponent μ, zu dem q (mod. p) gehört, so ist $\beta - \lambda = 0$, also ist $\mathfrak{A}$ eine invariante Untergruppe von $\mathfrak{H}$. Sei also $\beta = \lambda + \mu$. Sind nicht je zwei der q^μ mit $\mathfrak{A}$ conjugirten Gruppen theilerfremd, so sei $\mathfrak{D}$ die in Satz I definirte Gruppe. Dann ist die Anzahl der durch $\mathfrak{D}$ theilbaren Gruppen $\mathfrak{A}$ höchstens gleich q^μ, grösser als 1, eine Potenz von q

und $\equiv 1$ (mod. p), also gleich q^μ. Daher ist $\mathfrak{D}$ der grösste gemeinsame Divisor aller q^μ mit $\mathfrak{A}$ conjugirten Gruppen, also eine invariante Untergruppe von $\mathfrak{H}$. Seien also je zwei der Gruppen $\mathfrak{A}$ theilerfremd. Dann ist $q^\mu \equiv 1$ (mod. p^α). Ist nun $\lambda = 0$, $\beta = \mu$, so enthält $\mathfrak{H}$ $(p^\alpha - 1)q^\beta + 1$ Elemente, deren Ordnung in p^α aufgeht, also eine invariante Untergruppe $\mathfrak{B}$ der Ordnung q^β. Sei also $\lambda > 0$.

1) Sei O ein Element von $\mathfrak{H}$, dessen Ordnung eine Potenz von q ist, $\mathfrak{B}$ eine durch O theilbare Untergruppe der Ordnung q^β, B ein invariantes Element von $\mathfrak{B}$. Dann ist B nicht in der Gruppe $\mathfrak{A}'$ der Ordnung $p^\alpha q^\lambda$ enthalten, also nicht mit $\mathfrak{A}$ vertauschbar, die Gruppe $B^{-1}\mathfrak{A}B$ ist demnach von $\mathfrak{A}$ verschieden. Die mit O vertauschbaren Elemente von $\mathfrak{H}$ bilden eine Gruppe $\mathfrak{G}$ der Ordnung $p^\rho q^\sigma$. $\mathfrak{G}$ enthält das Element B und eine Gruppe $\mathfrak{R}$ der Ordnung p^ρ, also auch die Gruppe $B^{-1}\mathfrak{R}B$. Sei $\mathfrak{A}$ eine durch $\mathfrak{R}$ theilbare Gruppe der Ordnung p^α.

Ist $\rho > 0$, so ist $B^{-1}\mathfrak{R}B$ von $\mathfrak{R}$ verschieden. Denn sonst wäre $\mathfrak{R} = B^{-1}\mathfrak{R}B$ ein gemeinsamer Divisor der beiden verschiedenen Gruppen $\mathfrak{A}$ und $B^{-1}\mathfrak{A}B$. Demnach enthält $\mathfrak{G}$ mehrere Gruppen $\mathfrak{R}, \mathfrak{R}_1, \ldots, \mathfrak{R}_x, \ldots$ der Ordnung p^ρ. Zwei dieser Gruppen, $\mathfrak{R}$ und $\mathfrak{R}_1$, können nicht in derselben Gruppe $\mathfrak{A}$ der Ordnung p^α enthalten sein. Denn sonst wären sie auch in dem grössten gemeinsamen Divisor von $\mathfrak{A}$ und $\mathfrak{G}$ enthalten dessen Ordnung höchstens p^ρ sein kann. Ist also $\mathfrak{R}_x$ in $\mathfrak{A}_x$ enthalten, so sind die Gruppen $\mathfrak{A}, \mathfrak{A}_1, \mathfrak{A}_2, \ldots$ alle unter einander verschieden. Daher ist die Anzahl der Gruppen $\mathfrak{R}_x$ höchstens gleich q^μ, grösser als 1, eine Potenz von q und $\equiv 1$ (mod. p), also gleich q^μ. Nun ist O mit $\mathfrak{R}_x$ vertauschbar, also auch mit $\mathfrak{A}_x$, weil sonst die beiden verschiedenen Gruppen $\mathfrak{A}_x$ und $O^{-1}\mathfrak{A}_x O$ beide durch $\mathfrak{R}_x$ theilbar wären. Folglich ist O in $\mathfrak{A}'_x$ enthalten, also haben die q^μ mit $\mathfrak{A}'$ conjugirten Gruppen $\mathfrak{A}'_x$ alle einen Theiler gemeinsam, und demnach ist $\mathfrak{H}$ zusammengesetzt.

Sei also $\rho = 0$ für jedes O; dann ist ein Element von $\mathfrak{H}$, dessen Ordnung eine Potenz von p ist, nie mit einem Elemente vertauschbar, dessen Ordnung eine Potenz von q ist, und $\mathfrak{H}$ enthält kein Element, dessen Ordnung durch p und q theilbar ist.

2) Die Untergruppe $\mathfrak{A}'$ der Ordnung $p^\alpha q^\lambda$ enthält p^α Elemente, deren Ordnungen in p^α aufgehen, und kein Element, dessen Ordnung durch pq theilbar ist, also $p^\alpha(q^\lambda - 1) + 1$ Elemente, deren Ordnungen in q^λ aufgehen, Dies ist aber möglich, wenn $\mathfrak{A}'$ p^α verschiedene Untergruppen $\mathfrak{B}$

der Ordnung q^λ enthält, und je zwei derselben theilerfremd sind. Daher ist $p^\alpha \equiv 1 \pmod{q^\lambda}$, und weil $q^\mu \equiv 1 \pmod{p^\alpha}$ ist, so ist $\lambda < \mu$.

Seien $\mathfrak{L}, \mathfrak{L}_1, \ldots, \mathfrak{L}_\varkappa, \ldots$ die p^α in $\mathfrak{A}'$ enthaltenen Gruppen der Ordnung q^λ (> 1). Eine Gruppe $\mathfrak{B}$ der Ordnung q^β kann nicht zwei dieser Gruppen enthalten, weil die Ordnung des grössten gemeinsamen Divisors von $\mathfrak{B}$ und $\mathfrak{A}'$ höchstens gleich q^λ sein kann. Ist also $\mathfrak{L}_\varkappa$ in $\mathfrak{B}_\varkappa$ enthalten, so sind die p^α Gruppen $\mathfrak{B}, \mathfrak{B}_1, \mathfrak{B}_2, \ldots$ alle unter einander verschieden. Daher enthält $\mathfrak{H}$ nicht weniger und auch nicht mehr als p^α Gruppen $\mathfrak{B}$ der Ordnung q^β.

Von den p^α Gruppen $\mathfrak{B}$ können nicht je zwei theilerfremd sein. Sonst enthielten sie zusammen $(q^\beta - 1)p^\alpha + 1$ Elemente, und folglich enthielte $\mathfrak{H}$ nur eine Gruppe $\mathfrak{A}$. Wählt man zwei der Gruppen $\mathfrak{B}$ so, dass die Ordnung q^δ ihres grössten gemeinsamen Divisors $\mathfrak{D}$ möglichst gross ist, so ist $\delta > 0$. Die mit $\mathfrak{D}$ vertauschbaren Elemente von $\mathfrak{H}$ bilden eine Gruppe $\mathfrak{D}'$ der Ordnung $p^\rho q^\sigma$, wo $\rho > 0$ und $\sigma > \delta$ ist. Ist $\rho = \alpha$, so ist $\mathfrak{H}$ zusammengesetzt, nämlich falls $\sigma < \beta$ ist, weil $\mathfrak{D}'$ jedes invariante Element B jeder durch $\mathfrak{D}$ theilbaren Gruppe $\mathfrak{B}$ enthält, und falls $\sigma = \beta$ ist, weil $\mathfrak{D}$ eine invariante Untergruppe von $\mathfrak{H}$ ist.

3) Die Annahme $\rho < \alpha$ aber ist unzulässig. Denn sei $\mathfrak{R}$ eine in $\mathfrak{D}'$ enthaltene Gruppe der Ordnung p^ρ. Dann ist $\mathfrak{D}$ mit jedem Elemente von $\mathfrak{R}$ vertauschbar, aber kein Element von $\mathfrak{D}$ ausser E. Nach Satz II ist folglich $q^\delta \equiv 1 \pmod{p}$, also $\delta = \mu$, mithin $\sigma > \mu > \lambda$.

Da $\rho < \alpha$ ist, so ist $\mathfrak{R}$ in einer Gruppe der Ordnung $p^{\rho+1}$ als invariante Untergruppe enthalten. Sei P ein Element dieser Gruppe, das nicht in der Gruppe $\mathfrak{D}'$ der Ordnung $p^\rho q^\sigma$ enthalten ist. Dann ist $P^{-1}\mathfrak{D}P = \mathfrak{D}_1$ von $\mathfrak{D}$ verschieden und mit jedem Elemente von $P^{-1}\mathfrak{R}P = \mathfrak{R}$ vertauschbar.

$\mathfrak{D}$ und $\mathfrak{D}_1$ haben keinen Theiler gemeinsam. Denn ihr grösster gemeinsamer Theiler wäre mit jedem Elemente von $\mathfrak{R}$ vertauschbar, aber keines seiner Elemente ausser E. Daher wäre nach Satz II seine Ordnung $\equiv 1 \pmod{p}$, also gleich q^μ, der Ordnung von $\mathfrak{D}$.

Aus demselben Grunde haben $\mathfrak{D}_1$ und $\mathfrak{D}'$, die beide mit jedem Elemente von $\mathfrak{R}$ vertauschbar sind, kein Element gemeinsam. Denn sonst wäre die Ordnung ihres grössten gemeinsamen Theilers gleich q^μ, dieser Theiler wäre $\mathfrak{D}_1$, wäre in $\mathfrak{D}'$ enthalten, $\mathfrak{D}$ wäre also mit jedem Elemente von $\mathfrak{D}_1$ vertauschbar. Folglich wäre $\mathfrak{D}\mathfrak{D}_1$ eine Gruppe der Ordnung $q^{2\mu}$, während h nur durch q^β theilbar ist, und $\beta = \lambda + \mu < 2\mu$ ist.

Kein Element von $\mathfrak{D}_1$ ausser E ist in $\mathfrak{D}'$ enthalten, also mit $\mathfrak{D}$ vertauschbar. Transformirt man daher $\mathfrak{D}$ mit jedem Elemente von $\mathfrak{D}_1$, so erhält man q^μ verschiedene mit $\mathfrak{D}$ conjugirte Gruppen. Da $\mathfrak{D}$ mit $p^\rho q^\sigma$ Elementen von $\mathfrak{H}$ vertauschbar ist, so enthält $\mathfrak{H}$ genau $p^{\alpha-\rho} q^{\beta-\sigma}$ mit $\mathfrak{D}$ conjugirte Gruppen. Folglich ist $q^\mu < p^{\alpha-\rho} q^{\beta-\sigma}$. Nun ist $q^\mu = 1 + rp^\alpha$ und $p^\alpha \equiv 1 \pmod{q^\lambda}$, also da $\lambda < \mu$ ist, $r \equiv -1 \pmod{q^\lambda}$. Daher ist

$$q^\mu = 1 - p^\alpha + sp^\alpha q^\lambda > p^\alpha (q^\lambda - 1).$$

Mithin ist

$$p^\alpha (q^\lambda - 1) < p^{\alpha-\rho} q^{\beta-\sigma}, \qquad p^\rho (q^\lambda - 1) < q^{\lambda-(\sigma-\mu)}.$$

Da aber $\rho > 0$ und $\sigma > \mu$ ist, so ist

$$p^\rho > 1, \qquad q^\lambda - 1 > q^{\lambda-(\sigma-\mu)}.$$

Daher kann der betrachtete Fall $(\rho < \alpha)$ nicht eintreten.

IV. *Sind p und q zwei verschiedene Primzahlen, gehört q (mod. p) zum Exponenten* μ, *und ist* $\beta \leqq 2\mu$, *so ist jede Gruppe der Ordnung* $p^\alpha q^\beta$ *auflösbar.*

Auch hier genügt es zu zeigen dass $\mathfrak{H}$ keine einfache Gruppe ist. Dies ergiebt sich aus dem Satze III, wenn $\mathfrak{A}'$ die Ordnung $p^\alpha q^{\beta-\mu}$ hat, also stets, wenn $\beta < 2\mu$ ist. Es ist also nur der Fall zu betrachten, wo $\beta = 2\mu$ und $\mathfrak{A}' = \mathfrak{A}$ ist. Dann enthält $\mathfrak{H}$ $q^{2\mu}$ Gruppen $\mathfrak{A}$. Sind je zwei derselben theilerfremd, so ist $\mathfrak{B}$ eine invariante Untergruppe von $\mathfrak{H}$. Seien also $\mathfrak{D}$ und $\mathfrak{D}'$ die in Satz I definirten Gruppen, und seien ihre Ordnungen $p^\delta > 1$ und $d' = p^\rho q^\sigma$. Dann werde ich zunächst zeigen, dass $\mathfrak{H}$ zusammengesetzt ist, wenn nicht 1) $\sigma = \mu$ und 2) $\rho = \alpha$ ist.

1) $\sigma = \mu$: Die Gruppe $\mathfrak{D}'$ enthält mehrere Gruppen $\mathfrak{R}$ der Ordnung p^ρ, also q^μ oder $q^{2\mu}$. Im letzteren Falle ist $\mathfrak{D}$ in allen $q^{2\mu}$ mit $\mathfrak{A}$ conjugirten Gruppen enthalten, und eine invariante Untergruppe von $\mathfrak{H}$. Sei also q^μ die Anzahl der Gruppen $\mathfrak{R}$, demnach $\sigma \geqq \mu$.

Sei $\mathfrak{S}$ eine in $\mathfrak{D}'$ enthaltene Gruppe der Ordnung q^σ, und $\mathfrak{B}$ eine durch $\mathfrak{S}$ theilbare Gruppe der Ordnung $q^{2\mu}$. Ist $\mathfrak{A}$ durch $\mathfrak{D}$ theilbar, so ist $\mathfrak{D}$ mit p^ρ Elementen von $\mathfrak{A}$ vertauschbar. Transformirt man also $\mathfrak{D}$ mit den p^α Elementen von $\mathfrak{A}$, so erhält man $p^{\alpha-\rho}$ mit $\mathfrak{D}$ conjugirte Gruppen, deren eine gleich $\mathfrak{D}$ ist. Dasselbe gilt für jede der q^μ Gruppen $\mathfrak{A}$, die durch $\mathfrak{D}$ theilbar sind. Je zwei derselben haben ausser $\mathfrak{D}$ keinen Theiler gemeinsam.

Sie enthalten daher zusammen $(p^{\alpha-\rho}-1)q^{\mu}+1$ verschiedene Gruppen, die mit $\mathfrak{D}$ in $\mathfrak{H}$ conjugirt sind. Im ganzen enthält $\mathfrak{H}$, da $\mathfrak{D}$ mit $p^{\rho}q^{\sigma}$ Elementen vertauschbar ist, $p^{\alpha-\rho}q^{2\mu-\sigma}$ solche Gruppen. Daher ist

$$(p^{\alpha-\rho}-1)q^{\mu} < p^{\alpha-\rho}q^{2\mu-\sigma}, \qquad (p^{\alpha-\rho}-1)q^{\sigma-\mu} < p^{\alpha-\rho}.$$

Folglich ist nicht $\sigma > \mu$, sondern $\sigma = \mu$.

Zu demselben Ergebniss führt die Bemerkung, dass die Gruppe $\mathfrak{D}'$ in dem Falle $\sigma > \mu$ ein Element O der Ordnung q enthielte, das mit $\mathfrak{R}$, aber nicht mit $\mathfrak{A}$ vertauschbar wäre. Zwei verschiedene Gruppe $\mathfrak{A}$ und $O^{-1}\mathfrak{A}O$ können aber nicht eine Gruppe $\mathfrak{R}=O^{-1}\mathfrak{R}O$ der Ordnung $p^{\rho} > p^{\delta}$ gemeinsam haben.

2) $\rho = \alpha$: Es giebt in $\mathfrak{H}$ $p^{\alpha-\rho}q^{\mu}$ mit $\mathfrak{D}$ conjugirte Gruppen, von denen mindestens $p^{\alpha-\rho}q^{\mu}-q^{\mu}+1$ in den q^{μ} Gruppen $\mathfrak{A}, \mathfrak{A}_1, \mathfrak{A}_2, \ldots$ enthalten sind, die durch $\mathfrak{D}$ theilbar sind. Jede dieser q^{μ} Gruppen $\mathfrak{A}, \mathfrak{A}_1, \mathfrak{A}_2, \ldots$ enthält eine der q^{μ} Gruppen $\mathfrak{R}, \mathfrak{R}_1, \mathfrak{R}_2, \ldots$ der Ordnung p^{ρ}, durch die $\mathfrak{D}'$ theilbar ist. Da $\mathfrak{D}'=\mathfrak{R}\mathfrak{S}$ ist, so giebt es in $\mathfrak{S}$ ein solches Element S, dass $S^{-1}\mathfrak{R}S=\mathfrak{R}_{\varkappa}$ ist. Ist also $\mathfrak{R}$ in $\mathfrak{A}$ enthalten, so ist $\mathfrak{R}_{\varkappa}$ in $\mathfrak{A}_{\varkappa}=S^{-1}\mathfrak{A}S$ enthalten. Je zwei der Gruppen $\mathfrak{A}, \mathfrak{A}_1, \mathfrak{A}_2, \ldots$ können also durch ein Element von $\mathfrak{S}$ in einander transformirt werden.

Nun sei $\mathfrak{S}$ *irgend* eine in $\mathfrak{D}'$ enthaltene Gruppe der Ordnung q^{μ}, und $\mathfrak{B}$ *irgend* eine durch $\mathfrak{S}$ theilbare Gruppe der Ordnung $q^{2\mu}$. Dann ist $\mathfrak{S}$ der grösste gemeinsame Theiler von $\mathfrak{D}'$ und $\mathfrak{B}$, und $\mathfrak{D}$ ist mit den q^{μ} Elementen von $\mathfrak{S}$, aber mit keinen anderen Elemente von $\mathfrak{B}$ vertauschbar. Transformirt man daher $\mathfrak{D}$ mit den $q^{2\mu}$ Elementen von $\mathfrak{B}$, so erhält man q^{μ} verschiedene mit $\mathfrak{D}$ conjugirte Gruppen $\mathfrak{D}, \mathfrak{D}_1, \ldots, \mathfrak{D}_{\varkappa}, \ldots$, deren eine gleich $\mathfrak{D}$ ist. Von den $q^{\mu}-1$ übrigen ist keine in einer der q^{μ} Gruppen $\mathfrak{A}, \mathfrak{A}_1, \mathfrak{A}_2, \ldots$ enthalten, die durch $\mathfrak{D}$ theibar sind. Denn sei O ein Element von $\mathfrak{B}$, und sei $O\mathfrak{D}O^{-1}$ in $\mathfrak{A}$ enthalten. Dann ist $\mathfrak{D}$ in $O^{-1}\mathfrak{A}O=\mathfrak{A}_{\varkappa}$ enthalten. Wie oben gezeigt, ist aber auch $S^{-1}\mathfrak{A}S=\mathfrak{A}_{\varkappa}$, wo S ein Element von $\mathfrak{S}$, also auch von $\mathfrak{B}$ ist. Daher ist OS^{-1} mit $\mathfrak{A}$ vertauschbar, also in $\mathfrak{A}'=\mathfrak{A}$ enthalten, aber auch in $\mathfrak{B}$, und folglich ist $OS^{-1}=E$, also ist $O=S$ in $\mathfrak{S}$ enthalten. Ist also O in $\mathfrak{B}$, aber nicht in $\mathfrak{S}$ enthalten, so ist $O\mathfrak{D}O^{-1}$ in keiner der q^{μ} Gruppen $\mathfrak{A}$ enthalten, die durch $\mathfrak{D}$ theilbar sind. Ist

$$\mathfrak{B}=\mathfrak{S}+\mathfrak{S}O_1+\mathfrak{S}O_2+\ldots$$

so ist $O_1O_2^{-1}$ nicht in $\mathfrak{S}$ enthalten. Transformirt man also $\mathfrak{D}$ mit allen Elementen von $\mathfrak{B}$, so erhält man q^μ Gruppen $\mathfrak{D}$, $\mathfrak{D}_1 = O_1^{-1}\mathfrak{D}O_1$, $\mathfrak{D}_2 = O_2^{-1}\mathfrak{D}O_2, \ldots$, von denen ausser $\mathfrak{D}$ keine in einer der q^μ Gruppen $\mathfrak{A}$, $\mathfrak{A}_1$, $\mathfrak{A}_2, \ldots$ enthalten ist. Diese aber enthalten von den $p^{\alpha-\rho}q^\mu$ mit $\mathfrak{D}$ conjugirten Gruppen mindestens $p^{\alpha-\rho}q^\mu - q^\mu + 1$. Daher enthalten sie auch nicht mehr, genau $q^\mu - 1$ der mit $\mathfrak{D}$ conjugirten Gruppen, etwa $\mathfrak{D}_1, \mathfrak{D}_2, \ldots, \mathfrak{D}_\varkappa, \ldots$ sind in keiner durch $\mathfrak{D}$ theilbaren Gruppe $\mathfrak{A}$ enthalten, und die q^μ Gruppen $\mathfrak{D}, \mathfrak{D}_1, \mathfrak{D}_2, \ldots$ und keine anderen findet man, indem man $\mathfrak{D}$ mit den $q^{2\mu}$ Elementen *irgend* einer Gruppe $\mathfrak{B}$ transformirt, die mit $\mathfrak{D}'$ einen Theiler $\mathfrak{S}$ der Ordnung q^μ gemeinsam hat. Diese geistreiche Überlegung bildet den Kern des Beweises, den Herr C. Jordan für die Auflösbarkeit der Gruppen der Ordnung $p^\alpha q^2$ gegeben hat.

Nun sei P irgend ein Element von $\mathfrak{D}'$, und O irgend ein Element von $\mathfrak{B}$. Dann kann man zu den q^μ Gruppen $\mathfrak{D}, \mathfrak{D}_1, \mathfrak{D}_2, \ldots, \mathfrak{D}_\varkappa, \ldots$ auch gelangen, indem man statt $\mathfrak{B}$ die Gruppe $P^{-1}\mathfrak{B}P$ benutzt, die mit $\mathfrak{D}'$ die Gruppe $P^{-1}\mathfrak{S}P$ gemeinsam hat. Transformirt man also $\mathfrak{D}$ mit dem Elemente $P^{-1}OP$ der Gruppe $P^{-1}\mathfrak{B}P$, so erhält man eine jener Gruppe $\mathfrak{D}_\varkappa$. Es giebt aber auch in $\mathfrak{B}$ ein Element O', das $\mathfrak{D}$ in $\mathfrak{D}_\varkappa$ transformirt. Daher ist $P^{-1}OPO'^{-1}$ mit $\mathfrak{D}$ vertauschbar, also in $\mathfrak{D}'$ enthalten. Mithin ist auch $OPO'^{-1} = P'$ in $\mathfrak{D}'$ enthalten. Sind also P und O irgend zwei Elemente von $\mathfrak{D}'$ und $\mathfrak{B}$, so giebt es in diesen Gruppen zwei solche Elemente P' und O', dass $OP = P'O'$ ist. Daher sind $\mathfrak{B}'$ und $\mathfrak{D}$ mit einander vertauschbar, ihr Product $\mathfrak{B}'\mathfrak{D} = \mathfrak{D}\mathfrak{B}'$ ist eine Gruppe, deren Ordnung gleich $p^\rho q^{2\mu}$ ist, weil der grösste gemeinsame Divisor $\mathfrak{S}$ von $\mathfrak{D}$ und $\mathfrak{B}'$ die Ordnung q^μ hat.

Ist aber A ein invariantes Element einer der durch $\mathfrak{D}$ theilbaren Gruppen $\mathfrak{A}$, so ist A in $\mathfrak{D}'$, also auch in $\mathfrak{B}\mathfrak{D}'$ enthalten. Ist also $\rho < \alpha$, so ist $\mathfrak{H}$ zusammengesetzt.

3) Ist $\rho = \alpha$ und $\sigma = \mu$, so enthält $\mathfrak{H}$ genau q^μ mit $\mathfrak{D}$ conjugirte Gruppen $\mathfrak{D}_\varkappa$. Die mit $\mathfrak{D}_\varkappa$ vertauschbaren Elemente von $\mathfrak{H}$ bilden eine Gruppe $\mathfrak{D}'_\varkappa$ der Ordnung $p^\alpha q^\mu$. Sie enthält von den q^μ mit $\mathfrak{D}$ conjugirten Gruppen nur die eine $\mathfrak{D}_\varkappa$, und von den $q^{2\mu}$ mit $\mathfrak{A}$ conjugirten Gruppen genau q^μ, nämlich die, welche durch $\mathfrak{D}_\varkappa$ theilbar sind. Jede der $q^{2\mu}$ Gruppen $\mathfrak{A}$ enthält nur eine der q^μ Gruppen $\mathfrak{D}$. Jede der q^μ Gruppen $\mathfrak{D}$ ist in q^μ der $q^{2\mu}$ Gruppen $\mathfrak{A}$ enthalten, und diese sind alle in $\mathfrak{D}'$ enthalten. Zwei verschiedene Gruppen $\mathfrak{D}'$ und $\mathfrak{D}'_1$ haben keine Gruppe $\mathfrak{A}$ gemeinsam.

Man wähle $\mathfrak{D}'$ und $\mathfrak{D}'_1$ so, dass sie beide durch eine Gruppe $\mathfrak{T}$ theilbar sind, deren Ordnung p^τ eine möglichst hohe Potenz von p ist. Dann ist $\tau < \alpha$. Ist $\tau > 0$, so hat $\mathfrak{H}$ stets eine invariante Untergruppe: Die mit $\mathfrak{T}$ vertauschbaren Elemente von $\mathfrak{H}$ bilden eine Gruppen $\mathfrak{T}'$, deren Ordnung $p^\rho q^\sigma < h$ sei. Da $\tau < \alpha$ ist, so ist $\rho > \tau$. Ist $\sigma = 2\mu$, so ist $\mathfrak{H}$ zusammengesetzt, weil $\mathfrak{T}'$ ein Element A enthält, das in einer Gruppe $\mathfrak{A}$ invariant ist. Sei also $\sigma < 2\mu$.

Die in $\mathfrak{T}'$ enthaltenen Gruppen $\mathfrak{R}, \mathfrak{R}_1, \mathfrak{R}_2, \ldots$ der Ordnung p^ρ können nicht alle in $\mathfrak{D}'$ enthalten sein. Denn $\mathfrak{T}$ ist mit den Elementen einer in $\mathfrak{D}_1'$ enthaltenen Gruppe der Ordnung $p^{\tau+1}$ vertauschbar. Diese ist also in $\mathfrak{T}'$, mithin in einer der Gruppen $\mathfrak{R}, \mathfrak{R}_1, \ldots$, also in $\mathfrak{D}'$ enthalten, während die Ordnung des grössten gemeinsamen Theilers von $\mathfrak{D}$ und $\mathfrak{D}_1'$ nur durch p^τ theilbar ist. Damit ist der Fall erledigt, wo $\mathfrak{T}'$ nur eine Gruppe $\mathfrak{R}$ enthält.

Im anderen Falle enthält $\mathfrak{T}'$, da $\sigma < 2\mu$ ist, q^μ Gruppen $\mathfrak{R}, \mathfrak{R}_1, \ldots$. Von diesen sind nicht zwei in $\mathfrak{D}'$ enthalten. Denn sonst wäre der grösste gemeinsame Theiler von $\mathfrak{T}'$ und $\mathfrak{D}'$ eine Gruppe der Ordnung $p^\rho q^\mu$ und enthielte zwei, also q^μ der Gruppen $\mathfrak{R}$, und folglich wären die q^μ Gruppen $\mathfrak{R}$ alle in $\mathfrak{D}'$ enthalten. Ist also $\mathfrak{R}_x$ in $\mathfrak{D}_x'$ enthalten, so sind die q^μ Gruppen $\mathfrak{D}', \mathfrak{D}_1', \mathfrak{D}_2', \ldots$ alle unter einander verschieden. Die q^μ mit $\mathfrak{D}'$ conjugirten Gruppen sind folglich alle durch $\mathfrak{T}$ theilbar, also ist $\mathfrak{H}$ zusammengesetzt.

Sei demnach $\tau = 0$. Dann haben zwei der q^μ Gruppen $\mathfrak{D}'$ kein Element gemeinsam, dessen Ordnnng eine Potenz von p ist. Nun enthält $\mathfrak{D}'$ q^μ Gruppen $\mathfrak{A}$, die durch $\mathfrak{D}$ theilbar sind, sonst aber kein Element gemeinsam haben. Daher enthält $\mathfrak{D}'$ ausser dem Hauptelemente $(p^\alpha - p^\delta)q^\mu + p^\delta - 1$ Elemente, deren Ordnungen in p^α aufgehen, und die q^μ mit $\mathfrak{D}'$ conjugirten Gruppen enthalten

$$p^\alpha q^{2\mu} - (q^\mu - 1)(p^\delta q^\mu + 1)$$

solche Elemente. Die Anzahl der Elemente von $\mathfrak{H}$, deren Ordnungen in p^α aufgehen, ist aber durch p^α theilbar. Daher ist $q^\mu \equiv 1 \pmod{p^\alpha}$.

4) Sei O ein Element von $\mathfrak{H}$, dessen Ordnung eine Potenz von q ist. Die mit O vertauschbaren Elemente von $\mathfrak{H}$ bilden eine Gruppe $\mathfrak{G}$ der Ordnung $p^\rho q^\sigma$. Man kann O so wählen, dass $\rho > 0$ ist. Denn sonst enthielte $\mathfrak{H}$ kein Element, dessen Ordnung durch p und q theilbar ist, also

$$(q^\mu - 1)(p^\delta q^\mu + 1) + 1 = p^\delta q^{2\mu} - (p^\delta - 1)q^\mu$$

Elemente, deren Ordnungen in $q^{2\mu}$ aufgehen. Diese Anzahl muss durch $q^{2\mu}$ theilbar sein. Daher wäre $p^\delta \equiv 1 \pmod{q^\mu}$, während $q^\mu \equiv 1 \pmod{p^\alpha}$ ist.

Seien $\mathfrak{R}$ und $\mathfrak{S}$ zwei in $\mathfrak{T}$ enthaltene Gruppen der Ordnungen p^ρ und q^σ, $\mathfrak{B}$ eine durch $\mathfrak{S}$ theilbare Gruppe der Ordnung $q^{2\mu}$, B ein invariantes Element von $\mathfrak{B}$. Dann ist B in $\mathfrak{G}$ enthalten. Ist also $\rho = \alpha$, so ist $\mathfrak{H}$ zusammengesetzt. Sei also $0 < \rho < \alpha$. B ist nicht in der Gruppe $\mathfrak{D}'$ der Ordnung $p^\alpha q^\mu$ enthalten, also nicht mit $\mathfrak{D}$, und auch nicht mit $\mathfrak{D}'$ vertauschbar. Daher ist $\mathfrak{R}$ von $B^{-1}\mathfrak{R}B$ verschieden. Denn sonst wäre $\mathfrak{R}=B^{-1}\mathfrak{R}B$ in den beiden verschiedenen Gruppen $\mathfrak{D}'$ und $B^{-1}\mathfrak{D}'B$ enthalten, während diese nach der gemachten Annahme keinen Theiler gemeinsam haben, dessen Ordnung eine Potenz von p ist. Folglich enthält $\mathfrak{G}$ mehrere Gruppen $\mathfrak{R}, \mathfrak{R}_1, \mathfrak{R}_2, \ldots$, also q^μ oder $q^{2\mu}$. Im letzteren Falle wäre $\sigma = 2\mu$, und wäre $\mathfrak{R}$ mit keinem Elemente von $\mathfrak{G}$ vertauchbar, dessen Ordnung eine Potenz von q ist. Da aber $\mathfrak{R}$ mit O vertauschbar ist, so enthält $\mathfrak{G}$ genau q^μ Gruppen $\mathfrak{R}$. Von diesen sind nicht zwei in $\mathfrak{D}'$ enthalten. Denn sonst enthielte auch der grösste gemeinsame Theiler von $\mathfrak{G}$ und $\mathfrak{D}'$ zwei, also q^μ, also alle Gruppen $\mathfrak{R}$. Mithin enthielte $\mathfrak{D}'$ die Gruppe $B\mathfrak{R}B^{-1}$, und $\mathfrak{R}$ wäre in den beiden verschiedenen Gruppen $\mathfrak{D}'$ und $B^{-1}\mathfrak{D}'B$ enthalten.

Ist also $\mathfrak{R}_x$ in $\mathfrak{D}'_x$ enthalten, so sind die q^μ Gruppen $\mathfrak{D}'_x$ alle unter einander verschieden. Nun ist O mit $\mathfrak{R}_x$ vertauschbar, also auch mit $\mathfrak{D}'_x$, weil sonst die beiden Gruppen $\mathfrak{D}'_x$ und $O^{-1}\mathfrak{D}'_x O$ verschieden und beide durch $\mathfrak{R}_x$ theilbar wären. Folglich ist O in $\mathfrak{D}'_x$ enthalten, also in allen mit $\mathfrak{D}'$ conjugirten Gruppen, und mithin ist $\mathfrak{G}$ keine einfache Gruppe.

Zum Beweise der Auflösbarkeit jeder Gruppe $\mathfrak{H}$ der Ordnung $p^\alpha q^2$ reichen die unter 1) und 2) angestellten Überlegungen aus. Denn jede Gruppe $\mathfrak{B}$ der Ordnung q^2 ist eine commutative. Enthält daher $\mathfrak{H}$ eine Gruppe der Ordnung $p^\alpha q$, so ist ein darin enthaltenes Element B der Ordnung q ein invariantes Element jeder durch B theilbaren Gruppe $\mathfrak{B}$ der Ordnung q^2.

Damit ist der Beweis durch rein gruppentheoretische Betrachtungen geführt, ohne jede Hülfe der Substitutionstheorie, d. h. ohne Benutzung irgend einer Darstellung der Gruppe $\mathfrak{G}$.

66.

Über Gruppen des Grades p oder $p+1$

Sitzungsberichte der Königlich Preußischen Akademie der Wissenschaften zu Berlin
351–369 (1902)

Ist der Grad einer transitiven Gruppe $\mathfrak{H}$ eine Primzahl p, so ist ihre Ordnung $h = pq(np+1)$, wo q ein Theiler von $p-1$ ist und $np+1$ die Anzahl der verschiedenen in $\mathfrak{H}$ enthaltenen Gruppen $\mathfrak{P}$ der Ordnung p ist. Alle diese Untergruppen sind einander conjugirt, und die mit $\mathfrak{P}$ vertauschbaren Elemente von $\mathfrak{H}$ bilden eine Gruppe $\mathfrak{P}'$ der Ordnung pq. Ist $n=0$, so ist $\mathfrak{H}$ eine metacyklische Gruppe. Eine solche giebt es für jeden Divisor q von $p-1$. Dieser Fall $n=0$ tritt stets ein, wenn $q=1$ ist, und, falls $p=4k+3$ ist, auch stets, wenn $q=2$ ist. Alle diese Ergebnisse verdankt man Mathieu (Liouv. Journ. sér. II, tome VI, 1861; Chap. IV).

Für jeden Werth von p giebt es ausser den metacyklischen Gruppen die alternirende Gruppe, wofür $q=\frac{1}{2}(p-1)$, und die symmetrische Gruppe, wofür $q=p-1$ ist. Ausserdem kennt man noch die folgenden transitiven Gruppen:

p	7	11	13	17	23	31	31	73
q	3	5	3	2, 4, 8	11	3	5	3, 9
n	1	1, 13	11	7	1753	129	2081	1031

und allgemein, wenn s und t Primzahlen sind, $t-1$ nicht durch s theilbar ist, und $r=t^{s^\mu}$ gesetzt wird, und wenn

$$p = \frac{r^s-1}{r-1} = \frac{t^{s^{\mu+1}}-1}{t^{s^\mu}-1}$$

eine Primzahl ist,

$$h = p(r^s-r)(r^s-r^2)\cdots(r^s-r^{s-1})\,s^\lambda, \qquad q = s^{\lambda+1}. \qquad (\lambda = 0, 1, \cdots \mu)$$

Dass $q=s^{\lambda+1}$ ist, folgt aus der identischen Congruenz

$$(x-1)(x-r)(x-r^2)\cdots(x-r^{s-1}) \equiv x^s-1 \qquad (\text{mod. } p).$$

So giebt es für jede Primzahl der Form $p=2^m+1$, wo $m=2^\mu$ ist, $\mu+1$ Gruppen der Ordnungen $(2^{2m}-1)\,2^{m+\lambda}$, worin $q=2^{\lambda+1}$ und $n=2^{m-1}-1=\frac{1}{2}(p-3)$ ist.

Dass es für $p = 19$, 47 und 59 solche Gruppen nicht giebt, behauptet C. Jordan (C. R. tome 79, 1874, p. 1149).

In einer interessanten Arbeit *Sur les groupes du degré p et de l'ordre $p(p+1)\pi$, p étant un nombre premier, et π un diviseur de $p-1$* (Videnskabsselskabets Skrifter I. Mathematisk-naturv. Klasse 1897, No. 9) beschäftigt sich Sylow mit den Gruppen des Grades p, für die $n=1$ ist, und findet, dass dieser Bedingung nur vier Gruppen genügen, die schon von Galois entdeckt sind:

I. *Es giebt nur vier transitive Gruppen, deren Grad eine Primzahl p ist, und die* $p+1$ *Untergruppen der Ordnung p enthalten, die alternirende und die symmetrische Gruppe des Grades* 5, *deren Ordnungen gleich* 60 *und* 120 *sind, und die beiden einfachen Gruppen der Grade* 7 *und* 11, *deren Ordnungen gleich* 168 *und* 660 *sind.*

Der Beweis dieses Satzes gelingt ihm aber nur unter der Voraussetzung, dass $q=\frac{1}{2}(p-1)$ oder $p-1$ ist. Die Substitutionen einer Gruppe $\mathfrak{H}$ der Ordnung $h=pq(p+1)$, die eins der p Symbole ungeändert lassen, bilden eine Gruppe $\mathfrak{G}$ der Ordnung $q(p+1)$. Die Eigenschaften der Gruppe $\mathfrak{H}$ lassen sich leichter erkennen, wenn man sie durch die Permutationen nicht von p, sondern von $p+1$ Symbolen darstellt. Dabei macht die Construction der Gruppe $\mathfrak{G}$ eine gewisse Schwierigkeit, die Sylow in folgender Art überwindet: der Gruppe $\mathfrak{G}$ ordnet er eine ganz bestimmte Substitution J der $p+1$ Symbole zu, die aus $\frac{1}{2}(p+1)$ binären Cyklen besteht. Da die transitive Gruppe $\mathfrak{G}$ keine Substitution der Ordnung p enthält, müssen alle Substitutionen von $\mathfrak{G}$, die ein Symbol α nicht ändern, noch ein bestimmtes anderes Symbol β ungeändert lassen. Dann ist (α,β) ein Cyklus von J. Diese Substitution gehört der Gruppe $\mathfrak{H}$ nicht an, aber $\mathfrak{G}$ besteht aus allen Substitutionen von $\mathfrak{H}$, die mit J vertauschbar sind. Transformirt man J mit den h Substitutionen von $\mathfrak{H}$, so erhält man nur p verschiedene, conjugirte Substitutionen $J, J_1, \cdots J_{p-1}$, die den p mit $\mathfrak{G}$ conjugirten Gruppen $\mathfrak{G}, \mathfrak{G}_1, \cdots \mathfrak{G}_{p-1}$ entsprechen.

Ist in der Ordnung $h=pq(np+1)$ einer Gruppe $\mathfrak{H}$ des Grades p die Zahl $n>0$, so ist $\mathfrak{H}$ entweder eine einfache Gruppe, oder sie ist zusammengesetzt aus einer cyklischen Gruppe $\frac{\mathfrak{H}}{\mathfrak{H}'}$ der Ordnung $\frac{q}{q'}$, wo q' ein Theiler von q ist, und einer einfachen Gruppe $\mathfrak{H}'$ der Ordnung $pq'(np+1)$, die von den $np+1$ in $\mathfrak{H}$ enthaltenen Gruppen $\mathfrak{P}$ der Ordnung p erzeugt wird (Sylow, Math. Ann. Bd. 5). Ist $p-1=q'r'$, so enthält $\mathfrak{H}'$ eine Substitution Q', die aus r' Cyklen der Ordnung q' besteht. Da $\mathfrak{H}'$ als einfache Gruppe keine ungerade Substitution enthält, so muss r' gerade sein.

Die Versuche, die Sylow in § 3 seiner Arbeit macht, um zu beweisen, dass in dem Falle $2q<p-1$ nicht $n=1$ sein kann, führten nicht zum Ziele. Wie er aber besonders hervorhebt, ist dann die

Gruppe $\mathfrak{G}$ des Grades $p-1$ intransitiv. Daher wird diese Lücke durch den wichtigen Satz ausgefüllt, den drei Jahre später BURNSIDE (Proc. of the London Math. Soc. vol. 23, p. 174) mit Hülfe der Gruppencharaktere erhalten hat:

Jede transitive Gruppe von Primzahlgrade, die nicht metacyklisch ist, ist zweifach transitiv.

Ist also $n > 0$, so ist $h = pq(np+1)$ durch $p(p-1) = pqr$ theilbar, also $np+1$ durch r, und falls $q' < q$ ist, auch durch r'. Mithin ist $n \equiv -1$ (mod. r) und sogar (mod. r'). Beiläufig folgt daraus, dass n immer ungerade ist.

Für den von SYLOW aufgestellten Satz will ich hier (§ 5) einen neuen Beweis entwickeln, bei dem die Verwendung von Substitutionen, die der Gruppe $\mathfrak{H}$ nicht angehören, vermieden wird. Statt dessen werden neben den Substitutionen der Ordnung 2, die auch SYLOW gebraucht hat, die der Ordnung 3 in der ausgiebigsten Weise benutzt. Zugleich gebe ich dem Beweise dadurch eine andere Wendung, dass ich den Satz I mit allgemeineren Sätzen verknüpfe, die auch für sich ein gewisses Interesse beanspruchen dürften.

Für jede Primzahl p giebt es eine transitive Gruppe $\mathfrak{H}$ des Grades $p+1$ und der Ordnung $\frac{1}{2}p(p^2-1)$. Ist $p > 3$, so ist sie einfach. In den speciellen Untersuchungen über die Gruppen der Grade 6, 12 und 14 hat sich gezeigt, dass es nicht mehr als eine solche Gruppe giebt. Für $p = 7$ aber giebt es zwei, von denen jedoch nur die eine einfach, die andere aber auflösbar ist. Ich beweise hier allgemein:

II. *Ist p eine Primzahl, so giebt es nicht mehr als* eine *transitive Gruppe des Grades $p+1$ und der Ordnung $\frac{1}{2}p(p^2-1)$. Nur für $p = 7$ giebt es zwei solche Gruppen.*

Ich benutze die Gelegenheit, auf folgenden Satz aufmerksam zu machen, den CAUCHY (Compt. Rend. tome 21, p. 1200) ausgesprochen, aber nicht bewiesen hat:

Ist gn die Ordnung einer primitiven, aber nur einfach transitiven Gruppe des Grades n, so ist g die Ordnung einer Gruppe, deren Grad ein echter Theiler von $n-1$ ist.

MILLER hat, *On the Primitive Substitution Groups of Degree Sixteen,* American Journ. of Math. vol. 20, p. 234, vier primitive Gruppen des Grades $n = 16$ gefunden, wofür $g = 18$, 36, 36 und 72 ist. Es giebt aber keine Gruppe des Grades 3 oder 5, deren Ordnung eine durch 9 theilbare Zahl g ist. Demnach ist jene Behauptung nicht allgemein richtig. CAUCHY folgert daraus:

Ist p eine Primzahl, so ist jede primitive Gruppe des Grades $p+1$ zweifach transitiv.

Dies hat sich für die Primzahlen bis $p = 13$ bestätigt.

§ 1.

Die Gruppe $\mathfrak{H}$ der Ordnung $h = pq(p+1)$, wo $2q = p-1$ ist, lasse sich als transitive Gruppe von Permutationen der $p+1$ Symbole

$$(1.) \qquad \infty, 0, 1, \cdots p-1 \qquad (\text{mod.}\, p)$$

darstellen. Die Primzahl p ist im Folgenden der Modul bei allen Congruenzen, bei denen nicht ausdrücklich ein anderer Modul angegeben ist. Die Permutationen von $\mathfrak{H}$, die das Symbol ∞ nicht ändern, bilden eine Gruppe $\mathfrak{P}'$ der Ordnung pq, die keine invariante Untergruppe von $\mathfrak{H}$ enthält. Da $q < p$ ist, so enthält $\mathfrak{P}'$ nur eine Gruppe $\mathfrak{P}$ der Ordnung p. Diese möge aus den Potenzen der Substitution

$$(2.) \qquad P = (\infty)(0, 1, \cdots p-1) \qquad \text{oder} \qquad \eta \equiv \xi + 1$$

bestehen. Demnach enthält $\mathfrak{H}$ $p+1$ Gruppen der Ordnung p, und $\mathfrak{P}'$ besteht aus allen mit $\mathfrak{P}$ vertauschbaren Substitutionen von $\mathfrak{H}$. Die Substitutionen von $\mathfrak{P}'$, die das Symbol 0 nicht ändern, also die Substitutionen von $\mathfrak{H}$, welche 0 und ∞ ungeändert lassen, bilden eine cyklische Gruppe $\mathfrak{Q}$ der Ordnung q. Sie besteht aus den Potenzen der Substitution

$$(3.) \quad Q = (\infty)(0)(1, \gamma^2, \gamma^4, \cdots \gamma^{p-3})(\gamma, \gamma^3, \gamma^5, \cdots \gamma^{p-2}) \qquad \text{oder} \qquad \eta \equiv \gamma^2 \xi,$$

wo γ eine primitive Wurzel der Primzahl p ist. Ausser der identischen Substitution E enthält $\mathfrak{H}$ keine, die mehr als zwei Symbole ungeändert lässt.

Da die Gruppe $\mathfrak{H}$ zweifach transitiv ist, so enthält sie eine Substitution R der Ordnung 2, worin der Cyklus $(0, \infty)$ vorkommt. Diese ist mit $\mathfrak{Q}$ vertauschbar, es ist

$$(4.) \qquad R^{-1}\mathfrak{Q}R = \mathfrak{Q}, \qquad R^{-1}QR = Q^n.$$

Diese Relation bleibt ungeändert, wenn man R durch $R' = RQ^\kappa$ und Q durch $Q' = Q^\lambda$ ersetzt, die Zahl n (mod. q) ist daher nur von der Constitution der Gruppe $\mathfrak{H}$ abhängig. Transformirt man jene Gleichung noch einmal mit R, so erhält man, weil $R^2 = E$ ist,

$$(5.) \qquad n^2 \equiv 1 \qquad (\text{mod.}\, q).$$

Der Beweis des Satzes II gestaltet sich sehr verschieden, je nachdem $p \equiv 1$ oder 3 (mod. 4) ist.

§ 2.

$p = 4k + 1.$

Die Gruppe $\mathfrak{H}$ enthält eine und nur eine Substitution der Ordnung 2, die 0 und ∞ ungeändert lässt, nämlich $Q^{\frac{1}{2}q}$, demnach, da sie zweifach transitiv ist, $\frac{1}{2}p(p+1)$ Substitutionen der Ordnung 2, die zwei Symbole nicht ändern. Diese sind einander conjugirt und enthalten jede q, also zusammen $\frac{1}{2}p(p+1)q$ binäre Cyklen.

Sind R und R' zwei Substitutionen, worin der Cyklus $(0, \infty)$ vorkommt, so lässt $R'R^{-1}$ die Symbole 0 und ∞ ungeändert, ist also eine Substitution Q^* der Gruppe $\mathfrak{Q}$. Der Cyklus $(0, \infty)$ kommt daher in genau q verschiedenen Substitutionen RQ^* vor, und ebenso jeder andere binäre Cyklus (α, β). Folglich enthalten alle Substitutionen von $\mathfrak{H}$ zusammen nur $\frac{1}{2}p(p+1)q$ binäre Cyklen. Mithin enthält $\mathfrak{H}$ nicht mehr als $\frac{1}{2}p(p+1)$ Substitutionen der Ordnung 2, jede von ihnen lässt zwei Symbole ungeändert, und jede Substitution von $\mathfrak{H}$, die einen binären Cyklus enthält, hat die Ordnung 2, z. B. die Substitution RQ. Daher ist

$$R^{-1}QR = Q^{-1}, \tag{1.}$$

oder die in der Formel (4.), § 1 auftretende invariante Zahl n ist gleich -1.

Da die Substitution R zwei Symbole $\varkappa, \lambda$ nicht ändert, so transformirt sie jeden der beiden Cyklen von Q in sich. Sie vertauscht daher 1 mit einem quadratischen Reste, $1, \gamma^2, \dots \gamma^{p-3}$. Nun kann man aber R durch RQ^* ersetzen und dadurch bewirken, dass dieser andere Rest ein vorgeschriebener wird, etwa -1. Erst dadurch ist R vollständig bestimmt. Sie ersetzt der Relation (1.) zufolge jeden Rest α durch $-\frac{1}{\alpha}$, und wenn sie einen bestimmten Nichtrest β' durch $-\frac{\rho}{\beta'}$ ersetzt, so ersetzt sie jeden Nichtrest β durch $-\frac{\rho}{\beta}$, wo ρ ein bestimmter Rest ist.

Die Substitution $S = RP$ enthält den ternären Cyklus $(0, \infty, 1)$. Daher lässt S^3 drei und folglich, weil keine Substitution von $\mathfrak{H}$ weniger als $p-1$ Symbole versetzt, alle Symbole ungeändert. Jeder Cyklus von S hat mithin die Ordnung 3 oder 1. Da -1 ein Rest ist, so giebt es unter den Zahlen $2, 3, \dots p-2$ einen Nichtrest $\alpha-1$, dem ein Rest α folgt. Dann findet sich in S der Cyklus

$$\left(\alpha, \quad \frac{\alpha-1}{\alpha}, \quad -\frac{(\rho-1)\alpha+1}{\alpha-1}\right).$$

Die Substitution $S^{-1} = P^{-1}R$ führt α in $-\frac{\rho}{\alpha-1}$ über. Mithin ist $(\rho-1)\alpha+1 \equiv \rho$ und folglich $\rho \equiv 1$. Daher ersetzt R jeden Index ξ durch $\eta \equiv -\frac{1}{\xi}$.

§ 3.

$p = 4k + 3.$

Dasselbe gilt für $p = 4k+3$, aber mit einer Ausnahme, und die Herleitung ist eben darum etwas umständlicher. Da $q = 2k+1$ ungerade ist, so enthält $\mathfrak{Q}$ keine Substitution der Ordnung 2. Jede solche

Substitution R versetzt daher alle Symbole. Die Substitution R, die der Bedingung

$$(1.)\qquad R^{-1}QR = Q^n$$

genügt, kann mithin nicht jeden Cyklus von Q in sich transformiren, da die Anzahl q der Symbole eines Cyklus ungerade ist und demnach mindestens eins dieser Symbole nicht von R versetzt würde. Daher vertauscht R die Symbole des einen Cyklus von Q mit denen des anderen. Ersetzt R den Rest 1 durch den Nichtrest $-\rho \equiv -\gamma^{2\lambda}$, so ersetzt R der Relation (1.) zufolge jeden Rest α durch den Nichtrest $-\rho\alpha^n \equiv \beta$.

Da $n-1$, $n+1$ und q theilerfremd sind, so kann man die Zahlen μ und ν so bestimmen, dass $\mu(n-1)+\nu(n+1) \equiv \lambda$ (mod. q) ist. Ist dann $\varkappa \equiv -\mu(n-1)$, so ist $\varkappa+\lambda \equiv \nu(n+1)$ und mithin, weil $n^2 \equiv 1$ (mod. q) ist,

$$\varkappa(n+1) \equiv 0, \qquad (\varkappa+\lambda)(n-1) \equiv 0 \qquad (\text{mod. } q).$$

Ist also $R' = RQ^\varkappa$, so ist $R'^2 = (R^{-1}Q^\varkappa R)Q^\varkappa = Q^{(n+1)\varkappa} = E$. Folglich kann man R durch R' ersetzen. Dann geht ρ in $\rho' = \gamma^{2(\varkappa+\lambda)}$ über, genügt also der Congruenz $\rho'^{n-1} \equiv 1$. Wir denken uns R von vorn herein so gewählt, dass $\rho^n \equiv \rho$ ist. Aus $-\beta \equiv \rho\alpha^n$ folgt dann $(-\beta)^n \equiv \rho^n\alpha^{n^2} \equiv \rho\alpha$, weil $\alpha^q \equiv 1$ und $n^2 \equiv 1$ (mod. q) ist. Daher besteht R aus $\frac{1}{2}(p+1)$ binären Cyklen der Form

$$R\colon\quad (0,\infty), \qquad (\alpha, -\rho\alpha^n), \qquad (\beta, \rho^{-1}(-\beta)^n),$$

wo α die q Reste, β die q Nichtreste durchläuft. Ist nun Q' die Potenz von Q, die jedes Symbol mit ρ^{-1} multiplicirt, also die Substitution $\eta \equiv \rho^{-1}\xi$, so enthält die Substitution

$$S = RQ'P$$

den ternären Cyklus $(0, \infty, 1)$ und folglich lauter Cyklen der Ordnung 3 oder 1. Ich unterscheide nun, ob $\rho-1$ Rest, Nichtrest oder Null ist.

Ist $\rho-1 = \sigma$ Rest, so enthält S den Cyklus

$$(\rho, \quad -\sigma, \quad 1+\rho^{-2}\sigma^n),$$

und da ρ durch S^{-1} in $-\rho^2\sigma^n$ übergeführt wird, so ist

$$(\rho^2+\rho^{-2})\sigma^n \equiv -1.$$

Durch Betrachtung des Cyklus

$$(\rho^{-1}, \quad \rho^{-1}\sigma, \quad 1-\rho^{-1}\sigma^n),$$

der auch in 3 Cyklen der Ordnung 1 zerfallen kann, erhält man in derselben Weise

$$2\sigma^n \equiv \rho.$$

Eliminirt man σ^n, so findet man nach Aufhebung des Factors $\rho+1$

$$\rho^3-\rho^2+\rho+1 \equiv 0, \qquad 1-\rho \equiv -\rho^2\sigma.$$

Demnach enthält S den Cyklus

$$(-\rho, \quad -\rho\sigma, \quad 1+\rho^{-1}\sigma^n),$$

und mithin ist

$$(\rho^4+\rho^{-1})\sigma^n \equiv -1, \qquad \rho^5 \equiv -3.$$

Eliminirt man ρ, so erhält man $p=7$, $\rho\equiv 2$, demnach

$$(2.)\qquad R = (0,\infty)(1,-2)(2,-4)(4,-1),$$

und weil $\rho^{n-1}\equiv 1$ ist, $n\equiv 1$ (mod. q), also $QR=RQ$.

Die aus den Potenzen der Substitution

$$P = (\infty)(0,1,2,\cdots p-1)$$

gebildete Gruppe $\mathfrak{P}$ erzeugt mit den beiden Substitutionen

$$Q = (0)(\infty)(1,\gamma^2,\cdots\gamma^{p-3})(-1,-\gamma^2,\cdots-\gamma^{p-3})$$
$$R:\quad (0,\infty),\quad (\alpha,-\rho\alpha^n),\quad (\beta,\rho^{-1}(-\beta)^n)$$

eine Gruppe, deren Ordnung durch pq theilbar ist. Sie enthält zwei verschiedene Gruppen $\mathfrak{P}$ und $R^{-1}\mathfrak{P}R$ der Ordnung p, also mindestens $p+1$ solche Gruppen. Daher erzeugen $\mathfrak{P}, Q, R$ die Gruppe $\mathfrak{H}$, falls eine solche existirt.

Ersetzt man in der erhaltenen Darstellung von $\mathfrak{H}$ überall λ durch $-\lambda$, so erhält man eine mit $\mathfrak{H}$ isomorphe Gruppe $\mathfrak{H}'$. Dadurch geht aber P in

$$(\infty)(0,-1,-2,\cdots-p+1) = P^{-1}$$

über, es bleibt also $\mathfrak{P}$ und ebenso Q ungeändert, während R, wenn man die Zeichen $-\alpha$ und $-\beta$ durch β und α ersetzt, in

$$R':\quad (0,\infty),\quad (\beta,\rho(-\beta)^n),\quad (\alpha,-\rho^{-1}\alpha^n)$$

übergeht. Diese Gruppe $\mathfrak{H}'$ unterscheidet sich also von $\mathfrak{H}$ nur dadurch, dass ρ durch ρ^{-1} ersetzt ist. Ist aber $\rho-1$ Rest, so ist $\rho^{-1}-1 = -\rho^{-1}(\rho-1)$ Nichtrest.

Der Fall, wo $\rho-1$ Nichtrest ist, geht aus dem eben behandelten hervor, indem man ρ durch ρ^{-1} ersetzt, und führt zu einer mit $\mathfrak{H}$ isomorphen Gruppe $\mathfrak{H}'$.

Sei endlich $\rho=1$. Unter n kann man eine zwischen 0 und q liegende Zahl verstehen. Ist n gerade, so ersetze man n durch $n-q$. Dann ist n eine zwischen $-q$ und $+q$ liegende ungerade Zahl. Demnach ist $n^2\equiv 1$ (mod. $p-1$) und

$$R = (0,\infty),\quad (\xi,-\xi^n),$$

da man zwischen Resten und Nichtresten nicht mehr zu unterscheiden braucht. Die Substitution $S=RP$ enthält den Cyklus $(0,\infty,1)$ und demnach, falls ξ von 0 und 1 verschieden ist, den Cyklus

$$(\xi,\quad 1-\xi^n,\quad 1-(1-\xi^n)^n),$$

und da ξ durch S^{-1} in $(1-\xi)^n$ übergeführt wird, so ist

$$(1-\xi)^n+(1-\xi^n)^n \equiv 1$$

für alle Werthe von ξ ausser 0 und 1. Der Congruenz $\xi^n \equiv \xi$ genügt also ausser 0 und 1 nur ein solcher Werth, für den $2(1-\xi)^n \equiv 1$ ist, oder wenn man auf die n^{te} Potenz erhebt, $2^n(1-\xi) \equiv 1$. Weil mithin die Congruenz $\xi^{n-1} \equiv 1$ nur zwei Wurzeln hat, so ist der grösste gemeinsame Theiler von $n-1$ und $p-1$ gleich 2, folglich ist $n-1$ zu q theilerfremd, und da $(n-1)(n+1)$ durch q theilbar ist, so ist $n \equiv -1$ (mod. q), und demnach ist R die Substitution $\eta \equiv -\frac{1}{\xi}$.

§ 4.

Sieht man von dem nur für $p=7$ möglichen Ausnahmefalle ab, wo $n=1$ ist, so ist stets $n=-1$, und $\mathfrak{H}$ enthält eine Substitution R, die ξ in $\eta \equiv -\frac{1}{\xi}$ verwandelt, und eine Substitution P, die ξ in $\eta \equiv \xi+1$ überführt. Aus diesen beiden aber lassen sich alle Substitutionen

$$\text{(1.)} \qquad \eta \equiv \frac{\gamma+\delta\xi}{\alpha+\beta\xi}, \quad \alpha\delta-\beta\gamma \equiv 1$$

zusammensetzen. Da diese eine Gruppe des Grades $p+1$ und der Ordnung $\frac{1}{2}p(p^2-1)$ bilden, so muss sie mit $\mathfrak{H}$ übereinstimmen.

Eine und zwar höchstens eine davon verschiedene Gruppe kann es nur für $p=7$ geben, und giebt es wirklich:

In einem Galois'schen Felde der Ordnung p^m bilden die Substitutionen $\eta=\alpha\xi+\beta$ eine Gruppe der Ordnung $p^m(p^m-1)$. Ist $m=cd$, so bilden allgemeiner, wie a. a. O. Mathieu gefunden hat, die Substitutionen

$$\text{(2.)} \qquad \eta=\alpha\xi^{p^{cn}}+\beta \qquad (n=0,1,\cdots d-1)$$

eine Gruppe $\mathfrak{H}$ des Grades p^m und der Ordnung $p^m(p^m-1)d$. Sie hat eine invariante Untergruppe der Ordnung $p^m(p^m-1)$ und eine darin enthaltene invariante Untergruppe der Ordnung p^m. Letztere ist eine elementare Gruppe, d. h. eine commutative Gruppe, deren Elemente alle die Ordnung p haben. Allgemeiner nenne ich eine Gruppe *elementar*, wenn sie keine *charakteristische* Untergruppe hat, wenn sie also das directe Product von mehreren isomorphen einfachen Gruppen ist.

Sei $p=2$ und 2^m-1 eine Primzahl, die ich jetzt wieder mit p bezeichnen will. Dann ist m eine Primzahl, die nach dem Fermat'schen Satze in $p-1$ aufgeht, und $\mathfrak{H}$ eine Gruppe des Grades $p+1$ und der Ordnung $p(p+1)q$, wo $q=1$ oder m ist.

Ist $q=m=3$, so ist $2q=p-1$. Die Gruppe $\mathfrak{H}$ der Ordnung 168 enthält eine Substitution Q der Ordnung 3, $\eta=\xi^2$, die zwei Symbole

0 und 1 nicht ändert, und eine damit vertauschbare Substitution R der Ordnung 2, $\eta = \xi + 1$.

Man erhält diese Gruppe $\mathfrak{H}$ auch als Untergruppe der vollständigen linearen Gruppe $\mathfrak{L}$ des Grades 2^3 und der Ordnung $2^3(2^3-1)(2^3-2)(2^3-2^2)$. Diese enthält eine invariante Untergruppe $\mathfrak{M}$ der Ordnung 8. Die Substitutionen von $\mathfrak{L}$, die ein Symbol ungeändert lassen, bilden die einfache Gruppe $\mathfrak{G}$ der Ordnung 168, dargestellt als Gruppe des Grades 7. Ist $\mathfrak{P}'$ eine darin enthaltene Gruppe der Ordnung $pq = 7.3$, so ist $\mathfrak{H} = \mathfrak{M}\mathfrak{P}'$ die auflösbare Gruppe der Ordnung 168. Die transitiven Gruppen $\mathfrak{G}$ und $\mathfrak{H}$ des Grades 8 und der Ordnung 168 sind also beide in $\mathfrak{L}$ enthalten.

Die beiden isomorphen Gruppen $\mathfrak{H}$ und $\mathfrak{H}$ erzeugen, weil

$$R = (0, \infty)(1, -2)(2, -4)(4, -1), \qquad Q = (1, 2, 4)(-1, -2, -4)$$
$$R' = (0, \infty)(1, -4)(2, -1)(4, -2), \qquad R'R\,Q = (1, 4, 2)$$

ist, die alternirende Gruppe des Grades 8, können aber nur durch deren äusseren, nicht durch einen inneren Automorphismus in einander übergeführt werden.

Ich erwähne noch einige Folgerungen aus dem Satze II:

III. *Ist p eine Primzahl > 3, so giebt es eine und nur eine einfache Gruppe der Ordnung* $\frac{1}{2}p(p^2-1)$.

Denn eine solche Gruppe $\mathfrak{H}$ enthält $p+1$ conjugirte Gruppen der Ordnung p, kann daher als transitive Gruppe des Grades $p+1$ dargestellt werden, und ist folglich die Gruppe (1.), die einfach ist, wenn $p > 3$ ist.

IV. *Ist p eine Primzahl, so giebt es nicht mehr als eine transitive Gruppe des Grades $p+1$ und der Ordnung $p(p^2-1)$.*

Denn eine solche Gruppe $\mathfrak{G}$ enthält eine mit $\mathfrak{P}$ vertauschbare Substitution

$$Q = (\infty)(0)(1, \gamma, \gamma^2, \cdots \gamma^{p-2}), \qquad \text{oder} \qquad \eta \equiv \gamma\xi$$

der Ordnung $p-1$, die ungerade ist. Die geraden Substitutionen von $\mathfrak{G}$ bilden daher eine Gruppe $\mathfrak{H}$ des Grades $p+1$ und der Ordnung $\frac{1}{2}p(p^2-1)$. Diese enthält die mit R und P bezeichneten Substitutionen $\eta \equiv -\frac{1}{\xi}$ und $\eta \equiv \xi + 1$. Die Substitutionen P, Q, R erzeugen die Gruppe der linearen Substitutionen

$$\eta \equiv \frac{\gamma + \delta\xi}{\alpha + \beta\xi} \tag{3.}$$

der Ordnung $p(p^2-1)$.

Ist $p = 7$, so kann $\mathfrak{H}$ nicht die auflösbare Gruppe der Ordnung 168 sein. Denn ist

$$Q = (1, -4, 2, -1, 4, -2), \qquad R = (0, \infty)(1, -2)(2, -4)(4, -1),$$

so ist

$$RQ = (0, \infty)(1, 4, 2), \qquad (RQ)^3 = (0, \infty),$$

und folglich erzeugen $\mathfrak{H}$ und Q die symmetrische Gruppe des Grades 8.

§ 5.

Aus dem Satze II ergiebt sich leicht der von Sylow aufgestellte Satz I. Die Ordnung einer transitiven Gruppe $\mathfrak{H}$ des Grades p ist $h = pq(np+1)$, wo q ein Theiler von $p-1 = qr$ ist und $n \equiv -1$ (mod. r) ist. Ist also $n = 1$, so ist $r = 1$ oder 2 und $q = p-1$ oder $\frac{1}{2}(p-1)$. Im ersten Falle ist $\mathfrak{H}$ zusammengesetzt, weil die Permutationen der Ordnung $p-1$ ungerade sind. In beiden Fällen enthält $\mathfrak{H}$ eine einfache Gruppe $\mathfrak{H}'$ des Grades p und der Ordnung $pq'(p+1)$, wo q' ein Theiler von q, aber nicht gleich $p-1$ ist. Wie eben gezeigt, sind für q' andere Werthe als $p-1$ oder $\frac{1}{2}(p-1)$ nicht zulässig. Daher ist $q' = \frac{1}{2}(p-1)$, und folglich ist $\mathfrak{H}'$ die Gruppe (1.), § 4. Als Gruppe des Grades p lässt sich diese aber nach Galois nur darstellen, wenn $p = 5, 7$ oder 11 ist.

Ist $2q = p-1$, so enthält eine Gruppe $\mathfrak{H}$ der Ordnung $h = pq(p+1)$ und des Grades $p+1$ eine Substitution P der Ordnung p, deren Potenzen eine Gruppe $\mathfrak{P}$ bilden, eine mit $\mathfrak{P}$ vertauschbare Substitution Q der Ordnung q und eine Substitution R, die den Bedingungen

$$R^{-1}QR = Q^{-1}, \qquad R^2 = E, \qquad (RP)^3 = E$$

genügt. Lässt sich nun $\mathfrak{H}$ auch als transitive Gruppe von Permutationen der p Symbole

(1.) $$0, 1, \cdots p-1 \pmod{p}$$

darstellen, so sei

(2.) $$P = (0, 1, \cdots p-1), \qquad Q = (0)(1, \gamma^2, \cdots \gamma^{p-3})(\gamma, \gamma^3, \cdots \gamma^{p-2}).$$

Ist $p = 4k+3$, also q ungerade, so kann R nicht die beiden Cyklen von Q in einander transformiren. Sonst würde R aus q binären Cyklen bestehen, also ungerade sein. Daher transformirt R jeden der beiden Cyklen von Q in sich, besteht also aus Cyklen der Form

(3.) $$R\colon \quad (0), \quad \left(\alpha, \frac{\rho}{\alpha}\right), \quad \left(\beta, \frac{\sigma}{\beta}\right),$$

wo α die q Reste, β die q Nichtreste durchläuft, und wo ρ und σ zwei bestimmte Reste sind. Die Substitution $S = RP$ der Ordnung 3 enthält den Cyklus $(0, 1, \rho+1)$, während 0 von S^{-1} in $-\sigma$ verwandelt wird. Daher ist

(4.) $$\rho + \sigma + 1 \equiv 0.$$

Es kann aber nicht $\rho \equiv \sigma \equiv -\frac{1}{2}$ sein. Sonst würde R den Cyklus $(\frac{1}{4}, -1, \frac{3}{2})$ enthalten und $\frac{3}{2}$ in $\frac{2}{3} \equiv \frac{1}{4}$ überführen, während $p = 4k+3$ ist.

Ist $q = p-1$, so enthält die Gruppe $\mathfrak{H}$ der Ordnung $h = pq(p+1)$ eine invariante Untergruppe $\mathfrak{H}'$ der Ordnung $\frac{1}{2}h$, aber keine andere. Die mit $\mathfrak{P}$ vertauschbaren Elemente von $\mathfrak{H}$ bilden eine Gruppe $\mathfrak{P}'$ der Ordnung pq. Da diese keine invariante Untergruppe von $\mathfrak{H}$ enthält, so lässt sich $\mathfrak{H}$ als transitive Gruppe des Grades $p+1$ darstellen, und mithin ist $\mathfrak{H}$ die Gruppe (3.) § 4. Sind Q' und R die Substitutionen $\eta \equiv \gamma\xi$ und $\eta \equiv -\frac{1}{\xi}$ des Grades $p+1$, so ist $R^{-1}Q'R = Q'^{-1}$.

Nun ist leicht zu beweisen, dass sich $\mathfrak{H}$ für $p = 7$ oder 11 nicht als Gruppe des Grades p darstellen lässt. Denn sonst ist bei der Darstellung durch p Symbole

$$Q' = (0)(1, \gamma, \gamma^2, \cdots \gamma^{p-2})$$

und folglich

$$R = (0), \quad \left(\xi, \ \frac{\rho}{\xi}\right),$$

während eben gezeigt ist, dass der Factor ρ nicht für Reste und Nichtreste derselbe sein kann.

§ 6.

Der Vollständigkeit halber will ich auch den eben benutzten Satz von Galois auf dem hier eingeschlagenen Wege herleiten. Ist $p = 4k+3$, so mögen P, Q, R und $S = RP$ dieselben Substitutionen von p Symbolen bedeuten, wie im vorigen Paragraphen. Die Gruppe $\mathfrak{H}$ der Ordnung $\frac{1}{2}p(p^2-1)$ und des Grades p wird von $\mathfrak{P}, Q, R$ erzeugt. Ersetzt man überall ξ durch $-\xi$, so erhält man eine isomorphe Gruppe, $\mathfrak{P}$ und Q bleiben ungeändert, in R vertauschen sich ρ und σ. Da σ von ρ verschieden ist, so kann man sich auf den Fall beschränken, wo $\sigma - \rho$ Rest ist. Da

$$\rho + \sigma + 1 \equiv 0$$

ist, so enthält $S = RP$ den ternären Cyklus

$$\left(\frac{\rho}{\sigma}, \quad -\rho, \quad \frac{\rho-\sigma}{\rho}\right)$$

und führt das letzte Symbol in

$$\frac{\rho\sigma}{\rho-\sigma} + 1 \equiv \frac{\rho}{\sigma}$$

über. Daher ist

$$(\sigma-\rho)^2 \equiv \rho\sigma^2.$$

1. Ist 2 Rest, so enthält S den Cyklus

$$(-2\sigma, \quad \tfrac{1}{2}, \quad \rho-\sigma)$$

und führt $\rho-\sigma$ in

$$\frac{\sigma}{\rho-\sigma}+1\equiv-2\sigma\equiv\rho-\sigma+1$$

über. Daher ist

$$(\sigma-\rho)^2\equiv\sigma,\qquad \rho\sigma\equiv 1,$$
$$4\rho^2+5\rho+2\equiv 0,\qquad \rho^2+\rho+1\equiv 0,$$

und mithin $\rho\equiv 2$, $\sigma\equiv-3$, $p=7$.

2. Ist 2 Nichtrest, so enthält S den Cyklus

$$(-2\rho,\ \tfrac{1}{2},\ \sigma-\rho)$$

und führt $\sigma-\rho$ in

$$\frac{\rho}{\sigma-\rho}+1\equiv-2\rho\equiv\sigma-\rho+1$$

über. Daher ist

$$(\sigma-\rho)^2\equiv\rho,\qquad \sigma^2\equiv 1$$

und mithin $\sigma\equiv 1$, $\rho\equiv-2$, $p=11$.

Ist $p=4k+1$, so kann nicht

$$R=(0),\ \left(\alpha,\frac{\rho}{\alpha}\right),\ \left(\beta,\frac{\sigma}{\beta}\right)$$

sein: S enthält den Cyklus $(0,1,\rho+1)$, während 0 von S^{-1} in $-\rho$ verwandelt wird, daher ist $\rho\equiv-\frac{1}{2}$, demnach ist 2 Rest, und folglich $p\equiv 1$ (mod. 8). Sei β ein Nichtrest.

Ist auch $\beta-1$ ein Nichtrest, so findet sich β in dem Cyklus

$$\left(\frac{\sigma}{\beta-1},\ \beta,\ \frac{\sigma+\beta}{\beta}\right).$$

Ist $\sigma+\beta$ Rest, also nicht $\sigma\equiv-1$, so ist

$$\frac{\sigma\beta}{\sigma+\beta}+1\equiv\frac{\sigma}{\beta-1}$$

und folglich nach Aufhebung von $\sigma+1$

$$(1.)\qquad (\beta-1)\beta\equiv\sigma.$$

Ist aber $\sigma+\beta$ Nichtrest, so ist

$$\frac{\rho\beta}{\sigma+\beta}+1\equiv\frac{\sigma}{\beta-1}$$

also

$$(2.)\qquad (\beta-1)\beta\equiv 2\sigma(\sigma+1).$$

Ist dagegen $\beta-1$ Rest, so ergeben sich zwei andere quadratische Congruenzen für β. Da diese 4 Congruenzen nicht mehr als 8 Lösungen haben, so giebt es nicht mehr als 8 Nichtreste und da $p\equiv 1$ (mod. 8) ist, so ist $p=17$ und jede dieser Congruenzen hat 2 Lösungen. Kürzer gelangt man zu diesem Ergebnisse, wenn man den Satz benutzt, dass es in der Reihe $1, 2, \cdots p-1$ stets $\frac{1}{4}(p-1)$ Paare auf einander folgender Nichtreste giebt.

Das Product von zwei auf einander folgenden Nichtresten $(\beta-1)\beta = (-\beta)(-\beta+1)$ kann für $p = 17$ nur $5\cdot 6 \equiv -4$ oder $6 \cdot 7 \equiv 8$ sein. Nach (1.) und (2.) ist daher $\sigma \equiv -4$ oder 8 und entsprechend $2\sigma(\sigma+1) \equiv 8$ oder -4, was nicht zutrifft.

Ist also $p = 4k+1$, so vertauscht R die beiden Cyklen von Q mit einander, und besteht daher aus Cyklen der Form

$$R = (0)\left(\xi, \frac{\nu}{\xi}\right),$$

wo ν ein bestimmter Nichtrest ist. Da $S = RP$ den Cyklus $(0, 1, \nu+1)$ enthält und 0 durch S^{-1} in $-\nu$ verwandelt wird, so ist $\nu+1 \equiv \frac{1}{2}$. Ist λ von $0, 1, \nu+1$ verschieden, so enthält S den Cyklus

$$\left(\lambda, \quad \frac{\nu+\lambda}{\lambda}, \quad \frac{(\nu+1)\lambda+\nu}{\nu+\lambda}\right),$$

und da λ durch S^{-1} in $\dfrac{\nu}{\lambda-1}$ verwandelt wird, so ist

$$\frac{(\nu+1)\lambda+\nu}{\nu+\lambda} \equiv \frac{\nu}{\lambda-1}, \qquad \lambda \equiv \frac{\nu+\lambda}{\lambda}.$$

Daher lässt S das Symbol λ ungeändert, besteht also aus einem einzigen Cyklus $(0, 1, \nu+1)$. Folglich ist $\mathfrak{H}$ die alternirende Gruppe des Grades p, und mithin ist $p = 5$.

§ 7.

$p = 4k+1$

Der Weg, auf dem in § 2 die Relation (1.) erhalten wurde, lässt sich zur Herleitung eines allgemeineren Satzes benutzen:

V. *Ist p eine Primzahl der Form $4k+1$, und ist q nicht durch p theilbar, so kann eine Gruppe der Ordnung $pq(p+1)$ nur dann $p+1$ Untergruppen der Ordnung p enthalten, wenn q durch $\frac{1}{2}(p-1)$ theilbar ist.*

Die Ordnung $h = pq(p+1)$ der Gruppe $\mathfrak{H}$ enthält p nur in der ersten Potenz. Daher sind je zwei der $p+1$ in $\mathfrak{H}$ enthaltenen Gruppen $\mathfrak{P}$ der Ordnung p conjugirt, und die mit $\mathfrak{P}$ vertauschbaren Elemente von $\mathfrak{H}$ bilden eine Gruppe $\mathfrak{P}'$ der Ordnung pq. Die Ordnung d des grössten gemeinsamen Theilers $\mathfrak{D}$ der $p+1$ Gruppen $\mathfrak{P}'$ ist nicht durch p theilbar, weil jede von ihnen eine und nur eine Gruppe $\mathfrak{P}$ enthält. Daher ist d ein Divisor von $q = q'd$.

Ist $d = 1$, so lässt sich $\mathfrak{H}$ als (zweifach) transitive Gruppe von Permutationen der $p+1$ Symbole (1.), § 1 so darstellen, dass $\mathfrak{P}$ aus den Potenzen der Substitution $\eta \equiv \xi+1$ besteht.

Alle mit $\mathfrak{P}$ vertauschbaren Substitutionen bilden eine Gruppe der Ordnung $p(p-1)$, die unter ihnen, die 0 nicht versetzen, sind die $p-1$ Potenzen der Substitution $\eta \equiv \gamma\xi$. Daher ist q ein Theiler von $p-1 = qr$, und die Substitutionen von $\mathfrak{P}'$, die 0 nicht versetzen, bilden eine cyklische Gruppe $\mathfrak{Q}$ der Ordnung q, bestehend aus den Potenzen der Substitution

$$Q = (\infty)(0)(1, \gamma, \gamma^2, \cdot \cdot \gamma^{p-2})^r,$$

die r Cyklen von je q Symbolen enthält. $\mathfrak{Q}$ wird von allen Substitutionen von $\mathfrak{H}$ gebildet, die 0 und ∞ ungeändert lassen. Keine Substitution von $\mathfrak{H}$ ausser E lässt mehr als zwei Symbole ungeändert.

Ist q gerade, so enthält $\mathfrak{H}$ eine und nur eine Substitution der Ordnung 2, die 0 und ∞ ungeändert lässt, nämlich $S = Q^{\frac{1}{2}q}$ und ebenso eine und nur eine mit S conjugirte Substitution, die irgend zwei Symbole nicht ändert, im Ganzen also $\frac{1}{2}p(p+1)$ verschiedene, mit S conjugirte Substitutionen der Ordnung 2. Jede enthält $\frac{1}{2}(p-1)$, zusammen enthalten sie $\frac{1}{4}p\,(p+1)\,(p-1)$ binäre Cyklen.

Sind R und R' zwei Substitutionen der zweifach transitiven Gruppe $\mathfrak{H}$, die den Cyklus $(0, \infty)$ enthalten, so lässt $R'R^{-1}$ die Symbole 0 und ∞ ungeändert, ist also in $\mathfrak{Q}$ enthalten. Umgekehrt kommt in $R' = RQ^{\varkappa}$ der Cyklus $(0, \infty)$ vor. Jeder binäre Cyklus kommt also in q Substitutionen von $\mathfrak{H}$ vor, und folglich enthalten alle Substitutionen von $\mathfrak{H}$ zusammen $\frac{1}{2}p\,(p+1)\,q$ binäre Cyklen. Diese Anzahl ist also $\geqq \frac{1}{4}p\,(p+1)\,(p-1)$, und daher ist $q \geqq \frac{1}{2}(p-1)$. Als Divisor von $p-1$ ist demnach $q = p-1$ oder $\frac{1}{2}(p-1)$.

Wird jetzt angenommen, dass $p = 4k+1$ ist, so muss immer q gerade sein. Denn irgend eine in $\mathfrak{H}$ enthaltene Substitution R der Ordnung 2 lässt entweder kein Symbol ungeändert oder zwei. Im ersten Falle besteht R aus $\frac{1}{2}(p+1) = 2k+1$ Cyklen, ist demnach ungerade, und folglich enthält $\mathfrak{H}$ eine invariante Untergruppe $\mathfrak{H}'$ der Ordnung $\frac{1}{2}h$. Diese Ordnung ist durch $p\,(p+1)$ theilbar, weil $\mathfrak{H}'$ die $p+1$ conjugirten Gruppen $\mathfrak{P}$ sämmtlich enthält, und folglich ist q durch 2 theilbar. Im anderen Falle enthält die zweifach transitive Gruppe $\mathfrak{H}$ auch eine Substitution der Ordnung 2, die 0 und ∞ nicht ändert. Diese ist eine Potenz der Substitution Q, und folglich ist deren Ordnung q gerade.

Ist die Ordnung des grössten gemeinsamen Theilers $\mathfrak{D}$ der $p+1$ mit $\mathfrak{P}'$ conjugirten Gruppen $d > 1$, so lässt sich die Gruppe $\frac{\mathfrak{H}}{\mathfrak{D}}$ der Ordnung $pq'\,(p+1)$ als transitive Gruppe von Permutationen von $p+1$ Symbolen darstellen, und enthält mithin $p+1$ Gruppen der Ordnung p. Daher ist $q' = p-1$ oder $\frac{1}{2}(p-1)$, und folglich ist $q = q'd$ ein Vielfaches von $\frac{1}{2}(p-1)$. Ist $q = \frac{1}{2}(p-1)$, so ist stets $d = 1$:

VI. *Ist p eine Primzahl der Form $4k+1$, so giebt es eine und nur eine Gruppe der Ordnung $\frac{1}{2}p(p^2-1)$, die mehr als eine Untergruppe der Ordnung p enthält.*

Ist $q = p-1$ und $d = 1$, so ist $\mathfrak{H}$ die Gruppe (3.), § 4. Ist aber $d = 2$, so kann $\mathfrak{H}$ in das directe Product der Gruppe $\mathfrak{D}$ und der Gruppe (1.), § 4 zerfallen; oder $\mathfrak{H}$ kann aus den Substitutionen

$$(1.) \qquad \xi' \equiv \alpha\xi + \beta\eta, \qquad \eta' \equiv \gamma\xi + \delta\eta, \qquad \alpha\delta - \beta\gamma \equiv 1'$$

bestehen. Wahrscheinlich sind damit alle Möglichkeiten erschöpft.

Als Folgerung ergiebt sich aus dem Satze V:

VII. *Ist p eine Primzahl der Form $4k+1$, ist $q < p-1$ und nicht gleich $\frac{1}{2}(p-1)$, so hat eine Gruppe der Ordnung $pq(p+1)$ stets eine invariante Untergruppe der Ordnung p.*

Dasselbe gilt, wenn q weder durch p noch $\frac{1}{2}(p-1)$ theilbar ist, und 1 und $p+1$ die einzigen Divisoren der Form $np+1$ von $q(p+1)$ sind.

§ 8.

$p = 4k + 3$.

Zum Schluss theile ich einige Ergebnisse mit, die ich für den Fall $p = 4k+3$ über transitive Gruppen $\mathfrak{H}$ des Grades $p+1$ und der Ordnung $(p+1)pq$, die $p+1$ Gruppen $\mathfrak{P}$ der Ordnung p enthalten, gefunden habe. Ist q gerade, so ist nach dem letzten Paragraphen $q = p-1$ und $\mathfrak{H}$ die Gruppe (3.), § 4. Sei also q ungerade.

Wie Miller, *On Several Classes of Simple Groups*, Proc. of the London Math. Soc. vol. 31, gezeigt hat, erzeugen die $p+1$ Gruppen $\mathfrak{P}$ eine einfache Gruppe $\mathfrak{H}'$ der Ordnung $(p+1)pq'$, wo q' ein Theiler von q ist, und $\mathfrak{H}$ ist aus der cyklischen Gruppe $\frac{\mathfrak{H}}{\mathfrak{H}'}$ der Ordnung $\frac{q}{q'}$ und der Gruppe $\mathfrak{H}'$ zusammengesetzt. Eine Ausnahme davon kann aber eintreten, wenn p von der Form 2^m-1 ist. Dann kann $\mathfrak{H}$ eine charakteristische Untergruppe $\mathfrak{R}$ der Ordnung $p+1 = 2^m$ haben, die eine elementare Gruppe ist. Dies ergiebt sich aus dem Satze von C. Jordan:

Jede invariante Untergruppe einer primitiven Gruppe ist transitiv, mit Ausnahme der Hauptgruppe.

Denn sei $\mathfrak{R}$ eine von der Hauptgruppe verschiedene invariante Untergruppe von $\mathfrak{H}'$. Ist ihre Ordnung r durch p theilbar, so enthält $\mathfrak{R}$ die $p+1$ conjugirten Gruppen $\mathfrak{P}$ und die von ihnen erzeugte Gruppe $\mathfrak{H}'$, und mithin ist $\mathfrak{R} = \mathfrak{H}'$. Sei r nicht durch p theilbar. Da $\mathfrak{H}'$ zweifach transitiv ist, so ist $\mathfrak{R}$ transitiv, also r durch $p+1$ theilbar. Die Substitutionen von $\mathfrak{H}'$ bez. $\mathfrak{R}$, die ein Symbol nicht ändern, mögen die Gruppen $\mathfrak{K}$ bez. $\mathfrak{S}$ bilden. Dann ist $\mathfrak{S}$ eine invariante Untergruppe von $\mathfrak{K}$. Die Gruppe $\mathfrak{K}$ ist transitiv, und weil ihr Grad p eine Primzahl ist, primitiv. Daher ist $\mathfrak{S}$ die Hauptgruppe, sonst wäre diese Gruppe transitiv und ihre Ordnung durch p theilbar. Demnach ist $r = p+1$. Da $p+1$ zu pq theilerfremd ist, so ist $\mathfrak{R}$ eine charakteristische Untergruppe von $\mathfrak{H}'$ und folglich auch eine solche von $\mathfrak{H}$.

Eine Substitution P der Ordnung p in $\mathfrak{H}$ besteht aus einem Cyklus von p Symbolen und ist daher nur mit ihren Potenzen vertauschbar. Ist also R eine Substitution der Ordnung 2 in $\mathfrak{R}$, so sind die p Substitutionen

$$P^{-\lambda} R P^{\lambda} \qquad (\lambda = 0, 1 \cdots p-1)$$

alle verschieden, und weil P mit $\mathfrak{R}$ vertauschbar ist, alle in $\mathfrak{R}$ enthalten. Folglich haben alle Elemente von $\mathfrak{R}$ ausser E die Ordnung 2. Sind R und S zwei davon, so hat auch RS die Ordnung 2, und mithin ist $RS = SR$. Dieser Ausnahmefall tritt immer ein, wenn $\mathfrak{H}$ eine invariante Untergruppe $\mathfrak{R}$ der Ordnung $p+1$ hat, z. B. bei den beiden Gruppen (2.), § 4 der Ordnungen $(p+1)p$ und $(p+1)pm$.

Bedeuten jetzt P, Q, R dieselben Substitutionen wie im vorigen Paragraphen, so ist

$$R^{-1}QR = Q^{n}, \qquad n^2 \equiv 1 \pmod{q}.$$

Ist also s der grösste gemeinsame Theiler von $n+1$ und q, und ist t der von $n-1$ und q, so ist $q = st$, und s ist zu t theilerfremd. Setzt man dann

$$Q^{t} = S, \qquad Q^{s} = T,$$

so haben S und T die Ordnungen s und t, und es ist

$$R^{-1}SR = S^{-1}, \qquad R^{-1}TR = T,$$

und stets und nur dann $R^{-1}Q^{\lambda}R = Q^{-\lambda}$, wenn λ durch t theilbar ist, und $R^{-1}Q^{\varkappa}R = Q^{\varkappa}$, wenn $\varkappa$ durch s theilbar ist.

In $\mathfrak{H}$ giebt es s Substitutionen der Ordnung 2, die den Cyklus $(0, \infty)$ enthalten, $R' = RQ^{\lambda}$, falls $\lambda = t\sigma$ durch t theilbar ist, oder $R' = RS^{\sigma}$. In der zweifach transitiven Gruppe $\mathfrak{H}$ enthalten daher alle Substitutionen der Ordnung 2 zusammen $\frac{1}{2}(p+1)ps$ Cyklen, und jede $\frac{1}{2}(p+1)$ Cyklen. Daher ist ps die Anzahl solcher Substitutionen in $\mathfrak{H}$. Da $S^{-\sigma}RS^{\sigma} = RS^{2\sigma} = RS^{2\sigma+s}$ ist, und da $\mathfrak{H}$ zweifach transitiv ist, so sind je zwei dieser ps Substitutionen conjugirt. Folglich bilden die mit R vertauschbaren Substitutionen von $\mathfrak{H}$ eine Gruppe $\mathfrak{R}'$ der Ordnung

$$\frac{h}{ps} = (p+1)\,t.$$

Die oben mit $\mathfrak{H}'$ bezeichnete einfache Gruppe muss jene ps Substitutionen sämmtlich enthalten, und daher hat für $\mathfrak{H}'$ der Factor s von $q' = st'$ denselben Werth wie für $\mathfrak{H}$.

Eine Substitution der Ordnung p ist nur mit ihren Potenzen vertauschbar, ebenso eine Substitution $Q^\varkappa$, ausser wenn $\varkappa$ durch t theilbar ist. Dann ist sie ausserdem mit R vertauschbar. Den Cyklus $(0, \infty)$ enthalten q Substitutionen $R' = RQ^\varkappa$. Von diesen haben s die Ordnung 2. Eine der übrigen $q-s = s(t-1)$ hat, da $R'^2 = Q^{(n+1)\varkappa}$ eine Potenz von T ist, die Ordnung $2t'$, wo t' ein Theiler von t ist. Die zweifach transitive Gruppe $\mathfrak{H}$ enthält $\frac{1}{2}(p+1)p(q-s)$ verschiedene Substitutionen dieser Art. Sie lassen kein Symbol ungeändert und enthalten, da ihre t'^{te} Potenz alle Symbole versetzt, einen Cyklus der Ordnung 2, $\frac{p-1}{2t'}$ Cyklen der Ordnung $2t'$.

Ausserdem giebt es in $\mathfrak{H}$ (p^2-1) Substitutionen der Ordnung p, die genau ein Symbol ungeändert lassen, $\frac{1}{2}(p+1)p(q-1)$ Substitutionen, die genau zwei Symbole ungeändert lassen, und deren Ordnung in q aufgeht. Die übrigen

$$(p+1)pq - \tfrac{1}{2}(p+1)p(q-s) - \tfrac{1}{2}(p+1)p(q-1) - p^2 + 1 = (p+1)(p\frac{s-1}{2}+1)$$

Substitutionen versetzen ausser E alle Symbole, müssen, da auch ihre Potenzen alle Symbole versetzen, regulär sein, und daher gehen ihre Ordnungen in $p+1$ auf.

Ist daher $s = 1$, also $n \equiv 1 \pmod{q}$, so enthält $\mathfrak{H}$ nicht mehr als $p+1$ solche Substitutionen. Zu ihnen gehören die $ps = p$ Substitutionen der Ordnung 2, also ausserdem nur noch die Substitution E. Folglich kann auch $\mathfrak{R}'$ nicht mehr als $p+1$ Elemente enthalten, die der Gleichung $X^{p+1} = E$ genügen, aber auch nicht weniger. Denn da die Ordnung $(p+1)t$ von $\mathfrak{R}'$ durch $p+1$ theilbar ist, muss die Anzahl solcher Elemente in $\mathfrak{R}'$ ein Vielfaches von $p+1$ sein. Ist also R ein Element der Ordnung 2 in $\mathfrak{H}$, so sind alle solche Elemente in $\mathfrak{R}'$ enthalten, demnach mit R vertauschbar. Daher sind je zwei Elemente der Ordnung 2 in $\mathfrak{H}$ vertauschbar, und mithin bilden sie eine elementare Gruppe $\mathfrak{R}$ der Ordnung $p+1 = 2^m$, die eine charakteristische Untergruppe von $\mathfrak{H}$ ist. So kommen wir wieder auf den schon besprochenen Ausnahmefall. Tritt dieser nicht ein, so ist also $s > 1$.

Jede Substitution von $\mathfrak{R}'$ ist mit der Substitution R vertauschbar, die den Cyklus $(0, \infty)$ enthält. Jedes Element von $\mathfrak{R}'$, das ∞ ungeändert lässt, kann daher auch 0 nicht ändern, ist also eine Potenz von Q und weil es mit R vertauschbar ist, eine Potenz von T. Die Gruppe $\mathfrak{R}'$ der Ordnung $(p+1)t$ und des Grades $p+1$ enthält t Substitutionen, die ∞ nicht ändern, folglich ist sie transitiv. Die t Substitutionen T^{τ}, die 0 und ∞ ungeändert lassen, und die t Substitutionen RT^{τ}, die 0 und ∞ vertauschen, bilden eine Gruppe $\mathfrak{T}$ der Ordnung $2t$. Sei (α, β) irgend einer der $\frac{1}{2}(p+1)$ binären Cyklen von R. Ist dann U eine Substitution von $\mathfrak{R}'$, die ∞ in α verwandelt, so muss U, weil es mit R vertauschbar ist, 0 in β verwandeln. Daher besteht, wenn $U^{-1}TU = T'$ ist, die Gruppe $U^{-1}\mathfrak{T}U$ aus allen Elementen T'^{τ} und RT'^{τ} von $\mathfrak{R}'$, die α und β in sich oder in einander überführen. Die beiden Gruppen $\mathfrak{T}$ und $U^{-1}\mathfrak{T}U$ haben nur die Gruppe $E+R = \mathfrak{F}$ gemeinsam.

Die Gruppe $\frac{\mathfrak{R}'}{\mathfrak{F}}$ hat die Ordnung $\frac{1}{2}(p+1)t$ und enthält $\frac{1}{2}(p+1)$ verschiedene conjugirte Gruppen $\frac{\mathfrak{T}}{\mathfrak{F}}$ der Ordnung t, von denen je zwei theilerfremd sind. Folglich enthält $\frac{\mathfrak{R}'}{\mathfrak{F}}$ eine und nur eine Untergruppe $\frac{\mathfrak{R}}{\mathfrak{F}}$ der Ordnung $\frac{1}{2}(p+1)$, wie ich in meiner Arbeit *Über auflösbare Gruppen IV.*, § 4, Sitzungsberichte 1901 gezeigt habe. Ist ferner, in Primfactoren zerlegt,

$$\tfrac{1}{2}(p+1) = a^{\alpha} b^{\beta} c^{\gamma} \cdots,$$

so ist t ein gemeinsamer Divisor von $a^{\alpha}-1$, $b^{\beta}-1$, $c^{\gamma}-1$, $\cdots$. Ist z. B. $p \equiv 3 \pmod{8}$, so muss $t = 1$, also $n \equiv -1 \pmod{q}$ sein.

Demnach giebt es in $\mathfrak{H}$ genau $p+1$ mit R vertauschbare Elemente, die der Gleichung $X^{p+1} = E$ genügen, und diese bilden eine Gruppe $\mathfrak{R}$ der Ordnung $p+1$. Da jede ihrer Substitutionen ausser E alle Symbole versetzt, so ist $\mathfrak{R}$ transitiv, enthält also eine und nur eine Substitution, die das Symbol α durch β ersetzt. Wir haben angenommen, dass $\mathfrak{R}$ nicht eine invariante Untergruppe von $\mathfrak{H}$ ist $(s>1)$. Dann bilden die mit $\mathfrak{R}$ vertauschbaren Elemente von $\mathfrak{H}$ die Gruppe $\mathfrak{G} = \mathfrak{R}'$ der Ordnung $g = (p+1)t$.

Denn ist g durch p theilbar, so enthält $\mathfrak{G}$ die $p+1$ Gruppen $\mathfrak{P}$, da die Ordnung von $\mathfrak{P}'$ nicht durch $p+1$ theilbar ist. Erzeugen diese die Gruppe $\mathfrak{H}'$ der Ordnung $h' = (p+1)pq'$, so ist $\mathfrak{R}$ eine invariante Untergruppe von $\mathfrak{H}'$, also da $p+1$ zu pq' theilerfremd ist, und $\mathfrak{H}'$ eine invariante Untergruppe von $\mathfrak{H}$ ist, auch eine invariante Untergruppe von $\mathfrak{H}$.

Ist aber $g = (p+1)q'$, und ist $q' > t$, so enthält $\mathfrak{G}$ eine Substitution S', deren Ordnung s' in s aufgeht, und die zwei Symbole α, β ungeändert lässt. $\mathfrak{R}$ enthält eine und nur eine Substitution R', die α in β überführt. Daher ist $S'^{-1}R'S' = R'$, folglich vertauscht R' die Symbole α und β unter einander, enthält also den binären Cyklus (α, β). Eine solche Substitution von $\mathfrak{H}$ hat aber die Ordnung $2t'$, wo t' ein Theiler von t ist. Da R' ein Element der Gruppe $\mathfrak{R}$ ist, deren Ordnung $p+1$ zu t theilerfremd ist, so kann daher die Ordnung von R' nur gleich 2 sein. Ein Element R' der Ordnung 2 ist aber nicht mit einem Elemente S' der Ordnung s' in $\mathfrak{H}$ vertauschbar, da die mit R' vertauschbaren Elemente von $\mathfrak{H}$ eine Gruppe der Ordnung $(p+1)t$ bilden.

In $\mathfrak{H}$ giebt es also, wenn $s>1$ ist, ps verschiedene mit $\mathfrak{R}$ conjugirte Gruppen der Ordnung $p+1$, und da jede Gruppe $\mathfrak{R}'$ nur eine Gruppe $\mathfrak{R}$ enthält, auch ps verschiedene mit $\mathfrak{R}'$ conjugirte Gruppen der Ordnung $(p+1)t$, bestehend aus den Elementen von $\mathfrak{H}$, die mit je einem der ps Elemente R der Ordnung 2 vertauschbar sind.

67.

Über primitive Gruppen des Grades n und der Classe $n-1$

Sitzungsberichte der Königlich Preußischen Akademie der Wissenschaften zu Berlin 455–459 (1902)

In meiner Arbeit *Über auflösbare Gruppen IV*, Sitzungsberichte 1901, habe ich in § 4 folgenden Satz bewiesen:

I. *Ist die Gruppe* $\mathfrak{G}$ *der Ordnung* g *in der Gruppe* $\mathfrak{H}$ *der Ordnung* gn *enthalten, und können zwei von dem Hauptelemente verschiedene Elemente von* $\mathfrak{G}$*, die in* $\mathfrak{H}$ *conjugirt sind, nur durch Elemente von* $\mathfrak{G}$ *in einander transformirt werden, so enthält* $\mathfrak{G}$ *eine und nur eine Untergruppe der Ordnung* n*, gebildet aus allen Elementen von* $\mathfrak{H}$*, deren Ordnungen in* n *aufgehen. Ist* d *ein Theiler von* n*, der zu dem complementären Theiler relativ prim ist, so ist* $d \equiv 1$ *(mod.* g*).*

Oder anders ausgedrückt:

II. *Enthält eine transitive Gruppe des Grades* n *keine Substitution, die zwei Symbole ungeändert lässt, ausser der identischen, so bilden die* $n-1$ *Substitutionen, die alle Symbole versetzen, zusammen mit der identischen Substitution eine charakteristische Untergruppe.*

Die Ermittlung der intransitiven Gruppen, die der nämlichen Bedingung genügen, lässt sich vollständig auf die der transitiven zurückführen:

III. *Enthält eine Gruppe* $\mathfrak{H}$ *keine Substitution, die zwei Symbole ungeändert lässt, ausser der identischen, so bilden die* $n-1$ *Substitutionen, die alle Symbole versetzen, zusammen mit der identischen Substitution eine charakteristische Untergruppe der Ordnung* n*. Ist* gn *die Ordnung der Gruppe* $\mathfrak{H}$*, so enthält sie* n *conjugirte Gruppen* $\mathfrak{G}$ *der Ordnung* g*. Eine solche Gruppe* $\mathfrak{G}$ *enthält alle Substitutionen von* $\mathfrak{H}$*, die ein bestimmtes von* n *conjugirten Symbolen ungeändert lassen. Jedes der übrigen Symbole aber ist mit* gn *anderen Symbolen conjugirt und wird durch jede von der identischen verschiedene Substitution von* $\mathfrak{H}$ *versetzt.*

Die transitiven Componenten von $\mathfrak{H}$ *sind, wenn* $n > 1$ *ist, alle mit* $\mathfrak{H}$ *isomorph, haben also die Ordnung* gn*. Eine von ihnen ist vom Grade* n *und der Classe* $n-1$*. Jede der anderen aber ist eine reguläre Gruppe des Grades* gn*.*

Das Wort *isomorph* brauche ich stets im strengen Sinne (einfach isomorph; vergl. auch Math. Ann. Bd. 41, S. 22, wo nach Klein für den weiteren Begriff das Wort *homomorph* vorgeschlagen wird).

Sei h die Ordnung und m der Grad einer solchen intransitiven Gruppe $\mathfrak{H}$. Symbole, die durch die Substitutionen von $\mathfrak{H}$ in einander übergeführt werden können, nenne ich *conjugirte* Symbole (conjugirt in $\mathfrak{H}$). Dann zerfallen die m Symbole in mehrere Systeme conjugirter Symbole, n conjugirte Symbole $\alpha, \beta, \gamma, \cdots$, n' conjugirte Symbole $\alpha', \beta', \gamma', \cdots$, so dass $m = n + n' + n'' + \cdots$ ist. Bilden die Substitutionen von $\mathfrak{H}$, die α ungeändert lassen, die Gruppe $\mathfrak{G}_\alpha$, so sind $\mathfrak{G}_\alpha, \mathfrak{G}_\beta, \mathfrak{G}_\gamma \cdots$ n conjugirte Gruppen der Ordnung g, $\mathfrak{G}_{\alpha'}, \mathfrak{G}_{\beta'}, \mathfrak{G}_{\gamma'}, \cdots$ n' conjugirte Gruppen der Ordnung g', u. s. w., und es ist $h = gn = g'n' = g''n'' = \cdots$. Nach der Voraussetzung sind je zwei dieser m Gruppen theilerfremd.

Seien, falls $g > 1$ ist, A und $B = H^{-1}AH$ zwei von E verschiedene Substitutionen von $\mathfrak{G}_\alpha$, die in $\mathfrak{H}$ conjugirt sind. Dann lässt H das Symbol α ungeändert, gehört also ebenfalls der Gruppe $\mathfrak{G}_\alpha$ an. Denn würde H α in β überführen, so würde B α und β ungeändert lassen.

Nach Satz I enthält folglich $\mathfrak{H}$ eine und nur eine Untergruppe $\mathfrak{N}$ der Ordnung n, und diese besteht aus E und allen Elementen von $\mathfrak{H}$, die in keiner der n Gruppen $\mathfrak{G}_\alpha, \mathfrak{G}_\beta, \mathfrak{G}_\gamma, \cdots$ vorkommen. Ferner ist $n \equiv 1 \pmod{g}$, also n zu g theilerfremd, und wenn d ein Theiler von n ist, der zu dem complementären Theiler relativ prim ist, so ist auch $d \equiv 1 \pmod{g}$.

Jedes Element von $\mathfrak{G}_{\alpha'}$ ausser E kommt in keiner der Gruppen $\mathfrak{G}_\alpha, \mathfrak{G}_\beta, \mathfrak{G}_\gamma, \cdots$ vor. Daher ist $\mathfrak{N}$ durch $\mathfrak{G}_{\alpha'}$ theilbar, also n durch g'.

Ebenso wie g und n sind auch g' und $n' = \frac{h}{g'}$ theilerfremd, und folglich sind es auch g' und $\frac{n}{g'}$. Nach Satz I ist daher $g' \equiv 1 \pmod{g}$. Ebenso ist aber auch $g \equiv 1 \pmod{g'}$. Ist also $g > 1$, so ist $g' = 1$, ebenso $g'' = 1$, u. s. w., und mithin $n' = n'' = \cdots = h$.

Die Gruppen $\mathfrak{G}_{\alpha'}, \mathfrak{G}_{\beta'}, \cdots$ reduciren sich alle auf E, mithin enthalten die g Gruppen $\mathfrak{G}_\alpha, \mathfrak{G}_\beta, \mathfrak{G}_\gamma, \cdots$ ausser E alle Substitutionen von $\mathfrak{H}$, die genau ein Symbol ungeändert lassen, und $\mathfrak{N}$ enthält ausser E alle Substitutionen von $\mathfrak{H}$, die jedes der n Symbole versetzen.

Jede Substitution $\overline{A}$ von $\mathfrak{H}$ besteht aus Theilen $A\,A'\,A'' \cdots$, von denen A nur die n Symbole $\alpha, \beta, \gamma, \cdots$ versetzt, A' nur die n' Symbole $\alpha', \beta', \gamma', \cdots$ u. s. w. Ebenso sei $\overline{B} = B\,B'\,B'' \cdots$, $\overline{C} = C\,C'\,C'' \cdots$. Dann bilden $A, B, C, \cdots$ eine transitive Gruppe des Grades n und der Classe $n-1$, wie sie in Satz II beschrieben ist. Sie ist mit $\mathfrak{H}$ isomorph, und nicht mit $\frac{\mathfrak{H}}{\mathfrak{D}}$, weil sonst in jeder Substitution $\overline{D}$ der invarianten Untergruppe $\mathfrak{D}$ der Theil D die n Symbole $\alpha, \beta, \gamma, \cdots$ ungeändert liesse. Ausgenommen ist der Fall $n = 1$, wo $A, B, C, \cdots$ alle gleich E sind, also $\mathfrak{D} = \mathfrak{H}$ ist. Die Substitutionen $A', B', C', \cdots$ bilden eine mit $\mathfrak{H}$ isomorphe transitive Gruppe des Grades und der Ordnung h, also eine reguläre Gruppe. Jede von ihnen, ausser E', versetzt die h Symbole $\alpha', \beta', \gamma', \cdots$ sämmtlich. Nach diesen Angaben ist es leicht, alle intransitiven Gruppen des Grades m und der Classe $m-1$ zu construiren, wenn man alle transitiven Gruppen dieser Art kennt.

§ 2.

IV. *Eine Gruppe $\mathfrak{H}$ der Ordnung gn enthalte n verschiedene conjugirte Gruppen $\mathfrak{G}$ der Ordnung g, von denen je zwei theilerfremd sind, und folglich eine charakteristische Untergruppe $\mathfrak{N}$ der Ordnung n. Sie besitze eine Untergruppe $\mathfrak{H}'$ der Ordnung $g'n'$, wo $g' > 1$ in g und n' in n aufgeht.*

Dann enthält $\mathfrak{H}'$ n' verschiedene conjugirte Gruppen $\mathfrak{G}'$ der Ordnung g', von denen je zwei theilerfremd sind, und eine charakteristische $\mathfrak{N}'$ der Ordnung n'. Jede Gruppe $\mathfrak{G}'$ ist der grösste gemeinsame Theiler von $\mathfrak{H}'$ und einer bestimmten Gruppe $\mathfrak{G}$, die Gruppe $\mathfrak{N}'$ der von $\mathfrak{H}'$ und $\mathfrak{N}$.

Jede Gruppe der Ordnung g', wodurch $\mathfrak{H}$ theilbar ist, ist in einer und nur einer der n Gruppen $\mathfrak{G}$ enthalten.

Die Anzahl der Elemente von $\mathfrak{H}'$, deren Ordnungen in n' aufgehen, ist ein Vielfaches von n', also mindestens gleich n'. Sie sind alle in $\mathfrak{N}$ enthalten, also auch in dem grössten gemeinsamen Theiler $\mathfrak{N}'$ von $\mathfrak{H}'$ und $\mathfrak{N}$, der eine invariante Untergruppe von $\mathfrak{H}'$ ist. Ihre Ordnung ist also nicht kleiner als n', aber auch nicht grösser, weil sie ein gemeinsamer Divisor von $g'n'$ und n ist.

Nun lässt sich $\mathfrak{H}$ als transitive Gruppe von Permutationen von n Symbolen so darstellen, dass die Substitutionen, die ein bestimmtes Symbol nicht ändern, die Gruppe $\mathfrak{G}$ bilden. Dann enthält $\mathfrak{H}$ ausser E nur solche Substitutionen, die alle Symbole versetzen oder alle bis auf eins. Jene bilden mit E die Gruppe $\mathfrak{N}$. Folglich giebt es in $\mathfrak{H}'$ $n'-1$ Substitutionen, die jedes Symbol versetzen. Nach Satz III enthält daher $\mathfrak{H}'$ n' conjugirte Gruppen $\mathfrak{G}'$ der Ordnung g'. Eine solche Gruppe $\mathfrak{G}'$ besteht aus allen Substitutionen von $\mathfrak{H}'$, die ein bestimmtes Symbol ungeändert lassen, und ist daher in einer der Gruppen $\mathfrak{G}$ enthalten.

§ 3.

Sei r^ϱ die höchste in n aufgehende Potenz der Primzahl r, und sei $\mathfrak{R}$ eine in $\mathfrak{H}$ und folglich in $\mathfrak{N}$ enthaltene Gruppe der Ordnung r^ϱ. Bilden die mit $\mathfrak{R}$ vertauschbaren Elemente von $\mathfrak{N}$ eine Gruppe $\mathfrak{N}$

der Ordnung $n' = r^\varrho s$, so enthält $\mathfrak{N}$, also auch $\mathfrak{H}$ $\frac{n}{n'} = \frac{h}{gn'}$ verschiedene Gruppen der Ordnung r^ϱ, und mithin bilden die mit $\mathfrak{R}$ vertauschbaren Elemente von $\mathfrak{H}$ eine Gruppe $\mathfrak{H}'$ der Ordnung gn'. Diese enthält demnach n' der n Gruppen $\mathfrak{G}$ und eine charakteristische Untergruppe $\mathfrak{N}'$ der Ordnung n'.

Ich nehme jetzt an, die transitive Gruppe $\mathfrak{H}$ sei primitiv. Dann ist $\mathfrak{G}$ eine maximale Untergruppe von $\mathfrak{H}$. Da nun $\mathfrak{H}' > \mathfrak{G}$ ist, so muss $\mathfrak{H}' = \mathfrak{H}$ sein. Demnach ist $\mathfrak{R}$ eine invariante Untergruppe von $\mathfrak{H}$. Jedes Element von $\mathfrak{G}$ ist mit $\mathfrak{R}$ vertauschbar. Daher ist $\mathfrak{G}\mathfrak{R}$ eine in $\mathfrak{H}$ enthaltene Gruppe der Ordnung gr^ϱ. Da $\mathfrak{G}\mathfrak{R} > \mathfrak{G}$ ist, so ist $\mathfrak{G}\mathfrak{R} = \mathfrak{H}$ also $n = r^\varrho$ und $\mathfrak{N} = \mathfrak{R}$. Die invarianten Elemente von $\mathfrak{N}$, deren Ordnung r ist, bilden eine charakteristische Untergruppe $\mathfrak{N}'$ von $\mathfrak{N}$. Diese ist folglich eine invariante Untergruppe von $\mathfrak{H}$. Dann enthält $\mathfrak{H}$ die Gruppe $\mathfrak{G}\mathfrak{N}' > \mathfrak{G}$ und folglich ist $\mathfrak{G}\mathfrak{N}' = \mathfrak{H}$, also $\mathfrak{N}' = \mathfrak{N}$. Demnach ist $\mathfrak{N}$ eine elementare Gruppe.

V. *Eine transitive Gruppe $\mathfrak{H}$ des Grades n und der Classe $n-1$ kann nur dann primitiv sein, wenn n eine Potenz einer Primzahl und die in $\mathfrak{H}$ enthaltene Untergruppe $\mathfrak{N}$ der Ordnung n eine elementare ist.*

Unter dieser Bedingung ist $\mathfrak{H}$ stets und nur dann primitiv, wenn $\mathfrak{N}$ eine minimale invariante Untergruppe von $\mathfrak{H}$ ist.

Denn enthält $\mathfrak{N}$ eine Untergruppe $\mathfrak{N}'$, die eine invariante Untergruppe von $\mathfrak{H}$ ist, so enthält $\mathfrak{H}$ die Gruppe $\mathfrak{H}' = \mathfrak{G}\mathfrak{N}' > \mathfrak{G}$. Und enthält $\mathfrak{H}$ eine Gruppe $\mathfrak{H}'$, die $< \mathfrak{H}$, aber $> \mathfrak{G}$ ist, so ist ihre Ordnung h' ein Theiler von $h = gn$ und ein Vielfaches von g, also $h' = gn'$, wo $n' = r^\sigma$ ein Theiler von $n = r^\varrho$ ist. Der grösste gemeinsame Theiler von $\mathfrak{H}'$ und $\mathfrak{N}$ ist eine Gruppe $\mathfrak{N}'$ der Ordnung n', die eine invariante Untergruppe von $\mathfrak{H}'$ ist, aber auch von $\mathfrak{H}$. Denn da $\mathfrak{N}$ eine commutative Gruppe ist, so ist $\mathfrak{N}'$ auch mit jedem Elemente von $\mathfrak{N}$ vertauschbar.

Zu diesen Gruppen gehören die von C. Jordan, *Recherches sur les substitutions*, Liouv. Journ. sér. II, tome 17, untersuchten zweifach transitiven Gruppen des Grades n und der Ordnung $n(n-1)$.

Da ferner $n \equiv n' \equiv 1 \pmod{g}$ ist, so ist unter der gemachten Voraussetzung $\mathfrak{H}$ sicher primitiv, wenn ρ der Exponent ist, zu dem $r \pmod{g}$ gehört. (Vergl. *Über endliche Gruppen*, Sitzungsberichte 1895, § 6, Satz III.)

Den obigen Satz beweist Maillet, *Des groupes transitifs de substitutions de degré N et de classe $N-1$*, Bull. de la Soc. Math. de France, tome 26, falls der Grad $n \leqq 401$ ist, mit Benutzung von Hülfssätzen, die durch das hier erhaltene allgemeine Resultat meist gegenstandslos werden.

§ 4.

Mit Hülfe des gewonnenen Ergebnisses lässt sich der Satz VI meiner Arbeit *Über auflösbare Gruppen IV* so fassen:

II. *Ist p eine Primzahl, n nicht durch p, aber durch mehrere verschiedene Primzahlen theilbar, und ist kein Divisor von n ausser* 1 *und n congruent* 1 (mod. p), *so enthält eine Gruppe der Ordnung $p^\lambda n$ stets eine invariante Untergruppe der Ordnung p^λ.*

Denn wenn dies nicht der Fall ist, so enthält eine solche Gruppe $\mathfrak{H}$ genau n Untergruppen $\mathfrak{G}$ der Ordnung p^λ, und $\mathfrak{G}$ ist mit keinem Elemente von $\mathfrak{H}$ vertauschbar, ausser denen von $\mathfrak{G}$.

Sind je zwei der n Gruppen $\mathfrak{G}$ theilerfremd, so lässt sich $\mathfrak{H}$ als transitive Gruppe von Permutationen von n Symbolen darstellen und genügt den Bedingungen des Satzes II. Ferner enthält $\mathfrak{H}$ keine Gruppe $\mathfrak{H}'$ der Ordnung $p^\lambda n'$, wo $1 < n' < n$ ist. Denn da ausser 1 kein Divisor von n' congruent 1 (mod. p) ist, so wäre $\mathfrak{G}$ eine invariante Untergruppe von $\mathfrak{H}'$, wäre also $\mathfrak{G}$ mit Elementen von $\mathfrak{H}$ vertauschbar, die nicht in $\mathfrak{G}$ enthalten sind. Daher ist $\mathfrak{H}$ primitiv. Dies ist aber nur möglich, wenn n eine Potenz einer Primzahl ist.

Sind aber nicht je zwei der n Gruppen $\mathfrak{G}$ theilerfremd, so ist nach den Entwicklungen *Über endliche Gruppen* § 3 der grösste gemeinsame Divisor $\mathfrak{D}$ von zwei Gruppen $\mathfrak{G}$ zugleich der von irgend zwei anderen. In der Gruppe $\frac{\mathfrak{H}}{\mathfrak{D}}$ sind daher je zwei der n Gruppen $\frac{\mathfrak{G}}{\mathfrak{D}}$ theilerfremd. Dies ist aber, wie eben gezeigt, nur möglich, wenn n eine Potenz einer Primzahl ist.

Ist also n durch mehrere verschiedene Primzahlen theilbar, so ist $\mathfrak{G}$ eine invariante Untergruppe von $\mathfrak{H}$.

68.

Über die charakteristischen Einheiten der symmetrischen Gruppe

Sitzungsberichte der Königlich Preußischen Akademie der Wissenschaften zu Berlin 328 – 358 (1903)

In meiner Arbeit *Über die Charaktere der symmetrischen Gruppe*, Sitzungsberichte 1900, (im Folgenden *Sym.* citirt), stelle ich eine ganze Function mehrerer Variabeln auf, deren Entwicklungscoefficienten die Werthe der k Charaktere der symmetrischen Gruppe $\mathfrak{H}$ des Grades n sind für eine bestimmte der k Classen, worin die $h = n!$ Substitutionen von $\mathfrak{H}$ zerfallen. Die k verschiedenen Charaktere $\chi^{(\varkappa)}$ können den k Zerlegungen der Zahl n in positive Summanden $n = \varkappa_1 + \varkappa_2 + \cdots + \varkappa_\mu$ zugeordnet werden. Besteht die ρ^{te} Classe aus allen Substitutionen, die $\alpha, \beta, \gamma, \cdots$ Cyklen der Grade $1, 2, 3, \cdots$ enthalten, so erscheint jeder einzelne Charakter χ_ϱ als ganze Function der Zahlen $\alpha, \beta, \gamma, \cdots$. Der zu $(\varkappa)$ associirten Zerlegung $n = \varkappa'_1 + \varkappa'_2 + \cdots + \varkappa'_\nu$ entspricht der zu $\chi^{(\varkappa)}$ associirte Charakter $\chi^{(\varkappa')}$. Diese Beziehung ist aber aus der für χ_ϱ gegebenen Formel nur durch recht umständliche Betrachtungen abzuleiten.

Es giebt nun eine zweite, von der dort entwickelten durchaus verschiedene Darstellung der k^2 Zahlen $\chi_\varrho^{(\varkappa)}$. Darin erscheint $\chi^{(\varkappa)}$ für eine bestimmte der k Classen als Function der Zahlen $\varkappa_1, \cdots \varkappa_\mu, \varkappa'_1, \cdots \varkappa'_\nu$, die symmetrisch oder alternirend ist, je nachdem die Substitutionen der Classe gerade oder ungerade sind. Die Art der Abhängigkeit lässt sich in überraschend einfacher Weise beschreiben und ableiten und ist in den Sätzen I, II und III des § 8 ausgesprochen. Aber es dürfte nicht leicht sein, sie, wie bei der ersten Darstellung, in Gestalt fertiger Formeln auszudrücken (vergl. § 12).

Jedem der k Charaktere χ entspricht eine primitive Darstellung der Gruppe $\mathfrak{H}$ durch lineare Substitutionen. Um diese zu erhalten, reicht aber die Kenntniss der k Werthe χ_ϱ nicht aus, sondern dazu muss noch ein anderes System von h Zahlen berechnet werden, wofür ich hier den Namen einer für die Gruppe $\mathfrak{H}$ *charakteristischen Einheit* einführe. Aus den h Werthen, die eine solche Einheit für die h Elemente von $\mathfrak{H}$ besitzt, lassen sich die k Werthe, die der entsprechende Charakter χ für die k Classen von Elementen annimmt, ohne Weiteres erhalten. Ein gewisser Vorzug der hier gegebenen Methode vor der früheren besteht darin, dass sie in der einfachsten Art für jede primitive Darstellung der symmetrischen Gruppe eine charakteristische Einheit giebt. Wie sich dabei zeigt, kann man die h linearen Substitutionen jeder primitiven Darstellung der symmetrischen Gruppe so wählen, dass ihre Coefficienten sämmtlich rationale Zahlen sind.

In § 1 und § 2 setze ich die Eigenschaften der für eine Gruppe charakteristischen Einheiten ausführlicher auseinander, als in meinen Arbeiten *Über die Darstellungen der endlichen Gruppen durch lineare Substitutionen*, Sitzungsberichte 1897 und 1899, (im Folgenden *D.* I. und *D.* II. citirt). Die primitiven Einheiten, die ich dort allein betrachtet habe, untersuche ich genauer in § 2. In § 3 betrachte ich die Einheiten, die aus Einheiten einer Untergruppe erhalten werden, und gelange dadurch zu neuen Beweisen für die Sätze, die ich in meiner Arbeit *Über Relationen zwischen den Charakteren einer Gruppe und denen ihrer Untergruppen*, Sitzungsberichte 1898, (im Folgenden *Rel.* citirt) entwickelt habe. In § 4 und § 5 ziehe ich aus meiner früheren Darstellung der Charaktere der symmetrischen Gruppe einige Folgerungen, mit deren Hülfe ich in § 6 und § 8 auf zwei verschiedenen Wegen die neue Darstellung ableite.

In dem zweiten Theile der Arbeit nehme ich die ganze Untersuchung von Neuem auf, gebe eine von der früheren völlig unabhängige Herleitung der Charaktere, entwickle in § 7 den gedanklichen, in §§ 9—11 den formalen Inhalt der neuen Theorie und berechne endlich in § 12 nach dieser Methode die Werthe der Charaktere für einige specielle Classen.

§ 1.

Seien $R, S, T, \cdots$ die Elemente einer Gruppe $\mathfrak{H}$ der Ordnung h, und $(R), (S), (T), \cdots$ Matrizen n^{ten} Grades, die eine mit $\mathfrak{H}$ homomorphe Gruppe bilden. Sind dann $x_R, x_S, x_T, \cdots$ h unabhängige Variabele, so nenne ich die Matrix

$$(X) = (R)x_R + (S)x_S + (T)x_T + \cdots = \Sigma\,(R)\,x_R$$

die dieser *Darstellung* von $\mathfrak{H}$ *entsprechende* oder eine zur Gruppe $\mathfrak{H}$ *gehörige Matrix*. Seien $y_R, y_S, y_T, \cdots$ ein zweites System von h unabhängigen Variabeln, und sei

$$z_T = \Sigma\, x_R\, y_S \qquad (RS = T), \tag{1.}$$

worin R und S alle Elemente von $\mathfrak{H}$ durchlaufen, deren Product $RS = T$ ist. Ist dann $(Y) = \Sigma(R)y_R$ und $(Z) = \Sigma(R)z_R$, so ist $(X)(Y) = (Z)$, und umgekehrt ist durch diese Gleichung (X) als eine zu $\mathfrak{H}$ gehörige Matrix charakterisirt. Ich habe mich in meinen Untersuchungen (*D.* I. und *D.* II.) auf den Fall beschränkt, wo die Determinanten der Matrizen $(R), (S), (T), \cdots$ von Null verschieden sind. Die benutzten Methoden lassen sich aber auch auf den Fall anwenden, wo diese Bedingung nicht erfüllt ist (am einfachsten, indem man (E) auf die Normalform bringt).

Ist die Darstellung eine *primitive*, so ist die Determinante der Matrix (X) ein *Primfactor* $\Phi(x)$ der Gruppendeterminante $|x_{RS^{-1}}|$. Ist $n = f$ der Grad von Φ, so bezeichne ich den Coefficienten von u^{f-1} in $\Phi(x + u\varepsilon)$, den ich die *Spur* der Primfunction Φ nenne, abweichend von meinen bisherigen Festsetzungen mit $\Sigma\, \chi(R^{-1})x_R$, und nenne $\chi(R)$ den der Primfunction Φ oder der betrachteten Darstellung entsprechenden (einfachen) *Charakter* von $\mathfrak{H}$.

Ist die Darstellung aber keine primitive, so kann eine ihr äquivalente Darstellung in eine Anzahl völlig bestimmter primitiver Darstellungen zerlegt werden. Findet sich darunter die dem Charakter $\chi^{(\lambda)}(R)$ entsprechende r_λ $(\geqq 0)$ Mal, so ist die Spur der Matrix (X) gleich $\Sigma\, \varphi(R^{-1})x_R$, worin

$$\varphi(R) = \sum_\lambda r_\lambda \chi^{(\lambda)}(R)$$

ein *zusammengesetzter Charakter* von $\mathfrak{H}$ ist. So nenne ich, zweckmässiger als früher, eine lineare Verbindung der Charaktere nur dann, wenn ihre Coefficienten *positive* $(\geqq 0)$ ganze Zahlen sind, weil nur einer solchen Verbindung eine Darstellung von $\mathfrak{H}$ entspricht.

Ein System von h Grössen a_R, die nicht alle verschwinden, und den Bedingungen

$$(2.)\qquad \Sigma\, a_R a_S = a_T \qquad (RS = T)$$

genügen, nenne ich eine für die Gruppe $\mathfrak{H}$ *charakteristische Einheit*. Die Matrix h^{ten} Grades $A = (a_{RS^{-1}})$ genügt, ebenso wie jede zu $\mathfrak{H}$ gehörige Matrix für $x_R = a_R$, der Gleichung $A^2 = A$, ihre charakteristische Determinante

$$|u\varepsilon_{RS^{-1}} - a_{RS^{-1}}| = (u-1)^n u^{h-n}$$

zerfällt daher in lauter lineare Elementartheiler, mithin ist n der *Rang* von A. Ihre Spur ist ebenfalls

$$(3.)\qquad h a_E = n,$$

da in einer Matrix die Summe der Hauptelemente der Summe der charakteristischen Wurzeln gleich ist. Ist also $a_E = 0$, so genügt A bereits der Gleichung $A = 0$. Damit folglich die Zahlen a_R nicht alle verschwinden, ist nothwendig und hinreichend, dass a_E, also auch die Spur ha_E von Null verschieden ist.

Die Matrix h^{ten} Grades $X = (x_{RS^{-1}})$ heisst die *Gruppenmatrix*, die Matrix $\bar{X} = (x_{S^{-1}R})$ die *antistrophe Gruppenmatrix*. Die Matrizen X und $\bar{Y} = (y_{S^{-1}R})$ sind mit einander vertauschbar. Ist $Z = XY$, so ist $\bar{Z} = \bar{Y}\bar{X}$. Ist also $A^2 = A$, so ist auch $\bar{A}^2 = \bar{A}$.

Aus der Gleichung $XY = Z$ folgt daher $X\bar{A}\,.\,Y\bar{A} = Z\bar{A}$, und mithin ist

$$X\bar{A} = \bar{A}X = \bar{A}X\bar{A}$$

eine zur Gruppe $\mathfrak{H}$ gehörige Matrix (*D.* II, § 6). Ihre Spur ist $\sum\limits_{R,S} a_{S^{-1}R^{-1}S}\, x_R$, und folglich ist

$$(4.)\qquad \varphi(R) = \sum_S a_{S^{-1}RS} = \sum_\lambda r_\lambda \chi^{(\lambda)}(R)$$

ein zusammengesetzter Charakter von $\mathfrak{H}$. Ich nenne ihn den durch die *Einheit a_R bestimmten Charakter*. Ist $\varphi(R)$ ein einfacher Charakter, so nenne ich die Einheit a_R eine *primitive*. Da $\varphi(E) = ha_E$ ist, so ist

$$(5.)\qquad n = \sum r_\lambda f^{(\lambda)}$$

die Spur und zugleich der Rang der Matrix A.

Ich habe *D.* II, § 5 gezeigt, wie man einen und allgemeiner alle Einheiten finden kann, die einen gegebenen einfachen Charakter $\chi(R)$ bestimmen, und wie man mit Hülfe einer solchen Einheit eine dem Charakter $\chi(R)$ entsprechende primitive Darstellung von $\mathfrak{H}$ erhält. Aus diesen Entwicklungen ergiebt sich auch die allgemeinste Lösung der analogen Aufgaben für einen beliebigen zusammengesetzten Charakter $\varphi(R)$. Auf die Thatsache, dass jede Einheit einen (einfachen oder zusammengesetzten) Charakter von $\mathfrak{H}$ erzeugt, hat mich Hr. Issai Schur aufmerksam gemacht.

Ist $\chi(R)$ ein (einfacher) Charakter des Grades f, der in der Summe (4.) den Coefficienten r hat, so ist

$$\sum \varphi(R)\chi(S) = \frac{hr}{f}\chi(T) \qquad (RS = T).$$

Setzt man ferner

$$(6.)\qquad \left(\frac{f}{h}\chi(RS^{-1})\right) = J,$$

so ist diese Matrix mit jeder Gruppenmatrix vertauschbar und genügt der Gleichung $J^2 = J$. (Die Einheit $\frac{f}{h}\chi(R)$ bestimmt den Charakter $f\chi(R)$). Daher ist auch $(AJ)^2 = AJ$. Setzt man also

$$(7.)\qquad \sum a_R\chi(S) = \sum \chi(R)a_S = \frac{h}{f}b_T \qquad (RS = T)$$

oder einfacher $AJ = JA = B$, so ist auch b_R eine Einheit. Ferner ist

$$\frac{h}{f}\sum_U b_{U^{-1}TU} = \sum a_{U^{-1}RU}\chi(U^{-1}SU) = \sum a_{U^{-1}RU}\chi(S) = \sum \varphi(R)\chi(S),$$

und demnach ist

$$\sum_S b_{S^{-1}RS} = r\chi(R) \tag{8.}$$

der von dieser Einheit bestimmte Charakter. Speciell ist $hb_E = rf$, also

$$\sum_R \chi(R^{-1})a_R = r \tag{9.}$$

eine *positive* ($\geqq 0$) ganze Zahl, der Coefficient von $\chi(R)$ in dem von A bestimmten zusammengesetzten Charakter $\varphi(R)$.

Ist $\varepsilon_E = 1$, aber $\varepsilon_R = 0$, wenn R von dem Hauptelement verschieden ist, so ist ε_R eine den Charakter

$$h\varepsilon_R = \sum_\lambda f^{(\lambda)}\chi^{(\lambda)}(R) \tag{10.}$$

bestimmende Einheit. (*Über Gruppencharaktere*, § 3, (5.), (6.)). Die Matrix $E = (\varepsilon_{RS^{-1}})$ ist die Hauptmatrix. Ist aber $A^2 = A$, so ist auch $(E-A)^2 = E-A$. Daher ist $\varepsilon_R - a_R$ eine Einheit, die den Charakter

$$\sum (f^{(\lambda)} - r_\lambda)\chi^{(\lambda)}(R)$$

bestimmt, und folglich ist $r_\lambda \leqq f^{(\lambda)}$. Mittels derselben Methoden, die ich *D.* II, § 5 für primitive Einheiten benutzt habe, ergeben sich demnach die Sätze:

I. *Bestimmt die Einheit A den zusammengesetzten Charakter*

$$\sum_S a_{S^{-1}RS} = \sum_\lambda r_\lambda \chi^{(\lambda)}(R),$$

so hat in dieser Summe $\chi(R)$ als Coefficienten

$$r = \sum_S \chi(S^{-1})a_S,$$

eine positive ($\geqq 0$) ganze Zahl, die $\leqq f$ ist. Die Zahl $ha_E = \sum r_\lambda f^{(\lambda)}$ ist die Spur und zugleich der Rang der Matrix A.

Zwei Gruppenmatrizen L und M heissen *äquivalent*, wenn man eine Gruppenmatrix K von nicht verschwindender Determinante $|K| = |k_{RS^{-1}}|$ so bestimmen kann, dass $K^{-1}LK = M$, $LK = KM$ wird.

II. *Damit zwei charakteristische Einheiten äquivalent sind, ist nothwendig und hinreichend, dass sie denselben Charakter bestimmen.*

Sei A eine Einheit, χ ein Charakter des Grades f, $\sum_S \chi(S^{-1})a_S = r$, und J die Matrix (6.), dann gilt der Satz:

III. *Ist $r = 0$, so ist $AJ = 0$. Ist aber $r > 0$, so ist $AJ = JA = B$ oder*

$$\frac{f}{h}\sum_S \chi(RS^{-1})a_S = b_R$$

ebenfalls eine Einheit, die den Charakter $r\chi(R)$ bestimmt.

Sind A und AJ äquivalent, so ist $AJ = A$. Ist umgekehrt $AJ = A$, so ist der von A bestimmte Charakter $r\chi(R)$ ein Vielfaches eines einfachen Charakters, und $rf = ha_E$ ist die Spur (der Rang) von A.

§ 2.

Bestimmt die Einheit a_R den Charakter $\varphi(R)$, und eine andere Einheit b_R den Charakter

$$\sum_S b_{S^{-1}RS} = \psi(R) = \sum s_\lambda \chi^{(\lambda)}(R),$$

so ist

$$\sum_R \varphi(R^{-1})\psi(R) = h\sum_\lambda r_\lambda s_\lambda = hm.$$

Nun ist

$$\varphi(R) = \sum_S a_{SRS^{-1}}, \qquad \psi(R) = \sum_T b_{T^{-1}RT},$$

also (wenn man R durch $S^{-1}RS$ ersetzt)

$$hm = \sum_{R,S,T} a_{R^{-1}} b_{T^{-1}S^{-1}RST}.$$

Nun durchläuft ST die h Elemente S von $\mathfrak{H}$, jedes h Mal, daher ist

$$m = \sum_{R,S} a_{R^{-1}} b_{S^{-1}RS} = \sum_{R,S} a_{RS} b_{R^{-1}S^{-1}} = \sum_R a_{R^{-1}}\psi(R) = \sum_R b_{R^{-1}}\varphi(R)$$

die Spur der Matrix $A\bar{B} = \bar{B}A$, und da $(A\bar{B})^2 = (A\bar{B})$ ist, zugleich der Rang dieser Matrix.

Ich betrachte nun den Fall, wo $m = 1$ ist, also, da die Zahlen r_λ und s_λ alle $\geqq 0$ sind, wo sowohl φ wie ψ den Charakter χ nur ein Mal enthalten, sonst aber keinen Charakter gemeinsam haben. Dann hat die Matrix

$$A\bar{B} = (\sum_T a_{RT^{-1}} b_{S^{-1}T})$$

den Rang 1. Daher verschwinden auch in der Matrix

$$c_{R,S} = \sum_T a_{RT^{-1}} b_{ST} = \sum_T a_{RTS} b_{T^{-1}} = \sum_T a_{T^{-1}} b_{STR}$$

die Determinanten zweiten Grades, mithin ist

$$c_{E,E}\, c_{R,S} = c_{R,E}\, c_{E,S},$$

also

$$hc_{E,E} \sum_S c_{R,S^{-1}} x_S = c_{R,E} h \sum_S c_{E,S^{-1}} x_S = c_{R,E}\, z,$$

und demnach

$$c \sum_{R,S} a_{PR^{-1}} x_{RS^{-1}} b_{SQ^{-1}} = z \sum_R a_{PR^{-1}} b_{RQ^{-1}}$$

oder

$$(1.) \qquad c\, AXB = z\, AB,$$

wo c und z die Spuren von AB und AXB (oder BAX) sind. Setzt man

$$\sum b_R a_S = d_T \qquad (RS = T),$$

so ist

(2.) $$z = h \sum_R d_{R^{-1}} x_R \qquad (D = BA).$$

Durchläuft χ' die $k-1$ von χ verschiedenen Charaktere von $\mathfrak{H}$, und setzt man

$$J' = \left(\frac{f}{h} \chi'(RS^{-1})\right),$$

so ist nach (10.), § 1 $J + \Sigma J' = E$. Ist χ' in φ (oder ψ) nicht enthalten, so ist $AJ' = 0$ (oder $BJ' = 0$). Da J' mit jeder Gruppenmatrix vertauschbar ist, so ist demnach stets $ABJ' = 0$, und mithin

$$AB = ABE = AB(J + \Sigma J') = ABJ = AJB.$$

Ehe ich daraus weitere Schlüsse ziehe, betrachte ich den Fall $A = B$. Dann ist

$$m = \sum_{R,S} a_{RS} a_{R^{-1}S^{-1}} = \Sigma r_\lambda^2$$

stets und nur dann gleich 1, wenn A eine primitive Einheit, $\varphi = \chi$ ein einfacher Charakter ist:

I. *Ist a_E von Null verschieden, und $A^2 = A$, so besteht die nothwendige und hinreichende Bedingung dafür, dass A eine primitive Einheit ist, darin, dass die Spur von $A\bar{A}$ gleich 1 ist,*

(3.) $$\sum_{R,S} a_{R^{-1}} a_{S^{-1}RS} = \sum_{R,S} a_{RS} a_{R^{-1}S^{-1}} = 1.$$

Die Spur von $A^2 = A$ ist f. Ist $B = A$, so ist $D = BA = A$. Mithin ist nach (1.)

(4.) $$fAXA = xA,$$

wo

(5.) $$x = h \Sigma a_{R^{-1}} x_R$$

die Spur von AX ist. Folglich ist $f(AX)^2 = x(AX)$. Ist also x von Null verschieden, so ist $\frac{f}{x} AX$ eine Einheit, deren Spur f ist. Da $JA = A$ ist, so ist $J(AX) = (AX)$, und folglich ist χ der von dieser Einheit bestimmte Charakter.

II. *Ist A eine primitive Einheit des Ranges f, ist X eine beliebige Gruppenmatrix, und ist die Spur x der Matrix AX von Null verschieden, so ist $\frac{f}{x} AX$ (und $\frac{f}{x} XA$) eine mit A äquivalente Einheit.*

Ich kehre nun zu den obigen Voraussetzungen zurück. Da φ den Charakter χ nur einmal enthält, so ist AJ eine primitive Einheit, auf die ich den Satz II anwende. Ist also die Spur c von $(AJ)B = AB$ von Null verschieden, so ist $\frac{f}{c} AJB$ eine mit AJ äquivalente Einheit.

III. *Wenn die von den Einheiten A und B bestimmten zusammengesetzten Charaktere den Charakter χ des Grades f jeder nur einmal enthalten, sonst aber keinen Charakter gemeinsam haben, (oder kürzer, wenn die Spur von $A\bar{B}$*

$$(6.)\qquad \sum_{R,S} a_{R^{-1}}\, b_{S^{-1}\,RS} = \sum_{R,S} a_{RS}\, b_{R^{-1}\,S^{-1}} = 1$$

ist), und wenn die Spur c von AB nicht verschwindet, so ist

$$\frac{f}{c}AB\left(=\frac{f}{x}AXB\right)$$

eine den Charakter χ bestimmende Einheit. Ist aber $c=0$, so ist entweder $AB=0$ oder $BA=0$.

Ist Y eine beliebige Gruppenmatrix, so ist nach (4.)

$$fA(YX)A = zA,$$

wo z die Spur von AYX oder XAY ist. Mithin ist

$$fX(AYXA)Y = zXAY, \qquad f(XAY)^2 = zXAY.$$

Ist also z von Null verschieden, so ist $\frac{f}{z}XAY$ eine den Charakter χ bestimmende Einheit. Mittels der oben benutzten Methoden folgt daraus:

Seien $A, A', A'', \cdots$ mehrere Einheiten, $\varphi, \varphi', \varphi'', \cdots$ die von ihnen bestimmten zusammengesetzten Charaktere, und sei $AA'A''\cdots = B$. Haben $\varphi, \varphi', \varphi'', \cdots$ nicht alle einen Charakter χ gemeinsam, so ist $B=0$. Haben sie nur einen Charakter χ gemeinsam, und ist χ in einem dieser Ausdrücke nur einmal enthalten, so ist $\frac{f}{b}B$ eine den Charakter χ bestimmende Einheit, vorausgesetzt, dass die Spur b von B nicht verschwindet.

Ein specieller Fall des Satzes, dass $\frac{f}{z}XAY$ eine mit A äquivalente Einheit ist, ist der folgende Satz:

IV. *Ist a_R eine primitive Einheit, sind P und Q zwei feste Elemente, und setzt man, falls a_{PQ} von Null verschieden ist,*

$$a_E\, a_{PRQ} = a_{PQ}\, b_R,$$

so ist b_R eine mit a_R äquivalente Einheit. Ist aber $a_{PQ}=0$ und $a_{PRQ}=b_R$, so ist $B^2=0$.

Wenn A eine primitive Einheit ist, so ist nach (4.)

$$(7.)\qquad a_E \sum_T a_{T^{-1}}\, a_{RTS} = a_R\, a_S.$$

Diese Gleichung, die für $R=E$ in (2.), § 1 übergeht, umfasst, falls a_E von Null verschieden ist, alle Eigenschaften der *primitiven* Einheiten und der von ihnen bestimmten Charaktere. Aus ihr folgt die Gleichung (3.), nach der (4.), § 1 ein (einfacher) Charakter des Grades $f = ha_E$ ist.

Demnach charakterisirt die Gleichung (4.) A als eine primitive Einheit, falls darin x eine lineare Function der h Variabeln x_R ist, worin der Coefficient von x_E gleich f ist.

Dass die Einheit $\frac{f}{x} AX$ den Charakter χ bestimmt, kann man direct bestätigen mittels der Formel D. II, § 5 (12.), die sich aus (7.) leicht ableiten lässt: Denn nach (2.), § 1 ist

$$a_{PS^{-1}QS} = \sum_T a_{T^{-1}} a_{TPS^{-1}QS}.$$

Summirt man nach S und ersetzt rechts S durch STP, so erhält man nach (7.)

$$\sum_S a_{PS^{-1}QS} = \sum_{S,T} a_{T^{-1}} a_{S^{-1}QSTP} = \frac{h}{f} \sum_S a_{S^{-1}QS}\, a_P,$$

also

$$a_E \sum_S a_{PS^{-1}QS} = a_P \sum_S a_{S^{-1}QS}, \tag{8.}$$

oder wenn χ der von a_R bestimmte Charakter ist,

$$\sum_S a_{PS^{-1}QS} = \frac{h}{f} a_P \chi(Q). \tag{9.}$$

Diese Formel gilt auch dann (und nur dann), wenn (4.), § 1 ein Vielfaches des (einfachen) Charakters χ ist.

Zu der Formel (4.) kann man auch durch die Transformation der Gruppenmatrix gelangen, die ich D. II, § 5 benutzt habe.

§ 3.

Sei $\mathfrak{G}$ eine in $\mathfrak{H}$ enthaltene Gruppe der Ordnung g, sei a_P eine für $\mathfrak{G}$ charakteristische Einheit, $\psi(P)$ der durch sie bestimmte Charakter. Dann ist

$$\sum a_P a_Q = a_T \qquad (PQ = T)$$

wo P, Q, T Elemente von $\mathfrak{G}$ sind. Setzt man $a_R = 0$, falls R ein in $\mathfrak{G}$ nicht enthaltenes Element von $\mathfrak{H}$ ist, so ist auch

$$\sum a_R a_S = a_T \qquad (RS = T),$$

wo R, S, T Elemente von $\mathfrak{H}$ sind. Denn ist RS ein Element von $\mathfrak{G}$, so sind R und S entweder beide oder beide nicht in $\mathfrak{G}$ enthalten. Ist aber T nicht in $\mathfrak{G}$ enthalten, so ist $a_T = 0$, und da dann R und S nicht beide in $\mathfrak{G}$ enthalten sind, auch jedes Glied der Summe $a_R a_S = 0$.

Folglich ist

$$\sum_S a_{S^{-1}RS} = \varphi(R)$$

ein zusammengesetzter Charakter von $\mathfrak{H}$. Gehört R der ρ^{ten} Classe in $\mathfrak{H}$ conjugirter Elemente an, so stellt $S^{-1}RS$ jedes der h_ϱ Elemente dieser Classe $\frac{h}{h_\varrho}$ Mal dar. Enthält $\mathfrak{G}$ kein Element dieser Classe, so ist $\varphi(R) = 0$. Im anderen Falle ist

$$\frac{h_\varrho}{h}\varphi(R) = \sum_{(\varrho)} a_P\,,$$

wo P die verschiedenen in $\mathfrak{G}$ enthaltenen Elemente der ρ^{ten} Classe durchläuft. Dann aber durchläuft sie auch $Q^{-1}PQ$, falls Q irgend ein bestimmtes Element von $\mathfrak{G}$ ist. Daher ist

$$\sum_P a_P = \sum_P a_{Q^{-1}PQ}\,, \qquad g\sum_P a_P = \sum_{P,Q} a_{Q^{-1}PQ} = \sum_P \psi(P),$$

und folglich

$$(1.) \qquad \varphi(R) = \frac{h}{gh_\varrho}\sum_{(\varrho)}\psi(P), \qquad g\varphi(R) = \sum_S{}' \psi(S^{-1}RS) \qquad (S^{-1}RS < \mathfrak{G}).$$

Die letzte Summe erstreckt sich nur über die Elemente S von $\mathfrak{H}$, für die $S^{-1}RS < \mathfrak{G}$, d. h. in $\mathfrak{G}$ enthalten ist, die erste über die verschiedenen in $\mathfrak{G}$ enthaltenen Elemente der ρ^{ten} Classe.

Ist $\chi(R)$ ein (einfacher) Charakter des Grades f von $\mathfrak{H}$, und durchläuft jetzt wieder P die g Elemente von $\mathfrak{G}$, so ist nach (9.), § 1

$$(2.) \qquad \sum_P \chi(P^{-1})\,a_P = r$$

eine positive ganze Zahl. Demnach ist

$$gr = \sum_{P,Q}\chi(Q^{-1}P^{-1}Q)\,a_{Q^{-1}PQ} = \sum_{P,Q}\chi(P^{-1})\,a_{Q^{-1}PQ}$$

und folglich

$$(3.) \qquad \sum_P \psi(P^{-1})\chi(P) = gr,$$

wo $0 \leqq r \leqq f$ ist. Auf einem anderen Wege habe ich diese Resultate *Rel.* § 1 und 3 erhalten.

Nach Satz III, § 1 ist dann, falls $r > 0$ ist,

$$(4.) \qquad b_R = \frac{f}{h}\sum_P a_{P^{-1}}\chi(PR)$$

eine für $\mathfrak{H}$ charakteristische Einheit, die den Charakter $r\chi(R)$ bestimmt.

I. *Ist $\chi(R)$ ein Charakter des Grades f für die Gruppe $\mathfrak{H}$ der Ordnung h, und ist a_P eine charakteristische Einheit für eine Untergruppe $\mathfrak{G}$ von $\mathfrak{H}$, so ist*

$$\sum_P a_{P^{-1}}\chi(P) = r$$

eine positive ganze Zahl, die $\leqq f$ ist. Ist sie von Null verschieden, so ist

$$\frac{f}{h}\sum_P a_{P^{-1}}\chi(PR)$$

eine für $\mathfrak{H}$ charakteristische Einheit, die den Charakter $r\chi(R)$ bestimmt.

Sei $h = gn$ und

$$\mathfrak{H} = A_0\mathfrak{G} + A_1\mathfrak{G} + \cdots A_{n-1}\mathfrak{G} = \mathfrak{G}A_0^{-1} + \mathfrak{G}A_1^{-1} + \cdots + \mathfrak{G}A_{n-1}^{-1}.$$

Wählt man für $gb_P = \psi(P)$ einen linearen Charakter von $\mathfrak{G}$, so ist

$$(\sum_P \psi(P^{-1})\, x_{APB^{-1}})$$

eine zu $\mathfrak{H}$ gehörige Matrix, und folglich ist (*Rel.* § 3) die Determinante n^{ten} Grades

$$(5.)\qquad |\sum_P \psi(P^{-1})\, x_{APB^{-1}}| = \Pi\Phi^r \qquad (A, B = A_0, A_1, \cdots A_{n-1}).$$

Das Product erstreckt sich über die k Primfactoren Φ der Gruppendeterminante von $\mathfrak{H}$. Entspricht der Charakter χ der Primfunction Φ, so giebt, wie die Vergleichung der Spuren zeigt, die Formel (3.) den Exponenten r von Φ.

Gelingt es also, die Untergruppe $\mathfrak{G}$ und ihren linearen Charakter ψ so zu wählen, dass einer der Exponenten $r = 1$ wird, so bestimmt die Einheit b_R einen *einfachen* Charakter $\chi(R)$. Man kann daher eine ihm entsprechende primitive Darstellung von $\mathfrak{H}$ finden, worin die Elemente der Matrizen f^{ten} Grades $(R), (S), (T), \cdots$ keine anderen Irrationalitäten enthalten, als die in den Werthen von $\psi(P)$ und $\chi(R)$ auftretenden Perioden von Einheitswurzeln. Dies ergiebt sich auch aus der Bemerkung, die ich *D.* I am Ende des § 3 gemacht habe.

Seien $\mathfrak{P}$ und $\mathfrak{Q}$ zwei Untergruppen von $\mathfrak{H}$, sei P (Q) ein variables Element von $\mathfrak{P}$ ($\mathfrak{Q}$), und a_P (b_Q) eine für $\mathfrak{P}$ ($\mathfrak{Q}$) charakteristische Einheit. Setzt man dann $a_R = 0$ ($b_R = 0$), falls R nicht in $\mathfrak{P}$ ($\mathfrak{Q}$) enthalten ist, so sind A und B zwei für $\mathfrak{H}$ charakteristische Einheiten. Die Elemente der Matrix $AB = \frac{c}{f}C$ sind

$$\frac{c}{f}c_R = \sum a_P b_Q,$$

die Summe erstreckt sich über alle Elemente P und Q der Gruppen $\mathfrak{P}$ und $\mathfrak{Q}$, die der Bedingung $PQ = R$ genügen. Gehört also R dem Complexe $\mathfrak{P}\mathfrak{Q}$ nicht an, so ist $c_R = 0$.

Ich nehme nun an, dass $\mathfrak{P}$ und $\mathfrak{Q}$ theilerfremd sind: Dann kann ein Element R des Complexes $\mathfrak{P}\mathfrak{Q}$ nur in einer Art auf die Form PQ gebracht werden. Daher ist

$$(6.)\qquad c_{PQ} = \frac{f}{c}a_P b_Q.$$

Die Spur von AB

$$(7.)\qquad c = h\, a_E b_E$$

ist daher von Null verschieden. Seien φ und ψ die von A und B bestimmten zusammengesetzten Charaktere von $\mathfrak{H}$. Haben sie nur einen Charakter χ gemeinsam, und enthält einer von ihnen χ nur einmal, so ist C nach Satz III, § 2 eine primitive Einheit von $\mathfrak{H}$, die den Charakter χ bestimmt. Insbesondere tritt dies ein, wenn die Spur von $A\bar{B}$ gleich 1 ist, also φ und ψ beide den Charakter χ nur einmal enthalten. Diese Spur ist

$$\sum_{R,S} a_S b_{R^{-1}S^{-1}R} = \sum_{P,S} a_P b_{R^{-1}P^{-1}R} = \sum a_P b_Q,$$

die Summe erstreckt sich über die Elemente P und Q der Gruppen $\mathfrak{P}$ und $\mathfrak{Q}$, die der Bedingung $R^{-1}PRQ = E$ genügen. Ist also

(8.) $$\sum a_P b_Q = 1 \qquad (R^{-1}PRQ = E),$$

so ist C stets eine primitive Einheit von $\mathfrak{H}$.

§ 4.

Die Charaktere der symmetrischen Gruppe $\mathfrak{H}$ des Grades n und der Ordnung $h = n!$ ergeben sich aus der Formel (*Sym.* § 2, (2.))

(1.) $$s_1^\alpha s_2^\beta s_3^\gamma \cdots \Delta(x_1, \cdots x_m) = \sum [\lambda_1, \cdots \lambda_m] \chi_\varrho^{(\lambda)} x_1^{\lambda_1} \cdots x_m^{\lambda_m},$$

in der

$$s_\varkappa = x_1^\varkappa + x_2^\varkappa + \cdots + x_m^\varkappa$$

ist. Die ϱ^{te} der k Classen, worin die Elemente von $\mathfrak{H}$ zerfallen, besteht aus allen Substitutionen, die $\alpha, \beta, \gamma, \cdots$ Cyklen der Ordnungen $1, 2, 3, \cdots$ enthalten, so dass

(2.) $$\alpha + 2\beta + 3\gamma + \cdots = n$$

ist. Der λ^{te} Charakter $\chi^{(\lambda)}$ ist durch die m verschiedenen Zahlen $\lambda_1, \cdots \lambda_m$ bestimmt, die der Bedingung

(3.) $$\lambda_1 + \lambda_2 + \cdots + \lambda_m = n + \tfrac{1}{2} m (m-1)$$

genügen. Die Zahl m kann beliebig gewählt werden. Soll aber die Formel (1.) alle k Charaktere von $\mathfrak{H}$ liefern, so muss $m \geqq n$ sein. Je nach der Wahl von m ändern sich die Zahlen $\lambda_1, \cdots \lambda_m$ (*Sym.* § 4). Sind r dieser Zahlen $\geqq m$, nämlich $m + a_1, \cdots m + a_r$, und bilden die $m - r$ Zahlen, die $< m$ sind, zusammen mit den r Zahlen

$$m-1-b_1, \cdots m-1-b_r$$

die m Zahlen $0, 1, \cdots m-1$, so sind die $2r$ Zahlen der Charakteristik

(4.) $$\begin{pmatrix} b_1 \, b_2 \cdots b_r \\ a_1 \, a_2 \cdots a_r \end{pmatrix},$$

die man so ordne, dass

$$a_1 > a_2 > \cdots > a_r, \qquad b_1 > b_2 > \cdots > b_r$$

ist, von der Wahl von m unabhängig. Oder ordnet man die Zahlen $\lambda_1, \cdots \lambda_m$ so, dass $\lambda_1 < \lambda_2 \cdots < \lambda_m$ ist, so seien

$$(5.)\qquad \varkappa_1 \geqq \varkappa_2 \geqq \cdots \geqq \varkappa_\mu > 0$$

die μ der Zahlen

$$\lambda_m - m + 1 \geqq \lambda_{m-1} - m + 2 \geqq \cdots \geqq \lambda_3 - 2 \geqq \lambda_2 - 1 \geqq \lambda_1,$$

die von Null verschieden sind. Dann sind diese μ Zahlen, die der Bedingung

$$(6.)\qquad \varkappa_1 + \varkappa_2 + \cdots + \varkappa_\mu = n$$

genügen, von der Wahl von m unabhängig. Zugleich ist μ der kleinste für m zulässige Werth, und $\mu - 1 = b_1$. Ferner sind

$$a_1 = \varkappa_1 - 1,\ a_2 = \varkappa_2 - 2, \cdots\ a_r = \varkappa_r - r$$

die unter den μ Zahlen $\varkappa_\varrho - \rho$, die $\geqq 0$ sind, und die absoluten Werthe der unter ihnen, die < 0 sind, bilden zusammen mit $b_1 + 1, \cdots b_r + 1$ die Zahlen $1, 2, \cdots \mu$.

Von zwei beliebigen Systemen ganzer Zahlen sage ich, es sei

$$(7.)\qquad (\alpha_1, \alpha_2, \alpha_3, \cdots) > (\beta_1, \beta_2, \beta_3, \cdots),$$

wenn von den Differenzen $\alpha_1 - \beta_1, \alpha_2 - \beta_2, \alpha_3 - \beta_3, \cdots$ die erste, die nicht verschwindet, positiv ist. Enthalten nicht beide Systeme gleich viele Zahlen, so ergänze man sie, um jene Differenzen bilden zu können, durch Nullen.

Die Zahl n lässt sich auf k Arten in Summanden zerlegen, die den Bedingungen (5.) genügen. Man ertheile diesen Zerlegungen die Ordnungszahlen $0, 1, \cdots k-1$, so dass die Ordnungszahl α der Zerlegung $\alpha_1 + \alpha_2 + \cdots$ kleiner als die Ordnungszahl β von $\beta_1 + \beta_2 + \cdots$ ist, wenn $(\alpha_1, \alpha_2, \cdots) > (\beta_1, \beta_2, \cdots)$ ist, also z. B.:

$$(0): n, \quad (1): (n-1)+1, \quad (2): (n-2)+2, \quad (3): (n-2)+1+1.$$

Hat die Zerlegung (6.) die Ordnungszahl $\varkappa$, so sei der ihr entsprechende Charakter $\chi^{(\varkappa)}$. Die n Symbole, welche die Permutationen von $\mathfrak{H}$ vertauschen, zerlege ich in irgend einer Art in μ Abtheilungen von je $\varkappa_1, \varkappa_2, \cdots \varkappa_\mu$ Symbolen. Alle Permutationen von $\mathfrak{H}$, die nur die Symbole jeder Abtheilung unter sich vertauschen, bilden eine Gruppe $\mathfrak{P}_\varkappa$ der Ordnung $p_\varkappa = \varkappa_1! \varkappa_2! \cdots \varkappa_\mu!$ Zu den μ Zahlen $\varkappa_1, \cdots \varkappa_\mu$ der Charakteristik $(\varkappa)$ werde ich, wenn es nöthig wird, noch $m - \mu$ Zahlen $\varkappa_{\mu+1} = \cdots = \varkappa_m = 0$ hinzufügen, ohne dass dadurch die Bedeutung dieser Charakteristik sich ändern soll. Die Anzahl μ der von Null verschiedenen Zahlen $\varkappa_1, \cdots \varkappa_m$ bezeichne ich mit $\varkappa'_1$. Dann ist $\varkappa'_1$ die Anzahl der *transitiven* (symmetrischen) Gruppen, worin $\mathfrak{P}_\varkappa$ zerfällt.

Bezeichnet man die Determinante m^{ten} Grades

$$|\, x_\mu^{\lambda_1}, x_\mu^{\lambda_2}, \cdots x_\mu^{\lambda_m} \,| \qquad (\mu = 1, 2, \cdots m)$$

mit $D_{\lambda_1, \lambda_2, \cdots \lambda_m}$, so ergiebt sich durch Auflösung der Gleichungen (1.), falls $\lambda_1 < \lambda_2 < \cdots < \lambda_m$ ist,

$$\frac{D_{\lambda_1, \lambda_2, \cdots \lambda_m}}{D_{0, 1, \cdots m-1}} = \sum_\varrho \frac{h_\varrho}{h} \chi_\varrho^{(\lambda)} s_1^\alpha s_2^\beta s_3^\gamma \cdots,$$

wo (λ) die Charakteristik (3.) bedeutet und

$$(8.) \qquad \frac{h}{h_\varrho} = 1^\alpha \alpha!\, 2^\beta \beta!\, 3^\gamma \gamma! \cdots$$

ist. Ersetzt man $\lambda_m, \lambda_{m-1}, \cdots \lambda_1$ durch $\lambda_1 + m - 1, \lambda_2 + m - 2, \cdots \lambda_m$, so wird

$$(9.) \qquad \frac{D_{\lambda_1+m-1, \lambda_2+m-2, \cdots \lambda_m}}{D_{m-1, m-2, \cdots 0}} = \sum_\varrho \frac{h_\varrho}{h} \chi_\varrho^{(\lambda)} s_1^\alpha s_2^\beta s_3^\gamma \cdots,$$

wo jetzt (λ) die Ordnungszahl der Zerlegung

$$(\lambda) \qquad n = \lambda_1 + \lambda_2 + \cdots \lambda_m \qquad (\lambda_1 \geqq \lambda_2 \geqq \quad \geqq \lambda_m \geqq 0)$$

bedeutet.

Ist $p_\varrho^{(\varkappa)}$ die Anzahl der in $\mathfrak{P}_\varkappa$ enthaltenen Substitutionen der ϱ^{ten} Classe, so ist, falls $m \geqq \varkappa_1'$ ist, $\frac{h p_\varrho^{(\varkappa)}}{p_\varkappa h_\varrho}$ der Coefficient von $x_1^{\varkappa_1} x_2^{\varkappa_2} \cdots x_m^{\varkappa_m}$ in der Entwicklung von $s_1^\alpha s_2^\beta s_3^\gamma \cdots$ (*Sym.* § 1). Daher ist

$$s_1^\alpha s_2^\beta s_3^\gamma \cdots = \sum_{(\varkappa)} \frac{h p_\varrho^{(\varkappa)}}{p_\varkappa h_\varrho} S(x_1^{\varkappa_1} x_2^{\varkappa_2} \cdots x_m^{\varkappa_m}).$$

Hier ist S eine symmetrische Function von $x_1, \cdots x_m$ die Summe aller *verschiedenen* Glieder, die aus $x_1^{\varkappa_1} \cdots x_m^{\varkappa_m}$ durch alle Permutationen von $x_1, \cdots x_m$ erhalten werden. Ich setze nun

$$\sum_\varrho p_\varrho^{(\varkappa)} \chi_\varrho^{(\lambda)} = p_\varkappa r_{\varkappa\lambda}$$

oder einfacher, wenn $P_\varkappa$ die $p_\varkappa$ Elemente der Gruppe $\mathfrak{P}_\varkappa$ durchläuft,

$$(10.) \qquad \sum_{\mathfrak{P}_\varkappa} \chi^{(\lambda)}(P_\varkappa) = p_\varkappa r_{\varkappa\lambda}.$$

Nach (3.), § 3 ist dann $r_{\varkappa\lambda}$ eine positive ganze Zahl, z. B. $r_{k-1,\lambda} = f_\lambda$, und nach (9.) ist

$$(11.) \qquad \frac{D_{\lambda_1+m-1, \lambda_2+m-2, \cdots \lambda_m}}{D_{m-1, m-2, \cdots 0}} = \sum_\varkappa r_{\varkappa\lambda}\, S(x_1^{\varkappa_1} x_2^{\varkappa_2} \cdots x_m^{\varkappa_m}).$$

In dieser ganzen Function ordne ich die Glieder so, dass $x_1^{\alpha_1} x_2^{\alpha_2} \cdots x_m^{\alpha_m}$ von $x_1^{\beta_1} x_2^{\beta_2} \cdots x_m^{\beta_m}$ steht, wenn $(\alpha_1, \alpha_2 \cdots) > (\beta_1, \beta_2 \cdots)$ ist. Dann ist im Zähler des Bruches (11.) das erste Glied $x_1^{\lambda_1+m-1} x_2^{\lambda_2+m-2} \cdots x_m^{\lambda_m}$, und im Nenner $x_1^{m-1} x_2^{m-2}, \cdots x_m^0$, also im Quotienten $x_1^{\lambda_1} x_2^{\lambda_2} \cdots x_m^{\lambda_m}$. Daher ist (Issai Schur, *Dissertation*, § 22)

$$(12.) \qquad r_{\varkappa\lambda} = 0 \quad (\varkappa < \lambda) \quad , \quad r_{\lambda\lambda} = 1,$$

wenn $(\varkappa_1, \varkappa_2, \cdots) > (\lambda_1, \lambda_2, \cdots)$ ist.

Ist nun in der Formel (5.), § 3 $\mathfrak{G} = \mathfrak{P}_\varkappa$, $h = p_\varkappa n$, so ist

$$D_\varkappa = |\sum_{\mathfrak{P}_\varkappa} x_{APB^{-1}}| = \prod_\lambda \Phi_\lambda^{r_{\varkappa\lambda}} \quad (A, B = A_0, A_1, \cdots A_{n-1}), \tag{13.}$$

wo Φ_λ die dem Charakter $\chi^{(\lambda)}$ entsprechende Primfunction ist. In der Zerlegung von $D_\varkappa$ kommen also $\Phi_{\varkappa+1}, \cdots \Phi_{k-1}$ nicht vor, sondern nur $\Phi_0, \Phi_1 \cdots \Phi_\varkappa$, und zwar $\Phi_\varkappa$ (und Φ_0) genau in der ersten Potenz. Z. B. ist $D_0 = \Phi_0$, $D_1 = \Phi_0\Phi_1$ und für $n = 3$ $D_2 = \Phi_0\Phi_1^2\Phi_2$, für $n = 4$ aber $D_2 = \Phi_0\Phi_1\Phi_2$, $D_3 = \Phi_0\Phi_1^2\Phi_2\Phi_3$, $D_4 = \Phi_0\Phi_1^3\Phi_2^2\Phi_3^3\Phi_4$.

§ 5.

Unter den μ positiven Zahlen der Zerlegung

$$(\alpha) \qquad n = \alpha_1 + \alpha_2 + \cdots + \alpha_\mu \qquad (\alpha_1 \geqq \alpha_2 \geqq \cdots \geqq \alpha_\mu > 0)$$

seien β_1, die $\geqq 1$ sind, β_2, die $\geqq 2$ sind, allgemein β_σ, die $\geqq \sigma$ sind. Oder es sei $\beta_1 = \mu$, und es seien unter jenen μ Zahlen $\beta_1 - \beta_2$ gleich 1, $\beta_2 - \beta_3$ gleich 2, allgemein $\beta_\sigma - \beta_{\sigma+1}$ gleich σ. Dann ist

$$n = (\beta_1 - \beta_2) + 2(\beta_2 - \beta_3) + 3(\beta_3 - \beta_4) + \cdots,$$

also

$$(\beta) \qquad n = \beta_1 + \beta_2 + \cdots + \beta_\nu \qquad (\beta_1 \geqq \beta_2 \geqq \cdots \geqq \beta_\nu > 0).$$

Ist $\alpha_\varrho \geqq \sigma$, so sind auch $\alpha_1 \geqq \alpha_2 \geqq \cdots \geqq \alpha_\varrho \geqq \sigma$. Daher ist die Anzahl der Zahlen $\alpha_1, \alpha_2 \cdots \alpha_\mu$ die $\geqq \sigma$ sind, nämlich $\beta_\sigma \geqq \rho$. Ist $\beta = \beta_\sigma$, so ist α_β die letzte der Zahlen $\alpha_1, \alpha_2, \cdots \alpha_\mu$, die $\geqq \sigma$ ist. Ist also $\alpha_\varrho < \sigma$, so ist $\alpha_\beta > \alpha_\varrho$, und folglich $\beta < \rho$. Von den beiden Ungleichheiten

$$\alpha_\varrho \geqq \sigma \quad , \quad \beta_\sigma \geqq \rho \tag{1.}$$

ist also jede eine Folge der andern, und dasselbe gilt von

$$\alpha_\varrho < \sigma \quad , \quad \beta_\sigma < \rho. \tag{2.}$$

Unter den ν Zahlen $\beta_1, \beta_2, \cdots \beta_\nu$ sind also ρ, die $\geqq \rho$ sind. Die beiden Zerlegungen (α) und (β) heissen *associirte Zerlegungen* der Zahl n. Ferner ist immer

$$\alpha_\varrho + \beta_\sigma \gtreqless \rho + \sigma - 1. \tag{3.}$$

Umgekehrt bestimmen die Ungleichheiten (3.) zusammen mit den Gleichungen

$$\alpha_1 = \nu \quad , \quad \beta_1 = \mu \tag{4.}$$

die ν Zahlen $\beta_1, \beta_2, \cdots \beta_\nu$, wenn $\alpha_1, \alpha_2, \cdots \alpha_\mu$ gegeben sind, und umgekehrt. Denn die $\mu + \nu$ Zahlen

$$\alpha_1 - 1, \alpha_2 - 2, \cdots \alpha_\mu - \mu, -\beta_1, -\beta_2 + 1, \cdots -\beta_\nu + \nu - 1 \tag{5.}$$

sind alle unter einander verschieden, die grösste ist $\alpha_1 - 1 = \nu - 1$, die kleinste $-\beta_1 = -\mu$, und folglich stimmen sie, abgesehen von der Reihenfolge mit den $\mu+\nu$ auf einander folgenden Zahlen $\nu-1, \nu-2, \cdots 0, -1, \cdots -\mu$ überein (*Sym.* § 6, (4.)).

Seien $(\varkappa)$ und (λ) zwei andere associirte Zerlegungen. Damit dann in der Formel

$$\frac{D_{\varkappa_1+m-1,\,\varkappa_2+m-2,\,\cdots\,\varkappa_m}}{D_{m-1,\,m-2,\,\cdots\,0}} = \Sigma\, r_{\alpha\varkappa}\, S(x_1^{\alpha_1} x_2^{\alpha_2} \cdots x_m^{\alpha_m})$$

$r_{\alpha\varkappa}$ wirklich vorkommt, muss $m \geqq \lambda_1$ und $m \geqq \beta_1$ sein. Ist also $m = \lambda_1$, so kommen in der Entwicklung alle Zahlen $r_{\alpha\varkappa}$ vor, für welche $\beta_1 \leqq \lambda_1$ ist. Dann ist aber $\varkappa_m > 0$, also die linke Seite durch $x_1 x_2 \cdots x_m$ theilbar. Folglich ist $r_{\alpha\varkappa} = 0$, wenn $\alpha_m = 0$ ist, also wenn $\beta_1 < m\ (= \lambda_1)$ ist.

Auf der rechten Seite kommen also nur solche Glieder vor, worin $\beta_1 = \lambda_1\ (= m)$, also $\alpha_m > 0$ ist, und demnach kann man beide Seiten durch $x_1 x_2 \cdots x_m$ theilen. Von den Zahlen $\varkappa_m, \varkappa_{m-1}, \cdots$ sind $\lambda_1 - \lambda_2$ gleich 1. Ist $\lambda_1 - \lambda_2 > 0$, so setze man $x_m = 0$, hebe den Bruch durch $x_1 x_2 \cdots x_{m-1}$, setze dann $x_{m-1} = 0$, hebe durch $x_1 x_2 \cdots x_{m-2}$ u. s. w., setze endlich $x_{\lambda_2+1} = 0$, und hebe durch $x_1 x_2 \cdots x_{\lambda_2}$. Keine der in der Summe auftretenden symmetrischen Functionen S wird dabei identisch Null, und man erhält, falls m jetzt λ_2 bedeutet,

$$\frac{D_{\varkappa_1+m-2,\,\varkappa_2+m-3,\,\cdots\,\varkappa_m-1}}{D_{m-1,\,m-2,\,\cdots\,0}} = \Sigma\, r_{\alpha\varkappa}\, S(x_1^{\alpha_1-1} x_2^{\alpha_2-1} \cdots x_m^{\alpha_m-1}).$$

Da $\varkappa_m > 1$ ist, so ist die linke Seite durch $x_1 x_2 \cdots x_m$ theilbar. Folglich ist $r_{\alpha\varkappa} = 0$, wenn $\alpha_m = 1$ ist, also wenn $\beta_2 < m\ (= \lambda_2)$ ist. Indem man so weiter schliesst, erkennt man, dass stets $r_{\alpha\varkappa} = 0$ ist, wenn $(\beta_1, \beta_2, \beta_3, \cdots) < (\lambda_1, \lambda_2, \lambda_3, \cdots)$ ist. Sind also jetzt $(\varkappa)$ und (λ) zwei beliebige Zerlegungen, $(\varkappa')$ und (λ') die ihnen associirten, so ist (vergl. Schur, *Dissertation*, § 20)

(6.) $$r_{\varkappa\lambda} = 0 \qquad (\varkappa' > \lambda'),$$

wenn $(\varkappa_1', \varkappa_2', \cdots) < (\lambda_1', \lambda_2', \cdots)$ ist.

Besteht die Substitution R aus $\alpha, \beta, \gamma, \delta, \cdots$ Cyklen der Grade $1, 2, 3, 4, \cdots$, so ist

(7.) $$\vartheta(R) = (-1)^{\beta+\delta+\cdots}$$

der dem Hauptcharakter associirte Charakter $\chi^{(k-1)} = \chi^{(0')}$. Ist dann $(\varkappa')$ die zu $(\varkappa)$ associirte Zerlegung, so ist (*Sym.* § 6)

(8.) $$\chi^{(\varkappa')}(R) = \chi^{(\varkappa)}(R)\, \vartheta(R)$$

der zu $\chi^{(\varkappa)}$ associirte Charakter, und

(9.) $$\Phi_{\varkappa'}(x_R) = \Phi_{\varkappa}(\vartheta(R)\, x_R)$$

die ihm entsprechende Primfunction.

Durchläuft Q die Elemente der Gruppe $\mathfrak{Q}_\varkappa = \mathfrak{P}_{\varkappa'}$, so ist analog der Formel (13.), § 4

$$|\sum_{\mathfrak{Q}_\varkappa} x_{AQB^{-1}}| = \prod_\lambda \Phi_{\lambda'}^{r_{\varkappa'\lambda'}},$$

also, wenn man x_R durch $\vartheta(R)x_R$ ersetzt,

$$D'_\varkappa = |\sum_{\mathfrak{Q}_\varkappa} \vartheta(Q) x_{AQB^{-1}}| = \prod_\lambda \Phi_\lambda^{r_{\varkappa'\lambda'}}. \qquad (10.)$$

In diesem Producte kommen nur $\Phi_\varkappa, \Phi_{\varkappa+1}, \cdots \Phi_{k-1}$ vor, und zwar $\Phi_\varkappa$ (und Φ_{k-1}) in der ersten Potenz. Folglich ist $\Phi_\varkappa$ der grösste gemeinsame Divisor von $D_\varkappa$ und $D'_\varkappa$.

§ 6.

Ist $P = P_\varkappa$ ein Element der Gruppe $\mathfrak{P} = \mathfrak{P}_\varkappa$ der Ordnung $p = p_\varkappa$, so erhält man eine für $\mathfrak{P}$ charakteristische Einheit a_P, indem man $pa_P = 1$ setzt. Ist $Q = P_{\varkappa'}$ ein Element der Gruppe $\mathfrak{Q} = \mathfrak{Q}_\varkappa = \mathfrak{P}_{\varkappa'}$ der Ordnung $q = p_{\varkappa'}$, so erhält man eine für $\mathfrak{Q}$ charakteristische Einheit b_Q, indem man $qb_Q = \vartheta(Q)$ setzt. Ist ferner $a_R = 0$ ($b_R = 0$), falls R nicht in $\mathfrak{P}$ ($\mathfrak{Q}$) enthalten ist, so sind A und B zwei für $\mathfrak{H}$ charakteristische Einheiten. Ist $(\varkappa')$ die zu $(\varkappa)$ associirte Zerlegung, so kann man die Gruppe $\mathfrak{Q}$ so wählen, dass sie zu $\mathfrak{P}$ theilerfremd ist (§ 7). Dann und nur dann nenne ich $\mathfrak{P}$ und $\mathfrak{Q}$ *associirte Untergruppen* von $\mathfrak{H}$.

Bestimmt die Einheit b_R den Charakter

$$\psi(R) = \sum r_\lambda \chi^{(\lambda)}(R),$$

so ist nach (9.), § 1

$$qr_\lambda = q \sum_R b_{R^{-1}} \chi^{(\lambda)}(R) = \sum_Q \vartheta(Q) \chi^{(\lambda)}(Q) = \sum_Q \chi^{(\lambda')}(Q),$$

also weil $Q = P_{\varkappa'}$ die $q = p_{\varkappa'}$ Elemente der Gruppe $\mathfrak{P}_{\varkappa'}$ durchläuft, nach (10.), § 4 $r_\lambda = r_{\varkappa'\lambda'}$. Demnach sind

$$\varphi(R) = \sum_\lambda r_{\varkappa\lambda} \chi^{(\lambda)}(R) \quad , \quad \psi(R) = \sum_\lambda r_{\varkappa'\lambda'} \chi^{(\lambda)}(R) \qquad (1.)$$

die von A und B bestimmten Charaktere von $\mathfrak{H}$. Da $r_{\varkappa\varkappa} = r_{\varkappa'\varkappa'} = 1$ ist, so enthält jeder den Charakter $\chi = \chi^{(\varkappa)}$ ein Mal. Da ferner $r_{\varkappa\lambda} = 0$ ist, wenn $\varkappa < \lambda$ ist, und $r_{\varkappa'\lambda'} = 0$, wenn $\varkappa > \lambda$ ist, so haben sie ausser χ keinen Charakter gemeinsam.

Nach den am Ende des § 3 entwickelten Formeln erhält man daher eine den Charakter χ bestimmende Einheit C von $\mathfrak{H}$, indem man $c_R = 0$ setzt, falls R dem Complexe $\mathfrak{P}\mathfrak{Q}$ nicht angehört, sonst aber

$$c_{PQ} = \frac{f\, a_P\, b_Q}{h\, a_E\, b_E},$$

also

$$c_{PQ} = \frac{f}{h} \vartheta(Q). \qquad (2.)$$

In einer künstlicheren Weise kann man die Resultate der §§ 4 und 5 verwerthen, indem man die Summen

$$(3.)\qquad \sum_\lambda r_{\varkappa\lambda}\, r_{\varkappa'\lambda'} \frac{\chi^{(\lambda)}(R)}{f^{(\lambda)}}\,, \qquad \sum_\lambda \frac{1}{f^{(\lambda)}}\, r_{\varkappa\lambda}\, r^2_{\varkappa'\lambda'}$$

bildet, was ich hier nicht weiter ausführen will.

Zu dem Ergebniss (2.) kann man aber auch gelangen, ohne von den in § 4 und § 5 entwickelten Formeln mehr als die Gleichung $r_{\varkappa\varkappa} = 1$ vorauszusetzen, indem man eine Eigenschaft der associirten Untergruppen benutzt, zu deren Ableitung ich mich jetzt wende.

§ 7.

Seien (α) und (β) zwei associirte Zerlegungen

$$n = \alpha_1 + \alpha_2 + \cdots + \alpha_\mu = \beta_1 + \beta_2 + \cdots + \beta_\nu\,,$$

und seien

$$(\mathfrak{p})\qquad \begin{matrix} a_{11} & a_{12} & \cdots & \cdot & \cdot & \cdot & a_{1,\alpha_1} \\ a_{21} & a_{22} & \cdots & \cdot & a_{2,\alpha_2} & \cdot & \\ \cdot & \cdot & \cdots & \cdot & \cdot & \cdot & \\ a_{\mu 1} & a_{\mu 2} & \cdots & a_{\mu,\alpha_\mu} & & & \end{matrix}\,,$$

die $\mu = \beta_1$ Systeme von Symbolen, die von den Substitutionen von $\mathfrak{P}_\alpha = \mathfrak{P}$ unter einander vertauscht werden. In jeder Horizontalreihe oder Zeile dieses Schema (*graph* nach SYLVESTER) stehen die Symbole einer Abtheilung. Da $\alpha_1 \geqq \alpha_2 \geqq \cdots \geqq \alpha_\mu > 0$ ist, so enthält jede Zeile mehr ($\geqq$) Symbole als die folgende. Die n Symbole sind aber auch in vertikalen Reihen oder Spalten so geordnet, dass sich leere Plätze nur am Schluss einer Zeile finden. Die erste Spalte enthält $\mu = \beta_1$ Symbole, die zweite so viel weniger, als es Abtheilungen giebt, die nur ein Symbol enthalten, also $\beta_1 - (\beta_1 - \beta_2) = \beta_2$ u. s. w. Durch Vertauschung der Zeilen und Spalten erhält man daher aus $\mathfrak{p}$ das Schema

$$(\mathfrak{q})\qquad \begin{matrix} a_{11} & a_{21} & \cdots & \cdot & \cdot & \cdot & a_{\beta_1,1} \\ a_{12} & a_{22} & \cdots & \cdot & a_{\beta_2,2} & & \\ \cdot & \cdot & \cdots & \cdot & \cdot & \cdot & \\ a_{1\nu} & a_{2\nu} & \cdots & a_{\beta_\nu,\nu} & & & \end{matrix}$$

Benutzt man diese Eintheilung der n Symbole bei der Bildung der Gruppe $\mathfrak{P}_\beta = \mathfrak{Q}_\alpha = \mathfrak{Q}$, so sind $\mathfrak{P}$ und $\mathfrak{Q}$ theilerfremd. Theilt man die n Symbole in anderer Art in ν Systeme von je $\beta_1, \beta_2, \cdots \beta_\nu$ Symbolen, etwa

$$(\mathfrak{q}')\qquad \begin{matrix} c_{11} & c_{21} & \cdots & \cdot & \cdot & \cdot & c_{\beta_1,1} \\ c_{12} & c_{22} & \cdots & \cdot & c_{\beta_2,2} & \cdot & \\ \cdot & \cdot & \cdots & \cdot & \cdot & \cdot & \\ c_{1\nu} & c_{2\nu} & \cdots & c_{\beta_\nu,\nu} & & & \end{matrix}\,,$$

wo sich die n Symbole $c_{\varrho\sigma}$ von den $a_{\varrho\sigma}$ nur durch die Anordnung unterscheiden, also durch eine Substitution

$$S = \begin{pmatrix} a_{\varrho\sigma} \\ c_{\varrho\sigma} \end{pmatrix}$$

daraus hervorgehen, so entspricht diesem Schema die Gruppe $\mathfrak{Q}' = S^{-1}\mathfrak{Q}S$. Soll nun $\mathfrak{Q}'$ zu $\mathfrak{P}$ theilerfremd sein, so müssen je zwei Symbole, die in dem Schema $\mathfrak{q}'$ in einer Zeile stehen, in $\mathfrak{p}$ in verschiedenen Zeilen stehen. Für die β_1 Symbole der ersten Zeile von $\mathfrak{q}'$ muss man daher aus jeder der $\mu = \beta_1$ Zeilen von $\mathfrak{p}$ ein Symbol wählen, etwa aus der ersten Zeile b_{11}, aus der zweiten $b_{21}, \cdots$, aus der β_1^{ten} $b_{\beta_1,1}$. Streicht man diese μ Symbole in $\mathfrak{p}$, so enthält $\mathfrak{p}$ nur noch β_2 Zeilen, da die letzten $\beta_1 - \beta_2$ Zeilen ganz wegfallen. Für die β_2 Symbole der zweiten Zeile von $\mathfrak{q}'$ muss man daher wieder aus jeder dieser β_2 Zeilen ein Symbol wählen, etwa aus der ersten b_{12}, aus der zweiten $b_{22}, \cdots$, aus der β_2^{ten} $b_{\beta_2,2}$. Folglich entsteht $\mathfrak{q}'$, nachdem in jeder Zeile die Symbole passend vertauscht sind, durch Vertauschung der Zeilen und Spalten aus einem Schema

$$(\mathfrak{p}'') \qquad \begin{matrix} b_{11} & b_{12} & \cdots & . & . & . & . & b_{1,\alpha_1} \\ b_{21} & b_{22} & \cdots & . & . & b_{2,\alpha_2} & . & . \\ . & . & \cdots & . & . & . & . & . \\ b_{\mu 1} & b_{\mu 2} & \cdots & b_{\mu,\alpha_\mu} & . & . & . & . \end{matrix} \quad ,$$

das aus $\mathfrak{p}$ hervorgeht, indem man in jeder Zeile von $\mathfrak{p}$ die Symbole in geeigneter Weise umstellt. Daher ist

$$P = \begin{pmatrix} a_{\varrho\sigma} \\ b_{\varrho\sigma} \end{pmatrix}$$

eine Substitution der Gruppe $\mathfrak{P}$. Vertauscht man daher in $\mathfrak{p}''$ die Zeilen und Spalten, so erhält man ein Schema $\mathfrak{q}''$, dem die Gruppe $P^{-1}\mathfrak{Q}P$ entspricht. Aus diesem aber geht $\mathfrak{q}'$ hervor, indem man in jeder Zeile von $\mathfrak{q}''$ die Symbole in gewisser Art vertauscht. Daher ist

$$P^{-1}QP = \begin{pmatrix} b_{\varrho\sigma} \\ c_{\varrho\sigma} \end{pmatrix}$$

eine Substitution der Gruppe $P^{-1}\mathfrak{Q}P$. Folglich ist

$$S = \begin{pmatrix} a_{\varrho\sigma} \\ c_{\varrho\sigma} \end{pmatrix} = \begin{pmatrix} a_{\varrho\sigma} \\ b_{\varrho\sigma} \end{pmatrix} \begin{pmatrix} b_{\varrho\sigma} \\ c_{\varrho\sigma} \end{pmatrix} = P(P^{-1}QP) = QP.$$

Ist umgekehrt $S = QP$ ein Element des Complexes $\mathfrak{Q}\mathfrak{P}$, so sind $\mathfrak{P} = P^{-1}\mathfrak{P}P$ und $S^{-1}\mathfrak{Q}S = P^{-1}\mathfrak{Q}P$ theilerfremd, weil $\mathfrak{P}$ und $\mathfrak{Q}$ theilerfremd sind. So ergiebt sich der für die ganze Entwicklung grundlegende Satz:

I. *Sind $\mathfrak{P}$ und $\mathfrak{Q}$ associirte Gruppen, so ist $R^{-1}\mathfrak{P}R$ stets und nur dann ebenfalls mit $\mathfrak{Q}$ associirt, also zu $\mathfrak{Q}$ theilerfremd, wenn $R = PQ$ dem Complexe $\mathfrak{P}\mathfrak{Q}$ angehört.*

Gehört R dem Complexe $\mathfrak{P}\mathfrak{Q}$ nicht an, so haben $R^{-1}\mathfrak{P}R$ und $\mathfrak{Q}$ eine Substitution gemeinsam, also haben sie, da ihre transitiven Constituenten symmetrische Gruppen sind, auch eine Transposition T gemeinsam.

Ein anderer Beweis, auf den ich hier nicht eingehe, stützt sich auf den Satz:

Bilden die mit $\mathfrak{P}$ vertauschbaren Elemente der symmetrischen Gruppe $\mathfrak{H}$ die Gruppe $\mathfrak{P}'$, und ist $\mathfrak{D}$ der grösste gemeinsame Theiler von $\mathfrak{P}'$ und $\mathfrak{Q}$, so ist $\mathfrak{P}' = \mathfrak{P}\mathfrak{D} = \mathfrak{D}\mathfrak{P}$.

Bezeichnet man jetzt mit $\mathfrak{Q}$ eine beliebige der Gruppen $\mathfrak{P}_\beta$, die der Zerlegung (β) entsprechen, so kann man das obige Ergebniss auch so aussprechen:

II. *Unter den Complexen*

$$\mathfrak{H} = \mathfrak{P}A\mathfrak{Q} + \mathfrak{P}B\mathfrak{Q} + \mathfrak{P}C\mathfrak{Q} + \cdots,$$

worin die Gruppe $\mathfrak{H}$ nach dem Doppelmodul $\mathfrak{P}, \mathfrak{Q}$ zerfällt, giebt es einen und nur einen, der aus pq verschiedenen Elementen besteht.

Der Complex $\mathfrak{P}A\mathfrak{Q}$ besteht aus $\frac{pq}{a}$ verschiedenen Elementen, wenn a die Ordnung des grössten gemeinsamen Theilers der beiden Gruppen $A^{-1}\mathfrak{P}A$ und $\mathfrak{Q}$ ist. Von den Zahlen $a, b, c, \cdots$ ist also eine und nur eine gleich 1. Ist dies a, so ist $A\mathfrak{Q}A^{-1} = \mathfrak{Q}'$ eine mit $\mathfrak{P}$ associirte Gruppe, und $P^{-1}\mathfrak{Q}'P$ die allgemeinste.

Von der Bedeutung der in der Charakteristik (4.), § 4 auftretenden Zahlen giebt das Schema $\mathfrak{p}$ eine besonders anschauliche Vorstellung. Der Rang r der Zerlegung (α) oder (β) ist die Anzahl der in der Diagonale stehenden Symbole $a_{11}, a_{22}, \cdots a_{rr}$. Rechts von der Diagonale stehen in der ersten Zeile a_1 Symbole, in der zweiten $a_2, \cdots$, in der r^{ten} a_r, in den folgenden Zeilen keine. Links von der Diagonale stehen in der ersten Spalte b_1 Symbole, in der zweiten $b_2, \cdots$ in der r^{ten} b_r, in den folgenden Spalten keine. Die Gesammtanzahl der ausserhalb der Diagonale stehenden Symbole ist (*Sym.* § 4, (7.))

$$n - r = a_1 + a_2 + \cdots + a_r + b_1 + b_2 + \cdots + b_r.$$

Ist

$$\chi^{(\alpha)} = \chi\begin{pmatrix} b_1\, b_2 \cdots b_r \\ a_1\, a_2 \cdots a_r \end{pmatrix},$$

so ist (*Sym.* § 6, (6.))

$$\chi^{(\beta)} = \chi\begin{pmatrix} a_1\, a_2 \cdots a_r \\ b_1\, b_2 \cdots b_r \end{pmatrix}.$$

§ 8.

Bezeichnen A, B und C dieselben Matrizen, wie in § 6, so ist C nach Satz III, § 2 stets eine primitive Einheit von $\mathfrak{H}$, wenn die Spur von $A\bar{B}$ gleich 1 ist. Nach (8.), § 3 ist demnach zu zeigen, dass

$$\Sigma \, \mathfrak{s}(Q^{-1}) = \Sigma \, \mathfrak{s}(Q) = pq$$

ist, wenn über alle Lösungen der Gleichung

$$R^{-1}PR = Q$$

summirt wird. Entsprechend den h Elementen R theile ich die Summe in h Theilsummen,

$$\sum_{\mathfrak{R}} \mathfrak{s}(Q),$$

worin Q die Elemente der Gruppe $\mathfrak{R}$ durchläuft, die der grösste gemeinsame Theiler von $R^{-1}\mathfrak{P}R$ und $\mathfrak{Q}$ ist. Gehört R dem Complexe $\mathfrak{P}\mathfrak{Q}$ nicht an, so enthält $\mathfrak{R} = \mathfrak{R}T$ eine Transposition T, und mithin ist

$$\sum_{\mathfrak{R}} \mathfrak{s}(Q) = \Sigma \, \mathfrak{s}(QT) = -\Sigma \, \mathfrak{s}(Q) = 0\,.$$

Ist aber R eins der pq Elemente des Complexes $\mathfrak{P}\mathfrak{Q}$, so besteht $\mathfrak{R}$ nur aus dem Hauptelemente E, und mithin ist

$$\sum_{\mathfrak{R}} \mathfrak{s}(Q) = 1\,.$$

Damit ist bewiesen, dass die von den Einheiten A und B bestimmten zusammengesetzten Charaktere φ und ψ einen gewissen Charakter χ von $\mathfrak{H}$ jeder nur ein Mal enthalten, sonst aber keinen Charakter gemeinsam haben. Mit Hülfe der Gleichungen $r_{\varkappa\varkappa} = r_{\varkappa'\varkappa'} = 1$ erkennt man dann aus (1.), § 6, dass $\chi = \chi^{(\varkappa)}$ ist. Demnach bestimmt C den Charakter

$$\chi_\varrho = \chi_\varrho^{(\varkappa)} = \sum_S c_{S^{-1}RS} = \frac{h}{h_\varrho} \sum_{(\varrho)} c_R\,,$$

falls in der letzten Summe R die h_ϱ verschiedenen Elemente der ρ^{ten} Classe durchläuft. Folglich ist

$$\text{(1.)} \qquad \frac{h_\varrho \chi_\varrho}{f} = \Sigma \, \mathfrak{s}(Q) \qquad (PQ = R).$$

Die Summe erstreckt sich über alle Lösungen, welche die Gleichung $PQ = R$ zulässt, falls P die Elemente von $\mathfrak{P}$, Q die von $\mathfrak{Q}$, und R die h_ϱ Elemente der ρ^{ten} Classe durchläuft. Indem man P durch P^{-1} ersetzt, kann man die Summationsbedingung auch in der Form $PR = Q$, oder indem man R durch $P^{-1}RP$ ersetzt, in der Form $RP = Q$ schreiben. Kann ein bestimmtes Element Q der Gruppe $\mathfrak{Q}$ in verschiedener Art auf die Form PR gebracht werden, so ist es auch in die Summe (1.) mehrfach aufzunehmen.

Aus der Gleichung $\Sigma c_{R^{-1}} c_R = c_E$ ergiebt sich weiter

$$(2.)\qquad \frac{h}{f} = \Sigma\, \vartheta(QQ') \qquad (QP = P'Q').$$

Die Summe erstreckt sich nur über die Elemente R, für die gleichzeitig $R = P'Q'$ und $R^{-1} = P^{-1}Q^{-1}$, also $QP = P'Q'$ ist. So gelangt man zu den folgenden Sätzen, die wohl einige der merkwürdigsten Eigenschaften der symmetrischen Gruppe und ihrer Charaktere enthalten:

I. *Sind P und P' veränderliche Elemente der Gruppe $\mathfrak{P}$, und Q und Q' solche der associirten Gruppe $\mathfrak{Q}$, so hat die Gleichung $PQ = Q'P'$ mehr Lösungen, worin QQ' gerade ist, als Lösungen, worin QQ' ungerade ist. Der Überschuss ist gleich $\frac{h}{f}$.*

II. *Ist P ein veränderliches Element der Gruppe $\mathfrak{P}$, und R ein veränderliches Element der ρ^{ten} Classe, so ist $\frac{h_\rho \chi_\rho}{f}$ gleich der Differenz zwischen der Anzahl der geraden und der Anzahl der ungeraden unter den Substitutionen PR (oder RP), die der zu $\mathfrak{P}$ associirten Gruppe $\mathfrak{Q}$ angehören.*

III. *Sei $\zeta(R) = 0$, wenn R dem Complexe $\mathfrak{P}\mathfrak{Q}$ nicht angehört. Ist aber $R = PQ$, so sei $\zeta(R) = +1$ oder -1, je nachdem die Substitution Q gerade oder ungerade ist. Dann ist $\frac{f}{h}\zeta(R)$ eine für die symmetrische Gruppe charakteristische primitive Einheit, die den Charakter $\chi(R)$ bestimmt. Ist $\mathfrak{P} = \mathfrak{P}_\varkappa$, so ist $\chi = \chi^{(\varkappa)}$.*

Da $\frac{f}{h}\zeta(R)$ eine den Charakter $\chi(R)$ bestimmende Einheit ist, so ist nach Satz III, § 1

$$\frac{h}{f}\zeta(R) = \sum_S \zeta(S^{-1})\chi(SR) = \sum_{P,Q} \zeta(P^{-1}Q^{-1})\chi(QPR)$$

und mithin (vergl. *D.* II, § 5 (10.))

$$(3.)\qquad \frac{h}{f}\zeta(R) = \sum_{P,Q} \vartheta(Q)\chi(PRQ).$$

Die Eigenschaften der in Satz III definirten Function $\zeta(R)$ hat Hr. A. Young untersucht in zwei sehr beachtenswerthen Arbeiten *On Quantitative Substitutional Analysis*, Proceedings of the London Math. Soc., vol. 33 und 34, im Folgenden *Y.* I und *Y.* II citirt. Aber die Beziehung der Function $\zeta(R)$ zu dem Charakter $\chi(R)$ und der ihm entsprechenden primitiven Darstellung der symmetrischen Gruppe hat er nicht erkannt, und erst durch diese erhalten seine Arbeiten ihre rechte Bedeutung, da sonst die in seinen Formeln auftretenden Zahlencoefficienten meist unbestimmt bleiben. Nur die Zahl, welche ich mit f

bezeichne und den Grad des Charakters χ nenne, hat er (*Y.* II, 5) wirklich berechnet. Aber nach dieser überaus complicirten Rechnung zu schliessen dürfte die Berechnung aller Werthe des Charakters χ auf dem eingeschlagenen Wege recht mühsam sein (vergl. § 12).

Hr. A. Young bedient sich der nicht commutativen hypercomplexen Zahlen e_R, die ich *D.* I, § 6 eingeführt habe, deren Multiplicationsgesetz $e_R e_S = e_{RS}$ lautet, und schreibt für e_R einfach R, so dass z. B. die Gleichung (1.) § 1

$$(\Sigma\, x_R R)\,(\Sigma\, y_R R) = \Sigma\, z_R R$$

lautet. Der von ihm mit $T_{\alpha_1, \alpha_2}, \cdots$ bezeichnete Ausdruck ist gleich $\frac{h}{f^{(\alpha)}} \sum\limits_R \chi^{(\alpha)}(R) R$, die mit $A^{-\frac{1}{2}}$ bezeichnete Zahl $\frac{h}{f^{(\alpha)}}$.

Ich leite hier seine Resultate noch einmal her, und erreiche eine erhebliche Vereinfachung namentlich dadurch, dass ich den Satz des § 7, welcher der gedankliche Ausdruck des ganzen in § 9 und § 11 aufgestellten Systems von Formeln ist, an den Anfang der Entwicklung stelle, während ihn Hr. A. Young erst am Ende vollständig ausspricht (*Y.* II, 15). Von geringerer Bedeutung ist, dass ich mir den Gebrauch der hypercomplexen Grössen versage, weil diese, so bequem sie auch mitunter sind, doch nicht immer dazu beitragen, die Darstellung durchsichtiger zu gestalten.

Nachdem so die Charaktere der symmetrischen Gruppe $\mathfrak{H}$ unabhängig von allen früheren Ergebnissen auf's Neue bestimmt sind, ohne die Resultate der §§ 4 und 5 zu benutzen, beweise ich ihre Übereinstimmung mit den von mir auf einem anderen Wege vollständig berechneten Charakteren von $\mathfrak{H}$, wonach auch die oben erwähnte Berechnung von f (*Y.* II, 5) unnöthig wird, und zeige endlich in § 10, dass $\frac{f}{h}\,\zeta(R)$ für $\mathfrak{H}$ eine Einheit ist. Die ihr entsprechende hypercomplexe Grösse $\Sigma\,\zeta(R) R$ bezeichnet Hr. A. Young mit $G_1 \cdots G_h \Gamma'_1 \cdots \Gamma'_h$ oder einfacher mit *PN*. Was er *ATP* und *ATN* nennt, sind die in § 11 mit $\frac{f}{h}\Sigma\,\xi(R) R$ und $\frac{f}{h}\Sigma\,\eta(R) R$ bezeichneten Einheiten.

§ 9.

I. Seien $\mathfrak{P}$ und $\mathfrak{Q}$ zwei associirte Gruppen der Ordnungen

$$p = \alpha_1!\, \alpha_2! \cdots \alpha_\mu!\ , \qquad q = \beta_1!\, \beta_2! \cdots \beta_\nu!\,,$$

sei P ein variabeles Element von $\mathfrak{P}$ und Q ein solches von $\mathfrak{Q}$.

Aus der in Satz III, § 8 ausgesprochenen Definition der Function $\zeta(R)$ ergiebt sich

$$(1.)\qquad \zeta(PR) = \zeta(R)\ , \qquad \zeta(RQ) = \zeta(R)\,\zeta(Q)\,.$$

Ferner ist, wenn A und B beliebige Substitutionen sind (Y. II, 11),

$$(2.)\quad \sum_P \zeta(APB) = \sum_P \zeta(AP)\zeta(B), \quad \sum_Q \zeta(Q)\zeta(AQB) = \sum_Q \zeta(A)\zeta(Q)\zeta(QB).$$

Denn gehört $B = P_1 Q$ dem Complexe $\mathfrak{PQ}$ an, so ist die erste Gleichung eine Folge von (1.), weil PP_1 zugleich mit P die Gruppe $\mathfrak{P} = \mathfrak{P}P_1$ durchläuft. Ist dies aber nicht der Fall, so ist $\zeta(B) = 0$ und ebenso verschwindet die Summe links. Denn die Gruppe $B^{-1}\mathfrak{P}B = \mathfrak{P}'$ hat dann mit $\mathfrak{Q}$ eine Transposition Q gemeinsam, für die $\zeta(Q) = -1$ ist. Durchläuft also P' die Gruppe $\mathfrak{P}' = \mathfrak{P}'Q$, so ist nach (1.)

$$\sum_{P'} \zeta(ABP') = \sum \zeta(ABP'Q) = \sum \zeta(ABP')\zeta(Q) = -\sum \zeta(ABP') = 0,$$

oder wenn man $P' = B^{-1}PB$ setzt, $\sum_P \zeta(APB) = 0$. In derselben Weise erhält man die zweite Gleichung (2.), oder noch einfacher durch Vertauschung von $\mathfrak{P}$ und $\mathfrak{Q}$, wobei die Function $\zeta(R)$ durch

$$(3.)\quad \zeta'(R) = \mathfrak{s}(R)\zeta(R^{-1})$$

zu ersetzen ist. Von zwei Formeln, die so aus einander erhalten werden, beweise ich auch im Folgenden immer nur die eine.

II. Nun sei $\mathfrak{H}$ die symmetrische Gruppe $\mathfrak{P}_0$ oder der grösseren Allgemeinheit halber eine Untergruppe von $\mathfrak{P}_0$, die durch $\mathfrak{P}$ oder durch $\mathfrak{Q}$ theilbar ist, sei h ihre Ordnung, und seien R, S, T Elemente von $\mathfrak{H}$, aber A und B beliebige Elemente von $\mathfrak{P}_0$. Je nachdem $\mathfrak{H}$ durch $\mathfrak{P}$ oder durch $\mathfrak{Q}$ theilbar ist, ist dann

$$(4.)\quad \begin{aligned} &\sum_R \zeta(R^{-1}ARB) = \sum_R \zeta(R^{-1}AR)\zeta(B) \qquad (\mathfrak{H} > \mathfrak{P}),\\ &\sum_S \zeta(AS^{-1}BS) = \sum_S \zeta(A)\zeta(S^{-1}BS) \qquad (\mathfrak{H} > \mathfrak{Q}). \end{aligned}$$

Denn ist $\mathfrak{H} > \mathfrak{P}$, also $\mathfrak{H} = \mathfrak{H}P$, so bleibt die erste Summe ungeändert, wenn man R durch RP ersetzt. Summirt man dann nach P, so erhält man nach (1.) und (2.)

$$p\sum_R \zeta(R^{-1}ARB) = \sum_{P,R} \zeta(R^{-1}ARPB) = \sum \zeta(R^{-1}ARP)\zeta(B) = p\sum \zeta(R^{-1}AR)\zeta(B).$$

Die letzte Umformung erhält man, indem man R wieder durch RP^{-1} ersetzt.

III. Ferner ist, falls $\mathfrak{H} > \mathfrak{P}$ ist, nach (4.)

$$\Sigma = \sum_{R,S} \zeta(RSR^{-1}S^{-1}) = \sum \zeta(RSR^{-1})\zeta(S^{-1}).$$

Ersetzt man S durch SP und summirt dann nach P, so erhält man nach (1.) und (2.)

$$p\,\Sigma = \sum_{P,R,S} \zeta(RSPR^{-1})\zeta(S^{-1}) = \sum \zeta(RSP)\zeta(R^{-1})\zeta(S^{-1}),$$

und wenn man jetzt wieder S durch SP^{-1} ersetzt,

$$\Sigma = \sum_{R,S} \zeta(RS)\zeta(R^{-1})\zeta(S^{-1}).$$

Ersetzt man nun R durch RP, summirt nach P, benutzt die Formel (2.), und ersetzt dann wieder R durch RP^{-1}, so erhält man

$$\Sigma = \sum_{R,S} \zeta(R)\zeta(S)\zeta(R^{-1})\zeta(S^{-1}),$$

also wenn man

$$(5.) \qquad \sum_{R} \zeta(R^{-1})\zeta(R) = \frac{h}{f}$$

setzt,

$$(6.) \qquad \sum_{R,S} \zeta(RSR^{-1}S^{-1}) = \left(\frac{h}{f}\right)^2.$$

Dasselbe gilt, wenn $\mathfrak{H} > \mathfrak{Q}$ ist. Ersetzt man in der Gleichung

$$\left(\frac{h}{f}\right)^2 = \sum_{R,S} \zeta(S^{-1}RS)\zeta(R^{-1})$$

R durch $T^{-1}RT$ und dann S durch $T^{-1}S$, so erhält man

$$\left(\frac{h}{f}\right)^2 = \sum_{R,S} \zeta(S^{-1}RS)\zeta(T^{-1}R^{-1}T),$$

und wenn man nach T über die h Elemente von $\mathfrak{H}$ summirt,

$$h\left(\frac{h}{f}\right)^2 = \sum_{R} \Big(\sum_{S} \zeta(S^{-1}RS)\Big)\Big(\sum_{S} \zeta(S^{-1}R^{-1}S)\Big).$$

Ist $\mathfrak{H}$ die symmetrische Gruppe $\mathfrak{P}_0$ oder eine der Gruppen $\mathfrak{P}_\varkappa$, so sind R und R^{-1} in $\mathfrak{H}$ conjugirt, und folglich ist (*Y.* I, 15, p. 136)

$$\sum_{S} \zeta(S^{-1}RS) = \sum_{S} \zeta(S^{-1}R^{-1}S).$$

Aber diese Gleichung gilt auch, wenn R und R^{-1} nicht conjugirt sind. Denn nach der Definition von $\zeta(R)$ ist

$$\sum_{S} \zeta(S^{-1}RS) = \Sigma\, \vartheta(Q),$$

die Summe erstreckt sich über alle Lösungen, welche die Gleichung $S^{-1}RS = PQ$ zulässt, wenn S die Elemente von $\mathfrak{H}$, P die von $\mathfrak{P}$ und Q die von $\mathfrak{Q}$ durchläuft. Ersetzt man S durch SP^{-1}, so erhält man $S^{-1}RS = QP$, ersetzt man P durch P^{-1} und Q durch Q^{-1}, wobei $\vartheta(Q) = \vartheta(Q^{-1})$ ungeändert bleibt, $S^{-1}R^{-1}S = PQ$, womit die Behauptung bewiesen ist.

Demnach ist

$$h\left(\frac{h}{f}\right)^2 = \sum_{R} \Big(\sum_{S} \zeta(S^{-1}RS)\Big)^2.$$

Das Glied der Summe, das dem Elemente $R = E$ entspricht, ist gleich h^2. Folglich ist $\frac{h}{f}$ von Null verschieden, eine der wichtigsten Feststellungen der Entwicklung.

IV. Setzt man also

$$(7.)\qquad \sum_S \zeta(S^{-1}RS) = \frac{h}{f}\chi(R),$$

demnach $\chi(E) = f$, so ist

$$(8.)\qquad \sum_R \chi(R^{-1})\zeta(R) = h.$$

Die Function $\chi(R)$ bleibt ungeändert, wenn R durch ein in $\mathfrak{H}$ conjugirtes Element $S^{-1}RS$ ersetzt wird, oder es ist

$$(9.)\qquad \chi(RS) = \chi(SR).$$

Ferner ist, wenn A und B Elemente von $\mathfrak{H}$ sind,

$$\frac{h}{f}\sum_S \chi(AS^{-1}BS) = \sum_{R,S} \zeta(R^{-1}AS^{-1}BSR) = \sum \zeta(R^{-1}ARS^{-1}BS)$$

(indem man S durch SR^{-1} ersetzt), und folglich nach (4.) und (7.)

$$(10.)\qquad \sum_S \chi(AS^{-1}BS) = \frac{h}{f}\chi(A)\chi(B).$$

Endlich ist, wenn $\mathfrak{H} > \mathfrak{P}$ ist,

$$\frac{h}{f}\sum_P \chi(P) = \sum_{P,S} \zeta(S^{-1}PS) = \sum \zeta(S^{-1}P)\zeta(S) = p\sum_S \zeta(S^{-1})\zeta(S)$$

(indem man S durch PS ersetzt), also

$$(11.)\qquad \sum_P \chi(P) = p \qquad (\mathfrak{H} > \mathfrak{P}),$$

und ebenso

$$(12.)\qquad \sum_Q \vartheta(Q)\chi(Q) = q \qquad (\mathfrak{H} > \mathfrak{Q}).$$

Nach *D.* I, § 1 folgt aus (9.) und (10.), dass $\chi(R)$ einem Charakter der Gruppe $\mathfrak{H}$ proportional ist, und aus (8.), dass der Proportionalitätsfactor gleich ± 1 ist. Nach (3.), § 3 ist $\sum \chi(P)$ (oder $\sum \vartheta(Q)\chi(Q)$) positiv oder negativ, je nachdem χ oder $-\chi$ ein Charakter ist. Aus (11.) oder (12.) ergiebt sich also endlich, dass $\chi(R)$ ein Charakter von $\mathfrak{H}$ ist. Demnach ist $\chi(E) = f$ eine ganze positive in h enthaltene Zahl.

Die Formel (6.) ist in der Formel

$$(13.)\qquad \sum p_\alpha \chi_\alpha = \frac{h}{f}$$

(*Über Gruppencharaktere*, § 4, (11.) und (13.)) enthalten; denn $\frac{hp_\alpha}{h_\alpha}$ ist die Anzahl der Lösungen der Gleichung $ASR = RS$, worin A ein bestimmtes Element der α^{ten} Classe, R und S veränderliche Elemente von $\mathfrak{H}$ sind.

§ 10.

Jetzt sei $\mathfrak{H}$ die symmetrische Gruppe des Grades n. Jeder der k Gruppen $\mathfrak{P}_\varkappa$ entspricht dann eine Function $\zeta^{(\varkappa)}(R)$ und ein Charakter $\chi^{(\varkappa)}(R)$; die erstere hängt aber auch davon ab, welche der conjugirten Gruppen $S^{-1}\mathfrak{P}S$ für $\mathfrak{P}_\varkappa$ gewählt wird. Ordnet man die k Gruppen $\mathfrak{P}_\varkappa$ wie in § 4, so ist, wenn $\varkappa < \lambda$ ist,

$$(\varkappa_1, \varkappa_2, \varkappa_3, \cdots) > (\lambda_1, \lambda_2, \lambda_3, \cdots).$$

Dann hat $\mathfrak{P}_\varkappa$ mit der zu $\mathfrak{P}_\lambda$ associirten Gruppe $\mathfrak{Q}_\lambda$ einen Theiler, also eine Transposition gemeinsam. Denn sei $\mathfrak{p}_\varkappa$ ($\mathfrak{q}_\lambda$) das der Gruppe $\mathfrak{P}_\varkappa$ ($\mathfrak{Q}_\lambda$) entsprechende Schema (§ 7). Dann enthält $\mathfrak{q}_\lambda$ λ_1 Zeilen, und die erste Zeile von $\mathfrak{p}_\varkappa$ $\varkappa_1$ Symbole. Ist also $\lambda_1 < \varkappa_1$, so muss mindestens eine jener λ_1 Zeilen zwei dieser $\varkappa_1$ Symbole enthalten, und daher haben $\mathfrak{P}_\varkappa$ und $\mathfrak{Q}_\lambda$ eine Substitution gemeinsam. Ist $\varkappa_1 = \lambda_1$, und enthält keine der λ_1 Zeilen von $\mathfrak{q}_\lambda$ zwei der $\varkappa_1$ Symbole, so enthält jede genau eins derselben. Dies stelle man an den Anfang jeder Zeile, da $\mathfrak{Q}_\lambda$ ungeändert bleibt, wenn man in jeder Zeile von $\mathfrak{q}_\lambda$ die Symbole beliebig umstellt. Dann streiche man in $\mathfrak{p}_\varkappa$ die $\varkappa_1$ Symbole der ersten Zeile, in $\mathfrak{q}_\lambda$ dieselben Symbole, also die λ_1 Symbole der ersten Spalte. Dann ist

$$(\varkappa_2, \varkappa_3, \cdots) > (\lambda_2, \lambda_3, \cdots),$$

und das neue Schema $\mathfrak{p}'_\varkappa$ steht zu dem neuen $\mathfrak{q}'_\lambda$ in derselben Beziehung, wie vorher $\mathfrak{p}_\varkappa$ zu $\mathfrak{q}_\lambda$. Daher gelten dieselben Schlüsse, und $\mathfrak{P}_\varkappa$ und $\mathfrak{Q}_\lambda$ haben eine Transposition T gemeinsam (*Y.* I, 15, p. 135).

Ist also $P_\varkappa$ ein variabeles Element der Gruppe $\mathfrak{P}_\varkappa = \mathfrak{P}_\varkappa T$, so ist nach (1.), § 7, weil T auch der Gruppe $\mathfrak{Q}_\lambda$ angehört,

$$\sum_{P_\varkappa} \zeta^{(\lambda)}(P_\varkappa) = \sum \zeta^{(\lambda)}(P_\varkappa T) = \sum \zeta^{(\lambda)}(P_\varkappa)\zeta^{(\lambda)}(T) = -\sum \zeta^{(\lambda)}(P_\varkappa),$$

und mithin

$$(1.) \qquad \sum_{\mathfrak{P}_\varkappa} \zeta^{(\lambda)}(P_\varkappa) = 0 \qquad (\varkappa < \lambda).$$

Die Eintheilung $\mathfrak{p}_\varkappa$ kann für die Gruppe $\mathfrak{P}_\varkappa$ ganz beliebig gewählt werden. Demnach kann $\mathfrak{P}_\varkappa$ durch $S^{-1}\mathfrak{P}_\varkappa S$ ersetzt werden, also in der Summe $P_\varkappa$ durch $S^{-1}P_\varkappa S$. Summirt man dann nach S, so erhält man

$$(2.) \qquad \sum_{\mathfrak{P}_\varkappa} \chi^{(\lambda)}(P_\varkappa) = 0 \qquad (\varkappa < \lambda).$$

Dagegen ist nach (11.), § 7

$$(3.) \qquad \sum_{\mathfrak{P}_\lambda} \chi^{(\lambda)}(P_\lambda) = p_\lambda$$

von Null verschieden. Demnach sind die k Charaktere $\chi^{(\varkappa)}(R)$ alle von einander verschieden, und damit sind die k Charaktere von $\mathfrak{H}$ in einer von der früheren Herleitung völlig unabhängigen Art bestimmt.

Vergleicht man aber das erhaltene Resultat mit dem früheren, so erkennt man, dass $\chi^{(\lambda)}(R)$ der Charakter ist, der auch in § 4 die Ordnungsnummer λ erhalten hat. Denn setzt man in der Formel (2.) für $\varkappa$ der Reihe nach $0, 1, 2 \cdots$, so ist $\varkappa = \lambda$ der kleinste Werth, für welchen die linke Seite von Null verschieden ist. Nach (12.), § 4 steht der dort mit $\chi^{(\lambda)}(R)$ bezeichnete Charakter zu den Gruppen $\mathfrak{P}_0, \mathfrak{P}_1, \mathfrak{P}_2, \cdots$ in derselben Beziehung. Sind $(\varkappa')$ und (λ') die zu $(\varkappa)$ und (λ) associirten Zerlegungen, so haben $\mathfrak{P}_{\lambda'} = \mathfrak{Q}_\lambda$ und $\mathfrak{Q}_{\varkappa'} = \mathfrak{P}_\varkappa$ eine Transposition gemeinsam, und daraus ergiebt sich, wie oben,

$$\sum_{\mathfrak{P}_{\lambda'}} \chi^{(\varkappa')}(P_{\lambda'}) = 0 \qquad (\varkappa < \lambda)$$

oder nach der in (10.), § 4 eingeführten Bezeichnung $r_{\lambda'\varkappa'} = 0$. Demnach ist

$$(4.) \qquad r_{\varkappa\lambda} = 0 \qquad (\varkappa' > \lambda').$$

§ 11.

Ich kehre nun zu den Bezeichnungen und Voraussetzungen des § 9 zurück, und will zeigen, dass $\frac{f}{h}\,\zeta(R)$ eine für die Gruppe $\mathfrak{H}$ charakteristische primitive Einheit ist, dass also (*Y.* II, 5)

$$(1.) \qquad \Sigma\, \zeta(R)\zeta(S) = \frac{h}{f}\zeta(T) \qquad (RS = T)$$

ist. Sie bestimmt nach (7.), § 9 den Charakter $\chi(R)$. Ist $\mathfrak{H} > \mathfrak{P}$, so kann man in der Summe

$$\Sigma = \sum_R \zeta(R)\zeta(R^{-1}T)$$

R durch $P^{-1}R$ ersetzen. Summirt man dann nach P, so erhält man nach (1.) und (2.), § 9

$$p\,\Sigma = \sum_{P,R} \zeta(R)\zeta(R^{-1}PT) = \sum_{P,R} \zeta(R)\zeta(R^{-1}P)\zeta(T) = p \sum_R \zeta(R)\zeta(R^{-1})\zeta(T)$$

(indem man wieder R durch PR ersetzt), also nach (5.), § 9

$$\Sigma = \frac{h}{f}\zeta(T).$$

Dieselbe Formel erhält man, wenn $\mathfrak{H} > \mathfrak{Q}$ ist, aus (3.), § 9, oder indem man $\Sigma = \sum_S \zeta(TS^{-1})\zeta(S)$ setzt.

Die Formel (4.), § 3 liefert noch zwei andere den Charakter $\chi(R)$ bestimmende Einheiten $\frac{f}{h}\,\xi(R)$ und $\frac{f}{h}\,\eta(R)$, deren Beziehungen zu $\frac{f}{h}\,\zeta(R)$ ich entwickeln will. Setzt man, falls $\mathfrak{H} > \mathfrak{P}$ ist,

$$p\xi(R) = \sum_P \chi(RP),$$

so ist nach (2.), § 9 und (1.)

$$\frac{ph}{f}\,\xi(R)=\sum_{P,S}\zeta(S^{-1}RPS)=\sum_{P,S}\zeta(S)\zeta(S^{-1}RP)=\frac{h}{f}\sum_{P}\zeta(RP),$$

und mithin (*Y*. II, 7)

$$(2.)\qquad p\xi(R)=\sum_{P}\chi(RP)=\sum_{P}\zeta(RP)\qquad(\mathfrak{H}>\mathfrak{P}).$$

Ebenso ist

$$(3.)\qquad q\eta(R)=\sum_{Q}\vartheta(Q)\chi(QR)=\sum_{Q}\vartheta(Q)\zeta(QR)=\sum_{Q}\zeta(Q^{-1}RQ)\qquad(\mathfrak{H}>\mathfrak{Q}).$$

Daher ist $p\,\xi(R)=\Sigma\,\vartheta(Q)$, die Summe erstreckt über alle Lösungen der Gleichung $Q=P'RP$. Ist r die Ordnung des grössten gemeinsamen Theilers der beiden Gruppen $R^{-1}\mathfrak{P}R$ und $\mathfrak{P}$, so enthält der Complex $\mathfrak{P}R\mathfrak{P}$ $\frac{p^2}{r}$ verschiedene Elemente und stellt jedes r Mal dar. Daher ist

$$(4.)\qquad \frac{p}{r}\,\xi(R)=\Sigma\,\vartheta(Q)\qquad(Q<\mathfrak{P}R\mathfrak{P}),$$

die Summe erstreckt über die verschiedenen Elemente Q der Gruppe $\mathfrak{Q}$, die dem Complexe $\mathfrak{P}R\mathfrak{P}$ angehören. Auch aus der ursprünglichen Definition von $\xi(R)$ ist ersichtlich, dass diese Function für alle Elemente des Complexes $\mathfrak{P}R\mathfrak{P}$ denselben Werth hat.

Ebenso ist, wenn der grösste gemeinsame Theiler von $R^{-1}\mathfrak{Q}R$ und $\mathfrak{Q}$ die Ordnung r hat,

$$(5.)\qquad \frac{q}{r}\,\eta(R)=\vartheta(R)\,\Sigma\,\vartheta(P)\qquad(P<\mathfrak{Q}R\mathfrak{Q}).$$

§ 12.

Die Berechnung von χ mittels der Formel (1.), § 8 wird durch folgende Bemerkung vereinfacht: Ist $PR=Q$, so kann ein Symbol b, das in der Substitution R ungeändert bleibt, weder von P noch von Q ersetzt werden. Denn wenn etwa P^{-1} das Symbol b in a überführt, so ersetzt sowohl PR wie P a durch b. Daher stehen a und b in derselben Zeile der Tabelle $\mathfrak{p}$, also in verschiedenen Zeilen von $\mathfrak{q}$, demnach kann Q nicht a in b überführen, und nicht $PR=Q$ sein.

Ist also $(\rho)=(2)$ die Classe der $h_2=\frac{1}{2}n(n-1)$ Transpositionen der symmetrischen Gruppe $\mathfrak{H}$, so hat für eine bestimmte Transposition R die Gleichung $PQ=R$ nur die beiden Lösungen $P=R$, $Q=E$ und $P=E$, $Q=R$. Im ersten Falle ist $\vartheta(Q)=+1$, im zweiten $\vartheta(Q)=-1$. Folglich ist $\frac{h_2\chi_2}{f}$ gleich der Differenz der Anzahlen der Transpositionen in $\mathfrak{P}$ und in $\mathfrak{Q}$.

Von den Zahlen $\beta_1, \beta_2, \cdots \beta_\nu$ sind $\alpha_1-\alpha_2$ gleich 1, $\alpha_2-\alpha_3$ gleich 2 u. s. w. Ist also $F(x)$ eine beliebige Function, so ist

$$F(\beta_1)+F(\beta_2)+\cdots+F(\beta_\nu)=(\alpha_1-\alpha_2)F(1)+(\alpha_2-\alpha_3)F(2)+\cdots+(\alpha_{\mu-1}-\alpha_\mu)F(\mu-1)+\alpha_\mu F(\mu)$$

oder

$$(1.)\quad \begin{aligned}\Sigma F(\beta)&=\alpha_1 F(1)+\alpha_2(F(2)-F(1))+\alpha_3(F(3)-F(2))+\cdots+\alpha_\mu(F(\mu)-F(\mu-1))\\ &=\Sigma\,\alpha_\varrho(F(\rho)-F(\rho-1))+\alpha_1 F(0).\end{aligned}$$

Demnach ist

$$(2.)\qquad \frac{h_2\chi_2}{f}=\sum_\alpha \tfrac{1}{2}\alpha(\alpha-1)-\sum_\beta \tfrac{1}{2}\beta(\beta-1)=\sum_\varrho(\rho-1)(\beta_\varrho-\alpha_\varrho)$$

oder

$$(3.)\qquad \frac{h_2\chi_2}{f}=\sum_\alpha \tfrac{1}{2}\alpha(\alpha-1)-\sum_\varrho(\rho-1)\alpha_\varrho.$$

Die letzte Formel findet sich in einem anderen Zusammenhang schon bei Hrn. A. Hurwitz, *Über Riemann'sche Flächen mit gegebenen Verzweigungspunkten*, Math. Ann. Bd. 39. Ihre Bedeutung tritt in der Gestalt (2.) deutlicher zu Tage.

Unter den Zahlen $\alpha_1-1,\alpha_2-2,\cdots\alpha_\mu-\mu$ seien $a_1,\cdots a_r$ die positiven ($\geqq 0$), und $-(b'_1+1),\cdots-(b'_{\mu-r}+1)$ die negativen (<0), unter den Zahlen $\beta_1-1,\beta_2-2,\cdots\beta_\nu-\nu$ seien $b_1,\cdots b_r$ die positiven, und $-(a'_1+1),\cdots-(a'_{\nu-r}+1)$ die negativen. Dann sind die Zahlen b und b' zusammen die μ Zahlen $0,1,\cdots\mu-1$, und die Zahlen a und a' zusammen die Zahlen $0,1,\cdots\nu-1$. Bewegt sich also ρ von 1 bis μ, so ist

$$\begin{aligned}\Sigma\,\tfrac{1}{2}(\alpha_\varrho-\rho)(\alpha_\varrho-\rho+1)&=\Sigma\,\tfrac{1}{2}a(a+1)+\Sigma\,\tfrac{1}{2}b'(b'+1)\\ \Sigma\,\tfrac{1}{2}\rho(\rho-1)\qquad&=\Sigma\,\tfrac{1}{2}b(b+1)+\Sigma\,\tfrac{1}{2}b'(b'+1),\end{aligned}$$

also

$$\Sigma\,\tfrac{1}{2}\alpha_\varrho(\alpha_\varrho+1)-\Sigma\,\rho\alpha_\varrho=\Sigma\,\tfrac{1}{2}a(a+1)-\Sigma\,\tfrac{1}{2}b(b+1).$$

und folglich

$$(4.)\qquad \frac{h_2\chi_2}{f}=\Sigma\,\tfrac{1}{2}a(a+1)-\Sigma\,\tfrac{1}{2}b(b+1).$$

Benutzt man endlich die Charakteristik (3.), § 3, so ergiebt sich

$$(5.)\qquad \frac{h_2\chi_2}{f}=\Sigma\,\tfrac{1}{2}(\lambda-m)(\lambda-m+1)-\tfrac{1}{6}m(m^2-1).$$

In meiner Arbeit *Über Gruppencharaktere*, Sitzungsberichte 1896, habe ich § 4, (2.) gezeigt: Durchlaufen $A,B,C,D,\cdots$ die Classen $\alpha,\beta,\gamma,\delta,\cdots$, so ist die Anzahl der Lösungen der Gleichung

$$(6.)\qquad ABCD\cdots=E,$$

gleich

$$(7.)\qquad h_{\alpha\beta\gamma\delta\cdots}=\frac{1}{h}\sum_\varkappa f^{(\varkappa)2}\frac{h_\alpha\chi_\alpha^{(\varkappa)}}{f^{(\varkappa)}}\frac{h_\beta\chi_\beta^{(\varkappa)}}{f^{(\varkappa)}}\frac{h_\gamma\chi_\gamma^{(\varkappa)}}{f^{(\varkappa)}}\frac{h_\delta\chi_\delta^{(\varkappa)}}{f^{(\varkappa)}}\cdots.$$

Ist aber A in der Gleichung (6.) ein bestimmtes Element der α^{ten} Classe, so ist diese Zahl durch h_α zu dividiren. Die m Classen $\beta,\gamma,\delta,\cdots$ seien alle die Classe der Transpositionen. Die Zahl (3.) werde für $\chi=\chi^{(\varkappa)}$ mit $t_\varkappa$ bezeichnet. Demnach giebt die Zahl

$$(8.)\qquad \sum_{\varkappa} \frac{f^{(\varkappa)}\chi_\alpha^{(\varkappa)}}{h}\, t_\varkappa^m$$

an, auf wie viele Arten sich eine Substitution der α^{ten} Classe als ein Product von m Transpositionen darstellen lässt. Ist

$$(\varkappa)\qquad n = \varkappa_1 + \varkappa_2 + \cdots + \varkappa_\mu$$

die Zerlegung $(\varkappa)$, so ist

$$(9.)\qquad \frac{h}{f^{(\varkappa)}} = \frac{\varkappa_\mu!\,(\varkappa_{\mu-1}+1)!\cdots(\varkappa_1+\mu-1)!}{\Delta(\varkappa_\mu,\varkappa_\mu+1,\cdots \varkappa_1+\mu-1)}.$$

Die Anzahl der Darstellungen von E als Product von m Transpositionen ist

$$(10.)\qquad \frac{1}{h}\sum_{\varkappa} f^{(\varkappa)\,2}\, t_\varkappa^m.$$

Diese Anwendung meiner Entwicklungen benutzt Hr. A. Hurwitz in seiner Arbeit *Über die Anzahl der Riemann'schen Flächen mit gegebenen Verzweigungspunkten*, Math. Ann. Bd. 55. Hr. Netto aber entnimmt in seiner Arbeit *Über die Zusammensetzung von Substitutionen aus den Transpositionen*, Math. Ann. Bd. 55 die Werthe der Zahlen $t_\varkappa$ der früheren Arbeit von A. Hurwitz, und berechnet die Werthe der Zahlen $f^{(\varkappa)}$ und $\chi_\alpha^{(\varkappa)}$ für kleinere Werthe von n, ohne ihren Zusammenhang mit der Theorie der Charaktere der symmetrischen Gruppe zu bemerken.

Bestehen die Permutationen der Classen (3.) und (4.) aus je einem Cyklus von 3 oder 4 Symbolen, so ist analog

$$(11.)\qquad \begin{aligned} \frac{h_3\chi_3}{f} &= \sum \binom{\alpha}{3} + \sum \binom{\beta}{3} - \sum{}' (\alpha_\varrho - 1)(\beta_\sigma - 1) \\ &= \sum \tfrac{1}{6} a(a+1)(2a+1) + \sum \tfrac{1}{6} b(b+1)(2b+1) - \binom{n}{2} \\ &= \sum \tfrac{1}{6}(\lambda-m)(\lambda-m+1)(2\lambda-2m+1) + \tfrac{1}{12} m^2(m^2-1) - \binom{n}{2}, \end{aligned}$$

wo sich die Summe $\sum'$ nur über die Paare der Indices $\rho = 1, 2, \cdots \mu$ und $\sigma = 1, 2, \cdots \nu$ erstreckt, die einer der beiden äquivalenten Bedingungen

$$(12.)\qquad \alpha_\varrho \geqq \sigma, \qquad \beta_\sigma \geqq \rho$$

genügen. Und endlich ist

$$(13.)\qquad \begin{aligned} \frac{h_4\chi_4}{f} = {} & \sum \binom{\alpha}{4} - \sum \binom{\beta}{4} - \sum{}' (\alpha_\varrho - 1)(\alpha_\varrho - 2)(\beta_\sigma - 1) \\ & + \sum{}' (\beta_\sigma - 1)(\beta_\sigma - 2)(\alpha_\varrho - 1) - \sum_{(\varrho > \varrho')} \alpha_\varrho(\alpha_\varrho - 1)(\alpha_{\varrho'} - 1) + \sum_{(\sigma > \sigma')} \beta_\sigma(\beta_\sigma - 1)(\beta_{\sigma'} - 1) \end{aligned}$$

und

$$(14.)\qquad \begin{aligned} \frac{h_4\chi_4}{f} + (2n-3)\frac{h_2\chi_2}{f} &= \sum \left(\tfrac{1}{2} a(a+1)\right)^2 - \sum \left(\tfrac{1}{2} b(b+1)\right)^2 \\ &= \sum \left(\tfrac{1}{2}(\lambda-m)(\lambda-m+1)\right)^2 - \tfrac{1}{60} m(m^2-1)(3m^2-2). \end{aligned}$$

69.

Über die Primfactoren der Gruppendeterminante II

Sitzungsberichte der Königlich Preußischen Akademie der Wissenschaften zu Berlin
401 – 409 (1903)

Sind $P, Q, R, \cdots$ die Elemente einer Gruppe $\mathfrak{H}$ der Ordnung h, so nenne ich die Determinante h^{ten} Grades

$$(1.)\qquad \Theta = |x_{PQ^{-1}}| = \Pi\, \Phi^e$$

die Determinante der Gruppe $\mathfrak{H}$. Die k verschiedenen Primfaktoren $\Phi, \Phi', \cdots$, worin sie zerfällt, seien homogene Funktionen der h Variabeln $x_P, x_Q, x_R, \cdots$ von den Graden $f, f', \cdots$. Dann besteht das Hauptergebnis meiner Arbeit *Über die Primfactoren der Gruppendeterminante*, Sitzungsberichte 1896, in dem Satze, dass der Exponent e der in Θ aufgehenden Potenz von Φ dem Grade f dieser Funktion gleich ist.

Der Beweis, den ich dafür in § 9 gegeben habe, erfordert ziemlich weitläufige Rechnungen und umständliche Betrachtungen. Ich habe daher in § 10 versucht, den Satz auf einem einfacheren Wege herzuleiten, es gelang mir aber nur zu zeigen, dass e durch f teilbar ist. Zu diesem Ergebnis komme ich mit Hülfe der Determinante

$$(2.)\qquad |x_{PQ^{-1}} + y_{Q^{-1}P}| = \Pi\, \Psi^{\frac{e}{f}}.$$

Auch diese enthält, wenn die $2k$ Variabeln x_R, y_R alle von einander unabhängig sind, k verschiedene Primfaktoren Ψ. Dem Primfaktor f^{ten} Grades $\Phi(x)$ von Θ entspricht ein Primfaktor des Grades f^2

$$(3.)\qquad \Psi(x, y) = \Pi\,(u_\alpha + v_\beta),$$

wo $u_1, u_2, \cdots u_f$ die f charakteristischen Wurzeln von $\Phi(x)$ (d. h. die Wurzeln der Gleichung $\Phi(u\varepsilon - x) = 0$), $v_1, v_2, \cdots v_f$ die von $\Phi(y)$ sind.

Mit Hülfe der antistrophen Gruppe zeigt auch Herr Burnside, *Proc. of the London Math. Soc.* vol. 29, p. 553, dass $e \geqq f$ ist (aber nicht, dass $e = f$ ist, wie dort angegeben ist).

Ersetzt man x_R und y_R durch $x_R + w\varepsilon_R$ und $-x_R$, so erhält man

$$(4.)\qquad |x_{PQ^{-1}} - x_{Q^{-1}P} + w\varepsilon_{PQ^{-1}}| = w^r\, \Pi\, \Psi^{\frac{e}{f}},$$

wo

$$\Psi = \prod_{\alpha<\beta} \left(w^2-(u_\beta-u_\alpha)^2\right)$$

und

(5.) $$r = \Sigma\, e$$

ist.

Den h Linearen Gleichungen

(6.) $$\sum_R (x_{AR^{-1}} - x_{R^{-1}A})\, y_R = 0$$

zwischen den h Unbekannten y_R genügen die Werte

(7.) $$y_R = x_R^{(n)} \qquad (n = 0, 1, 2, \cdots).$$

Ist

(8.) $$g(u) = \Pi\, \Phi(u\varepsilon - x)$$

das Produkt der k verschiedenen Primfaktoren von $\Theta(u\varepsilon - x)$, so ist $g(X) = 0$ die *reduzirte* Gleichung für die Gruppenmatrix $X = (x_{PQ^{-1}})$. Ihr Grad ist

(9.) $$s = \Sigma\, f\,,$$

und folglich sind unter den Lösungen (7.) die ersten s, und nur diese linear unabhängig.

Setzt man nun als bekannt voraus, dass $e = f$, also $r = s$ ist, so ergeben sich daraus, wie ich am Ende des § 10 gezeigt habe, zwei Folgerungen:

1. Der Rang der Matrix

(10.) $$(x_{PQ^{-1}} - x_{Q^{-1}P})$$

ist $h-r$, die r für $w = 0$ verschwindenden Elementarteiler der Determinante (4.) sind also alle linear, und

2. Die s Lösungen (7.), für $n = 0, 1, \cdots s-1$, bilden ein vollständiges System.

Umgekehrt ergibt sich aus diesen beiden Sätzen leicht, dass $r = s$, also $e = f$ ist. Es ist mir jetzt gelungen, ihren direkten Beweis, den ich bei Abfassung jener Arbeit vergeblich gesucht habe, durch ziemlich einfache Betrachtungen zu erbringen.

§ 2.

In der Gleichung (4.) § 1 erteile ich den h Variabeln x_R solche Werte, dass x_R und $x_{R^{-1}}$ konjugirte komplexe Grössen werden. Für die der Gleichung $R^2 = E$ genügenden Elemente der Gruppe $\mathfrak{H}$ ist also x_R reell angenommen. Ist $R = PQ^{-1}$ und $S = Q^{-1}P$, so erhält man in der Matrix (10.) § 1 zu dem Elemente

$$x_{PQ^{-1}} - x_{Q^{-1}P} = x_R - x_S$$

durch Vertauschung von P und Q das konjugirte Element

$$x_{QP^{-1}} - x_{P^{-1}Q} = x_{R^{-1}} - x_{S^{-1}}\,.$$

Je zwei konjugirte Elemente haben also konjugirte komplexe Werte, die Hauptelemente ($P = Q$) sind reell (Null). Nach einem bekannten Satze sind daher für die betrachteten Werte der h Variabeln x_R die Elementarteiler der Determinante (4.) § 1 alle linear. Ist sie durch $w^{r'}$ teilbar, so ist $r' \geqq r$, und weil die für $w = 0$ verschwindenden Elementarteiler alle linear sind, so ist der Rang der Matrix (10.) § 1 gleich $h - r' \leqq h - r$. Jede Unterdeterminante D vom Grade $h - r + 1$ ist daher Null.

Sind $x_P, x_Q, x_R, \cdots$ jetzt wieder unbeschränkt veränderlich, so ist D eine ganze Funktion dieser h Variabeln. Ist R von R^{-1} verschieden, so führe man darin für $x_R + x_{R^{-1}}$ und $i(x_R - x_{R^{-1}})$ neue Variabele ein. Ist aber $R^2 = E$, so behalte man x_R bei. Dann verschwindet D, wie eben gezeigt, für alle reellen Werte der neuen Variabeln, also auch für alle komplexen Werte der neuen und der ursprünglichen Variabeln.

Weil die Determinante (4.) § 1 den Faktor w in der r^{ten} Potenz enthält, so kann der Rang der Matrix (10.) § 1 nicht $< h - r$ sein. Da die Unterdeterminanten $(h - r + 1)^{\text{ten}}$ Grades verschwinden, so ist folglich ihr Rang gleich $h - r$.

Für den Beweis des zweiten Satzes brauche ich einige Hülfssätze über vertauschbare Matrizen, aus denen sich auch noch ein anderer Beweis für den ersten Satz ergibt.

§ 3.

I. *Sind A und B zwei vertauschbare Matrizen n^{ten} Grades, so lassen sich ihre charakteristischen Wurzeln $a_1, a_2, \cdots a_n$ und $b_1, b_2, \cdots b_n$ einander so zuordnen, dass $f(a_1, b_1), f(a_2, b_2), \cdots f(a_n, b_n)$ die charakteristischen Wurzeln der Matrix $f(A, B)$ sind. Diese Zuordnung ist für jede ganze Funktion $f(u, v)$ dieselbe.*

II. *Zerfallen die charakteristischen Determinanten der beiden vertauschbaren Matrizen A und B in lauter lineare Elementarteiler, so hat jede Matrix $f(A, B)$ dieselbe Eigenschaft.*

III. *Ist ausserdem bei jener Zuordnung immer $b_\varkappa = b_\lambda$, falls $a_\varkappa = a_\lambda$ ist, so ist B eine ganze Funktion von A.*

Den ersten Satz habe ich in meiner Arbeit *Über vertauschbare Matrizen*, Sitzungsberichte 1896, entwickelt. Einen besonders einfachen Beweis dafür hat Hr. Issai Schur in der Arbeit *Über einen Satz aus der Theorie der vertauschbaren Matrizen*, Sitzungsberichte 1902, gegeben.

Seien $a_1, a_2, \cdots a_p$ die p verschiedenen unter den n charakteristischen Wurzeln $a_1, a_2, \cdots a_n$ der Matrix A. Ist dann

$$f(u) = (u-a_1)(u-a_2)\cdots(u-a_p),$$

so ist $f(A) = 0$ die reduzirte Gleichung für A, falls die Elementarteiler von $|uE-A|$ alle linear sind. Ich bezeichne zunächst mit $b_\varkappa$ nicht eine der Wurzel $a_\varkappa$ zugeordnete Wurzel der Matrix B, sondern mit $b_1, b_2, \cdots b_q$ die q verschiedenen unter den n Wurzeln $b_1, b_2, \cdots b_n$. Ist dann

$$g(u) = (u-b_1)(u-b_2)\cdots(u-b_q),$$

so ist $g(B) = 0$ die reduzirte Gleichung für B. Ist $\chi(u, v)$ eine ganze Funktion von u und v, so bezeichne ich mit $c_1, c_2, \cdots c_r$ die r verschiedenen unter den pq Grössen

$$\chi(a_\alpha, b_\beta) \qquad (\alpha = 1, 2, \cdots p;\ \beta = 1, 2, \cdots q)$$

und setze

$$h(u) = (u-c_1)(u-c_2)\cdots(u-c_r).$$

Die Funktion $h(\chi(u, b_\beta))$ verschwindet dann für die p verschiedenen Werte $a_1, a_2, \cdots a_p$, und ist mithin durch $f(u)$ teilbar. Ist $\psi_\beta(u) = \Sigma \psi_\beta^{(\lambda)} u^\lambda$ der Quotient, so sei $\psi^{(\lambda)}(v)$ die ganze Funktion $(q-1)^{\text{ten}}$ Grades, die für die q verschiedenen Werte $v = b_\beta$ die Werte $\psi_\beta^{(\lambda)}$ annimmt, und $\psi(u, v) = \Sigma \psi^{(\lambda)}(v) u^\lambda$. Dann verschwindet $h(\chi(u, v)) - f(u)\psi(u, v)$ für $v = b_1, b_2, \cdots b_q$, und ist mithin durch $g(v)$ teilbar. Da der Koeffizient von v^q in $g(v)$ gleich 1 ist, so ist der Quotient $\varphi(v, u)$ eine ganze Funktion von v und von u. Die Gleichung

$$h(\chi(u, v)) = f(u)\psi(u, v) + g(v)\varphi(v, u)$$

bleibt eine identische, wenn man für u und v zwei vertauschbare Matrizen A und B setzt. Ist $C = \chi(A, B)$, so ist daher $h(C) = 0$. Ist $\psi(C) = 0$ die reduzirte Gleichung für die Matrix C, so ist daher $h(u)$ durch $\psi(u)$ teilbar. Mithin hat die Gleichung $\psi(u) = 0$ keine mehrfachen Wurzeln, und folglich hat die charakteristische Determinante von $\chi(A, B)$ lauter lineare Elementarteiler.

Jetzt bezeichne ich mit $b_\varkappa$ die der Wurzel $a_\varkappa$ zugeordnete Wurzel und nehme an, dass stets $b_\varkappa = b_\lambda$ ist, wenn $a_\varkappa = a_\lambda$ ist. Sei $\varphi(u)$ die ganze Funktion $(p-1)^{\text{ten}}$ Grades, die für die p verschiedenen Werte $a_1, a_2, \cdots a_p$ die Werte $b_1, b_2, \cdots b_p$ annimmt, und folglich auch für jeden der n Werte $a_\varkappa$ den Wert $b_\varkappa$. Dann sind die n charakteristischen Wurzeln der Matrix $C = B - \varphi(A)$ gleich $b_\varkappa - \varphi(a_\varkappa) = 0$. Folglich verschwindet eine Potenz von C. Nach dem Satze II sind aber die Elementarteiler von $|uE - C|$ alle linear. Mithin verschwindet schon die erste Potenz von C, und folglich ist $B = \varphi(A)$.

§ 4.

Die obigen drei Hülfssätze kann man auch durch Transformation der Matrizen oder der ihnen entsprechenden bilinearen Formen A und B beweisen. Wenn die Elementarteiler von $|uE-A|$ alle linear sind, so kann man eine Substitution P so bestimmen, dass

$$P^{-1}AP = a_1x_1y_1 + a_2x_2y_2 + \cdots + a_nx_ny_n$$

wird. Sei etwa $a_1 = a_2 = \cdots = a_\alpha$, $a_{\alpha+1} = a_{\alpha+2} = \cdots = a_\beta$, $a_{\beta+1} = a_{\beta+2} = \cdots = a_\gamma$, $\cdots$, und seien a_α, a_β, $a_\gamma \cdots$ verschieden. Sei

$$E_1 = x_1y_1 + \cdots + x_\alpha y_\alpha, \quad E_2 = x_{\alpha+1}y_{\alpha+1} + \cdots + x_\beta y_\beta, \text{ u. s. w.}$$

Dann ist $P^{-1}AP = a_\alpha E_1 + a_\beta E_2 + a_\gamma E_3 + \cdots$. Ist nun B mit A vertauschbar, so ist auch $P^{-1}BP$ mit $P^{-1}AP$ vertauschbar. Durch eine leichte Rechnung ergibt sich daraus, dass $P^{-1}BP$ in Teile $B_1 + B_2 + B_3 + \cdots$ zerfällt, von denen $B_\varkappa$ nur von den in $E_\varkappa$ vorkommenden Variabeln abhängt. Nun sind aber die Elementarteiler der Determinante einer zerfallenden Matrix die ihrer einzelnen Teile zusammengenommen. Daher sind die Elementarteiler der Determinante α^{ten} Grades $|uE_1 - B_1|$ alle linear. Folglich kann man eine Matrix α^{ten} Grades Q_1 von nicht verschwindender Determinante oder eine bilineare Form Q_1 der in E_1 vorkommenden Variabeln so bestimmen, dass $Q_1^{-1}B_1Q_1 = b_1x_1y_1 + \cdots + b_\alpha x_\alpha y_\alpha$ wird, ebenso eine Form Q_2 so, dass $Q_2^{-1}B_2Q_2 = b_{\alpha+1}x_{\alpha+1}y_{\alpha+1} + \cdots + b_\beta x_\beta y_\beta$ wird, u. s. w. Setzt man dann $Q_1 + Q_2 + Q_3 + \cdots = Q$, und $PQ = R$, so ist $R^{-1}AR = Q^{-1}(P^{-1}AP)Q = P^{-1}AP$, also

$$R^{-1}AR = a_1x_1y_1 + a_2x_2y_2 + \cdots + a_nx_ny_n,$$

und

$$R^{-1}BR = b_1x_1y_1 + b_2x_2y_2 + \cdots + b_nx_ny_n.$$

Ist dann $f(u, v)$ eine ganze Funktion von u und v, so ist

$$R^{-1}f(A, B)R = f(a_1, b_1)x_1y_1 + f(a_2, b_2)x_2y_2 + \cdots + f(a_n, b_n)x_ny_n.$$

Mithin sind $f(a_1, b_1), \cdots f(a_n, b_n)$ die charakteristischen Wurzeln der Matrix $f(A, B)$, und die Elementarteiler von $|uE - f(A, B)|$ sind alle linear.

Sind endlich die Bedingungen des Satzes III. erfüllt, so kann man wie oben $\varphi(u)$ so bestimmen, dass für $\varkappa = 1, 2, \cdots, n$ $b_\varkappa = \varphi(a_\varkappa)$ gesetzt wird. Dann ist

$$R^{-1}\varphi(A)R = \varphi(a_1)x_1y_1 + \varphi(a_2)x_2y_2 + \cdots + \varphi(a_n)x_ny_n = R^{-1}BR,$$

also $B = \varphi(A)$.

Ich habe in meiner Arbeit *Über lineare Substitutionen und bilineare Formen*, Crelle's Journal Bd. 84, S. 25 gezeigt: Ist $B = f(A)$ und $b = f(a)$, und ist $(r-a)^\alpha$ ein Elementarteiler von $|rE - A|$, so ist, wenn

$f'(a)$ von Null verschieden ist, $(r-b)^{\alpha}$ ein Elementarteiler von $|rE-B|$. Allgemeiner hat Hr. Bromwich in einer Arbeit *Theorems on Matrices and Bilinear Forms*, Proc. of the Cambridge Phil. Soc. vol. XI, Pt. I, gezeigt: Ist $f'(a) = \cdots = f^{(\beta-1)}(a) = 0$, aber $f^{(\beta)}(a)$ von Null verschieden, so entsprechen dem Elementarteiler $(r-a)^{\alpha}$ von $(rE-A)$, falls $\beta \geqq \alpha$ ist, α lineare Elementarteiler $r-b$ von $|rE-B|$. Ist aber $\alpha > \beta$, so sei $\varkappa$ der Quotient und $\lambda (<\beta)$ der Rest der Division von $\alpha = \varkappa\beta + \lambda$ durch β. Dann entsprechen dem Elementarteiler $(r-a)^{\alpha}$ β Elementarteiler, deren Exponenten möglichst gleich sind, also $\beta-\lambda$ Elementarteiler $(r-b)^{\varkappa}$ und λ Elementarteiler $(r-b)^{\varkappa+1}$.

Dieser Satz war mir seit langer Zeit bekannt. Auch Hr. P. Muth hat ihn selbständig gefunden und mir vor einigen Jahren den Beweis mitgeteilt. Es wäre nützlich, den analogen Satz für eine Funktion $f(A, B, C, \cdots)$ von mehreren Matrizen aufzustellen, von denen je zwei vertauschbar sind.

§ 5.

Die Funktion s^{ten} Grades (8.) § 1

$$g(u, x) = \Pi\, \Phi(u\varepsilon - x)$$

ist ein Produkt von k verschiedenen ganzen Funktionen der Variabeln u von den Graden $f, f', \cdots$, deren Koeffizienten ganze Funktionen der h unabhängigen Variabeln $x_P, x_Q, x_R, \cdots$ sind. Jede einzelne jener k Funktionen von u ist irreduzibel, die $s = \Sigma f$ Wurzeln $u_1, u_2, \cdots u_s$ der Gleichung $g(u, x) = 0$ sind daher alle unter einander verschieden. Die Gruppenmatrix $X = (x_{PQ^{-1}})$ genügt der Gleichung $g(X, x) = 0$. Da $u_1, u_2 \cdots u_s$ verschieden sind, so sind die Elementarteiler der Determinante $|uE-X|$ alle linear.

Die Gleichung $g(X, x) = 0$ ist eine in den h Variabeln $x_P, x_Q, x_R, \cdots$ identische Gleichung. Sie wird also auch durch jedes spezielle Wertsystem derselben erfüllt. Für ein solches brauchen die Elementarteiler von $|uE-X|$ nicht sämmtlich linear zu sein. Wird aber x so gewählt, dass $u_1, u_2, \cdots u_s$ alle verschieden sind, so sind sie stets alle linear (vergl. § 3).

Nun besagen die Gleichungen (6.) § 1, dass die Matrix $Y = (y_{PQ^{-1}})$ mit X vertauschbar ist. Daher ist die Determinante

$$(1.) \qquad |uX + vY + wE| = \Pi \left(\Phi(ux + vy + w)\right)^e$$

ein Produkt von linearen Faktoren $uu_\alpha + vv_\alpha + w$, wo u_α und v_α zugeordnete charakteristische Wurzeln der beiden vertauschbaren Matrizen X und Y sind. Mithin ist auch

$$(2.) \qquad \Phi(ux + vy + w) = \Pi_{\alpha 1}^{f} (uu_\alpha + vv_\alpha + w)$$

ein Produkt linearer Funktionen von u, v, w.

Setzt man $v = 0$ oder $u = 0$, so erkennt man, dass den f charakteristischen Wurzeln $u_1, u_2, \cdots u_f$ von $\Phi(x)$ die f Wurzeln $v_1, v_2, \cdots v_f$ von $\Phi(y)$ in einer bestimmten Reihenfolge zugeordnet sind, und folglich den s Wurzeln von $g(u, x) = 0$ die s Wurzeln von $g(v, y) = 0$. Da ferner $u_1, u_2, \cdots u_s$ verschieden sind, so zeigen die Formeln (1.) und (2.), dass je zwei gleichen Wurzeln $u_\varkappa = u_\lambda$ von $|uE-X| = 0$ gleiche Wurzeln $v_\varkappa = v_\lambda$ von $|vE-Y| = 0$ zugeordnet sind.

Ist l eine Constante, so sind $v_1 - lu_1, \cdots v_s - lu_s$ die s Wurzeln der Gleichung $g(w, y-lx) = 0$. Ist l nicht gleich einem der Brüche $\frac{v_\varrho - v_\sigma}{u_\varrho - u_\sigma}$, so sind jene s Wurzeln alle verschieden. Da nun $Z = Y - lX$ der Gleichung $g(Z, y-lx) = 0$ genügt, so sind die Elementarteiler von $|wE-Z|$ alle linear und mithin nach Satz II, da $Y = lX + Z$ ist, auch die von $|vE-Y|$. Nach Satz III ist folglich Y eine ganze Funktion von X.

Damit ist bewiesen, dass die s Grössensysteme

$$y_R = x_R^{(n)} \qquad (n = 0, 1, \cdots s-1)$$

ein vollständiges System unabhängiger Lösungen der linearen Gleichungen (6.) § 1 bilden. Folglich hat die Matrix ihrer Koeffizienten

$$(3.) \qquad (x_{PQ^{-1}} - x_{Q^{-1}P})$$

den Rang $h - s$.

Nun ist aber die Gruppenmatrix $(x_{PQ^{-1}})$ mit der antistrophen Gruppenmatrix $(x_{Q^{-1}P})$ vertauschbar, und die charakteristischen Determinanten beider haben lauter lineare Elementarteiler. Nach Satz II. gilt daher dasselbe von der Matrix (3.), und speziell von den für $w = 0$ verschwindenden Elementarteilern ihrer charakteristischen Determinante (4.) § 1. Da nun diese den Faktor w^r hat, so ist der Rang der Matrix (3.) gleich $h - r$. Folglich ist $r = s$, $e + e' + \cdots = f + f' + \cdots$. Nun ist aber e durch f teilbar, also $e \geqq f$, $e' \geqq f'$, $\cdots$. Daher ist allgemein $e = f$.

§ 6.

In der Arbeit *Über Systeme höherer complexer Zahlen*, Math. Ann. Bd. 41, beweist Hr. Molien durch eine Reihe der scharfsinnigsten Betrachtungen den Satz:

29. *Die Anzahl der Grundzahlen eines ursprünglichen Zahlensystems ist gleich dem Quadrat des Grades der Ranggleichung.*

Der Satz $e = f$ ist eine unmittelbare Folge dieses Ergebnisses, wie Hr. Molien in zwei Arbeiten *Eine Bemerkung zur Theorie der homogenen Substitutionsgruppen* und *Über die Anzahl der Variabeln einer irreductibelen Substitutionsgruppe*, Sitzungsberichte der Naturforschergesellschaft zu Dorpat 1897, näher ausführt. Die Hülfssätze, die ihn zu jenem Ergebnis führen, haben mit den obigen Betrachtungen einige Berührungspunkte. Die der Gleichung (4.) § 1 analoge Gleichung

$$(1.)\qquad \sum_l (a^i_{kl} - a^i_{lk}) u_l - \delta_{ik}\rho \,| = 0$$

nennt er die KILLING'sche Gleichung des Zahlensystems (*Mol.* § 5 (2.)), und er beweist den Satz:

19. *Wird ein Zahlensystem durch eine Form mit Polareigenschaft erzeugt, so besitzt seine* KILLING'*sche Gleichung ebenso viele verschwindende Wurzeln, als es linear unabhängige, mit einer allgemein gewählten Zahl des Systems vertauschbare Zahlen giebt.*

Anders ausgedrückt: Die für $\rho = 0$ verschwindenden Elementarteiler der Determinante (1.) sind alle linear, vorausgesetzt, dass die Determinante

$$|g_{ik}| \qquad (i, k = 1, 2, \cdots n)$$

einer gewissen quadratischen Form

$$(2.)\qquad \sum g_{ik} x_i x_k$$

von Null verschieden ist. Der Beweis aber, den Hr. MOLIEN für diesen Satz gibt, ist nicht zureichend. Nachdem er über die letzten $n-r$ Variabeln der Form (2.) verfügt hat, behauptet er, man könne die ersten r durch Vermehrung um lineare Verbindungen der letzten $n-r$ so abändern, dass die Form (2.) in die zwei Formen

$$\sum_1^r g_{ik} x_i x_k + \sum_{r+1}^n g_{jh} x_j x_h$$

zerfällt, von denen die erste nur von $x_1, \cdots x_r$, die andere nur von $x_{r+1}, \cdots x_n$ abhängt. Dies ist aber nur möglich, wenn die Determinante r^{ten} Grades

$$(3.)\qquad D = |g_{ik}| \qquad (i, k = 1, 2, \cdots r)$$

für die Form (2.) von Null verschieden ist, was Hr. MOLIEN jedoch nicht beweist. Dass aber gerade hierin der Kernpunkt der ganzen Deduktion steckt, zeigt das von Hrn. STICKELBERGER aufgestellte, für das Auftreten linearer Elementarteiler entscheidende Kriterium (MUTH, *Elementartheiler*, Satz 39, § 15):

Ist $f(x,y) + s g(x,y)$ eine Schaar bilinearer Formen der Variabeln $x_1, \cdots x_n$, $y_1, \cdots y_n$, und besitzt jedes der beiden Systeme von je n linearen Gleichungen

$$\frac{\partial f}{\partial y_\alpha} = 0 \quad \textit{und} \quad \frac{\partial f}{\partial x_\alpha} = 0 \qquad (\alpha = 1, 2, \cdots n)$$

k von einander unabhängige Lösungen

$$x_1^{(\varkappa)}, \cdots x_n^{(\varkappa)} \quad \textit{und} \quad y_1^{(\varkappa)}, \cdots y_n^{(\varkappa)} \qquad (\varkappa = 1, 2, \cdots k),$$

so ist die Anzahl der für $s = 0$ verschwindenden linearen Elementarteiler der Determinante der Schaar $f + sg$ gleich dem Range der Matrix

$$g(x^{(\varkappa)}, y^{(\lambda)}) \qquad (\varkappa, \lambda = 1, 2, \dots k).$$

Ob der Satz 19 in der von Hrn. Molien ausgesprochenen allgemeinen Form richtig ist, vermag ich nicht zu entscheiden. Für die Entwicklung seiner Theorie reicht es aus, ihn für ein ursprüngliches Zahlensystem zu beweisen. Für ein solches bilden nach Satz 27 die r linear unabhängigen Potenzen der Zahl u das volle System linear unabhängiger, mit u vertauschbarer Zahlen. Mit Hülfe dieses Ergebnisses kann man zeigen, dass die Determinante r^{ten} Grades D gleich der Diskriminante der Ranggleichung des ursprünglichen Zahlensystems ist, und diese Gleichung ist nach Satz 24 irreduzibel. Demnach macht der Satz von Stickelberger die von Hrn. Molien für den Satz 19. beigebrachten Beweisgründe völlig entbehrlich.

Weit einfacher aber ergibt sich der Satz 19, ebenso wie die analoge Eigenschaft der Determinante (4.) § 1 aus dem Satze II.

70.

Theorie der hyperkomplexen Größen

Sitzungsberichte der Königlich Preußischen Akademie der Wissenschaften zu Berlin
504–537 (1903)

Die Methoden, die ich in meiner Arbeit *Über die Primfactoren der Gruppendeterminante*, Sitzungsberichte 1896 (im folgenden *Gr.* zitiert) zur Erforschung der Eigenschaften der Determinante einer endlichen Gruppe entwickelt habe, reichen auch zur Untersuchung eines beliebigen aus n Grundzahlen gebildeten Systems hyperkomplexer Größen aus. Mit solchen Größen beschäftigt sich Hr. Molien in seiner grundlegenden Abhandlung *Über Systeme höherer complexer Zahlen*, Math. Ann. Bd. 41 (im folgenden Mol. zitiert).

Das Verständnis seiner Arbeit hat er dadurch etwas erschwert, daß er nach Möglichkeit die Rechnung unterdrückt und den gedanklichen Inhalt der Beweise rein darzustellen versucht hat. So bin ich nicht darüber ins klare gekommen, ob die von ihm entwickelten Hülfsmittel zu einem strengen Beweise des Satzes 25 ausreichen. Umgekehrt hat er einen in § 5 gemachten Fehlschluß in einer Notiz im 42. Bande der Math. Ann. durch eine recht umständliche Rechnung berichtigt. Indem ich an Stelle der Gleichung, die er die Killingsche nennt, eine lineare Verbindung $S(x) + T(y)$ der in verschiedenen Variabeln ausgedrückten Matrizen der beiden antistrophen Gruppen benutze, gelingt es mir, gerade diesen Beweis erheblich zu vereinfachen.

Außerdem aber findet sich, wie ich vor kurzem (auf S. 408 dieses Bandes) bemerkt habe, in seinem Beweise des Satzes 19 eine nicht unwesentliche Lücke. Aber ungeachtet dieser kleinen Mängel bedeutet seine bahnbrechende, gedankenreiche Arbeit, die er trotz eines ziemlich unvollkommenen Rüstzeuges mit unablässiger Beharrlichkeit und durchdringendem Scharfsinn durchgeführt hat, einen der wichtigsten Fortschritte auf dem Teilgebiete der Algebra, das man als Gruppentheorie bezeichnet. Aus den angeführten Gründen halte ich es für angemessen, die Untersuchung mit den Hülfsmitteln, die ich namentlich in meiner Arbeit *Über vertauschbare Matrizen*, Sitzungsberichte 1896, entwickelt habe, von neuem aufzunehmen.

Die Methoden von Lie werden in dieser rein algebraischen Arbeit gar nicht benutzt. Dagegen hat meine Darstellung manche Berührungspunkte mit der von Dedekind in seiner Abhandlung *Zur Theorie der aus n Haupteinheiten gebildeten complexen Grössen*, Göttinger Nachrichten 1885 (im folgenden Ded. zitiert).

Die Grundlage meiner Untersuchung bildet die Formel (2) § 5. Mit ihrer Hülfe zeige ich in § 6 direkt, daß die in den verschiedenen Primfaktoren der Gruppendeterminante auftretenden Variabeln alle von einander unabhängig sind, und umgehe dadurch die Sätze 3, 4 und 5 von Molien sowie den Beweis des Satzes 25. Und mit derselben Formel beweise ich in § 7, daß die Elementarteiler der Determinante einer einfachen Gruppe alle linear sind. Auf diesen beiden Ergebnissen aber beruht die ganze Entwicklung.

Zur Klassifikation der Gruppen, wozu bisher nur unzureichende Ansätze gemacht sind, erweisen sich als die geeignetsten Invarianten weniger die Exponenten und Grade der Elementarteiler, worin die Determinanten der beiden antistrophen Gruppen zerfallen, als vielmehr (§ 9) die nämlichen Zahlen für die bisher kaum beachtete parastrophe Matrix $R(\xi)$, insbesondere der Rang von $R(\sigma)$; bei nicht kommutativen Gruppen aber vor allem die elementaren Invarianten der Matrix $uR(\xi) + vR'(\xi)$ und der von $2n$ Variabeln abhängenden Matrizen $S(x) + T(y)$ und $R(\xi) + R'(\eta)$, und zwar sind diese Invarianten auch dann von Bedeutung, wenn etwa die Determinante von $R(\xi)$ oder von $R(\xi) + R'(\eta)$ identisch verschwindet.

Erst nach Vollendung dieser Untersuchung bin ich auf die ausgezeichnete Abhandlung des Hrn. Cartan, *Sur les groupes bilinéaires et les systèmes de nombres complexes*, Ann. de Toulouse, tome XII, 1898, aufmerksam geworden, worin er die Resultate von Molien ableitet, ohne, wie es scheint, seine Arbeit zu kennen. Mit dessen Methoden und mit den hier benutzten hat der von Hrn. Cartan eingeschlagene Weg nicht das geringste gemeinsam. Die Transformation der Basis, der Ausgangspunkt und das Endziel seiner Untersuchung, ist von mir so lange wie irgend möglich vermieden worden (§ 9). Die von jeder Darstellung der Gruppe unabhängigen, invarianten Eigenschaften, mit denen ich beginne, ergeben sich bei ihm erst am Schluß durch Deutung einer Normalform der Gruppe, erhalten durch eine lange Reihe von Umformungen, deren Ziel erst am Ende der Entwicklung klar wird. Der Unterschied zwischen den beiden Methoden ist also derselbe, wie der zwischen dem Verfahren von Weierstrass und dem von Kronecker in der Theorie der Scharen von bilinearen Formen. Eine besonders beachtenswerte Formel des Hrn. Cartan (§ 65, (37.)), die sich bei Molien nicht findet, hatte ich (§ 12, (5.)) in der einfachsten Art durch die Zerlegung der Determinante $|S(x)+T(y)|$ in Primfaktoren erhalten.

§ 1.

Die *Koordinaten* $x_1, x_2, \cdots x_n$ der aus n *Grundzahlen* $\varepsilon_1, \varepsilon_2, \cdots \varepsilon_n$ gebildeten *hyperkomplexen Größe*

(1.) $$x = \varepsilon_1 x_1 + \varepsilon_2 x_2 + \cdots + \varepsilon_n x_n$$

können alle reellen und komplexen Werte annehmen. Die Gesamtheit dieser Größen, die sich durch Addition und Multiplikation mit *gewöhnlichen* Größen reproduzieren, nenne ich eine *Gruppe* (ε), wenn außerdem noch das Produkt von je zweien wieder dem Systeme angehört, und für die Multiplikation von je dreien das assoziative Gesetz $(xy)z = x(yz)$ gilt.

Die Grundzahlen können durch lineare Relationen miteinander verknüpft sein. Die Anzahl der unabhängigen unter ihnen nenne ich die *Ordnung* der Gruppe. Diesen Fall kann man leicht auf den zurückführen, wo die Grundzahlen unabhängig sind. Ich nehme daher an, daß n die Ordnung der betrachteten Gruppe (ε) ist.

Erfolgt die Multiplikation der Grundzahlen nach dem Gesetze

(2.) $$\varepsilon_\beta \varepsilon_\gamma = \sum_\alpha a_{\alpha\beta\gamma} \varepsilon_\alpha ,$$

so ergeben sich zwischen den hier auftretenden Koeffizienten aus dem assoziativen Prinzip und der Unabhängigkeit der Grundzahlen die Relationen

(3.) $$\sum_\varkappa a_{\varkappa\alpha\beta}\, a_{\gamma\varkappa\delta} = \sum_\varkappa a_{\varkappa\beta\delta}\, a_{\gamma\alpha\varkappa} .$$

Ist dann $x = yz$ das Produkt der beiden Größen

$$y = \sum \varepsilon_\lambda y_\lambda \quad , \quad z = \sum \varepsilon_\lambda z_\lambda ,$$

so ist

(4.) $$x_\alpha = \sum_{\beta,\gamma} a_{\alpha\beta\gamma}\, y_\beta z_\gamma ,$$

oder, wenn $\xi_1, \xi_2, \cdots \xi_n$ Variable sind, deren System ich mit ξ bezeichne und einen *Parameter* nenne,

(5.) $$\xi(x) = x(\xi) = \sum_\alpha \xi_\alpha x_\alpha = F(\xi, y, z) = \sum_{\alpha,\beta,\gamma} a_{\alpha\beta\gamma}\, \xi_\alpha y_\beta z_\gamma .$$

Setzt man

(6.) $$r_{\alpha\beta}(\xi) = \sum_\varkappa a_{\varkappa\alpha\beta}\, \xi_\varkappa \quad , \quad s_{\alpha\beta}(y) = \sum_\lambda a_{\alpha\lambda\beta}\, y_\lambda \quad , \quad t_{\alpha\beta}(z) = \sum_\mu a_{\alpha\beta\mu}\, z_\mu ,$$

also

$$s_{\alpha\beta}(y) = \frac{\partial x_\alpha}{\partial z_\beta} \quad , \quad t_{\alpha\beta}(z) = \frac{\partial x_\alpha}{\partial y_\beta} ,$$

so ist demnach die trilineare Form

$$(7.)\quad F(\xi, y, z) = \Sigma\, r_{\beta\gamma}(\xi) y_\beta z_\gamma = \Sigma\, s_{\alpha\gamma}(y) \xi_\alpha z_\gamma = \Sigma\, t_{\alpha\beta}(z) \xi_\alpha y_\beta .$$

Die aus jenen drei Systemen linearer Funktionen gebildeten Matrizen n^{ten} Grades bezeichne ich mit

$$R(\xi) = R_\xi = (r_{\alpha\beta}(\xi)) \,, \quad S(y) = S_y = (s_{\alpha\beta}(y)) \,, \quad T(z) = T_z = (t_{\alpha\beta}(z)).$$

Unter $f(x)$ verstehe ich stets eine Funktion der *Koordinaten* $x_1, x_2, \cdots x_n$ der Größe x, unter $S(x)$ oder S_x eine Matrix, deren Elemente (lineare) Funktionen dieser Koordinaten sind. Wenn es sich um eine Funktion der hyperkomplexen Größe x selbst handelt, werde ich mich des Zeichens $f((x))$ bedienen.

Die Bedingungen (3.) des assoziativen Prinzips sind bequemer zu erörtern, wenn man sie dadurch zusammenfaßt, daß man sie mit Variabeln multipliziert und addiert. So erhält man, wenn x und y zwei beliebige Größen sind (Ded. (36.)),

$$(8.)\quad \sum_\lambda s_{\alpha\lambda}(x) t_{\lambda\beta}(y) = \sum_\lambda t_{\alpha\lambda}(y) s_{\lambda\beta}(x)$$

oder einfacher

$$(9.)\quad S_x T_y = T_y S_x ,$$

und

$$(10.)\quad \sum_\lambda r_{\alpha\lambda}(\xi) s_{\lambda\beta}(x) = \sum_\lambda t_{\lambda\alpha}(x) r_{\lambda\beta}(\xi)$$

oder

$$(11.)\quad R_\xi S_x = T'_x R_\xi ,$$

wo T' die zu T *konjugierte* Matrix ist.

Ich nenne $S(x)$ und $|S(x)|$ die *Gruppenmatrix* und die *Gruppendeterminante*, $T(x)$ und $|T(x)|$ die *antistrophe Gruppenmatrix* und *Gruppendeterminante*, $R(\xi)$ und $|R(\xi)|$ die *parastrophe Matrix* und *Determinante*. Der in der Formel (9.) enthaltene Satz läßt sich in folgender Art aussprechen und umkehren:

Die Gruppenmatrix $S(x)$ ist mit der antistrophen Matrix $T(y)$ vertauschbar. Verschwindet die parastrophe Determinante nicht identisch, so läßt sich jede von x unabhängige Matrix, die für jeden Wert von x mit $S(x)$ ($T(x)$) vertauschbar ist, auf die Form $T(y)$ ($S(y)$) bringen.

Denn sei der Parameter ξ so gewählt, daß die Determinante der Matrix $R(\xi) = R = (r_{\alpha\beta})$ nicht verschwindet, und sei $U = (u_{\alpha\beta})$ irgend eine von x unabhängige Matrix n^{ten} Grades, die für jedes x mit $S(x)$ vertauschbar ist. Dann kann man y so bestimmen, daß für $\lambda = 1, 2, \cdots n$

$$\sum_\varkappa \xi_\varkappa u_{\varkappa\lambda} = \sum_\beta r_{\lambda\beta}\, y_\beta = \Sigma\, \xi_\varkappa t_{\varkappa\lambda}(y)$$

(nach (7.)) ist. Nun ist $SU = US$, also

$$\sum_\lambda s_{\varkappa\lambda}(x)\, u_{\lambda\beta} = \sum_\lambda u_{\varkappa\lambda}\, s_{\lambda\beta}(x)$$

und mithin

$$\sum_{\varkappa,\lambda} \xi_\varkappa\, s_{\varkappa\lambda}(x)\, u_{\lambda\beta} = \sum \xi_\varkappa\, u_{\varkappa\lambda}\, s_{\lambda\beta}(x) = \sum \xi_\varkappa\, t_{\varkappa\lambda}(y)\, s_{\lambda\beta}(x)\,,$$

also nach (8.)

$$\sum_{\varkappa,\lambda} \xi_\varkappa\, s_{\varkappa\lambda}(x)\, u_{\lambda\beta} = \sum \xi_\varkappa\, s_{\varkappa\lambda}(x)\, t_{\lambda\beta}(y)\,.$$

Nun ist aber nach (7.)

$$\sum_\varkappa \xi_\varkappa\, s_{\varkappa\lambda}(x) = \sum_\alpha r_{\alpha\lambda}\, x_\alpha\,.$$

Setzt man dies ein, so ergibt sich durch Vergleichung der Koeffizienten von x_α

$$\sum_\lambda r_{\alpha\lambda}\, u_{\lambda\beta} = \sum_\lambda r_{\alpha\lambda}\, t_{\lambda\beta}(y)\,,$$

und mithin, weil $|R|$ von Null verschieden ist, $u_{\alpha\beta} = t_{\alpha\beta}(y)$, $U = T(y)$.

Ist speziell $U = E = (e_{\alpha\beta})$ die *Hauptmatrix*, so kann man eine Größe $y = e$ so bestimmen, daß $T(e) = E$ wird (Ded. (44.)). Nach (11.) ist dann auch $S(e) = E$. Diese Größe

(12.) $$e = \varepsilon_1 e_1 + \varepsilon_2 e_2 + \cdots + \varepsilon_n e_n$$

heißt die *Haupteinheit*. Ihre Koordinaten genügen den Bedingungen

(13.) $$s_{\alpha\beta}(e) = t_{\alpha\beta}(e) = e_{\alpha\beta}$$

oder

(14.) $$\sum_\lambda a_{\alpha\lambda\beta}\, e_\lambda = e_{\alpha\beta}\,, \qquad \sum_\mu a_{\alpha\beta\mu}\, e_\mu = e_{\alpha\beta}.$$

Ist also $S(x) = S(y)$ oder $T(x) = T(y)$ oder $S(x) = T(y)$, so ist $x = y$; ist $R(\xi) = R(\eta)$ oder $R(\xi) = R'(\eta)$, so ist $\xi = \eta$.

§ 2.

Ist $x = yz$, also

(1.) $$x_\varkappa = \sum_{\lambda,\mu} a_{\varkappa\lambda\mu}\, y_\lambda z_\mu = \sum_\mu s_{\varkappa\mu}(y)\, z_\mu = \sum_\lambda t_{\varkappa\lambda}(z)\, y_\lambda\,,$$

so ist

$$s_{\alpha\beta}(x) = \sum_\varkappa a_{\alpha\varkappa\beta}\, x_\varkappa = \sum_{\varkappa,\lambda,\mu} a_{\alpha\varkappa\beta}\, a_{\varkappa\lambda\mu}\, y_\lambda z_\mu = \sum_{\varkappa,\lambda,\mu} a_{\alpha\lambda\varkappa}\, a_{\varkappa\mu\beta}\, y_\lambda z_\mu = \sum_\varkappa s_{\alpha\varkappa}(y)\, s_{\varkappa\beta}(z)$$

und

$$t_{\alpha\beta}(x) = \sum_\varkappa a_{\alpha\beta\varkappa}\, x_\varkappa = \sum_{\varkappa,\lambda,\mu} a_{\alpha\beta\varkappa}\, a_{\varkappa\lambda\mu}\, y_\lambda z_\mu = \sum_{\varkappa,\lambda,\mu} a_{\alpha\varkappa\mu}\, a_{\varkappa\beta\lambda}\, y_\lambda z_\mu = \sum_\varkappa t_{\alpha\varkappa}(z)\, t_{\varkappa\beta}(y)\,.$$

Mit $f(yz)$ oder $S(yz)$ bezeichne ich das, was aus $f(x)$ oder $S(x)$ wird, falls man darin die n Variabeln $x_\varkappa$ durch die Koordinaten (1.) des Produktes yz ersetzt. Dann erhält man

(2.) $$S(yz) = S(y)\,S(z)\,, \qquad T(yz) = T(z)\,T(y)\,.$$

Ist $S(x) = x_1 E_1 + x_2 E_2 + \cdots + x_n E_n$, so ist folglich

$$(3.) \qquad E_\beta E_\gamma = \sum_\alpha a_{\alpha\beta\gamma} E_\alpha ,$$

und da nur dann $S(x) = 0$ ist, wenn $x = 0$ ist, so sind die n konstanten Matrizen $E_1, E_2, \cdots E_n$ linear unabhängig. Sie bilden mithin eine *Darstellung* (vergl. § 16) der Gruppe (ε), und aus dieser folgt, daß die Voraussetzung der Unabhängigkeit der Grundzahlen mit den quadratischen Gleichungen (2.) § 1 verträglich ist, deren Koeffizienten den Gleichungen (3.) § 1 und den Ungleichheiten (1.) § 3 genügen, oder daß aus diesen Bedingungen keine linearen Beziehungen zwischen den Grundzahlen fließen. Erst auf Grund dieser Gewißheit sind Beweise zulässig, wie der an Formel (3.) § 3 anknüpfende, worin die hyperkomplexen Größen selbst benutzt werden.

Ist ferner $T(x) = x_1 F_1 + x_2 F_2 + \cdots + x_n F_n$, so ist

$$(4.) \qquad F_\beta F_\gamma = \sum_\alpha a_{\alpha\gamma\beta} F_\alpha .$$

Da für Matrizen das assoziative Gesetz gilt, so bilden $F_1, F_2, \cdots F_n$ die *Basis* einer Gruppe, der *antistrophen Gruppe* (ε'). Eine andere Darstellung von (ε) liefert die zu T konjugierte Matrix T'. Man könnte daher auch T' als die Matrix der Gruppe (ε) und S' als die der antistrophen Gruppe (ε') bezeichnen.

Ist ζ ein Parameter, und setzt man

$$(5^*.) \qquad \zeta_\mu = \sum_{\varkappa,\lambda} a_{\varkappa\lambda\mu} \xi_\varkappa y_\lambda = \sum_\lambda r_{\lambda\mu}(\xi) y_\lambda = \sum_\varkappa s_{\varkappa\mu}(y) \xi_\varkappa ,$$

so wird

$$r_{\alpha\beta}(\zeta) = \sum_\mu a_{\mu\alpha\beta} \zeta_\mu = \sum_{\varkappa,\mu} \xi_\varkappa s_{\varkappa\mu}(y) a_{\mu\alpha\beta} .$$

Dies ist der Koeffizient von z_β in

$$\sum_\beta r_{\alpha\beta}(\zeta) z_\beta = \sum_{\varkappa,\mu} \xi_\varkappa s_{\varkappa\mu}(y) t_{\mu\alpha}(z) = \sum_{\varkappa,\mu} \xi_\varkappa t_{\varkappa\mu}(z) s_{\mu\alpha}(y) = \sum_{\mu,\beta} s_{\mu\alpha}(y) r_{\mu\beta}(\xi) z_\beta .$$

Daher ist

$$(5.) \qquad r_{\alpha\beta}(\zeta) = \sum_\mu s_{\mu\alpha}(y) r_{\mu\beta}(\xi)$$

oder

$$(5.) \qquad R(\zeta) = S'(y) R(\xi) .$$

Setzt man endlich

$$(6^*.) \qquad \eta_\lambda = \sum_{\varkappa,\mu} a_{\varkappa\lambda\mu} \xi_\varkappa z_\mu = \sum_\mu r_{\lambda\mu}(\xi) z_\mu = \sum_\varkappa t_{\varkappa\lambda}(z) \xi_\varkappa ,$$

so wird

$$r_{\alpha\beta}(\eta) = \sum_\lambda a_{\lambda\alpha\beta} \eta_\lambda = \sum_{\varkappa,\lambda} \xi_\varkappa t_{\varkappa\lambda}(z) a_{\lambda\alpha\beta}$$

und daher

$$\sum_\alpha r_{\alpha\beta}(\eta) y_\alpha = \sum_{\varkappa,\lambda} \xi_\varkappa t_{\varkappa\lambda}(z) s_{\lambda\beta}(y) = \sum_{\varkappa,\lambda} \xi_\varkappa s_{\varkappa\lambda}(y) t_{\lambda\beta}(z) = \sum_{\alpha,\lambda} r_{\alpha\lambda}(\xi) t_{\lambda\beta}(z) y_\alpha ,$$

mithin

(6.) $$r_{\alpha\beta}(\eta) = \sum_{\lambda} r_{\alpha\lambda}(\xi)\, t_{\lambda\beta}(z)$$

oder

(6.) $$R(\eta) = R(\xi)\, T(z).$$

Bei passend geänderter Bezeichnung ergibt sich daraus:

Wenn die parastrophe Determinante nicht identisch verschwindet, und für den Wert ζ des Parameters die Determinante der Matrix $R_\zeta = R = (r_{\alpha\beta})$ von Null verschieden ist, so geht R_ξ durch die Substitution $\xi_\alpha = \sum_\beta r_{\alpha\beta} x_\beta$ in RT_x über, und durch die konjugierte Substitution $\xi_\beta = \sum_\alpha r_{\alpha\beta} x_\alpha$ in $S'_x R$.

Unter jener Bedingung ist die Gruppendeterminante der antistrophen Gruppendeterminante identisch gleich, und bis auf den Faktor $|R|$ auch gleich der Funktion, in welche die parastrophe Determinante durch irgend eine jener beiden konjugierten Substitutionen übergeht; und alle drei Determinanten stimmen in den Elementarteilern überein.

Sind ξ, η, ζ, τ beliebige Parameter, so folgt aus (9.) § 1, daß $R_\eta^{-1} R_\xi$ mit $R_\tau'^{-1} R'_\zeta$ vertauschbar ist, oder daß die Matrix $R'_\zeta R_\eta^{-1} R_\xi R_\zeta'^{-1}$ von ζ unabhängig ist.

§ 3.

Wenn $|R(\xi)|$ nicht identisch verschwindet, so verschwindet keine der beiden Determinanten $|S(x)|$ oder $|T(x)|$ identisch, und es gibt eine Zahl e, wofür $S(e) = T(e) = E$ ist. Wenn aber identisch $|R(\xi)| = 0$ ist, so füge ich zu den bisherigen Voraussetzungen die weitere hinzu, daß keine der beiden Determinanten

(1.) $$|S(x)|\,, \quad |T(x)|$$

identisch Null ist. Wählt man z so, daß $|S(z)|$ und $|T(z)|$ beide von Null verschieden sind, so kann man (vergl. z. B. Mol. Satz 1), weil $|S(z)|$ von Null verschieden ist, eine Zahl e bestimmen, die der Gleichung $ze = z$ genügt. Ist ferner x eine beliebige Größe, so kann man, weil $|T(z)|$ von Null verschieden ist, y so bestimmen, daß $yz = x$ wird. Dann ist auch $xe = x$ und $zex = zx$, also weil $|S(z)|$ von Null verschieden ist, $ex = x$. Da ferner nach (2.) § 2 $S(z) = S(z)S(e)$ und $T(z) = T(e)\,T(z)$ ist, so ist $S(e) = T(e) = E$.

Der Satz des § 1 bleibt richtig, wenn weder $|S(x)|$ noch $|T(x)|$ identisch verschwindet, auch wenn identisch $|R(\xi)| = 0$ ist. Denn setzt man $\sum_\varkappa u_{\alpha\varkappa} e_\varkappa = y_\alpha$, so ist

$$\sum_{\beta,\varkappa} u_{\alpha\beta}\, s_{\beta\varkappa}(x)\, e_\varkappa = \sum_{\gamma,\varkappa} s_{\alpha\gamma}(x)\, u_{\gamma\varkappa}\, e_\varkappa\,,$$

also

$$\sum_\beta u_{\alpha\beta}\, x_\beta = \sum_\gamma s_{\alpha\gamma}(x)\, y_\gamma = \sum_\beta t_{\alpha\beta}(y)\, x_\beta\,,$$

und mithin $u_{\alpha\beta} = t_{\alpha\beta}(y)$.

Ist $|S(x)|$ für eine bestimmte Größe x von Null verschieden, so kann man y so bestimmen, daß $xy = e$ wird. Dann ist nach (2.) § 2 $T(y)\,T(x) = T(e) = E$. Ist also $|S(x)|$ für den Wert x von Null verschieden, so ist auch $|T(x)|$ von Null verschieden und umgekehrt. Ist also $|S(x)| = 0$, so ist auch $|T(x)| = 0$. Jeder Primfaktor $\Phi(x)$ der Gruppendeterminante $|S(x)|$ ist daher auch in der antistrophen Determinante $|T(x)|$ enthalten und umgekehrt. In den beiden Zerlegungen

$$(2.) \qquad |S(x)| = \Pi\, \Phi(x)^s\,, \qquad |T(x)| = \Pi\, \Phi(x)^t$$

treten genau dieselben Primfaktoren $\Phi(x)$ auf, doch können die Exponenten s und t verschieden sein, aber nur, wenn identisch $|R(\xi)| = 0$ ist.

Das einfachste Beispiel für diese Möglichkeit liefert, wie mir Molien mitgeteilt hat, die einzige nicht kommutative Gruppe der Ordnung $n = 3$, für die

$$x_1 = y_1 z_1\,, \qquad x_2 = y_2 z_2\,, \qquad x_3 = y_1 z_3 + y_3 z_2$$

ist. Demnach ist

$$R(\xi) = \begin{pmatrix} \xi_1 & 0 & \xi_3 \\ 0 & \xi_2 & 0 \\ 0 & \xi_3 & 0 \end{pmatrix}, \quad S(y) = \begin{pmatrix} y_1 & 0 & 0 \\ 0 & y_2 & 0 \\ 0 & y_3 & y_1 \end{pmatrix}, \quad T(z) = \begin{pmatrix} z_1 & 0 & 0 \\ 0 & z_2 & 0 \\ z_3 & 0 & z_2 \end{pmatrix},$$

also, in Elementarteiler zerlegt,

$$|S(x)| = x_1 x_1 x_2\,, \quad |T(x)| = x_1 x_2 x_2\,, \quad |uR(\xi) + vR'(\xi)| = -(\xi_1 + \xi_2)\,\xi_3^2 uv\,(u+v)$$

Aus der Gleichung (2.) § 2 folgt durch wiederholte Anwendung

$$S_x^{\varkappa} = S(x^{\varkappa})\,, \quad T_x^{\varkappa} = T(x^{\varkappa})\,.$$

Unter u, v, w verstehe ich hier stets gewöhnliche (nicht hyperkomplexe) Größen. Ist $g(u)$ eine ganze Funktion der Variabeln u, also $g((x))$ eine ganze Funktion der hyperkomplexen Größe x selbst, so ist mithin

$$(3.) \qquad g(S_x) = S\big(g((x))\big)\,, \quad g(T_x) = T\big(g((x))\big)\,.$$

Wenn demnach einer der Ausdrücke $g((x))$, $g(S_x)$ oder $g(T_x)$ für alle Werte von x verschwindet, so verschwinden auch die beiden anderen (Mol. § 4). Die Gleichung niedrigsten Grades, der eine Matrix $S_x = S$ genügt, $g(S) = 0$, wird ihre *reduzierte Gleichung* genannt. Die Funktion $g(u)$ erhält man, indem man die *charakteristische Determinante* von S, die Determinante der Matrix

$$(4.) \qquad uE - S(x) = S(ue - x)\,,$$

durch den größten gemeinsamen Teiler ihrer Unterdeterminanten $(n-1)^{\text{ten}}$ Grades dividiert. Nach (3.) genügen S und T derselben reduzierten Gleichung $g(S)=0$ und $g(T)=0$, und diese ist zugleich die Gleichung niedrigsten Grades, der eine variable Größe x genügt, $g((x))=0$. Wenn also auch die Determinanten der beiden antistrophen Gruppen verschieden sein können, so stimmen doch ihre ersten Elementarteiler immer überein.

Die reduzierte Funktion $g(u)$ verschwindet für jede der *charakteristischen Wurzeln* von S, d. h. der Wurzeln der *charakteristischen Gleichung* $|uE-S|=0$. Damit ist aufs neue bewiesen, daß die beiden antistrophen Gruppendeterminanten genau dieselben Primfaktoren enthalten.

§ 4.

Ist $\Theta(x)=|S(x)|$ die Gruppendeterminante, so ist nach (2.) § 2 $\Theta(yz)=\Theta(y)\Theta(z)$. In jedem Primfaktor $\Phi(x)$ von $\Theta(x)$ denke ich mir den konstanten Faktor so gewählt, daß $\Phi(e)=1$ ist. Ist dann $\Phi(x)$ ein solcher Faktor oder auch ein Produkt von mehreren, so ist auch

$$(1.)\qquad \Phi(yz)=\Phi(y)\Phi(z).$$

Umgekehrt muß jede homogene Funktion $\Phi(x)$, welche diese Eigenschaft besitzt, ein Produkt von Primfaktoren von $\Theta(x)$ sein (*Gr.* § 1). Denn bestimmt man y so, daß $xy=\Theta(x)e$ wird, so werden $y_1, y_2, \cdots y_n$ aus n linearen Gleichungen mit der Determinante $\Theta(x)$ gefunden, und sind daher *ganze* Funktionen von $x_1, x_2, \cdots x_n$. Ist r der Grad von $\Phi(x)$, so ist dann nach (1.)

$$\Phi(x)\Phi(y)=\Theta(x)^r.$$

Die Wurzeln $u_1, u_2, \cdots u_r$ der Gleichung $\Phi(ue-x)=0$ nenne ich die *charakteristischen Wurzeln* von $\Phi(x)$. Dann ist

$$(2.)\qquad \Phi(ue-x)=u^r-\Phi_1(x)u^{r-1}+\Phi_2(x)u^{r-2}-\cdots\pm\Phi_r(x)=(u-u_1)(u-u_2)\cdots(u-u_r)$$

Die Summe der r Wurzeln, $\Phi_1(x)$ oder

$$(3.)\qquad u_1+u_2+\cdots+u_r=\chi(x)=\sum_\alpha \chi_\alpha x_\alpha,$$

nenne ich die *Spur* von $\Phi(x)$. Durch das System ihrer n Koeffizienten, das ich ebenfalls mit χ bezeichne und den für $\Phi(x)$ *charakteristischen Parameter* nenne, ist die Funktion $\Phi(x)$ vollständig bestimmt (Mol. § 3; *Gr.* § 3). Denn ist

$$g(u)=a(u+v_1)(u+v_2)\cdots(u+v_m)$$

eine ganze Funktion von u, so ist auch

$$y=g((x))=a(x+v_1e)(x+v_2e)\cdots(x+v_me)$$

und mithin nach (1.)

$$\Phi(y) = a^r \Phi(x+v_1 e)\Phi(x+v_2 e)\cdots\Phi(x+v_m e).$$

Setzt man hierin

$$\Phi(x+ve) = (u_1+v)(u_2+v)\cdots(u_r+v),$$

so erhält man

$$\Phi(y) = g(u_1)g(u_2)\cdots g(u_r).$$

Ersetzt man nun $g(u)$ durch $g(u)-v$, so erkennt man, daß $g(u_1)$, $g(u_2)\cdots g(u_r)$ die charakteristischen Wurzeln von $\Phi(y)$ sind. Daher ist

$$(4.)\qquad \chi\big(g((x))\big) = g(u_1)+g(u_2)+\cdots+g(u_r)$$

und speziell

$$(5.)\qquad \chi(x^\varkappa) = u_1^\varkappa + u_2^\varkappa + \cdots + u_r^\varkappa,$$

also für $\varkappa = 0$

$$(6.)\qquad r = \chi(e) = \sum_\alpha \chi_\alpha e_\alpha .$$

Nach den bekannten Relationen zwischen den Koeffizienten einer Gleichung und den Potenzsummen ihrer Wurzeln ist daher identisch für Primfunktionen ersten Grades

$$(7.)\qquad \chi(x)\chi(y)-\chi(xy) = 0, \qquad \chi_\beta\chi_\gamma = \sum_\alpha a_{\alpha\beta\gamma}\chi_\alpha,$$

für solche zweiten Grades

$$(8.)\quad \chi(x)\chi(y)\chi(z)-\chi(x)\chi(yz)-\chi(y)\chi(zx)-\chi(z)\chi(xy)+\chi(xyz)+\chi(xzy)=0.$$

Das allgemeine Gesetz für die Bildung dieser Gleichungen habe ich *Gr.* § 3 auseinandergesetzt.

Insbesondere ist die Anzahl der verschiedenen linearen Primfunktionen gleich der Anzahl der Lösungen der Gleichungen (2.) § 1 durch gewöhnliche Zahlen (Ded. (19.)). Wie ich in § 6 zeigen werde, sind diese Lösungen alle linear unabhängig.

Ist $\Theta(x)$ für einen bestimmten Wert x von Null verschieden, so ist nach (1.) § 4

$$\Phi(x^{-1}yx+ue) = \Phi(x^{-1})\Phi(y+ue)\Phi(x) = \Phi(y+ue)$$

und mithin $\chi(x^{-1}yx) = \chi(y)$, oder wenn man y durch xy ersetzt (Mol. Satz 14; *Gr.* § 3, (13.)),

$$(9.)\qquad \chi(xy) = \chi(yx).$$

Die Matrix dieser symmetrischen bilinearen Form $F(\chi, x, y)$ ist

$$(10.)\qquad R_\chi = R'_\chi .$$

Nennt man also ξ einen *symmetrischen Parameter*, wenn es den Gleichungen $r_{\alpha\beta}(\xi) = r_{\beta\alpha}(\xi)$ oder $R_\xi = R'_\xi$ genügt, so ist χ ein solcher Parameter.

Eine Größe x heißt eine *invariante Größe* der Gruppe (ε), wenn sie mit jeder Größe y dieser Gruppe vertauschbar ist, $xy = yx$. Demnach ist

$$\sum_\gamma a_{\alpha\beta\gamma} x_\gamma = \sum_\gamma a_{\alpha\gamma\beta} x_\gamma \qquad \text{oder} \qquad t_{\alpha\beta}(x) = s_{\alpha\beta}(x).$$

Wird umgekehrt die Veränderlichkeit von x durch die Gleichung $S(x) = T(x)$ beschränkt, so ist x eine invariante Größe von (ε).

Auch die allgemeinere Gleichung $S(x) = T(y)$ oder

$$x_1 E_1 + \cdots + x_n E_n = y_1 F_1 + \cdots + y_n F_n$$

kann nach (14.) § 1 nur bestehen, wenn $x = y$ eine invariante Größe ist. Die von den invarianten Größen gebildete Gruppe ist also der größte gemeinsame Divisor der beiden antistrophen Gruppen (3.) und (4.) § 2.

Ist y unbeschränkt veränderlich, x aber eine invariante Variable, so ist $S(x) = T(x)$ mit $S(y)$ vertauschbar, und daher lassen sich die charakteristischen Wurzeln $u_1, u_2, \cdots$ der Matrix $S(x)$ den charakteristischen Wurzeln $v_1, v_2, \cdots$ der Matrix $S(y)$ so zuordnen, daß $u_1 v_1, u_2 v_2 \cdots$ die charakteristischen Wurzeln von $S(x)S(y) = S(xy)$ sind. Mithin ist auch

$$\Phi(ue - xy) = (u - u_1 v_1)(u - u_2 v_2) \cdots (u - u_r v_r),$$

wo $u_1, u_2, \cdots u_r$ nur von x abhängen, $v_1, v_2, \cdots v_r$ nur von y. Setzt man $y = e$, so erkennt man, daß $u_1, u_2, \cdots u_r$ die charakteristischen Wurzeln von $\Phi(x)$ sind, setzt man $x = e$, daß $v_1, v_2, \cdots v_r$ die von $\Phi(y)$ sind.

Bei der Bestimmung der Art, wie diese Wurzeln in der obigen Zerlegung einander zugeordnet sind, beschränke ich mich auf den Fall, wo $\Phi(y)$ eine Primfunktion ist. Dann ist $\Phi(ue - y)$ als Funktion von u irreduzibel, d. h. kann nicht als Produkt ganzer Funktionen von u dargestellt werden, deren Koeffizienten rationale Funktionen der n unbeschränkt veränderlichen Größen $y_1, y_2, \cdots y_n$ sind. Da u_1 von diesen unabhängig ist, so ist die Funktion $\Phi(ue - u_1 y)$ der Variabeln u in demselben Sinne irreduzibel. Die Funktion $\Phi(ue - xy)$ hat mit ihr den Faktor $u - u_1 v_1$ gemeinsam, und ist folglich mit ihr identisch $\Phi(ue - xy) = \Phi(ue - u_1 y)$. Mithin ist $\chi(xy) = u_1 \chi(y)$, also für $y = e$ $\chi(x) = r u_1$. Setzt man $u = 0$, $y = e$, so wird $\Phi(x) = u_1^r$. So ergibt sich der Satz (*Gr.* § 6):

Ist $\chi(x)$ die Spur des Primfaktors r^{ten} Grades $\Phi(x)$ der Gruppendeterminante, ist y eine unbeschränkt veränderliche, x aber eine invariante Größe, so ist

$$(11.) \qquad \chi(x)\chi(y) = r\chi(xy) = \chi(e)\chi(xy),$$

und

(12.) $\Phi(x) = \left(\frac{1}{r}\chi(x)\right)^r$, $\Phi(ue-x) = \left(u-\frac{1}{r}\chi(x)\right)^r$

ist die r^{te} Potenz einer linearen Funktion, und die r charakteristischen Wurzeln von $\Phi(x)$ sind alle gleich $\frac{1}{r}\chi(x)$.

§ 5.

Ist $t = xy$, so ist $t+ux = x(y+ue)$ und folglich, wenn $\Phi(x)$ ein Faktor einer Potenz von $\Theta(x)$ ist, $\Phi(t+ux) = \Phi(x)\Phi(y+ue)$. Vergleicht man darin die Koeffizienten von u^{r-1}, so erhält man

$$\sum_\alpha \frac{\partial\Phi(x)}{\partial x_\alpha} t_\alpha = \Phi(x)\chi(y),$$

also weil $t_\alpha = \sum_\beta s_{\alpha\beta}(x) y_\beta$ ist,

$$\sum_\alpha \frac{\partial\Phi(x)}{\partial x_\alpha} s_{\alpha\beta} = \Phi(x)\chi_\beta.$$

Auf diese Weise, und durch die Zerlegung $yx+ux = (y+ue)x$, erhält man (*Gr.* § 5, (3.))

$$(1.)\qquad \sum_\varkappa \frac{\partial\Phi(x)}{\partial x_\varkappa} s_{\varkappa\alpha}(x) = \sum_\varkappa \frac{\partial\Phi(x)}{\partial x_\varkappa} t_{\varkappa\alpha}(x) = \Phi(x)\chi_\alpha.$$

Setzt man also in der Formel (5*.) § 2 $\xi_\varkappa = \frac{\partial\Phi}{\partial x_\varkappa}$, so wird $\zeta_\mu = \Phi\chi_\mu$, und nach (5.) und (6.) § 2 ist daher (*Gr.* § 4, (1.))

$$(2.)\qquad S'(x)R\left(\frac{\partial\Phi}{\partial x}\right) = R\left(\frac{\partial\Phi}{\partial x}\right)T(x) = \Phi(x)R(\chi),$$

wo die Matrix

$$R\left(\frac{\partial\Phi}{\partial x}\right) = \left(\sum_\varkappa a_{\varkappa\alpha\beta}\frac{\partial\Phi}{\partial x_\varkappa}\right)$$

ist. Geht diese in

$$R_1u^{r-1} + R_2u^{r-2} + \cdots + R_r$$

über, falls man x durch $ue-x$ ersetzt, so ist nach (2.) § 4

$$(R_1u^{r-1} + \cdots + R_r)(Eu-T) = R_\chi(u^r - \Phi_1u^{r-1} + \Phi_2u^{r-2} - \cdots \pm \Phi_r).$$

Vergleicht man die Koeffizienten von $u^r, u^{r-1}, \cdots u^0$, so erhält man $r+1$ Gleichungen. Multipliziert man diese rechts mit $T^r, T^{r-1}, \cdots T^0$ und addiert sie, so ergibt sich (*Gr.* § 4, (5.))

$$(3.)\qquad R_\chi(T^r - \Phi_1T^{r-1} + \Phi_2T^{r-2} - \cdots \pm \Phi_r) = 0$$

oder einfacher

$$R_\chi\Phi(xE-eT) = 0.$$

In derselben Weise ergibt sich $\Phi(xE-eS')R_\chi = 0$, also wenn man die konjugierten Matrizen nimmt, nach (10.) § 4

(3.) $$R_\chi \Phi(xE-eS) = 0 \quad , \quad R_\chi \Phi(xE-eT) = 0.$$

Nach (3.) § 3 kann man für $\Phi(xE-eS)$ auch $S\big(\Phi(x-((x))e)\big)$ schreiben, d. h. $S(y)$, wo $y = g((x))$ und $g(u) = \Phi(x-ue)$ ist.

Zu der Formel (2.), worauf die folgende Entwicklung wesentlich beruht, gelangt man auch, indem man $t = xyz$ (oder yzx) setzt, und in der Gleichung

$$\sum_\varkappa \frac{\partial \Phi(x)}{\partial x_\varkappa} t_\varkappa = \Phi(x)\chi(yz),$$

worin

$$t_\varkappa = \Sigma\, a_{\varkappa\lambda\mu} x_\lambda a_{\mu\alpha\beta} y_\alpha z_\beta \quad , \qquad \chi(yz) = \Sigma\, r_{\alpha\beta}(\chi) y_\alpha z_\beta$$

ist, die Koeffizienten von $y_\alpha z_\beta$ vergleicht.

§ 6.

Die kleinste Anzahl unabhängiger linearer Verbindungen der Variabeln, wodurch sich eine Funktion oder ein System von Funktionen ausdrücken läßt, nenne ich seinen *linearen Rang*, oder auch nur seinen *Rang*, sobald eine Verwechslung mit dem Begriffe des Ranges einer Determinante oder Matrix ausgeschlossen ist. Der lineare Rang m einer quadratischen Funktion

(1.) $$\sum_{\alpha,\beta} r_{\alpha\beta}(\chi) x_\alpha x_\beta = F(\chi, x, x) = \chi(x^2) = \Phi_1^2 - 2\Phi_2$$

ist gleich dem Range der aus ihren Koeffizienten gebildeten symmetrischen Matrix R_χ, und gleich dem linearen Range des Systems der n linearen Funktionen

(2.) $$\sum_\beta r_{\alpha\beta}(\chi) x_\beta ,$$

den halben Ableitungen der quadratischen Funktion. Durch irgend m gerade dieser linearen Funktionen, die von einander unabhängig sind, läßt sich $\chi(x^2)$ darstellen. Ebenso kann man ihre Kovariante, die symmetrische bilineare Form

(3.) $$\sum_{\alpha,\beta} r_{\alpha\beta}(\chi) x_\alpha y_\beta = F(\chi, x, y) = \chi(xy) = \chi(yx)$$

durch jene m Variabeln ausdrücken und durch die m, die unter den n Variabeln $\sum_\beta r_{\alpha\beta} y_\beta$ von einander unabhängig sind.

Die trilineare Funktion $\chi(xyz) = \chi((xy)z)$ ist eine bilineare Funktion der Koordinaten von xy und von z, läßt sich also durch die m Variabeln ausdrücken, die unter den n Variabeln $\sum_\beta r_{\alpha\beta} z_\beta$ von einander unabhängig sind. Sie ist gleich $\chi(x(yz)) = \chi(z(xy)) = \chi((zx)y)$, also auch nur abhängig von den Variabeln $\sum_\beta r_{\alpha\beta} x_\beta$ und den Variabeln $\sum_\beta r_{\alpha\beta} y_\beta$. Dasselbe gilt von $\chi(xyzt) = \chi(yztx) = \chi(ztxy) = (txyz)$. Daher ist auch

$$\chi(x^\kappa) = u_1^\kappa + u_2^\kappa + \cdots + u_r^\kappa$$

nur von den Variabeln (2.) abhängig, also auch das Produkt $\Phi(x) = u_1 u_2 \cdots u_r$, das eine ganze Funktion jener Potenzsummen ist. Umgekehrt lassen sich durch die linearen Verbindungen der Variabeln $x_1, x_2, \cdots x_n$, von denen $\Phi(x)$ abhängt, auch die in der Entwicklung von $\Phi(ue-x)$ auftretenden Funktionen $\Phi_1(x), \Phi_2(x), \cdots$ ausdrücken, also auch $\chi(x^2)$.

I. *Ist $\Phi(x)$ ein Produkt von Primfaktoren der Gruppendeterminante, und $\chi(x)$ die Spur von $\Phi(x)$, so ist der lineare Rang von $\Phi(x)$ gleich dem der quadratischen Funktion $\chi(x^2)$, also gleich dem Range der Matrix R_χ, und die Funktion $\Phi(x)$ läßt sich durch die Ableitungen von $\chi(x^2)$ ausdrücken.*

Jetzt seien $\Phi, \Phi', \Phi'', \cdots$ die k verschiedenen Primfaktoren von Θ, und $\chi, \chi', \chi'', \cdots$ ihre Spuren. Sind dann $C, C', C'', \ldots$ irgend welche Matrizen n^{ten} Grades, so will ich zeigen: Eine Relation

$$CR_\chi + C'R_{\chi'} + C''R_{\chi''} + \cdots = 0 \tag{4.}$$

kann nur bestehen, wenn einzeln

$$CR_\chi = C'R_{\chi'} = C''R_{\chi''} = \cdots = 0$$

ist. Denn nach (2.) § 5 ist

$$R_\chi = R\left(\frac{\partial l(\Phi)}{\partial x}\right) T(x)$$

und mithin, da $|T(x)|$ von Null verschieden ist,

$$CR\left(\frac{\partial l(\Phi)}{\partial x}\right) + C'R\left(\frac{\partial l(\Phi')}{\partial x}\right) + C''R\left(\frac{\partial l(\Phi'')}{\partial x}\right) + \cdots = 0.$$

Nun sei $\Psi = \Phi'\Phi'' \cdots$ das Produkt der $k-1$ von Φ verschiedenen Primfunktionen. Multipliziert man mit $\Phi\Psi$, so erkennt man, daß die Elemente der Matrix $\Psi(x) CR\left(\frac{\partial \Phi}{\partial x}\right)$ alle durch die Funktion r^{ten} Grades $\Phi(x)$ teilbar sind, also weil Φ und Ψ teilerfremd sind, auch die der Matrix $CR\left(\frac{\partial \Phi}{\partial x}\right)$. Da diese aber nur vom $(r-1)^{\text{ten}}$ Grade sind, so müssen sie Null sein. Mithin ist

$$0 = CR\left(\frac{\partial l(\Phi)}{\partial x}\right) T(x) = CR_\chi.$$

Zu diesem Ergebnis kann man auch mittels der Formel (3.) § 5 gelangen. Nach dieser ist $R_{\chi'} \Psi(xE - eS) = 0$, und weil je zwei ganze Funktionen der Matrix S mit einander vertauschbar sind, auch

$$R_{\chi''} \Psi(xE-eS) = R_{\chi''} \Phi''(xE-eS)\, \Phi'(xE-eS) \cdots = 0.$$

Folglich ist auch

$$CR_\chi\big(\Psi(xE-eS)+\Phi(xE-eS)\big)=0.$$

Die Determinante der in der Klammer stehenden Matrix, einer Funktion von S, ist von Null verschieden, weil die Funktion $\Psi(x-ue)+\Phi(x-ue)$ der Variabeln u für keine Wurzel der charakteristischen Gleichung $\Theta(x-ue)=0$ verschwindet. Folglich muß $CR_\chi=0$ sein.

Sind $m, m', m'', \cdots$ die Rangzahlen der Matrizen $R_\chi, R_{\chi'}, R_{\chi''}, \cdots$, so sind unter den n Variabeln $\sum\limits_\beta r_{\alpha\beta}(\chi')x_\beta$ genau m' unabhängig, unter den n Variabeln $\sum\limits_\beta r_{\alpha\beta}(\chi'')x_\beta$ genau m'', usw. Die so erhaltenen $m+m'+m''+\cdots$ linearen Verbindungen der n Variabeln $x_1, x_2, \cdots x_n$ sind aber alle unter einander unabhängig. Denn eine in $x_1, x_2, \cdots x_n$ identische Beziehung

$$\sum_\alpha c_\alpha\Big(\sum_\beta r_{\alpha\beta}(\chi)x_\beta\Big)+\sum_\alpha c'_\alpha\Big(\sum_\beta r_{\alpha\beta}(\chi')x_\beta\Big)+\sum_\alpha c''_\alpha\Big(\sum_\beta r_{\alpha\beta}(\chi'')x_\beta\Big)+\cdots=0$$

kann nur bestehen, wenn die k Teilsummen einzeln verschwinden. Die n Gleichungen

$$\sum_\alpha c_\alpha r_{\alpha\beta}(\chi)+\sum_\alpha c'_\alpha r_{\alpha\beta}(\chi')+\sum_\alpha c''_\alpha r_{\alpha\beta}(\chi'')+\cdots=0$$

haben nämlich die Gestalt (4.), falls C eine Matrix ist, worin eine Zeile aus den Elementen $c_1, c_2, \cdots c_n$ besteht, während die Elemente der anderen Zeilen verschwinden.

Da $\sum\limits_\alpha \chi_\alpha x_\alpha=\sum\limits_\alpha e_\alpha\Big(\sum\limits_\beta r_{\alpha\beta}(\chi)x_\beta\Big)$ eine lineare Verbindung der n Variabeln (2.) ist, so sind auch die k Funktionen

$$(5.)\qquad \chi(x),\quad \chi'(x),\quad \chi''(x),\cdots$$

linear unabhängig.

Ferner läßt sich $\chi(x^2)$ als eine quadratische Funktion von m unabhängigen Variabeln mit nicht verschwindender Determinante ausdrücken $\chi'(x^2)$ als eine Funktion von m' Variabeln vom Range m', usw., und diese $m+m'+m''+\cdots$ Variabeln sind alle unter einander unabhängig. Sind also $c, c', c'', \cdots$ Konstanten, so ist der Rang der quadratischen Funktion

$$c\chi(x^2)+c'\chi'(x^2)+c''\chi''(x^2)+\cdots$$

gleich der Summe der Rangzahlen der einzelnen Summanden. Der Rang von $c\chi(x^2)$ ist 0 oder m, je nachdem $c=0$ ist, oder nicht.

II. *Der Rang der Matrix* $cR_\chi+c'R_{\chi'}+c''R_{\chi''}+\cdots$ *ist gleich der Summe der Rangzahlen der Matrizen* $cR_\chi, c'R_{\chi'}, c''R_{\chi''}, \cdots$.

Der lineare Rang eines Produktes von Primfaktoren der Gruppendeterminante ist gleich der Summe der Rangzahlen ihrer verschiedenen Primfaktoren.

§ 7.

Die Spuren der Determinanten $|S(x)|$ und $|T(x)|$ bezeichne ich mit

$$(1.)\quad \sigma(x) = \sum_\alpha \sigma_\alpha x_\alpha = \sum_\varkappa s_{\varkappa\varkappa}(x)\quad,\qquad \tau(x) = \sum_\alpha \tau_\alpha x_\alpha = \sum_\varkappa t_{\varkappa\varkappa}(x)\,.$$

Ihre Koeffizienten sind

$$(2.)\qquad \sigma_\alpha = \sum_\varkappa a_{\varkappa\alpha\varkappa}\quad,\qquad \tau_\alpha = \sum_\varkappa a_{\varkappa\varkappa\alpha}\,,$$

und nach (2.) § 3 ist

$$(3.)\qquad \begin{aligned} \sigma &= s\chi + s'\chi' + s''\chi'' + \cdots = \Sigma\, s\chi\quad,\\ \tau &= t\chi + t'\chi' + t''\chi'' + \cdots = \Sigma\, t\chi. \end{aligned}$$

Daher haben nach Satz II, § 6 die Matrizen R_σ und R_τ beide den Rang $m + m' + m'' + \cdots$.

Eine Gruppe (ε), wofür die Determinante der symmetrischen Matrix

$$(4.)\qquad R_\sigma = P = (p_{\alpha\beta})$$

von Null verschieden ist, nenne ich eine *Dedekind*sche *Gruppe* (Ded. (27.)), da Dedekind zuerst wenigstens für die kommutativen Gruppen die Bedeutung dieser Bedingung erkannt hat. Für eine solche ist nach dem Satze des § 2 $\Theta(x) = |S(x)| = |T(x)|$, also $\sigma = \tau$, und der Rang von R_σ

$$n = m + m' + m'' + \cdots = \Sigma\, m\,.$$

Eine Dedekindsche Gruppe kann also auch als eine solche definiert werden, deren Ordnung dem linearen Range ihrer Determinante gleich ist. Ist

$$\psi = \chi + \chi' + \chi'' + \cdots = \Sigma\,\chi$$

die Spur des Produkts der k verschiedenen Primfaktoren von Θ

$$\Psi(x) = \Phi\Phi'\Phi''\cdots = \Pi\,\Phi(x)\,,$$

so hat nach Satz II, § 6 auch R_ψ den Rang $\Sigma\, m = n$. Demnach ist $|R_\psi|$ von Null verschieden. Nach (3.) § 5 ist aber

$$R_\psi \Psi(Se - Ex) = 0\,,$$

und folglich ist

$$(5.)\qquad \Psi(Se - Ex) = 0\,.$$

Da die Funktion

$$(6.)\qquad g(u) = \Psi(ue - x) = \Pi\,\Phi(ue - x)$$

keine mehrfachen Faktoren hat, so ist mithin $g(S) = 0$ die reduzierte Gleichung für die Matrix S (vergl. Mol. Satz 24).

Dies kann man auch so einsehen: Nach (2.) § 5 ist

$$S' R\left(\frac{\partial \Theta}{\partial x}\right) = \Theta R_\sigma .$$

Nun ist $\Theta S'^{-1} = \overline{S'}$ die zu S' adjungierte Matrix, und demnach ist (Ded. (63.))

$$\overline{S'} = R\left(\frac{\partial \Theta}{\partial x}\right) R_\sigma^{-1} . \tag{7.}$$

Die Elemente der Matrix $\overline{S'}$ sind die Unterdeterminanten $(n-1)^{\text{ten}}$ Grades von Θ. Diese sind also lineare Verbindungen der Ableitungen von Θ nach den n Variabeln $x_1, x_2, \cdots x_n$. Umgekehrt sind die Ableitungen einer Determinante lineare Verbindungen ihrer Unterdeterminanten. Daher ist der größte gemeinsame Divisor der Unterdeterminanten gleich dem der Ableitungen, also wenn man x durch $ue-x$ ersetzt, gleich

$$\Pi(\Phi(ue-x))^{s-1} .$$

Nach der in § 3 erwähnten Regel erhält man aber die reduzierte Gleichung $g(S) = 0$, indem man

$$\Theta(ue-x) = \Pi(\Phi(ue-x))^s$$

durch jenen Ausdruck dividiert, und folglich ist $g(u)$ die Funktion (6.). Die Wurzeln $u_1, u_2, \cdots u_p$ der Gleichung $g(u) = 0$ sind die $p = r + r' + r'' + \cdots$ verschiedenen unter den n Wurzeln $u_1, u_2, \cdots u_n$ der Gleichung $\Theta(ue-x) = 0$.

§ 8.

Sind A und B zwei vertauschbare Matrizen n^{ten} Grades, so lassen sich ihre charakteristischen Wurzeln $a_1, a_2, \cdots a_n$ und $b_1, b_2, \cdots b_n$ einander so zuordnen, daß $f(a_1, b_1), f(a_2, b_2), \cdots f(a_n, b_n)$ die charakteristischen Wurzeln der Matrix $f(A, B)$ sind, und diese Zuordnung ist von der Wahl der ganzen Funktion $f(u, v)$ unabhängig. In § 3 der vorstehenden Arbeit habe ich ferner bewiesen:

I. *Zerfallen die charakteristischen Determinanten von zwei (oder mehr) mit einander vertauschbaren Matrizen A und B in lauter lineare Elementarteiler, so hat jede Matrix $f(A, B)$ dieselbe Eigenschaft.*

II. *Ist außerdem immer $b_\varkappa = b_\lambda$, falls $a_\varkappa = a_\lambda$ ist, so ist B eine ganze Funktion von A.*

Nun ist

$$g(u, x) = \Pi\, \Phi(ue-x) \tag{1.}$$

eine ganze Funktion p^{ten} Grades von u, deren Koeffizienten ganze Funktionen der n Variabeln $x_1, x_2, \cdots x_n$ sind. Die p Wurzeln $u_1, u_2, \cdots u_p$ der Gleichung $g(u, x) = 0$ sind alle unter einander verschieden. Ist

$X = S(x)$, so sind die Elementarteiler von $|uE-X|$ alle linear und X genügt der Gleichung $g(X, x) = 0$.

Diese in $x_1, x_2, \cdots x_n$ identische Gleichung wird daher auch durch jedes spezielle Wertsystem der Variabeln befriedigt. Für ein solches brauchen $u_1, u_2, \cdots u_p$ nicht alle verschieden, die Elementarteiler von $|uE-X|$ nicht alle linear, und es braucht $g(X, x) = 0$ nicht die reduzierte Gleichung für X zu sein. Wenn aber x so gewählt wird, daß $u_1, u_2, \cdots u_p$ verschieden sind, so ist $g(X, x) = 0$ die reduzierte Gleichung für die Matrix X. Denn mehr als p verschiedene Wurzeln kann die Gleichung $|uE-X| = 0$ nicht haben, und ist $\psi(X) = 0$, so muß $\psi(u)$ für jede Wurzel dieser charakteristischen Gleichung verschwinden. Da dann die Gleichung $g(u, x) = 0$ keine mehrfache Wurzel hat, so sind die Elementarteiler von $|uE-X|$ alle linear.

Sei x so gewählt wie eben, und sei y eine mit x vertauschbare Größe. Dann ist auch die Matrix $Y = S(y)$ mit $X = S(x)$ vertauschbar. Daher ist die Determinante

$$(2.)\quad |uX+vY+wE| = |S(ux+vy+we)| = \Pi\left(\Phi(ux+vy+we)\right)^s$$

ein Produkt von linearen Faktoren $uu_\alpha + vv_\alpha + w$, worin u_α und v_α zugeordnete charakteristische Wurzeln der beiden vertauschbaren Matrizen X und Y sind, und mithin ist auch

$$(3.)\quad \Phi(ux+vy+we) = \prod_\alpha^r (uu_\alpha + vv_\alpha + w)$$

ein Produkt linearer Funktionen von u, v, w. Setzt man $v = 0$ oder $u = 0$, so erkennt man: den r charakteristischen Wurzeln $u_1, \cdots u_r$ von $\Phi(x)$ sind die r Wurzeln $v_1, \cdots v_r$ von $\Phi(y)$ in einer bestimmten Reihenfolge zugeordnet, und folglich auch den p Wurzeln $u_1, \cdots u_p$ von $g(u, x) = 0$ die p Wurzeln $v_1, \cdots v_p$ von $g(v, y) = 0$. Da ferner $u_1, \cdots u_p$ verschieden sind, so zeigen die Formeln (2.) und (3.), daß je zwei gleichen Wurzeln $u_\varkappa = u_\lambda$ unter den n charakteristischen Wurzeln $u_1, \cdots u_n$ von X gleiche Wurzeln $v_\varkappa = v_\lambda$ von Y zugeordnet sind.

Ist l eine Konstante, so sind $v_1 - lu_1, \cdots v_p - lu_p$ die Wurzeln der Gleichung $g(w, y-lx) = 0$. Ist l nicht gleich einem der Brüche $\frac{v_\alpha - v_\beta}{u_\alpha - u_\beta}$, so sind jene p Wurzeln alle verschieden, und folglich sind die Elementarteiler der charakteristischen Determinante der Matrix $Z = Y - lX$ alle linear. Da X und Z vertauschbar sind, und $Y = lX + Z$ eine Funktion von X und Z ist, so sind nach Satz I auch die Elementarteiler von $|vE-Y|$ alle linear. Nach Satz II ist daher Y eine ganze Funktion von X (vergl. Mol. Satz 27).

Die Gleichung niedrigsten Grades, der x genügt, hat den Grad p. Daher sind $x^0, x^1, \cdots x^{p-1}$ linear unabhängig, jede ganze Funktion von

x aber von diesen p abhängig. Die linearen Gleichungen $xy-yx=0$ zwischen den n Unbekannten $y_1, y_2, \cdots y_n$ haben daher genau p unabhängige Lösungen. Die Matrix ihrer Koeffizienten $S(x)-T(x)$ hat daher den Rang $n-p$.

III. *Sind für eine bestimmte Größe x einer* Dedekind*schen Gruppe die $r+r'+r''+\cdots$ Wurzeln der Gleichung $\Pi\Phi(ue-x)=0$ alle verschieden, so hat die Matrix $S(x)-T(x)$ den Rang $n-(r+r'+r''+\cdots)$. Dann ist jede mit x vertauschbare Größe y eine ganze Funktion von x, und es sind für jede solche Größe y die Elementarteiler von $|vE-S(y)|$ alle linear.*

§ 9.

Die Theorie der Dedekindschen Gruppen werde ich in den §§ 13 bis 16 zu Ende führen. Jetzt kehre ich zur allgemeinen Theorie zurück. An Stelle der Basis $\varepsilon_1, \varepsilon_2, \cdots \varepsilon_n$ der Gruppe (ε) kann man eine neue Basis durch eine lineare Substitution

$$\varepsilon_\beta = \sum_\alpha c_{\alpha\beta}\,\bar{\varepsilon}_\alpha \tag{1.}$$

einführen, worin die Determinante der Matrix $C=(c_{\alpha\beta})$ von Null verschieden ist. Ist dann

$$\sum \varepsilon_\alpha x_\alpha = \sum \bar{\varepsilon}_\alpha \bar{x}_\alpha\,, \tag{2.}$$

so ist

$$\bar{x}_\alpha = \sum_\beta c_{\alpha\beta}\, x_\beta\,. \tag{3.}$$

Die Größen $\frac{\partial\Phi}{\partial x_\alpha}, \xi_\alpha, \chi_\alpha, \sigma_\alpha$ sind den Grundzahlen ε_α *kogredient*, die Größen y_α, z_α sind den Koordinaten x_α kogredient, den Grundzahlen ε_α *kontragredient.* Ferner ist

$$\begin{aligned} S(x) &= C^{-1}\bar{S}(\bar{x})C, & T(x) &= C^{-1}\bar{T}(\bar{x})C, \\ R(\xi) &= C'\bar{R}(\bar{\xi})C, & R'(\xi) &= C'\bar{R}'(\bar{\xi})C. \end{aligned} \tag{4.}$$

Demnach sind die Exponenten und die Grade der Elementarteiler, worin die Determinanten der Matrizen $R(\xi)$, $S(x)$, $T(x)$ zerfallen, *Invarianten* der Gruppe. Dasselbe gilt aber für die Determinanten der von je $2n$ Variabeln abhängenden Matrizen

$$S(x)+T(y)\,, \qquad R(\xi)+R'(\eta)\,, \tag{5.}$$

insbesondere auch für die Elementarteiler der Determinante der Matrix der bilinearen Form $uF(\xi, y, z)+vF(\xi, z, y)$ von y und z

$$uR(\xi)+vR'(\xi)\,. \tag{6.}$$

Zur Erläuterung dieser Bemerkung betrachte ich einige Beispiele aus der Arbeit des Hrn. Study, *Über Systeme von complexen Zahlen*, Göttinger Nachrichten 1889. Ist (St. IX)

$$(7.)\qquad R(\xi)=\begin{pmatrix}\xi_1 & \xi_2 & \xi_3 & \xi_4\\ \xi_2 & \xi_4 & \xi_4 & 0\\ \xi_3 & -\xi_4 & c\xi_4 & 0\\ \xi_4 & 0 & 0 & 0\end{pmatrix},$$

so sind jene Elementarteiler

$$(8.)\qquad \xi_4^3\,\xi_4\,(u+v)\,(u+v)\,\big((u-v)^2+c\,(u+v)^2\big),$$

worin der letzte Faktor für $c=0$ ein quadratischer Elementarteiler ist, sonst in zwei verschiedene lineare Elementarteiler zerfällt. Diese Formel zeigt, daß c eine (nicht numerische) Invariante der Gruppe ist.

Ist ferner (St. XIV)

$$(9.)\qquad R(\xi)=\begin{pmatrix}\xi_1 & \xi_2 & \xi_3 & \xi_4\\ \xi_2 & 0 & \xi_4 & 0\\ \xi_3 & -\xi_4 & 0 & 0\\ \xi_4 & 0 & 0 & 0\end{pmatrix},$$

so sind die Elementarteiler von $|uR(\xi)+vR'(\xi)|$

$$(10.)\qquad \xi_4^2\,\xi_4^2\,(u+v)\,(u+v)\,(u-v)\,(u-v),$$

also wesentlich von den obigen (für $c=0$) verschieden. Doch will ich hier auf die Klassifikation der Gruppen nicht näher eingehen.

Es ist möglich, daß die Größen (2.) auch dann noch eine Gruppe (ϑ) bilden, wenn die Koordinaten gewissen linearen Relationen unterworfen werden. Dann wird (ϑ) eine Untergruppe von (ε) genannt. Ihre Grundzahlen $\vartheta_1, \vartheta_2, \cdots$ sind lineare Verbindungen der n Grundzahlen ε_α, und damit (ϑ) eine Gruppe sei, muß jedes der Produkte $\vartheta_\alpha\,\vartheta_\beta$ eine lineare Verbindung der Größen $\vartheta_1, \vartheta_2, \cdots$ sein.

Ist auch jedes der Produkte $\varepsilon_\alpha\,\vartheta_\beta$ eine lineare Verbindung der Größen $\vartheta_1, \vartheta_2, \cdots$, so heißt ($\vartheta$) eine invariante Untergruppe[1] von (ε). Dann definieren die Formeln (2.) § 1 auch dann noch eine Gruppe (η), wenn man die n Grundzahlen ε_α den linearen Relationen $\vartheta_1=0$, $\vartheta_2=0, \cdots$ unterwirft, oder wenn man je zwei Größen von (ε) als gleich mod. (ϑ) betrachtet, deren Differenz der Gruppe (ϑ) angehört. Sie wird die der invarianten Untergruppe (ϑ) *komplementäre*, mit (ε) *homomorphe* Gruppe genannt (*Begleitendes Zahlensystem* bei Molien).

---

[1] Ist $\mathfrak{H}$ eine endliche Gruppe der Ordnung n und $\mathfrak{G}$ eine Untergruppe der Ordnung $\frac{n}{m}$, ist R ein Element von $\mathfrak{H}$ und P ein Element von $\mathfrak{G}$, so bilden die hyperkomplexen Größen $\Sigma\, R\, x_R$ eine Gruppe (ε) der Ordnung n, und die Größen $\Sigma\, P\, x_P$ eine Untergruppe (ϑ). Sie ist nicht etwa eine invariante Untergruppe von (ε), wenn $\mathfrak{G}$ eine solche von $\mathfrak{H}$ ist. Ist aber $\mathfrak{H}=\mathfrak{G}+\mathfrak{G}A+\mathfrak{G}B+\cdots$, so erhält man dann eine invariante Untergruppe der Ordnung $n-m$ von (ε), wenn man die Veränderlichkeit der n Koordinaten x_R durch die n Gleichungen $\sum_P x_P=0$, $\sum_P x_{AP}=0$, $\sum_P x_{BP}=0, \cdots$ einschränkt. Die ihr komplementäre mit (ε) homomorphe Gruppe (η) steht zu der Gruppe $\frac{\mathfrak{H}}{\mathfrak{G}}$ in derselben Beziehung wie (ε) zu $\mathfrak{H}$.

Um dies einzusehen, transformiere man die Basis so, daß $\vartheta_1, \vartheta_2, \cdots$ die Grundzahlen $\varepsilon_{m+1}, \cdots \varepsilon_n$ werden. Dann wird die Untergruppe (ϑ) durch die m linearen Gleichungen $x_1 = 0, \cdots x_m = 0$ zwischen den Koordinaten bestimmt. Damit (ϑ) eine Untergruppe sei, ist notwendig und hinreichend, daß $a_{\alpha\beta\gamma} = 0$ ist, falls $\alpha \leqq m, \beta > m$ und $\gamma > m$ ist; damit (ϑ) eine invariante Untergruppe sei, daß $a_{\alpha\beta\gamma} = 0$ ist, falls $\alpha \leqq m$ und auch nur eine der beiden Zahlen β oder $\gamma > m$ ist (Mol. Satz 2). Dann definieren die Gleichungen (2.) § 1 auch dann noch eine Gruppe, wenn $\varepsilon_{m+1} = \cdots = \varepsilon_n = 0$ gesetzt wird. Denn in den Formeln (4.) § 1 hängen $x_1, \cdots x_m$ nur von $y_1, \cdots y_m$ und $z_1, \cdots z_m$ ab. In den beiden Matrizen $S(x)$ und $T(x)$ verschwinden daher alle Elemente, welche die ersten m Zeilen mit den letzten $n-m$ Spalten gemeinsam haben. Demnach ist

$$S = \begin{pmatrix} S_1 & 0 \\ S_{21} & S_2 \end{pmatrix}, \quad T = \begin{pmatrix} T_1 & 0 \\ T_{21} & T_2 \end{pmatrix},$$

wo z. B. die Teilmatrix S_1 nur die ersten m Zeilen und Spalten von S enthält. Aus $S(y)S(z) = S(yz)$ folgt daher $S_1(y)S_1(z) = S_1(yz)$, und da $S_1(x) = x_1 E_1 + \cdots + x_m E_m$ nur von $x_1, \cdots x_m$ abhängt, so definieren die Gleichungen

$$\varepsilon_\beta \varepsilon_\gamma = \sum_\alpha{}_1^m a_{\alpha\beta\gamma} \varepsilon_\alpha \qquad (\beta, \gamma = 1, 2, \cdots m)$$

eine *Gruppe* (η), die aus (ε) hervorgeht, indem man $\varepsilon_{m+1} = \cdots = \varepsilon_n = 0$ setzt. Weil $|S| = |S_1||S_2|$ und $|T| = |T_1||T_2|$ ist, so genügt (η) auch den Bedingungen (1.) § 3. Ferner ist die Determinante der Gruppe (ε) durch die Determinante jeder mit (ε) homomorphen Gruppe (η) teilbar, und dasselbe gilt von den mit (ε) und (η) antistrophen Gruppen.

Ist außerdem auch $a_{\alpha\beta\gamma} = 0$, wenn $\alpha > m$ und eine der beiden Zahlen β oder $\gamma \leqq m$ ist, so *zerfällt* (ε) in zwei Gruppen, deren jede sowohl eine invariante Untergruppe von (ε) wie eine mit (ε) homomorphe Gruppe ist.

§ 10.

Sind $m, m', m'', \cdots$ die Rangzahlen der k Matrizen $R_\chi, R_{\chi'}, R_{\chi''}, \cdots$, so hängt Φ nur von den m unabhängigen unter den n linearen Funktionen $\sum_\beta r_{\alpha\beta}(\chi) x_\beta$ ab, Φ' nur von den m' unabhängigen unter den Funktionen $\sum_\beta r_{\alpha\beta}(\chi') x_\beta$ usw., und diese $m + m' + m'' + \cdots$ Variabeln sind alle unter einander unabhängig. Man kann daher die Grundzahlen so wählen, daß Φ nur von $x_1, \cdots x_m$ abhängt, Φ' nur von $x_{m+1}, \cdots x_{m+m'}$, usw. Dann hängt auch $\chi(x^2) = \sum r_{\alpha\beta}(\chi) x_\alpha x_\beta$ nur von $x_1, \cdots x_m$ ab. Daher ist

$r_{\alpha\beta}(\chi) = 0$, wenn α oder $\beta > m$ ist, und da R_χ den Rang m hat, so ist die Determinante m^{ten} Grades

$$|r_{\varkappa\lambda}(\chi)| \qquad (\varkappa, \lambda = 1, 2 \cdots m)$$

von Null verschieden. Nach § 6 hängt ferner auch die trilineare Funktion

$$\chi(xyz) = \Sigma\, r_{\varkappa\alpha}(\chi) a_{\alpha\beta\gamma} x_\varkappa y_\beta z_\gamma = \Sigma\, r_{\varkappa\lambda}(\chi) a_{\lambda\beta\gamma} x_\varkappa y_\beta z_\gamma$$

nur von $x_1, \cdots x_m, y_1, \cdots y_m, z_1, \cdots z_m$ ab. Ist daher β oder $\gamma > m$, so ist $\sum_\lambda{}_1^m r_{\varkappa\lambda}(\chi) a_{\lambda\beta\gamma} = 0$ und mithin $a_{\lambda\beta\gamma} = 0$. Demnach entsprechen den k verschiedenen Primfaktoren von Θ k mit (ε) homomorphe Gruppen.

Oder noch einfacher: Alle Größen x, deren Koordinaten den linearen Gleichungen $\sum_\beta r_{\alpha\beta}(\chi) x_\beta = 0$ genügen, bilden eine invariante Untergruppe (ϑ) von (ε). Denn diese Gleichungen drücken aus, daß $\chi(tx) = 0$ ist für jede Größe t. Ist y eine beliebige Größe von (ε), und ersetzt man t durch yt oder ty, so erhält man $\chi(t(xy)) = 0$ oder $\chi(t(yx)) = 0$. Gehört also x dem Komplexe (ϑ) an, so gehören ihm auch xy und yx an. Folglich ist (ϑ) eine invariante Untergruppe von (ε).

Eine Gruppe (ε) der Ordnung r heißt *einfach* (Molien: *Ursprüngliches Zahlensystem*), wenn sie keine invariante Untergruppe hat (außer (ε)), also wenn sie keine homomorphe Gruppe hat, deren Ordnung $< n$ ist.

Nach der obigen Entwicklung darf die Determinante Θ einer einfachen Gruppe keinen Primfaktor Φ enthalten, dessen linearer Rang $m < n$ ist. Nach Satz II, § 6 darf daher Θ nicht zwei verschiedene Primfaktoren enthalten, muß also $\Theta = \Phi^s$ eine Potenz einer Primfunktion und mithin $\sigma = s\chi$ sein. Ferner muß der Rang m von Φ, also der Rang der Matrix $R_\sigma = sR_\chi$ gleich $m = n = rs$, also muß (ε) eine Dedekindsche Gruppe sein.

Ist umgekehrt $|R_\sigma|$ von Null verschieden, und $\Theta = \Phi^s$ eine Potenz einer Primfunktion, so ist (ε) eine einfache Gruppe, so ist sie nicht einer Gruppe (η) homomorph, deren Ordnung $n' < n$ ist (Mol. Satz 23). Denn die Determinante von (η) ist ein Divisor von Θ, also gleich $\Theta' = \Phi^{s'}$, und hat daher denselben Rang wie Φ, nämlich n. Der Rang n von Θ' kann aber nicht größer als die Ordnung n' von (η) sein.

Da $S(x)$ und $T(y)$ vertauschbare Matrizen sind, so zerfällt die Determinante (*Gr.* § 10, (1.))

$$|uS(x) + vT(y) + wE|$$

in ein Produkt linearer Funktionen von u, v, w. Ist $uu_1 + vv_1 + w$ einer davon, so erkennt man, indem man $v = 0$ $(u = 0)$ setzt, daß u_1 (v_1) eine charakteristische Wurzel von $\Phi(x)$ $(\Phi(y))$ ist. Betrachtet man y als konstant, x aber als variabel, so ist $\Phi(ux+we)$ als Funktion von w irreduzibel, also auch $\Phi(ux+(vv_1+w)e)$. Mit dieser Funktion hat die Determinante den Faktor uu_1+vv_1+w gemeinsam, also alle r Faktoren $uu_\alpha+vv_1+w$. Betrachtet man dann x als konstant und y als variabel, so erkennt man, daß die Determinante jeden der r^2 Faktoren

$$uu_\alpha + vv_\beta + w \qquad (\alpha, \beta = 1, 2, \cdots r)$$

und jeden gleich oft enthält. Mithin ist

$$|uS(x)+vT(y)+wE| = (\Pi(uu_\alpha+vv_\beta+w))^c$$

und demnach $s = rc$. Speziell ist (*Gr.* § 10, (8.))

$$(1.) \qquad |S(x)-T(x)+wE| = w^s \prod_{\beta>\alpha} (w^2-(u_\beta-u_\alpha)^2)^c.$$

Die Elementarteiler der charakteristischen Determinanten der beiden vertauschbaren Matrizen $S(x)$ und $T(x)$ sind alle linear. Nach Satz I, § 8 sind es also auch die Elementarteiler der Determinante (1.), und insbesondere die s für $w=0$ verschwindenden. Folglich hat die Matrix $S(x)-T(x)$ den Rang $n-s$.

Nach Satz III, § 8 hat sie aber den Rang $n-r$. Daher ist (Mol. Satz 29)

$$(2.) \qquad r = s \quad , \quad m = n = r^2 ,$$

mithin $c = 1$ und

$$(3.) \qquad |uS(x)+vT(y)+wE| = \prod_{\alpha,\beta}{}_1^r (uu_\alpha+vv_\beta+w) .$$

Die Determinante einer einfachen Gruppe ist eine Potenz einer Primfunktion, deren Exponent gleich dem Grade der Primfunktion ist. Der lineare Rang dieser Funktion, welcher mit der Ordnung der Gruppe übereinstimmt, ist gleich dem Quadrate ihres Grades.

§ 11.

Sind für eine bestimmte Größe h der einfachen Gruppe (ε) der Ordnung $n=r^2$ die r Wurzeln der Gleichung $\Phi(ue-h)=0$ alle verschieden, und ist a eine bestimmte dieser r Wurzeln, so hat die Determinante $|S(ue-h)|$ lauter lineare Elementarteiler, und folglich die Matrix $S(ae-h)$ den Rang $n-r$. Daher haben (Mol. § 8) die linearen Gleichungen $(ae-h)t=0$ zwischen den Koordinaten $t_1, \cdots t_n$ der unbekannten Größe t genau r unabhängige Lösungen, $t = t^{(1)}, t^{(2)}, \cdots t^{(r)}$.

Ist x eine variable Größe, so ist auch $t^{(\varkappa)}x$ eine Lösung, und mithin ist

$$t^{(\varkappa)}x = \sum_\lambda x_{\varkappa\lambda} t^{(\lambda)} .$$

Da die r Lösungen $t^{(\lambda)}$ unabhängig sind, so sind die Größen $x_{\varkappa\lambda} = f_{\varkappa\lambda}(x)$ lineare Funktionen der Koordinaten $x_1, \cdots x_n$. Sind y und z zwei andere Größen, und setzt man $y_{\varkappa\lambda} = f_{\varkappa\lambda}(y)$, $z_{\varkappa\lambda} = f_{\varkappa\lambda}(z)$, so ist auch

$$t^{(\varkappa)} y = \sum_\lambda y_{\varkappa\lambda} t^{(\lambda)} \quad , \qquad t^{(\varkappa)} z = \sum_\lambda z_{\varkappa\lambda} t^{(\lambda)}$$

und mithin

$$t^{(\varkappa)} yz = \sum_\mu y_{\varkappa\mu} t^{(\mu)} z = \sum_{\lambda,\mu} y_{\varkappa\mu} z_{\mu\lambda} t^{(\lambda)} .$$

Ist also $x = yz$, so ist

$$(1.) \qquad x_{\varkappa\lambda} = \sum_\mu y_{\varkappa\mu} z_{\mu\lambda} .$$

Unter den $n = r^2$ linearen Funktionen $x_{\varkappa\lambda} = f_{\varkappa\lambda}(x)$ seien m unabhängig. Ist dann $x = yz$, so hängen diese m Verbindungen von $x_1, \cdots x_n$ nach (1.) von den nämlichen m Verbindungen von $y_1, \cdots y_n$ und denen von $z_1, \cdots z_n$ ab. Folglich hat (ε) eine homomorphe Gruppe der Ordnung m. Da aber (ε) einfach ist, so ist $m = n = r^2$, und mithin kann man r^2 neue Grundzahlen $\varepsilon_{\varkappa\lambda}$ einführen, so daß

$$\sum \varepsilon_\alpha x_\alpha = \sum \varepsilon_{\varkappa\lambda} x_{\varkappa\lambda}$$

wird. Für diese gehen die Formeln (4.) § 1 in (1.) und die Relationen (2.) § 1 in

$$(2.) \qquad \varepsilon_{\alpha\beta}\varepsilon_{\beta\gamma} = \varepsilon_{\alpha\gamma} \quad , \qquad \varepsilon_{\alpha\delta}\varepsilon_{\beta\gamma} = 0 \qquad (\beta \gtrless \delta)$$

über.

Den k verschiedenen Primfaktoren von Θ entsprechen, wie am Anfang des § 10 gezeigt ist, k mit (ε) homomorphe Gruppen. Die erste hat die Ordnung m, ihre Determinante ist ein Teiler von Θ und hängt nur von $x_1, \cdots x_m$ ab. Da $\Phi', \Phi'', \cdots$ von $x_1, \cdots x_m$ unabhängig sind, so ist ihre Determinante eine Potenz von Φ, hat also, ebenso wie Φ, den linearen Rang m. Weil ihre Ordnung ebenfalls gleich m ist, so ist sie nach § 10 eine einfache Gruppe. Folglich ist ihre Determinante gleich Φ^r, und der Rang von Φ ist $m = r^2$.

I. *Der lineare Rang jedes Primfaktors der Gruppendeterminante ist gleich dem Quadrate seines Grades.*

Ich bezeichne jetzt die k verschiedenen Funktionen Φ mit $\Phi_1, \Phi_2, \cdots \Phi_k$. In der Gruppendeterminante S verschwinden alle Elemente $s_{\alpha\beta}$, welche die ersten m_1 Zeilen mit den letzten $n-m_1$ Spalten gemeinsam haben, ebenso alle Elemente, welche die folgenden m_2 Zeilen mit den ersten m_1 und den letzten $n-m_1-m_2$ Spalten gemeinsam haben, ferner die, welche die folgenden m_3 Zeilen mit den ersten m_1+m_2 und den letzten $n-m_1-m_2-m_3$ Spalten gemeinsam haben usw., während über die letzten $n-m_1-\cdots-m_k$ Zeilen nichts bekannt ist. Dasselbe gilt von der antistrophen Matrix T, also auch von $uS(x)+vT(y)+wE$. Bilden die ersten m_1 Zeilen und Spalten von S (T) die Matrix S_1 (T_1), die folgenden m_2 Zeilen und Spalten die Matrix S_2 (T_2), $\cdots$, so sei

$$U = \begin{pmatrix} S_1 & 0 & \cdots & 0 \\ 0 & S_2 & \cdots & 0 \\ . & . & \cdots & . \\ 0 & 0 & \cdots & S_k \end{pmatrix}, \qquad V = \begin{pmatrix} T_1 & 0 & \cdots & 0 \\ 0 & T_2 & \cdots & 0 \\ . & . & \cdots & . \\ 0 & 0 & \cdots & T_k \end{pmatrix}.$$

Dann ist

$$S = \begin{pmatrix} U & 0 \\ U_0 & S_0 \end{pmatrix}, \qquad T = \begin{pmatrix} V & 0 \\ V_0 & T_0 \end{pmatrix}.$$

Daraus ergibt sich der Satz von MOLIEN:

II. *Jede Gruppe ist einer* DEDEKIND*schen Gruppe homomorph, deren Determinante jeden Primfaktor ihrer Determinante* Θ *enthält, und deren Ordnung gleich dem linearen Range von* Θ *ist.*

Dieser Rang m ist gleich dem Range der quadratischen Form $\sigma(x^2) = \Sigma\, p_{\alpha\beta}\, x_\alpha\, x_\beta$, und um jene Gruppe zu erhalten, braucht man nur die m unabhängigen unter den n Funktionen $\sum_\beta p_{\alpha\beta} x_\beta$ als neue Variable einzuführen; also in der Formel (4.) § 9 die Substitution C so zu wählen, daß sie die Form $\sigma(x^2)$ in eine Funktion von m Variabeln, etwa in eine Summe von m Quadraten transformiert. Es ist mir aber nicht gelungen, diesen Satz direkt, d. h. ohne Benutzung der Primfunktionen $\Phi_\varkappa$, zu beweisen.

Ferner ist

$$|S| = |S_1| \cdots |S_k|\,|S_0|, \qquad |T| = |T_1| \cdots |T_k|\,|T_0|$$

und

$$|uS(x) + vT(y) + wE| = |uS_1 + vT_1 + wE_1| \cdots |uS_k + vT_k + wE_k|\,|uS_0 + vT_0 + wE_0|$$

Da $S_\varkappa$ die Matrix einer einfachen Gruppe ist, so ist nach (3.) § 10

$$\Psi_\varkappa = |uS_\varkappa(x) + vT_\varkappa(y) + wE_\varkappa| = \Pi\,(uu_\alpha + vv_\beta + w),$$

wo $u_1, \cdots u_r$ die charakteristischen Wurzeln von $\Phi_\varkappa(x)$ sind, $v_1, \cdots v_r$ die von $\Phi_\varkappa(y)$. Diese Resultate bleiben unverändert, wenn die Grundzahlen von (ε) nicht in der oben beschriebenen Weise, sondern beliebig gewählt werden.

Auch $\Psi_0 = |uS_0(x) + vT_0(y) + wE_0|$ zerfällt in lineare Faktoren $uu_0 + vv_0 + w$. Hier ist u_0 eine charakteristische Wurzel eines Primfaktors $\Phi_\varkappa(x)$ und v_0 eine solche eines Primfaktors $\Phi_\lambda(y)$. Aus der Irreduzibilität von $\Phi_\varkappa(ue - x)$ und $\Phi_\lambda(ve - y)$ folgt dann, daß Ψ_0 auch alle $r_\varkappa r_\lambda$ Faktoren des Produktes $\Pi\,(uu_\alpha + vv_\beta + w)$ enthält, worin u_α die $r_\varkappa$ charakteristischen Wurzeln von $\Phi_\varkappa(x)$ und v_β die r_λ von $\Phi_\lambda(y)$ durchläuft. Ist $\varkappa = \lambda$, so tritt also der Faktor $\Psi_\varkappa$ wiederholt auf. Wie das Beispiel des § 3 zeigt, kann aber auch $\varkappa$ von λ verschieden sein.

Wählt man für x eine invariante Größe, so sind die $r_\varkappa$ Größen u_α nach (12.) § 4 alle gleich $\frac{1}{r_\varkappa}\chi^{(\varkappa)}(x)$. Die Formeln (2.) und (3.) § 8 zeigen aber, daß dann der Wurzel v_β die Wurzel $\frac{1}{r_\lambda}\chi^{(\lambda)}(x)$ und nur diese zugeordnet ist. Demnach kann $\varkappa$ nur dann von λ verschieden sein, wenn für eine invariante Größe x

$$(1.)\qquad \frac{1}{r_\varkappa}\chi^{(\varkappa)}(x) = \frac{1}{r_\lambda}\chi^{(\lambda)}(x) \qquad (S_x = T_x)$$

ist.

Nun sei $w = 0$, $u = v = 1$ und

$$(2.)\qquad \Psi_{\varkappa\lambda}(x, y) = \Pi(u_\alpha + v_\beta),$$

wo u_α die $r_\varkappa$ charakteristischen Wurzeln von $\Phi_\varkappa(x)$ durchläuft, und v_β die r_λ von $\Phi_\lambda(y)$. Dann ist $\Psi_{\varkappa\lambda}$ eine irreduzibele Funktion von $x_1, \cdots x_n, y_1, \cdots y_n$, in bezug auf jene vom Grade $r_\varkappa$, in bezug auf diese vom Grade r_λ, und es ist

$$(3.)\qquad \Psi(x, y) = |S(x) + T(y)| = \Pi(\Psi_{\varkappa\lambda}(x, y))^{c_{\varkappa\lambda}},$$

wo die ganze Zahl $c_{\lambda\lambda} > 0$, aber $c_{\varkappa\lambda} \geqq 0$ ist, und nur unter der Bedingung (1.) $c_{\varkappa\lambda} > 0$ sein kann. Da

$$\Psi_{\varkappa\lambda}(x, 0) = \Phi_\varkappa(x)^{r_\lambda} \quad , \qquad \Psi_{\varkappa\lambda}(0, y) = \Phi_\lambda(y)^{r_\varkappa}$$

ist, so ergeben sich für die in den Zerlegungen

$$(4.)\qquad |S(x)| = \Pi\,\Phi_\lambda(x)^{s_\lambda} \quad , \qquad |T(x)| = \Pi\,\Phi_\lambda(x)^{t_\lambda}$$

auftretenden Exponenten die Ausdrücke

$$(5.)\qquad \begin{aligned} s_\lambda &= c_{\lambda 1} r_1 + c_{\lambda 2} r_2 + \cdots + c_{\lambda k} r_k, \\ t_\lambda &= c_{1\lambda} r_1 + c_{2\lambda} r_2 + \cdots + c_{k\lambda} r_k, \end{aligned}$$

so daß stets

$$(6.)\qquad s_\lambda \geqq r_\lambda \quad , \qquad t_\lambda \geqq r_\lambda$$

ist. Die beiden Funktionen $|S(x)|$ und $|T(x)|$ haben denselben linearen Rang

$$(7.)\qquad m = r_1^2 + r_2^2 + \cdots + r_k^2,$$

dieser ist gleich dem Range der Matrix R_σ und dem von R_τ und gleich der Summe der Rangzahlen der k Matrizen $R(\chi^{(\varkappa)})$ oder der k Primfunktionen $\Phi_\varkappa(x)$. Dagegen ist die Ordnung der Gruppe (ε)

$$(8.)\qquad n = r_1 s_1 + \cdots + r_k s_k = r_1 t_1 + \cdots + r_k t_k = \Sigma\, c_{\varkappa\lambda} r_\varkappa r_\lambda,$$

wo $r_\varkappa r_\lambda$, falls $\varkappa$ von λ verschieden ist, den Koeffizienten $c_{\varkappa\lambda} + c_{\lambda\varkappa}$ hat.

§ 13.

Ich nehme jetzt die in den §§ 7 und 8 begonnene Theorie der Dedekindschen Gruppen wieder auf. Für eine solche ist $m = n$, also nach (6.), (7.) und (8.) § 12 $s_\varkappa = t_\varkappa = r_\varkappa$.

I. *Der Exponent der in der Determinante einer Dedekindschen Gruppe aufgehenden Potenz einer Primfunktion ist dem Grade dieser Funktion gleich.*

Die Gruppe (ε) zerfällt in k einfache Gruppen der Ordnungen $r^2, r'^2, \cdots$, in jeder derselben zerfällt $S(x)$ in r identische Matrizen r^{ten} Grades, und die r^2 Elemente $x_{\varkappa\lambda}$ einer solchen Matrix sind unter einander und von den Variabeln der anderen einfachen Gruppen unabhängig. In meiner Arbeit *Über die Darstellung der endlichen Gruppen durch lineare Substitutionen* II., Sitzungsberichte 1899, § 5, habe ich daraus den Satz abgeleitet:

II. *Sind a und b zwei bestimmte Größen einer Dedekindschen Gruppe, und stimmen die elementaren Invarianten der beiden Matrizen $S(ue-a)$ und $S(ue-b)$ überein, so gibt es in der Gruppe eine Größe c, wofür $|S(c)|$ von Null verschieden ist, und die der Bedingung $c^{-1}ac = b$ genügt.*

Die Determinante einer Dedekindschen Gruppe ist

$$\Theta(x) = |S(x)| = |T(x)| = \Pi\Phi^r, \tag{1.}$$

ihre Spur ist

$$\sigma = \tau = r\chi + r'\chi' + r''\chi'' + \cdots = \Sigma\, r\chi, \tag{2.}$$

demnach ist auch

$$P = R_\sigma = rR_\chi + r'R_{\chi'} + r''R_{\chi''} + \cdots = \Sigma\, rR_\chi. \tag{3.}$$

Die Matrix R_χ hat den Rang r^2, die Matrix $r'R_{\chi'} + r''R_{\chi''} + \cdots = P - rR_\chi$ nach Satz II, § 6 den Rang $r'^2 + r''^2 + \cdots = n - r^2$. Die Determinante $|uP - rR_\chi|$ verschwindet daher für $u = 0$ mindestens von der Ordnung $n - r^2$, für $u = 1$ mindestens von der Ordnung r^2, und da sie nicht für mehr als r Werte verschwindet, so ist nicht nur

$$|uP - rR_\chi| = |P|\, u^{n-r^2}\, (u-1)^{r^2}, \tag{4.}$$

sondern es sind auch die Elementarteiler dieser Determinante alle linear (weil sie sonst für $u = 0$ oder 1 von höherer Ordnung verschwinden würde). Folglich genügt die Matrix $H = rP^{-1}R_\chi$ der Gleichung $H^2 = H$, also ist

$$R_\chi P^{-1} R_\chi = \frac{1}{r} R_\chi. \tag{5.}$$

Fügt man daher in (3.) links den Faktor $R_\chi P^{-1}$ hinzu, so erhält man

$$0 = r'(R_\chi P^{-1})\, R_{\chi'} + r''(R_\chi P^{-1})\, R_{\chi''} + \cdots,$$

und mithin ist nach (4.) § 6

$$R_\chi P^{-1} R_{\chi'} = 0. \tag{6.}$$

Bestehen zwischen $\xi_1, \cdots \xi_n$ und $x_1, \cdots x_n$ die Gleichungen

$$(7.)\qquad \xi_\alpha = \sum_\beta p_{\alpha\beta}\, x_\beta,$$

so nenne ich den Parameter ξ und die Größe r *konjugiert.* Dann ist

$$(8.)\qquad R_\xi = S'_x P = P T_x \quad , \qquad R'_\xi = P S_x = T'_x P.$$

Ist also $R_\xi = R'_\xi$, so ist $S_x = T_x$, einem symmetrischen Parameter ist eine invariante Größe konjugiert und umgekehrt.

Die dem *charakteristischen Parameter* $\xi = \chi$ konjugierte invariante Größe $x = h$ nenne ich eine für die Primfunktion Φ *charakteristische Größe.* Dann ist

$$(9.)\qquad \chi_\alpha = \sum_\beta p_{\alpha\beta}\, h_\beta$$

und

$$(10.)\qquad R_\chi = P S_h = P T_h .$$

Aus (5.) und (10.) folgt $\frac{1}{r} S(h) = S(h)^2 = S(h^2)$ und $0 = S(h)\, S(h') = S(hh')$, also (*Gr.* § 5 (9.))

$$(11.)\qquad h^2 = \frac{1}{r}\, h \quad , \qquad hh' = 0$$

und aus (3.)

$$(12.)\qquad e = rh + r'h' + r''h'' + \cdots = \sum rh,$$

so daß der Parameter σ und die Haupteinheit e konjugiert sind. Ferner ist

$$r R_\chi\, S_h = R_\chi \quad , \qquad r \sum_\lambda r_{\alpha\lambda}(\chi)\, s_{\lambda\beta}(h) = r_{\alpha\beta}(\chi).$$

Multipliziert man mit $e_\alpha\, e_\beta$ und summiert nach α und β, so erhält man (vergl. Ded. (13.))

$$(13.)\qquad \sum_\alpha \chi_\alpha\, h_\alpha = 1 \quad , \qquad \sum \chi'_\alpha\, h_\alpha = 0 ,$$

oder wenn man

$$h(\xi) = h_1\, \xi_1 + \cdots + h_n\, \xi_n$$

setzt,

$$(14.)\qquad \chi(h) = h(\chi) = 1 \quad , \qquad \chi(h') = h(\chi') = 0$$

oder endlich, wenn $P^{-1} = Q = (q_{\alpha\beta})$ ist,

$$(15.)\qquad \sum p_{\alpha\beta}\, h_\alpha\, h_\beta = \sum q_{\alpha\beta}\, \chi_\alpha\, \chi_\beta = 1 \;, \qquad \sum p_{\alpha\beta}\, h_\alpha\, h'_\beta = \sum q_{\alpha\beta}\, \chi_\alpha\, \chi'_\beta = 0.$$

§ 14.

Seien $u_1, \cdots u_r$ die charakteristischen Wurzeln von $\Phi(x)$, $v_1, \cdots v_r$ die von $\Phi(y)$. Ist dann $g(u, v)$ eine ganze Funktion von u und v, so sind nach § 12 die n charakteristischen Wurzeln der Matrix $g(S_x, T_y)$

die r^2 Größen $g(u_\alpha, v_\beta)$ und die $r'^2, r''^2, \dots$ Größen, die aus Φ', Φ'' in der nämlichen Weise erhalten werden.

Ist x eine invariante Größe, so ist nach dem Satze des § 4 $u_1 = \cdots = u_r = \frac{1}{r}\chi(x) = c$. Nach (13.) § 13 ist daher die charakteristische Determinante von $S_h = T_h$ gleich $\left(u - \frac{1}{r}\right)^{r^2} u^{n-r^2}$, und die charakteristischen Wurzeln von $(S(x) - cE)\, T(h) = S((x-ce)h)$ sind alle Null. Mithin verschwindet eine Potenz dieser Matrix. Da sie aber mit jeder Gruppenmatrix $S(y)$ vertauschbar ist, so sind nach Satz III, § 8 die Elementarteiler ihrer charakteristischen Determinante alle linear. Daher verschwindet die erste Potenz, und mithin ist

$$(1.)\qquad xh = ch = h\frac{1}{r}\chi(x).$$

Multipliziert man also (12.) § 13 mit x, so erhält man

$$(2.)\qquad x = rch + r'c'h' + r''c''h'' + \cdots = h\chi(x) + h'\chi'(x) + h''\chi''(x) + \cdots,$$

wo die Koeffizienten $rc = \chi(x)$, $r'c' = \chi'(x), \cdots$ gewöhnliche Größen sind.

Die k Größen $h, h', h'', \cdots$, die nach (5.) § 6 oder nach (11.) § 13 voneinander linear unabhängig sind, bilden also ein vollständiges System von Lösungen der linearen Gleichungen $S(x) = T(x)$. Unter den n^2 Gleichungen $s_{\alpha\beta}(x) = t_{\alpha\beta}(x)$ sind demnach $n-k$ unabhängige. Wenn nun die Größe x außerdem den Gleichungen $\chi(x) = \chi'(x) = \cdots = 0$ genügt, so ist nach (2.) $x = 0$.

Dies kann man auch so einsehen: Ist $xy = yx$, so ist nach (11.) § 4 $r\chi(xy) = \chi(x)\chi(y)$. Ist also $\chi(x) = 0$, so ist auch $\chi(xy) = 0$ oder $\sum_\beta r_{\alpha\beta}(\chi) x_\beta = 0$. Gilt dies auch für $\chi', \chi'', \cdots$, so ergeben sich $r^2 + r'^2 + \cdots = n$ unabhängige lineare Gleichungen, und mithin ist $x_\beta = 0$.

I. *Unter den n^2 linearen Funktionen $s_{\alpha\beta}(x) - t_{\alpha\beta}(x)$ der n Variabeln $x_1, \cdots x_n$ sind $n-k$ unabhängige. Sie bilden zusammen mit den k Funktionen $\chi(x), \chi'(x), \cdots$ n unabhängige Funktionen. Die k charakteristischen Größen $h, h', \cdots$ bilden ein vollständiges System unabhängiger Lösungen der Gleichungen $s_{\alpha\beta}(x) = t_{\alpha\beta}(x)$.*

II. *Unter den linearen Funktionen $r_{\alpha\beta}(\xi) - r_{\beta\alpha}(\xi)$ der n Variabeln $\xi_1, \cdots \xi_n$ sind $n-k$ unabhängige. Sie bilden zusammen mit den k Funktionen $h(\xi), h'(\xi), \cdots$ n unabhängige Funktionen. Die k charakteristischen Parameter $\chi, \chi', \cdots$ bilden ein vollständiges System unabhängiger Lösungen der Gleichungen $r_{\alpha\beta}(\xi) = r_{\beta\alpha}(\xi)$.*

Ein spezieller Fall dieser Sätze ist das elegante Kriterium, das Hr. Molien in Satz 9 und 10, § 3 für die Einfachheit einer Gruppe angibt. Jede einfache Gruppe ist nach § 10 eine DEDEKINDsche, und damit eine solche einfach sei, ist notwendig und hinreichend, daß $k = 1$ ist.

III. *Damit eine Gruppe einfach sei, ist notwendig und hinreichend, daß die Determinante n^{ten} Grades* $|\sum_\varkappa \sigma_\varkappa a_{\varkappa\alpha\beta}|$ *von Null verschieden ist, und daß* $\xi_\varkappa = \sigma_\varkappa$ *die einzige Lösung der linearen Gleichungen*

$$\sum_\varkappa (a_{\varkappa\alpha\beta} - a_{\varkappa\beta\alpha})\,\xi_\varkappa = 0$$

ist.

Oder auch:

IV. *Damit eine Gruppe einfach sei, ist notwendig und hinreichend, daß die Determinante n^{ten} Grades* $|\sum_\varkappa \sigma_\varkappa a_{\varkappa\alpha\beta}|$ *von Null verschieden ist, und daß* $x_\lambda = e_\lambda$ *die einzige Lösung der linearen Gleichungen*

$$\sum_\lambda (a_{\alpha\lambda\beta} - a_{\alpha\beta\lambda})\,x_\lambda = 0$$

ist.

Daß hier jeder Satz in zwei verschiedenen Gestalten erscheint, hat seinen Grund darin, daß für die Gruppe selbst zwei *konjugierte* Formen neben einander gestellt werden können. Sind den Parametern ξ, η, ζ die Größen x, y, z konjugiert, so sei

$$F(\xi, y, z) = G(x, \eta, \zeta) = \sum b_{\alpha\beta\gamma}\, x_\alpha \eta_\beta \zeta_\gamma .$$

Dann ist

$$(3.)\qquad a_{\alpha\beta\gamma} = \sum_\lambda b_{\beta\lambda\alpha}\, p_{\lambda\gamma} = \sum_\lambda b_{\gamma\alpha\lambda}\, p_{\lambda\beta} .$$

Durch diese Transformation geht also die Gruppe (ε) in eine äquivalente Gruppe $(\bar{\varepsilon})$ über, die *konjugierte* Gruppe. Bedient man sich für diese der Bezeichnungen (4.) § 9, so ergibt sich, falls in jenen Formeln $C = P$ gesetzt wird,

$$(4.)\qquad R_x = \bar{T}_x P\ ,\quad R'_x = \bar{S}_x P\ ,\quad S_x = \bar{R}'_x P\ ,\quad T_x = \bar{R}_x P .$$

Ferner ist $\bar{\sigma}_\alpha = e_\alpha$. Ebenso, wie $\bar{a}_{\alpha\beta\gamma} = b_{\alpha\beta\gamma}$ gesetzt ist, werde $\bar{p}_{\alpha\beta} = q_{\alpha\beta}$ gesetzt. Dann ist $q_{\alpha\beta} = \sum e_\varkappa b_{\varkappa\alpha\beta}$ und mithin

$$\sum_\lambda p_{\alpha\lambda} q_{\lambda\beta} = \sum_{\varkappa,\lambda} p_{\alpha\lambda} e_\varkappa b_{\varkappa\lambda\beta} = \sum_\varkappa e_\varkappa a_{\beta\varkappa\alpha} = e_{\alpha\beta} ,$$

also $Q = P^{-1}$. Folglich ist die konjugierte Gruppe von $(\bar{\varepsilon})$ wieder die ursprüngliche Gruppe,

$$(5.)\qquad b_{\alpha\beta\gamma} = \sum_\lambda a_{\beta\lambda\alpha} q_{\lambda\gamma} = \sum a_{\gamma\alpha\lambda} q_{\lambda\beta} .$$

§ 15.

In § 6, (5.) ist gezeigt, daß die k Funktionen $\chi(x), \chi'(x), \cdots$ linear unabhängig sind. Nach Satz I, § 14 ist dies auch dann noch der Fall, wenn x nicht unbeschränkt veränderlich ist, sondern nur die invarianten Größen von (ε) durchläuft. Diese bilden eine Untergruppe (η) von (ε), deren Ordnung k ist (im allgemeinen keine invariante Untergruppe). Als Grundzahlen $\eta_1, \eta_2, \cdots \eta_k$ von (η) kann man die k Größen $rh, r'h', \cdots$ wählen. Dann ist

$$(1.) \qquad \eta_\varkappa^2 = \eta_\varkappa \quad , \qquad \eta_\varkappa \eta_\lambda = 0 \, .$$

Folglich ist (η) eine Dedekindsche kommutative Gruppe, deren Determinante, falls man die Größen $\eta_1, \cdots \eta_k$ durch $\varepsilon_1, \cdots \varepsilon_n$ ausdrückt, gleich $\Pi \frac{1}{r} \chi(x)$ ist. In der Tat sind diese k linearen Faktoren, worin die Veränderlichkeit der Koordinaten durch die Bedingungen $s_{\alpha\beta}(x) = t_{\alpha\beta}(x)$ eingeschränkt ist, linear unabhängig.

I. *Ist k die Anzahl der verschiedenen Primfaktoren der Determinante einer Dedekindschen Gruppe, so bilden deren invariante Größen eine kommutative Gruppe der Ordnung k, die ebenfalls eine Dedekindsche Gruppe ist. Ihre Determinante ist $\Pi \frac{1}{r} \chi(x)$, während die Determinante der gegebenen Gruppe für eine invariante Variable x gleich $\Pi \left(\frac{1}{r} \chi(x)\right)^{r^2}$ ist.*

Sind die Grade $r = r' = \cdots = 1$, so ist $k = n$, also ist nach Satz I, § 14 identisch $s_{\alpha\beta}(x) = t_{\alpha\beta}(x)$, $a_{\alpha\beta\gamma} = a_{\alpha\gamma\beta}$.

II. *Die Determinante einer Dedekindschen Gruppe zerfällt stets, aber auch nur dann in lauter lineare Faktoren, wenn die Gruppe eine kommutative ist.*

Damit die Determinante einer beliebigen Gruppe in lauter lineare Faktoren zerfalle, ist nach Satz II, § 12 notwendig und hinreichend, daß die ihr homomorphe Dedekindsche Gruppe der Ordnung $m = \Sigma r^2$ diese Eigenschaft besitzt, demnach eine kommutative Gruppe ist. Dieselbe wird erhalten, indem man die m unabhängigen unter den n Funktionen $\sum_\beta p_{\alpha\beta} t_\beta$ als Koordinaten einer Größe t einführt. Setzt man also $t = yz$, so müssen diese bilinearen Funktionen von $y_1, \cdots y_n, z_1, \cdots z_n$ bei Vertauschung von y und z ungeändert bleiben. Ist x eine dritte Variable, so hat demnach die Funktion

$$\sum_{\alpha, \beta} p_{\alpha\beta} x_\alpha t_\beta = \sigma(xt) = \sigma(xyz)$$

dieselbe Eigenschaft. Diese bleibt nach § 6 stets bei einer zyklischen Vertauschung von x, y, z ungeändert, in dem betrachteten Falle also bei jeder Vertauschung. Sie ist die Spur der Matrix $S(xyz) = S(x) S(y) S(z)$, also gleich

$$(2.) \qquad \sigma(xyz) = \sum_{\varkappa, \lambda, \mu} s_{\lambda\mu}(x) s_{\mu\varkappa}(y) s_{\varkappa\lambda}(z) = \Sigma\, a_{\lambda\alpha\mu} a_{\mu\beta\varkappa} a_{\varkappa\gamma\lambda} x_\alpha y_\beta z_\gamma \, .$$

Benutzt man die antistrophe Gruppe, so tritt $\tau(xyz)$ an Stelle von $\sigma(xyz)$. Demnach ergibt sich der Satz (vergl. Cartan, *I. Thèse, Sur la structure des groupes de transformations finis et continus,* Paris 1894, p. 48, (5.)):

III. *Damit die Determinante einer Gruppe in lauter lineare Faktoren zerfalle, ist notwendig und hinreichend, daß die trilineare Funktion* $\sigma(xyz)$ *(oder* $\tau(xyz)$*) bei Vertauschung von y und z ungeändert bleibt, mithin eine symmetrische Funktion der drei Reihen von Variabeln ist, daß also die Ausdrücke*

$$(3.)\qquad \sum_{\varkappa,\lambda,\mu} a_{\lambda\alpha\mu}\, a_{\mu\beta\varkappa}\, a_{\varkappa\gamma\lambda} \quad \textit{oder} \quad \sum_{\varkappa,\lambda,\mu} a_{\lambda\mu\alpha}\, a_{\mu\varkappa\beta}\, a_{\varkappa\lambda\gamma}$$

auch bei einer Transposition von α, β, γ *ungeändert bleiben.*

Da $\sigma(xyz)$ auch die Spur von $S(x)S(yz)$ ist, so können statt der Summen (3.) auch die Ausdrücke

$$(4.)\qquad \sum_{\varkappa,\lambda,\mu} a_{\varkappa\lambda\mu}\, a_{\mu\alpha\varkappa}\, a_{\lambda\beta\gamma} \quad \textit{oder} \quad \sum_{\varkappa,\lambda,\mu} a_{\varkappa\lambda\mu}\, a_{\lambda\varkappa\alpha}\, a_{\mu\beta\gamma}$$

genommen werden. Mittels der Formeln (1.) und (2.) § 7 erhält man endlich die Ausdrücke

$$(5.)\qquad \begin{aligned} &\sum_{\varkappa,\lambda,\mu} a_{\varkappa\lambda\varkappa}\, a_{\lambda\alpha\mu}\, a_{\mu\beta\gamma} \quad \textit{oder} \quad \sum_{\varkappa,\lambda,\mu} a_{\varkappa\varkappa\lambda}\, a_{\lambda\alpha\mu}\, a_{\mu\beta\gamma}\,, \\ &\sum_{\varkappa,\lambda,\mu} a_{\varkappa\lambda\varkappa}\, a_{\lambda\mu\alpha}\, a_{\mu\beta\gamma} \quad \textit{oder} \quad \sum_{\varkappa,\lambda,\mu} a_{\varkappa\varkappa\lambda}\, a_{\lambda\mu\alpha}\, a_{\mu\beta\gamma}\,. \end{aligned}$$

Mit Hülfe der obigen Sätze läßt sich die Zerlegung der Determinante einer Dedekindschen Gruppe in ihre Primfaktoren ausführen. Die linearen Gleichungen $s_{\alpha\beta}(x) - t_{\alpha\beta}(x) = 0$ haben k unabhängige Lösungen. Nun stelle man die quadratischen Gleichungen zwischen den Unbekannten $\chi_1, \chi_2, \cdots \chi_n$ auf, die aus

$$(6.)\qquad \chi(x)\chi(y) = \chi(e)\chi(xy)$$

erhalten werden, indem man für x der Reihe nach jene k Lösungen, für y die n Grundzahlen setzt. Sie liefern in Verbindung mit den linearen Gleichungen $r_{\alpha\beta}(\chi) = r_{\beta\alpha}(\chi)$ für die Verhältnisse $\chi_1, \chi_2, \cdots \chi_n$ k verschiedene Wertsysteme. Den konstanten Faktor wähle man jedesmal so, daß $\Sigma\, q_{\alpha\beta}\chi_\alpha\chi_\beta = 1$ und $\Sigma\, \chi_\alpha e_\alpha$ positiv wird. Dann wird es gleich einer positiven ganzen Zahl r, dem Grade der Primfunktion Φ, die durch den charakteristischen Parameter χ bestimmt ist.

Oder man bezeichne k unabhängige Lösungen der Gleichungen $s_{\alpha\beta}(x) = t_{\alpha\beta}(x)$ mit $g, g', \cdots$ oder auch mit $\eta_1, \eta_2, \cdots \eta_k$. Diese bilden die Basis einer kommutativen Dedekindschen Gruppe der Ordnung k, es ist also $\eta_\beta\eta_\gamma = \sum_\alpha c_{\alpha\beta\gamma}\eta_\alpha$, wo $c_{\alpha\beta\gamma} = c_{\alpha\gamma\beta}$ ist. Ihre Determinante ist ein Produkt von k unabhängigen linearen Funktionen, und gehe, wenn die Basis $\varepsilon_1, \varepsilon_2, \cdots \varepsilon_n$ wieder eingeführt wird, in $\Pi\,\psi(x)$ über, wo $\psi(x) = \Sigma\, \psi_\alpha x_\alpha$ ist. Dann bestimme man, da $\psi_1, \psi_2, \cdots \psi_n$ einen willkürlichen konstanten Faktor enthalten, die Verhältnisse der Unbekannten $\chi_1, \chi_2, \cdots \chi_n$ aus den linearen Gleichungen

$$r_{\alpha\beta}(\chi)-r_{\beta\alpha}(\chi)=0 \quad , \qquad g(\chi)=g(\psi) \quad , \qquad g'(\chi)=g'(\psi), \cdots,$$

und daraus die wirklichen Werte wie oben.

§ 16.

Sind $E_1, E_2, \cdots E_n$ n Matrizen m^{ten} Grades, die den Bedingungen

$$(1.) \qquad E_\beta E_\gamma = \sum_\alpha a_{\alpha\beta\gamma} E_\alpha$$

genügen, so bilden sie eine *Darstellung* der Gruppe (ε). Sind diese n Matrizen nicht linear unabhängig (vergl. dagegen Mol. S. 126, Bedingung 1), so stellen sie eine mit (ε) homomorphe Gruppe dar.

Ist dann

$$(2.) \qquad (x_{\varkappa\lambda}) = \sum x_\alpha E_\alpha ,$$

so ist, falls $x = yz$ ist,

$$(x_{\varkappa\lambda}) = (y_{\varkappa\lambda})(z_{\varkappa\lambda}).$$

Daher nenne ich die Matrix (2.) eine zur Gruppe (ε) *gehörige Matrix*. Ist ihre Determinante von Null verschieden, so ist sie nach (1.) § 4

$$(3.) \qquad |x_{\varkappa\lambda}| = \Pi\, \Phi(x)^s$$

ein Produkt von Primfaktoren der Gruppendeterminante Θ.

Ist C eine konstante Matrix m^{ten} Grades, deren Determinante von Null verschieden ist, so bilden auch die n Matrizen $C^{-1}E_1C$, $C^{-1}E_2C, \cdots C^{-1}E_nC$ eine Darstellung von (ε), die der ersten *äquivalent* genannt wird. Kann man C nicht so wählen, daß diese n Matrizen die Gestalt

$$\begin{pmatrix} E_1' & 0 \\ E_1^{(0)} & E_1'' \end{pmatrix}, \quad \begin{pmatrix} E_2' & 0 \\ E_2^{(0)} & E_2'' \end{pmatrix}, \quad \cdots \quad \begin{pmatrix} E_n' & 0 \\ E_n^{(0)} & E_n'' \end{pmatrix}$$

annehmen, so nenne ich die Darstellung *primitiv* oder *irreduzibel*, ist dies aber möglich, so nenne ich sie *imprimitiv* oder *reduzibel*, sind auch $E_1^{(0)}, \cdots E_n^{(0)} = 0$, *zerfallend* oder *zerlegbar*.

Die Methoden, die ich in meiner Arbeit *Über die Darstellung der endlichen Gruppen durch lineare Substitutionen*, II., Sitzungsberichte 1899, entwickelt habe, lassen sich (mit der am Ende des § 3 angedeuteten Modifikation) unmittelbar auf beliebige Dedekindsche Gruppen übertragen.

Die r^2 linearen Funktionen von $x_1, \cdots x_n$, die ich in § 11 mit $x_{\varkappa\lambda}$ bezeichnet habe, bilden eine zur Gruppe (ε) gehörige Matrix r^{ten} Grades, deren Determinante $|x_{\varkappa\lambda}| = \Phi(x)$ ist. Die entsprechende Darstellung von (ε) bezeichne ich mit $[\Phi]$. Die so erhaltenen, den k verschiedenen Primfaktoren der Gruppendeterminante Θ entsprechenden Darstellungen sind die sämtlichen primitiven Darstellungen der Gruppe (ε).

Eine mit der Darstellung (2.) äquivalente zerfällt dann in s primitive Darstellungen $[\Phi]$, s' Darstellungen $[\Phi']$, usw. Der Koeffizient von u^{m-1} in der Determinante $|x_{\varkappa\lambda} + v e_{\varkappa\lambda}|$

$$\varphi(x) = \Sigma\, s\chi(x)$$

heißt die *Spur* der Darstellung (2.). Damit zwei Darstellungen einer Dedekindschen Gruppe äquivalent sind, ist notwendig und hinreichend, daß ihre Spuren übereinstimmen.

71.

Theorie der hyperkomplexen Größen II

Sitzungsberichte der Königlich Preußischen Akademie der Wissenschaften zu Berlin
634–645 (1903)

In meiner Arbeit *Theorie der hyperkomplexen Größen*, im folgenden mit *H.* zitiert, behandle ich im Anschluß an meine Untersuchungen über die Determinanten der endlichen Gruppen vorzugsweise die Eigenschaften der DEDEKINDschen Gruppen. Wie Hr. MOLIEN gezeigt hat (*H.* § 11, II), ist jede Gruppe (ε) mit Haupteinheit einer DEDEKINDschen Gruppe (ϑ) homomorph, deren Determinante durch jeden Primfaktor der Determinante der ganzen Gruppe teilbar ist. Ist (η) die größte invariante Untergruppe von (ε), die aus lauter *Wurzeln der Null* besteht — ich nenne sie das *Radikal* von (ε) —, so ist (ε) mod. $(\eta) = (\vartheta)$, d. h. (ϑ) ist die Gruppe (ε), falls man darin je zwei Größen als gleich betrachtet, deren Differenz in (η) enthalten ist.

Wenn von den n unabhängigen Grundzahlen $\varepsilon_1, \cdots \varepsilon_n$ einer Gruppe (ε) die ersten m die Basis einer Gruppe (ϑ), die letzten $n-m$ die einer Gruppe (η) bilden, so nenne ich $(\varepsilon) = (\vartheta) + (\eta)$ die *Summe* dieser beiden Untergruppen. Ist eine von ihnen (η) eine invariante Untergruppe von (ε), so ist die andere (ϑ) eine mit (ε) homomorphe Gruppe, weil

$$\varepsilon_1 x_1 + \cdots + \varepsilon_m x_m + \varepsilon_{m+1} x_{m+1} + \cdots + \varepsilon_n x_n \equiv \varepsilon_1 x_1 + \cdots + \varepsilon_m x_m \pmod{\eta}$$

ist. Wenn beide Untergruppen invariante sind, so verschwindet das Produkt aus jeder Größe von (ϑ) und jeder von (η), und (ε) *zerfällt* in die beiden Gruppen (ϑ) und (η). (*H.* § 9.)

Eine in (ε) enthaltene Gruppe (η) heißt eine *invariante Untergruppe* von (ε), wenn xy und yx Größen von (η) sind, falls y irgendeine Größe von (η) und x irgendeine Größe von (ε) ist. Ist $n-m$ die Ordnung von (η), so ist dann (ε) (mod. η) einer Gruppe (ϑ) der Ordnung m homomorph. Es braucht aber nicht immer eine Untergruppe (ϑ) von (ε) zu geben der Art, daß $(\varepsilon) = (\vartheta) + (\eta)$ ist.

Hr. CARTAN hat in seiner Arbeit *Sur les groupes bilinéaires et les systèmes de nombres complexes,* Ann. de Toulouse, tome XII, 1898, (im folgenden mit C. zitiert), dem Satze von MOLIEN eine präzisere Fassung gegeben, die ich zur Vervollständigung meiner Darstellung aus den Ergebnissen meiner ersten Arbeit herleiten will:

Jede Gruppe mit Haupteinheit ist die Summe ihres Radikals und einer Dedekind*schen Gruppe, deren Determinante durch jeden Primfaktor der Determinante der ganzen Gruppe teilbar ist.*

Während aber die invariante Untergruppe (η), die ich das *Radikal* von (ε) nenne, völlig bestimmt ist, kann die Untergruppe (ϑ) meist auf unendlich viele Arten gewählt werden.

Wenn eine Potenz einer Zahl verschwindet, so nenne ich sie eine *Wurzel der Null* (*Pseudo-Nul* bei Cartan, Nr. 21, *nilpotent* bei Peirce). Eine Gruppe, die aus lauter Wurzeln der Null besteht, nenne ich eine *Wurzelgruppe.*

Wenn eine Gruppe (ε) die Summe einer Dedekindschen Gruppe (ϑ) der Ordnung m und einer Wurzelgruppe (η) der Ordnung $n-m$ ist, die eine invariante Untergruppe von (ε) ist, so ist (η) das Radikal von (ε). Denn da (ε) und (ϑ) homomorph sind, so ist (*H.* § 9) die Determinante der Gruppe (ε) durch die der Gruppe (ϑ) teilbar. Der lineare Rang der Determinante einer Dedekindschen Gruppe (ϑ) ist ihrer Ordnung m gleich. Folglich ist der lineare Rang der Determinante von (ε) $\bar{m} \geqq m$. Das Radikal $(\bar{\eta})$ von (ε) hat die Ordnung $n-\bar{m}$. Da (η) in $(\bar{\eta})$ enthalten ist, so ist $n-m \leqq n-\bar{m}$. Mithin ist $m = \bar{m}$ und $(\eta) = (\bar{\eta})$.

Ehe ich zum Beweise des Cartanschen Satzes (§ 5) übergehe, will ich die Haupteigenschaften der Wurzelgruppen kurz herleiten.

§ 2.

Wenn keine der beiden Determinanten $|S(x)|$ und $|T(x)|$ identisch verschwindet, so besitzt die Gruppe (ε) eine *Haupteinheit* e, und für jede Größe x in (ε) ist

$$ex = xe = x. \tag{1.}$$

Umgekehrt hat Hr. Cartan (C. 15) gezeigt: Wenn für jede Größe x $ex = x$ ist, so ist $S(e) = E$, also $|S(e)| = 1$, und wenn $xe = x$ ist, so ist $T(e) = E$, also $|T(e)| = 1$. Denn sucht man x so zu bestimmen, daß $ex = 0$ ist, so erhält man für die Koordinaten $x_1, \cdots x_n$ n homogene lineare Gleichungen mit der Matrix $S(e)$. Dann ist aber $x = ex = 0$, also genügt diesen Gleichungen nur das Wertsystem $x_1 = \cdots = x_n = 0$, und folglich ist ihre Determinante $|S(e)|$ von Null verschieden. Weil nun $S(e)^2 = S(e^2) = S(e)$ ist, so ist $S(e) = E$.

Sind $|S(x)| = \Theta$ und $|T(x)| = \Theta'$ die beiden antistrophen Determinanten der Gruppe ε, so kann man zwei Größen y und z, deren Koordinaten *ganze* Funktionen von $x_1, \cdots x_n$ sind, so bestimmen, daß $xy = \Theta e$ und $zx = \Theta' e$ wird. Dann ist $T(y)\,T(x) = T(xy) = \Theta\, T(e)$, und mithin $|T(y)|\,\Theta' = \Theta^n$, und ebenso $|S(z)|\,\Theta = \Theta'^n$. Folglich ist jeder Primfaktor der einen der beiden Determinanten Θ und Θ' auch in der andern enthalten (*H.* § 3).

Da ich vielfach auch Gruppen ohne Haupteinheit zu betrachten habe, so schicke ich darüber die folgenden Bemerkungen voraus: Bestehen zwischen $(n-1)^3$ Größen $a_{\alpha\beta\gamma}$ $(\alpha, \beta, \gamma = 1, 2, \cdots n-1)$ die Relationen

$$(2.) \qquad \sum_\varkappa a_{\varkappa\alpha\beta}\, a_{\gamma\varkappa\delta} = \sum_\varkappa a_{\varkappa\beta\delta}\, a_{\gamma\alpha\varkappa},$$

so gibt es immer eine Gruppe $(\bar{\varepsilon})$ mit $n-1$ linear unabhängigen Grundzahlen $\varepsilon_1, \cdots \varepsilon_{n-1}$, zwischen denen die Beziehungen

$$(3.) \qquad \varepsilon_\beta\, \varepsilon_\gamma = \sum_\alpha a_{\alpha\beta\gamma}\, \varepsilon_\alpha$$

bestehen. Besitzt (ε) eine Haupteinheit, so habe ich dies *H.* § 2 bewiesen (vergl. auch Study in der Enzyklopädie). Im andern Falle setze man

$$(4.) \qquad a_{\alpha 0 \alpha} = a_{\alpha\alpha 0} = 1 \qquad (\alpha = 0, 1, \cdots n-1),$$

sonst aber $a_{\alpha\beta\gamma} = 0$, falls einer der Indizes 0 ist. Dann gelten die Gleichungen (2.) auch für die n^3 Größen $a_{\alpha\beta\gamma}$ $(\alpha, \beta, \gamma = 0, 1, \cdots n-1)$. Bezeichnet man ferner für ein bestimmtes λ die Matrix $(a_{\alpha\lambda\beta})$ mit E_λ, so ist $E_0 = E$ und

$$(5.) \qquad E_\beta\, E_\gamma = \sum_\alpha a_{\alpha\beta\gamma}\, E_\alpha.$$

Wäre ferner $\sum c_\lambda E_\lambda = 0$, so wäre $\sum c_\lambda a_{\alpha\lambda 0} = 0$, also $c_\alpha = 0$. Demnach bilden $E_1, \cdots E_{n-1}$ eine Darstellung der Gruppe $(\bar{\varepsilon})$ der Ordnung $n-1$ durch Matrizen des Grades n.

Diese Gruppe $(\bar{\varepsilon})$ ist eine invariante Untergruppe einer Gruppe (ε) mit der Basis $\varepsilon_0, \varepsilon_1, \cdots \varepsilon_{n-1}$, für die ε_0 die Haupteinheit ist. In ihren beiden antistrophen Matrizen $S(x)$ und $T(x)$ ist $s_{00}(x) = t_{00}(x) = x_0$, aber $s_{0\beta}(x) = t_{0\beta}(x) = 0$ (und $s_{\alpha 0}(x) = t_{\alpha 0}(x) = x_\alpha$). Läßt man die erste Zeile und Spalte weg, und setzt in den so erhaltenen Matrizen $(n-1)^{\text{ten}}$ Grades $x_0 = 0$, so erhält man die beiden antistrophen Matrizen $\bar{S}(x)$ und $\bar{T}(x)$ von $(\bar{\varepsilon})$. Da von ihren Determinanten mindestens eine identisch verschwindet, so ist eine der beiden Determinanten $|S(x)|$ oder $|T(x)|$ durch x_0^2 teilbar.

Sei umgekehrt (ε) eine Gruppe der Ordnung n mit der Haupteinheit e, die eine invariante Untergruppe $(\bar{\varepsilon})$ der Ordnung $n-1$ enthält. Sei $\varepsilon_1, \cdots \varepsilon_{n-1}$ eine Basis von $(\bar{\varepsilon})$, ε_0 eine in $(\bar{\varepsilon})$ nicht enthaltene Größe von (ε). Dann sind $|S(x)|$ und $|T(x)|$ beide durch x_0 teilbar. Je nachdem keine dieser beiden Determinanten oder mindestens eine von beiden durch x_0^2 teilbar ist, besitzt $(\bar{\varepsilon})$ eine Haupteinheit $(\bar{e})$ oder nicht. Wäre e in $(\bar{\varepsilon})$ enthalten, so wäre es nach der Definition einer invarianten Untergruppe auch $e\varepsilon_0 = \varepsilon_0$. Daher kann man für ε_0 immer die Haupteinheit e wählen.

§ 3.

Sind A und B zwei Matrizen n^{ten} Grades, so sind die charakteristischen Funktionen von AB und BA einander gleich. Denn ist $|B|$ von Null verschieden, so ist $B^{-1}(BA)B = AB$ der Matrix BA ähnlich. Sind also die Elemente von A und B variable Größen, so gilt die Gleichung $|uE-AB| = |uE-BA|$ für alle Werte dieser Veränderlichen, wofür $|B|$ nicht Null ist, und folglich gilt sie identisch.

Sind y und z zwei Größen der Gruppe (ε), so sind die Koordinaten ihres Produktes $x = yz$

$$(1.)\qquad x_\alpha = \sum_{\beta,\gamma} a_{\alpha\beta\gamma}\, y_\beta\, z_\gamma = \sum_\gamma s_{\alpha\gamma}(y)\, z_\gamma\,.$$

Ist nun $S(y) = 0$, genügen also $y_1, \cdots y_n$ den linearen Gleichungen $s_{\alpha\gamma}(y) = 0$, so ist $yz = 0$, falls z eine beliebige Größe von (ε) ist. Besitzt also (ε) eine Haupteinheit, so ist $y = 0$, in jedem Falle aber ist $y^2 = 0$.

Ist allgemeiner x eine Größe von (ε), für die $S(x)^m = S(x^m) = 0$ ist, so ist $x^m z = 0$ und $x^{m+1} = 0$. Damit also x eine Wurzel der Null sei, ist notwendig und hinreichend, daß die Matrix $S(x)$ (oder $T(x)$) eine Wurzel der Null ist, daß mithin die charakteristischen Wurzeln von $S(x)$ alle verschwinden. Ist zy eine Wurzel der Null, so ist auch yz eine solche. Denn die charakteristischen Wurzeln der Matrix $S(zy) = S(z)S(y)$ sind alle Null, und folglich auch die der Matrix $S(y)S(z) = S(yz)$.

In einer Gruppe (ε) heißt eine Größe y eine *Wurzelgröße*, wenn yz stets eine Wurzel der Null ist, falls z eine beliebige Größe von (ε) ist. Sind x und z irgend zwei Größen von (ε), so ist dann auch $y(zx) = (yz)x$ eine Wurzel der Null, demnach auch $x(yz)$. Ist also y eine Wurzelgröße von (ε), so sind es auch xy, yz und xyz.

Dann verschwinden die charakteristischen Wurzeln der Matrix $S(yz)$, und folglich auch ihre Summe $\sigma(yz)$. Sei umgekehrt $\sigma(yz) = 0$ für jede Größe z von (ε). Ersetzt man z durch $z(yz)^{\varkappa-1}$, so erhält man $\sigma((yz)^\varkappa) = 0$. Demnach verschwindet (*H.* § 4, (5.)) die Summe der $\varkappa^{\text{ten}}$ Potenzen der charakteristischen Wurzeln der Matrix $S(yz)$, also auch diese Wurzeln selbst, und folglich ist yz eine Wurzel der Null. Die Koordinaten $y_1, \cdots y_n$ der Wurzelgrößen y werden mithin gefunden durch Auflösung der homogenen linearen Gleichungen, die man erhält, indem man die Ableitungen der bilinearen Form $\sigma(yz)$ nach $z_1, \cdots z_n$ (oder die der quadratischen Form $\sigma(y^2)$ nach $y_1, \cdots y_n$) gleich Null setzt. Daher reproduzieren sich die Wurzelgrößen von (ε) durch Addition und durch Multiplikation mit gewöhnlichen Größen. Ferner sind yz und zy Wurzelgrößen, wenn y eine solche ist. Folglich bilden die Wurzelgrößen von (ε) eine invariante Untergruppe, die ich das *Radikal* von (ε) nenne.

I. *Das Radikal einer Gruppe* (ε) *wird von allen Größen* y *gebildet, deren Koordinaten für jede Größe* z *den linearen Gleichungen* $\sigma(yz) = 0$ *(oder* $\tau(yz) = 0$*) genügen.*

Daß auch bei Gruppen ohne Haupteinheit (*H.* § 4, (9.))

$$(2.) \qquad \sigma(xy) = \sigma(yx)$$

ist, ergibt sich aus (2.), § 2, indem man $\gamma = \delta$ setzt und nach γ summiert (Mol. § 3, (4.)).

Eine Wurzelgruppe kann auch als eine Gruppe definiert werden, die ihrem Radikal gleich ist. Nennt man eine von Null verschiedene Größe x, die der Gleichung $x^2 = x$ genügt, eine *Einheit*, so hat Peirce, *Linear Associative Algebra, Nr. 51* (American Journ. tome IV) gezeigt:

II. *Damit eine Gruppe eine Wurzelgruppe sei, ist notwendig und hinreichend, daß sie keine Einheit enthält.*

Denn ist m der kleinste Exponent, für den $x^m = 0$ ist, so kann nicht $x = x^2$ sein, weil sonst $x^{m-1} = x^m = 0$ wäre.

Sei ferner $\psi((x)) = 0$ die *reduzierte* Gleichung, der die Größe x der Gruppe (ε) genügt. Dies ist die Gleichung niedrigsten Grades der Form $px^0 + qx + rx^2 + \cdots = 0$ oder $px + qx^2 + rx^3 + \cdots = 0$, je nachdem (ε) eine Haupteinheit $x^0 = e$ hat oder nicht. Sei $\psi(u) = (u-a)^\alpha \chi(u)$ und $\chi(a)$ von Null verschieden. Man bestimme (*Über vertauschbare Matrizen*, Sitzungsberichte 1896, § 3) eine ganze Funktion $f(u)$ so, daß $f(u)-1$ durch $(u-a)^\alpha$ teilbar ist. Besitzt (ε) eine Haupteinheit, so sei ferner $f(u)$ durch $\chi(u)$ teilbar, ist dies aber nicht der Fall und ist a von Null verschieden, so sei $f(u)$ durch $u\chi(u)$ teilbar. Dann ist $f(u)^2 - f(u)$ durch $\psi(u)$ teilbar, $f(u)$ selbst aber nicht. Ist also $y = f((x))$, so ist $y^2 = y$ und y von Null verschieden. Ist demnach (ε) keine Wurzelgruppe, so enthält sie eine Einheit.

Hat (ε) eine Haupteinheit, und ist

$$\psi(u) = (u-a)^\alpha (u-b)^\beta (u-c)^\gamma \cdots,$$

so mögen den verschiedenen Wurzeln $a, b, c, \cdots$ von $\psi(u)$ in der angegebenen Weise die ganzen Funktionen $f(u), g(u), h(u), \cdots$ entsprechen. Dann ist $f(u)g(u)$ und $f(u)+g(u)+h(u)+\cdots-1$ durch $\psi(u)$ teilbar, und mithin ist

$$(3.) \qquad f((x))^2 = f((x)), \qquad f((x))g((x)) = 0$$

und

$$(4.) \qquad f((x)) + g((x)) + h((x)) + \cdots = e.$$

Auf diese Art läßt sich (C. 17) die Haupteinheit e in so viele unabhängige Einheiten zerlegen, als die Gleichung $\psi(u) = 0$ verschiedene Wurzeln hat.

III. *Wenn die Primfaktoren der Determinante einer Gruppe mit Haupteinheit alle linear sind, so besteht ihr Radikal aus allen in der Gruppe enthaltenen Wurzeln der Null.*

Denn sind x und y zwei Größen der Gruppe (ε), so ist

$$|S(ux + vy + we)| = \Pi\,(uu_\alpha + vv_\alpha + w)$$

ein Produkt von linearen Faktoren. Setzt man $v = 0$ oder $u = 0$, so erkennt man, daß hierin $u_1, \cdots u_n$ die charakteristischen Wurzeln von $S(x)$ sind und $v_1, \cdots v_n$ die von $S(y)$. Ist y eine Wurzel der Null, so ist $v_1 = \cdots = v_n = 0$. Ist $z = g((y))$, so sind daher die charakteristischen Wurzeln von $S(z)$ alle gleich $g(0)$. Ist also v von Null verschieden und $z = u(y+ve)^{-1}$, so sind sie alle gleich $\frac{u}{v}$. Folglich ist

$$\left|S(x + u(y+ve)^{-1})\right| = \Pi\left(u_\alpha + \frac{u}{v}\right), \qquad |S(y+ve)| = v^n,$$

also weil

$$S(x + u(y+ve)^{-1})\,S(y+ve) = S(xy + vx + ue)$$

ist

$$|S(xy + vx + ue)| = \Pi\,(u_\alpha v + u).$$

Da beide Seiten dieser Gleichung ganze Funktionen von v sind, so gilt sie auch für den bisher ausgeschlossenen Wert $v = 0$. Demnach ist $|S(xy + ue)| = u^n$, folglich ist (C. 28) xy eine Wurzel der Null und y eine Wurzelgröße von (ε).

Die Umkehrung dieses Satzes ergibt sich aus den in § 5 erhaltenen Resultaten, wonach, wenn dort $r > 1$ ist, $\varepsilon_{12}^2 = 0$ ist, aber ε_{12} dem Radikale von (ε) nicht angehört.

§ 4.

I. *In jeder Wurzelgruppe gibt es eine von Null verschiedene Größe x, die den Gleichungen $xy = yx = 0$ genügt, falls y eine beliebige Größe der Gruppe ist.*

Für diesen Satz gibt Hr. Cartan (Nr. 31—34) einen sehr scharfsinnigen, aber etwas umständlichen Beweis, den ich hier durch einen wesentlich einfacheren ersetzen will. Man kann den Satz auch so aussprechen:

II. *Jede Wurzelgruppe enthält eine invariante Untergruppe der Ordnung* 1.

Daß beide Sätze identisch sind, folgt aus einem von Hrn. Cartan (C. 29) viel benutzten Lemma, worin x und y zwei Größen einer Gruppe mit oder ohne Haupteinheit bedeuten:

III. *Ist* $xy = ax$ *(oder* $yx = ax$*), wo* a *eine gewöhnliche Größe ist, und ist* y *eine Wurzel der Null, so ist entweder* $x = 0$ *oder* $a = 0$.

Nach Voraussetzung gibt es eine solche Zahl k, daß $y^k = 0$ ist, also auch eine solche Zahl l, daß $xy^l = 0$ ist. Sei nicht $x = 0$, und sei m die kleinste Zahl dieser Art. Dann ist $m > 0$, und $xy^m = 0$, aber xy^{m-1} (worunter für $m = 1$ x zu verstehen ist) von Null verschieden. Aus $xy^m = axy^{m-1}$ folgt daher $a = 0$. Zu demselben Resultate gelangt man, indem man die Gleichung $x(y-a) = 0$ rechts mit $y^{m-1} + y^{m-2}a + \cdots + a^{m-1}$ multipliziert. Der Satz läßt sich so verallgemeinern:

IV. *Sind* $x_1, x_2, \cdots x_m$ *Größen einer Wurzelgruppe, und ist das Produkt* $x_1 x_2 \cdots x_m$ *von Null verschieden, so sind die* m *Größen*

$$x_1, \quad x_1 x_2, \quad x_1 x_2 x_3, \cdots \quad x_1 x_2 \cdots x_m$$

linear unabhängig.

Denn sei

$$a x_1 \cdots x_l + b x_1 \cdots x_l x_{l+1} + c x_1 \cdots x_l x_{l+1} x_{l+2} + \cdots = 0,$$

wo a der erste von Null verschiedene Koeffizient ist. Dann ist

$$b x_{l+1} + c x_{l+1} x_{l+2} + \cdots = -y$$

eine Größe der Wurzelgruppe (η), also eine Wurzel der Null, und es ist

$$x_1 \cdots x_l (a-y) = 0,$$

also $x_1 \cdots x_l = 0$ und mithin auch $x_1 \cdots x_m = 0$.

V. *In einer Wurzelgruppe der Ordnung* $n-1$ *verschwindet das Produkt von je* n *Größen.*

Denn wäre $x_1 \cdots x_n$ von Null verschieden, so wären die n Größen

$$x_1, \quad x_1 x_2, \quad x_1 x_2 x_3, \cdots \quad x_1 x_2 \cdots x_n$$

linear unabhängig, also die Ordnung der Gruppe $\geqq n$.

Nach diesem Satze gibt es für eine Wurzelgruppe (η) eine solche invariante Zahl m, daß das Produkt von je m Größen von (η) verschwindet, aber nicht das von je $m-1$. Ist x ein nicht verschwindendes Produkt von $m-1$ Größen von (η), so ist xy und yx ein Produkt von m Größen, und folglich Null. Durch wiederholte Anwendung dieses Satzes ergibt sich (C. 31):

VI. *Die Grundzahlen* $\eta_1, \eta_2, \cdots \eta_{n-1}$ *einer Wurzelgruppe der Ordnung* $n-1$ *kann man so wählen, daß das Produkt* $\eta_\alpha \eta_\beta$ *eine lineare Verbindung der Grundzahlen ist, deren Index* $> \alpha$ *und* $> \beta$ *ist.*

Nach dem Satze V gibt es ferner für eine Wurzelgruppe (η) eine invariante Zahl l $(\leqq m)$, die kleinste der Art, daß die l^{te} Potenz jeder Größe der Gruppe verschwindet. Für eine kommutative Gruppe ist $l = m$. Ferner gilt der Satz:

VII. *Gibt es in einer Wurzelgruppe, deren Ordnung $n-1$ ist, $n-1$ Größen, deren Produkt $x_1 x_2 \cdots x_{n-1}$ von Null verschieden ist, so ist auch x_1^{n-1} von Null verschieden, und die Gruppe ist die aus allen ganzen Funktionen von x_1 gebildete kommutative Gruppe.*

Denn nach Satz IV sind die $n-1$ Größen

$$x_1\,,\quad x_1 x_2\,,\quad x_1 x_2 x_3\,,\cdots\quad x_1 x_2 \cdots x_{n-1}$$

linear unabhängig, bilden also eine Basis der Gruppe (η). Daher ist

$$x_\varkappa = a_{\varkappa 1} x_1 + a_{\varkappa 2} x_1 x_2 + \cdots + a_{\varkappa, n-1} x_1 x_2 \cdots x_{n-1} \qquad (\varkappa = 1, 2, \cdots n-1).$$

Da das Produkt von je n Größen der Gruppe (η) verschwindet, so erhält man durch Multiplikation dieser $n-1$ Gleichungen

$$x_1 x_2 \cdots x_{n-1} = a_{11} a_{21} \cdots a_{n-1,1} x_1^{n-1},$$

und mithin ist x_1^{n-1} von Null verschieden. Daher bilden auch, wenn man $x_1 = x$ setzt,

$$x,\ x^2,\ \cdots\ x^{n-1}$$

eine Basis von (η). Ergänzt man sie durch $x^0 = e$ zu einer Gruppe (ε) der Ordnung n, die aus den Größen $z = zx^0 + z_1 x + \cdots + z_{n-1} x^{n-1}$ besteht, so enthält deren Determinante $|S(z)| = z^n$ nur einen Elementarteiler.

§ 5.

Ich wende mich jetzt zum Beweise des Satzes von Cartan. Sei (ε) eine Gruppe der Ordnung n mit Haupteinheit, sei (η) ihr Radikal, $n-m$ seine Ordnung. Dann ist m der lineare Rang der Determinante von (ε)

(1.) $$\Theta(x) = |S(x)| = \Pi\Phi^s.$$

Jeder ihrer k Primfaktoren kann durch passende Wahl der Grundzahlen auf die Form einer Determinante

(2.) $$\Phi(x) = |x_{\alpha\beta}| \qquad (\alpha, \beta = 1, 2, \cdots r)$$

gebracht werden. Die

(3.) $$m = r^2 + r'^2 + r''^2 + \cdots$$

Elemente

(4.) $$x_{\alpha\beta}\quad,\quad x'_{\alpha\beta}\quad,\quad x''_{\alpha\beta},\cdots$$

der k verschiedenen Determinanten $\Phi, \Phi', \Phi'', \cdots$ der Grade $r, r', r'', \cdots$ sind lauter unabhängige Variable. Die Determinante der mit (ε) homomorphen Dedekindschen Gruppe (ϑ) ist $\Pi\Phi^r$, der Exponent r von Φ ist dem Grade des Primfaktors gleich.

Man kann die n Grundzahlen von (ε) so wählen, daß $\varepsilon_{m+1}, \cdots \varepsilon_n$ die Basis des Radikals (η) bilden, und daß die Größen (4.) die Koordinaten von $\varepsilon_1, \cdots \varepsilon_m$ werden. Diese m Grundzahlen bezeichne ich daher mit

$$(5.)\qquad \varepsilon_{\alpha\beta},\quad \varepsilon'_{\alpha\beta},\quad \varepsilon''_{\alpha\beta}, \cdots,$$

jene $n-m$ mit $\eta_1, \cdots \eta_{n-m}$, so daß

$$(6.)\qquad x = \Sigma\, x_{\alpha\beta}\,\varepsilon_{\alpha\beta} + \Sigma\, x'_{\alpha\beta}\,\varepsilon'_{\alpha\beta} + \Sigma\, x''_{\alpha\beta}\,\varepsilon''_{\alpha\beta} + \cdots + \Sigma\, y_r\,\eta_r$$

eine beliebige Größe von (ε) wird. Die charakteristische Determinante von $S(x)$ ist dann

$$(7.)\qquad |S(ue-x)| = \Pi\, |ue_{\alpha\beta} - x_{\alpha\beta}|^s.$$

Zwischen den Grundzahlen (5.) bestehen die Relationen

$$(8.)\qquad \varepsilon_{\alpha\beta}\,\varepsilon_{\beta\gamma} \equiv \varepsilon_{\alpha\gamma}\,,\qquad \varepsilon_{\alpha\delta}\,\varepsilon_{\beta\gamma} \equiv 0\,,\qquad \varepsilon_{\alpha\delta}\,\varepsilon'_{\beta\gamma} \equiv 0 \qquad (\text{mod. } \eta),$$

in der zweiten sind β und δ als verschieden vorausgesetzt. Es ist zu zeigen, daß sich die Grundzahlen (5.) mod. (η) so abändern lassen, daß diese Gleichungen absolut gelten. Sei

$$z = a_1\varepsilon_{11} + \cdots + a_r\varepsilon_{rr} + a_{r+1}\varepsilon'_{11} + \cdots + a_{r+r'}\varepsilon'_{r'r'} + \cdots,$$

oder wenn man

$$(9.)\qquad \varepsilon_{11} = \varepsilon_1, \cdots \varepsilon_{rr} = \varepsilon_r\,,\qquad \varepsilon'_{11} = \varepsilon_{r+1}, \cdots \varepsilon'_{r'r'} = \varepsilon_{r+r'}, \cdots$$

setzt, $z = \Sigma\, \varepsilon_\lambda a_\lambda$. Die

$$(10.)\qquad p = r + r' + r'' + \cdots$$

Koordinaten a_λ können in irgend einer bestimmten Weise gewählt werden, nur sollen sie alle untereinander verschieden sein. Dann ist

$$\varphi(u) = |S(ue-z)| = (u-a_1)^s \cdots (u-a_r)^s (u-a_{r+1})^{s'} \cdots (u-a_{r+r'})^{s'} \cdots,$$

und wenn $f(u)$ eine ganze Funktion von u ist, nach (8.)

$$f\big((z)\big) \equiv \Sigma\, \varepsilon_\lambda f(a_\lambda) \quad (\text{mod. } \eta).$$

Wie in § 3, (3.) bestimme ich nun p ganze Funktionen $f_\lambda(u)$ so, daß $(u-a_1)^s f_1(u)$ durch $\phi(u)$ und $f_1(u)-1$ durch $(u-a_1)^s$ teilbar ist. Dann ist

$$(11^*.)\qquad f_\lambda\big((z)\big)^2 = f_\lambda\big((z)\big)\,,\qquad f_\varkappa\big((z)\big) f_\lambda\big((z)\big) = 0$$

und

$$(12^*.)\qquad \Sigma\, f_\lambda\big((z)\big) = e.$$

Ferner ist $f_\lambda\big((z)\big) \equiv \varepsilon_\lambda$ (mod. η), und daher kann man ε_λ (mod. η) so abändern, daß $f_\lambda(z) = \varepsilon_\lambda$ wird. Dann ist

$$(11.)\qquad \varepsilon_{\alpha\alpha}^2 = \varepsilon_{\alpha\alpha}\,,\qquad \varepsilon_{\alpha\alpha}\,\varepsilon_{\beta\beta} = 0\,,\qquad \varepsilon_{\alpha\alpha}\,\varepsilon'_{\beta\beta} = 0$$

und

$$(12.)\qquad \Sigma\, \varepsilon_\lambda = e.$$

Nun ist nach (8.)

$$\varepsilon_{\alpha\beta} \equiv \varepsilon_{\alpha\alpha}\varepsilon_{\alpha\beta}\varepsilon_{\beta\beta} \quad , \qquad \varepsilon'_{\alpha\beta} \equiv \varepsilon'_{\alpha\alpha}\varepsilon'_{\alpha\beta}\varepsilon'_{\beta\beta}, \cdots \qquad (\text{mod. } \eta).$$

Ist $\alpha = \beta$, so gelten die Gleichungen absolut. Ist α von β verschieden, so ersetze man $\varepsilon_{\alpha\beta}$ durch $\varepsilon_{\alpha\alpha}\varepsilon_{\alpha\beta}\varepsilon_{\beta\beta}$. Dadurch wird diese Grundzahl (mod. η) so abgeändert, daß nach (11.) jetzt

$$(13.) \qquad \varepsilon_{\alpha\alpha}\varepsilon_{\alpha\beta} = \varepsilon_{\alpha\beta} \quad , \qquad \varepsilon_{\alpha\beta}\varepsilon_{\beta\beta} = \varepsilon_{\alpha\beta}$$

und

$$(14.) \qquad \varepsilon_{\alpha\beta}\varepsilon_{\delta\gamma} = 0 \quad , \qquad \varepsilon_{\alpha\beta}\varepsilon'_{\delta\gamma} = 0$$

ist, falls in der ersten Gleichung δ von β verschieden ist.

Die Grundzahlen $\varepsilon_{\alpha\alpha}, \varepsilon'_{\alpha\alpha}, \cdots$ ändere ich nicht weiter ab, wohl aber die Grundzahlen $\varepsilon_{\alpha\beta}, \varepsilon'_{\alpha\beta}, \cdots$, doch so, daß die bereits gewonnenen Relationen bestehen bleiben. Ist η eine beliebige Größe von (ε), so nenne ich

$$(15.) \qquad \varepsilon_{\varkappa}\,\eta\,\varepsilon_{\lambda} = \eta_{\varkappa\lambda}$$

eine Größe vom Typus ($\varkappa, \lambda$). Sie genügt den Gleichungen

$$(16.) \qquad \varepsilon_{\varkappa}\eta_{\varkappa\lambda} = \eta_{\varkappa\lambda} \quad , \qquad \eta_{\varkappa\lambda}\varepsilon_{\lambda} = \eta_{\varkappa\lambda} \, ,$$

und wenn μ von $\varkappa$, und ν von λ verschieden ist,

$$(17.) \qquad \varepsilon_{\mu}\eta_{\varkappa\lambda} = 0 \quad , \qquad \eta_{\varkappa\lambda}\varepsilon_{\nu} = 0 \, .$$

Ist η eine Größe der invarianten Untergruppe (η), so gehört auch $\eta_{\varkappa\lambda}$ dem Radikal an. Dann kann man $\varepsilon_{\alpha\beta}$ um eine beliebige Wurzelgröße $\eta_{\alpha\beta}$ vom Typus (α, β) abändern, ohne daß die Gleichungen (13.) und (14.) sich ändern.

Nun ist $\varepsilon_{\alpha\beta}\varepsilon_{\beta\alpha} \equiv \varepsilon_{\alpha\alpha}$, also

$$(18.) \qquad \varepsilon_{\alpha\beta}\varepsilon_{\beta\alpha} = \varepsilon_{\alpha\alpha} - \eta_{\alpha\alpha} \, ,$$

wo $\eta_{\alpha\alpha}$ eine Größe von (η) ist, und zwar nach (13.) eine solche vom Typus (α, α). Daher ist die rechte Seite gleich $\varepsilon_{\alpha\alpha}(e - \eta_{\alpha\alpha})$. Aus der Gleichung

$$e - x^l = (e - x)(x^0 + x + \cdots + x^{l-1})$$

folgt

$$e = (e - x)(x^0 + x + \cdots + x^{l-1})$$

falls $x^l = 0$ ist. Ist nun $\eta^l_{\alpha\alpha} = 0$, so multipliziere man die Gleichung (18.) rechts mit

$$\eta^0_{\alpha\alpha} + \eta_{\alpha\alpha} + \cdots + \eta^{l-1}_{\alpha\alpha} \, .$$

Dann erhält man

$$\varepsilon_{\alpha\beta}(\varepsilon_{\beta\alpha} + \eta_{\beta\alpha}) = \varepsilon_{\alpha\alpha} \, ,$$

wo

$$\eta_{\beta\alpha} = \varepsilon_{\beta\alpha}(\eta_{\alpha\alpha} + \eta^2_{\alpha\alpha} + \cdots + \eta^{l-1}_{\alpha\alpha})$$

eine Wurzelgröße vom Typus (β, α) ist. Ändert man also $\varepsilon_{\beta\alpha}$ um $\eta_{\beta\alpha}$ ab, so wird

(19.) $$\varepsilon_{\alpha\beta}\varepsilon_{\beta\alpha} = \varepsilon_{\alpha\alpha}.$$

Dann ist aber auch immer (C. 52).

(20.) $$\varepsilon_{\beta\alpha}\varepsilon_{\alpha\beta} = \varepsilon_{\beta\beta}.$$

Denn zunächst ist $\varepsilon_{\beta\alpha}\varepsilon_{\alpha\beta} = \varepsilon_{\beta\beta} - \eta_{\beta\beta}$, und daraus ergibt sich wie eben $\varepsilon_{\beta\alpha}(\varepsilon_{\alpha\beta} + \eta_{\alpha\beta}) = \varepsilon_{\beta\beta}$, also wenn man links mit $\varepsilon_{\alpha\beta}$ multipliziert, $\varepsilon_{\alpha\beta} + \eta_{\alpha\beta} = \varepsilon_{\alpha\beta}$ und mithin $\eta_{\alpha\beta} = 0$.

Nun wähle man $\varepsilon_{12}, \cdots \varepsilon_{1r}$ irgendwie (C. 67) den bisher aufgestellten Relationen gemäß, alsdann $\varepsilon_{21}, \cdots \varepsilon_{r1}$ so, daß $\varepsilon_{1\alpha}\varepsilon_{\alpha 1} = \varepsilon_{11}$, und folglich auch $\varepsilon_{\alpha 1}\varepsilon_{1\alpha} = \varepsilon_{\alpha\alpha}$ ist. Dann gilt die Gleichung

(21.) $$\varepsilon_{\alpha\beta} = \varepsilon_{\alpha 1}\varepsilon_{1\beta},$$

falls $\alpha = 1$ oder $\beta = 1$ oder $\alpha = \beta$ ist, also für die Fälle, wo bereits über $\varepsilon_{\alpha\beta}$ verfügt ist. Sind aber α und β verschieden und beide > 1, so ist $\varepsilon_{\alpha\beta} = \varepsilon_{\alpha 1}\varepsilon_{1\beta} + \eta_{\alpha\beta}$, wo $\eta_{\alpha\beta}$ eine Wurzelgröße vom Typus (α, β) ist. Daher kann man $\varepsilon_{\alpha\beta}$ so abändern, daß die Gleichung (21.) erfüllt wird. Dann ist

$$\varepsilon_{\alpha\beta}\varepsilon_{\beta\gamma} = \varepsilon_{\alpha 1}(\varepsilon_{1\beta}\varepsilon_{\beta 1})\varepsilon_{1\gamma} = \varepsilon_{\alpha 1}\varepsilon_{11}\varepsilon_{1\gamma} = \varepsilon_{\alpha 1}\varepsilon_{1\gamma} = \varepsilon_{\alpha\gamma}.$$

Die Gleichungen (8.) gelten jetzt alle absolut, und mithin sind die m Größen (5.) die Grundzahlen einer Gruppe (ϑ).

Nach (12.) ist

$$\eta = (\varepsilon_1 + \cdots + \varepsilon_p)\,\eta\,(\varepsilon_1 + \cdots + \varepsilon_p) = \Sigma(\varepsilon_\varkappa \eta \varepsilon_\lambda).$$

Daher kann man die Wurzelgrößen alle aus den $(n-m)\,p^2$ Größen $\varepsilon_\varkappa \eta_\nu \varepsilon_\lambda$ zusammensetzen. Wählt man aus diesen ein System unabhängiger aus, so gehört auch jede der Grundzahlen des Radikals zu einem bestimmten Typus $(\varkappa, \lambda)$. In der Untergruppe (ϑ) hat $\varepsilon_{\alpha\beta}$, falls α und β zwei der Zahlen von 1 bis r sind, den Typus (α, β). Dagegen enthält sie z. B. keine Größe vom Typus $(1, r+1)$.

Werden die n Grundzahlen von (ε) in der angegebenen Weise gewählt, so lassen sich nach (17.) alle Größen $\xi_{\varkappa\lambda}$ vom Typus $(\varkappa, \lambda)$ nur durch die Grundzahlen ausdrücken, die denselben Typus haben. Die Grundzahlen vom Typus $(1, 1)$ bilden die Basis einer Gruppe, wofür $\varepsilon_1 = \varepsilon_{11}$ die Haupteinheit und zugleich die einzige Einheit ist. Die übrigen Grundzahlen vom Typus $(1, 1)$ bilden die Basis ihres Radikals. Sind α und β zwei der Zahlen $1, 2 \cdots r$, so ist von den beiden Gleichungen

$$\varepsilon_{\alpha\beta}\xi_{\beta\lambda} = \xi_{\alpha\lambda} \quad , \quad \varepsilon_{\beta\alpha}\xi_{\alpha\lambda} = \xi_{\beta\lambda}$$

jede die Folge der anderen. Daher erhält man (C. 57) alle Größen vom Typus (β, λ), indem man $\varepsilon_{\beta\alpha}$ mit allen Größen vom Typus (α, λ) multipliziert.

Ferner bilden alle Grundzahlen vom Typus

$$(1,1),(1,r+1),(1,r+r'+1),\cdots(r+1,1)(r+1,r+r),(r+1,r+r'+1),\cdots$$
$$(r+r'+1,1),(r+r'+1,r+1),(r+r'+1,r+r'+1),\cdots$$

zusammengenommen die Basis einer Gruppe (ε'), die k unter ihnen enthaltenen Größen von (ϑ), $\varepsilon_1, \varepsilon_{r+1}, \varepsilon_{r+r'+1}, \cdots$ bilden die Basis einer kommutativen Dedekindschen Gruppe (ϑ'), die übrigen die Basis einer Wurzelgruppe (η'), die eine invariante Untergruppe von (ε') ist. Nach § 1 ist daher (η') das Radikal von (ε'). Da (ϑ') eine kommutative Gruppe ist, so zerfällt die Determinante von (ε') in lauter lineare Faktoren. Wie sich aus den Relationen zwischen den Grundzahlen dieser Gruppe (ε') die zwischen den Grundzahlen von (ε) ableiten lassen, hat Hr. Cartan (C. 57—60) so ausführlich dargelegt, daß ich darauf hier nicht zurückkommen will.

72.

Über einen Fundamentalsatz der Gruppentheorie

Sitzungsberichte der Königlich Preußischen Akademie der Wissenschaften zu Berlin
987–991 (1903)

Die Ordnung einer Gruppe ist durch die Ordnung jedes ihrer Elemente teilbar. Diesen elementaren Satz habe ich in meiner Arbeit *Verallgemeinerung des Sylowschen Satzes*, Sitzungsberichte 1895, in folgender Art umgekehrt:

I. *Ist n ein Divisor der Ordnung einer Gruppe, so ist die Anzahl der Elemente der Gruppe, die der Gleichung* $X^n = E$ *genügen, ein Vielfaches von n.*

Der dort geführte Beweis ist ziemlich umständlich und wenig durchsichtig. Zu einem naturgemäßeren bin ich erst gekommen, nachdem es mir gelungen war, den Satz zu verallgemeinern:

II. *Die Anzahl der Elemente einer Gruppe der Ordnung h, die der Gleichung* $X^n = A$ *genügen, ist durch den größten gemeinsamen Divisor von n und g teilbar, wenn g die Anzahl der mit dem Elemente A der Gruppe vertauschbaren, also* $\frac{h}{g}$ *die Anzahl der mit A konjugierten Elemente der Gruppe ist.*

Oder einfacher:

III. *Ist A ein invariantes Element einer Gruppe und n ein Divisor ihrer Ordnung, so ist die Anzahl der Elemente der Gruppe, die der Gleichung* $X^n = A$ *genügen, ein Vielfaches von n.*

Wie im ersten Satze ist also die Anzahl der Lösungen kn. Es besteht aber der Unterschied, daß dort stets $k > 0$ ist, während hier auch $k = 0$ sein kann. Im letzteren Falle bedarf der Satz keines Beweises; man kann daher bei seiner Herleitung stets voraussetzen, daß es in der Gruppe $\mathfrak{H}$ ein der Gleichung $X^n = A$ genügendes Element X gibt.

Es ist leicht, den Satz II, der den Satz III als besonderen Fall enthält, umgekehrt aus diesem abzuleiten. Denn wenn $X^n = A$ ist, so ist das Element X mit A vertauschbar, gehört also der Gruppe $\mathfrak{G}$ an, die von allen mit A vertauschbaren Elementen von $\mathfrak{H}$ gebildet wird. In dieser aber ist A ein invariantes Element.

Ist g die Ordnung von $\mathfrak{G}$, so ist $X^g = E$. Ist also d der größte gemeinsame Divisor von n und g, so ist $A^{\frac{g}{d}} = (X^g)^{\frac{n}{d}} = E$. Dafür, daß die Gleichung $X^n = A$ eine Lösung besitzt, ist folglich die Bedingung $A^{\frac{g}{d}} = E$ notwendig (aber nicht hinreichend). Bestimmt man nun r und s so, daß $nr - gs = d$ wird, so ergibt sich aus $X^n = A$ und $X^g = E$ die Gleichung $X^d = A^r$, und umgekehrt aus dieser $X^n = (A^r)^{\frac{n}{d}} = A(A^{\frac{g}{d}})^s = A$. Da d ein Divisor von g, und A ein invariantes Element von $\mathfrak{G}$ ist, so enthält $\mathfrak{G}$ nach Satz III kd Elemente, die der Gleichung $X^d = A^r$ genügen, und dies sind auch die sämtlichen Elemente von $\mathfrak{H}$, welche die Gleichung $X^n = A$ befriedigen.

§ 2.

Ehe ich zum Beweise des Satzes II oder III übergehe, will ich ihn noch weiter verallgemeinern:

IV. *Bilden die Elemente $A, B, C, \cdots$ einen invarianten Komplex in einer Gruppe der Ordnung h, so ist die Anzahl der Elemente der Gruppe, die einer der Gleichungen $X^n = A$ oder B oder $C \cdots$ genügen, durch den größten gemeinsamen Divisor von n und h teilbar.*

Oder einfacher:

V. *Ist n ein Divisor der Ordnung einer Gruppe, worin die Elemente $A, B, C \cdots$ einen invarianten Komplex bilden, so ist die Anzahl der Elemente der Gruppe, die einer der Gleichungen $X^n = A$ oder B oder $C \cdots$ genügen, ein Vielfaches von n.*

Ein Komplex $\mathfrak{A} = A + B + C + \cdots$ von Elementen der Gruppe $\mathfrak{H}$ heißt ein invarianter, wenn er mit jedem Elemente R von $\mathfrak{H}$ vertauschbar ist, $\mathfrak{A}R = R\mathfrak{A}$, oder wenn jeder der mit $\mathfrak{A}$ konjugierten Komplexe $R^{-1}\mathfrak{A}R = \mathfrak{A}$ ist. Ist also A in $\mathfrak{A}$ enthalten, so ist es auch $R^{-1}AR$. Durchläuft R alle Elemente von $\mathfrak{H}$, so bilden die mit A konjugierten Elemente $R^{-1}AR$ einen invarianten Komplex einfachster Art, und jeder andere entsteht durch Vereinigung von mehreren solchen. Es genügt daher den Satz für invariante Komplexe zu beweisen, deren Elemente alle miteinander konjugiert sind. Die Bedingung für X kann in der Form $X^n < \mathfrak{A}$ geschrieben werden, d. h. die n^{te} Potenz des Elementes X soll in dem invarianten Komplex $\mathfrak{A}$ enthalten sein.

Ist g die Anzahl der mit A vertauschbaren Elemente von $\mathfrak{H}$, so ist $\frac{h}{g}$ die Anzahl der verschiedenen mit A konjugierten Elemente A, B, $C \cdots$. Ist $B = R^{-1}AR$ und $Y = R^{-1}XR$, so ist $Y^n = B$, falls $X^n = A$ ist. Jede der $\frac{h}{g}$ Gleichungen $X^n = A$ oder B oder $C \cdots$ hat daher gleich viele Lösungen, und zwar nach Satz II kd Lösungen, wenn d der größte gemeinsame Divisor von n und g ist. Zusammen haben sie demnach $l = \frac{kdh}{g}$ Lösungen. Da $d = nr - gs$ ist, so ist $l = kr\frac{h}{g}n - ksh$ durch den größten gemeinsamen Divisor von n und h teilbar.

Der Satz IV kann aus V in derselben Weise erhalten werden wie der Satz II aus III. Bei dieser Herleitung kann man annehmen, daß $A, B, C, \cdots$ die mit A konjugierten Elemente von $\mathfrak{H}$ sind.

§ 3.

Ich schicke dem Beweise zwei Hilfssätze voraus:

VI. *Ist die Ordnung des Elementes A einer Gruppe durch jede in n aufgehende Primzahl teilbar, so ist die Anzahl der Elemente der Gruppe, die der Gleichung $X^n = A$ genügen, ein Vielfaches von n.*

Hier bedeutet A ein beliebiges Element von $\mathfrak{H}$, nicht, wie in Satz III ein invariantes. Ist k die Ordnung von A, so ist $X^{nk} = A^k = E$. Ist aber p irgend eine in nk aufgehende Primzahl, so geht p nach Voraussetzung auch in k auf. Mithin ist $X^{\frac{nk}{p}} = A^{\frac{k}{p}}$ von E verschieden. Daher ist nk die Ordnung von X. Beiläufig folgt daraus, daß h durch n (und sogar g durch nk) teilbar ist. Diese Eigenschaft, die bei den obigen Sätzen vorausgesetzt werden mußte, ist hier eine Folge der übrigen Bedingungen und der Annahme, daß die Gleichung $X^n = A$ mindestens eine Lösung besitzt.

Die Lösungen der Gleichung $X^n = A$ teile ich in Klassen, indem ich zwei Lösungen zu derselben Klasse rechne, wenn jede eine Potenz der andern ist. Ist $l \equiv 1 \pmod{k}$, so ist $(X^l)^n = A^l = A$. Damit umgekehrt eine Potenz von X, $Y = X^l$ der Gleichung $Y^n = A$ genüge, muß $l \equiv 1 \pmod{k}$ sein. Dann ist aber l zu nk teilerfremd, und mithin kann man m so bestimmen, daß $lm \equiv 1 \pmod{nk}$ und folglich $X = Y^m$ wird. Die Anzahl der (mod. nk) verschiedenen Lösungen der Kongruenz $l \equiv 1 \pmod{k}$ ist gleich n. Daher besteht jede Klasse aus genau n Elementen, und folglich ist die gesamte Anzahl der Lösungen der Gleichung $X^n = A$ durch n teilbar.

Der Vollständigkeit halber beweise ich auch den andern Hilfssatz:

VII. *Eine kommutative Gruppe, deren Ordnung durch die Primzahl p teilbar ist, enthält ein Element der Ordnung p.*

Sei h die Ordnung der kommutativen Gruppe $\mathfrak{H}$, und p eine in h aufgehende Primzahl. Für Gruppen, deren Ordnung $< h$ ist, sei der Satz bereits bewiesen. Sei A ein von E verschiedenes Element von $\mathfrak{H}$, k seine Ordnung, q eine in k aufgehende Primzahl. Dann ist

$A^{\frac{k}{q}} = B$ ein Element der Ordnung q. Ist $q = p$, so ist der Satz bewiesen. Im andern Falle sei $\mathfrak{B}$ die von den Potenzen von B gebildete Gruppe. Dann ist die Ordnung $\frac{h}{q}$ der Gruppe $\frac{\mathfrak{H}}{\mathfrak{B}}$ durch p teilbar und $< h$. Daher enthält sie ein Element $\mathfrak{B}C$ der Ordnung p, d. h. C^p ist in $\mathfrak{B}$ enthalten, aber C nicht. Demnach ist die Ordnung von C entweder p oder pq. Im letzteren Falle hat C^q die Ordnung p.

Einen anderen, ebenso einfachen Beweis für diesen Hilfssatz habe ich in meiner Arbeit *Neuer Beweis des* Sylow*schen Satzes*, Crelles Journal Bd. 100, gegeben.

§ 4.

Die Sätze II—V sind, da aus jedem die andern folgen, nur verschiedene Formen eines und desselben Satzes. Für den Induktionsschluß, worauf ich den Beweis gründen werde, erweist sich der Satz V als die geeignetste Form.

Sind r und s relative Primzahlen, so gilt der Satz V für den Exponenten $n = rs$, falls er für die Exponenten r und s gilt. Denn sei $\mathfrak{A}$ ein invarianter Komplex in $\mathfrak{H}$. Hat dann die Bedingung $Y^r < \mathfrak{A}$ keine Lösung, so hat auch die Bedingung $X^n < \mathfrak{A}$ keine, weil sich aus jeder Lösung X der letzteren die Lösung $Y = X^s$ der ersteren ergibt. Besitzt aber die Bedingung $Y^r < \mathfrak{A}$ Lösungen, so bilden sie einen invarianten Komplex $\mathfrak{B}$, und die Anzahl l der Lösungen der Bedingung $X^n < \mathfrak{A}$ ist gleich der Anzahl der Lösungen der Bedingung $X^s < \mathfrak{B}$. Diese Zahl ist aber nach Voraussetzung durch s teilbar. Ebenso beweist man, daß l durch r teilbar ist. Sind also r und s teilerfremd, so ist l auch durch $n = rs$ teilbar. Demnach genügt es, den Satz V für den Fall zu beweisen, wo $n = p^\nu$ eine in h aufgehende Potenz einer Primzahl p ist.

Ferner setze ich ihn für jede (echte) Untergruppe $\mathfrak{G}$ von $\mathfrak{H}$ bereits als bewiesen voraus. Dann gilt für die Gruppe $\mathfrak{G}$ auch der Satz IV. Ich teile nun die Elemente von $\mathfrak{H}$ in Klassen konjugierter Elemente $\mathfrak{H} = \mathfrak{A} + \mathfrak{B} + \mathfrak{C} + \cdots$. Ist A nicht ein invariantes Element von $\mathfrak{H}$, so bilden die mit A konjugierten Elemente einen Komplex $\mathfrak{A} = A + B + C + \cdots$, dessen Ordnung $\frac{h}{g} > 1$ ist, und die mit A vertauschbaren Elemente von $\mathfrak{H}$ eine Gruppe $\mathfrak{G}$, deren Ordnung $g < h$ ist. Die Gleichung $X^n = A$ hat in $\mathfrak{H}$ dieselben Lösungen wie in $\mathfrak{G}$. Nach unserem Induktionsschlusse ist diese Anzahl durch den größten gemeinsamen Divisor von n und g teilbar. Daraus folgt aber, wie in § 2, daß die Anzahl der Lösungen der Bedingung $X^n < \mathfrak{A}$ ein Vielfaches von n ist.

Demnach ist für die Gruppe $\mathfrak{H}$ nur noch der Satz III zu beweisen. Ist $n = p^\nu$, und ist die Ordnung des invarianten Elementes A durch p teilbar, so ergibt sich die Behauptung aus Satz VI.

Die invarianten Elemente von $\mathfrak{H}$, deren Ordnung nicht durch p teilbar ist, bilden eine Gruppe $\mathfrak{F}$, deren Ordnung f nach Satz VII nicht durch p teilbar ist. Die Anzahl der Lösungen der Bedingung $X^n < \mathfrak{H}$ ist gleich h, also durch n teilbar. Ist $\mathfrak{B}$ irgend einer der obigen Komplexe, der nicht in $\mathfrak{F}$ enthalten ist, so ist auch die Anzahl der Lösungen der Bedingung $X^n < \mathfrak{B}$ durch n teilbar. Folglich ist es auch die Anzahl der Lösungen der Bedingung $X^n < \mathfrak{F}$.

Da $n = p^\nu$ zu f teilerfremd ist, so kann man m so bestimmen, daß $mn \equiv 1 \pmod{f}$ ist. Ist dann A ein Element von $\mathfrak{F}$, so ist $A^f = E$, und folglich ist, wenn $A^m = B$ ist, $B^n = A$. Ist also $X^n = A$ und $X = BY$, so ist, weil B ein invariantes Element von $\mathfrak{H}$, also mit X und Y vertauschbar ist, $Y^n = E$, und umgekehrt folgt aus $Y^n = E$ die Gleichung $X^n = A$. Die Anzahl l ihrer Lösungen ist also für jedes der f Elemente A von $\mathfrak{F}$ dieselbe. Der Bedingung $X^n < \mathfrak{F}$ genügen demnach fl Elemente von $\mathfrak{H}$. Diese Zahl ist, wie oben gezeigt, durch $n = p^\nu$ teilbar, während f nicht durch p teilbar ist. Folglich ist l ein Vielfaches von n. Auch für den Satz I, den ich bei dieser Herleitung nicht benutzt habe, ist damit ein neuer Beweis geführt.

73.

Über die Charaktere der mehrfach transitiven Gruppen

Sitzungsberichte der Königlich Preußischen Akademie der Wissenschaften zu Berlin
558–571 (1904)

Eine zweifach transitive Gruppe von Permutationen hat den Charakter $\chi(R) = \alpha - 1$, wenn α die Anzahl der Symbole ist, welche die Substitution R ungeändert läßt. Dieser bekannte Satz bildet das erste Glied einer Reihe von Sätzen, die ich im folgenden entwickle: Eine vierfach transitive Gruppe besitzt außerdem die beiden Charaktere $\frac{1}{2}\alpha(\alpha-3)+\beta$ und $\frac{1}{2}(\alpha-1)(\alpha-2)-\beta$, wo β die Anzahl der binären Zyklen in der Substitution R ist. Bei noch höherer Transitivität hat die Gruppe noch andere Charaktere mit der symmetrischen Gruppe desselben Grades gemeinsam (§ 3). Diese Ergebnisse leite ich aus einem von Hrn. Netto gefundenen Satze über Substitutionengruppen (§ 1) ab.

Bei diesem Anlaß teile ich (§ 4) eine neue Darstellung der Charaktere der symmetrischen Gruppe mit, die für ihre Berechnung ganz besonders geeignet scheint. Mit Hilfe der gewonnenen Resultate berechne ich zum Schluß die Charaktere der beiden von Mathieu entdeckten fünffach transitiven Gruppen der Grade 12 und 24.

§ 1.

Durch eine Verallgemeinerung von Sätzen, die von Cauchy und von mir aufgestellt waren, ist Hr. Netto in § 1 und § 2 seiner Arbeit *Untersuchungen aus der Theorie der Substitutionen-Gruppen*, Crelle's Journal, Bd. 103 zu folgenden Resultaten gelangt:

I. *Multipliziert man die Anzahl der Zyklen des Grades s, die in allen Substitutionen einer Gruppe der Ordnung h vorkommen, mit der Zahl s, so erhält man ein Vielfaches von h, und wenn die Gruppe s-fach transitiv ist, die Zahl h selbst.*

II. *Multipliziert man die Anzahl der Kombinationen von $\varkappa$ Zyklen des Grades 1, λ Zyklen des Grades 2, μ Zyklen des Grades 3 usw., die in allen Substitutionen einer Gruppe der Ordnung h vorkommen, mit der Zahl*

$s = 1^{\varkappa}\varkappa!\ 2^{\lambda}\lambda!\ 3^{\mu}\mu!\cdots$, *so erhält man ein Vielfaches von h, und wenn die Gruppe* $r = (\varkappa + 2\lambda + 3\mu + \cdots)$*-fach transitiv ist, die Zahl h selbst.*

Da dieser Satz die Grundlage der folgenden Untersuchung bildet, will ich hier auch seinen Beweis entwickeln.

Man schreibe $\varkappa + \lambda + \mu + \cdots$ leere Klammern auf, von denen $\varkappa$ einen Platz, λ zwei Plätze, μ drei Plätze usw. enthalten. Man nehme $\varkappa + 2\lambda + 3\mu + \cdots = r$ verschiedene Symbole und setze sie in allen möglichen Anordnungen an die leeren Plätze. Dann erhält man alle Substitutionen dieser Symbole, die aus $\varkappa$ Zyklen des Grades 1, λ Zyklen des Grades 2, μ Zyklen des Grades 3 usw. bestehen, und jede dieser Substitutionen $s = 1^{\varkappa}\varkappa!\ 2^{\lambda}\lambda!\ 3^{\mu}\mu!\cdots$ mal.

Nun sei gegeben eine Gruppe $\mathfrak{H}$ des Grades n und der Ordnung h. Aus den n Symbolen wähle man $r (\leqq n)$ verschiedene $\alpha, \beta, \gamma, \cdots \vartheta$ aus. Durch die h Substitutionen der Gruppe $\mathfrak{H}$ mögen sie in $\alpha', \beta', \gamma', \cdots \vartheta'$, in $\alpha'', \beta'', \gamma'', \cdots \vartheta''$ usw. übergeführt werden. Die p verschiedenen Systeme von Symbolen, die man so erhält, nenne ich *konjugierte* Systeme (in bezug auf $\mathfrak{H}$). Enthält die Gruppe q Substitutionen, die jedes der r Symbole $\alpha, \beta, \gamma, \cdots \vartheta$ ungeändert lassen, so ist $pq = h$ (CAM. JORDAN, *Traité des substitutions*, Nr. 44).

Sei R eine Substitution von $\mathfrak{H}$, welche $\varkappa$ Zyklen des Grades 1, λ Zyklen des Grades 2, μ Zyklen des Grades 3 usw. enthält. Man ordne die Zyklen von R etwa so, daß erst die $\varkappa$ Zyklen des Grades 1, dann die λ Zyklen des Grades 2 usw. stehen, und dann erst die übrigen Zyklen in beliebiger Anordnung folgen. Es ist nicht ausgeschlossen, daß R mehr als $\varkappa, \lambda, \mu \cdots$ Zyklen der Grade $1, 2, 3 \ldots$ enthält. Dann kann man R auf verschiedene Arten in der angegebenen Art schreiben. Die Anzahl solcher Substitutionen R, jede so oft aufgezählt wie eben angegeben, sei v. Dann ist v die Anzahl der Kombinationen von $\varkappa$ Zyklen des Grades 1, λ Zyklen des Grades 2 usw., die in allen Substitutionen von $\mathfrak{H}$ vorkommen.

In jeder dieser v Substitutionen kann man noch die ersten $\varkappa$ Zyklen untereinander vertauschen, die λ folgenden untereinander vertauschen und jeden dieser λ Zyklen auf 2 Arten schreiben (α, β) oder (β, α) usw., also kann man jede dieser v Substitutionen auf $s = 1^{\varkappa}\varkappa!\ 2^{\lambda}\lambda!\ 3^{\mu}\mu!\cdots$ Arten schreiben. Dann erhält man vs Substitutionen, die alle wenigstens der Form nach verschieden sind.

In einer dieser vs Substitutionen A mögen an den ersten r Plätzen innerhalb der Klammern die r Symbole $\alpha, \beta, \gamma, \cdots \vartheta$ in dieser Reihenfolge stehen. Seien $E, B_1, B_2, \cdots B_{q-1}$ die q Substitutionen von $\mathfrak{H}$, die jedes der r Symbole $\alpha, \beta, \gamma, \cdots \vartheta$ ungeändert lassen. Dann stehen in den q verschiedenen Substitutionen $A, AB_1, AB_2 \cdots AB_{q-1}$, aber in keiner anderen, die r Symbole $\alpha, \beta, \gamma, \cdots \vartheta$ an derselben Stelle, wenigstens jedesmal in einer der verschiedenen Formen, in denen sich eine dieser Substitutionen unter den aufgestellten vs findet. Ist $\alpha', \beta', \gamma', \cdots \vartheta'$ eines der p mit $\alpha, \beta, \gamma, \cdots \vartheta$ konjugierten Systeme, so finden sich auch genau q Substitutionen darunter, in denen $\alpha', \beta', \gamma', \cdots \vartheta'$ in dieser Reihenfolge die ersten r Plätze einnehmen. Unter den vs betrachteten Substitutionen gibt es also $pq = h$, worin die ersten r Plätze in den Klammern mit den Symbolen $\alpha, \beta, \gamma, \cdots \vartheta$, oder $\alpha', \beta', \gamma', \cdots \vartheta'$, oder $\alpha'', \beta'', \gamma'', \cdots \vartheta''$, $\cdots$ in dieser Reihenfolge besetzt sind. Diese h Substitutionen sind durch irgend eine von ihnen alle vollständig bestimmt. Enthält das aufgestellte System von vs Substitutionen noch eine weitere Substitution A_1, so entspringen daraus wieder h, die unter sich und von den h ersten, wenigstens der Form nach, verschieden sind. Mithin ist $vs = mh$ ein Vielfaches von h. Ist die Gruppe $\mathfrak{H}$ r-fach transitiv, so ist $\alpha, \beta, \gamma, \cdots \vartheta$ mit jedem System von r verschiedenen Symbolen konjugiert. Daher ist $m = 1$.

§ 2.

Sei R eine Substitution von $\mathfrak{H}$, die genau $\alpha, \beta, \gamma, \cdots$ Zyklen der Grade $1, 2, 3, \cdots$ enthält. Dann kommt R unter den oben aufgestellten v Substitutionen $\binom{\alpha}{\varkappa}\binom{\beta}{\lambda}\binom{\gamma}{\mu}\cdots$ mal vor. Dies bleibt auch richtig, wenn nicht $\alpha \geqq \varkappa, \beta \geqq \lambda, \gamma \geqq \mu, \cdots$ ist, weil dann jene Zahl gleich Null ist. Folglich ist

$$v = \sum_R \binom{\alpha}{\varkappa}\binom{\beta}{\lambda}\binom{\gamma}{\mu}\cdots = \frac{mh}{1^\varkappa \varkappa!\, 2^\lambda \lambda!\, 3^\mu \mu! \cdots},$$

wo die Summe über die h Substitutionen R von $\mathfrak{H}$ zu erstrecken ist. Ist $\mathfrak{H}$ r-fach transitiv, so ist $m = 1$. Nun seien $s_1, s_2, s_3, \cdots$ Variable, denen wir die Dimensionen (Gewichte) $1, 2, 3, \cdots$ beilegen, so daß dem Produkte $s_1^\varkappa s_2^\lambda s_3^\mu \cdots$ die Dimension $\varkappa + 2\lambda + 3\mu + \cdots$ zu erteilen ist. Ist dann $\mathfrak{H}$ r-fach transitiv, so verschwinden in der Differenz

$$\sum_{\varkappa, \lambda, \mu, \cdots} \left(\sum_R \binom{\alpha}{\varkappa}\binom{\beta}{\lambda}\binom{\gamma}{\mu} \cdots s_1^\varkappa s_2^\lambda s_3^\mu \cdots \right) - h\, e^{s_1 + \frac{1}{2}s_2 + \frac{1}{3}s_3 + \cdots}$$

die Koeffizienten der Glieder, deren Dimension $\leqq r$ ist. Für $\varkappa, \lambda, \mu, \cdots$ können alle Werte $0, 1, 2, \cdots$ gesetzt werden. Nach Vertauschung der Reihenfolge der beiden Summationen läßt sich die eine ausführen. Die Entwicklung der Differenz

$$(1.) \qquad \frac{1}{h}\Big(\sum_R (1+s_1)^\alpha (1+s_2)^\beta (1+s_3)^\gamma \cdots\Big) - e^{s_1 + \frac{1}{2}s_2 + \frac{1}{3}s_3 + \cdots}$$

beginnt also mit Gliedern, deren Dimension $> r$ ist.

Nun seien $x_1, x_2, \cdots x_{n-1}, y_1, y_2, \cdots y_{n-1}$ Variable, die alle die Dimension 1 haben. Setzt man dann

$$1 + s_\varkappa = (1 + x_1^\varkappa + \cdots + x_{n-1}^\varkappa)(1 + y_1^\varkappa + \cdots + y_{n-1}^\varkappa),$$

so beginnt die Entwicklung von $s_\varkappa$ mit Gliedern der Dimension $\varkappa$. Daher fängt die Entwicklung der Differenz

$$\frac{1}{h}\sum_R (1+x_1+\cdots+x_{n-1})^\alpha (1+x_1^2+\cdots+x_{n-1}^2)^\beta \cdots (1+y_1+\cdots+y_{n-1})^\alpha (1+y_1^2+\cdots+y_{n-1}^2)^\beta \cdots$$
$$-e^{s_1+\frac{1}{2}s_2+\frac{1}{3}s_3+\cdots}$$

mit Gliedern an, deren Dimension $> r$ ist.

In meiner Arbeit *Über die Charaktere der symmetrischen Gruppe,* Sitzungsberichte 1900, im folgenden mit S. zitiert, habe ich in § 3 gezeigt, daß

$$(2.)\quad (x_1+x_2+\cdots+x_n)^\alpha (x_1^2+x_2^2+\cdots+x_n^2)^\beta \cdots \Delta(x_1, x_2, \cdots x_n) = \sum_{(\varkappa)} [\varkappa_1, \varkappa_2, \cdots \varkappa_n]\chi^{(\varkappa)}(R) x_1^{\varkappa_1} x_2^{\varkappa_2} \cdots x_n^{\varkappa_n}$$

ist. Hier ist $\chi^{(\varkappa)}(R) = \chi^{(\varkappa)}_{\alpha,\beta,\gamma,\ldots}$ ein Charakter der symmetrischen Gruppe, genauer ausgedrückt, der Wert eines solchen Charakters für eine Substitution R, die aus $\alpha, \beta, \gamma \cdots$ Zyklen der Grade $1, 2, 3 \cdots$ besteht. Ist $\varkappa_n$ die größte der n Zahlen $\varkappa_1, \varkappa_2 \cdots \varkappa_n$ des Systems $(\varkappa)$, so will ich (S. § 4, (2.))

$$(3.)\quad \varkappa_1+\cdots+\varkappa_{n-1}-\tfrac{1}{2}(n-1)(n-2) = 2n-1-\varkappa_n = n'$$

die *Dimension* des Charakters χ nennen. Demnach gibt es nur einen Charakter der Dimension 0, den Hauptcharakter $\chi = 1$, nur einen Charakter der Dimension 1, $\chi\begin{bmatrix}0\\0\end{bmatrix} = \alpha-1$, zwei Charaktere der Dimension 2,

$$(4.)\quad \chi\begin{bmatrix}0\\1\end{bmatrix} = \tfrac{1}{2}\alpha(\alpha-3)+\beta\ ,\quad \chi\begin{bmatrix}1\\0\end{bmatrix} = \tfrac{1}{2}(\alpha-1)(\alpha-2)-\beta,$$

drei Charaktere der Dimension 3,

$$(5.)\quad \begin{aligned}
\chi\begin{bmatrix}0\\2\end{bmatrix} &= \tfrac{1}{6}\alpha(\alpha-1)(\alpha-5) + (\alpha-1)\beta+\gamma,\\
\chi\begin{bmatrix}2\\0\end{bmatrix} &= \tfrac{1}{6}(\alpha-1)(\alpha-2)(\alpha-3)-(\alpha-1)\beta+\gamma,\\
\chi\begin{bmatrix}1\\1\end{bmatrix} &= \tfrac{1}{3}\alpha(\alpha-2)(\alpha-4) - \gamma,
\end{aligned}$$

fünf Charaktere der Dimension 4,

$$(6.)\quad \begin{aligned}
\chi\begin{bmatrix}0\\3\end{bmatrix} &= \tfrac{1}{24}\alpha(\alpha-1)(\alpha-2)(\alpha-7) + \tfrac{1}{2}(\alpha-1)(\alpha-2)\beta+\tfrac{1}{2}\beta(\beta-3)+(\alpha-1)\gamma+\delta,\\
\chi\begin{bmatrix}3\\0\end{bmatrix} &= \tfrac{1}{24}(\alpha-1)(\alpha-2)(\alpha-3)(\alpha-4)-\tfrac{1}{2}(\alpha-1)(\alpha-2)\beta+\tfrac{1}{2}\beta(\beta-1)+(\alpha-1)\gamma-\delta,\\
\chi\begin{bmatrix}1\\2\end{bmatrix} &= \tfrac{1}{8}\alpha(\alpha-1)(\alpha-3)(\alpha-6) + \tfrac{1}{2}(\alpha-1)(\alpha-2)\beta-\tfrac{1}{2}\beta(\beta-1) - \delta,\\
\chi\begin{bmatrix}2\\1\end{bmatrix} &= \tfrac{1}{8}\alpha(\alpha-2)(\alpha-3)(\alpha-5) - \tfrac{1}{2}\alpha(\alpha-3)\beta - \tfrac{1}{2}\beta(\beta-1) + \delta,\\
\chi\begin{bmatrix}01\\01\end{bmatrix} &= \tfrac{1}{12}\alpha(\alpha-1)(\alpha-4)(\alpha-5) + \beta(\beta-2)-(\alpha-1)\gamma,
\end{aligned}$$

sieben Charaktere der Dimension 5, und allgemein so viele Charaktere der Dimension n', wie sich n' als Summe von positiven (>0) Summanden darstellen läßt, oder wie sich $\frac{1}{2}n'(n'+1)$ als Summe von n' verschiedenen nicht negativen ($\geqq 0$) Summanden darstellen lässt.

Jede der hier aufgestellten Funktionen der Variabeln $\alpha, \beta, \gamma, \delta, \cdots$ ist ein Charakter χ für alle Werte von n, die eine gewisse Grenze übersteigen. Für kleinere Werte aber kann er gleich $-\chi$ oder auch stets gleich 0 sein (vgl. S. § 4). Dies erkennt man daran, ob das erste Glied für $\alpha = n$ positiv, negativ oder Null ist. Endlich kann für ein gegebenes n einer dieser Ausdrücke, der formal von höherer Dimension ist, mit einem von kleinerer Dimension dieselben Werte haben. Z. B. ist $\chi\begin{bmatrix}01\\01\end{bmatrix} = \chi\begin{bmatrix}1\\0\end{bmatrix}$ für $n = 3$. Bei gegebenem n ist daher für jeden Charakter die Darstellung als Funktion von $\alpha, \beta, \gamma, \cdots$ zu wählen, bei der seine Dimension möglichst klein ist. Dann ist die Anzahl der Charaktere des Grades n und der Dimension n' gleich der Anzahl der Zerlegungen von $\frac{1}{2}n'(n'+1)$ in n' verschiedene Summanden, deren jeder $<n$ ist. Die höchste Dimension, $n-1$, hat nur der dem Hauptcharakter assoziierte Charakter $(-1)^{\beta+\delta+\cdots}$.

Jeder solchen Zerlegung

$$(7.)\qquad \tfrac{1}{2}n'(n'+1) = \lambda_1 + \lambda_2 + \cdots + \lambda_{n'} \qquad (0 \leqq \lambda_1 < \lambda_2 < \cdots < \lambda_{n'} < n)$$

entspricht ein Charakter der Dimension n', der für $\beta = \gamma = \cdots = 0$ den Wert

$$(8.)\qquad (\alpha-\lambda_1)(\alpha-\lambda_2)\cdots(\alpha-\lambda_{n'})\frac{\Delta(\lambda_1, \lambda_2, \cdots \lambda_{n'})}{\lambda_1!\,\lambda_2!\cdots\lambda_{n'}!}$$

hat. Man kann ihn durch die n' den Bedingungen (7.) genügenden Zahlen $\lambda_1, \lambda_2, \cdots \lambda_{n'}$ charakterisieren, oder einfacher in folgender Art:

Seien $n'-1-\alpha_1, \cdots n'-1-\alpha_\varrho$ die der Zahlen $0, 1, \cdots n'-1$, die nicht unter $\lambda_1, \cdots \lambda_{n'}$ vorkommen, und seien $n'+\beta_1, \cdots n'+\beta_\varrho$ die der Zahlen $\lambda_1, \cdots \lambda_{n'}$, die $\geqq n'$ sind. Dann ist dieser Charakter oben mit $\chi\begin{bmatrix}\alpha_1 \cdots \alpha_\varrho\\ \beta_1 \cdots \beta_\varrho\end{bmatrix}$ bezeichnet.

§ 3.

Die Entwicklung der Funktion $\Delta(x_1, x_2, \cdots x_{n-1}, x_n)$ beginnt, wenn $x_n = 1$ ist, mit Gliedern der Dimension $\frac{1}{2}(n-1)(n-2)$. Sei

$$V = \Delta(x_1, \cdots x_{n-1}, 1)\,\Delta(y_1, \cdots y_{n-1}, 1)\, e^{s_1+\frac{1}{2}s_2+\frac{1}{3}s_3+\cdots}$$

und

$$U = \frac{1}{h}\sum_{(\varkappa)(\lambda)}\sum_R [\varkappa_1, \varkappa_2, \cdots \varkappa_n][\lambda_1, \lambda_2, \cdots \lambda_n]\,\chi^{(\varkappa)}(R)\,\chi^{(\lambda)}(R)$$
$$x_1^{\varkappa_1}x_2^{\varkappa_2}\cdots x_{n-1}^{\varkappa_{n-1}}\,y_1^{\lambda_1}y_2^{\lambda_2}\cdots y_{n-1}^{\lambda_{n-1}},$$

wo R die h Substitutionen von $\mathfrak{H}$ durchläuft, und

$$\varkappa_1 + \cdots + \varkappa_{n-1} + \varkappa_n = \lambda_1 + \cdots + \lambda_{n-1} + \lambda_n = \tfrac{1}{2} n(n+1)$$

ist. Dann beginnt die Entwicklung der Differenz $U-V$ mit Gliedern, deren Dimension $> r + (n-1)(n-2)$ ist. Dasselbe gilt für jede andere r-fach transitive Gruppe $\mathfrak{H}'$ des Grades n. Für diese bleibt der Ausdruck V derselbe, während U in eine Summe U' übergeht, worin R die h' Substitutionen von $\mathfrak{H}'$ durchläuft. Folglich beginnt auch die Entwicklung von

$$(U-V)-(U'-V) = U-U'$$

mit Gliedern, deren Dimension $> r + (n-1)(n-2)$ ist. Die Summe

$$(1.) \qquad \frac{1}{h} \sum_R \chi^{(\varkappa)}(R) \chi^{(\lambda)}(R^{-1})$$

hat daher für $\mathfrak{H}$ und $\mathfrak{H}'$ denselben Wert, falls

$$\varkappa_1 + \cdots + \varkappa_{n-1} + \lambda_1 + \cdots + \lambda_{n-1} \leqq r + (n-1)(n-2)$$

ist. Der Umfang dieser Bedingung wird am weitesten, wenn man unter $\varkappa_n$ (λ_n) die größte der Zahlen $\varkappa_1, \cdots \varkappa_n$ $(\lambda_1, \cdots \lambda_n)$ versteht. Dann besagt sie, daß die Summe der Dimensionen der beiden Charaktere $\chi^{(\varkappa)}$ und $\chi^{(\lambda)}$ $\leqq r$ ist. Sei jetzt

$$(2.) \qquad \varkappa_1 < \varkappa_2 < \cdots < \varkappa_n \quad , \quad \lambda_1 < \lambda_2 < \cdots < \lambda_n .$$

Wählt man dann für $\mathfrak{H}'$ die symmetrische Gruppe $\mathfrak{S}$ des Grades n, so verschwindet die Summe (1.), außer wenn $\varkappa_1 = \lambda_1, \cdots \varkappa_n = \lambda_n$, kurz $(\varkappa) = (\lambda)$ ist; dann hat sie den Wert 1. Dasselbe gilt daher unter der obigen Bedingung für jede r-fach transitive Gruppe $\mathfrak{H}$.

Nun ist $\mathfrak{H}$ eine Untergruppe von $\mathfrak{S}$. Folglich ist jeder Charakter $\chi^{(\varkappa)}(R)$ von $\mathfrak{S}$ eine lineare Verbindung der Charaktere von $\mathfrak{H}$, deren Koeffizienten positive ganze Zahlen sind. Aus der Formel

$$\sum_R \chi^{(\varkappa)}(R) \chi^{(\varkappa)}(R^{-1}) = h \qquad (2\varkappa \leqq r),$$

worin R die Substitutionen von $\mathfrak{H}$ (nicht von $\mathfrak{S}$) durchläuft, und aus den bilinearen Relationen, die zwischen den Charakteren von $\mathfrak{H}$ bestehen, ergibt sich demnach der Satz:

I. *Jeder Charakter der symmetrischen Gruppe, dessen Dimension* $\leqq \frac{1}{2} r$ *ist, ist auch ein Charakter jeder r-fach transitiven Gruppe.*

Und speciell:

II. Jede zweifach transitive Gruppe hat den Charakter $\alpha - 1$, *und jede transitive Gruppe, welche diesen Charakter hat, ist zweifach transitiv.*

III. Jede vierfach transitive Gruppe hat die Charaktere

$$\alpha - 1 \quad , \quad \tfrac{1}{2}\alpha(\alpha-3) + \beta \quad , \quad \tfrac{1}{2}(\alpha-1)(\alpha-2) - \beta ,$$

und jede transitive Gruppe, welche alle diese Charaktere hat, ist vierfach transitiv.

Ist ferner $(\varkappa)$ von (λ) verschieden, so ist

$$\sum_R \chi^{(\varkappa)}(R)\chi^{(\lambda)}(R^{-1}) = 0,$$

falls die Summe der Dimensionen von $\chi^{(\varkappa)}$ und $\chi^{(\lambda)} \leqq r$ ist. Ist also die Dimension von $\chi^{(\lambda)} > \frac{1}{2}r$, und demnach die von $\chi^{(\varkappa)} < \frac{1}{2}r$, so ist $\chi^{(\varkappa)}$ ein Charakter von $\mathfrak{H}$, $\chi^{(\lambda)}$ aber eine lineare Verbindung von Charakteren von $\mathfrak{H}$, unter denen der Charakter $\chi^{(\varkappa)}$ nicht vorkommt.

§ 4.

Definiert man den Charakter $\chi^{(\lambda)}$, wie S. § 3, durch m verschiedene Zahlen $\lambda_1, \dots \lambda_m$, deren größte λ_m ist, so ist seine Dimension

(1.) $$\lambda_1 + \cdots + \lambda_{m-1} - \tfrac{1}{2}(m-1)(m-2) = n + m - 1 - \lambda_m = n'.$$

Dann ist

(2.) $$(x_1 + \cdots + x_m)^\alpha (x_1^2 + \cdots + x_m^2)^\beta (x_1^3 + \cdots + x_m^3)^\gamma \cdots \Delta(x_1, \cdots x_m)$$
$$= \sum_{(\lambda)} \chi^{(\lambda)}_{\alpha,\beta,\gamma} \cdots [\lambda_1, \lambda_2, \cdots \lambda_m]\, x_1^{\lambda_1} x_2^{\lambda_2} \cdots x_m^{\lambda_m}.$$

Damit ein bestimmter Charakter

(3.) $$\chi\begin{pmatrix} a_1, & \cdots a_r \\ b_1, & \cdots b_r \end{pmatrix}$$

in dieser Entwicklung vorkomme, genügt es $m \geqq a_r + 1$ zu wählen. Nun ist nach S. § 4 (7.)

$$a_1 + \cdots + a_r + b_1 \cdots + b_r = n - r,$$

also $a_r + b_r \leqq n - 1$ und $n' = n - 1 - b_r \geqq a_r$. Daher kann man $m = n' + 1$ setzen, dann ist $\lambda_m = n$, und der Charakter $\chi^{(\lambda)}$ der Dimension n' ist durch die $n' + 1$ verschiedenen Zahlen

(4.) $$(\chi^{(\lambda)}) \qquad (\lambda) : \lambda_1, \lambda_2, \cdots \lambda_{n'}, n$$

charakterisiert, die der Bedingung (7.), § 2, genügen.

Ich will nun zeigen, wie man $\chi^{(\lambda)}$ durch den *entsprechenden* Charakter

(5.) $$(\psi^{(\lambda)}) \qquad (\lambda) : \lambda_1, \lambda_2, \cdots \lambda_{n'}$$

der symmetrischen Gruppe des Grades n' ausdrücken kann. Dabei benutze ich die folgende bekannte Formel: Ist

$$(x - x_1)(x - x_2) \cdots (x - x_n) = x^n + t_1 x^{n-1} + \cdots + t_n, \quad x_1^\varkappa + x_2^\varkappa + \cdots + x_n^\varkappa = s_\varkappa,$$

so ist

(6.) $$t_\nu = \sum_{\alpha,\beta,\gamma\cdots} \frac{(-1)^{\alpha+\beta+\gamma+\cdots} s_1^\alpha s_2^\beta s_3^\gamma \cdots}{1^\alpha \alpha!\, 2^\beta \beta!\, 3^\gamma \gamma! \cdots},$$

wo sich die Summe über alle nicht negativen Zahlen $\alpha, \beta, \gamma, \cdots$ erstreckt, die der Bedingung

$$\alpha + 2\beta + 3\gamma + \cdots = \nu$$

genügen.

In Formel (2.) sei $m = n'+1$, $x_m = x$,

$(x-x_1)\cdots(x-x_{n'}) = x^{n'} + t_1 x^{n'-1} + \cdots + t_{n'}$, $x_1^\varkappa + \cdots + x_{n'}^\varkappa = s_\varkappa$.

Nach Absonderung des Faktors $\Delta(x_1, \cdots x_{n'})$ ist dann die linke Seite gleich

$$(x+s_1)^\alpha (x^2+s_2)^\beta (x^3+s_3)^\gamma \cdots (x^{n'} + t_1 x^{n'-1} + \cdots + t_{n'}),$$

worin t_ν mittels der Formel (6.) durch $s_1, s_2, \cdots s_{n'}$ auszudrücken ist. Dann ist x^n mit Gliedern der Form $s_1^{\alpha'} s_2^{\beta'} s_3^{\gamma'} \ldots$ multipliziert, worin

$$(7.) \qquad \alpha' + 2\beta' + 3\gamma' + \cdots = n'$$

ist. Um den Koeffizienten eines solchen Gliedes zu berechnen, hat man den Zahlenkoeffizienten

$$\binom{\alpha}{\varkappa}\binom{\beta}{\lambda}\binom{\gamma}{\mu}\cdots$$

von $s_1^\varkappa s_2^\lambda s_3^\mu \cdots$ in $(x+s_1)^\alpha\ (x^2+s_2)^\beta\ (x^3+s_3)^\gamma \cdots$ mit dem Zahlenkoeffizienten von $s_1^{\alpha'-\varkappa}\ s_2^{\beta'-\lambda}\ s_3^{\gamma'-\mu} \cdots$ in $x^{n'} + t_1 x^{n'-1} + \cdots + t_{n'}$ zu multiplizieren. Dieser ist nach (6.)

$$\frac{(-1)^{\alpha'-\varkappa+\beta'-\lambda+\gamma'-\mu+\cdots}}{1^{\alpha'-\varkappa}(\alpha'-\varkappa)!\ 2^{\beta'-\lambda}(\beta'-\lambda)!\ 3^{\gamma'-\mu}(\gamma'-\mu)! \cdots}.$$

Man setze zur Abkürzung

$$(8.) \qquad \vartheta_\varrho(\xi, \eta) = \Sigma\, (-1)^\varkappa \varkappa!\, \varrho^\varkappa \binom{\xi}{\varkappa}\binom{\eta}{\varkappa},$$

wo sich $\varkappa$ von 0 bis zur kleineren der beiden Zahlen ξ, η bewegt. Ist eine dieser beiden Null, so ist $\vartheta_\varrho = 1$ zu setzen. Dann ist der Koeffizient von $x^n s_1^{\alpha'} s_2^{\beta'} s_3^{\gamma'} \cdots$ gleich

$$\frac{(-1)^{\alpha'+\beta'+\gamma'+\cdots}}{1^{\alpha'}\alpha'!\ 2^{\beta'}\beta'!\ 3^{\gamma'}\gamma'! \cdots} \vartheta_1(\alpha, \alpha')\, \vartheta_2(\beta, \beta')\, \vartheta_3(\gamma, \gamma') \cdots.$$

Nun ist aber, wenn man den Faktor $\Delta(x_1, \cdots x_{n'})$ wieder hinzugefügt,

$$s_1^{\alpha'} s_2^{\beta'} s_3^{\gamma'} \cdots \Delta(x_1, \cdots x_{n'}) = \Sigma\, \psi^{(\lambda)}_{\alpha', \beta', \gamma', \cdots} [\lambda_1, \lambda_2, \cdots \lambda_{n'}]\, x_1^{\lambda_1} x_2^{\lambda_2} \cdots x_{n'}^{\lambda_{n'}}.$$

Durch Vergleichung der Koeffizienten von $x_1^{\lambda_1} \cdots x_{n'}^{\lambda_{n'}} x^n$ in der Formel (2.) erhält man daher

$$(9.) \qquad \chi_{\alpha, \beta, \gamma \cdots} = \sum_{\alpha', \beta', \gamma' \cdots} \frac{\vartheta_1(\alpha, \alpha')\, \vartheta_2(\beta, \beta')\, \vartheta_3(\gamma, \gamma') \cdots}{1^{\alpha'}\alpha'!\ 2^{\beta'}\beta'!\ 3^{\gamma'}\gamma'! \cdots} (-1)^{\alpha'+\beta'+\gamma'+\cdots} \psi_{\alpha', \beta', \gamma', \cdots},$$

worin $\psi = \psi^{(\lambda)}$ irgend ein Charakter des Grades n', und $\chi = \chi^{(\lambda)}$ der ihm entsprechende Charakter des Grades n und der Dimension n' ist. Die Summe ist über alle Lösungen der Gleichung (7.) zu erstrecken. Aus dieser allgemeinen Relation ergeben sich die Formeln (4.), (5.), (6.), § 2 in der einfachsten Weise.

Bedient man sich der S. § 4 eingeführten Charakteristik, so entspricht dem Charakter

$$\psi = \psi\begin{pmatrix} \alpha_1 \cdots \alpha_\varrho \\ \beta_1 \cdots \beta_\varrho \end{pmatrix}$$

nach der Bezeichnung von § 2 der Charakter

$$\chi = \chi\begin{bmatrix} \alpha_1 \cdots \alpha_\varrho \\ \beta_1 \cdots \beta_\varrho \end{bmatrix} = \chi\begin{pmatrix} a_1 \cdots a_r \\ b_1 \cdots b_r \end{pmatrix},$$

und nach (4.) ist

$$(10.)\quad \begin{pmatrix} a_1 \cdots a_r \\ b_1 \cdots b_r \end{pmatrix} = \begin{pmatrix} 0\,,\ \alpha_1+1\,,\ \cdots\ \alpha_{\varrho-1}+1\,,\ \alpha_\varrho+1 \\ \beta_1-1\,,\ \beta_2-1\,,\ \cdots\ \beta_\varrho-1\,,\ n-n'-1 \end{pmatrix},$$

worin aber, falls $\beta_1 = 0$ ist, oben 0 und unten -1 zu streichen ist.

Durch Auflösung der Gleichungen (7.) erhält man die über alle Paare entsprechender Charaktere bezogene Summe

$$(11.)\quad (-1)^{\alpha'+\beta'+\gamma'+\cdots} \sum_{(\lambda)} \chi^{(\lambda)}_{\alpha,\beta,\gamma,\ldots}\, \psi^{(\lambda)}_{\alpha',\beta',\gamma',\ldots} = \vartheta_1(\alpha,\alpha')\,\vartheta_2(\beta,\beta')\,\vartheta_3(\gamma,\gamma')\cdots.$$

Nach S. § 3, (6.) ist für $\alpha = n, \beta = 0, \gamma = 0, \cdots$

$$\chi^{\alpha,0,0,\cdots} = \frac{\Delta(\lambda_1,\cdots\lambda_{n'})(\alpha-\lambda_1)\cdots(\alpha-\lambda_{n'})}{\lambda_1!\cdots\lambda_{n'}!} = \frac{\psi_{n',0,0,\cdots}}{n'!}(\alpha-\lambda_1)\cdots(\alpha-\lambda_{n'}).$$

Setzt man diese Werte in der Formel (11.) ein, so erhält man eine Eigenschaft der Charaktere des Grades n'. Spricht man sie für die Gruppe des Grades n aus, so lautet sie

$$(12.)\quad \sum f^{(\lambda)}\chi^{(\lambda)}_{\alpha,\beta,\gamma,\ldots}(\xi-\lambda_1)\cdots(\xi-\lambda_n) = (-1)^{\alpha+\beta+\gamma+\cdots}\, n!\, \vartheta_1(\xi,\alpha),$$

wo (λ) alle Zahlensysteme $\lambda_1, \cdots \lambda_n$ durchläuft, die den Bedingungen

$$(13.)\quad \lambda_1 + \cdots + \lambda_n = \tfrac{1}{2}n(n+1) \qquad (0 \leqq \lambda_1 < \lambda_2 < \cdots < \lambda_n)$$

genügen, und wo ξ eine Variable ist. Setzt man auch hier $\alpha = n$, $\beta = 0, \gamma = 0, \cdots$ so ergibt sich

$$(14.)\quad \sum_{(\lambda)} \left(\frac{\Delta(\lambda_1,\cdots\lambda_n)}{\lambda_1!\cdots\lambda_n!}\right)^2 (\xi-\lambda_1)\cdots(\xi-\lambda_n) = \frac{(-1)^n}{n!}\vartheta_1(\xi,n)$$

$$= \sum_{\varkappa=0}^{n} \frac{(-1)^\varkappa}{\varkappa!}\binom{\xi}{n-\varkappa}.$$

Die Funktion $\vartheta_\varrho(\xi,\eta)$ ergibt sich aus der Reihenentwicklung

$$\sum_{\eta=0}^{\infty} \vartheta_\varrho(\xi,\eta)\frac{z^\eta}{\varrho^\eta\,\eta!} = e^{\frac{z}{\varrho}}(1-z)^{\xi}$$

oder aus der Formel

$$e^z z^\xi \mathfrak{H}_\varrho(\xi, \eta) = D_z^\eta(e^z z^\xi) \qquad \left(z = -\frac{1}{\varrho}\right)$$

oder aus

$$e^{xy} x^\eta y^\xi \mathfrak{H}_\varrho(\xi, \eta) = D_x^\xi D_y^\eta e^{xy} \qquad \left(xy = -\frac{1}{\varrho}\right).$$

§ 5.

Mit Benutzung der entwickelten Sätze habe ich die Charaktere aller mehrfach transitiven Gruppen berechnet, deren Grad $\leqq 24$ ist. Außer den symmetrischen und alternierenden Gruppen der verschiedenen Grade ist keine Gruppe bekannt, die mehr als fünffach transitiv ist, und man kennt nur zwei fünffach transitive Gruppen, die beide von Mathieu entdeckt sind, und deren Charaktere ich hier angeben will.

Die Substitutionen der fünffach transitiven Gruppe $\mathfrak{M}_{12}$ des Grades $n = 12$ und der Ordnung $h = 12.\ 11.\ 10.\ 9.\ 8$ zerfallen in 15 Klassen. Zwei Substitutionen von $\mathfrak{M}_{12}$ sind konjugiert, wenn sie in der alternierenden Gruppe des Grades 12 konjugiert sind. Daher bilden alle Substitutionen, die in gleich viele Zyklen desselben Grades zerfallen, eine Klasse, nur die Substitutionen der Ordnung 11 zerfallen in zwei inverse Klassen $(11)_+$ und $(11)_-$. In der ersten Spalte der Tabelle bezeichnet das Symbol (6) (3) (2) die Klasse der Substitutionen, die in 4 Zyklen der Grade 6, 3, 2, 1 zerfallen, das Symbol $(3)^4$ die Klasse der Substitutionen, die in 4 Zyklen des Grades 3 zerfallen. Die Zyklen ersten Grades sind weggelassen, außer bei der Hauptklasse $(1)^{12}$.

In früheren Tabellen pflegte ich die Anzahl h_ϱ der Elemente der ρ^{ten} Klasse anzugeben. Es scheint zweckmäßiger, sie durch $\frac{h}{h_\varrho}$ zu ersetzen, die Anzahl der Elemente der Gruppe, die mit einer Substitution R der ρ^{ten} Klasse vertauschbar sind, also die Ordnung einer gewissen Untergruppe. Die Summe der Normen der in einer Zeile stehenden Werte aller Charaktere ist gleich $\frac{h}{h_\varrho}$. In der ersten Zeile findet sich der Grad $f_\varkappa = \chi^{(\varkappa)}(E)$ jedes Charakters $\chi^{(\varkappa)}$. Ich benutze diese Zahl zur Kennzeichnung von $\chi^{(\varkappa)}$. Die drei Charaktere, wofür $f_\varkappa = 55$ ist, unterscheide ich durch $55^{(1)}$, $55^{(2)}$, $55^{(3)}$. In der letzten Spalte soll das Zeichen $\overline{16}$ daran erinnern, daß von den beiden inversen Charakteren $16^{(1)}$ und $16^{(2)}$ nur der eine angegeben ist.

Nach den entwickelten Sätzen hat $\mathfrak{M}_{12}$ die Charaktere $\alpha - 1 : 11^{(1)}$, $\frac{1}{2}(\alpha-1)(\alpha-2) - \beta : 55^{(1)}$ und $\frac{1}{2}\alpha(\alpha-3) + \beta : 54$. Die drei in Formel (5), § 2 aufgezählten Charaktere dritter Dimensionen der symmetrischen Gruppe $\mathfrak{S}_{12}$ zerfallen jeder in zwei Charaktere von $\mathfrak{M}_{12}$, nämlich $99 + 55^{(3)}$, $120 + 45$, $144 + 176$. Die beiden ersten Charaktere der Formel (6), § 2 zerfallen in $11^{(2)} + 54 + 66 + 144$ und $66 + 120 + 144$.

$h = 12.11.10.9.8$

$(1)^{12}$	h	1	$11^{(1)}$	$11^{(2)}$	$55^{(1)}$	$55^{(2)}$	$55^{(3)}$	45	54	66	99	120	144	176	$\overline{16}$
$(2)^4$	192	1	3	3	-1	-1	7	-3	6	2	3	-8	0	0	0
$(4)^2$	32	1	3	-1	3	-1	-1	1	2	-2	-1	0	0	0	0
$(3)^3$	54	1	2	2	1	1	1	0	0	3	0	3	0	-4	-2
$(5)^2$	10	1	1	1	0	0	0	0	-1	1	-1	0	-1	1	1
$(8)(2)$	8	1	1	-1	-1	1	-1	-1	0	0	1	0	0	0	0
$(6)(3)(2)$	6	1	0	0	-1	-1	1	0	0	-1	0	1	0	0	0
$(11)_+$	11	1	0	0	0	0	0	1	-1	0	0	-1	1	0	$\frac{1}{2}(-1+\sqrt{-11})$
$(11)_-$	11	1	0	0	0	0	0	1	-1	0	0	-1	1	0	$\frac{1}{2}(-1-\sqrt{-11})$
$(2)^6$	240	1	-1	-1	-5	-5	-5	5	6	6	-1	0	4	-4	4
$(10)(2)$	10	1	-1	-1	0	0	0	0	1	1	-1	0	-1	1	-1
$(4)^2(2)^2$	32	1	-1	3	-1	3	-1	1	2	-2	-1	0	0	0	0
$(3)^4$	36	1	-1	-1	1	1	1	3	0	0	3	0	-3	-1	1
$(6)^2$	12	1	-1	-1	1	1	1	-1	0	0	-1	0	1	-1	1
$(8)(4)$	8	1	-1	1	1	-1	-1	-1	0	0	1	0	0	0	0

Die Substitutionen von $\mathfrak{M}_{12}$, die ein Symbol ungeändert lassen, bilden eine vierfach transitive Gruppe $\mathfrak{M}_{11}$ des Grades 11 und der Ordnung 11.10.9.8. Ferner enthält $\mathfrak{M}_{12}$ eine mit $\mathfrak{M}_{11}$ isomorphe dreifach transitive Gruppe des Grades 12 und der Ordnung 12.11.10.6. Daher kann man $\mathfrak{M}_{12}$ auch mittels dieser Gruppe als transitive Gruppe von Permutationen von 12 Symbolen darstellen, und erhält so einen äußeren Automorphismus von $\mathfrak{M}_{12}$, wodurch sich die Klassen $(8)(2)$ und $(8)(4)$ und ihre Quadrate $(4)^2$ und $(4)^2(2)^2$ vertauschen. Durch diesen Automorphismus geht der Charakter $11^{(1)}$ in $11^{(2)}$, der Charakter $55^{(1)}$ in $55^{(2)}$ über. Die übrigen Charaktere sind mittels der Untergruppe $\mathfrak{M}_{11}$ berechnet.

Mit Vorteil kann auch die folgende besonders bemerkenswerte Untergruppe von $\mathfrak{M}_{12}$ benutzt werden: Sei $(1, 2, 3, 4, 5, 6)(7, 8, 9)(10, 11)(12)$ eine Substitution der Klasse $(6)(3)(2)$. Dann bilden alle Substitutionen R von $\mathfrak{M}_{12}$, die nur die 6 ersten (und nur die 6 letzten) Symbole unter sich vertauschen, eine Gruppe der Ordnung 6! Jede solche Substitution R zerfällt in zwei Substitutionen, R_1, die nur die 6 ersten, und R_2, die nur die 6 letzten Symbole unter sich vertauscht. Sowohl R_1 wie R_2 durchlaufen die 6! Substitutionen der symmetrischen Gruppe $\mathfrak{S}_6$ des Grades 6, und es entsprechen sich R_1 und R_2 in dem bekannten äußeren Automorphismus dieser Gruppe. In der Tat entsprechen so den Klassen (6), $(3)^2$ und $(2)^3$ von $\mathfrak{S}_6$ die Klassen $(3)(2)$, (3) und (2), und ihre Vereinigung ergibt die Klassen $(6)(3)(2)$, $(3)^3$

und $(2)^4$ von $\mathfrak{M}_{12}$. Aus dem Hauptcharakter von $\mathfrak{S}_6$ ergibt sich der zusammengesetzte Charakter $1+11^{(1)}+11^{(2)}+54+55^{(3)}$ von $\mathfrak{M}_{12}$, aus dem anderen linearen Charakter von $\mathfrak{S}_6$ der Charakter $11^{(2)}+55^{(2)}+66$, und so erhält man die beiden einfachen Charaktere $55^{(3)}$ und 66. Dann liefern die obigen Formeln alle Charaktere bis auf $16^{(1)}$ und $16^{(2)}$, die sich aus den bilinearen Relationen leicht bestimmen lassen.

Ist $\chi(R)$ ein Charakter von $\mathfrak{H}$, so sind

$$(1.)\qquad \tfrac{1}{2}(\chi(R)^2-\chi(R^2))\ ,\qquad \tfrac{1}{2}(\chi(R)^2+\chi(R^2))$$

lineare Verbindungen der Charaktere mit ganzen positiven Koeffizienten. Wählt man für $\chi(R)$ den Charakter $16^{(1)}$, so erhält man so 120 und $16^{(2)}+54+66$.

§ 6.

Die Substitutionen der fünffach transitiven Gruppe $\mathfrak{M}_{24}$ des Grades $n=24$ und der Ordnung

$$h = 24.\,23.\,22.\,21.\,20.\,48$$

zerfallen in 26 Klassen. Die Klasse $(7)^3_+$ enthält die Quadrate der Substitutionen der Klasse $(14)\,(7)\,(2)_+$ und die Kuben der Substitutionen der Klasse $(21)\,(3)_+$. Die Gruppe $\mathfrak{M}_{24}$ hat den Charakter $\alpha-1:23$, die beiden Charaktere (4), § 2 : 7. 36 und 23. 11. Die drei Charaktere (5), § 2 sind: 23. 21 + 23. 55, 23. 77, 55. 64, die fünf Charaktere (6), § 2:

$$7.\,36+55.\,64+23.\,21+23.\,144+23.\,45^{(3)},$$
$$23.\,77+77.\,72+770^{(1)}+770^{(2)},$$
$$23.\,55+55.\,64+23.\,99+23.\,144+23.\,11.\,21+11.\,35.\,27,$$
$$77.\,72+11.\,35.\,27+11.\,35.\,27,$$
$$23.\,45+23.\,88+23.\,144+23.\,21.\,11+23.\,7.\,36.$$

Die Substitutionen, die ein, zwei, drei Symbole ungeändert lassen, bilden die Gruppen $\mathfrak{M}_{23}$, $\mathfrak{M}_{22}$, $\mathfrak{M}_{21}$. Außer $\mathfrak{M}_{23}$ habe ich noch die beiden folgenden besonders bemerkenswerten Untergruppen zur Berechnung der Charaktere von $\mathfrak{M}_{24}$ benutzt:

Teilt man eine Substitution R der Klasse (15) (1) (5) (3) in die beiden Teile $R_1 = (15)\,(1)$ und $R_2 = (5)\,(3)$ (oder eine Substitution $R = (14)\,(2)\,(7)\,(1)$ in $R_1 = (14)\,(2)$ und $R_2 = (7)\,(1)$), so erhält man eine Einteilung der 24 Symbole in zwei Systeme von 16 und 8 Symbolen. Die Substitutionen von $\mathfrak{M}_{24}$, die nur die Symbole jedes dieser beiden Systeme unter sich vertauschen, bilden eine intransitive Gruppe $\mathfrak{M}_{16+8}$. Jede ihrer Substitutionen R entsteht durch die Vereinigung von zwei entsprechenden Substitutionen R_1 und R_2 zweier homomor-

$h = 24.23.22.21.20.48$

$(1)^{24}$	h	1	23	7.36	23.11	23.77	55.64	$\overline{45}$	$\overline{22.45}$	$\overline{23.45}$	$23.45^{(3)}$	$\overline{11.21}$	$\overline{770}$	23.21	23.55	23.88	23.99	23.144	23.11.21	23.7.36	77.72	11.35.27
$(2)^8$	21.2^{10}	1	7	28	13	−21	64	−3	−18	−21	27	7	−14	35	49	8	21	48	49	−28	−56	−21
$(3)^6$	27.40	1	5	9	10	16	10	0	0	0	0	−3	5	6	5	−1	0	0	−15	−9	9	0
$(5)^4$	60	1	3	2	3	1	0	0	0	0	0	1	0	−2	0	−1	−3	−3	3	1	−1	0
$(4)^4(2)^2$	128	1	3	4	1	−5	0	1	2	3	−1	−1	−2	3	1	0	1	0	−3	4	0	−1
$(7)^3_+(A^3 = B^2)$	42	1	2	0	1	0	−1	$\frac{1}{2}(-1+\sqrt{-7})$	$\frac{1}{2}(-1+\sqrt{-7})$	$-1+\sqrt{-7}$	−1	0	0	0	−2	1	2	1	0	0	0	0
$(7)^3_-(A^{-3} = B^{-2})$	42	1	2	0	1	0	−1	$\frac{1}{2}(-1-\sqrt{-7})$	$\frac{1}{2}(-1-\sqrt{-7})$	$-1-\sqrt{-7}$	−1	0	0	0	−2	1	2	1	0	0	0	0
$(8)^2(4)(2)$	16	1	1	0	−1	−1	0	−1	0	−1	1	−1	0	−1	1	0	−1	0	−1	0	0	1
$(6)^2(3)^2(2)^2$	24	1	1	1	−2	0	−2	0	0	0	0	1	1	2	1	−1	0	0	1	−1	1	0
$(11)^2$	11	1	1	−1	0	0	0	1	0	1	1	0	0	−1	0	0	0	1	0	−1	0	0
$(15)(5)(3)_+$	15	1	0	−1	0	1	0	0	0	0	0	$\frac{1}{2}(-1+\sqrt{-15})$	0	1	0	−1	0	0	0	1	−1	0
$(15)(5)(3)_-$	15	1	0	−1	0	1	0	0	0	0	0	$\frac{1}{2}(-1-\sqrt{-15})$	0	1	0	−1	0	0	0	1	−1	0
$(14)(7)(2)_+(B)$	14	1	0	0	−1	0	1	$\frac{1}{2}(1-\sqrt{-7})$	$\frac{1}{2}(-1+\sqrt{-7})$	0	−1	0	0	0	0	1	0	−1	0	0	0	0
$(14)(7)(2)_-(B^{-1})$	14	1	0	0	−1	0	1	$\frac{1}{2}(1+\sqrt{-7})$	$\frac{1}{2}(-1-\sqrt{-7})$	0	−1	0	0	0	0	1	0	−1	0	0	0	0
$(23)_+$	23	1	0	−1	0	0	1	−1	1	0	0	1	$\frac{1}{2}(-1+\sqrt{-23})$	0	0	0	0	0	0	0	1	−1
$(23)_-$	23	1	0	−1	0	0	1	−1	1	0	0	1	$\frac{1}{2}(-1-\sqrt{-23})$	0	0	0	0	0	0	0	1	−1
$(12)^2$	12	1	−1		1	−1	0	1	1	−1	0	0	1	0	0	0	0	0	0	0	0	0
$(6)^4$	24	1	−1		1	−1	0	−1	−1	1	2	0	1	0	0	0	2	−2	0	0	0	0
$(4)^6$	96	1	−1		1	−1	0	1	−2	−1	3	3	−2	3	−3	0	−3	0	−3	0	0	3
$(3)^8$	7.72	1	−1		1	7	−8	3	3	−3	6	0	−7	0	8	8	6	−6	0	0	0	0
$(2)^{12}$	15.2^9	1	−1		−11	11	0	5	−10	−5	35	−9	10	3	−15	24	−19	16	9	36	24	−45
$(10)^2(2)^2$	20	1	−1		−1	1	0	0	0	0	0	1	0	−2	0	−1	1	1	−1	1	−1	0
$(21)(3)_+(A)$	21	1	−1		1	0	−1	$\frac{1}{2}(-1-\sqrt{-7})$	$\frac{1}{2}(-1-\sqrt{-7})$	$\frac{1}{2}(1+\sqrt{-7})$	−1	0	0	0	1	1	−1	1	0	0	0	0
$(21)(3)_-(A^{-1})$	21	1	−1		1	0	−1	$\frac{1}{2}(-1+\sqrt{-7})$	$\frac{1}{2}(-1+\sqrt{-7})$	$\frac{1}{2}(1-\sqrt{-7})$	−1	0	0	0	1	1	−1	1	0	0	0	0
$(4)^4(2)^4$	3.2^7	1	−1		−3	3	0	−3	6	3	3	−1	2	3	−7	8	−3	0	1	−4	−8	3
$(12)(6)(4)(2)$	12	1	−1		0	0	0	0	0	0	0	−1	−1	0	−1	−1	0	0	1	−1	1	0

phen transitiven Gruppen $\mathfrak{M}_{16}$ und $\mathfrak{T}_8$ der Grade 16 und 8. $\mathfrak{M}_{16}$ ist die dreifach transitive lineare Gruppe der Ordnung

$$(1.) \qquad 2^4(2^4-1)\,(2^4-2)\,(2^4-2^2)\,(2^4-2^3).$$

Sie enthält die elementare Gruppe $\mathfrak{N}$ der Ordnung 16 als invariante Untergruppe, und $\frac{\mathfrak{M}_{16}}{\mathfrak{N}} = \mathfrak{T}_8$ ist der alternierenden Gruppe des Grades 8 isomorph.

Die Gruppe $\mathfrak{M}_{16+8}$ kann auch in folgender Art erhalten werden: Die Substitutionen von $\mathfrak{M}_{24}$, die 5 Symbole ungeändert lassen, bilden eine intransitive Gruppe der Ordnung 48 und des Grades $16+3$. Sie enthält 32 Substitutionen der Klasse $(3)^6$ und 15 der Klasse $(2)^8$. Die letzteren bilden mit der identischen Substitution eine elementare Gruppe $\mathfrak{N}$ der Ordnung 16. Die Gruppe $\mathfrak{M}_{16+8}$ besteht aus allen mit $\mathfrak{N}$ vertauschbaren Substitutionen von $\mathfrak{M}_{24}$.

Die Gruppe $\mathfrak{M}_{23}$ enthält demnach die beiden nicht isomorphen einfachen Gruppen der Ordnung $\frac{1}{2}8\,!$ als Untergruppen. Die eine ist $\mathfrak{M}_{21}$. Die andere, $\mathfrak{T}_8$, erhält man, indem man mittels einer Substitution der Klasse (15) (5) (3) die 23 Symbole in zwei Systeme von 15 und $5+3=8$ Symbolen teilt. Die Substitutionen von $\mathfrak{M}_{23}$, die nur die Symbole jedes dieser beiden Systeme unter sich vertauschen, bilden die Gruppe $\mathfrak{T}_8$.

Die Charaktere von $\mathfrak{M}_{24}$ findet man meist schon aus den Charakteren von $\mathfrak{M}_{16}$, die zu der Gruppe $\frac{\mathfrak{M}_{16}}{\mathfrak{N}} = \mathfrak{T}_8$ gehören. Die Charaktere von $\mathfrak{T}_8$ habe ich in meiner Arbeit *Über die Charaktere der alternierenden Gruppe*, Sitzungsberichte 1901, S. 309 mitgeteilt. Aus den Charakteren 1, 14, 21, $\overline{21}$ von $\mathfrak{T}_8$ entspringen die folgenden zusammengesetzten Charaktere von $\mathfrak{M}_{24}$:

$$1+23+7.\,36+23.\,21 = 23.\,33. \qquad 1$$
$$7.\,36+55.\,64+23.\,21+23.\,45^{(3)}+23.\,88+23.\,144 = 23.\,33. \qquad 14$$
$$55.\,64+23.\,11+23.\,77+11.\,35.\,27 = 23.\,33. \qquad 21$$
$$23.\,11.\,21+11.\,35.\,27+\overline{11.\,21} = 23.\,33. \qquad \overline{21},$$

wo 23. 33 das Verhältnis der Ordnungen von $\mathfrak{M}_{24}$ und $\mathfrak{M}_{16}$ ist.

Eine andere wichtige Untergruppe von $\mathfrak{M}_{24}$ erhält man, indem man die 24 Symbole in passender Art in zwei Systeme von je 12 teilt. Die Substitutionen von $\mathfrak{M}_{24}$, die nur die Symbole jedes dieser beiden Systeme unter sich vertauschen, bilden eine mit $\mathfrak{M}_{12}$ isomorphe Gruppe. Ist $R = R_1 R_2$ eine solche Substitution, so ist der Isomorphismus der beiden von R_1 und R_2 durchlaufenen Gruppen $\mathfrak{M}_{12}$ der in § 5 erwähnte äußere Automorphismus dieser Gruppe. Z. B. entspringt aus dem Hauptcharakter von $\mathfrak{M}_{12}$ der zusammengesetzte Charakter

$$1 + 23 + 7.\,36 + 23.\,55 + 23.\,45 = 23.\,7.\,16$$

von $\mathfrak{M}_{24}$, dessen Grad gleich dem Verhältnis der Ordnungen der beiden Gruppen ist.

Setzt man in den Formeln (1) § 5 für $\chi(R)$ den Charakter $45^{(1)}$, so erhält man die beiden Charaktere $45.\,22^{(2)}$ und $45.\,23^{(3)}$.

74.

Zur Theorie der linearen Gleichungen

Journal für die reine und angewandte Mathematik 129, 175–180 (1905)

Die Bedingungen für die Auflösbarkeit eines Systems nichthomogener linearer Gleichungen sind in allgemeiner Form zuerst von *Fontené* (Théorème pour la discussion d'un système de n équations du premier degré à n inconnues. Nouv. Ann. (2) t. 14, 1875) und von *Rouché* (Sur la discussion des équations du premier degré. Comptes Rendus, tome 81, 1875), bald darauf von mir (Über das *Pfaff*sche Problem, dieses Journal Bd. 82 am Ende des § 3; 1876) ausgesprochen worden. Sie lassen sich bequemer formulieren mit Hilfe des Begriffes *Rang* einer Matrix oder einer Determinante, dessen Bedeutung für die Theorie der linearen Gleichungen ich ebenda zuerst klargelegt habe. Auch den Namen *Rang* habe ich in der Arbeit „Über homogene totale Differentialgleichungen", dieses Journal Bd. 86, § 1, zuerst eingeführt, während ich mich bis dahin mit etwas weitläufigen Umschreibungen beholfen hatte. Wie sich mittels dieses Begriffes die obigen Bedingungen ausdrücken, habe ich in meiner Arbeit „Theorie der linearen Formen mit ganzen Koeffizienten", dieses Journal Bd. 86 (§ 10, Satz III) ausgesprochen.

Sind

(1.) $$u_\alpha = a_{\alpha 1} x_1 + a_{\alpha 2} x_2 + \cdots + a_{\alpha n} x_n \qquad (\alpha = 1, 2, 3, \ldots)$$

beliebig viele homogene lineare Funktionen der n Variabeln $x_1, x_2, \ldots x_n$, so ist die Anzahl der linear unabhängigen unter ihnen gleich dem Range r ihres Koeffizientensystems

(2.) $$a_{\alpha\beta}. \qquad (\alpha = 1, 2, \ldots n;\ \beta = 1, 2, 3, \ldots)$$

Der Einfachheit halber setze ich die r ersten Funktionen als unabhängig voraus. Demnach sind die linearen Gleichungen $u_{r+1} = 0$, $u_{r+2} = 0, \ldots$ eine

Folge der r unabhängigen Gleichungen

(3.) $$a_{\alpha 1} x_1 + a_{\alpha 2} x_2 + \cdots + a_{\alpha n} x_n = 0. \qquad (\alpha = 1, 2, \ldots r)$$

Es sei

$$x_1 = b_{\alpha 1},\ x_2 = b_{\alpha 2},\ \ldots\ x_n = b_{\alpha n} \qquad (\alpha = 1, 2, 3, \ldots)$$

ein *vollständiges* System von Lösungen dieser Gleichungen.

Dann hat das Koeffizientensystem

(4.) $$b_{\alpha\beta} \qquad (\alpha = 1, 2, \ldots n;\ \beta = 1, 2, 3, \ldots)$$

den Rang $s = n - r$. Infolge der Gleichungen

(5.) $$a_{\alpha 1}\, b_{\beta 1} + a_{\alpha 2}\, b_{\beta 2} + \cdots + a_{\alpha n}\, b_{\beta n} = 0$$

und der Beziehung $r = n - s$ bilden auch die Größen

$$x_1 = a_{\alpha 1},\quad x_2 = a_{\alpha 2},\quad \ldots\ x_n = a_{\alpha n}$$

ein vollständiges System von Lösungen der linearen Gleichungen

(6.) $$v_\alpha = b_{\alpha 1}\, x_1 + b_{\alpha 2}\, x_2 + \cdots + b_{\alpha n}\, x_n = 0. \qquad (\alpha = 1, 2, 3, \ldots)$$

Daher habe ich die beiden Systeme linearer Funktionen $u_1, u_2, u_3, \ldots$ und $v_1, v_2, v_3, \ldots$ adjungierte Systeme genannt, ebenso die beiden Systeme linearer Gleichungen (3.) und (6.), und endlich auch die Systeme ihrer Koeffizienten (2.) und (4.). Auch von den Funktionen v_α will ich annehmen, daß die s ersten von einander unabhängig sind.

Die beiden adjungierten Matrizen

(R.) $$a_{\alpha\beta} \qquad (\alpha = 1, 2, \ldots n;\ \beta = 1, 2, \ldots r)$$

und

(S.) $$b_{\alpha\beta} \qquad (\alpha = 1, 2, \ldots n;\ \beta = 1, 2, \ldots s)$$

haben folgende Eigenschaft: Die Determinanten r-ten Grades der Matrix R verhalten sich wie die komplementären Determinanten s-ten Grades der adjungierten Matrix S. (*Jacobi*, de formatione et proprietatibus Determinantium, § 11 (12.), dieses Journal Bd. 22.)

Diesen Satz habe ich in § 3 meiner Arbeit „Über das *Pfaff*sche Problem" hergeleitet, und ich habe bald nachher die im folgenden entwickelte zweite Eigenschaft der komplementären Teile von zwei adjungierten Matrizen gefunden, und in einer Vorlesung behandelt, wovon sich ebenda am Ende des § 3 die erste Spur findet.

Daß die Matrix R aus r Zeilen und n Spalten besteht, will ich, wenn es die Deutlichkeit erfordert, durch das Zeichen $R_{r,n}$ andeuten. Jede der beiden adjungierten Matrizen $R_{r,n}$ und $S_{s,n}$, wo

$$r+s=n \tag{7.}$$

ist, teile ich in entsprechender Weise in zwei Teilmatrizen, indem ich in beiden etwa die ersten r' Spalten von den letzten s' Spalten absondere. Demnach ist auch

$$r'+s'=n. \tag{8.}$$

Die beiden Teile von R bezeichne ich mit A und B, die von S mit C und D. Das Schema

$$\begin{cases} R_{r,n}=A_{r,r'} \mid B_{r,s'} \\ S_{s,n}=C_{s,r'} \mid D_{s,s'} \end{cases} \tag{9.}$$

möge diese Zerlegung zur Anschauung bringen. Man kann auch A und D (und ebenso B und C) als *komplementäre* Teilmatrizen bezeichnen.

Wenn nun die Matrizen A und D die Rangzahlen ϱ und σ haben, so ist der zu beweisende Satz in der Gleichung

$$\varrho-\sigma=r-s'=r'-s \tag{10.}$$

ausgesprochen. Vielleicht liegt in dem nur scheinbaren Mangel an Symmetrie, den diese Formel aufweist, der Grund, daß dieser merkwürdige Satz trotz seines überaus elementaren Charakters der Aufmerksamkeit der Forscher meines Wissens bisher entgangen ist. Man kann sich seinen Inhalt auch in folgender Art zurechtlegen:

Ist etwa $r \leqq r'$, so ist $s \geqq s'$, weil $r+s=r'+s'=n$ ist. Dann ist im allgemeinen der Rang der Matrix $A_{r,r'}$ gleich r, der von $D_{s,s'}$ gleich s'. In besonderen Fällen kann aber der Rang von A kleiner als r, etwa $\varrho=r-t$ sein. Dann ist auch der Rang von D gleich $\sigma=s'-t$. Dasselbe gilt aber auch, wenn $r \geqq r'$ und $s \leqq s'$ ist. Ist der Rang von A um t kleiner, als er nach der Anzahl der Zeilen und Spalten von A höchstens sein kann, so ist auch der Rang der komplementären Matrix D um ebenso viel kleiner, als er höchstens sein kann.

Um den Satz zu beweisen, betrachte ich die r linearen Gleichungen

$$a_{\alpha 1}x_1+\cdots+a_{\alpha r'}x_{r'}=0. \qquad (\alpha=1,2,\ldots r) \tag{11.}$$

Die Matrix ihrer Koeffizienten ist A, ihr Rang ϱ. Ist

(12.) $$x_1 = b_1, \ldots\ldots x_{r'} = b_{r'}$$

eine ihrer Lösungen, so ist

(13.) $$x_1 = b_1, \ldots x_{r'} = b_{r'}, \quad x_{r'+1} = 0, \ldots x_n = 0$$

eine Lösung der Gleichungen (3.). Ist umgekehrt (13.) eine Lösung der Gleichungen (3.), so ist (12.) eine solche für die Gleichungen (11.). Sind

$$b_1, \ldots\ldots b_{r'},$$
$$c_1, \ldots\ldots c_{r'},$$
$$\cdot \quad \cdot \quad \cdot \quad \cdot \quad \cdot$$

mehrere unabhängige Lösungen der Gleichungen (11.), so sind auch

$$b_1, \ldots b_{r'}, \; 0, \ldots 0$$
$$c_1, \ldots c_{r'}, \; 0, \ldots 0$$
$$\cdot \quad \cdot \quad \cdot \quad \cdot \quad \cdot$$

ebenso viele unabhängige Lösungen der Gleichungen (11.), und umgekehrt. Nun sind unter den Gleichungen (11.) genau ϱ unabhängig, und da die Anzahl der Unbekannten r' ist, so besitzen sie genau $r' - \varrho$ unabhängige Lösungen. Es gibt also genau $r' - \varrho$ unabhängige Verbindungen der Lösungen

$$b_{\alpha 1}, \ldots \; b_{\alpha n}, \qquad {\scriptstyle (\alpha = 1, 2, \ldots s)}$$

worin $b_{r'+1} = \cdots = b_n = 0$ ist. Ist

(14.) $$b_1 = \Sigma\, b_{\alpha 1}\, z_\alpha, \; \ldots \; b_n = \Sigma\, b_{\alpha n}\, z_\alpha$$

eine solche Verbindung, so genügen $z_1, \ldots z_s$ den $n - r'$ Gleichungen

(15.) $$\Sigma\, b_{\alpha,\, r'+1}\, z_\alpha = 0, \ldots \qquad \Sigma\, b_{\alpha n}\, z_\alpha = 0.$$

Die Matrix ihrer Koeffizienten ist D (genauer die zu D konjugierte Matrix D'), ihr Rang ist σ. Diese Gleichungen zwischen den s Unbekannten $z_1, \ldots z_s$ besitzen demnach $s - \sigma$ unabhängige Lösungen.

Vermöge der Formeln (14.) entsprechen ihnen ebenso viele Lösungen der Gleichungen (11.) und auch diese $s - \sigma$ Lösungen sind unabhängig: Denn sonst könnte man eine lineare Verbindung $z_1, \ldots z_s$ von $s - \sigma$ unabhängigen Lösungen der Gleichungen (15.) so bestimmen, daß die entsprechenden Werte $b_1, \ldots b_n$ alle Null wären, nicht nur die $n - r'$ letzten $b_{r'+1}, \ldots b_n$. Die s Größen $z_1, \ldots z_s$ würden also den n Gleichungen

$$\Sigma b_{\alpha 1} z_\alpha = 0, \quad \ldots \quad \Sigma b_{\alpha n} z_\alpha = 0$$

genügen. Da aber unter diesen Gleichungen s unabhängige sind, so muß $z_1 = \cdots = z_s = 0$ sein.

Demnach giebt es genau $s - \sigma$ unabhängige Verbindungen der Lösungen (4.), wofür $b_{r'+1} = \cdots = b_n = 0$ ist. Da aber diese Anzahl oben gleich $r' - \varrho$ gefunden wurde, so ist $r' - \varrho = s - \sigma$. Der Satz bleibt unverändert gültig, wenn statt der Matrizen R und S die Matrizen (2.) und (4.) genommen werden.

Das Kriterium für die Auflösbarkeit nichthomogener linearer Gleichungen ist ein spezieller Fall des abgeleiteten Satzes. Sollen die nichthomogenen Gleichungen

(16.) $$a_{\alpha 0} = a_{\alpha 1} x_1 + \cdots + a_{\alpha n} x_n \qquad (\alpha = 1, 2, 3, \ldots)$$

eine Lösung besitzen, so müssen die homogenen Gleichungen

$$a_{\alpha 0} x_0 + a_{\alpha 1} x_1 + \cdots + a_{\alpha n} x_n = 0$$

eine Lösung haben, worin x_0 von Null verschieden ist. Teilt man also die Matrix R ihrer Koeffizienten und die Matrix S ihrer Lösungen

$$b_{\alpha 0}, b_{\alpha 1}, \quad \ldots \quad b_{\alpha n} \qquad (\alpha = 1, 2, 3, \ldots)$$

in je zwei Teile, $R = A|B$ und $S = C|D$, indem man die erste Spalte von den n letzten Spalten absondert, so haben die Gleichungen (16.) eine Lösung, wenn der Rang von C $\varepsilon = 1$ ist, aber keine, wenn $\varepsilon = 0$ ist. Ist nun r' der Rang der Matrix R

(17.) $$a_{\alpha 0}, a_{\alpha 1}, \ldots a_{\alpha n} \qquad (\alpha = 1, 2, 3, \ldots)$$

und r der der Matrix B

(18.) $$a_{\alpha 1}, \ldots a_{\alpha n},$$

so ist nach dem entwickelten Satze $r' - r = 1 - \varepsilon$. Die Gleichungen (16.) haben also eine Lösung, wenn $r' = r$ ist, aber keine, wenn $r' = r + 1$ ist.

Anmerkung.

Ich benutze diesen Anlaß, um eine Angabe der Édition française de l'Encyclopédie, Tome I, vol. I, Fasc. I, pag. 90 richtig zu stellen. Die bekannte Definition der Determinante als Funktion von n^2 unabhängigen

Variabeln durch drei charakteristische Eigenschaften wird dort *Kronecker* zugesprochen. Denselben Sinn hat wohl in der deutschen Ausgabe der Enzyklopädie die Wendung: *Kronecker* legte in seinen Vorlesungen eine funktionentheoretische (Erklärung der Determinanten) zugrunde.

Diese Definition rührt aber von *Weierstraß* her, wie alle seine Schüler wissen. Er hat sie schon seit 1864 (oder vielleicht noch früher) im mathematischen Seminar und in seinen Vorlesungen benutzt. Noch 10 Jahre später verhielt sich *Kronecker* gegen diese funktionentheoretische Definition recht ablehnend. Die Erweiterung auf rechteckige Matrizen, die zum Beweise des allgemeinen Multiplikationstheorems und des *Laplace*schen Zerlegungssatzes dient, habe ich (soviel ich weiß, zum ersten Male) in einer Vorlesung gegeben, die ich im Sommer 1874 in Berlin über Determinantentheorie gehalten habe.

75.

Über die reellen Darstellungen der endlichen Gruppen (mit I. Schur)

Sitzungsberichte der Königlich Preußischen Akademie der Wissenschaften zu Berlin 186–208 (1906)

Um eine endliche oder unendliche Gruppe von reellen linearen Substitutionen in ihre irreduzibeln Bestandteile zu zerlegen, kann man sie zunächst in lauter reelle Teile spalten, die im Gebiete der reellen Größen irreduzibel sind. Diese sind nach den Untersuchungen des Hrn. A. Loewy (*Über die Reduzibilität der reellen Gruppen linearer homogener Substitutionen*, Transactions of the American Math. Soc. Bd. 4) entweder auch im Bereiche der komplexen Größen irreduzibel, oder sie zerfallen in zwei konjugiert komplexe irreduzible Bestandteile. Die beiden Teile können einander äquivalent sein oder nicht, keiner von ihnen ist aber einer reellen Gruppe äquivalent. Entsprechend lassen sich die (absolut) irreduzibeln Darstellungen einer beliebigen Gruppe in drei *Arten* teilen: 1. solche, die einer reellen Darstellung äquivalent sind, 2. solche, die der konjugiert komplexen, aber keiner reellen Darstellung äquivalent sind, 3. solche, die der konjugiert komplexen Gruppe nicht äquivalent sind (*Arithmetische Untersuchungen über endliche Gruppen linearer Substitutionen* § 2, Sitzungsberichte 1906). Beschränken wir uns auf *vollständig zerlegbare* Gruppen, so ist demnach eine solche stets und nur dann einer reellen Gruppe äquivalent, wenn jeder irreduzible Bestandteil zweiter Art in gerader Anzahl, und jeder der dritten Art ebenso oft wie der konjugiert komplexe auftritt.

Eine irreduzible Darstellung einer *endlichen* Gruppe $\mathfrak{H}$ ist durch ihren Charakter χ vollständig definiert. Die Kenntnis von χ reicht aber, wie wir zeigen werden, auch aus, um die *Art* der entsprechenden Darstellung zu bestimmen. Setzt man nämlich $c = +1, -1$ oder 0, je nachdem die Darstellung zu der ersten, zweiten oder dritten Art gehört, so ist

$$\sum_R \chi(R^2) = ch,$$

wo sich die Summe über die h Elemente R der Gruppe $\mathfrak{H}$ erstreckt. Oder in anderer Fassung: Die k Konstanten $c_\varkappa$, die den k Charakteren $\chi^{(\varkappa)}$ entsprechen, sind dadurch bestimmt, daß

$$\sum_{\varkappa} c_{\varkappa} \chi^{(\varkappa)}(R) = \zeta(R)$$

die Anzahl der Lösungen S der Gleichung $S^2 = R$ in $\mathfrak{H}$ ist.

Die endlichen Gruppen gehören zu der allgemeineren Klasse von Gruppen linearer Substitutionen, die eine positive Hermitesche Form F in sich transformieren; wir wollen sie *Hermitesche Gruppen* nennen. Wenn es eine bilineare Form G gibt, die von den Substitutionen einer irreduzibeln Gruppe (kogredient) in sich transformiert wird, so ist G bis auf einen konstanten Faktor völlig bestimmt. Für eine Gruppe der dritten Art kann es eine solche Form nicht geben. Für eine Hermitesche Gruppe der ersten oder zweiten Art aber gibt es stets eine solche Form, und zwar ist sie für die Gruppen der ersten Art *symmetrisch*, für die der zweiten *alternierend.* Unter Benutzung der oben definierten Konstanten c ist also allgemein die zu G konjugierte Form $G' = cG$. Ganz allgemein aber gilt auch für reduzible Gruppen der bemerkenswerte Satz:

Wenn die Substitutionen einer Hermiteschen Gruppe eine quadratische Form von nicht verschwindender Determinante in sich transformieren, so ist die Gruppe einer reellen (orthogonalen) äquivalent.

Umgekehrt transformieren die Substitutionen einer reellen Hermiteschen Gruppe stets eine positive quadratische Form in sich. Demnach ist die Gruppe einer reellen, orthogonalen äquivalent. Speziell ergibt sich:

Jede endliche Gruppe orthogonaler Substitutionen ist einer reellen (orthogonalen) Gruppe äquivalent.

Die Hermiteschen Gruppen, deren Substitutionen eine alternierende Form von nicht verschwindender Determinante in sich transformieren, sind vollständig dadurch charakterisiert, daß sie jeden irreduzibeln Bestandteil erster Art in gerader Anzahl enthalten und jeden der dritten Art ebenso oft wie den konjugiert komplexen.

In seinen interessanten Untersuchungen *Sur les groupes linéaires, réels et orthogonaux* (Bulletin de la Soc. Math. de France Bd. 30) kommt Hr. Autonne jenem Resultate sehr nahe. Daß aber eine Gruppe, die außer der Hermiteschen Invariante F noch eine quadratische Invariante besitzt, einer reellen Gruppe äquivalent ist, gelingt ihm nur unter Hinzunahme der folgenden Voraussetzung zu beweisen: Nachdem man die Gruppe so umgeformt hat, daß F in die Hauptform E übergeht, soll die quadratische Invariante G eine *unitäre* Form sein, d. h. der Bedingung $G'G_0 = E$ genügen, wo G_0 die zu G konjugiert komplexe Matrix ist. Diese für die Anwendung des Satzes lästige Voraussetzung erweist sich aber als überflüssig und läßt sich für den Fall, wo die Darstellung irreduzibel ist, aus der Annahme der Existenz der beiden Invarianten F und G ableiten.

Wir beschränken uns im folgenden auf die Betrachtung endlicher Gruppen. Aber die in den §§ 1, 2 und 8 durchgeführten Untersuchungen, in denen die Gruppencharaktere nicht vorkommen, lassen sich ohne weiteres auf unendliche HERMITEsche Gruppen übertragen. Jede reduzible Gruppe $\mathfrak{H}$ dieser Art ist vollständig reduzibel, und es gilt für sie der in § 3 benutzte und in § 8 verallgemeinerte Hilfssatz, falls man darin die Gruppenmatrix X durch ein veränderliches Element R von $\mathfrak{H}$ ersetzt.

§ 1.

Seien $A, B, C, \cdots h$ Matrizen f^{ten} Grades, deren Determinanten nicht verschwinden, und die eine Darstellung einer endlichen Gruppe $\mathfrak{H}$ bilden. Ist R irgend eine Matrix, so ist $R'R_0 = H$ die Matrix einer HERMITEschen Form $\Sigma h_{\alpha\beta} x_\alpha x_\beta^{(0)}$, worin $h_{\alpha\beta}$ und $h_{\beta\alpha}$ konjugiert komplexe Größen sind, also eine Matrix, die der Bedingung $H' = H_0$ genügt; und wenn die Determinante von R nicht verschwindet, so ist $H = \sum\limits_\lambda (\sum\limits_\alpha r_{\lambda\alpha} x_\alpha) \sum\limits_\alpha (r_{\lambda\alpha}^{(0)} x_\alpha^{(0)})$ eine *positive* Form, d. h., wenn x_α und $x_\alpha^{(0)}$ konjugiert komplexe Größen sind, so ist der Wert von H positiv, und kann nicht verschwinden, wenn nicht die Variabeln x_α sämtlich Null sind. Demnach ist, wenn die Variabeln x_α als reell angenommen werden, die reelle quadratische Form $2\Sigma h_{\alpha\beta} x_\alpha x_\beta$ eine positive. Ihre Matrix ist $H + H' = H + H_0$. Mithin ist auch, falls k eine positive Konstante ist (vgl. A. LOEWY, Comptes Rendus 1896, S. 168 und MOORE, Math. Ann. Bd. 50, S. 213),

$$(1.) \qquad A'A_0 + B'B_0 + C'C_0 + \cdots = \Sigma R'R_0 = kF$$

eine positive HERMITEsche Form (d. h. die Matrix einer solchen). Ferner ist

$$kA'FA_0 = \Sigma (RA)'(RA)_0 = \Sigma R'R_0 = kF,$$

weil RA zugleich mit R die h Matrizen der Gruppe $\mathfrak{H}$ durchläuft. Daher transformiert jede der h Substitutionen R der Gruppe $\mathfrak{H}$ die Form F in sich selbst,

$$(2.) \qquad R'FR_0 = F.$$

In dem speziellen Falle, wo die Matrizen von $\mathfrak{H}$ alle reell sind, ist

$$(3.) \qquad kG = A'A + B'B + C'C + \cdots = \Sigma R'R$$

eine quadratische Form (symmetrische Matrix), die von den h Substitutionen von $\mathfrak{H}$ in sich transformiert wird. Daß es eine solche Form G gibt, folgt aber auch direkt aus der Existenz der Invariante F. Denn ist R reell, so lautet die Gleichung (2.) $R'FR = F$. Mithin ist auch, wenn man zu den konjugierten Matrizen übergeht, $R'F'R = F'$, und folglich, wenn man die positive quadratische Form $F + F'$ mit G

bezeichnet, $R'GR = G$. Diese positive Form G läßt sich durch eine reelle Substitution in eine Summe von f Quadraten, also in die Hauptform E transformieren. Dadurch geht die betrachtete Darstellung von $\mathfrak{H}$ in eine äquivalente Darstellung über, deren Substitutionen *orthogonale* sind. Dieses Ergebnis läßt sich in der folgenden bemerkenswerten Weise umkehren:

Jede Darstellung einer endlichen Gruppe durch orthogonale Substitutionen ist einer reellen Darstellung (durch orthogonale Substitutionen) äquivalent.

Für unseren nächsten Zweck genügt es, den Satz für den Fall zu beweisen, wo die betrachtete Darstellung *irreduzibel* ist. Auf reduzible Darstellungen werden wir den Beweis in § 8 ausdehnen.

Ist R eine orthogonale Substitution, so ist

$$(4.)\qquad R'R = RR' = E\ , \qquad R' = R^{-1}.$$

Ist nun F die Hermitesche Form (1.), so ist

$$(5.)\qquad F = R'FR_0\ , \qquad RF = FR_0\ , \qquad FR_0' = R'F,$$

mithin, wenn man die konjugierten Formen nimmt,

$$R_0F' = F'R$$

und folglich

$$R(FF') = (RF)F' = (FR_0)F' = F(R_0F') = F(F'R) = (FF')R\,.$$

Eine Matrix FF' kann aber (*Über die Darstellung der endlichen Gruppen durch lineare Substitutionen*, § 6, Sitzungsberichte 1897, S. 1008) mit jeder Matrix R einer irreduzibeln Darstellung nur dann vertauschbar sein, wenn sie bis auf einen konstanten Faktor c der Hauptmatrix gleich ist, $FF' = cE$ (dies folgt auch aus dem in § 3 benutzten Hilfssatz). Da $F' = F_0$ ist, so ist auch $FF_0 = cE$, und folglich $F'FF_0 = cF'$. Mithin ist c eine reelle positive Konstante. Denn F' ist eine positive Hermitesche Form, und ebenso $F'FF_0$ und allgemeiner, wenn P eine Matrix nicht verschwindender Determinante ist, $P'FP_0$. Denn in diese Form geht F durch die Substitution P über. Ersetzt man F durch $\sqrt{c}F$, so erhält man eine positive Hermitesche Form, die der Relation

$$(6.)\qquad FF' = F'F = E\ , \qquad FF_0 = F_0F = E$$

genügt, also zugleich eine orthogonale Form ist. Da E und F zwei positive Hermitesche Formen sind, so ist auch $E+F$ eine solche, hat also eine von Null verschiedene Determinante. Transformiert man nun jede der h Matrizen R von $\mathfrak{H}$ durch die Substitution $E+F$, so bilden die h Matrizen

$$(7.)\qquad (E+F)^{-1}R(E+F) = S$$

eine der gegebenen äquivalente Darstellung von $\mathfrak{H}$. Nun ist nach (6.)

$$F = \frac{E+F}{E+F_0}.$$

Setzt man diesen Ausdruck für F in die Formel (5.)

$$F^{-1}RF = R_0$$

ein, so erhält man

$$(E+F)^{-1}R(E+F) = (E+F_0)^{-1}R_0(E+F_0),$$

und demnach ist jede der h transformierten Matrizen $S = S_0$ reell.

Für eine irreduzible reelle Darstellung einer Gruppe muß die Hermitesche Invariante mit der quadratischen übereinstimmen (weil nicht mehr als eine Form F den h Bedingungen $R'FR = F$ genügen kann). Im vorliegenden Falle ist dies leicht durch die Rechnung zu bestätigen. Denn die quadratische Form E geht durch die Substitution $E+F$ in $(E+F')E(E+F)$ über und die Hermitesche Form F in

$$(E+F')F(E+F_0) = (E+F')(F+E).$$

Die Matrix

$$G = (E+F')(E+F) = (E+F_0)(E+F)$$

ist symmetrisch und wegen der Vertauschbarkeit von F und F_0 reell, und da G als Hermitesche Form mit F äquivalent ist, so ist G eine positive quadratische Form. Diese kann man durch eine reelle Substitution in die Hauptform E überführen, und so erhält man eine der gegebenen äquivalente Darstellung der Gruppe $\mathfrak{H}$ durch reelle orthogonale Substitutionen.

§ 2.

Die Methode des Hrn. Autonne unterscheidet sich von dem eben benutzten Beweisverfahren in folgenden Punkten: Während wir die quadratische Invariante G in die Hauptform transformiert haben, denkt er sich von vornherein die Hermitesche Invariante F in E übergeführt. Dann ist

(1.) $$R'R_0 = R_0R' = E$$

und

(2.) $$R'GR = G.$$

Daraus folgt

$$GR = R_0G \quad , \qquad G_0R_0 = RG_0$$

und mithin

$$(G_0G)R = G_0R_0G = R(G_0G).$$

Ist also die Darstellung irreduzibel, so muß $G_0G = cE$ sein. Da E und $G_0G = G_0G'$ positive Hermitesche Formen sind, so ist c reell und positiv, und wenn man G durch $\sqrt{c}G$ ersetzt, so ist

$$(3.)\qquad G_0 G = G G_0 = E\ ,\qquad G_0 = G^{-1}.$$

Diese Gleichung, deren Bestehen in dem Beweise des Hrn. Autonne vorausgesetzt wird, ist so zunächst als eine Folge der hier gemachten Annahmen erwiesen. Wenn nun die Determinante von $E+G$ von Null verschieden ist, so ist

$$G = \frac{E+G}{E+G_0},$$

und wenn man dies in $GRG^{-1} = R_0$ einsetzt, erhält man

$$(E+G)R(E+G)^{-1} = (E+G_0)R_0(E+G_0)^{-1}.$$

Dies besonders einfache Verfahren des obigen Beweises ist nun aber hier nicht allgemein zulässig, und man ist genötigt, einen komplizierteren Weg einzuschlagen, um G auf die Form

$$G = \frac{\Phi(G)}{\Phi_0(G_0)}$$

zu bringen, wo $\Phi(r)$ eine ganze Funktion der Variabeln r ist, und $\Phi_0(r)$ aus $\Phi(r)$ hervorgeht, indem man jeden Koeffizienten durch die konjugiert komplexe Größe ersetzt.

Da die Determinante von G von Null verschieden ist, so gibt es eine ganze Funktion $\Phi(G) = H$, die der Bedingung $H^2 = G$ genügt. (*Über die cogredienten Transformationen der bilinearen Formen*, Sitzungsberichte 1896, S. 10.) Als Funktion von G ist $H = H'$ ebenfalls symmetrisch, und da $H_0 = \Phi_0(G_0) = \Phi_0(G^{-1})$ auch eine Funktion von G ist, so ist H mit H_0 vertauschbar. Daher ist

$$(HH_0)^2 = H^2 H_0^2 = GG_0 = E.$$

Da $HH_0 = H'H_0$ eine positive Hermitesche Form ist, so ist auch $HH_0 + E$ eine solche, hat also eine von Null verschiedene Determinante, und mithin folgt aus der Gleichung $(HH_0+E)(HH_0-E) = 0$ die Relation

$$HH_0 = E.$$

Aus

$$GRG^{-1} = R_0\ ,\qquad H^2RH^{-2} = R_0$$

ergibt sich demnach, daß

$$HRH^{-1} = H_0R_0H_0^{-1} = S$$

eine reelle Substitution ist.

Die quadratische Invariante G und die Hermitesche Form E gehen durch die Substitution H^{-1} in

$$H'^{-1}GH^{-1} = E\ ,\qquad H'^{-1}EH_0^{-1} = E$$

über. Demnach sind die transformierten Substitutionen S orthogonale.

Wendet man dieselbe Methode auf eine irreduzible Darstellung der zweiten Art an, so gelangt man zu einem zwar weniger einfachen, aber doch der Erwähnung werten Ergebnis. In der Gleichung (2.) ist dann, wie wir in § 3 zeigen werden, $G = -G'$ eine alternierende Matrix, deren Grad, da ihre Determinante nicht verschwindet, eine gerade Zahl $f = 2n$ sein muß. Durch Verbindung mit der Gleichung (1.) erhält man bei passender Wahl des konstanten Faktors von G

$$(4.) \qquad G'G_0 = E \quad , \qquad GG_0 = -E \, ,$$

und wenn wie oben $H^2 = G$ ist, so sind je zwei der Matrizen H, H' und H_0 als Funktionen von G vertauschbar, und es ist

$$H'H_0 = E$$

(aber nicht $H' = H$). Durch die Substitution H^{-1} geht die alternierende Form G und die Hermitesche Form E in

$$H'^{-1}GH^{-1} = L \quad , \qquad H'^{-1}EH_0^{-1} = E$$

über. Da $G = H^2$ ist, so ist die alternierende Form

$$L = H'^{-1}H = H_0H = HH_0 \, ;$$

sie ist also reell, und genügt der Gleichung

$$L^2 = H^2H_0^2 = GG_0 = -E \, .$$

Von den Elementarteilern ihrer charakteristischen Determinante $|sE-L|$ sind daher n gleich $s-i$ und n gleich $s+i$. Sei

$$(5.) \qquad J = \begin{pmatrix} 0 & -E \\ E & 0 \end{pmatrix},$$

wo E in der Klammer die Hauptmatrix des Grades n bezeichnet. Dann ist auch J eine reelle alternierende Form, die der Gleichung $J^2 = -E$ genügt. Mithin kann L durch eine reelle orthogonale Substitution in J transformiert werden. (*Über die cogredienten Transformationen der bilinearen Formen* § 3, Sitzungsberichte 1896, S. 15.) Eine solche Substitution läßt aber die Hermitesche Form E ungeändert. So erhält man für die Darstellungen der zweiten Art eine Normalform, für welche die Hermitesche Form gleich E und die alternierende Invariante gleich J ist. Ist

$$R = \begin{pmatrix} A & B \\ C & D \end{pmatrix}$$

eine Substitution von $\mathfrak{H}$, so folgt aus $JR = R_0J$, daß $C = -B_0$ und $D = -A_0$ ist, also R die Form

$$R = \begin{pmatrix} A & B \\ -B_0 & A_0 \end{pmatrix}$$

hat. Zwischen A und B bestehen dann Beziehungen, die sich aus den Gleichungen

$$R_0 R' = R' R_0 = E$$

ergeben.

Anmerkung. Die Methode des Herrn Autonne läßt sich auch auf die in § 1 gemachten Voraussetzungen anwenden. Sei $H = \Phi(F)$ eine ganze Funktion von F, die der Gleichung $H^2 = F$ genügt. Da die charakteristischen Wurzeln $a, b, c, \dots$ von F alle reell und positiv sind, so sind die Koeffizienten von $\Phi(r)$ alle reell. Mithin ist $H' = H_0$ eine Hermitesche Form. Bei der Bestimmung von $\Phi(r)$ können die Vorzeichen von $\sqrt{a}, \sqrt{b}, \sqrt{c} \dots$ beliebig angenommen werden. Wählt man sie alle positiv, so wird H eine positive Form. Dann sind auch H' und $H' H H_0$ positive Formen, und folglich ist die Determinante von $H' + H' H H_0 = H'(E + H H_0)$, also auch die von $E + H H_0$ von Null verschieden. Daraus ergibt sich wie oben die Gleichung

$$H H_0 = E.$$

Durch die Substitution H geht F in

$$H' F H_0 = E$$

über, und mithin sind die transformierten Substitutionen

$$H^{-1} R H = H_0^{-1} R_0 H_0,$$

die reell sind, zugleich orthogonal.

§ 3.

Wenn die Darstellung der Gruppe $\mathfrak{H}$ durch die Matrizen $A, B, C, \cdots, R, \cdots$ reell ist oder einer reellen äquivalent ist, so ist auch der ihr entsprechende Charakter $\chi(R)$ reell. Denn

$$(1.) \qquad \chi(R) = \Sigma\, r_{\lambda\lambda}$$

ist die Summe der Diagonalelemente der Matrix R und hat für äquivalente Matrizen $P^{-1} R P$ denselben Wert.

Wenn umgekehrt der Charakter $\chi(R)$ einer Darstellung reell ist (d. h. wenn die h Werte von $\chi(R)$ sämtlich reell sind), so braucht darum keine der ihm entsprechenden Darstellungen reell zu sein. Wenn der Charakter $\chi(R)$ imaginär ist (d. h. wenn die h Werte von $\chi(R)$ nicht alle reell sind), so kann nach (1.) keine der ihm entsprechenden (unter sich äquivalenten) Darstellungen reell sein. Demnach sind hier drei Fälle zu unterscheiden:

I. Eine dem Charakter $\chi(R)$ entsprechende Darstellung ist reell.

II. Der Charakter $\chi(R)$ ist zwar reell, ihm entspricht aber keine reelle Darstellung.

III. $\chi(R)$ ist imaginär.

Bilden die h Matrizen

(2.) $$A, B, C, \cdots$$

eine Darstellung von $\mathfrak{H}$, so bilden die Matrizen

(3.) $$A'^{-1}, B'^{-1}, C'^{-1}, \cdots$$

ebenfalls eine Darstellung. Denn ist etwa $AB = C$, so ist auch $A'^{-1}B'^{-1} = C'^{-1}$. Der Gleichung $F^{-1}R'^{-1}F = R_0$ zufolge ist sie der zu (2.) konjugiert komplexen Darstellung $A_0, B_0, C_0, \cdots$ äquivalent. Ist die eine dieser beiden *inversen* Darstellungen irreduzibel, so ist es auch die andere. Entspricht der ersten der Charakter $\chi(R)$, so entspricht der andern der *inverse* Charakter $\chi(R^{-1})$ (weil konjugierte Matrizen dieselben Diagonalelemente haben). Nun sind $\chi(R)$ und $\chi(R^{-1})$ immer konjugiert komplexe Größen. Ist also $\chi(R)$ reell, so ist $\chi(R^{-1}) = \chi(R)$, demnach sind die beiden Darstellungen (2.) und (3.) äquivalent. Es gibt also eine Matrix G, deren Determinante nicht verschwindet und die den h Gleichungen $GRG^{-1} = R'^{-1}$ genügt. Schreibt man diese in der Form

(4.) $$R'GR = G,$$

so kann G als eine bilineare Form aufgefaßt werden, die von den h Substitutionen R der Gruppe $\mathfrak{H}$ in sich transformiert wird.

Wenn es umgekehrt eine bilineare Form G gibt, die den h Gleichungen (4.) genügt, so ist $GR = R'^{-1}G$. Ist die Darstellung (2.) irreduzibel, so muß daher die Determinante von G von Null verschieden sein. Dies folgt aus dem Satze (*Neue Begründung der Theorie der Gruppencharaktere* § 2, Sitzungsberichte 1905, S. 409):

Es seien X und X' zwei irreduzible Gruppenmatrizen der Grade f und f'. Ist dann P eine konstante Matrix mit f Zeilen und f' Spalten, für die die Gleichung $XP = PX'$ besteht, so ist entweder $P = 0$, oder es sind X und X' äquivalent, und P ist eine quadratische Matrix des Grades $f = f'$ von nicht verschwindender Determinante.

Daher ist $GRG^{-1} = R'^{-1}$, und folglich ist $\chi(R) = \chi(R^{-1})$ ein reeller Charakter.

Ist die betrachtete Darstellung irreduzibel, so kann es nicht mehr als eine bilineare Form G geben, die den Bedingungen (4.) genügt. Denn ist $H = R'HR$ eine zweite, so ist $R(G^{-1}H) = (G^{-1}H)R$, und mithin ist $G^{-1}H = cE$, wo c eine Konstante ist und $H = cG$. Nun folgt aber aus den Gleichungen (4.) durch Übergang zu den konjugierten Matrizen $R'G'R = G'$. Daher ist $G' = cG$, und wenn man die konjugierten Matrizen nimmt, $G = cG'$ und mithin $G = c^2 G$, demnach $c = \pm 1$. Die Form G ist also entweder symmetrisch oder alternierend. Ist sie symmetrisch, so kann sie durch eine (vielleicht imaginäre) Substitution in E transformiert werden. Nach dem in § 1 entwickelten Satze ist daher die Darstellung (2.) einer reellen äquivalent. Umgekehrt gibt es, wenn dies der Fall ist, eine quadratische Form G, welche die Substitutionen von $\mathfrak{H}$ zuläßt. Ist also der Charakter $\chi(R)$ reell, ohne daß ihm eine reelle Darstellung von $\mathfrak{H}$ entspricht, so muß G alternierend sein und umgekehrt. Demnach haben wir für das Eintreten eines der drei oben unterschiedenen Fälle das folgende Kriterium:

I. Es gibt eine symmetrische bilineare Form, welche die Substitutionen von $\mathfrak{H}$ zuläßt.

II. Es gibt eine alternierende Form.

III. Es gibt keine Form dieser Art.

Wir wollen dem Charaker $\chi(R)$ eine in der Gleichung $G' = cG$ auftretende Konstante c zuordnen, die im ersten Falle gleich $+1$, im zweitten -1 ist, und die im dritten Falle gleich 0 sein soll. So entsprechen den k Charakteren $\chi^{(\varkappa)}(R)$ der Gruppe $\mathfrak{H}$ k Konstanten $c_\varkappa$. Ist $c_\varkappa = -1$, so ist der Grad $f_\varkappa$ stets eine gerade Zahl, weil eine alternierende Determinante unpaaren Grades verschwindet.

§ 4.

Sei $U = (u_{\alpha\beta})$ eine Matrix, deren f^2 Elemente $u_{\alpha\beta}$ unabhängige Variable sind. Dann ist

$$\sum_R R'UR = G$$

eine bilineare Form, welche die h Substitutionen von $\mathfrak{H}$ zuläßt. Denn es ist

$$A'GA = \sum_R (RA)'U(RA) = \sum_R R'UR = G.$$

Im dritten Falle muß daher G identisch verschwinden. Folglich ist

$$\sum_R \sum_{\alpha,\beta} r_{\alpha\gamma} u_{\alpha\beta} r_{\beta\delta} = 0$$

und mithin

$$\sum_R r_{\alpha\gamma} r_{\beta\delta} = 0.$$

Nun sind die f^2 Größen

$$\sum_\lambda r_{\alpha\lambda} r_{\lambda\beta} = r^{(2)}_{\alpha\beta}$$

die Elemente der Matrix R^2. Daher ist

$$\sum_R R^2 = 0,$$

und weil $\chi(R)$ die Spur von R ist,

$$\sum_R \chi(R^2) = 0.$$

In jedem Falle ist $G = cG'$, folglich

$$\sum_R \sum_{\alpha,\beta} r_{\alpha\gamma} u_{\alpha\beta} r_{\beta\delta} = c \sum_R \sum_{\alpha,\beta} r_{\alpha\delta} u_{\alpha\beta} r_{\beta\gamma},$$

mithin

(1.) $$\sum_R r_{\alpha\gamma}\, r_{\beta\delta} = c \sum_R r_{\alpha\delta}\, r_{\beta\gamma}$$

und speziell

$$\sum_R r_{\varkappa\lambda}\, r_{\lambda\varkappa} = c \sum_R r_{\varkappa\varkappa}\, r_{\lambda\lambda}.$$

Nun ist

$$\sum_\varkappa r_{\varkappa\varkappa} = \chi(R)\,, \qquad \sum_{\varkappa,\lambda} r_{\varkappa\lambda}\, r_{\lambda\varkappa} = \sum_\varkappa r_{\varkappa\varkappa}^{(2)} = \chi(R^2)$$

und demnach

$$\sum_R \chi(R^2) = c \sum_R \chi(R)\,\chi(R).$$

Es ist aber

(2.) $$\sum_R \chi(R^{-1})\,\chi(R) = h,$$

und wenn ψ ein von χ verschiedener Charakter ist,

(3.) $$\sum_R \psi(R^{-1})\,\chi(R) = 0.$$

Mithin ist im dritten Falle

$$\sum_R \chi(R)\,\chi(R) = 0,$$

in den beiden ersten aber

$$\sum_R \chi(R)\,\chi(R) = h.$$

In Verbindung mit der obigen Gleichung ergibt sich daher für alle drei Fälle die Relation

(4.) $$\sum_R \chi(R^2) = ch,$$

wodurch die dem Charakter $\chi(R)$ entsprechende Konstante c bestimmt ist.

Die Matrix ΣR^2 ist mit jeder Matrix der Gruppe $\mathfrak{H}$ vertauschbar, also gleich

(5.) $$\sum_R R^2 = \frac{ch}{f} E.$$

Denn es ist

$$A^{-1}(\Sigma R^2)\,A = \Sigma\,(A^{-1}RA)^2 = \Sigma R^2,$$

weil $A^{-1}RA$ zugleich mit R die h Matrizen der Gruppe $\mathfrak{H}$ durchläuft. Jene Matrix kann sich daher von E nur durch einen konstanten Faktor unterscheiden, dessen Wert sich durch Vergleichung der Spuren ergibt.

Aus der Gleichung (5.) folgt

$$\sum_R AR^2 = \frac{ch}{f} A,$$

und daraus durch Vergleichung der Spuren

(6.) $$\sum_R \chi(AR^2) = \frac{ch}{f} \chi(A).$$

Nimmt man in der Summe

$$\sum_S \chi^{(\varkappa)}(S^2) = c_\varkappa h$$

die Glieder zusammen, für die S^2 denselben Wert R hat, so erhält man

$$\sum_R \zeta(R)\chi^{(\varkappa)}(R) = c_\varkappa h,$$

wo $\zeta(R)$ die Anzahl der Matrizen S von $\mathfrak{H}$ ist, die der Gleichung $S^2 = R$ genügen. Durch Auflösung dieser Gleichungen ergibt sich, da $\zeta(R) = \zeta(R^{-1})$ ist,

$$\zeta(R) = \sum_\varkappa c_\varkappa \chi^{(\varkappa)}(R). \tag{7.}$$

Die Anzahl der Lösungen S der Gleichung $S^2 = R$ ist

$$\zeta(R) = \sum_\varkappa c_\varkappa \chi^{(\varkappa)}(R).$$

In dieser Summe ist $c_\varkappa = 0$, wenn $\chi^{(\varkappa)}(R)$ imaginär ist. Ist aber der Charakter $\chi^{(\varkappa)}(R)$ reell, so ist $c_\varkappa = +1$ oder -1, je nachdem ihm eine reelle Darstellung der Gruppe entspricht oder nicht.

Speziell ist die Anzahl $m = \zeta(E)$ der Lösungen der Gleichung $S^2 = E$ gleich

$$m = \sum_\varkappa c_\varkappa f_\varkappa, \tag{8.}$$

also gleich dem Überschuß der Summe der Grade der reellen Darstellungen über die Summe der Grade der imaginären mit reellem Charakter. Die letztere Summe ist folglich stets kleiner als die erstere.

Die Formel (7.) kann man auch aus der Gleichung (6.) ableiten. Allgemeiner ist

$$h^{\mu-1} \sum_\lambda \frac{c_\lambda^\mu}{f_\lambda^{\mu-2}} \tag{9.}$$

die Anzahl der Lösungen der Gleichung

$$R_1^2 R_2^2 \cdots R_\mu^2 = E. \tag{10.}$$

Insbesondere ist (für $\mu = 2$) die Anzahl der Lösungen der Gleichung $R^2 = S^2$ gleich h mal der Anzahl der reellen Charaktere.

§ 5.

Die im vorigen Paragraphen durchgeführten Rechnungen kann man durch die folgende Überlegung ersetzen (vgl. Molien, *Über die Invarianten der linearen Substitutionsgruppen,* Sitzungsberichte 1897): Ist

$$x_\alpha = \sum_\varkappa r_{\alpha\varkappa} y_\varkappa \tag{1.}$$

die lineare Substitution, deren Matrix R ist, so ist

$$x_\alpha x_\beta = \sum_{\varkappa,\lambda} r_{\alpha\varkappa} r_{\beta\lambda} y_\varkappa y_\lambda.$$

Aus der gegebenen Substitution, wodurch für die f Variabeln x_α die f neuen Variabeln y_α eingeführt werden, ergibt sich so eine neue Substitution

$$(2.)\qquad x_{\alpha\beta}=\sum_{\varkappa,\lambda}\tfrac{1}{2}(r_{\alpha\varkappa}r_{\beta\lambda}+r_{\alpha\lambda}r_{\beta\varkappa})y_{\varkappa\lambda},$$

wodurch für die $\frac{1}{2}f(f+1)$ Variabeln $x_{\alpha\beta}=x_{\beta\alpha}$ ebenso viele neue Variabeln $y_{\alpha\beta}=y_{\beta\alpha}$ eingeführt werden. Die Spur dieser Substitution ist

$$(3.)\qquad \tfrac{1}{2}(\chi(R)\chi(R)+\chi(R^2)).$$

Wenn es nun eine quadratische Form $G=\sum a_{\alpha\beta}x_\alpha x_\beta$ gibt, welche die Substitution (1.) zuläßt, so ist $\sum a_{\alpha\beta}x_{\alpha\beta}$ eine lineare Form, die von der Substitution (2.) in sich transformiert wird, und umgekehrt.

Bilden die h Substitutionen (1.) eine Darstellung der Gruppe $\mathfrak{H}$, so bilden auch die h neuen Substitutionen (2.) eine solche Darstellung. In dieser kommt in dem betrachteten Falle die Hauptdarstellung vor, und zwar nur einmal, weil es nicht mehr als eine quadratische Form wie G gibt. Folglich ist in diesem Falle

$$(4.)\qquad \sum_R \frac{1}{2}(\chi(R)\chi(R)+\chi(R^2))=h.$$

Ist ferner

$$x'_\alpha=\sum_\varkappa r_{\alpha\varkappa}y'_\varkappa$$

die Substitution (1.), in anderen Variabeln geschrieben, so ist

$$x_\alpha x'_\beta-x_\beta x'_\alpha=\sum_{\varkappa,\lambda}(r_{\alpha\varkappa}r_{\beta\lambda}-r_{\alpha\lambda}r_{\beta\varkappa})(y_\varkappa y'_\lambda-y_\lambda y'_\varkappa).$$

Auf diese Weise ergibt sich aus (1.) die Substitution

$$(5.)\qquad x_{\alpha\beta}=\sum_{\varkappa,\lambda}(r_{\alpha\varkappa}r_{\beta\lambda}-r_{\alpha\lambda}r_{\beta\varkappa})y_{\varkappa\lambda}$$

vom Grade $\frac{1}{2}f(f-1)$, deren Spur ist

$$(6.)\qquad \frac{1}{2}(\chi(R)\chi(R)-\chi(R^2)).$$

Wenn es nun eine alternierende Form gibt, welche die h Substitutionen R zuläßt, so enthält der (zusammengesetzte) Charakter (6.) den Hauptcharakter einmal und nur einmal, und folglich ist in diesem Falle

$$(7.)\qquad \sum\frac{1}{2}(\chi(R)\chi(R)-\chi(R^2))=h.$$

Wenn aber keine bilineare Form G die Substitutionen von $\mathfrak{H}$ zuläßt, so hat jede der beiden eben berechneten Summen den Wert Null. Demnach ist allgemein

$$(8.)\qquad \sum_R\chi(R^2)=ch.$$

Daß es nicht mehr als eine bilineare Form G gibt, die den Bedingungen $R'GR = G$ genügt, braucht in der obigen Entwicklung nicht benutzt zu werden. Denn ist die Summe (4.) gleich hp und (7.) gleich hq, so ist $p+q=1$, weil $\Sigma\,\chi(R)\chi(R) = h$ ist, und folglich ist von den beiden positiven ganzen Zahlen p und q die eine 0 und die andere 1.

Das Vorkommen des Falles $c = -1$ ist schon früher direkt (*Über eine Klasse von endlichen Gruppen linearer Substitutionen*, Sitzungsberichte 1903, S. 80) an dem Beispiele der Quaternionengruppe gezeigt worden. Diese Gruppe der Ordnung $h = 8$ enthält 2 invariante Elemente E und F. Das Quadrat jedes der 6 andern Elemente G ist $G^2 = F$, während $F^2 = E$ ist. Von den 5 irreduzibeln Darstellungen der Gruppe sind 4 linear, die fünfte quadratrisch. Ist χ der Charakter der letzteren, so ist $\chi(E) = 2$, $\chi(F) = -2$ und $\chi(G) = 0$. Daher ist

$$\sum_R \chi(R^2) = 2\chi(E) + 6\chi(F) = -8 = -h,$$

und mithin entspricht diesem reellen Charakter keine reelle Darstellung.

Andere Beispiele liefern die (erweiterten) Gruppen des Tetraeders, Oktaeders und Ikosaeders, deren Charaktere in der Arbeit *Über die Composition der Charaktere einer Gruppe*, Sitzungsberichte 1899, S. 339 mitgeteilt sind, und zwar tritt der Fall $c = -1$ bei der Darstellung (4.) der Tetraedergruppe, den Darstellungen (5.), (6.) und (7.) der Oktaedergruppe und den Darstellungen (5.), (6.), (7.) und (8.) der Ikosaedergruppe ein. Etwas wesentlich Neues aber liefern diese Beispiele nicht, weil alle diese Gruppen die Quaternionengruppe enthalten.

Daß diese Gruppen Darstellungen der zweiten Art enthalten, kann man auch aus dem folgenden leicht zu beweisenden Satze schließen:

Jede endliche Gruppe, die nur ein Element der Ordnung 2 enthält, und keinen Charakter der zweiten Art besitzt, ist das direkte Produkt einer zyklischen Gruppe der Ordnung 2^n und einer Gruppe ungerader Ordnung.

Umgekehrt besitzt eine Gruppe, die ein solches direktes Produkt ist, keine Darstellung der zweiten Art.

§ 6.

Durchläuft R die h Elemente der Gruppe $\mathfrak{H}$, so stellt $R^{-1}AR$ die sämtlichen mit A *konjugierten* Elemente dar (und jedes gleich oft). Nun ist $(R^{-1}AR)^u = R^{-1}A^uR$. Sind daher

(1.) $\qquad A, B, C, \cdots$

die Elemente einer Klasse (von konjugierten Elementen), so sind

(2.) $\qquad A^u, B^u, C^u, \cdots$

ebenfalls die sämtlichen Elemente einer Klasse. Ist ferner μ relativ prim zu h, so sind die Elemente (2.) auch untereinander verschieden. In diesem Falle nennen wir die beiden Klassen (1.) und (2.) *konjugiert.* Sind zwei Klassen einer dritten konjugiert, so sind sie es auch untereinander.

Sind speziell die beiden Klassen (1.) und (2.) einander gleich, so sagen wir, die Klasse (1.) läßt die Substitution (R, R^{μ}) zu. Eine Klasse, welche die Substitution (R, R^{-1}) zuläßt, heißt eine *zweiseitige* Klasse.

Ist μ relativ prim zu h, so durchläuft R^{μ} gleichzeitig mit R die h Elemente von $\mathfrak{H}$, nur in anderer Reihenfolge. Daher unterscheiden sich die h Werte $\chi(R^{\mu})$ von den h Werten $\chi(R)$ eines Charakters χ nur durch die Anordnung. Nun ist jeder einzelne Wert $\chi(R)$ eine ganze Funktion einer primitiven h^{ten} Einheitswurzel ω mit ganzzahligen Koeffizienten, und $\chi(R^{\mu})$ geht daraus hervor, indem man ω durch die (algebraisch) konjugierte Zahl ω^{μ} ersetzt. Die h Werte $\chi(R)$ können aber als eine Lösung eines gewissen Systems algebraischer Gleichungen mit rationalen Koeffizienten definiert werden. Demnach genügt $\chi(R^{\mu}) = \psi(R)$ den nämlichen Gleichungen, und ist folglich ein Charakter von $\mathfrak{H}$. Zwei solche Charaktere nennen wir *konjugiert.* Ist $\psi(R) = \chi(R)$, so sagen wir, der Charakter $\chi(R)$ läßt die Substitution (R, R^{μ}) zu. Dann gilt der Satz:

Die Anzahl der Charaktere, welche die Substitution (R, R^{μ}) zulassen, ist gleich der Anzahl der Klassen, welche dieselbe Eigenschaft besitzen.

Um dies zu beweisen, betrachten wir die Summe

$$s = \sum_{\varkappa} \sum_{R} \chi^{(\varkappa)}(R^{-1})\chi^{(\varkappa)}(R^{\mu}).$$

Wenn der Charakter $\chi^{(\varkappa)}$ die Substitution (R, R^{μ}) nicht zuläßt, so ist $\chi^{(\varkappa)}(R^{\mu}) = \chi^{(\lambda)}(R)$ ein von $\chi^{(\varkappa)}$ verschiedener Charakter, und mithin ist

$$\sum_{R} \chi^{(\varkappa)}(R^{-1})\chi^{(\varkappa)}(R^{\mu}) = \sum_{R} \chi^{(\varkappa)}(R^{-1})\chi^{(\lambda)}(R) = 0\,.$$

Wenn aber $\chi^{(\varkappa)}$ jene Substitution zuläßt, so ist diese Summe gleich h. Folglich ist $s = hm$, wo m die Anzahl der Charaktere ist, welche die Substitution (R, R^{μ}) zulassen.

Ferner ist die Summe

$$\sum_{\varkappa} \chi^{(\varkappa)}(R^{-1})\chi^{(\varkappa)}(R^{\mu}) = 0\,,$$

wenn R und R^{μ} nicht konjugiert sind. Sind sie es aber, so ist jene Summe gleich $\frac{h}{h_R}$. Denselben Wert hat sie für jedes der h_R Elemente der Klasse, der R angehört. Diese Klasse läßt die Substitution (R, R^{μ}) zu, und wenn man über die h_R Elemente dieser Klasse summiert, so erhält man $\frac{h}{h_R}\cdot h_R = h$. Folglich ist $s = hm'$, wo m' die Anzahl der Klassen ist, welche die Substitution (R, R'') zulassen. Demnach ist $m = m'$. Speziell gilt der Satz:

Die Anzahl der reellen Charaktere einer Gruppe ist gleich der Anzahl der zweiseitigen Klassen.

Durchläuft sowohl R wie S die h Elemente von $\mathfrak{H}$, so ist hm die Anzahl der Lösungen der Gleichung $SRS^{-1} = R^{-1}$. Denn diese Gleichung hat nur dann eine Lösung, wenn R einer zweiseitigen Klasse angehört. Ist R eins der h_R Elemente einer solchen Klasse, so gibt es $\frac{h}{h_R}$ Elemente, die mit R vertauschbar sind, und ebenso viele, die R in das konjugierte Element R^{-1} transformieren. Setzt man für R der Reihe nach die h_R Elemente einer solchen Klasse, so erhält man $\frac{h}{h_R} h_R = h$ Lösungen, und demnach hat die Gleichung $SRS^{-1} = R^{-1}$ im ganzen hm Lösungen. Ersetzt man R durch RS^{-1}, so nimmt jene Gleichung die Gestalt

$$R^2 = S^2 \tag{3.}$$

an (vgl. § 4).

Wenn man die Anzahl der irreduzibeln Darstellungen von $\mathfrak{H}$, die den drei in § 3 unterschiedenen Fällen entsprechen, mit k_1, k_2, k_3 bezeichnet, so ist

$$k_1 + k_2 + k_3 = k\,, \qquad k_1 + k_2 = m\,,$$

wo k die Anzahl der Klassen, m die der zweiseitigen Klassen bezeichnet. Die Einzelwerte dieser Zahlen haben wir nicht ermitteln können. Die Zahl k_3 ist immer gerade, weil jedem imaginären Charakter $\chi(R)$ der von ihm verschiedene konjugiert imaginär oder inverse Charakter $\chi(R^{-1})$ entspricht. Die Zahlen k_2 und k_3 können verschwinden, k_1 ist immer >0, weil der Hauptcharakter von der ersten Art ist.

Ist h ungerade, so ist $m = 1$ und folglich $k_1 = 1$, $k_2 = 0$, $k_3 = k-1$, d. h. es sind alle Charaktere außer dem Hauptcharakter imaginär. Dies kann man, wie Hr. Burnside (Proc. of the London Math. Soc. Bd. 33, S. 168) bemerkt hat, auch direkt aus der Gleichung

$$\sum_R \chi(R) = 0$$

ableiten, die für jeden Charakter, außer dem Hauptcharakter gilt. Da h ungerade ist, so genügt nur das Hauptelement E der Gleichung $R^2 = E$, sonst aber sind R und R^{-1} verschieden, daher kann man die obige Gleichung in der Form

$$\chi(E) + \Sigma'(\chi(R) + \chi(R^{-1})) = 0$$

schreiben, wo sich die Summe nur über $\frac{1}{2}(h-1)$ Elemente erstreckt. Wäre nun $\chi(R)$ reell, so wäre $\chi(R^{-1}) = \chi(R)$ und mithin

$$2\,\Sigma'\,\chi(R) = -f.$$

Folglich wäre $\frac{1}{2}f$ eine ganze algebraische und demnach eine ganze rationale Zahl, während doch f als Divisor von h ungerade ist.

Ist aber h gerade, so ist $k_1 > 1$, es gibt also mindestens eine reelle Darstellung von $\mathfrak{H}$, außer der trivialen, die dem Hauptcharakter entspricht. Dies folgt aus der Relation $h = \Sigma f_\varkappa^2$. Teilt man diese Summe in 3 Teile, entsprechend den 3 Arten von Darstellungen, so erhält man

$$h = \Sigma f_\alpha^2 + \Sigma f_\beta^2 + \Sigma f_\gamma^2.$$

In der dritten Summe sind die Glieder paarweise einander gleich, weil inverse Charaktere denselben Grad haben. In der zweiten ist jede einzelne der Zahlen f_β gerade. Daher ist die erste Summe gerade, und da für den Hauptcharakter $f_0 = 1$ ist, so muß sie aus mindestens zwei Gliedern bestehen (und es muß außer f_0 noch mindestens eine der Zahlen f_α ungerade sein).

Sind $\mu, \nu, \rho, \cdots$ mehrere zu h teilerfremde Zahlen, so kann man die Klassen und die Charaktere zählen, welche die Substitutionen (R, R^μ), (R, R^ν), (R, R^ρ), $\cdots$ gleichzeitig zulassen. Ob aber diese beiden Anzahlen übereinstimmen, haben wir nicht ergründen können. Aus dem obigen Satze aber ergibt sich noch eine merkwürdige Folgerung:

Durchläuft μ die $p = \phi(h)$ Zahlen, die zu h teilerfremd sind, so sei p_λ die Anzahl der Substitutionen (R, R^μ), welche die λ^{te} Klasse von $\mathfrak{H}$ zuläßt, und q_μ die Anzahl der Klassen, welche eine bestimmte Substitution (R, R^μ) zulassen. Dann ist $\Sigma\, p_\lambda = \Sigma\, q_\mu$ die Anzahl der Paare (λ, μ), die man erhält, indem man jedesmal den Index λ einer der k Klassen mit der Zahl μ kombiniert, falls die λ^{te} Klasse die Substitution (R, R^μ) zuläßt.

Ebenso sei p'_λ die Anzahl der Substitutionen (R, R^μ), welche der Charakter $\chi^{(\lambda)}(R)$ zuläßt, und q'_μ die Anzahl der Charaktere, welche die Substitution (R, R^μ) zulassen. Dann ist ebenso $\Sigma\, p'_\lambda = \Sigma\, q'_\mu$.

Nach jenem Satze ist nun $q_\mu = q'_\mu$ und mithin $\Sigma\, p_\lambda = \Sigma\, p'_\lambda$. Da die λ^{te} Klasse p_λ Substitutionen (R, R^μ) zuläßt, so ist diese Klasse mit $\frac{p}{p_\lambda}$ verschiedenen Klassen konjugiert, und jede dieser $\frac{p}{p_\lambda}$ Klassen läßt ebenfalls p_λ Substitutionen zu. Der auf diese $\frac{p}{p_\lambda}$ Klassen bezügliche

Teil der Summe $\Sigma\, p_\lambda$ ist daher gleich $\frac{p}{p_\lambda}\, p_\lambda = p$. Mithin ist die ganze Summe gleich $p\,l$, wo l die Anzahl der nicht konjugierten Klassen bezeichnet. Ebenso ist $\Sigma\, p'_\lambda = p\,l'$, wo l' die Anzahl der nicht konjugierten Charaktere ist. Folglich ist $l = l'$.

Die Anzahl der nicht konjugierten Klassen ist gleich der Anzahl der nicht konjugierten Charaktere.

Diese Anzahl ist gleich der Anzahl der verschiedenen im Körper der rationalen Zahlen irreduzibeln Darstellungen der Gruppe.

§ 7.

Die bisher erhaltenen Resultate lassen sich verallgemeinern, indem man voraussetzt, es gibt eine bilineare Form G, die von den Substitutionen der Gruppe $\mathfrak{H}$ in sich transformiert wird, mit konstanten Faktoren multipliziert. Die in den Gleichungen

(1.) $$R'GR = \eta_R G$$

auftretenden Konstanten η_R haben die Eigenschaft

(2.) $$\eta_R \eta_S = \eta_{RS},$$

bilden also einen linearen Charakter von $\mathfrak{H}$. Ist die betrachtete Darstellung irreduzibel, so muß die Determinante von G von Null verschieden sein, und es kann, wenn der lineare Charakter $\eta_R = \eta(R)$ gegeben ist, nicht mehr als eine bilineare Form G geben, die den Bedingungen (1.) genügt. Diese Form ist demnach entweder symmetrisch oder alternierend. Auch hier setzen wir, den drei möglichen Fällen entsprechend $c = 1, -1$ oder 0, so daß $G' = cG$ ist.

Ist die Form G symmetrisch, so kann sie in die Hauptform transformiert werden. Dann ist

(3.) $$R'R = RR' = \eta_R E,$$

und die Substitution $E + F$ führt dann die Matrix R in eine Matrix S über, die der Bedingung

(4.) $$S = \eta_R S_0$$

genügt. Demnach ist $\frac{1}{\sqrt{\eta_R}} S$ eine reelle Matrix.

Ist $\chi(R)$ der Charakter der betrachteten Darstellung, so ist $\frac{1}{\sqrt{\eta_R}} \chi(R)$ reell und demnach

(5.) $$\chi(R) = \eta_R \chi(R^{-1}).$$

Wenn umgekehrt diese Bedingung erfüllt ist, so gibt es eine (und nur eine) Form G, die der Bedingung (1.) genügt. Ist diese Form G

also alternierend, so gibt es keine dem Charakter $\chi(R)$ entsprechende Darstellung, worin $\frac{1}{\sqrt{\eta_R}} R$ reell ist.

Der Bedingung (1.) genügt die Form

$$G = \Sigma\, \eta(R^{-1})\, R'UR\,. \tag{6.}$$

Ihre Betrachtung führt zu der Formel

$$\Sigma\, \eta(R^{-1})\, \chi(R^2) = ch \tag{7.}$$

für die Konstante c.

Sei $\zeta(R)$ die über die Lösungen S der Gleichung $S^2 = R$ ausgedehnte Summe

$$\zeta(R) = \sum_S \eta(S) \qquad (S^2 = R). \tag{8.}$$

Dann ist

$$\zeta(R) = \sum_\varkappa c_\varkappa\, \chi^{(\varkappa)}(R)\,. \tag{9.}$$

Ist $\eta(R) = \vartheta(R)^2 = \vartheta(R^2)$ das Quadrat eines linearen Charakters, so sind die hier angedeuteten Resultate von den früheren nur unwesentlich verschieden. Denn dann ist $\vartheta(R^{-1})\, \chi(R)$ ein Charakter von $\mathfrak{H}$, und die Matrizen $\vartheta(R^{-1})\, R$ bilden eine ihm entsprechende Darstellung. Es gibt aber Beispiele, wo dies nicht der Fall ist, wie der Charakter (4.) der in § 5 erwähnten Oktaedergruppe, für den G alternierend ist.

§ 8.

Der in § 3 benutzte Hilfssatz läßt sich in folgender Art verallgemeinern: Seien X und X' zwei Gruppenmatrizen der Grade n und n', und sei P eine konstante Matrix, für welche die Gleichung $XP = PX'$ besteht. Ist dann r der Rang von P, so werde $n-r = s$ und $n'-r = t$ gesetzt. Man bestimme nun zwei Matrizen A und B der Grade n und n', deren Determinanten nicht verschwinden, so, daß die Matrix $APB = Q$ die Gestalt

$$Q = \begin{pmatrix} E_r & N_{rt} \\ N_{sr} & N_{st} \end{pmatrix}$$

annimmt. Setzt man dann

$$AXA^{-1} = X_1\,, \qquad B^{-1}X'B = X_1'\,,$$

so wird

$$X_1 Q = Q X_1'\,.$$

Schreibt man nun X_1 und X_1' in den Formen

$$X_1 = \begin{pmatrix} X_{rr} & X_{rt} \\ X_{sr} & X_{st} \end{pmatrix}, \qquad X_1' = \begin{pmatrix} X_{rr}' & X_{rt}' \\ X_{sr}' & X_{st}' \end{pmatrix},$$

so folgt

$$\begin{pmatrix} X_{rr} & N_{rt} \\ X_{sr} & N_{st} \end{pmatrix} = \begin{pmatrix} X_{rr}' & X_{rt}' \\ N_{sr} & N_{st} \end{pmatrix}.$$

Daher ist zunächst $X_{sr} = 0$ und $X'_{rt} = 0$, und demnach ist sowohl X wie X' reduzibel, außer wenn $r = n = n'$ ist. Ferner aber ist $X_{rr} = X'_{rr}$. Da $X_{sr} = 0$, so ist X_{rr} ein Bestandteil von X, und folglich haben die beiden Darstellungen einen Bestandteil des Grades r gemeinsam.

Ist die Gruppenmatrix $X = \Sigma R x_R$, so bilden die h Matrizen R eine Darstellung der Gruppe $\mathfrak{H}$. Ist F eine dazu gehörige positive Hermitesche Form, so ist $R' F R_0 = F$. Wenn die Substitutionen R außerdem eine bilineare Form G von nicht verschwindender Determinante in sich transformieren, so ist $R' G R = G$. Mithin ist $G^{-1} R'^{-1} G = R$ und $F^{-1} R'^{-1} F = R_0$, und demnach sind die beiden konjugiert komplexen Darstellungen R und R_0 äquivalent. Ihre irreduzibeln Bestandteile müssen folglich übereinstimmen, und da für die Bestandteile von R_0 die konjugiert komplexen zu denen von R genommen werden können, so muß jeder irreduzible Bestandteil der dritten Art ebenso oft vorkommen wie der konjugiert komplexe. Sei S eine irreduzible Darstellung von $\mathfrak{H}$, die in der gegebenen Darstellung (durch die Matrizen R) g mal vorkommt. Ist also S von der dritten Art, so kommt S_0 darin auch g mal vor. Ferner aber gilt der Satz:

Die Zahl g ist gerade, erstens wenn G symmetrisch und S von der zweiten Art ist, zweitens wenn G alternierend und S von der ersten Art ist.

Sei die Form G symmetrisch, sei die Darstellung R vom Grade n, die darin genau g mal enthaltene irreduzible Darstellung S vom Grade f. Dann ist R einer zerfallenden Darstellung

$$\begin{pmatrix} P & 0 \\ 0 & Q \end{pmatrix}$$

äquivalent, wo P eine Darstellung des Grades fg ist, die in g mit S äquivalente Darstellungen zerfällt und Q eine Darstellung des Grades $n-fg$, die S nicht enthält. Ist

$$\begin{pmatrix} A & B \\ C & D \end{pmatrix}$$

die quadratische Invariante, in die G für diese zerfallende Darstellung übergegangen ist, so ist

$$\begin{pmatrix} A & B \\ C & D \end{pmatrix} \begin{pmatrix} P & 0 \\ 0 & Q \end{pmatrix} = \begin{pmatrix} P'^{-1} & 0 \\ 0 & Q'^{-1} \end{pmatrix} \begin{pmatrix} A & B \\ C & D \end{pmatrix}.$$

Mithin ist

$$BQ = P'^{-1} B.$$

Nun ist die Darstellung P'^{-1} der Darstellung P_0 äquivalent, und folglich, wenn S von der zweiten Art ist, auch der Darstellung P. Daher haben die beiden Darstellungen Q und P'^{-1} keinen Bestandteil gemeinsam. Jene Gleichung kann daher nach dem oben entwickelten Prinzip nicht anders bestehen, als wenn $B = 0$ ist. Ebenso ist $C = 0$. Daher ist A eine quadratische Form von nicht verschwindender Determinante, die der Gleichung $P'AP = A$ zufolge von den Substitutionen P in sich transformiert wird.

Die Darstellung P hat die Gestalt

$$P = \begin{pmatrix} S & 0 & 0 & \cdots \\ 0 & S & 0 & \cdots \\ 0 & 0 & S & \cdots \\ \cdot & \cdot & \cdot & \cdots \end{pmatrix}.$$

Entsprechend sei

$$A = (L_{\alpha\beta}) \qquad (\alpha, \beta = 1, 2, \cdots g),$$

wo $L_{\alpha\beta}$ eine Matrix des Grades f bezeichnet. Dann ist

$$S' L_{\alpha\beta} S = L_{\alpha\beta}.$$

Da die Darstellung S irreduzibel ist, so gibt es, von einem konstanten Faktor abgesehen, nur eine bilineare Form

$$M = (m_{\gamma\delta}) \qquad (\gamma, \delta = 1, 2, \cdots f),$$

die von den Substitutionen S in sich transformiert wird, und da S von der zweiten Art ist, so ist $M = -M'$ alternierend. Demnach ist $L_{\alpha\beta} = l_{\alpha\beta} M$. Da aber die Matrix A symmetrisch ist, so ist $L_{\beta\alpha} = L'_{\alpha\beta}$ und mithin $l_{\beta\alpha} = -l_{\alpha\beta}$. Nach einem bekannten Satze von Kronecker ist die Determinante von L

$$|L| = |l_{\alpha\beta}|^f |m_{\gamma\delta}|^g.$$

Daher ist die alternierende Determinante g^{ten} Grades $|l_{\alpha\beta}|$ von Null verschieden, und folglich ist g eine gerade Zahl. Genau in derselben Art kann man den zweiten Teil des obigen Satzes beweisen.

Nunmehr läßt sich der im § 1 erhaltene Satz auf reduzible Gruppen ausdehnen:

Jede endliche Gruppe orthogonaler Substitutionen ist einer reellen (orthogonalen) Gruppe äquivalent.

Die Substitutionen R der Gruppe $\mathfrak{H}$ seien orthogonal, oder allgemeiner, sie mögen eine quadratische Form G von nicht verschwindender Determinante in sich transformieren. Sei S eine irreduzible Darstellung von $\mathfrak{H}$, die genau g mal in R enthalten ist. Dann kann S, wenn die Darstellung von der ersten Art ist, als reell vorausgesetzt werden. Ist sie von der zweiten Art, so ist S mit S_0 äquivalent und g gerade. Daher können diese irreduzibelen Bestandteile von R so gewählt werden, daß sie sich zu Paaren konjugiert komplexer

$$T = \begin{pmatrix} S & 0 \\ 0 & S_0 \end{pmatrix} = \begin{pmatrix} U + iV & 0 \\ 0 & U - iV \end{pmatrix}$$

zusammenfassen lassen. Dasselbe gilt von den Darstellungen der dritten Art. Setzt man nun entsprechend

$$\sqrt{2}\,H = \begin{pmatrix} E & iE \\ iE & E \end{pmatrix},$$

so wird

$$H^{-1}TH = \begin{pmatrix} U & -V \\ V & U \end{pmatrix}$$

reell. Wählt man S so, daß $S'S_0 = E$ ist, so ist auch $T'T_0 = E$. Da ebenfalls $H'H_0 = E$ ist, so hat auch $H^{-1}TH$ dieselbe Eigenschaft, ist also, weil es außerdem reell ist, orthogonal.

In der nämlichen Weise läßt sich der letzte Satz des § 2 ausdehnen.

Jede endliche Gruppe von Substitutionen, die eine alternierende Form von nicht verschwindender Determinante in sich transformieren, ist einer Gruppe äquivalent, für welche die Hermite*sche Form gleich E und die alternierende gleich J wird.*

Wir wollen diese Form der Gruppe ihre *Normalform* nennen. Wir denken uns die Darstellung so transformiert, daß sie in lauter irreduzible Teile S zerfällt. Jede dieser irreduziblen Darstellungen S können wir als *unitär* annehmen, also so, daß $S'S_0 = E$ ist, oder daß die zugehörige Hermitesche Form die Hauptform E ist. Ferner können wir von den Darstellungen der zweiten Art nach § 2 annehmen, daß sie bereits die Normalform besitzen. Endlich können wir voraussetzen, daß die Darstellungen der dritten Art paarweise konjugiert komplex, und die der ersten Art reell sind. Wir können dann jedes Paar konjugiert komplexer Darstellungen der dritten Art zu einer Darstellung

$$T = \begin{pmatrix} S & 0 \\ 0 & S_0 \end{pmatrix}$$

vereinigen, und ebenso können wir nach dem zweiten Teile des obigen Satzes mit den Darstellungen der ersten Art verfahren, nur daß dann $S_0 = S$ ist; für die Darstellungen der zweiten Art setzen wir $T = S$. Nun ist

$$\begin{pmatrix} 0 & -E \\ E & 0 \end{pmatrix}\begin{pmatrix} S & 0 \\ 0 & S_0 \end{pmatrix} = \begin{pmatrix} S_0 & 0 \\ 0 & S \end{pmatrix}\begin{pmatrix} 0 & -E \\ E & 0 \end{pmatrix}$$

oder

$$JT = T_0 J$$

und da $T'T_0 = E$ ist

$$T'JT = J.$$

Auf diese Weise zerfällt die Darstellung in Bestandteile $T_1, T_2, T_3, \ldots$, welche die Formen $J_1, J_2, J_3, \ldots$ in sich transformieren mögen. Die zerlegbare Form

$$\begin{matrix} J_1 & 0 & 0 & . \\ 0 & J_2 & 0 & . \\ 0 & 0 & J_3 & . \\ . & . & . & . \end{matrix}$$

hat zwar noch nicht genau dieselbe Gestalt wie J, kann aber darauf gebracht werden durch Vertauschung der Zeilen und entsprechende Vertauschung der Spalten, also durch eine reelle orthogonale Substitution, welche die HERMITEsche Form E ungeändert läßt.

Wenn die Substitutionen von $\mathfrak{H}$ sowohl eine symmetrische als auch eine alternierende Form in sich transformieren, so tritt in der Darstellung R jeder Bestandteil erster und jeder zweiter Art in einer geraden Anzahl von Malen auf. Die Bestandteile erster Art S kann man daher paarweise zu

$$T = \begin{pmatrix} S & 0 \\ 0 & S \end{pmatrix}$$

vereinigen. Dabei kann man S, also auch T als reell und orthogonal annehmen. Jeden Bestandteil der zweiten und dritten Art kann man mit dem konjugiert komplexen zu einer reellen und orthogonalen Matrix

$$T = \begin{pmatrix} U & -V \\ V & U \end{pmatrix}$$

vereinigen. In beiden Fällen ist dann

$$JT = TJ$$

und da $T'T = E$ ist, auch

$$T'JT = J.$$

Demnach gibt es eine der gegebenen äquivalente, *reelle* und orthogonale Gruppe, deren Substitutionen J in sich transformieren.

76.

Über die Äquivalenz der Gruppen linearer Substitutionen (mit I. Schur)

Sitzungsberichte der Königlich Preußischen Akademie der Wissenschaften zu Berlin 209–217 (1906)

Ein System $\mathfrak{G}$ von endlich oder unendlich vielen linearen homogenen Substitutionen in n Variabeln soll im folgenden als eine *Gruppe* bezeichnet werden, wenn das Produkt von je zwei Substitutionen von $\mathfrak{G}$ wieder in $\mathfrak{G}$ enthalten ist. Es wird also nicht verlangt, daß die Determinanten der Substitutionen von Null verschieden seien, und auch nicht, daß in jeder Gruppe ein Einheitselement E vorkommen soll, welches für jede Substitution A der Gruppe den Gleichungen $AE = EA = A$ genügt.

Geht $\mathfrak{G}$ durch eine lineare Transformation der Variabeln (von nicht verschwindender Determinante) in $\mathfrak{G}'$ über, so nennen wir $\mathfrak{G}$ und $\mathfrak{G}'$ *äquivalente* Systeme.

Jedem Element R der Gruppe $\mathfrak{G}$ möge eine (und nur eine) Substitution H_R einer zweiten Gruppe $\mathfrak{H}$ entsprechen, und jeder Substitution von $\mathfrak{H}$ eine oder mehrere Substitutionen von $\mathfrak{G}$. Wenn dann für je zwei Substitutionen R und S von $\mathfrak{G}$ die Gleichung

$$H_R H_S = H_{RS}$$

besteht, so sagen wir, die Gruppe $\mathfrak{H}$ sei der Gruppe $\mathfrak{G}$ *homomorph*. Entspricht insbesondere jeder Substitution von $\mathfrak{H}$ nur eine Substitution von $\mathfrak{G}$, so bezeichnet man $\mathfrak{G}$ und $\mathfrak{H}$ als *isomorphe* Gruppen.

Ein System von Substitutionen $\mathfrak{G}$ heißt *reduzibel*, wenn sich kein ihm äquivalentes System $\mathfrak{G}'$ angeben läßt, worin die Koeffizientenmatrix jeder Substitution die Gestalt

$$\begin{pmatrix} R & 0 \\ S & T \end{pmatrix}$$

hat, wo die den verschiedenen Substitutionen von $\mathfrak{G}'$ entsprechenden Matrizen R denselben Grad besitzen.

In einer vor kurzem erschienenen Publikation (Proceedings of the London Mathematical Society, Ser. 2, Bd. 3, 1905, S. 430) hat Hr. Burnside folgenden Satz aufgestellt, der für die Theorie der Gruppen linearer Substitutionen von fundamentaler Bedeutung ist:

»Eine Gruppe von linearen Substitutionen $A = (a_{\alpha\beta})$ in n Variabeln ist stets und nur dann irreduzibel, wenn sich keine lineare homogene Relation

$$\sum_{\alpha,\beta}{}_1^n k_{\beta\alpha} a_{\alpha\beta} = 0$$

mit konstanten Koeffizienten $k_{\beta\alpha}$ angeben läßt, die durch die Koeffizienten $a_{\alpha\beta}$ jeder Substitution A der Gruppe befriedigt wird.«

In der vorliegenden Arbeit soll eine wichtige Verallgemeinerung des Burnsideschen Satzes mitgeteilt werden:

I. *Es seien*

$$\mathfrak{A}, \mathfrak{B}, \mathfrak{C}, \cdots$$

r irreduzible Gruppen linearer Substitutionen, die einer gegebenen Gruppe $\mathfrak{G}$ *homomorph sind, und es mögen dem Element* R *von* $\mathfrak{G}$ *in den Gruppen* $\mathfrak{A}, \mathfrak{B}, \mathfrak{C}, \cdots$ *die Substitutionen*

$$A = (a_{\alpha\beta}), \qquad B = (b_{\gamma\delta}), \qquad C = (c_{\varepsilon\eta}), \cdots$$

entsprechen. Sind dann nicht zwei der Gruppen $\mathfrak{A}, \mathfrak{B}, \mathfrak{C}, \cdots$ *äquivalent, so kann es keine lineare homogene Relation*

$$\sum_{\alpha,\beta} k_{\beta\alpha} a_{\alpha\beta} + \sum_{\gamma,\delta} l_{\delta\gamma} b_{\gamma\delta} + \sum_{\varepsilon,\eta} m_{\eta\varepsilon} c_{\varepsilon\eta} + \cdots = 0$$

mit konstanten Koeffizienten $k_{\beta\alpha}, l_{\delta\gamma}, m_{\eta\varepsilon}, \cdots$ *geben, die durch die Koeffizienten* $a_{\alpha\beta}, b_{\gamma\delta}, c_{\varepsilon\eta}, \cdots$ *von je r zusammengehörigen Substitutionen* $A, B, C, \cdots$ *befriedigt wird.*

§ 1.

Der besseren Übersicht wegen soll hier zunächst der Beweis des Burnsideschen Satzes in etwas abgeänderter Gestalt mitgeteilt werden.

Besteht für die Koeffizienten $a_{\alpha\beta}$ jeder Substitution (Matrix) A der irreduziblen Gruppe $\mathfrak{G}$ die Relation

$$(1.) \qquad \sum_{\alpha,\beta} k_{\beta\alpha} a_{\alpha\beta} = 0,$$

so bezeichne man die Matrix $(k_{\alpha\beta})$ mit K. Die Gleichung (1.) besagt dann, daß die Spur der Matrix KA gleich Null ist, also wenn man die Spur einer Matrix P mit $\chi(P)$ bezeichnet,

$$(2.) \qquad \chi(KA) = 0.$$

Es seien nun unter den verschiedenen Matrizen K, die diesen Bedingungen genügen, im ganzen s linear unabhängig, etwa $K_1, K_2, \cdots, K_s$. Dann muß sich jede Matrix K, für welche die Gleichungen (2.) bestehen, als lineare homogene Verbindung von $K_1, K_2, \cdots, K_s$ darstellen lassen. Denkt man sich nun das Element A von $\mathfrak{G}$ festgehalten und versteht unter A' eine beliebige andere Substitution von $\mathfrak{G}$, so wird, weil AA' ebenfalls in $\mathfrak{G}$ enthalten ist, auch

$$\chi(KAA') = 0.$$

Daher besitzt die Matrix KA dieselbe Eigenschaft wie die Matrix K und muß daher die Form $\sum_{\sigma=1}^{s} r_\sigma K_\sigma$ besitzen, wo die s Konstanten $r_1, r_2, \cdots r_s$ wegen der Unabhängigkeit der Matrizen $K_1, K_2, \cdots K_s$ völlig bestimmte Werte haben. Speziell sei

$$(3.)\qquad K_\varrho A = \sum_{\sigma=1}^{s} r_{\varrho\sigma} K_\varrho \qquad (\varrho = 1, 2, \cdots, s).$$

Setzt man

$$K_\varrho = (k_{\alpha\beta}^{(\varrho)}),$$

so vertreten die s Gleichungen (3.) die sn^2 Gleichungen

$$(4.)\qquad \sum_{\gamma=1}^{n} k_{\alpha\gamma}^{(\varrho)} a_{\gamma\beta} = \sum_{\sigma=1}^{s} r_{\varrho\sigma} k_{\alpha\beta}^{(\sigma)}.$$

Man bezeichne nun die Matrix

$$\begin{pmatrix} r_{11} & r_{12} & \cdots & r_{1s} \\ r_{21} & r_{22} & \cdots & r_{2s} \\ \cdot & \cdot & \cdots & \cdot \\ r_{s1} & r_{s2} & \cdots & r_{ss} \end{pmatrix}$$

mit R und die (rechteckige) Matrix

$$\begin{pmatrix} k_{\alpha 1}^{(1)} & k_{\alpha 2}^{(1)} & \cdots & k_{\alpha n}^{(1)} \\ k_{\alpha 1}^{(2)} & k_{\alpha 2}^{(2)} & \cdots & k_{\alpha n}^{(2)} \\ \cdot & \cdot & \cdots & \cdot \\ k_{\alpha 1}^{(s)} & k_{\alpha 2}^{(s)} & \cdots & k_{\alpha n}^{(s)} \end{pmatrix}$$

mit P_α. Dann lassen sich die Gleichungen (4.) auch in der Form

$$(5.)\qquad P_\alpha A = R P_\alpha$$

schreiben.

Wir benutzen nun folgenden Hilfssatz (*Neue Begründung der Theorie der Gruppencharaktere*, § 2, Sitzungsberichte 1905, S. 406):

»Bilden die Matrizen A des Grades n ein irreduzibles System $\mathfrak{G}$, und ist P eine von Null verschiedene Matrix mit s Zeilen und n Spalten, welche die Eigenschaft besitzt, daß für jede Matrix A von $\mathfrak{G}$

$$PA = RP$$

wird, wo R eine gewisse Matrix s^{ten} Grades ist, so ist entweder das durch die Matrizen R gebildete System $\mathfrak{R}$ reduzibel, oder es ist P eine quadratische Matrix des Grades $s = n$ von nicht verschwindender Determinante. Dann sind wegen $R = PAP^{-1}$ die Systeme $\mathfrak{R}$ und $\mathfrak{G}$ äquivalent.«

Für den Fall, daß die Matrizen R sämtlich gleich 0 sind, besagt dieser Satz, daß für die Substitutionen A eines irreduziblen Systems eine Gleichung der Form $PA = 0$ nicht bestehen kann, ohne daß die Matrix P gleich 0 wird. Ebenso kann auch keine von Null verschiedene Matrix P existieren, die den Gleichungen $AP = 0$ genügt.

Es mögen nun zunächst in unserem Fall die Matrizen $R = (r_{\varrho\sigma})$ eine irreduzible Gruppe $\mathfrak{R}$ bilden. Da die s Matrizen $K_1, K_2, \cdots, K_s$ linear unabhängig sind, so können gewiß nicht alle n Matrizen P_α gleich 0 sein. Nach unserem Hilfssatz ergibt sich daher aus den Gleichungen (5.), daß $\mathfrak{R}$ eine der Gruppe $\mathfrak{G}$ äquivalente Gruppe sein muß.

Bedeuten nun die Größen $v_{\varrho\sigma}$ irgendwelche s^2 Zahlen, die der Bedingung genügen, daß die Determinante $|v_{\varrho\sigma}|$ der Matrix $V = (v_{\varrho\sigma})$ von Null verschieden ist, und setzt man

$$K'_\varrho = \sum_{\sigma=1}^{s} v_{\varrho\sigma} K_\sigma$$

und

$$R' = VRV^{-1} = (r'_{\varrho\sigma}),$$

so erkennt man sofort, daß

$$K'_{\varrho\sigma} A = \sum_{\sigma=1}^{s} r'_{\varrho\sigma} K'_\sigma$$

wird. Daher kann in unserer Betrachtung die Gruppe R durch jede ihr äquivalente Gruppe $\mathfrak{R}'$ ersetzt werden.

Wir können mithin auch annehmen, daß die Gruppe $\mathfrak{R}$, falls sie irreduzibel ist, mit der ihr äquivalenten Gruppe $\mathfrak{G}$ übereinstimmt, so daß $R = A$ wird. Die Gleichungen (5.) erhalten dann die einfachere Gestalt

$$P_\alpha A = A P_\alpha,$$

d. h. P_α wird mit A vertauschbar. Nun muß jede Matrix P, die mit allen Substitutionen einer irreduziblen Gruppe vertauschbar ist, die Form kE besitzen, wo E die Einheitsmatrix und k eine Konstante bedeutet. Es sei demnach $P_\alpha = k_\alpha E$; dann wird also

$$k^{(\varrho)}_{\alpha\beta} = k_\alpha e_{\varrho\beta},$$

wo $e_{\varrho\beta}$ gleich 1 oder gleich 0 wird, je nachdem $\rho = \beta$ oder $\rho \neq \beta$ ist. Da nun für jeden Wert von ρ

$$\sum_{\alpha,\beta} k^{(\varrho)}_{\beta\alpha} a_{\alpha\beta} = 0$$

sein soll, so erhalten wir die n Relationen

$$(6.) \qquad \sum_{\beta=1}^{n} a_{\varrho\beta}\, k_\beta = 0.$$

Das Bestehen dieser Relationen würde aber erfordern, daß die n Größen $k_1, k_2, \cdots k_n$ gleich 0 sind. Dann bezeichnet man die Matrix

$$\begin{pmatrix} k_1 \\ k_2 \\ \cdot \\ k_n \end{pmatrix}$$

mit F, so wird das System der Gleichungen (6.) identisch mit der Gleichung $AF = 0$, und folglich muß nach dem früher Gesagten $F = 0$ sein.

Es sei nun die Gruppe $\mathfrak{R}$ reduzibel. Da man $\mathfrak{R}$ durch jede äquivalente Gruppe ersetzen kann, so können wir ohne Beschränkung der Allgemeinheit annehmen, daß jede der Matrizen R die Form

$$R = \begin{pmatrix} S & 0 \\ T & U \end{pmatrix}$$

hat, wo die Matrizen S entweder Null sind oder eine irreduzible Gruppe $\mathfrak{S}$ erzeugen. Ist nun etwa

$$S = \begin{pmatrix} s_{11} & s_{12} & \cdots & s_{1t} \\ s_{21} & s_{22} & \cdots & s_{2t} \\ \cdot & \cdot & \cdots & \cdot \\ s_{t1} & s_{t2} & \cdots & s_{tt} \end{pmatrix},$$

so erhalten die t ersten der Gleichungen (3.) die Form

$$K_\rho A = \sum_{\sigma=1}^{t} s_{\rho\sigma} K_\sigma \qquad (\rho = 1, 2, \cdots, t).$$

Sind nun die Größen $s_{\rho\sigma}$ nicht sämtlich gleich 0, so schließt man in genau derselben Weise wie in dem zuerst behandelten Falle, wo wir die Gruppe $\mathfrak{R}$ selbst als irreduzibel voraussetzten, daß die t Matrizen

$$K_1, K_2, \cdots, K_t \tag{7.}$$

gleich 0 sein müßten. Dasselbe ergibt sich für den Fall, daß alle Größen $s_{\rho\sigma}$ verschwinden, direkt aus den Gleichungen

$$K_1 A = 0, \quad K_2 A = 0, \cdots, \quad K_t A = 0.$$

Da nun die Matrizen (7.) linear unabhängig sein sollen, so werden wir in jedem der betrachteten Fälle auf einen Widerspruch geführt.

§ 2.

Wir wenden uns nun zu dem Beweis unseres Satzes I. Besteht für die Gruppen $\mathfrak{A}, \mathfrak{B}, \mathfrak{C}, \cdots$ eine Relation

$$\sum_{\alpha,\beta} k_{\beta\alpha} a_{\alpha\beta} + \sum_{\gamma,\delta} l_{\delta\gamma} b_{\gamma\delta} + \sum_{\varepsilon,\eta} m_{\eta\varepsilon} c_{\varepsilon\eta} + \cdots = 0, \tag{8.}$$

so bezeichne man die Matrizen

$$(k_{\alpha\beta}), \ (l_{\gamma\delta}), \ (m_{\varepsilon\eta}), \cdots$$

mit $K, L, M, \cdots$. Dann besagt die Gleichung (8.), daß die Summe der Spuren der Matrizen

$$KA, \ LB, \ MC, \cdots$$

gleich Null sein soll,

$$\chi(KA) + \chi(LB) + \chi(MC) + \cdots = 0.$$

Diese Gleichung müßte für jedes System von r Substitutionen $A, B, C, \cdots$ bestehen, die einem Element R der Gruppe $\mathfrak{G}$ entsprechen.

Es mögen nun die Gleichungen (8.) genau s linear unabhängige Lösungen

$$k_{\beta\alpha}^{(\varrho)}, \; l_{\delta\gamma}^{(\varrho)}, \; m_{\eta\varepsilon}^{(\varrho)}, \cdots \qquad (\varrho = 1, 2, \cdots s)$$

besitzen. Jede andere Lösung hat dann die Form

$$k_{\beta\alpha} = \sum_{\varrho=1}^{s} r_\varrho k_{\beta\alpha}^{(\varrho)}, \quad l_{\delta\gamma} = \sum_{\varrho=1}^{s} r_\varrho l_{\delta\gamma}^{(\varrho)}, \quad m_{\eta\varepsilon} = \sum_{\varrho=1}^{s} r_\varrho m_{\eta\varepsilon}^{(\varrho)}, \cdots.$$

Bezeichnet man die Matrizen

$$(k_{\alpha\beta}^{(\varrho)}), \; (l_{\gamma\delta}^{(\varrho)}), \; (m_{\varepsilon\eta}^{(\varrho)}), \cdots$$

mit $K_\varrho, L_\varrho, M_\varrho, \cdots$, so wird daher

$$K = \sum_{\varrho=1}^{s} r_\varrho K_\varrho, \quad L = \sum_{\varrho=1}^{s} r_\varrho L_\varrho, \quad M = \sum_{\varrho=1}^{s} r_\varrho M_\varrho, \cdots.$$

Ist nun R ein festes Element und R' ein beliebiges Element von $\mathfrak{G}$, dem in den Gruppen $\mathfrak{A}, \mathfrak{B}, \mathfrak{C}, \cdots$ die Substitutionen $A', B', C', \cdots$ entsprechen, so entspricht, da ja die Gruppen $\mathfrak{A}, \mathfrak{B}, \mathfrak{C}, \cdots$ der Gruppe $\mathfrak{G}$ homomorph sein sollen, dem Element RR' von $\mathfrak{G}$ das System der Substitutionen $AA', BB', CC', \cdots$. Daher muß auch

$$\chi(KAA') + \chi(LBB') + \chi(MCC') + \cdots = 0$$

sein. Hieraus folgt aber, daß die Matrizen

$$KA, \; LB, \; MC, \cdots$$

dieselbe Eigenschaft besitzen wie die Matrizen $K, L, M, \cdots$ selbst. Daher müssen sich auch s^2 Größen $r_{\varrho\sigma}$ bestimmen lassen, so daß

$$K_\varrho A = \sum_{\sigma=1}^{s} r_{\varrho\sigma} K_\sigma, \quad L_\varrho B = \sum_{\sigma=1}^{s} r_{\varrho\sigma} L_\sigma, \quad M_\varrho C = \sum_{\sigma=1}^{s} r_{\varrho\sigma} M_\sigma, \cdots$$

wird.

Es mögen nun die Matrizen $R = (r_{\varrho\sigma})$ die Gruppe $\mathfrak{R}$ erzeugen. Man schließt dann wie in § 1, daß man die Gruppe $\mathfrak{R}$ durch jede ihr äquivalente Gruppe ersetzen kann, und daß es keine Beschränkung der Allgemeinheit bedeutet, wenn wir $\mathfrak{R}$ als irreduzibel annehmen.

Aus den Gleichungen

$$K_\varrho A = \sum_{\sigma=1}^{s} r_{\varrho\sigma} K_\sigma$$

ergibt sich nun in genau derselben Weise wie früher, daß, wenn die Matrizen $K_1, K_2, \cdots K_s$ nicht sämtlich 0 sind, die Gruppe $\mathfrak{R}$ der Gruppe $\mathfrak{A}$ äquivalent sein muß. Dasselbe gilt auch für die Gruppen $\mathfrak{B}, \mathfrak{C}, \cdots$. Da nun unter den Gruppen $\mathfrak{A}, \mathfrak{B}, \mathfrak{C}, \cdots$ nicht zwei äquivalent sein sollen, so kann $\mathfrak{R}$ höchstens einer unter diesen Gruppen äquivalent sein. Es sei dies etwa die Gruppe $\mathfrak{A}$. Dann muß also

$$L_\varrho = 0, \quad M_\varrho = 0, \ldots$$

sein. Es ergibt sich aber dann, daß die Spur der Matrix AK_ϱ für jedes Element A von $\mathfrak{A}$ gleich 0 wird. Da nun $\mathfrak{A}$ irreduzibel ist, so muß nach dem Burnsideschen Satze auch $K_\varrho = 0$ sein.

§ 3.

Der ebenbewiesene Satz I läßt interessante Folgerungen zu. Es ergibt sich zunächst:

II. *Zwei isomorphe irreduzible Gruppen $\mathfrak{A}$ und $\mathfrak{B}$ sind stets und nur dann äquivalent, wenn je zwei einander entsprechende Substitutionen A und B dieselbe Spur besitzen.*

Denn ist etwa

$$A = (a_{\alpha\beta}) \quad , \qquad B = (b_{\gamma\delta}),$$

so erhält man für die Spuren $\chi(A)$ und $\chi(B)$ von A und B

$$\chi(A) = \sum_\alpha a_{\alpha\alpha} \quad , \qquad \chi(B) = \sum_\gamma b_{\gamma\gamma}.$$

Ist daher

$$\chi(A) = \chi(B),$$

so besteht zwischen den Koeffizienten von je zwei einander entsprechenden Substitutionen der beiden Gruppen $\mathfrak{A}$ und $\mathfrak{B}$ eine lineare homogene Relation. Dies ist aber nach Satz I nur möglich, wenn $\mathfrak{A}$ und $\mathfrak{B}$ äquivalent sind. Ist dies aber der Fall, so besteht bekanntlich stets die Gleichung $\chi(A) = \chi(B)$.

Diese Betrachtung läßt sich noch verallgemeinern.

Es seien $\mathfrak{G}$ und $\mathfrak{H}$ zwei isomorphe Gruppen linearer Substitutionen in m und n Variabeln, die in der Beziehung zueinander stehen, daß die Spuren von je zwei einander entsprechenden Substitutionen G und H denselben Wert haben.

Man bestimme dann zwei Matrizen P und Q der Grade m und n von nicht verschwindenden Determinanten derart, daß

$$G' = PGP^{-1} = \begin{pmatrix} G_{11} & 0 & \cdots & 0 \\ G_{21} & G_{22} & \cdots & 0 \\ . & . & \cdots & . \\ G_{p1} & G_{p2} & \cdots & G_{pp} \end{pmatrix}, \quad H' = QHQ^{-1} = \begin{pmatrix} H_{11} & 0 & \cdots & 0 \\ H_{21} & H_{22} & \cdots & 0 \\ . & . & \cdots & . \\ H_{q1} & H_{q2} & \cdots & H_{qq} \end{pmatrix}$$

wird, wo die den verschiedenen Substitutionen G und H entsprechenden Substitutionen $G_{\lambda\lambda}$ (bzw. $H_{\mu\mu}$) entweder sämtlich 0 sind oder aber, wenn dies nicht der Fall ist, eine irreduzible Gruppe erzeugen. Es mögen auf diese Weise der Gruppe $\mathfrak{G}$ die irreduziblen Gruppen

$$(9.) \qquad \mathfrak{G}_1, \mathfrak{G}_2, \cdots, \mathfrak{G}_r,$$

der Gruppe $\mathfrak{H}$ die irreduziblen Gruppen

$$(10.) \qquad \mathfrak{H}_1, \mathfrak{H}_2, \cdots, \mathfrak{H}_s$$

entsprechen. Die Gruppen (9.) und (10.) sind dann offenbar der Gruppe $\mathfrak{G}$ homomorph. Gehört ferner zu G' die Substitution G_λ der Gruppe $\mathfrak{G}_\lambda$ und zu H' die Substitution H_μ der Gruppe $\mathfrak{H}_\mu$, so wird

$$\chi(G') = \chi(G) = \sum_{\lambda=1}^{r} \chi(G_\lambda),$$

$$\chi(H') = \chi(H) = \sum_{\mu=1}^{s} \chi(H_\mu).$$

Wir behaupten nun, daß $r = s$ sein muß und daß die Gruppen (10.) in einer gewissen Reihenfolge den Gruppen (9.) äquivalent sein müssen.

In der Tat seien unter den $r+s$ Gruppen (9.) und (10.) im ganzen k Gruppen.

$$\mathfrak{R}_1, \mathfrak{R}_2, \cdots \mathfrak{R}_k$$

vorhanden, von denen je zwei nicht einander äquivalent sind. Es mögen der Gruppe $\mathfrak{R}_\varkappa$ unter den Gruppen (9.) genau $p_\varkappa$, unter den Gruppen (10.) genau $q_\varkappa$ äquivalent sein. Entspricht dann dem Element G der Gruppe $\mathfrak{G}$ in der ihr homomorphen Gruppe $\mathfrak{R}_\varkappa$ die Substitution $R_\varkappa$, so wird

$$\chi(G) = \sum_\varkappa p_\varkappa \chi(R_\varkappa)$$

$$\chi(H) = \sum q_\varkappa \chi(R_\varkappa).$$

Da nun $\chi(G) = \chi(H)$ sein soll, so erhalten wir die Relation

$$\sum (p_\varkappa - q_\varkappa)\chi(R_\varkappa) = 0.$$

Wäre nun für einen Index $\varkappa$ nicht $p_\varkappa - q_\varkappa = 0$, so würde sich für die Koeffizienten von je k zusammengehörigen Substitutionen der k Gruppen $\mathfrak{R}_1, \mathfrak{R}_2, \cdots \mathfrak{R}_k$ eine Relation ergeben, die nach Satz I nicht bestehen kann. Folglich muß stets $p_\varkappa = q_\varkappa$ sein, und damit ist unsere Behauptung bewiesen.

Die über die Gruppen $\mathfrak{G}$ und $\mathfrak{H}$ gemachten Annahmen treffen jedenfalls zu, wenn $\mathfrak{H} = \mathfrak{G}$ wird. Es ergibt sich auf diese Weise in etwas allgemeinerer Form der zuerst von Hrn. Loewy (Transactions of the American Mathematical Society, Bd. 4, 1903, S. 44) auf anderem Wege bewiesene Satz:

»Es sei $\mathfrak{G}$ eine Gruppe linearer Substitutionen und $\mathfrak{G}'$ eine ihr äquivalente Gruppe, in der die Koeffizientenmatrix jeder Substitution die Form

$$\begin{pmatrix} G_{11} & 0 & 0 & \cdots & 0 \\ G_{21} & G_{22} & 0 & \cdots & 0 \\ G_{31} & G_{32} & G_{33} & \cdots & 0 \\ . & . & . & \cdots & . \\ G_{p1} & G_{p2} & G_{p3} & \cdots & G_{pp} \end{pmatrix}$$

hat, wo die den verschiedenen Substitutionen von $\mathfrak{G}'$ entsprechenden Matrizen $G_{\lambda\lambda}$ (für ein bestimmtes λ) entweder sämtlich 0 sind oder eine irreduzible Gruppe erzeugen. Es mögen auf diese Weise zu der Gruppe $\mathfrak{G}'$ die irreduziblen Gruppen $\mathfrak{G}_1, \mathfrak{G}_2, \cdots \mathfrak{G}_s$ gehören. Betrachtet man dann zwei äquivalente irreduzible Gruppen als nicht voneinander verschieden, so sind die irreduziblen Gruppen $\mathfrak{G}_1, \mathfrak{G}_2, \cdots, \mathfrak{G}_s$ abgesehen von der Reihenfolge allein durch die Gruppe $\mathfrak{G}$ bestimmt und von der Wahl der Gruppe $\mathfrak{G}'$ unabhängig.«

Die Gruppen $\mathfrak{G}_1, \mathfrak{G}_2, \cdots, \mathfrak{G}_s$ werden als die *irreduziblen Bestandteile* der Gruppe $\mathfrak{G}$ bezeichnet.

Läßt sich für die Gruppe $\mathfrak{G}$ eine ihr äquivalente Gruppe $\mathfrak{G}'$ so wählen, daß für jede ihrer Substitutionen auch die Matrizen

$$G_{21}, G_{31}, G_{32}, \cdots G_{p1}, G_{p2}, G_{p3}, \cdots G_{p,p-1}$$

gleich 0 werden, so sagt man, $\mathfrak{G}$ sei eine *vollständig reduzible* Gruppe.

Das von uns gewonnene Resultat läßt sich auch folgendermaßen aussprechen:

III. *Zwei isomorphe Gruppen von linearen Substitutionen in m und n Variabeln enthalten stets und nur dann dieselben irreduziblen Bestandteile, wenn je zwei einander entsprechende Substitutionen dieselbe Spur besitzen.*

Ist insbesondere $m = n$ und sind $\mathfrak{G}$ und $\mathfrak{H}$ vollständig reduzible Gruppen, so folgt aus dem Übereinstimmen ihrer irreduziblen Bestandteile auch, daß die beiden Gruppen äquivalent sind. Es ergibt sich daher:

IV. *Zwei vollständig reduzible Gruppen von linearen Substitutionen in n Variabeln sind stets und nur dann äquivalent, wenn je zwei einander entsprechende Substitutionen dieselbe Spur besitzen.*

77.

Über das Trägheitsgesetz der quadratischen Formen II

Sitzungsberichte der Königlich Preußischen Akademie der Wissenschaften zu Berlin
657–663 (1906)

Zur Berechnung der *Signatur* S einer quadratischen Form $F = \Sigma\, a_{\alpha\beta}\, x_\alpha\, x_\beta$ von n Variabeln $x_1, x_2, \cdots x_n$ hat Hr. Gundelfinger die folgende Regel entwickelt: Sei $A_0 = 1$ und A_λ die Determinante der Form

$$F_\lambda = \sum_{\alpha,\beta}{}_1^\lambda\, a_{\alpha\beta}\, x_\alpha\, x_\beta\,.$$

Wird der Einfachheit halber angenommen, daß $A_n = A$ von Null verschieden ist, so kann man die n Variabeln so anordnen, daß von den $n+1$ Größen $A_0, A_1 \cdots A_n$ nicht zwei aufeinander folgende verschwinden. Ist dann $s_\lambda = +1, -1$ oder 0, je nachdem A_λ positiv, negativ oder Null ist, so ist

$$(1.)\qquad S = \sum_\alpha{}_1^n\, s_{\alpha-1}\, s_\alpha\,.$$

Ist $s_\lambda = 0$, so haben $s_{\lambda-1}$ und $s_{\lambda+1}$ entgegengesetzte Vorzeichen. Daher ist auch dann $s_{\lambda-1}\, s_\lambda + s_\lambda\, s_{\lambda+1} = 0$, wenn s_λ für $A_\lambda = 0$ beliebig anders definiert wird.

In einer Arbeit *Die symmetrischen Zahlensysteme und der Satz von Sturm* im Bulletin international de l'Académie des Sciences de Bohême, 1906, zeigt Hr. Petr, wie man S berechnen kann, wenn von den Determinanten $A_1, \cdots A_{n-1}$ beliebig viele verschwinden. Sei r_λ $(\leqq \lambda)$ der Rang von A_λ, $r_0 = 0$, $r_n = n$. Die Hauptunterdeterminanten des Grades r_λ von A_λ können nicht alle verschwinden, und die von Null verschiedenen haben alle dasselbe Vorzeichen s_λ $(s_0 = 1)$. Dann ist

$$(2.)\qquad S = \sum_\gamma{}_1^n\, s_{\gamma-1}\, s_\gamma\,.$$

Zwischen den Vorzeichen s_λ, die Hr. Petr in dieser scharfsinnigen Weise definiert hat, bestehen aber, wie er nicht bemerkt zu haben scheint, einfache Relationen, die es zunächst gestatten, seine Formel erheblich zu vereinfachen. Die Differenz $r_\lambda - r_{\lambda-1}$ kann nämlich nur einen der Werte 0, 1 oder 2 haben. Ist $r_\lambda = r_{\lambda-1}$, so ist, wie unmittelbar zu sehen, $s_\lambda = s_{\lambda-1}$. Ist aber $r_\lambda = r_{\lambda-1} + 2$, so ist stets $s_\lambda = -s_{\lambda-1}$. Nur wenn $r_\lambda = r_{\lambda-1} + 1$ ist, läßt sich zwischen s_λ und $s_{\lambda-1}$

keine Beziehung angeben. Der Fall, wo $r_\lambda = r_{\lambda-1}$ ist, kommt ebenso oft vor, wie der, wo $r_\lambda = r_{\lambda-1}+2$ ist. Daher heben sich die entsprechenden Glieder der Summe (2.) paarweise auf, und es ist

$$(3.)\qquad S = \Sigma\, s_{\alpha-1}\, s_\alpha \qquad (r_\alpha = r_{\alpha-1}+1),$$

wo α nur die unter den Indizes $1, 2, \cdots r$ durchläuft, für welche $r_\alpha = r_{\alpha-1}+1$ ist. In dieser reduzierten Gestalt stimmt aber die Formel des Hrn. PETR Glied für Glied mit der des Hrn. GUNDELFINGER überein, falls man in dieser die Summanden streicht, in denen $s_\lambda = 0$ ist. Indessen besitzt jede der beiden Auffassungen der Formel ihre besonderen Vorzüge.

Meine Abhandlung *Über das Trägheitsgesetz der quadratischen Formen,* Sitzungsberichte 1904, von der die vorliegende Arbeit eine Fortsetzung bildet, zitiere ich im folgenden mit *Tr.*

§ 1.

Eine reelle quadratische Form $F = \Sigma\, a_{\alpha\beta}\, x_\alpha\, x_\beta$ der n Variabeln $x_1, \cdots x_n$ läßt sich durch eine reelle orthogonale Substitution auf die Gestalt

$$a_1 y_1^2 + \cdots + a_p y_p^2 - a_{p+1} y_{p+1}^2 - \cdots - a_{p+q} y_{p+q}^2$$

bringen, worin $a_1, \cdots a_p, a_{p+1}, \cdots a_{p+q}$ *positive* (>0) Größen sind. Dann ist $p+q = r$ der *Rang* und $p-q = S$ die *Signatur* von F. Ist ε eine unendlich kleine positive Größe, so geht die Form

$$F^+ = F + \varepsilon\, \Sigma\, x_\alpha^2$$

durch dieselbe Substitution in

$$(a_1+\varepsilon) y_1^2 + \cdots (a_p+\varepsilon) y_p^2 - (a_{p+1}-\varepsilon) y_{p+1}^2 - \cdots - (a_r-\varepsilon) y_r^2 + \varepsilon y_{r+1}^2 + \cdots + \varepsilon y_n^2$$

über, und hat daher die Signatur

$$(1.)\qquad S^+ = S + (n-r).$$

Dagegen ist die Signatur der Form

$$F^- = F - \varepsilon\, \Sigma\, x_\alpha^2$$

gleich

$$(2.)\qquad S^- = S - (n-r).$$

Sei

$$F_\lambda = \sum_{\alpha,\beta}{}_1^\lambda\, a_{\alpha\beta}\, x_\alpha\, x_\beta,$$

sei A_λ die Determinante von F_λ, r_λ der Rang und S_λ die Signatur von F_λ. Ist dann

$$F_\lambda^+ = F_\lambda + \varepsilon \sum_\alpha{}_1^\lambda\, x_\alpha^2\,, \qquad F_\lambda^- = F_\lambda - \varepsilon \sum_\alpha{}_1^\lambda\, x_\alpha^2,$$

so ist

$$(3.)\qquad S_\lambda^+ = S_\lambda + (\lambda - r_\lambda)\ ,\qquad S_\lambda^- = S_\lambda - (\lambda - r_\lambda)\,.$$

Ist speziell $r_\lambda = \lambda$, ist also die Determinante A_λ von Null verschieden, so ist

$$(4.)\qquad S_\lambda^+ = S_\lambda^- = S_\lambda\,.$$

Sei s_λ das Vorzeichen der Determinante der Form F_λ^+

$$A_\lambda^+ = \begin{vmatrix} a_{11}+\varepsilon \cdots & a_{1\lambda} \\ \cdot \quad \cdots & \cdot \\ a_{\lambda 1} & \cdots a_{\lambda\lambda}+\varepsilon \end{vmatrix} = \varepsilon^\lambda + c_1\varepsilon^{\lambda-1} + \cdots + c_\lambda\,.$$

Ist $\rho = r_\lambda$ der Rang von A_λ, so ist $c_\lambda = c_{\lambda-1} = \cdots = c_{\rho+1} = 0$. Dagegen sind die Hauptunterdeterminanten ρ^{ten} Grades von A_λ nicht alle Null (*Tr.* § 2, Satz 3). Ist $\alpha, \beta, \cdots \vartheta$ ein System von ρ verschiedenen der Indizes $1, 2, \cdots n$, und $\varkappa, \lambda, \cdots \tau$ ein anderes, so setze ich

$$\left| a \begin{matrix} \alpha\beta\cdots\vartheta \\ \varkappa\lambda\cdots\tau \end{matrix} \right| = \begin{vmatrix} a_{\alpha\varkappa} & a_{\alpha\lambda}\cdots & a_{\alpha\tau} \\ a_{\beta\varkappa} & a_{\beta\lambda}\cdots & a_{\beta\tau} \\ \cdot & \cdots & \cdot \\ a_{\vartheta\varkappa} & a_{\vartheta\lambda}\cdots & a_{\vartheta\tau} \end{vmatrix}.$$

Dann ist, wenn ρ der Rang von A_λ ist,

$$\left| a \begin{matrix} \alpha\beta\cdots\vartheta \\ \alpha\beta\cdots\vartheta \end{matrix} \right| \cdot \left| a \begin{matrix} \varkappa\lambda\cdots\tau \\ \varkappa\lambda\cdots\tau \end{matrix} \right| = \left| a \begin{matrix} \alpha\beta\cdots\vartheta \\ \varkappa\lambda\cdots\tau \end{matrix} \right|^2,$$

weil in einer Matrix des Ranges ρ die Determinanten ρ^{ten} Grades aus ρ bestimmten Zeilen den entsprechenden Determinanten aus ρ andern Zeilen proportional sind. Mithin haben die von Null verschiedenen Hauptunterdeterminanten ρ^{ten} Grades von A_λ alle dasselbe Vorzeichen, ebenso ihre Summe c_ρ und folglich auch für ein unendlich kleines ε die Funktion

$$c_\rho\varepsilon^{\lambda-\rho} + c_{\rho+1}\varepsilon^{\lambda-\rho+1} + \cdots + c_1\varepsilon^{\lambda-1} + \varepsilon^\lambda.$$

Demnach kann s_λ auch als das gemeinsame Vorzeichen aller von Null verschiedenen Hauptunterdeterminanten r_λ^{ten} Grades von A_λ definiert werden (Petr. S. 6).

In derselben Weise erkennt man, daß das Vorzeichen der Determinante der Form F_λ^- gleich $(-1)^{\lambda-\rho}s_\lambda$ ist.

Unter den Determinanten

$$(5.)\qquad A_0, A_1, \cdots A_n$$

seien

$$A_0, A_\alpha, A_\beta, A_\gamma, \cdots A_\varkappa, A_\lambda, \cdots A_\nu$$

von Null verschieden, während alle anderen, z. B. $A_{\varkappa+1}, \cdots A_{\lambda-1}$ verschwinden. Dann ist

$$(6.)\qquad S = S_\alpha + (S_\beta - S_\alpha) + (S_\gamma - S_\beta) + \cdots + (S_\lambda - S_\varkappa) + \cdots + (S_n - S_\nu)\,.$$

Da A_λ von Null verschieden ist, so ist $S_\lambda^+ = S_\lambda^- = S_\lambda$. Für die Form F_λ^+ sind aber die Determinanten $A_1^+, \cdots A_\lambda^+$ alle von Null verschieden. Daher ist die Signatur von F_λ^+ nach JACOBI gleich

$$S_\lambda = S_\lambda^+ = s_0 s_1 + \cdots + s_{\varkappa-1} s_\varkappa + s_\varkappa s_{\varkappa+1} + \cdots + s_{\lambda-1} s_\lambda .$$

Folglich ist

$$(7.) \qquad S_\lambda - S_\varkappa = S_\lambda^+ - S_\varkappa^+ = s_\varkappa s_{\varkappa+1} + \cdots + s_{\lambda-1} s_\lambda .$$

Ebenso ergibt sich

$$(8.) \qquad S_\lambda - S_\varkappa = S_\lambda^- - S_\varkappa^- = (-1)^{r_{\varkappa+1} - r_\varkappa - 1} s_\varkappa s_{\varkappa+1} + \cdots + (-1)^{r_\lambda - r_{\lambda-1} - 1} s_{\lambda-1} s_\lambda .$$

Da S_γ aus $S_{\gamma-1}$ durch Hinzufügung einer Zeile und einer Spalte entsteht, so kann $r_\gamma - r_{\gamma-1}$ nur einen der Werte $0, 1$ oder 2 haben. Demnach ist

$$(9.) \qquad S_\lambda - S_\varkappa = \Sigma\, s_{\alpha-1} s_\alpha \qquad (r_\alpha = r_{\alpha-1} + 1),$$

wo α nur die unter den Werten $\varkappa+1$ bis λ durchläuft, für die $r_\alpha - r_{\alpha-1}$ ungerade, also gleich 1 ist. Dagegen ist

$$(10.) \qquad 0 = \Sigma\, s_{\beta-1} s_\beta \qquad (r_\beta = r_{\beta-1} \text{ oder } r_{\beta-1} + 2),$$

wo β nur die unter den Werten $\varkappa+1$ bis λ durchläuft, für die $r_\beta - r_{\beta-1}$ gerade, also gleich 0 oder 2 ist.

Ist B eine von Null verschiedene Hauptunterdeterminante des Grades $r_{\beta-1}$ von $A_{\beta-1}$, und ist $r_\beta = r_{\beta-1}$, so ist B auch eine von Null verschiedene Hauptunterdeterminante des Grades r_β von A_β. Folglich ist $s_\beta = s_{\beta-1}$. Ferner ist $r_\varkappa = \varkappa$ und $r_\lambda = \lambda$ und mithin

$$(r_{\varkappa+1} - r_\varkappa - 1) + (r_{\varkappa+2} - r_{\varkappa+1} - 1) + \cdots + (r_\lambda - r_{\lambda-1} - 1) = 0 .$$

Ein Glied $r_\gamma - r_{\gamma-1} - 1$ dieser Summe kann aber nur einen der Werte 0, $+1$ oder -1 haben. Da die Summe verschwindet, so sind ebenso viele ihrer Glieder gleich $+1$, wie gleich -1. Sind also t der Differenzen $r_\gamma - r_{\gamma-1}$ gleich 0, so sind auch t derselben gleich 2. Die Summe (10.) besteht aus $2t$ Gliedern, deren jedes gleich ± 1 ist. Für t derselben ist $r_\beta = r_{\beta-1}$, also $s_{\beta-1} s_\beta = +1$. Die Summe kann also nur dann verschwinden, wenn die übrigen t Glieder, für die $r_\beta = r_{\beta-1} + 2$ ist, den Wert -1 haben.

Ist $r_\beta = r_{\beta-1}$, so ist $s_\beta = s_{\beta-1}$; ist aber $r_\beta = r_{\beta-1} + 2$, so ist $s_\beta = -s_{\beta-1}$.

Speziell ist $r_{\varkappa+1} < \varkappa + 1$, also da $A_\varkappa$ von Null verschieden ist, $r_{\varkappa+1} = \varkappa = r_\varkappa$. Dagegen ist $r_{\lambda-1} < \lambda - 1 = r_\lambda - 1$ und $r_\lambda - r_{\lambda-1} \leqq 2$, also $r_{\lambda-1} = r_\lambda - 2$. Daher ist stets

$$(11.) \qquad s_{\varkappa+1} = s_\varkappa, \quad s_{\lambda-1} = -s_\lambda; \quad r_{\varkappa+1} = r_\varkappa = \varkappa, \quad r_{\lambda-1} = r_\lambda - 2 = \lambda - 2 .$$

In der Summe (7.) heben sich demnach stets die beiden Glieder $s_\varkappa s_{\varkappa+1} + s_{\lambda-1} s_\lambda$ auf, und mithin ist

$$(12.) \qquad \begin{aligned} S_\lambda - S_\varkappa &= s_{\varkappa+1} s_{\varkappa+2} + s_{\varkappa+2} s_{\varkappa+3} + \cdots + s_{\lambda-3} s_{\lambda-2} + s_{\lambda-2} s_{\lambda-1} \\ &= s_\varkappa \quad s_{\varkappa+2} + s_{\varkappa+2} s_{\varkappa+3} + \cdots + s_{\lambda-3} s_{\lambda-2} - s_{\lambda-2} s_\lambda . \end{aligned}$$

§ 2.

Ich betrachte jetzt einige spezielle Fälle. Ist $\lambda - \varkappa = 2$, so ist $s_\varkappa = s_{\varkappa+1} = -s_{\varkappa+2}$, also haben, wie bekannt, $A_\varkappa$ und $A_{\varkappa+2}$ entgegengesetzte Vorzeichen, und es ist

$$(1.)\qquad S_\lambda - S_\varkappa = 0 \qquad (\lambda - \varkappa = 2).$$

Ist $\lambda - \varkappa = 3$, so ist nach (12.), § 1 $S_\lambda - S_\varkappa = s_{\varkappa+1}s_{\varkappa+2}$, oder weil $s_{\varkappa+1} = s_\varkappa$ und $s_{\varkappa+2} = -s_{\varkappa+3}$ ist,

$$(2.)\qquad S_\lambda - S_\varkappa = -s_\varkappa s_{\varkappa+3} \qquad (\lambda - \varkappa = 3).$$

Diese Formel habe ich *Tr.* § 4 auf einem anderen Wege abgeleitet.

Ist $\lambda - \varkappa = 4$, so ist nach (12.), § 1

$$(3.)\qquad S_\lambda - S_\varkappa = s_{\varkappa+2}(s_\varkappa - s_{\varkappa+4}) \qquad (\lambda - \varkappa = 4).$$

Außer den Vorzeichen $s_\varkappa$ und $s_\lambda = s_{\varkappa+4}$ der Determinanten $A_\varkappa$ und A_λ ist also nur noch das Vorzeichen $s_{\varkappa+2}$ zu berechnen. Auch das ist unnötig, wenn $s_\varkappa = s_\lambda$ ist. Dies tritt stets ein, wenn $r_{\varkappa+2}$, das nur die Werte $\varkappa$ oder $\varkappa+1$ haben kann, gleich $\varkappa$ ist. Denn dann ist

$$s_\varkappa = s_{\varkappa+1} = s_{\varkappa+2} = -s_{\varkappa+3} = s_{\varkappa+4}.$$

Ist $\lambda - \varkappa = 5$, so sind 4 Fälle möglich, es kann $r_{\varkappa+2} = \varkappa$ oder $\varkappa+1$, $r_{\varkappa+3} = \varkappa+1$ oder $\varkappa+2$ sein.

Als den Normalfall betrachte ich den, wo

$$r_\gamma = \gamma - 1 \qquad (\gamma = \varkappa+1, \cdots \lambda-1)$$

ist, wo also die Differenzen $r_\gamma - r_{\gamma-1}$ außer der ersten und der letzten alle gleich 1 sind. Dann läßt sich die Formel (12.), § 1

$$(4.)\qquad S_\gamma - S_\varkappa = s_\varkappa s_{\varkappa+2} + s_{\varkappa+2}s_{\varkappa+3} - s_{\varkappa+3}s_{\varkappa+5} \qquad (\lambda - \varkappa = 5)$$

nicht weiter vereinfachen. In jedem der drei andern Fälle aber ergibt sich

$$(5.)\qquad S_\lambda - S_\varkappa = s_\varkappa s_{\varkappa+5} \qquad (\lambda - \varkappa = 5).$$

Ist $\lambda - \varkappa = 6$, so sind 9 Fälle möglich. Die 8 nicht normalen Fälle lassen sich in folgender Art zusammenfassen: Es ist immer

$$(6.)\qquad S_\lambda - S_\varkappa = s_{\varkappa+2}(s_\varkappa + s_{\varkappa+6}), \qquad (r_{\varkappa+2} = \varkappa+1),$$

wenn $r_{\varkappa+2} = \varkappa+1$ ist. Ebenso ist

$$(7.)\qquad S_\lambda - S_\varkappa = s_{\varkappa+3}(s_\varkappa + s_{\varkappa+6}) \qquad (r_{\varkappa+3} = \varkappa+1)$$

und

$$(8.)\qquad S_\lambda - S_\varkappa = -s_{\varkappa+4}(s_\varkappa + s_{\varkappa+6}) \qquad (r_{\varkappa+4} = \varkappa+3).$$

Einer dieser drei Fälle tritt stets ein. Ist z. B. gleichzeitig $r_{\varkappa+2} = \varkappa+1$, $r_{\varkappa+3} = \varkappa+1$, $r_{\varkappa+4} = \varkappa+3$, so gilt jede der drei Formeln. Ist $s_{\varkappa+6} = -s_\varkappa$, so ist (außer in dem normalen Falle) immer $S_\lambda - S_\varkappa = 0$.

Dies tritt stets ein, wenn $r_{\varkappa+2}$, $r_{\varkappa+3}$, $r_{\varkappa+4}$ die Werte $\varkappa$, $\varkappa$, $\varkappa+2$ oder $\varkappa$, $\varkappa+2$, $\varkappa+2$ haben, wenn also die Differenzen $r_\gamma - r_{\gamma-1}$ alle gerade sind.

Ist $\lambda-\varkappa = 7$, so ist $S_\lambda - S_\varkappa$ in den 10 Fällen, wo nur eine der Differenzen $r_\gamma - r_{\gamma-1} = 1$ ist, gleich $-s_\varkappa s_{\varkappa+1}$, in den 10 Fällen, wo drei dieser Differenzen gleich 1 sind, ein dreigliedriger, und in dem normalen Falle ein fünfgliedriger Ausdruck.

Allgemein ist, wenn $\lambda-\varkappa$ ungerade ist, und von den Differenzen $s_\gamma - s_{\gamma-1}$ nur eine gleich 1 ist,

$$(9.)\qquad S_\lambda - S_\varkappa = (-1)^{\frac{1}{2}(\lambda-\varkappa-1)} s_\varkappa s_\lambda,$$

weil von den $\lambda-\varkappa-1$ übrigen Differenzen die Hälfte gleich 2 ist. (Vgl. *Tr.* § 8.) Ist aber $\lambda-\varkappa$ gerade, und sind nur zwei der Differenzen $s_\gamma - s_{\gamma-1}$ gleich 1, etwa $s_\alpha - s_{\alpha-1}$ und $s_\beta - s_{\beta-1}$, so ist

$$(10.)\qquad S_\lambda - S_\varkappa = \pm s_\gamma \left(s_\lambda - (-1)^{\frac{1}{2}(\lambda-\varkappa)} s_\varkappa\right),$$

wo γ einer der zwischen α und $\beta-1$ liegenden Indizes ist.

Ich habe hier nur ein Glied $S_\lambda - S_\varkappa$ der Summe (6.), § 1 betrachtet. Ist der Rang $r < n$, so erfordert das letzte Glied $S_n - S_\nu$ eine etwas abweichende Behandlung, auf die ich hier ihrer geringen praktischen Wichtigkeit halber nicht eingehe.

§ 4.

Zu den erhaltenen Resultaten kann man auch dadurch gelangen, daß man die Formel des Hrn. Petr direkt in die des Hrn. Gundelfinger überführt. Sei B_{r_γ} eine von Null verschiedene Hauptunterdeterminante des Grades r_γ von A_γ. Diese Determinanten kann man für $\gamma = \varkappa+1, \cdots \lambda$ so wählen, daß $B_{r_{\gamma-1}}$ in B_{r_γ} enthalten ist. Ist $r_\gamma = r_{\gamma-1}$, so kann man $B_{r_\gamma} = B_{r_{\gamma-1}}$ setzen. Ist $r_{\gamma-1} = r$ und $r_\gamma = r+1$, so ist $B_{r_{\gamma-1}} = B_r$ eine von Null verschiedene Hauptunterdeterminante von $A_{\gamma-1}$, also auch von A_γ. Nun gilt der Satz (*Tr.* § 2):

Wenn in einem symmetrischen System die Hauptdeterminante r^{ten} Grades B von Null verschieden ist, aber alle Hauptdeterminanten $(r+1)^{\text{ten}}$ und $(r+2)^{\text{ten}}$ Grades verschwinden, die B enthalten, so verschwinden alle Determinanten $(r+1)^{\text{ten}}$ Grades.

Die Hauptunterdeterminanten $(r+1)^{\text{ten}}$ und $(r+2)^{\text{ten}}$ Grades von A_γ, die B_r enthalten, können demnach nicht alle verschwinden, da $r+1$ der Rang von A_γ ist. Aus demselben Grunde verschwinden aber alle Unterdeterminanten $(r+2)^{\text{ten}}$ Grades von A_γ. Daher können die Hauptunterdeterminanten $(r+1)^{\text{ten}}$ Grades von A_γ, die B_r enthalten, nicht alle verschwinden. Mithin kann man die Determinante $B_{r_\gamma} = B_{r+1}$ so wählen, daß sie $B_{r_{\gamma-1}} = B_r$ enthält.

Sei endlich $r_{\gamma-1} = r$ und $r_\gamma = r+2$. Dann können die Hauptunterdeterminanten $(r+1)^{\text{ten}}$ Grades B_{r+1} und $(r+2)^{\text{ten}}$ Grades B_{r+2} von A_γ, die $B_{r_{\gamma-1}} = B_r$ enthalten, nicht alle verschwinden. Sind also die B_{r+1} alle Null, so gibt es eine von Null verschiedene Determinante $B_{r+2} = B_{r_\gamma}$. Ist aber ein B_{r+1} von Null verschieden, so ergibt sich, wie im vorigen Falle, daß eine Determinante B_{r+2}, die B_{r+1} enthält, von Null verschieden ist, weil $r+2$ der Rang von A_γ ist und folglich alle B_{r+3} verschwinden. Dann ist $B_r = B_{r_{\gamma-1}}$ in B_{r+1}, also auch in $B_{r+2} = B_{r_\gamma}$ enthalten.

Demnach kann man der Reihe nach die Determinanten

$$(1.)\quad B_{r_\varkappa} = A_\varkappa\,,\quad B_{r_{\varkappa+1}} = A_\varkappa\,,\quad B_{r_{\varkappa+2}}\,,\cdots\quad B_{r_{\lambda-1}}\,,\quad B_{r_\lambda} = A_\lambda$$

so bestimmen, daß jede die vorhergehenden enthält.

Nun ist s_β das Vorzeichen von B_{r_β}. Ist also $r_\beta = r_{\beta-1}$, so ist $B_{r_\beta} = B_{r_{\beta-1}}$, also $s_\beta = s_{\beta-1}$. Ist aber $r_{\beta-1} = r$ und $r_\beta = r+2$, so sei $B_r = B$ und $B_{r+2} = D$. Dann muß D die β^{te} Zeile von A_β enthalten. Denn sonst wäre $D = 0$ als Unterdeterminante $(r+2)^{\text{ten}}$ Grades von $A_{\beta-1}$. Sei

$$B = \left| a\begin{matrix}\xi, \cdots \sigma\\ \xi, \cdots \sigma\end{matrix}\right|\,,\qquad D = \left| a\begin{matrix}\xi, \cdots \sigma, \tau, \beta\\ \xi, \cdots \sigma, \tau, \beta\end{matrix}\right|$$

und

$$C = \left| a\begin{matrix}\xi \cdots \sigma, \tau\\ \xi \cdots \sigma, \tau\end{matrix}\right|\,,\qquad C' = \left| a\begin{matrix}\xi \cdots \sigma\beta\\ \xi \cdots \sigma\tau\end{matrix}\right|\,,\qquad C'' = \left| a\begin{matrix}\xi, \cdots \sigma, \beta\\ \xi, \cdots \sigma, \beta\end{matrix}\right|.$$

Dann ist $BD = CC'' - C'^2$.

Als Unterdeterminante $(r+1)^{\text{ten}}$ Grades von $A_{\beta-1}$ ist $C = 0$. Daher haben B und D entgegengesetzte Vorzeichen, und mithin ist $s_\beta = -s_{\beta-1}$.

In der Reihe (1.) kommt es t mal vor, daß zwei aufeinander folgende Determinanten gleich sind. Läßt man von einem solchen Paar immer die eine weg, so hat man t Determinanten gestrichen. Ebenso kommt es t mal vor, daß die Grade zweier aufeinander folgender Determinanten $B_{r_{\beta-1}} = B_r = B$ und $B_{r_\beta} = B_{r+2} = D$ sich um 2 unterscheiden. Schiebt man zwischen diese $C = B_{r+1} = 0$ ein, so hat man ebenso viele Determinanten eingefügt wie weggelassen.

Auf diese Weise führt man aber die Reihe der Determinanten, mittels deren Hr. Petr die Zeichen s_γ definiert, in die Reihe derer über, die Hr. Gundelfinger zu diesem Zweck benutzt. Läßt man also in dessen Formel $s_{\lambda-1}s_\lambda + s_\lambda s_{\lambda+1}$ weg, falls $A_\lambda = 0$ ist, so stimmt sie Glied für Glied mit der Formel (9.) § 1 überein.

78.

Über einen Fundamentalsatz der Gruppentheorie II

Sitzungsberichte der Königlich Preußischen Akademie der Wissenschaften zu Berlin
428–437 (1907)

Im ersten Teile dieser Arbeit (Sitzungsberichte 1903) habe ich unter verschiedenen Formen den folgenden Satz abgeleitet:

Die Anzahl der Elemente einer Gruppe, die der Gleichung $X^n = A$ genügen, ist durch den größten gemeinsamen Divisor von n und g teilbar, wenn g die Anzahl der mit A vertauschbaren Elemente der Gruppe ist.

Dieser Satz läßt sich dahin verallgemeinern, daß an die Stelle der Anzahl dieser Elemente $X = R$ die Summe $\Sigma\, \chi(R)$ tritt, wo χ irgendein Charakter der Gruppe $\mathfrak{H}$ ist. Daraus ergibt sich dann das obige Theorem, indem man für χ den Hauptcharakter wählt, der für jedes Element R den Wert 1 hat.

Es ist mir nicht gelungen, diesen allgemeineren Satz mit denselben einfachen Mitteln zu beweisen, wie den vorher behandelten speziellen Fall. Ich muß dazu Überlegungen zu Hilfe nehmen, wie sie Hr. Blichfeldt (*Transactions of the American Math. Soc. 1904, p. 465*) zum Beweise des speziellen Satzes benutzt hat.

Das Wort *Charakter* kann hier im weitesten Sinne genommen werden. Denn wenn der Satz für jeden *einfachen* Charakter gilt, so gilt er auch für jede lineare Verbindung χ dieser Charaktere, deren Koeffizienten *positive* oder auch *negative* ganze Zahlen sind. Im ersteren Falle nenne ich χ einen *zusammengesetzten* Charakter, im anderen einen Charakter *im weitesten Sinne* oder auch einen *uneigentlichen* Charakter.

Ist $A = E$ das Hauptelement, so läßt sich der neue Satz auch auf die folgende bequeme Form bringen:

Ist n ein Divisor der Ordnung h einer Gruppe $\mathfrak{H}$, und setzt man $\vartheta(R) = \frac{h}{n}$, wenn $R^n = E$ ist, aber $\vartheta(R) = 0$, wenn nicht $R^n = E$ ist, so ist $\vartheta(R)$ ein (uneigentlicher) Charakter von $\mathfrak{H}$.

§ 5.

In einer endlichen Gruppe $\mathfrak{H}$ der Ordnung h sei R ein Element der Ordnung r. Bei der normalen Darstellung der Gruppe durch Substitutionen von h Symbolen erscheint R als eine Permutation, die in

$\frac{h}{r}$ Zyklen von je r Symbolen zerfällt. Die charakteristische Funktion dieser Substitution ist $(1-x^r)^{\frac{h}{r}}$. Denn die r charakteristischen Wurzeln einer zyklischen Substitution von r Symbolen sind die Wurzeln der Gleichung $x^r = 1$. Entwickelt man daher $(1-x^r)^{\frac{h}{r}}$ nach Potenzen von x, so ist für jedes n der Koeffizient von $(-x)^n$ ein (zusammengesetzter) reeller Charakter von $\mathfrak{H}$, d. h. ein Ausdruck von der Form $\vartheta(R) = \vartheta(R^{-1}) = \Sigma c_\varkappa \chi^{(\varkappa)}(R) = \Sigma c_\varkappa \chi^{(\varkappa)}(R^{-1})$, wo $c_\varkappa$ $(\varkappa = 0, 1, \cdots k-1)$ eine positive ganze Zahl ist. (*Über die Komposition der Charaktere einer Gruppe*, § 2; *Sitzungsberichte 1899, S. 334.*) Ist also $\chi(R)$ irgendeiner der k einfachen Charaktere, so ist $\sum\limits_R \chi(R)\vartheta(R) = \sum\limits_\varkappa c_\varkappa\left(\sum\limits_R \chi^{(\varkappa)}(R^{-1})\chi(R)\right) = ch$, wo die positive ganze Zahl c angibt, wie oft der Charakter $\chi(R)$ in $\vartheta(R)$ auftritt. Folglich ist

$$(1.) \qquad \sum_R \chi(R)(1-x^r)^{\frac{h}{r}} = h\Phi(x).$$

Hier ist $\Phi(x)$ eine ganze Funktion h^{ten} Grades von x, worin der Koeffizient von $(-x)^n$ eine (positive) ganze Zahl ist. Ist $\chi(R)$ nicht der Hauptcharakter, so ist $\Phi(0) = 0$. Ferner kommt die erste Potenz von x nur in dem Gliede vor, worin $r = 1$ ist, und hat daher in $\Phi(x)$ den Koeffizienten $-\chi(E) = -f$.

Ist r ein bestimmter Divisor von h, so ist in der obigen Summe $(1-x^r)^{\frac{h}{r}}$ mit

$$\Sigma \chi(R) = b_r$$

multipliziert, wo R die Elemente von $\mathfrak{H}$ durchläuft, deren Ordnung gleich r ist. Enthält $\mathfrak{H}$ kein solches Element, so ist $b_r = 0$ zu setzen. Dann ist

$$(2.) \qquad h\Phi(x) = \sum_r b_r(1-x^r)^{\frac{h}{r}},$$

wo r die Divisoren von h durchläuft.

Zunächst betrachte ich einen speziellen Fall: Sei $\mathfrak{H}$ eine zyklische Gruppe der Ordnung m, gebildet von den Potenzen des Elementes A. Dann ist $\chi(A)$ eine m^{te} Einheitswurzel ρ, und wenn $R = A^n$ ist, so ist $\chi(R) = \rho^n$. Bezeichnet man die Funktion $\Phi(x)$ für diesen Fall mit $\Phi_m(x)$, so ist

$$(3.) \qquad m\Phi_m(x) = \Sigma\, \mu_d(1-x^d)^{\frac{m}{d}}.$$

Hier durchläuft d die Divisoren von m, und μ_d ist die oben mit b_d bezeichnete Größe. Ist ρ von 1 verschieden, so ist das konstante Glied dieser Funktion

$$(4.) \qquad \sum_d \mu_d = 0.$$

Braucht man die Formel (3.) für verschiedene Werte von m, so ist zu bedenken, daß μ_d nicht nur von d, sondern auch von m und von ρ abhängt. Wählt man aber für ρ eine *primitive* m^{te} Wurzel der Einheit, so ist μ_d die Summe der primitiven d^{ten} Wurzeln der Einheit, also von m (und von ρ) unabhängig. Daher gilt dann die Formel (4.) für alle Werte von m, außer für $m = 1$, wo $\Phi_1(x) = 1-x$ und $\mu_1 = 1$ ist. Indem man darin der Reihe nach $m = 1, 2, 3, \cdot$ setzt, kann man daraus die Größen $\mu_1, \mu_2, \mu_3, \cdots$ sukzessive berechnen.

Versteht man also unter ρ eine primitive m^{te} Wurzel der Einheit, so ist $\Phi_m(x)$ nur von m, aber nicht von der Wahl von ρ abhängig. Der Koeffizient von x in $\Phi_m(x)$ ist $-f = -1$.

Demnach ist, wenn d ein bestimmter Divisor von m ist,

$$d\,\Phi_d(x) = \Sigma\, \mu_r (1-x^r)^s,$$

die Summe erstreckt sich über alle Lösungen der Gleichung $d = rs$. Durchläuft daher d alle Divisoren von m, so ist

$$\Sigma\, d\,\Phi_d(x^{\frac{m}{d}}) = \Sigma\, \mu_r (1-x^{\frac{m}{s}})^s.$$

Hier durchlaufen r und s alle Paare von Zahlen, deren Produkt rs in m aufgeht. Für ein bestimmtes s durchläuft folglich r die Divisoren von $\frac{m}{s}$, und mithin ist $\Sigma\, \mu_r = 0$, außer wenn $\frac{m}{s} = 1$ ist. Demnach ist

$$\sum_d d\,\Phi_d(x^{\frac{m}{d}}) = (1-x)^m; \tag{5.}$$

wo d die Divisoren von m durchläuft.

Ich kehre nun zu der allgemeinen Untersuchung zurück. Wie eben gezeigt, ist

$$(1-x^r)^{\frac{h}{r}} = \sum_t t\,\Phi_t(x^{\frac{h}{t}}),$$

wo t die Divisoren von $\frac{h}{r} = st$ durchläuft, und mithin

$$h\,\Phi(x) = \sum_r b_r (1-x^r)^{\frac{h}{r}} = \sum_{r,t} b_r\, t\,\Phi_t(x^{\frac{h}{t}}) = \sum_{r,s} b_r \frac{h}{rs} \Phi_{\frac{h}{rs}}(x^{rs}),$$

wo r und s alle Paare von Zahlen durchlaufen, deren Produkt $rs = n$ in h aufgeht, oder

$$h\,\Phi(x) = \sum_{r,n} b_r \frac{h}{n} \Phi_{\frac{h}{n}}(x^n),$$

wo n die Divisoren von h, und r die von n durchläuft. Setzt man also

$$\sum_r b_r = n a_n,$$

wo r die Divisoren von n durchläuft, so ist

$$\Phi(x) = \sum_n a_n \Phi_{\frac{h}{n}}(x^n). \tag{6.}$$

Hier durchläuft n die Divisoren von h, und es ist

$$(7.)\qquad n a_n = \Sigma\, \chi(R) \qquad (R^n = E),$$

wo R alle Elemente von $\mathfrak{H}$ durchläuft, deren Ordnung r in n aufgeht, oder die der Gleichung $R^n = E$ genügen.

Entwickelt man die Summe (6.) nach Potenzen von x, so sind alle Koeffizienten ganze Zahlen. Daraus ist leicht zu schließen, daß auch die Größen a_n alle rationale ganze Zahlen sind. Denn zunächst ist $a_1 = f$, $a_h = 0$, außer für den Hauptcharakter, wo $a_h = 1$ ist. Seien

$$1, \cdots l, m, \cdots p, \cdots s, h$$

die Divisoren von h, der Größe nach geordnet. Angenommen, für $n = 1, \cdots l$ sei schon bewiesen, daß a_n ganz ist. Streicht man dann in jener Summe die Glieder, die den Werten $n = 1, \cdots l$ und dem Werte $n = h$ entsprechen, so hat auch die übrigbleibende Summe

$$a_m \Phi_{\frac{h}{m}}(x^m) + \cdots + a_p \Phi_{\frac{h}{p}}(x^p) + \cdots + a_s \Phi_{\frac{h}{s}}(x^s)$$

die Eigenschaft, daß in ihrer Entwicklung nach Potenzen von x alle Koeffizienten ganze Zahlen sind. Die Potenz x^m kommt nur im ersten Gliede vor und hat den Koeffizienten $-a_m$. Folglich ist a_m eine ganze Zahl.

Ist $\chi(R)$ ein Charakter einer Gruppe $\mathfrak{H}$ der Ordnung h, ist n ein Divisor von h, und durchläuft R die Elemente von $\mathfrak{H}$, die der Gleichung $R^n = E$ genügen, so ist $\Sigma\, \chi(R)$ eine durch n teilbare rationale ganze Zahl.

Wählt man für χ den Charakter $\chi^{(\varkappa)}$, so möge die (positive oder negative) ganze Zahl a_n mit $a_n^{(\varkappa)}$ bezeichnet werden. Dann ist

$$n a_n^{(\varkappa)} = \sum_R \chi^{(\varkappa)}(R) \qquad (R^n = E).$$

Sei $\varepsilon(E) = 1$, aber $\varepsilon(R) = 0$, falls R von E verschieden ist. Dann kann man auch schreiben

$$n a_n^{(\varkappa)} = \sum_R \varepsilon(R^n)\, \chi^{(\varkappa)}(R) \qquad (\varkappa = 0, 1, \cdots k-1),$$

wo R alle h Elemente von $\mathfrak{H}$ durchläuft. Mit Hilfe der zwischen den Werten der k Charaktere bestehenden bilinearen Relationen kann man diese Gleichungen auflösen, und erhält

$$(8.)\qquad \frac{h}{n}\, \varepsilon(R^n) = \sum_\varkappa a_n^{(\varkappa)} \chi^{(\varkappa)}(R).$$

Ist n ein Divisor von h, so ist $\frac{h}{n}\varepsilon(R^n)$ ein (uneigentlicher) Charakter von $\mathfrak{H}$.

Oder:

Ist n ein Divisor von h, so erhält man einen uneigentlichen Charakter $\vartheta(R)$ von $\mathfrak{H}$, indem man, falls $R^n = E$ ist, $\vartheta(R) = \frac{h}{n}$, für alle anderen Elemente aber $\vartheta(R) = 0$ setzt.

§ 6.

In der obigen Herleitung habe ich die Anwendung arithmetischer Hilfsmittel vermieden und die benutzten Hilfssätze durch gruppentheoretische Betrachtungen erhalten. Sonst kann man den Beweis mit Hilfe des bekannten Satzes führen:

Sei $\varphi(m)$ eine für jeden Wert der positiven ganzen Zahl m eindeutig definierte Funktion, und sei

$$f(m) = \Sigma\, \varphi(d), \tag{1.}$$

wo d alle Divisoren von m durchläuft. Dann ist umgekehrt

$$\varphi(m) = \Sigma\, \mu_d\, f\left(\frac{m}{d}\right). \tag{2.}$$

Die hier auftretenden Zahlen μ_k nennt man die *Möbiusschen Koeffizienten.* Ist k durch ein Quadrat (>1) teilbar, so ist $\mu_k = 0$, ist aber k ein Produkt von $\varkappa$ verschiedenen Primfaktoren, so ist $\mu_k = (-1)^\varkappa$.

Umgekehrt folgt aus der Gleichung (2.) die Relation (1.). Ist z. B. $f(1) = 1$, aber $f(m) = 0$, wenn $m > 1$ ist, so ist $\phi(m) = \mu_m$. Da $f(m)$ die Summe der m^{ten} Wurzeln der Einheit ist, so ist demnach μ_m die Summe der primitiven m^{ten} Wurzeln der Einheit, und es ist

$$\Sigma\, \mu_d = 0, \tag{3.}$$

falls d die Divisoren einer Zahl $m > 1$ durchläuft, aber $\mu_1 = 1$.

Um eine andere Anwendung der obigen Formeln zu machen, sei

$$m\,\Phi_m(x) = \sum_d \mu_d (1-x^d)^{\frac{m}{d}}. \tag{4.}$$

Setzt man

$$\varphi(m) = m\,\Phi_m(x^{\frac{1}{m}}), \qquad f(m) = (1-x^{\frac{1}{m}})^m,$$

so besteht die Relation (2.), und mithin auch (1.). Daher ist

$$(1-x)^m = \sum_d d\,\Phi_d(x^{\frac{m}{d}}). \tag{5.}$$

Es ist $\Phi_1(x) = 1-x$, ist aber $m > 1$, so ist in $\Phi_m(x)$ das konstante Glied 0, und der Koeffizient von x gleich -1. Daß auch alle anderen Koeffizienten ganze Zahlen sind, kann man so einsehen:

Sei p^n die höchste in m aufgehende Potenz der Primzahl p. In der Entwicklung der Summe (4.) nach Potenzen von x sind dann alle Koeffizienten durch p^n teilbar. Denn die Summe besteht aus Paaren von Gliedern der Form

$$\pm\left[(1-x^r)^{p^n q}-(1-x^{pr})^{p^{n-1}q}\right],$$

wo $m = p^n q r$ ist. Nun ist

$$(1-x^r)^p \equiv 1-x^{pr} \quad (\mathrm{mod.}\ p)$$

und folglich

$$(1-x^r)^{p^n q} \equiv (1-x^{pr})^{p^{n-1}q} \quad (\mathrm{mod.}\ p^n).$$

Der Gleichung (5.) zufolge ist

$$(1-x^r)^{\frac{h}{r}} = \sum_s \frac{h}{rs}\,\Phi_{\frac{h}{sr}}(x^{rs}),$$

wo s die Divisoren von $\frac{h}{r}$ durchläuft. Dafür kann man auch schreiben

$$(6.)\qquad (1-x^r)^{\frac{h}{r}} = \sum_n \frac{h}{n}\,\varepsilon(R^n)\,\Phi_{\frac{h}{n}}(x^n),$$

wo n die Divisoren von h durchläuft, und R ein Element der Ordnung r bedeutet. Denn $\varepsilon(R^n)$ ist nur dann von Null verschieden, wenn $n = rs$ durch r teilbar ist. Da in der Entwicklung von $(1-x^r)^{\frac{h}{r}}$ nach Potenzen von x jeder Koeffizient ein Charakter der Gruppe $\mathfrak{H}$ ist, so folgt aus dieser Gleichung, daß auch $\frac{h}{n}\varepsilon(R^n)$ ein Charakter von $\mathfrak{H}$ ist. Denn für $n = 1$ ist $h\,\varepsilon(R)$ ein Charakter, welcher der regulären Darstellung der Gruppe (durch Permutationen von h Symbolen) entspricht,

$$(7.)\qquad h\,\varepsilon(R) = \sum_\varkappa f_\varkappa \chi^{(\varkappa)}(R).$$

Für $n = h$ ist $\frac{h}{n}\varepsilon(R^n)$ der Hauptcharakter. Seien

$$1, \cdots l, m, \cdots p, \cdots s, h$$

die Divisoren von h, und sei für $n = 1, \cdots l$ bewiesen, daß $\frac{h}{r}\varepsilon(R^n)$ ein Charakter ist. Nimmt man dann in der Gleichung (6.) die Glieder, die den Werten $n = h$ und $n = 1, \cdots l$ entsprechen, auf die linke Seite, so ist in dem übrigbleibenden Ausdruck der Koeffizient von $-x^m$ gleich $\frac{h}{m}\varepsilon(R^m)$, und folglich ist dies ein Charakter von $\mathfrak{H}$.

Sei für einen bestimmten Divisor n von h

$$(8.)\qquad \frac{h}{n}\varepsilon(R^n) = \sum_\varkappa a_\varkappa \chi^{(\varkappa)}(R),$$

dann ist umgekehrt

$$\sum_R \frac{h}{n}\varepsilon(R^n)\,\chi^{(\varkappa)}(R^{-1}) = h a_\varkappa$$

oder

$$\sum_R \varepsilon(R^n)\,\chi^{(\varkappa)}(R) = n a_\varkappa$$

oder in anderer Schreibweise

$$n a_\varkappa = \sum_R \chi^{(\varkappa)}(R) \qquad (R^n = E),$$

wo die Summe über die Lösungen der Gleichung $R^n = E$ zu erstrecken ist. Ist $\chi^{(0)}$ der Hauptcharakter, so ist demnach $n a_0$ die Anzahl der Lösungen der Gleichung $R^n = E$.

Die Zahlen $a_\varkappa$ gehören zu einem bestimmten Divisor n von h. Entsprechen dem Divisor n' die Zahlen $a'_\varkappa$ und dem Divisor n'' die Zahlen $a''_\varkappa$, so ist

$$\frac{h}{n'}\varepsilon(R^{n'}) = \sum_\varkappa a'_\varkappa \chi^{(\varkappa)}(R^{-1}) \quad , \quad \frac{h}{n''}\varepsilon(R^{n''}) = \sum_\lambda a''_\lambda \chi^{(\lambda)}(R)$$

und mithin

$$\frac{h^2}{n'n''}\varepsilon(R^{n'})\varepsilon(R^{n''}) = \sum_{\varkappa,\lambda} a'_\varkappa a''_\lambda \chi^{(\varkappa)}(R^{-1})\chi^{(\lambda)}(R).$$

Nun ist

$$\sum_R \chi^{(\varkappa)}(R^{-1})\chi^{(\lambda)}(R) = 0,$$

außer für $\varkappa = \lambda$, wo diese Summe gleich h ist. Folglich ist

$$\frac{h}{n'n''}\sum_R \varepsilon(R^{n'})\varepsilon(R^{n''}) = \sum_\varkappa a'_\varkappa a''_\varkappa .$$

Die Summe links ist gleich der Anzahl der Elemente R, die gleichzeitig den Gleichungen $R^{n'} = E$ und $R^{n''} = E$ genügen, also der Gleichung $R^n = E$, wo n der größte gemeinsame Divisor von n' und n'' ist.

Ist also $m = \frac{n'n''}{n}$ das kleinste gemeinschaftliche Vielfache von n' und n'', so ist

(9.) $$\frac{h}{m} a_0 = \sum_\varkappa a'_\varkappa a''_\varkappa$$

und speziell

(10.) $$\frac{h}{n} a_0 = \sum_\varkappa a_\varkappa^2 .$$

Die notwendige und hinreichende Bedingung dafür, daß die $n a_0$ Lösungen der Gleichung $R^n = E$ eine Gruppe bilden, besteht darin, daß der Charakter (8.) ein *eigentlicher* ist, daß also die Zahlen $a_\varkappa$ sämtlich positiv sind. Dann ist entweder $a_\varkappa = 0$ oder $a_\varkappa = a_0 f_\varkappa$.

§ 7.

In ähnlicher Weise lassen sich die übrigen Sätze verallgemeinern, die ich im ersten Teile dieser Arbeit entwickelt habe:

Ist h die Ordnung und χ ein Charakter einer Gruppe $\mathfrak{H}$, worin die Elemente $A, B, C, \ldots$ ein invariantes System bilden, und durchläuft R die Elemente von $\mathfrak{H}$, die einer der Gleichungen $R^n = A$ oder B oder $C \ldots$

genügen, so ist $\Sigma\, \chi(R)$ *eine ganze algebraische Zahl, die durch den größten gemeinsamen Divisor von* n *und* h *teilbar ist.*

Genau wie in § 4 erkennt man, daß es genügt, den Satz für den Fall zu beweisen, wo $n = p^\nu$ eine Potenz einer Primzahl p ist. Der invariante Komplex möge zunächst nur aus einem invarianten Elemente A der Ordnung k bestehen.

Für $A = E$ ist der Satz oben bewiesen. Ist k nicht durch p teilbar, also $n = p^\nu$ zu k teilerfremd, so sei $mn \equiv 1$ mod. k. Ist dann $B = A^m$, so ist $B^n = A$. Als Potenz von A ist B ein invariantes Element von $\mathfrak{H}$. Ist also $R^n = A$ und $R = BS$, so ist $S^n = E$ und umgekehrt. Daher ist $\Sigma\, \chi(S)$ durch den größten gemeinsamen Divisor d von n und h teilbar. Nun ist aber (*Über die Primfaktoren der Gruppendeterminante, § 12, S. 1381, Sitzungsberichte 1896*), falls χ ein einfacher Charakter ist,

$$\chi(R) = \frac{1}{f}\chi(B)\chi(S),$$

wo $\frac{1}{f}\chi(R)$ eine Einheitswurzel ist. Mithin ist auch $\Sigma\, \chi(R)$ durch d teilbar.

Ist zweitens k durch p teilbar, und ist $R^n = A$, so ist nk die Ordnung von R. Denn es ist $R^{nk} = E$; ist aber q irgendeine Primzahl, die in nk, also auch in k aufgeht, so ist

$$R^{\frac{nk}{q}} = (R^n)^{\frac{k}{q}} = A^{\frac{k}{q}}$$

von E verschieden. Ich teile nun die Lösungen der Gleichung $R = A$ in Klassen, indem ich zwei Lösungen zu derselben Klasse rechne, wenn jede eine Potenz der andern ist. Ist $l \equiv 1$ (mod. k), so ist $(R^l)^n = A^l = A$. Damit umgekehrt eine Potenz von R, $S = R^l$ der Gleichung $S^n = A$ genüge, muß $l \equiv 1$ (mod. k) sein. Dann ist aber l zu nk teilerfremd, und mithin kann man m so bestimmen, daß $lm \equiv 1$ (mod. nk) und folglich $R = S^m$ wird. Der Teil der Summe $\Sigma\, \chi(R)$, der sich auf die Lösungen einer Klasse erstreckt, ist daher gleich

$$\sigma = \sum_{\lambda}{}_0^{n-1}\, \chi(R^{1+\lambda k}).$$

Die Potenzen von R bilden eine zyklische Gruppe $\mathfrak{R}$ der Ordnung nk. Auch für diese ist χ ein Charakter. Ist ϑ einer der einfachen Charaktere von $\mathfrak{R}$, aus denen χ zusammengesetzt ist, so ist $\vartheta(R) = \rho$ eine (nk)te Wurzel der Einheit. Daher ist

$$\sum_{\lambda} \vartheta(R^{1+\lambda k}) = \rho \sum_{\lambda} \rho^{\lambda k}$$

also gleich ρn oder 0, je nachdem $\rho^k = 1$ ist oder nicht. Mithin ist σ durch n teilbar, also auch $\Sigma\, \chi(R)$, erstreckt über alle Lösungen der Gleichung $R^n = A$.

Ist A irgendein Element von $\mathfrak{H}$, so bilden die mit A vertauschbaren Elemente von $\mathfrak{H}$ eine Gruppe $\mathfrak{G}$ der Ordnung g, worin A ein invariantes Element ist. Jedes Element R von $\mathfrak{H}$, das der Gleichung $R^n = A$ genügt, ist mit A vertauschbar, gehört also der Gruppe $\mathfrak{G}$ an. Ein Charakter χ von $\mathfrak{H}$ ist auch ein Charakter von $\mathfrak{G}$. Durchläuft also R die Lösungen der Gleichung $R^n = A$, so ist, wie eben gezeigt, $\sigma = \Sigma\, \chi(R)$ durch den größten gemeinsamen Teiler d von n und g teilbar.

Ist $B = P^{-1}AP$ ein mit A konjugiertes Element von $\mathfrak{H}$, und durchläuft R die Lösungen der Gleichung $R^n = A$, so durchläuft $S = P^{-1}RP$ die Lösungen der Gleichung $S^n = B$. Ein Charakter χ hat für konjugierte Elemente denselben Wert $\chi(R) = \chi(S)$. Sind $A, B, C \cdots$ die $\frac{h}{g}$ Elemente von $\mathfrak{H}$, die mit A konjugiert sind, und durchläuft R jetzt die Elemente von $\mathfrak{H}$, die einer der Gleichungen $R^n = A$ oder $R^n = B$ oder $R^n = C, \cdots$ genügen, so ist $\Sigma\, \chi(R) = \frac{h}{g}\sigma$, also teilbar durch $\frac{h}{g}d$, den größten gemeinsamen Divisor von h und $n\frac{h}{g}$, also auch teilbar durch den größten gemeinsamen Divisor von h und n.

Ist χ ein Charakter der Gruppe $\mathfrak{H}$, und durchläuft R die Elemente der Gruppe, die der Gleichung $R^n = A$ genügen, und ist g die Anzahl der mit A vertauschbaren Elemente von $\mathfrak{H}$, so ist $\Sigma\, \chi(R)$ eine ganze algebraische Zahl, die durch den größten gemeinsamen Divisor von n und g teilbar ist.

§ 8.

Die über die Lösungen der Gleichung $S^n = R$ erstreckte Summe

$$\sum_S \chi(S) = \vartheta(R) \qquad (S^n = R) \tag{1.}$$

ist ein uneigentlicher Charakter von $\mathfrak{H}$. Denn zunächst ist $\chi(R^n) = \eta(R)$ ein solcher Charakter. Ein Charakter f^{ten} Grades ist nämlich eine Summe von f Einheitswurzeln

$$\chi(R) = \rho_1 + \rho_2 + \cdots + \rho_f,$$

die einzeln dadurch bestimmt sind, daß für jedes n

$$\chi(R^n) = \rho_1^n + \rho_2^n + \cdots + \rho_f^n = \sigma_n$$

ist. Nun sind die elementaren symmetrischen Funktionen von $\rho_1, \rho_2, \cdots \rho_f$ (zusammengesetzte) Charaktere von $\mathfrak{H}$. (*Über die Komposition der Charaktere einer Gruppe*, § 2; *Sitzungsberichte 1899.*) Die Potenzsumme σ_n ist aber eine ganze ganzzahlige Funktion dieser Ausdrücke und mithin ebenfalls ein Charakter (im weitesten Sinne).

Für ein gegebenes n ist also

$$\chi^{(\lambda)}(R^n) = \sum_{\varkappa} c_{\varkappa\lambda}\chi^{(\varkappa)}(R) \qquad (\varkappa, \lambda = 0, 1 \cdots k-1), \tag{2.}$$

wo die Koeffizienten $c_{\varkappa\lambda}$ (positive oder negative) ganze Zahlen sind; und zwar ist

$$h c_{\varkappa\lambda} = \sum_{S} \chi^{(\varkappa)}(S)\chi^{(\lambda)}(S^{-n}).$$

In dieser Summe nehme ich die Glieder zusammen, worin S^n einen und denselben Wert R hat. Sei

$$\sum_{S} \chi^{(\varkappa)}(S) = \vartheta^{(\varkappa)}(R) \qquad (S^n = R).$$

Dann ist

$$h c_{\varkappa\lambda} = \sum_{R} \vartheta^{(\varkappa)}(R)\chi^{(\lambda)}(R^{-1})$$

und mithin

$$\vartheta^{(\varkappa)}(R) = \sum_{\lambda} c_{\varkappa\lambda}\chi^{(\lambda)}(R). \tag{3.}$$

Der Wert $\vartheta(R)$ ist durch den größten gemeinsamen Divisor von n und $\frac{h}{h_R}$ teilbar, wenn h_R die Anzahl der mit R konjugierten Elemente ist, also $\frac{h}{h_R}$ die Anzahl der mit R vertauschbaren Elemente von $\mathfrak{H}$. Die Größen $h_R\,\vartheta(R)$ sind alle durch den größten gemeinsamen Divisor von n und h teilbar.

79.

Über Matrizen aus positiven Elementen

Sitzungsberichte der Königlich Preußischen Akademie der Wissenschaften zu Berlin
471–476 (1908)

Sind die Elemente einer Matrix alle reell und positiv, so hat ihre charakteristische Determinante und deren Unterdeterminanten einige merkwürdige Eigenschaften, von denen Hr. Oskar Perron die wichtigsten entdeckt und in zwei Abhandlungen *Grundlagen für eine Theorie der Jacobischen Kettenbruchalgorithmen* und *Zur Theorie der Matrices* im 64. Bande der *Mathematischen Annalen* abgeleitet hat. Den Beweis hat er, wie er selbst hervorhebt, nur mit Anwendung von Grenzbetrachtungen durchführen können. Es ist mir gelungen, diese zu vermeiden, die Beweise zu vereinfachen und die Sätze in einigen Punkten zu vervollständigen.

§ 1.

Sind die Elemente einer Matrix A alle reell und positiv, so hat ihre charakteristische Gleichung eine Wurzel r, die reell, positiv, einfach und absolut größer ist als jede andere Wurzel. Ist $s \geqq r$, so sind die Elemente der zu $sE - A$ adjungierten Matrix alle positiv.

Die Elemente $a_{\varkappa\lambda}$ der Matrix n^{ten} Grades A seien alle positiv (> 0). Die Determinante $|sE - A|$ bezeichne ich mit $\varphi(s)$ oder $A(s)$, die dem Elemente $se_{\varkappa\lambda} - a_{\varkappa\lambda}$ komplementäre Unterdeterminante $(n-1)^{\text{ten}}$ Grades mit $A_{\lambda\varkappa}(s)$.

Ich nehme an, die Behauptung sei für eine Matrix, deren Grad $< n$ ist, bereits bewiesen. Sind dann $\alpha, \beta, \gamma, \cdots \nu$ die Zahlen $1, 2, 3, \cdots n$ in irgendeiner Anordnung, und ist

$$B(s) = A_{\alpha\alpha}(s) = \begin{vmatrix} -a_{\beta\beta} + s & \cdots & -a_{\beta\nu} \\ \cdot & \cdots & \cdot \\ -a_{\nu\beta} & \cdots & -a_{\nu\nu} + s \end{vmatrix},$$

so hat die Gleichung $B(s) = 0$ eine Wurzel q, die positiv, einfach und absolut größer ist als jede andere Wurzel. Ferner ist die Unterdeterminante $(n-2)^{\text{ten}}$ Grades $B_{\lambda\varkappa}(s)$, die dem Elemente $se_{\varkappa\lambda} - a_{\varkappa\lambda}$ in $B(s)$ komplementär ist, positiv (> 0), falls $s \geqq q$ ist.

Nun ist

$$A(s) = (s - a_{\alpha\alpha})\,B(s) - \sum_{\varkappa,\lambda} a_{\alpha\varkappa}\, a_{\lambda\alpha}\, B_{\varkappa\lambda}(s),$$

wo $\varkappa$ und λ die Werte $\beta, \gamma, \dots \nu$ durchlaufen. Da $B(q) = 0$ und $B_{\varkappa\lambda}(q) > 0$ ist, so ist $A(q) < 0$. Folglich hat die Gleichung $A(s) = 0$ eine positive Wurzel, die $> q$ ist. Ist r die größte Wurzel dieser Art, so ist $r > q$ für jeden Wert von α. Ist also $s \geqq r$, so ist $s > q$, und mithin $A_{\alpha\alpha}(s) > 0$. Sei

$$C(s) = \begin{vmatrix} -a_{\gamma\gamma} + s & \cdots & -a_{\gamma\nu} \\ \cdot & \cdots & \cdot \\ -a_{\nu\gamma} & \cdots & -a_{\nu\nu} + s \end{vmatrix}$$

und $C_{\lambda\varkappa}(s)$ die Unterdeterminante $(n-3)^{\text{ten}}$ Grades, die dem Elemente $s e_{\varkappa\lambda} - a_{\varkappa\lambda}$ in $C(s)$ komplementär ist. Ist p die größte positive Wurzel der Gleichung $C(s) = 0$, so ist $p < q < r$. Ist $s > p$, so ist $C(s)$ und $C_{\varkappa\lambda}(s)$ positiv. Nun ist

$$-A_{\alpha\beta}(s) = \begin{vmatrix} -a_{\alpha\beta} & -a_{\alpha\gamma} & \cdots & -a_{\alpha\nu} \\ -a_{\gamma\beta} & -a_{\gamma\gamma} + s & \cdots & -a_{\gamma\nu} \\ \cdot & & & \\ -a_{\nu\beta} & -a_{\nu\gamma} & \cdots & -a_{\nu\nu} + s \end{vmatrix},$$

demnach

$$(1.) \qquad A_{\alpha\beta}(s) = a_{\alpha\beta}\, C(s) + \sum_{\varkappa,\lambda} a_{\alpha\varkappa}\, a_{\lambda\beta}\, C_{\varkappa\lambda}(s).$$

Daher ist $A_{\alpha\beta}(s) > 0$, falls $s \geqq p$ ist, also um so mehr, falls $s \geqq r$ ist.

Ist $\varphi(s) = A(s)$, so ist die Ableitung

$$\varphi'(s) = \sum_{\alpha} A_{\alpha\alpha}(s)$$

die Summe aller Hauptunterdeterminanten $(n-1)^{\text{ten}}$ Grades der Matrix $sE - A$. Daher ist $\varphi'(r) > 0$, und mithin ist r eine einfache Wurzel der Gleichung $\varphi(r) = 0$.

Wenn die Gleichung $\varphi(s) = 0$ eine negative Wurzel hat, so sei $-q$ die kleinste; dann kann nicht $q = r$ sein. Denn auch die Elemente der Matrix A^2 sind alle positiv. Ihre größte reelle positive charakteristische Wurzel wäre aber gleich $r^2 = q^2$, sie wäre also keine einfache Wurzel.

Es kann aber auch nicht $q > r$ sein. Denn sonst wären auch die Elemente der Matrix $A + \frac{1}{2}(q-r)E$ alle positiv, ihre größte positive Wurzel wäre $r' = \frac{1}{2}(q+r)$, ihre kleinste negative $-q' = -\frac{1}{2}(q+r) = -r'$, was nicht möglich ist. Demnach ist $q < r$.

Wie übrigens leicht zu sehen, ist sogar $r - q > 2k$, wenn k kleiner ist als jedes der Hauptelemente $a_{11}, a_{22}, \cdots a_{nn}$.

Sei $a+bi$ eine Wurzel der Gleichung $\varphi(r)=0$, deren absoluter Betrag möglichst groß ist. Sollte es außer $a \pm bi$ noch andere Wurzeln desselben absoluten Wertes geben, so wähle man $a+bi$ so, daß a (mit Berücksichtigung des Zeichens) möglichst klein ist. Ist also $a'+b'i$ eine von $a \pm bi$ verschiedene Wurzel der Gleichung $\varphi(r)=0$, so ist $a'^2+b'^2 \leqq a^2+b^2$, und falls $a'^2+b'^2 = a^2+b^2$ ist, so ist $a' > a$. Dann kann man eine positive Größe g so wählen, daß, falls $0<k<g$ ist, für jede Wurzel $a'+b'i$

$$(a-k)^2+b^2 > (a'-k)^2+b'^2$$

ist, oder

$$a^2+b^2-a'^2-b'^2 > 2k(a-a').$$

Denn ist $a^2+b^2 = a'^2+b'^2$, so ist $a-a'<0$. Ebenso ist jene Bedingung von selbst erfüllt, wenn zwar $a^2+b^2 > a'^2+b'^2$ ist, aber $a \leqq a'$ ist. Ist aber $a > a'$, so muß dann

$$k < \frac{a^2+b^2-a'^2-b'^2}{2(a-a')}$$

sein. Man bestimme diese positive Größe für jede von $a \pm bi$ verschiedene Wurzel $a'+b'i$, für die $a'<a$ ist. Zu diesen Größen nehme man noch die Elemente $a_{11}, a_{22}, \cdots a_{nn}$ hinzu und bezeichne mit g die kleinste aller dieser positiven Größen.

Ist dann $0<k<g$, so sind die Elemente der Matrix $A-kE$ alle positiv. Ihre charakteristische Gleichung hat die Wurzeln $a-k \pm bi$, jede andere ihrer Wurzeln $a'-k+b'i$ ist absolut kleiner. In dem angegebenen Intervalle kann man ferner k so wählen, daß die *Phase* der Größe $a-k+bi = \rho e^{i\vartheta}$ zu 2π in einem rationalen Verhältnis $\frac{l}{m}$ steht, $\vartheta = \frac{2l\pi}{m}$. Dann sind auch alle Elemente der Matrix $(A-kE)^m$ positiv, und ihre absolut größte Wurzel ist $(a-k \pm bi)^m = \rho^m$, ist also eine reelle positive Größe. Wäre also b von Null verschieden, so wäre diese Wurzel keine einfache. Die absolut größte Wurzel der Gleichung $\varphi(s)=0$ ist folglich reell; demnach ist, wie oben gezeigt, a positiv. Ist ferner $a'+b'i$ eine andere Wurzel, so kann auch nicht $a'^2+b'^2 = a^2$ sein, weil sonst $a'<a$ wäre.

Für die größte Wurzel r sind nicht nur die Unterdeterminanten $(n-1)^{\text{ten}}$ Grades von $rE-A$ positiv, sondern auch alle Hauptunterdeterminanten aller Grade. Insbesondere ist r größer als jedes der Hauptelemente $a_{11}, a_{22}, \cdots a_{nn}$.

§ 2.

Sei q die größte Wurzel der Gleichung $A_{\alpha\alpha}(s)=0$, q' die von $A_{\beta\beta}(s)=0$, q'' die von $A_{\gamma\gamma}(s)=0$ usw. Dann ist r die einzige positive Wurzel der Gleichung $A(s)=0$, die $>q$ ist. Dies ist klar, wenn

q die größte der Zahlen $q, q', q'', \cdots$ ist. Denn ist dann $s > q$, so sind die Größen $A_{\alpha\alpha}(s)$, $A_{\beta\beta}(s)$, $A_{\gamma\gamma}(s), \cdots$ alle positiv, folglich auch ihre Summe $\varphi'(s)$. Wenn demnach s von q an wächst, so wächst auch $\varphi(s)$ beständig, kann also höchstens einmal verschwinden.

Es ist mithin nur noch zu zeigen, daß $\varphi(s)$ nicht verschwindet, falls s zwischen irgend zwei jener Größen q und q' liegt. Nun ist

$$A(s)\,C(s) = A_{\alpha\alpha}(s)\,A_{\beta\beta}(s) - A_{\alpha\beta}(s)\,A_{\beta\alpha}(s)\,.$$

Sei etwa $q > q'$, dann ist $q > q' > p$. Für die Determinante $(n-1)^{\text{ten}}$ Grades $A_{\alpha\alpha}(s)$ kann die Behauptung schon als bewiesen angesehen werden. Diese verschwindet also für keinen Wert zwischen q und p und ist daher, weil q eine einfache Wurzel ist, in diesem Intervalle beständig negativ. $A_{\beta\beta}(s)$ ist positiv, falls $s > q'$ ist. $A_{\alpha\beta}(s)$ und $A_{\beta\alpha}(s)$ sind positiv, falls $s > p$ ist. Daher kann $A(s)$ zwischen q und q' nicht verschwinden.

Ist $q > s > q'$, so kann $A_{\alpha\alpha}(s)$ nicht verschwinden, weil $q > s > p$ ist, und $A_{\beta\beta}(s)$ nicht, weil $s > q'$ ist. Ist $q > q' > q''$, und liegt s zwischen q und q'', so verschwindet $A_{\beta\beta}(s)$ nur für $s = q'$, aber für keinen Wert zwischen q und q' und keinen zwischen q' und q''. In dem ganzen Intervall zwischen der größten und der kleinsten der Größen $q, q', q'', \cdots$ verschwindet also $A_{\alpha\alpha}(s)$ nur für $s = q$, $A_{\beta\beta}(s)$ nur für $s = q'$ usw. Ist etwa q die größte und q' die kleinste dieser Größen, so ist

$$A_{\alpha\alpha}(q) = 0\,,\quad A_{\beta\beta}(q) \geqq 0\,,\quad A_{\gamma\gamma}(q) \geqq 0\,, \cdots$$
$$A_{\alpha\alpha}(q') \leqq 0\,,\quad A_{\beta\beta}(q') = 0\,,\quad A_{\gamma\gamma}(q') \leqq 0\,, \cdots\,.$$

Mithin ist $\varphi'(q) \geqq 0$ und $\varphi'(q') \leqq 0$.

Die Gleichung $\varphi'(s) = 0$ *hat eine reelle positive Wurzel zwischen der größten und der kleinsten der Größen* $q_1, q_2, \cdots q_n$, *falls* q_α *die größte Wurzel der Gleichung* $A_{\alpha\alpha}(s) = 0$ *ist.*

Hat die Gleichung $\varphi(s) = 0$ *noch andere positive Wurzeln als* r, *so sind diese alle kleiner als die kleinste der Größen* $q_1, q_2, \cdots q_n$.

§ 3.

Wenn die charakteristische Gleichung $\varphi(s) = 0$ der Matrix A eine einfache Wurzel r hat, die absolut größer ist als jede andere Wurzel, so ist die Reihe

$$(1.) \qquad (sE - A)^{-1} = \frac{E}{s} + \frac{A}{s^2} + \frac{A^2}{s^3} + \cdots + \frac{A^k}{s^{k+1}} + \cdots$$

konvergent, falls $|s| > |r|$ ist. Denn sie ist die Entwicklung einer rationalen Funktion (d. h. von n^2 rationalen Funktionen) mit dem Nenner $\varphi(s)$, konvergiert also, falls s größer ist als jede Wurzel der

Gleichung $\varphi(s) = 0$. Die *adjungierte Matrix* von P möge mit $\overline{P}$ bezeichnet werden. Dann ist

$$(sE-A)^{-1} = \frac{1}{\varphi(s)}\overline{(sE-A)}.$$

Ist $\varphi(s) = (s-r)\psi(s)$, so erhält man durch Partialbruchzerlegung

$$(sE-A)^{-1} = \frac{1}{\varphi'(r)(s-r)}\overline{(rE-A)} + \frac{1}{\psi(s)}B, \tag{2.}$$

wo B eine ganze Funktion von s ist. Ist

$$\frac{B}{\psi(s)} = \Sigma \frac{B_k}{s^{k+1}}, \tag{3.}$$

so konvergiert diese Reihe, falls s größer ist als jede Wurzel der Gleichung $\psi(s) = 0$, also für $s = r$. Daher ist

$$\lim \frac{B_k}{r^k} = 0 \qquad (k = \infty).$$

Nach (1.), (2.) und (3.) ist

$$A^k = \frac{1}{\varphi'(r)}\overline{(rE-A)}\; r^k + B_k$$

und folglich

$$\lim \frac{A^k}{r^k} = \frac{1}{\varphi'(r)}\overline{(rE-A)},$$

oder wenn die Elemente der Matrix A^k mit $a_{\alpha\beta}^{(k)}$ bezeichnet werden,

$$\lim \frac{a_{\alpha\beta}^{(k)}}{r^k} = \frac{A_{\alpha\beta}(r)}{\varphi'(r)} \tag{4.}$$

und demnach, wenn $A_{\alpha\beta}(r)$ von Null verschieden ist,

$$\lim \frac{a_{\alpha\beta}^{(k+1)}}{a_{\alpha\beta}^{(k)}} = r. \tag{5.}$$

Die Formel (5.) gilt auch, falls r eine mehrfache Wurzel der Gleichung $\varphi(r) = 0$ ist, die absolut größer ist als jede andere Wurzel. Nur muß dann $p_{\alpha\beta}$ von Null verschieden sein, falls die Matrix $P = (p_{\alpha\beta})$ der Koeffizient des Anfangsgliedes in der Entwicklung von $(sE-A)^{-1}$ nach steigenden Potenzen von $s-r$ ist.

§ 4.

Wird von der Matrix A nur vorausgesetzt, daß ihre Elemente $a_{\varkappa\lambda} \geqq 0$ sind, so lassen sich durch Benutzung der obigen Beweismethoden und durch Stetigkeitsbetrachtungen leicht die Modifikationen feststellen, unter denen die entwickelten Sätze gültig bleiben. Die größte Wurzel r der Gleichung $\varphi(s) = 0$ ist reell und positiv ($\geqq 0$).

Sie kann eine mehrfache Wurzel sein, aber nur, wenn die Hauptunterdeterminanten $A_{\alpha\alpha}(r)$ sämtlich verschwinden. Ist sie eine $k$fache Wurzel, so verschwinden alle Hauptunterdeterminanten $(n-1)^{\text{ten}}$, $(n-2)^{\text{ten}}$, $\cdots (n-k+1)^{\text{ten}}$ Grades der Matrix $rE-A$.

Den Wert 0 kann r nur dann haben, wenn die Größen $a_{\alpha\alpha}$, $a_{\alpha\beta}a_{\beta\alpha}$, $a_{\alpha\beta}a_{\beta\gamma}a_{\gamma\alpha}$, $a_{\alpha\beta}a_{\beta\gamma}a_{\gamma\delta}a_{\delta\alpha}$, $\cdots$ sämtlich verschwinden.

Sind die Größen $a_{\varkappa\lambda}$ beliebig, so liegen die reellen Teile der Wurzeln der Gleichung $|a_{\varkappa\lambda}-se_{\varkappa\lambda}|=0$ zwischen der größten und der kleinsten Wurzel der Gleichung

$$\left|\frac{1}{2}(a_{\varkappa\lambda}+\bar{a}_{\lambda\varkappa})-se_{\varkappa\lambda}\right|=0,$$

wo $\bar{a}_{\varkappa\lambda}$ die zu $a_{\varkappa\lambda}$ konjugierte komplexe Größe ist. (Hirsch, *Sur les racines d'une équation fondamentale*, Acta math. Bd. 25.) Ist also $a_{\varkappa\lambda}$ positiv, so ist die größte Wurzel r der Gleichung $\varphi(s)=0$ kleiner als die größte Wurzel der Gleichung

$$\left|\frac{1}{2}(a_{\varkappa\lambda}+a_{\lambda\varkappa})-se_{\varkappa\lambda}\right|=0. \tag{1.}$$

Betrachtet man die n^2 Elemente $a_{\varkappa\lambda}$ als reelle positive Veränderliche, so ist r eine eindeutige Funktion derselben. Differenziert man die Gleichung $\varphi(r)=0$ nach $a_{\varkappa\lambda}$, so erhält man

$$\varphi'(r)\frac{\partial r}{\partial a_{\varkappa\lambda}}=A_{\lambda\varkappa}(r).$$

Mithin ist die Ableitung positiv, und folglich wächst r, wenn eins der Elemente zunimmt. Mit Hilfe dieser Bemerkung kann man auf verschiedene Arten Grenzen finden, zwischen denen r liegt.

Sind die Elemente $a_{\varkappa\lambda}$ einer Matrix n^{ten} Grades alle positiv, so liegt ihre größte charakteristische Wurzel zwischen der größten und der kleinsten der n Zahlen

$$a_\alpha = a_{\alpha 1}+a_{\alpha 2}+\cdots+a_{\alpha n} \qquad (\alpha=1,2,\cdots n).$$

Man addiere in der Determinante $A(r)=0$ zu den Elementen der α^{ten} Spalte die der $(n-1)$ anderen Spalten und entwickle dann die Determinante nach den Elementen jener Spalte. So erhält man

$$(r-a_1)A_{\alpha 1}(r)+(r-a_2)A_{\alpha 2}(r)+\cdots+(r-a_n)A_{\alpha n}(r)=0.$$

Da die Unterdeterminanten $A_{\varkappa\lambda}(r)$ alle positiv sind, so können daher die Differenzen $r-a_1$, $r-a_2$, $\cdots r-a_n$ nicht alle dasselbe Zeichen haben, und folglich muß r zwischen der größten und der kleinsten der Größen a_1, a_2, $\cdots a_n$ liegen. Sind speziell diese Größen alle einander gleich, so muß auch r ihnen gleich sein.

80.

Über Matrizen aus positiven Elementen II

Sitzungsberichte der Königlich Preußischen Akademie der Wissenschaften zu Berlin
514–518 (1909)

Eine Matrix A nenne ich *positiv*, $A > 0$, wenn jedes Element $a_{\alpha\beta} > 0$ ist, *nicht negativ*, $A \geqq 0$, wenn $a_{\alpha\beta} \geqq 0$ ist. Die in meiner Arbeit *Über Matrizen aus positiven Elementen*, Sitzungsberichte 1908 entwickelten Sätze lassen sich verallgemeinern. Für den Satz, daß die größte positive Wurzel von A absolut größer ist als jede andere Wurzel, wird sich dabei ein erheblich einfacherer Beweis ergeben.

§ 5.

Die charakteristische Gleichung $\varphi(s) = 0$ jeder positiven Matrix A hat eine positive Wurzel. Die größte r, die ich die *Maximalwurzel* von A nennen will, ist eine einfache Wurzel, und für $s \geqq r$ sind die Unterdeterminanten $A_{\alpha\beta}(s)$ der Determinante $|sE - A|$ alle positiv. Daher kann man den n linearen Gleichungen

$$\sum_{\beta} a_{\alpha\beta} z_{\beta} = r z_{\alpha} \qquad (\alpha = 1, 2, \cdots n)$$

durch lauter positive (> 0) Werte $z_1, z_2, \cdots z_n$ genügen.

Dieser Satz läßt sich umkehren. Es sei q irgendeine Wurzel der Gleichung $\varphi(s) = 0$, und es sei möglich, den n Gleichungen

$$\sum_{\beta} a_{\alpha\beta} y_{\beta} = q y_{\alpha}$$

durch nicht negative Werte $y_1, y_2, \cdots y_n$ zu genügen, die aber nicht alle Null sind; dann zeigen diese Gleichungen zunächst, daß q reell und positiv ist. Nun kann man, wenn r die Maximalwurzel von A ist, den Gleichungen

$$\sum_{\alpha} a_{\alpha\beta} x_{\alpha} = r x_{\beta}$$

durch positive Werte $x_1, x_2, \cdots x_n$ genügen. Daher ist

$$q \sum_{\alpha} x_{\alpha} y_{\alpha} = \sum_{\alpha, \beta} a_{\alpha\beta} x_{\alpha} y_{\beta} = r \sum_{\beta} x_{\beta} y_{\beta},$$

also $q = r$, da $\sum x_{\alpha} y_{\alpha}$ von Null verschieden ist.

Die Maximalwurzel r ist als die größte positive Wurzel der Gleichung $\varphi(s) = 0$ definiert. Ich will nun zeigen, daß sie auch absolut größer ist als jede negative oder komplexe Wurzel dieser Gleichung. Denn sei p eine solche. Dann kann man $x_1, x_2, \cdots x_n$ so bestimmen, daß

$$\sum_\beta a_{\alpha\beta} x_\beta = p x_\alpha$$

wird. Ist y_β der absolute Wert von x_β, so ist

$$\left|\sum_\beta a_{\alpha\beta} x_\beta\right| < \sum_\beta a_{\alpha\beta} y_\beta .$$

Die Gleicheit ist ausgeschlossen. Denn sie könnte nur eintreten, wenn sich $x_1, x_2, \cdots x_n$ von $y_1, y_2, \cdots y_n$ alle um denselben komplexen oder negativen Faktor unterschieden. Dieser würde sich in der obigen Gleichung heben, es wäre $\sum a_{\alpha\beta} y_\beta = p y_\alpha$, und mithin wäre p eine reelle positive Größe.

Ist also q der absolute Wert von p, so ist

$$\sum_\beta a_{\alpha\beta} y_\beta > q y_\alpha .$$

Nun kann man, da r die Maximalwurzel von A ist, n positive Größen $z_1, z_2, \cdots z_n$ so bestimmen, daß

$$\sum_\alpha a_{\alpha\beta} z_\alpha = r z_\beta$$

ist. Demnach ist

$$r \sum y_\beta z_\beta = \sum a_{\alpha\beta} z_\alpha y_\beta > q \sum y_\alpha z_\alpha$$

und mithin $r > q$. Dieser überaus einfache Beweis zeigt die große Fruchtbarkeit der Methode von CAUCHY.

Auf demselben Wege kann man aber zu einem weit allgemeineren Resultate gelangen. Die Elemente der Matrix A seien jetzt beliebige komplexe Größen. Ist p eine Wurzel von A, so kann man $x_1, x_2, \cdots x_n$ so bestimmen, daß

$$\sum_\beta a_{\alpha\beta} x_\beta = p x_\alpha$$

wird. Seien y_β, q die absoluten Werte von x_β, p, und sei $b_{\alpha\beta}$ eine positive (>0) Größe, die nicht kleiner als der absolute Wert von $a_{\alpha\beta}$ ist. Dann ist

$$\sum_\beta b_{\alpha\beta} y_\beta \geqq q y_\alpha .$$

Ist r die Maximalwurzel der positiven Matrix B, so kann man positive Größen $z_1, z_2, \cdots z_n$ so bestimmen, daß

$$\sum_\alpha b_{\alpha\beta} z_\alpha = r z_\beta$$

wird. Aus diesen Beziehungen ergibt sich wie oben $q \leqq r$. Da diese Ungleichheit gilt, solange $b_{\alpha\beta} > 0$ und $b_{\alpha\beta}$ nicht kleiner als der absolute Wert von $a_{\alpha\beta}$ ist, so bleibt sie bestehen, wenn für $a_{\alpha\beta} = 0$ auch $b_{\alpha\beta} = 0$ ist.

Ist $b_{\alpha\beta}$ der absolute Wert der komplexen Größe $a_{\alpha\beta}$, so ist keine Wurzel der Matrix A absolut größer als die Maximalwurzel der nicht negativen Matrix B.

Erst dieser Satz setzt die Bedeutung der Maximalwurzel einer nicht negativen Matrix in das rechte Licht. Sie ist die obere Grenze der absoluten Werte der Wurzeln aller Gleichungen $|A - sE| = 0$, deren Elemente $a_{\alpha\beta}$ absolut $\leqq b_{\alpha\beta}$ sind. Daraus ergibt sich ohne Benutzung der Differentialrechnung, daß r wächst, wenn irgendein Element der nicht negativen Matrix B zunimmt.

§ 6.

Ist v die größte Wurzel der *symmetrischen* positiven Matrix C, und ist $s > v$, so ist die quadratische Form

$$s \sum x_\alpha^2 - \sum c_{\alpha\beta} x_\alpha x_\beta$$

eine *positive Form*, weil ihre Hauptunterdeterminanten alle positiv sind. Daher ist für alle Werte der Variabeln

$$\sum c_{\alpha\beta} x_\alpha x_\beta \leqq v \sum x_\alpha^2 .$$

Ist nun r die Maximalwurzel der positiven Matrix A, und ist

$$\sum_\beta a_{\alpha\beta} x_\beta = r x_\alpha ,$$

so ist

$$\sum_{\alpha,\beta} a_{\alpha\beta} x_\alpha x_\beta = r \sum x_\alpha^2 ,$$

oder wenn man

$$a_{\alpha\beta} + a_{\beta\alpha} = 2c_{\alpha\beta} = 2c_{\beta\alpha}$$

setzt,

$$r \sum x_\alpha^2 = \sum c_{\alpha\beta} x_\alpha x_\beta < v \sum x_\alpha^2$$

und mithin $r < v$. Der Beweis stimmt mit dem von Hirsch überein, benutzt aber nicht die Sätze über die Maxima und Minima der Funktionen mehrerer Variabeln.

Ferner ist, wenn $x_1, \cdots x_n$ und $y_1, \cdots y_n$ positive Größen sind,

$$(a_{\alpha 1} x_1 + \cdots + a_{\alpha n} x_n)(a_{1\alpha} y_1 + \cdots + a_{n\alpha} y_n) > (\sqrt{a_{\alpha 1} x_1}\sqrt{a_{1\alpha} y_1} + \cdots + \sqrt{a_{\alpha n} x_n}\sqrt{a_{n\alpha} y_n})^2 .$$

Nun sei

$$a_{\alpha 1} x_1 + \cdots + a_{\alpha n} x_n = r x_\alpha, \qquad a_{1\alpha} y_1 + \cdots + a_{n\alpha} y_n = r y_\alpha$$

und

$$\sqrt{a_{\alpha\beta}\, a_{\beta\alpha}} = b_{\alpha\beta} = b_{\beta\alpha}, \qquad \sqrt{x_\alpha y_\alpha} = z_\alpha.$$

Dann ist

$$(1.) \qquad b_{\alpha 1} z_1 + \cdots + b_{\alpha n} z_n < r z_\alpha.$$

Nun sei u die größte Wurzel der symmetrischen positiven Matrix B und

$$(2.) \qquad b_{\alpha 1} t_1 + \cdots + b_{\alpha n} t_n = u t_\alpha,$$

wo $t_1, \cdots t_n$ positiv sind. Dann folgt aus (1.) und (2.)

$$u \sum t_\alpha z_\alpha = \sum b_{\alpha\beta}\, t_\alpha z_\beta < r \sum t_\alpha z_\alpha$$

und mithin ist $r > u$. Demnach ist

$$(3.) \qquad u < r < v,$$

wenn r, u, v die größten Wurzeln der Gleichungen

$$|a_{\varkappa\lambda} - s e_{\varkappa\lambda}| = 0, \qquad |\sqrt{a_{\varkappa\lambda}\, a_{\lambda\varkappa}} - s e_{\varkappa\lambda}| = 0, \qquad \left|\frac{1}{2}(a_{\varkappa\lambda} + a_{\lambda\varkappa}) - s e_{\varkappa\lambda}\right| = 0$$

sind.

§ 7.

Ist $\varphi(s)$ die charakteristische Funktion einer positiven Matrix, so hat die Gleichung $\varphi^{(\mu)}(s) = 0$ eine reelle positive Wurzel. Die größte r_μ ist eine einfache Wurzel, und es ist $r_0 > r_1 > r_2 > \cdots > r_{n-1}$.

Sind die Elemente der Matrix reelle positive Variabele, so wächst r_μ, wenn eins dieser Elemente zunimmt.

Der letzte Teil dieses Satzes läßt sich noch schärfer so ausdrücken:

Ist r die größte positive Wurzel der Gleichung $A^{(\mu)}(s) = 0$, und ist $s \geqq r$, so ist $A^{(\mu)}_{\alpha\beta}(s) > 0$. Dagegen ist $A^{(\mu-1)}(r) < 0$.

Für positive Matrizen $B, C, \cdots$, deren Grad $< n$ ist, nehme ich diese Behauptungen schon als erwiesen an. Ist der Grad von A gleich n, so ist der Satz für $\mu = 0$ richtig. Ich setze ihn auch für alle Ableitungen von $\varphi(s) = A(s)$ als richtig voraus, deren Ordnung $< \mu$ ist.

Nach § 1 ist

$$A(s) = (s - a_{\alpha\alpha})\, B(s) - \sum_{\varkappa,\lambda} a_{\alpha\varkappa}\, a_{\lambda\alpha}\, B_{\varkappa\lambda}(s)$$

und

$$A_{\alpha\beta}(s) = a_{\alpha\beta}\, C(s) + \sum_{\varkappa,\lambda} a_{\alpha\varkappa}\, a_{\lambda\beta}\, C_{\varkappa\lambda}(s).$$

Differenziert man die erste Gleichung μ mal, so erhält man

$$A^{(\mu)}(s) = (s - a_{\alpha\alpha})\, B^{(\mu)}(s) + \mu\, B^{(\mu-1)}(s) - \sum_{\varkappa,\lambda} a_{\alpha\varkappa}\, a_{\lambda\alpha}\, B^{(\mu)}_{\varkappa\lambda}(s).$$

Da $B(s) = A_{\alpha\alpha}(s)$ nur vom $(n-1)^{\text{ten}}$ Grade ist, so hat die Gleichung $B^{(\mu)}(s) = 0$ eine positive Wurzel q, wofür $B^{(\mu)}_{\varkappa\lambda}(q) > 0$ und $B^{(\mu-1)}(q) < 0$ ist. Daher ist $A^{(\mu)}(q) < 0$. Folglich hat die Gleichung $A^{(\mu)}(s) = 0$ eine positive Wurzel, die $> q$ ist. Ist r die größte, so ist $r > q$ für jeden Wert von α. Ist $s \geqq r$, so ist $s > q$ und mithin $A^{(\mu)}_{\alpha\alpha}(s) > 0$.

Ist p die größte positive Wurzel der Gleichung $C^{(\mu)}(s) = 0$, so ist demnach $p < q < r$. Ist $s > p$, so ist $C^{(\mu)}(s)$ und $C^{(\mu)}_{\varkappa\lambda}(s)$ positiv, also auch

$$A^{(\mu)}_{\alpha\beta}(s) = a_{\alpha\beta}\, C^{(\mu)}(s) + \sum_{\varkappa,\lambda} a_{\alpha\varkappa}\, a_{\lambda\beta}\, C^{(\mu)}_{\varkappa\lambda}(s).$$

Ist $\mu = n-2$, so ist

$$A^{(n-2)}_{\alpha\beta}(s) = (n-2)!\, a_{\alpha\beta}$$

eine positive Konstante. Endlich ist

$$A^{(\mu+1)}(s) = \sum_{\alpha} A^{(\mu)}_{\alpha\alpha}(s).$$

Daher ist $A^{(\mu+1)}(r) > 0$, also ist r eine einfache Wurzel der Gleichung $A^{(\mu)}(s) = 0$.

Ist r' die größte positive Wurzel der Gleichung $\psi(s) = A^{(\mu-1)}(s) = 0$, und ist $s \geqq r'$, so ist $A^{(\mu-1)}_{\alpha\alpha}(s) > 0$ und mithin auch $\psi'(s) = A^{(\mu)}(s) > 0$. Da nun $A^{(\mu)}(r) = 0$ ist, so muß $r < r'$ sein. Ferner ist r' die einzige Wurzel der Gleichung $\psi(s) = 0$, die $> r$ ist. Denn wäre auch $r'' \geqq r$, also $r' > r'' \geqq r$, so müßte nach dem Satze von Rolle zwischen r' und r'' eine Wurzel der Gleichung $\psi'(s) = 0$ liegen, es wäre also r nicht die größte Wurzel der Gleichung $\psi'(s) = 0$. Da r' eine einfache Wurzel der Gleichung $\psi(s) = 0$ ist, so ist demnach $A^{(\mu-1)}(r) < 0$.

Aus der Beziehung

$$A^{(\mu)}_{\alpha\beta}(s) = -\frac{\partial A^{(\mu)}(s)}{\partial a_{\alpha\beta}}$$

folgt, wie in § 4, daß $r = r_\mu$ wächst, falls irgendeine der Größen $a_{\alpha\beta}$ zunimmt.

Ist $s \geqq r$, so sind auch die μten Ableitungen aller Hauptunterdeterminanten von $A(s)$ positiv, z. B. derjenigen vom Grade $\mu+1$, d. h. r ist größer als das arithmetische Mittel von irgend $\mu+1$ der Hauptelemente $a_{11}, a_{22}, \cdots a_{nn}$.

Für $\mu = n-2$ ist z. B.

$$n r_{n-2} = a_{11} + \cdots + a_{nn} + \sqrt{\frac{1}{n-1} \sum \left((a_{\alpha\alpha} - a_{\beta\beta})^2 + 2n a_{\alpha\beta}\, a_{\beta\alpha}\right)},$$

wo α, β die $\frac{1}{2}n(n-1)$ Paare der Indizes $1, 2 \cdots n$ durchlaufen.

81.

Über die mit einer Matrix vertauschbaren Matrizen

Sitzungsberichte der Königlich Preußischen Akademie der Wissenschaften zu Berlin
3–15 (1910)

Ist C eine Matrix des Grades n, so ist die Anzahl r der linear unabhängigen Matrizen R, die mit C vertauschbar sind,

$$r = n + 2(n_1 + n_2 + n_3 + \cdots),$$

wo n_k der Grad des größten gemeinsamen Divisors aller Determinanten $(n-k)$ten Grades der Matrix

$$xE - C = B$$

ist. Diese Formel habe ich am Ende des § 7 meiner Arbeit *Über lineare Substitutionen und bilineare Formen*, *Crelles Journal, Bd. 84*, ohne Beweis angegeben. Hr. Maurer in seiner Dissertation *Zur Theorie der linearen Substitutionen*, 1887, Hr. Voss, Sitzungsber. d. Bayr. Akad. d. Wiss. 1889, und Hr. Hensel, Crelles Journal Bd. 127, haben diese Formel aus der Transformation von C in die Normalform von Weierstrass hergeleitet. Einen anderen Beweis, der nur rationale Operationen erfordert, hat Hr. Landsberg in seiner Arbeit *Über Fundamentalsysteme und bilineare Formen*, *Crelles Journal Bd. 116*, entwickelt mit Hilfe der Normalform A, auf die ich B durch zwei Transformationen L und M gebracht habe, deren Koeffizienten ganze Funktionen von x sind, während ihre Determinanten von x unabhängig sind. Dieser Beweis ist aber durch das Hineinziehen des Begriffs des Fundamentalsystems unnötig kompliziert worden. Wenn die Transformation von B in A bekannt ist, so ist die folgende Methode, alle mit C vertauschbaren Matrizen R zu finden und die Anzahl r der unabhängigen darunter zu ermitteln, die natürlichste und einfachste.

§ 1.

Wenn die Elemente einer Matrix ganze Funktionen einer Variabeln x sind (und nur solche Matrizen werden hier benutzt), so nenne ich sie eine *ganze* Matrix; wenn die Elemente von x unabhängig sind, eine *konstante* Matrix. Sind die Determinanten von L und M gleich 1, so sind auch die reziproken Matrizen L^{-1} und M^{-1} ganz.

Die Form $B = xE - C$ gehe durch die Substitutionen L und M^{-1} in A über, so daß

$$(1.)\qquad LB = AM, \qquad LBM^{-1} = A$$

ist. P und Q seien irgend zwei ganze Matrizen, die der Bedingung

$$(2.)\qquad PA = AQ$$

genügen; also nicht nur in P, sondern auch in $A^{-1}PA = Q$ sollen die Elemente ganze Funktionen von x sein. Dann ist

$$P(LBM^{-1}) = (LBM^{-1})Q, \qquad (L^{-1}PL)B = B(M^{-1}QM).$$

In der Form B ist die höchste Potenz von x, die erste, mit der Form E multipliziert, deren Determinante nicht verschwindet. Daher kann man durch ein der Division verwandtes Verfahren eine ganze Matrix U und eine konstante Matrix R so bestimmen, daß

$$L^{-1}PL = BU + R$$

wird, und es sind der Quotient U und der Rest R völlig bestimmte Matrizen (*Theorie der linearen Formen mit ganzen Koeffizienten*, § 13; Crelles *Journal Bd. 86*). Ebenso kann man

$$M^{-1}QM = U_1 B + R_1$$

setzen, wo R_1 eine konstante Matrix ist. Dann ist

$$(BU + R)B = B(U_1 B + R_1), \qquad B(U - U_1)B = BR_1 - RB.$$

Wäre nun $U - U_1$ von Null verschieden, so wäre die linke Seite in x mindestens vom zweiten, die rechte aber nur vom ersten Grade. Daher ist $U_1 = U$ und $(xE - C)R_1 = R(xE - C)$, und mithin, da C, R und R_1 von x unabhängig sind, $R_1 = R$ und $CR = RC$. Aus jedem Matrizenpaar P, Q, das der Bedingung (2.) genügt, ergibt sich so, wenn L und M bekannt sind, eindeutig eine konstante Matrix R, die mit C vertauschbar ist.

Sei umgekehrt R irgendeine solche Matrix, also

$$(3.)\qquad RB = BR.$$

Sei U eine willkürlich angenommene ganze Matrix, und

$$P = L(BU + R)L^{-1}, \qquad Q = M(UB + R)M^{-1}$$

oder

$$(4.)\qquad L^{-1}PL = BU + R, \qquad M^{-1}QM = UB + R.$$

Dann ist

$$(L^{-1}PL)B = B(M^{-1}QM), \qquad P(LBM^{-1}) = (LBM^{-1})Q,$$

und mithin $PA = AQ$.

Der Matrix R entsprechen also unzählig viele Paare P, Q. Sei P, Q ein bestimmtes Paar, erhalten mittels der bestimmten Matrix U, sei $P-P_0$, $Q-Q_0$ irgendein anderes, erhalten mittels der Matrix $U-U_0$, dann ist

$$L^{-1}P_0L = BU_0 = (L^{-1}AM)U_0, \qquad M^{-1}Q_0M = U_0B = U_0(L^{-1}AM),$$

oder wenn man $MU_0L^{-1} = T$ setzt, $P_0 = AT$, $Q_0 = TA$.

Demnach ist, wenn T eine willkürliche ganze Matrix ist,

$$P-AT, \qquad Q-TA \tag{5.}$$

das allgemeinste Paar von Matrizen, das der konstanten, mit B vertauschbaren Matrix R entspricht.

Jetzt sei A die Normalform, also $a_{\alpha\beta} = 0$, wenn α von β verschieden ist, $a_{\alpha\alpha} = a_\alpha$, und a_α durch $a_{\alpha+1}$ teilbar. Ist a_m der letzte *Elementarteiler* von $|B|$, der x enthält, so können $a_{m+1} = \cdots = a_n = 1$ gesetzt werden. Die Bedingung $PA = AQ$ ergibt dann

$$p_{\alpha\beta}\, a_\beta = a_\alpha\, q_{\alpha\beta}\,.$$

Sind daher $s_{\alpha\beta}$ ganze Funktionen von x, so ist, falls $\alpha \leqq \beta$ ist,

$$p_{\alpha\beta} = \frac{a_\alpha}{a_\beta} s_{\alpha\beta}\,, \qquad p_{\beta\alpha} = s_{\beta\alpha}\,,$$

$$q_{\alpha\beta} = s_{\alpha\beta}\,, \qquad q_{\beta\alpha} = \frac{a_\alpha}{a_\beta} s_{\beta\alpha}\,.$$

Die Elemente von $P-AT$ und $Q-TA$ sind demnach

$$p_{\alpha\beta} - a_\alpha t_{\alpha\beta} = \frac{a_\alpha}{a_\beta}(s_{\alpha\beta} - a_\beta t_{\alpha\beta})\,, \qquad p_{\beta\alpha} - a_\beta t_{\beta\alpha} = s_{\beta\alpha} - a_\beta t_{\beta\alpha}\,,$$

$$q_{\alpha\beta} - a_\beta t_{\alpha\beta} = s_{\alpha\beta} - a_\beta t_{\alpha\beta}\,, \qquad q_{\beta\alpha} - a_\alpha t_{\beta\alpha} = \frac{a_\alpha}{a_\beta}(s_{\beta\alpha} - a_\beta t_{\beta\alpha})\,.$$

Ist e_β der Grad von a_β, so kann man $t_{\alpha\beta}$ so wählen, daß der Grad von $s_{\alpha\beta} - a_\beta t_{\alpha\beta}$ kleiner als e_β wird, und durch diese Bedingung ist der Quotient $t_{\alpha\beta}$ und der Rest $s_{\alpha\beta} - a_\beta t_{\alpha\beta}$ völlig bestimmt. Der Matrix R entspricht demnach nur ein Matrizenpaar

$$P = \begin{matrix} s_{11} & \frac{a_1}{a_2}s_{12} & \frac{a_1}{a_3}s_{13} & \frac{a_1}{a_4}s_{14} & . \\ s_{21} & s_{22} & \frac{a_2}{a_3}s_{23} & \frac{a_2}{a_4}s_{24} & . \\ s_{31} & s_{32} & s_{33} & \frac{a_3}{a_4}s_{34} & . \\ s_{41} & s_{42} & s_{43} & s_{44} & . \end{matrix}\,, \qquad Q = \begin{matrix} s_{11} & s_{12} & s_{13} & s_{14} & . \\ \frac{a_1}{a_2}s_{21} & s_{22} & s_{23} & s_{24} & . \\ \frac{a_1}{a_3}s_{31} & \frac{a_2}{a_3}s_{32} & s_{33} & s_{34} & . \\ \frac{a_1}{a_4}s_{41} & \frac{a_2}{a_4}s_{42} & \frac{a_3}{a_4}s_{43} & s_{44} & . \end{matrix}\,, \tag{6.}$$

worin der Grad von $s_{\alpha\beta}$ kleiner ist als die kleinere der beiden Zahlen e_α und e_β. Dann will ich das Paar P, Q ein *reduziertes* nennen. Die Anzahl der linear unabhängigen Matrizen R ist daher gleich der Anzahl solcher Matrizen P (oder Q). Nun enthält s_{11} als willkürliche ganze Funktion von x vom Grade $e_1 - 1$ genau e_1 willkürliche Konstanten. Jede der 3 Funktionen s_{21}, s_{22}, s_{12} enthält e_2 Konstanten, jede der 5 Funktionen $s_{31}, s_{32}, s_{33}, s_{23}, s_{13}$ enthält e_3 Konstanten, jede der 7 Funktionen $s_{41}, s_{42}, s_{43}, s_{44}, s_{34}, s_{24}, s_{14}$, worin der größere der beiden Indizes gleich 4 ist, enthält e_4 Konstanten. Die Anzahl der unabhängigen Matrizen P oder Q oder R ist demnach

$$(7.)\qquad r = e_1 + 3e_2 + 5e_3 + 7e_4 \cdots = \sum (2\mu - 1)\, e_\mu = \sum \mu^2 (e_\mu - e_{\mu+1}).$$

Ist

$$n_k = e_{k+1} + \cdots + e_m$$

der Grad des größten gemeinsamen Divisors

$$a_{k+1} \cdots a_m$$

aller Determinanten $(n-k)^{\text{ten}}$ Grades von A oder B, so ist

$$(8.)\qquad r = n + 2(n_1 + n_2 + \cdots + n_m).$$

§ 2.

Wenn man eine ganze Funktion $p(x)$ durch eine lineare Funktion $x - c$ dividiert, $p(x) = (x - c)\, u(x) + r$, so kann man den konstanten Rest r auch finden, indem man $x = c$ setzt, $r = p(c)$. In ähnlicher Weise kann man aus der Bedingung

$$L^{-1} PL = (xE - C)\, U + R$$

die konstante Matrix R bestimmen. Ist, nach Potenzen von x entwickelt,

$$L^{-1} PL = P_0 + P_1 x + P_2 x^2 + \cdots,$$
$$U = U_0 + U_1 x + U_2 x^2 + \cdots,$$

so ist

$$P_0 = R - CU_0,$$
$$P_1 = U_0 - CU_1,$$
$$P_2 = U_1 - CU_2,$$
$$\cdots\cdots\cdots\cdots\cdots$$

Mithin ist

$$(1.)\qquad R = P_0 + CP_1 + C^2 P_2 + \cdots$$

und

$$(2.)\qquad U = P_1 + (C + rE)\, P_2 + (C^2 + rC + r^2 E)\, P_3 + \cdots.$$

Ist speziell $P = Q = g(x)E$, wo $g(x)$ eine ganze Funktion von x ist, so wird $L^{-1}PL = g(x)E$ und

$$(3.) \qquad R = g(C).$$

Entspricht einem Matrizenpaar P_1, Q_1 vermöge der Beziehung (4.), § 1 die Matrix R_1 und dem Paar P_2, Q_2 die Matrix R_2, so entspricht, wenn g_1 und g_2 Konstanten sind, dem Paar $g_1 P_1 + g_2 P_2, g_1 Q_1 + g_2 Q_2$ die Matrix $g_1 R_1 + g_2 R_2$, und dem Paar $P_1 P_2, Q_1 Q_2$ (das auch der Bedingung (2.), § 1 genügt) die Matrix $R_1 R_2$. Denn aus

$$L^{-1} P_1 L = BU_1 + R_1, \qquad L^{-1} P_2 L = BU_2 + R_2$$

folgt

$$L^{-1}(P_1 P_2) L = BU + R,$$

wo

$$R = R_1 R_2, \qquad U = U_1 B U_2 + U_1 R_2 + U_2 R_1$$

ist. Dem Paar $g(x)P, g(x)Q$ entspricht daher die Matrix $g(C)R = Rg(C)$. Entspricht dem Paare $P_\varkappa, Q_\varkappa$ die Matrix $R_\varkappa$, so entspricht dem Paare

$$P = \sum g_\varkappa(x) P_\varkappa, \qquad Q = \sum g_\varkappa(x) Q_\varkappa$$

die Matrix

$$R = \sum g_\varkappa(C) R_\varkappa.$$

Die allgemeinste mit C vertauschbare Matrix R haben wir aus r linear unabhängigen Matrizen R_ϱ zusammengesetzt,

$$R = \sum g_\varrho R_\varrho$$

mit r willkürlichen Konstanten g_ϱ. Läßt man für die Faktoren g ganze Funktionen $g(C)$ von C zu, so kann man R aus nur m^2 Matrizen R_μ, aber nicht aus weniger, in der Form

$$R = \sum g_\mu(C) R_\mu$$

zusammensetzen.

Setzt man nämlich in dem *reduzierten Paare* (6) § 1 $s_{\varkappa\lambda} = 1$, aber alle anderen $s_{\alpha\beta} = 0$, so möge man das Paar $P_{\varkappa\lambda}, Q_{\varkappa\lambda}$ erhalten. Allgemein ist $s_{\varkappa\lambda} = g_{\varkappa\lambda}(x)$ eine ganze Funktion, deren Grad gleich der kleineren der beiden Zahlen $e_\varkappa - 1$ und $e_\lambda - 1$ ist. Dann nimmt jene Formel die Gestalt

$$P = \sum g_{\varkappa\lambda}(x) P_{\varkappa\lambda}, \qquad Q = \sum g_{\varkappa\lambda}(x) Q_{\varkappa\lambda}$$

an, wo sich $\varkappa$ und λ von 1 bis m bewegen. Entspricht nun dem Paare $P_{\varkappa\lambda}$, $Q_{\varkappa\lambda}$ die Matrix $R_{\varkappa\lambda}$, so entspricht dem Paare P, Q die Matrix

$$R = \sum g_{\varkappa\lambda}(C) R_{\varkappa\lambda}. \tag{4.}$$

Auf diesem Wege kann man auch die Struktur der Gruppe ermitteln, die von den Matrizen R gebildet wird. Ist nämlich β von γ verschieden, so ist $P_{\alpha\beta} P_{\gamma\delta} = 0$. Ist aber $\alpha \leqq \beta \leqq \gamma$, so ist

$$\begin{aligned} P_{\alpha\beta} P_{\beta\gamma} &= P_{\alpha\gamma}, & P_{\gamma\beta} P_{\beta\alpha} &= P_{\gamma\alpha}, \\ P_{\alpha\gamma} P_{\gamma\beta} &= \frac{a_\beta}{a_\gamma} P_{\alpha\beta}, & P_{\beta\gamma} P_{\gamma\alpha} &= \frac{a_\beta}{a_\gamma} P_{\beta\alpha}, \\ P_{\beta\alpha} P_{\alpha\gamma} &= \frac{a_\alpha}{a_\beta} P_{\beta\gamma}, & P_{\gamma\alpha} P_{\alpha\beta} &= \frac{a_\alpha}{a_\beta} P_{\gamma\beta}. \end{aligned}$$

Daher ist auch $R_{\alpha\beta} R_{\gamma\delta} = 0$, und wenn $C_{\alpha\beta} = C_{\beta\alpha}$ die Matrix ist, die aus der ganzen Funktion $\frac{a_\alpha}{a_\beta}$ erhalten wird, wenn man x durch C ersetzt, so ist, falls $\alpha \leqq \beta \leqq \gamma$ ist,

$$\begin{aligned} R_{\alpha\beta} R_{\beta\gamma} &= R_{\alpha\gamma}, & R_{\gamma\beta} R_{\beta\alpha} &= R_{\gamma\alpha}, \\ R_{\alpha\gamma} R_{\gamma\beta} &= C_{\beta\gamma} R_{\alpha\beta}, & R_{\beta\gamma} R_{\gamma\alpha} &= C_{\beta\gamma} R_{\beta\alpha}, \\ R_{\beta\alpha} R_{\alpha\gamma} &= C_{\alpha\beta} R_{\beta\gamma}, & R_{\gamma\alpha} R_{\alpha\beta} &= C_{\alpha\beta} R_{\gamma\beta}. \end{aligned} \tag{5.}$$

Sei $N_{\varkappa\lambda}$ die Matrix, wovon $n_{\varkappa\lambda} = 1$, alle anderen $n_{\alpha\beta} = 0$ sind. Ist dann $\alpha \leqq \beta$, so ist $P_{\alpha\beta} = \frac{a_\alpha}{a_\beta} N_{\alpha\beta}$. Nun sei

$$L^{-1} N_{\alpha\beta} L = B V_{\alpha\beta} + S_{\alpha\beta}, \qquad M^{-1} N_{\beta\alpha} M = V_{\beta\alpha} B + S_{\beta\alpha},$$

wo S eine konstante Matrix ist. Dann ist

$$P_{\alpha\beta} = \frac{a_\alpha}{a_\beta} N_{\alpha\beta}, \qquad Q_{\beta\alpha} = \frac{a_\alpha}{a_\beta} N_{\beta\alpha},$$

und mithin

$$L^{-1} P_{\alpha\beta} L = B \frac{a_\alpha}{a_\beta} V_{\alpha\beta} + \frac{a_\alpha}{a_\beta} S_{\alpha\beta}, \qquad M^{-1} N_{\beta\alpha} M = \frac{a_\alpha}{a_\beta} V_{\beta\alpha} B + \frac{a_\alpha}{a_\beta} S_{\beta\alpha}.$$

Läßt man in der ersten Formel für einen Augenblick die Indizes α, β weg, und setzt $\frac{a_\alpha}{a_\beta} = g(x)$, so ist

$$L^{-1} P L = B\left(g(x) V + \frac{g(xE) - g(C)}{xE - C} S\right) + g(C) S$$

und folglich ist $R = g(C) S$ oder

$$R_{\alpha\beta} = C_{\alpha\beta} S_{\alpha\beta}, \qquad R_{\beta\alpha} = S_{\beta\alpha} C_{\beta\alpha} \qquad (\alpha < \beta). \tag{6.}$$

Mit $S_{\alpha\beta}$ ist C nicht notwendig vertauschbar, es ist nur $C_{\alpha\beta}(S_{\alpha\beta} C - C S_{\alpha\beta}) = 0$.

§ 3.

Aus der Gleichung $LB = AM$ folgt, da die Normalform A symmetrisch ist, durch Übergang zu den konjugierten Matrizen $B'L' = M'A$ und mithin $B'(L'M) = (M'L)B$, oder wenn man $L'M = H$ setzt,

$$B'H = H'B\,, \tag{1.}$$

wo H eine ganze Matrix der Determinante 1 ist.

Nun bestimme man eine ganze Matrix V und eine konstante Matrix S so, daß

$$H = VB + S$$

ist. Dann ist

$$B'(VB+S) = (B'V'+S')B\,, \qquad B'(V-V')B = S'B - B'S\,.$$

Daraus folgt, wie oben, $V' = V$ und $S'(xE-C) = (xE-C')S$, also $S' = S$ und

$$SB = B'S\,, \qquad SC = C'S\,.$$

Da $H_1 = H^{-1}$ eine ganze Matrix ist, so kann man eine ganze Matrix V_1 und eine konstante Matrix S_1 so bestimmen, daß

$$H_1 = V_1 B' + S_1$$

wird. Dann ist

$$E = H_1(VB+S) = H_1 VB + (V_1 B' + S_1)S\,,$$

oder weil $B'S = SB$ ist,

$$E - S_1 S = (H_1 V + V_1 S)B\,.$$

Daher ist $H_1 V + V_1 S = 0$, weil sonst die rechte Seite in x mindestens vom ersten Grade wäre, während die linke konstant ist. Folglich ist

$$S_1 S = E\,,$$

und mithin ist die Determinante von S nicht Null.

Demnach ist nicht nur S und $P = S_1 = S^{-1}$ eine symmetrische Matrix, sondern auch $SC = C'S = Q$, und folglich ist

$$C = PQ\,, \qquad C' = QP\,. \tag{2.}$$

So ergibt sich der merkwürdige Satz:

Jede Matrix läßt sich als Produkt von zwei symmetrischen Matrizen darstellen. Man kann diese stets so wählen, daß die Determinante der einen von Null verschieden ist.

Oder:

Sind C und C' konjugierte Formen, so kann man eine symmetrische Substitution P von nicht verschwindender Determinante bestimmen, die C kontragredient in C' transformiert, $P^{-1}CP = C'$.

Eine symmetrische Matrix P kann man immer auf die Form RR' bringen. Dann nimmt die letzte Gleichung die Gestalt

$$R^{-1}CR = R'C'R'^{-1}$$

an.

Zu jeder bilinearen Form C gibt es eine ähnliche Form $R^{-1}CR$, die symmetrisch ist.

Sind die Elementarteiler von $|xE-C|$ alle linear, so hat die Normalform von C diese Eigenschaft.

Sind die Elemente von C reell, so können die rationalen Operationen, wodurch C auf die Form PQ gebracht ist, alle im Gebiete der reellen Größen ausgeführt werden, so daß auch die Elemente der beiden symmetrischen Matrizen P und Q reell werden. Dann kann man P durch eine reelle orthogonale Substitution L in $L'PL = R$ transformieren, worin $r_{\alpha\beta} = 0$ ist, falls α von β verschieden ist, und $r_{\alpha\alpha} = r_\alpha$ reell und von Null verschieden ist. Setzt man $L'QL = S$, so wird $L'CL = RS$.

Jede reelle bilineare Form $\sum c_{\alpha\beta} x_\alpha y_\beta$ kann, indem beide Reihen von Variabeln derselben reellen orthogonalen Substitution unterworfen werden, in eine Form $\sum r_\alpha s_{\alpha\beta} x_\alpha y_\beta$ transformiert werden, worin $s_{\alpha\beta} = s_{\beta\alpha}$ ist. Außerdem kann erreicht werden, daß die n reellen Größen r_α alle von Null verschieden sind.

Die obigen Ergebnisse kombiniere ich mit dem folgenden Satze (*Wilson, Transactions of the Connecticut Acad. 1908, S. 41; Jackson, Transactions of the American Math. Soc. Bd. 10, S. 479*):

Jede Matrix, die der reziproken Matrix ähnlich ist, läßt sich aus zwei involutorischen Matrizen zusammensetzen.

Ist die Form R der reziproken Form R^{-1} ähnlich, so kann R durch eine involutorische Substitution in R^{-1} transformiert werden.

Für diesen Satz will ich zunächst einen einfachen Beweis mitteilen.

Involutorisch heißt eine Matrix P, wenn sie der Gleichung

$$P^2 = E, \qquad P = P^{-1}$$

genügt. Ist $R = PQ$ das Produkt von zwei involutorischen Matrizen, so ist $R^{-1} = QP$, also

$$P^{-1}RP = R^{-1}, \qquad Q^{-1}RQ = R^{-1}.$$

Sei umgekehrt die Matrix R der reziproken Matrix ähnlich. Ist $A^{-1}RA = R^{-1}$, so ist R mit A^2 vertauschbar, also auch mit jeder Funktion $B = f(A^2)$ von A^2. Ist C eine Matrix von nicht verschwindender Determinante, so kann man die Funktion $B = f(C)$ so wählen, daß $B^2 = C$ wird. Ist demnach $C = A^2$, so ist $B^2 = A^2$, und $B = f(A^2)$ ist nicht nur mit R, sondern auch mit A vertauschbar. Setzt man also

$$P = AB^{-1} = B^{-1}A,$$

so ist

$$P^2 = A^2B^{-2} = E$$

und

$$P^{-1}RP = A^{-1}(BRB^{-1})A = A^{-1}RA = R^{-1}.$$

Setzt man endlich

$$Q = PR = P^{-1}R, \qquad R = PQ,$$

so ist

$$Q^2 = (P^{-1}RP)R = R^{-1}R = E.$$

Ist nun R eine orthogonale Matrix, so kann man R durch eine symmetrische Substitution A in $R' = R^{-1}$ transformieren. Dann ist auch $B = f(A^2)$ und $P = AB^{-1}$ symmetrisch als Funktion von A, und folglich ist $P = P^{-1} = P'$ eine orthogonale Matrix, und ebenso

$$Q = PR = R^{-1}P = R'P' = Q'.$$

Jede orthogonale Substitution kann aus zwei symmetrischen orthogonalen (involutorischen) Substitutionen zusammengesetzt werden.

Ist die orthogonale Matrix R reell, so kann auch die symmetrische Matrix A, die dem System linearer Gleichungen $RA = AR'$ genügt, reell gewählt werden. Dann ist $A^2 = AA'$ die Matrix einer positiven quadratischen Form und mithin sind ihre charakteristischen Wurzeln alle positiv. Demnach kann man auch der Gleichung $f(A^2)^2 = A^2$ durch eine reelle Funktion f genügen. Eine reelle orthogonale Substitution kann folglich aus zwei reellen symmetrischen orthogonalen Substitutionen (Spiegelungen) zusammengesetzt werden.

§ 4.

In der Formel (8.), § 1 kommt die Zahl n nur einfach, die Zahlen $n_1, n_2, \cdots$ aber doppelt vor. Dieser etwas befremdende Umstand hat mich auf die Untersuchung geführt, zu der ich mich jetzt wende.

Die *Spur* einer Matrix P bezeichne ich mit

$$\chi(P) = \sum_\alpha p_{\alpha\alpha}.$$

Dann ist

$$\chi(PQ) = \chi(QP) = \sum_{\alpha,\beta} p_{\alpha\beta}\, q_{\beta\alpha}$$

und mithin

$$\chi(PQR) = \chi(QRP) = \chi(RPQ).$$

Ist A eine konstante, R eine veränderliche Matrix, deren Elemente $r_{\alpha\beta}$ n^2 unabhängige Variable sind, so ist $\chi(AR)$ eine lineare Funktion dieser Variabeln. Sind die Matrizen $A, B, C, \cdots$ linear unabhängig, so sind es auch die Funktionen $\chi(AR), \chi(BR), \chi(CR), \cdots$.

Ist T eine *alternierende* Matrix, deren Elemente $t_{\alpha\beta} = -t_{\beta\alpha}$ unabhängige Variable sind, und ist A eine konstante alternierende Matrix, so ist $\chi(AT)$ eine lineare Funktion der $\frac{1}{2}n(n-1)$ Variable $t_{\alpha\beta}$. Da $t_{\alpha\alpha} = 0$ und $a_{\alpha\beta}\, t_{\beta\alpha} = a_{\beta\alpha}\, t_{\alpha\beta}$ ist, so hat $t_{\alpha\beta}$ den Koeffizienten $2a_{\beta\alpha}$. Sind die alternierenden Matrizen $A, B, C, \cdots$ linear unabhängig, so sind es auch die linearen Funktionen $\chi(AT), \chi(BT), \chi(CT), \cdots$.

Ähnliche Überlegungen gelten für eine symmetrische Matrix S, deren Elemente $s_{\alpha\beta} = s_{\beta\alpha}$ $\frac{1}{2}n(n+1)$ unabhängige Variable sind, falls die konstanten Matrizen $A, B, C, \cdots$ ebenfalls symmetrisch sind.

Ist C eine gegebene Matrix, so betrachte ich jetzt alle Matrizen R, die der Gleichung

$$CR = RC' \tag{1.}$$

genügen.

Da diese n^2 Gleichungen zwischen den n^2 Unbekannten $r_{\alpha\beta}$ linear sind, so haben sie eine Anzahl r von unabhängigen Lösungen $R_1, R_2, \cdots$, aus denen sich jede Lösung $R = c_1 R_1 + c_2 R_2 + \cdots$ zusammensetzen läßt. Nun folgt aus (1.) durch den Übergang zu den konjugierten Matrizen

$$CR' = R'C' \tag{2.}$$

Ist $R + R' = 2S$ und $R - R' = 2T$, also $R = S + T$, so ist daher auch

$$CS = SC', \qquad CT = TC', \tag{3.}$$

wo S eine symmetrische und T eine alternierende Matrix ist.

Sei s die Anzahl der unabhängigen symmetrischen Matrizen $S_1, S_2, \cdots$, t die der alternierenden $T_1, T_2, \cdots$, die der Bedingung (3.) genügen. Zwischen den $s+t$ Matrizen kann keine Gleichung

$$a_1 S_1 + a_2 S_2 + \cdots + b_1 T_1 + b_2 T_2 + \cdots = 0$$

bestehen, weil daraus durch den Übergang zu den konjugierten Matrizen folgen würde

$$a_1 S_1 + a_2 S_2 + \cdots - b_1 T_1 - b_2 T_2 - \cdots = 0\,.$$

Da ferner jede Lösung R der Gleichung (1.) aus einer symmetrischen und einer alternierenden zusammengesetzt werden kann, so ist

$$r = s + t\,. \tag{4.}$$

Ist L irgendeine Matrix von nicht verschwindender Determinante, so folgt aus (1.)

$$(LCL^{-1})(LRL') = (LRL')(L'^{-1}C'L'),$$

oder wenn man

$$LCL^{-1} = C_0, \qquad LRL' = R_0$$

setzt,

$$C_0 R_0 = R_0 C_0'.$$

Daher haben die Zahlen s und t für jede Form LCL^{-1}, die der Form C ähnlich ist, dieselbe Bedeutung wie für C. Nun kann man L so wählen, daß $LCL^{-1} = C'$ wird. Mithin haben s und t auch für C' dieselbe Bedeutung wie für C. Es gibt also s unabhängige symmetrische Formen $P_1, P_2, \cdots$, die der Bedingung

(5.) $$C'P = PC$$

genügen.

Die $\frac{1}{2}n(n-1)$ Elemente $t_{\alpha\beta} = -t_{\beta\alpha}$ der alternierenden Matrix T seien unabhängige Variabeln. Dann ist

$$CT - TC' = S$$

eine symmetrische Matrix, deren $\frac{1}{2}n(n+1)$ Elemente $s_{\alpha\beta} = s_{\beta\alpha}$ lineare Funktionen der Variabeln $t_{\alpha\beta}$ sind. Ist nun P eine Lösung der Gleichung (5.), so ist

$$\chi(PS) = \chi(PCT) - \chi(PTC') = \chi(PCT) - \chi(C'PT) = \chi((PC - C'P)T) = 0.$$

Ist umgekehrt P irgendeine solche konstante symmetrische Matrix, daß zwischen den Funktionen $s_{\alpha\beta}$ der unabhängigen Variabeln $t_{\alpha\beta}$ die identische Gleichung $\chi(PS) = 0$ besteht, so ist $\chi((PC - C'P)T) = 0$, und folglich verschwinden alle Elemente der alternierenden Matrix $PC - C'P$.

Zwischen den $\frac{1}{2}n(n+1)$ Funktionen $s_{\alpha\beta}$ bestehen demnach genau s unabhängige lineare Relationen $\chi(P_1 S) = 0, \chi(P_2 S) = 0, \cdots$. Folglich sind unter ihnen $\frac{1}{2}n(n+1) - s$ unabhängige Funktionen. Die linearen Gleichungen $CT - TC' = 0$ zwischen den $\frac{1}{2}n(n-1)$ Unbekannten $t_{\alpha\beta}$ haben mithin

$$\frac{1}{2}n(n-1) - \left(\frac{1}{2}n(n+1) - s\right) = s - n$$

unabhängige Lösungen. Da wir die Anzahl ihrer Lösungen mit t bezeichnet haben, so ist

(6.) $$s - t = n.$$

Ist $LCL^{-1} = C'$ und $CR = RC'$, so ist

$$RLC = RC'L = CRL.$$

Daher ist $RL = U$ mit C vertauschbar. Ist umgekehrt U mit C vertauschbar und $R = UL^{-1}$, so ist $CR = RC'$. Da die Determinante von L nicht verschwindet, so ist die Anzahl r der linear unabhängigen Matrizen R gleich der Anzahl der linear unabhängigen Matrizen U:

$$(7.)\qquad r = n + 2n_1 + 2n_2 + \cdots.$$

Demnach ist

$$(8.)\qquad s = n + n_1 + n_2 + \cdots, \qquad t = n_1 + n_2 + \cdots.$$

Ist $n_1 = 0$, so ist auch $n_2 = 0, n_3 = 0, \cdots$, und mithin $r = s = n$ und $t = 0$.

Wenn die Determinanten $(n-1)$ten Grades der Matrix $C - xE$ keinen Teiler gemeinsam haben, so ist jede Lösung R der Gleichung $CR = RC'$ eine symmetrische Matrix.

Zu diesen Formeln kann man aber auch auf dem vorher benutzten Wege gelangen: Sei $\varepsilon = \pm 1$ und P so bestimmt, daß

$$PA = \varepsilon AP'$$

ist. Dann ist, da die Normalform A symmetrisch ist,

$$LB = AM, \qquad B'L' = M'A$$

und mithin

$$PM'^{-1}B'L' = \varepsilon LBM^{-1}P', \qquad (L^{-1}PM'^{-1})B' = \varepsilon B(M^{-1}P'L'^{-1}).$$

Nun sei

$$L^{-1}PM'^{-1} = BU + R,$$

wo R eine konstante Matrix ist. Dann ist

$$M^{-1}P'L'^{-1} = U'B' + R'$$

und folglich

$$(BU + R)B' = \varepsilon B(U'B' + R'), \qquad B(U - \varepsilon U')B' = \varepsilon BR' - RB'.$$

Daraus ergibt sich wie oben

$$U = \varepsilon U', \qquad R = \varepsilon R', \qquad BR = RB'.$$

Ist umgekehrt $R = \varepsilon R'$ und $BR = RB'$, so sei U eine willkürliche Matrix, die der Bedingung $U = \varepsilon U'$ genügt. Setzt man dann $P = L(BU + R)M'$, so ist $PA = \varepsilon AP'$. Sind P und $P - P_0$ zwei dieser Gleichung genügende Matrizen, denen dieselbe konstante Matrix R entspricht, so ist

$$L^{-1}P_0M'^{-1} = BU_0, \qquad P_0 = LBU_0M' = AMU_0M' = AT,$$

wo T ebenso wie U_0 der Bedingung $T' = \varepsilon T$ genügt. Die Matrix $P - AT$ kann man in derselben Weise wie oben reduzieren. Dann entspricht jeder konstanten Matrix R, die den Bedingungen

$$R = \varepsilon R', \qquad CR = RC'$$

genügt, nur eine *reduzierte* Matrix P, die der Bedingung

$$PA = \varepsilon AP'$$

genügt. Demnach ist $Q = \varepsilon P'$ und folglich auch $s_{\beta\alpha} = \varepsilon s_{\alpha\beta}$. Dann ergeben sich aus (6.), § 1 die Formeln

$$s = e_1 + 2e_2 + 3e_3 + 4e_4 + \cdots, \qquad t = e_2 + 2e_3 + 3e_4 + \cdots,$$

die mit den Relationen (8.) übereinstimmen.

Zum Schluß erwähne ich eine Verallgemeinerung der Relation (7.), § 1, die auf demselben Wege erhalten wird, und die Bedeutung jener Formel noch klarer hervortreten läßt: Sind A und B zwei konstante Matrizen, und ist

$$AR = RB, \tag{9.}$$

so ist bekanntlich der Rang von R nicht größer, als der Grad des größten gemeinsamen Divisors der beiden charakteristischen Funktionen $|xE - A|$ und $|xE - B|$.

Sind nun $a_1, a_2, a_3, \cdots$ und $b_1, b_2, b_3, \cdots$ die Elementarteiler dieser beiden Determinanten, so ist die Anzahl der linear unabhängigen Matrizen R, die der Bedingung (9.) genügen, gleich

$$\sum e_{\alpha\beta}, \tag{10.}$$

wo $e_{\alpha\beta}$ den Grad des größten gemeinsamen Divisors von a_α und b_β bedeutet.

82.

Über den Fermatschen Satz

Sitzungsberichte der Königlich Preußischen Akademie der Wissenschaften zu Berlin 1222–1224 (1909)
Journal für die reine und angewandte Mathematik 137, 314–316 (1910)

Sei p eine ungerade Primzahl, und seien x, y, z drei durch p nicht teilbare Zahlen, die der FERMATschen Gleichung

$$x^p + y^p + z^p = 0$$

genügen. Dann ist

$$(1.)\qquad x + y + z \equiv 0,$$

nämlich mod. p, wie stets im folgenden zu ergänzen ist, mithin

$$(x+y)^p \equiv -z^p = x^p + y^p \pmod{p^2}.$$

Ich setze nun

$$(2.)\qquad \varphi_n(t) = \sum_r r^{n-1}(-t)^r,$$

wo sich r von 0 bis $p-1$ bewegt, also (abweichend von Hrn. MIRIMANOFF)

$$(3.)\qquad \varphi_1(t) = \sum (-t)^r = \frac{1+t^p}{1+t};$$

dann ist, wenn sich n von 1 bis $p-1$ bewegt,

$$\varphi_{p-1}(t) \equiv \sum_n \frac{1}{n}(-t)^n \equiv -\frac{1}{p}\sum \binom{p}{n} t^n$$

und mithin

$$(4.)\qquad \varphi_{p-1}(t) \equiv \frac{1}{p}(1 + t^p - (1+t)^p).$$

Der obigen Formel nach genügen folglich die 6 Zahlen

$$\frac{x}{y},\ \frac{y}{x},\ \frac{x}{z},\ \frac{z}{x},\ \frac{y}{z},\ \frac{z}{y} \pmod{p}$$

der Kongruenz

$$(5.)\qquad \varphi_{p-1}(t) \equiv 0.$$

Von diesen Zahlen ist keine 0 und nach (1.) auch keine -1.

Außerdem genügen sie nach KUMMER noch $\frac{1}{2}(p-3)$ anderen Kongruenzen, die Hr. MIRIMANOFF auf die Form

$$(6.)\qquad B_{2k}\varphi_{p-2k}(t) \equiv 0 \qquad (k = 1, 2, \cdots \tfrac{1}{2}(p-3))$$

gebracht hat. Hier sind $B_2 = \frac{1}{6}$, $B_4 = \frac{1}{30}$, $\cdots$ die BERNOULLIschen Zahlen.

Aus den Bedingungen (5.) und (6.) hat Hr. WIEFERICH in höchst scharfsinniger Weise die Kongruenz

$$2^{p-1} \equiv 1 \pmod{p^2} \tag{7.}$$

abgeleitet in der Arbeit *Zum letzten FERMATschen Theorem*, CRELLES *Journal Bd. 136*, auf die ich wegen der Literaturangaben verweise. Zu diesem Ergebnis, das wegen seiner Brauchbarkeit für die Rechnung besonders beachtenswert ist, kann man sehr einfach auf folgendem Wege gelangen.

Nach Formel (4.) ist die Kongruenz (7.) gleichbedeutend mit

$$\varphi_{p-1}(1) \equiv 0\,. \tag{8.}$$

Diese Relation bedarf aber nach (5.) nur dann des Beweises, wenn t von 1 verschieden ist. Ich schließe daher für t die Werte 1, 0 und -1 aus.

Die Doppelsumme

$$L = \sum_{r,s} (-1)^{r-s} (r-s)^{p-2} t^s, \tag{9.}$$

worin sich r und s von 0 bis $p-1$ bewegen, ist gleich

$$L = \sum_{n,r,s} (-1)^n \binom{p-2}{n-1} (-1)^r r^{n-1} (-1)^s s^{p-n-1} t^s,$$

wo $r^{n-1} = 1$ zu setzen ist, falls $r = n-1 = 0$ ist. Folglich ist

$$L = \sum_{n} (-1)^n \binom{p-2}{n-1} \varphi_n(1)\, \varphi_{p-n}(t)\,.$$

Nach (3.) ist $\phi_1(t) \equiv 1$. Ferner ist, falls $0 < k < \frac{1}{2}(p-1)$ ist,

$$\varphi_{2k+1}(1) = \sum (-1)^n n^{2k} \equiv 0\,,$$

$$\varphi_{2k}(1) = \sum (-1)^n n^{2k-1} \equiv (-1)^k B_{2k} \frac{1}{k} (2^{2k}-1)\,.$$

Die erste Formel ergibt sich, indem man n durch $p-n$ ersetzt, die zweite aus der Kongruenz

$$S_n\left(\frac{1}{2}(p+1)\right) \equiv S_n\left(\frac{1}{2}\right), \quad \text{wo } S_n(x) \equiv \frac{1}{n+1} x^{n+1} - \frac{1}{2} x^n + \cdots$$

die BERNOULLIsche Funktion ist. Nach (5.) und (6.) ist daher

$$L \equiv \varphi_{p-1}(1)\,. \tag{10.}$$

Nun zerlege ich die Summe (9.) in 2 Teilsummen $M+N$, indem ich unterscheide, ob $r-s$ positiv oder negativ ist.

Ist $r-s=n>0$, so ist

$$M=\sum(-1)^n n^{p-2}(1+t+\cdots+t^{p-1-n})=\frac{1}{1-t}\sum(-1)^n n^{p-2}(1-t^{p-n})$$

$$\equiv\frac{1}{1-t}\varphi_{p-1}(1)-\frac{1}{1-t}\sum(-1)^{p-n}(p-n)^{p-2}t^{p-n},$$

oder wenn man $p-n$ durch n ersetzt,

$$M\equiv\frac{1}{1-t}\varphi_{p-1}(1)-\frac{1}{1-t}\varphi_{p-1}(t)\equiv\frac{1}{1-t}\varphi_{p-1}(1).$$

Ist aber $r-s=-n<0$, so ist

$$N=-\sum(-1)^n n^{p-2}(t^n+t^{n+1}+\cdots+t^{p-1})=-\frac{1}{1-t}\sum(-1)^n n^{p-2}(t^n-t^p)$$

und mithin

$$N\equiv-\frac{1}{1-t}\varphi_{p-1}(t)+\frac{t}{1-t}\varphi_{p-1}(1)\equiv\frac{t}{1-t}\varphi_{p-1}(1).$$

Demnach ist

$$L=M+N\equiv\frac{1+t}{1-t}\varphi_{p-1}(1).$$

Vergleicht man dies Ergebnis mit der Formel (10.), so erhält man die zu beweisende Kongruenz (8.).

83.

Über den Fermatschen Satz II

Sitzungsberichte der Königlich Preußischen Akademie der Wissenschaften zu Berlin
200–208 (1910)

Wenn es für eine ungerade Primzahl p drei durch p nicht teilbare Zahlen gibt, die der Gleichung

$$a^p + b^p + c^p = 0$$

genügen, so muß p, wie Hr. Wieferich gefunden hat, die Bedingung

$$2^{p-1} \equiv 1 \pmod{p^2}$$

erfüllen. Ist dann $2^r - 1$ durch p teilbar und r ein Divisor von $p-1 = rs$, so ist $2^r - 1$ durch p^2 teilbar, weil

$$\frac{2^{p-1}-1}{2^r-1} = 1 + 2^r + 2^{2r} + \cdots + 2^{r(s-1)} \equiv s$$

den Faktor p nicht enthält, und dasselbe gilt für $2^r + 1$.

Durch eine höchst geistvolle Analyse ist es Hrn. Mirimanoff (*Comptes Rendus* 1910) gelungen, die wahre Quelle jener Beziehung zu entdecken, und daraus weitere Relationen herzuleiten, deren bemerkenswerteste die Bedingung

$$3^{p-1} \equiv 1 \pmod{p^2}$$

ist. Da er aber beim Beweise Einheitswurzeln und unendliche Reihen anwendet, so habe ich versucht, seine Resultate auf rationalem Wege abzuleiten, nur mit Benutzung der elementarsten Sätze der Algebra und Zahlentheorie, und dazu bin ich mit Hilfe der Rekursionsformel gelangt, wodurch die Bernoullischen Zahlen definiert werden. Andere Eigenschaften dieser Zahlen setze ich nicht voraus, auch nicht den Satz von Staudt. Auch die Ergebnisse der Arbeit des Hrn. Mirimanoff im 128. Bande des Crelleschen Journals werde ich (§ 3), soweit ich sie brauche, aufs neue ableiten.

§ 1.

Um mit den Bernoullischen Zahlen bequem rechnen zu können, bezeichne ich sie nach Lucas als symbolische Potenzen

$$b^0 = 1, \qquad b^1 = -\frac{1}{2}, \qquad b^{2n} = (-1)^{n-1} B_n, \qquad b^{2n+1} = 0.$$

Dann genügen sie der Rekursionsformel $(b+1)^n - b^n = 0$, mittels deren nb^{n-1} durch $b^{n-2}, \cdots b^0$ ausgedrückt wird. Daher ist der Nenner von b^{n-1} ein Divisor von $n!$. Für $n = 1$ ist aber jene Formel durch $(b+1) - b = 1$ zu ersetzen. Fügt man mehrere solcher Relationen, mit Konstanten multipliziert, zusammen, so erhält man die allgemein gültige Formel

$$(1.) \qquad f(b+1) - f(b) = f'(0),$$

worin $f(x)$ irgendeine ganze Funktion von x bedeutet.

Bewegt sich r von 0 bis $p-1$, so ist

$$(2.) \qquad F(x, y) = \sum \binom{y}{r} (x-1)^r$$

eine ganze Funktion der beiden *Unbestimmten* x und y, die in bezug auf jede vom $(p-1)$ten Grade ist. Entwickelt man sie nach Potenzen von y, so ist das Anfangsglied $(r = 0)$ gleich 1. Ist n eine der Zahlen von 1 bis $p-1$, so ist

der Koeffizient von y in $\binom{y}{n} = \frac{y(y-1)\cdots(y-n+1)}{1.\ 2.\cdots n}$ gleich $\frac{(-1)^{n-1}}{n}$. Daher ist

$$(3.) \qquad -F'_y(x, 0) = f(x) = \sum \frac{(1-x)^n}{n}.$$

Allgemein ist für $s = 0, 1, \cdots p-1$ (aber nicht für $s \geqq p$)

$$F(x, s) = x^s \qquad (s < p).$$

Die Funktion $(p-1)$ten Grades $F(0, y)$ hat demnach für $y = 0$ den Wert 1, für $y = 1, 2, \cdots p-1$ den Wert 0, und ist mithin

$$(4.) \qquad F(0, y) = \frac{(y-1)\cdots(y-p+1)}{1.\ 2.\cdots p-1} = \binom{y-1}{p-1}.$$

Ist m eine positive ganze Zahl, so ist

$$F(x, s)x^m = x^{s+m} = \sum_t \binom{s+m}{t} (x-1)^t$$
$$= \sum_r \binom{s+m}{r} (x-1)^r + (x-1)^p H_s(x),$$

wo sich r von 0 bis $p-1$ bewegt und

$$(5.) \qquad H_s(x) = \sum_k \binom{s+m}{p+k} (x-1)^k$$

ist. Nun sei $G(x, y)$ die ganze Funktion $(p-1)$ten Grades der *Variabeln* y, die für $y = s\ (= 0, 1, \cdots p-1)$ gleich $H_s(x)$ ist. Dann stimmen die beiden ganzen Funktionen $(p-1)$ten Grades von y

$$F(x, y)x^m = \sum \binom{y+m}{r} (x-1)^r + (x-1)^p G(x, y)$$

für die p Werte $y = s$, also identisch überein. Demnach ist

$$(6.) \quad F(x, y)(x^m - 1) = F(x, y + m) - F(x, y) + (x-1)^p G(x, y).$$

In dieser Gleichung ersetze ich die Potenzen von y durch die symbolischen Potenzen von mb. Dann geht sie über in

$$F(x, mb)(x^m - 1) = F(x, m(b+1)) - F(x, mb) + (x-1)^p G(x, mb).$$

Nach (1) und (3) ist aber

$$F(x, m(b+1)) - F(x, mb) = m F'_y(x, 0) = -mf(x),$$

und mithin

$$F(x, mb)(x^m - 1) + mf(x) = (x-1)^p G(x, mb),$$

demnach für $x = 0$

$$(7.) \quad F(0, mb) - mpq = G(0, mb).$$

Hier ist

$$f(0) = \sum \frac{1}{n} = pq,$$

folglich q *ganz* (*mod. p*). So nenne ich einen Bruch, in dessen Nenner p nicht vorkommt. Setzt man also

$$(8.) \quad F(x, mb) - (F(0, mb) - mpq)(x-1)^{p-1} = mF(x) = mF_m(x)$$

und

$$(9.) \quad G(x, mb) - G(0, mb)\frac{x^m - 1}{x - 1} = m x G(x) = m x G_m(x),$$

so ergibt sich die Gleichung

$$(10.) \quad F(x)(x^m - 1) + f(x) = (x-1)^p x G(x),$$

auf der die folgende Entwicklung beruht.

Von den hier benutzten Bernoullischen Zahlen enthält nur b^{p-1} die Primzahl p im Nenner. Diese Zahl kommt aber in $mF(x)$ nicht vor, weil nach (4) der Koeffizient von $(x-1)^{p-1}$ bis auf mpq gleich

$$\binom{mb}{p-1} - \binom{mb-1}{p-1} = \binom{mb-1}{p-2} \equiv (mb)^{p-1} - (mb+1)^{p-1}$$

ist, das letztere, was hier nicht weiter gebraucht wird, auf Grund der Kongruenz

$$\ldots y-1) \cdots (y-p+2) \equiv (y-1) \cdots (y-p+1) - y(y-1) \cdots (y-p+2) \equiv (y^{p-1}-1) - ((y+1)^{p-1} - 1)$$

Da die ganze Funktion $(m-2)$ten Grades $G(x)$ gefunden wird, indem man die linke Seite der Gleichung (10) durch $x(x-1)^p$ dividiert, so hat auch diese Funktion (mod. p) ganze Koeffizienten. Für $m=1$ ist

$$G_1 = 0\,, \qquad F_1(x) = \frac{f(x)}{1-x}\,.$$

§ 2.

Nach (4), § 1 ist

$$(p-1)!\,F(0\,,y) = (y-1)\cdots(y-p+1) = y^{p-1}-1+p\psi(y)\,,$$

wo $\psi(y)$ eine ganze, ganzzahlige Funktion von y ist, deren Grad nur $p-2$ ist. Daher ist

$$(p-1)!\,F(0\,,mb) = (mb)^{p-1}-1+p\psi(mb)\,,$$

also da $\psi(mb)$ ganz (mod. p) ist,

$$(1.) \qquad (p-1)!\,F(0\,,mb) \equiv m^{p-1}b^{p-1}-1\,.$$

Eine solche Kongruenz nach dem Modul p bedeutet, daß die Differenz der beiden Ausdrücke ein Bruch ist, worin der Zähler durch p teilbar ist, der Nenner aber nicht. Wenn also in einzelnen Gliedern p im Nenner vorkommt, so müssen sich diese auf beiden Seiten aufheben. Bei der Benutzung solcher Kongruenzen muß man aber besonders vorsichtig sein und darf z. B. oben nicht m^{p-1} durch 1 oder $(p-1)!$ durch -1 ersetzen.

Die Funktion $G(x,y)$ ist für $y=s$ gleich der Summe (5), § 1. Sie ist also der Rest $(p-1)$ten Grades, der bleibt, wenn man die Funktion $(p+m-1)$ten Grades

$$\sum_k \binom{y+m}{p+k}(x-1)^k$$

von y durch die Funktion $p$ten Grades

$$(2.) \qquad g(y) = y(y-1)\cdots(y-p+1)$$

oder durch $\binom{y}{p}$ dividiert. Daher ist $G(1,y)$ der Rest, den man bei der Division der Funktion $p$ten Grades $\binom{y+m}{p}$ durch $\binom{y}{p}$ erhält, also gleich

$$G(1\,,y) = \binom{y+m}{p} - \binom{y}{p}.$$

Nach (1), § 1 ist daher

$$G(1\,,mb) = \frac{m}{p}\,.$$

Ferner ist nach (7), § 1, und (1)

$$(p-1)!\,G(0\,,\,mb) \equiv m^{p-1}b^{p-1}-1$$

und mithin nach (9), § 1

$$(p-1!\,G(1) \equiv \frac{(p-1)!}{p} - m^{p-1}b^{p-1}+1\,.$$

Für $m = 1$ verschwindet G identisch. Daher ist (LERCH, Math. Ann. Bd. 60, S. 488)

(3.) $$b^{p-1} \equiv \frac{(p-1)!}{p}+1\,.$$

also, falls m nicht durch p teilbar ist,

(4.) $$F(0\,,\,mb) \equiv G(0\,,\,mb) \equiv \frac{m^{p-1}}{p}$$

und folglich nach (9), § 1

(5.) $$G_m(1) \equiv \frac{1-m^{p-1}}{p}\,.$$

Demnach ist

(6.) $$G_2 \equiv \frac{1-2^{p-1}}{p}\,.$$

§ 3.

Ist, wenn sich n von 1 bis $p-1$ bewegt,

(1.) $$(p-1)!\,F(x\,,\,y)+(x-1)^{p-1} = \sum f_{p-s}(x)\,y^s\,,$$

so ist $f_n(x)$ eine ganze, ganzzahlige Funktion $(p-1)$ten Grades von x,

(2.) $$f_1(x) = (x-1)^{p-1}\,,\qquad f_p(x) = (x-1)^{p-1}+(p-1)!$$

und nach (3), § 1

(3.) $$f_{p-1}(x) = -(p-1)!\,f(x)\,.$$

Setzt man in der Formel von LAGRANGE

$$F(x\,,\,y) = g(y)\sum \frac{F(x\,,\,s)}{g'(s)}\,\frac{1}{y-s}$$

ein

$$F(x\,,\,s) = x^s\,,\qquad g(y) \equiv y^p-y\,,\qquad g'(y) \equiv -1\,,$$

und trennt man das erste Glied von den $p-1$ andern, so erhält man

$$-F(x\,,\,y) \equiv y^{p-1}-1+y\sum_n \frac{y^{p-1}-n^{p-1}}{y-n}\,x^n.$$

Folglich ist nach (1)

(4.) $$f_s(x) \equiv \sum n^{s-1}x^n$$

und besonders

$$(5.)\quad f_{p-1}(x) \equiv f(x) = \sum \frac{(1-x)^n}{n} \equiv \sum \frac{x^n}{n} = f(1-x) \equiv \frac{x^p - 1 - (x-1)^p}{p}.$$

Ferner ist

$$f_1(x) \equiv \sum x^r = \frac{x^p - 1}{x - 1},$$

und wenn man sich des Zeichens der logarithmischen Ableitung bedient,

$$f_s(x) \equiv D^{s-1}_{l(x)} \frac{x^p - 1}{x - 1} \equiv (x^p - 1) D^{s-1}_{l(x)} \frac{1}{x-1} \equiv (x-1)^p D^{s-1}_{l(x)} \frac{1}{x-1},$$

weil die Ableitungen von $x^p - 1$ kongruent 0 sind.

Setzt man

$$D^{s-1}_{l(x)} \frac{1}{x-1} = \frac{g_s(x)}{(x-1)^s},$$

so ist demnach

$$f_s(x) \equiv (x-1)^{p-s} g_s(x).$$

Nun ist

$$\frac{g_s(e^u)}{(e^u - 1)^s} = D^{s-1}_u \frac{1}{e^u - 1} = D^{s-1}_u \frac{1}{e^{u+v} - 1} = D^{s-1}_v \frac{1}{e^{u+v} - 1}$$

für $v = 0$ und mithin

$$(6.)\quad \frac{g_s(x)}{(x-1)^s} = D^{s-1}_v \left(\frac{1}{xe^v - 1} + 1\right) = D^s_v l(xe^v - 1)$$

für $v = 0$.

Nach (4) ist, falls $s > 1$ ist,

$$(7.)\quad f_s(x) \equiv (-1)^{s-1} x^p f_s\left(\frac{1}{x}\right), \qquad f(x) \equiv -x^p f\left(\frac{1}{x}\right).$$

Nun ist nach (8), § 1

$$(8.)\quad m\left(\frac{1}{2} f(x) - F_m(x)\right) = f_p(x) + m^2 b^2 f_{p-2}(x) + m^4 b^4 f_{p-4}(x) + \cdots + m^{p-3} b^{p-3} f_3(x)$$

also

$$(9.)\quad F(x) \equiv x^p F\left(\frac{1}{x}\right) + f(x)$$

und mithin nach (10), § 1

$$(10.)\quad G(x) \equiv x^{m-2} G\left(\frac{1}{x}\right).$$

Demnach ist $G_3(-1) \equiv 0$ und nach (5), § 2

$$(11.)\quad G_3(x) \equiv \frac{1 - 3^{p-1}}{2p}(x+1), \qquad G_4(x) \equiv \frac{1 - 2^{p-1}}{4p}(x^2 + 6x + 1).$$

Für $m = 1$ lautet die Gleichung (8)

(12.) $$\frac{1}{2}\,\frac{x+1}{x-1}f(x) = f_p(x) + b^2 f_{p-2}(x) + \cdots + b^{p-3} f_3(x)\,.$$

§ 4.

Wenn die Gleichung

$$a^p + b^p + c^p = 0$$

durch drei Zahlen erfüllt wird, die nicht durch p teilbar sind, so genügen, wie KUMMER gezeigt hat, die 6 Zahlen

(1.) $$-\frac{a}{b},\quad -\frac{c}{b},\quad -\frac{a}{c},\quad -\frac{b}{a},\quad -\frac{b}{c},\quad -\frac{c}{a}$$

den Kongruenzen

$$g_{p-1}(x) \equiv 0\,,\quad B_n g_{p-2n}(x) \equiv 0\,,\qquad (n = 1, 2, \ldots \tfrac{1}{2}(p-3))$$

wo $g_s(x)$ die durch (6), § 3 definierte ganze Funktion $(s-1)$ten Grades ist, oder

(2.) $$b^s f_{p-s}(x) \equiv 0 \qquad (s = 0, 1, \ldots p-2)\,.$$

Ist x eine dieser 6 Zahlen, so sind sie, da $a + b + c \equiv 0$ ist, kongruent

$$x,\quad 1-x,\quad \frac{x}{x-1},\quad \frac{1}{x},\quad \frac{1}{1-x},\quad \frac{x-1}{x}\,.$$

Keine von ihnen ist kongruent 0 oder 1. Sind sie nicht alle verschieden, so sind sie entweder paarweise kongruent $-1, 2, \frac{1}{2}$, oder, falls $p = 6n + 1$ ist, zu je dreien den Wurzeln der Kongruenz $x^2 - x + 1 \equiv 0$.

Jene 6 Zahlen, von denen mindestens 2 verschieden sind, genügen nach (5) und (8), § 3 den Kongruenzen $F(x) \equiv 0$ und $f(x) \equiv 0$, also nach (10), § 1 auch der Kongruenz $(m-2)$ten Grades $G(x) \equiv 0$. Für $m = 2$ und 3 verschwindet daher G identisch, und folglich ist nach (5), § 2

(3.) $$2^{p-1} \equiv 1 \text{ und } 3^{p-1} \equiv 1 \pmod{p^2}.$$

Ist also $m = 2^\alpha 3^\beta$, so ist auch $m^{p-1} \equiv 1 \pmod{p^2}$, und mithin ist $G_m(x)$ nach (5), § 2 für diese Werte von m durch $x-1$ teilbar.

Für jedes m ist, da nach (5), § 3

$$f(-1) \equiv \frac{2^p - 2}{p} \equiv 0$$

ist, nach (9), § 3 auch $F(-1) \equiv 0$ und folglich auch $G(-1) \equiv 0$. Da $xf'(x) \equiv f_p(x)$ ist, so ist $f(x)$ (mod. p) durch $(x+1)^2$ teilbar (aber nicht durch $(x+1)^3$) und demnach wegen der Gleichung

$$(4.) \qquad (x^m - 1) F_m(x) + f(x) = (x-1)^p x G_m(x)$$

auch $G_{2n}(x)$. Dies kann man auch erkennen, indem man die Kongruenz (10), § 3 differenziert und dann $x = -1$ setzt. Nach CAUCHY ist die Funktion

$$\frac{x^p - 1 - (x-1)^p}{p} \equiv f(x)$$

durch $x^2 - x + 1$ teilbar, also auch $G_{6n}(x)$. Weil $G_3 \equiv 0$ ist, so ist $f(x) \equiv -(x^3-1) F_3(x)$ durch $x^2 + x + 1$ teilbar, mithin auch $G_{3n}(x)$. Die Funktion $G_4(x)$ verschwindet für $x = 1, -1, -1$, also identisch. Daher ist $f(x)$ und $G_{4n}(x)$ durch $x^2 + 1$ teilbar. Die Funktion $G_6(x)$ ist durch $(x-1)(x+1)^2(x^2-x+1)$ teilbar, also Null, ebenso, falls $p > 5$ ist, $G_8(x)$, das durch $(x-1)(x+1)^2(x^2+1)$ teilbar ist, und außerdem noch für zwei Werte (1) verschwindet. Demnach ist $f(x)$ und $G_{8n}(x)$ durch $x^4 + 1$ teilbar. Also ist

$$(x-1) f(x) \text{ durch } (x^6 - 1)(x^8 - 1) \quad (\text{mod. } p)$$

teilbar. Dagegen läßt sich für $G_5(x)$ auf diesem Wege nur feststellen, daß es einem der beiden Ausdrücke

$$-\frac{5^p - 5}{2p}(x^3 + 1) \text{ oder } \frac{5^p - 5}{2p}(x+1)(x-2)(2x-1)$$

kongruent ist, dem ersten nur, wenn $p = 6n + 1$ ist. Ist also nicht

$$5^{p-1} \equiv 1 \quad (\text{mod. } p^2),$$

so können die Kongruenzen (1) nur die Wurzeln -1, 2, $\frac{1}{2}$ gemeinsam haben oder wenn $p = 6n + 1$ ist, die Wurzeln der Kongruenz $x^3 \equiv -1$.

§ 5.

Da die beiden Funktionen

$$x(x-1)^{p-1} \text{ und } \frac{x^m - 1}{x - 1}$$

der Grade p und $q = m - 1$ teilerfremd sind, so kann man zwei ganze Funktionen

$$F(x) \text{ und } G(x)$$

der Grade $p - 1$ und $q - 1$ so bestimmen, daß

$$x(x-1)^{p-1} G(x) - \frac{x^m - 1}{x - 1} F(x)$$

gleich der gegebenen ganzen Funktion

$$\frac{f(x)}{x-1} = -\sum \frac{(1-x)^{n-1}}{n}$$

wird, und weil deren Grad $p-2<p+q$ ist, so sind jene Funktionen durch diese Bedingung vollständig bestimmt (JACOBI, CRELLES Journ. Bd. 15). Da diese beiden Funktionen (mod. p) auch durch die Kongruenz

$$x(x-1)^p G(x)-(x^m-1)\left(F(x)-\frac{1}{2}f(x)\right)\equiv\frac{1}{2}(x^m+1)f(x)$$

völlig bestimmt sind, so erhält man, indem man x durch $\frac{1}{x}$ ersetzt, die Relationen (9) und (10), § 3.

Ist μ eine von 1 verschiedene $m$te Einheitswurzel, so ist nach (12), § 3

$$(1.)\qquad (\mu-1)^p\mu\, G(\mu)=f(\mu)$$

und mithin nach der Formel von LAGRANGE

$$(2.)\qquad m\,G_m(x)=\frac{(x^m-1)}{x-1}\sum_\mu\frac{f(\mu)}{(1-\mu)^{p-1}}\,\frac{1}{x-\mu}\,.$$

Da

$$\prod(x-\mu)=\frac{x^m-1}{x-1}\,,\qquad\prod(1-\mu)=m$$

ist, so sind die Koeffizienten von $G(x)$ ganz (mod. p), und folglich nach (4), § 4 auch die von $F(x)$. Der Zweck der durchgeführten Untersuchung ist also von den beiden in dieser einfachen Weise definierten Funktionen nachzuweisen, daß sich $F(x)$ aus den $\frac{1}{2}(p+1)$ Funktionen $b^s f_{p-s}(x)$ (mod. p) zusammensetzen läßt (Formel (8), § 3), und daß

$$(3.)\qquad G(1)\equiv\sum\frac{f(\mu)}{(1-\mu)^p}\equiv\frac{1-m^{p-1}}{p}$$

ist. Ist nun für eine Primzahl p $G_m\equiv 0$, so ist auch $f(\mu)\equiv 0$. So ergeben sich die Bedingungen

$$(4.)\qquad 1+\frac{1}{2}+\cdots+\frac{1}{\left[\frac{p}{m}\right]}\equiv 0\qquad (m=2,3,4,6,8)$$

oder in anderer Form

$$(5.)\qquad \sum\frac{1}{n}\equiv 0\,,\qquad n\equiv k\ (\text{mod. } m)\,,$$

wo n nur die der Zahlen $1,2\cdots p-1$ durchläuft, die (mod. m) denselben Rest k lassen.

84.

Über die Bernoullischen Zahlen und die Eulerschen Polynome

Sitzungsberichte der Königlich Preußischen Akademie der Wissenschaften zu Berlin
809–847 (1910)

Die Theorie der Bernoullischen Zahlen, nach Eulers grundlegenden Entdeckungen eine Zeitlang vernachlässigt, hat infolge ihrer Beziehungen zum Fermatschen Satze und der geistreichen Verallgemeinerung des Hrn. Hurwitz wieder größere Beachtung gefunden. Die vorliegende Darstellung, die namentlich den arithmetischen Teil der Theorie berücksichtigt, enthält außer den bekannten Sätzen, die meist mit vereinfachten Beweisen versehen sind, eine Anzahl neuer Resultate, wozu besonders die Eigenschaften dieser Zahlen nach dem Modul 2^n zählen. Um dem trockenen Gegenstande einen gewissen Reiz zu geben, habe ich auf die Benutzung transzendenter Funktionen verzichtet und gehe daher von der folgenden Definition der Bernoullischen Zahlen h^n aus.

Es gibt eine ganze Funktion $(n+1)^{\text{ten}}$ Grades, die für jeden ganzzahligen positiven Wert der Variabeln x gleich

$$S_n(x) = 1^n + 2^n + \cdots + (x-1)^n$$

wird. Ihre Ableitung hat für $x = 0$ den Wert h^n und für $x = 1$ den Wert $(-h)^n$.

Statt der Potenzsummen kann man auch die elementaren symmetrischen Funktionen benutzen. Die Summe der Produkte von je n verschiedenen der Zahlen $1, 2, \cdots x-1$ ist eine ganze Funktion $2n^{\text{ten}}$ Grades von x, die für $x = 1, 2, \cdots n$ verschwindet, also durch $(x-1)(x-2)\cdots(x-n)$ teilbar ist. Ersetzt man darin x durch $-x$, so wird sie für jeden positiven ganzzahligen Wert der neuen Variabeln gleich der Summe der Produkte von je n gleichen oder verschiedenen der Zahlen $1, 2 \cdots x$, und, durch $\binom{x+n}{n}$ dividiert, gleich (Wronski)

$$T^n(x) = \frac{n!\,\Delta^x 0^{x+n}}{(x+n)!}.$$

Diese Funktion hat für $x = -1$ den Wert h^n, und ihre Ableitung hat für $x = 0$ den Wert $\frac{1}{n}(-h)^n$. LUCAS, dem diese Theorie so viel zu verdanken hat, scheint der Gedanke fern gelegen zu haben, $T^n(x)$ als eine ganze *Funktion einer Variabeln* aufzufassen, deren Werte für alle ganzzahligen Werte von x, mit Ausschluß der Werte $-1, -2 \cdots -n$ angebbar sind, so daß sie als bekannt angesehen werden, und für $x = -1$ zur Definition der BERNOULLIschen Zahlen benutzt werden kann. Die Bezeichnung der Werte $T^n(-2), \cdots T^n(-n)$ als BERNOULLIsche Zahlen höherer Ordnung oder gar als *ultrabernoullische* Zahlen scheint mir wenig glücklich gewählt und mehr von abschreckender Wirkung zu sein.

Diese Entwicklungen hängen zusammen mit einer, wie ich glaube, neuen Darstellung der BERNOULLIschen Zahlen durch Determinanten, deren Elemente nicht, wie in den trivialen Darstellungen, Binomialkoeffizienten, sondern die reziproken Werte der natürlichen Zahlen sind, und die ich aus einer halbvergessenen Formel von EULER

$$f'(x) = \Delta f(x) - \frac{1}{2}\Delta^2 f(x) + \frac{1}{3}\Delta^3 f(x) - \frac{1}{4}\Delta^4 f(x) + \cdots$$

erhalte.

Die EULERschen Zahlen, die man nicht mit den BERNOULLIschen auf die gleiche Stufe stellen sollte, werden hier nur als spezielle Werte (für $x = i$) der EULERschen Polynome behandelt, die in KUMMERS Entwicklungen über den FERMATschen Satz eine so wichtige Rolle spielen. Setzt man darin für x eine primitive m^{te} Einheitswurzel, so ergeben sich (SYLVESTER, *Comptes Rendus, tom. 52, S. 163*) die EULERschen Zahlen m^{ter} Ordnung, die namentlich für $m = 3$ eine eingehendere Untersuchung verdienten. Für $m = 2$, also für $x = -1$ erhält man die Tangentenkoeffizienten, deren Theorie man in den bisherigen Darstellungen nicht scharf genug von der der eigentlichen BERNOULLIschen Zahlen geschieden hat.

Die Reste der EULERschen Zahlen nach dem Modul 2^n haben besonders merkwürdige Eigenschaften, die zum Teil STERN entdeckt, aber nicht bewiesen hat. Ebenso beweise ich alle Angaben von SYLVESTER über ihre Reste nach dem Modul p^n.

Die BERNOULLIsche Funktion $S_n(x)$ spielt hier nicht die große Rolle, wie in andern Darstellungen. Die Anwendung der symbolischen Potenzen h^n macht ihre Benutzung überflüssig, und den Zweck, dem diese Funktion hauptsächlich dient, erreiche ich (§ 9) durch eine eigentümliche Methode, symbolische Differenzengleichungen in wirkliche zu verwandeln.

Auf die MAC LAURINsche Summenformel bin ich nicht eingegangen. Sie leistet im Grunde zu wenig, da sie nur für ganzzahlige Werte von x Formeln liefert, die man in der Theorie der Gammafunktion und ihrer logarithmischen Ableitungen für unbeschränkte Werte des Arguments braucht.

§ 1.

Jede ganze Funktion von x

$$f(x) = c_0 + c_1 x + c_2 x^2 + \cdots + c_n x^n$$

läßt sich, und zwar nur in einer Art, auf die Form

$$f(x) = a_0 + a_1 x + a_2\, x(x-1) + \cdots + a_n\, x(x-1)\cdots(x-n+1)$$

bringen. Sind ferner die Koeffizienten $c_0, c_1, \cdots c_n$ ganze Zahlen, so sind es auch $a_0, a_1, \cdots a_n$. Denn durch Vergleichung der Koeffizienten von x^n ergibt sich $a_n = c_n$. Ferner ist

$$f(x) - c_n\, x(x-1)\cdots(x-n+1)$$

eine ganze Funktion $(n-1)^{\text{ten}}$ Grades mit ganzzahligen Koeffizienten. Nimmt man für eine solche die drei aufgestellten Behauptungen als erwiesen an, so ergibt sich ihre Richtigkeit für die Funktion n^{ten} Grades $f(x)$. Setzt man

$$\binom{x}{n} = \frac{x(x-1)\cdots(x-n+1)}{1.\,2\cdots n}, \qquad \binom{x}{0} = 1,$$

so ist

$$(1.)\qquad \Delta\binom{x}{n+1} = \binom{x+1}{n+1} - \binom{x}{n+1} = \binom{x}{n}.$$

Wird also $f(x)$ auf die Form

$$f(x) = b_0 + b_1\binom{x}{1} + b_r\binom{x}{2} + \cdots + b_n\binom{x}{n} = \sum b_r\binom{x}{r}$$

gebracht und

$$g(x) = b + \sum b_r\binom{x}{r+1}$$

gesetzt, so ist

$$\Delta g(x) = g(x+1) - g(x) = f(x).$$

Die ganze Funktion $g(x)$ ist, wenn $f(x)$ beliebig gegeben ist, durch diese Bedingung bis auf eine additive Konstante b völlig bestimmt. Denn ist $g(x) + h(x)$ eine andere, so ist $h(x+1) = h(x)$, also $k = h(0) = h(1) = h(2) = \cdots$, und folglich verschwindet $h(x) - k$ identisch. Die Funktion $g(x)$ ist vom $(n+1)^{\text{ten}}$ Grade, der Koeffizient von x^{n+1} ist $\frac{c_n}{n+1}$. Ist $g(0) = 0$, so setze ich $g(x) = \Delta^{-1} f(x)$.

Sei $S_n(x) = \Delta^{-1} x^n$ die ganze Funktion, die durch die Bedingungen

$$(2.)\qquad S_n(x+1) - S_n(x) = x^n, \qquad S_n(0) = 0$$

bestimmt ist (vgl. Sonin, *Crelles Journ. Bd. 116, S. 133*). Dann ist

$$S_n'(x+1)-S_n'(x)=nx^{n-1},$$

und mithin

$$\frac{1}{n}\left(S_n'(x)-S_n'(0)\right)=S_{n-1}(x),$$

weil diese Funktion den Bedingungen genügt, die $S_{n-1}(x)$ bestimmen. Setzt man also

$$S_n'(x)=h^0x^n+nh^1x^{n-1}+\binom{n}{2}h^2x^{n-2}+\cdots+h^n,$$

so ist

$$S_{n-1}'(x)=h^0x^{n-1}+(n-1)h^1x^{n-2}+\binom{n-1}{2}h^2x^{n-2}+\cdots+h^{n-1}.$$

Dort treten folglich dieselben Konstanten $h^0, h^1, \dots h^{n-1}$ auf, wie in $S_{n-1}'(x)$. Dazu kommt noch die neue Zahl

$$(3.)\qquad S_n'(0)=h^n.$$

Die so definierten Bernoullischen Zahlen h^n fasse ich nach Lucas und Cesàro als symbolische Potenzen auf und schreibe

$$(4.)\qquad S_n'(x)=(x+h)^n,\qquad S_n(x)=\frac{1}{n+1}\left((x+h)^{n+1}-h^{n+1}\right).$$

Setzt man dann in der Gleichung

$$(x+1+h)^n-(x+h)^n=nx^{n-1}$$

$x=0$, so erhält man

$$(5.)\qquad (h+1)^n=h^n,\qquad (n>1)$$

außer für $n=1$, wo $(h+1)-h=1$ ist. Durch diese Rekursionsformel, die nh^{n-1} durch $h^{n-2}, \cdots h^1$ und $h^0=1$ ausdrückt, sind die Bernoullischen Zahlen vollständig bestimmt, und zwar ist $(n+1)!\,h^n$ eine ganze Zahl. Multipliziert man (5.) mit einem beliebigen Konstanten c_n, setzt $n=0,1,2,\cdots$ und addiert die so erhaltenen Gleichungen, so ergibt sich

$$(6.)\qquad f(h+1)-f(h)=f'(0),$$

und wenn man hier $f(t)$ durch $f(x+t)$ ersetzt,

$$x+h+1)-f(x+h)=f'(x),\qquad \Delta^{-1}Df(x)=f(x+h)-f(h),\qquad D\Delta^{-1}f(x)=f(x+h)$$

Ist also x eine positive ganze Zahl, so ist

$$(7.)\qquad f'(0)+f'(1)+\cdots+f'(x-1)=f(x+h)-f(h)$$

und insbesondere

$$(8.)\qquad 0^n+1^n+\cdots+(x-1)^n=\frac{1}{n+1}\left((x+h)^{n+1}-h^{n+1}\right)=S_n(x).$$

Für $n=0$ ist hier $0^0=1$ zu setzen.

Setzt man $f(x) = \binom{x}{n+1}$, so ergibt sich aus (1.) nach (6.)

(9.) $$\binom{h}{n} = \frac{(-1)^n}{n+1}, \qquad h(h-1)\cdots(h-n+1) = \frac{(-1)^n n!}{n+1}.$$

§ 2.

Sei $f(x)$ eine ganze Funktion, deren Koeffizienten ganze Zahlen sind. Bringt man sie auf die Form

$$f(x) = a_0 + a_1 x + a_2 x(x-1) + \cdots + a_n x(x-1)\cdots(x-n+1),$$

so ist nach (9.) § 1

(1.) $$f(h) = \sum (-1)^r \frac{a_r r!}{r+1},$$

wo a_r eine ganze Zahl ist. Nun ist $r!$ durch $r+1$ teilbar, außer wenn $r+1 = 2, 4$ oder eine ungerade Primzahl p ist. Für eine solche ist

(2.) $$S_n(p) = 0^n + 1^n + \cdots + (p-1)^n \equiv 0 \quad (\text{mod. } p),$$

auch für $n = 0$, wo $0^0 = 1$ ist, aber nicht, wenn $n > 0$ und durch $p-1$ teilbar ist. Denn ist g nicht durch p teilbar, so sind die Zahlen $0g, 1g, \cdots (p-1)g$ den Zahlen $0, 1, \cdots p-1$ kongruent, und mithin ist $S_n(p) \equiv g^n S_n(p)$. Ist nun g eine primitive Wurzel von p, so ist nur dann $g^n \equiv 1$, wenn n durch $p-1$ teilbar ist. In diesem Falle ist $S_n(p) \equiv -1$.

Ist demnach $\varphi(x)$ eine ganze Funktion $(p-2)^{\text{ten}}$ Grades, so ist auch

$$\varphi(0) + \varphi(1) + \cdots + \varphi(p-1) \equiv 0.$$

Ist $\varphi(x)$ das Aggregat der ersten $p-1$ Glieder von $f(x) = \varphi(x) + \psi(x)$, so ist

$$\psi(x) = a_{p-1} x(x-1)\cdots(x-p+2) + a_p x(x-1)\cdots(x-p+1) + \cdots,$$

also $\psi(0) = \psi(1) = \cdots = \psi(p-2) = 0$ und

$$\psi(p-1) = a_{p-1}(p-1)!.$$

Mithin ist

$$f(0) + f(1) + \cdots + f(p-1) \equiv a_{p-1}(p-1)! \quad (\text{mod. } p).$$

Ferner ist

$$f(0) + f(1) + f(2) + f(3) = 4a_0 + 6a_1 + 8a_2 + 6a_3 \equiv 2a_1 + 2a_3 \quad (\text{mod. } 4),$$

und demnach

(3.) $$f(h) = g + \sum \frac{f(0) + f(1) + \cdots + f(p-1)}{p}.$$

Hier ist g eine ganze Zahl. Die von p durchlaufenen Werte sind die Zahl 4 und die ungeraden Primzahlen, die $\leqq n+1$ sind. Der zum Nenner $p = 4$ gehörige Zähler ist eine gerade Zahl. Insbesondere ist

$$h^n - \sum \frac{S_n(p)}{p}$$

eine ganze Zahl, also auch, wenn n gerade ist,

$$h^n + \sum \frac{1}{p}, \tag{4.}$$

wo p nur die Primzahlen durchläuft, wofür n durch $p-1$ teilbar ist.

Auf diesem Wege hat zuerst Schläfli (*Quarterly Journ. vol. VI, 1864*; weder in der *Enzyklopädie* noch bei Saalschütz zitiert) das v. Staudt-Clausensche Theorem zu beweisen unternommen. Viele Autoren haben sich bemüht, den Beweis zu vereinfachen (Kluyver, *Math. Ann. Bd. 53*). Die obige Darstellung unterscheidet sich von den bisherigen besonders dadurch, daß die Werte der ganzen Zahlen $a_0, a_1, \cdots a_n$ gar nicht berechnet werden.

Da die Funktion $(n+1)^{\text{ten}}$ Grades $S_n(x)$ für $x = 0$ verschwindet, so ist

$$S_n(x) = \sum a_r\, r! \binom{x}{r+1},$$

wo sich r von 0 bis n bewegt. Nach (1.) und (2.) § 1 ist daher

$$x^n = \sum a_r\, r! \binom{x}{r}.$$

Mithin ist a_r eine ganze Zahl und

$$0^n + 1^n + \cdots + (p-1)^n \equiv a_{p-1}(p-1)! \pmod{p}.$$

Setzt man in dem Ausdruck

$$\frac{S_n(x)}{x} = \sum \frac{a_r\, r!}{r+1} \binom{x-1}{r}$$

für x eine positive ganze Zahl, so wird darin jedes Glied eine ganze Zahl, außer wenn $r+1 = 2$, 4 oder p ist. Auch für $r+1 = p$ ist das entsprechende Glied ganz, außer wenn n durch $p-1$ teilbar ist, also n gerade ist. Dann ist aber

$$\binom{x-1}{p-1} = \frac{(x-1)(x-2)\cdots(x-p+1)}{1.\,2\cdots p-1}$$

durch p teilbar, es müßte denn x selbst durch p teilbar sein. Endlich ist $a_1 = 1$ und, wenn n gerade ist, $2(a_1 + a_3) \equiv 1^n + 2^n + 3^n \equiv 2$ (mod. 4), also a_3 gerade. Daher ist

$$\frac{S_n(x)}{x} + \sum \frac{1}{p} \tag{5.}$$

eine ganze Zahl (v. Staudt). Hier durchläuft p nur die in x aufgehenden Primzahlen, wofür n durch $p-1$ teilbar ist.

Ist aber n ungerade und >1, so ist $\frac{S_n(x)}{x}$ eine ganze Zahl, außer wenn $x \equiv 2$ (mod. 4) ist. Dann ist $\frac{S_n(x)}{x} + \frac{1}{2}$ eine solche.

§ 3.

Ersetzt man in der Gleichung

$$f(h+1) = f(h) + f'(0)$$

die Funktion $f(t)$ durch $f(-t)$, so erhält man

$$f(-h-1) = f(-h) - f'(0)$$

und mithin

$$f(h+1) + f(-h-1) = f(h) + f(-h),$$

oder wenn man $f(t)$ durch $f(x+t)$ ersetzt,

$$g(x) = f(x+h+1) - f(x-h) = f(x+h) - f(x-h-1) = g(x-1).$$

Daher ist $g(x)$ eine Konstante, $g'(x) = 0$, und weil dies für jede Funktion $f(x)$ gilt,

$$(1.) \qquad f(-h) = f(h+1) = f(h) + f'(0),$$

d. h. $h^{2n+1} = 0$, ausgenommen $h^1 = -\frac{1}{2}$. Z. B. ist

$$\binom{h}{n} = \binom{-h-1}{n} = (-1)^n \binom{h+n}{n},$$

also

$$(2.) \qquad \binom{h+n}{n} = \frac{1}{n+1}.$$

Ferner ist, falls $n > 1$ ist, $(-h)^n = h^n$, und mithin

$$(3.) \qquad S_n(x) = (-1)^{n+1} S_n(1-x) \qquad (n > 0),$$

was auch daraus folgt, daß der Ausdruck rechts den Bedingungen (2.) § 1 genügt.

Ich nenne einen Bruch *ganz* (mod. m), wenn sein Nenner zu m teilerfremd ist, durch m *teilbar*, oder kongruent 0 (mod. m), wenn außerdem sein Zähler durch m teilbar ist. Zwei Brüche, die einzeln nicht ganz zu sein brauchen, heißen *kongruent* (mod. m), wenn ihre Differenz kongruent 0 ist. Ist ein Bruch ganz, so ist es auch jeder ihm kongruente Bruch.

Ist p eine ungerade Primzahl und $x < p$ eine positive ganze Zahl, so ist

$$S_{p-1}(x+1) = 1^{p-1} + 2^{p-1} + \cdots + x^{p-1} \equiv x \pmod{p}.$$

Die Funktion $S_{p-1}(x+1) - x$ der Variabeln x ist also für $x = 0, 1, \cdots p-1$ durch p teilbar. Ist

$$S_{p-1}(x+1) - x = a_0 + a_1 x + a_2 x(x-1) + \cdots + a_{p-1} x(x-1)\cdots(x-p+2) + a_p x(x-1)\cdots(x-p+1),$$

so ergibt sich durch Koeffizientenvergleichung $a_p = \frac{1}{p}$. Setzt man aber der Reihe nach $x = 0, 1, \cdots p-1$, so erkennt man, daß $a_0, a_1, 2a_2, \cdots (p-1)!\, a_{p-1}$ ganze, durch p teilbare Zahlen sind. Daher ist identisch

$$\frac{(x+h+1)^p}{p} - x \equiv \frac{1}{p} x(x-1) \cdots (x-p+1) \pmod{p},$$

also nach (1.)

$$(x-h)^p - px \equiv x(x-1) \cdots (x-p+1) \pmod{p^2}$$

oder

$$(4.) \qquad (x+h)^p - px \equiv x(x+1) \cdots (x+p-1) \pmod{p^2}.$$

Demnach ist

$$(5.) \qquad h^{p-1} \equiv \frac{(p-1)!}{p} + 1 \pmod{p},$$

und wenn man

$$x(x-1) \cdots (x-p+1) = x^p + f_1 x^{p-1} + \cdots + f_{p-1} x$$

setzt, so ist (Glaisher, *Quarterly Journ. tom. 31, p. 321*).

$$(6.) \qquad nf_n \equiv -ph^n \pmod{p^2}.$$

§ 4.

Der ursprüngliche v. Staudtsche Beweis läßt sich erheblich vereinfachen, indem man die Kongruenz

$$(1.) \qquad S_n(p) \equiv ph^n \pmod{p}$$

durch Induktion beweist. Es ist $S_0(p) = p$, und $S_1(p) = \frac{1}{2} p(p-1) \equiv ph^1 \pmod{p}$, und wenn $p > 2$ ist, sogar $(\text{mod. } p^2)$. Man kann daher annehmen, daß für jeden Index $m < n$ die Behauptung schon erwiesen ist. Da $S_m(p)$ eine ganze Zahl ist, so ist mithin ph^m ganz (mod. p), d. h. der Nenner von h^m enthält p höchstens in der ersten Potenz. Nun ist

$$(2.) \quad S_n(p) = ph^n + p\frac{n}{2}(ph^{n-1}) + p^2\frac{n(n-1)}{2.3}(ph^{n-2}) + p^3\frac{n(n-1)(n-2)}{2.3.4}(ph^{n-3}) + \cdots + p\frac{p^{r-1}}{r+1}\binom{n}{r}(ph^{n-r}) + \cdots,$$

woraus die Richtigkeit der Behauptung ersichtlich ist, falls p ungerade ist.

Ist n gerade, so ist $h^{n-1} = h^{n-3} = \ldots = 0$, also $S_n(2) \equiv 2h^n$ (mod. 2), und falls $n > 2$ ist, sogar (mod. 4).

Ist aber n ungerade, so ist, da $S_n(2) = 1$ ist, die Formel (1.) nicht richtig. Dagegen ist stets $2h^n \equiv \frac{1}{2} S_n(4) \pmod{2}$.

Ist also n gerade, so ist $h^n - \frac{S_n(p)}{p}$ ein Bruch, dessen Nenner p nicht enthält. Durchläuft p die Primzahlen, die $\leqq n+1$ sind, so ist demnach

$$h^n - \sum \frac{S_n(p)}{p}$$

eine ganze Zahl, da der Nenner keine Primzahl enthält. Nun ist

$$S_n(p) = 0^n + 1^n + \cdots + (p-1)^n$$

durch p teilbar, außer wenn n durch $p-1$ teilbar ist, und dann $\equiv -1 \pmod{p}$. Damit ist der v. STAUDTsche Satz bewiesen.

Mit Hilfe der Formel (1.) erkennt man aus der Gleichung (2.), daß sogar, falls $p > 3$ ist,

$$(3.) \qquad S_n(p) \equiv p h^n \pmod{p^2}$$

ist, außer wenn $n \equiv 1 \pmod{p-1}$ ist, aber auch dann, wenn $n = 1$ oder durch p teilbar ist.

Ist $n \equiv 1 \pmod{p-1}$, also ungerade, so ist $h^n = 0$ und $p h^{n-1} \equiv -1 \pmod{p}$ und mithin (auch für $p = 3$)

$$(4.) \qquad S_n(p) \equiv -\frac{n}{2} p \pmod{p^2} \qquad (n \equiv 1 \bmod p-1).$$

Die Kongruenz (3.) gilt daher stets (und auch für $p = 3$), wenn $n < 2p-1$ ist. Nach den NEWTONschen Formeln ist

$$S_n + f_1 S_{n-1} + \cdots + f_{n-1} S_1 + n f_n = 0 \qquad (n < p-1).$$

Da nun $f_1, \cdots f_{n-1}, S_1, \cdots S_{n-1}$ durch p teilbar sind, so ist

$$-n f_n \equiv S_n \equiv p h^n \pmod{p^2}$$

Ist n ungerade, so ist in dem Produkte $f_r S_{n-r}$ der Faktor mit ungeradem Index sogar durch p^2 teilbar, und mithin ist

$$-n f_n \equiv S_n \equiv p^2 \frac{n}{2} h^{n-1} \pmod{p^3}$$

oder

$$(5.) \qquad \frac{2 f_n}{p^2} \equiv -h^{n-1} \pmod{p} \qquad (n \textit{ ungerade}).$$

In ähnlicher Art findet man aus der Formel $\frac{(2+h)^{2n+1}}{2n+1} = S^{2n}(2) = 1$,

$$(2n+1)(1-2h^{2n}) = 4\binom{2n+1}{3}(2h^{2n-2}) + 16\binom{2n+1}{5}(2h^{2n-4}) + \cdots,$$

daß

$$(6.) \qquad 2h^{2n} \equiv 4n+1 \pmod{16}$$

ist, außer für $n = 1$, wo die Kongruenz nur (mod. 8) gilt. Schon v. STAUDT hat jene Kongruenz (mod. 8) aufgestellt und als eine Beziehung zwischen der in Formel (4.) § 2 auftretenden Summe $\sum \frac{1}{p}$ und der Anzahl der darin vorkommenden Primzahlen p gedeutet (STERN, *CRELLES Journ. Bd. 81*). Dies ist aber nur eine scheinbare Relation, da für jedes System von n ungeraden Zahlen q die Summe von $\sum \frac{1}{q} \equiv n$ (mod. 2) ist, und mehr geeignet, den wahren Charakter der Relation zu verhüllen als klarzulegen. Die eigentliche Quelle der Kongruenz (6.) und allgemeinerer ähnlicher Art

$$(7.) \qquad 2h^{2n} \equiv 1 - \frac{4}{3}n \pmod{32} \qquad (n > 2)$$

$$(8.) \qquad 2h^{2n} \equiv 1 - \frac{4}{3}n - 32\binom{n}{2} \pmod{2^9} \qquad (n > 4)$$

werde ich in § 6 aufdecken und zugleich den Umstand aufklären, daß sie für die kleinsten Werte von n nicht gelten.

§ 5.

Infolge der Gleichungen (2.) § 1 und (3.) § 3 genügt es, den Verlauf der Funktion $S_n(x)$ in dem Intervall von 0 bis $\frac{1}{2}$ zu verfolgen. Nach (1.) § 3 ist

$$(2h+1)^{2n-1} = 0.$$

Ich behaupte nun, daß

$$(1.) \qquad (-1)^n (x+h)^{2n-1} > 0 \qquad \left(0 < x < \tfrac{1}{2}\right)$$

ist. Denn angenommen, dies sei für einen Wert n bereits bewiesen. Dann ist auch

$$(2.) \qquad (-1)^n ((x+h)^{2n} - h^{2n}) > 0. \qquad \left(0 < x \leq \tfrac{1}{2}\right)$$

Denn diese Funktion wächst beständig, während sich x von 0 bis $\frac{1}{2}$ bewegt, weil ihre Ableitung positiv ist; und da sie für $x = 0$ verschwindet, so ist sie in dem ganzen Intervall positiv. Weil aber die

Funktion $(x+h)^{2n+1}$ für $x=0$ und $\frac{1}{2}$ Null ist, so verschwindet ihre Ableitung, also $(x+h)^{2n}$ für einen Wert a zwischen 0 und $\frac{1}{2}$. Setzt man diesen in (2.) ein, so erkennt man, daß

$$(3.)\qquad (-1)^{n-1}h^{2n} = B_n > 0$$

positiv und von Null verschieden ist.

Die Funktion

$$(-1)^{n+1}(x+h)^{2n+1}$$

verschwindet für keinen Wert b zwischen 0 und $\frac{1}{2}$. Denn sonst würde sie für die drei Werte $0, b, \frac{1}{2}$ verschwinden, ihre erste Ableitung für zwei dazwischen liegende Werte, und ihre zweite Ableitung (1.) noch für einen Wert zwischen 0 und $\frac{1}{2}$, wider die Voraussetzung. Daher hat diese Funktion beständig dasselbe Zeichen, und da dies für kleine Werte von x mit dem Zeichen von $(-1)^{n+1}h^{2n}$ übereinstimmt, so ist sie beständig positiv. Diesen einfachen Induktionsbeweis entnehme ich dem Buche des Hrn. Seliwanoff über *Differenzenrechnung*, § 33.

Dagegen hat Euler die Tatsache (3.) aus einer Formel festgestellt, die Lucas in folgender Art verallgemeinert hat. Da $F(x) = S_m(x)\,S_n(x)$ durch x^2 teilbar ist, so ist $F'(0)=0$. Ferner ist nach (2.), § 1

$$F(x+1)-F(x) = x^m S_n(x) + x^n S_m(x) + x^{m+n}.$$

Daher ist

$$h^m S_n(h) + h^n S_m(h) + h^{m+n} = 0$$

oder, wenn das Symbol h' dasselbe wie h bedeutet,

$$(4.)\qquad h^m \frac{(h+h')^{n+1}-h'^{n+1}}{n+1} + h^n \frac{(h+h')^{m+1}-h'^{m+1}}{m+1} = -h^{m+n},$$

demnach für $m=0$

$$(5.)\qquad (h+h')^n + (n-1)h^n + nh^{n-1} = 0,$$

also, weil $(-h)^m = h^m$ ist, außer für $m=1$,

$$(6.)\qquad (h-h')^n = (h+h'+1)^n = -(n-1)h^n \qquad (n>1).$$

Schreibt man die Eulersche Gleichung (5.) in der Form

$$(7.)\qquad (2n+1)B_n = \sum_r{}_1^{n-1}\binom{2n}{2r} B_r B_{n-r},$$

so zeigt sie, daß B_n positiv ist und von $n=4$ an beständig wächst.

§ 6.

Nach Gleichung (7.) § 1 ist

$$f'(x)+f'(x+1)+\cdots+f'(x+m-1)=f(x+m+h')-f(x+h'),$$

also wenn man die Potenzen von x durch die des Symbols mh ersetzt,

$$f'(mh)+f'(mh+1)+\cdots+f'(mh+m-1)=f(m(h+1)+h')-f(mh+h').$$

Nun ist nach (6.) § 1

$$f(m(h+1)+x)-f(mh+x)=mf'(x),$$

demnach die rechte Seite jener Formel gleich $mf'(h)$. Ersetzt man f' durch f, so erhält man die Relation

$$(1.)\qquad f(mh)+f(mh+1)+\cdots f(mh+m-1)=mf(h).$$

Ich übergehe die der Formel (5.) § 5 analogen Relationen, zu denen man für kleine Werte von m geführt wird, indem man hier $f(x)=S_n(x)$ setzt.

Aus den Gleichungen

$$(2.)\qquad (2h)^n+(2h+1)^n=2h^n$$

und

$$(3.)\qquad (4h)^n+(4h+1)^n+(4h+2)^n+(4h+3)^n=4h^n$$

in Verbindung mit der aus (1.) § 3 folgenden Formel

$$(4.)\qquad (4h+3)^n=(-1)^n(4h+1)^n$$

ergibt sich

$$(5.)\qquad 2h^n-2^nh^n=(2h+1)^n=(4h+1)^n.\quad (n \textit{ gerade}).$$

Bezeichnet man diesen Ausdruck als symbolische Potenz mit k^n, so ist auch für jede gerade Funktion $f(x)$

$$(k)=f(2h+1)=f(4h+1),$$

demnach

$$(k^2-1)^m=2^{2m}(h+h^2)^m=2^{3m}(h+2h^2)^m.$$

Nun ist

$$2(h+2h^2)^m=(2h^m)+2m(2h^{m+1})+4\binom{m}{2}(2h^{m+2})+\cdots,$$

also wenn m gerade ist, ungerade, aber wenn $m>1$ und ungerade ist, genau durch 2 teilbar. Daher ist $(k^2-1)^m$ genau durch 2^{3m-1} oder 2^{3m} teilbar, je nachdem m gerade oder ungerade ist. Die Zahl

$$\left(\frac{k^2-1}{8}\right)^m=\left(\frac{h+h^2}{2}\right)^m=(h+2h^2)^m$$

hat für $m = 1, 2, \dots 6$ die Werte

$$-\frac{1}{2.3}, \frac{1}{2.3.5}, -\frac{1}{3.5.7}, \frac{1}{2.3.5.7}, -\frac{1}{3.7.11}, \frac{191}{2.3.5.7.11.13}.$$

Nun ist identisch

$$k^{2n} = (1+(k^2-1))^n = 1 + n(k^2-1) + \binom{n}{2}(k^2-1)^2 + \binom{n}{3}(k^2-1)^3 + \cdots$$

und mithin

$$(6.)\quad 2h^{2n} - 2^{2n}h^{2n} = 1 - \frac{2^2}{3}n + \frac{2^5}{3.5}\binom{n}{2} - \frac{2^9}{3.5.7}\binom{n}{3} + \frac{2^{11}}{3.5.7}\binom{n}{4}$$
$$-\frac{2^{15}}{3.7.11}\binom{n}{5} + \frac{2^{17}.191}{3.5.7.11.13}\binom{n}{6} - \cdots.$$

An dieser Summe ist bemerkenswert, daß in jedem folgenden Gliede der Exponent von 2 um 2 oder 4 Einheiten größer ist als im vorhergehenden. Man kann folglich daraus eine für alle Werte von n gültige Kongruenz (mod. 2^m) machen, falls man die Reihe an einer passenden Stelle abbricht. So ergeben die oben hingeschriebenen Glieder den Rest der linken Seite (mod. 2^{21}). Zwei spezielle Fälle dieser Formel habe ich schon in § 4 erwähnt. Analog ist

$$(7.)\quad 2h^{2n} \equiv 1 - \frac{4}{3}n + \frac{32}{15}\binom{n}{2} - 2^9\binom{n}{3} \pmod{2^{11}} \qquad (n > 5).$$

An die Stelle der gebrochenen Zahlen kann man links auch die ganzen Zahlen $2(1-2^{2n})h^{2n}$ setzen.

Man kann die Formel (6.) auch so in Worte kleiden: Bildet man von den ungeraden Brüchen

$$(2^{2n}-2)B_n \qquad (n = 1, 2, 3, \dots)$$

die Summen von je zwei aufeinander folgenden, so sind alle durch 4 teilbar. Die Quotienten sind alle ungerade. Bildet man von ihnen wieder die Summen von je zwei aufeinander folgenden, so sind sie (ausnahmsweise) alle durch 8 teilbar. Die Quotienten sind ungerade, ihre Summen alle durch 16 teilbar, die Quotienten ungerade, ihre Summen durch 4 teilbar, und so sind sie von hier an abwechselnd durch 16 und durch 4 teilbar. Daß diese Eigenschaften der Bernoullischen Zahlen, soviel ich weiß, bisher der Aufmerksamkeit der Arithmetiker entgangen sind, liegt wohl hauptsächlich daran, daß sie einer Herleitung mit Hilfe der Exponentialfunktion schwer zugänglich sind.

In der obigen Darstellung treten die Summen von je zwei aufeinander folgenden Gliedern einer Reihe auf statt der Differenzen, weil die Zahlen k^{2n} abwechselnd positiv und negativ sind. Allgemein will ich eine Reihe $u^0, u^1, u^2, \dots$, eine Sternsche Reihe (*Crelles Journ. Bd. 79, S. 96*) nennen, wenn sie der folgenden Bedingung genügt: Ist

p^{s_n} die höchste in $\Delta^n u^0$ enthaltene Potenz der Primzahl p, so ist $s_n > s_{n-1}$. Aus

$$(u-1)^n u^r = (u-1)^n u^0 + r(u-1)^{n+1} u^0 + \binom{r}{2}(u-1)^{n+2} u^0 + \cdots$$

folgt (vgl. JACOBIS *Werke Bd. 6, S. 174;* CRELLES *Journ. Bd. 36, S. 135*)

$$\Delta^n u^r = \Delta^n u^0 + r\Delta^{n+1} u^0 + \binom{r}{2}\Delta^{n+2} u^0 + \cdots.$$

Mithin sind in einer STERNschen Reihe die n^{ten} Differenzen

$$\Delta^n u^0, \ \Delta^n u^1, \ \Delta^n u^2, \ \cdots$$

alle genau durch p^{s_n} teilbar.

§ 7.

Man hat die Rekursionsformel

$$(1-h)^{m+1} = (-h)^{m+1} + m + 1$$

mit den NEWTONschen Formeln verglichen. Setzt man in der Gleichung

$$\frac{1}{m!} + \sum_0^m {}_r \frac{(-1)^{r+1} h^r}{(m+1-r)!\, r!} = 0$$

ein

$$f_n = \frac{1}{(n+1)!}, \quad s_n = \frac{(-1)^{n+1} h^n}{n!},$$

so lautet sie

$$s_m + f_1 s_{m-1} + \cdots + f_{m-1} s_1 + m f_m = 0,$$

da

$$\frac{1}{m!} - \frac{1}{(m+1)!} = m f_m$$

ist. Sind also $z_1, \cdots z_{n-1}$ die Wurzeln der Gleichung

$$z^{n-1} + f_1 z^{n-2} + \cdots + f_{n-1} = 0,$$

so ist, falls $m < n$ ist, s_m die Summe ihrer m^{ten} Potenzen. Setzt man $z = \frac{1}{x}$, so folgt daraus:

Sind $0, x_1, \cdots x_{n-1}$ *die Wurzeln der Gleichung*

$$x + \frac{x^2}{1.\,2} + \cdots + \frac{x^n}{n!} = 0, \tag{1.}$$

und ist $o < m < n$, *so ist*

$$\frac{(-h)^m}{m!} = -\sum_1^{n-1} \frac{1}{x_r^m}. \tag{2.}$$

Nach einem Satze von Hermite sind diese Wurzeln alle imaginär, mit Ausnahme von einer, wenn n gerade ist. Die Formel bleibt auch richtig, wenn n unendlich groß wird. Dann sind $\pm 2\pi i r$ die Wurzeln der Gleichung $e^x = 1$, und es ist

$$(3.)\qquad \frac{(2\pi i h)^{2n}}{(2n)!} = -2\sum_{r}{}_1^{\infty} \frac{1}{r^{2n}} = -2\zeta(2n),$$

also weil

$$\zeta(1-s) = \frac{2}{(2\pi)^s}\cos\left(\frac{\pi}{2}s\right)\Gamma(s)\zeta(s),$$

und $\zeta(0) = -\frac{1}{2}$ ist (Lipschitz, *Crelles Journ. Bd. 96*).

$$(4.)\qquad n\zeta(1-n) = (-1)^{n-1}h^n.$$

Diese Formel umfaßt alle seit Abel entwickelten Darstellungen der Bernoullischen Zahlen als bestimmte Integrale.

Mit Hilfe der bekannten Darstellungen der Potenzsummen der Wurzeln einer Gleichung durch ihre Koeffizienten kann man aus (2.) fertige, aber wenig brauchbare Darstellungen für die Bernoullischen Zahlen ableiten. Allgemeinere Formeln dieser Art hat Kronecker gefunden, indem er die Gleichung (1.) durch eine andere ersetzt, worin beliebig viele unbestimmte Größen vorkommen. Eine von der obigen wesentlich verschiedene Beziehung zu den Potenzsummen der Wurzeln von zwei Gleichungen werde ich in § 11 entwickeln.

Die einfachsten Ausdrücke für die Bernoullischen Zahlen ergeben sich aus der Differenzrechnung. Aus den symbolischen Formeln

$$\Delta u^r = (u-1)u^r,\quad \Delta^n u^r = (u-1)^n u^r,\quad f(\Delta)u^r = f(u-1)u^r,\quad (1+\Delta)^n u^r = u^{r+n}$$

folgt, wenn man u^r durch $f(r)$ ersetzt,

$$f(m) = (1+\Delta)^m f(0) = \sum \binom{m}{r}\Delta^r f(0)$$

und mithin identisch (Newton)

$$(5.)\qquad f(x) = \sum_r \binom{x}{r}\Delta^r f(0),$$

weil diese Gleichung n^{ten} Grades für jede positive Zahl $x = m$ gilt. Nach (9.) § 1 ist folglich

$$(6.)\qquad f(h) = \sum (-1)^r \frac{1}{r+1}\Delta^r f(0),$$

und wenn man $f(t)$ durch $f(x+t)$ ersetzt,

$$f(x+h) = \sum (-1)^r \frac{1}{r+1}\Delta^r f(x),$$

also für $x = 1$ nach (1.) § 3

$$f(-h) = \sum (-1)^r \frac{1}{r+1} \Delta^r f(1)$$

oder weil

$$\Delta^r f(1) - \Delta^r f(0) = \Delta^{r+1} f(0)$$

ist,

$$f(-h) - f(0) = \sum (-1)^{r+1} \frac{1}{r(r+1)} \Delta^r f(0). \tag{7.}$$

Insbesondere ist

$$h^n = \sum (-1)^r \frac{1}{r+1} \Delta^r 0^n = (-1)^n \sum (-1)^{r+1} \frac{1}{r(r+1)} \Delta^r 0^n. \tag{8.}$$

Aus der Grundformel

$$f(x+z) = \sum \binom{z}{r} \Delta^r f(x) \tag{9.}$$

folgt

$$\sum \binom{z}{r} \Delta^r (x f(x)) = (x+z) f(x+z) = \sum (x+z) \binom{z}{r} \Delta^r f(x)$$
$$= \sum (x+r) \binom{z}{r} \Delta^r f(x) + \sum (r+1) \binom{z}{r+1} \Delta^r f(x)$$

und daraus durch Koeffizientenvergleichung

$$\Delta^r (x f(x)) = (x+r) \Delta^r f(x) + r \Delta^{r-1} f(x) = x \Delta^r f(x) + r \Delta^{r-1} f(x+1), \tag{10.}$$

z. B.

$$\Delta^r 0^{n+1} = r(\Delta^r 0^n + \Delta^{r-1} 0^n) = r \Delta^{r-1} 1^n. \tag{11.}$$

Setzt man aber $x = h$, $z = 0$, $f(x) = x^n$, so erhält man

$$h^{n+1} = \sum (-1)^{r+1} \frac{1}{(r+1)(r+2)} \Delta^r 0^n, \qquad h^n + h^{n+1} = \sum (-1)^r \frac{1}{r+2} \Delta^r 0^n \tag{12.}$$

Besondere Fälle der Gleichung (9.) sind

$$x^n = \sum \binom{x}{r} \Delta^r 0^n = (-1)^n \sum (-1)^r \binom{x+r}{r} \Delta^r 1^n. \tag{13.}$$

Daraus folgt, wie in § 1,

$$S_n(x) = \sum \binom{x}{r+1} \Delta^r 0^n = (-1)^n \sum (-1)^r \binom{x+r}{r+1} \Delta^r 1^n. \tag{14.}$$

Setzt man

$$g_n(x) = \sum (-1)^r \Delta^r 0^n \frac{1}{x+r}, \qquad g_n(1) = h^n, \qquad g_n(2) = h^n + h^{n+1},$$

so ist nach (11.)

$$\Delta g_n(x) = \sum (-1)^r \Delta^r 0^n \left(\frac{1}{x+r+1} - \frac{1}{x+r}\right) = \sum (-1)^{r-1} (\Delta^{r-1} 0^n + \Delta^r 0^n) \frac{1}{x+r}$$
$$= \sum (-1)^{r-1} \Delta^r 0^{n-1} \frac{1}{r(x+r)} = \frac{1}{x} \sum (-1)^r \Delta^r 0^{n-1} \left(\frac{1}{x+r} - \frac{1}{r}\right),$$

und mithin, weil nach (5.) $\sum (-1)^r \frac{1}{r} \Delta^r 0^n = 0$ ist,

$$x \Delta g_n(x) = g_{n+1}(x), \qquad g_1(x) = -\frac{1}{x+1} = x \Delta \frac{1}{x}$$

und folglich (Bauer, *Crelles Journ. Bd.* 58, *S.* 296)

$$(15.) \qquad \sum (-1)^r \Delta^r 0^r \frac{1}{x+r} = (x\Delta)^n \frac{1}{x}.$$

So merkwürdig diese Formel ist, so scheint doch die Funktion $g_n(x)$ von geringer Bedeutung zu sein.

Die Formel

$$z^n = \sum \frac{1}{r!} \Delta^r 0^n \, z(z-1) \cdots (z-r+1)$$

kann man auch in der Gestalt

$$\sum \frac{1}{r!} \Delta^r 0^n x^r D_x^r x^z = z^n e^{z l(x)} = D_{l(x)}^n x^z$$

schreiben. Folglich ist auch identisch für jede Funktion y von x

$$(16.) \qquad \sum \frac{1}{r!} \Delta^r 0^n x^r \frac{d^r y}{dx^r} = \frac{d^n y}{dl(x)^n},$$

weil eine lineare Differentialgleichung n^{ter} Ordnung nicht mehr als n linear unabhängige Integrale $x^0, x^1, x^2, \cdots x^z, \cdots$ haben kann.

§ 8.

Die entwickelten symbolischen Formeln zeigen eine Analogie mit den Eigenschaften einer periodischen Funktion $\varphi(u)$, was ja aus der transzendenten Definition der Bernoullischen Zahlen

$$(1.) \qquad \frac{v}{e^v - 1} = e^{hv}, \qquad \frac{e^v}{e^v - 1} = \sum \frac{(-h)^n v^{n-1}}{n!},$$

deren zweite mit (2.) § 7 übereinstimmt, leicht erklärlich ist. Die Eigenschaft (1.) § 3 entspricht der Beziehung zwischen $\phi(u)$ und $\varphi(-u)$, die Formel (5.) § 5 dem Additionstheorem, die Gleichung (1.) § 6 dem Multiplikationstheorem. Durch diese Analogie bin ich darauf geführt worden, auch die Methode der Periodenteilung oder der Lagrangeschen Resolvente auf die Bernoullischen Zahlen zu übertragen.

Ist ρ eine von 1 verschiedene Wurzel der Gleichung $\rho^m = 1$, so setze ich

$$(2.) \qquad (mh)^n + \rho^{-1}(mh+1)^n + \rho^{-2}(mh+2)^n + \cdots + \rho^{-m+1}(mh+m-1)^n$$
$$= \frac{m\rho}{1-\rho} n H^{n-1}(\rho),$$

und nenne die hier auftretenden neuen symbolischen Potenzen $H^n = H^n(\rho)$ EULERsche Zahlen, und zwar m^{ter} Ordnung, wenn ρ eine primitive m^{te} Einheitswurzel ist. Der Faktor

$$(3.)\qquad \frac{m\rho}{1-\rho} = \rho^{-1} + 2\rho^{-2} + \cdots (m-1)\rho^{-m+1}$$

ist so gewählt, daß $H^0 = 1$ ist, was für die symbolische Rechnung eine große Vereinfachung bedeutet. Die Größe H^n ist von n, ρ und m abhängig.

Ist wieder $f(t)$ eine ganze Funktion von t, so ist

$$(4.)\qquad f(mh) + \rho^{-1}f(mh+1) + \cdots + \rho^{-m+1}f(mh+m-1) = \frac{m\rho}{1-\rho}f'(H),$$

also wenn man $f(t)$ durch $\rho^{-1}f(t+1)$ ersetzt,

$$\rho^{-1}f(mh+1) + \rho^{-2}f(mh+2) + \cdots + \rho^{-m}f(mh+m) = \frac{m}{1-\rho}f'(H+1).$$

Nun ist

$$f(m(h+1)) = f(mh) + mf'(0)$$

und mithin, wenn man f' durch f ersetzt,

$$(5.)\qquad f(H+1) = \rho f(H) + (1-\rho)f(0),$$

demnach $(H+1)^n = \rho H^n$. Es bestimmt aber die Rekursionsformel

$$(6.)\qquad (H+1)^n = xH^n \qquad (n>0)$$

ein System von rationalen Funktionen der Variabeln x

$$H^0 = 1, \quad H^1 = \frac{1}{x-1}, \quad H^2 = \frac{1+x}{(x-1)^2}, \quad H^3 = \frac{1+4x+x^2}{(x-1)^3}, \ldots,$$

allgemein

$$(7.)\qquad H^n(x) = \frac{R_n(x)}{(x-1)^n},$$

wo $R_n(x)$ eine ganze Funktion $(n-1)^{\text{ten}}$ Grades mit ganzzahligen Koeffizienten ist. Diese Funktionen $R_n(x)$ nenne ich die *EULERschen Polynome*, trotzdem EULER, *Calc. diff. II, Cap. VII, Nr. 178* davor warnt, die Einheitswurzel ρ durch eine Veränderliche x (p) zu ersetzen: *Ex his perspicuum est, nisi p determinatum numerum significet, parum utilitatis hinc ad summas serierum proxime exhibendas redundare.* Die näherungsweise Summation von Reihen ist aber auch eine der geringsten Verwendungen dieser merkwürdigen Funktionen.

Das Ergebnis der obigen Entwicklung ist, daß $H^n(\rho)$ der Wert einer rationalen Funktion $H^n(x)$ für $x = \rho$ ist, und daß diese von m ganz unabhängig ist. Ist also $m = rs$ und ρ eine r^{te} Einheitswurzel, so ist

$$\frac{1}{rs}\left((rsh)^n + \rho(rsh+1)^n + \cdots + \rho^{rs-1}(rsh+rs-1)^n\right)$$

von s unabhängig.

Aus der Gleichung

$$(8.)\qquad (mh)^n+(mh+1)^n+(mh+2)^n+\cdots+(mh+m-1)^n = mh^n$$

und der mit ρ^l multiplizierten Gleichung (2.) folgt durch Addition

$$(mh+l)^n = h^n - n\sum_{\rho}\frac{\rho^{l+1}R_{n-1}(\rho)}{(\rho-1)^n},$$

wo ρ die $m-1$ von 1 verschiedenen m^{ten} Einheitswurzeln durchläuft. Demnach ist

$$(9.)\qquad m^n\frac{(mh+l)^n-h^n}{n}$$

eine *ganze* Zahl, weil (3.) eine solche ist. Läßt man den Faktor m^n weg, so erhält man einen Bruch, dessen Nenner nur solche Primzahlen p enthält, die in m aufgehen. Anderseits enthält er nur Primzahlen, die in n oder in den Nennern der Bernoullischen Zahlen aufgehen, die im Zähler vorkommen. Genügt p beiden Bedingungen, und ist $r<n$, so ist h^r mit einer Potenz von m multipliziert, und mh^r enthält p nicht im Nenner. Ist aber n gerade, so ist h^n mit m^n-1 multipliziert. Ist also n' der Nenner von h^n, aber gleich 1, falls n ungerade ist, und ist m' der größte gemeinsame Divisor von m^n und nn', so ist schon

$$(10.)\qquad m'\frac{(mh+l)^n-h^n}{n}$$

eine ganze Zahl, also da mn durch m' teilbar ist, stets

$$(11.)\qquad m((mh+l)^n-h^n).$$

Dabei ist vorausgesetzt, daß l eine der Zahlen $0,1,\cdots m-1$ ist. Die Resultate gelten aber für jedes l, weil

$$\frac{1}{n}(mh+m+l)^n = \frac{1}{n}(mh+l)^n + ml^{n-1}$$

ist. Speziell ist für $l=0$

$$(12.)\qquad m'(m^n-1)\frac{h^n}{n},\qquad m^n(m^n-1)\frac{h^n}{n},\qquad m(m^n-1)h^n$$

eine ganze Zahl. Daraus folgt:

Der Nenner von $\frac{h^n}{n}$ *enthält keine andere Primzahl als der Nenner von* h^n *selbst.*

Oder wenn n durch p^r teilbar ist, und nicht durch $p-1$, so ist der Zähler von h^n durch p^r teilbar.

Durch Subtraktion von (10.) und (12.) ergibt sich, daß

$$(13.)\qquad m'\frac{(mh+l)^n-(mh)^n}{n} = m'm^nS_{n-1}\left(\frac{l}{m}\right)$$

eine ganze Zahl ist. Die nämliche Überlegung wie oben zeigt, daß es genügt, hier für m' den größten gemeinsamen Teiler von n und m^n zu nehmen.

§ 9.

Die weiteren Fortschritte in der Theorie der BERNOULLIschen Zahlen h^n sind von der Untersuchung der EULERschen Polynome

$$(1.)\qquad R_n(x) = (x-1)^n H^n(x)$$

abhängig, die durch die Rekursionsformel

$$(2.)\qquad f(H+1) = xf(H) + f(0)(1-x)$$

bestimmt sind. Ersetzt man darin x durch $\frac{1}{x}$, so erhält man

$$xf(H'+1) = f(H') - f(0)(1-x),$$

wo $H'^n = H^n\left(\frac{1}{x}\right)$ ist. Ersetzt man dagegen $f(t)$ durch $f(-t)$, so findet man

$$f(-H-1) = xf(-H) + f(0)(1-x)$$

und mithin, wenn man noch $f(t)$ durch $f(t+z)$ ersetzt,

$$g(z) = \big(f(H'+z) - f(-H+z-1)\big) = x\,\big(f(H'+z+1) - f(-H+z)\big) = xg(z+1)$$

folglich $g(z) = 0$. Denn wäre $g(z) = kz^m + \cdots$ vom m^{ten} Grade, so wäre $k = xk$. Folglich ist

$$(3.)\qquad f(H') = f(-H-1) \qquad \left(H'(x) = H\left(\frac{1}{x}\right)\right),$$

also

$$(4.)\qquad H^n\left(\frac{1}{x}\right) = (-1)^n x H^n(x), \qquad x^{n-1}R_n\left(\frac{1}{x}\right) = R_n(x) \qquad (n>0).$$

Setzt man

$$(5.)\qquad R_n(x,y) = y^{n-1}R_n\left(\frac{x}{y}\right),$$

so ist demnach diese ganze homogene Funktion $(n-1)^{\text{ten}}$ Grades symmetrisch

$$(6.)\qquad R_n(y,x) = R_n(x,y).$$

Aus der Gleichung (2.) folgt

$$f(H+z+1) = xf(H+z) + (1-x)f(z),$$

mithin, wenn H' dasselbe wie H bedeutet,

$$f(H+H'+1) = xf(H+H') + (1-x)f(H).$$

Ersetzt man in (2.) $f(t)$ durch $tf(t)$, so erhält man

$$(H+1)f(H+1) = xHf(H),$$

und folglich ist, falls man noch $f(t)$ durch $f(t+z)$ ersetzt,

$$\begin{aligned} g(z+1) &= xf(H+H'+z+1) + (1-x)(H+1)f(H+z+1) \\ &= x(xf(H+H'+z) + (1-x)(H+1)f(H+z)) = xg(z), \end{aligned}$$

also $g(z) = 0$ oder

(7.) $$f(H+H'+1) = -(1-x)Hf(H) \qquad (H' = H).$$

Jetzt sei H'^n das, was aus H^n wird, wenn man x durch x' ersetzt, dann ist

$$\begin{aligned} f(H+H'+1) &= xf(H+H') + (1-x)f(H'), \\ f(H+H'+1) &= x'f(H+H') + (1-x')f(H), \end{aligned}$$

mithin

$$(x'-x)f(H+H'+1) = x'(1-x)f(H') - x(1-x')f(H)$$

und speziell

$$(H+H'+1)^n = (1-x)(1-x')\left(\frac{x'H'^n}{1-x'} - \frac{xH^n}{1-x}\right) : (x'-x).$$

Setzt man jetzt $x' = x$, so wird die linke Seite nach (7.) gleich $-(1-x)H^{n+1}$. Demnach ist

$$\frac{H^{n+1}}{1-x} = -D_x \frac{xH^n}{1-x}$$

oder

(8.) $$\frac{R_n}{(1-x)^{n+1}} = D_x \frac{xR_{n-1}}{(1-x)^n},$$

demnach

(9.) $$R_{n+1}(x) = (nx+1)R_n(x) + x(1-x)R_n'(x) = (n+1)xR_n(x) + (1-x)D(xR_n(x))$$

und noch einfacher nach (5.)

(10.) $$R_{n+1}(x, y) = \frac{\partial(xyR_n)}{\partial x} + \frac{\partial(xyR_n)}{\partial y}.$$

Daraus ergibt sich aufs neue die Formel (6.), und zugleich erkennt man, daß die Koeffizienten von $R_n(x)$ positive ganze Zahlen sind. Die wiederholte Anwendung der Formel (8.) führt zu dem Resultate

(11.) $$\frac{xR_n(x)}{(1-x)^{n+1}} = D^n_{l(x)} \frac{1}{1-x}.$$

Aus (9.) schließt man leicht, daß die $n-1$ Wurzeln der Gleichung $R_n(x) = 0$ alle reell, negativ und verschieden sind und paarweise reziprok außer der Wurzel -1 für ein gerades n. Nimmt man dazu die beiden Zahlen 0 und $-\infty$, so liegt zwischen je zwei aufeinander folgenden dieser $n+1$ Größen eine und nur eine der n Wurzeln der Gleichung $R_{n+1}(x) = 0$.

§ 10.

Setzt man in der Gleichung (2.) § 9

$$f(z) = \binom{z}{n}, \qquad f(z+1) - f(z) = \binom{z}{n-1},$$

so erhält man

$$\binom{H}{n} = \frac{1}{x-1}\binom{H}{n-1}$$

und mithin

$$(1.) \qquad \binom{H}{n} = \left(\frac{1}{x-1}\right)^n, \qquad \binom{H+n}{n} = \left(\frac{x}{x-1}\right)^n,$$

das letztere, indem man x durch $\frac{1}{x}$ ersetzt. Nun ist

$$f(z) = \sum \Delta^r f(0)\binom{z}{r}, \qquad f(-z) = \sum (-1)^r \Delta^r f(1)\binom{z+r}{r}$$

und folglich

$$(2.) \qquad f(H) = \sum \Delta^r f(0)\frac{1}{(x-1)^r}, \qquad f(-H) = \sum \Delta^r f(1)\left(\frac{x}{1-x}\right)^r,$$

also wenn man in der zweiten $f(z) = (z-1)^n$ setzt (Cesàro, *Nouv. Ann. tom. V, 1886, S. 315*),

$$(3.) \qquad \frac{x R_n(x)}{(1-x)^n} = \sum \Delta^r 0^n \left(\frac{x}{1-x}\right)^r,$$

oder wenn man in der ersten $f(z) = z^n$ setzt,

$$(4.) \qquad R_n(x) = \sum \Delta^r 0^n (x-1)^{n-r},$$

und wenn man diesen Ausdruck in (9.) § 9 einsetzt,

$$(5.) \qquad x R_{n-1}(x) = \sum \frac{1}{r}\Delta^r 0^n (x-1)^{n-r}.$$

Diese Darstellungen und die Differentialgleichung (9.) § 9 hängen mit der Beziehung (11.) § 7 nahe zusammen. Aus ihnen ergibt sich die Formel

$$(6.) \qquad \frac{1}{(n-r)!} R_n^{n-r}(1) = \Delta^r 0^n, \qquad R_n(1) = n!,$$

mittels deren die Gleichung (16.) § 7 auf die Gestalt

$$(7.) \qquad D^n_{l(x)} f(x) = \frac{1}{n!} D^n_z\big(f(xz) R_n(z)\big) \qquad (z=1)$$

gebracht werden kann.

Die Beziehungen der Funktionen R_n und R_{n-1} zu der Bernoullischen Zahl h^n werden uns noch ausführlich beschäftigen. Nach (8.) § 7 können sie zunächst in der Form

$$(8.)\qquad h^n = \int_{-\infty}^{0} \frac{R_n(x)\,dx}{(x-1)^{n+2}} = \int_{-\infty}^{0} \frac{x\,R_n(x)\,dx}{(1-x)^{n+2}} = -\int_{-\infty}^{0} \frac{x\,R_{n-1}(x)\,dx}{(x-1)^{n+2}}$$

geschrieben werden.

Setzt man

$$R_n(x) = \sum\nolimits_0^{n-1} a_r^{(n)} x^r,$$

so hat Worpitzky (*Crelles Journ. Bd. 94*) gezeigt, daß

$$(9.)\qquad x^n = \sum_r a_r^{(n)} \binom{x+r}{n}, \qquad S_n(x) = \sum_r a_r^{(n)} \binom{x+r}{n+1}$$

ist. Man braucht aber nur für R_n die bequemere Entwicklung nach Potenzen von $x-1$ zu benutzen, um zu erkennen, daß dies die bekannten Relationen

$$(10.)\qquad x^n = \sum \Delta^r 0^n \binom{x}{r}, \qquad S_n(x) = \sum \Delta^r 0^n \binom{x}{r+1}$$

sind. Denn da

$$\Delta^{n-r}\binom{x}{n} = \binom{x}{r}, \qquad (1+\Delta)^r f(x) = f(x+r)$$

ist, so ist nach (4.)

$$x^n = \sum \Delta^r 0^n \Delta^{n-r}\binom{x}{n} = R_n(1+\Delta)\binom{x}{n} = \sum a_r^{(n)}(1+\Delta)^r \binom{x}{n} = \sum a_r^{(n)} \binom{x+r}{n}$$

§ 11.

Setzt man

$$f_n(z) = \binom{z}{n}, \qquad f_n'(0) = (-1)^{n-1}\frac{1}{n},$$

so ist

$$f_n'(z+1) - f_n'(z) = f_{n-1}'(z)$$

und mithin

$$f_n'(H+1) - f_n'(H) = f_{n-1}'(H),$$

also nach (2.) § 9

$$(x-1) f_n'(H) + (-1)^{n-1}\frac{1-x}{n} = f_{n-1}'(H),$$

oder

$$(x-1)^n f_n'(H) - (x-1)^{n-1} f_{n-1}'(H) = -\frac{1}{n}(1-x)^n$$

und folglich

$$(1.)\qquad -(x-1)^n f_n'(H) = 1 - x + \frac{1}{2}(1-x)^2 + \cdots + \frac{1}{n}(1-x)^n = L_n(x)$$

oder nach (1.) § 10

(2.) $$L_n(x)f_n(H)+f_n'(H)=0.$$

Ist daher $m<n$, so ist

$$L_n(x)f_m(H)+f_m'(H)$$

eine durch $(1-x)$ teilbare ganze Funktion von x und ebenso ist

(3.) $$L_n(x)f(H)+f'(H)$$

eine solche ganze Funktion n^{ten} Grades, wenn $f(z)=\sum a_m f_m(z)$ irgendeine ganze Funktion n^{ten} Grades ist.

Ersetzt man x durch $\frac{1}{x}$, so gilt dasselbe von der Funktion

$$x^n\left(L_n\left(\frac{1}{x}\right)f(-H-1)+f'(-H-1)\right),$$

oder wenn man $f(t)$ durch $f(-t-1)$ ersetzt, von

$$x^n\left(L_n\left(\frac{1}{x}\right)f(H)-f'(H)\right),$$

also auch, von

$$x^n\left(L_n(x)+L_n\left(\frac{1}{x}\right)\right)f(H).$$

Wählt man $f=f_n$, so erkennt man, daß die ganze Funktion $2n^{\text{ten}}$ Grades

(4.) $$x^n\left(L_n(x)+L_n\left(\frac{1}{x}\right)\right) \textit{ durch } (1-x)^{n+1} \textit{ teilbar}$$

ist. Nun ist

$$L_{n+1}=L_n+\frac{1}{n+1}(1-x)^{n+1}, \qquad L_{n+1}f_n(H)+f_n'(H)=(-1)^n\frac{1-x}{n+1}=(1-x)f_n(h)$$

Ist also $m<n$, so ist

$$L_{n+1}f_m(H)+f_m'(H)-(1-x)f_m(h)$$

und folglich auch

(5.) $$L_{n+1}(x)f(H)+f'(H)-(1-x)f(h)$$

eine durch $(1-x)^2$ teilbare ganze Funktion. Eine gebrochene Funktion läßt sich nur auf eine Art in eine ganze Funktion und einen echten Bruch zerlegen. Der letztere ist für die Funktion

$$\frac{L_{n+1}R_n}{(1-x)^{n+1}} \textit{ gleich } \frac{nR_{n-1}}{(1-x)^n},$$

oder in der Entwicklung des Ausdrucks

(6.) $$\frac{L_{n+1}}{1-x}R_n=nR_{n-1}+0\,(1-x)^{n-1}+(-h)^n(1-x)^n+\cdots$$

nach Potenzen von $1-x$ stellt nR_{n-1} das Aggregat der Glieder von der nullten bis zur $(n-2)^{\text{ten}}$ Potenz dar. Nun ist

$$-D_x L_{n+1} = 1+(1-x)+\cdots+(1-x)^n = \frac{1}{x}(1-(1-x)^{n+1})$$

und mithin nach (8.) § 9

$$(7.)\qquad L_{n+1} D\frac{xR_{n-1}}{(x-1)^n} + \frac{nxR_{n-1}}{(x-1)^n} DL_{n+1} = h^n + k(1-x)+\cdots$$

oder

$$L^n_{n+1} D\frac{xR_{n-1}}{(x-1)^n} + \frac{xR_{n-1}}{(x-1)^n} DL^n_{n+1} = h^n(1-x)^{n-1} + k(1-x)^n+\cdots$$

und folglich nach (6.) § 10

$$(8.)\qquad \left(\frac{L_{n+1}(x)}{1-x}\right)^n xR_{n-1}(x) = (n-1)! - \frac{1}{n}(-h)^n(1-x)^n+\cdots.$$

Durch die Bedingung, daß in der Entwicklung dieses Ausdrucks die Potenzen von $1-x$ von der ersten bis zur $(n-1)^{\text{ten}}$ fehlen, oder daß

$$(9.)\qquad \left(1+\frac{1}{2}x+\cdots+\frac{1}{n+1}x^n\right)^n(1-x)R_{n-1}(1-x)-(n-1)!$$

durch x^n teilbar ist, ist die ganze Funktion $(n-2)^{\text{ten}}$ Grades $R_{n-1}(x)$ vollständig bestimmt. Der Koeffizient von x^n in jenem Ausdruck ist $-\frac{1}{n}(-h)^n$.

Ersetzt man in (6.) einmal L_{n+1} durch L_{n+2}, und zweitens überall n durch $n+1$, so kann man L_{n+2} eliminieren, und erkennt so, daß

$$(10.)\qquad nR_{n+1}R_{n-1} - (n+1)R_n^2 \textit{ durch } (x-1)^n \textit{ teilbar}$$

ist, und daß darin der Koeffizient von

$$(x-1)^n \textit{ gleich } (n+1)!\,h^n$$

ist.

Die Formel (7.) läßt sich in folgender Art deuten. Sei $-s_n$ die Summe der n^{ten} Potenzen der Wurzeln der Gleichung

$$(11.)\qquad x^n + \frac{1}{2}x^{n-1} + \frac{1}{3}x^{n-2} + \cdots + \frac{1}{n+1} = 0.$$

Dann sind (Glaisher, *Messenger of Math. 1877, vol. VI, S. 50*)

$$s_0 = 1,\quad s_1 = \frac{1}{2},\quad s_2 = \frac{5}{12},\quad s_3 = \frac{3}{8},\quad s_4 = \frac{251}{720},\quad s_5 = \frac{95}{288}\cdots,$$

$$(12.)\qquad s_n = \int_0^1 \binom{z+n-1}{n} dz$$

positive echte Brüche, und es sind auch $-s_1, -s_2, \cdots, -s_n$ die Summen der ersten, zweiten, $\cdots n^{\text{ten}}$ Potenzen der Wurzeln der einen Gleichung (11). Diese Zahlen können aus der Rekursionsformel

$$(13.)\qquad s_n + \frac{1}{2}s_{n-1} + \frac{1}{3}s_{n-2} + \cdots + \frac{1}{n}s_1 + \frac{1}{n+1}s_0 = 1$$

berechnet werden. Für die Gleichung n^{ten} Grades

$$(14.)\qquad (z-1)\sum (-1)^r \Delta^r 0^{n-1} z^r \equiv \sum (-1)^r \frac{1}{r}\Delta^r 0^n z^r = 0,$$

oder $z(z-1)R_{n-1}(z-1, z) = 0$ sind dann die Potenzsummen der Wurzeln gleich

$$(15.)\qquad n s_1,\quad n s_2, \cdots \quad n s_{n-1},$$

dagegen ist die Summe ihrer n^{ten} Potenzen gleich

$$(16.)\qquad n\left(s_n + \frac{1}{n!}h^n\right).$$

Während die Wurzeln der Gleichung (11.) alle komplex sind, bis auf eine bei ungeradem n, sind die der Gleichung (14.) alle reell, liegen zwischen 0 und 1, und sind paarweise komplementär ($z' = 1-z$).

§ 12.

Setzt man in der Gleichung (6.) § 11 die Entwicklung (4.) § 10 ein, so erhält man

$$\sum \frac{1}{s}(1-x)^s \sum (-1)^t \Delta^t 0^n (1-x)^{-t}$$
$$= -n \sum (-1)^r \Delta^r 0^{n-1}(1-x)^{-r} + 0(1-x)^0 + h^n(1-x) + \cdots,$$

und daraus durch Koeffizientenvergleichung

$$(1.)\qquad \sum_s (-1)^s \frac{1}{s}\Delta^{r+s} 0^n = -n\Delta^r 0^{n-1},$$

wo sich s von 1 bis $n-r$ bewegt. Direkt erhält man diese Formel oder die allgemeinere

$$\sum (-1)^{s-1}\frac{1}{s}\Delta^{r+s} x^n = n\Delta^r x^{n-1},$$

indem man in der Gleichung

$$(2.)\qquad f'(x) = \sum (-1)^{s-1}\frac{1}{s}\Delta^s f(x)$$

$f(x) = \Delta^r x^n$ setzt. Diese Gleichung von Euler oder

$$Df(x) = l(1+\Delta)f(x)$$

bezeichnet LACROIX (*Traité, tom. III, § 937*) als die symbolische Umkehrung der TAYLORschen Formel

$$f(x+1) = (1+\Delta)f(x) = e^D f(x).$$

Am einfachsten erhält man sie, indem man die Gleichung (9.) § 7 nach z differenziert, und dann $z = 0$ setzt, oder auch, indem man auf beiden Seiten der Gleichung

$$f(x+h) = \sum (-1)^{s-1} \frac{1}{s} \Delta^{s-1} f(x)$$

die Differenz nach x bildet.

Aus (1.) ergibt sich, indem man r durch $r-1$ und s durch $s+1$ ersetzt,

$$\Delta^r 0^n + \sum (-1)^s \frac{1}{s+1} \Delta^{r+s} 0^n = n \Delta^{r-1} 0^{n-1}$$

und mithin nach (11.) § 7

$$(3.) \qquad \sum_s (-1)^s \frac{1}{s(s+1)} \Delta^{r+s} 0^n + \frac{n-r}{r} \Delta^r 0^n = 0 \qquad (r = 1, 2, \cdots n-1).$$

Mit Hilfe dieser $n-1$ Relationen kann man aus der Gleichung (4.) § 10 die Größen $\Delta^r 0^n$ eliminieren und findet so die Formel

$$(4.) \qquad \begin{vmatrix} \frac{1}{1.2} & \frac{1}{n-1} & 0 & . & 0 & 0 \\ \frac{1}{2.3} & \frac{1}{1.2} & \frac{2}{n-2} & . & 0 & 0 \\ \frac{1}{3.4} & \frac{1}{2.3} & \frac{1}{1.2} & . & 0 & 0 \\ . & . & . & . & . & . \\ \frac{1}{n-1.n} & \frac{1}{n-2.n-1} & \frac{1}{n-3.n-2} & . & \frac{1}{1.2} & \frac{n-1}{1} \\ (1-x)^{-n} & (1-x)^{-n+1} & (1-x)^{-n+2} & . & (1-x)^{-2} & (1-x)^{-1} \end{vmatrix}$$

$$= -\frac{1}{n!} \sum (-1)^r \Delta^r 0^n (1-x)^{-r} = -\frac{R_n(x)}{n!(x-1)^n}.$$

Ersetzt man hier $(1-x)^{-r}$ durch $\frac{1}{r.r+1}$, so ergibt sich nach (8.) § 7

$$(5.) \qquad \begin{vmatrix} \frac{1}{1.2} & \frac{1}{n-1} & 0 & . & 0 & 0 \\ \frac{1}{2.3} & \frac{1}{1.2} & \frac{2}{n-2} & . & 0 & 0 \\ \frac{1}{3.4} & \frac{1}{2.3} & \frac{1}{1.2} & . & 0 & 0 \\ . & . & . & . & . & . \\ \frac{1}{n-1.n} & \frac{1}{n-2.n-1} & \frac{1}{n-3.n-2} & . & \frac{1}{1.2} & \frac{n-1}{1} \\ \frac{1}{n.n+1} & \frac{1}{n-1.n} & \frac{1}{n-2.n-1} & . & \frac{1}{2.3} & \frac{1}{1.2} \end{vmatrix} = \frac{(-1)^n h^n}{n!}.$$

Andere Determinanten erhält man, indem man $(1-x)^{-r}$ durch $\frac{1}{r+1}$ ersetzt, oder nach (12.) § 7 durch $\frac{1}{r+1.r+2}$. Da die Rekursionsformeln für die Bernoullischen Zahlen lineare Gleichungen sind, so kann man diese Zahlen auf mannigfache Art als Determinanten darstellen, erhält aber so kein Resultat, das mehr ausdrückt, als jene Formeln selbst.

§ 13.

Aus den linearen Gleichungen (3.) § 12 kann man die Größen $\Delta^r 0^n$ berechnen. Setzt man, falls n eine feste, x eine unbestimmte positive ganze Zahl ist, $T_n(x)$ oder

$$(1.)\qquad T^n(x) = \frac{n!\,\Delta^x 0^{x+n}}{(x+n)!},$$

so erhält man

$$(2.)\qquad \begin{vmatrix} \frac{1}{1.2} & \frac{1}{x-1} & 0 & . & 0 & 0 \\ \frac{1}{2.3} & \frac{1}{1.2} & \frac{2}{x-2} & . & 0 & 0 \\ \frac{1}{3.4} & \frac{1}{2.3} & \frac{1}{1.2} & . & 0 & 0 \\ . & . & . & . & . & . \\ \frac{1}{n-1.n} & \frac{1}{n-2.n-1} & \frac{1}{n-3.n-2} & . & \frac{1}{1.2} & \frac{n-1}{x-n+1} \\ \frac{1}{n.n+1} & \frac{1}{n-1.n} & \frac{1}{n-2.n-1} & . & \frac{1}{2.3} & \frac{1}{1.2} \end{vmatrix} = \frac{T^n(x-n)}{(x-1)(x-2)\cdots(x-n)}$$

und folglich ist $T^n(x)$ eine durch x teilbare ganze Funktion n^{ten} Grades von x, z. B.:

$$T^0 = 1,\quad 2T^1 = x,\quad 4T^2 = x\left(x+\frac{1}{3}\right),\quad 8T^3 = x^2(x+1),$$

$$16T^4 = x\left(\left(x^2+\frac{1}{3}\right)(x+2)-\frac{4}{5}\right),\quad 32T^5 = x^2(x+1)\left(x^2+\frac{7}{3}x-\frac{2}{3}\right),\ \ldots.$$

Nach (11.) § 7 ist

$$(3.)\qquad (x+n)\,T^n(x) - x\,T^n(x-1) = nx\,T^{n-1}(x).$$

Aus (5.) § 12 und (2.) ergibt sich die zweite der beiden Formeln

$$(4.)\qquad T^n(-1) = h^n\quad,\qquad T_n'(0) = \frac{1}{n}(-h)^n.$$

Die erste erhält man daraus, indem man (3.) durch x dividiert und dann $x = 0$ setzt.

Zu diesen Formeln kann man auch auf ganz elementarem Wege gelangen. Setzt man

$$F_n(x) = (-1)^n \binom{x-1}{n} T^n(-x) \quad , \qquad G_n(x) = F_n(-x) = \binom{x+n}{n} T^n(x),$$

so geht die Formel (3.) in

$$F_n(x+1) = F_n(x) + x\, F_{n-1}(x) \quad , \qquad G_n(x) = G_n(x-1) + x\, G_{n-1}(x)$$

über, woraus beiläufig

$$(5.) \qquad \binom{x+n}{n} T^n(x) = \Delta^{-1}(x+1)\,\Delta^{-1}(x+2)\cdots\Delta^{-1}(x+n-1)\,\Delta^{-1}(x+n)$$

folgt. Die zweite Formel zeigt, daß $G_n(x)$ die Summe der Produkte von je n gleichen oder verschiedenen der Zahlen $1, 2, \ldots x$ ist; die erste, daß $F_n(x)$ die Summe der Produkte von je n verschiedenen der Zahlen $1, 2, \ldots x-1, 0, 0, \ldots$ ist. Die letztere Summe ist also eine ganze Funktion $2n^{\text{ten}}$ Grades von x, die für $x = 1, 2, \ldots n$ verschwindet. Zwischen diesen elementaren symmetrischen Funktionen der Zahlen $1, 2, \ldots x-1$ und ihren Potenzsummen $S_n(x)$ bestehen aber die Newtonschen Formeln

$$\sum_r {}_0^{n-1} (-1)^{n-r} S_{n-r}(x)\, F_r(x) = -n\, F_n(x),$$

oder wenn man x durch $-x$ ersetzt, nach (3.) § 3

$$(6.) \qquad \sum_r {}_0^{n-1} \binom{x+r}{r} S_{n-r}(x+1)\, T^r(x) = n \binom{x+n}{n} T^n(x).$$

Dividiert man durch $x+1$, und setzt man dann $x = -1$, so erhält man

$$T^n(-1) = S_n'(0) = h^n.$$

Ist n ungerade, so findet man aus (6.) durch Vergleichung der Koeffizienten von x^2

$$T_n''(0) = \frac{n}{n-1} h^{n-1},$$

und durch Vergleichung der Koeffizienten von $(x+1)^2$

$$T_n'(-1) = \frac{n\,(n-2)}{2\,(n-1)} h^{n-1}.$$

In der Gleichung

$$(H+1)^n = x H^n, \qquad \sum \binom{n}{s} \frac{R_s}{(x-1)^s} = \frac{x\, R_n}{(x-1)^n}$$

setze man die Entwicklungen (4.) und (5.) § 10 ein. Dann erhält man

$$\sum \binom{n}{s} \Delta^r 0^s (x-1)^{-r} = \sum \frac{1}{r} \Delta^r 0^{n+1} (x-1)^{-r+1},$$

und daraus durch Koeffizientenvergleichung

$$\sum_s \binom{n}{s} \Delta^r 0^s = \frac{1}{r+1} \Delta^{r+1} 0^{n+1}$$

oder wenn man r durch x und s durch $x+s$ ersetzt,

$$\sum_s \binom{n}{s} T^s(x) = \frac{x+n+1}{x+1} T^n(x+1),$$

also nach (3.) in symbolischer Gestalt

$$(7.) \qquad (T+1)^n - T^n = n\, T^{n-1}(x+1).$$

Daraus kann man, wie in § 9, die Relationen

$$(8.) \qquad (x-T)^n = T^n, \qquad f(x-T) = f(T)$$

und

$$(9.) \qquad T^n(x+y) = \big(T(x)+T(y)\big)^n, \qquad f\big(T(x+y)\big) = f\big(T(x)+T(y)\big)$$

ableiten, aus denen sich die Formeln (1.) § 3 und (5.) § 5 für $x = y = -1$ ergeben. Setzt man nur $y = -1$, so erhält man

$$(10.) \qquad (T-h)^n - T^n = \frac{n}{x} T^n.$$

Nun ist

$$(z-1)(z-2)\cdots(z-n+1) = z^{n-1} - F_1(n)\, z^{n-2} + F_2(n)\, z^{n-3} - \cdots$$
$$= z^{n-1} + (n-1)\, T^1(-n)\, z^{n-2} + \binom{n-1}{2} T^2(-n)\, z^{n-3} + \cdots$$

oder

$$(z-1)(z-2)\cdots(z-n+1) = \big(z+T(-n)\big)^{n-1}$$

mithin für $z = T(x)$ nach (9.)

$$(11.) \qquad (T-1)(T-2)\cdots(T-n+1) = T^{n-1}(x-n).$$

Da aber

$$(z-1)\cdots(z-n) + n(z-1)\cdots(z-n+1) = z(z-1)\cdots(z-n+1)$$

ist, so ist nach (3.)

$$(12.) \qquad T(T-1)\cdots(T-n+1) = \frac{x}{x-n} T^n(x-n).$$

Mit Hilfe dieser Relation läßt sich die Entwicklung (5.) § 10 auf die Gestalt

$$(13.) \qquad \frac{x R_{n-1}(x)}{(n-1)!} = \sum_{r=0}^{n-1} \binom{T(n)}{r} (x-1)^r \equiv x^{T(n)} \quad (\text{mod. } (x-1)^n)$$

bringen. Nun ist

$$\binom{u+v}{n} = \sum \binom{u}{r}\binom{v}{s}, \qquad \binom{T(x+y)}{n} = \sum \binom{T(x)}{r}\binom{T(y)}{s}, \qquad (n = r+s).$$

Daher ist nach (8.) § 11

$$(14.)\qquad \left(\frac{L_m(x)}{1-x}\right)^n \equiv \sum \binom{T(-n)}{r}(x-1)^r \pmod{(x-1)^m},$$

d. h. die Entwicklungen beider Funktionen nach Potenzen von $x-1$ stimmen in den m ersten Gliedern überein.

Die obigen Betrachtungen und die Formel (9.) führen demnach zu dem Ergebnis:

Es gibt eine durch x teilbare ganze Funktion n^{ten} Grades $T^n(x)$, die folgende Werte hat: Das Produkt $\binom{x+n}{n} T^n(x)$ ist, wenn x eine positive ganze Zahl ist, gleich der Summe der Produkte von je n gleichen oder verschiedenen der Zahlen $1, 2, \cdots x$; ist aber $x < -n$ eine negative ganze Zahl, gleich der Summe der Produkte von je n verschiedenen der Zahlen $1, 2, \cdots -x-1$. Für die Werte $x = -1, -2, \cdots -n$, wo jenes Produkt verschwindet, ist

$$T^n(-1) = h^n, \qquad T^n(-2) = (h+h')^n, \qquad T^n(-3) = (h+h'+h'')^n, \cdots.$$

Diese Formeln kann man auch (vgl. Lucas, *Messenger of Math. tom. VII, 1877, S. 82; Bulletin de la Soc. Math. de France, tom. VI, 1876, S.* 57) auf die Gestalt

$$T^n(-x) = (-1)^{x-1} x \binom{n}{x} f(h) \qquad (x = 1, 2, \cdots n)$$

bringen, wo

$$f(z) = \int_0^z z^{n-x}(z+1)(z+2)\cdots(z+x-1)\,dz$$

ist, oder auch auf die Form

$$T^n(-x) = (-1)^x x \binom{n}{x} \int_0^1 \Delta_z^{-1}\big(z^{n-x}(z+1)(z+2)\cdots(z+x-1)\big)\,dz.$$

Endlich bemerke ich, daß

$$T^n(1) = \frac{1}{n+1}, \qquad T^n(-n-1) = (-1)^n n!, \qquad T^n(-n) = (-1)^n n!\, s_n$$

ist.

Mit Benutzung der Exponentialfunktion gestaltet sich die Ableitung so: Ist x eine positive ganze Zahl, so ist

$$\Delta_u e^{uv} = e^{uv}(e^v - 1), \qquad e^{uv}(e^v-1)^x = \Delta_u^x e^{uv} = \sum \frac{v^n}{n!} \Delta_u^x u^n.$$

Ersetzt man u durch 0 und n durch $x+n$, so ergibt sich

$$(e^v - 1)^x = \sum \frac{\Delta^x 0^{x+n}}{(x+n)!} v^{x+n}$$

oder

(15.) $$\left(\frac{e^v-1}{v}\right)^x = e^{vT},$$

woraus die obigen Formeln leicht folgen.

Setzt man $e^v - 1 = z$, so erhält man (LAURENT, *Nouv. Ann. sér. II, tom. XIV, 1875, p. 354*) die Formel

(16.) $$\left(\frac{l(1+z)}{z}\right)^{-x} = \sum_r \binom{T(x)}{r} z^r = \sum_r \frac{x}{x-r} T^r(x-r)\frac{z^r}{r!}$$

die für $x = -n$ der Gleichung (14.) äquivalent ist.

Zu der Funktion $G_n(x)$ führt analog die Entwicklung des Ausdrucks $\frac{1}{1-uv}$.

§ 14.

Von der Relation (9.) § 11 mache ich eine elementare zahlentheoretische Anwendung. Ersetzt man darin x durch $2x$, so verschwinden in der Entwicklung der Funktion

$$\left(1+x+\frac{4x^2}{3}+2x^3+\cdots+\frac{2^n x^n}{n+1}\right)^{n+1} (1-2x)R_n(1-2x)-n!$$

die Koeffizienten von x^1 bis x^n. Die Koeffizienten des vor R_n stehenden Faktors sind ganz (mod. 2). Seine Entwicklung ergebe $1 + a_1 x + a_2 x^2 + \cdots$. Dann zeigt diese Formel:

Der größte gemeinsame Divisor der Koeffizienten der Funktion $R_n(1-2x)$ ist 2^{n-n_0}, wo n_0 die Quersumme von n im dyadischen Zahlensystem ist.

Denn in der Funktion $R_n(1-2x) = b_0 + b_1 x + \cdots + b_{n-1}x^{n-1}$ ist $b_0 = n!$ und $b_{n-1} = \pm 2^{n-1}$. Der größte gemeinsame Divisor dieser beiden Zahlen ist 2^{n-n_0}, und durch diesen sind auch $b_1, b_2, \cdots$ teilbar, weil $b_1 + a_1 b_0 = 0$, $b_2 + a_1 b_1 + a_2 b_0 = 0$, usw. ist. Ebenso ist der Teiler der Funktion $R_n(1-kx)$ gleich dem größten gemeinsamen Divisor von k^{n-1} und $n!$.

Den Teiler 2^{n-n_0} hat auch die homogene Funktion $R_n(y-2z, y)$, oder wenn man $y = t+i$, $z = i$ setzt, die Funktion $R_n(t-i, t+i)$. Ersetzt man in der Gleichung

$$\frac{e^u R_n(e^u)}{(1-e^u)^{n+1}} = D_u^n \frac{1}{1-e^u}$$

u durch $2iu + i\pi$, so erhält man

$$\frac{-(2i)^n e^{2iu} R_n(-e^{2iu})}{(1+e^{2iu})^{n+1}} = D_u^n \frac{1}{1+e^{2iu}} = \frac{1}{2} D_u^n (1 - i\,\mathrm{tg}\,u),$$

also

(1.) $$D_u^n\,\mathrm{tg}(u) = \left(1+\mathrm{tg}^2(u)\right) R_n\left(\mathrm{tg}(u)-i, \mathrm{tg}(u)+i\right).$$

So ergibt sich der Satz:

In der ganzen Funktion $(n+1)^{\text{ten}}$ *Grades von* $tg(u)$, *die gleich* $\frac{1}{n!}D^n tg(u)$ *ist, haben alle Koeffizienten ungerade Nenner.*

§ 15.

Setzt man in der Gleichung (2.) § 10

$$\Delta^r f(0) = \sum_s (-1)^{r-s}\binom{r}{s} f(s),$$

so erhält man

$$f(H) = \sum_{r,s} (-1)^s \binom{r}{s} f(s)(1-x)^{-r}.$$

Z. B. ist

$$H^a(1-H^b)^c = \sum (-1)^s \binom{r}{s} s^a(1-s^b)^c(1-x)^{-r}.$$

Nun sei p eine Primzahl, und b durch $p^{e-1}(p-1)$ teilbar. Ist dann s nicht durch p teilbar, so ist $1-s^b$ durch p^e teilbar. Ist aber s durch p teilbar, so ist s^a durch p^a teilbar. Daher ist

(1.) $$H^a(1-H^b)^c \equiv 0 \quad (\mathrm{mod.}\,(p^a, p^{ec})),$$

wo (u, v) den größten gemeinsamen Divisor von u und v bezeichnet. Formeln dieser Art, die man bisher nur mit Hilfe der Exponentialfunktion abgeleitet hat, nennt man KUMMERsche *Kongruenzen* (CRELLES *Journ. Bd. 41*). Die linke Seite ist eine gebrochene Funktion von x, deren Nenner eine Potenz von $1-x$ ist. Wenn man mit dieser multipliziert, so wird der Ausdruck eine ganze Funktion von x, deren Koeffizienten durch die kleinere der beiden Zahlen p^a und p^{ec} teilbar sind. Die linke Seite ist die c^{te} Differenz der Größen

$$H^a, \quad H^{a+b}, \quad H^{a+2b}, \ \ldots .$$

Speziell ist

$$1-H^b = \sum (-1)^s \binom{r}{s} (1-s^b)(1-x)^{-r}.$$

Ist s nicht durch p teilbar, so ist $1-s^b \equiv 0$ (mod. p^e), ist aber s durch p teilbar, so ist $s^b \equiv 0$. Daher ist

$$1-H^b \equiv \sum (-1)^s \binom{r}{s} (1-x)^{-r},$$

wo sich r von 0 bis b bewegt, und s nur die durch p teilbaren Zahlen von 0 bis r durchläuft. Die Summe ist also gleich

$$\frac{1}{p}\sum (-1)^s \binom{r}{s} \rho^s(1-x)^{-r},$$

falls auch noch nach ρ über die Wurzeln der Gleichung $\rho^p = 1$ summiert wird. Dies ist gleich

$$\frac{1}{p}\sum_r\left(\frac{1-\rho}{1-x}\right)^r = -\frac{1-x}{p}\sum\frac{1}{x-\rho}\left(1-\left(\frac{1-\rho}{1-x}\right)^{b+1}\right),$$

und $\frac{1}{p}(1-\rho)^b$ ist von $p^{\frac{b}{p-1}-1}$ nur um eine Einheit verschieden, also durch p^e teilbar; endlich ist

$$\sum\frac{1}{x-\rho} = \frac{px^{p-1}}{x^p-1}.$$

Daher ist

$$(2.)\qquad H^b \equiv \frac{x^{p-1}-1}{x^p-1}\quad (\text{mod. } p^e).$$

Ist b durch 2^{e-1} teilbar, so ist sogar

$$(3.)\qquad (x+1)R_b(x) \equiv (x-1)^b\quad (\text{mod. } 2^{e+1}).$$

Ähnliche Betrachtungen lassen sich über die Bernoullischen Zahlen anstellen. Setzt man in der Formel aus § 8

$$k^n = \frac{(mh+l)^{n+1}-h^{n+1}}{n+1} = -\sum\frac{\rho^{l+1}R_n(\rho)}{(\rho-1)^{n+1}}$$

ein

$$R_n(\rho) = \sum\Delta^r 0^n(\rho-1)^{n-r},\qquad \Delta^r 0^n = \sum(-1)^{r-s}\binom{r}{s}s^n,$$

so erhält man

$$k^n = \sum\frac{(-1)^s\rho^{l+1}}{(1-\rho)^{r+1}}\binom{r}{s}s^n.$$

Geht die Primzahl p nicht in m auf, so ergibt sich daraus wie oben die Kummersche Kongruenz

$$(4.)\qquad k^a(1-k^b)^c \equiv 0\quad (\text{mod. } (p^a, p^{ec})).$$

Zieht man von dem Ausdruck k^n den Wert für $l=0$ ab, so erkennt man, daß auch die symbolischen Potenzen

$$(5.)\qquad S^n = m^{n+1}S_n\left(\frac{l}{m}\right)$$

der Kummerschen Kongruenzen genügen. Für $l=0$ erhält man die Größen

$$k^n = \frac{(m^{n+1}-1)h^{n+1}}{n+1}.$$

In der Kongruenz (4.) kommen aber nur solche Größen k^n vor, worin $n \equiv a$ (mod. l) ist. Sei m eine primitive Wurzel von p, so gewählt, daß m^l-1 durch eine genügend hohe Potenz p^t teilbar ist. Dann ist

$$m^{n+1}-1 \equiv m^{a+1}-1\quad (\text{mod. } p^t).$$

Ist also $a+1$ nicht durch $p-1$ teilbar, so genügen auch die Zahlen

$$k^n = \frac{h^{n+1}}{n+1}$$

selbst den KUMMERschen Kongruenzen. Nicht erforderlich ist die von SYLVESTER (a. a. O. S. 307) ausgesprochene Bedingung, $a+1$ dürfe auch durch p nicht teilbar sein.

§ 16.

Nach (1.) § 15 ist $H^m \equiv H^n$ (mod. p), falls $m \equiv n$ (mod. $p-1$) und beide Zahlen >0 sind. Ist aber $n<p$, so ist nach (11.) § 9

$$(1-x)^{p-1-n} x R_n(x) \equiv D^n_{l(x)} \frac{1-x^p}{1-x},$$

weil die Abteilungen von $(1-x)^p \equiv 1-x^p$ kongruent 0 sind. Folglich ist

$$(1.) \qquad (1-x)^{p-1-n} R_n(x) \equiv \sum_r {}_1^{p-1} r^n x^{r-1} \quad (\text{mod. } p), \qquad (0<n<p)$$

und speziell

$$(2.) \qquad (1-x) R_{p-2}(x) \equiv 1 + \frac{1}{2} x + \cdots + \frac{1}{p-1} x^{p-2}.$$

Nun ist, falls $n>0$ ist,

$$\left(1+\frac{1}{2}x+\cdots+\frac{1}{p-1}x^{p-2}\right)^{p-n} (1-x) R_{p-1-n}(1-x) - (p-1-n)!$$

durch x^{p-n} teilbar, also auch mod. p

$$((1-x) R_{p-2}(x))^p (1-x) R_{p-1-n}(1-x) - (p-1-n)!\ ((1-x) R_{p-2}))^n.$$

Da aber

$$n!(p-1-n)! \equiv (-1)^{n-1}, \qquad f(x)^p \equiv f(x^p)$$

ist, so ist folglich

$$(3.) \qquad R_{p-1-n}(1-x) - \frac{1}{n!}(x-1)^{n-1} R_{p-2}(x)^n \quad (\text{mod. } p)$$

durch x^{p-n} teilbar, und der Koeffizient von x^{p-n} ist, falls $n>1$ ist, $-\frac{1}{n} h^n$. (Vgl. JACOBI, *Werke, Bd. 6, S. 258*; CRELLES *Journ. Bd. 30.*)

Daraus hat Hr. MIRIMANOFF (CRELLES *Journ. Bd. 128, S. 59*) drei merkwürdige Formeln abgeleitet, die fortzusetzen oder zu verallgemeinern leider noch nicht gelungen ist. Für $n=1$ ergibt sich

$$(4.) \qquad R_{p-2}(1-x) \equiv R_{p-2}(x).$$

Ersetzt man für $n=2$ noch x durch $1-x$, so erhält man durch Kombination der neuen Formel mit der ursprünglichen

$$(5.) \qquad x^{p-1} R_{p-3}(x) + (1-x)^{p-1} R_{p-3}(1-x) \equiv -\frac{1}{2} R_{p-2}(x)^2,$$

weil die Differenz durch $x^{p-2}(1-x)^{p-2}$ teilbar ist. Das letztere gilt auch für $n>2$. Ersetzt man dann für $n=3$ auch noch x durch $1-\frac{1}{x}$, und benutzt die zu Formel (9.) § 11 gemachte Bemerkung, so findet man

$$(6.)\quad x^{p-2}R_{p-4}(x)+(1-x)^{p-2}R_{p-4}(1-x)-x^{p-2}(1-x)^{p-2}x^{p-5}R_{p-4}\left(1-\frac{1}{x}\right)$$
$$\equiv \frac{1}{6}R_{p-2}(x)^3+\frac{1}{18}h^{p-3}x^{p-3}(1-x)^{p-3}.$$

§ 17.

Ich kehre nun zu der Formel (2.) § 8 zurück. Insbesondere pflegt man als EULERsche Zahlen die der Ordnung 4 zu bezeichnen, wofür $m=4$ und $\rho=i$ ist. Verbindet man die Gleichung

$$(4h)^n-i(4h+1)^n-(4h+2)^n+i(4h+3)^n=-2(1-i)nH^{n-1}(i)$$

mit den Relationen (2.), (3.) und (4.) § 6, so erhält man, falls n ungerade ist,

$$n(1+i)H^{n-1}(i)=-(4h+1)^n.$$

Setzt man also symbolisch

$$(1.)\qquad (4h+1)^n=-nk^{n-1}\quad (n \text{ ungerade}),$$

so ist (SCHERK; WORPITZKY)

$$(2.)\qquad k^n=(1+i)H^n(i)=\frac{iR_n(i)}{(1-i)^{n-1}}\quad (n>0 \text{ und gerade}).$$

Allgemein kann man das Symbol k^n durch die Gleichung

$$(3.)\qquad 2nk^{n-1}=(4h+3)^n-(4h+1)^n$$

definieren. Dann ist $k^0=1$ und $k^{2n+1}=0$. Demnach ist

$$(4.)\qquad 2f'(k)=f(4h+3)-f(4h+1),\qquad f'(k)=f(2h+1)-f(4h+1),$$

und

$$(5.)\qquad 2f'(k-1)=f(4h+2)-f(4h),\qquad f'(k-1)=f(2h)-f(4h),$$

und folglich

$$(6.)\qquad (1+i)H^n(i)=k^n+i(k-1)^n.$$

Ist n gerade, so ist $(k-1)^n=0$, und folglich ist k^n eine ganze Zahl. Nach (1.) § 5 und (1.) ist $(-1)^n k^{2n}$ positiv. Ist aber n ungerade, so ist

$$(7.)\qquad (1-i)H^n(i)=(k-1)^n=-\frac{1}{n+1}2^{n+1}(2^{n+1}-1)h^{n+1}\quad (n \text{ ungerade}).$$

Wenn man aber in der Formel (2.) § 8 $m=2$ setzt, so erhält man (LAPLACE, EYTELWEIN)

$$(8.)\qquad R_n(-1)=-\frac{1}{n+1}2^{n+1}(2^{n+1}-1)h^{n+1}=(k-1)^n.$$

Zwischen diesen EULERschen Zahlen zweiter Ordnung und den eigentlichen BERNOULLIschen Zahlen hat man früher nicht scharf genug unterschieden; auf jene bezieht sich der größte Teil der Entwicklungen, die angeblich die BERNOULLIschen Zahlen betreffen. Der Grund dafür ist leicht einzusehen, wenn man die Schwierigkeit der vorangehenden Entwicklungen mit der Einfachheit der Formel (8.) vergleicht.

Mit Hilfe des Symbols k^n kann man nun den für h^n entwickelten Formeln mannigfache Gestalten geben, worin man sie kaum wiedererkennt, z. B.

$$f(2h+k)=f(4h+1). \tag{9.}$$

Ist p eine ungerade Primzahl, so ist in der Kongruenz (1.) § 15 die durch $p^{e-1}(p-1)$ teilbare Zahl b gerade. Ist also auch a gerade und >0, so erhält man durch Multiplikation mit $1+i$ nach (2.)

$$k^a(1-k^b)^c \equiv 0 \quad (\text{mod.}\ (p^a,\ p^{ec})). \tag{10.}$$

Dagegen folgt aus (2.) § 15

$$k^b \equiv \frac{(1+i)(1-i^{p-1})}{1-i^p} \quad (\text{mod.}\ p^e)$$

und mithin (SYLVESTER, *Comptes Rendus, tom. 52*)

$$k^b \equiv 0 \text{ oder } 2 \quad (\text{mod.}\ p^e), \tag{11.}$$

je nachdem $p\equiv 1$ oder 3 (mod. 4) ist.

§ 18.

Sehr interessante Kongruenzen nach dem Modul 2^n hat STERN (*CRELLES Journ. Bd. 79, S. 94*) für die EULERschen Zahlen durch Induktion gefunden, aber nicht bewiesen. Denn was er als Beweis gibt, ist nicht nur, wie BACHMANN (*Niedere Zahlentheorie Teil II, S. 37*) sagt, bedenklich, sondern unzulässig.

Nach (1.) § 17 ist $f'(k)=-f(4h+1)$, wenn $f(x)$ eine ungerade Funktion ist. Sei

$$f(x)=x(x^2-1)^m, \qquad f'(x)=(2m+1)(x^2-1)^m+2m(x^2-1)^{m-1},$$

dann ist

$$\begin{aligned}(2m+1)(k^2-1)^m+2m(k^2-1)^{m-1} &= -(4h+1)(8h+16h^2)^m\\ &= -2^{3m}(1+4h)(h+2h^2)^m.\end{aligned}$$

Die rechte Seite ist genau durch 2^{3m-1} oder 2^{3m} teilbar, je nachdem m gerade oder ungerade ist. Setzt man E für das Symbol $-k^2$, so erhält man

$$(2m+1)(E+1)^m \equiv 2m(E+1)^{m-1} \quad (\text{mod.}\ 2^{3m-1}). \tag{1.}$$

Sei 2^{r_n-1} die höchste Potenz von 2, die in m aufgeht. Dann ist

$$r_1+r_2+\cdots+r_m = 2m-m_0,$$

also $< 3m-1$. Dies ist also nach (1.) der Exponent der höchsten in $(E+1)^m$ enthaltenen Potenz von 2, wenn man die entsprechende Behauptung für $(E+1)^{m-1}$ schon als erwiesen ansieht. Nun ist identisch

$$(-1)^n E^n = 1 - n(E+1) + \binom{n}{2}(E+1)^2 - \cdots,$$

also

$$(2.)\quad (-1)^n E^n = 1 - 2n + 8\binom{n}{2} - 5.\,2^4\binom{n}{3} + 13.\,2^7\binom{n}{4} - 227.\,2^8\binom{n}{5} + 2957.\,2^{10}\binom{n}{6} -$$

Bricht man an der angegebenen Stelle ab, so ist dies eine für jeden Wert von n gültige Kongruenz (mod. 2^{11}). Die Zahlen

$$E^0 = 1,\quad E^1 = 1,\quad E^2 = 5,\quad E^3 = 61,\quad E^4 = 1385,\quad E^5 = 50521,\cdots$$

bilden also, mit abwechselnden Zeichen genommen, eine STERNsche Reihe. Die Summe von je zwei aufeinanderfolgenden ist durch $2^{r_1} = 2$ teilbar. Die Quotienten sind alle ungerade. Die Summe von je zwei aufeinanderfolgenden dieser Zahlen ist durch $2^{r_2} = 4$ teilbar, die Quotienten sind alle ungerade usw.

Allgemeiner kann man $f(x) = x^{2a+1}(x^2-1)^m$ setzen. Dann findet man z. B. für $a = 1$

$$(3.)\quad (-1)^n E^{n+1} \equiv 1 - 2.\,3n + 2^3.\,9\binom{n}{2} - 2^4.\,99\binom{n}{3} + 2^7.\,9.\,49\binom{n}{4} \quad (\text{mod. } 9.\,2^8).$$

Insbesondere ist (SYLVESTER)

$$(4.)\quad E^n \equiv 1 \pmod{4}, \qquad (-1)^n E^{n+1} \equiv 1 - 6n \pmod{72}.$$

Wählt man endlich $f(x) = x^{2a+1}(1-x^{2b})^c$, so erkennt man (STERN, *CRELLES Journ. Bd. 79, S. 94*), daß

$$(5.)\quad k^{2a}(1-k^{2b})^c \quad \textit{und} \quad (2b)^c c\,!$$

durch dieselbe Potenz von 2 teilbar sind.

Setzt man wieder $(-1)^n E^n = k^{2n}$, so ist

$$k^{2n} = \sum_s \binom{n}{s}(k^2-1)^s = \sum_s n(n-1)(n-s+1)\frac{(k^2-1)^s}{s!}.$$

Nun ist aber

$$\frac{(k^2-1)^s}{s!} = 2^s c_s,$$

wo c_s ungerade ist (d. h. ein Bruch ist, dessen Zähler und Nenner ungerade sind). Mithin ist

$$k^{2s} \equiv \sum_s{}_0^{m-1} n(n-1)\cdots(n-s+1)\,c_s 2^s \pmod{2^m}$$

und folglich

$$k^{2a} - k^{2b} \equiv 2(a-b)\sum \frac{a(a-1)\cdots(a-s+1) - b(b-1)\cdots(b-s+1)}{a-b} c_s 2^{s-1}.$$

Da die Summe ungerade ist, so ist stets und nur dann $k^{2a} \equiv k^{2b}$ (mod. 2^m), wenn $a \equiv b$ mod. 2^{m-1} ist. Demnach bilden die Zahlen

$$k^0,\ k^2,\ k^4 \cdots k^{2m-2},$$

die sich von da an mod. 2^m periodisch wiederholen, ein vollständiges Restsystem ungerader Zahlen mod. 2^m. Diese Bemerkung verdanke ich einer Mitteilung des Hrn. J. Schur.

§ 19.

Man kann auch die Betrachtung des § 6 auf die Funktionen H^n übertragen. Setzt man

$$H'^n = H^n(x^m),$$

so ist nach (2.) § 9

$$f(t+H'+1) = x^m f(t+H') + (1-x^m) f(t).$$

In der Gleichung

$$f(z+H+1) - x f(z+H) = (1-x) f(z)$$

ersetze man z durch $z+1,\ z+2 \cdots z+m$. Dann erhält man durch Kombination dieser Relationen

$$(1-x)\big(x^{m-1} f(z) + x^{m-2} f(z+1) + \cdots + f(z+m-1)\big) = f(z+m+H) - x^m f(z+H)$$

Setzt man hier $z = mH'$, so wird

$$f\big(m(H'+1)+H\big) - x^m f(mH'+H) = (1-x^m) f(H),$$

und mithin

$$(1.)\qquad x^{m-1} f(mH') + x^{m-2} f(mH'+1) + \cdots + f(mH'+m-1) = \frac{1-x^m}{1-x} f(H).$$

Ersetzt man hier x durch ρx, so bleibt x^m und H' ungeändert. Man erhält so z. B.

$$(2.)\qquad \frac{m^{n+1} x^{m-1} R_n(x^m)}{(x^m-1)^{n+1}} = \sum_{\rho} \frac{\rho^n R_n(\rho^{-1} x)}{(x-\rho)^{n+1}},$$

wo ρ die m Wurzeln der Gleichung $\rho^m = 1$ durchläuft. Für $m = 2$ findet man

$$(3.)\qquad 2^{n+1} x R_n(x^2) = (1+x)^{n+1} R_n(x) - (1-x)^{n+1} R_n(-x).$$

85.

Über den Rang einer Matrix

Sitzungsberichte der Königlich Preußischen Akademie der Wissenschaften zu Berlin
20–29 und 128–129 (1911)

Die Reduktion einer Schar von bilinearen Formen auf die Normalform von WEIERSTRASS hat EDUARD WEYR in seiner Abhandlung *Zur Theorie der bilinearen Formen, Monatsberichte für Mathematik und Physik, 1. Jahrgang*, mit Hilfe der Matrizenrechnung ausgeführt. Die invarianten Zahlen, von denen die Normalform abhängt, hat er, ebenso wie WEIERSTRASS, aber auf einem ganz anderen Wege, direkt definiert, nicht, wie CAMILLE JORDAN oder STICKELBERGER, ihre Bedeutung aus der Normalform nachträglich abgelesen.

Die Grundlage seiner Arbeit bildet außer der Formel von SYLVESTER

(1.) $$\rho_{AB} \leqq \rho_A, \qquad \rho_{AB} \leqq \rho_B$$

die Beziehung

(2.) $$\rho_A + \rho_B \leqq n + \rho_{AB},$$

worin ρ_A den Rang der Matrix $n$ten Grades A bezeichnet. Beide Formeln sind enthalten in der Ungleichheit

(3.) $$\rho_{AB} + \rho_{BC} \leqq \rho_B + \rho_{ABC},$$

die sich, ebenso wie (2.), ohne weiteres aus dem Satze von WEYR (S. 15) ergibt:

I. Wenn die Spalte z die Lösungen der Gleichung $ABz = 0$ durchläuft, so stellt Bz genau $\rho_B - \rho_{AB}$ linear unabhängige Spalten dar.

Die neue Ungleichheit (3.) kann auf die schärfere Form

(4.) $$\rho_{ABC} - \rho_{AB} - \rho_{BC} + \rho_B = \rho_{LBN} \qquad (LBC = ABN = 0)$$

gebracht werden, worin L und N *vollständige* Lösungen der Gleichungen $LBC = 0$ und $ABN = 0$ sind. Setzt man darin $A = 0$, $N = E$ oder $C = 0$, $L = E$, so erhält man

(5.) $$\rho_B - \rho_{BC} = \rho_{LB}, \qquad \rho_B - \rho_{AB} = \rho_{BN}.$$

Ersetzt man aber A, B, C durch A, E, B, so findet man

(6.) $$\rho_A + \rho_B - \rho_{AB} = n - \rho_{LM} \qquad (AM = LB = 0).$$

worin L und M vollständige Lösungen der Gleichungen $AM = 0$ und $LB = 0$ sind, oder in mehr symmetrischer Form

(7.) $$\rho_A - \rho_{AB} = \rho_L - \rho_{LM}, \qquad \rho_B - \rho_{AB} = \rho_M - \rho_{LM}.$$

Sei A eine Matrix von verschwindender Determinante, und $\rho_\varkappa$ der Rang von $A^\varkappa$. Ersetzt man nun A, B, C in (3.) durch $A, A^{\varkappa-1}, A$, so erhält man die Ungleichheit

(8.) $$\rho_{\varkappa-1} - 2\rho_\varkappa + \rho_{\varkappa+1} \geqq 0.$$

Es sind also nicht nur die ersten, sondern auch die zweiten Differenzen der Rangzahlen $\rho_0 (= n), \rho_1, \rho_2, \cdots$ positiv. Ein besonderes Interesse gewinnt diese Beziehung dadurch, daß ihre linke Seite die Anzahl der Elementarteiler der Determinante $|sE - A|$ ist, die gleich $s^\varkappa$ sind (vgl. Schlesinger, *Handbuch der Theorie der linearen Differentialgleichungen Bd. I S. 127*). Daher gilt der Satz:

II. *Die Anzahl der Elementarteiler der Determinante* $|sE - A|$, *die gleich* $s^\varkappa$ *sind, ist gleich dem Range der Matrix* $PA^{\varkappa-1}Q$, *falls* P *und* Q *vollständige Lösungen der Gleichungen* $PA^\varkappa = 0$ *und* $A^\varkappa Q = 0$ *bedeuten.*

Insbesondere ist die Anzahl ihrer für $s = 0$ verschwindenden linearen Elementarteiler gleich dem Range der Matrix PQ, wo P und Q vollständige Lösungen der Gleichungen $PA = 0$ und $AQ = 0$ sind. Diesen Satz hat schon Stickelberger gefunden, und seinen Beweis habe ich in meiner Arbeit *Über die prinzipale Transformation der Thetafunktionen mehrerer Variabeln, Crelles Journ. Bd. 95 S. 267* wiedergegeben.

Setzt man

(9.) $$\rho_{\varkappa-1} - \rho_\varkappa = \lambda_\varkappa,$$

so ist

$$\lambda_1 \geqq \lambda_2 \geqq \cdots \geqq \lambda_\nu > 0,$$

und $\lambda_\varkappa - \lambda_{\varkappa+1}$ ist die Anzahl der Elementarteiler von $|sE - A|$, die gleich $s^\varkappa$ sind, demnach $\lambda_\varkappa$ die Anzahl derjenigen, deren Exponent $\geqq \varkappa$ ist. Enthält der größte gemeinsame Teiler der Unterdeterminanten des Grades $n - \lambda$ von $|sE - A|$ den Faktor s in der Potenz δ_λ, und setzt man

(10.) $$\delta_{\lambda-1} - \delta_\lambda = \varkappa_\lambda$$

so sind

$$\varkappa_1 \geqq \varkappa_2 \geqq \cdots \geqq \varkappa_\mu > 0,$$

die *invarianten Exponenten* jener Elementarteiler, und

$$\delta = \varkappa_1 + \varkappa_2 + \cdots + \varkappa_\mu = \lambda_1 + \lambda_2 + \cdots + \lambda_\nu$$

ist der Exponent der in $|sE - A|$ enthaltenen Potenz von s. Dann ist auch $\varkappa_\lambda$ die Anzahl der *Rangdifferenzen* $\lambda_1, \lambda_2, \cdots \lambda_\nu$, die $\geqq \lambda$ sind, also $\varkappa_1 = \nu$.

Zwei solche Zerlegungen einer Zahl δ in positive Summanden habe ich *assoziierte* genannt. *Über die charakteristischen Einheiten der symmetrischen Gruppe, Sitzungsberichte 1903 S. 342.* Sie bestimmen sich gegenseitig vollständig durch die Bedingungen, daß $\varkappa_1 = \nu$, $\lambda_1 = \mu$ ist, und daß die Zahlen $\varkappa_\alpha + \lambda_\beta - \alpha - \beta + 1$ alle von Null verschieden sind. Zwischen ihnen besteht die Relation

$$(11.)\qquad \varkappa_1 + 3\varkappa_2 + 5\varkappa_3 + \cdots + (2\mu - 1)\varkappa_\mu = \lambda_1^2 + \lambda_2^2 + \cdots \lambda_\nu^2,$$

die bei der Berechnung der Anzahl der linear unabhängigen, mit A vertauschbaren Matrizen eine Rolle spielt (vgl. HENSEL, *Theorie der Körper von Matrizen*, CRELLES *Journ. Bd. 127 S. 159*). Sie ergibt sich aus der allgemeineren evidenten Formel

$$\begin{aligned} F(\lambda_1) + F(\lambda_2) + \cdots + F(\lambda_\nu) &= (\varkappa_1 - \varkappa_2)\, F(1) + (\varkappa_2 - \varkappa_3)\, F(2) + \cdots + (\varkappa_{\mu-1} - \varkappa_\mu)\, F(\mu - 1) + \varkappa_\mu\, F(\mu) \\ &= \varkappa_1 F(1) + \varkappa_2 (F(2) - F(1)) + \varkappa_3 (F(3) - F(2)) + \cdots + \varkappa_\mu (F(\mu) - F(\mu - 1)). \end{aligned}$$

Daß in der Tat $\rho_{\varkappa-1} - 2\rho_\varkappa + \rho_{\varkappa+1}$ die Anzahl der Elementarteiler $s^\varkappa$ der Determinante $|sE - A|$ ist, kann man leicht einsehen, wenn man die Normalform von WEIERSTRASS, in die sich A durch kontragrediente Substitutionen transformieren läßt, als bekannt voraussetzt. Der Beweis wird aber durchsichtiger, wenn man die Normalform auf dem Wege von WEYR entwickelt. Daher will ich hier diese Herleitung in einer möglichst einfachen und deutlichen Form wiedergeben.

§ 1.

Ist $AB = 0$, ist ρ der Rang von A, und σ der von B, so ist $\rho + \sigma \leq n$. Ist A gegeben, so kann man B so bestimmen, daß $\rho + \sigma = n$ wird. Dann heißt $Y = B$ eine *vollständige Lösung* der Gleichung $AY = 0$, und wenn V eine willkürliche Matrix ist, so ist $Y = BV$ ihre allgemeinste Lösung. Zugleich ist $X = A$ eine vollständige Lösung der Gleichung $XB = 0$ und $X = UA$ ihre allgemeinste Lösung.

Ich bezeichne mit (x) oder x eine (nicht quadratische) Matrix von n Zeilen und nur einer Spalte, worin n Größen $x_1, x_2, \cdots x_n$ untereinander stehen; ich nenne sie eine *einspaltige Matrix* oder kurz eine *Spalte*. Z. B. ist $y = Ax$ der symbolische Ausdruck für das System der n linearen Formen

$$\begin{aligned} y_1 &= a_{11}\ x_1 + a_{12}\ x_2 + \cdots + a_{1n}\ x_n, \\ y_2 &= a_{21}\ x_1 + a_{22}\ x_2 + \cdots + a_{2n}\ x_n, \\ &\cdot \quad \cdot \quad \cdot \quad \cdots \quad \cdot, \\ y_n &= a_{n1}\ x_1 + a_{n2}\ x_2 + \cdots + a_{nn}\ x_n. \end{aligned}$$

Ist B eine vollständige Lösung der Gleichung $AB = 0$, und ist x eine willkürliche Spalte, so ist $y = Bx$ die allgemeinste Lösung der Gleichung $Ay = 0$.

I. *Wenn die Spalte z die Lösungen der Gleichung $ABz = 0$ durchläuft, so stellt Bz genau $\rho_B - \rho_{AB}$ linear unabhängige Spalten dar.*

Denn zu den $\tau = n - \rho_{AB}$ unabhängigen Lösungen der Gleichung $ABz = 0$ gehören die $\sigma = n - \rho_B$ Lösungen $z', z'', \dots z^{(\sigma)}$ der Gleichung $Bz = 0$. Werden sie durch $z^{(\sigma+1)}, \dots z^{(\tau)}$ zu einem vollständigen System von τ Lösungen ergänzt, so sind die $\tau - \sigma = \rho_B - \rho_{AB}$ Spalten $Bz^{(\sigma+1)}, \dots Bz^{(\tau)}$ unabhängig. Denn ist

$$0 = c_{\sigma+1} Bz^{(\sigma+1)} + \cdots + c_\tau Bz^{(\tau)} = B(c_{\sigma+1} z^{(\sigma+1)} + \cdots + c_\tau z^{(\tau)}),$$

wo $c_1, c_2, \cdots$ *skalare* Faktoren sind, so ist

$$c_{\sigma+1} z^{(\sigma+1)} + \cdots + c_\tau z^{(\tau)} = c_1 z' + \cdots + c_\sigma z^{(\sigma)},$$

und mithin $c_1 = 0, \dots c_\tau = 0$.

Ist L eine vollständige Lösung der Gleichung $LB = 0$, so läßt sich y stets und nur dann in der Form $y = Bz$ darstellen, wenn $Ly = 0$ ist. Daher ist $\rho_B - \rho_{AB}$ auch die Anzahl der unabhängigen Lösungen der $2n$ Gleichungen $Ay = 0$ und $Ly = 0$. In dieser Form findet sich der Satz von Weyr in der Arbeit von Karst, *Lineare Funktionen und Gleichungen, Programm (No. 127) der Realschule zu Lichtenberg, Ostern 1909 (S. 43).* Für die Anwendungen ist die folgende Form die bequemste:

III. *Ist $ABC = 0$, so ist $\rho_{AB} + \rho_{BC} \leqq \rho_B$. Ist A eine vollständige Lösung der Gleichung $A(BC) = 0$, oder ist C eine solche der Gleichung $(AB)C = 0$, so ist*

$$\rho_{AB} + \rho_{BC} = \rho_B.$$

Seien zunächst A, B, C drei beliebige Matrizen. Ersetzt man in dem Satze I die Matrix B durch BC, so ist $\lambda = \rho_{BC} - \rho_{ABC}$ die Anzahl der Spalten $y', y'', \dots$, wofür $ABCy = 0$ ist, und die Spalten $BCy', BCy'', \dots$ unabhängig sind. Dann genügen $z' = Cy', z'' = Cy'', \dots$ der Gleichung $ABz = 0$, und die λ Spalten $Bz' = BCy', Bz'' = BCy'', \dots$ sind unabhängig. Da es aber nicht mehr als $\rho_B - \rho_{AB}$ solche Spalten $z', z'', \dots$ gibt, so ist $\lambda \leqq \rho_B - \rho_{AB}$ oder

$$(3.) \qquad \rho_{AB} + \rho_{BC} \leqq \rho_B + \rho_{ABC}.$$

Diese merkwürdige Relation ist also eine unmittelbare Folge des Satzes von Weyr. Ist speziell $ABC = 0$, so ist $\rho_{AB} + \rho_{BC} \leqq \rho_B$.

Ist C eine vollständige Lösung der Gleichung $(AB)C = 0$, und ist x eine willkürliche Spalte, so ist $z = Cx$ die allgemeinste Lösung der Gleichung $(AB)z = 0$. Unter den Spalten $Bz = BCx$, d. h. unter den n Spalten der Matrix BC sind aber ρ_{BC} linear unabhängig. Nach Satz I ist daher $\rho_B - \rho_{AB} = \rho_{BC}$. (Vgl. Formel (5.)). Jede der beiden in dem Satze III für das Bestehen dieser Gleichung ausgesprochenen

Bedingungen ist hinreichend, aber nicht notwendig. Daher ist auch nicht die eine eine Folge der anderen.

Ist A eine vollständige Lösung der Gleichung $A(BC) = 0$, so ist

$$\rho_A + \rho_{BC} = n, \qquad \rho_{AB} + \rho_{BC} = \rho_B$$

und mithin

$$\rho_A + \rho_B = \rho_{AB} + n.$$

Umgekehrt seien A und B irgend zwei gegebene Matrizen, die dieser Bedingung genügen. Ist dann C eine vollständige Lösung der Gleichung $(AB)\,C = 0$, so ist $\rho_{AB} + \rho_{BC} = \rho_B$, mithin $\rho_A + \rho_{BC} = n$, und folglich ist A eine vollständige Lösung der Gleichung $A(BC) = 0$. So gelangt man zu einer dritten Form des Satzes von Weyr:

IV. *Stets und nur dann ist* $\rho_A + \rho_B = \rho_{AB} + n$, *wenn es eine solche Matrix* C *gibt, daß* A *eine vollständige Lösung der Gleichung* $A(BC) = 0$ *ist, oder eine solche* D, *daß* B *eine vollständige Lösung der Gleichung* $(DA)\,B = 0$ *ist. Allgemein ist*

$$\rho_A + \rho_B \leqq \rho_{AB} + n, \qquad (n - \rho_A) + (n - \rho_B) \geqq n - \rho_{AB}.$$

Von jenen beiden Bedingungen ist demnach jede eine Folge der anderen. Die Zahl $n - \rho_A$ nennt Weyr die *Nullität* der Matrix A. Doch ist es vorzuziehen, mit dem von n unabhängigen Begriffe *Rang* zu operieren.

Nun seien wieder A, B, C drei beliebige Matrizen. Eine unmittelbare Folgerung aus der Relation (3.) ist der Satz:

V. *Ist der Rang von* B *gleich dem von* AB, *so ist auch der Rang von* BC *gleich dem von* ABC.

Zu einer schärferen Einsicht in die Bedeutung der Ungleichheit (3.) führt die folgende Entwicklung. Seien L und N vollständige Lösungen der Gleichungen $LBC = 0$ und $ABN = 0$.

Ist dann U eine vollständige Lösung der Gleichung $A(BC)U = 0$, so ist $\rho_{ABC} + \rho_{BCU} = \rho_{BC}$. Da $X = CU$ eine Lösung der Gleichung $ABX = 0$ ist, so ist $CU = NV$, also $LB(NV) = LB(CU) = (LBC)U = 0$ oder $L(BN)V = 0$ und mithin $\rho_{LBN} + \rho_{BNV} \leqq \rho_{BN}$, und weil $\rho_{BNV} = \rho_{BCU} = \rho_{BC} - \rho_{ABC}$ ist,

$$\rho_{BC} - \rho_{ABC} \leqq \rho_{BN} - \rho_{LBN}.$$

Ist dagegen V eine vollständige Lösung der Gleichung $L(BN)V = 0$, so ist $\rho_{LBN} + \rho_{BNV} = \rho_{BN}$. Da $Y = BNV$ der Gleichung $LY = 0$ genügt, und da $Y = BC$ eine vollständige Lösung dieser Gleichung ist, so ist $BNV = BCU$ und mithin $A(BC)U = 0$, also $\rho_{ABC} + \rho_{BCU} \leqq \rho_{BC}$, und weil $\rho_{BCU} = \rho_{BNV} = \rho_{BN} - \rho_{LBN}$ ist,

$$\rho_{BN} - \rho_{LBN} \leqq \rho_{BC} - \rho_{ABC}.$$

Folglich ist

$$\rho_{BC} - \rho_{ABC} = \rho_{BN} - \rho_{LBN}, \qquad \rho_{AB} + \rho_{BN} = \rho_B,$$

und mithin

(4.) $$\rho_{ABC} - \rho_{AB} - \rho_{BC} + \rho_B = \rho_{LBN}.$$

Diese Formel umfaßt alle bisher entwickelten Resultate.

§ 2.

Aus der Gleichung (4.) ergibt sich der Satz von Weyr (S. 17):

VI. *Sind die ganzen Funktionen $f(s)$ und $g(s)$ teilerfremd, und ist $n-\alpha$ der Rang von $f(A)$, und $n-\beta$ der von $g(A)$, so ist $n-\alpha-\beta$ der Rang von $f(A)g(A)$.*

Man bestimme die ganzen Funktionen $f_1(s)$ und $g_1(s)$ so, daß $f(s)f_1(s)+g(s)g_1(s) = 1$ wird, und setze $f(A) = P$, $f_1(A) = P_1$, $g(A) = Q$, $g_1(A) = Q_1$. Dann ist $P_1P + QQ_1 = E$. Ferner ist nach (6.)

$$\rho_P + \rho_Q - \rho_{PQ} = n - \rho_{LM},$$

wo L und M vollständige Lösungen der Gleichungen $LQ = 0$ und $PM = 0$ sind. Daher ist

$$LM = L(P_1P+QQ_1)M = LP_1(PM)+(LQ)Q_1M = 0,$$

und mithin

$$(n-\rho_P)+(n-\rho_Q) = n-\rho_{PQ}.$$

Sind allgemeiner je zwei der Funktionen $f(s)$, $g(s)$, $h(s)$, $\cdots$ teilerfremd, und ist $n-\gamma$ der Rang von $h(A)$, so ist $n-\alpha-\beta-\gamma-\cdots$ der Rang von $f(A)\,g(A)\,h(A)\cdots$.

Da es nicht mehr als n^2 unabhängige Matrizen $n$ten Grades gibt, so besteht zwischen den Potenzen A^0, A^1, A^2, $\cdots$ eine lineare Beziehung. Sei $\psi(A) = 0$ die Gleichung niedrigsten Grades, der A genügt, sei $\varphi(s) = |sE-A|$ die charakteristische Determinante von A, und seien $a, b, c, \cdots$ die Wurzeln der beiden Gleichungen $\varphi(s) = 0$, und $\psi(s) = 0$ zusammengenommen. Ist also

$$\varphi(s) = (s-a)^\alpha(s-b)^\beta(s-c)^\gamma, \cdots, \qquad \psi(s) = (s-a)^\varkappa(s-b)^\lambda(s-c)^\mu\cdots,$$

so sind α und $\varkappa$ nicht beide Null. Daher ist $\alpha > 0$. Denn sonst wäre $\varkappa > 0$ und $|A-aE|$ von Null verschieden, und aus der Gleichung

$$(A-aE)^\varkappa(A-bE)^\lambda(A-cE)^\mu\cdots = 0$$

könnte man den Faktor $(A-aE)^\varkappa$ wegheben.

Ist $n-\alpha'$ der Rang von $(A-aE)^\varkappa$, $n-\beta'$ der von $(A-bE)^\lambda$, $\ldots$, so ist $n-\alpha'-\beta'-\gamma'-\cdots$ der des Produktes, und demnach ist

$$\alpha'+\beta'+\gamma'+\cdots = n, \qquad (\alpha-\alpha')+(\beta-\beta')+(\gamma-\gamma')+\cdots = 0.$$

Ist etwa $\varkappa = 0$, so ist $\alpha' = 0$, also $\alpha' < \alpha$. Ist aber $\varkappa > 0$, so verschwinden in der Matrix $(A-aE)^\varkappa$ alle Determinanten $(n-1)$ten, $(n-2)$ten, $\cdots$ $(n-\alpha'+1)$ten Grades. Für $s = 0$ verschwindet folglich die Funktion $|(A-aE)^{\varkappa}-sE|$ der Variabeln s nebst ihren ersten $\alpha'-1$ Ableitungen. Nun ist aber 0 eine α fache charakteristische Wurzel der Matrix $A-aE$ und folglich auch der Matrix $(A-aE)^{\varkappa}$. Daher ist

$$\alpha \geqq \alpha', \; \beta \geqq \beta', \; \gamma \geqq \gamma', \; \cdots$$

und mithin

$$\alpha' = \alpha, \beta' = \beta, \gamma' = \gamma, \cdots,$$

also stets $\alpha' > 0$, und demnach auch $\varkappa > 0$. Ist ρ_τ der Rang von $(A-aE)^\tau$, so ergibt sich wie oben, daß $\rho_\tau \geqq n-\alpha$ ist. Da aber $\rho_{\varkappa+1} \leqq \rho_\varkappa = n-\alpha$ ist, so ist $\rho_\varkappa = \rho_{\varkappa+1} = \rho_{\varkappa+2} = \cdots = n-\alpha$. Dagegen ist $\rho_{\varkappa-1} < n-\alpha$. Denn sonst hätte nach Satz VI

$$(A-aE)^{\varkappa-1}(A-bE)^\lambda(A-cE)^\mu \cdots$$

den Rang $n-\alpha-\beta-\gamma \cdots = 0$, während $\psi(A) = 0$ die Gleichung niedrigsten Grades für A ist. Nach (8.) ist demnach

$$(12.) \qquad \rho_0 > \rho_1 > \cdots > \rho_{\varkappa-1} > \rho_\varkappa = \rho_{\varkappa+1} = \rho_{\varkappa+2} = \cdots = n-\alpha.$$

Für die Reduktion von A auf die Normalform ist die Gleichung $\rho_\varkappa = n-\alpha$ von der größten Wichtigkeit. Es ist möglich, daß $\rho_1 > n-\alpha$ ist, daß also die Gleichung $(A-aE)x = 0$ weniger als α unabhängige Lösungen besitzt. Dann gibt es aber einen solchen Exponenten τ, daß die Gleichung $(A-aE)^\tau x = 0$ genau α Lösungen hat, und dies tritt stets und nur dann ein, wenn $\tau \geqq \varkappa$ ist.

§ 3.

Der Einfachheit halber nehme ich jetzt an, die Matrix A habe die charakteristische Wurzel 0, $\varphi(s)$ sei durch s^δ, $\psi(s)$ durch s^ν genau teilbar, A^τ habe den Rang ρ_τ. Die Gleichung $A^\nu x = 0$ hat dann $n-\rho_\nu = \delta = \rho_0 - \rho_\nu$ unabhängige Lösungen, und genau dieselben hat die Gleichung $A^{\nu+1}x = 0$ oder $A^{\nu+2}x = v, \cdots$ weil $\rho_\nu = \rho_{\nu+1} = \rho_{\nu+2}, \cdots$ ist. Diese Lösungen wollen wir in folgender Art wählen: $u, u', u'', \cdots$ seien $\lambda_\nu = \rho_{\nu-1} - \rho_\nu$ Lösungen der Gleichung $A^\nu x = 0$, wofür die Spalten $A^{\nu-1}x$ unabhängig sind; $v, v', v'', \cdots$ seien $\lambda_{\nu-1} = \rho_{\nu-2} - \rho_{\nu-1}$ Lösungen der Gleichung $A^{\nu-1}x = 0$, wofür die Spalten $A^{\nu-2}x$ unabhängig sind; $w, w', w'', \cdots$ seien $\lambda_{\nu-2} = \rho_{\nu-3} - \rho_{\nu-2}$ Lösungen der Gleichung $A^{\nu-2}x = 0$, wofür die Spalten $A^{\nu-3}x$ unabhängig sind, usw. So erhält man

$$(13.) \qquad \lambda_\nu + \lambda_{\nu-1} + \cdots + \lambda_1 = \rho_0 - \rho_\nu = \delta$$

Spalten, die alle der Gleichung $A^\nu x = 0$ genügen und unabhängig sind, also ein vollständiges System ihrer Lösungen bilden. Denn ist

$$x = au + a'u' + a''u'' + \cdots + bv + b'v' + \cdots + cw + c'w' + \cdots = 0,$$

so ist

$$A^{\nu-1}x = aA^{\nu-1}u + a'A^{\nu-1}u' + a''A^{\nu-1}u'' + \cdots = 0$$

und mithin $a = a' = a'' = \cdots = 0$; sodann

$$A^{\nu-2}x = bA^{\nu-2}v + b'A^{\nu-2}v' + \cdots = 0\,,$$

und mithin $b = b' = \cdots = 0$, usw.

Die λ_ν Lösungen $u, u', u'', \cdots$ heißen *primitive*, zum Exponenten ν *gehörende* Lösungen. Für λ_ν der $\lambda_{\nu-1}$ Lösungen $v, v', v'', \cdots$ können und sollen die Spalten $Au, Au', Au'', \cdots$ gewählt werden, da $A^{\nu-2}(Au)$, $A^{\nu-2}(Au'), \cdots$ unabhängig sind. Die übrigen $\lambda_{\nu-1} - \lambda_\nu$ dieser Lösungen heißen primitive, zum Exponenten $\nu - 1$ gehörende Lösungen. Für $\lambda_{\nu-1}$ der $\lambda_{\nu-2}$ Lösungen $w, w', w'', \cdots$ können und sollen die Spalten $Av, Av', Av'', \cdots$ gewählt werden, von denen die Spalten A^2u, A^2u', $A^2u'', \cdots$ einen Teil bilden. Die übrigen $\lambda_{\nu-2} - \lambda_{\nu-1}$ dieser Lösungen heißen primitive, zum Exponenten $\nu - 2$ gehörende Lösungen usw. Die gesamte Anzahl der primitiven Lösungen ist

$$\lambda_\nu + (\lambda_{\nu-1} - \lambda_\nu) + (\lambda_{\nu-2} - \lambda_{\nu-1}) + \cdots + (\lambda_1 - \lambda_2) = \lambda_1 = \mu\,.$$

Die μ Exponenten, zu denen sie gehören, mögen mit

$$\varkappa_1 \geqq \varkappa_2 \geqq \quad \geqq \varkappa_\mu > 0$$

bezeichnet werden. Ist $\varkappa$ einer derselben, und p eine primitive, dazugehörende Lösung, so ist $A^\varkappa p = 0$, und unter den oben gewählten δ Lösungen, die *Normallösungen* heißen mögen, befinden sich neben p die $\varkappa - 1$ daraus *abgeleiteten* Lösungen $Ap, A^2p, \cdots A^{\varkappa-1}p$. Ich nenne sie eine *Kette* von Lösungen.

Demnach zerfallen die δ Lösungen in μ Ketten von je $\varkappa_1, \varkappa_2 \cdots \varkappa_\mu$ Lösungen, und es ist

$$(14.) \qquad \varkappa_1 + \varkappa_2 + \cdots + \varkappa_\mu = \delta$$

die Gesamtzahl der Lösungen der Gleichung $A^\nu x = 0$. Von den Zahlen $\varkappa_1, \varkappa_2, \cdots \varkappa_\mu$ sind λ_ν gleich ν, $\lambda_{\nu-1} - \lambda_\nu$ gleich $\nu - 1, \cdots \lambda_{\beta-1} - \lambda_\beta$ gleich β. Daher sind (13.) und (14.) *assoziierte* Zerlegungen von δ; d. h. unter den Zahlen $\varkappa_1, \varkappa_2 \cdots \varkappa_\mu$ befinden sich λ_β, die $\geqq \beta$ sind, und unter den Zahlen $\lambda_1, \lambda_2, \cdots \lambda_\nu$ befinden sich folglich $\varkappa_\alpha$, die $\geqq \alpha$ sind; insbesondere ist $\varkappa_1 = \nu$ und $\lambda_1 = \mu$. Oder, wenn von den Zahlen $\lambda_1, \lambda_2, \cdots \lambda_\nu$

$$\lambda_\varkappa \geqq \alpha\,, \qquad \lambda_{\varkappa+1} < \alpha$$

ist, so ist $\varkappa_\alpha = \varkappa$; und wenn von den Zahlen $\varkappa_1, \varkappa_2, \cdots \varkappa_\mu$

$$\varkappa_\lambda \geqq \beta\,, \qquad \varkappa_{\lambda+1} < \beta$$

ist, so ist $\lambda_\beta = \lambda$.

Dies kann man am einfachsten graphisch einsehen. Denn ist z. B. $\mu = 3$ und

$$\varkappa_1 = 5 = 1 + 1 + 1 + 1 + 1$$
$$\varkappa_2 = 3 = 1 + 1 + 1$$
$$\varkappa_3 = 2 = 1 + 1\,,$$

so ist $\nu = 5$, und $\lambda_1, \lambda_2, \cdots \lambda_5$ sind die Summen der Elemente der Spalten des obigen Schemas. Das analoge Schema für $\lambda_1, \lambda_2, \cdots \lambda_\nu$ ergibt sich also aus dem für $\varkappa_1, \varkappa_2, \cdots \varkappa_\mu$ durch Vertauschung der horizontalen und der vertikalen Reihen.

Nach (13.) ist $\nu \leqq \delta$, also wenn wir zu den Bezeichnungen des § 2 zurückkehren,

$$0 < \varkappa \leqq \alpha, \qquad 0 < \lambda \leqq \beta, \qquad 0 < \mu \leqq \gamma, \cdots.$$

Folglich ist $\psi(s)$ ein Divisor von $\varphi(s)$, der aber durch jeden Linearfaktor von $\varphi(s)$ teilbar ist. Demnach ist $\varphi(A) = 0$.

§ 4.

Die α Normallösungen der Gleichung $(A - aE)^\varkappa x = 0$ seien $p, p', p'', \cdots$, so geordnet, daß auf jede primitive Lösung die aus ihr abgeleiteten folgen. Die β Normallösungen der Gleichung $(A - bE)^\lambda x = 0$ seien $q, q', q'', \cdots$, die γ der Gleichung $(A - cE)^\mu x = 0$ seien $r, r', r'', \cdots$. Die aus diesen $\alpha + \beta + \gamma + \cdots = n$ Spalten gebildete Matrix $n$ten Grades

$$L = (p, p' \cdots; q, q', \cdots; r, r', \cdots; \cdots)$$

hat eine von 0 verschiedene Determinante. Denn sonst könnte man skalare Faktoren $k, k', \ldots$ so bestimmen, daß

$$kp + k'p' + \cdots + lq + l'q' + \cdots + mr + m'r' + \cdots = 0$$

wäre. Setzt man $(s-b)^\lambda (s-c)^\mu \cdots = \chi(s)$, so folgt aus $(A - bE)^\lambda q = 0$ die Gleichung $\chi(A)q = 0$; ebenso ist $\chi(A)r = 0$. Daher wäre auch

$$\chi(A)(kp + k'p' + \cdots) = 0, \qquad (A - aE)^\varkappa (kp + k'p' + \cdots) = 0.$$

Bestimmt man $f(s)$ und $g(s)$ so, daß

$$\chi(s) f(s) + (s-a)^\varkappa g(s) = 1$$

wird, so ist dann auch

$$\left(f(A)\chi(A) + g(A)(A - aE)^\varkappa\right)(kp + k'p' + \cdots) = 0, \qquad kp + k'p + \cdots = 0,$$

und mithin $k = k' = \ldots = 0$.

Ist p eine primitive, zum Exponenten $\varkappa$ gehörende Lösung, und sind

$$p' = (A - aE)p, \; p'' = (A - aE)p' = (A - aE)^2 p, \cdots p^{(\varkappa-1)} = (A - aE)p^{(\varkappa-2)} = (A - aE)^{\varkappa-1} p$$

die aus ihr abgeleiteten Lösungen, so ist

$$(A - aE)p^{(\varkappa-1)} = (A - aE)^\varkappa p = 0$$

und mithin

$$AL = (ap + p', ap' + p'', \cdots ap^{\varkappa-2} + p^{(\varkappa-1)}, ap^{(\varkappa-1)}; \cdots).$$

Ist B die Matrix $n$ten Grades der bilinearen Form

$$B = a(x_1 y_1 + x_2 y_2 + \cdots + x_\varkappa y_\varkappa) + (x_2 y_1 + x_3 y_2 + \cdots + x_\varkappa y_{\varkappa-1}) + \cdots,$$

so ist

$$LB = (ap + p', ap' + p'', \cdots ap^{(\varkappa-2)} + p^{(\varkappa-1)}, ap^{(\varkappa-1)}; \cdots)$$

und mithin

$$AL = LB, \qquad L^{-1}AL = B.$$

Umgekehrt haben zwei *ähnliche* Matrizen dieselben charakteristischen Wurzeln, und für jede solche Wurzel a die nämlichen Rangzahlen $\rho_0, \rho_1, \rho_2, \cdots$, also auch dieselben Zahlen $\delta_0, \delta_1, \delta_2, \cdots$, deren Differenzen nach (10.) die Zahlen $\varkappa_1, \varkappa_2, \varkappa_3, \cdots$ sind, und demnach dieselbe *Normalform* B. Für B aber ist $(s-a)^{\delta\lambda}$ der größte gemeinsame Divisor der Unterdeterminanten $(n-\lambda)$ten Grades von $|sE-A|$, wie Stickelberger, *Über Scharen von bilinearen und quadratischen Formen,* Crelles *Journ. Bd. 86 S. 30* und Netto, *Zur Theorie der linearen Substitutionen, Acta math. Bd. 17 S. 267* gezeigt hat. Aus der am Ende des § 3 erhaltenen Relation $\varkappa_1 = \nu$ folgt insbesondere, daß, wenn $\psi(s) = \psi(s)\vartheta(s)$ ist, $\vartheta(s)$ der größte gemeinsame Divisor der Unterdeterminanten $(n-1)^{\text{ten}}$ Grades von $|sE-A| = \varphi(s)$ ist.

VII. *Enthält die Determinante der Matrix* $A-sE$ *den Faktor* s *in der Potenz* s^{δ}, *und enthält ihn der größte gemeinsame Divisor ihrer Determinanten* $(n-\lambda)^{ten}$ *Grades in der Potenz* $s^{\delta\lambda}$, *ist ferner* ρ_λ *der Rang der Potenz* A^{λ}, *so sind die beiden Zerlegungen von* δ

$$\delta = (\delta_0-\delta_1)+(\delta_1-\delta_2)+(\delta_2-\delta_3)+\cdots = (\rho_0-\rho_1)+(\rho_1-\rho_2)+(\rho_2-\rho_3)+\cdots$$

assoziierte Zerlegungen.

§ 5.

Will man die Normalform B einer bilinearen Form A untersuchen, ohne auf die Weierstrasssche Definition der Elementarteiler zurückzugehen, so muß man die früheren Entwicklungen noch durch folgende Bemerkungen ergänzen.

Wenn die Matrix $n$ten Grades

$$A = \begin{pmatrix} A' & 0 \\ 0 & A'' \end{pmatrix}$$

in die beiden Matrizen A' und A'' der Grade n' und n'' *vollständig zerfällt*, so ist

$$A^{\varkappa} = \begin{pmatrix} A'^{\varkappa} & 0 \\ 0 & A''^{\varkappa} \end{pmatrix},$$

und mithin in leicht verständlicher Bezeichnung

$$\rho_{\varkappa} = \rho'_{\varkappa} + \rho''_{\varkappa}, \qquad \lambda_{\varkappa} = \lambda'_{\varkappa} + \lambda''_{\varkappa}, \qquad \delta = \delta' + \delta''.$$

Den Zerlegungen

$$\delta' = \lambda'_1 + \lambda'_2 + \cdots, \qquad \delta'' = \lambda''_1 + \lambda''_2 + \cdots$$

seien assoziiert die Zerlegungen

$$\delta' = \varkappa'_1 + \varkappa'_2 + \cdots, \qquad \delta'' + \varkappa''_1 + \varkappa''_2 + \cdots.$$

Unter den μ' Zahlen $\varkappa'_1, \varkappa'_2, \cdots$ befinden sich daher $\lambda'_{\varkappa}$, die $\geqq \varkappa$ sind, und unter den μ'' Zahlen $\varkappa''_1, \varkappa''_2, \cdots$ befinden sich $\lambda''_{\varkappa}$ solche Zahlen. Unter den $\mu' + \mu''$ Zahlen $\varkappa'_1, \varkappa'_2, \cdots \varkappa''_1, \varkappa''_2, \cdots$ gibt es folglich $\lambda'_{\varkappa} + \lambda''_{\varkappa} = \lambda_{\varkappa}$, die $\geqq \varkappa$ sind. Demnach ist der Zerlegung

$$\delta = \lambda_1 + \lambda_2 + \cdots + \lambda_{\nu}$$

assoziiert die Zerlegung

$$\delta = \varkappa'_1 + \varkappa'_2 + \cdots + \varkappa''_1 + \varkappa''_2 + \cdots.$$

worin die Summanden noch nicht der Größe nach geordnet sind. Die für $s = 0$ verschwindenden Elementarteiler von $|A - sE|$ haben daher die Exponenten $\varkappa'_1, \varkappa'_2, \ldots \varkappa''_1, \varkappa''_2, \ldots$, d. h. es sind die Elementarteiler von $|A' - sE'|$ und $|A'' - sE''|$ zusammengenommen.

VIII. *Die Elementarteiler der charakteristischen Determinante einer Matrix, die in mehrere Matrizen vollständig zerfällt, sind die der einzelnen Teile zusammengenommen.*

Ist F die Matrix der Form $x_2 y_1 + x_3 y_2 + \cdots + x_\varkappa y_{\varkappa-1}$, so ist F^2 die der Form $x_3 y_1 + x_4 y_2 + \cdots + x_\varkappa y_{\varkappa-2}$, F^3 die der Form $x_4 y_1 + x_5 y_2 + \cdots + x_\varkappa y_{\varkappa-3}$, usw. Mithin ist $\rho_0 = \varkappa$, $\rho_1 = \varkappa - 1$, $\rho_2 = \varkappa - 2, \ldots$ und $\lambda_1 = \lambda_2 = \cdots = \lambda_\varkappa = 1$. Die charakteristische Determinante der *Elementarform*

$$C = a\,(x_1 y_1 + x_2 y_2 + \cdots + x_\varkappa y_\varkappa) + (x_2 y_1 + x_3 y_2 + \cdots + x_\varkappa y_{\varkappa-1})$$

hat folglich nur den einen Elementarteiler $(s-a)^\varkappa$. Mit Hilfe des obigen Satzes ergeben sich dann die Elementarteiler der charakteristischen Determinante der Normalform B, die in eine Anzahl von Elementarformen der Gestalt C vollständig zerfällt.

86.

Gegenseitige Reduktion algebraischer Körper

Mathematische Annalen 70, 457—458 (1911)

Anläßlich einer Berichtigung zu H. Webers Arbeit über zyklische Zahlkörper im 67. Bande dieser Annalen teilte Frobenius dem Verfasser in einem Schreiben vom 19. Juni 1909 folgendes mit:

„Der Satz von der gegenseitigen Reduktion zweier Körper findet sich im Traité des substitutions p. 269, art. 378 Théorème XIII*), möglicherweise auch schon früher. Vielleicht interessiert es Sie, wie ich diesen Gegenstand seit 1893 in meiner Vorlesung behandle, in Anlehnung an eine Bemerkung von Dedekind:

Seien $\mathsf{A} = \Omega(\alpha)$ und $\mathsf{B} = \Omega(\beta)$ zwei algebraische Körper über Ω. Mehrere Größen $\alpha_1, \alpha_2, \alpha_3, \cdots$ von A nenne ich abhängig in bezug auf B, wenn zwischen ihnen eine Gleichung $\alpha_1\beta_1 + \alpha_2\beta_2 + \alpha_3\beta_3 + \cdots = 0$ besteht, worin $\beta_1, \beta_2, \beta_3, \cdots$ dem Körper B angehören. Mit $(\mathsf{A}:\mathsf{B})$ bezeichne ich die Anzahl der Größen des Körpers A, die in bezug auf B unabhängig sind. Dann sind

$$a = (\mathsf{A}:\Omega) \quad \text{und} \quad b = (\mathsf{B}:\Omega)$$

die Grade von A und B. Ist A durch B teilbar, so ist

$$(\mathsf{A}:\mathsf{B}) = \frac{a}{b}\cdot$$

Im allgemeinen Fall sei $\mathsf{M} = \Omega(\mu)$ das kleinste gemeinschaftliche Vielfache von A und B, also

$$\alpha = \varphi(\mu), \quad \beta = \psi(\mu), \quad \mu = \chi(\alpha, \beta),$$

und $m = (\mathsf{M}:\Omega)$ der Grad von M.

Nach Adjunktion von β lassen sich wegen

$$\alpha = \varphi(\mu), \quad \mu = \chi(\alpha, \beta)$$

---

*) C. Jordan, Traité des substitutions, Paris 1871.

α und μ gegenseitig durch einander rational ausdrücken. Daher ist

$$(\mathsf{A}:\mathsf{B}) = (\mathsf{M}:\mathsf{B}) = \frac{m}{b}.$$

Mithin ist

$$a' = (\mathsf{A}:\mathsf{B}) = \frac{m}{b}, \qquad b' = (\mathsf{B}:\mathsf{A}) = \frac{m}{a},$$

$$\frac{(\mathsf{A}:\mathsf{B})}{(\mathsf{B}:\mathsf{A})} = \frac{a'}{b'} = \frac{a}{b}, \quad m = a'b = b'a,$$

aber es ist

$$\frac{a}{a'} = \frac{b}{b'}$$

nicht immer ganz.*)

Sei Δ der größte gemeinsame Divisor von A und B, $d = (\Delta:\Omega)$ der Grad von Δ. Dann ist

$$(\mathsf{A}:\mathsf{B}) \leqq (\mathsf{A}:\Delta)$$

oder

$$dm \leqq ab.$$

„Wenn *einer* der beiden Körper $\mathsf{A}:\Delta$ oder $\mathsf{B}:\Delta$ ein normaler ist, so ist $dm = ab$“.

Denn α genüge, wenn Δ der Rationalitätsbereich ist, der irreduzibeln Gleichung $\Phi(\alpha) = 0$, die eine normale Gleichung sei. Adjungiert man β, so sei $\Psi(\alpha, \beta) = 0$ die irreduzible Gleichung für α. Dann ist $\Phi(x)$ durch $\Psi(x, \beta)$ teilbar.

Ist $\Psi(x, \beta) = (x-\alpha)(x-\alpha')(x-\alpha'')\cdots$, so sind $\alpha', \alpha'', \cdots$ rationale Funktionen (in Δ) von α. Daher gehören die Koeffizienten von $\Psi(x, \beta)$ dem Körper A an. Außerdem gehören sie dem Körper B an und mithin dem Körper Δ. In Δ ist aber $\Phi(x) = 0$ die irreduzible Gleichung für α. Daher ist $\Psi(x, \beta)$ durch $\Phi(x)$ teilbar. Mithin ist $\Phi(x) = \Psi(x, \beta)$, also der Grad $\frac{a}{d} = \frac{m}{b}$.

Ich kann mich nicht mehr erinnern, wie ich auf diesen Satz gekommen bin, ob ich ihn nicht in irgend einer anderen Einkleidung irgendwo gefunden und ihn in Dedekinds Sprache übertragen habe. Er ist etwas allgemeiner als Ihr Satz, weil er nur von *einem* der beiden Körper voraussetzt, daß er normal ist, während Sie es von *beiden* annehmen.

---

*) Allgemein ist

$$(\mathsf{A}:\mathsf{B})\,(\mathsf{B}:\Gamma)\,(\Gamma:\mathsf{A}) = (\mathsf{A}:\Gamma)\,(\Gamma:\mathsf{B})\,(\mathsf{B}:\mathsf{A}).$$

87.

Über den von L. Bieberbach gefundenen Beweis eines Satzes von C. Jordan

Sitzungsberichte der Königlich Preußischen Akademie der Wissenschaften zu Berlin 241–248 (1911)

Jede endliche Gruppe von Matrizen nten Grades besitzt eine kommutative invariante Untergruppe, deren Index eine gewisse nur von n abhängige Grenze nicht überschreitet.

Für diesen Satz hat Hr. Bieberbach hier einen Beweis entwickelt, der die beiden bisher bekannten Beweise der HH. Jordan und Blichfeldt an Einfachheit weit übertrifft, wenn auch der letztere für die wirkliche Bestimmung der Gruppen des Grades n mehr leistet. Dieser neue Beweis läßt sich, ohne an seinem Gedankengange etwas wesentliches zu ändern, formal merklich vereinfachen.

Daß nämlich die Koeffizienten einer Matrix R kleine Werte haben, drücke ich dadurch aus, daß die Summe ϑ ihrer n^2 Normen unter einer gewissen Grenze μ liegt, während Hr. Bieberbach dies von dem absoluten Betrage η des größten Koeffizienten aussagt. Die Größe ϑ nun bleibt ungeändert, wenn R durch zwei *unitäre* Substitutionen U, V transformiert, also durch URV ersetzt wird, während η keinerlei Invarianteneigenschaft besitzt. Jene zuerst von Hrn. J. Schur in seiner Arbeit *Über die charakteristischen Wurzeln einer linearen Substitution mit einer Anwendung auf die Theorie der Integralgleichungen, Math. Annalen Bd. 66* benutzte Größe ϑ ist daher weit bequemer als η zu verwenden, und zugleich gewinnt die ganze Untersuchung auf diese Weise an Anschaulichkeit. Um den scharfsinnigen Beweis des Hrn. Bieberbach leichter zugänglich zu machen, will ich meine Vereinfachung seiner Entwicklung kurz darlegen.

§ 1.

Die Substitutionen einer endlichen Gruppe $\mathfrak{G}$ lassen eine positive Hermitesche Form ungeändert. Transformiert man diese durch zwei konjugiert komplexe Substitutionen in die Hauptform E, so werden jene *unitär*, genügen also den Bedingungen

$$(1.)\qquad U\bar{U}' = E, \qquad \bar{U}'U = E, \qquad \bar{U}' = U^{-1},$$

wo $\overline{U}$ die zu U konjugiert komplexe Matrix bezeichnet. Jede dieser drei Gleichungen ist eine Folge jeder andern.

Sind $r_1, r_2, \cdots r_n$ die charakteristischen Wurzeln der Matrix der Form $R = \sum r_{\varkappa\lambda} x_\varkappa y_\lambda$, so bezeichne ich mit

$$\chi(R) = \sum r_{\lambda\lambda} = \sum r_\lambda \tag{2.}$$

die *Spur* von R. Dann ist

$$\chi(RS) = \chi(SR) = \sum_{\varkappa,\lambda} r_{\varkappa\lambda} s_{\lambda\varkappa}. \tag{3.}$$

Ferner bezeichne ich mit

$$\vartheta(R) = \chi(R\overline{R}') = \chi(\overline{R}'R) = \sum_{\varkappa,\lambda} r_{\varkappa\lambda}\overline{r}_{\varkappa\lambda} \tag{4.}$$

die Summe der Normen der n^2 Koeffizienten, die *Spannung* von R. Sind dann U und V unitäre Formen, so ist

$$\vartheta(UR) = \chi(\overline{R}'\overline{U}'UR) = \chi(\overline{R}'R) = \vartheta(R)$$

und

$$\vartheta(R) = \vartheta(UR) = \vartheta(RV) = \vartheta(URV). \tag{5.}$$

Nun ist

$$A - B = (AB^{-1} - E)B = B(B^{-1}A - E).$$

Ist also B unitär, so ist

$$\vartheta(A-B) = \vartheta(E - AB^{-1}) = \vartheta(E - B^{-1}A). \tag{6.}$$

Für je zwei Formen ist nach der Schwarzschen Ungleichheit

$$\sqrt{\vartheta(P-Q)} \leq \sqrt{\vartheta(P)} + \sqrt{\vartheta(Q)}. \tag{7.}$$

Jede unitäre Form A kann durch eine unitäre Substitution P in

$$L = P^{-1}AP = \overline{P}'AP = \sum a_\lambda x_\lambda y_\lambda$$

transformiert werden, worin $a_1, a_2, \cdots a_n$, die charakteristischen Wurzeln von A, den absoluten Betrag 1 haben.

Denn ist a eine Wurzel der Gleichung $|sE - A| = 0$, so kann man die n Größen $q_{11}, q_{21}, \cdots q_{n1}$ so bestimmen, daß sie den Bedingungen

$$\sum_\lambda a_{\varkappa\lambda} q_{\lambda 1} = a q_{\varkappa 1} \quad (\varkappa = 1, 2, \cdots n) \qquad \text{und} \qquad \sum_\varkappa q_{\varkappa 1}\overline{q}_{\varkappa 1} = 1$$

genügen. Zu der Spalte $q_{11}, q_{21}, \cdots q_{n1}$ kann man der Reihe nach eine zweite, dritte, $\cdots$ $n$te Spalte so bestimmen, daß die n^2 Gleichungen

$Q'\bar{Q} = E$ erfüllt werden (SCHUR, § 1). Bewegen sich ρ und σ von 2 bis n, so ist dann in der Form $\bar{Q}'AQ = C$

$$c_{11} = \sum_{\varkappa,\lambda} \bar{q}_{\varkappa 1} a_{\varkappa\lambda} q_{\lambda 1} = a \sum_{\varkappa} \bar{q}_{\varkappa 1} q_{\varkappa 1} = a\,, \quad c_{\varrho 1} = \sum_{\varkappa,\lambda} \bar{q}_{\varkappa\varrho} a_{\varkappa\lambda} q_{\lambda 1} = a \sum_{\varkappa} \bar{q}_{\varkappa\varrho} q_{\varkappa 1} = 0\,.$$

Da ferner C eine unitäre Form ist, so ist

$$1 = \sum_{\varkappa} \bar{c}_{\varkappa 1} c_{\varkappa 1} = \bar{a} a\,, \qquad 0 = \sum_{\varkappa} \bar{c}_{\varkappa 1} c_{\varkappa\sigma} = \bar{a} c_{1\sigma}\,.$$

Daher zerfällt die Form

$$C = a x_1 y_1 + \sum_{\varrho,\sigma} c_{\varrho\sigma}\, x_\varrho y_\sigma$$

vollständig in zwei Formen, die beide unitär sind. Nimmt man von der zweiten, die nur $n-1$ Variabelnpaare enthält, die Behauptung bereits als bewiesen an, so gilt sie auch von A.

Man kann dabei die charakteristischen Wurzeln $a_1, a_2, \cdots a_n$ in einer solchen Reihenfolge wählen, daß $L = aE_1 + bE_2 + cE_3 + \cdots$ wird, worin $a, b, c, \cdots$ verschieden sind, und

$$E_1 = x_1 y_1 + \cdots + x_r y_r\,, \qquad E_2 = x_{r+1} y_{r+1} + \cdots + x_{r+s} y_{r+s}\,, \cdots$$

ist. Ist nun B eine mit A vertauschbare unitäre Form, so ist auch $P^{-1}AP = L$ mit $P^{-1}BP = M$ vertauschbar, und mithin ist die Form $M = B_1 + B_2 + B_3 + \cdots$, worin B_1 nur von den ersten r Variabelnpaaren abhängt, B_2 nur von den folgenden s usw. Sei Q_1 eine unitäre Substitution für $x_1, \cdots x_r$, die B_1 in die Normalform transformiert usw. Dann transformiert $Q = Q_1 + Q_2 + Q_3 + \cdots$ die Form M in die Normalform. Ferner transformiert Q_1 die Form aE_1, Q_2 die Form $bE_2, \cdots$, mithin Q die Form L in sich selbst. Die unitäre Substitution $PQ = U$ transformiert also die beiden miteinander vertauschbaren unitären Formen A und B gleichzeitig in die Normalformen

$$U^{-1}AU = \sum a_\lambda x_\lambda y_\lambda\,, \qquad U^{-1}BU = \sum b_\lambda x_\lambda y_\lambda\,.$$

§ 2.

I. Sei $C = ABA^{-1}B^{-1}$ *der Kommutator der beiden unitären Formen* A *und* B, *und sei* $\vartheta(E-B) < 4$. *Ist dann* A *mit* C *vertauschbar, so ist auch* A *mit* B *vertauschbar, also* $C = E$.

Ist A mit $C = A(BAB^{-1})^{-1}$, also auch mit BAB^{-1} vertauschbar, so kann man A und B durch dieselbe unitäre Substitution U so transformieren, daß

$$A = \sum a_\lambda x_\lambda y_\lambda\,, \qquad BAB^{-1} = \sum b_\lambda x_\lambda y_\lambda$$

wird. Die Spannung $\mathfrak{S}(E-B)$ bleibt dabei nach (5.) ungeändert, weil $E-U^{-1}BU = U^{-1}(E-B)U$ ist. Da jene beiden Formen ähnlich sind, so müssen $a_1, a_2, \cdots a_n$ mit $b_1, b_2, \cdots b_n$ übereinstimmen, abgesehen von der Reihenfolge, und mithin ist $BAB^{-1} = P^{-1}AP$, wo P eine Permutation ist, also eine Matrix der Determinante $|P| = \pm 1$, worin in jeder Zeile und in jeder Spalte ein Koeffizient gleich 1 ist, die $n-1$ andern verschwinden. Ist z. B. P die Matrix der Substitution $y_\alpha = v_1, y_\beta = v_2, y_\gamma = v_3, \cdots$, so ist $P^{-1}AP = P'AP$ die der Form $a_\alpha u_1 v_1 + a_\beta u_2 v_2 + a_\gamma u_3 v_3 + \cdots$, die durch diese Substitution und die kogrediente $x_\alpha = u_1, x_\beta = u_2, x_\gamma = u_3, \cdots$ aus $A = \Sigma a_\lambda x_\lambda y_\lambda$ hervorgeht.

Ist nun $PB = Q$, so ist $AQ = QA$. Wird dann, wie oben, $A = aE_1 + bE_2 + \cdots$ gesetzt, so sei Q gleich

$$\begin{matrix} Q_{11} & Q_{12} & . \\ Q_{21} & Q_{22} & . \\ . & . & . \end{matrix}$$

wo $Q_{\alpha\beta} = E_\alpha Q E_\beta$ ist, also die Teilmatrix Q_{12} aus den Koeffizienten von Q besteht, welche die Zeilen $1, 2, \cdots r$ mit den Spalten $r+1, r+2, \cdots r+s$ gemeinsam haben. Damit Q mit A vertauschbar sei, ist notwendig und hinreichend, daß $Q_{\alpha\beta} = 0$ ist, falls α von β verschieden ist.

Angenommen nun, P sei nicht mit A vertauschbar. Wird dann P in analoger Weise in die Teilmatrizen $P_{\alpha\beta}$ zerlegt, so muß mindestens eine der Matrizen $P_{\alpha\beta}$, worin α von β verschieden ist, einen von Null verschiedenen Koeffizienten $p_{\varkappa\lambda} = 1$ enthalten, etwa eine solche, worin $\alpha < \beta$ ist, so daß auch $\varkappa < \lambda$ ist. Da $Q_{\alpha\beta} = 0$ ist, so ist $q_{\varkappa\lambda} = 0$. Die übrigen Koeffizienten $p_{\varkappa\sigma}$ der $\varkappa$ten Zeile von P sind dann 0, also alle Koeffizienten einer Zeile von $P_{\alpha\alpha}$, so daß die Determinante $|P_{\alpha\alpha}| = 0$ ist. Es muß aber auch mindestens eine der Matrizen $P_{\gamma\delta}$, worin $\gamma > \delta$ ist, einen Koeffizienten $p_{\mu\nu} = 1\,(\mu > \nu)$ enthalten. Sonst wäre nämlich $|P| = |P_{11}|\,|P_{22}|\,|P_{33}| \cdots = 0$.

Da P eine (reelle orthogonale) unitäre Matrix ist, so ist nach (6.)

$$\mathfrak{S}(E-B) = \mathfrak{S}(E-P^{-1}Q) = \mathfrak{S}(P-Q)$$
$$\geqq |p_{\varkappa\lambda} - q_{\varkappa\lambda}|^2 + |p_{\mu\nu} - q_{\mu\nu}|^2 + \sum_{\varrho} |p_{\varrho\lambda} - q_{\varrho\lambda}|^2 + \sum_{\sigma} |p_{\varkappa\sigma} - q_{\varkappa\sigma}|^2,$$

wo ϱ die Zahlen $1, 2, \cdots n$ mit Ausschluß von $\varkappa$, und wo σ diese Zahlen mit Ausschluß von λ durchläuft. Denn da $p_{\varkappa\lambda} = 1$ ist, so ist $p_{\varrho\lambda} = p_{\varkappa\sigma} = 0$, und da $p_{\mu\nu} = 1$ ist, so können die Indizes μ, ν weder mit ϱ, λ noch mit $\varkappa, \sigma$ übereinstimmen. Nun ist $Q\overline{Q}' = E$, mithin

$$1 = |q_{\varkappa\lambda}|^2 + \sum_{\sigma} |q_{\varkappa\sigma}|^2 = 0 + \sum_{\sigma} |p_{\varkappa\sigma} - q_{\varkappa\sigma}|^2,$$

und folglich ist

$$\mathfrak{S}(E-B) \geqq 4.$$

Ist also $\vartheta(E-B) < 4$ oder allgemeiner $\vartheta(L-B) < 4$, wo L irgendeine mit A vertauschbare Form ist, so ist A mit B vertauschbar.

II. *Ist C der Kommutator der beiden unitären Formen A und B, so ist*

$$(8.)\qquad \vartheta(E-C) \leqq 2\vartheta(E-A)\vartheta(E-B).$$

Transformiert man A und B durch eine unitäre Substitution U in $U^{-1}AU$ und $U^{-1}BU$, so geht auch C in $U^{-1}CU$ über. Die Spannungen

$$\vartheta(E-A) = a, \qquad \vartheta(E-B) = b, \qquad \vartheta(E-C) = c$$

bleiben dabei ungeändert. Daher können wir annehmen, daß A die Normalform hat. Dann ist nach (6.)

$$c = \vartheta(E-AB(BA)^{-1}) = \vartheta(BA-AB) = \vartheta(A(E-B)-(E-B)A)$$
$$= \sum |a_\varkappa(e_{\varkappa\lambda}-b_{\varkappa\lambda})-(e_{\varkappa\lambda}-b_{\varkappa\lambda})a_\lambda|^2,$$

demnach

$$(9.)\qquad \vartheta(E-ABA^{-1}B^{-1}) = \sum_{\varkappa,\lambda} |a_\varkappa-a_\lambda|^2 |e_{\varkappa\lambda}-b_{\varkappa\lambda}|^2 = \sum_{\varkappa<\lambda} |a_\varkappa-a_\lambda|^2(|b_{\varkappa\lambda}|^2+|b_{\lambda\varkappa}|^2)$$

Nun ist $|a_\varkappa-a_\lambda| \leqq |1-a_\varkappa|+|1-a_\lambda|$. Bezeichnet man diese beiden positiven Summanden mit p und q, so ist

$$a = \sum |1-a_\varkappa|^2 \geqq p^2+q^2 = \frac{1}{2}(p+q)^2+\frac{1}{2}(p-q)^2 \geqq \frac{1}{2}(p+q)^2,$$

also $|a_\varkappa-a_\lambda|^2 \leqq 2a$ und mithin

$$c \leqq 2a \sum |e_{\varkappa\lambda}-b_{\varkappa\lambda}|^2 = 2ab.$$

Ist R unitär, so ist

$$\vartheta(E-R) = \chi((E-R)(E-\bar{R}')) = \chi(2E-R-\bar{R}),$$

weil $\chi(S) = \chi(S')$ ist, und wenn $e^{i\varphi_1}, \dots e^{i\varphi_n}$ die charakteristischen Wurzeln von R sind, also

$$\sum e^{i\varphi_\lambda} x_\lambda y_\lambda$$

die Normalform von R ist, so ist

$$(10.)\qquad \vartheta(E-R) = \sum (1-e^{i\varphi_\lambda})(1-e^{-i\varphi_\lambda}) = 4\sum \sin^2\left(\frac{1}{2}\varphi_\lambda\right) \leqq 4n.$$

Ist z. B.

$$A = \begin{pmatrix} e^{i\alpha} & 0 \\ 0 & e^{-i\alpha} \end{pmatrix}, \qquad B = \begin{pmatrix} \cos(\beta) & -\sin(\beta) \\ \sin(\beta) & \cos(\beta) \end{pmatrix},$$

so ist

$$a = 8\sin^2\left(\frac{\alpha}{2}\right), \qquad b = 8\sin^2\left(\frac{\beta}{2}\right)$$

und nach (9.)

$$c = 2\,|e^{i\alpha}-e^{-i\alpha}|^2 \sin^2(\beta) = 8\sin^2(\alpha)\sin^2(\beta) = 2ab\cos^2\left(\frac{\alpha}{2}\right)\cos^2\left(\frac{\beta}{2}\right).$$

Dies Beispiel, das ich Hrn. Schur verdanke, zeigt, daß in der Formel (8.) der Zahlenfaktor 2 nicht durch einen kleineren, konstanten oder von n abhängigen, ersetzt werden kann. Der folgende Satz III ist auf diese beiden Matrizen nicht anwendbar, weil sie nicht eine endliche Gruppe erzeugen. Übrigens ist in (8.) stets $c < 2ab$ und nur dann $c = 2ab$, wenn a oder $b = 0$ ist.

III. *Sind A und B zwei unitäre Formen einer* endlichen *Gruppe, und ist*

$$\vartheta(E-A) < \frac{1}{2}, \qquad \vartheta(E-B) < 4,$$

so ist A mit B vertauschbar.

Sei C der Kommutator von A und B, D der von A und C, $\cdots$ N der von A und M. Dann ist

$$\vartheta(E-C) < 2a\vartheta(E-B) = 2ab, \qquad \vartheta(E-D) < 2a\vartheta(E-C) < (2a)^2 b,$$

allgemein

$$\vartheta(E-N) < (2a)^\nu b,$$

falls N die νte der Formen $C, D, \cdots K, L, M, N$ ist. Ist nun die Größe $2a < 1$ (nicht $= 1$), so nehmen ihre Potenzen unbeschränkt ab, und da die Gruppe $\mathfrak{G}$ *endlich* ist, so muß einmal $\vartheta(E-N) = 0$, also $N = AMA^{-1}M^{-1} = E$ werden. Demnach ist A mit M, dem Kommutator von A und L, vertauschbar. Da außerdem $\vartheta(E-L) \leqq b < 4$ ist, so ist A auch mit L vertauschbar, dem Kommutator von A und K, also auch mit K und jeder vorhergehenden Form, mithin auch mit B.

Insbesondere sind je zwei unitäre Formen einer endlichen Gruppe vertauschbar, für die $2\vartheta(E-S) < 1$ ist.

Sind A und B zwei vertauschbare unitäre Matrizen, so sind es auch $e^{i\alpha}A$ und $e^{i\beta}B$. Daher sind nach (10.) zwei Matrizen stets vertauschbar, wenn in jeder die Sinus der halben *Differenzen* der Phasen $\phi_1, \phi_2, \cdots \phi_n$ absolut $< \frac{1}{\sqrt{8n}}$ sind.

§ 3.

Seien $E, S, T, U, \cdots$ die sämtlichen Formen der Gruppe $\mathfrak{G}$, welche der Bedingung $2\vartheta(E-S) < 1$ genügen. Mit S genügt ihr auch S^{-1}, weil $E-S^{-1} = -S^{-1}(E-S)$ ist, und $R^{-1}SR$, falls R irgendeine Form von $\mathfrak{G}$ ist. Daher ist

$$\mathfrak{S} = E+S+T+U+\cdots = R^{-1}\mathfrak{S}R$$

ein in $\mathfrak{G}$ invarianter Komplex. Je zwei der Formen von $\mathfrak{S}$ sind miteinander vertauschbar. Die von ihnen erzeugte Gruppe $\mathfrak{R}$ ist also eine kommutative invariante Untergruppe von $\mathfrak{G}$. Von ihrem Index $r = (\mathfrak{G} : \mathfrak{R})$ gilt der Satz von JORDAN.

Sei A ein Element von $\mathfrak{G}$, das nicht in $\mathfrak{S}$ enthalten ist, B ein Element, das weder in $\mathfrak{S}$ noch in $\mathfrak{S}A = A\mathfrak{S}$ enthalten ist, C ein Element, das weder in $\mathfrak{S}$, noch in $\mathfrak{S}A$, noch in $\mathfrak{S}B$ enthalten ist, bis schließlich

$$\mathfrak{G} = \mathfrak{S} + \mathfrak{S}A + \mathfrak{S}B + \cdots + \mathfrak{S}P + \cdots + \mathfrak{S}Q + \cdots$$

ist. Die Anzahl dieser Komplexe sei s. Da $\mathfrak{S}$ in der Gruppe $\mathfrak{R}$ enthalten ist, so ist auch

$$\mathfrak{G} = \mathfrak{R} + \mathfrak{R}A + \mathfrak{R}B + \cdots + \mathfrak{R}P + \cdots + \mathfrak{R}Q + \cdots.$$

Die Anzahl der verschiedenen unter diesen Komplexen ist $r = (\mathfrak{G} : \mathfrak{R})$. Daher ist $r \leqq s$.

Zwei Komplexe $\mathfrak{S}P$ und $\mathfrak{S}Q$ können Elemente gemeinsam haben. Aber Q ist nicht in $\mathfrak{S}P$ enthalten, und P nicht in $\mathfrak{S}Q$. Denn wäre $P = SQ$, so wäre $Q = S^{-1}P$, wo S^{-1} in $\mathfrak{S}$ enthalten ist. Für jedes Element SP des Komplexes $\mathfrak{S}P$ ist

$$2\mathfrak{F}(P - SP) = 2\mathfrak{F}(E - S) < 1 .$$

Ist umgekehrt für irgendein Element R von $\mathfrak{G}$

$$2\mathfrak{F}(P - R) = 2\mathfrak{F}(E - RP^{-1}) < 1 ,$$

so ist $RP^{-1} = S$ in $\mathfrak{S}$, also $R = SP$ in $\mathfrak{S}P$ enthalten. Da Q nicht in $\mathfrak{S}P$ enthalten ist, so ist demnach

$$2\mathfrak{F}(P - Q) \geqq 1 .$$

Ist $p_{\varkappa\lambda} = x_{\varkappa\lambda} + i x'_{\varkappa\lambda}$, so ist

$$1 = \sum_{\lambda} p_{\varkappa\lambda}\, \bar{p}_{\varkappa\lambda} = \sum_{\lambda} (x^2_{\varkappa\lambda} + x'^2_{\varkappa\lambda}) .$$

Die $m = 2n^2$ reellen Größen $x_{\varkappa\lambda}, x'_{\varkappa\lambda}$, deren absolute Werte daher $\leqq 1$ sind, bezeichne ich in einer bestimmten Reihenfolge mit $x_1, x_2, \cdots x_m$, ich nenne sie die Koordinaten von P. Sind dann $y_1, y_2, \cdots y_m$ die Koordinaten von Q, so ist

$$(11.) \qquad 2 \sum (x_\mu - y_\mu)^2 \geqq 1 .$$

Für jede unitäre Matrix P ist

$$(12.) \qquad -1 \leqq x_1 \leqq +1, \quad -1 \leqq x_2 \leqq +1, \cdots, \quad -1 \leqq x_m \leqq +1 .$$

Ich wähle nun eine positive Größe h und zerlege das Intervall $-1 \leqq x \leqq +1$ in die Teilintervalle

$$-1 \leqq x < -1 + h, \qquad -1 + h \leqq x < -1 + 2h, \cdots$$

Das ganze Intervall hat die Ausdehnung 2, jedes Teilintervall die Ausdehnung h, nur das letzte hat eine kleinere Ausdehnung und kann unter Umständen aus der Zahl $+1$ allein bestehen. Die Anzahl der Teilintervalle ist daher $\leqq \frac{2}{h}+1$. Wird diese Einteilung für jede der m Koordinaten ausgeführt, so zerfällt das Gebiet (12.) in

$$s' \leqq \left(\frac{2}{h}+1\right)^m$$

Teilgebiete. Liegen zwei Stellen $x_1, x_2, \cdots x_m$ und $y_1, y_2, \cdots y_m$ in demselben Teilgebiet, so ist

$$|x_\mu - y_\mu| < h, \qquad 2\sum (x_\mu - y_\mu)^2 \leqq 2mh^2 = 1,$$

falls

$$\frac{1}{h} = \sqrt{2m} = 2n$$

gesetzt wird. Nach (11.) kann daher in keinem der s' Teilgebiete mehr als eine der s Stellen $E, A, B, C, \cdots$ liegen. Mithin ist $s' \geqq s \geqq r$ und folglich

$$r \leqq (4n+1)^{2n^2}. \tag{13.}$$

Diese Grenze kann man mit Hilfe bestimmter Integrale leicht verschärfen. Die Punkte $E, A, B, \cdots$ liegen nämlich auf der Kugel $\vartheta(P) = \sum x_\mu^2 = n$, die mit dem Radius $\rho = \sqrt{n}$ um den Anfangspunkt beschrieben ist. Je zwei sind um mehr als $2\sigma = \sqrt{\frac{1}{2}}$ voneinander entfernt. Beschreibt man um jeden eine Kugel vom Radius σ, so haben nach (7.) keine zwei dieser s Kugeln einen Punkt gemeinsam. Sie liegen alle zwischen den beiden mit den Radien $\rho+\sigma$ und $\rho-\sigma$ um den Nullpunkt beschriebenen Kugeln.

Ist aber das Volumen einer Kugel vom Radius 1 gleich $\varkappa$, so ist das einer Kugel vom Radius ρ gleich $\varkappa\rho^m$. Daher ist

$$s\sigma^m < (\rho+\sigma)^m - (\rho-\sigma)^m$$

und mithin

$$r < (\sqrt{8n}+1)^{2n^2} - (\sqrt{8n}-1)^{2n^2}. \tag{14.}$$

88.

Über unitäre Matrizen

Sitzungsberichte der Königlich Preußischen Akademie der Wissenschaften zu Berlin
373–378 (1911)

Die folgende Untersuchung ist eine Fortsetzung meiner Arbeit *Über den von L. Bieberbach gefundenen Beweis eines Satzes von C. Jordan,* hier, S. 241. Die (charakteristischen) Wurzeln einer unitären Form liegen auf dem mit dem Radius $r = 1$ um den Nullpunkt beschriebenen Kreise. Dieser, und zwar die Linie, nicht die Fläche, ist hier stets gemeint, wenn von einem Kreise die Rede ist.

Der Beweis des Hrn. Bieberbach stützt sich auf eine Entdeckung, die nicht minder merkwürdig ist als der Satz von Jordan, nämlich daß in einer endlichen Gruppe unitärer Formen jede Form, deren Wurzeln einen hinlänglich kleinen Teil σ des Kreises einnehmen, mit jeder andern derselben Art vertauschbar ist. Da er aber nur die Herleitung des Jordanschen Satzes im Auge hat, macht er keinen Versuch, den Bogen σ genauer zu bestimmen. Auch nach den Ergebnissen meiner Arbeit, S. 246, scheint es noch, als ob σ von n abhängig ist und mit wachsendem n abnimmt. Demgegenüber zeige ich hier, daß für jedes n nur $\sigma < \frac{\pi}{3}$ zu sein braucht:

IV. *In einer endlichen Gruppe unitärer Formen ist jede Form, deren Wurzeln nicht ganz den sechsten Teil des Kreises einnehmen (worin die Differenz von je zwei Wurzeln absolut kleiner als 1 ist), mit jeder Form derselben Art vertauschbar.*

Der neue Weg führt zu einer deutlichen Einsicht in die Bedeutung solcher Bedingungen, wie $2\,\vartheta(E-A) < 1$ oder $\vartheta(E-B) < 4$, die auf den ersten Blick seltsam genug anmuten. Sie werden hier durch die weiteren Bedingungen ersetzt, daß die Wurzeln von A nicht ganz den sechsten Teil, die von B nicht ganz die Hälfte des Kreises einnehmen.

§ 4.

V. *Sei $C = ABA^{-1}B^{-1}$ der Kommutator der beiden unitären Formen A und B. Die Wurzeln von B mögen nicht ganz einen Halbkreis einnehmen. Ist dann A mit C vertauschbar, so ist auch A mit B vertauschbar, also $C = E$.*

Da man A und B derselben unitären Substitution unterwerfen kann, so nehme ich an, daß

$$B = \sum b_\varkappa x_\varkappa y_\varkappa = \sum e^{i\varphi_\varkappa} x_\varkappa y_\varkappa$$

die Normalform hat. Weil A mit $BA^{-1}B^{-1}$ vertauschbar ist, so ergibt sich

$$C = A(BA^{-1}B^{-1}) = (BA^{-1}B^{-1})A = AB\bar{A}'\bar{B} = B\bar{A}'\bar{B}A,$$

demnach

$$c_{\alpha\alpha} = \sum_\varkappa a_{\alpha\varkappa} b_\varkappa \bar{a}_{\alpha\varkappa} \bar{b}_\alpha = \sum_\varkappa b_\alpha \bar{a}_{\varkappa\alpha} \bar{b}_\varkappa a_{\varkappa\alpha},$$

und mithin durch Vergleichung der imaginären Teile

$$\sum_\varkappa (|a_{\alpha\varkappa}|^2 + |a_{\varkappa\alpha}|^2) \sin(\varphi_\varkappa - \varphi_\alpha) = 0.$$

Angenommen, es ist

$$\varphi_1 = \varphi_2 = \cdots = \varphi_\varrho < \varphi_{\varrho+1} \leqq \varphi_{\varrho+2} \leqq \cdots \leqq \varphi_n < \varphi_1 + \pi;$$

dann sind für $\alpha = 1, 2 \cdots \rho$ alle Glieder der Summe positiv, und demnach ist $a_{\alpha\varkappa} = a_{\varkappa\alpha} = 0$ für $\varkappa = \rho + 1, \rho + 2, \cdots n$. Die Form A zerfällt also vollständig in zwei Formen $A_1 + A_0$, worin A_1 nur von den ersten ρ Variabelnpaaren abhängt, A_0 nur von den letzten $n - \rho$. Analog ist (vgl. S. 243) $B = b_1 E_1 + B_0$, wo $E_1 = x_1 y_1 + \cdots + x_\varrho y_\varrho$ ist. Für A_0 und B_0 gelten dieselben Voraussetzungen wie für A und B. Sind also $b_1, b_{\varrho+1}, b_{\varrho+\sigma+1}, \cdots$ die verschiedenen unter den Wurzeln von B, so ist

$$A = A_1 + A_2 + A_3 + \cdots, \qquad B = b_1 E_1 + b_{\varrho+1} E_2 + b_{\varrho+\sigma+1} E_3 + \cdots,$$

und mithin ist A mit B vertauschbar.

§ 5.

VI. *Liegen die Wurzeln der unitären Matrix A oder B auf einem Kreisbogen der Größe σ, so liegen die Phasen der Wurzeln ihres Kommutators zwischen $-\sigma$ und $+\sigma$.*

Sei $P = \sum p_{\varkappa\lambda} x_\varkappa \bar{x}_\lambda$ eine unitäre Form und

$$R = \sum p_\varkappa x_\varkappa \bar{x}_\varkappa = \sum (u_\varkappa + i v_\varkappa) x_\varkappa \bar{x}_\varkappa$$

ihre Normalform. Der Quotient

$$\frac{\sum u_\varkappa x_\varkappa \bar{x}_\varkappa}{\sum x_\varkappa \bar{x}_\varkappa} = u$$

liegt zwischen den n reellen Größen $u_1, u_2, \cdots u_n$, d. h. zwischen der größten und der kleinsten von ihnen. Daher ist

$$R = \sum (u_\varkappa + i v_\varkappa) x_\varkappa \bar{x}_\varkappa = (u + iv) \sum x_\varkappa \bar{x}_\varkappa = (u + iv) E,$$

wo v zwischen den n reellen Größen $v_1, v_2, \cdots v_n$ liegt. Durch eine unitäre Substitution S gehen R und E in $S'R\bar{S} = P$ und $S'E\bar{S} = E$ über, und diese Gleichung in

$$(15.)\qquad P = \sum_{\varkappa,\lambda} p_{\varkappa\lambda}\, x_\varkappa \bar{x}_\lambda = p \sum_\varkappa x_\varkappa \bar{x}_\varkappa,$$

wo die Abszisse von $p = u + iv$ zwischen den Abszissen, die Ordinate zwischen den Ordinaten der Wurzeln von P liegt.

Ist Q eine zweite unitäre Form, so ist auch PQ^{-1} eine solche, und mithin hat jede Wurzel r der Gleichung

$$|PQ^{-1} - sE| = 0 \qquad \text{oder} \qquad |P - sQ| = 0$$

den absoluten Betrag 1. Nun kann man $x_1, x_2, \cdots x_n$ so bestimmen, daß

$$\sum_\varkappa p_{\varkappa\lambda}\, x_\varkappa = r \sum_\varkappa q_{\varkappa\lambda}\, x_\varkappa \quad (\lambda = 1, 2, \cdots n) \qquad \text{und} \qquad \sum_\varkappa x_\varkappa \bar{x}_\varkappa = 1$$

wird. Dann ist

$$p = \sum_{\varkappa,\lambda} p_{\varkappa\lambda}\, x_\varkappa \bar{x}_\lambda = r \sum_{\varkappa,\lambda} q_{\varkappa\lambda}\, x_\varkappa \bar{x}_\lambda = rq.$$

Wenn nun die Phasen der Wurzeln von P und Q alle zwischen $-\tau$ und $+\tau$ liegen, wo $0 < \tau < \frac{\pi}{2}$ ist, so liegen die Abszissen von p und q zwischen 1 und $\cos(\tau)$, sind also von 0 verschieden, und die Ordinaten zwischen $-\sin\tau$ und $+\sin(\tau)$, und daher die Phasen zwischen $-\tau$ und $+\tau$. Folglich liegt die Phase von $r = p : q$ zwischen -2τ und $+2\tau$.

Wenn nun die Wurzeln von A auf einem Kreisbogen der Größe $\sigma = 2\tau$ liegen, so bestimme man φ so, daß die Phasen der Wurzeln von $P = e^{i\varphi}A$ zwischen $-\tau$ und $+\tau$ liegen. Die Form $Q = BPB^{-1}$ hat dieselben Wurzeln. Daher liegen die Phasen der Wurzeln von

$$PQ^{-1} = ABA^{-1}B^{-1} = C$$

zwischen $-\sigma$ und $+\sigma$. Dabei ist $\sigma < \pi$ angenommen, denn nur dann hat die Aussage eine Bedeutung.

§ 6.

VII. *In einer endlichen Gruppe unitärer Formen ist jede Form, deren Wurzeln nicht ganz den sechsten Teil des Kreises einnehmen, mit jeder Form vertauschbar, deren Wurzeln nicht ganz den halben Kreis einnehmen.*

Sei $A = \sum a_\varkappa x_\varkappa \bar{x}_\varkappa$ eine unitäre Form, deren Wurzeln $a_1, a_2, \cdots a_n$ nicht ganz den sechsten Teil des Kreises einnehmen, und B irgendeine andere. Dann liegen die Phasen der Wurzeln der Formen

$$ABA^{-1}B^{-1} = C,\quad ACA^{-1}C^{-1} = D,\ \cdots ALA^{-1}L^{-1} = M,\quad AMA^{-1}M^{-1} = N,$$

alle zwischen $-\frac{\pi}{3}$ und $+\frac{\pi}{3}$. Nun ist

$$\mathfrak{S}(E-C) = \sum_{\varkappa,\lambda} |a_\varkappa - a_\lambda|^2\, |e_{\varkappa\lambda} - b_{\varkappa\lambda}|^2. \tag{9.}$$

Hier ist $|a_\varkappa - a_\lambda|$ kleiner als die Seite des regulären Sechsecks. Ist also k der größte der Werte $|a_\varkappa - a_\lambda|^2$, so ist $k < 1$. Ferner ist (S. 246)

$$\mathfrak{S}(E-C) < k\,\mathfrak{S}(E-B) = bk, \qquad \mathfrak{S}(E-D) < k\,\mathfrak{S}(E-C) < bk^2, \cdots$$

allgemein

$$\mathfrak{S}(E-N) < bk^\nu.$$

Erzeugen nun A und B eine endliche Gruppe, so muß einmal $\mathfrak{S}(E-N) = 0$, demnach $N = E$, $AM = MA$, werden. Nach Satz V ist daher A mit $L, K, \cdots D, C$ vertauschbar und, wenn die Wurzeln von B nicht ganz einen Halbkreis einnehmen, auch mit B.

§ 7.

Ich habe S. 245 gezeigt, daß die Größe $k \leqq 2a = 2\mathfrak{S}(E-A)$ ist. Ist also $2a < 1$, so ist auch $k < 1$, aber nicht umgekehrt. In ähnlicher Art hat die Voraussetzung $\mathfrak{S}(E-B) < 4$ des Satzes I zur Folge, daß die Wurzeln von B alle auf einer Seite eines Durchmessers liegen; es braucht aber nicht notwendig $\mathfrak{S}(E-B) < 4$ zu sein, wenn diese in Satz V gemachte Annahme erfüllt ist.

Wenn die n Wurzelpunkte der unitären Form R mehr als einen Halbkreis einnehmen, so kann man drei unter ihnen A, B, C so auswählen, daß sie ein spitzwinkliges Dreieck bilden. Ich schließe den Fall $n = 2$ aus, der kein Interesse bietet, und die leicht zu erledigenden Grenzfälle, wo zwei der n Wurzeln von R gleich oder entgegengesetzt gleich sind.

Man wähle A und B so, daß ihr Abstand möglichst groß ist. Sei A' (B') das Spiegelbild von A (B) in bezug auf den durch B (A) gehenden Durchmesser b (a). Dann befindet sich zwischen A und A' (B und B') kein Wurzelpunkt P, weil sonst $BP > BA = BA'$ wäre. Nun liegen A und B beide auf derselben Seite eines Durchmessers, in den a durch eine unendlich kleine Drehung übergeht. Folglich muß es auf seiner andern Seite einen Wurzelpunkt C geben, dieser muß zwischen A' und B' liegen, und daher ist ABC ein spitzwinkliges Dreieck. Sind dann 2α, 2β, 2γ die Phasen der Punkte A, B, C, so ist

$$\sin^2(\alpha) + \sin^2(\beta) + \sin^2(\gamma) > 1, \tag{16.}$$

also um so mehr (vgl. (10.))

$$\mathfrak{J}(E-R) = 4 \sum \sin^2\left(\frac{1}{2}\varphi_\lambda\right) > 4.$$

Mit andern Worten, es genügt, die Behauptung für $n = 3$ zu beweisen. Allgemeiner ist sogar, wenn nur die vier Punkte A, B, C, D nicht auf einem Halbkreise liegen,

$$\sin^2(\alpha-\delta) + \sin^2(\beta-\delta) + \sin^2(\gamma-\delta) > 1, \tag{17.}$$

wo 2δ die Phase von D ist. Liegen sie nämlich alle auf einem Halbkreise, so sind die vier Dreiecke $ABC, ABD, \cdots$ sämtlich stumpfwinklig. Liegen sie aber anders, so sind immer zwei von ihnen spitzwinklig, die beiden andern stumpfwinklig. Denn ist E der Schnittpunkt der beiden inneren Diagonalen des Vierecks, so liegt das Kreiszentrum O in einem der vier Dreiecke $EAB, EBC, \ldots$, und mithin in genau zwei der vier Dreiecke $ABC, ABD, \ldots$. Unter den drei Dreiecken DAB, DAC, DBC ist also mindestens eins spitzwinklig.

Sind aber $\varkappa, \lambda, \mu$ die Winkel eines solchen Dreiecks, so ist

$$\mu < \frac{\pi}{2}, \qquad \varkappa + \lambda > \frac{\pi}{2}, \qquad \frac{\pi}{2} > \varkappa > \frac{\pi}{2} - \lambda > 0, \qquad \sin(\varkappa) > \cos(\lambda),$$

demnach

$$\sin^2(\varkappa) + \sin^2(\lambda) > 1.$$

Folglich ist, wenn das Dreieck DAB spitzwinklig ist,

$$\sin^2(\alpha-\delta) + \sin^2(\beta-\delta) > 1,$$

und daher besteht in jedem Falle die Ungleichheit (17.).

Ist das Dreieck ABC spitzwinklig, so kann man D beliebig wählen, niemals liegen die vier Punkte auf einem Halbkreise. Folglich gilt die Ungleichheit (17.) für jeden Wert von δ und geht für $\delta = 0$ in (16.) über.

Bei veränderlichem δ ist das Minimum der linken Seite von (17.)

$$1 + \frac{1}{2}(1-\varepsilon) = \frac{3}{2r} GD,$$

wo G der Schwerpunkt des Dreiecks ABC ist. Ist

$$h = e^{2\alpha i} + e^{2\beta i} + e^{2\gamma i}$$

die komplexe Größe, die den Höhenpunkt H darstellt, so ist $\varepsilon = \frac{1}{r} OH$ die positive Quadratwurzel aus

(18.) $$\varepsilon^2 = h\bar{h} = 1 + 8\cos(\alpha-\beta)\cos(\alpha-\gamma)\cos(\beta-\gamma)\,.$$

Je nachdem das Dreieck spitzwinklig oder stumpfwinklig ist, ist aber das Produkt

$$\frac{\rho'}{2r} = -\cos(\alpha-\beta)\cos(\alpha-\gamma)\cos(\beta-\gamma),$$

positiv $\left(\text{und} < \frac{1}{8}\right)$ oder negativ, ist $\varepsilon < 1$ oder $\varepsilon > 1$, liegt H innerhalb des Dreiecks oder außerhalb des ihm umbeschriebenen Kreises. Nach Feuerbach ist ρ' der Radius des Kreises um H, der dem Dreieck einbeschrieben ist, dessen Ecken die Fußpunkte der Höhen von ABC sind.

VIII. *Durchläuft ein Punkt den einem Dreieck umbeschriebenen Kreis, so ist das Minimum der Summe der Quadrate seiner Abstände von den drei Ecken größer oder kleiner als das Quadrat des Durchmessers, je nachdem das Dreieck spitzwinklig oder stumpfwinklig ist.*

Entsprechend ist das Maximum der Quadratsumme kleiner oder größer als das doppelte Quadrat des Durchmessers. Die beiden Punkte des Kreises, in denen das Minimum oder das Maximum erreicht wird, liegen auf der Eulerschen Geraden HGO des Dreiecks, auf der Seite von G, wo H oder O liegt.

89.

Über die unzerlegbaren diskreten Bewegungsgruppen

Sitzungsberichte der Königlich Preußischen Akademie der Wissenschaften zu Berlin
654–665 (1911)

Die Bewegungsgruppen des n-dimensionalen euklidischen Raumes, insbesondere die mit einem endlichen Fundamentalbereich, hat Hr. L. BIEBERBACH in einer Mitteilung in den Göttinger Nachrichten 1910 bestimmt. Den algebraischen Teil der Untersuchung hat er in einer im 70. Bande der Mathematischen Annalen erschienenen Abhandlung vollständig ausgeführt. Diese Entwicklungen lassen sich in ähnlicher Art vereinfachen, wie ich es hier vor kurzem von seinem Beweise des JORDANschen Satzes gezeigt habe, der mit jenen Untersuchungen im engsten Zusammenhang steht. Ich werde meine Arbeit *Über den von L. BIEBERBACH gefundenen Beweis eines Satzes von C. JORDAN* und ihre Fortsetzung *Über unitäre Matrizen* mit J., die beiden Arbeiten des Hrn. BIEBERBACH mit G. und H. zitieren.

Durch eine lange Kette höchst scharfsinniger Überlegungen, die sich eng an die Betrachtungen anschließen, mittels deren Hr. SCHOENFLIES die Einteilung der Kristalle für $n = 3$ begründet hat, gelangt Hr. BIEBERBACH zu dem wichtigen Ergebnis, daß es bei gegebenem n nur eine endliche Anzahl von Bewegungsgruppen mit endlichem Fundamentalbereich, also (nach G. XV) von unzerlegbaren diskreten Bewegungsgruppen, gibt. Dabei sind zwei Gruppen nicht als verschieden betrachtet, wenn sie (einstufig) isomorph sind (G. S. 2 und 9). Da es aber in der Kristalltheorie nicht auf die Struktur der *abstrakten* Gruppen, sondern auf ihre *Darstellung* durch lineare Substitutionen von $n = 3$ Variabeln ankommt, so betrachte ich hier zwei Gruppen nur dann als äquivalent, wenn sie *ähnlich* sind, und ich beweise den Satz des Hrn. BIEBERBACH für diese engere Definition der Gleichheit.

Da nun die rotativen Teile der Bewegungen einer Gruppe doch jeder beliebigen Transformation unterworfen werden können, so ist es vorzuziehen, gleich von vornherein eine Bewegungsgruppe als eine Gruppe von Substitutionen zu definieren, deren rotative Teile irgendeine *positive HERMITEsche Form* ungeändert lassen. Gerade in dem letzten, rein arithmetischen Abschnitt der Entwicklung, deren Fortgang Hr. Bieberbach (G. S. 6—8) vollständig angedeutet, aber noch nicht ausgeführt hat, erweist sich diese Definition als besonders vorteilhaft. Nur für den Teil der Untersuchung, worin die Abschätzung der Größe der Koeffizienten der einzelnen Substitutionen eine Rolle spielt, ist es bequem, jene Hermitesche Form als die Hauptform vorauszusetzen.

§ 1.

Setzt man zwei nichthomogene lineare Substitutionen

$$(1.)\qquad x_\varkappa = p_\varkappa + \sum_\lambda a_{\varkappa\lambda}\, y_\lambda$$

und

$$y_\lambda = q_\lambda + \sum_\mu b_{\lambda\mu}\, z_\mu$$

zusammen, wo sich jeder Index von 1 bis n bewegt, so erhält man eine Substitution

$$x_\varkappa = r_\varkappa + \sum_\mu c_{\varkappa\mu}\, z_\mu\,,$$

deren Koeffizienten man auf folgende Art durch Komposition von Matrizen finden kann. Die aus den n^2 Koeffizienten $a_{\varkappa\lambda}$ gebildete Matrix bezeichne ich mit A, die aus den n Größen $p_\varkappa$ gebildete Spalte (oder einspaltige Matrix) mit p, und die Matrix $(n+1)$ ten Grades

$$\begin{matrix} a_{11} & \cdots & a_{1n} & p_1 \\ . & \cdots & . & . \\ a_{n1} & \cdots & a_{nn} & p_n \\ 0 & \cdots & 0 & 1 \end{matrix} = \begin{pmatrix} A & p \\ 0 & 1 \end{pmatrix}$$

mit (A, p). Dann ist (G. S. 327)

$$(2.)\qquad (C, r) = (A, p)(B, q)\,,\qquad C = AB\,,\qquad r = Aq + p\,,$$

und insbesondere

$$(A, p)^{-1} = (A^{-1}, -A^{-1}p)\,.$$

Eine aus solchen Substitutionen $(A, p), (B, q), (C, r), \cdots$ gebildete Gruppe $\mathfrak{H}$ nenne ich eine *Bewegungsgruppe der Dimension n*, wenn es eine positive Hermitesche Form H gibt, die von den homogenen Substitutionen $A, B, C, \cdots$ in sich transformiert wird, $\overline{A}'HA = H$. Jedes *Element* (A, p) der Gruppe $\mathfrak{H}$ nenne ich eine Bewegung, A ihren rotativen, p ihren translativen Teil. Ist E die Hauptmatrix, so nenne ich (E, t) oder kurz t eine Translation. Da

$$(3.)\qquad (A, p)(E, t) = (E, At)(A, p)\,,\qquad (E, s)(E, t) = (E, s+t)$$

ist, so bilden die Translationen von $\mathfrak{H}$ eine invariante, kommutative Untergruppe $\mathfrak{T}$, und wenn t eine Translation ist, so ist auch At eine solche. Nach (2.) und

$$(4.)\quad (A,p)(A,q)^{-1} = (E, p-q), \qquad (E,p)(A,q) = (A, p+q)$$

bilden die rotativen Teile einer Bewegungsgruppe $\mathfrak{H}$ eine mit $\mathfrak{H}$ homomorphe, mit $\mathfrak{H}:\mathfrak{T}$ isomorphe Gruppe $\mathfrak{H}'$. Die Bewegung $(A,p) = (E,p)(A,0)$ läßt sich aus der Translation p und der Rotation A zusammensetzen. Diese brauchen aber nicht einzeln der Gruppe $\mathfrak{H}$ anzugehören.

Ist U irgendeine Matrix $n$ten Grades von nicht verschwindender Determinante, so nenne ich die Bewegungsgruppe

$$(5.)\quad (U,s)^{-1}\mathfrak{H}(U,s) = \mathfrak{G}$$

der Gruppe $\mathfrak{H}$ *äquivalent*. Die Substitutionen der zugeordneten Gruppe $\mathfrak{G}'$ führen die Form $\overline{U}'HU$ in sich über. Durch die *Transformation* (U,s) geht $\mathfrak{H}$ in $\mathfrak{G}$ und die Bewegung (A,p) in

$$(U,s)^{-1}(A,p)(U,s) = \big(U^{-1}AU, U^{-1}(As-s+p)\big)$$

über. Insbesondere ist

$$(6.)\quad U^{-1}(A,p)U = (U^{-1}AU, U^{-1}p), \qquad (E,-s)(A,p)(E,s) = \big(A, p-(E-A)s\big)$$

Links ist, wie stets in solchen Zusammensetzungen geschehen soll, U für $(U,0)$ geschrieben.

Man kann U so wählen, daß $\overline{U}'HU = E$ wird. Ist dies der Fall, so sind $A, B, C\cdots$ *unitäre* Substitutionen. Für den algebraischen (aber nicht für den arithmetischen) Teil der Untersuchung erweist sich die Annahme $H = E$ als besonders bequem, und wird daher zunächst immer gemacht werden. Die abgeleiteten Sätze gelten aber alle unabhängig von dieser Voraussetzung. Ist in der Gleichung (5.) U eine unitäre Matrix, so nenne ich $\mathfrak{G}$ und $\mathfrak{H}$ *kongruent*.

Ich setze voraus, daß die Gruppe $\mathfrak{H}$ unendlich und diskret ist, daß es also darin nicht zu jeder gegebenen Größe ε eine von $(E,0)$ verschiedene Substitution (A,p) gibt, in der $\vartheta(E-A)$ und $\vartheta(p) < \varepsilon$ ist. Mit $\vartheta(p)$ wird die Summe der Normen der n^2 Koeffizienten $p_1, p_2, \cdots p_n$ bezeichnet.

Dadurch ist ausgeschlossen, daß die Substitutionen von $\mathfrak{H}$ homogen sind, daß also darin die translativen Teile $p, q, r\cdots$ sämtlich verschwinden. Denn da die Koeffizienten der unitären Matrizen $A, B, C\cdots$ alle absolut $\leqq 1$ sind, so muß es in unendlich vielen Systemen von je n^2 Koeffizienten eine Häufungsstelle geben (G. S. 327). In deren

Umgebung gibt es zu jedem gegebenen ε zwei verschiedene Matrizen P und Q von $\mathfrak{H}$, wofür $\vartheta(P-Q)<\varepsilon$ ist. Da nun (J(6.))

$$(7.)\qquad \mathfrak{s}(P-Q) = \mathfrak{s}(E-PQ^{-1})$$

ist, so ist $R = PQ^{-1}$ von E verschieden und $\vartheta(E-R)<\varepsilon$.

§ 2.

I. *In einer diskreten Bewegungsgruppe ist jede Matrix, worin die Differenz von je zwei Wurzeln absolut kleiner als* 1 *ist, mit jeder andern Matrix derselben Art vertauschbar.*

Die $n+1$ Wurzeln der Matrix (A, p) sind die Zahl 1 und die n auf dem Einheitskreise liegenden Wurzeln $a_1, a_2, \cdots a_n$ der unitären Matrix A. Demnach werden die Differenzen $|a_\varkappa - a_\lambda|$ und $|1-a_\lambda|$ alle $\leqq k < 1$ vorausgesetzt. Diese Bedingungen sind sämtlich erfüllt, wenn $2\vartheta(E-A) < 1$ ist (J. S. 245).

Ist U eine unitäre Matrix, und ist P eine Matrix von n Zeilen und einer beliebigen Anzahl von Spalten, so ist $\vartheta(UP) = \vartheta(P)$ (J. (5.)). Ist A eine unitäre Form, so kann man die unitäre Substitution U so bestimmen, daß

$$UAU^{-1} = \sum a_\lambda x_\lambda y_\lambda$$

die Normalform wird. Ist t eine Spalte, so ist auch $Ut = s$ eine Spalte, deren Koeffizienten $s_1, s_2, \cdots s_n$ seien. Dann ist die Spannung

$$\mathfrak{s}((E-A)t) = \mathfrak{s}(U(E-A)U^{-1}s) = \mathfrak{s}((E-UAU^{-1})s) = \sum |(1-a_\lambda)s_\lambda|^2$$

und

$$\sum |s_\lambda|^2 = \mathfrak{s}(s) = \mathfrak{s}(t),$$

und mithin, wenn $|1-a_\lambda| \leqq k$ ist,

$$\mathfrak{s}((E-A)t) \leqq k^2\mathfrak{s}(t).$$

Allgemein ist, wenn P und Q zwei beliebige Matrizen sind,

$$\mathfrak{s}(PQ) = \sum_{\varkappa,\lambda} \Big|\sum_\varrho p_{\varkappa\varrho} q_{\varrho\lambda}\Big|^2$$

und

$$\Big|\sum_\varrho p_{\varkappa\varrho} q_{\varrho\lambda}\Big|^2 \leqq \Big(\sum_\varrho |p_{\varkappa\varrho} q_{\varrho\lambda}|\Big)^2 \leqq \Big(\sum_\varrho |p_{\varkappa\varrho}|^2\Big)\Big(\sum_\sigma |q_{\sigma\lambda}|^2\Big),$$

und mithin

$$(1.)\qquad \mathfrak{s}(PQ) \leqq \mathfrak{s}(P)\mathfrak{s}(Q).$$

Der Kommutator von (A, p) und (B, q) sei (C, r). Dann ist $C = ABA^{-1}B^{-1}$ und

$$(2.)\qquad r = p - ABA^{-1}p + Aq - ABA^{-1}B^{-1}q.$$

Aus der Ungleichheit (J. (7.))

$$\sqrt{\mathfrak{S}(P-Q)} \leqq \sqrt{\mathfrak{S}(P)} + \sqrt{\mathfrak{S}(Q)}$$

folgt daher

$$\sqrt{\mathfrak{S}(r)} \leqq \sqrt{\mathfrak{S}((E-ABA^{-1})p)} + \sqrt{\mathfrak{S}(A(E-BA^{-1}B^{-1})q)}.$$

Nun ist

$$\mathfrak{S}((E-ABA^{-1})p) \leqq \mathfrak{S}(E-ABA^{-1})\mathfrak{S}(p) = \mathfrak{S}(E-B)\mathfrak{S}(p) = b\mathfrak{S}(p)$$

und

$$\mathfrak{S}(A(E-BA^{-1}B^{-1})q) = \mathfrak{S}((E-BA^{-1}B^{-1})q) \leqq k^2\mathfrak{S}(q),$$

und folglich ist

$$\sqrt{\mathfrak{S}(r)} \leqq k\sqrt{\mathfrak{S}(q)} + \sqrt{b\mathfrak{S}(p)}.$$

Jetzt sei (D, s) der Kommutator von (A, p) und (C, r), $\cdots$ (M, v) der von (A, p) und (L, u), (N, w) der von (A, p) und (M, v). Dann ist (J. S. 376), wenn $|a_\varkappa - a_\lambda| \leqq k$ ist,

$$\mathfrak{S}(E-C) \leqq bk^2, \qquad \mathfrak{S}(E-D) \leqq bk^4, \cdots \qquad \mathfrak{S}(E-M) \leqq bk^{2\nu-2}$$

und

$$\mathfrak{S}(E-N) \leqq bk^{2\nu}.$$

Ferner ist

$$\sqrt{\mathfrak{S}(s)} \leqq k\sqrt{\mathfrak{S}(r)} + \sqrt{\mathfrak{S}(E-C)\mathfrak{S}(p)} \leqq k^2\sqrt{\mathfrak{S}(q)} + 2k\sqrt{b\mathfrak{S}(p)},$$

und wenn

$$\mathfrak{S}(v) \leqq k^{\nu-1}\sqrt{\mathfrak{S}(q)} + (\nu-1)k^{\nu-2}\sqrt{b\mathfrak{S}(p)}$$

ist, auch

$$\mathfrak{S}(w) \leqq k\sqrt{\mathfrak{S}(v)} + \sqrt{\mathfrak{S}(E-M)\mathfrak{S}(p)} \leqq k^\nu\sqrt{\mathfrak{S}(q)} + \nu k^{\nu-1}\sqrt{b\mathfrak{S}(p)}.$$

Ist also $k < 1$, so werden die Spannungen $\mathfrak{S}(E-N)$ und $\mathfrak{S}(w)$ mit wachsendem ν unendlich klein. Ist daher $\mathfrak{H}$ eine diskrete Gruppe, so muß einmal $\mathfrak{S}(w) = 0$ und $\mathfrak{S}(E-N) = 0$, demnach $(N, w) = (E, 0)$ werden. Genügen nun die Wurzeln der Matrix (B, q) denselben Bedingungen wie die von (A, p), so ist nach J. § 6 auch $M = E$, $L = E$, $\cdots$ $C = E$, also $AB = BA$. Dann ist aber nach (2.)

$$(3.)\qquad r = (E-B)p - (E-A)q$$

und

$$s = (A-E)r, \cdots \qquad w = (A-E)v = (A-E)^{\nu-1}r.$$

Da die Formen A und B miteinander vertauschbar sind, so kann man sie nach J. § 1 durch eine unitäre Substitution U gleichzeitig in ihre Normalformen transformieren, und weil

$$U(A, p)U^{-1} = (UAU^{-1}, Up)$$

ist, so bleibt dabei $\vartheta(p) = \vartheta(Up)$ ungeändert. Dann stellt $w = 0$ die n Gleichungen

$$(1-a_\lambda)^{\nu-1}\big((1-b_\lambda)p_\lambda - (1-a_\lambda)q_\lambda\big) = 0$$

dar. Nun kann man aber in dieser ganzen Entwicklung A und B vertauschen. Für ein hinlänglich großes ν ist also auch

$$(1-b_\lambda)^{\nu-1}\big((1-b_\lambda)p_\lambda - (1-a_\lambda)q_\lambda\big) = 0\,,$$

mithin

$$r_\lambda = (1-b_\lambda)p_\lambda - (1-a_\lambda)q_\lambda = 0$$

oder symbolisch

$$r = (Aq+p)-(Bp+q) = 0\,.$$

Nach (2.) § 1 ist daher (A, p) mit (B, q) vertauschbar.

§ 3.

Der Komplex aller Elemente der Gruppe $\mathfrak{H}$, welche die Bedingung des Satzes I erfüllen, sei

$$\mathfrak{S} = (A, p) + (B, q) + (C, r) + \cdots.$$

Insbesondere gehören dazu alle etwa in $\mathfrak{H}$ enthaltenen Translationen (E, t). Da

$$(L, u)(A, p)(L, u)^{-1} = (LAL^{-1}, v)$$

ist und LAL^{-1} dieselben Wurzeln wie A hat, so ist $\mathfrak{S}$ ein in $\mathfrak{G}$ invarianter Komplex. Je zwei der Bewegungen von $\mathfrak{S}$ sind miteinander vertauschbar, also auch je zwei der Formen $A, B, C, \cdots$. Man kann daher durch eine unitäre Substitution die linear unabhängigen unter ihnen und folglich alle gleichzeitig in ihre Normalformen transformieren. Für je zwei Bewegungen von $\mathfrak{S}$ ist $Aq+p = Bp+q$, also $(1-b_\lambda)p_\lambda = (1-a_\lambda)q_\lambda$, und mithin

$$p_\lambda : q_\lambda : r_\lambda : \cdots = 1-a_\lambda : 1-b_\lambda : 1-c_\lambda : \cdots.$$

Sind nun für einen Index λ die Differenzen auf der rechten Seite nicht alle 0, so ist

$$p_\lambda = (1-a_\lambda)s_\lambda\,, \qquad q_\lambda = (1-b_\lambda)s_\lambda\,, \qquad r_\lambda = (1-c_\lambda)s_\lambda\,, \cdots.$$

In der Substitution (A, p) lautet daher die λte Gleichung

$$x_\lambda = a_\lambda y_\lambda + (1-a_\lambda)s_\lambda\,, \qquad x_\lambda - s_\lambda = a_\lambda(y_\lambda - s_\lambda)\,.$$

Durch eine Translation s des Koordinatensystems kann man folglich bewirken, daß $p_\lambda, q_\lambda, r_\lambda, \cdots$ alle verschwinden. Dies möge eintreten für die Zeilen $\lambda = 1, 2, \cdots k$. Dann hat jede Bewegung von $\mathfrak{S}$ die Gestalt (H. S. 326).

$$(1.) \qquad (A, p) = \begin{pmatrix} A_1 & 0 & 0 \\ 0 & E_2 & p_2 \\ 0 & 0 & 1 \end{pmatrix},$$

wo jetzt p_2 eine Spalte von $n-k$ Koeffizienten bezeichnet. Ist $\varkappa$ einer der Indizes $1, 2, \cdots k$, so sind die Differenzen $1-a_\varkappa$, $1-b_\varkappa$, $1-c_\varkappa$, $\cdots$ nicht alle Null. Mithin kann man unter den Bewegungen von $\mathfrak{S}$ eine endliche Anzahl so auswählen, daß in keiner der k linearen Formen

$$(1-a_\varkappa)\,\xi + (1-b_\varkappa)\,\eta + (1-c_\varkappa)\,\zeta + \cdots$$

der Variabeln $\xi, \eta, \zeta, \ldots$ alle Koeffizienten verschwinden. Daher kann auch das Produkt dieser k Formen, also die Determinante der Matrix $k$ten Grades

$$(2.)\qquad \xi\,(E_1 - A_1) + \eta\,(E_1 - B_1) + \zeta\,(E_1 - C_1) + \cdots$$

nicht identisch verschwinden.

Ist die Gruppe $\mathfrak{H}$ reell, so kann man die komplexe Normalform der Bewegungen von $\mathfrak{S}$ zunächst dazu benutzen, aus ihnen, wie oben, eine endliche Anzahl $A, B, C, \cdots$ auszuwählen. Dann hat die Matrix $\xi A + \eta B + \zeta C + \cdots$ die Wurzel $\xi a_1 + \eta b_1 + \zeta c_1 + \cdots$, also wenn $\xi, \eta, \zeta, \cdots$ reelle Variable sind, und $a_1, b_1, c_1 \cdots$ nicht alle reell sind, auch die konjugiert komplexe Wurzel, etwa $\xi a_2 + \eta b_2 + \zeta c_2 + \cdots$. Nun ist

$$\begin{pmatrix} e^{i\varphi} & 0 \\ 0 & e^{-i\varphi} \end{pmatrix} \begin{pmatrix} 1 & i \\ i & 1 \end{pmatrix} = \begin{pmatrix} 1 & i \\ i & 1 \end{pmatrix} \begin{pmatrix} \cos\varphi & -\sin\varphi \\ \sin\varphi & \cos\varphi \end{pmatrix}.$$

Seien jetzt $A_1, B_1, C_1, \cdots$ die reellen orthogonalen reduzierten Formen, die man durch diese Umformung erhält. Dann behalten sie die Eigenschaft, daß die Determinante der Matrix (2) nicht identisch verschwindet. Ferner kann man die Substitution U so bestimmen, daß für jedes Element von $\mathfrak{S}$ gleichzeitig

$$U^{-1} A U = \begin{pmatrix} A_1 & 0 \\ 0 & E_2 \end{pmatrix}, \qquad U^{-1} B U = \begin{pmatrix} B_1 & 0 \\ 0 & E_2 \end{pmatrix}, \cdots$$

wird. Da aber die rechten Seiten ebenso wie $A, B, C, \cdots$ reelle orthogonale Matrizen sind, so kann man dann auch eine reelle orthogonale Substitution U finden, die diesen Gleichungen genügt. Die Bewegung (A, p) von $\mathfrak{S}$ geht durch die Substitution $(U, 0)$ in

$$\begin{pmatrix} A_1 & 0 & p_1 \\ 0 & E_2 & p_2 \\ 0 & 0 & 1 \end{pmatrix},$$

wo jetzt p_1 eine Spalte von k Koeffizienten bedeutet. Aus der komplexen Normalform schließen wir, daß es eine Spalte s_1 gibt, die gleichzeitig den Bedingungen

$$(E_1 - A_1)\,s_1 = p_1, \quad (E_1 - B_1)\,s_1 = q_1, \quad (E_1 - C_1)\,s_1 = r_1, \cdots$$

genügt. Da die Koeffizienten dieser Gleichungen reell sind, so haben sie auch eine reelle Lösung. Durch diese Translation s_1 gehen (A_1, p_1), $(B_1, q_1), \cdots$ in $(A_1, 0), (B_1, 0), \cdots$ über.

Irgendeine Bewegung von $\mathfrak{H}$ sei

$$(L, u) = \begin{pmatrix} L_{11} & L_{12} & u_1 \\ L_{21} & L_{22} & u_2 \\ 0 & 0 & 1 \end{pmatrix},$$

so geschrieben, daß die ersten k Zeilen und Spalten von den folgenden $n-k$ abgetrennt sind. Zu jeder Matrix (A, p) des invarianten Komplexes $\mathfrak{S}$ gibt es eine andere (B, q), so daß $(L, u)\,(A, p) = (B, q)\,(L, u)$ ist oder

$$\begin{pmatrix} L_{11} & L_{12} & u_1 \\ L_{21} & L_{22} & u_2 \\ 0 & 0 & 1 \end{pmatrix}\begin{pmatrix} A_1 & 0 & 0 \\ 0 & E_2 & p_2 \\ 0 & 0 & 1 \end{pmatrix} = \begin{pmatrix} B_1 & 0 & 0 \\ 0 & E_2 & q_2 \\ 0 & 0 & 1 \end{pmatrix}\begin{pmatrix} L_{11} & L_{12} & u_1 \\ L_{21} & L_{22} & u_2 \\ 0 & 0 & 1 \end{pmatrix}.$$

Daher ist

$$L_{21}(E_1 - A_1) = 0, \quad (E_1 - B_1)\,L_{12} = 0, \quad (E_1 - B_1)\,u_1 + L_{12}\,p_2 = 0,$$

also auch

$$L_{21}\big(\xi(E_1 - A_1) + \eta(E_1 - B_1) + \zeta(E_1 - C_1) + \cdots\big) = 0$$

und mithin $L_{21} = 0$. Ebenso ist $L_{12} = 0$, demnach $(E_1 - B_1)u_1 = 0$, und folglich $u_1 = 0$. Jede Bewegung von $\mathfrak{H}$ hat demnach die Gestalt

$$(3.) \qquad (L, u) = \begin{pmatrix} L_1 & 0 & 0 \\ 0 & L_2 & u_2 \\ 0 & 0 & 1 \end{pmatrix}.$$

Nun kann nicht $k = n$ sein. Denn sonst würde in jeder Bewegung (L, u) der translative Teil u verschwinden. Ist $k < n$ aber > 0, so wird eine Gruppe von Bewegungen *zerlegbar* genannt, wenn in einer kongruenten Gruppe alle Bewegungen die Gestalt (3.) haben (H. § 8). Soll also $\mathfrak{H}$ unzerlegbar sein, so muß $k = 0$ sein, und folglich ist in jeder Bewegung (1.) des Komplexes $\mathfrak{S}$ der rotative Teil $A = E$, also ist $(A, p) = (E, p)$ eine Translation. Da umgekehrt $\mathfrak{S}$ alle Translationen enthält, so ist $\mathfrak{S} = \mathfrak{T}$.

II. *Jede Bewegung einer unendlichen diskreten unzerlegbaren Bewegungsgruppe, worin die Differenz von je zwei Wurzeln absolut kleiner als* 1 *ist, ist eine Translation.*

Ist also (L, u) eine Bewegung einer solchen Gruppe, und ist L von E verschieden, so ist $2\vartheta(E-L) \geqq 1$.

§ 4.

Sind P und Q zwei verschiedene Elemente von $\mathfrak{H}'$, so ist $PQ^{-1} = L$ von E verschieden, und mithin ist (J. (6.))

$$\vartheta(P-Q) = \vartheta(E-L) \geqq \frac{1}{2}.$$

Es gibt aber nur eine endliche Anzahl unitärer Matrizen, von denen je zwei dieser Ungleichheit genügen. Diese Zahl liegt unterhalb einer bestimmten, nur von n abhängigen Grenze (J. (14.)). Daher ist $\mathfrak{H}'$ eine endliche Gruppe. Würde nun $\mathfrak{H}$ keine Translation enthalten, so würde jedem Elemente L von $\mathfrak{H}'$ nur ein Element (L, u) von $\mathfrak{H}$ entsprechen, und folglich wäre auch $\mathfrak{H}$ eine endliche Gruppe. Daher muß jede unzerlegbare, unendliche, diskrete Bewegungsgruppe Translationen enthalten.

Die Anzahl der linear unabhängigen Translationen von $\mathfrak{H}$ kann höchstens n sein. Ist sie gleich $n-k>0$, so kann man die Matrizen von $\mathfrak{T}$ durch eine unitäre Substitution gleichzeitig in

$$(1.)\qquad (E,p) = \begin{pmatrix} E_1 & 0 & 0 \\ 0 & E_2 & p_2 \\ 0 & 0 & 1 \end{pmatrix}$$

transformiert werden, wo die Spalte p_2 nur $n-k$ Koeffizienten hat. Denn man kann eine *unitäre* Matrix U so bestimmen, daß jede ihrer k ersten Zeilen $u_{\varkappa 1}, u_{\varkappa 2}, \cdots u_{\varkappa n}$ den Gleichungen

$$\sum_\lambda p_\lambda u_{\varkappa\lambda} = 0, \qquad \sum_\lambda q_\lambda u_{\varkappa\lambda} = 0, \qquad \sum_\lambda r_\lambda u_{\varkappa\lambda} = 0, \cdots$$

genügt, unter denen $n-k$ unabhängig sind. (Vgl. z. B. Erhard Schmidt, *Dissertation* § 3.) Dann ist

$$U(E,p)U^{-1} = (E, Up)$$

und in Up verschwinden die ersten k Koeffizienten.

Da $\mathfrak{T}$ eine invariante Untergruppe von $\mathfrak{H}$ ist, so ist

$$(L,u)(E,p) = (E,q)(L,u), \qquad Lp = q, \qquad L_{12}p_2 = 0,$$

also ist $L_{12} = 0$, denn für p_2 kann man $n-k$ linear unabhängige Spalten setzen. Da L unitär ist, so muß, wenn $L_{12} = 0$ ist, auch $L_{21} = 0$ sein. Daher ist

$$(L,u) = \begin{pmatrix} L_1 & 0 & u_1 \\ 0 & L_2 & u_2 \\ 0 & 0 & 1 \end{pmatrix}.$$

Jedem der h verschiedenen Elemente $L, M, N, \cdots$ von $\mathfrak{H}'$ ordne man willkürlich ein Element

$$(2.)\qquad (L,u), \quad (M,v), \quad (N,w), \cdots$$

von $\mathfrak{H}$ zu. Dann erhält man alle Elemente von $\mathfrak{H}$, indem man in der Matrix

$$(E,p)(L,u) = \begin{pmatrix} L_1 & 0 & u_1 \\ 0 & L_2 & u_2 + p_2 \\ 0 & 0 & 1 \end{pmatrix}$$

für (L, u) der Reihe nach jene h ausgewählten Bewegungen und für (E, p) alle Translationen setzt. In der Substitution (1.) § 1, die dieser Matrix entspricht, hängen die k Variabeln $x_1, \cdots x_k$ nur von $y_1, \cdots y_k$ ab. Die von den Koeffizienten dieses Teils der Substitutionen gebildeten Matrizen

$$\begin{pmatrix} L_1 & u_1 \\ 0 & 1 \end{pmatrix}$$

bilden eine endliche Gruppe. Durch eine Verlegung des Koordinatenanfangs (nach dem Schwerpunkt der h Punkte $u_1, v_1, w_1, \cdots$) kann man daher, wie ich in § 5 zeigen werde, erreichen, daß in jeder dieser h Bewegungen $u_1 = 0$ wird. Ist dann $k > 0$, so ist $\mathfrak{H}$ zerlegbar.

III. *In einer unendlichen diskreten unzerlegbaren Bewegungsgruppe der Dimension n befinden sich n linear unabhängige Translationen. Die rotativen Teile der Bewegungen bilden eine endliche Gruppe, deren Ordnung eine bestimmte nur von n abhängige Schranke nicht überschreitet.*

§ 5.

Die Summe der translativen Teile der ausgewählten h Bewegungen (2.) § 4 bezeichne ich mit

$$hs = u + v + w + \cdots.$$

So lange jene Auswahl noch nicht getroffen ist, ist s nur bis auf den $h$ten Teil einer willkürlichen Translation genau bestimmt. Verlegt man den Koordinatenanfang nach s, so geht (L, u) in

$$(E, -s)\,(L, u)\,(E, s) = (L, Ls - s + u)$$

über. Ist nun $LM = N$, so ist

$$(L, u)\,(M, v) = (N, w + z),$$

wo z eine Translation von $\mathfrak{G}$ ist. Wenn man hier (L, u) festhält, aber (M, v) die h Bewegungen (2.) § 4 durchlaufen läßt, so durchläuft auch (N, w) diese h Bewegungen. Durch Addition der h Gleichungen

$$Lv + u = w + z$$

ergibt sich

$$hLs + hu = hs + t, \qquad h(Ls - s + u) = t,$$

wo t als Summe von Translationen in $\mathfrak{H}$ auch eine solche ist.

IV. *In einer unendlichen diskreten unzerlegbaren Bewegungsgruppe seien $L, M, N, \cdots$ die h verschiedenen rotativen Teile der Bewegungen, und $(L, u), (M, v), (N, w), \cdots$ h beliebig ausgewählte Bewegungen, deren rotative Teile verschieden sind. Man verlege den Koordinatenanfang nach* *dem Schwerpunkte der Punkte* $u, v, w, \cdots$. *Ist dann* (A, p) *irgendeine Bewegung der Gruppe, so ist* (E, hp) *eine Translation der Gruppe.*

Dieselbe Betrachtung kann man in dem Falle anwenden, wo $\mathfrak{H}$ eine endliche Gruppe ist. Verlegt man dann den Koordinatenanfang nach dem Schwerpunkte von $u, v, w, \cdots$, so verschwinden in allen Bewegungen der Gruppe die translativen Teile, und man erhält eine mit der Darstellung (2.) § 4 kongruente Darstellung der Gruppe durch homogene Substitutionen $(L, 0), (M, 0), (N, 0), \cdots$. Durch diese Reduktionsmethode hat Hr. J. Schur in § 3 seiner Arbeit *Neue Begründung der Theorie der Gruppencharaktere, Sitzungsber. 1905*, für endliche Gruppen die Methode von Maschke (H. S. 327) ersetzt.

Die weiteren Entwicklungen des Hrn. Bieberbach sind rein arithmetischer Natur, beziehen sich nur auf reelle Gruppen und stützen sich auf Sätze von Minkowski. Sein Hauptresultat läßt sich in etwas schärferer Fassung (indem *Isomorphismus* durch *Äquivalenz* ersetzt wird) so aussprechen:

V. *Die unendlichen diskreten, unzerlegbaren, reellen Bewegungsgruppen der Dimension n zerfallen in eine endliche Anzahl äquivalenter Gruppen.*

Man kann eine endliche Anzahl von Bewegungsgruppen $\mathfrak{H}$ (nicht in orthogonaler Gestalt) angeben, unter denen sich aus jeder Klasse mindestens eine findet.

Die Substitutionen jeder endlichen Gruppe $\mathfrak{H}$ von Matrizen $n$ten Grades, deren Koeffizienten ganze Zahlen sind, transformieren eine positive quadratische Form in sich. Zwei solche Gruppen $\mathfrak{G}$ und $\mathfrak{H}$ nenne ich (G. S. 8) unimodular äquivalent, und ich rechne sie zu derselben Klasse, wenn $\mathfrak{G}$ durch eine ganzzahlige Substitution der Determinante ± 1 in $\mathfrak{H}$ transformiert werden kann. Aus einem Satze von Minkowski folgt dann, daß diese Gruppen in eine endliche Anzahl von Klassen zerfallen. Sei $\mathfrak{H}' = A + B + C + \cdots$ der Repräsentant einer dieser Klassen, h die Ordnung von $\mathfrak{H}'$. Die zu definierenden Bewegungsgruppen $\mathfrak{H}$ haben alle dieselbe Translationsgruppe $\mathfrak{T}$. Sie besteht aus allen Translationen t, deren Koeffizienten ganze Zahlen sind. Die Gruppe $\mathfrak{H}$ besteht aus den Substitutionen

$$(1.)\qquad \left(A, \frac{1}{h} t_A\right), \quad \left(B, \frac{1}{h} t_B\right), \quad \left(C, \frac{1}{h} t_C\right), \cdots,$$

worin für $t_A, t_B, t_C, \cdots$ alle Spalten ganzer Zahlen zu setzen sind, die einer bestimmten Spalte (mod. h) kongruent sind. Die Spalten t_A, t_B, t_C bilden (mod. h) *eine* Lösung der Kongruenzen, die man aus

$$(2.)\qquad A t_B + t_A \equiv t_{AB} \pmod{h}$$

erhält, indem man für A und B irgend zwei Elemente von $\mathfrak{H}'$ setzt. Der Gruppe $\mathfrak{H}'$ entsprechen so viele Gruppen $\mathfrak{H}$, als diese Kongruenzen Systeme inkongruenter Lösungen zulassen. Ist s eine willkürliche Spalte ganzer Zahlen, so genügen die Spalten $t_A = (E-A)s$ jenen Kongruenzen. Zwei Lösungen, deren Differenz diese Gestalt hat, führen auf kongruente Gruppen. Aus einer Lösung $t_A, t_B, t_C, \cdots$ kann man eine neue $Pt_A, Pt_B, Pt_C, \cdots$ ableiten, wenn P, wie z. B. pE eine ganzzahlige Matrix ist, die mit jedem Elemente der Gruppe $\mathfrak{H}'$ vertauschbar ist.

Jede Wurzel r der charakteristischen Gleichung $f(s) = 0$ der Substitution A ist eine Einheitswurzel. Gehört sie zum Exponenten k, so ist

$$(3.) \qquad \varphi(k) \leqq n .$$

Da die Koeffizienten von $f(s)$ ganze Zahlen sind, so genügen jener Gleichung auch die $\phi(k)$ mit r konjugierten Einheitswurzeln. Daraus ergibt sich leicht, daß $2\vartheta(E-A) \geqq 1$ ist, und so kann man die Geltung des Satzes I für die Substitutionen von $\mathfrak{H}$ bestätigen.

90.

Gruppentheoretische Ableitung der 32 Kristallklassen

Sitzungsberichte der Königlich Preußischen Akademie der Wissenschaften zu Berlin
681–691 (1911)

Die von Hrn. L. Bieberbach entwickelte Theorie der unzerlegbaren, unendlichen, diskreten Bewegungsgruppen habe ich in einer kürzlich hier erschienenen Arbeit vereinfacht. Die reellen Gruppen der Dimension 3 stehen in engster Beziehung zu den Symmetrieeigenschaften der Kristalle. Zwei Kristalle werden zu derselben *Klasse* gerechnet, wenn die beiden ihren Gruppen $\mathfrak{H}$ und $\mathfrak{H}_0$ zugeordneten endlichen Gruppen $\mathfrak{H}'$ und $\mathfrak{H}_0'$ äquivalent sind, $\mathfrak{H}_0' = U^{-1}\mathfrak{H}'U$. Diese endlichen Gruppen sind dadurch charakterisiert, daß sie Gruppen äquivalent sind, deren Koeffizienten ganze Zahlen sind. Die Aufgabe ist also, alle nicht äquivalenten endlichen ternären Gruppen mit ganzzahligen Koeffizienten zu ermitteln.

Die Substitutionen einer solchen Gruppe, die ich jetzt mit $\mathfrak{H}$ bezeichnen will, lassen eine positive quadratische Form mit ganzen Koeffizienten ungeändert. Die Gruppen können daher aus der Theorie der Reduktion der positiven ternären Formen abgeleitet werden. Hier aber will ich einen anderen Weg einschlagen und sie allein aus der Lehre von den *Gruppencharakteren* entwickeln. Transformiert man jene quadratische Form in eine Summe von Quadraten, so erhält man eine mit $\mathfrak{H}$ äquivalente Gruppe orthogonaler Substitutionen. In dieser Gestalt, die der geometrischen Deutung bequemer zugänglich ist, werden diese Gruppen gewöhnlich betrachtet. Aber eine Kristallklasse wird durch eine endliche orthogonale Gruppe nur dann definiert, wenn sie einer ganzzahligen Gruppe äquivalent ist. Glücklicherweise lassen sich 25 der 32 Gruppen $\mathfrak{H}$ als ganzzahlige orthogonale Gruppen darstellen, nur die 7 Gruppen des hexagonalen Systems lassen eine solche Darstellung nicht zu.

Der Ausdruck *Gruppe* wird hier meist in dem Sinne von *Darstellung* einer abstrakten Gruppe gebraucht. Zwei endliche Gruppen von Matrizen $\mathfrak{H} = A + B + C + \cdots$ und $\mathfrak{H}_0 = A_0 + B_0 + C_0 + \cdots$ werden *äquivalent* genannt, wenn es eine solche Substitution U gibt, daß $U^{-1}AU$,

$U^{-1}BU$, $U^{-1}CU, \cdots$, *abgesehen von der Reihenfolge* mit $A_0, B_0, C_0, \cdots$ übereinstimmen. Dann gibt es, wenn $\mathfrak{H}$ und $\mathfrak{H}_0$ ganzzahlig sind, auch stets eine ganzzahlige Substitution U, die $\mathfrak{H}$ in $\mathfrak{H}_0$ überführt. Denn die Koeffizienten von U sind aus linearen Gleichungen (z. B. $AU = UC_0$) zu berechnen.

Die eben aufgestellte Definition einer Kristallklasse findet sich nicht überall mit ausreichender Genauigkeit gegeben. Die Definition der Äquivalenz von zwei Darstellungen derselben abstrakten Gruppe $\mathfrak{G}$ ist etwas schärfer, und erfordert, daß $U^{-1}AU = A_0$, $U^{-1}BU = B_0 \cdots$ ist. Dazu ist notwendig und hinreichend, daß $\mathfrak{H} = A + B + C + \cdots$ und $\mathfrak{H}_0 = A_0 + B_0 + C_0 + \cdots$ in dieser Reihenfolge der Substitutionen *isomorph*, und mit $\mathfrak{G}$ *homomorph* sind, und daß entsprechende Substitutionen die gleiche *Spur* $\chi(A) = \chi(A_0)$, $\chi(B) = \chi(B_0), \cdots$ haben. Dieser Satz gestattet genau zu erkennen, welche der ermittelten Gruppen äquivalent und welche wirklich verschieden sind.

§ 1.

Die Sätze, die ich aus der Theorie der *Gruppencharaktere* brauche, will ich hier kurz zusammenstellen. Ist $\chi(R)$ der Charakter einer irreduzibeln oder transitiven Gruppe $\mathfrak{H}$ der Ordnung h, so ist

$$\sum_R \chi(R^{-1})\,\chi(R) = h. \tag{1.}$$

Ist $\psi(R)$ ein von $\chi(R)$ verschiedener Charakter, so ist

$$\sum \psi(R^{-1})\,\chi(R) = 0, \tag{2.}$$

insbesondere ist, wenn ψ der Hauptcharakter ist,

$$\sum \chi(R) = \text{ oder } h, \tag{3.}$$

das letztere, wenn $\chi(R)$ auch der Hauptcharakter ist. Sind $f, f', f'', \cdots$ die Grade der sämtlichen verschiedenen transitiven Darstellungen von $\mathfrak{H}$, so ist

$$f^2 + f'^2 + f''^2 + \cdots = h. \tag{4.}$$

Ferner ist

$$\sum \chi(R^2) = ch. \tag{5.}$$

Hier ist $c = 1$, wenn die Darstellung reell (einer reellen äquivalent) ist, sonst ist $c = -1$ oder 0, je nachdem sie der konjugiert komplexen Darstellung äquivalent ist oder nicht. (*Über die reellen Darstellungen der endlichen Gruppen*, Sitzungsber. 1906.) Eine reelle Darstellung, die nur reell unzerlegbar ist, zerfällt in zwei konjugiert komplexe Darstellungen, die einander äquivalent sein können oder nicht.

Das Produkt von zwei Charakteren ist eine lineare Verbindung der Charaktere, deren Koeffizienten (positive oder negative) ganze Zahlen sind. Ist daher $f(x)$ eine ganze Funktion der Variabeln x, deren Koeffizienten ganze Zahlen sind, so ist auch $f(\chi(R))$ eine solche Verbindung, und mithin ist nach (3.)

$$\sum f(\chi(R)) \equiv 0 \pmod{h}. \tag{6.}$$

In der folgenden Untersuchung sind die h Werte von $\chi(R)$ rationale ganze Zahlen. Kommen unter ihnen nur m verschiedene vor, $v_1, v_2, \cdots v_m$, und zwar g_λ mal der Wert v_λ, so ist demnach (vgl. J. Schur, *Über eine Klasse von endlichen Gruppen linearer Substitutionen*, Sitzungsber. 1905)

$$\sum_\lambda g_\lambda f(v_\lambda) \equiv 0 \pmod{h}, \tag{7.}$$

also für $f(x) = (x-v_2)\,(x-v_3)\cdots(x-v_m)$

$$g_1(v_1-v_2)\,(v_1-v_3)\cdots(v_1-v_m) \equiv 0 \pmod{h}. \tag{8.}$$

Diese Relation gilt aber auch, wenn $v_1, \cdots v_m$ nicht rationale Zahlen sind. Es kann sogar unter $\chi(R)$ eine lineare Verbindung

$$v = u'\chi'(R) + u''\chi''(R) + u'''\chi'''(R) + \cdots$$

der unabhängigen Variabeln $u', u'', u''', \cdots$ verstanden werden, deren Koeffizienten mehrere verschiedene Charaktere sind, und unter $v_1, v_2, \cdots v_m$ die verschiedenen unter diesen linearen Funktionen.

§ 2.

Bei den abzuleitenden 32 Gruppen unterscheide ich 4 *Typen.* Die Gruppen des letzten, *regulären* Typus sind irreduzibel; die des ersten, *elementaren* zerfallen in 3 reelle Komponenten, ihre Substitutionen haben alle die Ordnung 2. Die des zweiten und dritten Typus zerfallen in 2 Komponenten der Grade 1 und 2. Beim dritten, *metazyklischen* Typus ist die binäre Komponente überhaupt irreduzibel, beim zweiten, *zyklischen*, ist sie nur reell unzerlegbar. Der erste und der zweite Typus enthalten die kommutativen Gruppen.

Außerdem erreiche ich eine besondere Übersichtlichkeit, indem ich die Gruppen nicht wie üblich in 2, sondern in 3 *Arten* teile. Die Substitutionen der betrachteten Gruppen haben die Determinante $+1$ oder -1. Je nachdem heißen sie *eigentliche* Substitutionen (Drehungen), oder *uneigentliche.* Es gibt nur eine Substitution, deren 3 charakteristische Wurzeln alle gleich -1 sind, die *Inversion* $J = -E$. Die 11 Gruppen $\mathfrak{A}$ der ersten Art enthalten nur Drehungen, die 11 Gruppen $\mathfrak{C}$ der dritten Art enthalten die Inversion, die 10 Gruppen $\mathfrak{B}$ der zweiten Art enthalten nicht die Inversion und nicht nur Drehungen.

Eine Substitution R einer dieser ternären Gruppen kann nur die Ordnung

$$k = 1, 2, 3, 4, 6$$

haben, weil nach der Formel (3.) § 5 meiner Arbeit *Über die unzerlegbaren diskreten Bewegungsgruppen* $\varphi(k) \leq 3$ sein muß. Die 3 Wurzeln einer solchen Matrix R sind durch die *Spur* $\chi(R)$ und die Determinante ε vollständig bestimmt, sie genügen der Gleichung

$$s^3 - \chi(R)s^2 + \chi(R)\varepsilon s - \varepsilon = 0.$$

Gehört die Matrix R einer Gruppe $\mathfrak{A}$ der ersten Art an, ist also ihre Determinante gleich $+1$, so sind für ihre 3 charakteristischen Wurzeln nur die folgenden 5 Kombinationen zulässig, worin ρ eine primitive kubische Einheitswurzel bezeichnet:

$$\begin{matrix} 1 & 1 & 1 & 1 & 1 \\ 1 & -1 & i & \rho & -\rho \\ 1 & -1 & -i & \rho^2 & -\rho^2 \end{matrix}.$$

Die Summe der 3 Wurzeln oder der Charakter $\chi(R)$ ist entsprechend

$$\chi: \quad 3 \quad -1 \quad 1 \quad 0 \quad 2 .$$

Nach (8.) § 1 geht daher die Ordnung h von $\mathfrak{A}$, weil $g_3 = 1$ ist, in $(3+1)(3-1)(3-0)(3-2) = 24$ auf. Unter den h Werten $\chi(R)$ seien g_λ gleich $\lambda\ (= 0, \pm 1, 2, 3)$.

Zerfällt die Gruppe $\mathfrak{A}$ in 3 reelle Komponenten, so haben ihre Substitutionen die Gestalt

(1.) $$x = \pm x', \quad y = \pm y', \quad z = \pm z',$$

weil $+1$ und -1 die einzigen reellen Einheitswurzeln sind. Die 4 eigentlichen unter diesen 8 Substitutionen bilden die Vierergruppe $\mathfrak{A}_{2.2}$, worin die Gruppen $\mathfrak{A}_1$ und $\mathfrak{A}_2$ der Ordnungen 1 und 2 enthalten sind.

Ist dagegen $\mathfrak{A}$ irreduzibel, so ist nach (1.) § 1, weil der Charakter $\chi(R) = \chi(R^{-1})$ reell ist,

$$\sum g_\lambda \lambda^2 = h, \qquad \sum g_\lambda = h, \qquad \sum g_\lambda(\lambda^2 - 1) = 0,$$

also

(2.) $$g_0 = 8 + 3g_2,$$

wo g_0 und g_2 die Anzahl der Substitutionen der Ordnungen 3 und 6 bezeichnen. Mithin ist $h \geqq g_3 + g_0 \geqq 9$ (was auch aus (4.) § 1 folgt), und daher $h = 12$ oder 24.

Ist $h = 12$, so ist $g_2 = 0$. Sonst wäre $h \geqq g_3 + g_0 + g_2 \geqq 9 + 4g_2 \geqq 13$. Daher ist $g_0 = 8$, und $\mathfrak{A}$ enthält 4 Untergruppen $\mathfrak{G}$ der Ordnung 3. Folglich ist die Gruppe $\mathfrak{A}$ isomorph einer Gruppe von Permutationen von

$(\mathfrak{A}:\mathfrak{G}) = 12:3 = 4$ Symbolen, der Tetraedergruppe. In der Tat läßt sich diese stets und nur in einer Art als irreduzible ternäre Gruppe $\mathfrak{A}_{12}$ darstellen (*Über Gruppencharaktere*, § 8; Sitzungsber. 1896).

Ist $h = 24$, so ist nach (8.) § 1

$$g_2(2-3)(2+1)(2-1)(2-0) \equiv 0 \qquad (\text{mod. } 24).$$

Ist also $g_2 > 0$, so ist $g_2 \geqq 4$ und $h \geqq g_3 + g_0 + g_2 \geqq 9 + 4g_2 \geqq 25$. Daher ist $g_2 = 0$, und $\mathfrak{A}$ enthält 4 Untergruppen $\mathfrak{G}$ der Ordnung 3. Die mit $\mathfrak{G}$ vertauschbaren Substitutionen von $\mathfrak{A}$ bilden eine Gruppe $\mathfrak{G}'$ der Ordnung $24:4 = 6$. Folglich ist $\mathfrak{A}$ isomorph einer Gruppe von Permutationen von $(\mathfrak{A}:\mathfrak{G}') = 4$ Symbolen, der Oktaedergruppe, vorausgesetzt, daß $\mathfrak{G}'$ keine invariante Untergruppe von $\mathfrak{A}$ enthält (*Über endliche Gruppen*, § 4; Sitzungsber. 1895). Nun ist $\mathfrak{G} = E + L + L^2$ wohl in $\mathfrak{G}'$, aber nicht in $\mathfrak{A}$ invariant, eine Untergruppe $\mathfrak{F} = E + M$ der Ordnung 2 ist aber nicht einmal in $\mathfrak{G}'$ invariant, sonst wäre L mit M vertauschbar, und LM hätte die Ordnung 6, während $g_2 = 0$ ist. In der Tat besitzt die Oktaedergruppe zwei und nicht mehr irreduzible ternäre Darstellungen, $\mathfrak{A}_{24}$ und $\mathfrak{B}_{24}$ (*Über Gruppencharaktere*, § 8). Die letztere entsteht, indem man von der Gruppe aller Permutationen von 4 Symbolen die dem Hauptcharakter entsprechende Darstellung abspaltet, und enthält daher 12 eigentliche Substitutionen $(\mathfrak{A}_{12})$ und 12 uneigentliche. Multipliziert man diese 12 mit $-E$, so erhält man die zu $\mathfrak{B}_{24}$ *assoziierte* Darstellung $\mathfrak{A}_{24}$ (vgl. § 4).

§ 3.

Besitzt die Gruppe $\mathfrak{A}$ zwei reelle Komponenten, so hat jede ihrer Substitutionen R die Gestalt

$$x = \alpha x' + \beta y', \qquad y = \gamma x' + \delta y', \qquad z = \varepsilon z'.$$

Hier ist $\varepsilon = \pm 1$, und mithin $\alpha\delta - \beta\gamma = \varepsilon$. Folglich ist R durch seinen binären Teil vollständig bestimmt; dieser allein soll daher in diesem Paragraphen mit R bezeichnet werden, und die von diesen Substitutionen R gebildete binäre Gruppe mit $\mathfrak{A}$. Für die Wurzeln von R sind nur die folgenden 6 Kombinationen

$$\begin{matrix} 1 & -1 & i & \rho & -\rho & 1 \\ 1 & -1 & -i & \rho^2 & -\rho^2 & -1 \end{matrix}$$

zulässig, denen die Werte des Charakters

$$\chi: \quad 2 \quad -2 \quad 0 \quad -1 \quad 1 \quad 0$$

entsprechen. Es ist $g_2 = 1$, und $g_{-2} = 1$ oder 0, je nachdem die Substitution $F = -E$ in $\mathfrak{A}$ vorkommt oder nicht.

Ist die Gruppe $\mathfrak{A}$ nur reell unzerlegbar, so sind ihre beiden Komponenten konjugiert komplex (und nicht äquivalent); folglich kann keine Substitution von $\mathfrak{A}$ die Wurzeln $1, -1$ haben.

Ist $g_{-2} = 0$, so ist auch $g_0 = 0$ und $g_1 = 0$. Denn hat R die Wurzeln $i, -i$, so hat R^2 die Wurzeln $-1, -1$. Nach (8.) § 1 ist daher h ein Divisor von 3, und man erhält die zyklische Gruppe $\mathfrak{A}_3$.

Ist $g_{-2} = 1$, so schließe ich aus (1.) und (2.) § 1

$$\sum g_\lambda \lambda^2 = 2h, \qquad \sum g_\lambda (\lambda^2 - 1) = h, \qquad g_0 = 6 - h,$$

demnach $h = 4$ oder 6. Ist $h = 4$, so ist $g_0 = 2$; ist $h = 6$, so ist $g_0 = 0$, $g_1 + g_{-1} = 4$. Da aber $-E$ in $\mathfrak{A}$ vorkommt, so ist $g_1 = g_{-1} = 2$, weil jeder Substitution R der Ordnung 3 oder 6 eine Substitution $-R$ der Ordnung 6 oder 3 entspricht. So erhält man die beiden zyklischen Gruppen $\mathfrak{A}_4$ und $\mathfrak{A}_6$.

Ist aber $\mathfrak{A}$ im Bereiche aller Größen irreduzibel, so ist

$$\sum g_\lambda \lambda^2 = h, \qquad \sum g_\lambda (\lambda^2 - 1) = 0, \qquad g_0 = 3\,(g_2 + g_{-2}).$$

Ist $g_{-2} = 0$, so ist $g_0 = 3$, $h \geqq 4$, und nach (8.) § 1 ist h ein Divisor von 6, demnach $h = 6$. Folglich enthält $\mathfrak{A}$ keine Substitution R der Ordnung 4 (mit den Wurzeln $i, -i$), sondern $g_0 = 3$ Substitutionen M der Ordnung 2 (mit den Wurzeln $1, -1$), also kein Element der Ordnung 6, aber zwei Elemente L und L^{-1} der Ordnung 3. Daher ist $M^{-1}LM = L^{-1}$, und wir erhalten eine Diedergruppe oder *metazyklische* Gruppe. Diese besitzt eine und nach (4.) § 1 nur eine binäre Darstellung $\mathfrak{A}_{3.2}$.

Ist aber $g_{-2} = 1$, so ist $g_0 = 6$. In diesem Falle müssen wir die Formel (5.) § 1

$$\sum \chi(R^2) = h$$

zu Hilfe nehmen. Von jenen $g_0 = 6$ Substitutionen mögen g' die Wurzeln $i, -i$ haben, g'' die Wurzeln $1, -1$. Dann ergibt sich

$$g' - g'' = 6 - h, \qquad 2g' = 12 - h, \qquad 2g'' = h.$$

Daher ist $h \leqq 12$, $h \geqq g_2 + g_{-2} + g_0 \geqq 8$. Als Divisor von 24 ist daher $h = 8$ oder 12.

Ist $h = 8$, so enthält $\mathfrak{A}$ genau $g' = 2$ Substitutionen L und L^{-1} der Ordnung 4, also eine invariante Untergruppe $\mathfrak{L}$ der Ordnung 4, und außer E und $L^2 = F$ nur noch $g'' = 4$ Substitutionen M der Ordnung 2. Demnach ist $\mathfrak{A} = \mathfrak{L} + \mathfrak{L}M$, $(LM)^2 = E$, $M^{-1}LM = L^{-1}$. Aus (4.) § 1 ergibt sich leicht, daß diese (nicht kommutative) Diedergruppe eine und nur eine binäre Darstellung $\mathfrak{A}_{4.2}$ besitzt.

Ist $h = 12$, so ist $g' = 0$, $g'' = 6$, $g_1 + g_{-1} = 4$, mithin $g_1 = g_{-1} = 2$. Die Gruppe enthält genau $g_1 = 2$ Substitutionen L und L^{-1} der

Ordnung 6, und außer F noch $g'' = 6$ Substitutionen M der Ordnung 2, und es ist $M^{-1}LM = L^{-1}$. Ihre Kommutatorgruppe $E + L^2 + L^4$ hat die Ordnung 3. Daher hat die Gruppe $12:3 = 4$ Darstellungen des Grades $f = 1$. Ist $\mathfrak{F} = E + F$, so ist die Gruppe $\mathfrak{A} : \mathfrak{F}$ mit $\mathfrak{A}_{3.2}$ isomorph und besitzt daher eine binäre Darstellung, deren Charakter $\psi(R)$ für $R = F$ den Wert $\psi(F) = +2$ hat. Außer diesen mit $\mathfrak{A}$ homomorphen Darstellungen hat sie daher nach (4.) § 1 eine und nur eine mit $\mathfrak{A}$ isomorphe binäre Darstellung $\mathfrak{A}_{6.2}$, worin $\chi(F) = -2$ ist.

Von den 6 abgeleiteten binären Gruppen enthalten $\mathfrak{A}_3$, $\mathfrak{A}_4$ und $\mathfrak{A}_6$ nur eigentliche binäre Substitutionen, $\mathfrak{A}_{3.2}$, $\mathfrak{A}_{4.2}$ und $\mathfrak{A}_{6.2}$ auch uneigentliche. Mit Hilfe der Substitutionen

$$(1.)\quad L_4 = \begin{pmatrix} 0 & -1 \\ 1 & 0 \end{pmatrix}, \quad L_3 = \begin{pmatrix} -1 & -1 \\ 1 & 0 \end{pmatrix}, \quad L_6 = \begin{pmatrix} 0 & -1 \\ 1 & 1 \end{pmatrix}, \quad M = \begin{pmatrix} 0 & 1 \\ 1 & 0 \end{pmatrix}$$

lassen sich diese Gruppen ganzzahlig darstellen.

Es gibt zwei irreduzible binäre Gruppen $\mathfrak{Q}$ und $\mathfrak{Q}'$ der Ordnungen 8 und 12, die vollständig durch die Bedingungen bestimmt sind, daß sie nur ein Element der Ordnung 2 enthalten und doch nicht kommutativ sind. $\mathfrak{Q}$ ist die bekannte Quaternionengruppe. Für die Wurzeln ihrer Substitutionen sind auch nur die obigen Kombinationen zulässig, ihre Charaktere sind reell, aber die Gruppen lassen sich nicht in reeller Gestalt darstellen, sondern sind der konjugiert komplexen Gruppe äquivalent. Daher ist $\sum \chi(R^2) = -h$ und $g'' = 0$. Um diese beiden Gruppen auszuschließen, mußte ich oben von der Formel (5.) § 1 Gebrauch machen.

§ 4.

In der obigen Entwicklung hätte ich, ohne die Schlüsse zu ändern, mit den Gruppen der ersten Art $\mathfrak{A}$ auch gleich die der zweiten Art $\mathfrak{B}$ ermitteln können. Eine deutlichere Einsicht in den Bau und die Beziehungen dieser Gruppen erhält man aber, wenn man sie auf die der ersten Art zurückführt.

Die eigentlichen Substitutionen einer Gruppe $\mathfrak{B}$ bilden eine Gruppe der ersten Art $\mathfrak{A}'$, deren Ordnung h die Hälfte der Ordnung $2h$ von $\mathfrak{B}$ ist. Die h Matrizen der uneigentlichen Substitutionen von $\mathfrak{B}$, unter denen sich $-E$ nicht befindet, seien $-P, -Q, -R, \cdots$. Von den eigentlichen Substitutionen $P, Q, R, \cdots$, deren Komplex ich mit $\mathfrak{L}'$ bezeichne, ist keine in $\mathfrak{A}'$ enthalten, denn sonst enthielte $\mathfrak{B}$ die Substitutionen P und $-P$, also auch die Inversion $-E$. Sie bilden mit den Substitutionen von $\mathfrak{A}'$ zusammen eine Gruppe $\mathfrak{A}' + \mathfrak{L}' = \mathfrak{A}$ der ersten Art von der Ordnung $2h$. Analog bezeichne ich den Komplex $-P, -Q, -R, \cdots$ mit $-\mathfrak{L}'$ und setze $\mathfrak{B} = \mathfrak{A}' + (-\mathfrak{L}')$ oder kürzer $\mathfrak{B} = \mathfrak{A}' - \mathfrak{L}'$. Mit Ausnahme von $\mathfrak{B}_4$ enthält jede Gruppe der zweiten Art eine *Spiegelung* S, kann also $\mathfrak{L}' = -\mathfrak{A}'S = -S\mathfrak{A}'$ gesetzt werden.

Sei umgekehrt $\mathfrak{A}$ eine Gruppe der ersten Art von gerader Ordnung $2h$, die invariante Untergruppen von Index 2 hat. Ist $\mathfrak{A}'$ irgendeine solche, und $\mathfrak{L}'$ der Komplex der h anderen Substitutionen, so ist $\mathfrak{A}'-\mathfrak{L}' = \mathfrak{B}$ eine Gruppe der zweiten Art. Zwei Gruppen $\mathfrak{A} = \mathfrak{A}'+\mathfrak{L}'$ und $\mathfrak{B} = \mathfrak{A}'-\mathfrak{L}'$ werden *assoziiert* genannt. $\mathfrak{A}'$ ist der größte gemeinsame Divisor von $\mathfrak{A}$ und $\mathfrak{B}$.

Das hier benutzte allgemeine Prinzip der Gruppentheorie lautet so: Besitzt eine Gruppe einen Charakter ersten Grades $\alpha, \beta, \gamma, \cdots$, so ergibt sich aus jeder ihrer Darstellungen durch die Matrizen $A, B, C, \cdots$ eine andere durch die Matrizen $\alpha A, \beta B, \gamma C, \cdots$. Zwei solche Darstellungen werden *assoziierte* genannt.

Jeder Gruppe $\mathfrak{B}$ ist daher eine und nur eine Gruppe $\mathfrak{A}$ assoziiert, einer Gruppe $\mathfrak{A}$ aber, die invariante Untergruppen vom Index 2 hat, können auch mehrere Gruppen $\mathfrak{B}$ assoziiert sein. Assoziierte Gruppen erhalten in der Tabelle dieselbe Nummer, welche ihrer Ordnung gleich ist.

Den Gruppen $\mathfrak{A}_1$, $\mathfrak{A}_3$ und $\mathfrak{A}_{12}$, die keine invarianten Untergruppen vom Index 2 haben, ist keine Gruppe $\mathfrak{B}$ assoziiert, den Gruppen $\mathfrak{A}_2$, $\mathfrak{A}_4$, $\mathfrak{A}_6$, $\mathfrak{A}_{8.2}$ und $\mathfrak{A}_{24}$ je eine. Die Substitutionen von $\mathfrak{A}_{4.2}$ zerfallen in die folgenden 5 Klassen konjugierter Elemente

$$E, \quad L^2, \quad L+L^3, \quad M+L^2M, \quad LM+L^3M.$$

Jeder dieser *invarianten Komplexe* erzeugt eine Gruppe. Diese Gruppen und ihre Produkte sind die sämtlichen invarianten Untergruppen von $\mathfrak{A}_{4.2}$. Drei davon haben die Ordnung 4. Die eine, $\mathfrak{A}_4$, wird von den Potenzen von L gebildet und führt zu $\mathfrak{B}_{4.2} = \mathfrak{A}_4 - \mathfrak{M}_4$. Die beiden andern sind Vierergruppen und führen zu den Gruppen zweiter Art

$$\begin{array}{cccccccc} E & L^2 & M & L^2M & -L & -L^3 & -LM & -L^3M \\ E & L^2 & LM & L^3M & -L & -L^3 & -L^2M & -M. \end{array}$$

Diese sind in der angegebenen Anordnung isomorph, und die entsprechenden Substitutionen haben denselben Charakter. Daher sind die Gruppen äquivalent. Die erste geht durch die Transformation

$$U = \frac{E+(1+\sqrt{2})L}{L+(1+\sqrt{2})E} \tag{1.}$$

in die zweite über. Ist L orthogonal, so ist es auch U, eine Drehung um dieselbe Achse wie L, aber nur um den halben Winkel.

Wir erhalten also nur eine zweite Gruppe $\mathfrak{B}'_{4.2} = \mathfrak{A}_{2.2} - \mathfrak{L}_{2.2}$. Ebenso ist es bei $\mathfrak{A}_{6.2}$ und $\mathfrak{A}_{2.2}$. Die der Gleichung (1.) entsprechende Transformation erhält man bei $\mathfrak{B}'_{6.2}$, indem man $\sqrt{2}$ durch $\sqrt{3}$ ersetzt.

Die Zeichen $\mathfrak{L}$ und $\mathfrak{M}$ bedeuten hier nicht Gruppen, sondern Komplexe aus so vielen eigentlichen Substitutionen, wie ihr Index angibt. Insbesondere ist ein solcher Komplex stets und nur dann mit $\mathfrak{M}$ bezeichnet, wenn seine Substitutionen alle die Ordnung 2 haben (also die von $-\mathfrak{M}$ Spiegelungen sind).

Die Diedergruppen $\mathfrak{A}_{\lambda.2}$, $\mathfrak{B}_{\lambda.2}$ und $\mathfrak{B}'_{\lambda.2}$ werden von zwei Substitutionen L und M erzeugt, die den Bedingungen

$$L^{\lambda} = E, \qquad M^2 = E, \qquad M^{-1}LM = L^{-1} \tag{2.}$$

genügen. In $\mathfrak{B}_{\lambda.2}$ ist L eine eigentliche, M eine uneigentliche Substitution, in $\mathfrak{B}'_{\lambda.2}$ ist L eine uneigentliche Substitution, für M kann eine eigentliche oder eine uneigentliche gewählt werden.

Tabelle der 32 Kristallklassen.

	1. Art	2. Art		3. Art
	Elementarer Typus.			
1.	$\mathfrak{A}_1$	—		$\mathfrak{C}_1$
2.	$\mathfrak{A}_2 = \mathfrak{A}_1 + \mathfrak{M}_1$	$\mathfrak{B}_2 = \mathfrak{A}_1 - \mathfrak{M}_1$		$\mathfrak{C}_2$
3.	$\mathfrak{A}_{2.2} = \mathfrak{A}_2 + \mathfrak{M}_2$	$\mathfrak{B}_{2.2} = \mathfrak{A}_2 - \mathfrak{M}_2$		$\mathfrak{C}_{2.2}$
	Zyklischer Typus.			
4.	$\mathfrak{A}_3$	—		$\mathfrak{C}_3$
5.	$\mathfrak{A}_4 = \mathfrak{A}_2 + \mathfrak{L}_2$	$\mathfrak{B}_4 = \mathfrak{A}_2 - \mathfrak{L}_2$		$\mathfrak{C}_4$
6.	$\mathfrak{A}_6 = \mathfrak{A}_3 + \mathfrak{L}_3$	$\mathfrak{B}_6 = \mathfrak{A}_3 - \mathfrak{L}_3$		$\mathfrak{C}_6$
	Metazyklischer Typus.			
4.	$\mathfrak{A}_{3.2} = \mathfrak{A}_3 + \mathfrak{M}_3$	$\mathfrak{B}_{3.2} = \mathfrak{A}_3 - \mathfrak{M}_3$		$\mathfrak{C}_{3.2}$
5.	$\mathfrak{A}_{4.2} = \mathfrak{A}_4 + \mathfrak{M}_4 = \mathfrak{A}_{2.2} + \mathfrak{L}_{2.2}$	$\mathfrak{B}_{4.2} = \mathfrak{A}_4 - \mathfrak{M}_4$	$\mathfrak{B}'_{4.2} = \mathfrak{A}_{2.2} - \mathfrak{L}_{2.2}$	$\mathfrak{C}_{4.2}$
6.	$\mathfrak{A}_{6.2} = \mathfrak{A}_6 + \mathfrak{M}_6 = \mathfrak{A}_{3.2} + \mathfrak{L}_{3.2}$	$\mathfrak{B}_{6.2} = \mathfrak{A}_6 - \mathfrak{M}_6$	$\mathfrak{B}'_{6.2} = \mathfrak{A}_{3.2} - \mathfrak{L}_{3.2}$	$\mathfrak{C}_{6.2}$
	Regulärer Typus.			
7.	$\mathfrak{A}_{12}$	—		$\mathfrak{C}_{12}$
7.	$\mathfrak{A}_{24} = \mathfrak{A}_{12} + \mathfrak{L}_{12}$	$\mathfrak{B}_{24} = \mathfrak{A}_{12} - \mathfrak{L}_{12}$		$\mathfrak{C}_{24}$

Die Gruppen der dritten Art $\mathfrak{C}$ enthalten die Inversion $J = -E$, die mit jeder Substitution vertauschbar ist. Die eigentlichen Substitutionen von $\mathfrak{C}$ bilden eine Gruppe $\mathfrak{A}$ der ersten Art, die uneigentlichen den Komplex $\mathfrak{A}J$. Ist also $\mathfrak{J} = E + J$, so ist

$$(3.)\qquad \mathfrak{C} = \mathfrak{A} \times \mathfrak{J}$$

das *direkte Produkt* der beiden Gruppen $\mathfrak{A}$ und $\mathfrak{J}$. So entsprechen den 11 Gruppen $\mathfrak{A}$ eindeutig 11 Gruppen $\mathfrak{C}$. Die Ordnung von $\mathfrak{C}$ ist doppelt so groß wie ihr Index. Ist $\mathfrak{B}$ irgendeine mit $\mathfrak{A}$ assoziierte Gruppe, so ist auch $\mathfrak{C} = \mathfrak{B} \times \mathfrak{J}$. Die Gruppe $\mathfrak{C}$ ist das kleinste gemeinschaftliche Vielfache von $\mathfrak{A}$ und $\mathfrak{B}$ (und $\mathfrak{B}'$).

Die außerordentliche Zweckmäßigkeit der hier eingeführten Bezeichnung für die 32 Kristallklassen, die ohne jede Willkür aus der Gruppentheorie geschöpft ist, ergibt sich auch bei der Einordnung der 32 Klassen in die bekannten 7 Kristallsysteme. Diese sind das 1. trikline, 2. monokline, 3. rhombische, 4. rhomboedrische, 5. tetragonale, 6. hexagonale, 7. reguläre System. Die Ziffern in der ersten Spalte der Tabelle geben an, zu welchem Systeme die Gruppen der Zeile gehören.

Wenn $\mathfrak{C}_\lambda$ für $\lambda = 4, 6$ dem zweiten, $\mathfrak{C}_{\lambda.2}$ dem dritten Typus zugerechnet ist, so ist damit nicht ausgedrückt, daß $\mathfrak{C}_\lambda$ eine zyklische, $\mathfrak{C}_{\lambda.2}$ eine metazyklische Gruppe ist. Dies trifft nur für die Gruppen der beiden ersten Arten zu.

§ 5.

Eine Substitution, die zugleich ganzzahlig und orthogonal ist, enthält in jeder Zeile und in jeder Spalte einen Koeffizienten ± 1 und zwei Koeffizienten 0. Solcher ganzzahliger Substitutionen, die $x^2 + y^2 + z^2$ ungeändert lassen, gibt es 48, aus jeder der 6 Permutationen, z. B. $x = y'$, $y = z'$, $z = x'$ entspringen 8, nämlich $x = \pm y'$, $y = \pm z'$, $z = \pm x'$. Die von ihnen gebildete Gruppe muß also mit $\mathfrak{C}_{24}$ identisch sein. Die 8 Substitutionen (1.) § 2 bilden die Gruppe $\mathfrak{C}_{2.2}$, die 6 Permutationen bilden die Gruppe $\mathfrak{B}_{3.2}$, demnach ist

$$(1.)\qquad \mathfrak{C}_{24} = \mathfrak{B}_{3.2}\, \mathfrak{C}_{2.2}.$$

Mit dieser einfachsten Darstellung von $\mathfrak{C}_{24}$ ist zugleich für die meisten der 32 Gruppen eine *normale Darstellung* gewonnen, weil sie fast alle Untergruppen von $\mathfrak{C}_{24}$ sind. Ausgenommen sind allein die 7 Gruppen des hexagonalen Systems $\mathfrak{A}_6$, $\mathfrak{B}_6$, $\mathfrak{C}_6$, $\mathfrak{A}_{6.2}$, $\mathfrak{B}_{6.2}$, $\mathfrak{B}'_{6.2}$ und $\mathfrak{C}_{6.2}$. Sie sind alle in der Gruppe $\mathfrak{C}_{6.2}$ enthalten, und diese besteht aus allen ganzzahligen Substitutionen, welche die beiden Formen $x^2 + xy + y^2$ und z^2 ungeändert lassen.

Die ternären Substitutionen R der Ordnung 6 zerfallen in 3 Arten, je nachdem $\chi(R) = +2, -2$ oder 0 ist. In $\mathfrak{C}_{24}$ kommen nur solche vor, wofür $\chi(R) = 0$ ist, d. h. $-R$ die Ordnung 3 hat; in $\mathfrak{C}_{6.2}$ aber kommen nur solche vor, wofür $\chi(R) = \pm 2$ ist, d. h. R zugleich mit $-R$ die Ordnung 6 hat. Die Substitutionen von $\mathfrak{C}_{6.2}$ lassen sich ganzzahlig darstellen (vgl. (1.) § 3), oder orthogonal, aber nicht, wie die von $\mathfrak{C}_{24}$ gleichzeitig ganzzahlig und orthogonal.

Zu einer normalen Gestalt für die Substitutionen von $\mathfrak{C}_{6.2} = \mathfrak{B}_{6:2} \times \mathfrak{J}$, worin sie zugleich rational und orthogonal sind, gelangt man, indem man die Substitutionen von $\mathfrak{B}_{6.2}$ aus den 6 Permutationen von $\mathfrak{B}_{3.2}$ und der Substitution

$$L^3 = \frac{1}{3}\begin{pmatrix} -1 & 2 & 2 \\ 2 & -1 & 2 \\ 2 & 2 & -1 \end{pmatrix}$$

entstehen läßt.

91.

Ableitung eines Satzes von Carathéodory aus einer Formel von Kronecker

Sitzungsberichte der Königlich Preußischen Akademie der Wissenschaften zu Berlin 16–31 (1912)

Sind $a_1, a_2, \cdots a_m$ irgend m gegebene Größen, so kann man m reelle positive Größen $r_1, r_2, \cdots r_m$ und m verschiedene Größen $\varepsilon_1, \varepsilon_2, \cdots \varepsilon_m$ vom absoluten Betrage 1 so bestimmen, daß

$$a_\lambda = r_1 \varepsilon_1^\lambda + r_2 \varepsilon_2^\lambda + \cdots + r_m \varepsilon_m^\lambda$$

wird. Die m *Tensoren* r_μ sind durch diese Bedingungen vollständig bestimmt, und falls n derselben von Null verschieden sind, etwa $r_1, \cdots r_n$, so sind es auch die entsprechenden *Versoren* $\varepsilon_1, \cdots \varepsilon_n$.

Ist $a_{-\lambda}$ die zu a_λ konjugiert komplexe Größe und ist a_0 die größte Wurzel der Gleichung

$$A_m = |a_{\nu-\mu}| = 0 \qquad (\mu, \nu = 0, 1, \cdots m),$$

so ist n der Rang dieser Determinante und auch dadurch bestimmt, daß

$$A_n = |a_{\lambda-\varkappa}| \qquad (\varkappa, \lambda = 0, 1, \cdots n)$$

verschwindet, während

$$A = A_{n-1} = |a_{\beta-\alpha}| \qquad (\alpha, \beta = 0, 1, \cdots n-1)$$

von Null verschieden ist. Die n Versoren $\varepsilon_1, \cdots \varepsilon_n$ sind die Wurzeln der Gleichung

$$F(x) = |a_{\beta-\alpha}\, x - a_{\beta-\alpha+1}| = 0.$$

Es ist also zu zeigen, daß unter den gemachten Voraussetzungen erstens diese n Wurzeln alle untereinander verschieden sind, zweitens jede den absoluten Betrag 1 hat, und drittens die Versoren $r_1, \cdots r_n$, die durch die n Gleichungen

$$a_\lambda = r_1 \varepsilon_1^\lambda + \cdots + r_n \varepsilon_n^\lambda \qquad (\lambda = 1, 2, \cdots n)$$

vollständig bestimmt sind, reell, positiv und von Null verschieden sind. Das letztere schließe ich aus der Auflösungsformel

$$\frac{A}{r_\varkappa} = -\begin{vmatrix} a_0 & \cdots & a_{n-1} & 1 \\ \cdot & \cdots & \cdot & \cdot \\ a_{-n+1} & \cdots & a_0 & \varepsilon_\varkappa^{-n+1} \\ 1 & \cdots & \varepsilon_\varkappa^{n-1} & 0 \end{vmatrix}.$$

Für die drei Behauptungen, die in diesem Satz des Hrn. Carathéodory ausgesprochen sind, hat Hr. Schur in der vorausgehenden Arbeit einen rein algebraischen Beweis gegeben, der auf den Eigenschaften der linearen Substitutionen beruht, die eine positive Hermitesche Form φ in sich selbst transformieren.

Ich habe bemerkt, daß man den Satz fast unmittelbar aus einer Identität ablesen kann, die Kronecker am Ende seiner Arbeit *Zur Theorie der Elimination einer Variabeln aus zwei algebraischen Gleichungen, Sitzungsber. 1881,* abgeleitet hat,

$$F_n(x)\,F_{n-1}(y) - F_n(y)\,F_{n-1}(x) = C(x-y)\,H_n(x\,,y)\,,$$

wo

$$C = |a_{\alpha+\beta}|\,,\quad F_n(x) = |a_{\alpha+\beta}\,x - a_{\alpha+\beta+1}| \quad (\alpha,\beta = 0, 1, \dots n-1),$$

oder

$$F_n(x) = \begin{vmatrix} a_0 & a_1 & \cdots & a_n \\ \cdot & \cdot & \cdots & \cdot \\ a_{n-1} & a_n & \cdots & a_{2n-1} \\ 1 & x & \cdots & x^n \end{vmatrix}\,,\quad H_n(x\,,y) = -\begin{vmatrix} a_0 & \cdots & a_{n-1} & 1 \\ \cdot & \cdots & \cdot & \cdot \\ a_{n-1} & \cdots & a_{2n-1} & y^{n-1} \\ 1 & \cdots & x^{n-1} & 0 \end{vmatrix}$$

ist.

Hr. Schur benutzt ausschließlich die positive Form φ, in welche die Form

$$\psi = r_1\bar{y}_1 y_1 + \cdots + r_n\bar{y}_n y_n$$

durch die Substitution

$$y_\nu = x_0 + \varepsilon_\nu x_1 + \cdots + \varepsilon_\nu^{n-1} x_{n-1}$$

transformiert wird und wahrt dadurch seiner Entwicklung den Vorzug einer großen Geschlossenheit und Durchsichtigkeit. Ich aber bediene mich mehr der (zur reziproken von φ konjugierten) Form $\Phi : A$, welche durch die transponierte Substitution

$$x_\alpha = \varepsilon_1^\alpha y_1 + \cdots + \varepsilon_n^\alpha y_n$$

in die zu ψ reziproke Form

$$\Psi = \frac{1}{r_1}\bar{y}_1 y_1 + \cdots + \frac{1}{r_n}\bar{y}_n y_n$$

übergeht.

§ 1.

Ersetzt man in der Formel von Kronecker jedes a_λ durch $a_{\lambda-n+1}$, so geht sie über in

$$F(x)\,G(y) - F(y)\,G(x) = A(x-y)\,H(x\,,y)\,. \tag{1.}$$

Hier ist, wenn man die n ersten Zeilen in der umgekehrten Reihenfolge schreibt,

(2.) $A = |a_{\beta-\alpha}|, \quad F(x) = |a_{\beta-\alpha}x - a_{\beta-\alpha+1}|$ $(\alpha, \beta = 0, 1, \cdots n-1)$

oder

(3.) $$F(x) = \begin{vmatrix} a_0 & a_1 & \cdots & a_{n-1} & a_n \\ a_{-1} & a_0 & \cdots & a_{n-2} & a_{n-1} \\ \cdot & \cdot & \cdots & \cdot & \cdot \\ a_{-n+1} & a_{-n+2} & \cdots & a_0 & a_1 \\ 1 & x & \cdots & x^{n-1} & x^n \end{vmatrix}$$

und

(4.) $$H(x,y) = -\begin{vmatrix} a_0 & \cdots & a_{n-1} & y^{n-1} \\ \cdot & \cdots & \cdot & \cdot \\ a_{-n+1} & \cdots & a_0 & 1 \\ 1 & \cdots & x^{n-1} & 0 \end{vmatrix}.$$

In dieser Funktion $H(x, y)$ ist $G(x)$ der Koeffizient von y^{n-1}, d. h. des letzten Elementes der ersten Zeile.

Zum besseren Verständnis der folgenden Entwicklung wiederhole ich den Beweis von Kronecker für die in dieser Gestalt geschriebene Identität. Die darin vorkommenden Größen $x, y, a_0, a_1, \cdots a_n$, $a_{-1}, \cdots a_{-n+1}$ betrachte ich als unabhängige Variable. Dann bestimme ich a_{-n} so, daß die Determinante $(n+1)$ten Grades

(5.) $$A_n = |a_{\lambda-\varkappa}| \qquad (\varkappa, \lambda = 0, 1, \cdots n)$$

verschwindet. Ist nun

$$F(x) = \sum b_\lambda x^\lambda,$$

so ist $b_n = A$ und

(6.) $$\sum_\lambda a_{\lambda-\varkappa} b_\lambda = 0 \qquad (\varkappa = 0, 1, \cdots n-1, n).$$

Addiert man in der Determinante

$$A y H(x,y) = -\begin{vmatrix} a_0 b_n & \cdots & a_{n-1} b_n & y^n b_n \\ a_{-1} & \cdots & a_{n-2} & y^{n-1} \\ \cdot & \cdots & \cdot & \cdot \\ a_{-n+1} & \cdots & a_0 & y \\ 1 & \cdots & x^{n-1} & 0 \end{vmatrix}$$

zu den Elementen der ersten Zeile die der zweiten, mit b_{n-1} multipliziert, $\cdots$, die der $n$ten, mit b_1 multipliziert, so erhält man

$$-\begin{vmatrix} -a_{-n} b_0 & \cdots & -a_{-1} b_0 & F(y) - b_0 \\ a_{-1} & \cdots & a_{n-2} & y^{n-1} \\ \cdot & \cdots & \cdot & \cdot \\ a_{-n+1} & \cdots & a_0 & y \\ 1 & \cdots & x^{n-1} & 0 \end{vmatrix}.$$

Darin ist das letzte Element der ersten Zeile mit $G(x)$ multipliziert. Daher ist, wenn $A_n = 0$ ist,

$$AyH(x,y) = F(y)G(x) + (-1)^n b_0 H_{-1}(x,y),$$

wo

$$H_{-1}(x,y) = -\begin{vmatrix} a_{-1} & \cdots & a_{n-2} & y^{n-1} \\ \cdot & \cdots & \cdot & \cdot \\ a_{-n+1} & \cdots & a_0 & y \\ a_{-n} & \cdots & a_{-1} & 1 \\ 1 & \cdots & x^{n-1} & 0 \end{vmatrix}$$

aus $H(x,y)$ hervorgeht, indem man jedes a_λ durch $a_{\lambda-1}$ ersetzt.

Nun ist $H(x,y) = H(y,x)$ symmetrisch, und folglich auch $H_{-1}(x,y)$. Um dies zu erkennen, braucht man nur die ersten n Zeilen in der umgekehrten Reihenfolge zu schreiben oder H auf die Form

(7.) $H(x,y) = |a_{\beta-\alpha}(x+y) - a_{\beta-\alpha+1} - a_{\beta-\alpha-1}xy| \quad (\alpha, \beta = 0, 1, \cdots n-2)$

zu bringen. Folglich ist

$$AyH(x,y) - F(y)G(x) = AxH(x,y) - F(x)G(y),$$

und zwar identisch, weil hier a_{-n} nicht vorkommt.

Ein zweiter Beweis geht aus von der Matrix

$$\begin{matrix} (0) & & & & (1) & (2) & (3) \\ a_{-1} & a_0 & \cdots & a_{n-2} & a_{n-1} & y^{n-1} & 0 \\ \cdot & \cdot & \cdots & \cdot & \cdot & \cdot & \cdot \\ a_{-n} & a_{-n+1} & \cdots & a_{-1} & a_0 & 1 & 0 \\ 1 & x & \cdots & x^{n-1} & x^n & 0 & 1 \end{matrix}$$

von $n+1$ Zeilen und $n+3$ Spalten. Von den Spalten sind 4 mit $0, 1, 2, 3$ bezeichnet. Nimmt man zu den übrigen $n-1$ Spalten zwei davon hinzu, etwa 0 und 1, so möge die Determinante $(n+1)$ten Grades aus diesen $n+1$ Spalten mit D_{01} bezeichnet werden. Dann ist

$$D_{01} = F_{-1}(x), \quad D_{02} = -H_{-1}(x,y), \quad D_{03} = A_{-1},$$
$$D_{23} = G(y), \quad D_{13} = A, \quad D_{12} = -xH(x,y).$$

Nun ist bekanntlich

$$D_{01}D_{23} + D_{02}D_{31} + D_{03}D_{12} = 0,$$

und mithin ist identisch

$$F_{-1}(x)G(y) + AH_{-1}(x,y) - A_{-1}xH(x,y) = 0.$$

In der verschwindenden Determinante $(n+1)$ten Grades

$$A_n = \begin{vmatrix} a_0 & a_1 & \cdots & a_{n-1} & a_n \\ a_{-1} & a_0 & \cdots & a_{n-2} & a_{n-1} \\ \cdot & \cdot & \cdots & \cdot & \cdot \\ a_{-n+1} & a_{-n+2} & \cdots & a_0 & a_1 \\ a_{-n} & a_{-n+1} & \cdots & a_{-1} & a_0 \end{vmatrix}$$

verhalten sich die Determinanten $n$ten Grades aus den ersten n Zeilen wie die entsprechenden aus den letzten n Zeilen. Daher ist

$$F(x) : A_1 : A = F_{-1}(x) : A : A_{-1},$$

wo $A_1 = (-1)^n b_0$ aus A hervorgeht, indem man jedes a_λ durch $a_{\lambda+1}$ ersetzt. Mithin ist

$$F(x)\, G(y) + A_1 H_{-1}(x, y) - A\, x\, H(x, y) = 0 .$$

Einen dritten Beweis, worin die Hilfsgrößen a_{-n} und b_λ nicht benutzt sind, habe ich in meiner Arbeit *Über das Trägheitsgesetz der quadratischen Formen, Sitzungsber.* 1894, § 11 gegeben, einen vierten werde ich in § 6 entwickeln.

§ 2.

Seien $a_1, a_2, \cdots a_n$ gegebene Größen, und sei $a_{-\lambda}$ die zu a_λ konjugiert komplexe Größe. Dann kann man, und nur in einer Weise, a_0 so bestimmen, daß die Determinante $(n+1)$ten Grades

(1.) $$A_n = |a_{\lambda-\varkappa}| \qquad (\varkappa, \lambda = 0, 1, \cdots n)$$

verschwindet, und daß die Hermitesche Form

(2.) $$\sum a_{\lambda-\varkappa}\, \bar{x}_\varkappa\, x_\lambda$$

keine negativen Werte annimmt. Diese Größe a_0 ist reell und positiv (Schur § 1).

Ich mache nun zunächst die Voraussetzung, daß die Determinante $n$ten Grades

(3.) $$A = A_{n-1} = |a_{\beta-\alpha}| \qquad (\alpha, \beta = 0, 1, \ldots n-1)$$

von Null verschieden ist. Dann gilt bei Anwendung der obigen Bezeichnungen der Satz:

Jede Wurzel der Gleichung $F(x) = 0$ *hat den absoluten Betrag* 1.

Nach (3.) sind durch die n ersten der $n+1$ linearen Gleichungen

(4.) $$\sum_\lambda a_{\lambda-\varkappa}\, b_\lambda = 0 \qquad (\varkappa = 0, 1, \cdots n)$$

die Verhältnisse der $n+1$ Größen $b_0, b_1, \cdots b_n$ vollständig bestimmt, und b_n ist von Null verschieden. Wegen $A_n = 0$ genügen diese Größen auch der letzten Gleichung.

Ist $c_{n-\lambda}$ die zu b_λ konjugiert komplexe Größe, so folgt daraus

$$\sum_\lambda a_{\varkappa-\lambda}\, c_{n-\lambda} = 0 ,$$

oder wenn man $\varkappa$ und λ durch $n-\varkappa$ und $n-\lambda$ ersetzt,

$$\sum_\lambda a_{\lambda-\varkappa}\, c_\lambda = 0 .$$

Demnach ist

$$b_0 : b_1 : \cdots : b_n = c_0 : c_1 : \cdots : c_n,$$

und weil b_n von Null verschieden ist, so ist es auch c_0 und mithin auch b_0. Daher sind die n Wurzeln der Gleichung $n$ten Grades $F(x) = 0$ oder

$$\sum b_\lambda x^\lambda = 0$$

alle von Null verschieden, und wenn $\bar{x} = \frac{1}{y}$ die zu x konjugiert komplexe Größe ist, so ist

$$\sum c_{n-\lambda} y^{-\lambda} = 0, \quad \sum b_{n-\lambda} y^{n-\lambda} = 0, \quad \sum b_\lambda y^\lambda = 0.$$

Da die Hermitesche Form

$$(5.) \qquad \varphi = \sum a_{\beta-\alpha} \bar{x}_\alpha x_\beta \qquad (\alpha, \beta = 0, 1, \cdots n-1)$$

positiv ist, so ist es auch die (zur adjungierten konjugierte) Form

$$(6.) \qquad \Phi = -\begin{vmatrix} a_0 & \cdots & a_{n-1} & \bar{x}_0 \\ \cdot & \cdots & \cdot & \cdot \\ a_{-n+1} & \cdots & a_0 & \bar{x}_{n-1} \\ x_0 & \cdots & x_{n-1} & 0 \end{vmatrix},$$

folglich hat die Determinante

$$y^{-n+1} H(x, y) = -\begin{vmatrix} a_0 & \cdots & a_{n-1} & 1 \\ \cdot & \cdots & \cdot & \cdot \\ a_{-n+1} & \cdots & a_0 & y^{-n+1} \\ 1 & \cdots & x^{n-1} & 0 \end{vmatrix}$$

einen positiven Wert, und demnach ist $H(x, y)$ von Null verschieden. Da ferner $F(x) = F(y) = 0$ ist, so folgt aus der Gleichung

$$(7.) \qquad F(x) G(y) - F(y) G(x) = A(x-y) H(x, y),$$

daß $x = y$ ist. Daher ist

$$\bar{x} = \frac{1}{y} = \frac{1}{x}, \quad x\bar{x} = 1.$$

Ist also ε eine Wurzel der Gleichung $F(x) = 0$, so ist ε^{-1} die zu ε konjugiert komplexe Größe, und folglich ist

$$(8.) \qquad \varepsilon^{-n+1} H(\varepsilon, \varepsilon) = -\begin{vmatrix} a_0 & \cdots & a_{n-1} & 1 \\ \cdot & \cdots & \cdot & \cdot \\ a_{-n+1} & \cdots & a_0 & \varepsilon^{-n+1} \\ 1 & \cdots & \varepsilon^{n-1} & 0 \end{vmatrix}$$

positiv und von Null verschieden.

Setzt man in der Gleichung (7.), worin x und y unbestimmte Größen bedeuten, $y = \varepsilon$, so erhält man

$$(9.) \qquad F(x) G(\varepsilon) = A(x-\varepsilon) H(x, \varepsilon).$$

Die Funktion $H(x, \varepsilon)$ verschwindet nicht für $x = \varepsilon$, ist also nicht durch $x - \varepsilon$ teilbar. Daher ist ε eine einfache Wurzel der Gleichung $F(x) = 0$.

Die n Wurzeln der Gleichung $F(x) = 0$ sind alle untereinander verschieden.

Werden sie mit $\varepsilon_1, \varepsilon_2, \cdots \varepsilon_n$ bezeichnet, so sind die n Größen $r_1, r_2, \cdots r_n$ durch die n linearen Gleichungen

$$(10.) \qquad a_\lambda = r_1 \varepsilon_1^\lambda + r_2 \varepsilon_2^\lambda + \cdots + r_n \varepsilon_n^\lambda \qquad (\lambda = 1, 2, \cdots n)$$

vollständig bestimmt, und weil

$$\sum_\lambda b_\lambda \varepsilon_\varkappa^\lambda = 0, \quad \sum_\lambda b_\lambda a_\lambda = 0$$

ist, und b_0 von Null verschieden ist, so gilt die Gleichung (10.) auch für $\lambda = 0$. Ist also $H(x, \varepsilon_\varkappa) = \sum h_\alpha x^\alpha$, so ist

$$\sum h_\alpha a_\alpha = r_1 H(\varepsilon_1, \varepsilon_\varkappa) + \cdots + r_n H(\varepsilon_n, \varepsilon_\varkappa) = r_\varkappa H(\varepsilon_\varkappa, \varepsilon_\varkappa),$$

weil nach (7.), falls $\varkappa$ von λ verschieden ist, $H(\varepsilon_\varkappa, \varepsilon_\lambda) = 0$ ist.

Nun ist aber

$$\sum h_\alpha a_\alpha = - \begin{vmatrix} a_0 & \cdots & a_{n-1} & \varepsilon_\varkappa^{n-1} \\ . & \cdots & . & . \\ a_{-n+1} & \cdots & a_0 & 1 \\ a_0 & \cdots & a_{n-1} & 0 \end{vmatrix} = A \varepsilon_\varkappa^{n-1},$$

wie man erkennt, indem man die Elemente der ersten Zeile von denen der letzten abzieht. Folglich ist

$$(11.) \qquad r_\varkappa = \frac{A \varepsilon_\varkappa^{n-1}}{H(\varepsilon_\varkappa, \varepsilon_\varkappa)}.$$

Nach (8.) ist daher $r_\varkappa$ reell und positiv, und demnach gilt die Gleichung (10.) auch für $\lambda = -1, \cdots -n$.

Oben ist von der Annahme, daß (2.) eine nicht negative Form ist, kein Gebrauch gemacht, es ist nur benutzt, daß (5.) eine positive Form ist, und daß die Determinante A_n von (2.) verschwindet. Jene Annahme folgt aber aus diesen beiden Voraussetzungen. Denn wählt man die Größen b_λ so, daß $b_n = -1$ wird, so zeigt eine leichte Rechnung, daß

$$\sum_{\varkappa, \lambda} a_{\lambda - \varkappa} \bar{x}_\varkappa x_\lambda = \sum_{\alpha, \beta} a_{\beta - \alpha} (\bar{x}_\alpha + \bar{b}_\alpha \bar{x}_n)(x_\beta + b_\beta x_n)$$

ist.

§ 3.

Eine nicht negative Form, deren Determinante von Null verschieden ist, ist positiv. Umgekehrt ist in einer positiven Form nicht nur die Determinante, sondern auch jede ihrer Hauptunterdeterminanten positiv (>0). Wenn daher eine Hauptunterdeterminante C von A_m verschwindet, so verschwindet auch jede Hauptunterdeterminante B, die C enthält. Denn sonst wäre B die Determinante einer positiven Form, und als Hauptunterdeterminante von B wäre $C>0$. Ist also

$$A_k = \begin{vmatrix} a_0 & \cdots & a_k \\ \cdot & \cdots & \cdot \\ a_{-k} & \cdots & a_0 \end{vmatrix},$$

so ist in der Reihe der Determinanten $A_0, A_1, \cdots A_m$, deren letzte Null ist, eine gewisse Anzahl n der ersten von Null verschieden, während alle folgenden verschwinden. Den Fall $n=0$, wo die Größen a_μ sämtlich Null sind, schließe ich aus. Insbesondere ist $A_n = 0$ und A_{n-1} die Determinante einer positiven Form.

Dann will ich, und zwar nur aus Determinantenrelationen, zeigen, daß n der *Rang* der Determinante A_m ist. Dazu genügt es, nach einem Satze von Kronecker nachzuweisen, daß die Überdeterminanten $(n+1)$ten Grades von A_{n-1}

$$D_{rs} = \begin{vmatrix} a_0 & \cdots & a_{n-1} & a_r \\ \cdot & \cdots & \cdot & \cdot \\ a_{-n+1} & \cdots & a_0 & a_{r-n+1} \\ a_{-s} & & a_{-s+n-1} & a_{r-s} \end{vmatrix}$$

sämtlich verschwinden. Ich zeige dies zunächst für die Determinanten $D_{rr} = D_r$. Nach Voraussetzung ist $D_n = A_n = 0$. Bei dem Beweise dafür, daß $D_r = 0$ ist, kann ich daher die Gleichung $D_{r-1} = 0$ schon als bewiesen ansehen. Nun verschwindet die Determinante

$$\begin{vmatrix} a_0 & a_1 & \cdots & a_n & a_r \\ a_{-1} & a_0 & \cdots & a_{n-1} & a_{r-1} \\ \cdot & \cdot & \cdots & \cdot & \cdot \\ a_{-n} & a_{-n+1} & \cdots & a_0 & a_{r-n} \\ a_{-r} & a_{-r+1} & \cdots & a_{-r+n} & a_0 \end{vmatrix}$$

als Überdeterminante von D_n. Den 4 in den Ecken stehenden Elementen seien komplementär die Determinanten $(n+1)$ten Grades

$$\begin{matrix} D_{r-1} & B \\ C & D_n \end{matrix}.$$

Dann ist $D_{r-1} = 0$, $D_n = 0$, $D_{r-1}D_n - BC = 0$, $BC = 0$, und folglich, weil B und C konjugiert komplex sind, $B = C = 0$. Die Determinante $n$ten Grades A_{n-1}, die nach Streichung der ersten und der letzten Zeile und Spalte übrigbleibt, ist von Null verschieden, ihre 4 Überdeterminanten $(n+1)$ten Grades verschwinden. Daher verschwinden alle Unterdeterminanten $(n+1)$ten Grades, und mithin ist $D_r = 0$.

Die Determinante $(n+2)$ ten Grades

$$\begin{vmatrix} a_0 & \cdots & a_{n-1} & a_r & a_s \\ \cdot & \cdots & \cdot & \cdot & \cdot \\ a_{-n+1} & \cdots & a_0 & a_{r-n+1} & a_{s-n+1} \\ a_{-r} & \cdots & a_{-r+n-1} & a_0 & a_{s-r} \\ a_{-s} & \cdots & a_{-s+n-1} & a_{r-s} & a_0 \end{vmatrix}$$

verschwindet als Überdeterminante von D_r. Den 4 letzten Elementen

$$\begin{matrix} a_0 & a_{s-r} \\ a_{r-s} & a_0 \end{matrix}$$

sind komplementär die Unterdeterminanten

$$\begin{matrix} D_s & -D_{rs} \\ -D_{sr} & D_r . \end{matrix}$$

Daher ist $D_s D_r - D_{r,s} D_{s,r} = 0$ und folglich $D_{r,s} = 0$.

Daß n der Rang von A_m ist, kann man auch so einsehen: Aus $D_n = 0$ ergibt sich, wie eben, daß auch $D_{r,n} = 0$ ist. Setzt man der Reihe nach $r = n+1, n+2, \cdots$, so findet man aus dieser Gleichung $a_{n+1}, a_{n+2}, \cdots$ Wenn nämlich diese Größen schon bis a_{r-1} bestimmt sind, so ist $D_{rn} = 0$ eine lineare Gleichung für a_r, worin der Koeffizient Q von a_r nicht Null ist. Denn sind in der Determinante $A_n = 0$ den 4 in den Ecken stehenden Elementen die Unterdeterminanten

$$\begin{matrix} A_{n-1} & Q \\ R & A_{n-1} \end{matrix}$$

komplementär, so ist $QR = A_{n-1}^2$, und mithin ist Q von Null verschieden.

Da A_{n-1} die Determinante einer positiven Form und $A_n = 0$ ist, so kann man nach § 2 n positive Tensoren $r_1, r_2, \cdots r_n$ und n verschiedene Versoren $\varepsilon_1, \varepsilon_2, \cdots \varepsilon_n$ so bestimmen, daß für $\lambda = 0, 1, \cdots n$

$$a_\lambda = r_1 \varepsilon_1^\lambda + \cdots + r_n \varepsilon_n^\lambda$$

wird. Setzt man dann für $\lambda = 0, 1, \cdots m, -1, \cdots -m$

$$b_\lambda = r_1 \varepsilon_1^\lambda + \cdots + r_n \varepsilon_n^\lambda,$$

so hat die Matrix

$$b_{\lambda-\varkappa} \qquad (\varkappa, \lambda = 0, 1, \cdots m)$$

den Rang n, und daher verschwinden die Determinanten $(n+1)$ ten Grades, die den Determinanten D_{rn} aus den Elementen $a_{\lambda-\varkappa}$ analog sind. Da aber $b_0 = a_0, b_1 = a_1, \cdots b_n = a_n$ ist, so ist auch $b_{n+1} = a_{n+1}, \cdots b_m = a_m$. Mithin ist n der Rang der Matrix A_m. Damit ist zugleich der Carathéodorysche Satz auch für den Fall $m > n+1$ bewiesen.

Endlich läßt sich nach Hrn. Schur (§ 4) das erhaltene Ergebnis auch so aussprechen: Wenn die größte Wurzel a_0 der Gleichung $A_m = 0$ dieselbe ist wie die der Gleichung $A_n = 0$, so gilt die Relation (10.) § 2 auch für $\lambda = n+1, n+2, \cdots m$.

§ 4.

Hr. Ernst Fischer hat in seiner Arbeit *Über das Carathéodorysche Problem, Potenzreihen mit positivem reellen Teil, betreffend Rend. del Circ. Mat. di Palermo, tom. 32*, für den hier behandelten Satz einen Beweis entwickelt, worin er von einer reellen positiven rekurrierenden Form ausgeht, die sich als Hermitesche Form betrachtet, in φ transformieren läßt. Er hat es aber (S. 254) als wünschenswert hingestellt, analoge Untersuchungen für die Form φ selbst anzustellen. Dies will ich hier auf einem möglichst elementaren Wege ausführen, ohne die Ergebnisse der Theorie der Formenscharen zu benutzen.

In der Determinante

$$(1.) \qquad F(x) = |a_{\beta-\alpha}x - a_{\beta-\alpha+1}| \qquad (\alpha, \beta = 0, 1 \cdots n-1)$$

sei $F_{\alpha\beta}(x)$ die dem Elemente $a_{\beta-\alpha}x - a_{\beta-\alpha+1}$ komplementäre Unterdeterminante. Dann ist

$$(2.) \qquad F'(x) = \sum_{\alpha,\beta} a_{\beta-\alpha} F_{\alpha\beta}(x).$$

Ferner ist

$$\sum a_\beta F_{0\beta}(x) = \begin{vmatrix} a_0 & a_1 & \cdots & a_{n-1} \\ a_{-1}x - a_0 & a_0 x - a_1 & \cdots & a_{n-2}x - a_{n-1} \\ a_{-2}x - a_{-1} & a_{-1}x - a_0 & \cdots & a_{n-3}x - a_{n-2} \\ \cdot & \cdot & \cdots & \cdot \end{vmatrix}.$$

Addiert man hier die Elemente der ersten Zeile zu denen der zweiten, dann die der zweiten Zeile nach Absonderung des Faktors x, zu denen der dritten usw., so erhält man

$$(3.) \qquad \sum a_\beta F_{0\beta}(x) = A x^{n-1}.$$

Ist nun $F(\varepsilon) = 0$, so kann man $x_0, x_1, \cdots x_{n-1}$ so bestimmen, daß

$$(4.) \qquad \sum_\beta (a_{\beta-\alpha}\varepsilon - a_{\beta-\alpha+1}) x_\beta = 0 \qquad (\alpha = 0, 1, \cdots n-1)$$

wird. Vertauscht man α mit β und i mit $-i$, so erhält man

$$(5.) \qquad \sum_\alpha (a_{\beta-\alpha}\bar{\varepsilon} - a_{\beta-\alpha-1}) \bar{x}_\alpha = 0.$$

Nun sei, wie in § 1

$$\sum_\beta a_{\beta-\varkappa} b_\beta = -a_{n-\varkappa} b_n \qquad (\varkappa = 0, 1, \cdots n-1, n).$$

Multipliziert man dann (5.) mit b_β und summiert nach β von 0 bis $n-1$, so erkennt man, da $b_n = A$ nicht verschwindet, daß diese Relation auch für $\beta = n$ gilt. Ersetzt man β durch $\beta+1$, so ist also

$$(6.)\qquad \sum_\alpha (a_{\beta-\alpha+1}\bar{\varepsilon} - a_{\beta-\alpha})\bar{x}_\alpha = 0 \qquad (\beta = 0, 1, \cdots n-1).$$

Multipliziert (6.) mit x_β und summiert nach β, multipliziert man (4.) mit $\bar{x}_\alpha$ und summiert nach α, so erhält man

$$\sum_{\alpha,\beta} a_{\beta-\alpha}\bar{x}_\alpha x_\beta = \bar{\varepsilon}\sum a_{\beta-\alpha+1}\bar{x}_\alpha x_\beta = \bar{\varepsilon}\varepsilon \sum a_{\beta-\alpha}\bar{x}_\alpha x_\beta,$$

und mithin $\bar{\varepsilon}\varepsilon = 1$. Nach (6.) ist daher

$$(7.)\qquad \sum_\alpha (a_{\beta-\alpha}\varepsilon - a_{\beta-\alpha+1})\bar{x}_\alpha = 0.$$

Die n^2 Größen $F_{\alpha\beta}(\varepsilon)$ können nach (3.) nicht alle Null sein und sind also nach (4.) und (7.) den Produkten $\bar{x}_\alpha x_\beta$ proportional. Da nun $\sum_{\alpha,\beta} a_{\beta-\alpha}\bar{x}_\alpha x_\beta$ positiv ist, so kann $\sum a_{\beta-\alpha} F_{\alpha\beta}(\varepsilon) = F'(\varepsilon)$ nicht verschwinden, und folglich sind die n Wurzeln $\varepsilon_1, \varepsilon_2, \cdots \varepsilon_n$ der Gleichung $F(x) = 0$ alle untereinander verschieden.

Durch die umkehrbare Substitution

$$y_\lambda = \sum_\beta \varepsilon_\lambda^\beta x_\beta$$

und die konjugiert komplexe geht φ in eine ganz bestimmte positive Hermitesche Form $\sum r_{\varkappa\lambda}\bar{y}_\varkappa y_\lambda$ über. Darin sind die Koeffizienten $r_{\varkappa\varkappa} = r_\varkappa$ reell und positiv.

Wie in § 2 ergibt sich die Formel

$$\sum_\beta b_\beta \varepsilon_\lambda^\beta = -b_n \varepsilon_\lambda^n.$$

Folglich gilt die Gleichung

$$(8.)\qquad a_{\beta-\alpha} = \sum_{\varkappa,\lambda} r_{\varkappa\lambda}\varepsilon_\varkappa^{-\alpha}\varepsilon_\lambda^\beta \qquad (\alpha, \beta = 0, 1, \cdots n-1)$$

auch für $\beta = n$ (und $\alpha = 0, 1, \cdots n-1$). Aus den konjugiert komplexen Gleichungen folgt, daß sie auch für $\alpha = n$ (und $\beta = 0, 1, \cdots n-1, n$) gilt. In jeder der n^2 Gleichungen (8.), auch in denen, wo α oder β gleich $n-1$ ist, kann man daher α und β durch $\alpha+1$ und $\beta+1$ ersetzen, und erhält so

$$a_{\beta-\alpha} = \sum_{\varkappa,\lambda} s_{\varkappa\lambda}\varepsilon_\varkappa^{-\alpha}\varepsilon_\lambda^\beta,$$

wo

$$s_{\varkappa\lambda} = \varepsilon_\varkappa^{-1}\varepsilon_\lambda r_{\varkappa\lambda}$$

ist. Da aber die n^2 Größen $r_{\varkappa\lambda}$ durch die n^2 Gleichungen (8.) völlig bestimmt sind, so ist $s_{\varkappa\lambda} = r_{\varkappa\lambda}$ und mithin, falls $\varkappa$ von λ verschieden ist, $r_{\varkappa\lambda} = 0$. Demnach ist

$$(9.)\qquad a_{\beta-\alpha} = \sum_{\varkappa} r_\varkappa \varepsilon_\varkappa^{\beta-\alpha} \qquad (\alpha, \beta = 0, 1, \cdots n-1, n).$$

§ 5.

In eine reelle rekurrierende Form läßt sich die Hermitesche Form φ, wie Hr. Fischer gefunden hat, durch eine Substitution, die von den Koeffizienten von φ unabhängig ist, überführen: Seien p und q zwei Konstanten, ε eine Variable. Aus der Formel

$$(1.)\qquad \sum x_\alpha \varepsilon^\alpha = \sum (p + \bar{p}\varepsilon)^{n-1-\beta} (q + \bar{q}\varepsilon)^\beta y_\beta$$

erhält man durch Koeffizientenvergleichung für $x_0, x_1, \cdots x_{n-1}$ lineare Funktionen von $y_0, y_1, \cdots y_{n-1}$. Setzt man

$$(2.)\qquad \vartheta = \frac{q + \bar{q}\varepsilon}{p + \bar{p}\varepsilon}, \qquad \varepsilon = \frac{p\vartheta - q}{\bar{q} - \bar{p}\vartheta},$$

so ergibt sich aus der Formel

$$(3.)\qquad (p\bar{q} - q\bar{p})^{n-1} \sum \vartheta^\beta y_\beta = \sum (\bar{q} - \bar{p}\vartheta)^{n-1-\alpha} (p\vartheta - q)^\alpha x_\alpha$$

die umgekehrte Substitution, falls $p\bar{q} - q\bar{p}$ nicht verschwindet, also $p : q$ nicht reell ist. Alsdann ist

$$\begin{aligned}
\varphi = \sum a_{\beta-\alpha} \bar{x}_\alpha x_\beta &= \sum_{\varkappa} r_\varkappa \Big(\sum_{\alpha} \varepsilon_\varkappa^{-\alpha} \bar{x}_\alpha\Big) \Big(\sum_{\beta} \varepsilon_\varkappa^{\beta} x_\beta\Big) \\
&= \sum r_\varkappa (\bar{p} + p\bar{\varepsilon}_\varkappa)^{n-1-\alpha} (\bar{q} + q\bar{\varepsilon}_\varkappa)^\alpha \bar{y}_\alpha (p + \bar{p}\varepsilon_\varkappa)^{n-1-\beta} (q + \bar{q}\varepsilon_\varkappa)^\beta y_\beta \\
&= \sum r_\varkappa \bar{\varepsilon}_\varkappa^{n-1} (p + \bar{p}\varepsilon_\varkappa)^{2n-2-\alpha-\beta} (q + \bar{q}\varepsilon_\varkappa)^{\alpha+\beta} \bar{y}_\alpha y_\beta ,
\end{aligned}$$

oder wenn man

$$(4.)\qquad c_\lambda = \sum_{\varkappa} r_\varkappa \bar{\varepsilon}_\varkappa^{n-1} (p + \bar{p}\varepsilon_\varkappa)^{2n-2-\lambda} (q + \bar{q}\varepsilon_\varkappa)^\lambda \qquad (\lambda = 0, 1, \cdots 2n-2, 2n-1)$$

setzt

$$(5.)\qquad \varphi = \sum a_{\beta-\alpha} \bar{x}_\alpha x_\beta = \sum c_{\alpha+\beta} \bar{y}_\alpha y_\beta .$$

Hier ist $c_\lambda = \bar{c}_\lambda$ reell, und, falls keine der Größen $p + \bar{p}\varepsilon_\varkappa$ verschwindet,

$$c_\lambda x - c_{\lambda+1} = \sum_{\varkappa} r_\varkappa \bar{\varepsilon}_\varkappa^n (p + \bar{p}\varepsilon_\varkappa)^{2n-2-\lambda} (q + \bar{q}\varepsilon_\varkappa)^\lambda \left(x - \frac{q + \bar{q}\varepsilon_\varkappa}{p + \bar{p}\varepsilon_\varkappa}\right).$$

Daher sind die Wurzeln der Gleichung

$$(6.)\qquad |c_{\alpha+\beta}\, x - c_{\alpha+\beta+1}| = 0$$

die reellen Größen

$$(7.)\qquad \mathfrak{z}_\varkappa = \frac{q + \bar{q}\varepsilon_\varkappa}{p + \bar{p}\varepsilon_\varkappa}.$$

Die Transformation (1.) lautet für $n = 2$

$$(8.)\qquad x_0 = py_0 + qy_1, \quad x_1 = \bar{p}y_0 + \bar{q}y_1$$

und für $n = 3$

$$\begin{aligned} x_0 &= p^2\, y_0 + pq\, y_1 + q^2\, y_2 \\ x_1 &= 2p\bar{p}\, y_0 + (p\bar{q} + q\bar{p})\, y_1 + 2q\bar{q}\, y_2 \\ x_2 &= \bar{p}^2\, y_0 + \bar{p}\bar{q}\, y_1 + \bar{q}^2\, y_2 \end{aligned}$$

und ist allgemein nach der von Hrn. Hurwitz eingeführten Terminologie die $(n-1)$te Potenztransformation von (8.). Sind $y_0, y_1, \cdots y_{n-1}$ reell, so sind x_α und $x_{n-1-\alpha}$ konjugiert komplex (Fischer, § 7).

§ 6.

Der in § 4 gegebene Beweis fließt aus den Eigenschaften der Matrix $Px - Q$, wo

$$P = (a_{\beta-\alpha}), \qquad Q = (a_{\beta-\alpha+1})$$

ist. An ihrer Stelle benutzt Hr. Schur die äquivalente Matrix

$$P^{-1}(Px - Q) = Ex - L.$$

Er hat entdeckt, daß die Substitution $L = P^{-1}Q$ die positive Form P (oder φ) in sich transformiert,

$$(1.)\qquad \bar{L}'PL = P.$$

Für diese Relation oder

$$(2.)\qquad \bar{Q}'P^{-1}Q = P$$

will ich hier einen Beweis geben, der auf einem allgemeinen Satze über die Untermatrizen einer Matrix beruht.

In der Matrix $m$ten Grades

$$M = (a_{\mu\nu}) \qquad (\mu, \nu = 1, 2, \cdots m)$$

wähle ich $n\,(< m)$ Zeilen mit den Indizes $\rho_1, \rho_2, \cdots \rho_n$ und n Spalten $\sigma_1, \sigma_2, \cdots \sigma_n$ aus. Die aus ihren gemeinsamen Elementen gebildete Untermatrix $n$ten Grades von M bezeichne ich mit

$$V = (v_{\varkappa\lambda}) = a\begin{pmatrix} \rho_1 \cdots \rho_n \\ \sigma_1 \cdots \sigma_n \end{pmatrix},$$

so daß

$$v_{\varkappa\lambda} = a_{\rho_\varkappa, \sigma_\lambda} \qquad (\varkappa, \lambda = 1, 2, \cdots n)$$

ist. Sei

$$P = (p_{\varkappa\lambda}) = a\begin{pmatrix} \alpha_1 \cdots \alpha_n \\ \gamma_1 \cdots \gamma_n \end{pmatrix}, \qquad Q = (q_{\varkappa\lambda}) = a\begin{pmatrix} \alpha_1 \cdots \alpha_n \\ \delta_1 \cdots \delta_n \end{pmatrix},$$

$$R = (r_{\varkappa\lambda}) = a\begin{pmatrix} \beta_1 \cdots \beta_n \\ \gamma_1 \cdots \gamma_n \end{pmatrix}, \qquad S = (s_{\varkappa\lambda}) = a\begin{pmatrix} \beta_1 \cdots \beta_n \\ \delta_1 \cdots \delta_n \end{pmatrix}.$$

Ist n der Rang der Matrix M, so besteht zwischen den Determinanten dieser vier Matrizen die bekannte Beziehung

$$|P|:|Q| = |R|:|S|.$$

Unter der Voraussetzung, daß eine von ihnen, etwa $|P|$, von Null verschieden, besteht zwischen den Matrizen selbst eine analoge Relation.

Der Rang einer Matrix bleibt ungeändert, wenn man die Reihen untereinander vertauscht, oder eine Reihe mehrfach schreibt. Daher hat auch die Matrix $2n$ten Grades

$$\begin{matrix} P & Q \\ R & S \end{matrix}$$

den Rang n. Folglich ist die Determinante $(n+1)$ten Grades

$$\begin{vmatrix} p_{11} & \cdots & p_{1n} & q_{1\beta} \\ \cdot & \cdots & \cdot & \cdot \\ p_{n1} & \cdots & p_{nn} & q_{n\beta} \\ r_{\alpha 1} & \cdots & r_{\alpha n} & s_{\alpha\beta} \end{vmatrix} = 0.$$

Setzt man $P^{-1} = (t_{\varkappa\lambda})$, so erhält man durch Entwicklung dieser Determinante nach den Elementen der letzten Zeile und Spalte

$$s_{\alpha\beta} = \sum_{\varkappa,\lambda} r_{\alpha\varkappa} t_{\varkappa\lambda} q_{\lambda\beta}$$

oder

(3.) $$RP^{-1}Q = S.$$

Zu diesem Resultat kann man auch gelangen, indem man die bilineare Form $\sum a_{\mu\nu} x_\mu y_\nu$ durch zwei lineare Substitutionen

$$u_\lambda = \sum_\mu g_{\mu\lambda} x_\mu, \quad v_\lambda = \sum_\nu h_{\lambda\nu} y_\nu \qquad (\lambda = 1, 2 \cdots n)$$

in $\sum u_\lambda v_\lambda$ transformiert. Setzt man

$$g\begin{pmatrix} \alpha_1 & \cdots & \alpha_n \\ 1 & \cdots & n \end{pmatrix} = A, \qquad g\begin{pmatrix} \beta_1 & \cdots & \beta_n \\ 1 & \cdots & n \end{pmatrix} = B,$$

$$h\begin{pmatrix} 1 & \cdots & n \\ \gamma_1 & \cdots & \gamma_n \end{pmatrix} = C, \qquad h\begin{pmatrix} 1 & \cdots & n \\ \delta_1 & \cdots & \delta_n \end{pmatrix} = D,$$

so wird

$$P = AC, \qquad Q = AD,$$
$$R = BC, \qquad S = BD.$$

In dem hier betrachteten Fall ist $m = n+1$ und

$$P = (a_{\beta-\alpha}), \qquad Q = (a_{(\beta+1)-\alpha}),$$
$$R = (a_{\beta-(\alpha+1)}) = Q', \qquad S = (a_{(\beta+1)-(\alpha+1)}) = P$$

und mithin

(2.) $$\bar{Q}'P^{-1}Q = P.$$

Ist $\varkappa$ eine positive oder negative Zahl, und entsteht $P_\varkappa$ aus P, indem jedes a_λ durch $a_{\lambda+\varkappa}$ ersetzt wird, so ist $Q = P_1$, $R = P_{-1}$, und es ist $P^{-1}P_{-1} = L^{-1}$ die zu $P^{-1}P_1 = L$ reziproke Matrix. Allgemeiner ist

$$(4.)\qquad P^{-1}P_\varkappa = (P^{-1}P_1)^\varkappa.$$

Die Matrizen L und L^{-1} sind z. B. für $n = 4$

$$L = \begin{vmatrix} 0 & 0 & 0 & -b_0:b_4 \\ 1 & 0 & 0 & -b_1:b_4 \\ 0 & 1 & 0 & -b_2:b_4 \\ 0 & 0 & 1 & -b_3:b_4 \end{vmatrix}, \quad L^{-1} = \begin{vmatrix} -b_1:b_0 & 1 & 0 & 0 \\ -b_2:b_0 & 0 & 1 & 0 \\ -b_3:b_0 & 0 & 0 & 1 \\ -b_4:b_0 & 0 & 0 & 0 \end{vmatrix}.$$

§ 7.

Zum Schluß will ich zeigen, wie man aus der Relation (3.) § 6

$$RP^{-1}Q = S, \quad QS^{-1}R = P$$

die Identität von Kronecker ableiten kann. Ist unter den Voraussetzungen des § 1

$$P = (a_{\beta-\alpha}), \quad Q = (a_{\beta-\alpha+1}), \quad R = (a_{\beta-\alpha-1}),$$

so ist, weil $S = P$ ist,

$$RP^{-1}Q = QP^{-1}R = P.$$

Nun ist identisch

$$(Ey-L)^{-1} - (Ex-L)^{-1} = (x-y)\big((Ex-L)(Ey-L)\big)^{-1}$$

oder

$$(L^{-1}y-E)^{-1} - (L^{-1}x-E)^{-1} = (x-y)(L^{-1}xy - E(x+y) + L)^{-1},$$

und wenn man

$$L = P^{-1}Q, \quad L^{-1} = P^{-1}R$$

setzt,

$$(1.)\qquad (Ry-P)^{-1} - (Rx-P)^{-1} = -(x-y)\big(P(x+y) - Q - Rxy\big)^{-1}.$$

Die Matrix V^{-1} erhält man, indem man die zu V adjungierte Matrix durch die Determinante von V dividiert. Ist also

$$F(x) = |Px-Q| = |Rx-P|\,|L| = |P|\,|Ex-L|,$$

so hat jedes Element von $(Rx-P)^{-1}$ die Gestalt $G(x) : F(x)$, wo G eine ganze Funktion $(n-1)$ten Grades ist. Die Determinante von

$$P(x+y) - Q - Rxy = -R(Ex-L)(Ey-L)$$

ist bis auf einen konstanten Faktor gleich $F(x)F(y)$.

In der dazu adjungierten Matrix ist nach (7.) § 1 das letzte Element der letzten Zeile gleich $H(x, y)$. Bestimmt man dasselbe Element auf der linken Seite der Gleichung (1.), so ergibt sich eine Relation von der Gestalt

$$\frac{G(y)}{F(y)} - \frac{G(x)}{F(x)} = \frac{A(x-y)\,H(x,y)}{F(x)\,F(y)}.$$

Für $G(x)$ erhält man eine Darstellung, indem man in der Formel

$$(2.) \qquad F(x)\,G(y) - F(y)\,G(x) = A\,(x-y)\,H(x,y)$$

auf beiden Seiten die Koeffizienten von y^n vergleicht.

92.

Über Matrizen aus nicht negativen Elementen

Sitzungsberichte der Königlich Preußischen Akademie der Wissenschaften zu Berlin
456–477 (1912)

In meinen Arbeiten *Über Matrizen aus positiven Elementen,* Sitzungsberichte 1908 und 1909, die ich hier mit *P. M.* zitieren werde, habe ich die Eigenschaften der positiven Matrizen entwickelt und durch Grenzbetrachtungen mit den nötigen Modifikationen auf nicht negative übertragen. Die letzteren aber erfordern eine weit eingehendere Untersuchung, worauf ich durch die in § 11 behandelte Aufgabe gekommen bin.

Eine nicht negative Matrix A, die *unzerlegbar* ist, hat fast alle Eigenschaften mit den positiven Matrizen gemeinsam (§ 5). Nur wenn r die größte positive Wurzel oder Maximalwurzel ihrer charakteristischen Gleichung $\varphi(s) = 0$ ist, kann der absolute Betrag einer andern Wurzel zwar nie $> r$, wohl aber $= r$ sein. Jede der k Wurzeln $r, r', r'', \cdots$, die absolut gleich r sind, ist einfach, und ihre Verhältnisse, $1, \frac{r'}{r}, \frac{r''}{r}, \cdots$ sind die k Wurzeln der Gleichung $\rho^k = 1$.

Ist $k = 1$, so nenne ich die Matrix A *primitiv,* ist $k > 1$, *imprimitiv.* Jede Potenz einer primitiven Matrix ist wieder primitiv, eine gewisse Potenz und jede folgende ist positiv.

Ist A imprimitiv, so besteht A^m aus d unzerlegbaren *Teilen,* wo d der größte gemeinsame Divisor von m und k ist, und zwar zerfällt A^m *vollständig.* Die charakteristischen Funktionen der Teilmatrizen unterscheiden sich nur durch Potenzen von s untereinander.

Die Matrix A^k ist die niedrigste Potenz von A, deren unzerlegbare Teile alle primitiv sind. Die Anzahl dieser Teile ist dem Exponenten k gleich. Ist

$$\psi(s) = s^m + a_1 s^{m-1} + a_2 s^{m-2} + \cdots + a_m$$

die charakteristische Funktion eines dieser k Teile, so ist

$$\varphi(s) = s^n + a_1 s^{n-k} + a_2 s^{n-2k} + \cdots + a_m s^{n-mk} = s^{n-mk} \psi(s^k)$$

die von A. Die Maximalwurzel r^k der Gleichung $\psi(s) = 0$ ist absolut größer als jede andere Wurzel.

In § 11 dehne ich die Untersuchung auf zerlegbare Matrizen aus, und in § 12 zeige ich, daß eine solche nur auf eine Art in unzerlegbare Teile zerfällt werden kann. Dabei ergibt sich der merkwürdige Determinantensatz:

I. *Die Elemente einer Determinante $n$ten Grades seien n^2 unabhängige Veränderliche. Man setze einige derselben Null, doch so, daß die Determinante nicht identisch verschwindet. Dann bleibt sie eine irreduzible Funktion, außer wenn für einen Wert $m < n$ alle Elemente verschwinden, die m Zeilen mit $n-m$ Spalten gemeinsam haben.*

§ 1.

Ist die Matrix $n$ten Grades $A > 0$, und ist q_m $(m \leqq n)$ die Maximalwurzel der Gleichung

$$A_m(s) = \begin{vmatrix} -a_{11}+s & \cdots & -a_{1m} \\ \cdot & \cdots & \cdot \\ -a_{m1} & \cdots & -a_{mm}+s \end{vmatrix} = 0,$$

so ist $q_1 < q_2 < \cdots < q_n = r$ (*P. M.* § 1). Ist A nicht negativ, so ergibt sich auf demselben Wege durch eine Grenzbetrachtung, daß

$$q_1 \leqq q_2 \leqq \cdots \leqq q_n = r$$

ist. Daraus folgt, falls $A \geqq 0$ und r die Maximalwurzel von A ist:

II. *Wenn eine Hauptunterdeterminante $P(s)$ von $A(s)$ für $s = r$ verschwindet, so verschwinden auch alle Hauptunterdeterminanten von $A(r)$, die $P(r)$ enthalten. Ist aber $P(r) > 0$, so sind auch alle Hauptunterdeterminanten jeden Grades von $P(r)$ positiv.*

Ist $A > 0$, so haben die n linearen Gleichungen

(1.) $$a_{\varkappa 1} x_1 + \cdots + a_{\varkappa n} x_n = r x_\varkappa \qquad (\varkappa = 1, 2, \cdots n)$$

nur eine Lösung, falls man von einem gemeinsamen Faktor absieht, und diesen kann man so wählen, daß die Werte der Unbekannten alle positiv werden. Aber auch wenn $A \geqq 0$ ist, kann man diesen Gleichungen immer durch Werte genügen, die alle nicht negativ, und nicht alle Null sind. Denn da ihre Determinante $A(r) = 0$ ist, so ist eine dieser Gleichungen, etwa die αte, eine Folge der $n-1$ andern, und kann daher weggelassen werden. Die übrig bleibenden seien (vgl. *P. M.* § 1)

$$\begin{array}{c} -(a_{\beta\beta}-r)\,x_\beta - \cdots - a_{\beta\nu} x_\nu = a_{\beta\alpha} x_\alpha, \\ \cdot \qquad \cdots \qquad \cdot \\ -a_{\nu\beta} x_\beta - \cdots - (a_{\nu\nu}-r)\,x_\nu = a_{\nu\alpha} x_\alpha . \end{array}$$

Ist $B(r)$ ihre Determinante und q die Maximalwurzel der Gleichung $B(s) = 0$, so ist $q \leqq r$. Ist $q = r$, also $B(r) = 0$, so setze man $x_\alpha = 0$. Dann erhält man $n-1$ homogene lineare Gleichungen zwischen den $n-1$ Unbekannten $x_\beta, \cdots x_\nu$ von derselben Beschaffenheit wie die n Gleichungen (1.). Da ihre Anzahl nur $n-1$ ist, so kann man annehmen, daß für sie die Behauptung bereits bewiesen ist.

Ist aber $q < r$, so ist nicht nur die Determinante $B(r) > 0$, sondern es sind auch, wie eine Grenzbetrachtung zeigt, ihre Unterdeterminanten $B_{\varkappa\lambda}(r) \geqq 0$. Setzt man dann $x_\alpha = 1$, so wird

$$B(r)x_\beta = \sum_\tau B_{\beta\tau}(r)a_{\tau\alpha}, \cdots \qquad B(r)x_\nu = \sum_\tau B_{\nu\tau}(r)a_{\tau\alpha}.$$

Mithin ist $x_\beta \geqq 0, \cdots x_\nu \geqq 0$ und $x_\alpha > 0$.

§ 2.

Eine Matrix oder Determinante des Grades $p+q$ nenne ich *zerfallend* oder *zerlegbar*, wenn darin alle Elemente verschwinden, welche p Zeilen mit den q Spalten gemeinsam haben, deren Indizes den Indizes der p Zeilen *komplementär* sind (sie zu $1, 2, \cdots p+q$ ergänzen). Unter den pq Elementen, deren Verschwinden die Zerlegbarkeit der Matrix bedingt, kommt also kein Hauptelement $a_{\lambda\lambda}$ vor. Sei z. B.

$$A = \begin{pmatrix} P & V \\ U & Q \end{pmatrix},$$

seien P und Q Matrizen der Grade p und q, V eine Matrix von p Zeilen und q Spalten, U eine Matrix von q Zeilen und p Spalten. Dann *zerfällt* A in die *komplementären Teile* P und Q, wenn $U = 0$ oder $V = 0$ ist. Ist $U = 0$ und $V = 0$, so heißt A *vollständig zerlegbar*.

Dasselbe gilt, wenn A erst nach einer Umstellung der Zeilen und der *entsprechenden* Umstellung der Spalten auf jene Form gebracht werden kann. Eine solche *kogrediente Permutation* der Zeilen und Spalten, wobei die Hauptelemente nur unter sich vertauscht werden und konjugierte Elemente konjugiert bleiben, ist im folgenden immer gemeint, wo von einer *Umstellung der Reihen* einer Matrix gesprochen wird.

Jeder der beiden *Teile* oder *Teilmatrizen* kann weiter zerlegbar sein. So zerfällt die Matrix der Determinante

$$(1.) \qquad \begin{vmatrix} P & 0 & 0 \\ U & Q & V \\ W & 0 & R \end{vmatrix} = |P|\,|Q|\,|R|$$

in die 3 Teile P, Q und R, die verschwindenden Matrizen können in jedem der weiter zerlegbaren Teile beliebig links oder rechts von der Diagonale stehen. Durch Umstellung der Reihen kann man die Matrix auf die Formen

$$\begin{matrix} P & 0 & 0 \\ W & R & 0 \\ U & V & Q \end{matrix} \qquad\qquad \begin{matrix} Q & V & U \\ 0 & R & W \\ 0 & 0 & P \end{matrix}$$

bringen. Ohne Beschränkung der Allgemeinheit kann man daher in die Definition der Zerlegbarkeit die Bedingung aufnehmen, daß die Elemente, deren Verschwinden das Zerfallen der Matrix bedingt, alle rechts von der Diagonale stehen, oder alle links.

§ 3.

Ist A, wie stets im folgenden, eine nicht negative Matrix, und zerfällt die Determinante $A(s)$ in die Teile $P(s), Q(s), R(s), \cdots$, so muß einer dieser Faktoren, also eine Hauptunterdeterminante von $A(s)$ für $s = r$ verschwinden. Umgekehrt gilt der Satz:

III. *Wenn eine Hauptunterdeterminante P von $A(r)$ verschwindet, so zerfällt $A(r)$. Wenn außerdem keine Hauptunterdeterminante von P verschwindet, so ist P einer der unzerlegbaren Teile von $A(r)$.*

Sei $P = A_m(r)$, seien $P_{\varkappa\lambda}$ $(\varkappa, \lambda = 1, 2, \cdots m)$ die Unterdeterminanten $(m-1)$ten Grades von P, sei stets $P_{\varkappa\varkappa} > 0$. Ist $P = 0$, so ist $P_{\varkappa\lambda} P_{\lambda\varkappa} = P_{\varkappa\varkappa} P_{\lambda\lambda}$, also nicht $P_{\varkappa\lambda} = 0$, und mithin $P_{\varkappa\lambda} > 0$.

Daher kann man den m linearen Gleichungen

$$a_{1\varkappa} y_1 + \cdots + a_{m\varkappa} y_m = r y_\varkappa \qquad (\varkappa = 1, 2, \cdots m)$$

durch Werte genügen, die alle positiv sind. Ist Y eine Matrix von nur einer Zeile $y_1, y_2, \cdots y_m$, so kann man diese Gleichungen in der Gestalt $YP = 0$ schreiben, wo jetzt P die Matrix der Determinante $A_m(r)$ bezeichnet. Ebenso kann man die n Gleichungen

$$(1.) \qquad a_{\alpha 1} x_1 + \cdots + a_{\alpha n} x_n = r x_\alpha \qquad (\alpha = 1, 2, \cdots n)$$

in der Gestalt $AX = rX$ schreiben, falls X eine Matrix von nur einer Spalte ist, worin die n nicht negativen Größen $x_1, x_2, \cdots x_n$ untereinander stehen. Wir teilen X in U und Z, wo U die Größen $x_1, \cdots x_m$, Z die Größen $x_{m+1}, \cdots x_n$ enthält. Ist

$$rE - A = \begin{pmatrix} P & L \\ M & N \end{pmatrix},$$

so nehmen die Gleichungen (1.) die Gestalt

$$PU + LZ = 0,$$
$$MU + NZ = 0$$

an. Dann ist $Y(PU + LZ) = 0$, also weil $YP = 0$ ist, $Y(LZ) = 0$, und da $Y > 0$ und $LZ \leqq 0$ ist, $LZ = 0$, mithin auch $PU = 0$.

Sind $x_{m+1}, \cdots x_n$ alle positiv, ist also $Z > 0$, so ist $L = 0$, da die Elemente von L alle negativ oder Null sind. (Das letztere gilt auch von M, aber nicht von den Diagonalmatrizen P und N.)

Sind dagegen $x_{m+1}, \cdots x_n$ alle Null, ist also $Z = 0$, so sind $x_1, \cdots x_m$ nicht alle Null und genügen der Gleichung $PU = 0$. Da diese aber nur eine Lösung hat, so ist $U > 0$ (weil die Größen $P_{\varkappa\lambda}$ alle > 0 sind). Nun ist $MU + NZ = 0$, also da $Z = 0$, $U > 0$ ist, $M = 0$.

Ist aber $L = 0$ oder $M = 0$, so zerfällt $A(r)$ in zwei Teile, von denen der eine P ist.

Endlich seien von den Größen $x_{m+1}, \cdots x_n$ einige Null, die andern positiv. Dann besteht Z aus zwei Abteilungen V und W, von denen $V = 0$ und $W > 0$ ist. Teilt man L, M, N entsprechend ein, so wird nach passender Umstellung der Reihen

$$rE - A = \begin{pmatrix} P & Q & R \\ P' & Q' & R' \\ P'' & Q'' & R'' \end{pmatrix},$$

und die Gleichungen (1.) nehmen die Gestalt an

$$\begin{aligned} P\ U + Q\ V + R\ W &= 0, \\ P'\ U + Q'\ V + R'\ W &= 0, \\ P''\ U + Q''\ V + R''\ W &= 0. \end{aligned}$$

Wie oben gezeigt, zerfällt die erste in $PU = 0$ und $QV + RW = 0$. Da aber $V = 0$ und $W > 0$ ist, so ist $R = 0$.

Die zweite Gleichung lautet, da $V = 0$ ist, $P'U + R'W = 0$. Da $P' \leqq 0$, $R' \leqq 0$ und $U \geqq 0$, $W > 0$ ist, so muß einzeln $P'U = 0$ und $R'W = 0$ und mithin $R' = 0$ sein.

Demnach ist $R = 0$ und $R' = 0$, und folglich zerfällt $A(r)$ in $|R''|$ und

$$T(r) = \begin{vmatrix} P & Q \\ P' & Q' \end{vmatrix}.$$

Da die Matrix dieser Determinante P enthält und in $rE - A$ enthalten ist, so ist r nach Satz II in § 1 die Maximalwurzel der Gleichung $T(s) = 0$. In $T(r)$ verschwindet die Hauptunterdeterminante $m$ten Grades P. Endlich ist der Grad von $T(r)$ kleiner als der von $A(r)$. Daher können wir für $T(r)$ den behaupteten Satz bereits als erwiesen ansehen. Demnach zerfällt $T(r)$ in Teile, deren einer P ist, und folglich gilt dasselbe von $A(r)$.

§ 4.

Ist A unzerlegbar, so verschwindet keine der Größen $A_{\alpha\alpha}(r)$, und mithin ist r eine einfache Wurzel der charakteristischen Gleichung $\varphi(s) = 0$. Wenn umgekehrt keine Hauptunterdeterminante $(n-1)$ten Grades von $A(r)$ verschwindet, so ist A unzerlegbar. Da $A_{\alpha\beta}(r) A_{\beta\alpha}(r) = A_{\alpha\alpha}(r) A_{\beta\beta}(r)$ ist, so ist auch $A_{\alpha\beta}(r) > 0$. (Ist $A_{\alpha\alpha}(r) = 0$, aber $A_{\beta\beta}(r) > 0$, so verschwindet $A_{\alpha\beta}(s) A_{\beta\alpha}(s)$ identisch.)

Die adjungierte Matrix B von $rE - A$ ist also positiv. Daraus ergibt sich ein Satz, der dem Satze von MASCHKE in der Gruppentheorie analog ist. Ist nämlich

$$\varphi(r, s) = \frac{\varphi(r) - \varphi(s)}{r - s},$$

so ist

$$B = \varphi(r, A) \tag{1.}$$

eine ganze Funktion von A, eine lineare Verbindung von $A^0, A^1, \cdots A^{n-1}$. Die Elemente von A^k seien $a_{\alpha\beta}^{(k)}$.

IV. *In einer unzerlegbaren Matrix können bei keiner Wahl der Indizes die n Größen*

$$a_{\alpha\beta}^{(0)}, \quad a_{\alpha\beta}^{(1)}, \quad a_{\alpha\beta}^{(2)}, \cdots \quad a_{\alpha\beta}^{(n-1)}$$

sämtlich verschwinden (kann nicht identisch $A_{\alpha\beta}(s) = 0$ *sein).*

Denn sonst wäre auch das Element $b_{\alpha\beta} = 0$, während doch $b_{\alpha\beta} = A_{\alpha\beta}(r) > 0$ ist. In einer zerlegbaren Matrix kann man aber α und β so wählen, daß $a_{\alpha\beta}^{(k)}$ für jeden Wert von k verschwindet (daß also $A_{\alpha\beta}(s)$ identisch verschwindet). Denn ist

$$A = \begin{pmatrix} P & 0 \\ L & Q \end{pmatrix},$$

so ist

$$A^k = \begin{pmatrix} P^k & 0 \\ L_k & Q^k \end{pmatrix}.$$

Jeder der unzerlegbaren Teile $P(s)$, $Q(s)$, $R(s)$, $\cdots$ von $A(s)$, der für $s = r$ Null wird, verschwindet nur von der ersten Ordnung. Daraus folgt:

V. *Damit die Maximalwurzel r der Gleichung* $A(s) = 0$ *eine k fache sei, ist notwendig und hinreichend, daß von den unzerlegbaren Teilen von* $A(s)$ *genau k für* $s = r$ *verschwinden.*

Daraus schließt man leicht:

VI. *Ist die Maximalwurzel r der Gleichung* $A(s) = 0$ *eine mehrfache, so ist sie entweder gleich dem größten der Hauptelemente* $a_{\alpha\alpha}$, *oder in jeder Hauptunterdeterminante* $(n-1)$ *ten Grades verschwindet für* $s = r$ *eine Hauptunterdeterminante* $(n-2)$ *ten Grades.*

Ist insbesondere $r = 0$, so verschwinden die Hauptunterdeterminanten jeden Grades von A, und daher zerfällt A in n Teile ersten Grades. Ist z. B. $n = 4$, so kann jede Matrix vierten Grades durch Umstellung der Reihen auf die Form

$$\begin{matrix} 0 & 0 & 0 & 0 \\ a_{21} & 0 & 0 & 0 \\ a_{31} & a_{32} & 0 & 0 \\ a_{41} & a_{42} & a_{43} & 0 \end{matrix}$$

gebracht werden, wenn alle zyklischen Produkte

$$a_{\alpha\alpha} = 0\,, \quad a_{\alpha\beta}a_{\beta\alpha} = 0\,, \quad a_{\alpha\beta}a_{\beta\gamma}a_{\gamma\alpha} = 0\,, \quad a_{\alpha\beta}a_{\beta\gamma}a_{\gamma\delta}a_{\delta\alpha} = 0$$

sind.

§ 5.

Ist q die Maximalwurzel der Gleichung $A_{\alpha\alpha}(s) = 0$, so ist $q \leqq r$. Ist also $s > r$, so ist auch $s > q$ und mithin ist $A_{\alpha\alpha}(s) > 0$. Hat p dieselbe Bedeutung wie in *P. M.* § 1, so gilt der Satz:

VII. *Wenn $A_{\alpha\beta}(s)$ $(\alpha \neq \beta)$ für einen Wert $s > r$ (oder auch nur $s > p$) Null ist, so verschwindet $A_{\alpha\beta}(s)$ identisch.*

Denn sei $s_0 > p$ ein solcher Wert. Da für alle benachbarten Werte $A_{\alpha\beta}(s) \geqq 0$ ist, so verschwindet auch die Ableitung $A'_{\alpha\beta}(s)$ für $s = s_0$. Nun ist aber

$$-A_{\alpha\beta}(s) = \begin{vmatrix} -a_{\alpha\beta} & -a_{\alpha\gamma} & \cdots & -a_{\alpha\nu} \\ -a_{\gamma\beta} & -a_{\gamma\gamma}+s & \cdots & -a_{\gamma\nu} \\ \cdot & \cdot & \cdots & \cdot \\ -a_{\nu\beta} & -a_{\nu\gamma} & \cdots & -a_{\nu\nu}+s \end{vmatrix}.$$

Daher ist $A'_{\alpha\beta}(s)$ eine Summe von $n-2$ Determinanten $(n-2)$ten Grades, $A_\gamma(s) + \cdots + A_\nu(s)$, die zu den Hauptunterdeterminanten $A_{\gamma\gamma}(s), \cdots A_{\nu\nu}(s)$ in derselben Beziehung stehen wie $A_{\alpha\beta}(s)$ zu $A(s)$. Hat p_γ für $A_{\gamma\gamma}(s)$ dieselbe Bedeutung wie p für $A(s)$, so ist $p_\gamma \leqq p$. Ist also $s > p$, so ist auch $s > p_\gamma$. Folglich ist $A_\gamma(s) \geqq 0$, und mithin verschwindet für $s = s_0$ jede der Determinanten $A_\gamma(s), \cdots A_\nu(s)$, und zwar jede nebst ihrer Ableitung. So erkennt man, daß alle Ableitungen von $A_{\alpha\beta}(s)$ für $s = s_0$ verschwinden, und mithin verschwindet diese Funktion identisch.

Nun ist aber

$$A(s)\,C(s) = A_{\alpha\alpha}(s)\,A_{\beta\beta}(s) - A_{\alpha\beta}(s)\,A_{\beta\alpha}(s)\,.$$

Ist also identisch $A_{\alpha\beta}(s) = 0$, oder ist auch nur $A_{\alpha\beta}(r) = 0$, so verschwindet eine der beiden Größen $A_{\alpha\alpha}(r)$ oder $A_{\beta\beta}(r)$, und mithin ist A zerlegbar.

VIII. *Ist A unzerlegbar, so sind die Unterdeterminanten $A_{\alpha\beta}(s)$ für jeden Wert $s \geqq r$ positiv.*

Eine *nicht negative unzerlegbare* Matrix besitzt demnach die meisten Eigenschaften einer *positiven* Matrix: Die Maximalwurzel r der Gleichung $A(s) = 0$ ist einfach, die Unterdeterminanten $(n-1)$ten Grades und die Hauptunterdeterminanten jeden Grades von $A(s)$ sind positiv, falls $s \geqq r$ ist.

Ist aber r' irgendeine von r verschiedene Wurzel, so ist stets $r \geqq |r'|$, aber nicht notwendig $r > |r'|$. Eine unzerlegbare nicht negative Matrix nenne ich *primitiv*, wenn ihre Maximalwurzel absolut größer ist als jede andre Wurzel, *imprimitiv*, wenn sie dem absoluten Betrage einer andern Wurzel gleich ist.

§ 6.

IX. *Von jeder primitiven Matrix ist eine Potenz positiv. Ist* A^p *die niedrigste, so sind es auch alle folgenden* $A^{p+1}, A^{p+2}, \cdots$ *Umgekehrt ist eine Matrix primitiv, wenn eine ihrer Potenzen positiv ist.*

Ist A^p positiv, so ist A unzerlegbar. Sonst wäre auch jede Potenz von A zerlegbar und enthielte verschwindende Elemente. Ferner ist stets $r^p > |r'^p|$, und mithin $r > |r'|$. Folglich ist A primitiv. Diese Bemerkung hat schon Hr. Perron am Schluß seiner Arbeit gemacht.

Ist P irgendeine positive Matrix, und A eine unzerlegbare, so ist auch $PA = Q$ positiv. Denn wäre $q_{\alpha\beta} = \sum p_{\alpha\lambda} a_{\lambda\beta} = 0$, so wäre $a_{1\beta} = \cdots = a_{n\beta} = 0$, also A zerlegbar. Daher ist auch $QA = PA^2$ positiv usw.

Hat umgekehrt A eine einfache Wurzel r, die absolut größer ist als jede andere Wurzel r', so ist (*P. M.* § 3)

$$\lim \frac{a_{\alpha\beta}^{(k)}}{r^k} = \frac{A_{\alpha\beta}(r)}{\varphi'(r)} \qquad (k = \infty).$$

Ist A unzerlegbar, so ist nach Satz VIII der Grenzwert positiv, mithin muß auch, falls k eine gewisse Grenze überschreitet, für je zwei Indizes $a_{\alpha\beta}^{(k)} > 0$, also $A^k > 0$ sein.

Da hier aber Grenzbetrachtungen benutzt sind, so werde ich von diesem Ergebnis nicht eher Gebrauch machen, bis ich es auch algebraisch bewiesen habe.

X. *In einer imprimitiven Matrix sind die Hauptelemente sämtlich Null.*

Jedes Element $a_{\alpha\beta}^{(k)}$ von A^k ist eine Summe von Produkten nicht negativer Größen, also positiv, sobald eins dieser Produkte positiv ist. Ist $a_{11} > 0$, so ist auch $a_{11}^{(k)} > 0$, weil es das Glied a_{11}^k enthält. Nach Satz IV gibt es eine Zahl $k < n$, wofür $a_{\alpha 1}^{(k)} > 0$ ist. In $A^{k+1} = A^k A$ ist dann auch $a_{\alpha 1}^{(k+1)} > 0$, weil es das Glied $a_{\alpha 1}^{(k)} a_{11}$ enthält. Ist $a_{1\beta}^{(l)} > 0$, so ist es auch $a_{1\beta}^{(l+1)}$ in $A^{l+1} = AA^l$. Spätestens für $k = l = n-1$ sind demnach die $2n-1$ Größen

$$a_{\alpha 1}^{(k)} \quad , \quad a_{1\beta}^{(k)} \qquad (\alpha, \beta = 1, 2, \cdots n)$$

sämtlich von Null verschieden. Folglich ist in $A^{k+l} = A^k A^l$ jedes Element $a_{\alpha\beta}^{(k+l)} > 0$, weil es das Glied $a_{\alpha 1}^{(k)} a_{1\beta}^{(l)}$ enthält. Ist aber $A^p > 0$, so ist A primitiv.

Ist umgekehrt A imprimitiv, so müssen daher $a_{11}, a_{22}, \cdots a_{nn}$ sämtlich verschwinden, oder es muß, was dasselbe ist, ihre Summe

$$(1.) \qquad a_{11} + a_{22} + \cdots a_{nn} = r + r_1 + \cdots + r_{n-1} = 0$$

sein, falls

$$(2.) \qquad \varphi(s) = (s-r)(s-r_1)\cdots(s-r_{n-1})$$

gesetzt wird. In jeder Potenz einer imprimitiven Matrix gibt es demnach verschwindende Elemente. Dies ist selbstverständlich, wenn die Matrix A^m zerlegbar ist. Ist sie aber unzerlegbar, so ist sie imprimitiv, weil $|r'^m| = r^m$ ist, und dann verschwinden alle Hauptelemente.

XI. *Jede Potenz einer primitiven Matrix ist primitiv. Sind umgekehrt* $A, A^2 \cdots A^n$ *unzerlegbar, so ist* A *primitiv.*

Da die Matrix (1.) § 4 positiv ist, so ist es auch die Matrix BA, die eine lineare Verbindung von $A, A^2 \cdots A^n$ ist. Daher können die n Größen

$$a_{11}, a_{11}^{(2)} \cdots a_{11}^{(n)}$$

nicht alle verschwinden. Ist $a_{11}^{(m)} > 0$ und ist A imprimitiv, so ist A^m zerlegbar. Denn wäre A^m unzerlegbar, so wäre diese Matrix imprimitiv, und es wäre $a_{11}^{(m)} = 0$.

Sind also umgekehrt $A, A^2, \cdots A^n$ unzerlegbar, so muß A primitiv sein.

Der Beweis der ersten Hälfte des Satzes XI sowie der des Satzes IX, woraus jene sofort folgt, beruht auf den folgenden Überlegungen.

§ 7.

Ist A unzerlegbar, so sind die Größen $A_{\alpha\beta}(r)$ alle positiv. Daher haben die n linearen Gleichungen

$$(1.) \qquad a_{\alpha 1} x_1 + \cdots + a_{\alpha n} x_n = r x_\alpha \qquad (\alpha = 1, 2, \cdots n),$$

falls man von einem gemeinsamen Faktor absieht, nur eine Lösung, und darin können $x_1, \cdots x_n$ alle positiv angenommen werden. Dasselbe gilt von den Gleichungen

$$(2.) \qquad a_{1\beta} y_1 + \cdots + a_{n\beta} y_n = r y_\beta \qquad (\beta = 1, 2, \cdots n).$$

Betrachten wir die n Größen $y_1, \cdots y_n$ als eine Matrix Y von nur einer Zeile. Ebenso sei X die Matrix, worin $x_1, \cdots x_n$ in einer Spalte untereinander stehen. Dann ist $X > 0$ und $Y > 0$, und die Gleichungen (1.) und (2.) lauten

$$(3.) \qquad AX = rX \quad , \quad YA = rY.$$

Sei umgekehrt Z eine Matrix, worin in einer Spalte n Größen $z_1, \cdots z_2$ stehen, die alle nicht negativ, und nicht alle Null sind. Bestehen dann n Gleichungen $AZ = sZ$, so muß zunächst $\varphi(s) = 0$ sein. Ferner ist

$$YAZ = (YA)Z = rYZ = Y(AZ) = sYZ.$$

Die Matrix YZ ist vom ersten Grade und besteht aus der Größe $y_1z_1 + \cdots + y_nz_n > 0$. Mithin ist $s = r$. Die linearen Gleichungen $AX = sX$ oder $YA = sY$ können also nur dann eine Lösung haben, deren Elemente alle nicht negativ und nicht alle Null sind, wenn $s = r$ ist, und dann sind die Unbekannten alle positiv.

Nun sei A unzerlegbar, aber A^m zerlegbar. Nach passender Umstellung der Reihen von A können wir also

$$A^m = \begin{matrix} R_{11} & 0 & 0 & 0 & . \\ R_{21} & R_{22} & 0 & 0 & . \\ R_{31} & R_{32} & R_{33} & 0 & . \\ R_{41} & R_{42} & R_{43} & R_{44} & . \\ . & . & . & . & . \end{matrix}$$

setzen, wo die Teilmatrizen $R_{11}, R_{22}, \cdots$ unzerlegbar sind, und $R_{\alpha\beta} = 0$ ist, falls $\beta > \alpha$ ist.

Bestimmt man X und Y, wie oben, so ist auch

$$A^m X = r^m X, \quad YA^m = r^m Y.$$

Sei m_λ der Grad von $R_{\lambda\lambda}$, sei X_1 das System der ersten m_1 der Größen $x_1, \cdots x_n$, X_2 das der folgenden m_2 usw. Dann ist

$$(4.) \qquad \sum_\beta R_{\alpha\beta} X_\beta = sX_\alpha, \quad \sum_\alpha Y_\alpha R_{\alpha\beta} = sY_\beta,$$

wo $s = r^m$ ist. Die ersten dieser Gleichungen lauten

$$(5.) \qquad R_{11} X_1 = sX_1$$

und

$$\sum Y_\alpha R_{\alpha 1} = sY_1, \quad \sum Y_\alpha R_{\alpha 1} X_1 = sY_1 X_1,$$

also weil das erste Glied dieser Summe $Y_1(R_{11}X_1) = sY_1X_1$ ist,

$$Y_2 R_{21} X_1 + Y_3 R_{31} X_1 + Y_4 R_{41} X_1 + \cdots = 0,$$

und da jedes Glied $\geqq 0$ ist, $Y_2 R_{21} X_1 = 0$. Besteht die Matrix R_{21} aus den Größen $c_{\varkappa\lambda}$, so besteht $Y_2 R_{21} X_1$ aus der einen Größe $\sum y_\varkappa c_{\varkappa\lambda} x_\lambda$. Da x_λ und $y_\varkappa$ positiv sind, so ist $c_{\varkappa\lambda} = 0$, also

$$R_{21} = 0, \quad R_{31} = 0, \quad R_{41} = 0, \cdots.$$

Demnach lauten die zweiten der Gleichungen (4.)

$$(6.) \qquad R_{22} X_2 = sX_2$$

und

$$\sum Y_\alpha R_{\alpha 2} = sY_2, \quad \sum Y_\alpha R_{\alpha 2} X_2 = sY_2 X_2.$$

Da $R_{12} = 0$ ist, so ist das erste Glied dieser Summe $Y_2 R_{22} X_2 = s Y_2 X_2$, und mithin ist

$$R_{32} = 0, \quad R_{42} = 0, \quad R_{52} = 0, \cdots,$$

allgemein $R_{\alpha\beta} = 0$, falls $\alpha > \beta$ ist. Daher zerfällt

$$A^m = \begin{matrix} R_{11} & 0 & 0 & . \\ 0 & R_{22} & 0 & . \\ 0 & 0 & R_{33} & . \\ . & . & . & . \end{matrix}$$

vollständig.

XII. *Zerfällt eine Potenz einer unzerlegbaren Matrix, so ist sie vollständig zerlegbar.*

Ferner zeigen die Gleichungen (5.) und (6.), daß jeder der unzerlegbaren Teile $R_{\lambda\lambda}$ die Wurzel r^m hat.

Da r eine einfache Wurzel von A ist, so ist dies nur möglich, wenn A eine von r verschiedene Wurzel r' besitzt, deren $m$te Potenz $r'^m = r^m$ ist. Folglich ist $|r'| = r$ und A imprimitiv.

Wenn also A primitiv ist, so ist jede Potenz von A unzerlegbar, und demnach, weil stets $r'^m < r^m$ ist, primitiv. Ferner gibt es, wie schon oben gezeigt, eine Potenz A^m, worin $a_{11}^{(m)} > 0$ ist. Da außerdem A^m unzerlegbar ist, so ist nach den Überlegungen im Beweise des Satzes X eine Potenz von A^m positiv. Damit sind die Sätze IX und XI vollständig bewiesen. Aus der obigen Entwicklung ergibt sich noch das Resultat:

XIII. *Ist A eine zerfallende Matrix, und haben sowohl die Gleichungen $AX = rX$ als auch die Gleichungen $YA = rY$ eine positive Lösung, so zerfällt A vollständig, und jeder unzerlegbare Teil von A hat die Maximalwurzel r.*

§ 8.

Wenn A unzerlegbar ist, so ist nach Satz III die Maximalwurzel der Gleichung $A_{\alpha\alpha}(s) = 0$ $q < r$. Ist q' irgendeine andre Wurzel dieser Gleichung, so ist $|q'| \leqq q < r$. Sei A imprimitiv und seien

$$(1.) \qquad r, \; r', \; r'', \cdots$$

alle Wurzeln von A, deren absoluter Betrag gleich r ist. Da $|r'| > q$ ist, so ist $A_{\alpha\alpha}(r')$ von Null verschieden, und da

$$A_{\alpha\beta}(r')\, A_{\beta\alpha}(r') = A_{\alpha\alpha}(r')\, A_{\beta\beta}(r')$$

ist, so ist es auch $A_{\alpha\beta}(r')$. Mithin haben die n linearen Gleichungen

$$AZ = r'Z$$

nur eine Lösung, und deren Elemente $z_1, \cdots z_n$ sind alle von Null verschieden. Dann ist aber auch

$$A^m Z = r'^m Z,$$

also

$$R_{11} Z_1 = r'^m Z_1, \quad R_{22} Z_2 = r'^m Z_2, \cdots.$$

Folglich hat jeder der unzerlegbaren Teile $R_{\lambda\lambda}$ die Wurzeln

$$(2.) \qquad r^m, \quad r'^m, \quad r''^m, \ldots.$$

Sind diese nicht alle gleich r^m, so ist jeder Teil $R_{\lambda\lambda}$ imprimitiv, und mithin zerfällt eine Potenz von A^m in eine größere Anzahl von Teilen wie A^m. Da die Anzahl der Teile nicht $> n$ sein kann, so muß es eine Potenz A^m geben, die in lauter primitive Teile zerfällt. Dann ist $r^m = r'^m = r''^m = \cdots$, und folglich sind

$$(3.) \qquad 1, \quad \frac{r'}{r}, \quad \frac{r''}{r}, \cdots$$

Wurzeln der Gleichung $\rho^m = 1$.

In jedem unzerlegbaren Teile $R_{\lambda\lambda}$ von A^m ist r^m die größte positive Wurzel, also einfach. Die Anzahl dieser Teile ist demnach gleich der Anzahl der Größen (2.), die gleich r^m sind. Wählt man m so, daß die Einheitswurzeln (3.) alle der Gleichung $\rho^m = 1$ genügen, so sind die Größen (2.) alle gleich r^m, $R_{\lambda\lambda}$ hat keine von r^m verschiedene Wurzel vom absoluten Betrage r^m und ist daher primitiv.

Der kleinste Exponent k, wofür A^k in lauter primitive Teile $R_{\lambda\lambda}$ zerfällt, ist folglich gleich dem kleinsten Exponenten k, wofür die Größen (3.) alle der Gleichung $\rho^k = 1$ genügen. Ist dann m nicht durch k teilbar, so genügen die Größen (3.) nicht alle der Gleichung $\rho^m = 1$, sind die Größen (2.) nicht alle gleich r^m, ist jeder Teil $R_{\lambda\lambda}$ von A^m imprimitiv, sind die Hauptelemente von $R_{\lambda\lambda}$ alle Null.

Ist also m nicht durch k teilbar, so verschwindet die Summe der Hauptelemente von A^m

$$s_m = r^m + r_1^m + \cdots + r_{n-1}^m = 0.$$

Mithin ist auch $c_m = 0$, wenn

$$\varphi(s) = s^n + c_1 s^{n-1} + \cdots + c_n$$

ist. Dies folgt aus den Newtonschen Formeln

$$s_m + c_1 s_{m-1} + \cdots + c_{m-1} s_1 + m c_m = 0.$$

Denn wenn es für $c_1, \cdots c_{m-1}$ schon bewiesen ist, so ist in jedem der m ersten Glieder $c_\varkappa s_\lambda$ entweder $c_\varkappa = 0$ oder $s_\lambda = 0$, weil $\varkappa + \lambda = m$ ist, also $\varkappa$ und λ nicht beide durch k teilbar sind. Folglich ist auch $c_m = 0$. Demnach ist

$$(4.) \qquad \varphi(s) = s^n + a_1 s^{n-k} + a_2 s^{n-2k} + \cdots.$$

Ist also ρ irgendeine Wurzel der Gleichung $\rho^k = 1$, so ist $r' = \rho r$ eine Wurzel der Gleichung $\varphi(s) = 0$. Ferner ist

$$\varphi'(r') = \rho^{n-1}\varphi'(r),$$

und mithin ist r', ebenso wie r, eine einfache Wurzel. Daher stimmen die Größen (3.) mit den k verschiedenen Wurzeln der Gleichung $\rho^k = 1$ überein, und ihre Anzahl ist gleich k.

XIV. *Die charakteristische Funktion einer unzerlegbaren Matrix A sei*

$$\varphi(s) = s^n + a' s^{n'} + a'' s^{n''} + \cdots,$$

wo $n > n' > n'' > \cdots$ ist, und $a', a'', \cdots$ von Null verschieden sind. Der größte gemeinsame Divisor der Differenzen $n-n'$, $n'-n''$, $\cdots$ sei k. Ist dann $k = 1$, so ist A primitiv. Ist aber $k > 1$, so ist A imprimitiv, A^k ist die niedrigste Potenz von A, die in lauter primitive Teile (vollständig) zerfällt, und die Anzahl dieser Teile ist ebenfalls gleich k. Setzt man

$$\varphi(s) = s^n + a_1 s^{n-k} + a_2 s^{n-2k} + \cdots + a_m s^{n-mk}, \quad \psi(s) = s^m + a_1 s^{m-1} + a_2 s^{m-2} + \cdots + a_m$$

so hat die Gleichung $\psi(s) = 0$ eine positive Wurzel, die einfach ist und absolut größer als jede andere ihrer Wurzeln.

Der letzte Teil dieses Satzes zeigt am deutlichsten die geringe Modifikation, womit sich die Eigenschaften der positiven Matrizen auf imprimitive übertragen, während sie für primitive ganz unverändert gültig bleiben.

Die Zahl $n-n' = h$ ist die kleinste Zahl, wofür

die Hauptelemente von A^h

oder

die zyklischen Produkte $a_{\alpha\beta}a_{\beta\gamma}a_{\gamma\delta}\cdots a_{\vartheta\alpha}$ von h Faktoren

oder

die Hauptunterdeterminanten $h$ten Grades von A

nicht sämtlich verschwinden.

Für irgendeine nicht negative Matrix ist jede dieser drei Bedingungen damit äquivalent, daß c_h der erste nicht verschwindende Koeffizient in $\varphi(s) = s^n + c_1 s^{n-1} + c_2 s^{n-2} + \cdots$ ist.

Ist nun A unzerlegbar, so ist A primitiv oder imprimitiv, je nachdem A^h unzerlegbar oder zerlegbar ist.

Um diese Untersuchungen an einem Beispiel zu erläutern, sei $\varphi(s) = s^n - a$, wo a nicht Null ist. Dann ist $s_1 = 0$, $s_2 = 0$, $\cdots s_{n-1} = 0$, aber s_n von Null verschieden. Nun ist

$$s_1 = \sum a_{\alpha\alpha}, \quad s_2 = \sum a_{\alpha\beta}a_{\beta\alpha}, \quad s_3 = \sum a_{\alpha\beta}a_{\beta\gamma}a_{\gamma\alpha}, \cdots.$$

Mithin ist jedes zyklische Produkt von weniger als n Faktoren

$$a_{\alpha\beta}a_{\beta\gamma}a_{\gamma\delta}\cdots a_{\vartheta\alpha} = 0,$$

aber nicht jedes von n Faktoren. Durch Umstellung der Reihen kann man bewirken, daß

$$(4.)\qquad a_{12}\,a_{23}\,a_{34}\cdots a_{n-1,n}\,a_{n1}>0$$

ist. Da $a_{12}>0$ ist, so ist $a_{21}=0$, da $a_{34}\,a_{45}>0$ ist, so ist $a_{53}=0$, da $a_{n-2,n-1}\,a_{n-1,n}\,a_{n1}\,a_{12}>0$ ist, so ist $a_{2,n-2}=0$. So erkennt man, daß alle Elemente von A verschwinden, mit Ausnahme der n Elemente des Produkts (4.). Für $n=4$ ist also

$$(5.)\qquad A=\begin{pmatrix}0 & a_{12} & 0 & 0\\ 0 & 0 & a_{23} & 0\\ 0 & 0 & 0 & a_{34}\\ a_{41} & 0 & 0 & 0\end{pmatrix}.$$

Ist A irgendeine nicht negative Matrix, und ist wie oben c_h der erste nicht verschwindende Koeffizient von $\varphi(s)$, so kann jede Hauptunterdeterminante $h$ten Grades von A, die von Null verschieden ist, durch Umstellung ihrer Reihen auf die Gestalt (5.) gebracht werden.

§ 9.

Jeder der k unzerlegbaren Teile $R_{\lambda\lambda}$ von A^k ist primitiv. Mithin ist $R_{\lambda\lambda}^l$ positiv, sobald l eine gewisse Grenze übersteigt. In einer Potenz von A^k, etwa in $A^{kp}=P$ sind folglich die Teile $R_{\lambda\lambda}^p=P_{\lambda\lambda}$ alle positiv.

Man teile die Matrix $A^m=M$ entsprechend in Submatrizen

$$M=\begin{pmatrix}M_{11} & M_{12}\cdots & M_{1k}\\ M_{21} & M_{22}\cdots & M_{2k}\\ . & .\ \cdots & .\\ M_{k1} & M_{k2}\cdots & M_{kk}\end{pmatrix}.$$

Ist m_λ der Grad von $R_{\lambda\lambda}$, so ist z. B. M_{12} die Matrix der Elemente aus den Zeilen $1, 2, \cdots m_1$ und den Spalten $m_1+1, \cdots m_1+m_2$ von M. Ist nun m nicht durch k teilbar, so ist es auch $m+kp$ nicht. Folglich verschwinden alle Hauptelemente der Matrix MP, also auch von $M_{\alpha\alpha}P_{\alpha\alpha}$. Ist $M_{\alpha\alpha}=U$, $P_{\alpha\alpha}=V$, so ist $\sum\limits_{\lambda} u_{\varkappa\lambda}\,v_{\lambda\varkappa}=0$, $u_{\varkappa\lambda}\,v_{\lambda\varkappa}=0$, und weil $v_{\lambda\varkappa}>0$ ist, $u_{\varkappa\lambda}=0$, d. h. $M_{\alpha\alpha}=0$.

Ist daher

$$A=\begin{pmatrix}L_{11} & L_{12}\cdots & L_{1k}\\ L_{21} & L_{22}\cdots & L_{2k}\\ . & .\ \cdots & .\\ L_{k1} & L_{k2}\cdots & L_{kk}\end{pmatrix},$$

so ist zunächst $L_{\alpha\alpha}=0$.

Ist $k > 2$, so sind in der Matrix $M = APA$ die Submatrizen

$$M_{\alpha\alpha} = \sum_{\beta} L_{\alpha\beta} P_{\beta\beta} L_{\beta\alpha} = 0,$$

mithin ist $L_{\alpha\beta} P_{\beta\beta} L_{\beta\alpha} = 0$, oder wenn man $L_{\alpha\beta} = U$, $P_{\beta\beta} = V$, $L_{\beta\alpha} = W$ setzt, $UVW = 0$,

$$\sum_{\varrho,\sigma} u_{\varkappa\varrho} v_{\varrho\sigma} w_{\sigma\lambda} = 0, \quad u_{\varkappa\varrho} v_{\varrho\sigma} w_{\sigma\lambda} = 0, \quad u_{\varkappa\varrho} w_{\sigma\lambda} = 0,$$

also entweder $U = 0$ oder $W = 0$. Daher ist entweder $L_{\alpha\beta}$ oder $L_{\beta\alpha} = 0$.

Ist $k > 3$, so sind in der Matrix $M = APAPA$ die Submatrizen

$$M_{\alpha\alpha} = \sum_{\beta,\gamma} L_{\alpha\beta} P_{\beta\beta} L_{\beta\gamma} P_{\gamma\gamma} L_{\gamma\alpha} = 0,$$

also $(L_{\alpha\beta} P_{\beta\beta} L_{\beta\gamma}) P_{\gamma\gamma} L_{\gamma\alpha} = 0$, demnach entweder $L_{\gamma\alpha} = 0$ oder $L_{\alpha\beta} P_{\beta\beta} L_{\beta\gamma} = 0$, mithin entweder $L_{\beta\gamma} = 0$ oder $L_{\alpha\beta} = 0$.

Sind allgemein $\alpha, \beta, \gamma, \delta, \cdots \vartheta$ $m < k$ verschiedene Indizes, so verschwindet eine der Submatrizen

$$L_{\alpha\beta}, L_{\beta\gamma}, L_{\gamma\delta}, \cdots L_{\vartheta\alpha}.$$

Dies gilt aber nicht für jeden Zyklus von k Matrizen. Sonst ist $A^k = 0$, $\varphi(s) = s^n$, $r = 0$, und A zerfällt in n Teile. Denn jede der hier betrachteten Submatrizen von A^k ist eine Summe von Produkten von k Faktoren

$$L_{\alpha\beta} L_{\beta\gamma} L_{\gamma\delta} \cdots L_{\varkappa\lambda} L_{\lambda\mu} L_{\mu\nu}.$$

Da jeder Index einen der Werte $1, 2, \cdots k$ hat, so müssen von den den $k+1$ Indizes $\alpha, \beta, \cdots \mu, \nu$ mindestens zwei einander gleich sein. Ist z. B. $\beta = \mu$, so verschwindet eine der Matrizen des Zyklus

$$L_{\beta\gamma}, L_{\gamma\delta}, \cdots L_{\varkappa\lambda}, L_{\lambda\beta} (= L_{\lambda\mu}),$$

und folglich auch das Produkt.

Durch Umstellung der Reihen kann man bewirken, daß keine der Matrizen

$$L_{12}, L_{23}, L_{34}, \cdots L_{k-1,k}, L_{k,1}$$

verschwindet. Dann erkennt man wie am Schluß des § 8, daß alle andern Submatrizen $L_{\alpha\beta} = 0$ sind. Demnach ist z. B. für $k = 4$

$$A = \begin{pmatrix} 0 & L_{12} & 0 & 0 \\ 0 & 0 & L_{23} & 0 \\ 0 & 0 & 0 & L_{34} \\ L_{41} & 0 & 0 & 0 \end{pmatrix},$$

und daraus folgt

$$(1.) \qquad R_{\lambda\lambda} = L_{\lambda,\lambda+1} L_{\lambda+1,\lambda+2} \cdots L_{k-1,k} L_{k,1} L_{12} \cdots L_{\lambda-1,\lambda}.$$

§ 10.

Sind P und Q zwei Matrizen $n$ten Grades, und ist $|P|$ nicht Null, so ist

$$P^{-1}(PQ)P = QP$$

und mithin

$$(1.)\qquad |sE-PQ| = |sE-QP|.$$

Sind die Elemente von P unabhängige Variable, so gilt diese Gleichung für alle Werte der Veränderlichen, für die $|P|$ von Null verschieden ist, und daher gilt sie identisch. (Die beiden Determinanten (1.) brauchen aber nicht in den Elementarteilern übereinzustimmen.)

Ist P eine Matrix von m Zeilen und n Spalten, Q eine Matrix von n Zeilen und m Spalten, so hat PQ den Grad m, QP den Grad n. Seien $\varphi(s)$ und $\psi(s)$ ihre charakteristischen Funktionen. Ist etwa $m < n$, so füge man zu den m Zeilen von P noch $n-m$ Zeilen von je n verschwindenden Elementen und zu den m Spalten von Q noch $n-m$ solche Spalten. Gehen so P und Q in P_0 und Q_0 über, so ist $Q_0P_0 = QP$, während P_0Q_0 aus PQ durch Hinzufügung von $n-m$ Zeilen und Spalten verschwindender Elemente entsteht. Daher ist

$$\psi(s) = |sE-QP| = |sE-Q_0P_0| = |sE-P_0Q_0| = s^{n-m}\varphi(s).$$

Setzt man

$$L_{\varkappa,\varkappa+1}\,L_{\varkappa+1,\varkappa+2}\cdots L_{\lambda-1,\lambda} = P,\quad L_{\lambda,\lambda+1}\,L_{\lambda+1,\lambda+2}\cdots L_{\varkappa-1,\varkappa} = Q,$$

so ist

$$R_{\varkappa\varkappa} = PQ,\quad R_{\lambda\lambda} = QP.$$

Ist $\varphi_\lambda(s)$ die charakteristische Funktion von $R_{\lambda\lambda}$, und ist $m_\varkappa$ die kleinste der Zahlen $m_1, m_2, \cdots m_\varkappa$, so ist

$$\varphi_\lambda(s) = s^{m_\lambda - m_\varkappa}\varphi_\varkappa(s),$$

oder wenn man $m_\varkappa = m$ und $\varphi_\varkappa(s) = \psi(s)$ setzt,

$$\varphi_\lambda(s) = s^{m_\lambda - m}\psi(s),\ (s-r^k)(s-r_1^k)\cdots(s-r_{n-1}^k) = \prod \varphi_\lambda(s) = s^{n-mk}\psi(s)^k.$$

Von den n Wurzeln $r, r_1, \cdots r_{n-1}$ der Gleichung $\varphi(s) = 0$ verschwinden also mindestens $n-mk$. Ist

$$\varphi(s) = s^n + a_1 s^{n-k} + a_2 s^{n-2k} + \cdots + a_m s^{n-mk} = s^{n-mk}(s^k - r^k)(s^k - r_1^k)\cdots(s^k - r_{m-1}^k),$$

so ist die Funktion, deren Wurzeln die $k$ten Potenzen der Wurzeln von $\varphi(s)$ sind,

$$s^{n-mk}(s-r^k)^k(s-r_1^k)^k\cdots(s-r_{m-1}^k)^k.$$

Folglich ist

$$\psi(s) = (s-r^k)(s-r_1^k)\cdots(s-r_{m-1}^k)$$

oder

(2.) $$\psi(s) = s^m + a_1 s^{m-1} + a_2 s^{m-2} + \cdots + a_m,$$

und allgemein ist

(3.) $$\varphi_\lambda(s) = s^{m\lambda} + a_1 s^{m\lambda-1} + a_2 s^{m\lambda-2} + \cdots + a_m s^{m\lambda-m}.$$

§ 11.

Aus den Eigenschaften der unzerlegbaren Matrizen lassen sich analoge Eigenschaften der zerlegbaren herleiten. So gilt der Satz:

XV. *Ist r die Maximalwurzel einer nicht negativen Matrix, so sind die Wurzeln von A, die absolut gleich r sind, die sämtlichen Wurzeln einer Gleichung der Form*

$$(s^k - r^k)(s^l - r^l)(s^m - r^m) \cdots = 0.$$

Genügt also der charakteristischen Gleichung $\varphi(s) = 0$ eine Größe ρr, die der Maximalwurzel, r absolut gleich ist, so ist ρ eine Einheitswurzel; der Gleichung $\varphi(s) = 0$ genügt dann auch das Produkt aus r und jeder Potenz von ρ.

Anknüpfend an den Anfang des § 7 will ich jetzt auch für eine zerlegbare Matrix A untersuchen, unter welchen Bedingungen die n linearen Gleichungen $AX = sX$ eine Lösung haben, worin $x_1, \cdots x_n$ alle $\geqq 0$, aber nicht alle $= 0$ sind. Ich schreibe diese Gleichungen in der Form

(1.) $$\begin{array}{ll} L_{11} X_1 & = s X_1, \\ L_{21} X_1 + L_{22} X_2 & = s X_2, \\ L_{31} X_1 + L_{32} X_2 + L_{33} X_3 & = s X_3, \\ \cdot \quad \cdot \quad \cdot \quad \cdot & \cdot \\ L_{m1} X_1 + L_{m2} X_2 + L_{m3} X_3 + \cdots + L_{mm} X_m & = s X_m. \end{array}$$

Sei $r_\varkappa$ die Maximalwurzel der unzerlegbaren Matrix $L_{\varkappa\varkappa}$. Ist dann s keiner der Größen $r_1, r_2, \cdots r_m$ gleich, so ist nach der ersten Gleichung $X_1 = 0$, dann nach der zweiten $X_2 = 0$, usw.

Ferner ist bei einer nicht negativen Lösung X immer entweder $X_\varkappa = 0$ oder $X_\varkappa > 0$, d. h. von den Unbekannten, die das Teilsystem $X_\varkappa$ bilden, können nicht einige $= 0$, andere > 0 sein. Denn ist $s > r_\varkappa$, so ist

$$(sE_\varkappa - L_{\varkappa\varkappa})^{-1} = P$$

eine positive Matrix und

(2.) $$X_\varkappa = (sE_\varkappa - L_{\varkappa\varkappa})^{-1}(L_{\varkappa 1} X_1 + \cdots + L_{\varkappa,\varkappa-1} X_{\varkappa-1}) = PZ,$$

wo $Z \geqq 0$ ist. $X_\varkappa$ besteht also aus den Größen $\sum\limits_\beta p_{\alpha\beta} z_\beta$. Da stets $p_{\alpha\beta} > 0$ ist, so ist $X_\varkappa > 0$, außer wenn $Z = 0$ ist. Dann ist $X_\varkappa = 0$.

Ist aber $s \leqq r_\varkappa$, so sei $Y_\varkappa$ eine positive Lösung der Gleichung

$$Y_\varkappa L_{\varkappa\varkappa} = r_\varkappa Y_\varkappa.$$

Dann ist

$$(3.)\qquad Y_\varkappa(L_{\varkappa 1}X_1+\cdots+L_{\varkappa,\varkappa-1}X_{\varkappa-1}+(r_\varkappa-s)X_\varkappa)=0,$$

also da $Y_\varkappa > 0$ ist und jeder Summand $\geqq 0$ ist,

$$(4.)\qquad L_{\varkappa 1}X_1=0,\cdots L_{\varkappa,\varkappa-1}X_{\varkappa-1}=0,\quad (r_\varkappa-s)X_\varkappa=0,$$

mithin

$$(5.)\qquad X_\varkappa=0,\text{ wenn } s<r_\varkappa$$

ist. Ist aber $s=r_\varkappa$, so folgt aus (4.) und der $\varkappa$ten Gleichung (1.) $L_{\varkappa\varkappa}X_\varkappa=r_\varkappa X_\varkappa$, und daher ist entweder $X_\varkappa=0$ oder $X_\varkappa>0$.

Sollen nun die Gleichungen (1.) eine nicht negative Lösung haben, so muß eine der Wurzeln $r_1, r_2, \cdots r_m$ gleich s sein. Sind es mehrere, so bezeichne ich im folgenden stets mit r_λ die, deren Index λ am größten ist. Wenn dann

$$(6.)\qquad r_\lambda>r_{\lambda+1},\quad r_\lambda>r_{\lambda+2},\quad\cdots r_\lambda>r_m$$

ist, so haben die Gleichungen (1.) eine nicht negative Lösung. (Ist $\lambda=m$, so fallen die Bedingungen (6.) weg.) Denn man setze $X_1=0$, $\cdots X_{\lambda-1}=0$ und wähle für X_λ die positive Lösung der Gleichung $L_{\lambda\lambda}X_\lambda=r_\lambda X_\lambda$. Dann ergibt sich aus der $(\lambda+1)$ten Gleichung (1.), weil $s>r_{\lambda+1}$ ist, nach (2.) eine ganz bestimmte Matrix $X_{\lambda+1}$, die >0 oder $=0$ ist, aus der $(\lambda+2)$ten $X_{\lambda+2}$ usw.

Es ist möglich, daß die Gleichungen (1.) auch bei anderer Anordnung der Gleichungen und der Unbekannten $X_1, X_2, \cdots X_m$ dieselbe Gestalt haben, falls nämlich einige der Matrizen $L_{\alpha\beta}$ $(\alpha>\beta)$ Null sind. Dann genügt es, wenn die Bedingungen (6.) für irgendeine der möglichen Anordnungen erfüllt sind.

Wenn sie aber für keine erfüllt sind, so haben die Gleichungen $AX=sX$, wie ich jetzt zeigen will, keine Lösung der betrachteten Art. Denn von den Matrizen $X_1, X_2, \cdots X_m$ muß mindestens eine verschwinden. Sonst folgt aus der ersten Gleichung (1.) $s=r_1$ und aus (5.) $s\geqq r_2, \cdots s\geqq r_m$, und demnach sind die Bedingungen (6.) (spätestens für $\lambda=m$) erfüllt.

Ist nun zunächst $X_1=0$, so lauten die Gleichungen (1.)

$$(7.)\qquad \begin{aligned} L_{22}X_2 \qquad\quad &= sX_2,\\ L_{32}X_2+L_{33}X_3 &= sX_3,\\ \cdot\qquad\cdot\quad\cdots\quad &\cdot \end{aligned}$$

Ist $\lambda=1$, so ist keine der Größen $r_2, r_3, \cdots r_m$ gleich s, und folglich ist $X_2=0$, $X_3=0$, $\cdots X_m=0$. Ist aber $\lambda>1$, so sind bei keiner der möglichen Anordnungen der Gleichungen (7.) die Bedingungen (6.) erfüllt. Da ihre Matrix nur aus $m-1$ Teilen besteht, so können wir für diese Gleichungen die behauptete Umkehrung schon als bewiesen voraussetzen, und schließen, daß $X_2 = X_3 = \cdots = X_m = 0$ sein muß.

Wäre aber $X_1 > 0, \cdots X_{\varkappa-1} > 0$ und zuerst $X_\varkappa = 0$, so wäre

$$L_{\varkappa 1} X_1 + L_{\varkappa 2} X_2 + \cdots + L_{\varkappa,\varkappa-1} X_{\varkappa-1} = 0,$$

also, da kein Summand negativ, ist

$$L_{\varkappa 1} X_1 = 0, \quad L_{\varkappa 2} X_2 = 0, \cdots \quad L_{\varkappa,\varkappa-1} X_{\varkappa-1} = 0,$$

und mithin

$$L_{\varkappa 1} = 0, \quad L_{\varkappa 2} = 0, \cdots \quad L_{\varkappa,\varkappa-1} = 0.$$

Folglich kann man durch zyklische Vertauschung der ersten $\varkappa$ Gleichungen und Unbekannten die $\varkappa$te Gleichung

$$L_{\varkappa\varkappa} X_\varkappa = s X_\varkappa$$

an die erste Stelle bringen, ohne daß die Gleichungen ihre Form ändern. Bei dieser Anordnung ist dann $X_\varkappa$ das erste Teilsystem von X, und $X_\varkappa = 0$, und folglich verschwinden auch, wie oben gezeigt, alle andern Teilsysteme.

Ist s die größte der Wurzeln $r_1, r_2, \cdots r_m$, so sind die Bedingungen (6.) immer erfüllt. Daß dann die Gleichungen (1.) eine nicht negative Lösung haben, ist schon im § 1 gezeigt worden.

§ 12.

Daß eine Zerlegung einer Matrix A in unzerlegbare Teile nur in einer Weise möglich ist, kann man auf folgende Art einsehen. Jeder Teil von A ist durch die Hauptelemente (nicht ihre Werte, sondern ihre Indizes), die er enthält, vollständig bestimmt. Seien in zwei Zerlegungen Q und R zwei unzerlegbare Teile von A, die ein Hauptelement gemeinsam haben. Es möge B ein unmittelbarer Teil von A heißen, wenn alle Elemente von A verschwinden, welche die Zeilen (oder Spalten) von B um die komplementären Spalten (oder Zeilen) enthalten. (Ein solcher ist z. B. in der Matrix (1.) § 2 P und Q, aber nicht R.) Der zu B komplementäre Teil ist dann auch ein unmittelbarer.

Sei B ein solcher Teil, der Q enthält, C einer, der R enthält, dann können wir annehmen, daß die Zeilen (und Spalten) von B und C zusammen alle n Zeilen sind. Denn sonst sind B und C als unmittelbare Teile in einer Matrix enthalten, deren Grad kleiner als n ist, und für die wir es schon als erwiesen ansehen können, daß die unzerlegbaren Teile Q und R gleich sind, wenn sie ein Diagonalelement gemeinsam haben.

Es sind nun zwei (eigentlich vier) Fälle zu unterscheiden:

Erstens

$$A = \begin{matrix} A_1 & B_1 & C_1 \\ A_2 & B_2 & C_2 \\ A_3 & B_3 & C_3 \end{matrix}, \quad B = \begin{matrix} A_1 & B_1 \\ A_2 & B_2 \end{matrix}, \quad C = \begin{matrix} A_1 & C_1 \\ A_3 & C_3 \end{matrix}.$$

A_1 enthält alle Hauptelemente, die B und C gemeinsam haben. B ist ein unmittelbarer Teil von A, weil die Elemente von A_3 und B_3 verschwinden, welche die Spalten von B mit den komplementären Zeilen gemeinsam haben, C ist es, weil die Elemente von A_2 und C_2 verschwinden, welche die Spalten von C mit den komplementären Zeilen gemeinsam haben. Weil $A_2 = 0$ ist, ist A_1 ein Teil von B; weil $A_3 = 0$ ist, ist A_1 ein Teil von C. Für die Matrizen B und C ist die Behauptung schon erwiesen. Q und R haben ein Hauptelement gemeinsam, also auch B und C. Dies kommt demnach in A_1 vor. Folglich ist Q ein Teil von A_1, ebenso R, und mithin ist $Q = R$.

Zweitens

$$A = \begin{matrix} A_1 & 0 & C_1 \\ A_2 & B_2 & 0 \\ 0 & 0 & C_3 \end{matrix}, \quad B = \begin{matrix} A_1 & 0 \\ A_2 & B_2 \end{matrix}, \quad C = \begin{matrix} A_1 & C_1 \\ 0 & C_3 \end{matrix}.$$

Hier verschwinden die Elemente von A_3 und B_3, welche die Spalten von B mit den komplementären Zeilen gemeinsam haben und die Elemente von B_1 und B_3, welche die Zeilen von C mit den komplementären Spalten gemeinsam haben. Der Beweis ist derselbe.

Ein anderer Beweis desselben Satzes ist mehr algebraischer Natur. Die Zerlegbarkeit einer Matrix beruht darauf, daß gewisse Elemente außerhalb der Diagonale verschwinden, bleibt also ungeändert, wenn die nicht verschwindenden Elemente und alle Hauptelemente durch unabhängige Variable $x_{\alpha\beta}$ ersetzt werden. Dadurch gehe die Determinante $|A|$ in X über, eine ganze Funktion der unabhängigen Variabeln, die nicht verschwindet, weil sie das Glied $x_{11} x_{22} \cdots x_{nn}$ enthält. Läßt sich $X = PQ$ in zwei Faktoren zerlegen, die ganze Funktionen des Variabeln sind, so nenne ich X *reduzibel*.

XII. *Ist die nicht negative Matrix A unzerlegbar, so ist die ganze Funktion X irreduzibel.*

In $X = PQ$ kommt die Variable $x_{\alpha\alpha}$ wirklich vor, und X ist eine lineare Funktion von $x_{\alpha\alpha}$. Daher kann $x_{\alpha\alpha}$ nur in einem der beiden Faktoren P oder Q vorkommen. Es mögen $x_{11}, \cdots x_{mm}$ in P, $x_{m+1,m+1} \cdots x_{nn}$ in Q vorkommen. In bezug auf diejenigen der Größen $x_{\alpha 1}, x_{\alpha 2}, \cdots x_{\alpha n}$, die nicht Null sind, ist X eine homogene lineare Funktion. Daher kommen sie alle in demselben Faktor vor, der durch $x_{\alpha\alpha}$ bestimmt ist, in P, wenn $\alpha \leqq m$, in Q, wenn $\alpha > m$ ist. Dasselbe gilt von $x_{1\beta}, x_{2\beta}, \cdots x_{n\beta}$. Ich nenne die Indizes α, β ungleichartig, wenn einer $\leqq m$, der andere $> m$ ist, aber gleichartig, wenn beide $\leqq m$ oder beide $> m$ sind. Sind α und β ungleichartig, so kommt demnach $x_{\alpha\beta}$ weder in P noch in Q vor, also auch nicht in $X = PQ$. Daraus folgt beiläufig, daß $0 < m < n$ ist.

Daher ist $x_{\alpha\beta} x_{\beta\alpha} = 0$. Denn sind $\rho, \sigma, \tau, \cdots$ die $n-2$ übrigen Indizes, so würde, wenn $x_{\alpha\beta}$ und $x_{\beta\alpha}$ beide nicht Null sind, in X das Glied $x_{\alpha\beta} x_{\beta\alpha} x_{\varrho\varrho} x_{\sigma\sigma} x_{\tau\tau} \cdots$ vorkommen. Allgemeiner ist, wenn $\alpha, \beta, \gamma, \cdots \vartheta$ nicht alle gleichartig sind, das zyklische Produkt $x_{\alpha\beta} x_{\beta\gamma} x_{\gamma\delta} \cdots x_{\vartheta\alpha} = 0$.

Ein solches Produkt bleibt bei zyklischer Vertauschung der Indizes ungeändert. Unter der gemachten Voraussetzung müssen von den Indizes $\alpha, \beta, \gamma, \cdots \vartheta$ zwei aufeinanderfolgende ungleichartig sein. Sind die Indizes nicht alle verschieden, und ist $\alpha = \beta$, so ist das Produkt gleich $x_{\alpha\alpha}(x_{\beta\gamma} x_{\gamma\delta} \cdots x_{\vartheta\beta})$, ist $\alpha = \gamma$, gleich $(x_{\alpha\beta} x_{\beta\alpha})(x_{\gamma\delta} \cdots x_{\vartheta\gamma})$. In diesem Falle wäre nur die analoge Behauptung für ein zyklisches Produkt von weniger Faktoren zu beweisen, deren Indizes alle verschieden und nicht alle gleichartig sind. Wir können daher annehmen, daß alle Indizes verschieden sind, und daß α und β ungleichartig sind.

Seien dann $\alpha, \beta, \cdots \vartheta, \rho, \sigma, \tau, \cdots$ die n verschiedenen Indizes. Wären $x_{\alpha\beta}, x_{\beta\gamma}, \cdots x_{\vartheta\alpha}$ alle von Null verschieden, so würde X das Glied $x_{\alpha\beta} x_{\beta\gamma} \cdots x_{\vartheta\alpha} x_{\varrho\varrho} x_{\sigma\sigma} x_{\tau\tau} \cdots$ enthalten, also die Variable $x_{\alpha\beta}$, deren Indizes ungleichartig sind.

Sind α und β ungleichartig, so ist $x_{\alpha\beta} x_{\beta\varkappa} x_{\varkappa\alpha} = 0$, also auch $x_{\alpha\beta} \sum\limits_{\varkappa} x_{\beta\varkappa} x_{\varkappa\alpha} = 0$ oder $x_{\alpha\beta} x^{(2)}_{\beta\alpha} = 0$, allgemeiner $x_{\alpha\varkappa} x_{\varkappa\beta} x_{\beta\lambda} x_{\lambda\mu} x_{\mu\alpha} = 0$, also auch $\left(\sum\limits_{\varkappa} x_{\alpha\varkappa} x_{\varkappa\beta}\right)\left(\sum\limits_{\lambda,\mu} x_{\beta\lambda} x_{\lambda\mu} x_{\mu\alpha}\right) = 0$, oder $x^{(2)}_{\alpha\beta} x^{(3)}_{\beta\alpha} = 0$, überhaupt

$$x^{(k)}_{\alpha\beta} x^{(l)}_{\beta\alpha} = 0,$$

daher sind entweder die Größen

$$x_{\alpha\beta}, \; x^{(2)}_{\alpha\beta}, \; x^{(3)}_{\alpha\beta}, \; \cdots \; x^{(n-1)}_{\alpha\beta}$$

sämtlich Null oder die Größen

$$x_{\beta\alpha}, \; x^{(2)}_{\beta\alpha}, \; x^{(3)}_{\beta\alpha}, \; \cdots \; x^{(n-1)}_{\beta\alpha}.$$

Legt man den Variabeln positive Werte bei, so folgt daraus nach Satz IV, daß A, also auch X zerlegbar ist.

Wenn nun A in die unzerlegbaren Matrizen $A_1, A_2, A_3, \cdots$ zerfällt, so zerfällt X entsprechend in die Determinanten $X_1, X_2, X_3, \cdots$, und diese sind irreduzibel, und jede von ihnen kann durch die in ihr vorkommenden Hauptelemente charakterisiert werden. Da diese irreduzibeln Faktoren durch X vollständig bestimmt sind, so kann auch die Matrix A nur auf eine Art in unzerlegbare Teile zerfällt werden.

In einer Determinante kann man durch beliebige (auch nicht kogrediente) Umstellung der Zeilen und Spalten die Elemente jedes Gliedes in die Diagonale bringen. Folglich ergibt sich aus den obigen Erörterungen der Satz I.

93.

Über den Stridsbergschen Beweis des Waringschen Satzes

Sitzungsberichte der Königlich Preußischen Akademie der Wissenschaften zu Berlin
666–670 (1912)

Den berühmten Hilbertschen Beweis für den Satz von Waring hat Hausdorff in höchst scharfsinniger Weise erheblich vereinfacht (Math. Ann. Bd. 67). Stridsberg hat den glücklichen Gedanken gehabt, die von Hausdorff noch benutzten Integrale nach dem Vorbilde von Gordan durch Einführung einer symbolischen Potenz h^n zu vermeiden (Math. Ann. Bd. 72 S. 145). Nur an einer Stelle braucht er noch ein Integral, um zu zeigen, daß die m Größen $\rho_1, \cdots \rho_m$, die durch die m linearen Gleichungen

$$\sum_{\lambda=1}^{m} \rho_\lambda \mathfrak{z}_\lambda^\mu = h^\mu \qquad (\mu = 0, 1, \cdots m-1) \tag{1.}$$

bestimmt sind, *positive* Werte haben. Aber auch zu diesem Resultate gegelangt Remak (ebenda S. 153) auf algebraischem Wege: er beweist, daß

$$F = \sum h^{\alpha+\beta} x_\alpha x_\beta \tag{2.}$$

eine *positive* quadratische Form ist, indem er die Hauptunterdeterminanten ihrer Determinante berechnet.

Es bedarf aber, wie ich bemerkt habe, nur einer geringen Modifikation der Rechnungen von Stridsberg, um auf algebraischem Wege zu erkennen, daß die Größen $\rho_\varkappa$ positiv sind. Zur Auflösung der Gleichungen (1.) verwendet Stridsberg nach dem Vorgange von Hausdorff die Funktion $(2m-2)$ten Grades $\left(\dfrac{H_m(x)}{x-\mathfrak{z}}\right)^2$. Statt dessen benutze ich, was ja auch natürlicher ist, die Funktion $(m-1)$ten Grades $\dfrac{H_m(x)}{x-\mathfrak{z}}$ und spare so auch den Nachweis, daß die Gleichungen (1.) auch für $\mu = m, m+1, \cdots 2m-1$ gelten. Endlich umgehe ich den Beweis von Remak dafür, daß F eine positive Form ist, dadurch, daß ich statt F die reziproke Form benutze.

Die symbolische Potenz h^n definiert STRIDSBERG durch die Gleichungen

(3.) $$h^{2n} = \frac{(2n)!}{n!}, \quad h^{2n+1} = 0,$$

also durch die Rekursionsformel

$$h^{n+1} = 2nh^{n-1}, \quad h^0 = 1, \quad h^1 = 0.$$

Ist daher $f(z)$ eine ganze Funktion der Variabeln z, so ist

(4.) $$hf(h) = 2f'(h).$$

Folglich ist, wenn $h = h_1 = h_2 = \cdots$ ist,

$$h_1(h_1x_1 + x_2 + \cdots + x_r)^n = 2nx_1(h_1x_1 + x_2 + \cdots + x_r)^{n-1},$$

oder wenn man $x_2, \cdots x_r$ durch $h_2x_2, \cdots h_rx_r$ ersetzt,

$$h_\varrho(h_1x_1 + h_2x_2 + \cdots + h_rx_r)^n = 2nx_\varrho(h_1x_1 + h_2x_2 + \cdots + h_rx_r)^{n-1}.$$

Multipliziert man mit x_ϱ und addiert die r Gleichungen, so findet man

$$(h_1x_1 + \cdots + h_rx_r)^{n+1} = 2n(x_1^2 + \cdots + x_r^2)(h_1x_1 + \cdots + h_rx_r)^{n-1}$$

und daraus durch wiederholte Anwendung

(5.) $$(h_1x_1 + \cdots + h_rx_r)^m = h^m(x_1^2 + \cdots + x_r^2)^{\frac{m}{2}}.$$

Setzt man $r = 2$, $x_2 = ix_1$, so erhält man, falls $m > 0$ ist,

(6.) $$(h + h'i)^m = 0.$$

Ist also[1]

(7.) $$H_m(x) = (x + ih)^m, \quad H_0 = 1, \quad H_1 = x,$$

so ist

(8.) $$H_m(h) = 0 \qquad (m > 0).$$

Aus (4.) erhält man für $f(z) = (x + iz)^{m-1}$

$$h(x + ih)^{m-1} = 2i(m-1)(x + ih)^{m-2}$$

oder

$$(x + ih)^m - x(x + ih)^{m-1} + 2(m-1)(x + ih)^{m-2} = 0,$$

demnach

(9.) $$H_m(x) - xH_{m-1}(x) + 2(m-1)H_{m-2}(x) = 0,$$

oder weil

(10.) $$H'_m(x) = mH_{m-1}(x)$$

ist,

(11.) $$mH_m(x) - xH'_m(x) + 2H''_m(x) = 0.$$

---

[1] Andere Darstellungen dieser Funktionen sind

$$\frac{H_{2m}(x)}{h^{2m}} = \left(\frac{x^2}{h^2} - 1\right)^m, \quad \frac{H_{2m-1}(x)}{h^{2m}} = \frac{x}{h^2}\left(\frac{x^2}{h^2} - 1\right)^{m-1}.$$

Bis hierher stimmt die Entwicklung, von kleinen formalen Änderungen abgesehen, völlig mit der des Hrn. Stridsberg überein. Jetzt setze ich

$$(12.) \qquad H_m(x)\,H_{m-1}(y) - H_m(y)\,H_{m-1}(x) = (x-y)\,G_m(x,y).$$

Dann folgt aus der Gleichung (9.) und der Gleichung

$$H_m(y) - y\,H_{m-1}(y) + 2(m-1)\,H_{m-2}(y) = 0$$

die Rekursionsformel

$$G_m(x,y) = H_{m-1}(x)\,H_{m-1}(y) + 2(m-1)\,G_{m-1}(x,y),$$

und mithin ist

$$(13.) \qquad G_m(x,y) = H_{m-1}(x)\,H_{m-1}(y) + 2(m-1)\,H_{m-2}(x)\,H_{m-2}(y) + 4(m-1)(m-2)\,H_{m-3}(x)\,H_{m-3}(y) + \cdots + 2^{m-2}(m-1)!\;\; H_1(x)\,H_1(y) + 2^{m-1}(m-1)!\;\; H_0(x)\,H_0(y).$$

Die Koeffizienten von $H_m(x)$ sind reell. Ist also ϑ eine Wurzel der Gleichung $H_m(x) = 0$ und ϑ' die konjugiert komplexe Wurzel, so ist nach dieser Formel $G_m(\vartheta, \vartheta')$ von Null verschieden, nach (12.) aber $(\vartheta-\vartheta')\,G_m(\vartheta,\vartheta') = 0$, und folglich ist ϑ reell[1].

Setzt man $H_m(x) = H(x)$, so ergibt sich aus (13.) für ein reelles $y = x$

$$H'(x)^2 - H(x)\,H''(x) > 2^{m-1}m!.$$

Folglich hat die Gleichung $H(x) = 0$ keine mehrfache Wurzel, ihre m Wurzeln $\vartheta_1, \vartheta_2, \cdots \vartheta_m$ sind alle untereinander verschieden.

In Verbindung mit der Eigenschaft (8.) erhält man weiter aus (13.) die Relation

$$(14.) \qquad G_m(h,y) = 2^{m-1}(m-1)!,$$

$G_m(h,y)$ hat also einen von y unabhängigen positiven Wert.

Nun ist aber nach (10.) und (12.)

$$H(x)\,H'(\vartheta_\varkappa) = m\,(x-\vartheta_\varkappa)\,G_m(x,\vartheta_\varkappa).$$

Ist also

$$H(x) = (x-\vartheta_\varkappa)\,F(x),$$

so ist

$$(15.) \qquad H'(\vartheta_\varkappa)\,F(h) = 2^{m-1}m!$$

Um jetzt die m linearen Gleichungen

$$(1.) \qquad \sum_{\lambda}{}_1^m\, \rho_\lambda \vartheta_\lambda^\mu = h^\mu \qquad (\mu = 0, 1, \cdots m-1),$$

[1] Diese Variante des Beweises, die auch für die Kugelfunktionen benutzt werden kann, kommt darauf hinaus, die Methode von Sturm durch das Verfahren zu ersetzen, das auf der Berechnung der *Signatur* einer quadratischen Form beruht.

deren Determinante $\Delta(\vartheta_1, \vartheta_2, \cdots \vartheta_m)$ nicht verschwindet, nach den Unbekannten $\rho_1, \rho_2, \cdots \rho_m$ aufzulösen, leitet man daraus die Gleichung

$$\sum \rho_\lambda F(\vartheta_\lambda) = F(h)$$

ab und erhält so nach (15.)

$$(16.) \qquad (H'(\vartheta_\varkappa))^2 \rho_\varkappa = 2^{m-1} m!\,.$$

Folglich ist $\rho_\varkappa$ *positiv.*

I. Schur hat Remak und mich auf den folgenden Satz von Ernst Fischer (*Über das Carathéodorysche Problem, Potenzreihen mit positivem reellen Teil betreffend; Rendiconti Palermo, tom. 32, S. 245*) aufmerksam gemacht:

Ist

$$F = \sum_{\alpha, \beta}{}_0^{m-1} a_{\alpha+\beta} x_\alpha x_\beta$$

eine *positive rekurrierende* Form, so kann man m verschiedene reelle Größen $\vartheta_1, \cdots \vartheta_m$ und m positive (> 0) Größen $\rho_1, \cdots \rho_m$ so bestimmen, daß

$$a_\mu = \sum_\lambda{}_1^m \rho_\lambda \vartheta_\lambda^\mu \qquad (\mu = 0, 1, \cdots 2m-2),$$

also

$$(17.) \qquad F = \sum_\lambda{}_1^m \rho_\lambda (x_0 + \vartheta_\lambda x_1 + \cdots + \vartheta_\lambda^{m-1} x_{m-1})^2$$

wird. Diese $2m$ Größen hängen von einem Parameter ab, den man so wählen kann, daß eine vorgeschriebene Größe a_{2m-1}

$$a_{2m-1} = \sum \rho_\lambda \vartheta_\lambda^{2m-1}$$

wird. Dann sind $\vartheta_1, \cdots \vartheta_m$ die Wurzeln der Gleichung $H_m(x) = 0$, wo

$$(18.) \qquad H_n(x) = |a_{\alpha+\beta} x - a_{\alpha+\beta+1}| \qquad (\alpha, \beta = 0, 1 \cdots n-1)$$

oder

$$(19.) \qquad H_n(x) = \begin{vmatrix} a_0 & a_1 \cdots & a_n \\ \cdot & \cdot \cdots & \cdot \\ a_{n-1} & a_n & a_{2n-1} \\ 1 & x & x^n \end{vmatrix}$$

ist.

Aus der Bemerkung von Remak, daß (2.) eine positive Form ist, und diesem Satze von Fischer ergibt sich unmittelbar der erste Teil der Entwicklungen von Stridsberg.

Übrigens gelangt man auch zu diesem allgemeineren Satze sehr einfach auf dem obigen Wege. In meiner Arbeit *Über das Trägheitsgesetz der quadratischen Formen, Sitzungsber. 1894, S. 414* habe ich die Jacobische Rekursionsformel

$$(20.)\quad A_n^2 H_{n+1} + (A_n A'_{n+1} - A_{n+1} A'_n - x A_n A_{n+1}) H_n + A_{n+1}^2 H_{n-1} = 0$$

direkt aus Determinantenrelationen abgeleitet. Hier ist

$$A_n = \begin{vmatrix} a_0 & \cdots & a_{n-1} \\ \cdot & \cdots & \cdot \\ a_{n-1} & \cdots & a_{2n-2} \end{vmatrix}, \quad A'_n = \begin{vmatrix} a_0 & \cdots & a_{n-2} & a_n \\ \cdot & \cdots & \cdot & \cdot \\ a_{n-1} & & a_{2n-3} & a_{2n-1} \end{vmatrix}.$$

Daraus erhält man wie oben die Gleichung

$$(21.)\quad \begin{aligned} \frac{H_m(x)H_{m-1}(y) - H_m(y)H_{m-1}(x)}{A_m^2(x-y)} &= \frac{H_{m-1}(x)H_{m-1}(y)}{A_m A_{m-1}} \\ &+ \frac{H_{m-2}(x)H_{m-2}(y)}{A_{m-1}A_{m-2}} + \cdots + \frac{H_1(x)H_1(y)}{A_2 A_1} + \frac{H_0(x)H_0(y)}{A_1 A_0}, \end{aligned}$$

eine Verbindung einer Formel von KRONECKER (Sitzungsberichte 1912, S. 17) mit der JACOBIschen Transformation der quadratischen Formen.

Ist F positiv, so sind $A_1, A_2, \cdots A_m$ positiv, und man erkennt wie oben, daß die m Wurzeln $\vartheta_1, \cdots \vartheta_m$ der Gleichung $H_m(x) = 0$ alle reell und verschieden sind. Ist symbolisch $h^n = a_n$, so kann man nun $\rho_1, \cdots \rho_m$ aus den m Gleichungen

$$(1.)\quad \sum \rho_\lambda \vartheta_\lambda^\mu = h^\mu \qquad (\mu = 0, 1, \cdots m-1)$$

berechnen. Aus (19.) folgt (vgl. STRIDSBERG (4.))

$$h^\nu H_n(h) = 0 \qquad (\nu = 0, 1 \cdots n-1)$$

also, wenn $g_\lambda(z)$ eine ganze Funktion λten Grades ist,

$$g_{n-1}(h)\, H_n(h) = 0.$$

Ist nun (vgl. STRIDSBERG, S. 149, (6.))

$$f_{2m-1}(z) = g_{m-1}(z) H_m(z) + f_{m-1}(z),$$

so folgt aus

$$f_{m-1}(h) = \sum \rho_\lambda f_{m-1}(\vartheta_\lambda),$$

daß auch

$$f_{2m-1}(h) = \sum \rho_\lambda f_{2m-1}(\vartheta_\lambda)$$

ist, also die Gleichung (1.) auch für $\mu = m, m+1, \cdots 2m-1$ gilt. Aus (17.) oder (21.) erkennt man dann, daß $\rho_1, \cdots \rho_m$ positiv sind.

94.

Über quadratische Formen, die viele Primzahlen darstellen

Sitzungsberichte der Königlich Preußischen Akademie der Wissenschaften zu Berlin
966–980 (1912)

EULER hat (*Mémoires de l'Académie de Berlin, 1772, Histoire p. 36, Extrait d'une lettre à M. BERNOULLI*) gezeigt, daß x^2-x+p für $x<p$ eine Primzahl ist, falls

$$p = 3 \quad 5 \quad 11 \quad 17 \quad 41$$

ist, und $2x^2+p$, falls

$$p = 3 \quad 5 \quad 11 \quad 29$$

ist. Hr. REMAK hat mir eine Arbeit vorgelegt, worin er beweist, daß x^2-x-q eine Primzahl ist für die Zahlen

$$q = 3 \quad 7 \quad 13 \quad 43 \quad 73 \qquad (4q-3=p^2),$$

solange $x<\frac{1}{2}(3p-1)$ ist, und für

$$q = 1 \quad 5 \quad 19 \quad 109 \qquad (4q+5=(p+2)^2),$$

solange $x<\frac{1}{2}(3p+1)$ ist.

Ich habe gefunden, daß der Wert der *homogenen* positiven Form $x^2+xy+py^2$, solange er $<p^2$ ist, eine Primzahl ist, und der Wert von $2x^2+py^2$, wo y ungerade ist, solange er $<p(2p+1)$ ist, und der Wert von x^2+2py^2, wo x ungerade ist, solange er $<p(p+2)$ ist. Ebenso ist der absolute Wert der indefiniten Form $x^2+xy-qy^2$ eine Primzahl, im ersten Falle, solange er $<(2p-3)^2$ und nicht durch p teilbar ist, im zweiten, solange er $<(2p-1)^2$ und durch keine der beiden Primzahlen p oder $p+4$ teilbar ist. Durch diese Verallgemeinerung gelang es mir zugleich, die wahre Quelle dieser Sätze aufzudecken und ihre Beweise so zu vereinfachen, daß Hr. REMAK auf die Mitteilung seiner Beweise verzichtet und es mir überlassen hat, meiner Darstellung einen Bericht über seine Ergebnisse vorauszuschicken (§ 1 und 2).

Bei einem so elementaren Gegenstande ist es fast unmöglich festzustellen, ob er nicht schon in ähnlicher Weise bearbeitet worden ist[1]. Über den Weg, der Euler zu seinen Ergebnissen geführt hat, habe ich keine Andeutung gefunden (auch nicht die Angabe über $2x^2+29$). Aber ohne Zweifel bilden seine *Numeri idonei*[2] für ihn den Ausgangspunkt. Die Eigentümlichkeit dieser Sätze besteht darin, daß sie wohl nur für wenige kleine Zahlen gelten. Wenn die Ergebnisse daher auch theoretisch von geringer Bedeutung sind, so wird doch, hoffe ich, dieser Beitrag zur *Arithmétique amusante* dem Liebhaber der elementaren Zahlentheorie einiges Vergnügen bereiten.

Ich zitiere im folgenden die *Disquisitiones arithmeticae* mit G.

§ 1.

Positive Formen.

Ist $2x-1=z$ und $1-4p=D=-d$, so ist nach Euler $\frac{1}{4}(z^2-D)$ eine Primzahl, falls die ungerade Zahl $z<\frac{1}{2}(d-1)$ ist. Ist aber $D=4q+1$, so ist nach Hrn. Remak $\frac{1}{4}(D-z^2)$ eine Primzahl (oder 1), falls $z<\sqrt{D}$ ist. Die Ermittlung der für D zulässigen Werte wird erleichtert durch den ersten der beiden Sätze:

I. *Ist z ungerade und $d\equiv 3 \pmod 4$, und ist $\frac{1}{4}(z^2+d)$ eine Primzahl, falls $z\leqq\sqrt{\frac{1}{3}d}$, so ist es auch eine, falls $z<\frac{1}{2}(d-1)$.*

II. *Ist z ungerade und $D\equiv 1 \pmod 4$, und ist $\frac{1}{4}(D-z^2)$ eine Primzahl, falls $z\leqq\sqrt{\frac{1}{5}D}$ ist, so ist es auch eine, falls $z<\sqrt{D}$ ist.*

Hier bedeuten alle Zeichen positive Zahlen. Der zweite Satz ist für $D=5$ und 9 trivial. Sei also $D\geqq 13$. Dann ist $\frac{1}{4}(D-1^2)>2$ eine ungerade Primzahl, mithin ist

$$D\equiv 5 \pmod 8 \tag{1.}$$

und $\frac{1}{4}(D-z^2)$ ungerade. Ist nun

$$\sqrt{\frac{1}{5}D}<z<\sqrt{D},$$

[1] Unzugänglich blieb mir die Arbeit von Henry Stephen Smith, *Series of prime numbers, Proceedings of the Oxford Ashmolean Society, tom. 35* (1857).

[2] Kummer vergaß nie zu erwähnen, daß 1848 die letzte bekannte dieser merkwürdigen Zahlen ist. Die HH. Cunningham und Cullen haben wenigstens keine weitere unter 101200 gefunden (*Report of the British Association 1901, p. 552*).

und ist die Zahl $\frac{1}{4}(D - z^2)$ zusammengesetzt, so sei a ihr kleinster Primfaktor. Dann ist

$$a^2 \leqq \frac{1}{4}(D - z^2) < \frac{1}{4}\left(D - \frac{1}{5}D\right) = \frac{1}{5}D.$$

Sei $b \equiv z \pmod{2a}$ und $|b| \leqq a$, daher auch $|b| < \sqrt{\frac{1}{5}D} < z$. Dann ist, weil a ungerade ist, $\frac{1}{4}(D - b^2) \equiv \frac{1}{4}(D - z^2) \equiv 0 \pmod{a}$, also da links eine Primzahl steht, $a = \frac{1}{4}(D - b^2) > \frac{1}{4}(D - z^2) \geqq a^2$, was nicht möglich ist.

Den Beweis des Satzes I, dessen Durchführung auf ähnlichem Wege beträchtlich umständlicher ist, übergehe ich, weil er sich aus meiner Entwicklung (§ 3) unmittelbar ergeben wird.

Es sind nun die Werte $d \equiv 3 \pmod{4}$ zu bestimmen, für die der Satz von Euler gilt. Zunächst ist d selbst eine Primzahl. Dies stimmt für $d = 3, 7, 11$. Ist aber $d \geqq 15$ und zusammengesetzt, und ist q der kleinste Primfaktor von d, so ist $q \leqq \sqrt{d} < \frac{1}{2}(d-1)$, während $\frac{1}{4}(q^2 + d)$ keine Primzahl ist.

Nach Satz I genügt es, d so zu wählen, daß $m = \frac{1}{4}(z^2 + d)$ eine Primzahl ist, falls $z \leqq \sqrt{\frac{1}{3}d}$ ist. Dazu ist notwendig und hinreichend, daß m durch keine Primzahl q teilbar ist, für die

$$q^2 \leqq m \leqq \frac{1}{4}\left(\frac{1}{3}d + d\right) = \frac{1}{3}d, \qquad d > 3q^2$$

ist, also für

$$\begin{array}{cccccccc} q & = & 2 & 3 & 5 & 7 & 11 & \ldots \\ d & \geqq & 12 & 27 & 75 & 147 & 363 & \ldots \end{array}$$

Für $d < 12$ ist also keine andere Bedingung zu erfüllen, als $d \equiv 3 \pmod{4}$. Ist aber $d > 12$, so muß $\frac{1}{4}(z^2 + d)$ ungerade, also $d \equiv 3 \pmod{8}$ sein, und dies ist auch hinreichend, solange $d < 27$ ist.

Sei $d > 27$ und $q < \sqrt{\frac{1}{3}d}$. Durch die ungerade Primzahl q ist $m = \frac{1}{4}(z^2 - D)$ nicht teilbar, wenn D (quadratischer) Nichtrest von q ist; wenn aber D Rest ist, so ist $m > q$ und für einen ungeraden Wert $z < \sqrt{\frac{1}{3}d}$ durch q teilbar. Denn D ist als Primzahl nicht durch q teilbar, und von den beiden Zahlen (b und $q-b$) zwischen 0 und q, deren Quadrat $\equiv D \pmod q$ ist, ist die eine ungerade und $< q \leqq \sqrt{\frac{1}{3} d}$. Für diesen Wert z ist $m \geqq \frac{1}{4}(1+d) > \sqrt{\frac{1}{3} d} > q$.

Demnach muß D Nichtrest von 3 sein, $d \equiv 1 \pmod 3$, und dies ist hinreichend, solange $d < 75$ ist. Ist aber $d > 75$, so muß D außerdem Nichtrest von 5 sein, $d \equiv \pm 1 \pmod 5$, und dies reicht hin, solange $d < 147$ ist. Ist aber $d > 147$, so muß D noch Nichtrest von 7 sein usw. Auf diesem Wege ergeben sich die Werte

$$d = 3 \quad 7 \quad 11 \quad 19 \quad 43 \quad 67 \quad 163$$

und jedenfalls bis 10 000 keine anderen.

§ 2.

Indefinite Formen.

Dieselbe Untersuchung soll jetzt auch für positive Diskriminanten $D \equiv 1 \pmod 4$, die > 9 sind, durchgeführt werden. Es wird vorausgesetzt, daß $m = \frac{1}{4}(D - z^2)$ für alle ungeraden Werte $z < \sqrt{D}$ eine Primzahl ist. Wäre D ein Quadrat, so wäre $\frac{1}{4}(D - 1^2)$ zusammengesetzt. Wäre $D = pqr$ ein Produkt von drei Faktoren, deren kleinster p ($\geqq 3$) ist, so wäre $\frac{1}{4}(D-p^2) = \frac{1}{4}(qr-p)p > p$ keine Primzahl. Mithin ist D entweder eine Primzahl (der Form $4n+1$) oder ein Produkt von zwei verschiedenen Primzahlen.

Die größte der Primzahlen m ist die in der Einleitung benutzte Zahl $q = \frac{1}{4}(D-1)$. Um die kleinste zu erhalten, bezeichne man mit p die größte ungerade Zahl unter $\sqrt{D}$. Dann ist die kleinste Zahl m gleich $\frac{1}{4}(D-p^2)$, außer wenn diese Zahl gleich 1 ist, sonst $\frac{1}{4}(D-(p-2^2))$.

Im ersten Falle ist

$$D = p^2 + 4 \tag{1.}$$

und $\frac{1}{4}(D-(p-2)^2) = p$ die kleinste Primzahl m. Es läßt sich nun zeigen, daß m auch eine Primzahl ist, solange $z < 3p - 2$ ist, während für $z = 3p \mp 2$ $\quad m = p(2p \mp 3)$ ist. Die hier auftretenden Faktoren $2p-3$ und $2p+3$ sind, ebenso wie D selbst, Primzahlen. Für jede dieser Zahlen weist Remak einzeln nach, daß die Annahme ihrer Zerlegbarkeit auf einen Widerspruch führt.

Im zweiten Falle ist $\frac{1}{4}(D-p^2) = q > 1$ die kleinste der Primzahlen m. Nach der Definition von p ist

$$D < (p+2)^2 = p^2 + 4p + 4 = D - 4q + 4p + 4,$$

daher

$$p \geqq q, \quad 2q-p \leqq p, \quad p-2q < p, \quad |2q-p| \leqq p < \sqrt{D},$$

mithin ist $\frac{1}{4}(D-(2q-p)^2)$ eine Primzahl. Da diese $\equiv \frac{1}{4}(D-p^2) = q \equiv 0 \pmod{q}$, also durch q teilbar ist, so ist sie gleich q und mithin ist $4q = D - p^2 = D - (2q-p)^2$, also $q = p$ und

$$D = p(p+4) \qquad (2.)$$

ein Produkt von zwei Primzahlen. Ferner ist p die kleinste der Primzahlen m, und $2p-1$ (für $z = p-2$) die nächstkleinste. Es läßt sich zeigen, daß m auch eine Primzahl ist, solange $z < 3p$ ist, während für $z = 3p$ und $3(p+4)$ $m = p(2p-1)$ und $(p+4)(2p+9)$ ist. Die hier auftretenden Faktoren $2p-1$ und $2p+9$ $(p > 3)$ sind auch Primzahlen.

In jedem der beiden Ausdrücke (1.) und (2.) ist p die größte ungerade Zahl unter $\sqrt{D}$. Daher kann nur dann $p(p+4) = r^2 + 4$ sein, wenn $p = r$, also $p = 1$, $D = 5 = 1(1+4) = 1^2 + 4$ ist.

Damit D eine geeignete Zahl sei, muß es zunächst die Form (1.) oder (2.) besitzen. In beiden Fällen ist p nächst 1 die kleinste Zahl der Form $m = \frac{1}{4}(D-z^2)$ für $z < \sqrt{D}$. Weiter aber ist notwendig und hinreichend, daß m durch keine Primzahl q teilbar ist, für die

$$q^2 \leqq \frac{1}{4}(D-z^2) < \frac{1}{4}D, \qquad D > 4q^2$$

ist. Daher muß für

$$\begin{array}{lllllll} q = & 2 & 3 & 5 & 7 & 11 & \ldots \\ D > & 16 & 36 & 100 & 196 & 484 & \ldots \end{array}$$

sein. Für $D < 16$ ist also keine andere Bedingung zu erfüllen, als $D \equiv 1 \pmod 4$. Ist aber $D > 16$, so muß $\frac{1}{4}(D-z^2)$ ungerade, also $D \equiv 5 \pmod 8$ sein, und dies ist hinreichend, solange $D < 36$ ist.

Sei $D > 36$ und sei $q < \sqrt{\frac{1}{4}D} < p$ eine ungerade Primzahl. Durch diese kann D nicht teilbar sein, da D in keinem der beiden Fälle einen Primfaktor $< p$ besitzt. Durch eine solche Primzahl q ist $m = \frac{1}{4}(z^2 - D)$ nicht teilbar, wenn D Nichtrest von q ist; wenn aber D Rest ist, so ist $m > q$ und für einen ungeraden Wert $z < \sqrt{D}$

durch q teilbar. Denn es gibt einen ungeraden Wert $z < q < \sqrt{\frac{1}{4}D} < p$, für den m durch q teilbar ist, und wenn nicht $m = 1$ ist, so ist $m \geqq p > q$.

Demnach muß D Nichtrest von 3 sein, $D \equiv -1 \pmod 3$, und dies ist hinreichend, solange $D < 100$ ist, usw. So ergeben sich die Werte

$$D = 5 \quad 13 \quad 21 \quad 29 \quad 53 \quad 77 \quad 173 \quad 293 \quad 437$$

und bis 10000 keine andern[1]. Noch für 173 reicht die Betrachtung der Primzahlen $q = 2, 3$ und 5 allein aus.

Die Bedingung $4q^2 < D$ lautet im Falle (1.) $q < \frac{1}{2}(p+1)$ und im Falle (2.) $q < \frac{1}{2}(p+3)$. Es ist Remak entgangen, daß im zweiten Falle $\frac{1}{2}(p+1)$ gerade [vgl. (3.)], also keine Primzahl ist. In beiden Fällen genügt es demnach, wenn $q < \frac{1}{2}p$ ist. Es ergibt sich also das Resultat:

I. *Sei $D = p^2 + 4$, wo p und D Primzahlen sind; oder sei $D = p(p+4)$, wo p und $p+4$ Primzahlen der Form $4n+3$ sind. Ist dann D Nichtrest von jeder ungeraden Primzahl $q < \frac{1}{2}p$, so ist $\frac{1}{4}(z^2 - D)$ eine Primzahl, solange die ungerade Zahl z im ersten Falle $< 3p-2$, im zweiten $< 3p$ ist.*

Vergleicht man die gefundenen Werte für negative und positive Diskriminanten $-d$ und $+D$,

$$\begin{array}{lllllllll} d = 3 & 7 & 11 & 19 & 43 & 67 & 163 & & \\ D = 13 & & 21 & 29 & 53 & 77 & 173 & 293 & 437, \end{array}$$

so erkennt man, daß außer für $d = 7$ stets $d + 10$ ein Wert von D ist. Diese merkwürdige Erscheinung erklärt sich so: Da $d \equiv 3 \pmod 8$ ist (außer für $d = 7$), so ist $d + 10 \equiv 5 \pmod 8$. Ist ferner $d > 27$, so ist $d \equiv 1 \pmod 3$, also $d + 10 \equiv -1 \pmod 3$. Ist $d > 75$, so ist $d \equiv \pm 1 \pmod 5$ und mithin auch $d + 10$. Daher ist auch für die Zahl $d = 163$, die Nichtrest von $q = 7$ ist, $D = 173$ eine geeignete Zahl, weil sie < 196 ist und daher keiner Bedingung $\pmod 7$ zu genügen braucht.

Ich gehe nun zu meiner eigenen Ableitung, dieser und allgemeinerer Ergebnisse über und will gleich hier noch einen andern Beweis der Formeln (1.) und (2.) anschließen. Wir haben gesehen, daß D entweder eine Primzahl oder ein Produkt von zwei verschiedenen Primzahlen ist. Im ersten Falle läßt sich $D = p^2 + (2s)^2$ in eine

[1] Die Diskriminante der von Speckmann, *Grunerts Archiv, Reihe II, Teil 16, S. 335,* erwähnten Form $-x^2 + 7x + 7$ ist 77.

Summe von zwei Quadraten zerlegen. Dann ist $\frac{1}{4}(D-p^2) = s^2$ eine Primzahl, also $s = 1$, und $D = p^2 + 4$. Ist aber $D = pq$ ein Produkt von zwei Primzahlen und $q > p$, so ist $\frac{1}{4}(D-p^2) = \frac{1}{4}(q-p)p$ nur dann eine Primzahl, wenn $\frac{1}{4}(q-p) = 1$, also $q = p + 4$ ist. Und zwar ist

$$(3.) \qquad p \equiv 3 \pmod 4.$$

Denn wäre $p \equiv q \equiv 1$, so ließe sich $pq = D = r^2 + 4s^2$ in zwei Quadrate zerlegen, und es wäre wie oben $s = 1$ und $D = r^2 + 4 = p^2 + 4p$, was nur für $D = 5$ möglich ist.

§ 3.

$$D = 1 - 4p.$$

Eine positive Form

$$\varphi(x, y) = ax^2 + bxy + cy^2 = (a, b, c)$$

der (negativen) Diskriminante $b^2 - 4ac = D = -d$ heißt reduziert, wenn

$$(1.) \qquad |b| \leqq a \leqq c$$

ist. Dann ist

$$(2.) \qquad |b| \leqq a \leqq \sqrt{\frac{1}{3}d},$$

und es sind

$$(3.) \qquad a, \quad c, \quad a - |b| + c$$

der Reihe nach die drei kleinsten Zahlen, die durch φ darstellbar sind (gemeint ist immer *eigentlich darstellbar*). Daher gibt es in jeder Klasse nur eine reduzierte Form, außer wenn $a = c$ oder $c = a - |b| + c$ ist.

Ist D ungerade, also $\equiv 1 \pmod 4$, so ist, weil $b \equiv D \pmod 2$ ist, auch b ungerade. Jetzt nehme ich an, daß $\frac{1}{4}(z^2 + d)$ eine Primzahl ist für jede ungerade Zahl $z < \sqrt{\frac{1}{3}d}$. Dann ist $\frac{1}{4}(1^2 + d) = p$, also $d = 4p - 1$. Ist nun φ irgendeine reduzierte Form einer solchen Diskriminante, so ist $\frac{1}{4}(b^2 + d) = ac$ nach (2.) eine Primzahl und mithin $a = 1$ und $|b| \leqq a = 1$. Folglich gibt es nur die reduzierte Form

$$\varphi = x^2 + xy + py^2 = (1, 1, p)$$

und die mit φ äquivalente Form $(1, -1, p)$, demnach nur eine Klasse, die Hauptklasse.

Umgekehrt setze ich jetzt voraus, daß p irgendeine positive Zahl ist, und daß die positiven Formen der Diskriminante $D = 1 - 4p$ alle einander, und mithin der Hauptform φ äquivalent sind. Wäre D durch ein Quadrat teilbar, so gäbe es eine *Forma derivata.* Wäre $p = ac$ $(1 < a \leqq c)$ eine zusammengesetzte Zahl, so wäre $(a, 1, c)$ eine von φ verschiedene reduzierte Form. Abgesehen von dem Falle $p = 2$, $D = -7$ ist p eine ungerade Primzahl, also

$$(4.) \qquad D \equiv 5 \pmod 8.$$

Die durch φ darstellbaren Zahlen m sind alle ungerade. Die notwendige Bedingung der Darstellbarkeit ist, daß D Rest ist von jedem Primfaktor von m, der nicht in D aufgeht, und weil es nur eine Klasse gibt, so ist diese Bedingung auch hinreichend. Folglich ist zugleich mit m auch jeder Divisor von m durch φ darstellbar. Da 1 und p nach (3.) die beiden kleinsten Werte von m sind, so ist keine Zahl zwischen 1 und p durch φ darstellbar, wie hier auch aus der Formel $4\varphi = (2x + y)^2 + (4p - 1)\,y^2$ unmittelbar ersichtlich ist. Daraus ergibt sich der Satz:

I. *Wenn die positiven Formen der Diskriminante $D = 1 - 4p$ alle einander äquivalent sind, so ist jede durch eine solche Form darstellbare Zahl, die $< p^2$ ist, eine Primzahl.*

Denn sonst hätte m einen Faktor $\leqq \sqrt{m} < p$, und dieser müßte trotzdem durch φ darstellbar sein. So ist $\varphi(1, -2) = d$ eine Primzahl, und von der Zahl $\varphi(p + 2, 1) = p^2 + 4p + 2$ erkennt man es in gleicher Weise. Speziell ist für $y = -1$, falls $x < p$ ist, $x^2 - x + p$ eine Primzahl, oder wenn man $2x - 1 = z$ setzt, $\frac{1}{4}(z^2 + d)$ für jede ungerade Zahl $z < \frac{1}{2}(d - 1)$. Damit ist dann auch der Satz I, § 1 bewiesen.

Aus der von Euler berechneten Tafel von 65 *Numeri idonei* (G. § 303) ergeben sich als zulässig die Werte

$$\begin{array}{rcccccccc} p & = & 1 & 2 & 3 & 5 & 11 & 17 & 41 \\ d & = & 3 & 7 & 11 & 19 & 43 & 67 & 163\,. \end{array}$$

§ 4.

$D = -8p$ oder $-4p$.

Nach derselben Methode will ich auch ein paar gerade Diskriminanten behandeln. Ist $(a, \pm 2b, c)$ irgendeine positive reduzierte Form der Diskriminante $D = -8p$, so ist $b \leqq \sqrt{\frac{2}{3}p}$. Ich nehme nun an, daß $x^2 + 2p$ eine Primzahl oder das Doppelte einer

Primzahl ist (je nachdem x ungerade oder gerade ist) für jedes $x \leqq \sqrt{\frac{2}{3}p}$. Dann ist zunächst p eine Primzahl ($x = 0$), die ich > 2 voraussetzen will. Da $b^2 + 2p = ac$ ist, so kann nach der gemachten Annahme nur $a = 1$ oder 2, und $2b \leqq a$ nur 0 oder 2 sein. Da aber nicht $a = 2$, $b = 1$ sein kann, so gibt es nur die beiden reduzierten Formen

$$(1.) \qquad \varphi = (1, 0, 2p), \qquad \psi = (2, 0, p),$$

also genau zwei Klassen.

Umgekehrt setze ich jetzt voraus, daß es für die Diskriminante $D = -8p$ (p ungerade) nicht mehr als zwei Klassen gibt, für deren Repräsentanten ich die zweiseitigen Formen φ und ψ wähle. Wäre $p = ac$ eine zusammengesetzte Zahl, so wäre $(a, 0, 2c)$ eine weitere reduzierte Form.

Aus der Existenz der Geschlechter und ihrer Charaktere folgt unmittelbar, daß φ die Reste, ψ die Nichtreste (mod p) darstellt, also daß 2 ein Nichtrest,

$$(2.) \qquad p \equiv 3 \text{ oder } 5 \pmod 8$$

ist. Auf elementarem Wege kann man dies so einsehen.

Eine Form (a, b, c) einer zweiseitigen Klasse kann durch eine uneigentliche Substitution $\begin{pmatrix}\alpha & \beta \\ \gamma & \delta\end{pmatrix}$ in sich selbst transformiert werden. Wenn man die erste der beiden Gleichungen

$$(3.) \qquad \begin{aligned} a &= a\alpha^2 + b\alpha\gamma + c\gamma^2 \\ b &= 2a\alpha\beta + b(\alpha\delta + \beta\gamma) + 2c\gamma\delta \end{aligned}$$

mit 2β multipliziert, die zweite mit α, so erhält man durch Subtraktion, weil $\alpha\delta - \beta\gamma = -1$ ist, (G. § 164, [5])

$$(4.) \qquad a\beta + b\alpha - c\beta = 0.$$

Ist nun 2 Rest von p, so läßt sich p in der Form

$$p = a^2 - 2b^2$$

darstellen, wo a ungerade ist, und mithin ist $(2a, 4b, a)$ eine Form der Diskriminante $D = -8p$, gehört also einer zweiseitigen Klasse an. Für diese Form lauten die Gleichungen (3.) und (4.)

$$2a = 2a\alpha^2 + 4b\alpha\gamma + a\gamma^2$$

und

$$2a\beta + 4b\alpha - a\gamma = 0.$$

Folglich ist $4b\alpha$ durch a teilbar, also auch α, weil $4b$ und a teilerfremd sind. Setzt man $\alpha = ay$, $\gamma + 2by = x$, so wird die erste

Gleichung $2 = x^2 + 2py^2$, während keine Zahl zwischen 1 und $2p$ durch φ darstellbar ist.

Ist m eine ungerade Zahl, die durch φ oder ψ darstellbar ist, so hat auch jeder Divisor von m dieselbe Eigenschaft. Ist $m = rs$ die kleinste zusammengesetzte Zahl, die zu D teilerfremd und durch ψ darstellbar ist, so ist sie Nichtrest von p, und daher ist von ihren Faktoren der eine, r, Rest, der andere, s, Nichtrest, und folglich ist r durch φ, und s durch ψ darstellbar. Nach (3.), § 3 ist von den durch φ darstellbaren ungeraden Zahlen (> 1) die kleinste $2p+1$; von den durch ψ darstellbaren Zahlen ist p die kleinste. Mithin ist $p(2p+1) = \psi(p, 1)$ die gesuchte Zahl m. Ebenso findet man, daß unter den durch φ darstellbaren ungeraden Zahlen $\varphi(p, 1) = p(p+2)$ die kleinste ist, die zusammengesetzt ist. Nimmt man also an, daß $x^2 + 2p$ für jedes $x \leqq \sqrt{\frac{2}{3}p}$ eine Primzahl oder das Doppelte einer Primzahl ist, oder nimmt man an, daß für die Diskriminante $D = -8p$ die Klassenzahl 2 ist, so gelten die Sätze:

I. *Ist x ungerade, so ist jede Zahl der Form $\varphi = x^2 + 2py^2$ eine Primzahl, falls $\varphi < p(p+2) = \varphi(p, 1)$ ist.*

II. *Ist y ungerade, so ist jede Zahl der Form $\psi = 2x^2 + py^2$ eine Primzahl, falls $\psi < p(2p+1) = \psi(p, 1)$ ist.*

III. *Ist $x < p$, so ist $2x^2 + p$ eine Primzahl; ist $x < \frac{1}{2}(p+1)$, so ist $4x(x-1) + 2p + 1$ eine Primzahl.*

IV. *Ist $x^2 + 2p$ eine Primzahl oder das Doppelte einer Primzahl, wenn $x \leqq \sqrt{\frac{2}{3}p}$ ist, so ist dies auch der Fall, wenn $x < p$ oder wenn x gerade und $< 2p$ ist.*

Nach der Eulerschen Tabelle sind

$$p = 3 \quad 5 \quad 11 \quad 29$$

geeignete Zahlen.

In derselben Art läßt sich die Grundzahl $D = -4p$ behandeln, wo ich $p \equiv 1 \pmod 4$ voraussetze, damit keine abgeleitete Form existiert. Ich nehme an, daß $x^2 + p$ für jedes $x < \sqrt{\frac{1}{3}p}$ eine Primzahl oder das Doppelte einer Primzahl ist; oder ich nehme an, daß für die Diskriminante $D = -4p$ die Klassenzahl 2 ist, so gelten, wenn man $2q = p + 1$ setzt, die Sätze:

V. *Jede ungerade Zahl der Form $\varphi = x^2 + py^2 < q^2$, oder der Form $\psi = 2x^2 + 2xy + qy^2 < pq$ ist eine Primzahl.*

VI. *Sind x und y ungerade, so ist jede Zahl $\frac{1}{2}(x^2 + py^2) < pq$ eine Primzahl.*

VII. *Ist* $\varphi = x^2 + py^2$ und $\psi = 2x^2 + 2xy + qy^2$, *so sind die kleinsten zusammengesetzten Zahlen, die durch* φ *oder* ψ *darstellbar sind,*

$$q^2 = \varphi\left(\frac{1}{2}(p-1), 1\right), \qquad pq = \psi(q, -1).$$

VIII. *Ist* $x < q$, *so ist* $2x(x-1) + q$ *eine Primzahl.*

IX. *Ist* $x^2 + p$ *eine Primzahl oder das Doppelte einer Primzahl, wenn* $x < \sqrt{\frac{1}{3}p}$, *so ist dies auch der Fall, wenn* $x < \frac{1}{2}(p-1)$ *oder wenn* x *ungerade und* $< p$ *ist.*

Wäre nicht

$$(5.) \qquad p \equiv 5 \pmod{8},$$

so ließe sich p in der Form $p = 2a^2 - b^2$ darstellen, und die Betrachtung einer uneigentlichen Transformation der Form $(2a, 2b, a)$ in sich selbst würde zu einer Gleichung $2 = x^2 + py^2$ führen. Die geeigneten Werte

$$p = 5 \quad 13 \quad 37, \qquad q = 3 \quad 7 \quad 19$$

sind leider sehr klein.

§ 5.

$D = p^2 + 4p$ oder $p^2 + 4$.

Eine indefinite Form $\varphi = (a, b, c)$ der (positiven) Diskriminante D heißt reduziert, wenn

$$(1.) \qquad b < \sqrt{D}, \qquad b > \sqrt{D} - 2|a|, \qquad b > \sqrt{D} - 2|c|$$

ist. Daher ist $b > 0$ und $ac < 0$. Ist h die größte Zahl, die $\equiv D \pmod 2$ und $< \sqrt{D}$ ist, und setzt man $b = h - 2l$, so kann man diese Bedingungen in der Form

$$(2.) \qquad l \geqq 0, \qquad l < |a|, \qquad l < |c|$$

schreiben.

Ich setze voraus, daß $m = \frac{1}{4}(D - z^2)$ eine Primzahl ist für jedes ungerade $z < \sqrt{\frac{1}{5}D}$. Dann ist es auch eine, solange $z < \sqrt{D}$ ist. Denn sei $z = b$ der kleinste ungerade Wert für den $\frac{1}{4}(D - b^2) = ac$ zusammengesetzt ist. Sollte $b < \sqrt{D}$ sein, so ist doch $b \geqq \sqrt{\frac{1}{5}D}$, also $5b^2 \geqq D = b^2 + 4ac$, demnach $b^2 \geqq ac$. Man kann annehmen, daß $b > a$ (> 1) ist, außer in dem Falle $b = a = c = \sqrt{\frac{1}{5}D}$, der kein Interesse bietet. Dann ist

$$b - 2a < b, \quad 2a - b < b, \quad b' = |b - 2a| < b, \quad c' = c + b - a > 0$$

und $m = \frac{1}{4}(D - b'^2) = ac'$. Da aber m für $z = b' < b$ eine Primzahl ist, so ist $c' = 1$, also $a + c < b + c = a + 1$, was nicht möglich ist.

In jeder *reduzierten* Form ist $0 < b < \sqrt{D}$ und daher $\frac{1}{4}(D - b^2) = ac$ eine Primzahl, mithin a oder $c = \pm 1$ und folglich $l = 0$, $b = h$. Ist p eine ungerade Zahl und $D = p^2 + 4$ oder $p\,(p + 4)$, so ist $h = p$. Im zweiten Falle

$$D = p\,(p + 4), \tag{3.}$$

gibt es demnach nur die 4 reduzierten Formen

$$(1, p, -p)\ (-p, p, 1) \qquad (-1, p, p)\ (p, p, -1), \tag{4.}$$

die zwei verschiedene Perioden bilden. Mithin repräsentieren die zweiseitigen Formen

$$\varphi = (1, p, -p), \qquad \varphi' = (-1, p, p) \tag{5.}$$

zwei verschiedene Klassen.

Setzt man jetzt umgekehrt voraus, daß es für $D = p\,(p + 4)$ nicht mehr als 2 Klassen gibt, so gibt es auch keine reduzierte Form, die von den 4 Formen (4.) verschieden ist.

Eine zweiseitige Form (a, b, c) ist der entgegengesetzten Form $(a, -b, c)$ eigentlich äquivalent $(\sim)$. Daher ist $-\varphi \sim \varphi'$ und kann statt φ' als Repräsentant der zweiten Klasse benutzt werden. Ist a durch φ darstellbar, so ist $-a$ durch $-\varphi \sim \varphi'$ darstellbar.

Die Form φ stellt nur ungerade Zahlen dar, z. B.

$$\varphi(0, 1) = -p, \quad \varphi(2, 1) = p + 4, \quad \varphi(1, 2) = -(2p - 1), \quad \varphi(3, 1) = 2p + 9. \tag{6.}$$

Ist die positive Zahl m durch $|\varphi|$, d. h. durch $+\varphi$ oder $-\varphi$ darstellbar, so ist es auch jeder Divisor von m.

Ist $p = 3$, so sind 1, $p = 3$, $2p - 1 = 5$, $p + 4 = 7$ die kleinsten durch $|\varphi|$ darstellbaren Zahlen. Ist aber $p > 3$, so will ich zeigen, daß

$$1, \quad p, \quad p + 4, \quad 2p - 1$$

der Reihe nach diese kleinsten Zahlen sind.

Sei $a > 1$ eine durch $|\varphi|$ darstellbare Zahl, und sei $\psi = (a, b, \varepsilon c)$, wo $\varepsilon = \pm 1$, $c > 0$ ist, eine Form der Diskriminante D, worin $p \geqq b > p - 2a$ ist, oder wenn man $b = p - 2l$ setzt, $l \geqq 0$ und $l < a$. Wäre auch

$< c$, so wäre ψ eine von den 4 Formen (4.) verschiedene reduzierte Form, außer wenn $a = p$ ist. Daher ist

$$(7.) \qquad c \leqq l < a.$$

Ich betrachte zuerst den Fall $c = 1$ und zeige, daß $a = p$ oder $p + 4$ sein muß, wenn $1 < a < 2p - 1$ ist. Dann liegt $b^2 = p^2 + 4p + 4\varepsilon a$ zwischen $p^2 + 4p + 4\varepsilon$ und $p^2 + 4p + 4\varepsilon(2p - 1)$, also für $\varepsilon = +1$ zwischen $(p + 2)^2$ und $(p + 6)^2$, und für $\varepsilon = -1$ zwischen $(p + 2)^2$ und $(p - 2)^2$. Zwischen $p + 2$ und $p + 6$ liegt aber nur eine ungerade Zahl $|b|$. Für $\varepsilon = +1$ ist daher $|b| = p + 4$, $a = p + 4$, für $\varepsilon = -1$ aber $|b| = p$, $a = p$.

Jetzt sei $c \geqq 1$, und sei a die kleinste Zahl nächst 1, die durch $|\varphi|$ darstellbar ist. Da nach (7.) $c < a$ ist, und da c durch $|\varphi|$ darstellbar ist, so ist $c = 1$, also $a = p$. Folglich ist jede durch $|\varphi|$ darstellbare Zahl $m < p^2$ eine Primzahl, z. B. die Zahlen (6.). Auch $p + 2$ wäre eine Primzahl, wenn es durch $|\varphi|$ darstellbar wäre. Da aber p, $p + 2$, $p + 4$ ein vollständiges Restsystem (mod 3) bilden, so ist $p + 2$ durch 3 teilbar, und mithin ist $p + 2$ nicht durch $|\varphi|$ darstellbar, sondern nächst p erst $p + 4$.

Ist a die kleinste Zahl nächst $p + 4$, die durch $|\varphi|$ darstellbar ist, so ist nach (7.) $c = 1$, p oder $p + 4$. Ist $c = 1$, so ist $a = 2p - 1$. Ist $c = p$, so ist nach der Gleichung

$$(p - 2l)^2 - 4\varepsilon ac = p(p + 4)$$

l durch p teilbar, und nach (7.) ist $p \leqq l < a \leqq 2p - 1$, also ist $l = p$, $a = 1$. Ist $c = p + 4$, so ist $l + 2$ durch $p + 4$ teilbar und $p + 4 \leqq l \leqq 2p - 1$, also $p + 4 < l + 2 < 2(p + 4)$, während zwischen diesen Grenzen keine durch $p + 4$ teilbare Zahl liegt. Aus diesen Ergebnissen folgt:

I. *Jede Zahl der Form* $\varphi = x^2 + pxy - py^2$, *die absolut* $< (2p - 1)^2$, *und nicht durch* p *oder* $p + 4$ *teilbar ist, ist eine Primzahl.*

Setzt man $y = 1$, $z = 2x + p$, so wird $\frac{1}{4}(z^2 - D)$ eine Primzahl, wenn z ungerade, und $z^2 < p(p + 4) + 4(2p - 1)^2$ ist, außer für $z = 3p$ und $3(p + 4)$, wo es ein Produkt von zwei Primzahlen $p(2p - 1)$ und $(p + 4)(2p + 9)$ ist. Übrigens ist $(4p - 1)^2 \leqq p(p + 4) + 4(2p - 1)^2$, und das Gleichheitszeichen gilt nur für $p = 3$.

II. *Ist* z *ungerade und* $p > 3$, *so ist* $\frac{1}{4}(z^2 - D)$ *eine Primzahl, wenn* $z < 4p + 1$ *ist, außer für* $z = 3p$ *und* $3(p + 4)$.

III. *Ist* $x < 2p + 1$ $(p > 3)$, *so ist* $x^2 - x - \frac{1}{4}(p^2 + 4p - 1)$ *eine Primzahl, außer für* $x = \frac{1}{2}(3p + 1)$ und $x = \frac{1}{2}(3p + 13)$.

p	$=$	1	3	7	19
$p+4$	$=$	5	7	11	23
D	$=$	5	21	77	437.

Aus der Lehre von den Geschlechtern folgt, daß φ nur Reste, $-\varphi$ nur Nichtreste von p oder $p+4$ darstellt. Daher ist -1 Nichtrest, $p=4n+3$. Man kann dies auch so einsehen: Ist $p=4n+1$, so läßt sich $D=b^2+(2a)^2$ als Summe von zwei Quadraten darstellen, und $\psi=(a, b, -a)$ ist eine Form der Diskriminante D. Da $(a, b, c) \sim (c, -b, a)$ ist, so ist $\psi \sim -\psi$. Nun ist ψ einer der beiden Formen φ oder $-\varphi$ äquivalent, also $-\psi$ der andern. Daher wäre $\varphi \sim -\varphi \sim \varphi'$, während sie verschiedenen Perioden angehören.

Da $2^2 \equiv -p \pmod{p+4}$ und $2^2 \equiv p+4 \pmod{p}$ ist, so kann $p+4$ nur durch φ, p nur durch $-\varphi$ dargestellt werden.

In derselben Weise, nur noch einfacher, läßt sich der Fall

$$D = p^2+4 \tag{8.}$$

erledigen. Die Form

$$\varphi = (1, p, -1) \tag{9.}$$

bildet mit $\varphi' = (-1, p, 1)$ eine Periode reduzierter Formen. Setzt man also die Klassenzahl gleich 1 voraus, so sind φ und φ' die einzigen reduzierten Formen. Da auch $-\varphi \sim \varphi$ sein muß, so ist mit m auch immer $-m$ durch φ darstellbar, ebenso jeder Divisor von m. Nur ungerade Zahlen können durch φ dargestellt werden, z. B.

$$\varphi(1, 1) = p, \quad \varphi(1, 2) = 2p-3, \quad \varphi(2, 1) = 2p+3, \quad \varphi(2, p) = D. \tag{10.}$$

Unter den durch φ darstellbaren Zahlen sind $1, p$ und $2p-3$ die kleinsten. Daraus folgt:

IV. *Jede Zahl der Form $x^2+pxy-y^2$, die absolut $< (2p-3)^2$ und die nicht durch p teilbar ist, ist eine Primzahl.*

Insbesondere gilt dies für die Zahlen (10.).

Setzt man $y=1$, $2x+p=z$, so wird $4\varphi = z^2-D$. Ist also z ungerade und $z^2 < p^2+4+4(2p-3)^2$, so ist φ eine Primzahl oder durch p teilbar. Im letzteren Falle ist $z^2 \equiv D \equiv 4 \pmod{p}$, also $z \equiv \pm 2$. Für $z = p \pm 2$ ist $\varphi = \pm p$ eine Primzahl. Für $z = 3p \pm 2$ ist $\varphi = p(2p \pm 3)$ ein Produkt von zwei Primzahlen. Der Wert $z = 5p-2$ ist schon zu groß. Ich bemerke noch, daß $(4p-5)^2 < p^2+4+4(2p-3)^2$ ist, falls $p > 5$ ist.

V. *Ist z eine ungerade Zahl, so ist* $\frac{1}{4}(z^2 - D)$ *eine Primzahl, wenn* $z < 3p - 2$, *oder wenn (für* $p > 5$*)* $3p + 2 < z < 4p - 3$ *ist.*

VI. *Ist* $x < 2p - 1$, *aber nicht gleich* $\frac{1}{2}(3p - 1)$ *oder* $\frac{3}{2}(p + 1)$, *so ist für* $p > 5$

$$x^2 - x - \frac{1}{4}(p^2 + 3)$$

eine Primzahl.

Geeignete Werte sind

$p =$	3	5	7	13	17
$D =$	13	29	53	173	293.

Ähnliche Sätze lassen sich für jede Diskriminante ableiten, deren Formenklassen alle zweiseitige sind, so daß jedes Geschlecht nur eine Klasse enthält.

95.

Über die Reduktion der indefiniten binären quadratischen Formen

Sitzungsberichte der Königlich Preußischen Akademie der Wissenschaften zu Berlin
202–211 (1913)

Als Einleitung zu Untersuchungen über die indefiniten binären quadratischen Formen, die Hr. I. Schur hier veröffentlichen wird, möchte ich die Darstellung mitteilen, die ich von jeher für ihre *Reduktion* gegeben habe. Diese Theorie ist bei Gauss und selbst bei Dirichlet noch recht kompliziert. Erst Hr. Mertens hat (*Crelles Journal Bd. 89, S. 332*) die einfachste Herleitung gefunden, und seiner Methode schließe ich mich im wesentlichen an. Die Variante seiner Deduktion, die Hr. H. Weber in seinem *Lehrbuch der Algebra, Bd. I,* § 132 gegeben hat, ist nur anwendbar in dem Falle, wo die Koeffizienten der Form ganze Zahlen sind, weil sie auf der Periodizität der Kettenbruchentwicklung beruht. Die Darstellung des Hrn. Markoff, *Math. Ann. Bd. 15, S. 381,* sowie die spätere von Minkowski, *Math. Ann. Bd. 54, S. 91,* gehen von dem Satze von Lagrange aus, der bei mir (§ 5) als Endresultat der Entwicklung erscheint.

§ 1.

In der binären quadratischen Form

$$\varphi(x, y) = ax_2 + bxy + cy^2 = (a, b, c)$$

der positiven Diskriminante

$$b^2 - 4ac = D = R^2$$

seien die Koeffizienten beliebige reelle Größen, während die Variabeln nur ganzzahlige Werte annehmen sollen. Der Fall $D = 0$ wird ausgeschlossen, ebenso der Fall, wo die Gleichung $a + bz + cz^2 = 0$ rationale Wurzeln hat. Von diesen Wurzeln

$$r = -\frac{R+b}{2c} = \frac{2a}{R-b}, \qquad s = \frac{R-b}{2c} = -\frac{2a}{R+b}$$

nennt man r die *erste,* s die *zweite* $(R > 0)$. Die Form φ nimmt also den Wert 0 nicht an, a und c sind stets von 0 verschieden, r und

s weder 0 noch ∞; nie ist $b = \pm R$, oder wenn β eine ganze Zahl ist, $\pm R = b' = b + 2a\beta$ (oder $b + 2c\beta$), weil b' der zweite Koeffizient einer äquivalenten (parallelen) Form ist.

Zwei Formen $\varphi(x, y)$ und $\varphi'(x', y')$ heißen (eigentlich) äquivalent, wenn φ in φ' durch eine Substitution

$$(1.) \qquad P = \begin{pmatrix} \alpha & \beta \\ \gamma & \delta \end{pmatrix}, \qquad \begin{aligned} x &= \alpha x' + \beta y' \\ y &= \gamma x' + \delta y' \end{aligned}$$

übergeht, deren Koeffizienten *ganze* Zahlen sind, und deren Determinante $\alpha\delta - \beta\gamma = +1$ ist. Ist r' die erste Wurzel von φ', so ist dann

$$(2.) \qquad r = \frac{\gamma + \delta r'}{\alpha + \beta r'}.$$

Mit (δ) bezeichne ich die spezielle Substitution

$$(3.) \qquad (\delta) = \begin{pmatrix} 0 & -1 \\ +1 & \delta \end{pmatrix}, \qquad r = -\delta - \frac{1}{r'}.$$

Durch diese geht $\varphi = (a, b, a_1)$ in die (nach rechts) *benachbarte* Form $\varphi_1 = (a_1, b_1, a_2)$ über, wo

$$(4.) \quad b_1 + b = 2a_1\delta, \qquad a_2 = a - b\delta + a_1\delta^2 = a + \frac{1}{2}\delta(b - b_1)$$

ist. Daß in der ersten Gleichung δ eine ganze Zahl ist, drücke ich auch durch die Kongruenz $b_1 \equiv -b \pmod{2a_1}$ aus.

Eine Form (a, b, c) heißt *reduziert*, wenn

$$(5.) \qquad b < R, \qquad b > R - 2|a|, \qquad b > R - 2|c|$$

ist. Dann ist

$$|R + b|(R - b) = 4|ac| > (R - b)^2, \qquad |R + b| > R - b, \qquad b > 0,$$

und

$$b^2 < R^2 = b^2 - 4ac, \qquad ac < 0$$

demnach

$$(b + 2|a|)^2 > R^2 = b^2 + 4|ac|, \qquad b > |c| - |a|,$$

ebenso $b > |a| - |c|$, also $b > |a + c|$, endlich

$$R^2 = b^2 - 4ac > (a + c)^2 - 4ac = (a - c)^2.$$

In jeder reduzierten Form ist also

$$(6.) \qquad b > 0, \qquad ac < 0, \qquad b > |a + c|, \qquad R > |a - c|.$$

Die wichtigsten Folgerungen ergeben sich aber aus einer anderen Form der Reduktionsbedingungen:

I. *Ist φ eine reduzierte Form, so ist $b > |R - 2e|$, sowohl wenn $e = |a|$ als auch wenn $e = |c|$ ist. Wenn umgekehrt auch nur für einen der beiden äußeren Koeffizienten*

$$R > b > |R - 2e| \tag{7.}$$

ist, so ist φ eine reduzierte Form.

Denn weil in einer reduzierten Form

$$4|ac| = R^2 - b^2 = (R + b)(R - b) \tag{8.}$$

ist, so folgen aus den beiden ersten der 4 Ungleichheiten

$$\begin{aligned} 2|a| &> R - b, & 2|c| &> R - b, \\ 2|a| &< R + b, & 2|c| &< R + b, \end{aligned} \tag{9.}$$

die beiden andern. Mithin ist

$$b > R - 2e, \qquad b > 2e - R, \qquad b > |R - 2e|.$$

Umgekehrt folgt aus (7.) etwa für $e = |a|$ die erste und die dritte Ungleichheit (9.), und daraus nach (8.) die beiden andern.

Die Bedeutung dieses Satzes will ich noch schärfer ins Licht setzen: Wenn man weiß, welche der beiden Größen $|a|$ und $|c|$ die kleinere ist, etwa $|a|$, so ist von den 3 Bedingungen (5.) die dritte eine Folge der zweiten. Aus $R^2 = b^2 + 4|ac|$ folgt dann $R - 2|a| > 0$. Aber nach dem Satze I. ist auch die Bedingung $b > R - 2|c|$ allein hinreichend, vorausgesetzt, daß auch $2|c| < R$ ist, was, wie ich zeigen werde, in der Regel der Fall ist. Sollte aber $2|c| > R$ sein, so können die beiden letzten Bedingungen (5.) durch $b > 2|c| - R$ ersetzt werden. Ist für einen der beiden äußeren Koeffizienten

$$R > b > R - 2e \geqq 0, \tag{10.}$$

so ist φ sicher eine reduzierte Form.

Von den beiden Wurzeln der Form φ hat die erste r mit a, die zweite s mit c das gleiche Vorzeichen. Aus (9.) ergeben sich

$$|r| > 1, \qquad |s| < 1, \qquad rs < 0 \tag{11.}$$

als notwendige und hinreichende Reduktionsbedingungen. Ist also $a > 0$, so ist $r > 1 > 0 > s > -1$, ist aber $a < 0$, so ist $r < -1 < 0 < s < 1$. Von den drei Zahlen $1, 0, -1$ liegen stets zwei, aber auch nur zwei zwischen r und s. Daher wird $a + bz + cz^2$ für $z = +1$ positiv, für $z = -1$ negativ. So ergibt sich die *rationale* Form der Reduktionsbedingungen

$$\varphi(1, 1) > 0, \qquad \varphi(1, -1) < 0, \qquad \varphi(1, 0)\,\varphi(0, 1) < 0 \tag{12.}$$

oder

$$b > |a + c|, \qquad ac < 0. \tag{13.}$$

§ 2.

Jede reduzierte Form $\varphi_0 = (a_0, b_0, -a_1)$ mit den Wurzeln r und s hat eine und nur eine nach rechts benachbarte Form $\varphi_1 = (-a_1, b_1, a_2)$, die gleichfalls reduziert ist. Sind r' und s' ihre Wurzeln, so zeigen dies die Formeln

$$(1.)\qquad \begin{aligned} r &= -\delta - \frac{1}{r'}, & |r| &= |\delta| + \frac{1}{|r'|},\\ \frac{1}{s'} &= -\delta - s, & \frac{1}{|s'|} &= |\delta| + |s|. \end{aligned}$$

δ hat dasselbe Vorzeichen, wie $-a_1$, und $|\delta|$ ist die größte ganze Zahl $E(|r|) = E\left(\frac{1}{|s'|}\right)$ unter $|r|$ oder unter $\frac{1}{|s'|}$. Ebenso hat φ_0 eine und nur eine nach links benachbarte reduzierte Form $\varphi_{-1} = (-a_{-1}, b_{-1}, a_0)$. Durch Fortsetzung dieses Verfahrens erhält man aus φ_0 eine Kette reduzierter Formen

$$\cdots \varphi_{-2}, \varphi_{-1}, \varphi_0, \varphi_1, \varphi_2, \cdots,$$

worin die Form

$$(2.)\qquad \varphi_\lambda = \big((-1)^\lambda a_\lambda,\ b_\lambda,\ (-1)^{\lambda+1} a_{\lambda+1}\big)$$

der Form $\varphi_{\lambda-1}$ benachbart ist, und $\varphi_{\lambda-1}$ durch die Substitution $((-1)^\lambda k_\lambda)$ in φ_λ übergeht. Durch jedes ihrer Glieder ist die ganze Kette bestimmt; die Kette von φ_0 ist zugleich die von φ_λ. Daher kann man a_0 als positiv voraussetzen. Dann sind alle Größen a_λ, b_λ, k_λ positiv. Die unendlich vielen Glieder der Kette sind alle voneinander verschieden, außer wenn a_0, b_0, a_1 in rationalen Verhältnissen stehen. Dann wiederholt sich eine endliche (gerade) Anzahl von Formen unendlich oft periodisch.

Nach (4.) § 1 ist

$$(3.)\qquad b_\lambda + b_{\lambda-1} = 2a_\lambda k_\lambda, \qquad a_{\lambda+1} = a_{\lambda-1} + \frac{1}{2} k_\lambda (b_{\lambda-1} - b_\lambda),$$

und wenn $(-1)^\lambda r_\lambda$ und $-(-1)^\lambda s_\lambda$ die Wurzeln von φ_λ sind,

$$(4.)\qquad r_\lambda = \frac{R + b_\lambda}{2a_{\lambda+1}} = \frac{2a_\lambda}{R - b_\lambda}, \qquad s_\lambda = \frac{R - b_\lambda}{2a_{\lambda+1}} = \frac{2a_\lambda}{R + b_\lambda}$$

und nach (1.)

$$(5.)\qquad r_{\lambda-1} = k_\lambda + \frac{1}{r_\lambda}, \qquad \frac{1}{s_\lambda} = k_\lambda + s_{\lambda-1}, \qquad k_\lambda = E(r_{\lambda-1}) = E\left(\frac{1}{s_\lambda}\right)$$

und mithin, wenn $\mu > \lambda$ ist, also φ_μ rechts von φ_λ steht,

$$(6.)\qquad r_\lambda = (k_{\lambda+1}, k_{\lambda+2}, \cdots k_\mu, r_\mu), \qquad \frac{1}{s_\mu} = \left(k_\mu, k_{\mu-1}, \cdots k_{\lambda+1}, \frac{1}{s_\lambda}\right).$$

Setzt man $(-1)^\lambda r_\lambda = r$ und $(-1)^\mu r_\mu = r'$, so geht also φ_λ durch die Substitution

$$(7.)\qquad (-1)^\lambda r = (k_{\lambda+1}, k_{\lambda+2}, \cdots k_\mu, (-1)^\mu r')$$

in φ_μ, und umgekehrt φ_μ durch die Substitution

$$(8.)\qquad (-1)^{\mu+1}\frac{1}{r'} = \left(k_\mu, k_{\mu-1}, \cdots k_{\lambda+1}, (-1)^{\lambda+1}\frac{1}{r}\right)$$

in φ_λ über. Ferner ist

$$(9.)\qquad \frac{R+b_{\lambda-1}}{2a_\lambda} = r_{\lambda-1} = (k_\lambda, k_{\lambda+1}, k_{\lambda+2}, \cdots),$$

$$\frac{R-b_{\lambda-1}}{2a_\lambda} = s_{\lambda-1} = (0, k_{\lambda-1}, k_{\lambda-2}, \cdots),$$

$$(10.)\qquad \frac{R}{a_\lambda} = (k_\lambda, k_{\lambda+1}, k_{\lambda+2}, \cdots) + (0, k_{\lambda-1}, k_{\lambda-2}, \cdots),$$

$$(11.)\qquad \frac{b_\lambda}{a_\lambda} = (k_\lambda, k_{\lambda-1}, k_{\lambda-2}, \cdots) - (0, k_{\lambda+1}, k_{\lambda+2}, \cdots).$$

Betrachtet man φ und ψ im weiteren Sinne als äquivalent, wenn φ durch eine Substitution (1.) § 1 in $\varkappa\psi$ übergeführt werden kann, so ist also jede Formenklasse durch eine unendliche Reihe positiver (> 0) ganzer Zahlen k_λ bestimmt.

Da $b_\lambda < R$, $b_\lambda > R-2a_\lambda$, $b_{\lambda-1} > R-2a_\lambda$ ist, so folgt aus (3.)

$$(12.)\qquad a_\lambda k_\lambda < R, \qquad a_\lambda(k_\lambda+2) > R,$$

demnach ist stets $a_\lambda < R$, und in der Regel $2a_\lambda < R$, nämlich nur dann nicht notwendig, wenn $k_\lambda = 1$ ist. Ist K das Maximum der Zahlen k_λ, und A die untere Grenze der Zahlen a_λ, so ist

$$(13.)\qquad Ak_\lambda < R, \quad a_\lambda(K+2) > R, \quad AK < R < A(K+2).$$

Ist also $A = 0$, so ist $K = \infty$; ist aber $A > 0$, so ist K endlich.

Für den Fall, wo die Koeffizienten a, b, c von φ ganze Zahlen sind, füge ich noch eine Bemerkung hinzu, die für die Bestimmung der Kette (Periode) der Form φ von praktischer Bedeutung ist, die ich aber trotz ihres elementaren Charakters weder bei Euler noch in einer andern der mir bekannten Darstellungen gefunden habe. Ist h die größte ganze Zahl, die $< R$ und $\equiv D \pmod 2$ ist, so setze ich $b = h-2l$, wo l eine ganze Zahl ist. Dann lauten die Reduktionsbedingungen (5.) § 1

$$(14.)\qquad l \geqq 0, \qquad l < |a|, \qquad l < |c|,$$

und die Formeln (3.), wenn $b_\lambda = h - 2l_\lambda$ ist,

$$(15.)\qquad h - l_{\lambda-1} = a_\lambda k_\lambda + l_\lambda, \qquad a_{\lambda+1} = a_{\lambda-1} + k_\lambda(l_\lambda - l_{\lambda-1}).$$

Wenn nun aus der Form $\varphi_{\lambda-1}$ die Werte von $a_{\lambda-1}$, a_λ und $l_{\lambda-1}$ bekannt sind, so liefert die erste Formel mit einem Schlage die beiden positiven Zahlen k_λ und l_λ. Denn weil $l_\lambda < a_\lambda$ ist, so ist k_λ der Quotient und l_λ der Rest bei der Division von $h - l_{\lambda-1}$ durch a_λ. Dann liefert die zweite Formel $a_{\lambda+1}$.

§ 3.

Ich will nun zeigen, daß zwei reduzierte Formen φ und φ', die äquivalent sind, derselben Kette angehören. Sei (1.) § 1 die Substitution, die φ in φ' transformiert, oder wenn es mehrere Substitutionen gibt, irgendeine derselben.

Wenn auf φ und φ' in ihren Ketten φ_1 und φ'_1 folgen, so sind je zwei dieser vier Formen äquivalent. Daher kann man von vornherein annehmen, daß in φ und φ' die ersten Koeffizienten positiv sind. Dann sind ihre ersten Wurzeln r und r' positiv, ihre zweiten Wurzeln, die ich mit $-s$ und $-s'$ bezeichnen will, negativ. Die Gleichung (1.) § 1 gilt dann auch, wenn man r und r' durch $-s$ und $-s'$ ersetzt. Die Koeffizienten von P haben in diesem Falle gewisse Eigenschaften:

Stets ist $\beta\gamma \geqq 0$ *und nur dann* $\beta\gamma = 0$, *wenn* $\beta = \gamma = 0$ *ist.*

Da man P durch $-P$ ersetzen kann, so sei $\alpha > 0$, und sei $\gamma > 0$, falls $\alpha = 0$ ist. Dies kann aber nicht eintreten. Sonst wäre $\beta\gamma = -1$, $\beta = -1$, $\gamma = 1$, $r = -\delta - \frac{1}{r'}$, also $\delta = -r - \frac{1}{r'} < -1$, zugleich aber auch $\delta = +s + \frac{1}{s'} > 1$. Daher ist $\alpha \geqq 1$.

Die Gleichung (2.) § 1 kann man auf die Form

$$(1.)\qquad (\alpha r - \gamma)\left(\frac{\alpha}{r'} + \beta\right) = 1, \qquad (\alpha s + \gamma)\left(\frac{\alpha}{s'} - \beta\right) = 1$$

bringen.

Ist $\beta = 0$, so ist $\alpha = \delta = 1$, $\gamma = s' - s$, $|\gamma| < 1$, also $\gamma = 0$. Ist umgekehrt $\gamma = 0$, so ist $\beta = \frac{1}{r} - \frac{1}{r'}$, $|\beta| < 1$, also $\beta = 0$. Dann ist P die identische Substitution, also $\varphi = \psi$.

Ist $\beta > 0$, *so ist* $\gamma \geqq \alpha$:

$$\frac{\alpha}{r'} + \beta > 1, \qquad \alpha r - \gamma < 1, \qquad \gamma + 1 > \alpha r > \alpha.$$

Ist $\gamma > 0$, *so ist* $\beta \geqq \alpha$:

$$\alpha s + \gamma > 1, \qquad \frac{\alpha}{s'} - \beta < 1, \qquad \beta + 1 > \frac{\alpha}{s'} > \alpha.$$

Daher ist in allen Fällen $\beta\gamma > 0$, $\alpha\delta > 1$, also auch δ positiv. Sollten β und γ beide negativ sein, so sind in der inversen Substitution

$$P^{-1} = \begin{pmatrix} \delta & -\beta \\ -\gamma & \alpha \end{pmatrix}$$

alle Koeffizienten positiv. Indem man nötigenfalls φ und φ' vertauscht, kann man erreichen, daß P selbst lauter positive Koeffizienten hat. Dann ist, wie oben gezeigt,

$$\gamma \geqq \alpha, \quad \gamma\delta \geqq \alpha\delta > \beta\gamma, \quad \delta > \beta,$$
$$\beta \geqq \alpha, \quad \beta\delta \geqq \alpha\delta > \beta\gamma, \quad \delta > \gamma,$$

also

$$(2.) \qquad \beta \geqq \alpha, \quad \gamma \geqq \alpha, \quad \delta > \beta, \quad \delta > \gamma.$$

Sind β und $\delta > \beta$ zwei positive teilerfremde Zahlen, so kann man stets und nur in einer Weise zwei positive Zahlen $\xi = \alpha$ und $\eta = \gamma$ so bestimmen, daß $\delta\xi - \beta\eta = 1$ und außerdem $\xi \leqq \beta$, also $\eta < \delta$ wird. Nach Bachet entwickle man

$$\frac{\delta}{\beta} = (k_1, k_2, \cdots k_\mu)$$

in einen Kettenbruch, worin $k_2, \cdots k_\mu$ positiv sind. Man kann μ gerade wählen, und dann ist der Kettenbruch vollständig bestimmt. Weil $\delta > \beta$ ist, so ist auch $k_1 > 0$. Die positiven teilerfremden Zahlen α und γ sind jetzt durch die Gleichung

$$\frac{\gamma}{\alpha} = (k_1, k_2, \cdots k_{\mu-1})$$

bestimmt. Nach der Bezeichnung von Euler ist

$$\alpha = [k_2, \cdots k_{\mu-1}], \qquad \beta = [k_2, \cdots k_\mu],$$
$$\gamma = [k_1, \cdots k_{\mu-1}], \qquad \delta = [k_1, \cdots k_\mu],$$

und mithin ist

$$(3.) \qquad r = \frac{\gamma + \delta r'}{\alpha + \beta r'} = (k_1, k_2, \cdots k_{\mu-1}, k_\mu, r').$$

Ist z. B. $\alpha = \gamma$, so ist $\alpha = \gamma = 1$, $\delta = \beta + 1$ und $r = (1, \beta, r')$. Ist $\alpha = \beta = 1$, so ist $\delta = \gamma + 1$ und $r = (\gamma, 1, r')$. Da aber eine irrationale positive Größe r nur auf eine Art in einen Kettenbruch entwickelt werden kann, so sind, weil $r' > 1$ ist, die positiven ganzen Zahlen $k_1, k_2, \cdots k_\mu$ die ersten μ Teilnenner des Kettenbruchs für r, und folglich ist (3.) die Substitution, die φ in φ_μ überführt, und demnach ist $\varphi' = \varphi_\mu$. Diese Form φ_μ steht in der Kette rechts von φ, weil wir β und γ als positiv vorausgesetzt haben. Hätten wir sie negativ gewählt, so würde φ' links von φ stehen.

§ 4.

Es bleibt noch zu beweisen, daß jede Form (a_0, b_0, a_1) einer reduzierten äquivalent ist. Sei (a_1, b_1, a_2) eine benachbarte Form, worin $|b_1| \leqq |a_1|$ ist, (a_2, b_2, a_3) eine dazu benachbarte Form, worin $|b_2| \leqq |a_2|$

ist, usw. Nach einer endlichen Anzahl von Schritten kommt man so zu einer Form $(a_n, b_n, a_{n+1})_1$, worin $a_n a_{n+1} < 0$ ist.

Denn in einer Form (a, b, c), worin $ac > 0$ und $|b| \leqq |a|$ ist, ist $b^2 - 4|bc| \geqq b^2 - 4|ac| > 0$, also $|b| > 4|c|$.

Soweit also $a, a_1, a_2, \cdots$ dasselbe Zeichen haben, ist

$$|a_1| \geqq |b_1| > 4|a_2| \geqq 4|b_2| > 16|a_3| \geqq 16|b_3| > \cdots$$

also $|b_1| > 4^{m-1}|b_m|$ und $0 < 4a_m a_{m+1} = b_m^2 - D < 4^{-2m+2} b_1^2 - D$. Wählt man m so groß, daß diese Zahl negativ wird, so muß daher $a_n a_{n+1}$ für einen Wert $n < m$ negativ werden.

In einer Form $\varphi = (a, b, c)$ aber, worin $ac < 0$ ist, ist $R^2 = b^2 + 4|ac|$, demnach ist die kleinere der beiden Größen $2|a|$ oder $2|c| \leqq R$. Im zweiten Falle sei (a', b', c) eine mit φ äquivalente Form, worin $b' \equiv b \pmod{2c}$ und $R > b' > R - 2|c|$ ist. Nach (10) § 1 ist diese Form eine reduzierte.

Zu demselben Ergebnis gelangt man nach Hermite auf folgendem Wege: Sei $\varphi = \xi\eta = (px + qy)(rx + sy)$ eine Form der Diskriminante $D = (ps - qr)^2 = R^2$. Die positive Form $\xi^2 + \eta^2$ der Diskriminante -4 geht durch die Substitution $\xi = px + qy$, $\eta = rx + sy$ in eine Form $\psi(x,y)$ der Diskrimininate $-\Delta = -4R^2$ über. Soll der Wert von ψ eine gegebene Grenze nicht überschreiten, so müssen die ganzen Zahlen x und y unter bestimmten Grenzen liegen. Folglich hat ψ ein Minimum k, und es gibt eine mit ψ äquivalente Form (k, l, m), worin $|l| \leqq k$ ist, und weil k das Minimum von ψ ist, $k \leqq m$ ist. Daher ist $\Delta = 4km - l^2 \geqq 4k^2 - k^2 = 3k^2$. Für die Werte von x und y, wofür $\psi = k$ ist, sei $\varphi = a$. Dann ist

$$2|\xi\eta| \leqq \xi^2 + \eta^2 \leqq \sqrt{\frac{1}{3}\Delta}, \qquad |a| \leqq \sqrt{\frac{1}{3}}R < R.$$

Daher gibt es eine zu φ äquivalente Form (a, b, c), worin $|b| \leqq |a| < R$ ist. Ist aber $b^2 < R^2 = b^2 - 4ac$, so ist ac negativ.

II. *In jeder Klasse gibt es eine Form* (a, b, c), *worin* $|b| \leqq |a| \leqq |c|$ *und mithin* $ac < 0$ *ist.*

Zunächst folgt aus $4ac < b^2 < |ac|$, daß $ac < 0$ ist. Da ferner (a, b, c) und $(c, -b, a)$ äquivalente Formen sind, so genügt es, in der Klasse $\mathfrak{K}$ eine Form zu finden, worin $|b| < |a|$ und $|b| < |c|$ ist. Nun gibt es in $\mathfrak{K}$ eine Form $(a, b, -a_1)$, worin a und a_1 dasselbe Vorzeichen ε haben und $|b| \leqq \varepsilon a$ ist. Sollte nicht zugleich $|b| \leqq \varepsilon a_1$ sein, so genügt der Forderung die benachbarte Form $(-a_1, b_1, a_2)$, worin $|b_1| \leqq \varepsilon a_1$ ist. Denn es ist

$$|b_1| \leqq \varepsilon a_1 < |b| \leqq \varepsilon a < \varepsilon a_2.$$

Die letzte Ungleichheit folgt aus Gleichung

$$b^2 - b_1^2 = 4\varepsilon a_1 (\varepsilon a_2 - \varepsilon a).$$

Daher kann man eine zu $+\psi$ oder $-\psi$ (eigentlich oder uneigentlich) äquivalente Form $\varphi = (a, b, -c)$ finden, worin a, b, c positiv sind und $b \leqq a \leqq c$ ist. Ist $\varphi(1, -1) = a - b - c = -a'$, so ist

$$D = b^2 + 4ac = (2a - b)^2 + 4aa' \geqq a^2 + 4aa' \geqq 5m^2,$$

wenn m die kleinere der beiden positiven Größen a und a' ist. Demnach ist

$$(1.) \qquad m \leqq \sqrt{\frac{1}{5} D},$$

und die Gleichheit gilt nur dann, wenn $a = b = a' = c$, also $\varphi = a(1, 1, -1)$ ist.

§ 5.

Für die durch φ bestimmte Klasse $\mathfrak{K}$ mögen die Formen

$$(\mathfrak{K}) \qquad \varphi_\lambda = (a_\lambda, b_\lambda, a_{\lambda+1}),$$

wo sich λ von $-\infty$ bis $+\infty$ bewegt, die Kette der reduzierten Formen bilden. Ist dann a irgendeine durch φ (eigentlich) darstellbare Zahl, so gibt es in $\mathfrak{K}$ eine Form (a, b', c'), deren erster Koeffizient a ist, und dazu eine parallele Form $\psi = (a, b, c)$, worin $R > b > R - 2|a|$ ist. Ist nun $2|a| \leqq R$, so ist ψ nach (10.) § 1 eine reduzierte Form, also ist a eine der Zahlen a_λ. So ergibt sich der Satz von Lagrange:

III. *Unter den Zahlen a_λ finden sich alle durch φ darstellbaren Zahlen, die absolut $\leqq \frac{1}{2} R$ sind.*

Da $R^2 = b_\lambda^2 + 4|a_\lambda a_{\lambda+1}|$ ist, so ist von je zwei aufeinander folgenden Größen a_λ mindestens eine $< \frac{1}{2} R$. Wie in § 2 gezeigt, kann nur dann $|a_\lambda| > \frac{1}{2} R$ sein, wenn $k_\lambda = 1$ ist. Es gilt also der Satz:

IV. *In einer reduzierten Form (a, b, c), worin $|a| > \frac{1}{2} R$ ist, ist $-|a| + b + |c| < \frac{1}{2} R$; und in einer solchen, worin $|c| > \frac{1}{2} R$ ist, ist $|a| + b - |c| < \frac{1}{2} R$.*

Die Zahlen a_λ, die absolut $< \frac{1}{2} R$ sind, sind die absolut kleinsten durch φ darstellbaren Zahlen. Für die Zahlen a_λ, die absolut $> \frac{1}{2} R$ sind, trifft dies nicht zu. Denn ist z. B. $\varphi = (1, 9, -8)$ die

Hauptform der Diskriminante $D = 113$, so sind die Zahlen $\pm a_\lambda$ gleich $1, 2, 4$ und 8. Die durch φ darstellbare Zahl $7 = 5^2 + 9.5.6 - 8.6^2$ kommt nicht unter ihnen vor.

Ähnliche Sätze gelten für die mittleren Koeffizienten b_λ der Formen der Kette $\mathfrak{K}$.

V. *Liegt der mittlere Koeffizient b irgendeiner Form (a, b, c) der Klasse $\mathfrak{K}$ zwischen $-R$ und $+R$, so ist, falls $|a| \leqq |c|$ ist, eine der Zahlen* $b_\lambda \equiv b \mod (2a)$.

Da $b^2 < R^2 = b^2 - 4ac$ ist, so ist ac negativ, also $2|a| < R$. Ist nun $b' \equiv b \mod (2a)$ und $R > b' > R - 2|a|$, so ist die zu (a, b, c) parallele Form (a, b', c') nach (10.) § 1 eine reduzierte Form φ_λ. Daher ist $a = a_\lambda$ und $b' = b_\lambda \equiv b \pmod{2a}$.

VI. *Liegt der mittlere Koeffizient b einer Form der Klasse $\mathfrak{K}$ zwischen* 0 *und R, so gibt es eine Größe $b_\lambda \geqq b$.*

Denn zwischen R und $R - 2|a|$ gibt es nur eine Größe b_λ, die $\equiv b \pmod{2a}$ ist. Daher kann b nicht zwischen b_λ und R liegen.

Endlich sei b'_λ der absolut kleinste Rest von $b_\lambda \pmod{2a_\lambda}$, also $|b'_\lambda| \leqq |a_\lambda|$.

VII. *Liegt der mittlere Koeffizient b einer Form der Klasse $\mathfrak{K}$ zwischen $-R$ und $+R$, so gibt es eine Größe b'_λ, die absolut $\leqq b$ ist.*

Denn zwischen $-a$ und $+a$ gibt es nur eine Größe b'_λ, die $\equiv b_\lambda \equiv b \pmod{2a}$ ist. Daher kann b nicht zwischen $-b'_\lambda$ und $+b'_\lambda$ liegen.

96.

Über die Markoffschen Zahlen

Sitzungsberichte der Königlich Preußischen Akademie der Wissenschaften zu Berlin
458–487 (1913)

Hr. ANDREJ MARKOFF hat, *Math. Annalen, Bd. 15 und 17,* zwei Arbeiten veröffentlicht *Sur les formes quadratiques binaires indéfinies.* In der indefiniten Form

$$\psi = (a, b, c) = ax^2 + bxy + cy^2$$

seien die Koeffizienten a, b, c beliebige reelle Größen, die Variabeln x, y ganze Zahlen. Die Diskriminante von ψ sei $D = b^2 - 4ac$, die untere Schranke aller Werte des absoluten Betrages $|\psi|$ von ψ sei M. Für die Form $k\psi$ haben diese Größen die Werte $k^2 D$ und kM. Dann beweist Hr. MARKOFF:

Für die Gesamtheit aller indefiniten Formen ψ *ist*

$$\text{lim. inf. } \frac{\sqrt{D}}{M} = 3.$$

Ist $\sqrt{D} < 3M$, *so ist* ψ, *mit einem passenden Faktor k multipliziert, einer Form*

$$\varphi = px^2 + (3p - 2q)\,xy + (r - 3q)\,y^2$$

(eigentlich oder uneigentlich) äquivalent. Hier sind p, q, r *positive ganze Zahlen,* p *genügt, zusammen mit zwei andern ganzen Zahlen,* p_1 *und* p_2, *der unbestimmten Gleichung*

$$p^2 + p_1^2 + p_2^2 = 3p\,p_1 p_2,$$

$\pm q$ *ist der absolut kleinste Rest von* $\frac{p_1}{p_2}$ (mod p), *und r ist durch die Gleichung* $pr - q^2 = 1$ *bestimmt. Für diese Form* φ *ist*

$$D = 9p^2 - 4, \qquad M = p, \qquad \frac{\sqrt{D}}{M} = 3\sqrt{1 - 4 : 9p^2} < 3.$$

Die Form φ *ist der Form* $-\varphi$ *eigentlich äquivalent, und sogar jeder der vier Formen*

$$\pm(px^2 - 2qxy + ry^2) \pm 3y\,(px - qy).$$

Sind die Verhältnisse der Koeffizienten von ψ *nicht rational, so ist stets* $M \leqq \frac{1}{3}\sqrt{D}$.

Trotz der außerordentlich merkwürdigen und wichtigen Resultate scheinen diese schwierigen Untersuchungen wenig bekannt zu sein. Selbst MINKOWSKI erwähnt sie nicht bei der Behandlung einer verwandten Frage (*Math. Annalen Bd. 54, S. 92*). Meines Wissens ist Hr. HURWITZ (*Über eine Aufgabe der unbestimmten Analysis, Archiv der Math. u. Phys., Reihe 3, Bd. 11, S. 185*), der einzige, der über die MARKOFFsche Gleichung geschrieben hat. Die große, aber bisher wenig benutzte Theorie der Reduktion der indefiniten binären quadratischen Formen, die LAGRANGE geschaffen und GAUSS vollendet hat, findet in den folgenden Entwicklungen eine weitgehende Anwendung.

Hr. MARKOFF führt die Beweise mit Hilfe der Kettenbrüche. Es ist mir gelungen (§ 4), die Eigenschaften der Form φ ohne dies Hilfsmittel abzuleiten, aber nicht, zu beweisen, daß die mit den Formen φ äquivalenten Formen die einzigen sind, wofür $\sqrt{D} < 3M$ ist. Im zweiten Teile meiner Arbeit entwickle ich die explizite Darstellung der MARKOFFschen Zahlen p und der zugehörigen Zahlen q und r durch die Teilnenner eines Kettenbruchs. Dabei ergeben sich (§ 11) merkwürdige Beziehungen zu dem von CHRISTOFFEL geschaffenen Begriff der Charakteristik einer rationalen Zahl (*Lehrsätze über arithmetische Eigenschaften der Irrationalzahlen, Annali di Mat., ser. II, tom. 15, p. 270*).

Ich zitiere diese Arbeit im folgenden mit C., die zweite Arbeit des Hrn. MARKOFF (*Math. Annalen, Bd. 17, S. 379*) mit M., die Arbeit des Hrn. HURWITZ mit H., und meine Arbeit (*Über die Reduktion der indefiniten binären Formen, in diesen Sitzungsber. S. 202*) mit F.

§ 1.

Die unbestimmte Gleichung

$$a^2 + b^2 + c^2 = 3abc \tag{1.}$$

nenne ich die MARKOFFsche Gleichung, jede positive ganze Zahl p, die in einer ihrer Lösungen vorkommt, eine MARKOFFsche Zahl.

I. *Eine positive ganze Zahl p heißt eine* MARKOFF*sche Zahl, wenn* $-p^2$ *durch die Hauptform der Diskriminante* $9p^2-4$ *dargestellt werden kann.*

Nach dem Vorgange des Hrn. HURWITZ betrachte ich zunächst die allgemeinere Gleichung

$$a^2 + b^2 + c^2 = kabc, \tag{2.}$$

worin alle Zeichen positive ganze Zahlen bedeuten.

Je nachdem a gerade oder ungerade ist, ist $a^2 \equiv 0$ oder 1 (mod 4). Ist also k gerade, so müssen a, b, c alle gerade sein. Jede andere Annahme über ihre Reste (mod 2) führt auf einen Widerspruch. Ist aber $a = 2^n x$, $b = 2^n y$, $c = 2^n z$, wo x, y, z nicht alle gerade sind, so ist $x^2+y^2+z^2=2^n kxyz$. Da diese Gleichung erfordert, daß x, y, z alle gerade sind, so kann demnach k überhaupt nicht gerade sein.

Je nachdem a durch 3 teilbar ist oder nicht, ist $a^2\equiv 0$ oder 1 (mod 3). Ist also k nicht durch 3 teilbar, so müssen $a=3x$, $b=3y$, $c=3z$ alle durch 3 teilbar sein. Jede andere Annahme erweist sich als unzulässig. Dann ist $x^2+y^2+z^2=3kxyz$.

Nachdem so der Fall $k=2$ erledigt, und $k=1$ auf $k=3$ zurückgeführt ist, sei $k\geqq 3$. Ist $b=c$, so ist $a=bd$ durch b teilbar und $d^2+2=kbd$. Daher ist $d=1$ oder 2, ein Divisor von 2. In beiden Fällen ist $3=kb$, also $k=3$, $b=c=1$, $a=d$. Ist also $k>3$, so können nie zwei der Zahlen a, b, c gleich sein. Für $k=3$ will ich die beiden Lösungen 1, 1, 1 und 2, 1, 1 *singuläre* nennen. In jeder andern Lösung sind a, b, c verschieden. Von den zu entwickelnden Resultaten gelten viele für diese beiden Lösungen nicht, was ich nicht immer besonders erwähnen werde.

Hat die Gleichung $f(x)=x^2+b^2+c^2-kbcx=0$ die beiden Wurzeln a und a', so ist $a+a'=kbc$, $aa'=b^2+c^2$. Also ist auch a' eine positive ganze Zahl und a', b, c eine neue Lösung der Gleichung (2.). Hr. Hurwitz nennt sie der Lösung a, b, c *benachbart*. Ist $a>b>c$, so ist $f(b)<3b^2-kcb^2\leqq 0$. Daher liegt b zwischen den beiden Wurzeln a und a', es ist also $a>b>a'$. Nennt man das Produkt abc das *Gewicht* der Lösung a, b, c, so hat demnach die neue Lösung ein kleineres Gewicht als die ursprüngliche. Dies Verfahren zur Bildung neuer Lösungen von kleinerem Gewicht kann stets fortgesetzt werden, wenn die drei Zahlen der Lösung verschieden sind. Folglich kann nicht $k>3$ sein. Ist aber $k=3$, so muß es schließlich auf eine singuläre Lösung führen.

Demnach ist die Gleichung (2.) nur für $k=3$ und $k=1$ lösbar, und der zweite Fall läßt sich durch die Substitution $a=3x$, $b=3y$, $c=3z$ auf den ersten zurückführen.

Drei Zahlen, die der Gleichung (1.) genügen, haben keinen Teiler gemeinsam (H. S. 194). Denn ist $a=dx$, $b=dy$, $c=dz$, so ist $x^2+y^2+z^2=3dxyz$, und mithin $d=1$. Folglich sind auch je zwei der Zahlen a, b, c teilerfremd, und die in I. erwähnte Darstellung ist immer eine eigentliche. Insbesondere kann höchstens eine von ihnen gerade sein. a kann aber nicht durch 4 teilbar sein. Sonst wäre $0\equiv 3abc=a^2+b^2+c^2\equiv 0+1+1 \pmod 4$. Da

$$(3.)\qquad a+a'=3bc,\qquad aa'=b^2+c^2$$

ist, so muß jede ungerade Primzahl, die in a aufgeht, von der Form $4n+1$ sein. Daraus folgt:

II. *Ist p eine* Markoff*sche Zahl, so ist entweder* $p \equiv 1 \pmod 4$ *oder* $p \equiv 2 \pmod 8$.

Aus den Gleichungen

$$a^2 + (b-c)^2 = bc(3a-2), \qquad a^2 + (b+c)^2 = bc(3a+2)$$

folgt:

III. *Ist p eine* Markoff*sche Zahl, so ist jeder ungerade Primfaktor von* p, $3p-2$ *und* $3p+2$ *von der Form* $4n+1$.

Diese Eigenschaft besitzen aber auch Zahlen, die, wie 37 oder 61, keine Markoffsche Zahlen sind.

Die singuläre Lösung $1, 1, 1$ hat nur eine benachbarte Lösung $2, 1, 1$. Diese hat außer jener noch eine zweite $5, 2, 1$. Jede andere Lösung a, b, c hat drei verschiedene benachbarte Lösungen (M. S. 397)

$$a', b, c \qquad a, b', c \qquad a, b, c',$$

wo

$$(4.) \qquad a' = 3bc - a, \qquad b' = 3ac - b, \qquad c' = 3ab - c$$

ist. Ist a die größte der drei Zahlen a, b, c, so ist

$$a' < a, \qquad b' > a, \qquad c' > a$$

und sogar a' kleiner als die größere der beiden Zahlen b und c. Von den drei mit a, b, c benachbarten Lösungen hat also die eine, a', b, c, ein kleineres Gewicht, jede der beiden andern ein größeres. Zu einer Lösung L gibt es eine und nur eine benachbarte Lösung L_1 von kleinerem Gewicht, zu dieser wieder eine solche L_2 usw. Die Reihe dieser Lösungen $L, L_1, L_2, \cdots$ muß nach den obigen Ausführungen mit $5, 2, 1 \;\; 2, 1, 1 \;\; 1, 1, 1$ schließen. Auf dem umgekehrten Wege gelangt man von $1, 1, 1$ zu jeder Lösung. Will man aber von einer Lösung L zu Lösungen höheren Gewichtes aufsteigen, so kann dies an jeder Stelle auf zwei verschiedene Arten geschehen.

Bei Anwendung dieses Verfahrens auf eine gegebene Lösung p, a, b kann man sich die Beschränkung auferlegen, die Zahl p stets festzuhalten. Alle Lösungen, die man so erhält, will ich eine *Kette* von Lösungen nennen (vgl. § 9). Sie ist durch jedes ihrer Glieder völlig bestimmt. Sie enthält eine und nur eine Lösung, worin p die größte der drei Zahlen ist. Unentschieden ist bis jetzt die Frage, ob einer Markoffschen Zahl p zwei verschiedene Ketten entsprechen können, d. h. ob p in zwei Lösungen p, a, b und p, c, d die größte Zahl sein kann.

Aus (3.) folgt

$$(a-a')^2 = 9b^2c^2 - 4(b^2+c^2) = 4b^2c^2 + (b^2c^2 - 4) + 4(b^2-1)(c^2-1).$$

Ist a die größte der Zahlen a, b, c, und sind b und c nicht beide 1, so ist demnach (vgl. (3.))

$$(5.) \qquad a - a' > 2bc, \qquad 3bc > a > 2bc.$$

Ist $b > c$, so ist in der Lösung a', b, c die größte Zahl b. Daher ist $b > 2a'c$ und

$$(6.)\qquad a' < \frac{b}{2c}, \qquad a > 3bc - \frac{b}{2c} > \frac{5}{2}bc \qquad (b > c),$$

also auch

$$(7.)\qquad b > \frac{5}{2}a'c > \frac{5}{2}c.$$

Außer den singulären Lösungen bildet hiervon auch die ihnen benachbarte Lösung 5, 2, 1 eine Ausnahme.

§ 2.

Aus der Relation

$$p^2 + p_1^2 + p_2^2 = 3pp_1p_2$$

haben wir geschlossen, daß je zwei der drei positiven ganzen Zahlen $p_\varkappa$ teilerfremd sind. Mithin ist

$$(1.)\qquad \frac{p_1}{p_2} \equiv -\frac{p_2}{p_1} \qquad (\mathrm{mod}\ p).$$

Sei $\varepsilon = \pm 1$, und sei

$$\varepsilon q \equiv \frac{p_1}{p_2} \equiv -\frac{p_2}{p_1} \qquad (\mathrm{mod}\ p),$$

$$(2.)\qquad \varepsilon q_1 \equiv \frac{p_2}{p} \equiv -\frac{p}{p_2} \qquad (\mathrm{mod}\ p_1),$$

$$\varepsilon q_2 \equiv \frac{p}{p_1} \equiv -\frac{p_1}{p} \qquad (\mathrm{mod}\ p_2),$$

wo $q_\varkappa$ zwischen 1 und $p_\varkappa - 1$ liegt. Dann ist

$$p_1^2(1+q^2) \equiv p_1^2 + p_2^2 \equiv 0 \qquad (\mathrm{mod}\ p).$$

Daher bestimmen die Gleichungen

$$(3.)\qquad pr - q^2 = 1, \quad p_1r_1 - q_1^2 = 1, \quad p_2r_2 - q_2^2 = 1$$

drei ganze Zahlen $r_\varkappa$. Z. B. ist (vgl. § 5)

$p =$	1	2	5	13	29	34	89	169	194	233	433	610	985
$q =$	0	1	2	5	12	13	34	70	75	89	179	233	408
$r =$	1	1	1	2	5	5	13	29	29	34	74	89	169.

Ist nun p die größte der drei Zahlen $p_\varkappa$, so ist

$$(4.)\qquad \begin{aligned} p_1q_2 - p_2q_1 &= \varepsilon(p - 3p_1p_2) = -\varepsilon p', \\ p_2q - p\,q_2 &= \varepsilon\, p_1, \\ p\,q_1 - p_1q &= \varepsilon\, p_2. \end{aligned}$$

Denn $p_1q_2 - p_2q_1 + \varepsilon p'$ ist teilbar durch p_1 und p_2, also durch p_1p_2, und ist $\leqq p_1(p_2-1) - p_2 + p' < p_1p_2$, weil p' kleiner ist als die größere der beiden Zahlen p_1 und p_2. Dagegen ist jene Zahl $\geqq p_1 - p_2(p_1-1) - p' > -p_1 p_2$.

Man addiere die Gleichungen (4.), multipliziert mit p, p_1, p_2 oder mit q, q_1, q_2 oder man addiere ihre Quadrate. So gelangt man zu den Relationen:

$$
\begin{aligned}
p^2 + p_1^2 + p_2^2 &= 3pp_1p_2, \\
pq + p_1q_1 + p_2q_2 &= 3qp_1p_2, \\
q^2 + q_1^2 + q_2^2 &= 3rp_1p_2 - 1, \\
pr + p_1r_1 + p_2r_2 &= 3rp_1p_2 + 2, \\
\frac{1}{3}(qr + q_1r_1 + q_2r_2) &= p_1q_2r + \varepsilon q_1^2 = p_2q_1r - \varepsilon q_2^2, \\
\frac{1}{3}(r^2 + r_1^2 + r_2^2) &= -pr_1r_2 + p_1rr_2 + p_2rr_1 + 3.
\end{aligned} \tag{5.}
$$

Die beiden letzten, die hier nicht gebraucht werden, habe ich nur der Vollständigkeit wegen hinzugefügt.

Setzt man

$$U_\varkappa = p_\varkappa u + q_\varkappa v + r_\varkappa w,$$

so kann man die 6 Relationen in die identische Gleichung

$$U^2 + U_1^2 + U_2^2 + 3pU_1U_2 - 3p_1UU_2 - 3p_2UU_1 = 4uw - v^2 + 9w^2 \tag{6.}$$

zusammenfassen. Setzt man

$$P_\varkappa = p_\varkappa x^2 - 2q_\varkappa xy + r_\varkappa y^2, \tag{7.}$$

so ist demnach

$$P^2 + P_1^2 + P_2^2 + 3pP_1P_2 - 3p_1PP_2 - 3p_2PP_1 = 9y^4. \tag{8.}$$

Die ersten der Relationen (5.) kann man auch in der Form

$$p_1^2 + p_2^2 = pp', \quad p_1q_1 + p_2q_2 = qp', \quad p_1r_1 + p_2r_2 = rp' + 2 \tag{9.}$$

schreiben, oder zusammengefaßt

$$p_1P_1 + p_2P_2 = p'P + 2y^2, \tag{10.}$$

wo $p' = 3p_1p_2 - p$ ist. Ist $p > p_1 > p_2$, so lautet für die benachbarte Lösung p_1, p_2, p' der Markoffschen Gleichung die analoge Formel

$$p_2P_2 + p'P' = (3p_2p' - p_1)P_1 + 2y^2.$$

Aus diesen beiden Gleichungen folgt

$$P' = 3p_2P_1 - P \qquad (p > p_1 > p_2) \tag{11.}$$

oder

$$p' = 3p_1p_2 - p, \quad q' = 3p_2q_1 - q, \quad r' = 3p_2r_1 - r. \tag{12.}$$

Die dritte Gleichung (9.) führt in Verbindung mit den Relationen (4.) zu der Formel

$$(13.)\qquad \begin{vmatrix} p & p_1 & p_2 \\ q & q_1 & q_2 \\ r & r_1 & r_2 \end{vmatrix} = 2\varepsilon.$$

Quadriert man die Gleichungen (4.), so erhält man mit Benutzung der Formeln (3.)

$$(14.)\qquad \begin{aligned} p_1 r_2 + p_2 r_1 - 2q_1 q_2 &= 3p', \\ p_2 r \;+ p\, r_2 - 2q_2 q \;&= 3p_1, \\ p\, r_1 + p_1 r \;- 2q\, q_1 \;&= 3p_2. \end{aligned}$$

Mithin ist die Diskriminante der quadratischen Form $uP + vP_1 + wP_2$ der Variabeln x und y gleich -4 mal

$$(15.)\qquad \begin{aligned} &(pu + p_1 v + p_2 w)(ru + r_1 v + r_2 w) - (qu + q_1 v + q_2 w)^2 \\ &= u^2 + v^2 + w^2 + 3(p'vw + p_1 wu + p_2 uv). \end{aligned}$$

Diese ternäre Form von u, v, w (vgl. (6.)) hat daher nach (13.) die Determinante 1. Die Markoffsche Gleichung

$$a^2 + b^2 + c^2 = 3abc$$

sagt also aus, daß die ternäre quadratische Form

$$(16.)\qquad u^2 + v^2 + w^2 + 3(avw + bwu + cuv)$$

die Determinante 1 hat.

Schreibt man die Relationen (4.) als homogene lineare Gleichungen zwischen p, p_1, p_2, so kann man aus je zwei derselben die Verhältnisse dieser Unbekannten bestimmen. Z. B. ist

$$\begin{aligned} \varepsilon p - q_2 p_1 + (q_1 - 3\varepsilon p_1) p_2 &= 0, \\ q_2 p + \varepsilon\, p_1 - \qquad\quad q\; p_2 &= 0, \end{aligned}$$

und demnach

$$p : p_1 : p_2 = qq_2 - \varepsilon(q_1 - 3\varepsilon p_1) : q_2(q_1 - 3\varepsilon p_1) + \varepsilon q : p_2 r_2.$$

So gelangt man zu den Formeln

$$(17.)\qquad \begin{aligned} p_1 r \;- q\, q_1 &= -\,\varepsilon\, q_2, & p\, r_1 - q\, q_1 &= \quad \varepsilon\, q_2 + 3p_2, \\ p_2 r \;- q\, q_2 &= +\,\varepsilon\, q_1, & p\, r_2 - q\, q_2 &= -\,\varepsilon\, q_1 + 3p_1, \\ p_1 r_2 - q_1 q_2 &= +\,\varepsilon(q - 3p_1 q_2), & p_2 r_1 - q_1 q_2 &= -\,\varepsilon(q \;- 3p_2 q_1). \end{aligned}$$

Nun kann man auch die Unterdeterminanten von (13.) berechnen. Z. B. ist

$$(18.)\quad qr_1 - q_1 r = \varepsilon r_2 + 3q_2, \quad q_2 r - qr_2 = \varepsilon r_1 - 3q_1, \quad q_1 r_2 - q_2 r_1 = \varepsilon(r - 3q_1 q_2)$$

§ 3.

Die Formen P_1 und P_2 haben die Diskriminante -4. Ihre simultane Invariante ist positiv:

$$(1.)\qquad p_1 r_2 - 2q_1 q_2 + r_1 p_2 = -3\varepsilon(p_1 q_2 - p_2 q_1)$$

oder

$$(2.)\qquad p_1 r_2 - 2q_1 q_2 + r_1 p_2 = 3\,|p_1 q_2 - p_2 q_1|.$$

Umgekehrt folgt aus jenen drei Relationen

$$(3.)\qquad p_1^2+p_2^2+(p_1q_2-p_2q_1)^2 = 3p_1p_2\,|p_1q_2-p_2q_1|\,.$$

Aus den Koeffizienten von P_1 und P_2 lassen sich die von P berechnen mittels der Formeln

$$(4.)\qquad \begin{array}{ll} \varepsilon(p-3p_1p_2) = p_1q_2-p_2q_1, & \varepsilon(q-3p_1q_2) = p_1r_2-q_1q_2, \\ -\varepsilon(q-3p_2q_1) = p_2r_1-q_1q_2, & \varepsilon(r-3q_1q_2) = q_1r_2-q_2r_1. \end{array}$$

Man kann sie zu einer Relation zwischen Matrizen zusammenfassen. Setzt man

$$(5.)\qquad S_\varkappa = \begin{pmatrix} q_\varkappa & -r_\varkappa \\ p_\varkappa & -q_\varkappa \end{pmatrix}, \qquad T_\varepsilon = \begin{pmatrix} \varepsilon & 3 \\ 0 & \varepsilon \end{pmatrix},$$

so ist

$$(6.)\qquad S = S_1T_\varepsilon S_2 = S_2T_{-\varepsilon}S_1.$$

Die zweite erhält man aus der ersten mittels der Gleichung $S_\varkappa^{-1} = -S_\varkappa$. Diese Formel ist die wichtigste der ganzen Entwicklung. Die Substitution $S^{-1} = -S$ lautet

$$\begin{array}{ll} x = -qt+rz, & t = qx-ry \\ y = -pt+qz, & z = px-qy. \end{array}$$

Da nun $pP = (pr-qy)^2+y^2 = y^2+z^2$ ist, so geht P durch die Substitution S in sich selbst über. Dagegen geht diese positive Form der Diskriminante -4 durch die Substitution S_1 in $-P+3p_2P_1$, durch S_2 in $-P+3p_1P_2$ über. Denn die erste dieser beiden transformierten Formen hat, weil $p_1r_1-q_1^2=1$ ist, die Koeffizienten

$$\begin{array}{ll} pq_1^2-2qq_1p_1+rp_1^2 & = -p+p_1(pr_1-2qq_1+rp_1), \\ -2pq_1r_1+2q(q_1^2+r_1p_1)-2rp_1q_1 & = 2q-2q_1(pr_1-2qq_1+rp_1), \\ pr_1^2-2qr_1q_1+rq_1^2 & = -r+r_1(pr_1-2qq_1+rp_1). \end{array}$$

Setzt man ferner

$$(7.)\qquad z_\varkappa = p_\varkappa x - q_\varkappa y,$$

so geht die Form $yz = y(px-qy)$ durch die Substitution S in $-yz$, durch S_1 in $-yz+\varepsilon p_2P_1$, durch S_2 in $-yz-\varepsilon p_1P_2$ über. Da die simultane Invariante von P und yz verschwindet, so ist die Diskriminante D der Form

$$(8.)\qquad \varphi = P+3yz = px^2+(3p-2q)xy+(r-3q)y^2$$

gleich der Summe der Diskriminante -4 von P und der Diskriminante $9p^2$ von $3yz$,

$$(9.)\qquad D = 9p^2-4.$$

Diese indefinite Form $\varphi = P+3yz$ geht also durch S in die Form $\psi = P-3yz$ über, die der Form φ parallel ist, und mithin auch durch die Substitution T_{-1} daraus hervorgeht. Folglich geht φ durch die Substitution

$$ST_1 = \begin{pmatrix} q & 3q-r \\ p & 3p-q \end{pmatrix}$$

in sich selbst über (vgl. § 7, (3.)). Ferner geht φ durch S_1 oder S_2 in

$$-\varphi + 3(1+\varepsilon)p_2 P_1, \qquad -\varphi + 3(1-\varepsilon)p_1 P_2$$

über. Daher ist φ mit $-\varphi$ (eigentlich) äquivalent und geht in $-\varphi$ über, falls $\varepsilon = +1$ ist, durch die Substitution S_2 oder auch durch $T_{-1}S_1T_1$, falls aber $\varepsilon = -1$ ist, durch S_1 oder auch durch $T_{-1}S_2T_1$. Die vier Formen $\pm P \pm 3yz$ gehören also alle derselben Klasse an.

Damit die Form $\varphi = (a, b, c)$ durch die eigentliche Substitution

$$\begin{pmatrix} \alpha & \beta \\ \gamma & \delta \end{pmatrix}$$

in $-\varphi$ übergeht, sind die Bedingungen $\alpha + \delta = 0$ und $a\beta - b\alpha - c\gamma = 0$ notwendig und hinreichend. Die letztere lautet hier

$$pr_1 + rp_1 - 2qq_1 = 3\varepsilon(pq_1 - qp_1).$$

Durch die Substitution S_2 geht die Form P_1 in $-P_1 + 3p'P_2$ über, die Form yz_1 in $-yz_1 + \varepsilon p'P_2$, also die Form $\varphi_1 = P_1 + 3yz_1$ in $-\varphi_1 + 3(1-\varepsilon)p'P_2$ und $\psi_1 = P_1 - 3yz_1$ in $-\psi_1 + 3(1+\varepsilon)p'P_2$. Daher gehen die beiden Formen φ und φ_1 simultan in $-\varphi$ und $-\varphi_1$ über, falls $\varepsilon = +1$ ist, durch S_2, falls aber $\varepsilon = -1$ ist, durch $T_{-1}S_2T_1$. Jede lineare Verbindung χ von φ und φ_1 ist also der Form $-\chi$ äquivalent.

Ist m durch φ darstellbar, so ist es auch $-m$. Das Produkt von zwei durch φ darstellbaren Zahlen ist aber durch die Hauptform der Diskriminante D darstellbar. Aus I, § 1 ergibt sich daher:

IV. *Damit p eine* MARKOFF*sche Zahl sei, ist notwendig und hinreichend, daß p durch eine, mit $-\varphi$ äquivalente Form φ der Diskriminante $9p^2-4$ darstellbar ist.*

Ist z. B. $\varepsilon = -1$, so geht $\varphi = (a, b, c)$ durch die Substitution $\begin{pmatrix} r_1 & q_1 \\ q_1 & p_1 \end{pmatrix}$ in $\varphi' = (-c, b, -a)$ über. Ist $2q < p$, so sind, wie wir sehen werden, φ und φ' beide reduzierte Formen, gehören also derselben Periode an. Dies ist der Weg, auf dem p_1, q_1, r_1 aus p, q, r berechnet werden können.

§ 4.

Ist p ungerade, so ist φ eine primitive Form. Ist aber p gerade, so ist $\frac{1}{2}\varphi$ eine primitive Form der Diskriminante $\frac{1}{4}D$. Im ersten Falle ist $U = 1$, $T = 3p$ die Fundamentallösung der PELLschen

Gleichung $t^2 - Du^2 = 4$. Im zweiten ist $U = 2$, $T = 3p$ die der Pellschen Gleichung $t^2 - \frac{1}{4}Du^2 = 4$. In beiden Fällen ist

(1.) $$\frac{1}{2}\left(3p + \sqrt{9p^2-4}\right) = \frac{1}{4}\left(\sqrt{3p-2} + \sqrt{3p+2}\right)^2$$

die Fundamentaleinheit.

Sei $\varphi = ax^2 + bxy + cy^2$ eine primitive Form der positiven Diskriminante $D = b^2 - 4ac$. Sei T, U die Fundamentallösung der Pellschen Gleichung $t^2 - Du^2 = 4$. Ist dann a positiv und m eine positive durch φ (eigentlich) darstellbare Zahl, so gibt es unter den unzählig vielen Darstellungen von m durch φ eine (die *primäre*), worin die darstellenden Zahlen x, y den Bedingungen

(2.) $$y \geqq 0, \qquad Ty < U(2ax + by)$$

genügen. Dies ergibt für die Form (8.) § 3 die Bedingungen

(3.) $$y \geqq 0, \qquad z > 0.$$

Sei insbesondere m die kleinste durch φ darstellbare positive Zahl. Da φ und $-\varphi$ äquivalent sind, so ist dann für alle ganzen Zahlen x, y stets $|\varphi| \geqq m$. Da aber $\varphi = P + 3yz$ auch der Form $P - 3yz$ äquivalent ist, so ist auch die Zahl $P - 3yz$ durch φ darstellbar. Nun ist die positive Form $P > 0$, und nach (3.) auch $yz \geqq 0$, $z > 0$. Folglich muß $y = 0$ sein, sonst wäre $|P - 3yz| < P + 3yz = m$. Ist aber $y = 0$, so ist $x = 1$ und $m = p$.

V. *Die Form* $\varphi = px^2 + (3p - 2q)xy + (r - 3q)y^2$ *ist der Form* $-\varphi$ *äquivalent. Die kleinste durch* φ *darstellbare Zahl ist* p. *Das Verhältnis zwischen der Quadratwurzel aus der Diskriminante von* φ *und der kleinsten durch* φ *darstellbaren Zahl ist*

$$\sqrt{9p^2 - 4} : p = 3\sqrt{1 - 4 : 9p^2} < 3.$$

Sind $\varphi = (a, b, c)$ und $\varphi' = (a', b', c')$ zwei quadratische Formen, so gilt für ihre Funktionaldeterminante die identische Gleichung

(4.) $$\frac{1}{4}\left(\frac{\partial(\varphi, \varphi')}{\partial(x, y)}\right)^2 = (b'^2 - 4a'c')\varphi^2 + (b^2 - 4ac)\varphi'^2 - 2(bb' - 2ac' - 2ca')\varphi\varphi'.$$

Nun ist

(5.) $$\frac{1}{4}\frac{\partial(P, P_1)}{\partial(x, y)} = -\varepsilon P_2 + 3yz_2, \qquad \frac{1}{4}\frac{\partial(P, P_2)}{\partial(x, y)} = \varepsilon P_1 + 3yz_1.$$

Da die erste Form der Form φ_2 äquivalent ist, so ist ihr absoluter Wert $\geqq p_2$. Aus der Gleichung

(6.) $$P^2 + P_1^2 - 3p_2 PP_1 = -(P_2 - 3\varepsilon yz_2)^2$$

folgt daher

$$(7.)\qquad \begin{aligned} P^2 + P_1^2 + p_2^2 &\leqq 3\,p_2 P P_1, \\ P^2 + P_2^2 + p_1^2 &\leqq 3\,p_1 P P_2, \\ P_1^2 + P_1^2 + p'^2 &\leqq 3\,p' P_1 P_2, \end{aligned}$$

die letzte Ungleichheit, indem man eine der beiden ersten Formeln auf die benachbarte Lösung p_1, p_2, p' anwendet.

§ 5.

In den Formeln (4.) § 2 ist p die größte der drei Zahlen $p_\varkappa$. Über die Reihenfolge von p_1 und p_2 und über das Vorzeichen $\varepsilon = \pm 1$ kann man willkürlich verfügen. Wenn man gleichzeitig p_1 mit p_2 vertauscht und ε durch $-\varepsilon$ ersetzt, bleiben die Formeln ungeändert. Nimmt man aber nur eine dieser beiden Änderungen vor, so geht q in $p-q$ über, r in $r-2q+p$, und φ in die Form $(p, p+2q, q+r-2p)$, die der Form φ uneigentlich äquivalent ist. Von den beiden Zahlen q und $p-q$ ist die eine $<$, die andre $>\frac{1}{2}p$. Ich wähle von jetzt an die Reihenfolge p_1, p_2 und das Vorzeichen ε so, daß $q<\frac{1}{2}p$ wird. Dann kann man immer noch eine jener beiden Festsetzungen willkürlich treffen, die andre aber ist dadurch mitbestimmt.

Die Zahl q ist positiv, und $\pm q$ ist der absolut kleinste Rest von $\frac{p_1}{p_2}$ oder $\frac{p_2}{p_1}$ (mod p). Geht man mit Festhaltung von p zu einer benachbarten Lösung p, p_3, p_2 über, so ist $p_3 = 3pp_2 - p_1$. Daher bleibt $\frac{p_1}{p_2}$ (mod p), abgesehen vom Vorzeichen, ungeändert, wenn man p_1 durch p_3 ersetzt. Wiederholt man dies Verfahren, immer mit Festhaltung von p, beliebig oft, und gelangt man so zu der Lösung $p, p_\varkappa, p_{\varkappa+1}$, so ist $\pm q$ auch der absolut kleinste Rest von $\frac{p_\varkappa}{p_{\varkappa+1}}$ (mod p). Sollte es für eine Zahl p mehrere Ketten geben, so würden ihr auch mehrere Lösungen q der Kongruenz $q^2 \equiv -1$ (mod p) entsprechen.

Nun ist $pq_1 = qp_1 + \varepsilon p_2 < \frac{1}{2}pp_1 + p_2 < \frac{1}{2}pp_1 + \frac{p}{2p_1}$ (vgl. (5.) § 1). Also ist $2q_1 < p_1 + \frac{1}{p_1}$, und mithin ist auch $2q_1 < p_1$ (weil p_1 und q_1 teilerfremde Zahlen sind). Ebenso ist $2q_2 < p_2$. Ist dagegen $q > \frac{1}{2}p$, so ist $pq_1 > \frac{1}{2}pp_1 - p_2 > \frac{1}{2}pp_1 - \frac{p}{2p_1}$, und mithin $2q_1 > p_1$, $2q_2 > p_2$.

Da p das Minimum der Form $\varphi(x, y) = (p, 3p-2q, r-3q)$ ist, so ist $-\varphi(0, 1) = 3q - r \succ p$, also

$$(1.)\qquad p < 3q - r,$$

um so mehr $p < 3q$, also weil $pr - q^2 = 1$ ist,

(2.) $$2q < p < 3q, \qquad 2r < q < 3r.$$

Ferner ist nicht $\varphi(5, -2) > p$. Denn sonst wäre $2(p-2q) + (p-2r) < 0$. Daher ist $\varphi(5, -2) < -p$ oder

(3.) $$p > 2q + r.$$

Für die Markoffschen Zahlen p, für die $p_2 = 1$ ist, und die ich in § 8 mit $p_{\varkappa 1}$ bezeichnen werde, und nur für diese ist $p = 3q - r$. Ebenso ist $p = 2q + r$ nur für die Zahlen $p = p_{1\lambda}$, für die $p_2 = 2$ ist. Eliminiert man aus diesen Ungleichheiten r mit Hilfe der Gleichung $pr - q^2 = 1$, so erhält man

(4.) $$\frac{1}{2}(3 + \sqrt{5}) > \frac{p}{q} > 1 + \sqrt{2},$$

und zwischen denselben Grenzen liegt $\frac{q}{r}$, außer für $p = p_{1\lambda}$, wo zwar $\frac{q}{r} < 1 + \sqrt{2}$, aber $\frac{q+1}{r} > 1 + \sqrt{2}$ ist. Allgemeiner ist

$$3q - p - r > 3q_1 - p_1 - r_1,$$

wie man aus (12.) § 2 durch Induktion erkennt. Die in Formel (4.) angegebenen Schranken können nach (18.) § 9 nicht durch engere ersetzt werden.

Die Form φ ist der Form

(5.) $$(p, p - 2q, -(2p + q - r))$$

äquivalent (parallel). Eine solche Form $\psi = (a, b, -c)$, worin a, b, c positiv sind, $b \leqq a$ ist, und a die kleinste durch ψ darstellbare Zahl ist, hat Hr. Schur (diese Sitzungsber. S. 214) eine Minimalform genannt. In jeder solchen Form ist

(6.) $$c \geqq 2a + b,$$

und demnach ist $3q > p + r$.

§ 6.

Einen *geordneten Komplex* $a_1 a_2 \cdots a_r$ von Größen oder Symbolen will ich mit einem Buchstaben A bezeichnen (Joh. Bernoulli, Recueil pour les astronomes, tome I, M. § 6, S. 386, C. S. 265). Ist $B = b_1 b_2 \cdots b_s$, so bezeichne ich den Komplex $a_1 a_2 \cdots a_r b_1 b_2 \cdots b_s$ mit AB. Für diese Aneinanderreihung geordneter Komplexe gilt das *assoziative* Gesetz $(AB)C = A(BC)$, aber nicht notwendig das *kommutative* Gesetz $AB = BA$. Auf Grund des assoziativen Gesetzes ist der Sinn des Zeichens $A^4 = AAAA$ eindeutig bestimmt, ebenso der des Zeichens $A^\alpha B^\beta C^\gamma \cdots$. Ist a eine einzelne Größe, so bezeichne ich den Komplex $aaaa$ mit $(a)^4$, oder auch, wenn jede Mißdeutung ausgeschlossen ist, mit a^4, um die Häufung von Klammern zu vermeiden. Den Komplex $a_r a_{r-1} \cdots a_1$ nenne ich den zu A *inversen* Komplex, ich bezeichne ihn mit A'. Dann ist $(ABC)' = C'B'A'$. Ist $S' = S$, so heißt der Komplex S *symmetrisch*, er kann aus einer geraden oder aus einer ungeraden Anzahl von Symbolen bestehen.

Ist $R = k_1 k_2 \cdots k_n$, so bezeichne ich den Kettenbruch

$$(k_1, k_2, \cdots k_n) = \frac{[k_1, k_2, \cdots k_n]}{[k_2, \cdots k_n]}$$

mit (R), die Eulersche Funktion, die seinen Zähler bildet, mit $[R]$. Die Formel

$$(1.) \qquad [k_1 k_2 \cdots k_{n-1} k_n] = [k_n k_{n-1} \cdots k_2 k_1]$$

lautet in dieser symbolischen Bezeichnung

$$(1.) \qquad [R] = [R'],$$

die Formel

$$(2.) \qquad [k_1 \cdots k_n][k_2 \cdots k_{n-1}] - [k_1 \cdots k_{n-1}][k_2 \cdots k_n] = (-1)^n$$

lautet

$$(2.) \qquad [pAq][A] - [pA][Aq] = (-1)^n,$$

die Rekursionsformel

$$(3.) \quad [k_1 \cdots k_n] = [k_1 \cdots k_m][k_{m+1} \cdots k_n] + [k_1 \cdots k_{m-1}][k_{m+2} \cdots k_n]$$

lautet

$$(3.) \qquad [ApqB] = [Ap][qB] + [A][B].$$

Speziell ist

$$(4.) \qquad [Apq] = [Ap]q + [A].$$

Daher kann man die letzte Gleichung in geänderter Bezeichnung auf die Form

$$(5.) \qquad \frac{[ApB]}{[B]} = \left[A, \frac{[pB]}{[B]}\right], \qquad \frac{[ApB]}{[A]} = \left[\frac{[Ap]}{[A]}, B\right]$$

bringen. Insbesondere ist

$$(6.) \qquad \frac{1}{q}[Apq] = \left[A, \frac{pq+1}{q}\right], \qquad \frac{1}{p}[pqA] = \left[\frac{pq+1}{p}, A\right],$$

woraus sich für $q = 1$ die hier oft zu benutzenden Formeln

$$(7.) \qquad [A, p, 1] = [A, p+1], \qquad [1, p, A] = [p+1, A]$$

ergeben.

VI. *Ist $pr - q^2 = 1$ und $p > r$, so ist der Kettenbruch gerader Gliederzahl, in den sich $\frac{p}{q}$ oder $\frac{p}{p-q}$ entwickeln läßt, symmetrisch. Man kann also stets und nur in einer Weise positive ganze Zahlen $k_1, \cdots k_n$ so bestimmen, daß*

$$p = [k_1 \cdots k_n k_n \cdots k_1], \qquad r = [k_2 \cdots k_n k_n \cdots k_2],$$
$$q = [k_1 \cdots k_n k_n \cdots k_2] = [k_2 \cdots k_n k_n \cdots k_1]$$

wird.

Man kann $\frac{p}{q}$ stets und nur in einer Weise in einen Kettenbruch von gerader Gliederzahl

$$\frac{p}{q} = (k_1 k_2 \cdots k_{2n})$$

entwickeln. Dann ist

$$p = [k_1 \cdots k_{2n}], \qquad q = [k_2 \cdots k_{2n}].$$

Nun gibt es zwei positive ganze Zahlen p', q', die der Gleichung $pq' - qp' = 1$ und den Ungleichheiten $p' < p$, $q' < q$ genügen, und durch diese Bedingungen sind

$$p' = [k_1, \cdots k_{2n-1}], \qquad q' = [k_2, \cdots k_{2n-1}]$$

völlig bestimmt. Nach der Voraussetzung ist $q' = r$, $p' = q$, also

$$(8.) \qquad [k_1 \cdots k_{2n-1}] = [k_2 \cdots k_{2n}]$$

oder

$$k_1 [k_2 \cdots k_{2n-1}] + [k_3 \cdots k_{2n-1}] = [k_2 \cdots k_{2n-1}] k_{2n} + [k_2 \cdots k_{2n-2}].$$

Daher ist

$$[k_3 \cdots k_{2n-1}] \equiv [k_2 \cdots k_{2n-2}] \qquad (\text{mod } [k_2 \cdots k_{2n-1}]),$$

und weil beide Zahlen kleiner sind als der Modul,

$$(9.) \qquad [k_2 \cdots k_{2n-2}] = [k_3 \cdots k_{2n-1}],$$

und mithin ist $k_1 = k_{2n}$. Die Gleichung (9.) hat dieselbe Gestalt wie (8.), aus ihr folgt in derselben Weise $k_2 = k_{2n-1}$ usw. Dasselbe gilt von dem Bruche $\frac{p}{p-q}$, weil $p(p-2q+r) - (p-q)^2 = 1$ ist.

Nach (4.) § 2 ist $pq_1 - qp_1 = \varepsilon p_2$ und nach (5.) § 1 $p > 2p_1 p_2$. Daher ist

$$\left| \frac{q}{p} - \frac{q_1}{p_1} \right| = \frac{p_2}{pp_1} < \frac{1}{2p_1^2}.$$

Mithin ist $\frac{q_1}{p_1}$ ein Näherungswert des Kettenbruchs für $\frac{q}{p}$, und $\frac{p_1}{q_1}$ ein solcher für $\frac{p}{q}$.

§ 7.

Sei $\varphi = (a, b, -a_1)$ eine indefinite Form der Diskriminante D, und h die kleinste ganze Zahl, die $> \sqrt{D}$ und $\equiv D$ (mod 2) ist. Ist dann $b = h - 2l$, so sind (F. § 2, (14.))

$$(1.) \qquad l > 0, \qquad l \leqq |a|, \qquad l \leqq |a_1|$$

die notwendigen und hinreichenden Bedingungen dafür, daß φ eine reduzierte Form ist. Für die Form

$$(2.)\qquad \varphi = (p,\ 3p-2q,\ -(3q-r))$$

ist $D = 9p^2-4$, $h = 3p$, $l = q$. Daher ist φ eine reduzierte Form. Sei $K = k_1\, k_2 \cdots k_{2n}$ die Periode des Kettenbruchs, in den sich ihre erste Wurzel entwickeln läßt.

Ist p ungerade, so ist φ eine primitive Form, und $T = 3p$, $U = 1$ die Fundamentallösung der Pellschen Gleichung $t^2 - Du^2 = 4$. Daher ist nach bekannten Formeln

$$(3.)\qquad \begin{aligned} &\frac{1}{2}(T-bU) = [k_2 \cdots k_{2n-1}] = q, \quad a_1 U = [k_2 \cdots k_{2n}] = 3q-r,\\ &aU = [k_1 \cdots k_{2n-1}] = p, \quad \frac{1}{2}(T+bU) = [k_1 \cdots k_{2n}] = 3p-q, \end{aligned}$$

und folglich

$$\frac{p}{q} = (k_1 \cdots k_{2n-1}), \qquad \frac{3p-q}{p} = (k_{2n} \cdots k_1).$$

Dieselben Formeln gelten, wenn p gerade, also $\frac{1}{2}\varphi$ primitiv ist. Nach den Ungleichheiten (2.) § 5 ist daher $k_1 = 2$, $k_{2n} = 2$. Folglich ist

$$\frac{3p-q}{p} = 2 + \frac{1}{(k_{2n-1}, \cdots k_1)}, \qquad \frac{p}{p-q} = (k_{2n-1}, \cdots k_2, 1, 1).$$

Der letzte Kettenbruch, worin die Anzahl der Glieder gerade ist, muß aber nach dem Satze VI, § 6 symmetrisch sein. Mithin ist $k_{2n-1} = k_{2n-2} = 1$ und

$$(4.)\qquad S = k_2 k_3 \cdots k_{2n-4} k_{2n-3}$$

ein symmetrischer Komplex gerader Gliederzahl, endlich

$$(5.)\qquad K = 2\ S\ 1\ 1\ 2.$$

Es ergeben sich also die Formeln

$$(6.)\qquad \begin{aligned} p &= [2S2], & q &= [2S] = [S2], & r &= [S],\\ p-q &= [2S1], & p-2q+r &= [1S1], & q-r &= [S1]. \end{aligned}$$

Die Periode reduzierter Formen, die mit $\varphi = \varphi_0$ beginnt, bestehe aus den $2n$ Formen

$$(7.)\qquad \varphi_\lambda = ((-1)^\lambda a_\lambda,\ 3p-2l_\lambda,\ (-1)^{\lambda+1} a_{\lambda+1}) \qquad (\lambda = 0, 1, \cdots 2n-1).$$

Dann liefern die Formeln (3.) die Ausdrücke

$$(8.)\qquad \begin{aligned} &a_\lambda = [k_{\lambda+1} \cdots k_{\lambda+2n-1}], \qquad l_\lambda = [k_{\lambda+2} \cdots k_{\lambda+2n-1}],\\ &3p - l_\lambda = [k_{\lambda+1} \cdots k_{\lambda+2n}]. \end{aligned}$$

Da φ und $-\varphi$ äquivalent sind, so ist für einen gewissen Index m

$$(9.)\qquad k_\lambda = k_{2m-1-\lambda}, \qquad k_{m-1} = k_m, \qquad k_{m+n-1} = k_{m+n}.$$

Setzt man also

$$(10.)\quad \begin{aligned} \alpha &= [k_m \cdots k_{m+n-1}], & \beta &= [k_{m+1} \cdots k_{m+n-1}], \\ \gamma &= [k_m \cdots k_{m+n-2}], & \delta &= [k_{m+1} \cdots k_{m+n-2}], \end{aligned}$$

so ist

$$\alpha\delta - \beta\gamma = \varepsilon = (-1)^n,$$

$$3p - l_m = \alpha^2 + \gamma^2, \qquad a_m = \alpha\beta + \gamma\delta, \qquad l_m = \beta^2 + \delta^2,$$

$$3p = \alpha^2 + \beta^2 + \gamma^2 + \delta^2,$$

$$3p + 2\varepsilon = (\alpha + \delta)^2 + (\beta - \gamma)^2, \qquad 3p - 2\varepsilon = (\alpha - \delta)^2 + (\beta + \gamma)^2$$

im Einklang mit dem Satze III, § 1.

Ist nach der Bezeichnung des § 8 $p = p_{\lambda\lambda'}$, so ist $n = \lambda + \lambda'$ und $m = \varkappa + \varkappa'$, wo $\varkappa$ und $\varkappa'$ die beiden kleinsten positiven Zahlen sind, die der Bedingung $\varkappa\lambda' - \varkappa'\lambda = +1$ genügen.

§ 8.

Die Theorie der Markoffschen Zahlen p, der zugehörigen Zahlentripel p, q, r und der positiven Formen P wird durch eine passende Bezeichnung erheblich vereinfacht. Dazu führt eine eindeutige Beziehung zwischen diesen Tripeln und den positiven rationalen Brüchen $\rho = \frac{\alpha}{\beta}$, wo α und β ganze teilerfremde Zahlen sind. Die dem Bruche ρ entsprechende Markoffsche Zahl bezeichne ich mit p_ρ, meistens aber mit $p_{\alpha,\beta}$ oder $p_{\alpha\beta}$. Ausnahmsweise brauche ich auch das Zeichen $p_{-\alpha,-\beta} = p_{\alpha,\beta}$. Ich setze

$$(1.)\quad p_{10} = 1, \qquad p_{01} = 2, \qquad p_{11} = 5$$

und berechne $p_{\alpha\alpha'}$ so: es seien bereits alle Zahlen $p_{\varkappa\varkappa'}$ bestimmt, wofür $(\varkappa, \varkappa') < (\alpha, \alpha')$ ist. Dies Zeichen bedeutet, daß $\varkappa \leqq \alpha$, $\varkappa' \leqq \alpha'$, aber nicht gleichzeitig $\varkappa = \alpha$ und $\varkappa' = \alpha'$ ist. Seien β, β' und γ, γ' die beiden kleinsten positiven Lösungen der beiden Gleichungen $\alpha\varkappa' - \alpha'\varkappa = \pm 1$, also

$$(2.)\quad \alpha = \beta + \gamma, \qquad \alpha' = \beta' + \gamma'.$$

Ferner sei

$$(3.)\quad \delta = |\beta - \gamma|, \qquad \delta' = |\beta' - \gamma'|.$$

Dann setze ich

$$(4.)\quad p_{\alpha\alpha'} = 3\, p_{\beta\beta'}\, p_{\gamma\gamma'} - p_{\delta\delta'}.$$

So ergibt sich

$$p_{52} = 1325, \quad p_{53} = 7561, \quad p_{72} = 9077, \quad p_{73} = 51641, \quad p_{92} = 62210,$$
$$p_{83} = 135137, \quad p_{74} = 294685, \quad p_{11,2} = 426389, \quad p_{75} = 1686049,$$
$$p_{25} = 14701, \quad p_{35} = 37666, \quad p_{27} = 499393, \quad p_{37} = 1278818.$$

Zwei MARKOFFsche Zahlen $a = p_{\alpha\alpha'}$ und $b = p_{\beta\beta'}$ nenne ich *konjugiert*, wenn $\alpha\beta' - \alpha'\beta = \pm 1$ ist, drei Zahlen nenne ich *konjugiert*, wenn es je zwei sind, dann gilt der Satz:

VII. *Zwischen drei konjugierten Zahlen besteht die MARKOFFsche Gleichung*

$$(5.)\qquad p^2_{\alpha\alpha'} + p^2_{\beta\beta'} + p^2_{\gamma\gamma'} = 3\, p_{\alpha\alpha'}\, p_{\beta\beta'}\, p_{\gamma\gamma'}.$$

Ist für zwei konjugierte Zahlen $(\alpha, \alpha') > (\beta, \beta')$, *so ist auch* $p_{\alpha\alpha'} > p_{\beta\beta'}$.

Angenommen, dieser Satz sei schon bewiesen für die Zahlen $p_{\varkappa\varkappa'}$, wo $(\varkappa, \varkappa') < (\alpha, \alpha')$ ist. Da die oben definierten Zahlen $b = p_{\beta\beta'}$, $c = p_{\gamma\gamma'}$ und $d = p_{\delta\delta'}$ konjugiert sind, so ist

$$b^2 + c^2 + d^2 = 3bcd,$$

und d ist nicht die größte der drei Zahlen. Setzt man nach (4.) hier $d = 3bc - a$, so erhält man

$$(6.)\qquad a^2 + b^2 + c^2 = 3abc,$$

und a ist nach § 1 die größte der drei Zahlen. Endlich ist

$$(7.)\qquad p^2_{\beta\beta'} + p^2_{\gamma\gamma'} = p_{\alpha\alpha'}\, p_{\delta\delta'}.$$

Setzt man in den Formeln (4.), (5.) und (7.) $\alpha = \beta + \gamma$, $\delta = \beta - \gamma$, so erscheint die MARKOFFsche Gleichung als ein *Additionstheorem* für die (eindeutige) Funktion $p_{\varkappa\lambda}$ der Indizes $\varkappa$ und λ.

Jedem positiven Bruche $\rho = \frac{\varkappa}{\varkappa'}$ entspricht eine ganz bestimmte Zahl p_ρ. Es ist aber nicht ausgeschlossen, daß zwei verschiedenen Brüchen $\rho = \frac{\varkappa}{\varkappa'}$ und $\sigma = \frac{\lambda}{\lambda'}$ dieselbe Zahl $p_\rho = p_\sigma$ entspricht, obwohl dafür kein Beispiel bekannt ist (vgl. § 1).

Einem Zahlenpaar (α, α') entsprechen zwei ganz bestimmte ihm konjugierte Paare (β, β') und (γ, γ'), die $< (\alpha, \alpha')$ sind, und eine bestimmte Zahl

$$(8.)\qquad \pm q_{\alpha\alpha'} \equiv \frac{p_{\beta\beta'}}{p_{\gamma\gamma'}} \qquad (\mathrm{mod}\ p_{\alpha\alpha'}).$$

Einem Zahlentripel p, q, r entspricht eine ganz bestimmte *Kette* von Lösungen der Gleichung (6.) und ein ganz bestimmter Bruch $\frac{\alpha}{\alpha'}$. Denn damit p, q, r ein Tripel sei, ist notwendig und hinreichend, daß $pr - q^2 = 1$ ist und daß die beiden reduzierten Formen

$$(p,\ 3p-2q,\ -(3q-r)) \qquad (3q-r,\ 3p-2q,\ -p)$$

äquivalent sind. Dann gibt es eine Substitution mit positiven Koeffizienten, welche die erste in die zweite überführt (F. § 3). Diese muß die Form $\begin{pmatrix} r_1 & q_1 \\ q_1 & p_1 \end{pmatrix}$ haben, und jede solche Substitution liefert nach § 3 ein konjugiertes Tripel p_1, q_1, r_1.

Für die quadratische Form $\varphi = \varphi_{\varkappa\lambda}$ ist es von Bedeutung, ob $p = p_{\varkappa\lambda}$ gerade oder ungerade ist. Darüber gilt der Satz:

VIII. *Die* Markoff*sche Zahl $p_{\varkappa\lambda}$ ist stets und nur dann gerade, wenn $\varkappa$ durch 3 teilbar ist.*

Sei $(\beta, \beta') > (\gamma, \gamma')$. Ist dann $\alpha\beta' - \alpha'\beta = \varepsilon\ (= \pm 1)$, so ist $\alpha\gamma' - \alpha'\gamma = -\varepsilon$, $\alpha\delta' - \alpha'\delta = 2\varepsilon$. Ist $\eta = |\gamma - \delta|$, $\eta' = |\gamma' - \delta'|$, so ist weiter $\alpha\eta' - \alpha'\eta = \pm 3$. Ist α durch 3 teilbar, so ist es auch η, aber nicht β, γ, δ. Wir können es daher schon als bewiesen ansehen, daß $b = p_{\beta\beta'}$, $c = p_{\gamma\gamma'}$ und $d = p_{\delta\delta'}$ ungerade sind, aber $e = p_{\eta\eta'}$ gerade ist. Dann ist $a = 3bc - d$ gerade. Ist umgekehrt a gerade, so sind b, c und $d = 3bc - a$ ungerade, dagegen $e = 3cd - b$ gerade. Folglich ist η durch 3 teilbar und mithin auch α.

Ist $\alpha\beta' - \alpha'\beta = \pm 1$ und $\alpha > \alpha'$, so ist auch $\beta > \beta'$. Daraus folgt: man nehme zu einer Markoffschen Zahl $p_{\varkappa\lambda}$ eine konjugierte Zahl, dazu wieder eine konjugierte Zahl usw., bis man zu $p_{\mu\nu}$ kommt. Vermeidet man dabei die Zahlen p_{10}, p_{01} und p_{11}, so muß, wenn $\varkappa > \lambda$ ist, auch $\mu > \nu$ sein. In der § 1 konstruierten Reihe von Lösungen $L, L_1, L_2, \cdots$ kommen also nur solche Markoffsche Zahlen $p_{\varkappa\lambda}$ vor, worin $\varkappa > \lambda$ ist, oder nur solche, worin $\varkappa < \lambda$ ist.

§ 9.

Seien $\alpha, \beta, \gamma, \delta$ vier positive Zahlen, die der Bedingung $\alpha\delta - \beta\gamma = \pm 1$ genügen. Sei $\varkappa$ eine positive oder negative Zahl und

$$p_\varkappa = p_{\alpha\varkappa+\beta,\, \gamma\varkappa+\delta},$$

also $p_0 = p_{\beta\delta}$, $p = p_\infty = p_{\alpha\beta}$. Dann sind $p, p_\varkappa, p_{\varkappa+1}$ konjugierte Zahlen, und es ist $p'_{\varkappa+1} = p_{\varkappa-1}$. Daher ist nach (7.) und (4.), § 8

$$p_{\varkappa+1}\, p_{\varkappa-1} - p_\varkappa^2 = p^2 \tag{1.}$$

und

$$p_{\varkappa+1} = 3p\, p_\varkappa - p_{\varkappa-1}. \tag{2.}$$

Ist nun $D = 9p^2 - 4$ und

$$\frac{1}{2}(t_\varkappa + u_\varkappa \sqrt{D}) = \left(\frac{1}{2}(3p + \sqrt{9p^2 - 4})\right)^\varkappa = E^\varkappa$$

also $t_0 = 2$, $u_0 = 0$, $t_1 = 3p$, $u_1 = 1$, so genügen die Zahlen $t_\varkappa$ und $u_\varkappa$ derselben Rekursionsformel (2), wie $p_\varkappa$. Mithin besteht zwischen ihnen eine lineare Gleichung

$$2p_\varkappa = p_0 t_\varkappa + (2p_1 - 3pp_0)\, u_\varkappa. \tag{3.}$$

Ist $\varkappa > 0$, so ist $p_{\varkappa+1} > p_\varkappa > p$ und mithin nach (11.) und (12.), § 2

(4.) $q_{\varkappa+1} = 3pq_\varkappa - q_{\varkappa-1}, \quad r_{\varkappa+1} = 3pr_\varkappa - r_{\varkappa-1}, \quad P_{\varkappa+1} = 3pP_\varkappa - P_{\varkappa-1} \quad (\varkappa > 0)$.

Daher lassen sich $q_\varkappa$ und $r_\varkappa$ durch $t_\varkappa$ und $u_\varkappa$ oder durch $p_\varkappa$ und $p_{\varkappa-1}$ ausdrücken, auf die Form $ap_\varkappa + bp_{\varkappa-1}$ bringen, wo a und b von $\varkappa$ unabhängig sind und durch Einsetzen spezieller Werte für $\varkappa$ berechnet werden können.

Diese Formeln will ich an einigen Beispielen erläutern. Zuerst sei

$$\begin{pmatrix} \alpha & \beta \\ \gamma & \delta \end{pmatrix} = \begin{pmatrix} 1 & 0 \\ 0 & 1 \end{pmatrix}.$$

Dann ist $p = p_{10} = 1, \quad p_\varkappa = p_{\varkappa 1}$,

$$E = \frac{3+\sqrt{5}}{2} = \left(\frac{1+\sqrt{5}}{2}\right)^2 = \vartheta^2.$$

In abgeänderter Bezeichnung setze ich

$$\frac{1}{2}\,(t_\varkappa + u_\varkappa\sqrt{5}) = \vartheta^\varkappa, \quad u_\varkappa = \frac{\vartheta^\varkappa - (-\vartheta)^{-\varkappa}}{\vartheta + \vartheta^{-1}}.$$

Dann sind $u_0 = 0$, $u_1 = 1$, $u_2 = 1$, $u_3 = 2$, $u_4 = 3, \dots$ die Fibonaccischen Zahlen, wofür

$$u_{\varkappa+1} = u_\varkappa + u_{\varkappa-1} \tag{5.}$$

ist, und

$$p_{\varkappa,1} = u_{2\varkappa+3} = u_{\varkappa+1}^2 + u_{\varkappa+2}^2 = \frac{\vartheta^{2\varkappa+3} + \vartheta^{-2\varkappa-3}}{\vartheta + \vartheta^{-1}}, \tag{6.}$$

$$q_{\varkappa,1} = p_{\varkappa-1,1}, \qquad r_{\varkappa,1} = p_{\varkappa-2,1}. \tag{7.}$$

Ist $\varkappa > 0$, so ist nach (5.) $u_\varkappa = [(1)^{\varkappa-1}]$, also

$$p_{\varkappa 1} = [1^{2\varkappa+2}], \quad q_{\varkappa 1} = [1^{2\varkappa}], \quad r_{\varkappa 1} = [1^{2\varkappa-2}] \tag{8.}$$

oder nach (6.) § 7

$$p_{\varkappa 1} = [2\,1^{2\varkappa-2}\,2], \qquad q_{\varkappa 1} = [2\,1^{2\varkappa-2}], \qquad S = (1)^{2\varkappa-2}. \tag{9.}$$

Z. B. ist

$p_{21} = 13$, $p_{31} = 34$, $p_{41} = 89$, $p_{51} = 233$, $p_{61} = 610$, $p_{71} = 1597$,
$p_{81} = 4181$, $p_{91} = 10946$, $p_{10,1} = 28657$, $p_{11,1} = 75025$, $p_{12,1} = 196418$.

Mit wachsendem $\varkappa$ nähert sich $\dfrac{p_{\varkappa 1}}{p_{\varkappa-1,1}} = \dfrac{p_{\varkappa 1}}{q_{\varkappa 1}}$ beständig wachsend der Grenze E,

$$\frac{p_{\varkappa 1}}{q_{\varkappa 1}} < \frac{p_{\varkappa+1,1}}{q_{\varkappa+1,1}} < \frac{3+\sqrt{5}}{2}. \tag{10.}$$

Die obigen Formeln lassen sich mit Hilfe der allgemeinen Relation

$$u_\varkappa\, u_{\lambda-1} - u_\lambda\, u_{\varkappa-1} = (-1)^\lambda\, u_{\varkappa-\lambda} \tag{11.}$$

leicht bestätigen.

Als zweites Beispiel wähle ich

$$\begin{pmatrix}\alpha & \beta \\ \gamma & \delta\end{pmatrix} = \begin{pmatrix}0 & 1 \\ 1 & 0\end{pmatrix},$$

also

$$p_\varkappa = p_{1\varkappa}, \qquad p = p_{01} = 2, \qquad E = 3 + 2\sqrt{2} = (1+\sqrt{2})^2 = \eta^2.$$

Setzt man hier

$$\frac{1}{2}(t_\lambda + v_\lambda \sqrt{2}) = \eta^\lambda, \qquad v_\lambda = \frac{\eta^\lambda - (-\eta)^{-\lambda}}{\eta + \eta^{-1}},$$

so sind

$$v_0 = 0, \quad v_1 = 1, \quad v_2 = 2, \quad v_3 = 5, \quad v_4 = 12, \quad v_5 = 29, \cdots$$

die Zahlen, die Lucas die Pellschen, Bachmann die Dupréschen Zahlen nennt. Für diese ist

(12.) $$v_{\lambda+1} = 2v_\lambda + v_{\lambda-1}.$$

Demnach ist

(13.) $$p_{1,\lambda} = v_{2\lambda+1} = \frac{\eta^{2\lambda+1} + \eta^{-2\lambda-1}}{\eta + \eta^{-1}},$$

(14.) $$q_{1,\lambda} = v_{2\lambda} = \frac{1}{2}(p_{1,\lambda} - p_{1,\lambda-1}), \qquad r_{1,\lambda} = v_{2\lambda-1} = p_{1,\lambda-1}.$$

Nach (12.) ist $v_\lambda = [2^{\lambda-1}]$, also

(15.) $$p_{1\lambda} = [2\,2^{2\lambda-2}2], \qquad q_{1\lambda} = [2\,2^{2\lambda-2}], \qquad S_{1\lambda} = (2)^{2\lambda-2}.$$

Z. B. ist

$$p_{12} = 29, \quad p_{13} = 169, \quad p_{14} = 985, \quad p_{15} = 5741, \quad p_{16} = 33461,$$
$$p_{17} = 195025, \quad p_{18} = 1136689, \quad p_{19} = 6625109.$$

Mit wachsendem λ nähert sich $\frac{p_{1\lambda}}{q_{1\lambda}}$ beständig abnehmend der Grenze η

(16.) $$\frac{p_{1,\lambda-1}}{q_{1,\lambda-1}} > \frac{p_{1\lambda}}{q_{1\lambda}} > 1 + \sqrt{2}.$$

Daher ist

(17.) $$\frac{3+\sqrt{5}}{2} > \frac{p_{\varkappa 1}}{q_{\varkappa 1}} > \frac{p_{11}}{q_{11}} > \frac{p_{1\lambda}}{q_{1\lambda}} > 1 + \sqrt{2},$$

und folglich allgemein (vgl. (4.) § 5)

(18.) $$\lim \frac{p_{\varkappa 1}}{q_{\varkappa 1}} = \frac{3+\sqrt{5}}{2} > \frac{p_{\varkappa\lambda}}{q_{\varkappa\lambda}} > 1 + \sqrt{2} = \lim \frac{p_{1\lambda}}{q_{1\lambda}}.$$

Denn nach (9.) § 2 ist

$$p_{\beta\beta'}^2 + p_{\gamma\gamma'}^2 = p_{\alpha\alpha'}\,p_{\delta\delta'}$$
$$p_{\beta\beta'}\,q_{\beta\beta'} + p_{\gamma\gamma'}\,q_{\gamma\gamma'} = q_{\alpha\alpha'}\,p_{\delta\delta'}.$$

Ist also $p_{\beta\beta'} > \eta\, q_{\beta\beta'}$ und $p_{\gamma\gamma'} > \eta\, q_{\gamma\gamma'}$, so ist auch $p_{\alpha\alpha'} > \eta\, q_{\alpha\alpha'}$, und so ergibt sich aus (17.) durch Induktion die Formel (18.).

Die obigen Formeln lassen sich mit Hilfe der allgemeinen Relation

$$(19.)\qquad v_\varkappa v_{\lambda-1} - v_\lambda v_{\varkappa-1} = (-1)^\lambda v_{\varkappa-\lambda}$$

leicht bestätigen.

Als drittes Beispiel betrachte ich

$$\begin{pmatrix}\alpha & \beta\\ \gamma & \delta\end{pmatrix} = \begin{pmatrix}1 & 1\\ 0 & 1\end{pmatrix}.$$

Hier ist $p = p_{11} = 5$, $D = 9p^2 - 4 = 221$, $p_\varkappa = p_{\varkappa+1,\varkappa}$, $p_{-\varkappa} = p_{\varkappa-1,\varkappa}$. Setzt man

$$\frac{t_\varkappa + u_\varkappa \sqrt{221}}{2} = \left(\frac{15+\sqrt{221}}{2}\right)^\varkappa,$$

so ist

$$2p_{\varkappa+1,\varkappa} = t_\varkappa + 11u_\varkappa, \qquad 2p_{\varkappa-1,\varkappa} = t_\varkappa - 11u_\varkappa$$

und

$$(20.)\qquad \begin{aligned} 5q_{\varkappa+1,\varkappa} &= 2p_{\varkappa+1,\varkappa} - p_{\varkappa-1,\varkappa}, & r_{\varkappa+1,\varkappa} &= p_{\varkappa-1,\varkappa}\\ 5q_{\varkappa,\varkappa+1} &= 2p_{\varkappa,\varkappa+1} + p_{\varkappa-1,\varkappa}, & r_{\varkappa,\varkappa+1} &= 3p_{\varkappa-1,\varkappa} - p_{\varkappa,\varkappa-1}.\end{aligned}$$

Z. B. ist

$$\begin{aligned} p_{32} &= 194, & p_{43} &= 2897, & p_{54} &= 43261, & p_{65} &= 646018,\\ p_{23} &= 433, & p_{34} &= 6466, & p_{45} &= 96557, & p_{56} &= 1441889.\end{aligned}$$

Mit Hilfe der Ungleichheiten (10.) und (16.) kann man jetzt den Formeln (4.) § 2 eine schärfere Fassung geben:

IX. *Ist* $\alpha\beta' - \alpha'\beta = \pm 1$, *so ist*

$$(21.)\qquad p_{\alpha\alpha'} q_{\beta\beta'} - p_{\beta\beta'} q_{\alpha\alpha'} = (\alpha\beta' - \alpha'\beta)\, p_{\alpha-\beta,\alpha'-\beta'}.$$

Beide Seiten dieser Gleichung wechseln das Zeichen, wenn man α, α' mit β, β' vertauscht. Daher kann man $(\alpha, \alpha') > (\beta, \beta')$ annehmen. Dann ist $p = p_{\alpha\alpha'} > p_{\beta\beta'} = p_1$. Ist $\gamma = \alpha - \beta$, $\gamma' = \alpha' - \beta'$, so ist auch $p > p_{\gamma\gamma'} = p_2$.

Nach (4.) § 2 ist $pq_1 - qp_1 = \varepsilon p_2$. Es ist also nur noch zu zeigen, daß das hier auftretende Vorzeichen $\varepsilon = \alpha\beta' - \alpha'\beta$ ist. Ist einer der beiden Indizes α, α' gleich 1, so folgt dies aus

$$\frac{p}{q} = \frac{p_{\varkappa+1,1}}{q_{\varkappa+1,1}} > \frac{p_{\varkappa 1}}{q_{\varkappa 1}} = \frac{p_1}{q_1}$$

oder aus

$$\frac{p}{q} = \frac{p_{1,\lambda+1}}{q_{1,\lambda+1}} < \frac{p_{1\lambda}}{q_{1\lambda}} = \frac{p_1}{q_1}.$$

Angenommen, es sei schon bewiesen, daß $p_{\beta\beta'} q_{\gamma\gamma'} - p_{\gamma\gamma'} q_{\beta\beta'} = p_1 q_2 - p_2 q_1$ das Vorzeichen $\beta\gamma' - \beta'\gamma$ hat. Nach (4.) § 2 ist dann

$$-\varepsilon = \beta\gamma' - \beta'\gamma = \beta(\alpha' - \beta') - \beta'(\alpha - \beta) = -(\alpha\beta' - \alpha'\beta).$$

§ 10.

Zu einer schärferen Einsicht in den Bau der MARKOFFschen Zahlen gelangt man, indem man in der Formel (6.) § 3 die einzelnen Substitutionen in elementare zerlegt. Zu dem Zwecke setze ich darin nach (6.) § 7 für $\varkappa = 0, 1, 2$

$$p_\varkappa = [2 S_\varkappa 2], \qquad q_\varkappa = [2 S_\varkappa] = [S_\varkappa 2], \qquad r_\varkappa = [S_\varkappa].$$

Ist $\varepsilon = +1$, so ist

$$p = p_1(2p_2 + q_2) + (p_1 - q_1)p_2 .$$

Hier ist

$$2p_2 + q_2 = 2[2S_2 2] + [S_2 2] = [22S_2 2],$$
$$p_1 - q_1 = [2S_1 11] - [2S_1] = [2S_1 1]$$

und mithin nach (3.) § 6

$$p = [2S_1 11][22S_2 2] + [2S_1 1][2S_2 2] = [2S_1 1122 S_2 2].$$

Ebenso ist

$$q = q_1(2p_2 + q_2) + (q_1 - r_1)p_2$$
$$= [S_1 11][22S_2 2] + [S_1 1][2S_2 2] = [S_1 1122 S_2 2],$$

und folglich ist

$$S = S_1 1122 S_2 = S_2 2211 S_1 .$$

Die zweite Formel ergibt sich aus der ersten, weil S, S_1 und S_2 symmetrische Komplexe sind. Ist $\varepsilon = -1$, so erhält man in derselben Weise oder durch Vertauschung von p_1 und p_2

$$S = S_2 1122 S_1 = S_1 2211 S_2 .$$

Man setze

(1.) $$T_1 = 1122, \qquad T_{-1} = 2211 = T_1' .$$

Ist

$$S = S_{\alpha\alpha'}, \qquad S_1 = S_{\beta\beta'}, \qquad S_2 = S_{\gamma\gamma'},$$

so ist $\varepsilon = \alpha\beta' - \alpha'\beta = \gamma\beta' - \gamma'\beta$. So erhält man die grundlegende Formel (vgl. (6.) § 3)

(2.) $$S_{\alpha\alpha'} = S_{\beta\beta'} T_{\gamma\beta' - \gamma'\beta} S_{\gamma\gamma'} = S_{\gamma\gamma'} T_{\beta\gamma' - \beta'\gamma} S_{\beta\beta'} .$$

Nun ist in § 9 gezeigt, daß

(3.) $$S_{\varkappa 1} = 1^{2\varkappa - 2}, \qquad S_{1\lambda} = 2^{2\lambda - 2}$$

ist. Die Formel $S_{01} = (1)^{-2}$ kann man so auffassen, daß in einem zusammengesetzten Ausdruck, worin vor oder hinter S_{01} der Komplex 11 steht, dieser gegen S_{01} zu streichen ist.

Ich kehre jetzt zu der Bezeichnung p_ϱ und S_ϱ zurück. Ersetzt man den Bruch $\rho = \frac{\alpha}{\alpha'}$ durch den Kettenbruch $(\varkappa_1, \varkappa_2, \cdots \varkappa_\nu)$, so schreibe ich für S_ϱ auch $S(\varkappa_2, \varkappa_2 \cdots \varkappa_\nu)$. Dann ist

$$\frac{\beta}{\beta'} = (\varkappa_1, \cdots \varkappa_{\nu-1}, \varkappa_\nu - 1), \qquad \frac{\gamma}{\gamma'} = (\varkappa_1, \cdots \varkappa_{\nu-1})$$

und $\alpha\beta' - \beta\alpha' = (-1)^{\nu-1}$. Demnach lautet die Formel (2.)

$$(4.)\quad \begin{aligned} S(\varkappa_1, \cdots \varkappa_\nu) &= S(\varkappa_1, \cdots \varkappa_{\nu-1})\, T_{(-1)^\nu}\, S(\varkappa_1, \cdots \varkappa_{\nu-1}, \varkappa_\nu - 1) \\ &= S(\varkappa_1, \cdots \varkappa_{\nu-1}, \varkappa_\nu - 1)\, T_{(-1)^{\nu-1}}\, S(\varkappa_1, \cdots \varkappa_{\nu-1}). \end{aligned}$$

Daraus folgt durch wiederholte Anwendung

$$(5.)\quad \begin{aligned} S(\varkappa_1, \cdots \varkappa_\nu) &= \big(S(\varkappa_1, \cdots \varkappa_{\nu-1})\, T_{(-1)^\nu}\big)^{\varkappa_\nu}\, S(\varkappa_1, \cdots \varkappa_{\nu-2}) \\ &= S(\varkappa_1, \cdots \varkappa_{\nu-2})\, \big(T_{(-1)^{\nu-1}}\, S(\varkappa_1, \cdots \varkappa_{\nu-1})\big)^{\varkappa_\nu}. \end{aligned}$$

Demnach ist

$$(6.)\quad \begin{aligned} S_{\varkappa\lambda+1,\lambda} &= (1^{2\varkappa}2^2)^{\lambda-1}\,1^{2\varkappa}, \qquad S_{\lambda,\varkappa\lambda+1} = (2^{2\varkappa}1^2)^{\lambda-1}\,2^{2\varkappa}. \\ S(\varkappa, \lambda, \mu) &= ((1^{2\varkappa}2^2)^\lambda 1^2)^\mu\, 1^{2\varkappa-2}, \\ S(\varkappa, \lambda, \mu, \nu) &= (((1^{2\varkappa}2^2)^\lambda 1^2)^\mu 1^{2\varkappa}2^2)^\nu (1^{2\varkappa}2^2)^{\lambda-1} 1^{2\varkappa}. \end{aligned}$$

Aus der Formel (2.) ergeben sich durch Induktion folgende Resultate, die man an den Beispielen (3.) und (6.) bestätigen kann:

Der Komplex $S_{\lambda\mu}$ hat die Gestalt $h_1\, h_1\, h_2\, h_2 \ldots h_\sigma\, h_\sigma$, worin $\sigma = \lambda + \mu - 2$ ist. Von den σ Zahlen h_ν sind $\lambda - 1$ gleich 1, und $\mu - 1$ sind gleich 2. Der Komplex $S_{\mu\lambda}$ geht aus $S_{\lambda\mu}$ hervor, indem man überall 1 mit 2 vertauscht, daher kann man sich auf den Fall $\lambda > \mu$ beschränken. Dann kommt die Zahl 2 in $S_{\lambda\mu}$ nie öfter als zweimal nacheinander vor, und es beginnt und schließt dieser symmetrische Komplex mit $1^{2\varkappa}$, wo

$$(7.)\qquad \varkappa = \left[\frac{\lambda}{\mu}\right]$$

die größte ganze Zahl in $\frac{\lambda}{\mu}$ ist. Eine Ausnahme (vgl. (2.) § 11) macht der Fall $\mu = 1$, wo

$$(8.)\qquad S_{\lambda 1} = 1^{2\lambda-2}$$

ist. Sonst hat S die Gestalt

$$(9.)\qquad S_{\lambda\mu} = 1^{2\varkappa_1}\, 2^2\, 1^{2\varkappa_2}\, 2^2\, 1^{2\varkappa_3} \cdots 2^2\, 1^{2\varkappa_\mu},$$

wo $\varkappa_1 = \varkappa_\mu = \varkappa$ und jeder der Exponenten $\varkappa_2, \varkappa_3, \cdots \varkappa_{\mu-1}$ gleich $\varkappa$ oder $\varkappa + 1$ ist. Endlich ist

$$(10.)\qquad \varkappa_1 + \varkappa_2 + \cdots \varkappa_\mu = \lambda - 1.$$

Alle diese Behauptungen gelten für $S_{\alpha\alpha'}$, wenn sie für $S_{\beta\beta'}$ und und $S_{\gamma\gamma'}$ richtig sind. In der Kettenbruchperiode $K_{\lambda\mu} = 2 S_{\lambda\mu}$ 112 sind 2λ der $2n$ Nenner $k_1, k_2, \dots k_{2n}$ gleich 1, und 2μ sind gleich 2, wo λ und μ teilerfremd sind. Wenn man weiß, wie oft die 1 und wie oft die 2 in K vorkommt, so ist dadurch die Verteilung dieser Zahlen vollständig bestimmt. Aus allen diesen Ergebnissen erkennt man die Zweckmäßigkeit der in § 8 eingeführten Indizesbezeichnung.

Durch die Formel (9.) ist die Bestimmung des Komplexes $S_{\lambda\mu}$ für $\lambda > \mu$ auf die des Komplexes

$$R_{\lambda\mu} = \varkappa_1 \varkappa_2 \cdots \varkappa_\mu \tag{11.}$$

zurückgeführt, der ebenfalls symmetrisch ist. Rekurrierend wird $R_{\alpha\alpha}$ nach (2.) aus

$$R_{\beta\beta'} = \varkappa_1 \cdots \varkappa_{\beta'}, \qquad R_{\gamma\gamma'} = \varkappa_{\beta'+1} \cdots \varkappa_{\beta'+\gamma'}$$

so gefunden: In dem Komplexe $R_{\beta\beta'}\, R_{\gamma\gamma'}$ ersetze man, wenn $\gamma\beta' - \gamma'\beta = +1$ ist, $\varkappa_{\beta'}$ durch $\varkappa_{\beta'} + 1$, wenn aber $\gamma\beta' - \gamma'\beta = -1$ ist, $\varkappa_{\beta'+1}$ durch $\varkappa_{\beta'+1} + 1$. Abgesehen von dem Ausnahmefalle (8.) sind diese Zahlen $\varkappa_{\beta'}$ und $\varkappa_{\beta'+1}$, die letzte oder die erste in einem Komplexe R gleich

$$\varkappa = \left[\frac{\alpha}{\alpha'}\right] = \left[\frac{\beta}{\beta'}\right] = \left[\frac{\gamma}{\gamma'}\right], \qquad (\beta' > 1,\ \gamma' > 1)$$

die sie ersetzenden Zahlen gleich $\varkappa + 1$, in Übereinstimmung mit der Feststellung, daß in $R_{\lambda\mu}$ jede der Zahlen $\varkappa_\nu$ gleich $\varkappa$ oder $\varkappa + 1$ ist.

Die angegebene Regel zur Bestimmung von $R_{\alpha\alpha'}$ läßt sich durch eine einfachere ersetzen, wenn man bedenkt, daß R symmetrisch ist. Ist β' die größere der beiden Zahlen β' und γ', so ist $2\beta' \geqq \alpha'$, weil $\alpha' = \beta' + \gamma'$ ist. Ist $\alpha' = 2\tau$ gerade, und ist $P = \varkappa_1 \dots \varkappa_\tau$ der Komplex der ersten τ Zahlen von $R_{\beta\beta'}$, so ist $R_{\alpha\alpha'} = PP'$. Ist aber $\alpha' = 2\tau + 1$ ungerade, so ist

$$R_{\alpha\alpha'} = P \varkappa_{\tau+1} P'. \tag{12.}$$

Eine Ausnahme tritt den obigen Darlegungen nach nur ein, wenn $\beta' = \gamma' + 1$ und $\gamma\beta' - \gamma'\beta = +1$ ist. Dann ist hier $\varkappa_{\tau+1}$ $(= \varkappa_{\beta'})$ durch $\varkappa_{\tau+1} + 1$ zu ersetzen. Die Formel $R_{\alpha\alpha'} = PP'$ hat keine Ausnahme. Denn ist $\beta' = \gamma'$, also $= 1$, so ist $\pm 1 = \gamma\beta' - \gamma'\beta = \gamma - \beta$ $= -1$, weil $\beta \geqq \gamma$ ist.

§ 11.

Man kann aber auch die Zahlen des Komplexes

$$R_\rho = R_{\lambda\mu} = \varkappa_1 \varkappa_2 \cdots \varkappa_\mu,$$

wo $\rho = \dfrac{\lambda}{\mu}$ ist, *independent* angeben. Es ist nämlich (vgl. C., S. 258)

(1.) $$\varkappa_\nu = [\nu\rho]-[(\nu-1)\rho] \qquad (\nu = 1, 2, \cdots \mu-1),$$

dagegen (vgl. (8.) § 10)

(2.) $$\varkappa_\mu = [\mu\rho]-[(\mu-1)\rho]-1 = [\rho] = \varkappa_1,$$

also in allen Fällen $\varkappa_\nu$ gleich der Anzahl der ganzen Zahlen zwischen $(\nu-1)\rho$ und $\nu\rho$, die Grenzen ausgeschlossen. Zunächst ist der aus diesen Zahlen gebildete Komplex symmetrisch. Denn wenn ρ keine ganze Zahl ist, so ist

$$[\rho]+[-\rho] = -1,$$

und mithin, weil $\mu\rho$ eine ganze Zahl λ ist,

$$\begin{aligned}\varkappa_{\mu-\nu+1} &= [(\mu-\nu+1)\rho]-[(\mu-\nu)\rho] = \lambda+[-(\nu-1)\rho]-\lambda-[-\nu\rho]\\ &= [\nu\rho]-[(\nu-1)\rho] = \varkappa_\nu \qquad (\nu = 2, 3, \cdots \mu-1)\end{aligned}$$

Ferner ist, wie in Gleichung (10.) § 10

(3.) $$\sum_\nu{}_1^{\mu-1}([\nu\rho]-[(\nu-1)\rho])+[\mu\rho]-[(\mu-1)\rho]-1 = [\mu\rho]-1 = \lambda-1.$$

Nun sei für den Komplex $R_{\beta\beta'} = \varkappa_1\varkappa_2\cdots\varkappa_{\beta'}$ bereits bewiesen, daß

$$\varkappa_\nu = \left[\frac{\nu\beta}{\beta'}\right]-\left[\frac{(\nu-1)\beta}{\beta'}\right]$$

ist. Es ist aber

$$\frac{\alpha}{\alpha'} = \frac{\beta\pm\frac{1}{\alpha'}}{\beta'}.$$

Ist also $\beta'>1$ und $\nu<\beta'$, so ist

$$\left[\frac{\nu\beta}{\beta'}\right] = \left[\frac{\nu\alpha}{\alpha'}\right].$$

Daher gelten die Gleichungen (1.) auch für $R_{\alpha\alpha'}$. Nur in dem Ausnahmefalle, den die Formel (12.) § 10 für $\gamma' = \tau$, $\beta' = \tau+1$ erleiden kann, ergibt sich aus dieser Betrachtung noch nicht, daß jene Gleichungen auch für $\varkappa_{\tau+1}$ zutreffen. Da sie aber für alle andern Zahlen von $R_{\alpha\alpha'}$ richtig sind, so zeigt die Vergleichung der Formeln (10.) § 10 und (3.), daß sie auch für $\varkappa_{\tau+1}$ gelten. Demnach ist die Markoffsche Zahl p mit dem Index $\rho = \frac{\lambda}{\mu}$ gleich dem Eulerschen Ausdruck

(4.) $$p_\varrho = [1^{2\rho_1+2}\,2^2\,1^{2\rho_2-2\rho_1}\,2^2\,1^{2\rho_3-2\rho_2}\,2^2\cdots 2^2\,1^{2\rho_\mu-2\rho_{\mu-1}}],$$

wo ρ_ν die größte ganze Zahl in $\nu\rho$ bedeutet, und $p_{\mu\lambda}$ ergibt sich aus $p_{\lambda\mu} = p_\varrho = [h_1 h_1 \cdots h_\sigma h_\sigma]$, indem man jedes $h\,(= 1$ oder $2)$ durch $3-h$ $(= 2$ oder $1)$ ersetzt. Nach (6.) § 7 ist daher

(5.) $$q_{\lambda\mu}+q_{\mu\lambda} \equiv r_{\lambda\mu} \equiv r_{\mu\lambda}, \qquad q_{\lambda\mu}-q_{\mu\lambda} \equiv p_{\lambda\mu}-p_{\mu\lambda} \pmod 3.$$

Die sehr bemerkenswerte Formel (4.), wodurch die Abhängigkeit der Zahl p_ϱ von ρ in der einfachsten Weise beschrieben wird, gilt auch, wenn $\lambda<\mu$ ist, ist aber dann weniger praktisch.

Demnach sind die Markoffschen Zahlen ein spezieller Fall der Zahlen

$$[1^{2\alpha}\,2^2\,1^{2\beta}\,2^2\,1^{2\gamma}\cdots 2^2\,1^{2\mu}] = h_{\alpha,\beta,\gamma,\cdots\mu}:$$

Hier ist $h_\alpha = p_{\alpha-1}$ und nach (3.) § 6

$$h_{\alpha,\beta} = [1^{2\alpha}2][2\,1^{2\beta}]+[1^{2\alpha}][1^{2\beta}] = [1^{2\alpha+2}][1^{2\beta+2}]+[1^{2\alpha}][1^{2\beta}],$$

allgemein

$$h_{\alpha,\cdots\varkappa,\lambda,\mu,\nu,\cdots\omega} = h_{\alpha\cdots\varkappa,\lambda+1}\,h_{\mu+1,\nu,\cdots\omega}+h_{\alpha\cdots\varkappa,\lambda}\,h_{\mu,\nu,\cdots\omega},$$

und insbesondere

$$h_{\alpha,\cdots\varkappa,\lambda,\mu} = h_{\alpha,\cdots\varkappa,\lambda+1}\,p_\mu + h_{\alpha,\cdots\varkappa,\lambda}\,p_{\mu-1}.$$

Daher lassen sich für $\rho>1$ die Zahlen h_ϱ durch $p_\varkappa$ und $p_{\varkappa+1}$ ausdrücken. Z. B. ist

$$p_{2\varkappa+1,2} = p_\varkappa^2+p_{\varkappa+1}^2 = 3p_\varkappa p_{\varkappa+1}-1,$$

$$p_{3\varkappa+1,3} = 3p_\varkappa^3+p_{\varkappa+1}p_{2\varkappa+1,2}, \qquad p_{3\varkappa+2,3} = 3p_{\varkappa+1}^3+p_\varkappa p_{2\varkappa+1,2},$$

$$p_{4\varkappa+1,4} = 9p_\varkappa^4+p_{2\varkappa+1,2}^2, \qquad p_{4\varkappa+3,4} = 9p_{\varkappa+1}^4+p_{2\varkappa+1,2}^2.$$

Das erhaltene Resultat (4.) kann man mit Hilfe der Ergebnisse von Christoffel noch auf eine andere höchst einfache und seltsame Form bringen. Ist l relativ prim zu m, so will ich unter *Charakteristik* von l (mod m) das verstehen, was Christoffel ihren Hauptteil nennt (Observatio arithmetica, Annali di Mat. ser. II, tom. 6, S. 149). Sie ist ein *symmetrischer* Komplex, gebildet aus den Symbolen c und d (die *crescendo* und *decrescendo* bedeuten). Seien $r_1, r_2, \cdots r_{m-1}$ die kleinsten positiven Reste der Zahlen $l, 2l, 3l, \cdots (m-1)l$ (mod m). In dieser Reihe ordne ich jeder der ersten $m-2$ Zahlen $r_1, r_2, \cdots r_{m-2}$ das Symbol c oder d zu, je nachdem die darauffolgende Zahl größer oder kleiner ist. Diese Charakteristik bleibt ungeändert, wenn l (mod m) geändert wird. Daher will ich unter l eine Zahl zwischen 0 und m verstehen. Dann kommt unter den $m-2$ Symbolen der Charakteristik $(l-1)$ mal das Symbol d, und $(m-l-1)$ mal das Symbol c vor.

Ist nun $\lambda>\mu$, so findet man $S_{\lambda\mu}$, indem man in der Charakteristik von μ (mod $\lambda+\mu$) jedes c durch $1, 1$, und jedes d durch $2, 2$ ersetzt. So ergibt sich die Charakteristik von 1 (mod $\varkappa+1$) aus der Reihe $r_1 r_2 \cdots r_{\varkappa-1} r_\varkappa = 1\,2 \cdots \varkappa-1, \varkappa$ gleich $c^{\varkappa-1}$, und mithin ist $S_{\varkappa 1} = 1^{2\varkappa-2}$. Oder für S_{74} gestaltet sich die Rechnung so:

$$(6.) \qquad \begin{matrix} 4 & 8 & 1 & 5 & 9 & 2 & 6 & 10 & 3 & 7 \\ c & d & c & c & d & c & c & d & c & \end{matrix}$$

Die Zahlen der ersten Reihe erhält man, indem man immer zur vorhergehenden Zahl, falls sie $<\lambda$ $(=7)$ ist, μ $(=4)$ addiert, falls sie aber >7 ist, 7 subtrahiert. Demnach ist

$$S_{74} = 1^2\, 2^2\, 1^4\, 2^2\, 1^4\, 2^2\, 1^2,$$

und weil $p = [2S2]$ ist,

$$p_{74} = [2\, 1^2\, 2^2\, 1^4\, 2]^2 + [2\, 1^2\, 2^2\, 1^4]^2 = 507^2 + 194^2 = 294685.$$

Allgemein lautet das Schema (6.):

$$\begin{matrix} \mu & 2\mu \cdots \varkappa\mu & (\varkappa+1)\mu & (\varkappa+1)\mu-\lambda & (\varkappa+2)\mu-\lambda \cdots (\varkappa+\varkappa_1)\mu-\lambda \\ c & c \cdots c & d & c & c \quad \cdots \quad c \end{matrix}$$

$$\begin{matrix} (\varkappa+\varkappa_1+1)\mu-\lambda & (\varkappa+\varkappa_1+1)\mu-2\lambda & (\varkappa+\varkappa_1+2)\mu-2\lambda \cdots (\varkappa+\varkappa_1+\varkappa_2)\mu-2\lambda \\ d & c & c \quad \cdots \quad c \end{matrix}$$

$$\begin{matrix} (\varkappa+\varkappa_1+\varkappa_2+1)\mu-2\lambda & (\varkappa+\varkappa_1+\varkappa_2+1)\mu-3\lambda & (\varkappa+\varkappa_1+\varkappa_2+2)\mu-3\lambda \cdots \\ d & c & c \quad \cdots \end{matrix}$$

Es ist also $\varkappa\mu<\lambda$, dagegen $(\varkappa+1)\mu>\lambda$ und folglich $\varkappa = \left[\frac{\lambda}{\mu}\right]$. Ebenso ist $(\varkappa+\varkappa_1)\mu-\lambda<\lambda$, dagegen $(\varkappa+\varkappa_1+1)\mu-\lambda>\lambda$, und demnach $\varkappa+\varkappa_1 = \left[\frac{2\lambda}{\mu}\right]$, $\varkappa+\varkappa_1+\varkappa_2 = \left[\frac{3\lambda}{\mu}\right]$ usw. Nach Formel (1.) stimmt also die neue Regel mit der früheren überein.

§ 12.

Um eine noch deutlichere Einsicht in das Wesen der Relation

$$\text{(1.)} \qquad \lim\inf. \frac{\sqrt{D}}{M} = 3$$

zu geben, betrachte ich zum Schluß zwei Systeme von quadratischen Formen, bei denen jener Quotient beliebig wenig >3 wird.

Sei $p, q, 1$, wie im Anfang des § 9, eine Lösung der Markoffschen Gleichung, also

$$p^2+q^2+1 = 3pq,\quad r = 3q-p,\quad p = p_{m-1},\quad q = p_{m-2},\quad r = p_{m-3}.$$

Die entsprechende Form

$$\text{(2.)} \qquad \varphi = (p,\, 3p-2q,\, -p)$$

der Diskriminante $9p^2-4$ ist nach (5.) § 5 der Minimalform

$$\text{(3.)} \qquad (p,\, p-2q,\, -(3p-2q))$$

äquivalent. Ebenso ist (nach der Bezeichnung des § 3) die reduzierte Form

$$\text{(4.)} \qquad \varphi-\varphi_1 = \psi = (p-q,\, p+q,\, -(p-q))$$

der Diskriminante $9(p-q)^2+4$ äquivalent der Minimalform

$$(5.)\qquad (p-q,\, r,\, -(p+q)).$$

Den Nachweis zu führen, daß $p-q$ die kleinste durch ψ darstellbare Zahl ist, ist mir nicht in so einfacher Weise gelungen, wie ich in § 4 das entsprechende Problem für die Form φ gelöst habe. Daß ψ mit $-\psi$ äquivalent ist, ist aus (4.) unmittelbar ersichtlich. Die Zahlen $t=3(p-q)$, $u=1$ bilden die kleinste positive Lösung der Gleichung $t^2-Du^2=-4$.

Besitzt diese Gleichung für eine Diskriminante D eine Lösung, so hat die Periode K der Kettenbruchnenner für jede reduzierte Form $\psi=(a,b,-a_1)$ die Gestalt $K=k_1\cdots k_n k_1\cdots k_n$, wo $n=2m-1$ ungerade ist. Dann ist (vgl. (3.) § 7)

$$(6.)\qquad \begin{aligned} \frac{1}{2}(t-bu) &= [k_2\cdots k_{n-1}] = p-2q, & a_1u &= [k_2\cdots k_n] = p-q,\\ au &= [k_1\cdots k_{n-1}] = p-q, & \frac{1}{2}(t+bu) &= [k_1\cdots k_n] = 2p-q. \end{aligned}$$

Daher ist

$$1+\frac{p}{p-q} = \frac{2p-q}{p-q} = (k_1\cdots k_n) = (k_n\cdots k_1),$$

also $k_\lambda = k_{n+1-\lambda}$ und $k_1=k_n=2$, demnach

$$\frac{p}{p-q} = (1k_2\cdots k_{n-1}11).$$

Dieser Kettenbruch, dessen Gliederzahl $n+1$ gerade ist, muß nach dem Satze VI, § 6, symmetrisch sein. Mithin ist $k_2=1$, $k_{\lambda+1}=k_{n+1-\lambda}$, also $k_2=k_3=\cdots=k_{n-1}=1$. Folglich ist

$$p=[1^{n+1}]=u_{n+2},\quad p-q=[1^n]=u_{n+1},\quad q=u_n.$$

Unter Benutzung der Bezeichnung (7.) § 7 ist daher $a=a_1=[1^n]$ und

$$\begin{aligned} a_\lambda &= [1^{n-\lambda-1}2\,2\,1^{\lambda-2}] > [1^{n-\lambda-1}2][2\,1^{\lambda-2}]\\ &= [1^{n-\lambda+1}][1^\lambda] = [1^{n-\lambda+1}]([1^{\lambda-1}]+[1^{\lambda-2}])\\ &> [1^{n-\lambda+1}][1^{\lambda-1}]+[1^{n-\lambda}][1^{\lambda-2}] = [1^n] = a. \end{aligned}$$

Unter den Zahlen a_λ befinden sich aber (F. § 5, III) alle durch ψ darstellbaren Zahlen, die $<\frac{1}{2}\sqrt{D}$ sind. Mithin ist $a=p-q$ die kleinste Zahl, die durch φ dargestellt werden kann.

Ist die Gleichung $t^2-Du^2=-4$ lösbar, und ist ψ mit $-\psi$ äquivalent, so ist die Klasse von ψ eine zweiseitige; denn von diesen drei Symmetrien, die eine Form ψ besitzen kann, ist jede eine Folge der beiden andern. Daher enthält die Periode von ψ zwei zweiseitige Formen ψ_m und ψ_{m+n}. Wie leicht zu zeigen, ist hier

$$m = \frac{1}{2}(n+1), \quad a_m = b_m = 3u_m^2 + 2(-1)^m, \quad a_{m+1} = 3u_m^2,$$

und weil

$$p - q = u_{2m} = u_m(u_{m+1} + u_{m-1})$$

ist,

$$D = (3u_m^2 + 2(-1)^m)(15u_m^2 + 2(-1)^m).$$

Der Wert von b_m ergibt sich aus der Formel

$$ub_\lambda = [k_{\lambda+1} \cdots k_{\lambda+n}] - [k_{\lambda+2} \cdots k_{\lambda+n-1}].$$

Allgemein stellt der Ausdruck

$$(7.) \qquad \chi_n = (u_n, u_{n-3}, -(2u_n + u_{n-3}))$$

die Minimalform (3.) oder (5.) dar, je nachdem n ungerade oder gerade ist. Für $n = \infty$ wird er der Minimalform

$$(8.) \qquad \chi_\infty = a(1, \sqrt{5} - 2, -\sqrt{5})$$

der Diskriminante $D = 9a^2$ proportional. (Über diese Form vgl. Markoff, *Math. Ann.* Bd. 15, S. 382 und 397.)

Wie Hr. Remak gefunden hat, sind (7.) und (8.) die einzigen Minimalformen, $\chi = (a, b, -c)$, wofür

$$(9.) \qquad c = 2a + b$$

ist (vgl. (6.) § 5). Dies kann man, wie mir Hr. Schur mitgeteilt hat, in einfacher Weise aus den Bedingungen $|\chi(u_\lambda + u_{\lambda-2}, u_\lambda)| \geqq a$ ableiten.

Ist n ungerade, so ist für χ_n

$$\frac{\sqrt{D}}{M} = \frac{\sqrt{9u_n^2 - 4}}{u_n} < 3$$

und nähert sich mit wachsendem n beständig zunehmend dem lim inf. 3. Ist aber n gerade, so ist

$$\frac{\sqrt{D}}{M} = \frac{\sqrt{9u_n^2 + 4}}{u_n} > 3$$

und nähert sich mit wachsendem n beständig abnehmend der Grenze 3.

Ähnliche Resultate ergeben sich für $p = p_{1m}$. Die reduzierte Form

$$\frac{1}{2}(\varphi - \varphi_1) = \psi = (q, 7q - 2p, -(5p - 11q))$$

hat die Diskriminante $9q^2 + 4$. Die kleinste durch ψ darstellbare

Zahl ist q, die halbe Periode $k_1 k_2 \cdots k_n = 2^{n-3} 112$, wo $n = 2m+1$ ist. Für die zweiseitige Form ψ_{m-1} ist

$$a_{m-1} = 3v_m^2 + (-1)^m, \qquad b_{m-1} = 2a_{m-1}, \qquad a_m = 3v_m^2,$$

woraus sich für D der Ausdruck

$$D = 4\left(3v_m^2 + (-1)^m\right)\left(6v_m^2 + (-1)^m\right)$$

ergibt. Die Formen φ und ψ sind äquivalent den Minimalformen

$$(p,\ p-2q,\ -(p+3q))\,, \qquad (q,\ 5q-2p,\ -(3p-5q))$$

oder

$$(10.) \qquad (v_n,\ -v_{n-2},\ -(v_n + 3v_{n-1}))$$

je nachdem n ungerade oder gerade ist.

97.

Über das quadratische Reziprozitätsgesetz

Sitzungsberichte der Königlich Preußischen Akademie der Wissenschaften zu Berlin
335–349 (1914)

Die vom Gaussischen Lemma ausgehenden Beweise des Reziprozitätsgesetzes erfordern eine Abzählung von Gitterpunkten, die sich durch Zerschneiden und Zusammensetzen von Figuren in ähnlicher Weise ausführen läßt wie die zahlreichen Beweise des pythagoreischen Lehrsatzes. Die größte Bewunderung hat mit Recht die Art erregt, wie Zeller (Monatsber. 1874, S. 846) diese Abzählung ganz direkt ausführt. Aber auch seine Schlüsse lassen sich noch durch passende Anwendung jenes Verfahrens und konsequentere Benutzung seines Symmetrieprinzips vereinfachen. Für die Behauptung, daß

$$\varkappa = \frac{1}{4}(p-1)(q-1) + \lambda + \mu$$

gerade ist, erhält man so einen überaus anschaulichen und der geometrischen Deutung unmittelbar zugänglichen Beweis, der die Vorzüge des fünften Beweises von Gauss mit denen des dritten vereinigt. Seine von keiner Rechnung getrübte Durchsichtigkeit läßt deutlich erkennen, daß der Schluß, der in den meisten Darstellungen als der Nerv des Beweises erscheint, für die Herleitung des Reziprozitätsgesetzes selbst ganz überflüssig ist. Notwendig ist er, um zu zeigen, daß $\varkappa$ durch 4 teilbar ist, was noch nirgends bemerkt worden zu sein scheint. Jene Behauptung begründe ich näher durch Vergleichung des Beweises mit dem fünften und dritten Beweise von Gauss.

Voraus schicke ich einige Bemerkungen über die Definition, die Zolotareff für das Jacobische Zeichen gegeben hat.

§ 1.

Das Zeichen von Zolotareff.

Ist p eine positive ungerade Zahl, so bezeichne ich mit $\Re(x)$ den kleinsten positiven Rest der ganzen Zahl x (mod p). Ist q relativ prim zu p, so stimmen die Zahlen

$$\Re(q),\ \Re(2q),\ \cdots\ \Re((p-1)q) \tag{1.}$$

abgesehen von der Reihenfolge mit den Zahlen

$$(2.)\qquad 1\,,\;2\,,\;\cdots\;p-1$$

überein, bilden also eine Permutation derselben. Je nachdem diese gerade oder ungerade ist, hat das JACOBI-LEGENDRESche Zeichen $\left(\frac{q}{p}\right)$ den Wert $+1$ oder -1. Diese Definition hat für den Fall, wo p eine Primzahl ist, ZOLOTAREFF gegeben in einer Arbeit über das Reziprozitätsgesetz, *Nouv. Ann.* (2) *tom. XI, p. 354.* Darüber habe ich in den Fortschritten der Mathematik, Bd. 4 (1872), S. 75, berichtet, und ich habe jene Definition schon damals auf den Fall ausgedehnt, wo p irgendeine ungerade Zahl ist. Die Ausdehnung, die ich wiederholt in meinen Vorlesungen vorgetragen habe, ist seither auch von LERCH und anderen gefunden worden. Daß das JACOBIsche Zeichen ein *Gruppencharakter* ist, tritt durch diese Definition am deutlichsten in Erscheinung. Dabei wird der Umstand benutzt, daß sich jede Gruppe als Gruppe von Permutationen darstellen läßt. Ist $q \equiv r \pmod{p}$, so ist

$$(3.)\qquad \left(\frac{q}{p}\right) = \left(\frac{r}{p}\right).$$

Die Permutation (1.) ist gerade oder ungerade, je nachdem darin die Anzahl $\varkappa$ der Inversionen gerade oder ungerade ist. Sind x und y zwei verschiedene Zahlen der Reihe (2.), so entsteht eine Inversion, wenn

$$(4.)\qquad x<y\,,\qquad \Re(xq) > \Re(yq)$$

ist. Ersetzt man q durch $-q$, so enthält die Permutation

$$\Re(-q)\,,\;\Re(-2q),\;\cdots\;\Re(-(p-1)q)$$

$$\frac{1}{2}(p-1)(p-2)-\varkappa$$

Inversionen, und folglich ist, weil $p-2$ ungerade ist,

$$(5.)\qquad \left(\frac{-q}{p}\right) = (-1)^{\frac{1}{2}(p-1)}\left(\frac{q}{p}\right)$$

und insbesondere für $q=1$

$$(6.)\qquad \left(\frac{-1}{p}\right) = (-1)^{\frac{1}{2}(p-1)}.$$

Für $q=2$ enthält die Permutation

$$2\,,\;4\,,\cdots\;p-1,\;1\,,\;3\,,\;\cdots\;p-2$$

$$1+2+3+\cdots+\frac{1}{2}(p-1) = \frac{1}{8}(p^2-1)$$

Inversionen, und mithin ist

$$(7.)\qquad \left(\frac{2}{p}\right) = (-1)^{\frac{1}{8}(p^2-1)}.$$

Ist allgemein

$$x+y' = p\,, \qquad y+x' = p,$$

so ist auch

$$\mathfrak{R}(xq)+\mathfrak{R}(y'q) = p, \qquad \mathfrak{R}(yq)+\mathfrak{R}(x'q) = p.$$

Unter den Bedingungen (4.) ist auch

$$x' < y'\,, \qquad \mathfrak{R}(x'q) > \mathfrak{R}(y'q).$$

Demnach können die Inversionen einander paarweise zugeordnet werden, und wenn die beiden Inversionen eines Paares verschieden sind, so können sie unberücksichtigt bleiben, weil es nur darauf ankommt, ob $\varkappa$ gerade oder ungerade ist. Es braucht also nur die Anzahl λ der Inversionen gezählt zu werden, wofür $x = x'$, also auch $y = y'$ ist. Für solche ist

$$x+y=p\,, \qquad \mathfrak{R}(xq)+\mathfrak{R}(yq) = p,$$

und folglich nach (4.)

$$x < \frac{1}{2}p\,, \qquad \mathfrak{R}(xq) > \frac{1}{2}p.$$

Demnach ist

$$\left(\frac{q}{p}\right) = (-1)^{\lambda}, \tag{8.}$$

wo λ angibt, wie oft der kleinste positive Rest von

$$q,\ 2q, \cdots \frac{1}{2}(p-1)q \qquad (\mathrm{mod}\ p)$$

größer als $\frac{1}{2}p$, oder der absolut kleinste Rest negativ ist (Gauss, Schering).

Aus dieser Eigenschaft des Zeichens von Zolotareff ergibt sich (§ 2) das Reziprozitätsgesetz

$$\left(\frac{q}{p}\right)\left(\frac{p}{q}\right) = (-1)^{\frac{1}{4}(p-1)\,(q-1)}. \tag{9.}$$

In Verbindung mit $\left(\frac{1}{p}\right) = 1$ genügen die Formeln (3.), (5.) und (9.) vollständig zur Berechnung des Zeichens $\left(\frac{q}{p}\right)$. Nach (3.) ist $\left(\frac{q}{p}\right) = \left(\frac{\pm r}{p}\right)$, wo $\pm r$ der absolut kleinste Rest von q (mod $2p$), also $r < p$ und ungerade ist. Ist dieser Rest negativ, so führt (5.) das Zeichen auf $\left(\frac{+r}{p}\right)$, und dann (9.) auf $\left(\frac{p}{r}\right)$ zurück. Bei Fortsetzung dieses Verfahrens werden Zähler und Nenner immer kleiner, bis man auf $\left(\frac{1}{p}\right) = 1$ kommt. (Auf diesem Wege findet man auch $\left(\frac{2}{p}\right) = \left(\frac{2-p}{p}\right)$.) Da nun das Jacobische Zeichen dieselben Eigenschaften besitzt, so muß es mit dem Zeichen von Zolotareff übereinstimmen.

§ 2.

Das Reziprozitätsgesetz.

Sei x eine Veränderliche, deren *Bereich* auf die Werte

$$1,\ 2,\ \cdots\ \frac{1}{2}(p-1) \qquad (x)$$

beschränkt ist. Der absolut kleinste Rest von qx (mod p) ist $qx-py$, falls y so gewählt wird, daß diese Differenz zwischen $-\frac{1}{2}p$ und $+\frac{1}{2}p$ liegt, was stets und nur in einer Weise möglich ist. Demnach gibt λ an, für wie viele Wertepaare x, y

$$0 > qx-py > -\frac{1}{2}p \qquad (\lambda)$$

ist. Hier entspricht nicht jedem der $\frac{1}{2}(p-1)$ Werte von x ein Wert von y, sondern nur λ von ihnen, und jedem dieser λ Werte nur ein Wert y. Da für diesen

$$py > qx > 0\,, \quad py < qx + \frac{1}{2}p < \frac{1}{2}qp + \frac{1}{2}p$$

ist, so kann y auf die Werte

$$1,\ 2,\ \cdots\ \frac{1}{2}(q-1) \qquad (y)$$

beschränkt werden, deren Bereich ich mit (y) bezeichne.

Ebenso gibt μ an, für wieviel Stellen

$$0 > py-qx > -\frac{1}{2}q \qquad (\mu)$$

ist, wenn x die Werte $1, 2, \cdots \frac{1}{2}(p-1)$ und y die Werte $1, 2, \cdots \frac{1}{2}(q-1)$ durchläuft. Solcher Wertepaare x, y gibt es

$$\rho = \frac{1}{2}(p-1)(q-1)\,,$$

deren Bereich ich mit (x, y) bezeichne.

Für jede dieser ρ Stellen ist entweder

(1.) $$py-qx > \frac{1}{2}p \qquad (\delta)$$

oder

(2.) $$\frac{1}{2}p > py-qx > 0 \qquad (\lambda)$$

oder

(3.) $$0 > py-qx > -\frac{1}{2}q \qquad (\mu)$$

oder

(4.) $$-\frac{1}{2}q > py-qx\,. \qquad (\delta').$$

An keiner Stelle ist[1] $py - qx = 0$. Der Bedingung (1.) mögen δ, der Bedingung (4.) δ' Stellen genügen. Dann ist

(5.) $$\rho = \lambda + \mu + \delta + \delta'.$$

Nun ist aber

(6.) $$\delta' = \delta.$$

Denn die Ungleichheit (1.) geht durch die Substitutionen

(7.) $$x = \frac{1}{2}(p+1) - x', \quad y = \frac{1}{2}(q+1) - y'$$

in (4.) über, und wenn x die Werte $1, 2, \cdots \frac{1}{2}(p-1)$ durchläuft, so durchläuft x' dieselben Werte. Ebenso stimmt der Bereich (y) mit (y') überein. Mithin ist

(8.) $$\left(\frac{q}{p}\right)\left(\frac{p}{q}\right) = (-1)^{\frac{1}{4}(p-1)(q-1)}.$$

Daß für ebenso viele Werte $p(2y-1) > q\,2x$ ist, wie $p\,2y < q(2x-1)$ erkennt man noch unmittelbarer, wenn man die Substitutionen (7.) auf die Gestalt

(9.) $$\begin{aligned} 2x &= p - (2x'-1), \quad & 2y &= q - (2y'-1) \\ 2x-1 &= p - 2x', \quad & 2y-1 &= q - 2y' \end{aligned}$$

bringt.

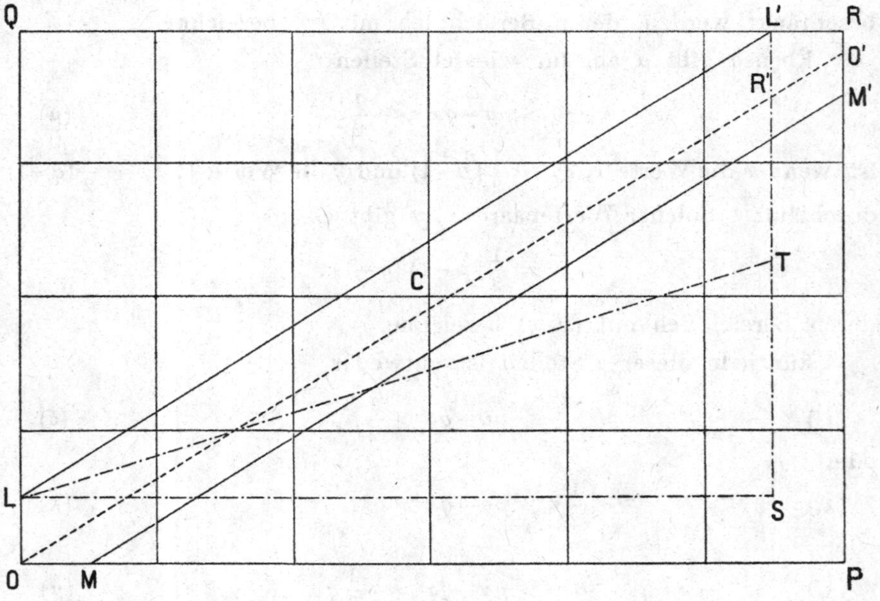

[1] Haben p und q den größten gemeinsamen Divisor d, so sind hier noch die $\frac{1}{2}(d-1)$ Lösungen der Gleichung $py = qx$ zu berücksichtigen, $x = p', 2p', \cdots \frac{1}{2}(d-1)p'$, wo $p = dp'$ ist (vgl. Fields, *Amer. J. Bd.* 13, *S.* 189).

Die geometrische Bedeutung dieser Schlüsse ist klar. In der Figur ist $p = 11$, $q = 7$. R hat die Koordinaten $\frac{1}{2}(p+1)$, $\frac{1}{2}(q+1)$, L, L', M, M' sind die Mitten der Seiten der betreffenden Quadrate. Die 3 parallelen Geraden OO', LL', MM' haben die Gleichungen

$$py = qx, \quad py = qx + \frac{1}{2}p, \quad py = qx - \frac{1}{2}q.$$

Die Substitution (7.) ordnet je zwei Punkte einander zu, die zum Zentrum C des Rechtecks

$$a = \frac{1}{4}(p+1), \quad b = \frac{1}{4}(q+1)$$

symmetrisch liegen. Ich werde sie *symmetrische* Punkte im Rechteck nennen.

Innerhalb des Rechtecks $OPQR$ liegen ρ Gitterpunkte, λ zwischen OO' und LL', μ zwischen OO' und MM'. Entfallen δ Punkte auf das Dreieck $LL'Q$, so entfallen auf das kongruente Dreieck $MM'P$ ebenso viele, und mithin ist

$$\rho = \lambda + \mu + 2\delta. \tag{10.}$$

Diesen anschaulichen Beweis hätte man längst gefunden, hätte nicht Eisenstein (*Crelles Journal Bd. 28, S. 246*) seine Nachfolger irre geführt durch Zeichnen eines Rechtecks $OP'Q'R'$, worin R' die Koordinaten $\frac{1}{2}p$, $\frac{1}{2}q$ besitzt, also auf OO' liegt. Übrigens hat Eisenstein nicht, wie häufig gesagt wird, durch geometrische Betrachtungen das Reziprozitätsgesetz bewiesen, sondern nur die Formel (15.) aber nicht die Formel (6.) oder (16.).

Um die Beziehungen des obigen Beweises zu anderen Darstellungen klarer darlegen zu können, bringe ich ihn noch auf folgende Form. Wenn an λ' Stellen des Bereiches (x, y)

$$py - qx < 0 \qquad (\lambda') \tag{11.}$$

ist, so ist nach (2.) an $\lambda + \lambda'$ Stellen

$$py - qx < \frac{1}{2}p \qquad (\lambda + \lambda'). \tag{12.}$$

Auf diese Weise wird die Grenze 0 (die Grenzlinie OO') entfernt, die allein die volle Symmetrie der Figur stört. Wenn an μ' Stellen

$$py - qx > 0 \qquad (\mu') \tag{13.}$$

ist, so ist nach (3.) an $\mu + \mu'$ Stellen

$$qx - py < \frac{1}{2}q \qquad (\mu + \mu'). \tag{14.}$$

Da $py-qx$ an jeder der ρ Stellen entweder positiv oder negativ ist, so ist nach (11.) und (13.)

$$(15.)\qquad \lambda'+\mu' = \rho.$$

Weil die Bedingung (12.) durch die Substitutionen (7.) in (14.) übergeht, so ist

$$(16.)\qquad \lambda+\lambda' = \mu+\mu'.$$

Mithin ist

$$\lambda+\mu \equiv \lambda'+\mu' = \frac{1}{4}(p-1)(q-1) \pmod 2.$$

Macht man in der Ungleichheit (12.) nur die eine der beiden Substitutionen (7.), so erkennt man, daß $\lambda+\lambda' = \mu+\mu'$ die Anzahl der Stellen ist, die der symmetrischen Bedingung

$$(17.)\qquad \frac{2x}{p}+\frac{2y}{q} > 1$$

genügen; oder auch der Bedingung

$$(18.)\qquad \frac{2x-1}{p}+\frac{2y-1}{q} < 1.$$

Nun kann man auch dem Beweise von ZELLER eine Form geben, die seinem Mangel an Symmetrie abhilft. Nach (2.) und (3.) ist $\lambda+\mu$ die Anzahl der Stellen x, y, die der Bedingung

$$\frac{1}{2}p > py-qx > -\frac{1}{2}q \qquad (\lambda+\mu)$$

genügen[1]. Diese aber geht durch die Substitution (7.) in sich selbst über. Gehört x, y zu den $\lambda+\mu$ Stellen, so gehört dazu auch x', y'. Daher ist $\lambda+\mu$ gerade, außer wenn

$$x = x' = \frac{1}{4}(p+1)\quad,\quad y = y' = \frac{1}{4}(q+1)$$

ganze Zahlen sind, wenn also p und q beide von der Form $4n-1$ sind. Dann und nur dann ist $\lambda+\mu$ ungerade.

Liegt der Punkt x, y auf dem Streifen zwischen LL' und MM' (dem Sechseck $OLL'RM'M$, oder dem Parallelogramm $LL'MM'$, dessen Diagonalen sich in C schneiden), so liegt der symmetrische

---

[1] Erst nach Abschluß dieser Arbeit ist mir die Mitteilung von DEDEKIND über die ursprüngliche Form des ZELLERschen Beweises in der Festschrift für HEINRICH WEBER zu Gesicht gekommen. Bis zu dieser Stelle stimmt dieser Beweis mit dem obigen überein, nur daß $p < q$ vorausgesetzt wird. Dies liegt daran, daß die im Anfang dieses Paragraphen bestimmten Grenzen für y nicht aus der Ungleichheit (2.), sondern aus $\frac{1}{2}p > py-qx > -\frac{1}{2}p$ erhalten sind. Daß $y > 0$ ist, kann man aber daraus nur schließen, wenn $p < 2q$ ist.

Punkt x', y' auch darauf. Dieser Streifen nebst allen seinen Gitterpunkten kommt durch eine halbe Umdrehung um den Mittelpunkt C des Rechtecks mit sich selbst zur Deckung. Daher ist die Anzahl $\lambda + \mu$ dieser Gitterpunkte gerade, außer wenn das Zentrum der Symmetrie

$$a = \frac{1}{4}(p+1) \quad , \quad b = \frac{1}{4}(q+1)$$

selbst ein Gitterpunkt ist. Bei diesem Beweise ist die Hinzunahme fremder Gitterpunkte gänzlich vermieden worden.

§ 3.

Der fünfte Beweis von Gauss.

Gauss benutzt in seinem *dritten* Beweise ebenfalls die Zahlen $\lambda + \lambda'$ und $\mu + \mu'$, die er in § 7 mit L und M bezeichnet. Leider ist ihm die Beziehung $L = M$ entgangen; sonst hätte er uns viele Beweise des Reziprozitätsgesetzes erspart. Statt dessen zeigt er, daß $L = \lambda + \lambda'$ gerade ist. Aus denselben Gründen ist auch $\mu + \mu'$ gerade, und mithin ist

$$\lambda + \mu \equiv \lambda' + \mu' = \rho \pmod 2 .$$

Demnach können die Beweise in zwei Klassen geteilt werden, je nachdem sie darauf ausgehen zu zeigen, daß $L = M$ ist, oder daß L gerade ist. Den letzteren Weg halte ich für einen Umweg. Eine ähnliche Einteilung macht Schering (*Gött. Nachr. 1879, S. 217*), der in dieses Gebiet nach Gauss am tiefsten eingedrungen ist.

Aus dem Prinzip der Symmetrie abzuleiten, daß $\lambda + \lambda'$ gerade ist, ist mir nur durch die Deutung gelungen, die Gauss in seinem *fünften* Beweise für diese Zahl entwickelt hat.

Er ordnet dort jeder Stelle u, v eine Zahl z zu, die zwischen $-\frac{1}{2}pq$ und $+\frac{1}{2}pq$ liegende Zahl, die den beiden Kongruenzen

$$z \equiv u \pmod p \quad , \quad z \equiv v \pmod q$$

genügt. Unter den Zahlen z, die den ρ Stellen x, y entsprechen, seien α positiv, δ negativ. Unter den Zahlen z, die den ρ Stellen $-x, y$ entsprechen, seien β positiv, δ negativ. Dann ist

$$\rho = \alpha + \delta = \beta + \gamma .$$

Ist x eine *bestimmte* der Zahlen $1, 2, \cdots \frac{1}{2}(p-1)$, so sind $\frac{1}{2}(q-1)$ der Zahlen $1, 2, \cdots \frac{1}{2}(pq-1)$ kongruent $-x \pmod p$, nämlich

$$-x+p, -x+2p, \cdots -x+\frac{1}{2}(q-1)p .$$

*Irgend*einem der $\frac{1}{2}(p-1)$ Werte von $-x$ sind daher $\frac{1}{2}(p-1)\frac{1}{2}(q-1) = \rho$ jener $\frac{1}{2}(pq-1)$ Zahlen (mod p) kongruent. Von diesen ρ Zahlen sind β irgendeinem der Werte von y (mod q) kongruent, δ irgendeinem der Werte von $-y$, und λ sind $\equiv 0$ (mod q). Dies sind die λ Zahlen aus der Reihe

$$q\,,\ 2q\,,\cdots \frac{1}{2}(p-1)q\,,$$

die einem $-x$ (mod p) kongruent sind. Daher ist

$$\rho = \beta+\delta+\lambda = \gamma+\delta+\mu\,.$$

Aus diesen vier Gleichungen ergeben sich die Formeln

$$(1.)\quad \begin{array}{llll} 2\alpha = \rho+\lambda+\mu\,, & \alpha = \lambda+\lambda' = \mu+\mu', & LL'P \cong MM'Q\,, \\ 2\beta = \rho-\lambda+\mu\,, & \beta = \lambda' & ,\ OO'P & , \\ 2\gamma = \rho+\lambda-\mu\,, & \gamma = \mu' & ,\ OO'Q & , \\ 2\delta = \rho-\lambda-\mu\,, & \delta = \lambda'-\mu = \mu'-\lambda\,, & LL'Q \cong MM'P. \end{array}$$

In der ersten Spalte stehen die Formeln von Gauss, die Bedeutung der beiden anderen Spalten erläutere ich unten. Jede der vier Formeln beweist das Reziprozitätsgesetz. Ganz besonders deutlich zeigen sie, wie unnötig es für den Beweis dieses Satzes zu wissen, daß α gerade ist.

Der fünfte Beweis von Gauss ist (aber nicht in der Darstellung von Kronecker) ebenso einfach wie der des § 2, aber nicht so durchsichtig und anschaulich. Dafür hat er den Vorzug, daß man aus der darin benutzten Definition von α leicht erkennen kann, daß α gerade ist.

Ist das Zentrum der Symmetrie

$$a = \frac{1}{4}(p+1)\quad,\quad b = \frac{1}{4}(q+1)$$

ein Gitterpunkt, so ist $p \equiv q \equiv -1$, also $pq \equiv 1$ (mod 4), und folglich ist

$$c = -\frac{1}{4}(pq-1)$$

die ihm entsprechende Zahl z, und diese ist negativ.

Entspricht aber dem Punkte x, y eine positive Zahl z, so entspricht dem symmetrischen Punkte x', y' nach (7.) § 2 die Zahl

$$(2.)\qquad z' = \frac{1}{2}(pq+1)-z,$$

die ebenfalls positiv ist. Folglich zerfallen die α *positiven* Punkte x, y, (denen ein positiver Wert von z entspricht), in $\frac{1}{2}\alpha$ Paare symmetrischer Punkte. (Ist z negativ, so ist $z' = -\frac{1}{2}(pq-1)-z$ ebenfalls negativ.)

Die zweite Spalte der obigen Tabelle erhält man, indem man die Formeln von GAUSS mit den Relationen (15.) und (16.), § 2 vergleicht. In der dritten Spalte habe ich mit $OO'P$ und $OO'Q$ die beiden Figuren bezeichnet, in die das Rechteck durch die Gerade OO' geteilt wird. Der Punkt O' liegt nämlich auf der Seite PR oder QR, je nachdem $p > q$ oder $p < q$ ist. (Ist also $p > q$, so ist $\lambda' \leqq \mu'$ und $\lambda \geqq \mu$.) In ähnlicher Weise bezeichne ich die Figuren, in die das Rechteck durch LL' oder MM' geteilt wird. Demnach ist $LL'P$ das Fünfeck $OLL'RP$, und enthält α Gitterpunkte.

Mit voller Absicht habe ich hier das Zeichen und den Begriff der größten ganzen Zahl unter einer gegebenen Größe vermieden, weil er den Sinn der Beweise des Reziprozitätsgesetzes mehr verdunkelt als erhellt. (Vgl. z. B. den Beweis von HACKS, *Acta Math. Bd. 12, S. 109*, der mit dem Beweise in § 2 nahe verwandt ist.) Dieser Ansicht scheint auch DEDEKIND zu sein. Dagegen werde ich mich im folgenden einer Zeichensprache bedienen, die eine Vereinfachung der von SCHERING benutzten ist. Sind die Variabeln x und y so beschränkt wie oben, so bezeichne ich die Anzahl der Stellen des Bereiches (x, y), an denen $f(x,y) < g(x,y)$ ist mit $[f(x,y) < g(x,y)]$. Ist nirgends $f(x,y) = g(x,y)$, so ist, wie in der Formel (15.) § 2

$$(3.)\qquad [f(x,y) < g(x,y)] + [f(x,y) > g(x,y)] = \rho.$$

Die Zahlen $\lambda', \mu', \lambda, \mu$ sind dann durch die Gleichungen

$$(4.)\qquad \lambda' = [py < qx]\quad,\qquad \mu' = [py > qx],$$

$$(5.)\qquad \lambda+\lambda' = [p(2y-1) < q2x] = \mu+\mu' = [p2y > q(2x-1)]$$

definiert, die Zahlen von GAUSS durch

$$(6.)\qquad \begin{aligned} \alpha &= [p(2y-1) < q2x] &&= [p2y > q(2x-1)],\\ \beta &= [p2y < q2x] &&= [p(2y-1) > q(2x-1)],\\ \gamma &= [p(2y-1) < q(2x-1)] &&= [p2y > q2x],\\ \delta &= [p2y < q(2x-1)] &&= [p(2y-1) > q2x]. \end{aligned}$$

Die zweite Formel geht jedesmal durch die Substitution (9.) § 2 aus der ersten hervor.

Die Verteilung der δ *negativen* Punkte im Rechteck läßt sich genauer beschreiben: Ist ξ, η ein solcher (im Innern oder auch am Rande des Rechtecks, aber die 4 Ecken O, P, Q, R ausgeschlossen), so ist der entsprechende negative Wert $z = \xi - py = \eta - qx$. Die Zahl δ ist die Anzahl der Lösungen der Gleichung

$$(7.)\qquad py-qx = \xi-\eta,$$

wenn jeder der beiden Punkte x, y und ξ, η das Innere des Rechtecks durchläuft.

Die Bedingung hängt nur von $\xi - \eta$ ab. Ist also ξ', η' ein Punkt des Rechtecks, für den $\xi' - \eta' = \xi - \eta$ ist, so ist er auch ein negativer Punkt (dagegen ist $\xi = \frac{1}{2}(p-1)$, $\eta = \frac{1}{2}(q-1)$, $z = \frac{1}{2}(pq-1)$ positiv, und $\xi' = \frac{1}{2}(p+1)$, $\eta' = \frac{1}{2}(q+1)$, $z' = -\frac{1}{2}(pq-1)$ negativ). Daher braucht man nur die negativen Punkte auf dem Rande zu suchen (mit Ausschluß der Ecken). Sei wieder x auf das Gebiet (x), y auf (y), § 2 beschränkt. Von den absolut kleinsten Resten der Zahlen $-qx \pmod p$ [bzw. $-py \pmod q$] seien λ [μ] positiv, $\xi_1, \xi_2, \cdots \xi_\lambda$ [$\eta_1, \eta_2, \cdots \eta_\mu$]. Man nehme auf OP die λ Punkte mit den Abszissen $\xi_1, \xi_2, \cdots \xi_\lambda$ und auf OQ die μ Punkte mit den Ordinaten $\eta_1, \eta_2, \cdots \eta_\mu$, und ziehe durch jeden dieser $\lambda + \mu$ (negativen) Punkte eine Parallele zur Geraden $y = x$, die den Winkel POQ halbiert. Die Punkte im Innern des Rechtecks, die auf diesen $\lambda + \mu$ (zu C symmetrischen) Geraden liegen, sind die δ negativen Punkte.

Ist $p > q$, so ist $\lambda \geqq \mu$ und

$$\frac{1}{2}(q-1) \leqq \lambda + \mu \leqq \frac{1}{2}(p-1). \tag{8.}$$

Beide Grenzen werden erreicht, z. B. die untere für $p - 2 = q = 4n + 1$, die obere für $p - 2 = q = 4n - 1$. Denn die $\lambda + \mu$ positiven Zahlen $\xi_1, \cdots \xi_\lambda, \eta_1, \cdots \eta_\mu$ sind alle untereinander verschieden, die Zahlen $1, 2, \cdots \frac{1}{2}(q-1)$ kommen alle unter ihnen vor, von den Zahlen zwischen $\frac{1}{2}q$ und $\frac{1}{2}p$ fehlen $\nu = \frac{1}{2}(p-1) - \lambda - \mu$. Sind dies $\tau_1, \tau_2, \cdots \tau_\nu$, so ist

$$\tau_1 + \tau_\nu = \tau_2 + \tau_{\nu-1} = \cdots = \frac{1}{2}(p+q), \tag{9.}$$

und in derselben Beziehung stehen die zwischen $\frac{1}{2}q$ und $\frac{1}{2}p$ liegenden Werte unter den Zahlen $\xi_1, \xi_2, \cdots \xi_\lambda$. Denn ist $py - qx = \xi$, so ist $qx < py \leqq \frac{1}{2}(q-1)p < \frac{1}{2}(p-1)q$, also $x \leqq \frac{1}{2}(p-3)$. Daher ist auch

$$\xi' = p\left(\frac{1}{2}(q+1) - y\right) - q\left(\frac{1}{2}(p-1) - x\right) = \frac{1}{2}(p+q) - \xi \tag{10.}$$

eine der Zahlen $\xi_1, \cdots \xi_\lambda$. Wenn $\frac{1}{4}(p+q)$ eine ganze Zahl ist, so ist sie ein ξ oder τ, d. h. ist die Gleichung $py - qx = \frac{1}{4}(p+q)$ möglich oder nicht, je nachdem $q \equiv -1$ oder $+1 \pmod 4$ ist; und dasselbe gilt für $\frac{1}{4}(p-q)$. Aus diesen Überlegungen kann man nach

Zeller schließen, daß $\lambda+\mu$ nur dann ungerade ist, wenn $p\equiv q\equiv -1 \pmod 4$ ist. Man hat aber immer umständliche Betrachtungen anzustellen, wenn man sich, wie in Gleichung (10.) einer anderen Symmetrie bedient, als der durch (7.), § 2 ausgedrückten. Solcher Symmetrien kann man übrigens leicht noch andere aufstellen, wenn man $p > mq$ voraussetzt.

Ist $\xi_1 > \xi_2 > \cdots > \xi_\lambda$ und $\eta_1 > \eta_2 > \cdots \eta_\mu$, so ergeben sich mit Hilfe von (7.), § 2 die Relationen

$$(11.)\qquad \xi_1-\eta_1 = \cdots = \xi_\mu-\eta_\mu = \xi_{\mu+1}+\xi_\lambda = \xi_{\mu+2}+\xi_{\lambda-1} = \cdots = \frac{1}{2}(p-q)$$

demnach $\xi_\mu > \frac{1}{2}(p-q) > \xi_{\mu+1}$. Endlich führt die am Ende des § 4 besprochene Methode von Dirichlet (vgl. Dedekind a. a. O. S. 33) zu den Gleichungen

$$(12.)\qquad 4(\xi_1+\xi_2+\cdots+\xi_\lambda) = p(\lambda+\mu)-\rho\,,\quad 4(\eta_1+\eta_2+\cdots+\eta_\mu) = q(\lambda+\mu)-\rho$$

Da die $\lambda-\mu$ verschiedenen Zahlen $\xi_\lambda, \cdots \xi_{\mu+1} < \frac{1}{2}(p-q)$ sind, so ist

$$(13.)\qquad \lambda-\mu < \frac{1}{2}(p-q)\,,\qquad \frac{1}{2}(p-1)-\lambda > \frac{1}{2}(q-1)-\mu.$$

Zum Schluß erwähne ich noch eine Deutung der Formel (17.), § 2 in Verbindung mit den Formeln (11.) und (13.), § 2. Ordnet man jeder Stelle u, v eine Zahl t zu, den absolut kleinsten Rest von $-pv-qu\equiv -(p+q)z \pmod{pq}$, so sind unter den Zahlen, die den ρ Stellen x, y entsprechen, α positiv und δ negativ; und unter den Zahlen, die den ρ Stellen $-x, y$ entsprechen, β positiv und γ negativ.

§ 4.

Der dritte Beweis von Gauss.

Durchläuft x_0 die geraden, x_1 die ungeraden Werte von x, so ist der Bereich $(x) = (x_0)+(x_1)$ und analog $(y) = (y_0)+(y_1)$. Ist $p = 4n\pm 1$, so durchläuft x_1 die n Werte $1, 3, \cdots 2n-1$. Dann gibt Gauss in seinem *dritten* Beweise § 4, VIII, die Formel

$$\frac{1}{2}(\lambda+\lambda') = \frac{1}{2}(q-1)n-[py<qx_1].$$

Hier muß also unterschieden werden, ob p die Form $4n+1$ oder $4n-1$ hat. Diesem Schönheitsfehler ist aber leicht abzuhelfen. Es ist nämlich $\frac{1}{2}(q-1)n$ die Anzahl der Punkte im Rechteck, deren Abzisse ungerade ist. Daher erhält man, indem man das Rechteck durch OO' teilt, die Relation

$$\frac{1}{2}(\lambda+\lambda') = [py > qx_1] = [py > q(2x-1)].$$

Denn wenn $q(2x-1) < py < \frac{1}{2}pq$ ist, so ist $2x-1 < \frac{1}{2}p$, gehört also dem Bereiche (x_1) an.

Nimmt man dazu die Gleichung $\lambda+\lambda' = \mu+\mu'$, so erhält man die folgenden Sätze (vgl. SCHERING, Sitzungsber. 1885, S. 116 u. 117):

(1.) $$\frac{1}{2}(\lambda'-\lambda) = [py_0 < qx] = [2py < qx]$$

ist die Anzahl der Punkte in $OO'P$ mit geradem y.

(2.) $$\frac{1}{2}(\mu'-\mu) = [py > qx_0] = [py > 2qx]$$

ist die Anzahl der Punkte in $OO'Q$ mit geradem x.

(3.) $$\frac{1}{2}(\lambda+\lambda') = [py > qx_1] = [py > q(2x-1)]$$
$$= \frac{1}{2}(\mu+\mu') = [py_1 < qx] = [p(2y-1) < qx]$$

ist die Anzahl der Punkte in $OO'P$ mit ungeradem y und zugleich die Anzahl der Punkte in $OO'Q$ mit ungeradem x.

Nach der Methode des § 2 lassen sich diese Sätze so erhalten: Durchläuft v die Werte $1, 2, \cdots q-1$, so ist der Bereich

$$(v) = (2y)+(2y-1) = (y)+(q-y)$$

und entsprechend ist $[pv < q2x]$ gleich

$$[p2y < q2x]+[p(2y-1) < q2x] = [py < q2x]+[p(q-y) < q2x].$$

Ersetzt man in dem letzten Ausdruck $2x$ durch $p-(2x-1)$, so geht er in $[py > q(2x-1)]$ über. Wendet man ferner auf zwei jener Ausdrücke die Formel (3.) § 3 an, so erhält man

$$\rho-[py > qx]+[p(2y-1) < q2x] = \rho-[py > q2x]+[py > q(2x-1)]$$

oder nach (12.) und (13.), § 2

$$[py > q(2x-1)]-[py > q2x] = \lambda+\lambda'-\mu'.$$

Durchläuft u die Werte $1, 2, \cdots p-1$, so ist

$$[py > q(2x-1)]+[py > q2x] = [py > qu] = [py > qx] = \mu'.$$

Denn wenn $qu < py < \frac{1}{2}pq$ ist, so ist $u < \frac{1}{2}p$, gehört also dem Bereich (x) an. Mithin ist

$$\frac{1}{2}(\lambda + \lambda') = [py > q(2x-1)].$$

Die Gleichungen

$$(4.)\quad (\lambda + \lambda') = [p(2y-1) < q2x], \quad \frac{1}{2}(\lambda + \lambda') = [p(2y-1) < qx]$$

lassen die interessante geometrische Deutung zu:

Das rechtwinklige Dreieck $LL'S$ mit den Katheten $\frac{1}{2}p$ und $\frac{1}{2}q$ wird durch seine Mittellinie LT (deren Gleichung $p(2y-1) = qx$ ist) in zwei Dreiecke geteilt, die gleich viele Gitterpunkte enthalten. Wird dagegen die Ordinate $P'R'$ des Punktes R' in V halbiert, so enthält nach (1.) das Dreieck $OP'V$ nur $\frac{1}{2}(\lambda' - \lambda)$, das Dreieck OVR' aber $\frac{1}{2}(\lambda' + \lambda)$ Gitterpunkte, so daß λ Gitterpunkte auf dem Streifen zwischen den beiden Parallelen LT und OV liegen, d. h. von den absolut kleinsten Resten der Zahlen

$$q, \qquad 2q, \qquad \frac{1}{2}(p-1)q \qquad (\mathrm{mod}\ 2p)$$

sind λ negativ.

Zu einer anderen Deutung der Zahl $\frac{1}{2}(\lambda + \lambda')$ führt der Beweis, den Dirichlet in seinen Vorlesungen entwickelt hat:

Unter den $\lambda + \lambda'$ Gitterpunkten in der Figur $LL'P$ gibt es ebenso viele, an denen die Zahl $py - qx$ gerade ist, wie solche, an denen sie ungerade ist.

Denn durchläuft x, y die Stellen, für die $p(2y-1) < q2x$ ist, so ist

$$\sum (-1)^{py-qx} = 0.$$

Ist nämlich $g(x)$ die Anzahl der Werte von y, die einem bestimmten Werte x entsprechen, so ist

$$pg(x) - qx = \pm x',$$

wo x' zugleich mit x die Werte $1, 2, \cdots \frac{1}{2}(p-1)$ durchläuft (Gauss, Beweis des Lemma). Dann ist die Partialsumme

$$\sum (-1)^y = \frac{1}{2}\left((-1)^{g(x)} - 1\right),$$

also, weil (vgl. KRONECKER, Sitzungsber. 1884, S. 252)

$$g(x) + x \equiv x' \qquad (\mathrm{mod}\ 2)$$

ist,

$$2\sum(-1)^{x+y} = \sum(-1)^{x}\left((-1)^{g(x)}-1\right) = \sum(-1)^{x'} - \sum(-1)^{x} = 0\,.$$

Alle diese feineren Einteilungen sind aber, wie ich nochmals bemerke, zum Beweise des Reziprozitätsgesetzes selbst nicht notwendig. Dazu braucht man nicht zu wissen, daß die Zahl $\rho+\lambda+\mu$ durch 4 teilbar ist, sondern nur, daß sie gerade ist.

98.

Über das quadratische Reziprozitätsgesetz II

Sitzungsberichte der Königlich Preußischen Akademie der Wissenschaften zu Berlin 484–488 (1914)

Wenn ein System von Punkten symmetrisch um ein Zentrum C gelagert ist, so ist ihre Anzahl ungerade oder gerade, je nachdem C dem System angehört oder nicht. Nun ist λ die Anzahl der Punkte zwischen OO' und LL', und μ die der Punkte zwischen OO' und MM'. Keine dieser beiden Punktmengen ist symmetrisch. Werden sie aber vereinigt, so bilden die $\lambda+\mu$ Punkte zwischen LL' und MM' eine symmetrische Menge. Ihr Mittelpunkt C ist zugleich das Zentrum der ρ Gitterpunkte im Rechteck $OPQR$. Daher ist $\lambda+\mu$ zugleich mit ρ gerade oder ungerade.

Gauss legt meistens, und auch in seinem dritten Beweise, großen Wert darauf, die *Gleichungen* zu entwickeln, die zu den abzuleitenden *Kongruenzen* führen. Beweise, die von vornherein mit Kongruenzen operieren, sind meist wenig durchsichtig. Es bleibt eben wenig von einer Gleichung übrig, wenn man sie in eine Kongruenz (mod 2) verwandelt. Ich habe nun bemerkt, daß man dem geometrischen Beweise von Eisenstein (*Crelles Journal Bd. 28*) durch unmerkliche Abänderungen eine Form geben kann, die der obigen Forderung gerecht wird. Im Grunde beruhen ja alle diese Beweise auf denselben Schlüssen, sie unterscheiden sich nur durch den Grad der Deutlichkeit, womit sie die entscheidenden Argumente ins Licht setzen. Die Beweisanordnung von Eisenstein verdient nun, wie mir scheint, vor der von Gauss den Vorzug, weil sie diejenige Deutung der Zahl λ, welche die Kongruenz $\lambda \equiv \lambda'$ (mod 2) evident macht, unabhängig von der Definition von λ' entwickelt (Satz I, § 5).

Im Anschluß an diesen Beweis werde ich die verschiedenen Anordnungen des *dritten* Beweises von Gauss besprechen und miteinander vergleichen.

§ 5.

Die kleinsten positiven Reste.

Sind p und q positive ungerade teilerfremde Zahlen, so durchlaufe x die Werte $1, 2, \cdots \frac{1}{2}(p-1)$, und sei r_x der kleinste positive Rest (mod p) von

$$(1.) \qquad xq = p\left[\frac{xq}{p}\right] + r_x .$$

Dann gibt λ an, wie viele unter den $\frac{1}{2}(p-1)$ Resten $r_x > \frac{1}{2}p$ sind. Ebenso sei

$$(2.) \qquad 2xq = p\left[\frac{2xq}{p}\right] + r'_x .$$

Ist dann $r_x < \frac{1}{2}p$, so ist $\left[\frac{2xq}{p}\right] = 2\left[\frac{xq}{p}\right]$ gerade. Ist aber $r_x > \frac{1}{2}p$, so ist $\left[\frac{2xq}{p}\right] = 2\left[\frac{xq}{p}\right] + 1$ ungerade. Daher gibt λ an, wie viele unter den $\frac{1}{2}(p-1)$ Quotienten $\left[\frac{2xq}{p}\right]$ ungerade sind.

Durchläuft x_0 die geraden, x_1 die ungeraden unter den Werten von x, so ist der Bereich $(x) = (x_0) + (x_1)$, und der Bereich $(2x) = (x_0) + (p - x_1)$. Daher zerfallen die Zahlen $\left[\frac{2xq}{p}\right]$ in die Zahlen $\left[\frac{x_0 q}{p}\right]$ und

$$\left[\frac{(p-x_1)q}{p}\right] = q - 1 - \left[\frac{x_1 q}{p}\right] \equiv \left[\frac{x_1 q}{p}\right] \qquad (\text{mod } 2),$$

weil q ungerade ist[1]. Folglich ist λ auch die Anzahl der ungeraden unter den Zahlen $\left[\frac{x_0 q}{p}\right]$ und $\left[\frac{x_1 q}{p}\right]$ zusammengenommen, d. h. unter den Zahlen $\left[\frac{xq}{p}\right]$.

I. *Sind p und q zwei positive ungerade teilerfremde Zahlen, so dividiere man die Zahlen*

$$q,\ 2q,\ \cdots\ \frac{1}{2}(p-1)q$$

durch p,

$$xq = p\left[\frac{xq}{p}\right] + r_x .$$

Sind dann λ der kleinsten positiven Reste $r_x > \frac{1}{2}p$, so sind auch genau λ der Quotienten $\left[\frac{xq}{p}\right]$ ungerade, ebenso viele wie unter den Quotienten $\left[\frac{2xq}{p}\right]$.

---

[1] Es werden demnach die Zahlen $2x > \frac{1}{2}p$ durch $p - (2x' - 1)$ ersetzt, wo $2x' - 1 = x_1 < \frac{1}{2}p$ ist. Nach (9.), § 2 verbirgt sich also an dieser Stelle der Nerv des Beweises.

Dieser Satz macht den Sinn der Kongruenz

$$(3.)\qquad \lambda \equiv \sum \left[\frac{xq}{p}\right] = \lambda' \pmod 2$$

vollständig klar. Hier ist

$$\lambda' = [py < qx]$$

die Anzahl der Gitterpunkte innerhalb des Dreiecks $OP'R'$, wo der Punkt R' die Koordinaten $OP' = \frac{1}{2}p$, $P'R' = \frac{1}{2}q$ hat. Auf der Geraden OR' entspreche der Abzisse $x = OG$ die Ordinate $y = \frac{xq}{p} = GH$, und sei N die Mitte von GH. Auf GH liegen $\left[\frac{xq}{p}\right] = h$ Gitterpunkte. Ihre Ordinaten $y = 1, 2, 3, 4, \cdots h$ sind abwechselnd ungerade und gerade. Die Anzahl der ungeraden Ordinaten ist der Anzahl der geraden gleich, wenn h gerade ist, aber um 1 größer, wenn h ungerade ist. Betrachtet man alle Gitterpunkte innerhalb des Dreiecks $OP'R'$, so übersteigt demnach die Anzahl der Punkte mit ungerader Ordinate die der Punkte mit einer geraden um die Anzahl der ungeraden h, d. h. um λ.

II. *In dem Dreieck $OP'R'$ übertrifft die Anzahl der Punkte mit ungerader Ordinate um λ die der Punkte mit gerader Ordinate.*

Da das Dreieck $\lambda' = [py < qx]$ Punkte enthält, so ist demnach (Gauss)

$$(4.)\qquad \begin{aligned} \lambda &= [py_1 < qx] - [py_0 < qx], \\ \lambda' &= [py_1 < qx] + [py_0 < qx]. \end{aligned}$$

Das Bemerkenswerte an diesen Ergebnissen besteht darin, daß die Gitterpunkte innerhalb des Dreiecks $OP'R'$ nicht nur die Zahl λ', sondern auch die Zahl λ völlig bestimmen.

Ist V die Mitte von $P'R'$, so schneide die Gerade OV die Ordinate GH in N. Ist h gerade, so liegen auf GN und NH je $\frac{1}{2}h$ Punkte. Ist aber h ungerade, so liegen auf GN $\frac{1}{2}(h-1)$ Punkte, auf NH aber $\frac{1}{2}(h+1)$, also einer mehr. Folglich liegen im Dreieck OVR' λ Punkte mehr als im Dreieck $OP'V$, nämlich $\frac{1}{2}(\lambda'+\lambda)$ Punkte gegen $\frac{1}{2}(\lambda'-\lambda)$.

§ 6.

Die absolut kleinsten Reste.

Von der Gleichung (1.), § 5 sind wir zu der Gleichung (2.) übergegangen, indem wir im Dividendus q durch $2q$ ersetzt haben. Ersetzt man umgekehrt im Divisor p durch $2p$, so erhalte man

(1.) $$xq = 2p\left[\frac{xq}{2p}\right] + s_x.$$

Ist $\left[\frac{xq}{p}\right]$ gerade, so ist $s_x = r_x < p$. Ist aber $\left[\frac{xq}{p}\right]$ ungerade, so ist $s_x = r_x + p > p$. Daraus folgt:

I. *Von den absolut kleinsten Resten der Zahlen* $q, 2q, \cdots \frac{1}{2}(p-1)q$ (mod p) *sind ebenso viele negativ, wie von ihren absolut kleinsten Resten* (mod $2p$).

Betrachten wir diese absolut kleinsten Reste. Sei

(2.) $$xq = p\left[\frac{xq}{p}+\frac{1}{2}\right] + \varepsilon_x \rho_x,$$

wo $0 < \rho_x < \frac{1}{2}p$ und $\varepsilon_x = \pm 1$ ist, und analog

(3.) $$xq = 2p\left[\frac{xq}{2p}+\frac{1}{2}\right] + \eta_x \sigma_x.$$

Dann ist nach dem letzten Satze $\sum \eta_x = \sum \varepsilon_x$. Ist $\left[\frac{xq}{p}+\frac{1}{2}\right]$ gerade, so ist

$$\left[\frac{xq}{p}+\frac{1}{2}\right] = 2\left[\frac{xq}{2p}+\frac{1}{2}\right], \quad \eta_x = \varepsilon_x, \quad \sigma_x = \rho_x.$$

Ist aber $\left[\frac{xq}{p}+\frac{1}{2}\right] = 2m_x - \varepsilon_x$ ungerade, so ist

$$xq = p(2m_x - \varepsilon_x) + \varepsilon_x \rho_x = 2pm_x - \varepsilon_x(p - \rho_x),$$

also

$$\left[\frac{xq}{p}+\frac{1}{2}\right] = 2\left[\frac{xq}{2p}+\frac{1}{2}\right] - \varepsilon_x, \quad \eta_x = -\varepsilon_x, \quad \sigma_x = p - \rho_x.$$

Die Gleichung $\sum(\varepsilon_x - \eta_x) = 0$ reduziert sich demnach auf

(4.) $$\sum{}' \varepsilon_x = \sum{}' \eta_x = 0,$$

wo x nur die Werte durchläuft, wofür $\left[\frac{xq}{p}+\frac{1}{2}\right]$ ungerade ist. Durch Addition der $\frac{1}{2}(p-1)$ Gleichungen

(5.) $$\left[\frac{xq}{p}+\frac{1}{2}\right] = 2\left[\frac{xq}{2p}+\frac{1}{2}\right] - \frac{1}{2}(\varepsilon_x - \eta_x)$$

ergibt sich (Schering)

(6.) $$\lambda + \lambda' = \sum\left[\frac{xq}{p}+\frac{1}{2}\right] = 2\sum\left[\frac{xq}{2p}+\frac{1}{2}\right]$$

oder

(7.) $$\lambda + \lambda' = [p(2y-1) < q\,2x] = 2[p(2y-1) < qx],$$

d. h. die beiden Dreiecke, in die das rechtwinklige Dreieck $LL'S$ durch seine Mittellinie LT zerlegt wird, enthalten gleich viele Gitterpunkte. Mit Hilfe der identischen Gleichung

$$[2z] = [z] + \left[z + \frac{1}{2}\right]$$

geht die Relation (6.) in die Formel

$$(8.)\qquad \sum\left(\left[\frac{2xq}{p}\right] - 2\left[\frac{xq}{p}\right]\right) = \sum\left(\left[\frac{xq}{p}\right] - 2\left[\frac{xq}{2p}\right]\right)$$

über, die dasselbe sagt wie der Satz I.

Die λ Zahlen ρ_x, für die $\varepsilon_x = -1$ ist, sind in § 3 mit $\xi_1, \xi_2, \cdots \xi_\lambda$ bezeichnet worden. Durch Addition der Gleichungen (1.), § 5 hat Dedekind die erste der beiden Formeln (12.), § 3 erhalten. Dieselben sind aber bereits in den dort entwickelten Relationen (9.) und (11) enthalten. Denn die $\frac{1}{2}(p-1)$ Zahlen $\xi_1, \cdots \xi_\lambda, \eta_1 \cdots \eta_\mu, \tau_1, \cdots \tau_\nu$ stimmen mit den Zahlen $1, 2, \ldots \frac{1}{2}(p-1)$ überein. Da außerdem nach (9.), § 3

$$4(\tau_1 + \cdots + \tau_\nu) = (p+q)\nu$$

ist, so ist

$$4(\xi_1 + \cdots + \xi_\lambda + \eta_1 + \cdots + \eta_\mu) = \frac{1}{2}(p^2-1) - (p+q)\nu = (p+q)(\lambda+\mu) - 2\rho.$$

Durch Addition der Gleichungen (11.), § 3 ergibt sich aber

$$4(\xi_1 + \cdots + \xi_\lambda - \eta_1 - \cdots - \eta_\mu) = (p-q)(\lambda+\mu),$$

und mithin ist

$$(9.)\qquad 4(\xi_1 + \cdots + \xi_\lambda) = p(\lambda+\mu) - \rho,\quad 4(\eta_1 + \cdots + \eta_\mu) = q(\lambda+\mu) - \rho.$$

Daraus folgt, daß $\lambda + \mu + \rho$ durch 4 teilbar ist.

Damit ist der Zusammenhang zwischen den verschiedenen Anordnungen des dritten Beweises von Gauss vollständig klargelegt.

99.

Über den Fermatschen Satz III

Sitzungsberichte der Königlich Preußischen Akademie der Wissenschaften zu Berlin
653–681 (1914)

Unter p verstehe ich eine Primzahl, mit der als Exponent die Fermatsche Gleichung

$$a^p + b^p + c^p = 0$$

durch drei rationale Zahlen a, b, c befriedigt werden kann, von denen keine durch p teilbar ist. Dann genügen die 6 Zahlen

$$(1.)\qquad t \equiv -\frac{b}{c},\ -\frac{c}{b},\ -\frac{c}{a},\ -\frac{a}{c},\ -\frac{a}{b},\ -\frac{b}{a} \pmod{p}$$

den Kummerschen Kongruenzen

$$(2.)\qquad b_n f_{p-n}(t) \equiv 0 \qquad (n = 1, 2, \ldots p-3).$$

Hier sind

$$b_0 = 1,\ b_1 = -\frac{1}{2},\ b_2 = \frac{1}{6},\ b_3 = 0,\ b_4 = -\frac{1}{30},\ b_5 = 0, \cdots$$

die Bernoullischen Zahlen, und es ist

$$(3.)\qquad f_n(x) = \sum_r{}_0^{p-1} r^{n-1} x^r.$$

Aus diesen Bedingungen hat Hr. Wieferich die Kongruenz

$$(4.)\qquad m^{p-1} \equiv 1 \pmod{p^2}$$

für $m = 2$ erschlossen. In meiner Arbeit *Über den Fermatschen Satz* (Sitzungsber. 1909) habe ich dafür eine kurze Herleitung gegeben. Von allen Zahlen unter 2000 ist, wie Hr. Meissner (Sitzungsber. 1913) gefunden hat, $p = 1093$ die einzige, wofür diese Kongruenz erfüllt ist.

Nach Hrn. Mirimanoff muß die Kongruenz (4.) auch für $m = 3$ gelten. Da ihr dann $p = 1093$ nicht genügt, so kann im folgenden $p > 2000$ vorausgesetzt werden. Dies erleichtert die Untersuchung insofern, als die benutzten Schlüsse mitunter für kleine Werte von p nicht zulässig sind.

Die Resultate des Hrn. MIRIMANOFF fließen aus der identischen Kongruenz

$$(x^p - 1)\,Q(x) - (x^m - 1)\,P(x) \equiv m f(x)\,. \qquad (\mathrm{mod}\ p). \quad -$$

Hier sind P, Q und f ganze Funktionen von x, deren Koeffizienten (mod p) ganz sind; m ist nicht durch p teilbar; $P(t) \equiv 0$ ist eine lineare Verbindung der KUMMERschen Kongruenzen; $\frac{1}{x} Q(x)$ ist eine symmetrische Funktion $(m-2)$ten Grades, und $f = f_{p-1}$. In meiner Arbeit *Über den FERMATschen Satz. II.* (Sitzungsber. 1910) habe ich dafür eine Herleitung gegeben, die aus der Theorie der BERNOULLIschen Zahlen nur die Rekursionsformel $(h+1)^n = h^n$ voraussetzt.

In der Arbeit *Über die BERNOULLIschen Zahlen und die EULERschen Polynome* (Sitzungsber. 1910) habe ich Eigenschaften der Zahlen $h^n = b_n$ und der Polynome $R_n(x)$ entwickelt, die eine direkte Herleitung der obigen Resultate gestatten. Sie können dann auf dem in der ersten Arbeit benutzten Wege erhalten werden.

Mit einer unscheinbaren Verallgemeinerung, die aber von großer Tragweite ist, wendet Hr. VANDIVER (*CRELLES Journal, Bd. 144*) diese Methode an, um die Kongruenz (4.) auch für $m = 5$ herzuleiten. So einfach aber sein Grundgedanke ist, so kompliziert sind die Rechnungen, mittels deren er ihn durchgeführt hat. Selbst ein so unerschrockner Rechner wie Hr. DICKSON hat die Verantwortung für ihre Richtigkeit nicht übernehmen wollen.

Nun war es mir längst gelungen, die Methode meiner ersten Arbeit weiter zu vereinfachen. Auf demselben Wege konnte ich die neuen Resultate bequem herleiten, auch für größere k, nicht nur für $k = 2$, wie Hr. VANDIVER.

Es gelang mir zu zeigen, daß die Kongruenz (4.) auch für $m = 11$ und 17 gilt, und falls $p = 6n - 1$ ist, auch für $m = 7$, 13 und 19.

Die Bedingung (4.) ist nur die bequemste von $\frac{1}{2}(m-1)$ Bedingungen, die sich in den einfachsten Fällen dahin zusammenfassen lassen, daß $f(x)$ (mod p) durch $x^m - 1$ teilbar ist, oder daß die Funktion

$$(5.) \qquad Q_m(x) \equiv \sum_{l}^{m-1}{}_{1}\, S_{p-2}\left(\frac{l}{m}\right) x^l \qquad (\mathrm{mod}\ p)$$

identisch verschwindet, wo

$$S_n(x) = \frac{(x+h)^{n+1} - h^{n+1}}{n+1}$$

die BERNOULLIsche Funktion ist. Für $x = 1$ und für die von 1 verschiedenen $m$ten Einheitswurzeln ρ hat jene Funktion die Werte

$$Q_m(1) \equiv -\frac{m^p - m}{p}, \qquad Q_m(\rho) \equiv \frac{-mf(\rho)}{1-\rho^p}.$$

Auch für kleine zusammengesetzte m gibt es $\frac{1}{2}\varphi(m)$ Bedingungen dieser Art. Ich habe sie für alle Werte $m = 2, 3, \cdots 22, 24, 26$ entwickelt.

Je größer m wird, desto mehr Hilfsmittel sind zur Ableitung dieser Bedingungen erforderlich. Ich habe sie nicht vorab im Zusammenhang dargestellt, sondern allmählich, sobald sie erforderlich wurden, entwickelt.

§ 1.
Hilfssätze.

Aus meiner Arbeit über die Bernoullischen Zahlen brauche ich folgende Resultate: Aus § 8, S. 827 die Formel

$$(mh+l)^n - h^n = -n \sum{}' \frac{\rho^{l+1} R_{n-1}(\rho)}{(\rho-1)^n} \qquad (l = 0, 1, \cdots m-1).$$

Der Ausdruck links ist nach Potenzen des Symbols h zu entwickeln, und dann ist h^λ durch b_λ zu ersetzen. In der Summe rechts durchläuft ρ die von 1 verschiedenen Wurzeln der Gleichung

$$(1.) \qquad \rho^m = 1.$$

Soll eine Summe über alle m Wurzeln dieser Gleichung erstreckt werden, so schreibe ich

$$\sum_\rho \varphi(\rho) = \varphi(1) + \sum{}' \varphi(\rho).$$

Für $l = 0$ ist

$$\frac{m^n-1}{n} b_n = -\sum{}' \frac{\rho R_{n-1}(\rho)}{(\rho-1)^n}.$$

Aus § 16 brauche ich die Formel (1.)

$$x(1-x)^{p-n} R_{n-1}(x) \equiv f_n(x) \qquad (\text{mod } p).$$

Nunmehr ist

$$(2.) \qquad (mh+l)^n - h^n \equiv (-1)^{n+1} n \sum{}' \frac{\rho^l f_n(\rho)}{1-\rho^p},$$

und für $l = 0$, falls m nicht durch p teilbar ist,

$$(3.) \qquad \frac{m^n-1}{n} b_n \equiv -\sum{}' \frac{f_n(\rho)}{1-\rho^p} \qquad (n = 1, 2, \cdots p-1),$$

auch für $n = 1$, wo

$$(4.) \qquad f_1(x) = \sum_r {}_0^{p-1} x^r = \frac{x^p-1}{x-1}$$

ist, weil

$$\sum{}' \frac{f_1(\rho)}{1-\rho^p} = \sum{}' \frac{1}{1-\rho} = \frac{1}{2}(m-1) = -(m-1)\,b_1$$

ist. Z. B. ist für $m = 2$, $\rho = -1$

(5.) $$\frac{2^{n+1}-2}{n} b_n \equiv -f_n(-1).$$

Endlich ist nach (5.), § 3

$$b_{p-1} \equiv 1 + \frac{(p-1)!}{p} \pmod{p},$$

also

(6.) $$(m^{p-1}-1)\,b_{p-1} \equiv -\frac{m^{p-1}-1}{p} \pmod{p}$$

und folglich

(7.) $$\frac{m^{p-1}-1}{p} \equiv -\sum{}' \frac{f(\rho)}{1-\rho^p}.$$

§ 2.

Die Grundformel.

Sind x und y unbestimmte Größen, und ist k eine durch p nicht teilbare positive ganze Zahl, so setze ich

(1.) $$F(x,y) = \sum_n{}_1^{p-2} \binom{p-2}{n-1} k^{p-n-1} f_{p-n}(x) f_n(y).$$

Die veränderlichen Zahlen r und s durchlaufen, wenn nicht ausdrücklich anders verfügt wird, die Werte von 0 bis $p-1$. Dann ist

$$F(x,y) + f_1(x) f(y) = \sum_n{}_1^{p-1} \binom{p-2}{n-1} k^{p-n-1} f_{p-n}(x) f_n(y)$$

$$= \sum_n \sum_{r,s} \binom{p-2}{n-1} k^{p-n-1} r^{p-n-1} x^r s^{n-1} y^s,$$

also

(2.) $$F(x,y) + f_1(x) f(y) = \sum_{r,s} (kr+s)^{p-2} x^r y^s.$$

Nun erhält man, indem man r durch $r+1$ ersetzt,

$$\sum_r{}_0^{p-1} (kr+s)^{p-2} x^r = \sum_r{}_{-1}^{p-2} (kr+k+s)^{p-2} x^{r+1}$$

$$\equiv \sum{}_0^{p-1} (kr+k+s)^{p-2} x^{r+1} - (x^p-1)\, s^{p-2},$$

und indem man s durch $s-k$ ersetzt,

$$\sum_{s\,0}^{p-1}(kr+k+s)^{p-2}y^{s+k}=\sum_{s\,k}^{k+p-1}(kr+s)^{p-2}y^s$$

$$\equiv\sum_{s\,0}^{p-1}(kr+s)^{p-2}y^s+(y^p-1)\sum_{l\,0}^{k-1}(kr+l)^{p-2}y^l,$$

d. h. die Koeffizienten der entsprechenden Potenzen der Unbestimmten sind (mod p) kongruent.

Daher ist

$$y^k\sum_{r,s}(kr+s)^{p-2}x^ry^s\equiv\sum_{r,s}(kr+k+s)x^{r+1}y^{s+k}-(x^p-1)\sum_s s^{p-2}y^{s+k}$$

$$\equiv x\sum_{r,s}(kr+s)^{p-2}x^ry^s+x(y^p-1)\sum_{r,l}(kr+l)^{p-2}x^ry^l-(x^p-1)y^kf(y).$$

Setzt man also für $l=0,1,\cdots k-1$

$$(3.)\quad h_l^{(k)}(x)=h_l(x)=\sum_r(kr+l)^{p-2}x^r,\quad h_0(x)=k^{p-2}f(x),$$

so ist

$$(y^k-x)\big(F(x,y)+f_1(x)f(y)\big)+(x-1)\,y^kf_1(x)f(y)\equiv x(y^p-1)\sum_l h_l(x)y^l$$

oder

$$(4.)\quad (y^k-x)F(x,y)+(y^k-1)xf_1(x)f(y)\equiv x(y^p-1)\sum_{l\,0}^{k-1}h_l(x)y^l.$$

In dieser identischen Kongruenz setze ich für die Unbestimmte y eine von 1 verschiedene $m$te Einheitswurzel ρ. Ist m nicht durch p teilbar, so ist $1-\rho^p$ relativ prim zu p. Mithin ergibt sich

$$(5.)\quad (x-\rho^k)\frac{F(x,\rho)}{1-\rho^p}+\frac{1-\rho^k}{1-\rho^p}f(\rho)xf_1(x)\equiv x\sum_{l\,0}^{k-1}h_l(x)\rho^l.$$

Setzt man

$$(6.)\qquad F_{m,k}(x)=-\sum{}'\frac{F(x,\rho)}{1-\rho^p},$$

so ist nach (3.), § 2

$$F_{m,k}(x)\equiv\sum_{n\,1}^{p-2}\binom{p-2}{n-1}k^{p-n-1}\frac{1}{n}(m^n-1)b_nf_{p-n}(x),$$

also

$$(7.)\qquad F_{m,k}(x)\equiv-\sum_{n\,1}^{p-2}k^{p-n-1}(m^n-1)(-1)^nb_nf_{p-n}(x).$$

Ferner sei

$$(8.)\qquad G_m^{(k)}(x)=G(x)=x\,\frac{x^m-1}{x-1}\sum{}'\frac{f(\rho)}{1-\rho^p}\,\frac{1-\rho^k}{x-\rho^k},$$

also $\frac{1}{x}G(x)$ eine ganze Funktion $(m-2)$ten Grades, und für $k=1$

$$(9.)\quad G_m^{(1)}(x)=Q_m(x)=Q(x)=x\,\frac{x^m-1}{x-1}\sum{}'\frac{f(\rho)}{1-\rho^p}\,\frac{1-\rho}{x-\rho}.$$

Dann ist

$$(10.)\qquad Q_m(\rho) = -m\,\frac{f(\rho)}{1-\rho^p},$$

und weil

$$Q(1) + \sum{}' Q(\rho) = \sum_\rho Q(\rho) = 0$$

ist, nach (7.), § 1

$$(11.)\qquad Q(1) = m\sum{}' \frac{f(\rho)}{1-\rho^p} \equiv -\frac{m^p - m}{p}.$$

Ferner ist

$$mG(x) = -x\,\frac{x^m - 1}{x-1}\sum_\rho Q(\rho)\left(\frac{1-\rho^k}{x-\rho^k} - 1\right)$$

und folglich

$$(12.)\qquad m\,G_m^{(k)}(x) = x(x^m - 1)\sum_\rho \frac{Q_m(\rho)}{x-\rho^k}.$$

Setzt man endlich

$$H_{m,k}(x) = x(x^m - 1)\sum_l{}_0^{k-1} \sum{}' \frac{h_l(x)\rho^l}{x-\rho^k},$$

so folgt aus der Formel (5.) die Kongruenz

$$(x^p - 1)G_m^{(k)} - (x^m - 1)F_{m,k} \equiv H_{m,k}.$$

Setzt man in (5.) $m = k$, so wird $\rho^k = 1$, und man erhält

$$(x-1)\frac{F(x,\rho)}{1-\rho^p} = x\sum_l{}_0^{k-1} h_l(x)\rho^l,$$

und wenn man nach ρ summiert nach (6.)

$$(13.)\qquad F_{k,k}(x) \equiv -\frac{xf(x)}{x-1} + \frac{x}{x-1}\sum_l{}_0^{k-1} h_l^{(k)}(x).$$

Setzt man nun

$$(14.)\qquad H_m^{(k)}(x) = x(x^m - 1)\sum_l{}_0^{k-1} \sum_\rho \frac{h_l^{(k)}(x)\rho^l}{x-\rho^k},$$

so ist

$$H_m^{(k)} = H_{m,k} + \frac{x(x^m - 1)}{x-1}\sum h_l \equiv H_{m,k} + (x^m - 1)\left(\frac{xf}{x-1} + F_{k,k}\right)$$

Daher ist

$$(15.)\qquad (x^p - 1)G_m^{(k)}(x) - (x^m - 1)F_{m:k}(x) \equiv H_m^{(k)}(x),$$

falls man

$$F_{m:k} = F_{m,k} - F_{k,k} - \frac{xf}{x-1}$$

setzt. Nach (7.) ist folglich

$$(16.)\qquad -F_{m:k}(x) = \frac{xf(x)}{x-1} + \sum_n{}_1^{p-2}\left(\left(\frac{m}{k}\right)^n - 1\right)(-1)^n b_n f_{p-n}(x),$$

hängt also, wie schon durch die Wahl der Bezeichnung angedeutet ist, nur von dem Verhältnis $m:k$ ab.

Die Grundformel (15.) bildet das Fundament der folgenden Entwicklung. Ihre Wichtigkeit beruht auf den drei Eigenschaften: 1. $F(x)$ ist eine lineare Verbindung der linken Seiten der Kummerschen Kongruenzen, $f(x)$ und

$$(17.)\qquad b_n f_{p-n}(x). \qquad (n = 2, 4, \cdots p-3)$$

2. $\frac{1}{x}G(x)$ ist eine (symmetrische) ganze Funktion vom Grade $m-2$. 3. Die k Funktionen $h_l(x)$, aus denen H zusammengesetzt ist, sind von m unabhängig. In allen diesen Funktionen sind die Koeffizienten *ganz* (mod p).

Daß die oben benutzte Funktion $\frac{f(x)}{x-1}$ ganz ist, folgt aus $f(1) \equiv 0$. Der Quotient läßt sich auch leicht als ganze Funktion darstellen, weil

$$(18.)\qquad f(x) \equiv \sum_n{}_1^{p-1} \frac{x^n}{n} \equiv \frac{x^p + (1-x)^p - 1}{p} \equiv \sum \frac{(1-x)^n}{n}$$

ist. Eine andere Darstellung liefert die Formel (Fermat II, (12.), § 3)

$$(19.)\qquad \frac{x\,f(x)}{x-1} \equiv \sum_n{}_0^{p-2} (-1)^n b_n f_{p-n}(x),$$

wo der allgemeinen Definition entsprechend

$$f_p(x) = (x-1)^{p-1} - 1 \equiv f_1(x) - 1$$

ist. Bezeichnet man nämlich die Summe mit T, so ist

$$T = \sum_n{}_0^{p-2} \sum_r{}_0^{p-1} \binom{p-1}{n} h^n r^{p-n-1} x^r = \sum_r{}_0^{p-1} ((h+r)^{p-1} - h^{p-1})\, x^r.$$

Das dem Werte $r = 0$ entsprechende Glied verschwindet. Für $r = p$ ist

$$(h+p)^{p-1} - h^{p-1} \equiv 0,$$

weil sich in der Entwicklung h^{p-1} aufhebt und die übrigen Glieder p im Zähler, aber nicht im Nenner enthalten. Daher ist

$$T \equiv \sum_r{}_1^{p} ((h+r)^{p-1} - h^{p-1})\, x^r = \sum_r{}_0^{p-1} ((h+r+1)^{p-1} - h^{p-1})\, x^{r+1}.$$

Nun ist aber

$$\varphi(h+1) = \varphi(h) + \varphi'(0), \quad (h+1+r)^{p-1} \equiv (h+r)^{p-1} - r^{p-2}$$

und mithin $T \equiv xT - xf$.

Mittels (19.) ergibt sich aus (7.) und (13.)

$$(20.)\quad \frac{x f(x)}{x-1} + F_{k,k}(x) \equiv \frac{x}{x-1} \sum_{l}{}_0^{k-1} h_l^{(k)}(x) \equiv \sum_{n}{}_0^{p-2} (-k)^{-n} b_n f_{p-n}(x)$$

und aus (16.)

$$(21.)\quad F_{m:k}(x) \equiv -\sum_{n}{}_0^{p-2} \left(-\frac{m}{k}\right)^n b_n f_{p-n}(x).$$

Anmerkung: Auf demselben Wege ergibt sich die Formel:

$$(22.)\quad \sum_{n}{}_0^{m-1} \binom{m}{n} b_n f_{m-n+1}(x) \equiv \frac{x m f_m(x)}{1-x}$$

oder

$$\sum_{m}{}_0^{m-1} \binom{m}{n} (-h)^n f_{m-n+1}(x) \equiv \frac{m f_m(x)}{1-x}.$$

Hr. Mirimanoff leitet (*Crelles Journal Bd. 128, S. 66*) daraus durch Multiplikation mit $1-x^p = (1-x) f_1(x)$ und Anwendung der Operation $D_{l(x)}^{p-m-1}$ die Relationen

$$(1-x^p) \sum_{n}{}_0^{m-1} \binom{m}{n} (-1)^n b_n f_{p-n}(x) \equiv m \sum_{n}{}_1^{p-m} \binom{p-m-1}{n-1} f_n(x) f_{p-n}(x)$$

ab, mittels deren er die Kummerschen Kongruenzen in

$$(23.)\quad f_n(t) f_{p-n}(t) \equiv 0 \qquad (n = 1, 2, \cdots p-1)$$

transformiert. Aus (1.) und (4.) folgt daher (vgl. § 7)

$$(24.)\quad \sum_{l}{}_0^{k-1} t^l h_l^{(k)}(t) \equiv 0.$$

§ 3.

$k = 1, \quad m = 2, 3.$

Für die Zahlen (1.) der Einleitung ist $F(t) \equiv 0$. Von diesen 6 Zahlen

$$(1.)\quad t, \quad \frac{1}{t}, \quad 1-t, \quad \frac{1}{1-t}, \quad \frac{t-1}{t}, \quad \frac{t}{t-1}$$

ist nach der Voraussetzung keine $\equiv 0$, und weil $a+b+c \equiv 0$ ist, auch keine $\equiv 1$. Sind sie alle verschieden, so ist auch keine $\equiv -1$. Sind sie nicht verschieden, so sind sie entweder paarweise kongruent

$$(2.)\quad t \equiv 2, \quad \frac{1}{2}, \quad -1,$$

oder falls $p = 6n+1$ ist, zu je dreien kongruent den beiden Wurzeln der Kongruenz

(3.) $$z^2 - z + 1 \equiv 0,$$

die ich im folgenden stets mit z und $z^{-1} \equiv 1 - z$ bezeichne.

Ist nun zuerst $k = 1$, so ist

$$H(x) = x(x^m - 1) f(x) \sum_\varrho \frac{1}{x - \varrho} = m x^m f(x).$$

Setzt man also

$$F_m(x) + m f(x) = P_m(x),$$

so erhält man die in der Einleitung erwähnte Formel

(4.) $$(x^p - 1)\, Q_m(x) - (x^m - 1)\, P_m(x) \equiv m f(x),$$

aus der sich

(5.) $$G_m^{(1)}(t) \equiv 0$$

ergibt. Die Funktion $\frac{1}{x} Q(x)$ verschwindet also für mindestens zwei verschiedene Werte t. Da sie nur vom $(m-2)$ten Grade ist, so muß sie für $m = 2$ und 3 identisch verschwinden. (Mirimanoff.) Demnach ist $Q(1) \equiv 0$ oder nach (11.), § 2

(6.) $$2^{p-1} \equiv 1, \qquad 3^{p-1} \equiv 1 \qquad (\text{mod } p^2).$$

Nach (4.) ist daher $2 f(x) \equiv -(x^2 - 1) P_2(x)$ und mithin

(7.) $$f(-1) = f_{p-1}(-1) \equiv 0.$$

Da ferner

(8.) $$f_n(x) \equiv (-1)^{n-1} x^p f_n\left(\frac{1}{x}\right), \qquad f(x) \equiv -x^p f\left(\frac{1}{x}\right)$$

ist, so ist für ein gerades n auch $f_{p-n}(-1) \equiv 0$ (vgl. (5.), § 1). Demnach genügt auch $t \equiv -1$ den Kummerschen Kongruenzen und allen, die aus ihnen abgeleitet sind, und ist, außer in dem Falle (2.), von den andern bekannten Wurzeln verschieden.

Anmerkung: Der Fall (2.) kann nur eintreten, wenn

(9.) $$2^{p-1} \equiv 1 \qquad (\text{mod } p^4)$$

ist. Wie Hr. Vandiver, *American Transactions*, vol. 15, S. 202 gefunden hat, ergibt sich dies unmittelbar aus den Kongruenzen

(10.) $$a^p \equiv a, \quad b^p \equiv b, \quad c^p \equiv c, \quad a + b + c \equiv 0 \qquad (\text{mod } p^3).$$

Die nämliche Bedingung erhält man aus der Voraussetzung $t^2+1\equiv 0$ (vgl. (7.), § 7). Aus der Annahme (3.) läßt sich keine Folgerung dieser Art ziehen. Ist aber $t^2+t+1\equiv 0$, so muß

$$(11.)\qquad 3^{p-1}\equiv 1 \pmod{p^4}$$

sein. Denn ist

$$a^2+b^2\equiv ab\,,\quad a^3\equiv -b^3 \pmod{p}\,,$$

so ist nach (10.)

$$a^{3p}\equiv -b^{3p} \pmod{p^2}\,,\quad a^3\equiv -b^3 \pmod{p^2}\,,\quad a^{3p}\equiv -b^{3p} \pmod{p^3}\,,$$
$$a^3+b^3\equiv 0 \pmod{p^3}\,,\quad a^{3p}+b^{3p}\equiv 0 \pmod{p^4}\,,$$

und wenn man durch $a+b$ bz. a^p+b^p dividiert,

$$a^2+b^2\equiv ab \pmod{p^3}\,,\quad a^{2p}+b^{2p}\equiv a^p b^p \pmod{p^4}\,.$$

Aus

$$a+b\equiv -c \pmod{p^3}\,,\quad a^p+b^p = -c^p$$

folgt daher

$$c^2\equiv 3ab \pmod{p^3}\,,\quad c^{2p}\equiv 3a^p b^p \pmod{p^4}$$

und aus der ersten dieser beiden Kongruenzen

$$c^{2p}\equiv 3^p a^p b^p \pmod{p^4}.$$

Die Kongruenzen (10.) erhält Hr. Vandiver aus dem Satze des Hrn. Furtwängler: Für jeden Divisor r von abc ist

$$(12.)\qquad r^{p-1}\equiv 1 \pmod{p^2}.$$

Man kann sie aber nach Sophie Germain auch ganz elementar ableiten: Nach den Formeln

$$(13.)\qquad a=-uu_1\,,\quad b=-vv_1\,,\quad c=-ww_1\,,$$

$$(14.)\qquad b+c=u^p,\quad c+a=v^p,\quad a+b=w^p,$$

$$(15.)\qquad \frac{b^p+c^p}{b+c}=u_1^p\,,\quad \frac{c^p+a^p}{c+a}=v_1^p\,,\quad \frac{a^p+b^p}{a+b}=w_1^p$$

ist für einen Primfaktor r von w_1

$$a^p+b^p\equiv 0\,,\quad \text{aber nicht}\quad a+b\equiv 0 \pmod{r}\,,$$

weil w und w_1 teilerfremd sind. Da aber

$$a\equiv v^p\,,\quad b\equiv u^p \pmod{r}$$

ist, so ist

$$\left(-\frac{u}{v}\right)^{p^2}\equiv 1\,,\quad \text{aber nicht}\quad \left(-\frac{u}{v}\right)^{p}\equiv 1 \pmod{r}.$$

Daher gehört $-\frac{u}{v}$ (mod r) zum Exponenten p^2, und folglich ist

$$(16.)\qquad r\equiv 1 \pmod{p^2}$$

für jeden Primfaktor r von w_1 oder u_1 oder v_1, und mithin ist, da u_1, v_1, w_1 positiv sind, auch

$$(17.)\qquad u_1 \equiv v_1 \equiv w_1 \equiv 1 \pmod{p^2},$$

demnach

$$w_1^p \equiv 1 \pmod{p^3}, \qquad a^p + b^p \equiv a + b \pmod{p^3}.$$

Kombiniert man diese Kongruenz mit den analogen für a, c und b, c, so erhält man die Formeln (10.).

Für die Primfaktoren r von uvw scheint sich die Kongruenz (12.) nicht elementar beweisen zu lassen. Aus $a + (b + c) \equiv 0$ oder

$$(18.)\qquad u_1 \equiv u^{p-1}, \quad v_1 \equiv v^{p-1}, \quad w_1 \equiv w^{p-1} \pmod{p^3}$$

folgt nur

$$(19.)\qquad u^{p-1} \equiv v^{p-1} \equiv w^{p-1} \equiv 1 \pmod{p^2}.$$

Ich benutze diese Gelegenheit, auch für das Hauptergebnis des Hrn. Wendt (*Crelles Journal Bd. 113, S. 346, VI*) eine einfache Herleitung mitzuteilen. Ist w durch r teilbar, so ist nach (14.) $b \equiv -a \pmod r$ und nach (15.) $v_1^p \equiv a^{p-1}$ und $w_1^p = a^{p-1} - a^{p-2}b + \cdots + b^{p-1} \equiv pa^{p-1}$, also

$$(20.)\qquad w_1^p \equiv p v_1^p \pmod r.$$

Ist die Primzahl r von der Form $r = mp + 1$, so ist demnach

$$w_1^{r-1} \equiv p^m v_1^{r-1}$$

und folglich

$$(21.)\qquad p^m \equiv 1, \qquad m^m \equiv 1 \pmod r.$$

Für den Beweis des Satzes von Legendre und seine Verallgemeinerungen leisten die Kongruenzen (12.) und (21.) dasselbe.

§ 4.

$$k = 2, \qquad m = 5.$$

Die Funktion $G_m^{(k)}$ bleibt ungeändert, wenn k durch $k' \equiv k \pmod m$ ersetzt wird. Nach (10.), § 2 und (8.), § 3 ist $Q(\rho) = Q(\rho^{-1})$. Da ρ^{-1} zugleich mit ρ die $m$ten Einheitswurzeln durchläuft, so folgt aus (12), § 2

$$(1.)\qquad G_m^{(m-k)}(x) = G_m^{(k)}(x).$$

Ersetzt man in jener Formel zugleich x durch x^{-1}, so erhält man

$$(2.)\qquad G(x) = x^m G\left(\frac{1}{x}\right).$$

Ist also $G(1) \equiv 0$, so ist auch $G'(1) \equiv 0$. Ist m ungerade, so ist $G(-1) \equiv 0$, und ist für ein gerades m $G(-1) \equiv 0$, so ist auch $G'(-1) \equiv 0$.

Daher ist in der Funktion

$$(3).\quad Q(x) = a_1 x + a_2 x^2 + \cdots + a_{m-2}x^{m-2} + a_{m-1}x^{m-1} = \sum_{\mu}{}_1^{m-1} a_\mu x^\mu$$

$a_\mu = a_{m-\mu}$. Setzt man also $a_0 = 0$ und $a_\lambda = a_\mu$, wenn $\lambda \equiv \mu \pmod{m}$ ist, so gilt diese Gleichung auch, wenn $\lambda \equiv -\mu$ ist. Nun ist nach (12.), § 2

$$mG^{(k)}(x) = \sum_\varrho (a_1\rho + a_2\rho^2 + \cdots + a_{m-1}\rho^{m-1})(\rho^{-k}x + \rho^{-2k}x^2 + \cdots + x^m).$$

Führt man die Multiplikation aus, so ist

$$a_\lambda x^\mu \sum_\varrho \rho^\lambda \rho^{-k\mu} = 0,$$

außer wenn $\lambda \equiv k\mu \pmod{m}$ ist. Daher ist

$$(4.)\quad G^{(k)}(x) = a_k x + a_{2k}x^2 + \cdots + a_{(m-2)k}x^{m-2} + a_{(m-1)k}x^{m-1}.$$

Sind also k und m teilerfremd, so ist

$$(5.)\quad G^{(k)}(1) = Q(1).$$

Ist $m = 2q+1$ eine Primzahl, so folgt aus (4.)

$$G^{(1)} + G^{(2)} + \cdots + G^{(m-1)} = (a_1 + \cdots + a_{m-1})\,x\,\frac{x^{m-1}-1}{x-1}$$

oder nach (1.)

$$(6.)\quad G^{(1)} + G^{(2)} + \cdots + G^{(q)} = \frac{1}{2}Q(1)\,x\,\frac{x^{m-1}-1}{x-1}.$$

Diese wichtige Relation kann man auch direkt aus (12.) § 2 erhalten.

Nach Formel (13.), § 2 ist für $x = t$, weil $h_0 \equiv 0$ ist,

$$(7.)\quad h_1 + h_2 + \cdots + h_{k-1} \equiv 0.$$

Ist nun $k = 2$, so ist demnach $h_1 \equiv 0$ und folglich $H(t) \equiv 0$ und nach (15.), § 2

$$(8.)\quad G_m^{(2)}(t) \equiv 0.$$

Ist jetzt $m = 5$, so ist nach (6.) $Q(1)(t^4 - 1) \equiv 0$ und folglich $Q(1) \equiv 0$, d. h.

$$(9.)\quad 5^{p-1} \equiv 1 \pmod{p^2}.$$

Denn es kann nicht $t^4 \equiv 1$ sein für die 6 verschiedenen Werte (1.), § 3, auch nicht für $t = z$, weil die beiden Kongruenzen $x^4 \equiv 1$ und $x^3 \equiv -1$ nur die Wurzel $x \equiv -1$ gemeinsam haben; endlich auch nicht für $t \equiv 2$, falls $p > 5$ ist. Ferner ist identisch

$$(10.)\quad Q_5(x) \equiv 0,$$

weil diese Funktion vierten Grades für $x = 0, 1, 1, -1$ und noch für mindestens zwei Werte t verschwindet.

Die Kongruenz

(11.) $$h_1^{(2)}(t) = \sum_{r,0}^{p-1} (2r+1)^{p-2} t^r \equiv 0$$

ist eine neue, von Hrn. Vandiver entdeckte Kombination der Kummerschen Kongruenzen, die er direkt abgeleitet hat. Nimmt man darin je zwei Glieder zusammen, die den Werten r und $p-1-r$ entsprechen, so erhält man $\sum_{r,0}^{q-1} (2r+1)^{p-2}(t^r - t^{-r}) \equiv 0$, wo $p = 2q+1$ ist, oder $\sum_{r,1}^{q} (2r-1)^{p-2}(t^{r-1} - t^{-r+1}) \equiv 0$, und wenn man $2r-1 = p-2s$ setzt, $\sum_{s,1}^{q} s^{p-2} t^s \equiv \sum_s s^{p-2} t^{-s}$. Nimmt man aber in der Kongruenz $f(t) \equiv 0$ je zwei Glieder zusammen, die den Werten r und $p-r$ entsprechen, so findet man $\sum_s s^{p-2} t^s \equiv t \sum_s s^{p-2} t^{-s}$. So erhält man die neue Kongruenz in der Form, worin sie Hr. Vandiver gegeben hat,

(12.) $$\sum_{r,1}^{q} \frac{t^r}{r} \equiv 0, \qquad \sum_{r,1}^{q} \frac{t^r}{2r-1} \equiv 0.$$

§ 5.

$k = 3, \qquad m = 7.$

Setzt man in der Formel (5.), § 2 $m = 2$, $\rho = -1$, so erhält man nach (7.), § 3

$$(x - (-1)^k)\, F_{2,k}(x) \equiv -x \sum_l (-1)^l h_k(x)$$

und folglich für $x = t$

(1.) $$T_{0,2} = h_2 + h_4 + h_6 + \cdots \equiv 0, \quad T_{1,2} \equiv h_1 + h_3 + h_5 + \cdots \equiv 0.$$

Dies sind aber nicht, wie die Relation (7.), § 4, unmittelbar lineare Verbindungen der Kummerschen Kongruenzen, sondern folgen daraus erst, wenn $f(-1) \equiv 0$ ist. Ist $k = 3$, so ist $h_1 \equiv h_2 \equiv 0$, also $H(t) \equiv 0$ und mithin

(2.) $$G_m^{(3)}(t) \equiv 0.$$

Ist also $m = 7$, so ist nach (6.), § 4 $Q(1)(t^6 - 1) \equiv 0$. Nun verschwindet $t^6 - 1$ für $t = \pm 1$, kann also nicht noch für 6 voneinander und von $t = \pm 1$ verschiedene Werte $\equiv 0$ sein, auch nicht für $t = 2$, falls $p > 7$ ist. Der Fall $t = z$ kann nur eintreten, wenn $p = 6n + 1$ ist. Ist also $p = 6n - 1$, so ist $G(1) \equiv 0$ oder

(3.) $$7^{p-1} \equiv 1 \pmod{p^2} \qquad (p = 6n - 1).$$

Ist $p = 6n + 1$, so ist nicht ausgeschlossen, daß $Q(1) \equiv 0$ ist. Ob dies aber notwendig ist, läßt sich mit den hier entwickelten Hilfsmitteln nicht entscheiden.

Ist umgekehrt $Q(1) \equiv 0$, so ist

$$Q(x) \equiv ax(x-1)^2(x+1)(x^2-cx+1).$$

Ist nicht $a \equiv 0$, so kann c nur 1 oder $\frac{5}{2}$ sein. Aus

$$Q \equiv a(x-(c+1)x^2+cx^3+cx^4-(c+1)x^5+x^6)$$

folgt nach (4.), § 4

$$G^{(2)} \equiv a(-(c+1)x+cx^2+x^3+x^4+cx^5-(c+1)x^6)$$
$$\equiv -ax(x-1)^2(x+1)((c+1)x^2+x+c+1).$$

Da aber G nach (2.), (5.) und (8.), § 4 für dieselben Werte verschwindet wie Q, so kann es sich von Q nur um einen konstanten Faktor unterscheiden. Durch Koeffizientenvergleichung findet man $c^2+c+1 \equiv 0$. Dieser Bedingung genügt aber weder $c = 1$ noch $c = \frac{5}{2}$, falls $p > 13$ ist. Daher ist $a \equiv 0$ und identisch $Q_7(x) \equiv 0$.

Ist aber $G(1)$ von Null verschieden, so kann nur $t = z$ sein; es ist also $G^{(k)}(z) \equiv 0$. Da

$$G^{(k)}(z) = a_k(z+z^6)+a_{2k}(z^2+z^5)+a_{3k}(z^3+z^4)$$

und

$$z+z^6 \equiv z+1, \quad z^2+z^5 \equiv 0, \quad z^3+z^4 \equiv -1-z$$

ist, so ist demnach $a_k \equiv a_{3k}$, also $a_1 \equiv a_2 \equiv a_3$ und folglich

$$(4.) \qquad G_7^{(k)}(x) = Q_7(x) = \frac{1}{6}Q(1)\,x\,\frac{x^6-1}{x-1},$$

und diese Formel gilt auch, wenn $Q(1) \equiv 0$ ist.

§ 6.

$m = 4, 6, 8, 9, 10, 12.$

Die Funktion $Q_m(x)$ verschwindet identisch für $m = 2, 3, 5$ und, wie ich gleich zeigen werde, auch für andere Werte von m. Ist dies der Fall, so ist $mf(x) \equiv -(x^m-1)P_m(x)$ durch x^m-1 teilbar, und weil

$$(x-1)^p Q_{mn} - (x^{mn}-1)P_{mn} \equiv mnf$$

ist, so ist $Q_{mn}(x)$ durch $\frac{x^m-1}{x-1}$ teilbar.

Demnach ist $f(x)$ durch x^2-1, x^3-1, x^5-1 teilbar, $Q_{3n}(x)$ durch x^2+x+1, $Q_{5n}(x)$ durch $\frac{x^5-1}{x-1}$. Nach (11.), § 2 ist $Q_m(1) \equiv 0$, wenn m durch keine von 2, 3 und 5 verschiedene Primzahl teilbar ist. Die Funktion $Q_4(x)$ verschwindet daher identisch, weil sie durch $x(x-1)^2(x+1)^2$ teilbar ist, und mithin sind $f(x)$ und $Q_{4n}(x)$ durch x^2+1 teilbar. $Q_6(x)$ verschwindet identisch, weil es durch $x(x-1)^2(x+1)^2(x^2+x+1)$ teilbar ist, und mithin sind $f(x)$ und $Q_{6n}(x)$ durch x^2-x+1 teilbar. $Q_8(x)$ verschwindet identisch, weil es durch $x(x-1)^2(x+1)^2(x^2+1)$ teilbar ist und noch durch mindestens zwei Faktoren $x-t$, und mithin sind $f(x)$ und $Q_{8n}(x)$ durch x^4+1 teilbar. $Q_{10}(x)$ verschwindet identisch, weil es durch $x(x+1)^2(x-1)(x^5-1)$ teilbar ist und noch durch mindestens zwei Faktoren $x-t$ (wenigstens für $p>31$), und mithin sind $f(x)$ und $Q_{10n}(x)$ durch x^5+1 teilbar. Da

$$Q_9(x) \equiv ax(x^3-1)(x^2-1)(x^2-cx+1) \equiv a\big(x+x^8-c(x^2+x^7)+(c-1)(x^4+x^5)\big)$$

ist, so ist nach (4.), § 4

$$G_9^{(2)}(x) \equiv a\big(-c(x+x^8)+(c-1)(x^2+x^7)+x^4+x^5\big)$$
$$\equiv -ax(x^3-1)(x^2-1)\big(c(x^2-x+1)+x\big).$$

Die Funktion $(x^2+x+1)(x^2-cx+1)$ kann nicht für 6 verschiedene Werte t verschwinden. Daher ist $t=z$ oder 2, und für $x=t$ verschwindet nicht x^2+x+1, sondern x^2-cx+1 und nach (8.), § 4 auch $c(x^2-x+1)+x$. Ist nicht $a\equiv 0$, so ist also $c^2-c+1\equiv 0$. Dies ist aber, da $c=1$ oder $\frac{5}{2}$ ist, nicht der Fall, wenn $p>19$ ist. Daher verschwindet auch $Q_9(x)$ identisch. Da

$$Q_{12}(x) \equiv ax(x^2-1)^2(x^2+1)(x^2+x+1)(x^2-x+1)$$
$$\equiv ax(x^6-1)(x^4-1) \equiv a(x-x^5-x^7+x^{11})$$

ist, so ist

$$G^{(1)} \equiv -G^{(5)} \equiv -G^{(7)} \equiv G^{(11)}$$

und für alle anderen Werte von k $G^{(k)}(x)\equiv 0$. Ebenso wie bei $m=7$ folgt daraus zunächst, daß stets $G_{12}^{(k)}(t)\equiv 0$ ist. Ist nicht $a\equiv 0$, so verschwindet $Q_{12}(t)$ nicht für $t=2$, falls $p>7$ ist, aber auch nicht für die 6 verschiedenen Werte (1.), § 3; denn für diese ist x^2-x+1 von Null verschieden, und $(x^2+1)(x^2+x+1)$ nur vom vierten Grade. Daher muß $t=z$ sein, in jedem anderen Falle ist identisch $Q_{12}(x)\equiv 0$, also stets für $p=6n-1$. Dasselbe gilt für $Q_7(x)$.

§ 7.

$k = 4, 5, \cdots 9.$

In dem Ausdruck (14.), § 2 von H kommen die k Funktionen h nur in gewissen Verbindungen vor,

$$(1.) \qquad T_{l,m}^{(k)} = T_l = \sum_n h_n^{(k)} \qquad (n \equiv l \pmod{m})$$

wo n nur die unter den Werten $0, 1, \cdots k-1$ durchläuft, die $\equiv l \pmod{m}$ sind. Demnach ist $T_l = T_{l'}$, wenn $l \equiv l' \pmod{m}$ ist. In

$$H = x\,(x^m - 1) \sum_l{}_0^{m-1} \sum_\varrho \frac{T_l \rho^l}{x - \rho^k}$$

bewegt sich dann l nicht von 0 bis $k-1$, sondern von 0 bis $m-1$. Aus

$$H = \sum_\varrho (T_0 + T_1 \rho + \cdots T_{m-1} \rho^{m-1})(\rho^{-k} x + \rho^{-2k} x^2 + \cdots + x^m)$$

folgt aber

$$(2.) \qquad H_m^{(k)}(x) = m \sum_l{}_1^m x^l\, T_{kl,m}^{(k)}(x).$$

Ist nun für gewisse Werte von m und k

$$(3.) \qquad G_m^{(k)}(t) \equiv 0,$$

so ist nach (15.), § 2 auch $H(t) \equiv 0$. Daher ist für jeden Wert von k

$$(4.) \qquad \sum_l{}_1^m t^{l-1}\, T_{kl,m}^{(k)} \equiv 0 \qquad (m = 2, 3, \cdots 10, 12),$$

wo $T = T(t)$ ist.

Ich habe (5.), § 3 und (8.), § 4 und (2.), § 5 gezeigt, daß für jedes m

$$G^{(k)}(t) \equiv 0$$

ist, falls $k = 1, 2, 3$ ist. Die entwickelte Formel bietet die Möglichkeit, diese Kongruenz auf die Werte $k = 4, 5, \cdots 11$ auszudehnen.

Ist $k = 4$, so ist nach (1.), § 5 $h_1 + h_3 \equiv 0$ und $h_2 \equiv 0$. Für $m = 3$ lautet die Formel (4.)

$$T_{4,3} + t\,T_{8,3} + t^2\,T_{0,3} \equiv 0, \qquad h_1 + t\,h_2 + t^2\,h_3 \equiv 0.$$

Demnach ist $(t+1)\,h_l \equiv 0$, und $(t+1)\,H \equiv 0$, also $(t+1)\,G \equiv 0$ und mithin $G^{(4)}(t) \equiv 0$.

Denn für alle Werte von m und k ist

$$(5.) \qquad G(-1) \equiv 0.$$

Ist m ungerade, so folgt dies aus (2.), § 4. Ist aber m gerade, so sei zunächst k zu m teilerfremd, also ungerade. Dann ist nur dann $\rho^k = -1$, wenn $\rho = -1$ ist. In der Summe (14.), § 2 entspricht daher dem Nenner $x+1$ der Zähler (§ 5)

$$x\sum(-1)^l h_l = -(x+1)F_{2,k}(x).$$

Wegen des Faktors $x^m - 1$ ist daher $H(-1)\equiv 0$, und folglich nach (15.), § 2 auch $G(-1)\equiv 0$. Der Fall, wo m und k einen Teiler gemeinsam haben, läßt sich mittels der Formel (2.), § 9 auf den betrachteten zurückführen.

Ist $k=5$, so ist $h_1+h_3\equiv 0$ und $h_2+h_4\equiv 0$. Die Formel (4.) liefert für $m=3$

$$T_{5,3}+tT_{10,3}+t^2T_{0,3}\equiv 0, \quad h_2+t(h_1+h_4)+t^2h_3\equiv 0,$$

und für $m=4$ (vgl. (24.), § 2)

$$T_{5,4}+tT_{10,4}+t^2T_{15,4}+t^3T_{0,4}\equiv 0, \quad h_1+th_2+t^2h_3+t^3h_4\equiv 0.$$

Demnach ist $(t+1)h_l\equiv 0$ und $G^{(5)}(t)\equiv 0$.

Ist k keine Primzahl, so benutzt man mit Vorteil die aus (3.), § 2 fließende Relation

$$h_l^{(k)}(x) = d^{p-2}h_{l'}^{(k')}(x), \tag{6.}$$

wo d ein gemeinsamer Divisor von $k=dk'$ und $l=dl'$ ist.

Für $k=6$ ist demnach

$$h_2^{(6)} = 2^{p-2}h_1^{(3)}\equiv 0, \quad h_4^{(6)} = 2^{p-2}h_2^{(3)}\equiv 0, \quad h_3^{(6)} = 3^{p-2}h_1^{(2)}\equiv 0.$$

Dazu kommt die Relation $h_1+h_3+h_5\equiv 0$ und

$$h_1+th_2+t^2h_3+t^3h_4+t^4h_5\equiv 0.$$

Daher ist $(t+1)(t^2+1)h_l\equiv 0$ und

$$(t^2+1)G^{(6)}(t)\equiv 0. \tag{7.}$$

In derselben Weise findet man

$$(t^2+t+1)G^{(7)}(t)\equiv 0 \tag{8.}$$

und

$$M_8G^{(8)}(t)\equiv 0, \quad M_6M_9G^{(9)}(t)\equiv 0, \quad M_7M_{10}G^{(10)}(t)\equiv 0, \tag{9.}$$

falls man

$$M_6 = t^2+1, \quad M_7 = t^2+t+1, \quad M_{10} = t^2-t+1 \tag{10.}$$

setzt, und wenn $u=t+t^{-1}$ ist,

$$M_8 = t^6+1+t^5+t+3(t^4+t^2)+t^3 = t^3(u^3+u^2-1), \tag{11.}$$

$$M_9 = t^8+1+t^7+t+4(t^6+t^2)+3(t^5+t^3)+5t^4 = t^4(u^4+u^3-1). \tag{12.}$$

Mit Hilfe dieser Ergebnisse kann man nun wieder für größere Werte von m, zunächst für $m = 11$ und 13 die Gültigkeit der Kongruenz (3.) für alle Werte von k nachweisen. Das Gelingen dieses alternierenden Verfahrens, das abwechselnd zu größeren Werten von m und k führt, beruht darauf, daß die Ausdrücke $h_l^{(k)}$ von m unabhängig sind, und daß $G_m^{(k)}$ für ein gegebenes m nur $\left[\frac{m}{2}\right]$ verschiedene Funktionen darstellt.

Leider macht das Auftreten des Faktors $t^2 - t + 1$ in M_{10} wenigstens für Primzahlen $p = 6n + 1$ jeden weiteren Fortschritt unmöglich, insbesondere die Behandlung des Falles $m = 23$.

§ 8.

$m = 11, 13$.

Die Formel (6.), § 4, die unsere Entwicklungen wesentlich gefördert hat, läßt sich verallgemeinern. Sei $m = 2q + 1$ eine Primzahl, g eine primitive Wurzel von m, und

$$k \equiv g^{\varkappa} \quad , \quad l \equiv g^{\lambda} \qquad (\text{mod } m),$$
$$G^{(k)} = Q^{(\varkappa)} \quad , \quad a_l = c_\lambda \quad , \quad x^l + x^{m-l} = x_\lambda \quad , \quad t^l + t^{m-l} = t_\lambda .$$

Dann bleiben $Q^{(\varkappa)}, c_\varkappa, x_\varkappa$ ungeändert, wenn $\varkappa$ (mod q) geändert wird (nicht nur (mod $2q$)). Soll x_λ für einen gegebenen Index λ berechnet werden, so ist zu beachten, daß $l \equiv g^\lambda$ zwischen 0 und m liegt, und nicht, wie in a_l, (mod m) geändert werden darf. Dann ist

$$(1.) \qquad Q(x) = \sum_\lambda c_\lambda x_\lambda \quad , \quad Q^{(\varkappa)}(x) = \sum_\lambda c_{\varkappa+\lambda} x_\lambda ,$$

wo λ irgendein vollständiges Restsystem (mod q) durchläuft. Sei ϑ irgendeine Wurzel der Gleichung

$$(2.) \qquad \vartheta^q = 1 .$$

Dann ist

$$\sum_\varkappa \vartheta^{-\varkappa} Q^{(\varkappa)} = \sum_{\varkappa,\lambda} \vartheta^{-\varkappa} c_{\varkappa+\lambda} x_\lambda = \sum_{\varkappa,\lambda} \vartheta^{\lambda-\varkappa} c_\varkappa x_\lambda ,$$

da man in der zweiten Summe $\varkappa$ durch $\varkappa - \lambda$ ersetzen kann. Daher ist

$$(3.) \qquad \sum_\varkappa \vartheta^{-\varkappa} Q^{(\varkappa)}(x) = \left(\sum_\varkappa \vartheta^{-\varkappa} c_\varkappa\right)\left(\sum_\varkappa \vartheta^{\varkappa} x_\varkappa\right).$$

Für $\vartheta = 1$ ist dies die Formel (6.), § 4. Ist q gerade, also $m = 4n + 1$, und $\vartheta = -1$, so ist

$$\sum (-1)^\varkappa Q^{(\varkappa)} = \left(\sum (-1)^\varkappa c_\varkappa\right)\left(\sum (-1)^\varkappa x_\varkappa\right).$$

Ist also $G^{(k)}(t) = 0$ für $k = 1, 2, \cdots q$, so ist entweder

$$\sum_l (-1)^\varkappa c_\varkappa = \sum_1^{m-1} \left(\frac{l}{m}\right) a_l$$

durch p teilbar, oder $\sum (-1)^\varkappa t_\varkappa$. Aus der Gleichung (3.) aber kann man die analoge Folgerung nur ziehen, wenn p in dem Körper $P(\vartheta)$ eine Primzahl ist. Ist N das Zeichen der Norm in $P(\vartheta)$, so ist entweder

$$N\left(\sum \vartheta^\varkappa t_\varkappa\right) \equiv 0 \text{ oder } \sum \vartheta^\varkappa c_\varkappa \equiv 0.$$

Ist z. B. $m = 7$, $g = 3$, $q = 3$, $\vartheta^2 + \vartheta + 1 = 0$ und $t = 2$, so ist

$$N \frac{1}{6} \left(t + t^6 + \vartheta(t^3 + t^4) + \vartheta^2(t^2 + t^5)\right) = 9 \,.\, 7 \,.\, 13 \,.$$

Auch auf dem in § 5 eingeschlagenen Wege ergab sich, daß der Wert $p = 13$ ausgeschlossen werden muß.

Analog ist für $m = 11$, $g = 2$, $q = 5$, $\dfrac{\vartheta^5 - 1}{\vartheta - 1} = 0$,

$$N \frac{1}{6} \left(2 + 2^{10} + \vartheta(2^2 + 2^9) + \vartheta^2(2^4 + 2^7) + \vartheta^3(2^3 + 2^8) + \vartheta^4(2^5 + 2^6)\right)$$

$$= N(20186 + 2047\sqrt{5}) =$$

$$386523551 = 311 \,.\, 1242841 \tag{4.}$$

und für $m = 13$, $g = 2$, $q = 6$, $t = 2$, $\vartheta^2 + \vartheta + 1 = 0$,

$$\frac{1}{6} \sum (-1)^\lambda t_\lambda = 521$$

$$N\left(\frac{1}{6} \sum \vartheta^\lambda t_\lambda\right) = 287823 = 3 \,.\, 37 \,.\, 2593 \,,$$

$$N\left(\frac{1}{6} \sum (-\vartheta)^\lambda t_\lambda\right) = 517171 = 463 \,.\, 1117 \,.$$

Für die Primzahl $p = 2593 = 1 + 32 \,.\, 81$ ist

$$2^{81} \equiv 1 - 275p \qquad (\text{mod } p^2) \,.$$

Für die Primzahl $p = 1242841 = 1 + 8 \,.\, 3 \,.\, 5 \,.\, 10357$ ist

$$2^{5 \,.\, 10357} \equiv -1 \qquad (\text{mod } p) \tag{5.}$$

aber wohl kaum (mod p^4), wie es nach (9.), § 3 sein müßte, wenn p eine Ausnahmeprimzahl wäre. Die Kongruenz (5.) und die Zerlegung (4.) oder

$$(20186 + 2047\sqrt{5}) = (34 + 13\sqrt{5})(1799 - 630\sqrt{5})$$

verdanke ich Hrn. Cunningham.

Ist $m = 11$, so gilt die Kongruenz $G^{(k)}(t) \equiv 0$ für $k = 1, 2, \cdots 5$. Nach (5.), § 4 ist daher $Q(1)(t^{10}-1) \equiv 0$, und mithin $Q(1) \equiv 0$ und

$$(6.) \qquad 11^{p-1} \equiv 1 \qquad (\mathrm{mod}\ p^2).$$

Denn die Kongruenz $t^{10} \equiv 1$ gilt nicht für alle Werte von t, nicht für $t = z$, weil die Funktionen $x^{10}-1$ und x^3+1 nur den Faktor $x+1$ gemeinsam haben; nicht für $t = 2$, falls $p > 31$ ist. Sind aber die 6 Werte (1.), § 3 verschieden, so müßte jeder einer der beiden Kongruenzen

$$\frac{x^5-1}{x-1} \equiv 0 \quad \text{oder} \quad \frac{x^5+1}{x+1} \equiv 0$$

genügen. Diese haben keinen Faktor gemeinsam, und sind beide symmetrisch, haben also neben der Wurzel t immer auch die Wurzel t^{-1}. Keiner können alle 6 Werte genügen. Daher genügen der einen t und t^{-1}, der andern die 4 andern Werte. Die letztere muß also, wenn $tw = (t-1)^2$ gesetzt wird, mit

$$(7.) \qquad \Psi(x) = (x-(1-t))\left(x-\frac{1}{1-t}\right)\left(x-\frac{t-1}{t}\right)\left(x-\frac{t}{t-1}\right)$$
$$= x^4+1+(w-1)(x^3+x)-\left(2w+\frac{1}{w}\right)x^2$$

übereinstimmen. Da nicht $w-1 = -1$ sein kann, so muß

$$\Psi(x) = x^4+x^3+x^2+x+1$$

sein. Durch Koeffizientenvergleichung ergibt sich $w \equiv 2$, $2w^2+w+1 \equiv 0$, was für $p > 11$ unvereinbar ist.

Nun kann man zeigen, daß identisch $Q(x) \equiv 0$ ist. Sollte $t = z$ den Kongruenzen $G^{(k)}(t) \equiv 0$ genügen, so wäre $A_k = a_{2k}+a_{3k}-a_{5k} \equiv 0$, also weil

$$A_k - 2A_{2k} + 3A_{3k} + 4A_{4k} + 5A_{5k} \equiv 11a_k$$

ist, auch $a_k \equiv 0$. Der Fall $t = 2$ ist schon oben erledigt. Seien endlich die 6 Werte (1.), § 3 verschieden. Sie sind die Wurzeln der Gleichung $\Phi = 0$, wo

$$(8.) \qquad \Phi(x) = (x^2-x+1)^3 - v(x^2-x)^2 = \left((x+1)(x-2)\left(x-\frac{1}{2}\right)\right)^2$$
$$-\left(v-\frac{27}{4}\right)(x^2-x)^2 = x^6+1-3(x^5+x)-(v-6)(x^4+x^2)+(2v-7)x^3$$

ist, falls $(t^2-t)^2 v = (t^2-t+1)^3$ gesetzt wird. Dann ist

$$Q(x) \equiv ax(x-1)^2(x+1)\Phi(x).$$

Ist also nicht $a \equiv 0$, so ist

$$\frac{1}{a} Q(x) \equiv x + x^{10} - 4(x^2 + x^9) - (v-8)(x^3 + x^8) - 3(v-3)(x^4 + x^7) - 2(v-2)(x^5 + x^6)$$

und mithin

$$\frac{1}{a} G^{(2)}(x) = -4(x + x^{10}) + 3(v-3)(x^2 + x^9) - 2(v-2)(x^3 + x^8) - (v-8)(x^4 + x^7) + x^5 + x^6$$
$$= ax(x-1)^2(x+1)\bigl(-4(x^6+1) + (3v-13)(x^5+x) + (v-13)(x^4+x^2) + (3v-14)x^3\bigr).$$

Da diese Funktion nach (8.), § 9 für dieselben Werte wie Q verschwindet, so müßte sie der Funktion Q proportional sein, was aber unmöglich ist. Daher ist $Q_{11}(x) \equiv 0$.

Ist $m = 13$, so gilt nach § 7 die Kongruenz $(t^2+1) G^{(k)}(t) \equiv 0$ für $k = 1, 2, \cdots 6$ und folglich nach (1.), § 4 auch für $k = 7, 8, \cdots 12$. Ist zunächst $t = z$, so reduziert sie sich auf $G^{(k)}(z) \equiv 0$ oder $A_k = a_k - a_{3k} - a_{4k} + a_{6k} \equiv 0$. Nun ist

$$2(A_k - A_{3k}) - 3(A_{4k} - A_{5k}) + A_{6k} = 7(a_k - a_{2k}),$$

und folglich $a_1 \equiv a_2 \equiv \cdots \equiv a_6$, demnach

$$G_{13}^{(k)}(x) = Q_{13}(x) = \frac{1}{12} Q_{13}(1)\, x \frac{x^{12}-1}{x-1}. \tag{9.}$$

Schließen wir diesen Fall aus, so ist nach (6.), § 4 $Q(1)(t^2+1)(t^{12}-1) \equiv 0$ und mithin $Q(1) \equiv 0$ und

$$13^{p-1} \equiv 1 \pmod{p^2}. \tag{10.}$$

Denn für alle Werte von t kann nicht $t^{12} \equiv 1$ sein. Für $t = 2$ nicht, wenn $p > 13$ ist. Sind aber die 6 Werte von t alle verschieden, so genügen sie (nach Aufhebung des Faktors $t^2 - t + 1$) der Kongruenz

$$(t^2+1)(t^2+t+1)(t^4-t^2+1) \equiv 0.$$

Daraus schließt man wie oben, daß $\Psi(x)$ mit

$$x^4 - x^2 + 1 \quad \text{oder} \quad (x^2+1)(x^2+x+1)$$

übereinstimmen muß, was nicht möglich ist.

Besteht aber die Kongruenz (10.), was für $p = 6n-1$ sicher eintreten muß, so ist $G^{(1)} + \cdots + G^{(5)} + G^{(6)} \equiv 0$ und mithin auch $G^{(6)} \equiv 0$, ohne den Faktor $t^2 + 1$. Daher ist, wie sich durch Koeffizientenvergleichung ergibt,

$$Q(x) = x(x-1)^2(x+1)\Phi(x)\bigl(c_0(x^2+4x+1) + c_1 x\bigr)$$

und, wenn man $x(x-1)^2(x+1)\Phi(x) = L$ setzt, allgemeiner

$$Q^{(\varkappa)}(x) = \bigl(c_\varkappa(x^2+4x+1) + c_{\varkappa+1}x\bigr)L.$$

Setzt man $C = \sum \vartheta^{-\varkappa} c_\varkappa$, so folgt daraus nach (3.), daß identisch

$$C\left[(x^2 + (4+\vartheta)x + 1)L - \sum \vartheta^\varkappa x_\varkappa\right] \equiv 0.$$

Durch Kombination der Kongruenzen, die sich hieraus durch Koeffizientenvergleichung ergeben, erkennt man, daß für jede Wurzel der Gleichung $\vartheta^6 = 1$ $C \equiv 0$ sein muß. Daher ist $c_0 \equiv c_1 \equiv \cdots \equiv c_5 \equiv 0$, und $Q_{13}(x) \equiv 0$.

§ 9.

$m = 14, 18, 22, 26.$

Aus der Formel (6.), § 7 ergibt sich: Haben $m = dm'$ und $k = dk'$ den gemeinsamen Divisor d, so ist

$$d\,T^{(k)}_{kl,m} \equiv T^{(k')}_{k'l,m'}.$$

Nach (2.), § 7 ist daher

$$H^{(k)}_m \equiv m' \sum_l{}_1^m x^l S^{(k')}_{k'l,m'}.$$

Die Summe der ersten m' Glieder ist $H' = H^{(k')}_{m'}$, die der folgenden m' Glieder $x^{m'}H'$, die der weiteren $x^{2m'}H'$ usw., und daher ist

$$H^{(k)}_m(x) = \frac{x^m - 1}{x^{m'} - 1} H^{(k')}_{m'}(x). \tag{1.}$$

Verbindet man diese Formel mit der Grundformel (15.), § 2 und der analogen Formel für m', k', so erhält man

$$G^{(k)}_m(x) = \frac{x^m - 1}{x^{m'} - 1} G^{(k')}_{m'}(x). \tag{2.}$$

Die gebrochenen Funktionen

$$\frac{G^{(k)}_m(x)}{x^m - 1} = G_{m:k}(x), \quad \frac{H^{(k)}_m(x)}{x^m - 1} = H_{m:k}(x) \tag{3.}$$

hängen also, ebenso wie $F_{m:k}$ nur von dem Verhältnis $m:k$ ab, aber nicht wie $F_{m:k}$ von $m:k \pmod p$.

Den Koeffizienten von x^l in Q_m will ich jetzt, um auch seine Abhängigkeit von m auszudrücken, mit $a_{l:m}$ bezeichnen. Aus (2.) erhält man durch Vergleichung der Koeffizienten der Anfangsglieder $a_{k:m} = a_{k':m'}$, d. h. $a_{k:m}$ hängt nur von dem Verhältnis $k:m$ ab. Ist z. B. identisch $Q_m(x) \equiv 0$, so verschwindet in Q_{mn} der Koeffizient jeder Potenz von x, deren Exponent durch n teilbar ist. Wegen der Wichtigkeit dieser Ergebnisse will ich sie noch auf einem anderen Wege herleiten.

Nach (2.), § 1 ist, aber nur für $l = 0, 1, \cdots m-1$,

$$(mh+l)^{p-1} - h^{p-1} = \sum{}' \frac{\rho^l f(\rho)}{1-\rho^p} = -\frac{1}{m}\sum_\varrho \rho^l Q_m(\rho) + \frac{1}{m} Q(1),$$

also weil nach (6.), § 1 und (11.), § 2

$$\frac{1}{m} Q(1) \equiv -\frac{m^{p-1}-1}{p} \equiv (m^{p-1}-1) h^{p-1}$$

ist,

$$(mh+l)^{p-1} - (mh)^{p-1} \equiv -\frac{1}{m}\sum_\varrho \rho^{-l} Q_m(\rho),$$

also

$$-a_{l:m} \equiv (mh+l)^{p-1} - (mh)^{p-1} \tag{4.}$$

oder

$$-a_{l:m} \equiv \sum_n{}_0^{p-2} \binom{p-1}{n} b_n m^n l^{p-1-n} \equiv \sum b_n \left(-\frac{m}{l}\right)^n.$$

Das Glied mit dem Faktor b_{p-1}, das allein p im Nenner enthält, hebt sich auf. Demnach hängt

$$a_{l:m} = a_{kl:km} \tag{5.}$$

nur von dem Verhältnis $l:m$ ab. Sei

$$S_n(x) = \frac{(x+h)^{n+1} - h^{n+1}}{n+1} \tag{6.}$$

die Bernoullische Funktion $(n+1)$ten Grades, die durch die Bedingungen

$$S_n(x+1) = S_n(x) + x^n \quad , \quad S_n(0) = 0 \tag{7.}$$

bestimmt ist. Dann ist nach (4.)

$$a_{l:m} \equiv S_{p-2}\left(\frac{l}{m}\right) \tag{8.}$$

und

$$Q_m(x) = \sum_l{}_0^{m-1} S_{p-2}\left(\frac{l}{m}\right) x^l. \tag{9.}$$

Dies ergibt sich auch aus (21.), § 2

$$-F_m(x) \equiv \sum_n{}_0^{p-2} (-1)^n m^n b_n f_{p-n}(x) \equiv \sum_r{}_0^{p-1} \sum_n \binom{p-1}{n} m^n h^n r^{p-n-1} x^r$$

$$\equiv \sum_r \left(\left(h + \frac{r}{m}\right)^{p-1} - h^{p-1}\right) x^r,$$

also

(10.) $$F_m(x) \equiv \sum_{r \; 0}^{p-1} S_{p-2}\left(\frac{r}{m}\right) x^r.$$

Denn nach Formel (4.), § 3 ist Q_m das Aggregat der ersten m Glieder in der Entwicklung von $F_m = P_m - mf$ nach Potenzen von x. Umgekehrt läßt sich jene Formel aus den Darstellungen (9.) und (10.) herleiten:

Es bewege sich r von 0 bis $p-1$, und l von 0 bis $m-1$. Ist $S = S_{p-2}$, so ist $S(x+1) = S(x) + x^{p-2}$ und

$$\sum_{n \; 0}^{m+p-1} S\left(\frac{n}{m}\right) x^n =$$

$$\sum_r S\left(\frac{r}{m}\right) x^r + \sum_l S\left(\frac{p+l}{m}\right) x^{p+l} = \sum_l S\left(\frac{l}{m}\right) x^l + \sum_r S\left(\frac{m+r}{m}\right) x^{m+r},$$

also weil

$$S\left(\frac{p+l}{m}\right) \equiv S\left(\frac{l}{m}\right), \quad S\left(\frac{r}{m}+1\right) = S\left(\frac{r}{m}\right) + \left(\frac{r}{m}\right)^{p-2}$$

ist,

$$F_m + x^p Q_m \equiv Q_m + x^m (F_m + mf)$$

oder

(11.) $$(x^p - 1) Q_m - (x^m - 1) P_m = mf.$$

Ist l' die zwischen 0 und p liegende Zahl, die der Kongruenz $ml' \equiv l \pmod{p}$ genügt, so ist nach (8.)

(12.) $$a_{l:m} \equiv 1 + \frac{1}{2} + \frac{1}{3} + \cdots + \frac{1}{l'-1}.$$

Ist $kp + l = ml'$, so ist $l' - 1 = \left[\frac{kp}{m}\right]$ und

(13.) $$a_{l:m} \equiv s_1 + s_2 + \cdots + s_k.$$

Hier ist

(14.) $$s_{k,m} = s_k = \sum \frac{1}{n}, \quad \left(\frac{(k-1)p}{m} < n < \frac{kp}{m}\right),$$

falls das Intervall von 0 bis p in m gleiche Teile geteilt wird, und n die ganzen Zahlen des k ten Intervalles durchläuft.

Dann ist $s_{m-k+1} \equiv -s_k$, und wenn $Q_m(x) \equiv 0$ ist, so ist $s_1 \equiv s_2 \equiv \cdots \equiv s_m \equiv 0$. Ist aber z. B. $m = 7$, so folgt aus $a_1 \equiv a_2 \equiv a_3$, daß $s_2 \equiv s_3 \equiv 0$ ist, während s_1 von Null verschieden sein kann. Ist $m = 12$, so ist $s_3 \equiv s_4 \equiv 0$, $s_1 + s_2 \equiv s_5 + s_6 \equiv 0$ und aus $a_1 \equiv -a_5$ folgt $s_1 \equiv -s_5$, so daß $s_1 \equiv -s_2 \equiv -s_5 \equiv s_6$ ist.

Ist $m = 14$, so ist $Q_{14} - 2Q_7$ nach (11.), § 2 und (6.), § 3 durch $x-1$ teilbar und mithin nach (4.), § 3 durch $x^7 - 1$. Dasselbe gilt von

$$Q_{14} - 2Q_7 - (x^7-1)\,Q_7 = Q_{14} - (x^7+1)\,Q_7 = D\,.$$

In Q_7 haben nach (4.), § 5 alle Glieder den nämlichen Koeffizienten a. Denselben Wert haben nach (5.) die Koeffizienten der geraden Potenzen von x in Q_{14}. Daher ist D eine ungerade Funktion, ist also auch durch x^7+1, folglich durch $x^{14}-1$ teilbar, und mithin ist $D = 0$, demnach

$$(15.)\qquad Q_{14}(x) = (x^7+1)\,Q_7(x)\quad,\quad Q_{26}(x) = (x^{13}+1)\,Q_{13}(x)\,.$$

Auf demselben Wege, nur noch einfacher, erhält man

$$(16.)\qquad Q_{18}(x) \equiv 0\quad,\quad Q_{22}(x) \equiv 0\,.$$

§ 10.

$m = 15\,,\,16\,,\,20\,,\,21\,,\,24\,.$

Daß eine Funktion $L(x)$, z. B. $Q_m(x)$ identisch (mod p) verschwindet, haben wir für kleine Werte von m meist daraus geschlossen, daß L durch eine Funktion höheren Grades teilbar ist. Dies ist uns in § 9 noch für $m = 26$ gelungen. Für größere Werte von m wird der Anwendungsbereich dieses Schlusses immer enger. Wir werden ihn durch den Schluß ersetzen, daß $L(x)$ und $L(1-x)$ keinen Teiler gemeinsam haben. Die in der Resultante R dieser beiden Funktionen aufgehenden Primzahlen sind dann auszunehmen. Es handelt sich hier immer um symmetrische Funktionen,

$$L(x) = (x-x_1)\,(x-x_2)\cdots(x-x_{2m}) = x^m M(y)\,,$$

wo $xy = (x-1)^2$ ist. In der Resultante

$$(1.)\qquad R = \prod\,(x_\alpha + x_\beta - 1)$$

ergeben die Faktoren, worin $x_\alpha = x_\beta$ ist, im wesentlichen $L(2)$, die Faktoren, worin $x_\alpha = x_\beta^{-1}$ ist, $M(-1)$. Diese Zahl ist durch die Primzahlen p teilbar, für die als Moduln $L(z)$ und $z^2 - z + 1$ einen Teiler gemeinsam haben. Die übrigen Faktoren können zu vieren zusammengefaßt werden,

$$(2.)\qquad (x_\alpha + x_\beta - 1)\,(x_\alpha + x_\beta^{-1} - 1)\,(x_\alpha^{-1} + x_\beta - 1)\,(x_\alpha^{-1} + x_\beta^{-1} - 1)$$
$$= 1 - y_\alpha y_\beta\,(y_\alpha + y_\beta - 3)\,.$$

Ist z. B. L die Funktion M_8 ((11.), § 7), so ergibt diese Formel als Ausnahme die Primzahl 103, während $L(2) = 167$ ist.

Die in R aufgehenden Primzahlen p werde ich im folgenden nicht in jedem einzelnen Falle berechnen, sondern mich meist damit begnügen festzustellen, daß R von Null verschieden ist. Für den besonders häufig eintretenden Fall, wo $x_1, x_2, \cdots$ Einheitswurzeln sind, bemerke ich noch: Ist ρ eine Einheitswurzel, so kann $1-\rho = \sigma$ nur dann eine Einheitswurzel sein, wenn ρ (also auch σ) zum Exponenten 6 gehört, da $(1-\rho)(1-\rho^{-1}) = 1$ sein muß. Nur in diesem Falle kann also $R = 0$ sein.

Ist $m = 15$, so verschwinden in Q die Koeffizienten aller Potenzen von x, deren Exponent durch 3 oder 5 teilbar ist. Daher ist

$$Q_{15} = a_1(x+x^{14}) + a_2(x^2+x^{13}) + a_4(x^4+x^{11}) + a_7(x^7+x^8).$$

Dieser Ausdruck ist durch x^5-1 teilbar. Daß eine Funktion durch $x^\mu - 1$ teilbar ist, bedeutet, daß alle Summen $a_\lambda + a_{\lambda+\mu} + a_{\lambda+2\mu} + \cdots$ verschwinden. Daher ist hier $a_1 + a_6 + a_{11} \equiv 0$ oder $a_1 + a_4 \equiv 0$, $a_2 + a_7 \equiv 0$, also

$$Q = a_1(x+x^{14}-x^4-x^{11}) + a_2(x^2+x^{13}-x^7-x^8),$$

oder wenn man

$$\varphi_1 = \frac{x^5+1}{x+1}, \quad \varphi_2 = x(x^2-x+1)$$

setzt,

$$Q = x(x^5-1)(x^3-1)(x+1)(a_1\varphi_1 + a_2\varphi_2),$$

und ebenso, weil $a_4 = -a_1$ ist,

$$G^{(2)} = G = x(x^5-1)(x^3-1)(x+1)(a_2\varphi_1 - a_1\varphi_2).$$

Aus den Kongruenzen $Q(t) \equiv 0$, $G(t) \equiv 0$ folgt für $t = z$ und $t = 2$ unmittelbar, daß $Q(x) \equiv 0$ ist (falls $p > 157$ ist). Wenn endlich die 6 Werte t verschieden sind, so kann $a_1\varphi_1 + a_2\varphi_2$ nicht für mehr als 4 davon verschwinden, und $L(x) = (x^5-1)(x^3-1)$ nicht für mehr als ein Paar reziproker Werte, etwa t und t^{-1}, weil R nach den obigen Bemerkungen von Null verschieden ist. Daher ist

$$a_1\varphi_1 + a_2\varphi_2 \equiv a_1\Psi \equiv a_1\left(x^4 + (w-1)x^3 - \left(2w + \frac{1}{w}\right)x^2 + \cdots\right),$$

also ist, falls nicht $a_1 \equiv 0$ ist,

$$w^2 + w + 1 \equiv 0, \quad t^4 - 3t^3 + 5t^2 - 3t + 1 \equiv 0.$$

Daher kann nicht $L(t) \equiv 0$ sein, falls $p > 13$ ist. Folglich ist $a_1 \equiv 0$, und weil $G(t) \equiv 0$ ist, auch $a_2 \equiv 0$.

In genau derselben Weise erledigen sich die Fälle $m = 16$ (falls $p > 457$ ist) und $m = 20$ (falls $p > 61$ ist). Nur ist $G = G^{(3)}$ zu setzen. Demnach ist also

$$(3.) \qquad Q_{15}(x) \equiv 0, \quad Q_{16}(x) \equiv 0, \quad Q_{20}(x) \equiv 0.$$

Ist $m = 24$, so benutze ich die Gleichung

$$Q_{12} = a_2 x (x^6 - 1)(x^4 - 1),$$

wo $a_2 = a_{2:24} = a_{1:12}$ ist. Daher ist $a_{10} = a_{5:12} = -a_2$. Außer für $t = z$ ist $a_2 \equiv 0$. In der Differenz $D = Q_{24}(x) - Q_{12}(x^2)$ verschwinden die Koeffizienten aller Potenzen von x, deren Exponent durch 2 oder 3 teilbar ist. Daher ist

$$D = a_1 (x + x^{23}) + a_5 (x^5 + x^{19}) + a_7 (x^7 + x^{17}) + a_{11} (x^{11} + x^{13}).$$

Weil D durch $x^8 - 1$ teilbar ist, muß $a_1 + a_7 \equiv 0$, $a_5 + a_{11} \equiv 0$ sein. Setzt man also

$$\varphi_2 = x(x^6 + 1), \quad \varphi_1 = x^8 + 1, \quad \varphi_5 = x^4,$$

so ist

$$Q = Q_{24} = x (x^8 - 1)(x^6 - 1)(a_2 \varphi_2 + a_1 \varphi_1 + a_5 \varphi_5)$$

und

$$G = G_{24}^{(5)} = x (x^8 - 1)(x^6 - 1)(-a_2 \varphi_2 + a_5 \varphi_1 + a_1 \varphi_5).$$

Ist $t = z$, so haben die Funktionen $G^{(k)}$ alle den Faktor $x^6 - 1$ und verschwinden für $x = z$. Schließen wir diesen Fall aus, so ist $a_2 \equiv 0$. Für $t = 2$ ist

$$257 a_1 + 16 a_5 \equiv 0, \quad 16 a_1 + 257 a_5 \equiv 0,$$

also $a_1 \equiv a_5 \equiv 0$, falls $p > 241$ ist. Sind aber die 6 Werte von t alle verschieden, so sei

$$C = \frac{(x^8 - 1)(x^3 - 1)}{(x^2 - 1)(x - 1)}, \quad A = \frac{\varphi_1 + \varphi_5}{x^2 - x + 1} = \frac{x^{12} - 1}{(x^4 - 1)(x^2 - x + 1)},$$

$$B = \varphi_1 - \varphi_5 = \frac{x^{12} + 1}{x^4 + 1}.$$

Aus $Q \pm G \equiv 0$ ergibt sich dann

$$(a_1 + a_5) AC \equiv 0, \quad (a_1 - a_5) BC \equiv 0.$$

Nun verschwindet AC ebenso wie BC nur für Einheitswurzeln, kann also höchstens für zwei Werte von t durch p teilbar sein. Daher ist $a_1 \equiv a_5 \equiv 0$ und $Q_{24}(x) \equiv 0$. In jedem Falle ist für alle Werte von k

(4.) $$G_{24}^{(k)}(t) \equiv 0.$$

Ist $m = 21$, so enthält

$$Q_{21}(x) - (x^{14} + x^7 + 1) Q_7(x) = D$$

keine Potenz von x, deren Exponent durch 3 oder 7 teilbar ist,

$$D = d_1 (x + x^{20}) + d_2 (x^2 + x^{19}) + d_4 (x^4 + x^{17}) \\ + d_5 (x^5 + x^{16}) + d_8 (x^8 + x^{13}) + d_{10} (x^{10} + x^{11}),$$

und ist durch x^7-1 teilbar. Daher ist

$$d_1+d_8\equiv 0\,,\quad d_2+d_5\equiv 0\,,\quad d_4+d_{10}\equiv 0$$

und

$$D\equiv x(x^7-1)(x^3-1)(x+1)(d_1\varphi_1+d_4\varphi_4+d_5\varphi_5)\,,$$

wo

$$\varphi_1=(x^6+1)(x^2-x+1)\,,\quad \varphi_4=x^3(x^2-x+1)\,,\quad \varphi_5=-x\frac{x^7+1}{x+1}$$

ist. Die Funktionen $D^{(4)}$ und $D^{(5)}$ unterscheiden sich von D nur durch den letzten Faktor, der bei ihnen

$$d_4\varphi_1+d_5\varphi_4+d_1\varphi_5 \quad\text{und}\quad d_5\varphi_1+d_1\varphi_4+d_4\varphi_5$$

lautet. Für $x=z$ ist $\varphi_1\equiv\varphi_4\equiv 0$. Daher ist nach § 7 $d_5\equiv d_1\equiv d_4\equiv 0$. Für $x=2$ ergeben sich drei Kongruenzen, deren Determinante $7\cdot 13\cdot 661$ ist. Sind die 6 Werte von t verschieden, so ist

$$(d_1+d_4\vartheta+d_5\vartheta^2)(\varphi_1+\varphi_4\vartheta^2+\varphi_5\vartheta)\equiv 0\,,$$

wo $\vartheta^3=1$ ist. Sowohl für $L(x)=\varphi_1+\varphi_4+\varphi_5$ wie für $L(x)=N(\varphi_1+\varphi_4\vartheta^2+\varphi_5\vartheta)$ ist R von Null verschieden. Daher ist für die drei Werte von ϑ $d_1+d_4\vartheta+d_5\vartheta^2\equiv 0$ und mithin $d_1\equiv d_4\equiv d_5\equiv 0$. Demnach ist

$$(5.)\qquad Q_{21}(x)\equiv(x^{14}+x^7+1)\,Q_7(x)=G_{21}^{(k)}(x)\,,$$

außer für $k=7$ und 14. Ist nicht $t=z$, so ist $Q_{21}(x)\equiv 0$.

§ 11.

$m=17,\ 19.$

Ist $m=17$, so ist für $k=1,2,\cdots 8$ nach § 7 $M_6M_7M_8G_{17}^{(k)}(t)\equiv 0$ und mithin nach (6.), § 4 $M_1M_8Q(1)(t^{16}-1)\equiv 0$ (weil $M_6=t^2+1$ in $t^{16}-1$ enthalten ist). Daher ist $Q(1)\equiv 0$ und

$$(1.)\qquad 17^{p-1}\equiv 1 \pmod{p^2}.$$

Dies ist klar für $t=z$ und $t=2$. Sind aber die 6 Werte von t verschieden, so kann jeder der beiden Faktoren M_8 und $M_7(t^{16}-1)$ nur für zwei reziproke Werte verschwinden.

Folglich ist identisch

$$G^{(1)}+\cdots+G^{(6)}+G^{(7)}+G^{(8)}\equiv 0\,,$$

also für $x=t$ nach § 7 $M_6M_7G^{(8)}\equiv 0$, und $M_8G^{(8)}\equiv 0$, demnach $G^{(8)}\equiv 0$ und in derselben Weise $G^{(7)}\equiv 0$ und $G^{(6)}\equiv 0$. Für $t=z$ ergeben sich die Relationen

$$A_k=a_{2k}+a_{3k}-a_{5k}-a_{6k}+a_{8k}\equiv 0.$$

Daher ist auch

$$A_{1k} + A_{4k} - A_{3k} - A_{7k} + 4(A_{2k} + A_{8k}) + 2A_{5k} + 5A_{6k} \equiv 15a_k \equiv 0.$$

Allgemein ergibt sich aus den 8 Kongruenzen $G^{(k)}(t) \equiv 0$ das Verschwinden der zyklischen Determinante achten Grades

$$|t_{\varkappa+\lambda}| = \prod_{\vartheta}\Big(\sum_{\varkappa} t_\varkappa \vartheta^\varkappa\Big),$$

wo ϑ die 8 Wurzeln der Gleichung $\vartheta^8 = 1$ durchläuft. Ist $t = 2$, so erhält man so die auszuschließenden Primzahlen. Für den allgemeinen Fall muß gezeigt werden, daß die in 4 rationale Faktoren zerlegbare Funktion

$$L(x) = |x_{\varkappa+\lambda}|$$

zu $L(1-x)$ teilerfremd ist. Dann kann man schließen, daß für jeden der 8 Werte von ϑ $\sum c_\varkappa \vartheta^\varkappa \equiv 0$, also $c_\varkappa \equiv 0$ und

$$Q_{17}(x) \equiv 0 \tag{2.}$$

ist.

Ist $m = 19$, so muß, falls $t = z$ ist,

$$A_k = a_k - a_{3k} - a_{4k} + a_{6k} + a_{7k} - a_{9k} \equiv 0$$

sein. Setzt man, wenn $l_1, \cdots l_9$ unbestimmte Größen sind

$$\sum l_k A_k = \sum L_k a_k \quad , \quad \sum l_k = L_0,$$

so ist $L_1 + \cdots + L_9 = 0$ und

$$9 \,.\, 19 l_k = 19 L_0 + 25 L_{1k} - 3 L_{2k} - 21 L_{3k} - 27 L_{4k} + 24 L_{5k} + 39 L_{6k}$$
$$+ 28 L_{7k} + 4 L_{8k} - 12 L_{9k}.$$

Ist z. B. $L_k = 171$, $L_{2k} = -171$, und sind alle andern $L_r = 0$, so erhält man

$$28 A_k - 37 A_{2k} + 11 A_{3k} + 36 A_{4k} - 31 A_{5k} - 60 A_{6k} + 25 A_{7k} + 4 A_{8k} + 24 A_9$$
$$= 9 \,.\, 19\ (a_k - a_{2k}),$$

und folglich ist $a_1 \equiv a_2 \equiv \cdots \equiv a_9$,

$$Q_{19}(x) = \frac{1}{18} Q_{19}(1)\, x \frac{x^{18}-1}{x-1}. \tag{3.}$$

Dieselbe Formel gilt aber auch, falls nicht $t = z$ ist, nur ist dann $Q(1) \equiv 0$,

$$19^{p-1} \equiv 1 \pmod{p^2}, \tag{4.}$$

und demnach $Q_{19}(x) \equiv 0$. Dies tritt also sicher ein, wenn $p = 6n - 1$ ist.

100.

Über den gemischten Flächeninhalt zweier Ovale

Sitzungsberichte der Königlich Preußischen Akademie der Wissenschaften zu Berlin
387–404 (1915)

Bewegt sich eine Ebene parallel mit sich selbst durch einen konvexen Körper, so nimmt der Inhalt der Schnittfläche beständig zu bis zu einem Maximum und nimmt dann wieder beständig ab. Möglicherweise bleibt das Maximum für einen Teil der Schnittflächen unverändert; dann bilden diese zusammen einen Zylinder. Diese beiden Sätze hat, auch für Bereiche von mehr Dimensionen, Hr. H. Brunn gefunden und auf ganz elementarem Wege in seiner Dissertation bewiesen (*Über Ovale und Eiflächen, München 1887*; hier mit Br. zitiert). Sie sind nach ihm (Br. III, 4—13) der geometrische Ausdruck der für positive Größen geltenden Ungleichheit

$$\sqrt[n]{(a_1+b_1)(a_2+b_2)\cdots(a_n+b_n)} \geqq \sqrt[n]{a_1 a_2\cdots a_n} + \sqrt[n]{b_1 b_2\cdots b_n},$$

worin das Gleichheitszeichen nur dann gilt, wenn $a_1 : a_2 : \cdots : a_n = b_1 : b_2 \cdots : b_n$ oder $a_\lambda = b_\lambda = 0$ ist. Dieselbe ergibt sich durch Anwendung der Formel von Hölder (*Göttinger Nachr. 1889*) und Jensen (*Acta math.* Bd. 30) auf die konvexe Funktion $l(1+e^x)$.

Die Anwendbarkeit jener beiden überaus fruchtbaren Sätze hat Minkowski (*Volumen und Oberfläche, Math. Ann. Bd. 57*; *Werke, Bd. II*, hier mit Mk. zitiert) noch erhöht durch Einführung des Begriffs des *gemischten Inhalts* von zwei Ovalen (vgl. Mk. S. 125). Der erste lautet dann $M^2 \geqq FF'$. Hier sind F und F' die Inhalte von zwei Ovalen, die in einer Ebene oder in zwei parallelen Ebenen liegen, und M ist ihr gemischter Flächeninhalt. Der zweite Satz, für den Minkowski einen strengeren Beweis gegeben hat, besagt, daß nur dann $M^2 = FF'$ sein kann, wenn die beiden Bereiche *homothetisch* sind.

Einen neuen elementaren Beweis für diese Sätze gibt Hr. Blaschke, *Beweise zu Sätzen von Brunn und Minkowski über die Minimaleigenschaft des Kreises, Jahresbericht der deutschen Mathematiker-Vereinigung, Bd. 23*; er beruht auf der Approximation von Kurven durch ungeschriebene Polygone. Mit Recht bemerkt er hier, daß der Beweis von Minkowski für den zweiten Satz schwer zu überblicken ist. Ebenso undurchsichtig ist der strengere Beweis, den Hr. BRUNN (*Exakte Grundlagen für eine Theorie der Ovale, Sitzungsber. der Bayer. Akad. 1894, Bd. 24*) für den zweiten Satz entwickelt hat. Es ist mir nun gelungen, diese Beweise durch eine höchst einfache und anschauliche Betrachtung zu ersetzen. Ihr Ausgangspunkt ist der zunächst seltsam erscheinende Gedanke, die Fläche zwischen dem gegebenen Oval und einem es umschließenden Tangentendreieck zu berechnen. Für diese Fläche F und die entsprechende F' ist nämlich $M^2 \leqq FF'$, während für die beiden entsprechenden Tangentendreiecke $M^2 = FF'$ ist.

Um den Satz von MINKOWSKI für zwei gleichgerichtete n-Ecke zu beweisen, benutzt Hr. BLASCHKE als Elementarfigur das Viereck, offenbar von dem Gedanken geleitet, zwei gleichgerichtete Dreiecke sind immer ähnlich, für sie ist stets $M^2 = FF'$, erst für zwei gleichgerichtete Vierecke kann $M^2 > FF'$ sein.

Ich habe aber bemerkt, daß man auch mit dem Dreieck als Elementarfigur auskommen kann, man muß nur mit der in F, F' und M linearen Form $Fx^2 + 2Mxy + F'y^2$ operieren, und nicht von vornherein mit ihrer in diesen Größen quadratischen Determinante. Die Herleitung wird dann beinahe trivial, man braucht nicht (mit Berufung auf einen Satz von WEIERSTRASS) von der Existenz eines Maximums von F' bei gegebenem F und M auszugehen und spart die etwas gekünstelte Konstruktion auf Seite 220 und 221. Außerdem erhält man bei der Zusammensetzung des n-Ecks aus Dreiecken eine vollständige Einsicht in die algebraische Seite der Entwicklung und erkennt: Der Inhalt eines veränderlichen n-Ecks, dessen Seiten denen eines festen n-Ecks parallel sind, ist eine quadratische Funktion des Ranges $n-2$ von den Abständen der Seiten von einem festen Punkte. Ist das feste n-Eck konvex, so hat diese Funktion den Trägheitsindex 1.

I. Ovale.

§ 1.

Sind P und P' zwei Punkte, x und y zwei Zahlen, deren Summe $x + y = 1$ ist, so verstehe ich unter $xP + yP'$ den Punkt P'', der die Strecke PP' nach dem Verhältnis

$$\frac{PP''}{P''P'} = \frac{y}{x}$$

teilt. Sind g und g' zwei parallele Gerade (oder Ebenen), so sei $xg + yg'$ die in der Ebene (g, g') liegende ihnen parallele Gerade (oder Ebene) g'', die ihren Abstand nach dem Verhältnis $y : x$ teilt, also von P'' durchlaufen wird, wenn sich P auf g, P' auf g' bewegt.

Sind $\mathfrak{K}$ und $\mathfrak{K}'$ zwei Flächen, die in einer Ebene liegen oder in zwei parallelen Ebenen, so sei $x\mathfrak{K} + y\mathfrak{K}'$ die Fläche $\mathfrak{K}''$, die der Punkt P'' durchläuft, wenn P die Punkte von $\mathfrak{K}$ durchläuft, P' die von $\mathfrak{K}'$. Sind $\mathfrak{K}$ und $\mathfrak{K}'$ Ovale, d. h. endliche konvexe Flächen, so ist auch $\mathfrak{K}''$ ein Oval.

Die Grenzlinie $\mathfrak{P}$ einer Fläche $\mathfrak{K}$ wird im positiven Sinne durchlaufen, wenn dabei das Innere von $\mathfrak{K}$ links liegt. Ist $\mathfrak{K}$ ein Oval und t eine Tangente von $\mathfrak{P}$, so liegt $\mathfrak{P}$ ganz auf einer Seite von t, und die Tangente t wird im positiven Sinne durchlaufen, wenn $\mathfrak{P}$ links von t, also in der von t begrenzten Halbebene liegt. Die Richtung von t bestimme ich durch den Winkel φ, den t mit einer festen Richtung bildet.

In einem Punkte E kann ein Oval mehrere Tangenten haben. Die Tangenten in einer solchen *Ecke* (die positiven Halbstrahlen) erfüllen einen Winkel. Mit Ausnahme seiner Schenkel nenne ich sie uneigentliche Tangenten.

In einer gegebenen Richtung φ aber hat ein Oval nur eine Tangente $t = t_\varphi$. Daher kann man die gleichgerichteten Tangenten t_φ und t'_φ zweier Ovale $\mathfrak{P}$ und $\mathfrak{P}'$ in derselben oder in zwei parallelen Ebenen einander gegenseitig eindeutig zuordnen, ebenso ihre Berührungspunkte P und P', wenn auch diese nicht immer eindeutig.

Hat t mit $\mathfrak{P}$ eine *Kante* XY gemeinsam, und t' mit $\mathfrak{P}'$ die Kante $X'Y'$, so kann jeder Punkt von XY jedem Punkte von $X'Y'$ zugeordnet werden. Ebenso können einer Ecke E von $\mathfrak{P}$ alle Punkte eines Bogens von $\mathfrak{P}'$ entsprechen. Die Punkte einer Kante XY nenne ich uneigentliche Punkte, X und Y selbst ausgenommen.

Zu je zwei entsprechenden Tangenten t und t' bestimme man die Gerade $t'' = xt + yt'$. Die von t'' umhüllte Linie bezeichne ich mit $\mathfrak{P}'' = x\mathfrak{P} + y\mathfrak{P}'$. Sie ist stets und nur dann die Grenzlinie der Fläche $x\mathfrak{K} + y\mathfrak{K}'$, wenn x und y positiv sind. Unter dieser Voraussetzung, die ich von hier an mache, ist daher $\mathfrak{P}''$ ein Oval. Betrachtet man t'' als mit t gleichgerichtet, so besteht die Fläche $\mathfrak{K}''$ aus den gemeinsamen Punkten der Halbebenen, die von den so orientierten Geraden t'' begrenzt werden. Wie leicht zu sehen (Mk. S. 177), hat diese Fläche j e d e der Geraden t'' zur Tangente (vgl. dagegen Mk. S. 107). Ich werde von jetzt an $\mathfrak{K}$ als die Fläche $\mathfrak{P}$ bezeichnen.

Liegen $\mathfrak{P}$ und $\mathfrak{P}'$ in zwei verschiedenen parallelen Ebenen $\mathfrak{E}$ und und $\mathfrak{E}'$, so liegt $\mathfrak{P}'' = x\mathfrak{P} + y\mathfrak{P}'$ in der Ebene $\mathfrak{E}'' = x\mathfrak{E} + y\mathfrak{E}'$, und ist der Durchschnitt von $\mathfrak{E}''$ mit der Fläche, die von den Ebenen (t, t') umhüllt wird. Diese Fläche ist zwischen $\mathfrak{E}$ und $\mathfrak{E}'$ die (nach Oberfläche und Volumen) kleinste durch $\mathfrak{P}$ und $\mathfrak{P}'$ gehende konvexe Fläche (Br. III, 14, 15).

Sind u, u' und $u'' = xu + yu'$ drei andere entsprechende Tangenten der Ovale $\mathfrak{P}, \mathfrak{P}'$ und $\mathfrak{P}''$, und ist V der Schnittpunkt von t und u, V' der von t' und u', so liegt der Punkt $V'' = xV + yV'$ sowohl auf t'', wie auf u''. Ist $u = t_{(\varphi + d\varphi)}$, so ist daher $P'' = xP + yP'$ der Berührungspunkt von t'', wenn P und P' die entsprechenden Berührungspunkte von t und t' sind. Demnach erhält man die Punkte von $\mathfrak{P}''$, indem man zu je zwei entsprechenden Punkten P und P' von $\mathfrak{P}$ und $\mathfrak{P}'$ den Punkt $P'' = xP + yP'$ bestimmt (Mk. 25).

Drei Tangenten von $\mathfrak{P}$ bilden ein Dreieck $\mathfrak{O}$ mit den Ecken U, V, W. Die beiden Flächen $\mathfrak{P}$ und $\mathfrak{O}$ haben entweder kein Flächenstück gemeinsam oder $\mathfrak{P}$ liegt ganz innerhalb $\mathfrak{O}$. Je nachdem nenne ich $\mathfrak{O}$ ein *anschließendes* oder ein *umschließendes* Dreieck, im letzteren Falle auch ein *Kappendreieck*. Die (positiven) Längen der Seiten von $\mathfrak{O}$ seien u, v, w. Analoge Bezeichnungen brauche ich für die entsprechenden Dreiecke $\mathfrak{O}'$ und $\mathfrak{O}''$ in $\mathfrak{E}'$ und $\mathfrak{E}''$. Da die entsprechenden Seiten dieser Dreiecke parallel sind, so sind sie homothetisch, d. h. das eine kann durch Dilatation oder Translation in das andere übergeführt werden. Die drei Geraden $UU'U''$, $VV'V''$, $WW'W''$ schneiden sich in einem Punkte, dem Ähnlichkeitszentrum

$$S = \frac{uU' - u'U}{u - u'} = \frac{uV' - u'V}{u - u'} = \frac{vU' - v'U}{v - v'},$$

und es ist $u'' = xu + yu'$.

§ 2.

Ist $\mathfrak{O}$ ein bestimmtes Kappendreieck von $\mathfrak{P}$, so schneide die Tangente von $\mathfrak{P}$ in P (der positive Halbstrahl) die Begrenzung von $\mathfrak{O}$ in Q. Dann nenne ich die (positive) Strecke $PQ = t = t(\varphi)$ die Länge der Tangente. Ist $PR = t(\varphi + d\varphi)$, so ist $\frac{1}{2} t^2 d\varphi$ der Inhalt des Dreiecks PQR. Folglich ist

$$\frac{1}{2} \int t^2 d\varphi = G - F,$$

wo G und F die Flächen von $\mathfrak{O}$ und $\mathfrak{P}$ sind. Das Integral erstreckt sich von 0 bis 2π.

Dem Tangentendreieck PQR von $\mathfrak{P}$ entspricht in $\mathfrak{P}'$ und $\mathfrak{P}''$ das Dreieck $P'Q'R'$ und $P''Q''R''$. Liegt P zwischen den Berührungspunkten A und C von VW und VU, so schneidet t die Seite VW. Dann liegt P' zwischen A' und C', und folglich schneidet t' die Seite $V'W'$. Daher ist $t'' = xt + yt'$ und

$$G'' - F'' = \frac{1}{2} \int (xt + yt')^2 \, d\varphi.$$

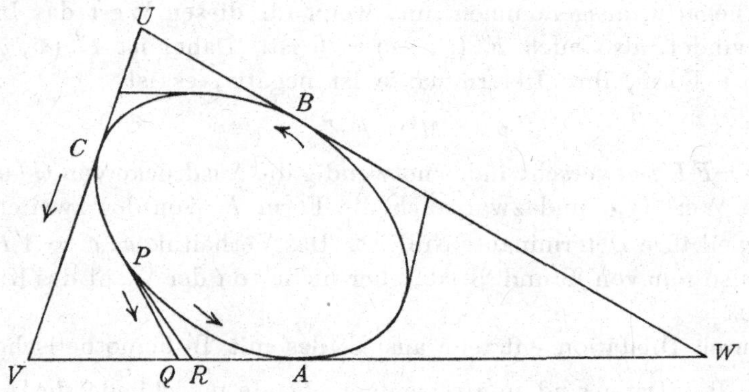

Nun ist $2\,G = u\,v \sin\gamma$ und $2\,G'' = (u\,x + u'\,y)\,(v\,x + v'\,y)\sin\gamma$, also weil $u : u' = v : v'$ ist,

$$(1.) \qquad G'' = (c\,x + c'\,y)^2,$$

wo c und c' positiv sind, und

$$(2.) \qquad G = c^2, \quad G' = c'^2$$

ist.

Die quadratische Form

$$(3.) \quad F''(x, y) = (c\,x + c'\,y)^2 - \frac{1}{2}\int (x\,t + y\,t')^2\,d\varphi = F\,x^2 + 2\,M\,x\,y + F'\,y^2$$

ist gleich dem Inhalte F'' der Fläche $\mathfrak{P}''$, wenn x und y positive Größen sind, deren Summe 1 ist. Dadurch sind ihre Koeffizienten

$$(4.) \quad F = c^2 - \frac{1}{2}\int t^2\,d\varphi, \quad F' = c'^2 - \frac{1}{2}\int t'^2\,d\varphi, \quad M = c\,c' - \frac{1}{2}\int t\,t'\,d\varphi$$

völlig bestimmt. Die Form selbst aber ist für beliebige Werte von x und y durch die Gleichung (3.) definiert, hat dann aber nicht mehr dieselbe geometrische Bedeutung.

Die so definierte Größe $M = M(\mathfrak{P}, \mathfrak{P}')$ heißt der *gemischte Flächeninhalt* von $\mathfrak{P}$ und $\mathfrak{P}'$. Die Formel (4.) für M zeigt, daß M bei jeder Translation von $\mathfrak{P}$ ungeändert bleibt, auch bei einer Parallelverschiebung nach einer anderen Ebene, aber nicht notwendig wie $F = M(\mathfrak{P}, \mathfrak{P})$, auch bei einer Rotation.

Da F und F' positiv sind, so kann $F''(x, y)$ positive Werte annehmen. Für

$$(5.) \qquad -\frac{y}{x} = \frac{c}{c'} = \frac{u}{u'} = \frac{v}{v'} = \frac{w}{w'}$$

ist F'' negativ, ausgenommen nur, wenn für diesen Wert das Integral verschwindet, also auch $F''(c', -c) = 0$ ist. Daher ist $F''(x, y)$ eine indefinite Form, ihre Determinante ist negativ, es ist

$$M^2 \geqq F F'. \tag{6.}$$

Ist $M^2 = F F'$, so verschwinden notwendig die Ausdrücke von G'' und F'' für den Wert (5.), und zwar auch die Form F'' von der zweiten Ordnung, weil ihre Determinante Null ist. Das Verhältnis $c : c' = \sqrt{F} : \sqrt{F'}$ hängt also nur von $\mathfrak{P}$ und $\mathfrak{P}'$ ab, aber nicht von der Wahl des Kappendreiecks.

Durch Dilatation entstehe aus $\mathfrak{P}'$ das mit $\mathfrak{P}'$ homothetische Oval $\mathfrak{R} = \frac{c}{c'}\mathfrak{P}'$. Dann sind je zwei entsprechende umschließende Dreiecke von $\mathfrak{P}$ und $\mathfrak{R}$ kongruent. Von zwei entsprechenden Kappenvierecken enthält jedes zwei (von drei der Seiten gebildete) umschließende und zwei anschließende Dreiecke. Aus der Kongruenz der entsprechenden umschließenden Dreiecke folgt die der anschließenden.

Bringt man durch eine Translation das Dreieck UVW mit dem entsprechenden um $\mathfrak{R}$ zur Deckung, so fallen je zwei entsprechende Tangenten zusammen, und folglich sind $\mathfrak{P}$ und $\mathfrak{P}'$ homothetisch. Die Verbindungslinien von je zwei entsprechenden eigentlichen Punkten P und P' gehen alle durch das Ähnlichkeitszentrum

$$S = \frac{c P' - c' P}{c - c'},$$

die Linie

$$\frac{c\mathfrak{P}' - c'\mathfrak{P}}{c - c'}$$

reduziert sich auf einen Punkt. Sind umgekehrt $\mathfrak{P}$ und $\mathfrak{P}'$ homothetisch, so ist $M^2 = F F'$.

I. *Sind F und F' die Inhalte zweier Ovale $\mathfrak{P}$ und $\mathfrak{P}'$, und ist M ihr gemischter Flächeninhalt, so ist $M^2 \geqq F F'$, und stets und nur dann $M^2 = F F'$, wenn $\mathfrak{P}$ und $\mathfrak{P}'$ homothetisch sind.*

Nach der Ungleichheit $F''(c', -c) \leqq 0$ oder

$$2\sqrt{G G'}\, M \geqq F G' + F' G \tag{7.}$$

ist $M > 0$ und demnach (Br.)

$$\sqrt{F''} \geqq x\sqrt{F} + y\sqrt{F'}. \tag{8.}$$

Nach der Ungleichheit

$$2\sqrt{G G'}\,(M - \sqrt{F F'}) \geqq (\sqrt{F G'} - \sqrt{F' G})^2 \tag{9.}$$

ist ferner $M \geqq \sqrt{F F'}$ und nur dann $M^2 = F F'$, wenn für je zwei entsprechende Kappendreiecke $G : G' = F : F'$ ist. Dies ist aber, wie oben gezeigt, nur möglich, wenn $\mathfrak{P}$ und $\mathfrak{P}'$ homothetisch sind. Ist dies nicht der Fall, so kann man auf diese Ungleichheit (9.) die Betrachtungen Mk. 23 und 26 (Schluß) anwenden, und damit auch den Fall erledigen, wo $\mathfrak{P}$ und $\mathfrak{P}'$ nicht aus Stücken analytischer Kurven bestehen. (Vgl. auch H. A. SCHWARZ, *Math. Abh. II, S. 339.*)

§ 3.

Sind $\mathfrak{P}_1, \mathfrak{P}_2, \cdots \mathfrak{P}_n$ n Ovale in parallelen Ebenen, und sind $x_1, x_2, \cdots x_n$ positive Größen, deren Summe 1 ist, so ergibt sich für den Flächeninhalt F des Ovals $\mathfrak{P} = x_1 \mathfrak{P}_1 + x_2 \mathfrak{P}_2 + \cdots + x_n \mathfrak{P}_n$ in derselben Weise wie oben

$$(1.)\quad F = (c_1 x_1 + \cdots + c_n x_n)^2 - \frac{1}{2}\int (x_1 t_1 + \cdots + x_n t_n)^2 \, d\varphi = h^2 - G.$$

Ist

$$F = \sum a_{\varkappa\lambda} x_\varkappa x_\lambda, \quad G = \sum b_{\varkappa\lambda} x_\varkappa x_\lambda, \quad h = \sum c_\lambda x_\lambda,$$

so sind die Koeffizienten

$$a_{\varkappa\lambda} = M(\mathfrak{P}_\varkappa, \mathfrak{P}_\lambda)$$

der quadratischen Form F alle positiv, ebenso die der linearen Form h, worin

$$c_\varkappa c_\lambda = M(\mathfrak{Q}_\varkappa, \mathfrak{Q}_\lambda)$$

ist. Endlich ist G eine nicht negative Form, deren Koeffizienten

$$b_{\varkappa\lambda} = c_\varkappa c_\lambda - a_{\varkappa\lambda} = \frac{1}{2}\int t_\varkappa t_\lambda \, d\varphi$$

auch alle positiv sind. Ist s der Rang der Form G, so kann sie in $y_1^2 + y_2^2 \cdots + y_s^2$ transformiert werden, wo $y_1, y_2, \cdots y_s$ unabhängige lineare Funktionen von $x_1, x_2, \cdots x_n$ sind.

Ist y_0 eine von diesen unabhängige Variable, so ist F unter der Form $y_0^2 - y_1^2 - \cdots - y_s^2$ enthalten. Nun lautet das Trägheitsgesetz der quadratischen Formen in seiner allgemeinsten Gestalt:

Eine reelle quadratische Form H lasse sich in $p + q$ Quadrate unabhängiger reeller linearer Funktionen zerlegen, von denen p positiv und q negativ sind. Für eine andere Form H' mögen p' und q' dieselbe Bedeutung haben. Ist dann H' unter H enthalten, so ist $p \geqq p'$ und $q \geqq q'$. Enthalten sich H und H' gegenseitig, so ist $p = p'$ und $q = q'$.

Daher kann der Trägheitsindex p von F nur 1 oder 0 sein. Im letzteren Falle würde F nur negative Werte darstellen. Da aber die Koeffizienten von F alle positiv sind, so ist $p = 1$. Dies Resultat leitet MINKOWSKI (Mk. § 39) aus dem Satze ab:

Sei $F(x_1, \cdots x_n) = \sum a_{\varkappa\lambda} x_\varkappa x_\lambda$ eine reelle quadratische Form, die für $x_1 = c_1, \cdots x_n = c_n$ den positiven Wert F' hat, und sei $M = \sum a_{\varkappa\lambda} c_\varkappa x_\lambda$. Ist dann stets $M^2 \geqq FF'$, so hat F den Trägheitsindex 1.

Geht eine reelle quadratische Form H durch eine reelle lineare Substitution der Determinante ± 1 in $s_1 y_1^2 + \cdots + s_n y_n^2$ über, so ist die Deteiminante von H

$$D = s_1 s_2 \cdots s_n .$$

Von den Größen $s_1, s_2, \cdots s_n$ sind p positiv, q negativ und $n-p-q$ Null. Ist D von Null verschieden, so ist $n = p + q$, und D hat das Zeichen $(-1)^q = (-1)^{n-p}$. In jedem Falle ist folglich

$$(2.) \qquad (-1)^{n-p} D = (-1)^q D \geqq 0 .$$

Für die Form F ergibt sich daher (Mk. § 39) das Resultat:

II. *Die quadratische Form* $F = \sum M(\mathfrak{P}_\varkappa, \mathfrak{P}_\lambda) x_\varkappa x_\lambda$ *hat den Trägheitsindex* 1. *Ist A ihre Determinante, so ist*

$$(3.) \qquad (-1)^{n-1} A \geqq 0 .$$

§ 4.

Ich will jetzt zeigen, daß nur dann $A = 0$ ist, wenn man den beiden Gleichungen $G = 0$ und $h = 0$ durch reelle Werte $x_1 = a_1$, $\cdots x_n = a_n$ genügen kann, die nicht alle Null sind. Da G eine nicht negative Form ist, so kann nur an solchen Stellen $G = 0$ sein, wo auch alle Ableitungen von G verschwinden. Die Bedingungen $G = h = 0$ sind daher mit den Gleichungen

$$(1.) \qquad \frac{\partial F}{\partial x_1} = 0, \cdots \frac{\partial F}{\partial x_n} = 0, \quad h = 0$$

identisch. Ist r der Rang von F, so sind unter den n Ableitungen von F genau r unabhängig. Ist $A = 0$, so ist $r < n$. Ist $r < n-1$, so ist die Anzahl der unabhängigen unter jenen $n+1$ homogenen linearen Gleichungen zwischen n Unbekannten kleiner als n, und daher haben sie stets eine Lösung. Ist $r = n-1$, so sind die Unterdeterminanten $A_{\varkappa\lambda}$ von A nicht alle Null, und weil $A = 0$ ist, ist $A_{\varkappa\lambda} = \pm a_\varkappa a_\lambda$. Hier sind $a_1, \cdots a_n$ reelle Werte, für welche die n Ableitungen von F verschwinden. Setzt man $x_\lambda = 0$, so erhält man aus F eine unter F enthaltene Form von $n-1$ Variabeln, die nach dem Trägheitsgesetz und weil $a_{\varkappa\varkappa} > 0$ ist, den Trägheitsindex 1 hat. Nach (2.) § 3 ist daher

$$(-1)^n A_{\lambda\lambda} \geqq 0, \quad A_{\varkappa\lambda} = (-1)^n a_\varkappa a_\lambda .$$

Nun ist

$$(-1)^n B = |-b_{\varkappa\lambda}| = |a_{\varkappa\lambda} - c_\varkappa c_\lambda| = A - \sum A_{\varkappa\lambda} c_\varkappa c_\lambda = 0 - (-1)^n \sum a_\varkappa a_\lambda c_\varkappa c_\lambda .$$

Da aber G eine nicht negative Form ist, so ist ihre Determinante $B \geqq 0$. Die Gleichung

$$B = -\left(\sum c_\lambda a_\lambda\right)^2$$

erfordert daher, daß $0 = B$ und $0 = \sum c_\lambda a_\lambda = h(a_1, \cdots a_n)$ ist.

In einem zweiten Beweise, der einen schärferen Einblick gibt, will ich weniger voraussetzen, nämlich nur, daß

$$(2.) \qquad \sum b_{\lambda\lambda} < \sum c_\lambda^2 = c$$

ist, und daß G eine nicht negative Form ist; und ich will mehr beweisen, nämlich, daß jede Lösung der Gleichungen

$$(3.) \qquad \frac{\partial F}{\partial x_1} = 0, \quad \cdots \quad \frac{\partial F}{\partial x_n} = 0$$

auch die Gleichung $h = 0$ befriedigt.

Ich betrachte zuerst den Fall, wo $b_{\varkappa\lambda} = 0$ ist, falls $\varkappa$ von λ verschieden ist, also $G = \sum b_\lambda x_\lambda^2$, $b_\lambda \geqq 0$ ist. Dann lauten die Gleichungen (3.)

$$b_\lambda x_\lambda = h c_\lambda .$$

Daher ist

$$\sum b_\lambda x_\lambda^2 = h^2, \quad \sum b_\lambda^2 x_\lambda^2 = ch^2, \quad \sum b_\lambda (c - b_\lambda) x_\lambda^2 = 0 .$$

In der letzten Summe ist aber kein Glied negativ, weil $c > \sum b_\lambda \geqq b_\lambda$ ist. Folglich ist

$$b_\lambda x_\lambda = 0, \quad hc_\lambda = 0, \quad h = 0,$$

weil nach (2.) $c > \sum b_\lambda \geqq 0$ ist.

Auf diesen speziellen Fall $b_{\varkappa\lambda} = 0$ läßt sich der allgemeine durch eine reelle orthogonale Substitution zurückführen. Durch eine solche kann man die nicht negative Form G in $\sum b_\lambda y_\lambda^2$ transformieren. Wird dann $h = \sum c_\lambda x_\lambda = \sum d_\lambda y_\lambda$, so ist $\sum d_\lambda^2 = \sum c_\lambda^2 = c$. Die Größen b_λ $(\geqq 0)$ sind die Wurzeln der Gleichung $|b_{\varkappa\lambda} - s e_{\varkappa\lambda}| = 0$. Daher ist $\sum b_\lambda = \sum b_{\lambda\lambda} < 0$.

Ist $\sum c_\lambda a_\lambda = 0$, so können die Größen a_λ nicht alle dasselbe Zeichen haben. Seien etwa $a_1, \cdots a_m$ positiv, $a_{m+1}, \cdots a_n$ negativ,

$$a_1 + \cdots + a_m = a, \quad a_{m+1} + \cdots + a_n = a'$$

$$\frac{1}{a}(a_1 \mathfrak{P}_1 + \cdots + a_m \mathfrak{P}_m) = \mathfrak{P}, \quad \frac{1}{a'}(a_{m+1} \mathfrak{P}_{m+1} + \cdots + a_n \mathfrak{P}_n) = \mathfrak{P}' .$$

Ist dann $x + y = 1$, $x \geqq 0$, $y \geqq 0$, so ist der Inhalt der Fläche $x\mathfrak{P} + y\mathfrak{P}'$

$$\left((a_1 c_1 + \cdots + a_m c_m)\frac{x}{a} + (a_{m+1} c_{m+1} + \cdots + a_n c_n)\frac{y}{a'}\right)^2$$
$$-\frac{1}{2}\int\left((a_1 t_1 + \cdots + a_m t_m)\frac{x}{a} + (a_{m+1} t_{m+1} + \cdots + a_n t_n)\frac{y}{a'}\right)^2 d\varphi$$
$$= h_0(x,y)^2 - G_0(x,y).$$

Die nicht negativen Formen h_0^2 und G_0 verschwinden für $x = a$, $y = a'$. Daher müssen, wie oben gezeigt, $\mathfrak{P}$ und $\mathfrak{P}'$ homothetisch sein. Es ist also

$$(4.)\qquad (-1)^{n-1}|M(\mathfrak{P}_\varkappa, \mathfrak{P}_\lambda)| \geqq 0,$$

und stets und nur dann $= 0$, wenn unter den Kurven $x_1\mathfrak{P}_1 + \cdots + x_n\mathfrak{P}_n$ $(x_1 + \cdots + x_n = 1, x_1 \geqq 0, \cdots x_n \geqq 0)$ zwei homothetisch (oder identisch) sind, die verschiedenen (positiven) Werte von $x_1, \cdots x_n$ entsprechen. Läßt man für $x_1, \cdots x_n$ auch negative Werte zu, so kann man auch sagen, daß eine der Kurven $x_1\mathfrak{P}_1 + \cdots + x_n\mathfrak{P}_n$ sich auf einen Punkt S reduziert, den Ähnlichkeitspunkt von $\mathfrak{P}$ und $\mathfrak{P}'$, der auch unendlich fern liegen kann.

§ 5.

Ist $\mathfrak{P}'$ der Einheitskreis, so ist $2M(\mathfrak{P}, \mathfrak{P}') = l$ der Umfang von $\mathfrak{P}$ (Mk. § 28). Denn sind ξ, η die rechtwinkligen Koordinaten von P, und ξ', η' die von P', so sind $x\xi + y\xi'$, $x\eta + y\eta'$ die von $xP + yP'$. Nun ist

$$2F = \int (\xi d\eta - \eta d\xi),$$

erstreckt über $\mathfrak{P}$. Als unabhängige Variable wähle man den Winkel φ der Tangente mit der positiven Ordinatenachse. Wendet man diese Formel auf $x\mathfrak{P} + y\mathfrak{P}'$ an, so erhält man

$$(1.)\qquad 2M = \int (\xi d\eta' - \eta d\xi') = \int (\xi' d\eta - \eta' d\xi).$$

Die beiden Integrale sind einander gleich, weil (Mk. § 18) ihre Differenz

$$\int d(\xi\eta' - \eta\xi') = 0$$

ist. Ist nun $\mathfrak{P}'$ der mit dem Radius 1 um den Koordinatenanfang beschriebene Kreis, so ist

$$\xi' = \cos\varphi,\quad \eta' = \sin\varphi,\quad d\xi = -\sin\varphi\, ds,\quad d\eta = \cos\varphi\, ds$$

und mithin nach der zweiten Formel (1.)

$$2M = \int ds = l.$$

Für $n = 3$ ist nach (3.) § 3

$$(2.)\qquad a_{11}a_{23}^2 - 2a_{12}a_{23}a_{13} + a_{22}a_{13}^2 \leqq a_{33}(a_{11}a_{22} - a_{12}^2) \leqq 0,$$

Daher verschwindet der Ausdruck links stets und nur dann, wenn $\mathfrak{P}_1$ und $\mathfrak{P}_2$ homothetisch sind. Denn ist $a_{12} = \sqrt{a_{11}a_{22}}$, so wird er gleich $(a_{23}\sqrt{a_{11}} - a_{13}\sqrt{a_{22}})^2 \geqq 0$, also $= 0$, weil er immer $\leqq 0$ ist. Jedes Oval $\mathfrak{P}_3$ liefert demnach ein Wertsystem $y : x = -a_{13} : a_{23}$, wofür $a_{11}x^2 + 2a_{12}xy + a_{22}y^2 \leqq 0$ ist.

Ist z. B. $\mathfrak{Q}$ eine (gerade) Strecke der Länge k, so ist

$$M(\mathfrak{P}, \mathfrak{Q}) = \frac{1}{2}kl, \tag{3.}$$

wo l der Abstand der beiden mit k parallelen Tangenten von $\mathfrak{P}$ ist. Daher ist

$$Fl'^2 - 2Ml'l + F'l^2 \leqq 0, \tag{4.}$$

und nur dann $= 0$, wenn $\mathfrak{P}$ und $\mathfrak{P}'$ homothetisch sind. Nach (5.) § 2 gilt diese Ungleichheit allgemein, wenn l eine Seite eines umschließenden (aber nicht eines anschließenden) Tangentendreiecks von $\mathfrak{P}$ ist (und l' die entsprechende Strecke für $\mathfrak{P}'$). Auch kann $l (= u + v + w)$ der Umfang eines Tangentendreiecks $\mathfrak{Q}$ sein, oder $l = \sqrt{G}$.

Ist $\mathfrak{P}_3$ der Einheitskreis, so sind $2a_{13}$ und $2a_{23}$ die Perimeter von $\mathfrak{P}_1$ und $\mathfrak{P}_2$. Demnach kann l in (4.) auch der Umfang von $\mathfrak{P}$ sein. Diese einfache Herleitung einer Ungleichheit, die sich aus den Formeln (54.) und (55.) des Hrn. Blaschke ergibt, hat mir Hr. I. Schur mitgeteilt.

Endlich kann l auch der Umfang oder die Quadratwurzel aus dem Inhalt einer beliebigen *Kappe* $\mathfrak{Q}$ von $\mathfrak{P}$ sein. So nennt Minkowski eine $\mathfrak{P}$ umschließende endliche Fläche, wenn jede eigentliche Tangente von $\mathfrak{Q}$ auch eine Tangente von $\mathfrak{P}$ ist.

Sind nämlich F und G die Inhalte von $\mathfrak{P}$ und $\mathfrak{Q}$, und ist t das Stück der Tangente von $\mathfrak{P}$ von ihrem Berührungspunkte bis zu ihrem Schnittpunkte Q mit $\mathfrak{Q}$, so ist

$$G - F = \frac{1}{2}\int t^2 d\varphi.$$

Ist $\mathfrak{P} = x_1\mathfrak{P}_1 + \cdots + x_n\mathfrak{P}_n$, so ist auch $\mathfrak{Q} = x_1\mathfrak{Q}_1 + \cdots + x_n\mathfrak{Q}_n$ und

$$F(x_1, \cdots x_n) = G(x_1, \cdots x_n) - \frac{1}{2}\int (t_1x_1 + \cdots + t_nx_n)^2 d\varphi, \tag{5.}$$

und jede Lösung der Gleichungen $\frac{\partial F}{\partial x_\lambda} = 0$ genügt auch den Gleichungen $\frac{\partial G}{\partial x_\lambda} = 0$. Ist $n = 2$, und sind l_1 und l_2 die Perimeter von $\mathfrak{Q}_1$ und $\mathfrak{Q}_2$, so ist nach (4.) $G(l_2, -l_1) \leqq 0$, und folglich ist auch $F(l_2, -l_1) < 0$.

Die Formel (9.) § 2 macht die beiden Sätze des Hrn. Brunn unmittelbar evident. Von seinen Ausführungen kann nur der Beweis für den ersten Satz als elementar und durchsichtig gelten. Besonders interessant erscheint mir daher die Bemerkung des Hrn. I. Schur, daß man jene Formel aus dem ersten Satze direkt ableiten und so den Beweis des zweiten Satzes auf den des ersten zurückführen kann.

Ist nämlich $\mathfrak{Q}$ eine Kappe von $\mathfrak{P}$, $\mathfrak{Q}'$ die entsprechende Kappe von $\mathfrak{P}'$, so ist, wie leicht zu sehen (Mk. S. 224; Blaschke, S. 221),

$$M(\mathfrak{P}, \mathfrak{Q}') = M(\mathfrak{Q}, \mathfrak{Q}').$$

Ist $\mathfrak{Q}$ ein Dreieck und sind G und G' die Inhalte von $\mathfrak{Q}$ und $\mathfrak{Q}'$, so ist $M(\mathfrak{Q}, \mathfrak{Q}') = \sqrt{GG'}$. Wählt man also in der Formel (2.), die nach der Methode Mk. S. 260 erhalten werden kann, für $\mathfrak{P}_3$ das Dreieck $\mathfrak{Q}$, so wird $a_{13} = a_{33} = G$, $a_{23} = \sqrt{GG'}$, und sie geht in die Ungleichheit (9.) § 2 über. Man erhält diese sogar in der verschärften Form

$$(6.)\qquad (2\sqrt{GG'}-\sqrt{FF'}-M)(M-\sqrt{FF'}) \geqq (\sqrt{FG'}-\sqrt{F'G})^2.$$

Eine ähnliche Bemerkung knüpft sich an die geistreichen, aber viel angefochtenen Beweise Steiners über den Kreis. Nach dem ersten Satze des Hrn. Brunn ist $l^2 \geqq 4\pi F$, wenn l der Umfang und F der Inhalt einer Fläche $\mathfrak{P}$ ist. Ist nun $\mathfrak{P}$ kein Kreis, so kann nicht $l^2 = 4\pi F$ sein. Denn sonst könnte man nach Steiner eine Fläche $\mathfrak{P}'$ konstruieren, wofür $l = l'$ und $F < F'$, also $l'^2 < 4\pi F'$ wäre.

II. Polygone.

§ 6.

Die positive Richtung ρ auf einer orientierten Geraden wird durch zwei verschiedene Punkte AB in dieser Reihenfolge definiert. Der positive Drehungssinn einer orientierten Ebene wird durch drei Punkte ABC, die nicht auf einer Geraden liegen, in dieser Reihenfolge definiert, oder durch zwei Richtungen $\rho\sigma$, die nicht gleich oder entgegengesetzt sind, und zwar ist der Drehungssinn

$$ABC = AB, AC = BCA = BC, BA = CAB = CA, CB.$$

In einer orientierten Ebene sei gegeben ein Punkt O und n durch O gehende orientierte Gerade $\rho_1, \rho_2, \cdots \rho_n$. Eine solche Figur nenne ich einen *Achsenstern*. Zu seiner Bestimmung gehört das *Zentrum* O, die n Richtungen, und die (willkürlich aber fest) gewählte *zyklische Reihenfolge*, in der sie mit $\rho_1, \rho_2, \cdots \rho_n$ bezeichnet sind. Ich nehme an, daß zwei aufeinanderfolgende Richtungen $\rho_\varkappa$ und $\rho_{\varkappa+1}$ weder gleich noch entgegengesetzt sind. Zwei Sterne, die sich nur durch die Lage von O unterscheiden, heißen *gleichgerichtet*.

Sind nun n Zahlen (*Koordinaten*) $h_1, h_2, \cdots h_n$ gegeben, so bestimmen sie in folgender Art ein n-Eck $ABCDE\cdots$. Man trage die Strecke $|h_\varkappa|$ auf dem Halbstrahl $\rho_\varkappa$ oder dem entgegengesetzten ab, je nachdem $h_\varkappa$ positiv oder negativ ist. Durch den Endpunkt $H_\varkappa$ lege man eine

Senkrechte zu $\rho_\varkappa$, und gebe ihr eine solche Richtung $\sigma_\varkappa$, daß $\rho_\varkappa\sigma_\varkappa$ den positiven Drehungssinn der Ebene definiert. Schneiden sich σ_1 und σ_2 in B, σ_2 und σ_3 in $C, \cdots, \sigma_n$ und σ_1 in A, so bezeichne ich in dem Polygon $ABCD\cdots$ die Seite AB mit s_1, BC mit $s_2, \cdots$, wobei s_1 das positive oder negative Zeichen erhält, je nachdem die Richtung AB der Richtung σ_1 gleich oder entgegengesetzt ist. Die n Seiten $s_\varkappa$ sind durch die n Koordinaten $h_\varkappa$ völlig bestimmt, ebenso der Inhalt $F_n = F$ des Polygons $\mathfrak{P}_n = \mathfrak{P}$. Der Ausdruck

$$2F = \sum h_\varkappa s_\varkappa \tag{1.}$$

ist von der Lage von O unabhängig. Umgekehrt kann man von den Seiten $s_\varkappa$ eines gegebenen n-Ecks $\mathfrak{P}_n$ ausgehen, die auf n willkürlich orientierten Geraden $\sigma_\varkappa$ liegen und dazu durch ein beliebig gewähltes Zentrum O den Achsenstern konstruieren. Ist, wie meist im folgenden, $\mathfrak{P}$ ein im positiven Sinne umlaufenes konvexes Polygon mit positiven Seiten, und wählt man O im Innern von $\mathfrak{P}$, so folgen die positiven Halbstrahlen $\rho_1, \rho_2, \cdots \rho_n$ in natürlicher Reihe aufeinander, der Winkel $\rho_\varkappa\rho_{\varkappa+1}$ liegt zwischen 0 und π, und in diesem Winkel liegt kein anderer Halbstrahl.

So entspricht bei gegebenem Achsenstern jedem System von n Koordinaten $h_\varkappa$ ein Polygon $\mathfrak{P}_n = \mathfrak{P}$, einem anderen System $h'_\varkappa$ ein mit $\mathfrak{P}$ *gleichgerichtetes* Polygon $\mathfrak{P}'_n = \mathfrak{P}'$ mit den Seiten $s'_\varkappa$. Sind dann x und y zwei Unbestimmte, so bezeichne ich das den Koordinaten $xh_\varkappa + yh'_\varkappa$ entsprechende Polygon mit $x\mathfrak{P} + y\mathfrak{P}'$. Seine Seiten sind $xs_\varkappa + ys'_\varkappa$. Ist $x + y = 1$, so ist dies Polygon von der Lage von O unabhängig. Sonst sind zwei verschiedenen Zentren entsprechende Polygone $x\mathfrak{P} + y\mathfrak{P}'$ kongruent und können durch Translation ineinander übergeführt werden. Ihr Inhalt ist

$$2\,G_n(x, y) = \sum{}' (h_\varkappa x + h'_\varkappa y)(s_\varkappa x + s'_\varkappa y) = Fx^2 + 2Mxy + F'y^2. \tag{2.}$$

Die so definierte, von O unabhängige Größe $M = M(\mathfrak{P}, \mathfrak{P}')$ heißt der *gemischte Flächeninhalt von* $\mathfrak{P}$ *und* $\mathfrak{P}'$.

§ 7.

Die Gesamtheit aller Polygone $x\mathfrak{P} + y\mathfrak{P}'$ bezeichnet Minkowski als eine Polygonschar, $\mathfrak{P}$ und $\mathfrak{P}'$ bilden eine *Basis* der Schar. Als Basis können auch irgend zwei Polygone $\alpha\mathfrak{P} + \beta\mathfrak{P}'$ und $\gamma\mathfrak{P} + \delta\mathfrak{P}'$ genommen werden, falls $\alpha\delta - \beta\gamma$ von Null verschieden ist.

Sind $\mathfrak{P}$ und $\mathfrak{P}'$ homothetisch und kongruent, so ist, falls $x + y = 1$ ist, auch $x\mathfrak{P} + y\mathfrak{P}'$ ihnen kongruent. Daher ist

$$G(x, y) = Fx^2 + 2Mxy + F'y^2 = F = F(x + y)^2,$$

und mithin ist $M = F$. Der Bequemlichkeit halber setze ich $y = 1$ und bezeichne $G(x, y)$ mit $G_n(x) = G(x) = G_n = G$. Sind $\mathfrak{P}$ und $\mathfrak{P}'$ homothetisch, aber nicht kongruent, so haben sie einen endlichen Ähnlichkeitspunkt. Wählt man diesen für O, so ist $h'_\varkappa = ch_\varkappa$, $s'_\varkappa = cs_\varkappa$,

$$2G = \sum h_\varkappa (x + c) s_\varkappa (x + c) = 2F(x + c)^2.$$

Dies gilt auch für die Kongruenz, wo $c = 1$ ist. Nun beweise ich den Satz:

Enthält eine Schar ein konvexes Polygon, und sind ihre Basispolygone nicht homothetisch, so ist $G(x, y)$ eine indefinite Form.

Wir können annehmen, daß $\mathfrak{P}$ ein im positiven Sinne umlaufenes konvexes Polygon ist, so daß der Inhalt F von $\mathfrak{P}$ positiv ist. Dann ist nur zu beweisen, daß es Werte von x gibt, für die

$$G_n(x) = F_n x^2 + 2M_n x + F'_n$$

negativ (<0) ist. Da $\mathfrak{P}$ und $\mathfrak{P}'$ nicht homothetisch sind, so ist $n > 3$. Ist $n = 4$ und $\mathfrak{P}$ ein Parallelogramm, so ist

$$F = c(h_1 + h_3)(h_2 + h_4),$$
$$G = c\big(x(h_1 + h_3) + h'_1 + h'_3\big)\big(x(h_2 + h_4) + h'_2 + h'_4\big).$$

Da nicht $h_1 + h_3 : h_2 + h_4 = h'_1 + h'_3 : h'_2 + h'_4$ ist, so ist G indefinit.

Schließen wir das Dreieck und das Parallelogramm aus, so gibt es immer eine Seite BC, deren anliegende innere Polygonwinkel zusammen $\beta + \gamma > \pi$ sind. Denn wäre stets $\beta + \gamma \leqq \pi$, so wäre

$$2(n-2)\pi = 2\sum \alpha = \sum (\beta + \gamma) \leqq n\pi,$$

also entweder $n = 3$, oder $n = 4$ und dann immer $\beta + \gamma = \pi$, also $\mathfrak{P}$ ein Parallelogramm.

Ist nun $\beta + \gamma > \pi$, so schneiden sich die Verlängerungen von AB und DC in einem Punkte L außerhalb $\mathfrak{P}_n$. Das $(n-1)$-Eck $\mathfrak{P}_{n-1} = ALDE \cdots$ ist konvex, und hat in bezug auf den Stern $\rho_1, \rho_3, \cdots \rho_n$ die Koordinaten $h_1, h_3, \cdots h_n$. Sein Inhalt F_{n-1} ist positiv. Dasselbe gilt von dem Inhalt F_3 des Dreiecks $\mathfrak{P}_3 = CBL$, das in bezug auf den Stern ρ_1, ρ_2, ρ_3 die Koordinaten h_1, h_2, h_3 hat. Macht man für $\mathfrak{P}'_n$ dieselbe Konstruktion, so ist

$$F_n = F_{n-1} - F_3, \quad G_n = G_{n-1} - G_3.$$

Hier ist $G_3 = F_3(x + b)^2$ ein positives Quadrat.

Sind $\mathfrak{P}_{n-1}$ und $\mathfrak{P}'_{n-1}$ homothetisch, so ist $G_{n-1} = F_{n-1}(x + a)^2$. Es ist aber nicht $a = b$, sonst wären auch $\mathfrak{P}_n$ und $\mathfrak{P}'_n$ homothetisch. Daher ist

$$G_n(x) = F_{n-1}(x + a)^2 - F_3(x + b)^2$$

für $x = -a$ negativ. Damit ist der Fall $n = 4$ erledigt.

Seien $\mathfrak{P}_{n-1}$ und $\mathfrak{P}'_{n-1}$ nicht homothetisch. Wir können annehmen, die Behauptung sei für eine Schar von $(n-1)$-Ecken schon bewiesen. Dann gibt es Werte von x, für die $G_{n-1}(x)$ negativ ist. Für dieselben Werte ist auch

$$G_n(x) = G_{n-1}(x) - F_3(x+b)^2$$

negativ.

Je drei Seiten eines Polygons, von denen nicht zwei parallel sind, bilden ein Dreieck $\mathfrak{T}$. Ist $\mathfrak{P}$ konvex, so liegt entweder $\mathfrak{P}$ ganz in $\mathfrak{T}$, oder $\mathfrak{P}$ und $\mathfrak{T}$ haben kein Flächenstück gemeinsam. Je nachdem nenne ich $\mathfrak{T}$ ein umschließendes oder anschließendes Dreieck. Ein konvexes Polygon $\mathfrak{P}$ kann in der Gestalt

$$\mathfrak{P} = \mathfrak{U} - \mathfrak{V}_1 - \mathfrak{V}_2 - \cdots - \mathfrak{V}_{n-3}$$

dargestellt werden, wo $\mathfrak{U}$ ein umschließendes, $\mathfrak{V}_1, \mathfrak{V}_2, \cdots \mathfrak{V}_{n-3}$ anschließende Dreiecke sind. Die Bezeichnung hat mit der in § 6 gebrauchten nichts gemeinsam, sondern drückt nur aus, daß von der Fläche von $\mathfrak{U}$ die Flächen von $\mathfrak{V}_1, \mathfrak{V}_2, \cdots \mathfrak{V}_{n-3}$ weggenommen werden. Für $\mathfrak{U}$ kann jedes umschließende Dreieck gewählt werden. Sind $s_1, s_2, \cdots s_n (s_{n+1} = s_1, \cdots)$ die aufeinanderfolgenden Seiten von $\mathfrak{P}$, so bestimmen die Seiten $s_\varkappa, s_\lambda, s_\mu$ $(\varkappa < \lambda < \mu)$ das Dreieck $\mathfrak{T}_{\varkappa\lambda\mu}$. Ist dies ein umschließendes, so ist, wie die Figur unmittelbar zeigt,

$$\begin{aligned}\mathfrak{P} = \mathfrak{T}_{\varkappa,\lambda,\mu} &- \mathfrak{T}_{\varkappa,\varkappa+1,\lambda} - \mathfrak{T}_{\varkappa+1,\varkappa+2,\lambda} - \cdots - \mathfrak{T}_{\lambda-2,\lambda-1,\lambda}\\ &- \mathfrak{T}_{\lambda,\lambda+1,\mu} - \mathfrak{T}_{\lambda+1,\lambda+2,\mu} - \cdots - \mathfrak{T}_{\mu-2,\mu-1,\mu}\\ &- \mathfrak{T}_{\mu,\mu+1,\varkappa} - \mathfrak{T}_{\mu+1,\mu+2,\varkappa} - \cdots - \mathfrak{T}_{\varkappa-2,\varkappa-1,\varkappa}.\end{aligned}$$

Diese Formel ist mit der Gleichung (3.) § 2 identisch. Kann man eine Seite $s_\varkappa$ so wählen, daß sie keiner andern parallel ist, so gibt es eine Ecke $(\lambda, \lambda+1)$, so daß die durch sie zu $s_\varkappa$ gezogene Parallele ganz außerhalb $\mathfrak{P}$ liegt. Dann ist (*Moebius, Bestimmung des Inhaltes eines Polyeders, § 32, Werke, Bd. II, S. 506*)

$$\mathfrak{P} = \mathfrak{T}_{\varkappa,1,2} + \mathfrak{T}_{\varkappa,2,3} + \cdots + \mathfrak{T}_{\varkappa,n-1,n} + \mathfrak{T}_{\varkappa,n,1}.$$

Unter diesen Dreiecken ist $\mathfrak{T}_{\varkappa,\lambda,\lambda+1}$ das einzige, das $\mathfrak{P}$ umschließt. Für die Polarfigur, worin nicht die Seiten, sondern die Ecken mit $1, 2, \cdots n$ bezeichnet sind, ist dies eine wohlbekannte Formel.

§ 7.

Auf zwei Ovalen $\mathfrak{P}$ und $\mathfrak{P}'$ ordnen wir je zwei Punkte P und P' einander zu, in denen die Tangenten gleichgerichtet sind. Sind $P, Q, R, S, \cdots$ n aufeinanderfolgende Punkte von $\mathfrak{P}$, und sind $P', Q', R', S', \cdots$ entsprechende Punkte von $\mathfrak{P}'$, so bilden die Tangenten in diesen Punkten zwei gleichgerichtete, konvexe, umschriebene n-Ecke $\mathfrak{P}_n$ und $\mathfrak{P}'_n$. Für diese ist $M_n^2 \geqq F_n F'_n$. Läßt man n über alle Grenzen wachsen, und die Punkte $P, Q, R, \cdots$ einander unendlich naherücken, so erhält man durch Grenzübergang $M^2 \geqq FF'$. Auf die geringen Abänderungen, welche diese Betrachtungen erfordern, wenn $\mathfrak{P}$ Ecken oder Kanten hat, will ich der Kürze halber nicht näher eingehen.

Für Polygone gilt die Gleichheit nur, wenn $\mathfrak{P}_n$ und $\mathfrak{P}'_n$ ähnlich sind. Um für $\mathfrak{P}$ und $\mathfrak{P}'$ dasselbe zu beweisen, wähle ich die n Berührungspunkte $PQRST\cdots$ von $\mathfrak{P}_n = ABCDE\cdots$ so, daß sie die $n-1$ Berührungspunkte $PRST\cdots$ von $\mathfrak{P}_{n-1} = ALDE\cdots$ enthalten. Umgekehrt entsteht dann $\mathfrak{P}_{n-1}$ aus $\mathfrak{P}_n$, indem man die Seiten AB und DC verlängert, bis sie sich in L schneiden. Sind $\mathfrak{P}$ und $\mathfrak{P}'$ nicht homothetisch, falls man entsprechende Punkte P und P' einander zuordnet, so können auch $\mathfrak{P}_m$ und $\mathfrak{P}'_m$ nicht für jedes m homothetisch sein. Sind $\mathfrak{P}_{n-1}$ und $\mathfrak{P}'_{n-1}$ nicht homothetisch, so ist $G_{n-1}(x)$ indefinit, und es gibt einen Wert $x = a$, wofür $G_{n-1}(a) = -k_{n-1}$ negativ ist. Nach § 6 ist

$$G_n(x) = G_{n-1}(x) - F_3(x+b)^2,$$

wo F_3 positiv ist. Ist also $G_n(a) = -k_n$, so ist $k_n \geqq k_{n-1}$. Nähern sich F_m, F'_m und M_m mit wachsendem m den Grenzen F, F' und M, so nähert sich $-k_m = F_m a^2 + 2M_m a + F'_m$ der Grenze $-k = Fa^2 + 2Ma + F' = G(a)$. Weil $k_{n-1} \leqq k_n \leqq k_{n+1} \leqq \cdots$ so ist, so ist auch $k \geqq k_{n-1} > 0$. Folglich ist die Form $G(x)$ indefinit, und ihre Diskriminante ist $M^2 - FF' > 0$ und nicht $= 0$.

§ 8.

Um das Verständnis des entwickelten Beweises zu vertiefen, füge ich noch die folgenden Bemerkungen hinzu. In dem Ausdruck von $F_n = F$ sind $h_1, h_2, \cdots h_n$ n voneinander unabhängige Veränderliche. Zwischen $s_1, s_2, \cdots s_n$ dagegen bestehen zwei lineare Relationen, die man erhält, indem man die geschlossene Linie $\mathfrak{P}_n$ auf zwei verschiedene Richtungen projiziert. Die Seiten $s_\varkappa$ sind lineare Verbindungen

$$s_\varkappa = \sum_\lambda a_{\varkappa\lambda} h_\lambda = \frac{\partial F}{\partial h_\varkappa}$$

der n Koordinaten $h_\varkappa$, in denen $a_{\varkappa\lambda} = a_{\lambda\varkappa}$ ist. Denn in dem Viereck OH_1BH_2 sind die Winkel bei H_1 und H_2 Rechte, und ist $OH_1 = h_1$, $OH_2 = h_2$. Projiziert man die gebrochene Linie OH_2B auf ρ_1, so erhält man

$$h_1 = h_2 \cos(\rho_1 \rho_2) + BH_2 \sin(\rho_1 \rho_2) \tag{1.}$$

und ebenso aus dem Viereck OH_2CH_3

$$h_3 = h_2 \cos(\rho_2 \rho_3) + H_2C \sin(\rho_2 \rho_3).$$

Mithin ist

(2.) $h_1 \sin(\rho_2 \rho_3) + h_3 \sin(\rho_1 \rho_2) = h_2 \sin(\rho_1 \rho_3) + s_2 \sin(\rho_1 \rho_2) \sin(\rho_2 \rho_3)$.

Setzt man

$$c_{\varkappa\lambda} = \sin(\rho_\varkappa \rho_\lambda)$$

und

$$a_{\varkappa\varkappa} = -\frac{c_{\varkappa-1,\varkappa+1}}{c_{\varkappa-1,\varkappa}\, c_{\varkappa,\varkappa+1}}, \quad a_{\varkappa,\varkappa-1} = \frac{1}{c_{\varkappa-1,\varkappa}}, \quad a_{\varkappa,\varkappa+1} = \frac{1}{c_{\varkappa,\varkappa+1}},$$

und in allen anderen Fällen $a_{\varkappa\lambda} = 0$, so ist

(3.) $$s_\varkappa = a_{\varkappa,\varkappa-1} h_{\varkappa-1} + a_{\varkappa\varkappa} h_\varkappa + a_{\varkappa,\varkappa+1} h_{\varkappa+1} = \sum_\lambda a_{\varkappa\lambda} h_\lambda .$$

Demnach ist

(4.) $$2F = \sum_{\varkappa,\lambda} a_{\varkappa\lambda} h_\varkappa h_\lambda ,$$

und weil $a_{\varkappa\lambda} = a_{\lambda\varkappa}$ ist,

(5.) $$2M = \sum_{\varkappa,\lambda} a_{\varkappa\lambda} h_\varkappa h'_\lambda = \sum a_{\varkappa\lambda} h'_\varkappa h_\lambda = \sum h_\varkappa s'_\varkappa = \sum h'_\varkappa s_\varkappa .$$

Die Formel $dF = \sum s_\varkappa dh_\varkappa$ ist auch geometrisch evident.

Umgekehrt erhält man, wenn man O nach A verlegt, $h_1 = h_n = 0$ und durch Projektion der gebrochenen Linie $s_1 s_2 \cdots s_{\lambda-1}$ auf $\rho_\varkappa$

(6.) $$\begin{aligned} h_\lambda &= c_{1\lambda} s_1 + c_{2\lambda} s_2 + \cdots + c_{\lambda-1,\lambda} s_{\lambda-1} \\ &= c_{\lambda,\lambda+1} s_{\lambda+1} + c_{\lambda,\lambda+2} s_{\lambda+2} + \cdots + c_{\lambda n} s_n . \end{aligned}$$

Mithin ist (L'Huilier, *polygonométrie, VIII*)

(7.) $$2F = \sum_{\varkappa<\lambda} c_{\varkappa\lambda} s_\varkappa s_\lambda \qquad (\lambda = 2, 3, \cdots n-1),$$

wo sich λ von 2 bis $n-1$ bewegt, oder auch von 2 bis n, und nach (5.) ist

(8.) $$2M = \sum_{\varkappa<\lambda} c_{\varkappa\lambda} s_\varkappa s'_\lambda = \sum_{\varkappa<\lambda} c_{\varkappa\lambda} s'_\varkappa s_\lambda .$$

Diese Formeln zeigen, daß M bei einer Translation von $\mathfrak{P}$ ungeändert bleibt. Endlich ist

$$c_{12} s_2 + c_{13} s_3 + \cdots + c_{1n} s_n = 0, \quad c_{1n} s_1 + c_{2n} s_2 + \cdots + c_{n-1,n} s_{n-1} = 0 .$$

Alle diese Formeln hat Hr. Blaschke, S. 217—219, entwickelt.

Für ein Dreieck mit den Winkeln α, β, γ ist nach (2.)

(9.) $$2 \sin\alpha \sin\beta \sin\gamma\, F_3 = (h_1 \sin\alpha + h_2 \sin\beta + h_3 \sin\gamma)^2 .$$

In der Formel

$$F_n = F_{n-1} - F_3$$

ist daher F_3 ein positives Quadrat einer linearen Funktion von h_1, h_2, h_3, worin h_2 vorkommt, und F_{n-1} eine quadratische Funktion von $h_1, h_3, \cdots h_n$, worin h_2 nicht vorkommt (vgl. die obigen Formeln für $a_{\varkappa\lambda}$). Ebenso kann man F_{n-1} in F_{n-2} und ein negatives Quadrat zerlegen, und erhält demnach durch wiederholte Anwendung jener Formel eine Darstellung des Inhalts $F_n = F$ eines konvexen n-Ecks durch $n-2$ Quadrate unabhängiger reeller linearer Funktionen von $h_1, h_2, \cdots h_n$, von denen eins positiv ist, die $n-3$ andern negativ sind. Ihr Rang ist also $n-2$, ihr Trägheitsindex 1. Eine in $F(h_1, h_2, \cdots h_n)$ enthaltene Form $G(x,y)$ vom Range 2 mit positiven Koeffizienten hat also ebenfalls den Trägheitsindex 1 und ist daher indefinit.

Ist z. B. $n = 4$, so kann F_4 aus einem positiven und einem negativen Quadrate zusammengesetzt werden. Seien α, β, γ, δ die Winkel des konvexen Vierecks $\mathfrak{P}_4 = ABCD$. Die Gegenseiten $AB = a$ und $CD = c$ mögen sich in P schneiden, die Gegenseiten $BC = b$ und $DA = d$ in Q, endlich die Halbierungslinien der Winkel P und Q in O. Dann hat O von a und c die gleiche Entfernung $OH_1 = OH_3 = h_1 = h_3 = p$, und von b und d die gleiche Entfernung $OH_2 = OH_4 = h_2 = h_4 = q$. In dem Viereck OH_1BH_2 ist nach (1.)

$$p = -q\cos\beta + BH_2\sin\beta\,,$$
$$q = -p\sin\beta + H_1B\sin\beta\,,$$

und mithin ist

$$H_1B + BH_2 = (p+q)\frac{1+\cos\beta}{\sin\beta} = (p+q)\cot\frac{\beta}{2}$$

$$H_1B - BH_2 = -(p-q)\frac{1-\cos\beta}{\sin\beta} = -(p-q)\operatorname{tg}\frac{\beta}{2}.$$

Entsprechende Formeln erhält man für die Vierecke, die an A, C und D angrenzen. Setzt man

$$f = \cot\frac{\alpha}{2} + \cot\frac{\beta}{2} + \cot\frac{\gamma}{2} + \cot\frac{\delta}{2}\,,\quad g = \operatorname{tg}\frac{\alpha}{2} + \operatorname{tg}\frac{\beta}{2} + \operatorname{tg}\frac{\gamma}{2} + \operatorname{tg}\frac{\delta}{2}\,,$$

so folgt daraus durch Addition

$$a+b+c+d = (p+q)f\,,\quad a-b+c-d = -(p-q)g\,.$$

Nun ist

$$2F = p(a+c) + q(b+d)\,,\quad 4F = (p+q)(a+b+c+d) + (p-q)(a-b+c+d)$$

und mithin

$$(10.)\qquad 4F = \frac{(a+b+c+d)^2}{f} - \frac{(a-b+c-d)^2}{g}\,,$$

die Darstellung von F durch ein positives und ein negatives Quadrat. Diese merkwürdige Formel bildet die Grundlage der Entwicklungen des Hrn. Blaschke.

101.

Über die Kompositionsreihe einer Gruppe

Sitzungsberichte der Königlich Preußischen Akademie der Wissenschaften zu Berlin 542–547 (1916)

Gibt es für eine Gruppe zwei verschiedene Kompositionsreihen, so lassen sich die von ihnen abgeleiteten Kompositionsfaktoren der Gruppe einander so zuordnen, daß die entsprechenden gleiche Ordnung haben. Diesen Satz von CAMILLE JORDAN hat HOELDER dahin verallgemeinert, daß die entsprechenden Kompositionsfaktoren selbst isomorphe Gruppen sind. (*Zurückführung einer beliebigen algebraischen Gleichung auf eine Kette von Gleichungen; Math. Ann. Bd. 34.*) In § 392 des *Traité des substitutions* wird weiter gezeigt, daß die Ordnung jedes Kompositionsfaktors einer Untergruppe in der Ordnung eines gewissen Kompositionsfaktors der ganzen Gruppe enthalten ist (von BURNSIDE in § 57 seiner *Theory of groups* reproduziert). Diesen Satz verallgemeinere ich hier in analoger Weise, und ebenso die bisher wenig beachteten und schwer zugänglichen Sätze, die JORDAN in § 393—397 entwickelt hat.

§ 1.

Sind $\mathfrak{A}$ und B zwei Gruppen, die aus verschiedenartigen Elementen bestehen können, so nenne ich B einen *Teil* oder eine *Teilgruppe* von $\mathfrak{A}$, wenn der Gruppe B eine Untergruppe von $\mathfrak{A}$ *homomorph* ist,

$$\mathrm{B} \backsim \frac{\mathfrak{B}}{\mathfrak{C}},$$

wo $\mathfrak{B}$ eine Untergruppe von $\mathfrak{A}$, und $\mathfrak{C}$ eine invariante Untergruppe von $\mathfrak{B}$ ist, und wo $\backsim$ »*isomorph*« bezeichnet.

I. *Ein Teil von einem Teile einer Gruppe ist auch ein Teil der ganzen Gruppe.*

Denn ist $\mathrm{B} \backsim \frac{\mathfrak{B}}{\mathfrak{B}'}$, so enthält $\frac{\mathfrak{B}}{\mathfrak{B}'}$ eine Untergruppe $\frac{\mathfrak{C}}{\mathfrak{B}'}$, und diese eine invariante Untergruppe $\frac{\mathfrak{C}'}{\mathfrak{B}'}$, so daß

$$\Gamma \backsim \frac{\mathfrak{C}}{\mathfrak{B}'} : \frac{\mathfrak{C}'}{\mathfrak{B}'}$$

ein Teil von B ist. Dann ist aber $\mathfrak{C}'$ eine invariante Untergruppe von $\mathfrak{C}$, und

$$\Gamma \backsim \frac{\mathfrak{C}}{\mathfrak{C}'}.$$

II. *Eine einfache Teilgruppe einer Gruppe ist ein Teil eines der einfachen Kompositionsfaktoren derselben.*

Ist $\mathfrak{A}'$ eine invariante Untergruppe von $\mathfrak{A}$, so sind die einfachen Faktoren von $\mathfrak{A}$ die von $\mathfrak{A}'$ und die von $\frac{\mathfrak{A}}{\mathfrak{A}'}$ zusammengenommen. Daher kann man den Satz auch so aussprechen:

III. *Ist $\mathfrak{A}'$ eine invariante Untergruppe von $\mathfrak{A}$, so ist eine einfache Teilgruppe von $\mathfrak{A}$ ein Teil von $\mathfrak{A}'$ oder von $\frac{\mathfrak{A}}{\mathfrak{A}'}$.*

Sei $\mathrm{B} \backsim \frac{\mathfrak{B}}{\mathfrak{B}'}$ eine einfache Teilgruppe von $\mathfrak{A}$. Wenn man verschiedene Untergruppen $\mathfrak{B}$ von $\mathfrak{A}$ finden kann, die mit B homomorph sind, so wähle man $\mathfrak{B}$ möglichst klein. Ist $\mathfrak{A}'$ durch $\mathfrak{B}$ teilbar, so ist B ein Teil von $\mathfrak{A}'$. Ist $\mathfrak{A}'$ nicht durch $\mathfrak{B}$ teilbar, so sei $\mathfrak{D}$ der größte gemeinsame Divisor und $\mathfrak{C}$ das kleinste gemeinschaftliche Vielfache der Gruppen $\mathfrak{A}'$ und $\mathfrak{B}$, $\mathfrak{D} = dv\,(\mathfrak{A}', \mathfrak{B})$ und $\mathfrak{C} = mp\,(\mathfrak{A}', \mathfrak{B})$. Dann ist $\mathfrak{D}$ eine invariante Untergruppe von $\mathfrak{B}$, und

$$\frac{\mathfrak{C}}{\mathfrak{A}'} \backsim \frac{\mathfrak{B}}{\mathfrak{D}}.$$

(*Über endliche Gruppen § 1, V*; Sitzungsber. 1895, S. 169.)

Ich werde nun zeigen, daß $\frac{\mathfrak{B}}{\mathfrak{D}}$ homomorph B ist. Dann ist B auch ein Teil von $\frac{\mathfrak{C}}{\mathfrak{A}'}$, also auch von $\frac{\mathfrak{A}}{\mathfrak{A}'}$.

Da $\mathfrak{D}$ invariant in $\mathfrak{B}$ ist, so gibt es eine Reihe $\mathfrak{B}, \mathfrak{B}_1, \mathfrak{B}_2, \cdots$ der $\mathfrak{D}$ angehört, $\mathfrak{D} = \mathfrak{B}_\lambda$, wo $\lambda > 0$ ist. Weil $\frac{\mathfrak{B}}{\mathfrak{B}'}$ eine einfache Gruppe ist, so gibt es eine Reihe $\mathfrak{B}, \mathfrak{B}', \mathfrak{B}'', \cdots$ Daher ist

$$\frac{\mathfrak{B}}{\mathfrak{B}'} \backsim \frac{\mathfrak{B}_\varkappa}{\mathfrak{B}_{\varkappa+1}},$$

und zwar ist $\varkappa = 0$, weil $\mathfrak{B}$ möglichst klein gewählt ist. Nun ist $\mathfrak{D} = \mathfrak{B}_\lambda$ invariant in $\mathfrak{B}$, also auch in $\mathfrak{B}_1$. Daher ist

$$B \backsim \frac{\mathfrak{B}}{\mathfrak{B}'} \backsim \frac{\mathfrak{B}}{\mathfrak{B}_1} \backsim \frac{\mathfrak{B}}{\mathfrak{D}} : \frac{\mathfrak{B}_1}{\mathfrak{D}}$$

homomorph $\frac{\mathfrak{B}}{\mathfrak{D}}$, und demnach ist B ein Teil von $\frac{\mathfrak{A}}{\mathfrak{A}'}$.

§ 2.

Eine Gruppe B heißt ein *wesentlicher Teil* von $\mathfrak{A}$, wenn B ein Teil jeder mit $\mathfrak{A}$ homomorphen Gruppe $\left(\text{außer der Hauptgruppe } \mathfrak{E} \backsim \frac{\mathfrak{A}}{\mathfrak{A}}\right)$

ist. Dazu genügt es, daß B ein Teil jeder Gruppe $\frac{\mathfrak{A}}{\mathfrak{A}'}$ ist, wo $\mathfrak{A}'$ irgendeine *maximale* echte invariante Untergruppe von $\mathfrak{A}$ ist. Denn ist $\mathfrak{A}''$ invariant in $\mathfrak{A}$, und $\mathfrak{A} > \mathfrak{A}' > \mathfrak{A}''$, so ist

$$\frac{\mathfrak{A}}{\mathfrak{A}'} = \frac{\mathfrak{A}}{\mathfrak{A}''} : \frac{\mathfrak{A}'}{\mathfrak{A}''}$$

ein Teil von $\frac{\mathfrak{A}}{\mathfrak{A}''}$.

IV. *Ist* A *eine einfache Teilgruppe von* $\mathfrak{G}$, *so gibt es eine ganz bestimmte Untergruppe* $\mathfrak{A}$ *von* $\mathfrak{G}$, *die durch jede der beiden Bedingungen bestimmt ist:*

1. $\mathfrak{A}$ *ist die Untergruppe höchster Ordnung von* $\mathfrak{G}$, *von der* A *ein wesentlicher Teil ist.*

2. $\mathfrak{A}$ *ist die invariante Untergruppe niedrigster Ordnung von* $\mathfrak{G}$, *für die* A *nicht ein Teil von* $\frac{\mathfrak{G}}{\mathfrak{A}}$ *ist (ausgenommen, wenn* A *die Hauptgruppe, also* $\mathfrak{A} = \mathfrak{G}$ *ist).*

$\mathfrak{A}$ *ist eine charakteristische Untergruppe von* $\mathfrak{G}$, *die dem Teil* A *entsprechend heißt.*

V. *Ist* $\mathfrak{B}$ *eine Untergruppe von* $\mathfrak{G}$, *von der* A *ein wesentlicher Teil ist, so ist* $\mathfrak{A}$ *durch* $\mathfrak{B}$ *teilbar.*

Ist $\mathfrak{B}$ *eine invariante Untergruppe von* $\mathfrak{G}$, *und ist* A *nicht ein Teil von* $\frac{\mathfrak{G}}{\mathfrak{B}}$, *so ist* $\mathfrak{B}$ *durch* $\mathfrak{A}$ *teilbar.*

Ist A nicht ein wesentlicher Teil von $\mathfrak{G}$ selbst, so gibt es eine echte invariante Untergruppe $\mathfrak{G}'$ der Art, daß A nicht ein Teil von $\frac{\mathfrak{G}}{\mathfrak{G}'}$ ist. Dann muß aber nach III die einfache Gruppe A ein Teil von $\mathfrak{G}'$ sein. Ist A nicht ein wesentlicher Teil von $\mathfrak{G}'$, so ist A wieder ein Teil einer echten Untergruppe $\mathfrak{G}''$ von $\mathfrak{G}'$. Indem man so fortfährt, gelangt man zu einer Untergruppe, von der A ein wesentlicher Teil ist.

Seien $\mathfrak{A}$ und $\mathfrak{B}$ zwei derartige Untergruppen, sei $\mathfrak{C} = mp\,(\mathfrak{A}, \mathfrak{B})$, und $\mathfrak{C}'$ irgendeine echte invariante Untergruppe von $\mathfrak{C}$. Dann sind, weil $\mathfrak{C}' < \mathfrak{C}$ ist, $\mathfrak{A}$ und $\mathfrak{B}$ nicht beide in $\mathfrak{C}'$ enthalten, etwa $\mathfrak{A}$. Dann ist $\mathfrak{A}' = dv\,(\mathfrak{A}, \mathfrak{C}')$ kleiner als $\mathfrak{A}$. Ferner ist $\mathfrak{C}'$ mit jedem Elemente von $\mathfrak{A}$ (und sogar von $\mathfrak{C}$) vertauschbar, und folglich ist $mp\,(\mathfrak{A}, \mathfrak{C}') = \mathfrak{A}\mathfrak{C}'$. Daher ist

$$\frac{\mathfrak{A}\mathfrak{C}'}{\mathfrak{C}'} \backsim \frac{\mathfrak{A}}{\mathfrak{A}'}.$$

Nun ist A ein Teil von $\frac{\mathfrak{A}}{\mathfrak{A}'}$, also auch von $\frac{\mathfrak{A}\mathfrak{C}'}{\mathfrak{C}'}$, mithin, da $\mathfrak{A}\mathfrak{C}' < \mathfrak{C}$ (d. h. in $\mathfrak{C}$ enthalten) ist, auch von $\frac{\mathfrak{C}}{\mathfrak{C}'}$. Folglich ist A ein wesentlicher Teil von $\mathfrak{C}$.

Ist also jetzt $\mathfrak{A}$ die Gruppe höchster Ordnung, von der A ein wesentlicher Teil ist, so ist $\mathfrak{A}$ ($= \mathfrak{C}$) durch $\mathfrak{B}$ teilbar, und wenn beide dieselbe Ordnung haben, so ist $\mathfrak{B} = \mathfrak{A}$. Insbesondere ist $\mathfrak{B} = \mathfrak{A}$, wenn $\mathfrak{B}$ mit $\mathfrak{A}$ isomorph ist. Folglich ist $\mathfrak{A}$ eine charakteristische Untergruppe von $\mathfrak{G}$.

A ist nicht ein Teil von $\frac{\mathfrak{G}}{\mathfrak{A}}$. Denn sonst sei $\frac{\mathfrak{C}}{\mathfrak{A}}$ eine Untergruppe von $\frac{\mathfrak{G}}{\mathfrak{A}}$, von der A ein wesentlicher Teil ist, und sei $\mathfrak{C}'$ irgendeine echte invariante Untergruppe von $\mathfrak{C}$. Ist $\mathfrak{C}'$ durch $\mathfrak{A}$ teilbar, so ist A ein Teil von

$$\frac{\mathfrak{C}}{\mathfrak{C}'} = \frac{\mathfrak{C}}{\mathfrak{A}} : \frac{\mathfrak{C}'}{\mathfrak{A}}.$$

Ist aber $\mathfrak{C}'$ nicht durch $\mathfrak{A}$ teilbar, so ist, wie oben, A ein Teil von

$$\frac{\mathfrak{A}\mathfrak{C}'}{\mathfrak{C}'} \backsim \frac{\mathfrak{A}}{\mathfrak{A}'},$$

also auch von $\frac{\mathfrak{C}}{\mathfrak{C}'}$. Mithin wäre A ein wesentlicher Teil von $\mathfrak{C}$, während $\mathfrak{C}$ größer als $\mathfrak{A}$ ist.

Sei $\mathfrak{B}$ irgendeine invariante Untergruppe von $\mathfrak{G}$, derart, daß A kein Teil von $\frac{\mathfrak{G}}{\mathfrak{B}}$ ist. Sei $\mathfrak{C} = mp\,(\mathfrak{A}, \mathfrak{B})$ und $\mathfrak{D} = dv\,(\mathfrak{A}, \mathfrak{B})$. Dann ist

$$\frac{\mathfrak{C}}{\mathfrak{B}} \backsim \frac{\mathfrak{A}}{\mathfrak{D}}.$$

Wäre $\mathfrak{D}$ kleiner als $\mathfrak{A}$, so wäre A ein Teil von $\frac{\mathfrak{A}}{\mathfrak{D}}$, also auch von $\frac{\mathfrak{C}}{\mathfrak{B}}$, mithin auch von $\frac{\mathfrak{G}}{\mathfrak{B}}$. Da dies nicht der Fall ist, so ist $\mathfrak{D} = \mathfrak{A}$, folglich ist $\mathfrak{B}$ durch $\mathfrak{A}$ teilbar, und wenn beide dieselbe Ordnung haben, so ist $\mathfrak{B} = \mathfrak{A}$.

§ 3.

Sei $\mathfrak{G}$ eine *primitive* Gruppe von Permutationen von n Symbolen $0, 1, \cdots n-1$. Die Substitutionen, die ein Symbol 0 ungeändert lassen, bilden eine Gruppe $\mathfrak{G}_0$. Diese ist, wenn $\mathfrak{G}$ primitiv ist, eine maximale Untergruppe von $\mathfrak{G}$: Ist $\mathfrak{G} > \mathfrak{R} > \mathfrak{G}_0$, so muß $\mathfrak{R} = \mathfrak{G}$ oder $= \mathfrak{G}_0$ sein.

VI. *Ist* A *eine einfache Teilgruppe von* $\mathfrak{G}_0$, *so versetzen die Substitutionen der ihr entsprechenden charakteristischen Untergruppe* $\mathfrak{A}$ *von* $\mathfrak{G}_0$ *die* $n-1$ *Symbole* $1, 2, \cdots n-1$ *sämtlich.*

Ist $\mathfrak{G}$ primitiv, so versetzen die Substitutionen von $\mathfrak{G}_0$ die $n-1$ Symbole $1, 2, \cdots n-1$ sämtlich, außer wenn die Ordnung von $\mathfrak{G}$ eine

Primzahl (n), also $\mathfrak{G}_0$ die Hauptgruppe ist. Daher ist der Satz richtig, wenn A die Hauptgruppe, und mithin $\mathfrak{A} = \mathfrak{G}_0$ ist.

Sei A nicht die Hauptgruppe. Angenommen, alle Substitutionen von $\mathfrak{A}$ lassen das Symbol 1 ungeändert. Sei R eine Substitution der (transitiven) Gruppe $\mathfrak{G}$, die 0 in 1 überführt. Dann besteht $R^{-1}\mathfrak{G}_0 R = \mathfrak{G}_1$ aus allen Substitutionen von $\mathfrak{G}$, die 1 ungeändert lassen, und $R^{-1}\mathfrak{A}R = \mathfrak{A}_1$ ist die dem Teile A entsprechende charakteristische Untergruppe von $\mathfrak{G}_1$. Nun ist aber $\mathfrak{A} < \mathfrak{G}_1$, also ist $\mathfrak{A}$ eine Untergruppe von $\mathfrak{G}_1$, von der A ein wesentlicher Teil ist. Mithin ist $\mathfrak{A} = \mathfrak{A}_1 = R^{-1}\mathfrak{A}R$.

Die Substitutionen von $\mathfrak{G}$, die mit $\mathfrak{A}$ vertauschbar sind, bilden eine Gruppe $\mathfrak{A}'$. Diese ist größer als $\mathfrak{G}_0$, weil sie außer $\mathfrak{G}_0$ noch R enthält. Sie ist aber kleiner als $\mathfrak{G}$, sonst wäre $\mathfrak{A}$ eine invariante Untergruppe der primitiven Gruppe $\mathfrak{G}$, und müßte demnach, da sie von der Hauptgruppe verschieden ist, transitiv sein, während die Substitutionen von $\mathfrak{A}$ das Symbol 0 ungeändert lassen. Folglich wäre $\mathfrak{G}_0$ nicht eine maximale Untergruppe von $\mathfrak{G}$.

VII. *Ist $\mathfrak{G}_0$ intransitiv, so ist jede einfache Teilgruppe von $\mathfrak{G}_0$ ein Teil jeder transitiven Komponente von $\mathfrak{G}_0$, und folglich ist auch jede einfache Teilgruppe einer ihrer Komponenten ein Teil jeder andern Komponente.*

Man zerlege die $n-1$ Symbole $1, 2, \cdots n-1$ in zwei Systeme, so daß keine Substitution der intransitiven Gruppe $\mathfrak{G}_0$ ein Symbol $1, 2, \cdots$ des ersten Systems in eins des zweiten überführt. Da $\mathfrak{G}$ primitiv ist, so besteht jedes System aus mehr als einem Symbol. Die Substitutionen von $\mathfrak{G}_0$, welche die Symbole $1, 2, \cdots$ des ersten Systems ungeändert lassen, bilden eine Gruppe $\mathfrak{L}$, eine invariante Untergruppe von $\mathfrak{G}_0$. Behält man von jeder Substitution von $\mathfrak{G}_0$ nur den Teil bei, der sich auf die Symbole $1, 2, \cdots$ des ersten Systems bezieht, so erhält man eine Komponente A der intransitiven Gruppe $\mathfrak{G}_0$. Dann ist

$$\mathrm{A} \backsim \frac{\mathfrak{G}_0}{\mathfrak{L}},$$

weil A mit $\mathfrak{G}_0$ homomorph ist, und der identischen Substitution von A die Gruppe $\mathfrak{L}$ in $\mathfrak{G}_0$ entspricht.

Sei A eine einfache Teilgruppe von $\mathfrak{G}_0$. Dann ist immer A ein Teil $\frac{\mathfrak{G}_0}{\mathfrak{L}}$. Denn sonst wäre nach V $\mathfrak{L}$ durch $\mathfrak{A}$ teilbar, und mithin würden die Substitionen von $\mathfrak{A}$ die Symbole $1, 2, \cdots$ ungeändert lassen. Folglich ist A ein Teil von A.

Ist A ein Teil einer anderen Komponente

$$\mathrm{M} \backsim \frac{\mathfrak{G}_0}{\mathfrak{M}},$$

so ist A auch ein Teil von $\mathfrak{G}_0$, also auch von A.

Ist k die Ordnung eines einfachen Kompositionsfaktors der Gruppe $\mathfrak{G}_0$ oder einer ihrer Komponenten, so muß auch die Ordnung jeder Komponente von $\mathfrak{G}_0$ durch k teilbar sein. Insbesondere muß jede Primzahl, die in der Ordnung von $\mathfrak{G}_0$, oder der einer Komponente von $\mathfrak{G}_0$ aufgeht, auch in der Ordnung jeder anderen (transitiven oder intransitiven) Komponente enthalten sein.

102.

Über zerlegbare Determinanten

Sitzungsberichte der Königlich Preußischen Akademie der Wissenschaften zu Berlin
274–277 (1917)

Am Schluß meiner Arbeit *Über Matrizen aus nicht negativen Elementen*, Sitzungsberichte 1912, habe ich den Satz bewiesen:

I. *Die Elemente einer Determinante $n$ten Grades seien n^2 unabhängige Veränderliche. Man setze einige derselben Null, doch so, daß die Determinante nicht identisch verschwindet. Dann bleibt sie eine irreduzible Funktion, außer wenn für einen Wert $p < n$ alle Elemente verschwinden, die p Zeilen mit $n-p$ Spalten gemeinsam haben.*

Der Beweis, den ich dort für diesen Satz gegeben habe, ist ein Gelegenheitsergebnis, das aus verborgenen Eigenschaften der Determinanten mit nicht negativen Elementen fließt. Der elementare Beweis, den ich hier für den Satz entwickeln werde, ergibt sich aus dem Hilfssatze:

II. *Wenn in einer Determinante $n$ten Grades alle Elemente verschwinden, welche p ($\leqq n$) Zeilen mit $n-p+1$ Spalten gemeinsam haben, so verschwinden alle Glieder der entwickelten Determinante.*

Wenn alle Glieder einer Determinante $n$ten Grades verschwinden, so verschwinden alle Elemente, welche p Zeilen mit $n-p+1$ Spalten gemeinsam haben für $p = 1$ oder $2, \cdots$ oder n.

§ 1.

Wenn in einer Matrix $n$ten Grades M alle Elemente $x_{\alpha\beta}$ einer Reihe verschwinden, so verschwindet jedes Glied der Determinante $|M|$, weil jedes ein Element dieser Reihe als Faktor enthält. Da die obigen Sätze von der Reihenfolge der Zeilen und Spalten unabhängig sind, so betrachte ich hier Matrizen, die sich nur durch diese Reihenfolge unterscheiden, als äquivalent. In der Matrix M trenne ich die ersten p Zeilen von den letzten $n-p$ und die ersten p Spalten von den letzten $n-p$ und setze

$$(1.) \qquad M = \begin{matrix} A & B \\ C & D \end{matrix} = \begin{matrix} A_{p,p} & B_{p,n-p} \\ C_{n-p,p} & D_{n-p,n-p} \end{matrix}.$$

Hier bezeichnet $A = A_{p,p}$ die Teilmatrix von M, die aus den Elementen der ersten p Zeilen und Spalten besteht, $B = B_{p,n-p}$ die Teilmatrix, die aus den Elementen der ersten p Zeilen und der letzten $n-p$ Spalten besteht usw. Ist nun $B = 0$, so ist jedes Glied von $|M|$, das etwa nicht verschwindet, das Produkt aus einem Gliede a von A und einem Gliede d von D. Wenn also in A noch die Elemente der letzten Spalte verschwinden, so ist stets $a = 0$ und also auch jedes Glied ad von $|M|$ Null.

Dies Ergebnis läßt sich umkehren. Der zweite Teil des Satzes II ist richtig (für $p = 1$), wenn alle Elemente einer Zeile verschwinden. Wenn aber x_{n1} von Null verschieden ist, so verschwinden alle Glieder von $|M|$, die den Faktor x_{n1} enthalten, also alle Glieder der zu x_{n1} komplementären Unterdeterminante $(n-1)$ten Grades, deren Matrix N sei.

Nun nehme ich an, die Behauptung sei für Determinanten, deren Grad $< n$ ist, schon bewiesen (für Determinanten zweiten Grades müssen die Elemente einer Reihe verschwinden). Dann verschwinden in N alle Elemente, welche etwa die ersten p Zeilen mit den letzten $n-1-p+1$ Spalten gemeinsam haben; es ist also $B = 0$. Daher ist jedes Glied von M das Produkt aus einem Gliede a von $|A|$ und einem Gliede d von $|D|$. Wenn nun diese Produkte $ad, ad', \cdots, a'd, a'd', \cdots$ alle Null sind, so müssen entweder die Größen $a, a', \cdots$ oder die Größen $d, d', \cdots$ sämtlich verschwinden. Im ersten Falle verschwinden alle Glieder der Determinante $|A|$. Da deren Grad $p < n$ ist, so ist für sie die Behauptung schon bewiesen, es ist also

$$A_{p,p} = \begin{matrix} P_{q,q-1} & Q_{q,p-q+1} \\ R_{p-q,q-1} & S_{p-q,p-q+1} \end{matrix},$$

wo $Q_{q,p-q+1} = 0$ ist. Demnach ist

$$M = \begin{matrix} P_{q,q-1} & Q_{q,p-q+1} & U_{q,n-p} \\ R_{p-q,q-1} & S_{p-q,p-q+1} & V_{p-q,n-p} \\ X_{n-p,q-1} & Y_{n-p,p-q+1} & D_{n-p,n-p} \end{matrix}.$$

Hier verschwinden alle Elemente der Matrix

$$B = \begin{matrix} U_{q,n-p} \\ V_{p-q,n-p} \end{matrix},$$

also auch alle Elemente der Matrix

$$Q_{q,p-q+1} \quad U_{q,n-p}.$$

Das sind alle Elemente von M, welche die ersten q Zeilen mit den letzten $n-q+1$ Spalten gemeinsam haben.

§ 2.

Aus dem Hilfssatze II ergibt sich leicht der Satz I. Die von Null verschiedenen Elemente $x_{\alpha\beta}$ der Determinante $n$ten Grades $|M|$ seien unabhängige Veränderliche. Wenn nicht $|M| = 0$ ist, so muß ein Glied der Determinante von Null verschieden sein. Durch Umstellung der Spalten kann man erreichen, daß dies das Diagonalglied $x_{11}x_{22}\cdots x_{nn}$ ist.

Die Determinante möge in zwei Faktoren zerfallen. Da sie in bezug auf die Variabeln einer Reihe eine homogene linare Funktion ist, so können diese nur in einem der beiden Faktoren vorkommen. Es mögen die Variabeln der p ersten Zeilen im ersten Faktor vorkommen, also nicht im zweiten, und die Variabeln der $n-p$ letzten Zeilen im zweiten Faktor, also nicht im ersten. Dann kommen mit $x_{11}, x_{22}, \cdots x_{pp}$ auch die Variabeln der ersten p Spalten im ersten Faktor vor, und die der letzten $n-p$ Spalten im zweiten.

Ich benutze nun die Bezeichnung (1) § 1. Sind die Variabeln von C alle Null, so ist der Satz richtig. Ist x_{n1} nicht Null, so kommt diese Variable, weil sie der $n$ten Zeile angehört, nicht im ersten Faktor vor, und weil sie der ersten Spalte angehört, nicht im zweiten. Daher ist $|M|$ von x_{n1} unabhängig, und folglich ist die zu x_{n1} komplementäre Unterdeterminante $|N| = 0$. Da ihre Elemente aber unabhängige Veränderliche oder Null sind, so verschwinden ihre Glieder sämtlich. Nach Satz II verschwinden daher in N, also auch in M, alle Elemente, welche q Zeilen mit $n-1-q+1$ Spalten gemeinsam haben.

§ 3.

Aus dem Satze II ergibt sich auch leicht ein Ergebnis des Hrn. Dénis König, *Über Graphen und ihre Anwendung auf Determinantentheorie und Mengenlehre, Math. Ann. Bd.* 77.

Wenn in einer Determinante aus nicht negativen Elementen die Größen jeder Zeile und jeder Spalte dieselbe, von Null verschiedene Summe haben, so können ihre Glieder nicht sämtlich verschwinden.

Denn wenn alle Glieder von $|M|$ verschwinden, so verschwinden etwa die Elemente von B und die der letzten Spalte von A. Haben nun die Größen jeder Reihe die Summe s, so ist die Summe der Größen der p ersten Reihen, also der Elemente von A und B, gleich ps, und ebenso die Summe der Größen der p ersten Spalten, also der Elemente von A und C. Folglich ist die Summe der Elemente von C gleich der der Elemente von B, und da diese alle Null sind, und jene nicht negativ, so verschwinden alle Elemente von C, demnach alle Elemente der $p$ten Spalte, und mithin ist $s = 0$.

Die Theorie der Graphen, mittels deren Hr. König den obigen Satz abgeleitet hat, ist nach meiner Ansicht ein wenig geeignetes Hilfsmittel für die Entwicklung der Determinantentheorie. In diesem Falle führt sie zu einem ganz speziellen Satze von geringem Werte. Was von seinem Inhalt Wert hat, ist in dem Satze II ausgesprochen.

103.

Gedächtnisrede auf Leopold Kronecker

Abhandlungen der Königlich Preußischen Akademie der Wissenschaften zu Berlin
3–22 (1893)

Für den Verlust, den die mathematische Section der Akademie in den funfziger Jahren durch Jacobi's Tod, durch Dirichlet's Weggang erfuhr, fand sie bald glänzenden Ersatz in drei Männern, deren Namen die Geschichte der Mathematik stets unter den ersten nennen wird. Jeder Mathematiker rühmt Kummer's bahnbrechende Schöpfungen in der Zahlentheorie und ist mit seinen schönen Untersuchungen in der Liniengeometrie vertraut. Jeder kennt die grundlegenden Arbeiten von Weierstraſs in der Theorie der Functionen und würdigt seine fruchtbare kritische Durchmusterung des gesammten Feldes der Analysis. Ungleich schwerer ist es, Kronecker's Stellung in der Wissenschaft kurz und zutreffend zu kennzeichnen, weil die weittragenden Entdeckungen, die ihm dauernden Ruhm sichern, nicht in dem Rahmen einer einzelnen mathematischen Disciplin Platz finden. An Vielseitigkeit des Talents, an Schärfe des Urtheils und an der Fähigkeit sich rasch in einen neuen Gedankenkreis einzuarbeiten hat ihn keiner übertroffen. Aber so hervorragend auch seine Leistungen auf den verschiedensten Gebieten der Gröſsenforschung sind, so reicht er doch in der Analysis an Cauchy und Jacobi, in der Functionentheorie an Riemann und Weierstraſs, in der Arithmetik an Dirichlet und Kummer, in der Algebra an Abel und Galois nicht ganz heran. Aus diesem Grunde ist seine Bedeutung nicht selten von solchen Gelehrten unterschätzt worden, deren Studien sich nur auf einzelne dieser Disciplinen erstreckten. Die staunende Bewunderung der ersten Mathematiker seiner Zeit erregte er dadurch, daſs es ihm zuerst nach Gauſs in weiterem Umfange gelang, mit den Ergebnissen der modernen Arithmetik zu einer Zeit, wo erst sehr wenige ein volles Verständniſs dafür gewonnen hatten, die Algebra und die Functionentheorie zu befruchten. »Die Verknüpfung dieser drei Zweige der Mathematik, sagt er in seiner akademischen Antrittsrede, erhöht den Reiz und die Fruchtbarkeit der Untersuchung. Denn ähnlich wie bei den Beziehungen verschiedener Wissenschaften zu einander wird da, wo verschiedene Disciplinen einer Wissenschaft in einander greifen, die eine durch die andere gefördert und die Forschung in naturgemäſse Bahnen geleitet.« Die Arithmetik, die bei Diophant und Fermat den Charakter einer unterhaltenden Denkübung, eines geistreichen Spieles trug, war nach den Vorarbeiten von Euler, Lagrange und Legendre durch Gauſs zu dem Range einer Wissenschaft erhoben worden. Die Königin der Mathematik nannte sie der Fürst der Mathematiker, und sie verdiente diesen Titel nicht nur durch ihren hohen Rang, sondern auch durch die stolze Abgeschiedenheit, in der sie, fern von allen anderen Wissensgebieten, fern auch von den übrigen mathematischen Disciplinen thronte. Ihr machte das Genie von Gauſs in seiner Lehre von der Kreistheilung die Algebra tributpflichtig, ihr legte Jacobi's siegreiche Kraft den unermeſslichen Formelschatz der Theorie der elliptischen Functionen zu Füssen, in ihren Dienst zwang Dirichlet's Scharfsinn die feinsten Grenzmethoden der Analysis. Diese sich selbst genügende Wissenschaft zur ersten Dienerin der Algebra und Functionentheorie erhoben zu haben, ist Kronecker's unsterbliches Verdienst, dessen hohe Bedeutung erst jetzt allmählich anfängt, weiteren Kreisen zum Bewuſstsein zu kommen, und dessen volle Würdigung nur von künftigen Geschlechtern zu erwarten ist. Einer erschöpfenden Darstellung seiner wissenschaftlichen Leistungen ist mein Können nicht gewachsen. Ich will aber versuchen, aus den schönsten Blüthen seines reichen Lebens einen Kranz zu winden, um ihn an dem unvergänglichen Denkmal, das er sich in den Schriften unserer Akademie gesetzt hat, niederzulegen, in dankbarer Erinnerung an die treue sorgliche Freundschaft, die er mir fünfundzwanzig Jahre lang geschenkt hat.

Leopold Kronecker wurde am 7. December 1823 zu Liegnitz geboren. Sein Vater, ein kenntniſsreicher und philosophisch gebildeter Kaufmann, legte auf eine sorgfältige Erziehung und einen gründlichen Unterricht seiner Kinder den höchsten Werth. Er lieſs seinen Sohn anfangs durch einen Hauslehrer unterrichten und brachte ihn dann auf eine Vorschule, die unter der Leitung des späteren Conrectors Werner stand. Dieser vortreffliche Mann, an dem der junge Kronecker mit der innigsten

Verehrung hing, war auch später am Gymnasium sein Lehrer in der griechischen Sprache, der philosophischen Propädeutik und der christlichen Religion, worin er, obwohl nicht Christ, an dem Unterrichte Theil nehmen durfte. Einen noch nachhaltigeren Einfluſs aber übte ein anderer seiner Lehrer auf seine Entwicklung aus, Kummer, der damals noch in bescheidener Stellung am Gymnasium in Liegnitz wirkte. Schon früh erkannte er die hervorragende mathematische Begabung seines Schülers, und unter seiner Leitung begann dieser sehr bald in die höheren Theile der Analysis einzudringen.

In jeder Wissenschaft, der sich Kronecker gewidmet hätte, würde er Bedeutendes geleistet haben. Seiner Vorliebe für das klassische, besonders das griechische Alterthum blieb er bis an sein Ende getreu. In der Jurisprudenz erwarb er sich ausgebreitete Kenntnisse, die er später, als zwei seiner Söhne sich diesem Studium zuwandten, noch erweiterte und vertiefte. Ich bin sicher, schrieb ihm bei einer Gelegenheit sein Freund Hermite, daſs Sie in der Politik oder Diplomatie den vollkommensten Erfolg gehabt hätten. Eine Frucht seiner finanzwissenschaftlichen Studien war die Broschüre, worin er gegen den Gesetzentwurf des Ministers Camphausen über die Consolidation der preuſsischen Staatsanleihen ankämpfte.

Auf der Universität, die er im Jahr 1841 bezog, beschränkte er sich auch keineswegs auf sein Fachstudium. In Berlin hörte er Jacobi, Steiner und namentlich Dirichlet, mit dem ihn bald nahe persönliche Beziehungen verbanden. In Bonn, wo er 1843 ein Semester zubrachte, spielte er bei der Gründung der Burschenschaft Fridericia eine hervorragende Rolle und zeigte durch seine thätige Mitwirkung bei der Abfassung ihrer Statuten seine früh entwickelte praktische Befähigung. Dann besuchte er ein Jahr lang die Universität Breslau, an die inzwischen Kummer als Professor berufen war. Da dieser es nicht liebte, in seinen Vorlesungen von den neuesten Ergebnissen seiner Forschungen zu sprechen, so muſs er seinen Schüler in privatem Umgange in die Tiefen der arithmetischen Speculationen eingeführt haben, die ihn gerade damals bewegten. Im Herbst 1844 kehrte Kronecker wieder nach Berlin zurück, wo er nach einem Jahre promovirte.

Seine Dissertation de unitatibus complexis erregte durch ihre Resultate und Methoden bei Dirichlet und Kummer das höchste Interesse. Als Cauchy, Jacobi und Kummer angefangen hatten, die Untersuchungen von Gaufs über complexe Zahlen auf allgemeinere aus Einheitswurzeln gebildete algebraische Zahlen auszudehnen, ergab sich das unerwünschte Resultat, dafs in diesem Gebiete zwei Zahlen nicht immer einen gröfsten gemeinsamen Divisor besitzen, und dafs Producte unzerlegbarer Factoren einander gleich sein können, ohne dafs die Factoren einzeln übereinstimmen. Die Gleichheit solcher Producte konnte man daher immer nur durch besondere Kunstgriffe beweisen, zu denen namentlich der gehörte, durch Substitution gewisser rationalen Zahlen für die algebraischen die untersuchten Gleichungen in Congruenzen zu verwandeln. Mit den Methoden, solcher Schwierigkeiten Herr zu werden, beschäftigt sich auch ein grofser Theil von Kronecker's Dissertation. Heute, wo uns durch Kummer's scharfsinnige Schöpfung der idealen Zahlen alle jene Räthsel gelöst sind, muthet uns das Studium dieser Arbeit seltsam an, etwa wie eine Chemie ohne die atomistische Hypothese. Besonders bemerkenswerth ist der Beweis des Satzes, dafs die Anzahl der Idealclassen in jedem Artbereiche eine endliche ist, ein Beweis, den Kronecker schon früher Dirichlet mitgetheilt hatte. Im zweiten Theile behandelt er das Problem, für Zahlen, die aus Einheitswurzeln gebildet sind, ein Fundamentalsystem conjugirter Einheiten aufzustellen. Durch Anwendung einer interessanten symbolischen Methode führt er die Aufgabe darauf zurück, ein System von unendlich vielen gebrochenen algebraischen Zahlen einer gewissen Gattung zu bestimmen, zu dem sämmtliche ganze Zahlen der Gattung gehören, und das sich durch Addition und Subtraction reproducirt, sowie dadurch, dafs man die Zahlen des Systems mit allen ganzen Zahlen der Gattung multiplicirt. Nach Dedekind's Terminologie nennen wir ein solches System von Zahlen heute ein Ideal und zwar speciell das Reciproke eines ganzen Ideals. Kronecker zeigt, dafs man immer zwei Einheiten finden kann, die mit ihren conjugirten zusammen ein Fundamentalsystem bilden, dafs man sie aber in besonderen Fällen auf eine zurückführen kann. Das zugehörige Ideal nennen wir dann heute ein Hauptideal, und diese Zurückführung ist immer möglich, wenn alle idealen Zahlen jener Gattung wirklich sind. Ein Beispiel dafür, das Kronecker schon früher Kummer mitgetheilt hatte, liefert die Gattung der aus den siebenten Wurzeln der Einheit gebildeten Zahlen. Eine besondere Erwähnung verdient es aus dem Grunde, weil Kronecker's Name zum ersten Male in der mathematischen Litteratur an der Stelle einer

Arbeit von Kummer erscheint, wo dieser die subtile Methode rühmt, wodurch der junge Student zu jenem schönen Ergebnisse gelangt war. So innig nun auch Methoden und Resultate der Dissertation mit der Theorie der idealen Zahlen zusammenhängen, so sagt doch Kronecker selbst später, die Idee, die idealen Zahlen selbstständig zu betrachten und eine Begriffsbestimmung der Aequivalenz daran zu knüpfen, habe von seiner damaligen Auffassung der Divisoren weit abgelegen, und er habe bei seinen Arbeiten über complexe Zahlen in den Jahren 1843 bis 1846 zu einer solchen Erkenntnifs nicht durchzudringen vermocht.

In seiner Dissertation kündigt Kronecker einige kleinere Arbeiten an, die mit dem dort behandelten Gegenstande im engsten Zusammenhange stehen und von der Irreductibilität der Gleichung für die primitiven $n$ten Wurzeln der Einheit handeln. Es gelingt ihm diesen von Gauss gefundenen Satz, an dessen Beweis so viele tüchtige Arithmetiker ihre Kräfte versucht haben, in einer höchst bedeutenden Weise zu verallgemeinern, indem er zeigt, jene Gleichung bleibe auch irreductibel, wenn dem Rationalitätsbereiche eine Wurzel einer algebraischen Gleichung adjungirt wird, deren Discriminante mit ihrer Discriminante keinen Theiler gemeinsam hat. Bei dieser Gelegenheit findet sich die erste Spur der wichtigen Rolle, welche die Discriminante einer Gleichung bei der Untersuchung ihrer Beziehungen zu anderen Gleichungen spielt, und jenes Resultat eröffnet einen Ausblick auf den noch wenig angebauten Theil der Arithmetik und Algebra, der von der Verwandtschaft der verschiedenen Gattungen algebraischer Gröfsen handelt.

Während der nächsten Jahre wurde Kronecker durch mannigfache Beschäftigungen von seinen mathematischen Studien abgelenkt. Auf den Wunsch seines Vaters erlernte er die Landwirthschaft und verwaltete eine Zeit lang das der Familie gehörende Gut Neuguth in Schlesien. Als 1846 sein Onkel Lippmann Prausnitzer starb, übernahm er die Liquidation des von diesem betriebenen Bankgeschäftes. Es lag nicht in seiner Natur, irgend eine Thätigkeit, die ihn interessirte, nur dilettantisch zu betreiben. Als Landwirth kümmerte er sich um jede Einzelheit des Betriebes und ritt in Wind und Wetter auf den Feldern umher. Als Kaufmann lernte er von Grund aus die doppelte Buchführung und wufste seine Aufgabe geschickt und gewandt zu erledigen. Aber obwohl er gerade in jenen Jahren körperlich leidend war, fand er doch im Drange der Geschäfte noch Muſse, seine mathematischen Studien fortzusetzen und namentlich mit Kummer durch eine eifrige wissenschaftliche Correspondenz in steter Beziehung zu bleiben. Ihm selbst kam es auſserordentlich zu statten, daſs er durch die Gunst dieser Umstände langsam ausreifen konnte. Für die Mitstrebenden aber war es ein groſser Verlust, an seinem Entwicklungsgange nicht theilnehmen zu dürfen. Als er nach einem Schweigen von acht Jahren anfing die Früchte seiner Muſse zu veröffentlichen, gab es unter seinen Fachgenossen kaum drei, die dem Fluge seiner Gedanken zu folgen vermochten.

Im Jahre 1848 heirathete er mitten in den Stürmen der Revolution Fanny Prausnitzer, die Tochter seines Onkels, mit der er bis zu ihrem Tode in glücklichster Ehe lebte. Nach der Abwicklung der übernommenen Geschäfte siedelte er 1855 nach Berlin über, wohin in demselben Jahre sein Freund und Lehrer Kummer als Professor berufen wurde. Er wünschte jetzt ausschlieſslicher als bisher seiner Neigung für die Mathematik zu leben und fühlte das Bedürfniſs mit seinen Fachgenossen in engeren Zusammenhang zu treten. Dirichlet zwar folgte noch im gleichen Jahre einem Rufe nach Göttingen. Doch nahm Kronecker so oft als möglich Gelegenheit mit ihm zusammenzutreffen und suchte durch einen regen Briefwechsel den persönlichen Umgang zu ersetzen. Trotz dieser innigen Beziehungen und trotzdem sich Kronecker gern als Schüler von Dirichlet bezeichnete, will es mir doch scheinen, als ob dieser groſse Forscher auf die Richtung seiner wissenschaftlichen Thätigkeit nicht in solchem Maſse bestimmend gewirkt hat, wie man gewöhnlich annimmt. Dirichlet selbst hat dies wohl empfunden, da er sich nur rühmt, Kronecker in die unteren Regionen einer der Wissenschaften eingeführt zu haben, auf deren Höhe dieser als Meister einherschreite, und sich an seiner algebraischen Gröſse völlig unschuldig erklärt. So weit Kronecker Schüler war, war er der Schüler von Kummer, und es ist keine Überschwänglichkeit, wenn er in der Widmung der Festschrift zu dessen fünfzigjährigem Doctorjubilaeum sagt, er verdanke Kummer sein mathematisches Dasein, er verdanke ihm in der Wissenschaft, der er ihn früh zugewandt, wie in der Freundschaft, die er ihm früh entgegengebracht habe, einen wesentlichen Theil des Glückes seines Lebens. Auch hat Kummer häufig in Ernst und Scherz seinem Stolz über diesen Schüler Ausdruck verliehen.

Nächst Kummer aber gewann Weierstraſs, der im Jahre 1856 an das Berliner Gewerbeinstitut berufen wurde, den gröſsten Einfluſs auf seine Entwicklung. Die Beziehungen dieser drei groſsen Gelehrten, zu denen als vierter noch Borchardt hinzutrat, wurden noch engere, nachdem Kronecker im Jahre 1861 zum Mitgliede der Akademie gewählt worden war. Keinen gröſseren Genuſs gab es für ihn, als mit Fachgenossen seine Ansichten über mathematische Arbeiten oder Aufgaben auszutauschen. Unersättlich in seiner Lust an wissenschaftlichem Gespräch konnte er den, der ihm mit Verständniſs zuhörte und auf seine Ideen einging, bis in die tiefe Nacht hinein festhalten, und wen er nicht zu überzeugen vermocht hatte, der durfte sicher sein, schon am nächsten Morgen ein Schreiben über den besprochenen Gegenstand vorzufinden. In der letzten Zeit hatte sich das enge Band, das diese Männer so viele Jahre umschlang, wohl etwas gelockert. Aber in dem Gedächtniſs von Weierstraſs lebt noch in unverminderter Frische die Erinnerung an die Jahre, da er von Kronecker gebend empfing und ihm empfangend gab, und wäre er nicht an sein Zimmer gefesselt, so würde er an dieser Stelle das Andenken des vor ihm dahingegangenen jüngeren Freundes so warm und so würdig feiern, wie es mir meine Kräfte leider nicht gestatten.

In einer Abhandlung, die Kummer im Jahre 1846 der Akademie überreichte, legte er seine Entdeckung der idealen Zahlen, eine der tiefsten mathematischen Conceptionen aller Zeiten, in groſsen Zügen dar, beseitigte durch einen genialen Gedanken von höchster Einfachheit die unüberwindlich scheinenden Hindernisse, die den Fortschritt der Theorie der algebraischen Zahlen zu hemmen schienen, schrieb der Arithmetik die Bahnen vor, in denen sich ihre Weiterentwicklung zu bewegen hatte, und eröffnete ihr die Möglichkeit, auf die übrigen mathematischen Disciplinen den nachhaltigsten Einfluſs zu gewinnen. Unter den wenigen, die damals die Bedeutung dieses Gedankens voll zu würdigen wuſsten, stand in erster Reihe der junge Doctor Kronecker, dessen Sinnen und Trachten zur Zeit auf den Feldbau und die Börse viel mehr gerichtet schien als auf arithmetische Speculationen. Kummer hat seine Untersuchungen nicht über den Kreis der Zahlen ausgedehnt, die aus Wurzeln der Einheit gebildet sind. Obgleich er die Tragweite seiner Entdeckung recht gut erkannte, hatte es ihm, wie er mir einmal sagte, immer genügt, die allgemeine Idee im Speciellen zu schauen. Kronecker dagegen fühlte bald das Bedürfniſs, für beliebige Gattungen algebraischer Zahlen die idealen Primfactoren zu definiren, und dies gelang ihm mit Hülfe der von Schönemann ausgeführten Theorie der höheren Congruenzen auf einem Wege, der trotz mancher Unvollkommenheit auch heute noch seiner Bequemlichkeit halber geschätzt wird. Seine Ergebnisse theilte er Kummer und Dirichlet 1858 in einer Arbeit über die allgemeinen complexen Zahlen mit, die er aber nie veröffentlicht hat. Damit hatte er sich jedoch ein Werkzeug geschaffen, das aufser seinen nächsten wissenschaftlichen Freunden nur er allein kannte und zu handhaben wufste. Mit dieser mächtigen Waffe ausgerüstet wandte er sich dem Studium der Algebra zu, angeregt wahrscheinlich durch die Veröffentlichung der Werke von Galois, die im Jahre 1846 in Liouville's Journal erfolgt war.

Der junge Gaufs hatte in der kritischen Einleitung seiner Dissertation, einer unerschöpflichen Fundgrube mathematischer Ideen, die Meinung ausgesprochen, nach den vergeblichen Bemühungen so vieler hervorragender Mathematiker sei doch wenig Hoffnung, die Gleichungen höherer Grade allgemein aufzulösen, und es werde mehr und mehr wahrscheinlich, dafs es eine solche Auflösung überhaupt nicht gäbe. Nachdem Ruffini und Abel die Richtigkeit dieser Vermuthung bewiesen hatten, ergab sich für die Algebra das Problem, die speciellen Gleichungen zu ermitteln und zu charakterisiren, die sich auflösen, d. h. auf reine Gleichungen zurückführen lassen. Diese Eigenschaft besitzen nach Gaufs die Gleichungen, auf denen die Kreistheilung beruht. Den tieferen Grund dieser Erscheinung fand Abel in den rationalen Beziehungen zwischen ihren Wurzeln, und er behandelte ausführlich die einfachste und wichtigste Classe der auflösbaren Gleichungen, die später von Kronecker und Jordan »Abel'sche Gleichungen« genannt wurden. Die Betrachtung der rationalen Beziehungen zwischen den verschiedenen Wurzeln einer Gleichung ersetzte Galois, den Spuren von Lagrange und Cauchy folgend, durch die Untersuchung der Vertauschungen unter den Wurzeln, die jene Beziehungen unverändert lassen, und ergründete so die Bedingungen für die Auflösbarkeit einer Gleichung, mit deren Erforschung sich auch Abel erfolgreich beschäftigt hatte.

Das Fundament der Arbeiten von Abel und Galois bildet der von Gaufs in die Wissenschaft eingeführte Begriff der Irreductibilität, der in so fern relativ ist, als er die Festsetzung eines bestimmten Rationalitätsbereiches voraussetzt. Die Untersuchungen jener Algebraiker bezogen sich aber nur auf solche Eigenschaften der Gleichungen, die von der Wahl des Rationalitätsbereiches unabhängig sind. Aus der rein algebraischen Sphaere, in der sich diese Forscher bewegten, trat Kronecker heraus, indem er sich das mehr arithmetische Problem stellte, für einen vorgeschriebenen Rationalitätsbereich alle auflösbaren Gleichungen zu ermitteln. Da aber jede solche auf eine Kette von Abel'schen Gleichungen zurückgeführt werden kann, so bestand die erste und wichtigste Aufgabe in der Ergründung der durch diese definirten Irrationalitäten. In dem einfachsten Falle des absoluten Rationalitätsbereiches, der von den rationalen Zahlen allein gebildet wird, gelangte Kronecker, indem er die Lagrange'sche Resolvente einer Abel'schen Gleichung in ihre idealen Primfactoren zerfällte und damit Kummer's Zerlegung der Resolvente einer Kreistheilungsgleichung verglich, zu einem Resultate von erstaunlicher Einfachheit und vollendeter Schönheit, nämlich, daſs sich in jenem Bereiche die Wurzeln aller Abel'schen Gleichungen als rationale Functionen von Einheitswurzeln darstellen lassen. Nachdem er ferner den von Gauſs eingeführten Begriff der Perioden von Einheitswurzeln in der weitgehendsten Art verallgemeinert hatte, gelang es ihm die Wurzeln aller Abel'schen Gleichungen vollständig darzustellen. Später hat er seine Untersuchungen durch die Einführung des Begriffs der Composition der Abel'schen Gleichungen vereinfacht. Zur Aufstellung aller dieser Gleichungen genügt es dann die einfachsten anzugeben, aus denen sich alle andern componiren lassen, in ähnlicher Weise, wie sich jede ganze Zahl aus Einheiten und Primfactoren zusammensetzen läſst.

Kronecker hat seine Untersuchungen auch auf allgemeinere Rationalitätsbereiche ausgedehnt, namentlich auf solche, die eine Quadratwurzel aus einer rationalen Zahl enthalten, vielleicht auch auf solche, die beliebig viele Quadratwurzeln umfassen. An verschiedenen Stellen seiner Schriften und in mündlichen Unterredungen hat er angedeutet, daſs hier die singulären Moduln der elliptischen Functionen dieselbe Rolle spielen, wie in dem absoluten Rationalitätsbereiche die Einheitswurzeln. Dies Resultat schien ihm besonders darum von Bedeutung, weil es einen rein algebraischen Zugang zu jenen merkwürdigen Irrationalitäten eröffnet, die ursprünglich aus der Theorie der elliptischen Transcendenten in ähnlicher Weise erhalten waren, wie die Einheitswurzeln aus der Theorie der Kreisfunctionen.

Auf die singulären Moduln der elliptischen Functionen wurde Kronecker's Aufmerksamkeit durch die Bemerkung von Abel gelenkt, diese Gröſsen schienen sich alle durch Wurzelausziehung berechnen zu lassen. Nach einem Beweise dafür suchend entdeckte er eine der wunderbarsten Wechselbeziehungen zwischen der Analysis und der Arithmetik. Gauſs hatte in der fünften Section seines arithmetischen Meisterwerkes die Lehre von den binären quadratischen Formen im Zusammenhange behandelt und namentlich durch die Theorie der Composition bereichert. Mehr als zwanzig Jahre nach dem Erscheinen jenes Buches galt Dirichlet als der einzige, der besonders diesen Theil des Werkes vollständig bewältigt hatte. Nun fand Kronecker, daſs zu jedem Satze, den Gauſs über die Formen negativer Determinante aufgestellt hatte, ein Satz in der Theorie der elliptischen Functionen mit singulärem Modul gehört. Ohne Zweifel wurde ihm diese interessante Entdeckung wesentlich erleichtert durch die faſslichere, für die Anwendungen geschmeidigere Form, in die Kummer mittelst seiner Idealtheorie die starre Compositionslehre von Gauſs umgegossen hatte.

Jeder Classe primitiver positiver quadratischer Formen entsprechen sechs singuläre Moduln, oder einfacher eine bestimmte Invariante und jeder singulären Invariante eine bestimmte Formenclasse. Ist eine Classe unter einer anderen enthalten, so ist die Invariante der letzteren durch die der ersteren rational ausdrückbar. Die Invarianten, die den sämmtlichen verschiedenen primitiven Classen einer bestimmten Determinante zugehören, sind die Wurzeln einer algebraischen Gleichung mit rationalen Coefficienten, und diese Gleichung, deren Grad der Classenanzahl gleich ist, ist nach Adjunction der Quadratwurzel aus der Determinante eine Abel'sche. Jeder Formenclasse entspricht nicht nur eine bestimmte Wurzel der Classengleichung, sondern auch eine rationale Function, deren Werth für irgend eine Wurzel der Classengleichung einer andern ihrer Wurzeln gleich ist. Und zwar ist die Classe der letzteren Wurzel aus der Classe der ersteren und der Classe der rationalen Function componirt. Die von den Formenclassen einer Determinante gebildete Gruppe ist daher der Gruppe der Classengleichung isomorph. Adjungirt man dem Rationalitätsbereiche die Quadratwurzeln aus den verschiedenen Primfactoren der Determinante, so zerfällt die Classengleichung in Factoren gleichen Grades, deren jeder für die Invarianten der Classen eines Formengeschlechtes verschwindet. Wendet man auf eine elliptische Function mit singulärem Modul eine Transformation an, deren Grad durch eine Form der zugehörigen Determinante darstellbar ist, so ist der dabei auftretende Multiplicator eine algebraische Zahl. Dieselbe vertritt dem quadratischen Gattungsbereiche, der durch die Quadratwurzel aus der Determinante bestimmt ist, associirt die Stelle eines idealen Factors des Transformationsgrades. Die gröſste Schwierigkeit bot der Beweis für die Irreductibilität der Classengleichung. Nach manchen verfehlten Versuchen überwand sie Kronecker endlich durch die Bestimmung der idealen Primzahlen in dem durch die Wurzeln der Classengleichung definirten Rationalitätsbereiche und mittelst der interessanten Entdeckung, daſs die Dichtigkeit der idealen Primzahlen ersten Grades in jedem Rationalitätsbereiche dieselbe ist.

Diese Correspondenz zwischen zwei Theorien, die sich aus so verschiedenen Wurzeln unabhängig von einander entwickelt haben, möchte man fast aus einer praestabilirten Harmonie erklären, gleichwie der Stifter unserer Akademie, dessen Andenken wir heute feiern, die Übereinstimmung der inneren Vorgänge in seinen Monaden. Unser berühmtes auswärtiges Mitglied, der französische Mathematiker Hermite, dem die Theorie der elliptischen Functionen so viele Bereicherungen und Vereinfachungen verdankt, giebt seiner Überraschung über diese ungeahnten Beziehungen zwischen zwei so entfernten mathematischen Disciplinen Ausdruck, indem er sagt: »In der Wissenschaft und besonders in der unsrigen sind wir ebenso Diener wie Herren. Wir wirken an einem Werke, das uns erst später in seinem gesammten Zusammenhange offenbart werden wird, und von dem uns nur die Theile bekannt sind, welche uns augenblicklich beschäftigen und sich in unseren Händen befinden. Wir müssen uns führen lassen und eine Richtung unserer Bemühungen annehmen, deren Princip auſser uns und über uns ist. Die Theorie der elliptischen Functionen hat in keiner Weise die Arithmetik zum Gegenstande gehabt. Es ist das unsterbliche Verdienst Jacobi's und nach ihm Kronecker's, beobachtet und erkannt zu haben, daſs sie das gab, was man nicht erwartete, indem sie auf einem neuen Wege zu den tiefsten Eigenschaften der Zahlen führte.«

Bei Kronecker's Untersuchungen über die singulären Moduln ergab sich ein Nebenresultat, das, obschon theoretisch von geringerer Bedeutung als die obigen Ergebnisse, doch die gröſste Bewunderung der Arithmetiker erregte und eine umfangreiche Litteratur hervorrief. Setzt man in der Modulargleichung den transformirten Modul dem ursprünglichen gleich, so erhält man eine Gleichung mit einer Unbekannten, die das Product mehrerer Classengleichungen ist, jede zu einer Potenz erhoben, deren Exponent gleich der Anzahl der Darstellungen des Transformationsgrades durch die Hauptform der betreffenden Determinante ist. Durch Berechnung des Grades jener Gleichung und ähnlich erhaltener Gleichungen gelangte Kronecker daher zu linearen Relationen zwischen den Anzahlen der Classen verschiedener Determinanten, deren Werthe eine arithmetische Progression zweiter Ordnung bilden, Relationen, die auch merkwürdig sind durch die in ihnen auftretenden neuen zahlentheoretischen Functionen, wie z. B. die Summe der Divisoren einer Zahl, die gröfser sind als ihre Quadratwurzel. Die Theorie der elliptischen Functionen führt so zu Formeln für die Berechnung der Classenanzahl, so verschieden von den berühmten Resultaten von Dirichlet, dafs es noch nicht gelungen ist, die beiden Ergebnisse auf einander zurückzuführen. Mit ihrer Hülfe konnte Kronecker Summen von Potenzreihen, deren Coefficienten von Classenanzahlen abhängen, durch elliptische Functionen ausdrücken. Für diese interessanten Relationen fand Hermite einen neuen Beweis, indem er den Begriff der Classe durch den der reducirten Form ersetzte. Andererseits suchte Kronecker die Classenzahlrelationen auf rein arithmetischem Wege zu beweisen. Denn gerade das Wunderbare, das den mit Hülfe der Analysis erlangten Resultaten anhaftet, betrachtete er als einen Fingerzeig dafür, dafs die natürliche Quelle der Erkenntnifs noch nicht gefunden war. Die Formeln, in denen die oben erwähnten zahlentheoretischen Functionen nicht vorkommen, erhielt er sehr einfach durch Vergleichung der bekannten Anzahlen der Darstellungen einer Zahl durch eine Summe von drei und von vier Quadraten. Zu den anderen Relationen aber führte ihn schliefslich die Einsicht, dafs die in ihnen auftretenden Summen von Classenzahlen auch die Bedeutung von Classenzahlen haben für bilineare Formen von zwei Reihen von je zwei Variabeln, falls man die Substitutionscoefficienten passend gewählten Congruenzbedingungen nach dem Modul 2 unterwirft. Die Verallgemeinerung der Unterscheidung von Gaufs zwischen eigentlicher und uneigentlicher Aequivalenz war immer eine seiner Lieblingsideen, und er hat es Eisenstein stets zum Vorwurfe gemacht, in der Theorie der quadratischen Formen mehrerer Variabeln den Begriff der Classe zu oberflächlich gefaſst zu haben, so daſs sich in den verschiedenen Classen eine verschiedene Formendichtigkeit ergeben hätte. In welcher Weise man aber diesem Mangel abhelfen könnte, darüber hat er sich nie deutlich ausgesprochen.

Kronecker's Entdeckungen in der Theorie der elliptischen Functionen blieben anfangs den meisten Mathematikern ebenso unzugänglich wie seine algebraischen Arbeiten. Noch im Jahre 1870 muſste einer der vielseitigsten Kenner der Algebra, Camille Jordan, darauf verzichten, in sein groſses Werk über die Substitutionentheorie diese Ergebnisse aufzunehmen, »ces beaux théorèmes qui font maintenant l'envie et le désespoir des géomètres«. Erst Dedekind wuſste sich einen Weg zu jenen tief verborgenen Sätzen zu bahnen, nachdem es seinen beharrlichen Anstrengungen gelungen war, eine wegen ihrer lückenlosen Folgerichtigkeit und ausnahmslosen Gültigkeit nicht minder als wegen ihrer classischen Einfachheit bewunderungswürdige Theorie der idealen Zahlen zu schaffen, sowie auch zu der Lehre von den Modulfunctionen einen von der Theorie der elliptischen Transcendenten unabhängigen Zugang zu eröffnen. Ein besonders anerkennenswerthes Verdienst aber hat sich Heinrich Weber dadurch erworben, daſs er, ähnlich wie einst Camille Jordan die Galois'schen Arbeiten, Kronecker's Untersuchungen commentirt und vervollständigt hat.

Kronecker selbst zögerte lange, dem dringenden Wunsche der Fachgenossen nach einer ausführlichen Darstellung seiner Methoden zu entsprechen. Als er sich endlich bei Gelegenheit von Kummer's fünfzigjährigem Doctorjubilaeum dazu entschloſs, seine »Grundzüge einer arithmetischen Theorie der algebraischen Gröſsen« zu veröffentlichen, hatte er die Erwartungen so hoch gespannt, daſs man sich fast ein wenig enttäuscht fühlte. Man wuſste, daſs sich jeder Gattung algebraischer Zahlen eine höhere associiren läſst, worin sich die Gröſsen als wirkliche darstellen lassen, die in dem niederen Gebiete als ideale erscheinen; man wuſste auch, daſs Kronecker für die quadratischen Gattungsbereiche jene höheren Gattungen in dem Bereiche der singulären Moduln gefunden hatte. Kenner der Zahlentheorie vermutheten daher, es möchte ihm gelungen sein, die Frage der zu associirenden Gattungen allgemein zu ergründen. Er gesteht selbst ein, er habe geglaubt, seine Arbeiten über die complexen Zahlen nicht eher veröffentlichen zu sollen, als bis er ihnen durch die Erledigung jener Frage den eigentlichen Abschlufs zu geben vermocht hätte. Vielleicht ist in der That die Association höherer Gattungen für die Behandlung der algebraischen Zahlen nicht das einfachste Mittel, sondern nur das erstrebenswerthe höchste Ziel. Das Hülfsmittel, dessen sich Kronecker zur Definition der idealen Gröfsen bedient, besteht in der methodischen Anwendung der unbestimmten Coefficienten. Die Unvollkommenheiten, die sich beim Gebrauche der Functionen einer Variabeln zeigen, überwindet er durch Benutzung mehrerer Veränderlichen. Statt höhere Gattungen algebraischer Irrationalitäten zu associiren, erweitert er die Dimension des ursprünglichen Gröfsenbereiches durch die Association von Formen mehrerer Unbestimmten. Indem er bei der Division die primitiven Formen wie Einheiten behandelt, wird er in den Stand gesetzt, die idealen Zahlen fast ohne jede Symbolik darzustellen. Wesentlich neue Gesichtspunkte aber giebt er für die Rationalitätsbereiche, die nicht nur aus Zahlen oder Functionen einer Variabeln bestehen, sondern mehrere unabhängige Veränderliche enthalten. Auch hier kann er die ganzen Gröfsen des Bereiches durch eine endliche Anzahl darstellen, nur ist die Anzahl der Elemente eines Fundamentalsystems gewöhnlich gröfser als die Ordnung der Gattung. An die Stelle der Fundamentaldiscriminante tritt daher die Discriminantenform. Der gröfste gemeinsame Divisor mehrerer ganzen Gröfsen eines solchen Bereiches ist nicht das einzige ihnen gemeinsame, er ist nur ihr gemeinsamer Divisor erster Stufe. Sie können aber aufserdem Divisoren höherer Stufen gemeinsam haben, und die Aufgabe ihrer Ermittlung hängt mit dem Probleme der allgemeinen Eliminationstheorie zusammen.

Kronecker hat seine Methoden zur Untersuchung und Darstellung der ganzen Gröfsen einer Gattung schon früh auf die ganzen algebraischen Functionen einer Variabeln angewendet. Auf diesem Wege kann man, wie später auch Dedekind und Weber gefunden und mit so grofsem Erfolge ausgeführt haben, die algebraischen Grundlagen von Riemann's Theorie der Abel'schen Functionen rein algebraisch in einer Allgemeinheit entwickeln, die alle besonderen Fälle umfafst. Riemann hatte sich in seiner von ganz anderen Principien ausgehenden Darstellung auf einen gewissen regulären Fall beschränkt, von dem er die übrigen als Grenzfälle betrachtete. Es gewährte daher Kronecker eine besondere Genugthuung, dafs es ihm gelang durch eine algebraische Transformation jedes Gebilde auf ein reguläres zurückführen.

Nach der ausführlichen Schilderung der bedeutendsten Entdeckungen von Kronecker, die den Zusammenhang der Arithmetik mit der Algebra und der Theorie der elliptischen Functionen betreffen, mufs ich mich nun bei der Darstellung seiner übrigen Leistungen kürzer fassen. In seinen algebraischen Untersuchungen über die Abhängigkeit der Irrationalitäten vom Affecte der Gleichungen fand er, die allgemeine Gleichung fünften Grades lasse sich nach Adjunction der Quadratwurzel aus ihrer Discriminante auf eine Gleichung sechsten Grades zurückführen, bei der zwischen den Quadratwurzeln aus ihren Wurzeln drei lineare Relationen bestehen. Da die Gleichung, die Jacobi bei der Transformation fünfter Ordnung der elliptischen Functionen für den Multiplicator erhalten hatte, jene Eigenschaft besitzt, gelang es ihm, die allgemeine Gleichung fünften Grades mit Hülfe der elliptischen Functionen aufzulösen. Zu demselben Resultate kam auf einem anderen Wege Hermite, indem er an den Satz von Galois anknüpfte, dafs die Modulargleichungen sechsten, achten und zwölften Grades Resolventen von einem um eins kleineren Grade besitzen. Da die Modulargleichung nur von einem Parameter abhängt, so mufste Hermite die allgemeine Gleichung fünften Grades in eine solche transformiren, die nur einen Parameter enthält. Das läfst sich aber nur mit Hülfe irrationaler Resolventen erreichen. Will man, wie Abel bei der Auflösung der Gleichungen durch Wurzelausdrücke, nur rationale Resolventen anwenden, so kann man, wie Kronecker gezeigt hat, die Gleichung fünften Grades nur auf eine solche mit zwei Parametern zurückführen.

Da die Untersuchung der elliptischen Functionen mit singulären Moduln Kronecker zu so aufserordentlich interessanten Resultaten geführt hatte, so ermunterte ihn Weierstrafs, seine Forschungen auf die complexe Multiplication der Thetafunctionen mehrerer Variabeln auszudehnen. Auf diesem Gebiete, wo man ihm auch den Beweis dafür verdankt, dass sich alle canonischen Periodensysteme aus einem durch Zusammensetzung einer bestimmten Anzahl elementarer Transformationen erhalten lassen, vermochte er zwar nicht weit vorzudringen, aber es gelang ihm doch zu zeigen, wie man die Parameter einer Thetafunction findet, die eine complexe Multiplication zuläfst. Bei dieser Frage wie bei vielen anderen Untersuchungen spielen die Bedingungen eine wichtige Rolle, unter denen sich zwei Schaaren von quadratischen oder bilinearen Formen in einander transformiren lassen. Weierstrafs hatte diese Aufgabe im Jahre 1858 dadurch gelöst, daſs er die Formenschaar in ein Aggregat elementarer Schaaren transformirte, die eine weitere Zerlegung nicht mehr zulassen. Da ihm aber das Manuscript seiner Arbeit auf einer Reise abhanden kam, wurde ihm die Beschäftigung mit dem Gegenstande so verleidet, daſs er erst nach zehn Jahren wieder zu ihr zurückkehrte, dann aber die Untersuchung auf einem völlig verschiedenen, ganz directen Wege in Angriff nahm. Die Mittheilung, die er darüber der Akademie machte, erregte Kronecker's Interesse im höchsten Grade. Er versuchte sogleich, die Resultate auf den von Weierstraſs bei Seite gelassenen Fall auszudehnen, wo die Determinante der Formenschaar identisch verschwindet. Indem er die analytischen Methoden durch mehr arithmetische ersetzte, kam er wieder auf das ursprüngliche Weierstraſs'sche Verfahren der Transformation einer Schaar in eine Summe elementarer Schaaren zurück. Auch dehnte er seine Untersuchungen auf bilineare Formen aus, bei denen beide Reihen von Variabeln cogredienten Transformationen unterworfen werden. Noch in seinen letzten Jahren hat er sich mit diesem Gegenstande beschäftigt, und in seinem Nachlasse befindet sich eine gröſsere Arbeit, worin er über die algebraische Reduction der Schaaren hinausgehend eine rein arithmetische Behandlung des Problems unternommen hat.

Eine andere Reihe von Arbeiten, zu denen ihn Weierstraſs anregte, betraf die Ausdehnung der Integralformel, die Cauchy für die Anzahl der Wurzeln einer Gleichung in einem beliebig begrenzten Bereiche gegeben hatte, auf Systeme von Gleichungen mit mehreren Unbekannten. Er wurde dabei auf den wichtigen Begriff der Charakteristik eines Functionensystems geführt, der einerseits mit dem Sturm'schen Satze, andererseits mit Betrachtungen von Gauſs aus der Analysis situs im engsten Zusammenhange steht. Weiter gelang es ihm, die berühmte allgemeine Integralformel von Cauchy auf Potentialfunctionen von beliebig vielen Variabeln zu übertragen.

Durch seine Wahl zum Mitgliede der Akademie hatte er das Recht erlangt, an der Universität Vorlesungen zu halten, wovon er den ausgiebigsten Gebrauch machte. Es hatte aber keinen Reiz für ihn, die Theile der Wissenschaft vorzutragen, die bereits zu einem gewissen Abschluſs gelangt sind. Gewöhnlich pflegte er sehr bald die gebahnten Pfade zu verlassen und seinen Zuhörern seine neuesten Ergebnisse zu übermitteln, auch auf die Gefahr hin, daſs sie noch nicht völlig ausgereift waren. Nicht selten trug er am Morgen Resultate vor, die er erst in der Nacht vorher gefunden hatte. Wurden seine Vorlesungen dadurch auch ungemein anregend, so war es doch dem Treppenverstand oft nicht möglich, ihm in seinem raschen kühnen Aufsteigen zu folgen. Den Gegenstand seiner Vorlesungen bildeten die Zahlentheorie, die algebraischen Gleichungen, die Determinantentheorie und die bestimmten Integrale. Ein grofser Theil seiner Arbeiten entstand im unmittelbaren Anschlufs an die Vorlesungen, namentlich durch sein unablässiges Bemühen, die bekannten Theorien zu vereinfachen und von einer neuen Seite zu beleuchten.

So wird er nicht müde, immer andere Modificationen der Beweise für das Reciprocitätsgesetz der quadratischen Formen aufzuspüren und die verschiedenen Beweise mit einander zu vergleichen und zu verknüpfen; so sinnt er auf eine möglichste Ausnutzung der analytischen Methoden, deren Einführung in die Lehre von den quadratischen Formen Dirichlet's unsterbliches Verdienst ist. So sucht er immer tiefer in die grofsartige Einfachheit der Principien einzudringen, aus denen Dirichlet die Theorie der Einheiten für einen beliebigen Artbereich geschöpft hatte, und dieselben für die näherungsweise ganzzahlige Auflösung linearer Gleichungen fruchtbar zu machen. Dabei schafft er die fundamentalen Begriffe des absoluten Ranges und des Rationalitätsranges eines Systems linearer Gleichungen, mittelst deren er die Sätze von Riemann und Weierstrafs über die Perioden der Functionen schärfer formuliren kann. Auf die Bestimmung der Anzahl der Classen, in welche die idealen Zahlen einer Gattung zerfallen und auf die Erforschung der Eigenschaften dieser Zahl kommt er wiederholt zurück, nicht nur für den von Kummer behandelten Fall der Kreistheilung, sondern auch für beliebige Gattungen. Diese Aufgabe bildet eins der höchsten Probleme der modernen Zahlentheorie. Für ihre Lösung, von der wir noch sehr weit entfernt sind, scheint, wie Dedekind sagt, eine viel genauere Ausbildung der Theorie der transcendenten Functionen erforderlich zu sein. Nach mündlichen Äufserungen Kronecker's soll die Theorie der Jacobi'schen Functionen mehrerer Variabeln die zur Erledigung jenes Problems nothwendigen Hülfsmittel darbieten.

In der Algebra ist es der Sturm'sche Satz und seine Beziehung zum Trägheitsgesetz der quadratischen Formen, die er genauer zu ergründen sucht. Beständig feilt er an der Theorie der symmetrischen Functionen, und indem er Cauchy's Reduction einer ganzen Function der Wurzeln einer Gleichung verallgemeinert, beweist er für jede Gattung ganzer

Functionen der Wurzeln die Existenz eines Fundamentalsystems, bei dem die Anzahl der Elemente der Ordnung der Gattung gleich ist. Für ganze Functionen mehrerer Variabeln stellt er eine ebenso einfache wie fruchtbare Interpolationsformel auf und gelangt mit ihrer Hülfe zu einem strengen Beweise für Jacobi's Relationen zwischen den Werthen, die einem System algebraischer Gleichungen genügen.

An dem Ausbau der Determinantentheorie bleibt er unausgesetzt thätig. Die Verbesserungen, die das Lehrbuch seines Freundes Baltzer in jeder folgenden Auflage bringt, sind der Mehrzahl nach auf seine Anregung zurückzuführen. Für eine Schwierigkeit, die man in der Lehre von den quadratischen Formen mehr umgangen als überwunden hatte, findet er den letzten Grund in der vorher nicht bemerkten Existenz von linearen Relationen zwischen den Subdeterminanten eines symmetrischen Systems.

In der Lehre von den bestimmten Integralen sind es neben der Potentialtheorie namentlich die von Paul du Boys-Reymond unternommenen subtilen Untersuchungen, an denen er rathend und mitschaffend den regsten Antheil nimmt.

Seine Thätigkeit an der Universität wurde mit der Zeit immer umfangreicher, besonders seitdem er 1883 wegen der zunehmenden Kränklichkeit Kummer's eingewilligt hatte eine ordentliche Professur zu übernehmen. Schon im Jahre 1868 hatte ihm die Universität Göttingen die Stelle angetragen, an der Gaufs, Dirichlet und Riemann gewirkt hatten, aber trotz der Bemühungen Wilhelm Weber's konnte er sich nicht entschliefsen, den Freundesbund und Wirkungskreis an der Berliner Universität und Akademie zu verlassen. In einem Alter, wo andere anfangen sich nach Ruhe zu sehnen, schien seine Arbeitskraft noch zu wachsen, und der Gedanke, dafs auch seinem ungebrochenen Schaffensdrange nur eine endliche Spanne zur Bethätigung gegeben wäre, spornte ihn nur dazu an, immer höhere Anforderungen an seine Leistungsfähigkeit zu stellen. Den gesammten Inhalt der mathematischen Erkenntniss gedachte er in Arithmetik aufzulösen, an den Grundfesten der Analysis glaubte er rütteln zu müssen, den Grenzprocess wollte er aus der Grössenforschung verbannen, und trotzdem diese Ideen bei seinen Fachgenossen mehr Widerspruch als Beifall fanden, liess er nicht ab sie durch Wort und Schrift zu vertreten. Im Jahre 1880 übernahm er nach Borchardt's

Tode, zunächst mit Weierstraſs zusammen, später allein die Redaction des von Crelle gegründeten Journals für Mathematik. Bald darauf begann er im Auftrage der Akademie die Herausgabe der gesammelten Werke Dirichlet's, und sein strenger Ordnungssinn konnte sich nicht genugthun in der Beobachtung der peinlichsten Sorgfalt, die er dem Andenken des gefeierten Meisters schuldig zu sein glaubte. In den letzten Jahren faſste er den Plan, selbst eine Gesammtausgabe seiner Abhandlungen und Vorlesungen zu veranstalten. Dabei hörte er nicht auf, von den neuesten Ergebnissen seiner Forschungen sowohl wie aus dem reichen Schatze seiner früheren Entdeckungen Mittheilung über Mittheilung zu machen. Da traf ihn mitten im frischen Schaffen und kühnen Entwerfen der schwere Schlag seine Gattin zu verlieren, und selbst das Princip seines Lebens, die rastlose Arbeit, vermochte seine Verzweiflung über den unersetzlichen Verlust nicht zu lindern. Wenige Monate später erlag er am 29. December 1891 einem Anfalle von Bronchitis.

Meine Darstellung seiner Verdienste um die Mathematik wäre unvollständig, wollte ich nicht auch des maſsgebenden Einflusses gedenken, den er im Leben der deutschen und zum Theil auch der fremden Hochschulen ausübte. Seine völlig unabhängige Lage als reicher Privatmann machte ihn für eine solche Vertrauensstellung besonders geeignet, seine enge Verbindung mit Kummer und Weierstraſs und sein eigenes wissenschaftliches Ansehen gaben seinem Urtheile den nöthigen Nachdruck, seine Geschäftsgewandtheit und Personenkenntniſs erhöhten den Werth seiner Rathschläge. Junge Talente zu entdecken und mit allen Kräften zu fördern bereitete ihm die gröſste, reinste Freude. Mit allen hervorragenden Fachgenossen des Inlandes und Auslandes war er persönlich bekannt; die jüngeren waren zum gröſsten Theile seine Schüler gewesen, mit den älteren knüpfte er auf seinen zahlreichen Reisen in Frankreich, Italien, England, Schweden Beziehungen an, die er durch einen fleiſsigen Briefwechsel lebendig zu erhalten wuſste. Die meisten aber hatten auch seine Gastfreundschaft genossen in dem schönen Hause, durch dessen Erwerb er nicht nur seinen Angehörigen und Freunden, sondern auch der gesammten mathematischen Welt einen sichtbaren Vereinigungspunkt geschaffen hatte. »Bellevuestraſse 13« hatte in der groſsen mathematischen Familie denselben heimeligen Klang, wie einst im Mendelssohn'schen Kreise »Leipzigerstraſse 3«. Wenn sich Kronecker mit einer auserwählten Schaar seiner Zuhörer in dem hinter dem Hause liegenden Garten erging, glaubte er sich in die Zeiten der Akademie von Athen zurückversetzt. Wer einmal zu diesem Hause Eingang gefunden hatte, der lenkte seine Schritte immer wieder vertrauensvoll dahin, wenn er in Fragen der Wissenschaft oder in des Lebens Nöthen Rath oder Hülfe gebrauchte, nicht allein, weil dort ein scharfsinniger, erfindungsreicher Gelehrter, ein kluger, welterfahrener Mann wohnte, sondern vornehmlich, weil des Mannes Ohr jedem Anliegen jeder Zeit offen stand. Mochte er mit Arbeiten überhäuft sein, mochte er selbst kränkelnd der Schonung bedürfen, nichts hielt ihn ab, auch den geringsten, der an seine Thür klopfte, anzuhören und ihm, so weit er konnte, beizustehen. In dieser wohlwollenden Theilnahme, in dieser unermüdlichen Hülfsbereitschaft, in dieser praktischen Opferwilligkeit offenbarte sich die tiefe schlichte Herzensgüte des grofsen Gelehrten. Selbst in unserem raschlebenden Geschlecht wird die Lücke, die sein Scheiden rifs, noch lange empfunden werden, in der Familie, wo er einem Patriarchen gleich waltete, an der Universität, wo er mit vollster Hingebung wirkte, vor allem aber an der Akademie, deren Pflichten zu erfüllen seinen Neigungen die innigste Befriedigung gewährte.

104.

Adresse an Herrn Richard Dedekind zum fünfzigjährigen Doktorjubiläum am 18. März 1902

Sitzungsberichte der Königlich Preußischen Akademie der Wissenschaften zu Berlin
329–331 (1902)

Hochverehrter Herr College!

Sie treten in ein Alter, wo sich die Gedenktage häufen. Vor wenigen Monaten haben Sie in voller geistiger Frische und körperlicher Rüstigkeit Ihr siebzigstes Lebensjahr vollendet. Heute feiern Sie Ihr goldenes Doctorjubiläum, und dazu bringt Ihnen nach altem Brauche die Berliner Akademie der Wissenschaften, der Sie seit mehr denn zwei Decennien als correspondirendes Mitglied angehören, ihren aufrichtigen Glückwunsch.

Die rasche Folge beider Feste erinnert uns daran, dass Sie zur Zeit Ihrer Promotion erst zwanzig Jahre zählten. Aber frühreif waren oder fühlten Sie sich wenigstens darum nicht; zwanzig weitere Jahre liessen Sie verstreichen, ehe Sie Ihre ohne Rast und ohne Hast ausgeführten Arbeiten Ihren Fachgenossen vorlegten. Liebten Sie, wie Dirichlet, das Denken mehr als das Schreiben, oder konnten Sie Ihren gewissenhaften Ansprüchen an sich selbst nie genug thun? Die vier verschiedenen Redactionen Ihres Meisterwerkes, der Idealtheorie, deren Vergleichung dem Kenner immer neue Feinheiten enthüllt, scheinen dafür zu sprechen. Aber der tiefere Grund liegt wohl in Ihrer wissenschaftlichen Persönlichkeit, deren charakteristisches Merkmal die harmonische Verbindung receptiver und productiver Gaben bildet.

Schon was Sie receptiv geleistet haben, wiegt mehr als manches namhaften Forschers schöpferische Thätigkeit. So tief wie Sie ist ausser Dirichlet keiner in das Lebenswerk von Gauss eingedrungen, zu dessen Füssen Sie noch als Student gesessen, von dessen Vorlesungen Sie uns kürzlich in einer sinnigen Plauderei berichtet haben. Sie hatten das wohlverdiente Glück, Dirichlet's bevorzugter Schüler, Riemann's vertrauter Freund zu sein. Ihrer treuen Hand befahl Riemann seinen gesammten wissenschaftlichen Nachlass, Dirichlet die Vervollständigung unfertiger Arbeiten. Durch eingehende Erläuterungen und Ergänzungen haben Sie uns das tiefere Verständniss der Werke jener drei grossen

Meister erschlossen. Die pietätvolle Veröffentlichung der Vorlesungen Dirichlet's über Zahlentheorie dankt Ihnen die akademische Jugend. Nur im Vertrauen auf Ihre Unterstützung glaubte Ihr treuer Mitarbeiter die Verantwortung für die Herausgabe von Riemann's Werken übernehmen zu können. Und in einer Vorlesung als Privatdocent in Göttingen behandelten Sie die damals noch ganz unzugängliche Theorie von Galois.

Aber bei allem verständnissvollen Eingehen auf fremde Art wussten Sie doch stets Ihr Selbst zu behaupten, dem Überkommenen Ihr persönliches Gepräge aufzudrücken. Nach solch erfolgreicher Thätigkeit in den tiefsten Schachten mathematischer Bildung traten Sie mit dem an's Licht, was Sie an selbsteigener Erkenntniss gewonnen hatten.

Kein Gebiet der Mathematik war Ihnen fremd. Probleme der Hydrodynamik, der Wahrscheinlichkeitsrechnung haben Sie behandelt. In einer von Riemann's und Dirichlet's Geist gleichmässig durchwehten Arbeit legten Sie einen der Grundsteine für das stolze Gebäude der Lehre von den automorphen Functionen. Aber mehr und mehr concentrirten Sie Ihr Denken auf die Theorie der algebraischen Zahlen. Auf dem von Kummer gewiesenen Wege gelangten Sie zu einer völlig neuen und eigenartigen Gedankenreihe, schufen von dem Modulbegriff ausgehend eine durch ihre strenge Geschlossenheit und Folgerichtigkeit bewunderungswürdige Theorie der Ideale in endlichen Körpern, übertrugen die gewonnenen fruchtbaren Principien auf Riemann's Theorie der algebraischen Functionen und ihrer Integrale, und lösten in zahlreichen Einzeluntersuchungen, die in ihrer vollendeten Klarheit und unbedingten Zuverlässigkeit für alle Zeiten als ein Muster mathematischer Darstellungskunst gelten werden, eine Reihe der schwierigsten Fundamentalprobleme der allgemeinen Arithmetik.

Eigenthümlich ist Ihrer Forschungsweise die Richtung auf das rein Gedankliche; nie genügt Ihnen der Schatten der Idee, die Idee selbst wollen Sie schauen. Sie ringen sich durch zu einer deutlichen Einsicht in das Wesen der rationalen, der irrationalen, der mehrdimensionalen Zahl. In den Beweisen arithmetischer Wahrheiten verschmähen Sie alles Bildliche, die geometrische Anschauung nicht minder wie das Hülfsmittel der Unbestimmten, das Ihren gleichen Zielen zustrebenden Freund Kronecker scheinbar mühelos zu den Resultaten Ihrer abstracten Gedankenarbeit führte. Mit vollstem Rechte durften Sie der tiefsten und eigensten Conception Ihres Geistes den bezeichnenden Namen des Ideals beilegen.

Wenn wir unsere Absicht nicht verfehlen wollen, Ihnen durch unseren Versuch einer Würdigung Ihrer hohen Verdienste um die Entwickelung der Mathematik in den verflossenen fünfzig Jahren eine

Freude zu bereiten, so müssen wir uns bei Ihrem bescheidenen und schlichten Sinn möglichster Zurückhaltung und Kürze befleissigen. Daher schliessen wir mit dem Wunsche, es möge Ihnen vergönnt sein, uns noch selbst viele der köstlichen Früchte zu spenden, die unter Ihrer sorglichen Pflege langsam zur Vollreife gediehen sind.

Die Königlich Preussische Akademie der Wissenschaften.

105.

Adresse an Herrn Heinrich Weber zum fünfzigjährigen Doktorjubiläum am 19. Februar 1913

Sitzungsberichte der Königlich Preußischen Akademie der Wissenschaften zu Berlin 248–249 (1913)

Hochverehrter Herr Kollege!

Sieben Städte teilen sich in die Ehre, Sie zu den Lehrern ihrer Hochschulen rechnen zu dürfen. Viele Körperschaften werden Ihnen daher an dem heutigen Tage, wo Sie Ihr goldenes Doktorjubiläum feiern, Glückwünsche darbringen und in dankbarer Anerkennung Ihrer reichen wissenschaftlichen und pädagogischen Wirksamkeit gedenken. In diesem Kreise darf und will auch die Preußische Akademie der Wissenschaften nicht fehlen, der Sie seit vielen Jahren als korrespondierendes Mitglied angehören, und in deren Mitte Sie so manchen wissenschaftlichen und persönlichen Freund zählen.

Auf Ihrem Lebenswege haben Sie die Länder deutscher Zunge von Süden nach Norden, von Westen nach Osten durchquert, bis Sie endlich wieder in Ihre geliebte Heimat, den Südwesten Deutschlands, zurückgekehrt sind. In ähnlicher Weise haben Sie das weite Feld der mathematischen Wissenschaften mit unermüdlicher Schaffenslust nach allen Richtungen durchzogen, dem Landmann gleich durch Fruchtwechsel reiche Ernte erzielend, bis Sie nach all dem Streifen durch die Analysis des Unendlichen schließlich bei der Arithmetik und Algebra, der Analysis des Endlichen, gelandet sind.

Von den großen Meistern unserer Wissenschaft sind es drei, die auf Ihre Entwicklung entscheidenden Einfluß geübt haben, Riemann, Kronecker und Dedekind. An Riemann knüpfen Ihre Arbeiten über die partiellen Differentialgleichungen und über die Abelschen Funktionen an. Dort erkannten Sie schon früh die Bedeutung der Eigenwerte, die in den modernen Forschungen eine so große Rolle spielen, und behandelten von den Entwicklungsfunktionen ausführlich die Besselschen Funktionen. Hier fesselte Sie besonders die Lehre von den Thetacharakteristiken, die Sie schon in Ihrer Preisschrift über die Abelschen Funktionen vom Geschlecht drei auszubilden begonnen hatten. Von beiden Theorien machten Sie zahlreiche Anwendungen auf Probleme der mathematischen Physik, namentlich der Hydrodynamik und der Elektrizitätstheorie, solche Aufgaben bevorzugend, die auf Thetafunktionen führen. Für alle Förderung, die Sie durch Riemann erfahren haben, haben Sie ihm gedankt durch die musterhafte Herausgabe seiner Werke und seines Nachlasses und durch Ihr Buch über die partiellen Differentialgleichungen der mathematischen Physik.

Die Beschäftigung mit der Theorie der Transformation der Thetafunktionen und ihrer singulären Moduln führte Sie zu den Forschungen von Kronecker. Seine wunderbaren Ergebnisse über die Abelschen Gleichungen im gegebenen Rationalitätsbereich und über die komplexe Multiplikation, die damals l'envie et le désespoir des géomètres bildeten, wurden erst durch Ihre Kommentare weiteren Kreisen zugänglich. Ihrem philosophisch geschulten Geiste war es aber immer ein Bedürfnis, Einzelergebnisse, wie sie namentlich Dirichlet bahnbrechend und zielsetzend entdeckt hatte, in eine zusammenhängende Theorie einzuordnen, und so entstand Ihr Werk über die elliptischen Funktionen und die algebraischen Zahlen.

Was Kummer, Kronecker, Dedekind in der Idealtheorie geschaffen hatten, machten Sie sich zu eigen und verknüpften es mit Riemanns Theorie der Abelschen Funktionen in jener glänzenden, zusammen mit Ihrem Freunde Dedekind verfaßten großen Abhandlung über die Theorie der algebraischen Funktionen einer Variabeln. Eine derartig geistvolle und gehaltvolle Arithmetisierung der Funktionentheorie muß selbst der ausgesprochenste Geometer gelten lassen.

Immer tiefer drangen Sie in den Kern der Algebra ein, in die Galoissche Gruppentheorie, die Sie an der Konfiguration der 16 Knotenpunkte der Kummerschen Fläche, der 28 Doppeltangenten der Kurve vierter Ordnung, überhaupt an der Gruppierung der Thetacharakteristiken erläuterten. Und durch eine großartige Zusammenfassung aller Ergebnisse der Algebra und der Zahlentheorie schufen Sie das gewaltige Lehrbuch der Algebra, das für diesen Wissenszweig geraume Zeit das Musterwerk bleiben wird, gleich ausgezeichnet durch Fülle des Inhalts, Klarheit der Darstellung, Auswahl und Anordnung des Stoffes.

Alles was wir Ihnen an Dank schulden, fassen wir in den Wunsch zusammen, Ihr Gesundheitszustand möge Ihnen gestatten, Ihr mit so schönem Erfolge gekröntes Wirken als Lehrer der gesamten mathematischen Welt, der Lehrenden wie der Lernenden, noch recht lange fortsetzen zu können.

Die Königlich Preußische Akademie der Wissenschaften.

106.

Adresse an Herrn Franz Mertens zum fünfzigjährigen Doktorjubiläum am 7. November 1914

Sitzungsberichte der Königlich Preußischen Akademie der Wissenschaften zu Berlin 1028–1029 (1914)

Hochverehrter Herr Kollege!

Zu Ihrem goldenen Doktorjubiläum bringt Ihnen die Königliche Akademie der Wissenschaften, der Sie seit geraumer Zeit als korrespondierendes Mitglied angehören, ihre herzlichsten Glückwünsche dar.

An diesem Tage gedenken Sie der Förderung, die Sie Ihren großen Lehrern Kummer, Weierstrass und Kronecker verdanken, gedenken Sie der Anregung, die Ihnen neben den Vorlesungen das Studium der Abhandlungen Dirichlets brachte, insbesondere seine Untersuchungen über mehrfache Integrale. Dieser ausgezeichnete Lehrer fand neben den tiefen Forschungen, die ihn beschäftigten, immer noch Zeit, fremde Entwicklungen seinen Schülern zugänglicher zu machen.

Dasselbe kann man in noch höherem Maße von Ihnen sagen. Es gibt eine große Anzahl mathematischer Entwicklungen, die der Leser allenfalls studieren und verstehen kann, die aber dem Vortrag die größten Hindernisse entgegensetzen. Gerade solche Schwierigkeiten zu überwinden, hat Ihnen immer besonderen Reiz gewährt. Wir erinnern an die Reduktion der indefiniten binären quadratischen Formen, die Lehre von der Komposition, die Entstehung der Klassen des Hauptgeschlechts durch Duplikation, die Sie ohne Hilfe der ternären Formen bewiesen, die Bestimmung des Vorzeichens der Gaussischen Summen, die wunderbar einfachen Beweise für die Irreduzibilität der Kreisteilungsgleichungen, die Sie auf die Lemniskatenteilung ausdehnten, vor allem aber an die Primzahlen in einer arithmetischen Progression. Wie Sie hier, ohne Benutzung des Reziprozitätsgesetzes, zeigen, daß die in dem Beweise auftretenden Dirichletschen Reihen nicht verschwinden, gehört zu Ihren glänzendsten Leistungen.

Wenn Sie die kurze Würdigung Ihrer Arbeiten, zu der uns dieser Gedenktag den Anlaß gibt, vielleicht etwas einseitig finden, so liegt das an der überwältigenden Fülle und Mannigfaltigkeit Ihrer Gaben, aus denen sich jeder das aussucht, was ihm besonders zusagt. Daß es schwer hält, in der Reihe Ihrer Produktionen einen leitenden Faden zu finden, hat wohl seinen Grund darin, daß Sie zu den meisten die Anregungen aus Ihren Vorlesungen geschöpft haben. Aus elementaren Vorlesungen stammen Ihre Untersuchungen über die Malfattische und die Apolloniussche Aufgabe, über geometrische Anwendungen der Determinantentheorie, über das größte Tetraeder bei gegebenen Seitenflächen, Ihre schöne Bemerkung über die Multiplikation von zwei unendlichen Reihen, von denen nur die eine unbedingt konvergent ist. Aus einer Vorlesung über Algebra stammen Untersuchungen über symmetrische Funktionen, über Elimination und Resultantenbildung, Beweise für die Existenz der Wurzeln algebraischer Gleichungen.

An allen wichtigen Fragen, die während der verflossenen fünfzig Jahre die Mathematiker beschäftigten, haben Sie regen Anteil genommen. Die in Kroneckers Festschrift gegebene Begründung der Idealtheorie, seine Ergebnisse über die zyklischen Gleichungen und über die singulären Moduln der elliptischen Funktionen regten Sie zu zahlreichen eigenen Forschungen an. Nachdem Sie sich lange mit der Theorie der Invarianten und Kovarianten beschäftigt hatten, wendeten Sie sich immer mehr der Zahlentheorie zu. Neben der Idealtheorie pflegten Sie auch die analytische Zahlentheorie, handelten von der Verteilung der Primzahlen und bestimmten nach dem Vorgange von Dirichlet die asymptotischen Gesetze für gewisse Ausdrücke, die mittels der Primzahlen gebildet sind.

So können Sie heute als Lehrer und als Forscher auf eine reiche Wirksamkeit zurücksehen. Ihre geistreichen, scharfsinnigen, aus neuen Gedanken entsprungenen Untersuchungen haben die Anfänger über manche Klippe hinweggeholfen und allen Freunden der Mathematik einen besonders erlesenen Genuß bereitet.

Die Königlich Preußische Akademie der Wissenschaften.

107.

Rede auf L. Euler

Vierteljahresschrift der Zürcher Naturforschenden Gesellschaft, Jahrgang 62, 720–722 (1917)

Hochansehnliche Versammlung!

Basels großer Sohn, *Leonhard Euler*, dessen Gedächtnis Sie heute feiern, hat 25 Jahre lang der Preußischen Akademie der Wissenschaften als Mitglied angehört. Sie haben uns daher die Ehre erwiesen, uns zur Teilnahme an dem heutigen Gedenktage einzuladen. Die Berliner Akademie hat mich beauftragt, der Universität Basel für diese Aufmerksamkeit ihren wärmsten Dank auszusprechen, und läßt Ihnen zu dieser Feier einer gemeinsamen stolzen Erinnerung freundnachbarlichen Gruß entbieten.

Friedrich der Große, der im Grund die Geometer so wenig leiden mochte wie die Geometrie, hatte doch ein deutliches Gefühl dafür, welchen Glanz seiner jungen Akademie die Berufung eines Mannes von *Eulers* Verdiensten und Weltruf verleihen würde. Während der besten Jahre seines Lebens hat *Euler* die Geschäfte der mathematischen Abteilung der preußischen Akademie als Direktor geleitet, nach *Maupertuis'* Abgang war er, wenn nicht dem Namen, so doch der Sache nach, der Präsident der Akademie. Darum unterlassen auch die Berliner nicht, seinen zweihundertjährigen Geburtstag in geziemender Weise zu feiern. Die Mathematische Gesellschaft hat an diesem Tage, am 15. April, eine Festsitzung zu Ehren *Eulers* abgehalten, worin Herr *Valentin* über seine Lebensschicksale, speziell in Berlin, berichtet hat, Herr *Kneser* seine unsterblichen Verdienste um die Variationsrechnung beleuchtet hat, Herr *Kötter* seine grundlegende Untersuchung der Drehung eines Körpers um einen festen Punkt besprochen hat. Die Akademie beabsichtigt, in ihrer öffentlichen Festsitzung am Leibniztage des Andenken ihres größten Mitglieds während der Friederizianischen Zeit zu feiern. Herr *Knoblauch* wird im kommenden Sommersemester an der Berliner Universität eine Vorlesung über *Eulers* Werke und ihre Bedeutung für die neuere Mathematik halten. Das Haus, Behrenstraße 21, worin *Euler* gewohnt hat, soll mit einer Gedenktafel versehen werden. Nach dem Vorgange von Basel soll eine Straße der Hauptstadt nach *Euler* benannt werden. Die Stelle des Landhauses, das er in Charlottenburg besaß, hat sich leider nicht ermitteln lassen. Als die Russen im Jahre 1760 unter *Totleben* Berlin verwüsteten, wurde dies Haus von sächsischen Soldaten ausgeplündert. Der russische General aber ließ nicht nur *Euler* für seinen Verlust entschädigen, sondern veranlaßte noch die Kaiserin *Elisabeth*, ihm ein besonderes Gnadengeschenk zu überreichen.

Sie fühlen, verehrte Anwesende, wie sehr ich mich scheue, mich zu einer Darlegung von *Eulers* wissenschaftlichen Verdiensten zu wenden, zumal nach der ausgezeichneten sachlichen Würdigung, die Sie soeben durch den Herrn

Festredner erfahren haben. In allen mathematischen und physikalischen Disziplinen, in der Analysis und der analytischen Geometrie, der Algebra und der Arithmetik, der Differentialrechnung und der Integralrechnung, den Differentialgleichungen und der Variationsrechnung, in der Mechanik und der Astronomie, der Hydrodynamik und der Aerostatik, der Akustik und der Optik hat er die unvergänglichen Spuren seiner Wirksamkeit hinterlassen. Was seine Vorgänger geschaffen haben, hat er in die Form gegossen, in der wir es heute finden, und in der allein es uns heute noch genießbar ist. Nach *Euler* kamen die Systematiker, die Kritiker, kurz das im 18. Jahrhundert so verpönte *genre enuyeux*. Die Beispiele, die zugleich unterhaltend und belehrend sind, rühren zum größten Teile von *Euler* her. Als *Gauss* seine berühmten *Disquisitiones generales circa superficies curvas* schrieb, erregte es das größte Aufsehen, daß es ihm gelungen war, zu *Eulers* Untersuchungen über die krummen Oberflächen noch etwas wirklich Interessantes und Wichtiges hinzuzufügen. *Jacobi* war zeit seines Lebens von dem Ehrgeiz geplagt, *Eulers* Beispiele in der Theorie der Differentialgleichungen und der Mechanik um ein weiteres von gleicher Bedeutung zu vermehren.

Man hört bisweilen äußern, *Euler* sei wohl das stärkste mathematische Talent, aber kein Genie gewesen. Dem gegenüber möchte ich doch auf einige Genieblitze hinweisen, womit er weit über seine Zeit hinaus den Weg der Wissenschaft erleuchtet hat. In der Analysis hatte er eine für die meisten seiner Zeitgenossen unbegreifliche Vorliebe für die komplexen Größen, mit deren Hilfe es ihm gelungen war, den Zusammenhang zwischen den Kreisfunktionen und der Exponentialfunktion herzustellen. Der Herr Festredner gedachte schon seiner topologischen Spielereien, der mannigfachen Schachaufgaben, der sieben Brücken in Königsberg; von der größten wissenschaftlichen Bedeutung aber ist, daß er jenen Satz über die Polyeder aufs neue fand, auf Grund dessen wir heute von *Eulerschen* Polyedern sprechen und der mit dem Zusammenhang der Flächen in so inniger Beziehung steht. In der Theorie der elliptischen Integrale entdeckte er das Additionstheorem, machte er auf die Analogie dieser Integrale mit den Logarithmen und den zyklometrischen Funktionen aufmerksam, eine Analogie, die durch Einführung einer passenden Bezeichnung noch heller ins Licht gesetzt werden könnte, und gab dadurch den direkten Anstoß zu *Legendres* Untersuchungen. So hatte er alle Fäden in der Hand, daraus später das wunderbare Gewebe der Funktionentheorie gewirkt wurde.

Für die Existenz der Wurzeln einer Gleichung führte er jenen am meisten algebraischen Beweis, der darauf fußt, daß jede reelle Gleichung unpaaren Grades eine reelle Wurzel besitzt. Ich halte es für unrecht, diesen Beweis ausschließlich *Gauss* zuzuschreiben, der doch nur die letzte Feile daran gelegt hat. Ebenso war es fast in Vergessenheit geraten, daß *Euler* lange vor *Legendre* und *Gauss* das Reziprozitätsgesetz in der Theorie der quadratischen Reste entdeckt hatte.

Eine Eigenschaft allerdings fehlte *Euler*, die dem modernen Genie unerläßlich scheint, die Unklarheit, die Dunkelheit. Davor bewahrte ihn sein gerader Verstand, sein ehrlicher Sinn. Während *Gauss* bei seiner Darstellung alle Brükken hinter sich abzubrechen pflegt, berichtet *Euler* getreulich über alle Wege und Umwege, die er gegangen ist. Nicht selten aber gibt er zum Schluß als genialen Einfall eine einfachere Methode, zu dem gewünschten Ziele zu gelangen. Und ein Widerschein der leidenschaftlichen Freude, die ihn beim Aufspüren der Wahrheit durchglühte, erwärmt noch heute den Leser beim Studium seiner Werke. So war *Euler* unser aller Lehrer, nicht nur in den Ergebnissen der Wissenschaft, sondern auch in der Methode ihrer Darstellung.

Euler hat weitaus den größten Teil seines Lebens im Ausland, in Berlin und Petersburg zugebracht. Das kleine, ruhmvolle Land, aus dem er stammte, erzeugte damals viel mehr Männer der Wissenschaft, als es brauchen konnte. An allen Akademien und Universitäten finden wir im 18. Jahrhundert Schweizer Gelehrte, in Paris, in London, in Berlin, in Petersburg, in München, in Holland. Überall traf daher *Euler* Landsleute, in Petersburg seinen Jugendfreund *Daniel Bernoulli* und *Jakob Hermann*; in Berlin, wo fast die halbe Akademie aus Schweizern bestand, nenne ich *Merian* und *Sulzer*. Auch im fremden Lande blieb *Euler* in Sitte und Sprache der Heimat getreu, in seiner Schweizer Heimat lagen die starken Wurzeln seiner Kraft. Es wird wohl nie gelingen, den Zusammenhang eines genialen Künstlers oder Gelehrten mit dem Boden, aus dem er hervorgegangen, zu erklären. Aber daß damals aus der Schweiz und namentlich aus Basel, so viele Gelehrte ersten Ranges entstammten, muß doch mehr als ein bloßer Zufall gewesen sein. Einige Ursachen zwar liegen am Tage: Die Urkraft, die das einfache, harte Leben, als Landmann und als Krieger, in diesem Volkskörper aufgespeichert hatte; diese alte Kulturstätte, eine Wiege des Humanismus, die jetzt auf eine ruhmvolle Vergangenheit von fast 450 Jahren zurückblickt; der patriotische Gebrauch, den diese Patrizier von ihren Reichtümern machten, als gute Kaufleute wohl wissend, für ihr Land könne es keine bessere Kapitalsanlage geben, als die Förderung von Kunst und Wissenschaft.

Darum, verehrte Anwesende, schuldet nicht nur Deutschland und Rußland, schuldet die ganze Kulturwelt der Schweiz, schulden wir diesem kleinen Kanton Basel Dank, daß er uns einen *Leonhard Euler* geschenkt hat. Heutzutage, wo die Völker wieder dazu neigen, sich hermetisch voneinander abzuschließen, erscheint es doppelt wichtig, daran zu erinnern, was durch die althergebrachte Sitte des Gelehrtenaustausches die Deutschen den Schweizern, die Schweizer den Deutschen zu danken haben. Möge diese Erinnerungsfeier das Band zwischen den beiden eng verwandten Völkern aufs neue festigen, vor allem das Freundschaftsband zwischen der altehrwürdigen Universität Basel und ihrer jüngeren Schwester, der Preußischen Akademie der Wissenschaften.

Vollständige Liste aller Titel

Band I

Band III

Offsetdruck: Julius Beltz, Weinheim/Bergstr.